METALOGRAFIA DOS PRODUTOS SIDERÚRGICOS COMUNS

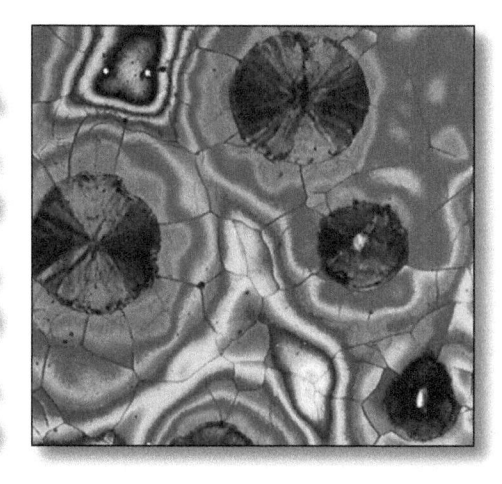

A publicação dessa obra tem o apoio da Villares Metals S.A.

◇VILLARES METALS

Os editores

Hubertus Colpaert

METALOGRAFIA DOS PRODUTOS SIDERÚRGICOS COMUNS

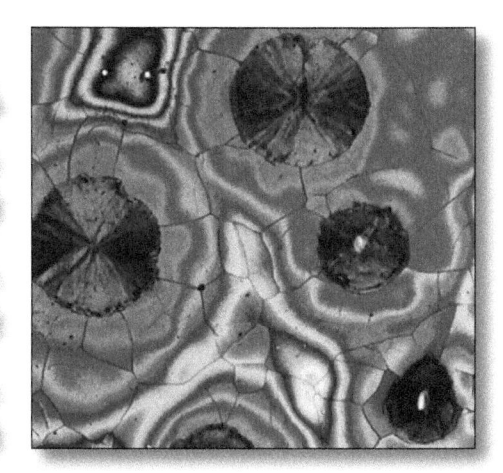

4ª edição revista e atualizada por:
André Luiz V. da Costa e Silva

◊VILLARES METALS

Metalografia dos produtos siderúrgicos comuns

© 2008 Hubertus Colpaert

4ª edição – 2008

2ª reimpressão – 2015

Editora Edgard Blücher Ltda.

Foto da capa: Cortesia de Janina Radzikowska, The Foundry Research Institute, Krakow, Poland. Ferro fundido nodular recozido, atacado com hidróxido de sódio, ácido pícrico e pirosulfito (metabisulfito) de potássio, para revelar a segregação de silício – aumento aproximado: 630 x.

Janina Radzikowska é expert em metalografia, tendo diversos trabalhos publicados.

É autora do capítulo sobre metalografia de ferros fundidos no ASM Handbook e recebeu diversos prêmios por suas metalografias, inclusive o prêmio da IMS/ASM. Suas metalografias são também expostas em galerias de arte.

Blucher

Rua Pedroso Alvarenga, 1245, 4º andar
04531-012 – São Paulo – SP – Brasil
Tel 55 11 3078-5366
contato@blucher.com.br
www.blucher.com.br

FICHA CATALOGRÁFICA

Colpaert, Hubertus

Metalografia dos produtos siderúrgicos comuns / Hubertus Colpaert; revisão técnica André Luiz V. da Costa e Silva. – 4ª edição – São Paulo: Blucher, 2008.

Bibliografia.
ISBN 978-85-212-0449-7

1. Metalografia I. André Luiz V. da Costa e Silva. II. Título

07-10130   CDD-699.95

Índices para catálogo sistemático:
1. Metalografia: Tecnologia   699.95

PREFÁCIO DA 4.ª EDIÇÃO

Durante um semestre, em 1975, minhas manhãs de terça-feira foram dedicadas a preparar, observar e registrar macrografias e micrografias de aços e ferros fundidos sob a orientação do Professor Edil Patury Monteiro, com base no livro do Professor Hubertus Colpaert. No mesmo período, aprendíamos, com o Professor José Roberto Costa Guimarães, Cinética de Transformações de Fases. Desde então, o livro *Metalografia dos produtos siderúrgicos comuns,* do Professor Colpaert, tornou-se para mim, assim como para inúmeros estudantes, técnicos e engenheiros brasileiros, uma referência fundamental tanto no estudo acadêmico quanto na vida profissional. Uma bem balanceada mistura de livro-texto e atlas de estruturas metalográficas, o livro se manteve, durante décadas, como o "companheiro" dos metalógrafos, metalurgistas e siderurgistas brasileiros.

No final de 2006, concluída a segunda edição do livro *Aços e ligas especiais*, com o Professor Paulo Mei, tive a honra de ser consultado pelo nosso editor, Dr. Edgard Blücher, sobre a possibilidade de atualizar o texto e as imagens do livro do Professor Hubertus Colpaert. A oportunidade de colaborar para incorporar os desenvolvimentos tecnológicos das últimas décadas neste extraordinário trabalho foi um desafio irresistível.

A siderurgia mundial vive um momento de rara expansão e vigor, com mais de 1400 Mt produzidos por ano, e vários anos consecutivos de crescimento significativo da produção. Além disso, a produção e processamento dessas ligas a base de ferro atingiram um grau de sofisticação e controle admiráveis. Em aços de sofisticação mediana, controla-se a presença de diversos elementos em partes por milhão[*] e manipula-se a estrutura com uma precisão nunca antes experimentada.

A metalografia é uma das ferramentas críticas para que esse grau de sofisticação tenha sido atingido. Trata-se de uma das ferramentas que permeiam todo o campo da metalurgia e, em particular, todo o amplo espectro dos produtos siderúrgicos, de aços para pregos, molas, reatores nucleares, embalagens a ferros fundidos utilizados em motores, conexões, peças ferroviárias etc. As técnicas metalográficas evoluíram, também, com a evolução dos aços. Além do uso da luz visí-

___
[*] Uma parte por milhão representa um grama em uma tonelada.

vel, técnicas que empregam diversos outros tipos de interação com a matéria, sobretudo as interações entre elétrons e a matéria, tornaram-se comuns nos dias de hoje. Da mesma forma, a evolução na área de quantificação de características estruturais foi muito grande e a última década assistiu a um avanço notável em técnicas de reconstituição tridimensional das estruturas dos materiais. Naturalmente, se na época do Professor Colpaert o acúmulo de conhecimento e experiência necessários para um trabalho dessa envergadura já era raro, sendo, certamente, um dos motivos de minha admiração pelo trabalho do grande mestre, hoje é quase impossível concentrar, em uma única pessoa, os conhecimentos necessários para atualizar tal trabalho. Assim, a ajuda e a colaboração de muitas pessoas foram fundamentais para se ter um livro atualizado com uma amplitude comparável a do trabalho original. Felizmente, a mesma magia que o livro do Professor Colpaert exerceu e exerce sobre mim também está presente em toda uma geração de metalurgistas de renome no País. Encontrei colaboradores entusiasmados em empresas, universidades e laboratórios que se propuseram a cooperar com o projeto. Esta foi, talvez, uma das experiências técnicas mais interessantes de minha carreira. Do mesmo modo, se a colaboração entre aqueles que trabalham com aços, no mundo inteiro, já é notável, a disposição para colaboração que encontrei, tanto no Brasil quanto no exterior, foi extraordinária.

A todos esses colaboradores, cuja ajuda foi essencial para a conclusão deste projeto, agradeço na próxima seção.

Em vista da dificuldade de selecionar quais as imagens da edição anterior deveriam ser retiradas para a introdução de informações atualizadas, mantivemos, no site da Editora, todas as imagens da edição anterior. Da mesma forma, todos os *links* citados no texto podem ser encontrados no site da Editora Blucher <www.blucher.com.br>.

Espero que esta revisão possa ser tão útil aos metalurgistas brasileiros de hoje como as edições anteriores foram a mim e a uma geração de pessoas entusiasmadas e dedicadas ao estudo e ao desenvolvimento dos aços e ferros fundidos.

Agradecimentos

É extremamente difícil escolher uma seqüência para apresentar agradecimentos. Cada um dos grupos ou indivíduos citados colaborou, de alguma forma, para este trabalho. Alguns com imagens, outros com estímulo, outros ainda com discussões e sugestões.

Em primeiro lugar, entretanto, agradeço ao Dr. Edgard Blücher e à família do Professor Hubertus Colpaert pela confiança que depositaram em mim ao longo de todo o projeto.

O apoio de colegas da indústria siderúrgica brasileira e de vários países, com imagens e discussões esclarecedoras, foi um ingrediente importante para o projeto. Pela ordem alfabética das empresas:

No Brasil: Sergio Augusto de Almeida Ferreira, da ArcelorMittal Aços Longos – Juiz de Fora; Francisco Boratto, da ArcelorMittal Monlevade; Jardel Prata Ferreira e João Batista Ribeiro Martins, da ArcelorMittal Tubarão; Carlos Henrique Lopes, da BR Metals Fundições Ltda.; Fátima Cunha, da CBV-FMC – Rio de Janeiro; Walter da Costa Reis, Antonio Augusto Martins, Nilza Cristina S. B. Zwirman e Simone Pereira Santos, da CSN – Volta Redonda; Luiz Antonio Iapichini e Cícero Tavares, da FIBAM Cia. Industrial Ltda. – São Bernardo do Campo; Henrique Aché Pillar, da MRS Logística – Rio de Janeiro; Mauro Souza, da Neumayer-Tekfor – Jundiaí; Marcelo M. Moraes, da NUCLEP – Itaguaí; Gerson Ronelli, da PL Fundição e Serviços Ltda.; Marcelo Martins, da Sulzer-Fundinox – Jundiaí; Wilson Guesser, da Tupy Fundições S.A. – Joinville; Antonio Sérgio Fonseca, Alfredo Figueiredo, Ricardo Nolasco e Osvaldo Neto, da V&M Tubes do Brasil – Belo Horizonte; Marcos Stuart, Edson Mendes Vieira, Celso Barbosa, Leonardo Sandor, Ismael Polidori e Cristiane S. Gonçalves, da Villares Metals S.A. – Sumaré.

No exterior: M. Nishimura, da Daido-Steel Co. – Japão; James Casey, da DOFASCO – Canadá; Giorgio Polonioli, da Metalcam – Itália (Breno); Tooru Matsumiya, Masaaki Sugiyama, da Nippon Steel Corporation – Japão; Carlos Cicutti,Tenaris, do CINI – Argentina.

Laboratórios – Institutos de pesquisa e o mundo acadêmico, dentro e fora do Brasil, foram extremamente generosos, compartilhando imagens, esclarecendo minhas dúvidas e tendo enorme paciência com a minha insistência. Pela ordem alfabética dos países:

Na Alemanha: Dietmar Lober; H. W. Viehrig, do FZD – Dresden; Frank Mücklich e Alexandra Velichko, da Universitaet des Saarlandes – Saarbruecken.

Na Bélgica: Frans Mampaey, do Sirris.

No Brasil: André Pinto, do Instituto Militar de Engenharia – Rio de Janeiro; Annelise Zeemann, da Tecmetal – Rio de Janeiro; Antonio Gorni; Antonio Jorge Abdala, do IEAv, CTA – São José dos Campos; Antonio Ramirez, do LNLS – Campinas; Carlos de Moura Neto, do CTA – São José dos Campos; Carlos Sérgio da Costa Viana, Paulo Rangel Rios, Tânia Nogueira e Carlos Xavier, da EEIMVR-UFF – Volta Redonda; Fernando Rizzo, da PUC-Rio; Fernando Landgraf e Hélio Goldenstein, da USP – São Paulo; Luiz Henrique Dias Alves; Margareth Spangler Andrade, do CETEC – Belo Horizonte; Hans-Jurgen Kestenbach, da UFSCar – São Carlos; Ibrahim Cerqueira Abud, do INT – Rio de Janeiro; Ronaldo Antônio Neves Barbosa e Dagoberto Santos, da UFMG – Belo Horizonte.

Além disso, no Canadá, Alec Mitchell, da University of British Columbia – Vancouver. Na Coréia do Sul, Sunghak Lee, da Pohang University. Na Espanha, Tomas Gómez-Acebo, de San Sebastian; Jon Sertucha, da AZTERLAN – Durango; Carlos García de Andrés, Carlos Garcia-Mateo, Carlos Capdevila Montes e Francisca G. Caballero, do Materialia Research Group, CENIM-CSIC – Madrid. Nos Estados Unidos, Sridhar Seetharaman e Eric Schmidt, do Carnegie-Melon University – Pittsburgh; George Krauss, John Speer, Michael (Mike) Kaufman, John Chandler, da Colorado School of Mines – Golden; Scott Chumbley, da Iowa State University – Ames; Stephen W. Banovic e Ursula Kattner, do NIST – Gaithersburg; Doru M. Stefanescu, da Ohio State University – Columbus; Donald Koss e Zi-Kui Liu, da Penn State University – State College; Alan Cramb, do Rensselaer Polytechnic Institute – Troy; Donald Susan, do Sandia National Laboratories – Albuquerque; Robert DeHoff, University of Florida – Gainesville; Christoph Beckermann, da University of Iowa – Iowa City; Roger K. Pabian, da University of Nebraska-Lincoln – Lincoln. Na França, Bernard Marini e Caroline Toffolon, do CEA; Jacques Lacaze, do CIRIMAT, NSIACET – Toulouse. Na Holanda, Jilt Sietsma, da Technische Universiteit Delft. Na Inglaterra, Graham Thewlis, de South Yorkshire; H.K.D.H. Bhadeshia e Bill Clyne, da University of Cambridge. Na Itália, Paolo Emilio Di Nunzio, do CSM – Roma; Stefania Bruschi, da Università degli Studi di Padova – Pádua. No Japão, S. Mizoguchi; Toshi Emi, do IRIS, Sha-Steel; Fujio Abe, do National Institute for Materials Science (NIMS); Kiyohito Ishida, da Tohoku University. Na Nova Zelândia, Milo Kral, da University of Canterbury – Christchurch. Na Polônia, Leszek Zabdyr; Janina Radzikowska, do Polish Foundry Research Institute – Krakow. Na Suécia, Mats Hillert e Malin Seleby, do KTH – Estocolomo.

A todos agradeço pela amizade, apoio, estímulo, sugestões, orientação, paciência e interesse em compartilharem seus notáveis conhecimentos sobre metalografia e produtos siderúrgicos que em muito enriquecem esta nova edição do livro do Professor Colpaert. Aos que possa ter esquecido, peço desculpas e estendo os mesmos agradecimentos.

Sempre que possível, procurei incluir o crédito devido nas imagens cedidas e nos textos consultados nesta publicação. Ainda assim, falhas devem existir, pelas quais me desculpo antecipadamente.

Por fim, agradeço o essencial apoio, a paciência e o estímulo de minha família, que me acompanhou nas incontáveis noites e fins de semana dedicados a este projeto.

ANDRÉ LUIZ V. DA COSTA E SILVA
Rio de Janeiro, agosto de 2008

PREFÁCIO DA 2.ª EDIÇÃO

Lançado em meados de 1951, o *Boletim 40 do Instituto de Pesquisas Tecnológias*, versando sobre Metalografia dos Produtos Siderúrgicos Comuns, atendeu em tempo à demanda dos setores de engenharia mecânica e metalúrgica de um livro técnico que servisse de manual aos que se dedicam aos problemas referentes a propriedades e aplicações dos produtos siderúrgicos.

Não obstante sua distribuição tenha sido feita exclusivamente pelo IPT, a primeira edição esgotou-se em poucos anos, devido ao alto padrão técnico e científico do trabalho e a excelente documentação apresentada, aliados a um método bastante didático de apresentação do assunto.

Embora as diretrizes a serem adotadas para a segunda edição tivessem sido estabelecidas, o inesperado falecimento do Autor, em janeiro de 1957, não permitiu que os trabalhos de revisão pudessem ter sido levados a bom termo.

Tendo tido a oportunidade de colaborar com o engenheiro Colpaert durante mais de 12 anos e tendo acompanhado a evolução das notas escritas para uso de alunos, que deram origem ao *Boletim 40*, e a utilização deste trabalho como livro texto para os que se iniciam no setor de metalografia dos metais ferrosos, coube-nos a honrosa tarefa de levar a cabo a revisão para esta segunda edição.

Na primeira edição alguns princípios básicos foram apresentados de maneira simplificada, quando não omitidos, porém a adoção desse critério veio demonstrar que essas simplificações iniciais, em alguns capítulos, como no de micrografia e tratamentos térmicos, com o desenvolvimento do conhecimento dos alunos, acabavam por criar novos obstáculos para a perfeita compreensão dos assuntos discutidos. Essa experiência didática aconselhou uma completa revisão do texto desses dois capítulos, particularmente o de tratamentos térmicos. A apresentação simplificada dos diagramas de transformação nos processos de decomposição da austenita, que na primeira edição havia sido feita na forma de um "segmento crítico", foi substituída pelos diagramas de transformação isotérmica e de transformação em esfriamento contínuo. Os mecanismos atômicos desses processos de transformação, foram discutidos mais detalhadamente, de modo a explicar as alterações micro-estruturais reveladas pelos exames metalográficos.

O capítulo de Ferros Fundidos não pode sofrer maiores alterações porque, dada a complexidade do assunto, julgamos do ponto de vista didático, preferível uma apresentação simplificada, que fornecesse bases adequadas para qualquer estudo posterior nesse setor, a uma discussão detalhada dos processos de grafitização que se tornaria quase inacessível aos que iniciam o estudo desses materiais.

ALBERTO ALBUQUERDE ARANTES
São Paulo, novembro de 1959

PREFÁCIO DA 1.ª EDIÇÃO

Ao ser, recente e solenemente, comemorado o cinquentenário deste Instituto de Pesquisas Tecnológicas, foram publicamente relembrados os primórdios e o ulterior desenvolvimento dos vários setores tecnológicos aqui abordados – entre eles, o da Metalografia Microscópica teve justo relevo, pois que, contemporâneo do início dessa ciência na Europa, é dos mais antigos.

Constitui fato notável o de que, já em 1910, à testa do então "Gabinete de Resistência dos Materiais", o Prof. Hippolyto Pujol Junior lecionasse e aplicasse, no País, tão novel ciência, antecipando-se de decênios ao nosso desenvolvimento industrial. Mais tarde, em 1926, coube ao Prof. Ary Frederico Torres dar novo impulso a esses estudos, neles interessando e facilitando a especialização de vários alunos da Escola Politécnica. Entre estes figurava o Autor do presente volume, a quem foi entregue, em 1928, a chefia da correspondente Secção.

———————

Dos trabalhos de aplicação e pesquisa da Secção de Metalografia do IPT, nos últimos 25 anos, resultou uma técnica apurada e uma documentação preciosa, de mais de 10.000 macrografias e micrografias.

Mas, além dessas atividades de fomento industrial, a Secção sempre deu especial atenção ao ensino, quer ministrando aos alunos dos vários Cursos da Escola Politécnica, quer proporcionando aos inúmeros estagiários que aqui vêm buscar conhecimentos mais profundos.

Entre os recursos didáticos utilizados, revelou-se como um dos de maior sucesso a distribuição de fascículos mimeografados e ilustrados, revistos e melhorados anualmente, condensando a matéria lecionada. A apresentação simples e acessível não só da técnica metalográfica como também das leis e fatos metalúrgicos básicos – indispensáveis à compreensão da Metalografia, mas igualmente úteis à indústria siderúrgica – motivou desde logo grande interesse por essas publicações, embora, à primeira vista, pudesse parecer estranho esse entrelaçamento de noções de Siderurgia com conhecimentos especializados de Metalografia. Mas, para o nosso meio e pelos menos por enquanto, essa orientação é a que se tem revelado a mais eficiente para os objetivos visados.

Após numerosas edições sucessivas dos fascículos, ante sua sempre crescente procura e o, cada vez mais amplo, acervo de dados experimentais coligidos, deliberou este Instituto promover a sua apresentação sob forma mais definitiva e em maior número de exemplares, incumbindo seu próprio autor de enfaixá-los, após nova revisão e considerável ampliação da parte ilustrativa, num volume impresso, o qual veio a constituir o presente Boletim.

Nele, conservando a orientação original, certas noções teóricas acham-se apresentadas de maneira simplificada e outras, inteiramente omitidas, não por serem consideradas inúteis, mas apenas dispensáveis, ante o caráter e a finalidade deste trabalho.

Aos que realmente desejarem aprofundar-se no problema, a bibliografia citada, embora pequena, constituirá uma segunda etapa. Depois dela, os Anais e as Revistas especializadas serão a fonte obrigatória a que deverão recorrer, para bem se familiarizarem com essa ciência, ainda em contínua evolução.

———

As macrografias e micrografias reproduzidas no Boletim foram selecionadas entre os casos mais típicos estudados pela Secção. De cada ocorrência, foram apresentados diversos exemplos, a fim de ilustrar a variabilidade de certos aspectos e colocar os metalógrafos menos experientes de sobre-aviso contra possíveis confusões. Na escolha e apresentação dessa copiosa documentação, procurou-se proporcionar aos interessados um verdadeiro atlas de aspectos-padrão, que lhes fosse de utilidade na interpretação dos casos com que viessem a deparar na prática. Nesse sentido, houve igualmente a preocupação de reproduzir os documentos originais, sempre que possível, sem redução e com a máxima nitidez, a fim de facilitar o confronto e possibilitar a apreciação dos detalhes das estruturas.

No texto foram apontados os principais erros possíveis de técnica e interpretação, suas consequências e a maneira de evitá-los.

Com a orientação acima-delineada, espera o Instituto de Pesquisas Tecnológicas ter estendido a utilidade desta publicação a todos os que, quer na usina, quer no laboratório, estudam ou aplicam a Metalografia.[*]

HUBERTUS COLPAERT
São Paulo, junho de 1951

———

[*] A reprodução dos prefácios da primeira e segunda edições, desta obra histórica, sofreram atualização ortográfica para esta quarta edição.

CONTEÚDO

CAPÍTULO **1**

O AÇO COMO MATERIAL

Todas as imagens da edição anterior, assim como todos os links citados nesta edição, estão disponíveis no site da Editora Blucher <www.blucher.com.br>

1. Introdução

Produtos de ferro são usados pelo homem desde, pelo menos, 1200 a.C. Embora o ferro seja um dos cinco elementos mais abundantes na crosta terrestre, em peso, as ocorrências de ferro metálico na natureza são raras, normalmente associadas a meteoritos. Assim, para obter produtos de ferro, o homem desenvolveu processos para extraí-lo dos minérios de ferro mais comuns, aqueles à base de óxido de ferro. O fato de que os combustíveis mais facilmente encontrados na natureza são ricos em carbono e o carbono, em condições adequadas, pode reduzir o óxido de ferro a ferro metálico foi decisivo no desenvolvimento de produtos e artefatos à base de ferro.

A presença de carbono durante as principais etapas do processamento usado para obter produtos de ferro também deve ter sido responsável pela observação de que este elemento, adicionado ao ferro, produz importantes efeitos sobre suas propriedades, dando origem às principais ligas de ferro: aços e ferros fundidos.

Durante muitos séculos, a produção de ferro e suas ligas prosseguiu de forma artesanal, envolvendo diversos tipos de processos de redução[1] associados a trabalho mecânico e algum controle das condições de aquecimento e resfriamento (Capítulo 2). Somente com a percepção de que adições significativas de carbono reduziam sensivelmente o ponto de fusão das ligas de ferro e viabilizavam a produção, em escala industrial, de metal rico em ferro, líquido, no século XVIII teve início a produção em grande escala de ligas ferrosas. Partindo de cerca de 40000 t anuais em 1856 chegou-se à situação presente, no início do século XXI, em que cerca de 1000 Mt[2] de aço são produzidas anualmente.

A evolução da aplicação do aço como material de engenharia se deve a diversos fatores técnicos e econômicos. Notadamente, nas últimas décadas do século XX, o conhecimento acumulado sobre as relações entre composição química, estrutura, propriedades e desempenho e o efeito do processamento sobre estas características atingiu um nível que vem permitindo o incessante desenvolvimento "científico" de novas ligas e o aprimoramento das ligas existentes. Uma das ferramentas importantes no desenvolvimento deste conhecimento foi, e continua sendo, a metalografia. A compreensão das relações entre propriedades e estrutura, na escala de micrômetros (μm, 10^{-6} m) até milímetros (mm, 10^{-3} m) depende, fundamentalmente, da metalografia, ciência estabelecida a partir dos primeiros estudos de Henry Clifton Sorby em Sheffield, na Inglaterra, na década de 1860. Complementada por um conjunto de outras importantes ferramentas de caracterização dos metais, a metalografia se tornou tão essencial à compreensão do comportamento dos aços que praticamente todos os cursos de engenharia de materiais dedicam um tempo significativo a seu ensino e é praticamente impossível encontrar uma indústria que produza ou processe aço que não utilize ferramentas metalográficas, em alguma etapa de seu desenvolvimento, controle da qualidade ou análise de falha.

_____

(1) Redução: converter do estado oxidado ao estado neutro ($Fe^{+3} + 3\ e^- = Fe$); o oposto de oxidação.

(2) As unidades e prefixos do sistema internacional são empregados, exceto quando indicado de outra forma.

2. Aços e Ferros Fundidos

Ligas[3] à base de ferro ocupam lugar de destaque entre os materiais industriais há, pelo menos, dois séculos. Existem duas famílias principais de ligas à base de ferro: aços e ferros fundidos. Os aços são as ligas à base de ferro mais amplamente aplicadas. Uma das características mais importantes que diferencia os aços dos ferros fundidos é a capacidade que os aços têm de serem deformados plasticamente.

Vários fatores contribuem para a importância que o aço tem, presentemente, dentre os materiais industriais: a abundância do ferro encontrado em minérios na crosta terrestre, o custo relativamente baixo de produção atingido nas usinas modernas e as notáveis combinações de propriedades físicas e mecânicas capazes de serem atingidas são alguns dos fatores classicamente importantes. Atualmente os aços são especialmente valorizados, também pela facilidade de serem reciclados, pela vida relativamente curta quando descartados e pelo consumo específico de energia relativamente baixo em sua produção, fatores que levam a sua caracterização como material de elevada "sustentabilidade".

A possibilidade de se obter desempenho extraordinário do aço, associada às notáveis combinações de propriedades físicas e mecânicas, está intimamente ligada à capacidade de se manipular as suas características, através do processamento, de modo a obter as combinações de composição química e estruturas (em várias escalas) mais favoráveis para determinada aplicação.

3. Estrutura

O conceito de estrutura é fundamental na Engenharia de Materiais e na Metalurgia. Embora a estrutura atômica seja importante para a definição de alguns aspectos do comportamento dos materiais, a análise clássica começa na estrutura cristalina. A maior parte dos metais e ligas industriais e praticamente todos os aços são empregados em condições em que os átomos se organizam regularmente em cristais. O modo como os átomos de um metal ou de uma liga se organizam em um cristal define uma série de propriedades deste metal. Ligas ferrosas que têm estrutura cúbica de face centrada (CFC), por exemplo, não são magnéticas, enquanto as ligas de estrutura cúbica de corpo centrado (CCC) são ferromagnéticas a temperatura ambiente. Assim, a estrutura, na escala cristalina (nm, 10^{-9} m), é importante para definir o desempenho de um aço.

Itens produzidos em aço raramente são compostos por um só cristal ou mesmo por uma fase, apenas. A maneira como os diferentes cristais se organizam na estrutura policristalina, suas dimensões e forma, assim como a quantidade de cada uma das fases eventualmente presentes são características que, em geral, ocorrem em uma escala de dimensões que se convenciona chamar de escala "microestrutural" (μm).

A produção de itens de aço em grande escala e com taxas de produção compatíveis com uma produção mundial da ordem de 1000 Mt/ano (dados de 2004) conduz a heterogeneidades de composição química e

_____

(3) Ligas são misturas de dois ou mais elementos químicos, sendo ao menos um metálico, das quais resulta um produto com características metálicas.

de propriedades em uma escala ainda superior, chamada macroestrutura (mm).

A Figura 1.1 apresenta, esquematicamente, características estruturais de aços, em cada uma das escalas mencionadas.

O controle da estrutura (em todas as suas escalas) é uma das ferramentas mais importantes para a obtenção de aços com as propriedades e desempenho desejados.

Figura 1.1
Diferentes escalas em que a estrutura dos materiais se desenvolve. No lado esquerdo, são incluídas as dimensões aproximadas de alguns objetos, para referência.

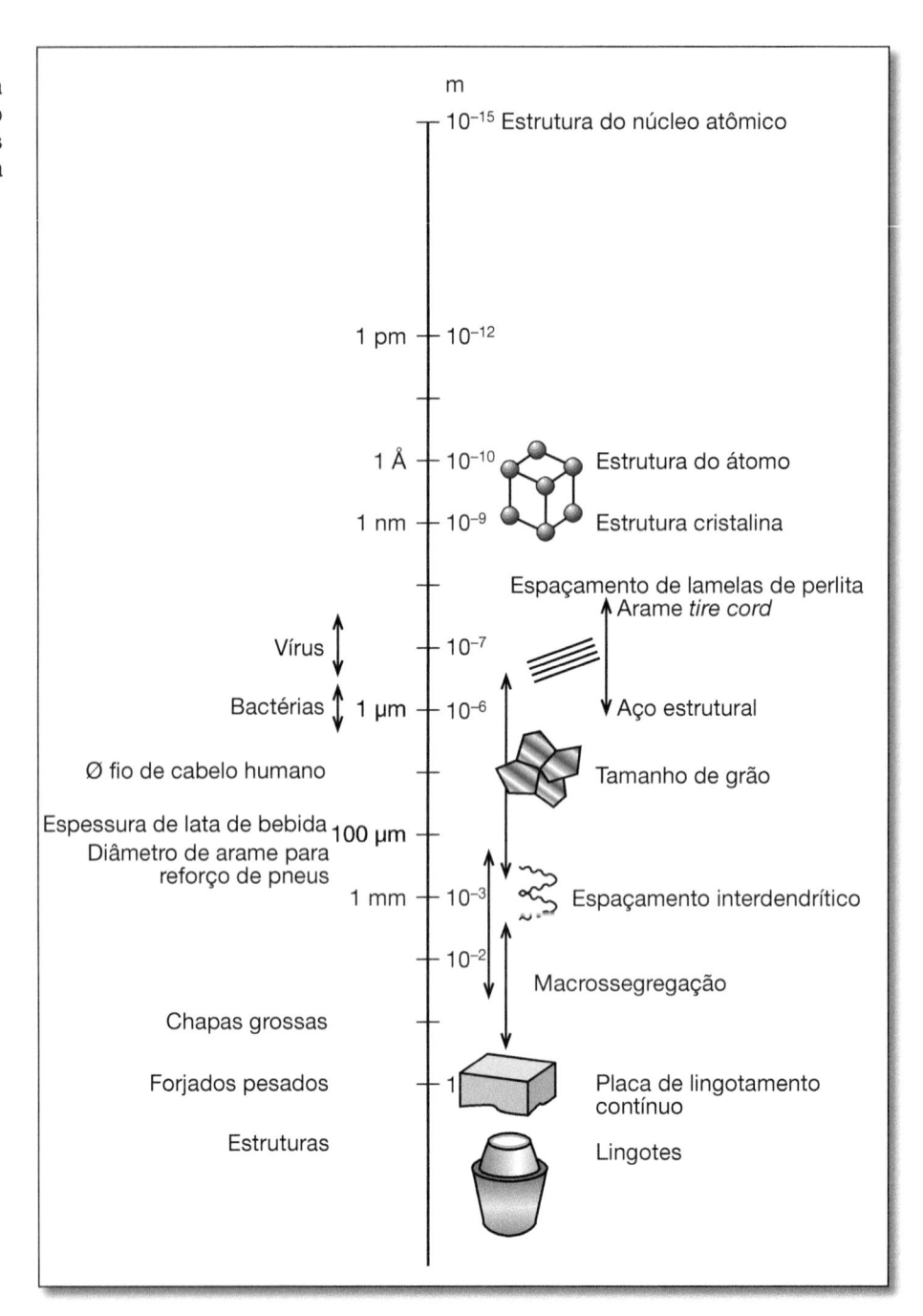

4. A Estrutura Cristalina das Ligas de Ferro

A maior parte dos metais apresenta, à pressão ambiente (1 atm) uma única estrutura cristalina, estável desde a temperatura ambiente até seu ponto de fusão. As estruturas de ocorrência mais comum são as estruturas compactas CFC e HCP (hexagonal compacta) e a estrutura não-compacta CCC. O ferro é excepcional, neste aspecto, e apresenta polimorfismo, isto é, apresenta duas estruturas cristalinas à pressão ambiente, dependendo da temperatura. A baixas temperaturas (até 910 °C) o ferro tem a estrutura CCC. Acima desta temperatura, a estrutura CFC se torna mais estável. Acima de 1394 °C a estrutura CCC volta a ser estável até o ponto de fusão do ferro (1535 °C). Assim, as diferentes fases[4] do ferro são estáveis em diferentes faixas de temperatura (e de pressão) (Figura 1.2)[5].

A possibilidade de realizar e controlar a transformação de aços entre estas duas estruturas é uma das ferramentas mais úteis e mais amplamente empregadas no controle da estrutura dos produtos de aço.

O arranjo dos átomos em determinada estrutura cristalina está ligado às interações entre estes átomos. Quando átomos de outros elementos são misturados aos átomos de ferro, formando uma liga, a presença destes átomos afeta a estabilidade dos diferentes arranjos de átomos. Assim, por exemplo, a adição de carbono ao ferro produz alterações na estabilidade relativa entre as fases. Uma maneira de representar estas

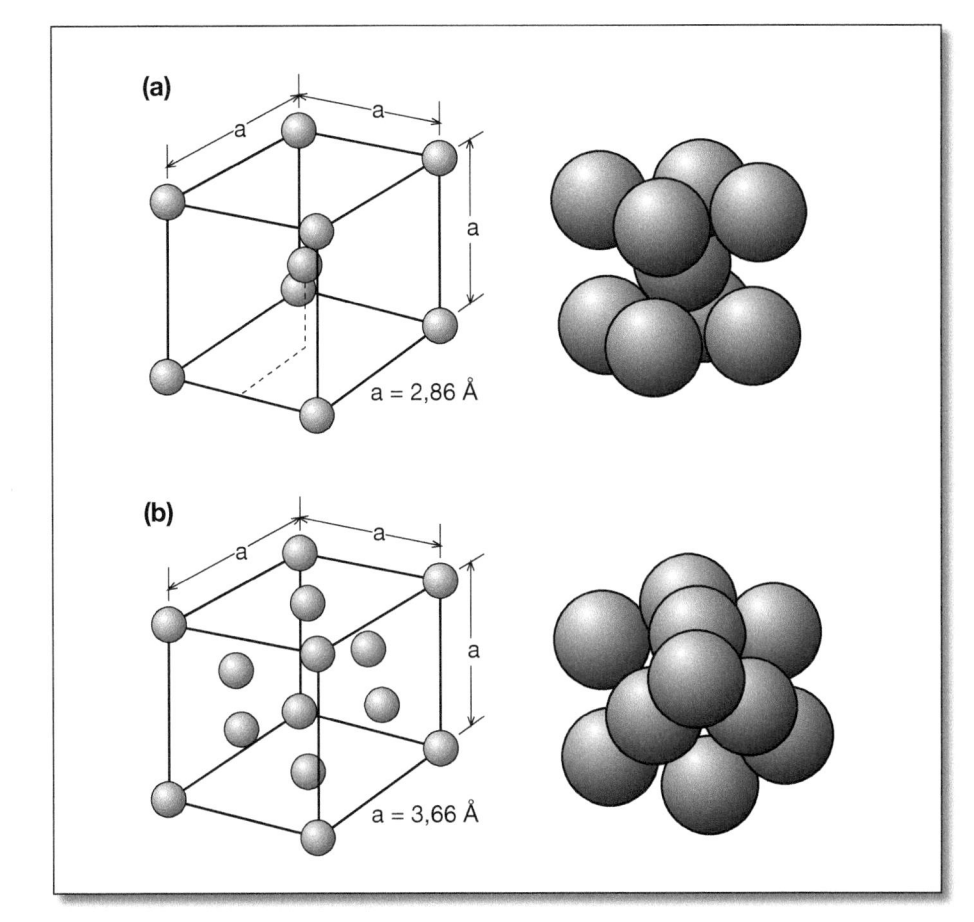

Figura 1.2
(a) Estrutura cúbica de corpo centrado (CCC). O parâmetro de rede do ferro puro, a temperatura ambiente, é de 2,86 Å[6]. (b) Estrutura cúbica de face centrada (CFC). O parâmetro de rede do ferro puro à temperatura de 1200 °C é de aproximadamente 3,66 Å.

(4) Fase é uma porção homogênea de um sistema. Em geral, uma fase é caracterizada pelo seu estado físico, estrutura cristalina (no caso de fases sólidas) e composição química. Alguma heterogeneidade de composição química pode existir dentro de uma fase.

(5) Para melhor visualizar as estruturas veja: http://www.msm.cam.ac.uk/phase-trans/2003/Lattices/iron.html

(6) Å, Angstron. 1 Å = 0,1 nm. Unidade de comprimento, cujo nome homenageia Anders Jonas Ångstron (1814-1874), físico sueco, pioneiro da espectroscopia.

alterações é através de um diagrama de equilíbrio de fases, como o mostrado na Figura 1.3. Observa-se, neste diagrama, que a adição de carbono reduz o ponto de fusão das ligas de ferro até cerca de 4,2% C e que até cerca de 0,8% C a adição de carbono aumenta a estabilidade da estrutura CFC em relação a CCC.

Assim, a adição de elementos de liga ao ferro permite alterar a estabilidade relativa das fases e, conseqüentemente, afetar a estrutura que se formará em um aço. Estes elementos têm ainda outros efeitos importantes que serão discutidos posteriormente.

Figura 1.3
Diagrama de equilíbrio de fases Fe-C. As transformações de fase do ferro puro estão indicadas ao lado do eixo vertical (0%C) correspondente ao ferro puro. A região de temperatura, em que a fase CFC (chamada γ, ou austenita) é estável, aumenta com a adição de carbono. A fase CCC (chamada ferrita) à baixa temperatura, só é capaz de dissolver, no máximo, 0,018%C, enquanto que, à alta temperatura, a solubilidade é de 0,09%C. Acima destes teores de carbono, outras fases mais estáveis começam a se formar.

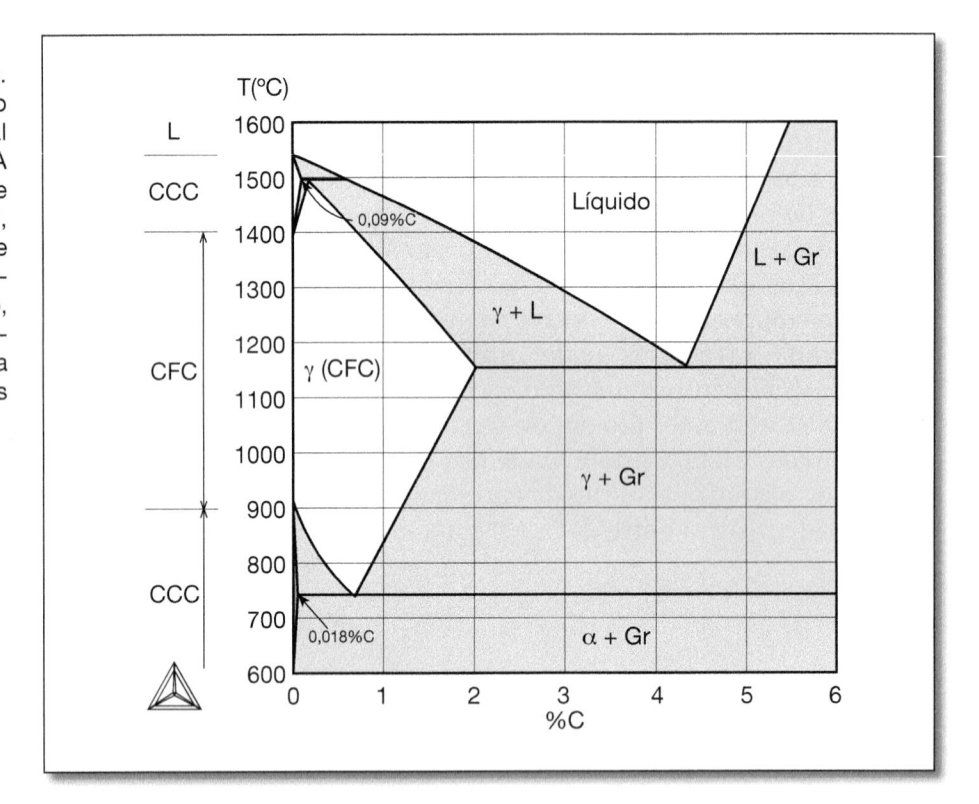

5. Caracterização de Aços

A combinação de composição química e estrutura é responsável pela definição das propriedades de um aço. A caracterização da composição química é feita através de diversos métodos e técnicas de análise química. A caracterização da estrutura é realizada, também, através de várias técnicas analíticas que dependem, fundamentalmente, da escala da estrutura que se deseja caracterizar. A Tabela 1.1 apresenta algumas das técnicas de caracterização estrutural de metais em função da escala a que se aplicam.

As técnicas metalográficas (micrográficas e macrográficas) aplicam-se à caracterização da estrutura, em escala micro e macroscópica, respectivamente. A maior parte das características estruturais determinantes para o desempenho dos metais está na faixa de 10 nm até 1 mm, faixa coberta por diversas técnicas metalográficas. Daí vem a importância da metalografia para o desenvolvimento e controle das características dos aços.

As diversas técnicas metalográficas são discutidas em mais detalhes nos Capítulos 4, 5 e 6.

Tabela 1.1
Técnicas de caracterização usuais para metais.

Escala (valores de dimensões aproximados)	Técnica de caracterização
Estrutura cristalina (Å)	Difração de raios X Microscopia eletrônica de transmissão (difração de elétrons)
Características estruturais na faixa de 10-100 nm (discordâncias, falhas de empilhamento, grãos ultrafinos etc.)	Microscopia eletrônica de transmissão
100 nm-1000 µm	Microestrutura eletrônica de varredura Microscopia de força atômica
1 µm-1000 µm	Microscopia ótica Microscopia confocal laser
1-1000 mm	Macrografia

6. Composição Química dos Aços

Além do carbono, que nem sempre é um elemento desejado no aço, vários elementos químicos podem estar presentes na composição do aço. Quando os elementos não são adicionados deliberadamente, são chamados de "residuais". Embora seja consagrada a nomenclatura "elementos de liga" para os demais elementos adicionados ao aço visando afetar seu comportamento, é freqüente omitir-se, das discussões, diversos elementos críticos para o desempenho do aço que não se classificam diretamente como residuais ou como elementos de liga, como usualmente entendido. A Figura 1.4 apresenta um resumo das principais funções dos elementos adicionados ao aço. Além disto, devem ser considerados os elementos residuais, provenientes da sucata, principalmente, tais como cobre, arsênico, antimônio, zinco, chumbo[7], e elementos provenientes da atmosfera, como nitrogênio e hidrogênio e o oxigênio, agente de refino amplamente empregado e que se dissolve no aço (Capítulo 2).

Os diferentes efeitos dos elementos adicionados ao aço, listados na Figura 1.4 são discutidos nos capítulos a seguir.

_____

(7) Diversos elementos podem ser considerados residuais, em um aço, e adições deliberadas ("elementos de liga"), em outros. Por exemplo: cobre é uma adição deliberada em aços estruturais patináveis e chumbo pode ser adicionado em aços para corte fácil, embora este emprego venha sendo reduzido, devido ao impacto ambiental.

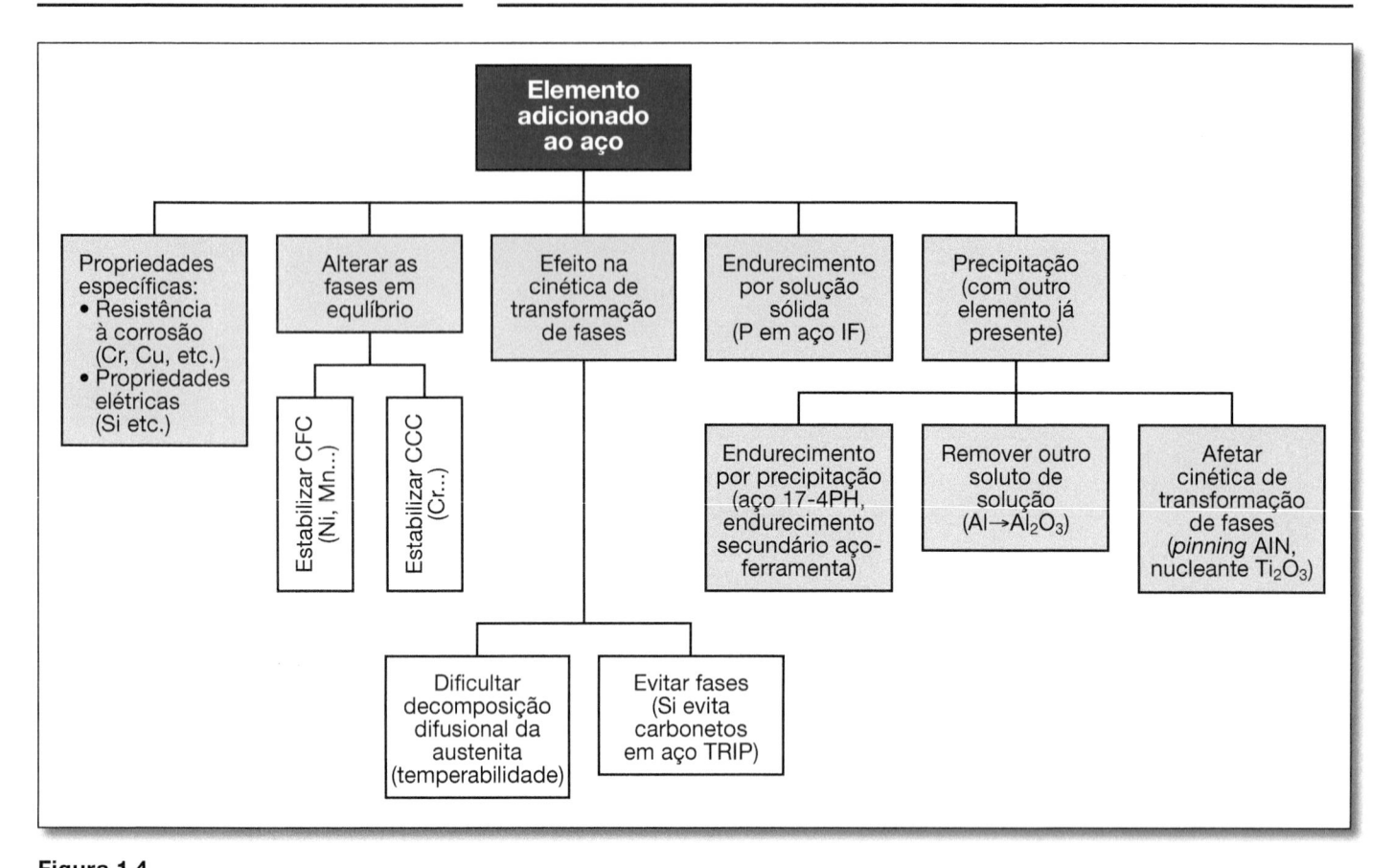

Figura 1.4
Apresentação esquemática das principais funções dos elementos adicionados ao aço. Alguns exemplos são incluídos, entre parênteses, em cada função. Naturalmente, há elementos que cumprem mais de uma função no projeto de liga (*alloy design*) de um aço.

CAPÍTULO 2

OS PROCESSOS DE PRODUÇÃO DE AÇO

1. Introdução

Classicamente, define-se aço como uma liga ferro-carbono com até cerca de 2%[(1)] de carbono [1]. Este limite é associado à máxima solubilidade do carbono no ferro com estrutura CFC (austenita, Figura 1.3). Ligas com maiores adições de carbono têm ponto de fusão mais baixo e são adequadas à fundição, sendo denominadas ferros fundidos. A adição de outros elementos de liga altera este limite, de forma que a definição baseada neste limite de composição química deveria ser limitada somente aos chamados "aços carbono".

No passado, à medida que se reduzia o conteúdo de carbono, as ligas de teor muito baixo de carbono eram classicamente denominadas "ferros". A capacidade dos processos de refino de produzirem aços com teores muito baixos de carbono levou ao desenvolvimento dos aços IF (*interstitial free*), entre outros, em que os teores de carbono máximos estão na faixa de dezenas de partes por milhão (ppm), questionando a validade desta classificação. Por outro lado, a visão tradicional de que aços são ligas à base de ferro capazes de se deformarem plasticamente [2] é contestada pelo desenvolvimento de ferros fundidos, como os ferros nodulares que podem ter excelentes combinações de resistência e ductilidade (Capítulo 17).

Esta discussão reflete, claramente, a importância das ligas à base de ferro (aços e ferros fundidos) como materiais de engenharia e sua evolução constante. Enquanto o aço é a liga mais amplamente empregada, a produção de ferros fundidos representa cerca de 70% de toda a produção mundial de fundidos [3].

Embora produtos de aço tenham sido produzidos a partir de meteoritos, somente a capacidade de obter ferro de seus minérios e, mais ainda, de produzi-lo em estado líquido viabilizou a produção em escala significativa do ferro e, posteriormente, do aço. Após o século XIV foram desenvolvidos fornos capazes de reduzir o óxido de ferro a ferro metálico, e também fundi-lo, permitindo que o produto metálico fosse facilmente retirado do forno na forma líquida e, adicionalmente, fundido nas formas desejadas. Dois fatores contribuíram para que se conseguisse produzir metal líquido:

a) Em primeiro lugar, o aumento das dimensões dos fornos de redução e o uso de carvão ou coque como redutor e combustível melhoram a eficiência térmica, permitindo a elevação da temperatura no interior do forno.

b) A presença de carbono em excesso, no interior do forno, permite que o ferro dissolva grandes quantidades deste elemento, reduzindo significativamente o ponto de fusão do metal (Figura 1.3) [4].

O ferro líquido assim produzido é rico em carbono e contém impurezas indesejadas. Esta combinação resulta em um produto com propriedades algo limitadas. Tais desenvolvimentos viabilizaram, entretanto, o desenvolvimento da fundição ferrosa e incentivaram o desenvolvimento dos processos de refino para a produção de aços.

A combinação de um processo de redução de minérios com processos de refino do metal produzido levou ao modelo atual de usina siderúrgica, apresentado esquematicamente na Figura 2.1.

---

(1) Ao longo deste texto todas as concentrações e composições (ppm ou %) são expressas em relação à massa, exceto se explicitamente indicado de outra forma.

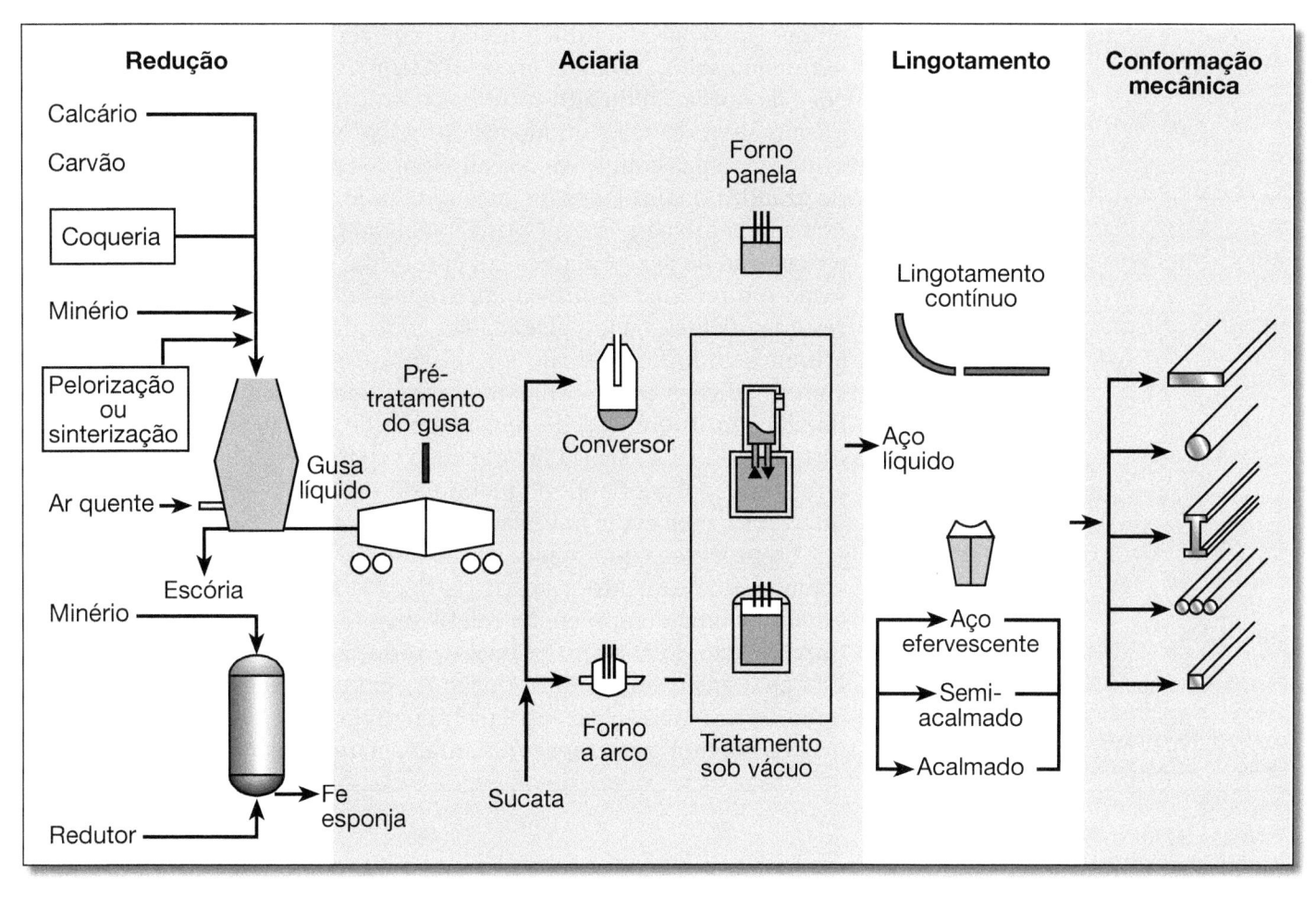

Figura 2.1
Fluxograma de produção de aço com as diversas alternativas de processo para cada etapa. Naturalmente, nem todas as usinas têm todos os equipamentos listados.

2. Os Processos de Redução

Há, atualmente, duas vias principais para produzir ferro a partir de minério de ferro: o alto-forno e os processos de redução direta.

Como o ferro, no minério, se encontra oxidado (Fe^{+3}, Fe^{+2}), o processo químico para transformá-lo em ferro metálico(Fe^{0}) é um processo de "redução". Por esta razão, estes processos são chamados de processos de redução.

2.1. Alto-forno

O processo clássico de redução do minério de ferro é o alto-forno, resultado de cerca de 500 anos de desenvolvimento técnico. No alto-forno, óxido de ferro é reduzido por gases gerados a partir de coque (um produto da destilação controlada do carvão mineral) ou carvão vegetal e adições de carvão pulverizado. O aquecimento ocorre pelo sopro de ar pela região inferior do forno, que queima parte do carbono introduzido no forno. O produto da redução é obtido sob a forma líquida em um cadinho na parte inferior do forno (para uma descrição mais detalhada ver [4], por exemplo).

As condições reinantes no interior do forno são tais que uma parcela significante do fósforo presente no minério e do enxofre presente nos carvões e coques usados se incorpora ao metal produzido, o gusa, embora uma parte significativa das impurezas carregadas no forno seja eliminada sob a forma de escória. Além disto, dependendo das condições de operação do alto-forno, os teores de manganês e de silício do gusa podem ser mais ou menos elevados. Nas grandes siderúrgicas, a otimização das condições dos altos-fornos para a produção econômica de grandes quantidades de gusa resulta em uma composição química que, em geral, só pode ser utilizada como produto intermediário para a obtenção de aço. A Figura 2.2 apresenta, esquematicamente, o alto-forno e o balanço de massa aproximado de uma operação. A temperatura suficientemente elevada faz com que o metal líquido goteje até atingir o cadinho do forno e a mistura das impurezas não reduzidas com as adições de escorificantes permite a formação de uma escória líquida. As diferenças de densidade e de tensão superficial entre o metal líquido e a escória favorecem a separação das fases, permitindo a retirada independente do metal e da escória, do forno, por orifícios diferentes, com estas finalidades.

Os processos que se passam no interior do alto-forno são bastante complexos e somente a partir da década de 1960 começou a se estabelecer uma compreensão relativamente clara de como se passam. Gaseificação do coque, combustão, redução do minério no estado sólido pelo gás, seguida de redução de óxidos líquidos, assim como as importantes interações entre metal líquido e óxidos líquidos são algumas das complexas etapas que influenciam o resultado global do que

Figura 2.2
O processo de produção de gusa em alto-forno. À esquerda, balanço de massa típico para a produção de 1 mol de ferro contido no ferro-gusa. À direita, arranjo físico do processo.

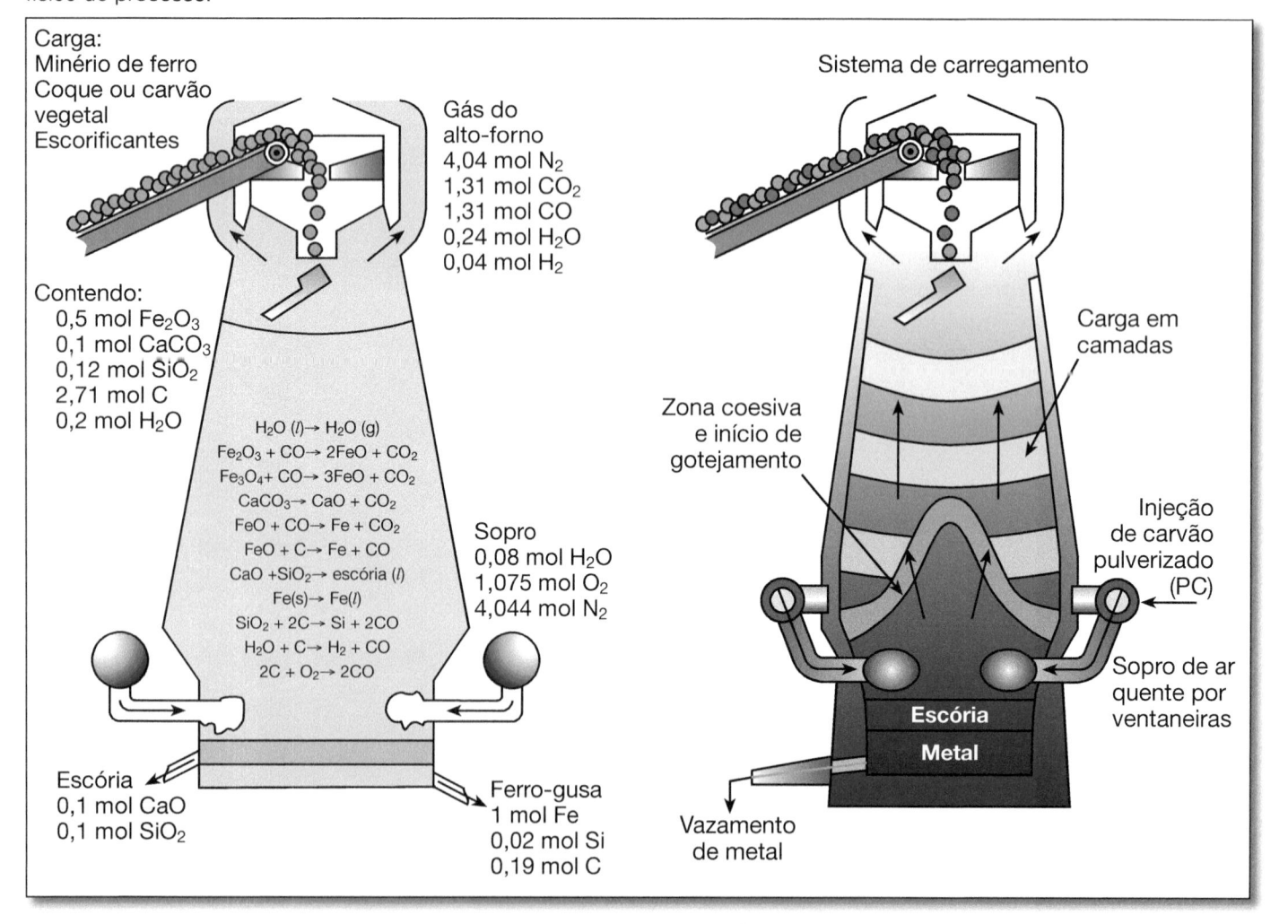

ocorre no interior do alto-forno, onde o tempo de residência do metal pode chegar a doze horas. As reações apresentadas na Figura 2.2 são, portanto, representações dos estados macroscópicos de equilíbrio termodinâmico que o sistema busca e não descrições exatas do mecanismo de como os processos se passam no interior do forno.

2.2. Processos de Redução Direta

Alternativamente ao que ocorre no alto-forno, o processo de redução pode se passar em condições em que o metal reduzido seja produzido no estado sólido. Tais processos são chamados de processos de redução direta. Historicamente, os processos de redução direta precederam o alto-forno. Entretanto, não puderam evoluir para grandes escalas de produção e foram ultrapassados pelo alto-forno.

Neste processo, o produto da redução é uma massa porosa, com o formato aproximado da fonte de ferro carregada no equipamento, e é chamado de ferro-esponja. Os processos de redução direta têm se beneficiado também da carbonetação do ferro produzido, formando uma fração de Fe_3C. Este carboneto tem ponto de fusão mais baixo que o ferro metálico e agrega carbono à carga do forno elétrico, melhorando o desempenho do ferro-esponja nestes fornos. Como o produto da redução direta é sólido, em geral uma parte significativa das impurezas do minério é retida no produto final.

Modernamente, todo o produto de redução direta é utilizado como carga para processos de refino em aciaria, notadamente aciarias elétricas.

2.2.1. Produtos Históricos de Redução Direta

O processo de refino do aço envolve não apenas reduzir os teores de solutos, como carbono, enxofre, fósforo e silício, como também aumentar a temperatura do metal, de modo a mantê-lo líquido à medida que o teor de carbono diminui, como indicado na Figura 2.3.

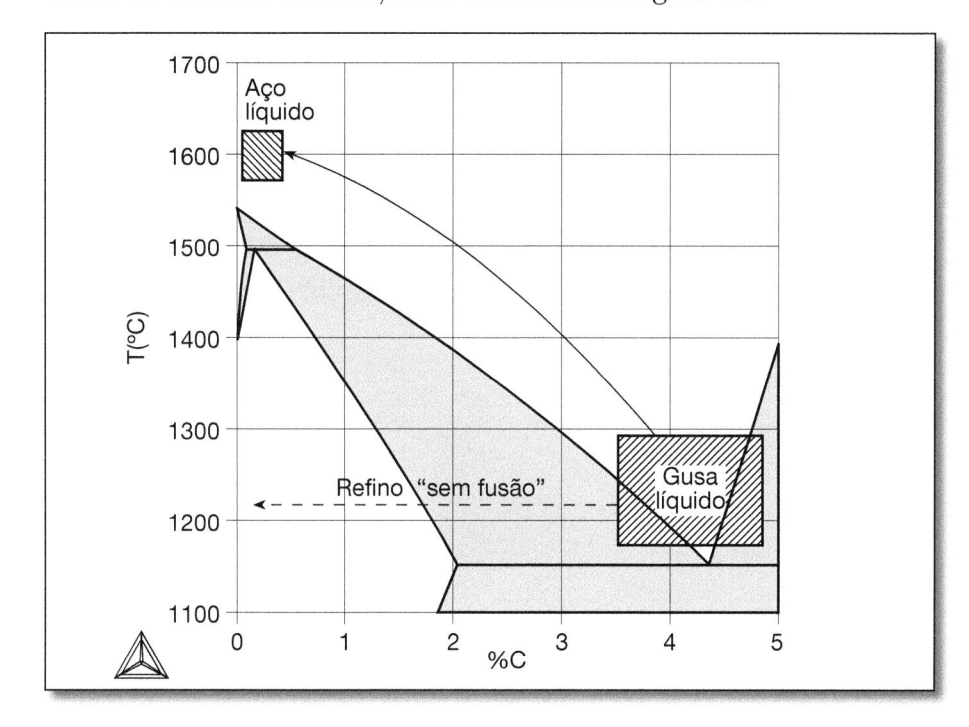

Figura 2.3
A produção de aço, em aciaria, envolve a alteração da composição química e o aumento da temperatura, para manter a carga líquida. Processos antigos de obtenção de produtos ferrosos conduziam o refino sem atingir o estado líquido. Eventuais resíduos eram retidos como "escória" dentro do produto.

Até o final do século XIX e início do século XX, antes do estabelecimento das aciarias que hoje dominam a siderurgia, eram comuns processos de obtenção de produtos de ferro com teor de carbono mais baixo através de "forjamento".

Em antigas "forjas" como a catalã, carregava-se minério de ferro e carvão vegetal e algum fluxante, como o calcário, que permitia que a ganga do minério tivesse seu ponto de fusão reduzido e ficasse mais plástica. O ferro assim produzido tinha baixo teor de carbono e continha muitas partículas de escória, porém tinha grande plasticidade, o que viabilizava sua conformação em "forja" de ferreiro, ficando conhecido como ferro forjado, ou *wrought iron*. Mais tarde, este mesmo ferro passou a ser obtido por descarburação lenta nos fornos inventados por Henry Cort no século XVIII (fornos revérberos, principalmente, chamados fornos de "pudlagem") [5]. O ferro assim produzido, por vezes, é chamado ferro pudlado. Neste processo, minério e escorificantes eram adicionados ao gusa, produzindo a oxidação do silício e do manganês e, posteriormente, do carbono. As temperaturas não eram suficientes para atingir o ponto de fusão do ferro descarburado (Figura 2.3), de modo que uma massa de ferro pastosa contendo resíduos de óxidos escorificados (inclusões não-metálicas) era produzida e levada para forjamento [6]. O produto obtido é apresentado nas Figuras 2.4 e 2.5.

Figura 2.4
Exemplo de ferro "forjado" (*wrought iron*). A matriz é composta de ferrita com teor de carbono muito baixo. Grande quantidade de inclusões não-metálicas à base de silicato (escória do processo de fabricação). As inclusões são alongadas na direção de maior deformação no forjamento, pois eram plásticas na temperatura de trabalho. (Ataque: Nital 2%) Cortesia de DoITPoMS, Department of Materials Science and Metallurgy, University of Cambridge [7].

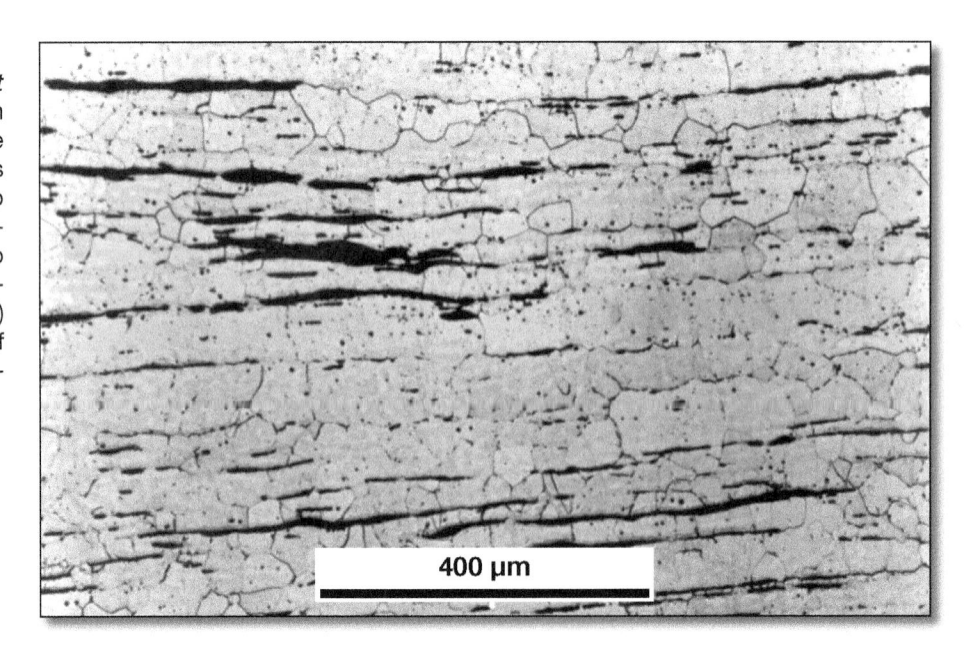

400 µm

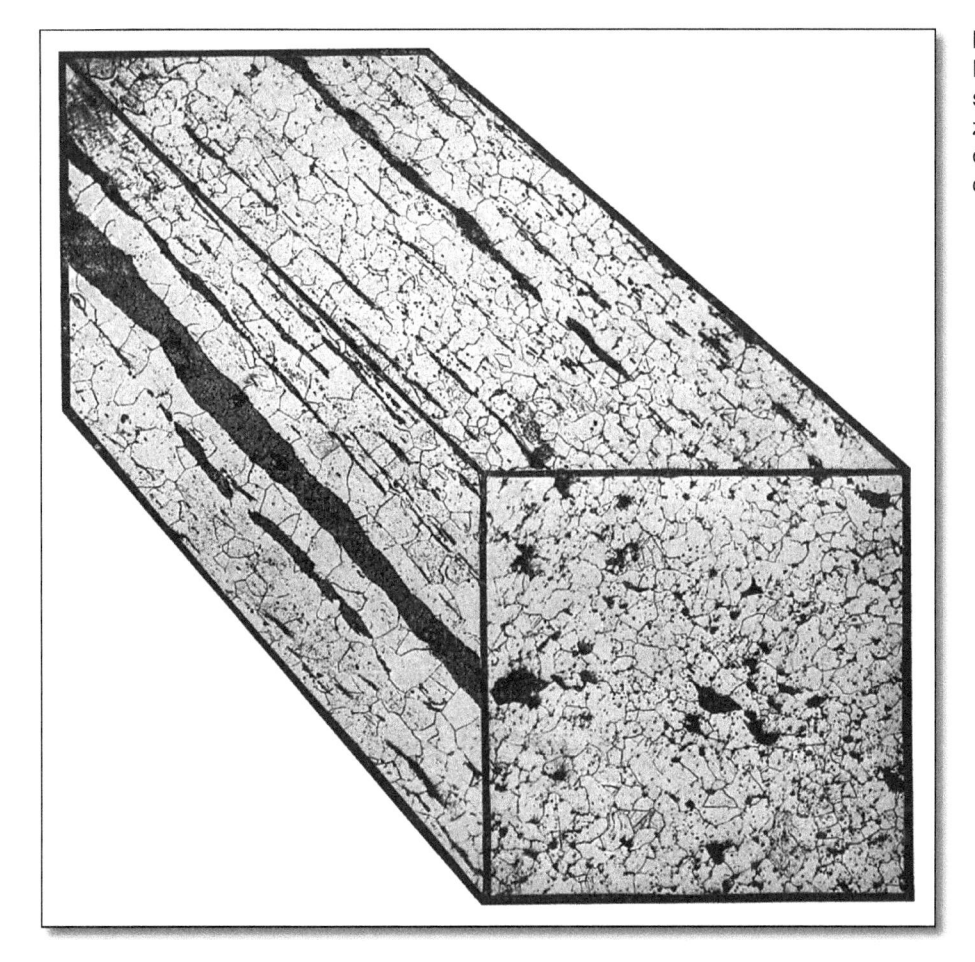

Figura 2.5
Ferro "forjado". Reconstrução tridimensional com três micrografias. Reproduzido de [8]. Observa-se o alongamento das inclusões não-metálicas na direção de forjamento.

3. Aciaria

Por volta do meio do século XIX, Sir Henry Bessemer desenvolveu e patenteou um processo para "converter" o gusa em aço, através da insuflação de ar, sob pressão, no gusa líquido. O processo se passava em um forno cilíndrico, semelhante aos conversores atuais, e o ar era insuflado por ventaneiras situadas no fundo do forno. O processo foi desenvolvido, posteriormente, para operar com refratários básicos e permitir o uso de escórias também básicas, que permitiam reações de desfosforação e alguma dessulfuração. A insuflação de ar, entretanto, tinha dois inconvenientes: o metal produzido era rico em nitrogênio, o que nem sempre era conveniente sob o ponto de vista das propriedades mecânicas do aço [4] e havia uma grande perda de energia associada ao calor perdido com o nitrogênio gasoso que deixava o forno. O balanço térmico deste conversor impossibilitava a fusão de sucata, portanto. Além disto, operando em condições oxidantes, a dessulfuração era pouca ou insignificante.

Na mesma época, William Siemens, na Inglaterra, desenvolveu um forno que aproveitava, através de trocadores de calor estáticos, chamados regeneradores, o calor dos gases de combustão e permitia pré-aquecer o ar usado na combustão. Usando esta tecnologia, na França, Martin desenvolveu um forno capaz de atingir temperaturas suficientemente altas para manter o aço de baixo carbono no estado líquido, que veio a ser conhecido como Siemens-Martin[2]. Embora o refino do gusa até aço, nestes fornos, fosse muito mais lento que em conversores, a possibilidade de fundir sucata e a capacidade de dessulfurar o aço produzido mantiveram o forno Siemens-Martin viável por mais de um século.

O advento da produção do oxigênio em escala industrial (que passou a ser injetado em conversores) e o aumento do custo dos combustíveis empregados em fornos Siemens-Martin condenaram-nos ao desaparecimento quase completo no final da década de 1970.

3.1. Conversores a Oxigênio

O primeiro tipo de conversor capaz de aproveitar o oxigênio produzido em escala industrial foi o conversor LD[3] (Linz-Donawitz, desenvolvido na Áustria) (Figura 2.6).

Nestes conversores o oxigênio é soprado por uma lança refrigerada, situada sobre o banho metálico. O sopro, adequadamente controlado, produz a formação de escória rica em óxido de ferro e, em seguida, a formação de uma emulsão entre metal, gás e escória, onde as reações de refino se passam de forma extremamente rápida. Tempos de sopro de oxigênio da ordem de 20 minutos e tempo *tap-to-tap*[4] de aproximadamente 35-40 minutos são normais.

No início do uso do oxigênio industrial, não foi possível empregar o sopro de oxigênio pelo fundo dos conversores: a rápida oxidação, altamente exotérmica, que ocorria próxima ao fundo do forno causava uma combinação de alta temperatura e presença de óxido de ferro (FeO), que era extremamente danosa para os refratários. Posteriormente, desenvolveram-se técnicas de refrigeração localizada, com a injeção de diferentes hidrocarbonetos, que viabilizaram, no final da década de 1950, conversores com sopro de oxigênio pelo fundo do conversor (sopro por baixo) (Figura 2.6), sendo o mais conhecido o processo Q-BOP[5].

Figura 2.6
Conversores a oxigênio. Conversor LD (ou BOF), com sopro de oxigênio por cima e conversor Q-BOP com sopro de oxigênio pelo fundo do conversor [4].

(3) Em inglês *Basic Oxygen Furnace* ou *Basic Oxygen Process* (Forno ou Processo Básico a Oxigênio).

(4) Tempo gasto entre o vazamento de uma corrida e o vazamento da corrida subseqüente, no mesmo forno.

(5) *Quick Basic Oxygen Process*.

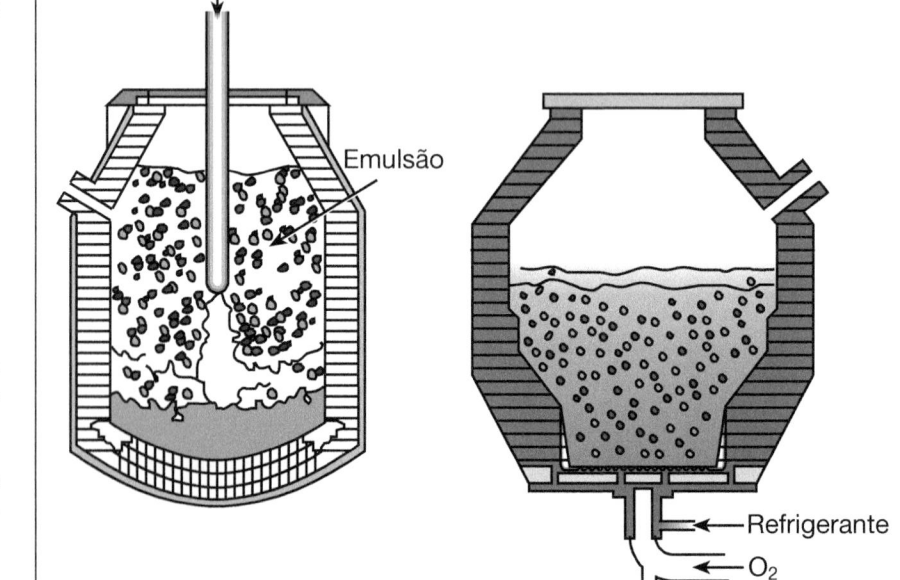

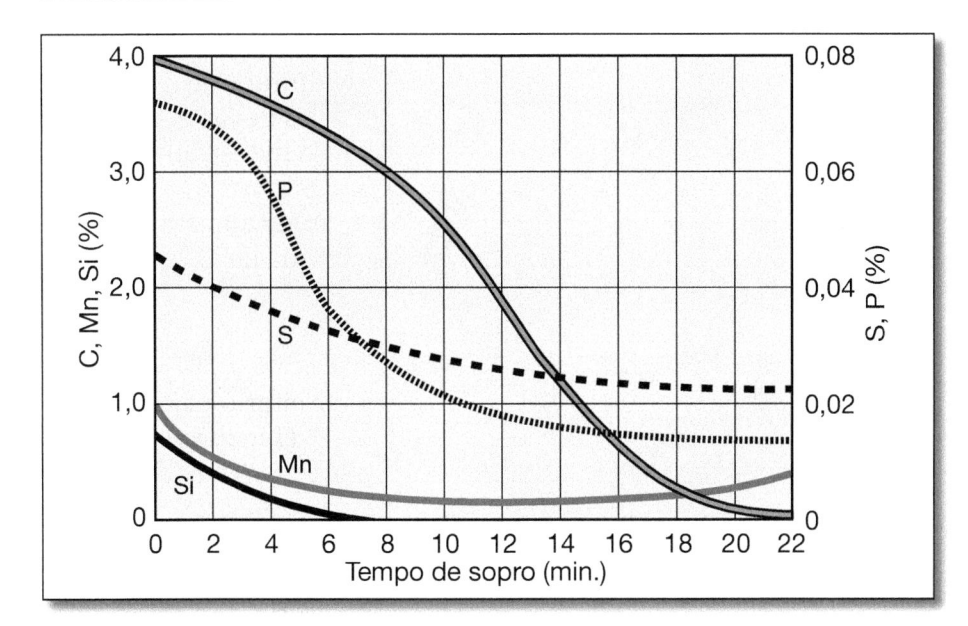

Figura 2.7
Progresso da composição química do metal durante o refino em conversor [4].

A Figura 2.7 mostra o progresso das reações de refino em um conversor típico.

As principais reações que ocorrem durante o refino são reações de oxidação, decorrentes do sopro de oxigênio e da presença de uma escória, formada por cal que é adicionada e por produtos das reações de oxidação.

Como as principais reações de refino são reações de oxidação, a capacidade do ferro de dissolver oxigênio no estado líquido é, possivelmente, um dos fatores importantes para permitir as rápidas taxas com as quais se passam os processos de refino do aço. Os processos de conversão aproximam-se dos equilíbrios das reações descritas na Tabela 2.1, não os atingindo, entretanto. Em particular, o equilíbrio entre carbono e oxigênio dissolvidos no aço e FeO na escória tem implicações importantes na eficiência do processo: quanto maior o teor de FeO na escória, tanto mais ferro é perdido no processo. O processo Q-BOP apresenta vantagem significativa sobre o processo LD, neste aspecto, como mostra a Figura 2.8. A modificação dos conversores LD para incluir sopro de gás inerte pelo fundo do conversor (sopro combinado) permitiu melhorar o rendimento metálico destes conversores, aproximando-os dos conversores Q-BOP.

Tabela 2.1
Principais reações no processo de refino. Elementos sublinhados estão dissolvidos no metal. Espécies entre parênteses estão dissolvidas na escória.

$\underline{Si} + 2\,\underline{O}\ (SiO_2)\ (1)$	
$Fe + \underline{O} \rightleftharpoons (FeO)\ (2a)$	$Fe + CO \rightleftharpoons (FeO) + \underline{C}\ (2b)$
$\underline{P} + 2\,\underline{O} + 3\,(O^{-2}) \rightleftharpoons (PO_4^{-3})\ (3a)$	$2\,\underline{P} + 5(FeO) + 3\,(CaO) \rightleftharpoons (CaO)_3(P_2O_5) + 5\,Fe$
$\underline{C} + \underline{O} \rightleftharpoons CO\ (g)\ (4)$	
$\underline{S} + (O^{-2}) \rightleftharpoons \underline{O} + S^{-2}\ (5a)$	$\underline{S} + (CaO) \rightleftharpoons \underline{O} + (CaS)\ (5b)$

Figura 2.8
Grau de oxidação da escória em diferentes conversores, em função do teor de carbono no fim de sopro [4].

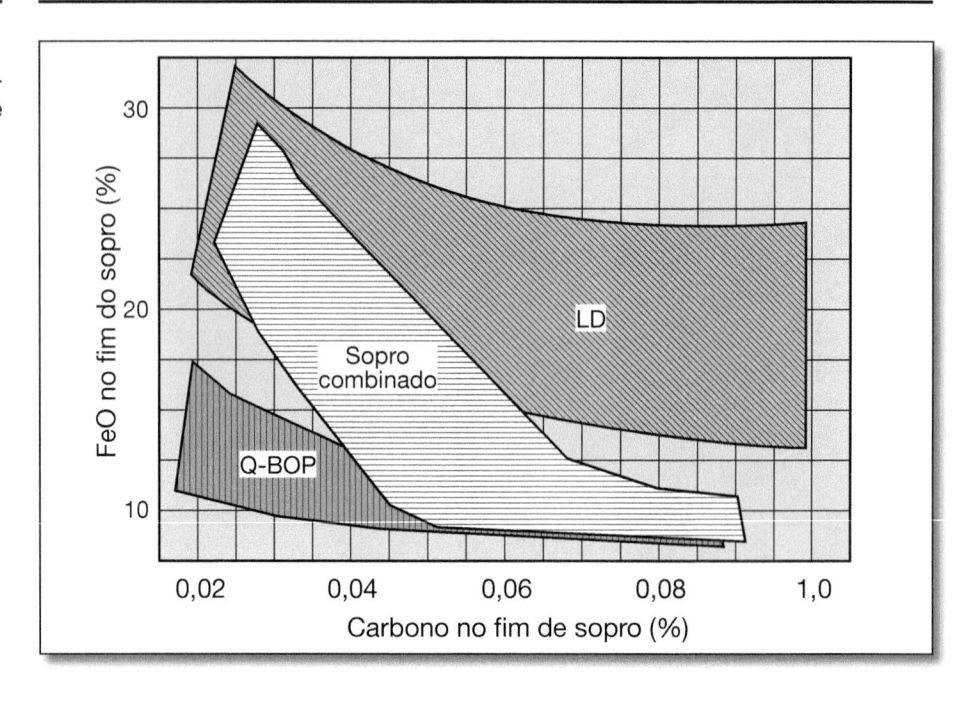

Figura 2.9
Diagrama de equilíbrio Fe-O. A figura (a) mostra a solubilidade do oxigênio no ferro líquido e os diversos óxidos formados. A figura (b) é um detalhe da região rica em ferro, entre 0 e 0,01% (100 ppm) de oxigênio, mostrando a reduzidíssima solubilidade do oxigênio em todas as fases do ferro sólido. Adaptado de [9 e 10].

O diagrama de equilíbrio Fe-O, na Figura 2.9, permite observar que a solubilidade do oxigênio no ferro líquido, a 1600 °C é de cerca de 0,2%. A baixa solubilidade do oxigênio no ferro sólido, entretanto, exige cuidados especiais de desoxidação e pode dar origem a defeitos importantes nos produtos de aço.

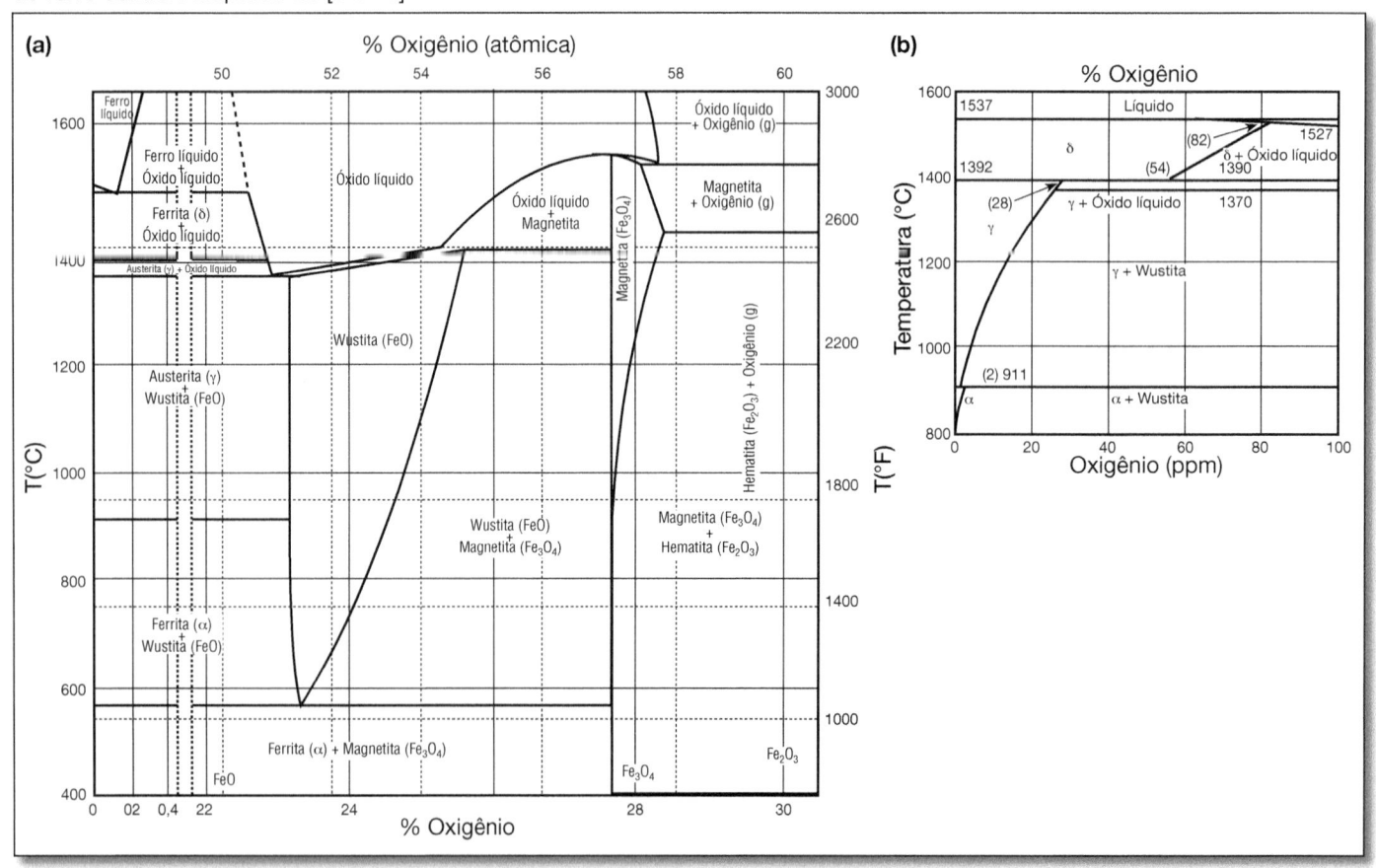

O progresso das reações de refino pode ser mais facilmente entendido, de forma semi-quantitativa, empregando-se o princípio de Le Chatelier[6]. Assim, quando os produtos de qualquer reação se dissolvem na escória, diminuindo sua atividade ou seu potencial químico, esta reação tenderá a formar mais produto, para minimizar o efeito da mudança. Alternativamente, aumentando-se a atividade ou o potencial químico de um reagente (por exemplo, dissolvendo-se mais oxigênio no aço), as reações tenderão a consumir mais este reagente. Desta forma, escórias básicas (com teores elevados de CaO) são empregadas, pois dissolvem bastante bem as espécies formadas nas reações listadas na Tabela 2.1. Adicionalmente, as escórias básicas fornecem o íon O^{-2}, um reagente nas reações usuais de desfosforação e dessulfuração. Avaliando-se a reação de dessulfuração (reações 5a ou 5b, Tabela 2.1), é fácil entender que ela não será favorecida em conversores onde o teor de oxigênio dissolvido é alto, já que este é um produto da reação.

3.2. Forno Elétrico a Arco

O forno elétrico a arco é, sem dúvida, o instrumento mais versátil de produção de aço, e vem se tornando também, nas últimas décadas, um dos mais eficientes.

Algumas importantes vantagens do forno elétrico a arco são:
- Tem alta eficiência energética.
- Permite produzir praticamente qualquer tipo de aço, em função do controle do aquecimento virtualmente independente de reações químicas.
- É um aparelho extremamente versátil, no que tange à carga, podendo ser operado com 100% de carga sólida.
- Permite operação intermitente e mudanças rápidas na produção em escalas desde dezenas até centenas de toneladas.

O número crescente de fornos a arco instalados, a tendência a instalações cada vez maiores (fornos de 200 a 250 t) e a participação crescente destes fornos na produção mundial de aço são claras evidências da importância deste processo.

Por estes motivos, durante um longo tempo, os fornos elétricos a arco foram os equipamentos preferidos para a produção dos aços que precisavam ser submetidos a refino mais cuidadoso, envolvendo, por exemplo, desfosforação e dessulfuração até baixos teores destes elementos. A evolução tecnológica destes fornos, entretanto, conduziu à sua otimização como instrumentos de fusão. Tempos *tap-to-tap* inferiores a 50 minutos são atingidos desde o final da década de 1990 com o emprego de carga totalmente sólida. Sob o aspecto do balanço térmico, os fornos elétricos a arco de alta produtividade já consomem quantidades de oxigênio semelhantes aos conversores (40 Nm^3/t metal) resultando em que as reações de oxidação já representam cerca de 35% das "entradas" de energia nestes fornos.

Assim, o uso do forno elétrico como equipamento de refino, isto é, tratamento do aço já completamente fundido, tornou-se cada vez menos econômico transferindo parte das operações de refino para outros equipamentos (chamados equipamentos de metalurgia secundária). Dentre os processos secundários de refino (item 3.4), desenvolveram-se espe-

(6) "Quando um sistema em equilíbrio é submetido a uma mudança, ele tenderá a se reajustar, reagindo de maneira a minimizar o efeito desta mudança".

cialmente fornos auxiliares, chamados "fornos-panela" com capacidade de aquecimento elétrico, para onde o aço líquido pode ser transferido para a realização das atividades de refino, liberando o forno elétrico, principalmente para fusão, descarburação e desfosforação.

Os fornos elétricos a arco são os principais consumidores de sucata de aço. Conversores empregam cada vez menos sucata, uma vez que as usinas integradas se tornam mais eficientes, com menor geração de sucata interna e os operadores de fornos elétricos têm buscado a verticalização da produção, em vista do papel vital da sucata na operação de uma aciaria elétrica. Como a separação de sucatas não é perfeita, e a sucata de ferro é uma das sucatas metálicas mais baratas, é comum que alguma contaminação por outros metais esteja presente na sucata. Casos típicos são sucatas de produtos de aço revestidos, como folhas-de-flandres (revestidas por estanho) e produtos galvanizados (revestidos por zinco, ou zinco-alumínio). Além disso, a utilização de condutores elétricos de cobre em automóveis e eletrodomésticos também leva à contaminação da sucata por este elemento residual, por vezes indesejados.

Como ainda não existem processos economicamente viáveis para remover do ferro estanho, zinco, cobre e as impurezas a eles associadas (chumbo, antimônio, arsênio ...) e estes residuais podem ser indesejados em alguns produtos de aço, cabe ao operador de forno elétrico compor sua carga com um balanço de "metálicos"[7] que permita diluir o teor destes elementos na sucata e atingir os valores especificados. Os operadores de conversor não enfrentam problemas tão sérios pois consomem, principalmente, sua própria sucata, sendo possível, assim, segregar eficientemente a sucata de aço revestido, usada em quantidades limitadas, na elaboração de aços em que a contaminação por estes residuais é mais tolerável.

3.3. Desoxidação

Depois das reações de oxidação do aço é necessário reduzir o teor de oxigênio em solução a um nível aceitável para o produto sólido, isto é, que não exceda a solubilidade no ferro sólido e, conseqüentemente, cause o aparecimento de óxido de ferro de baixo ponto de fusão, como mostra o diagrama da Figura 2.9. Vários elementos têm maior afinidade pelo oxigênio do que o ferro. Os elementos mais comumente empregados como desoxidantes são alumínio, silício e manganês e combinações destes dois últimos. Uma conseqüência do emprego de desoxidantes é a formação de produtos sólidos ou líquidos de uma reação de desoxidação. Cuidados devem ser tomados no processamento posterior do aço, para que estes produtos de desoxidação tenham a oportunidade de se separar do aço líquido. Caso contrário, ficarão no produto sob a forma de inclusões não-metálicas, afetando as propriedades do aço.

Além disto, a solubilidade do óxidos usados na desoxidação decresce com a redução da temperatura de modo que, mesmo que fosse possível remover todos os produtos de desoxidação formados no aço líquido, é quase impossível produzir aço completamente isento de inclusões não-metálicas, embora a tecnologia siderúrgica venha permitindo

(7) Como estes elementos não ocorrem associados aos minérios de ferro, a opção é pelo uso de gusa (sendo mais comum gusa sólido) e ferro-esponja (produto de redução direta).

a produção de aços com cada vez menos partículas não-metálicas (ver Capítulo 8).

Como os conversores operam em condições bastante oxidantes, a desoxidação é tradicionalmente realizada durante ou após o vazamento do aço do conversor para uma panela. No forno elétrico a arco é possível realizar a desoxidação dentro do próprio forno, embora seja necessário considerar se, ao ocupar o forno elétrico com estas operações durante um tempo significativo, não se compromete a eficiência econômica da aciaria.

3.4. Processos de Refino Secundário

A dificuldade de controlar as variáveis termodinâmicas de forma adequada a favorecer as reações de refino desejadas, assim como a necessidade de otimizar, economicamente, a produção de aço, levou ao desenvolvimento de processos de refino secundário. Nestes processos o aço líquido proveniente dos processos primários (conversores e forno elétrico a arco) é submetido a operações de refino e ajuste de composição química e temperatura, principalmente.

Os primeiros processos de refino secundário desenvolvidos em ampla escala foram os processos de desgaseificação. Em função de problemas causados pelo hidrogênio no aço, foram desenvolvidos tratamentos do aço sob vácuo, visando principalmente a redução do teor de hidrogênio em solução no aço (ver Capítulo 10). Como o produto da reação do carbono com o oxigênio dissolvidos no aço é um gás (nas temperaturas de refino do aço, dentre os óxidos de carbono, praticamente só o CO é estável), esta reação também é sensível à redução da pressão. Assim, processos de desoxidação pelo carbono sob vácuo foram desenvolvidos em decorrência da introdução dos processos de desgaseificação. Os principais processos de desgaseificação são a desgaseificação em panela e a desgaseificação com circulação. Desgaseificação durante o lingotamento pode, também, ser empregada para lingotes muito grandes (Figura 2.10).

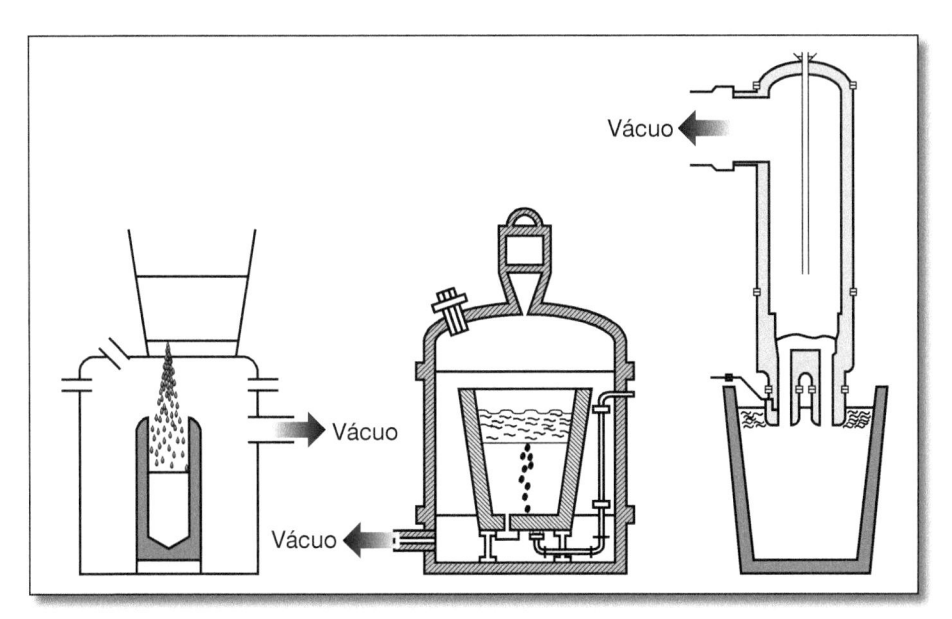

Figura 2.10
Processos de desgaseificação de aços mais usuais. Da esquerda para a direita: desgaseificação no lingotamento, desgaseificação em panela, desgaseificação por circulação RH.

Posteriormente, desenvolveram-se processos visando transferir para outro equipamento as atividades de refino que mais consumiam tempo no forno elétrico a arco, principalmente desoxidação, dessulfuração e, no caso de aços com maiores teores de elementos de ligas, adição, dissolução e homogeneização desses elementos. Desenvolveram-se assim os fornos-panela (Figura 2.11). Naturalmente, a introdução dos fornos panela foi também muito bem aceita pelos operadores de conversores, que passaram a poder produzir aços dessulfurados e com maiores teores de elementos de liga, aproveitando-se desta tecnologia.

O aproveitamento do efeito favorável da baixa pressão (ou da diluição por gás inerte) sobre a tendência à oxidação do carbono deu origem a processos de produção de aços inoxidáveis e aços elétricos ao silício, notadamente os processos VOD e AOD, onde a oxidação do carbono, ao invés do cromo e/ou do silício, é favorecida pela redução da pressão parcial do CO. Além disto, viabilizou a produção de aços com teores extrabaixos de carbono (da ordem de 20 ppm, como nos aços IF), neste caso favorecendo a oxidação do carbono em relação ao próprio ferro.

Figura 2.11
Esquema de um forno panela.

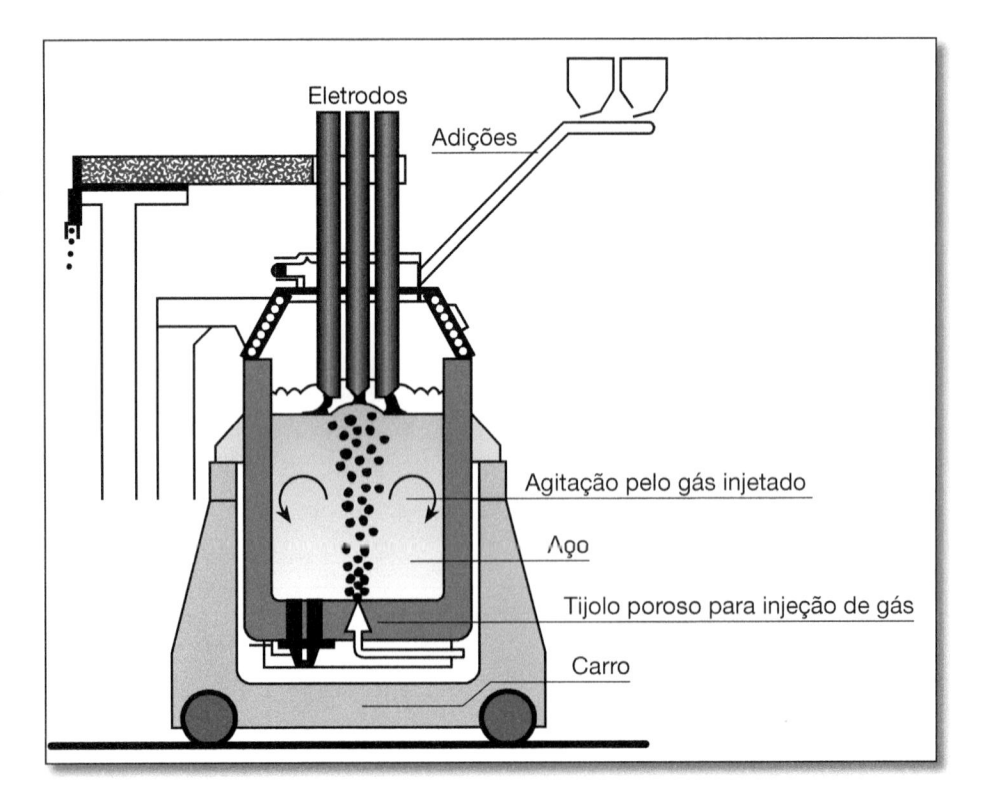

4. Processos Secundários de Refusão

Uma classe adicional de processos secundários emprega o aço já sólido como insumo e tem como um dos objetivos principais afetar o modo como o aço solidifica. Estes processos serão discutidos em mais detalhe no Capítulo 8.

Referências Bibliográficas

1. KRAUSS, G. *Steels: Processing, structure and performance.* Materials Park: ASM International, 2005.
2. OETERS, F. *Metallurgy of steelmaking.* Düsseldorf: Verlag Stahleisen. 1989.
3. STEFANESCU, D. M. *Solidification and modeling of cast iron – A short history of the defining moments.* Materials Science and Engineering A, 2005, v. 413-414, p. 322-333.
4. COSTA E SILVA A. L. V.; MEI, P. R. *Aços e ligas especiais.* 2.ª edição. São Paulo: Blucher, 2006.
5. PINTO, E. C. O. *Comunicação particular.* 2007: São Paulo.
6. WIKIPEDIA. *Puddling metallurgy*, 2007. http://en.wikipedia.org/wiki/ Puddling_%28metallurgy%29.
7. DoITPoMS. http://www.doitpoms.ac.uk/miclib/index.html, 2007, Dissemination of IT for the Promotion of Materials Science, Department of Materials Science and Metallurgy, University of Cambridge.
8. SAUVEUR, A. *Metallography and heat treatment of iron and steel.* 4.ª edição, New York, McGraw-Hill, 1935.
9. DARKEN, L.; GURRY, R. *Physical chemistry of metals.* New York: Mc Graw-Hill, 1953.
10. TURKDOGAN, E. *Principles of steelmaking.* The Institute of Materials London, 1996.

CAPÍTULO

3

TÉCNICA METALOGRÁFICA

INTRODUÇÃO

1. Introdução

Um dos problemas mais interessantes da avaliação de micro e macro-estruturas de metais é o fato de que, na maioria das vezes, as técnicas analíticas disponíveis permitem a observação de seções bidimensionais de estruturas que têm características tridimensionais. Esta transformação aparentemente simples requer cuidados especiais na aplicação da técnica metalográfica. Estes cuidados vão desde a seleção das seções a estudar até a avaliação criteriosa dos resultados obtidos na avaliação destas seções. Embora técnicas de reconstrução tridimensional já venham sendo aplicadas ao estudo da estrutura metalográfica, este tipo de análise ainda requer um investimento considerável de recursos materiais e tempo. As primeiras técnicas empregavam seccionamento e preparação de planos sucessivos de amostragem [1], mas já existem diversas outras técnicas que possibilitam recomposição tomográfica automática. Algumas destas técnicas já vêm sendo empregadas em aços (por exemplo, [2, 3]). Nos Capítulos 9 e 17 são apresentados alguns exemplos de reconstruções de constituintes microestruturais de aços e ferros fundidos.

2. Grãos em Metais

As estruturas que se observam em produtos de aços dependem diretamente de transformações de fases que ocorrem em seu processamento, desde a solidificação (em que a fase líquida se transforma, por exemplo, em fase sólida CCC) até as transformações no estado sólido realizadas em tratamentos termomecânicos. Estas transformações se passam, em geral, com a formação de vários núcleos da(s) nova(s) fase(s) que se forma(m) ao longo da massa de metal em transformação. Na maioria das vezes, as fases formadas são cristalinas (isto é, são compostas por átomos em arranjos regulares, repetitivos). É praticamente impossível que todos os núcleos formados ao longo da massa de metal que se transforma tenham exatamente a mesma orientação cristalográfica, de modo que, quando os cristais formados se encontram, há regiões onde os átomos não se ajustam exatamente à orientação de nenhum dos cristais em crescimento, como mostra a Figura 3.1(a).

Figura 3.1(a)
Esquema bidimensional em que três cristais de diferentes orientações se encontram. As regiões indicadas pelas linhas são chamadas "contornos de grão", regiões onde os "átomos" estão entre duas estruturas cristalinas. A figura bidimensional é uma idealização simplificada (ver texto), uma vez que os cristais reais são tridimensionais.

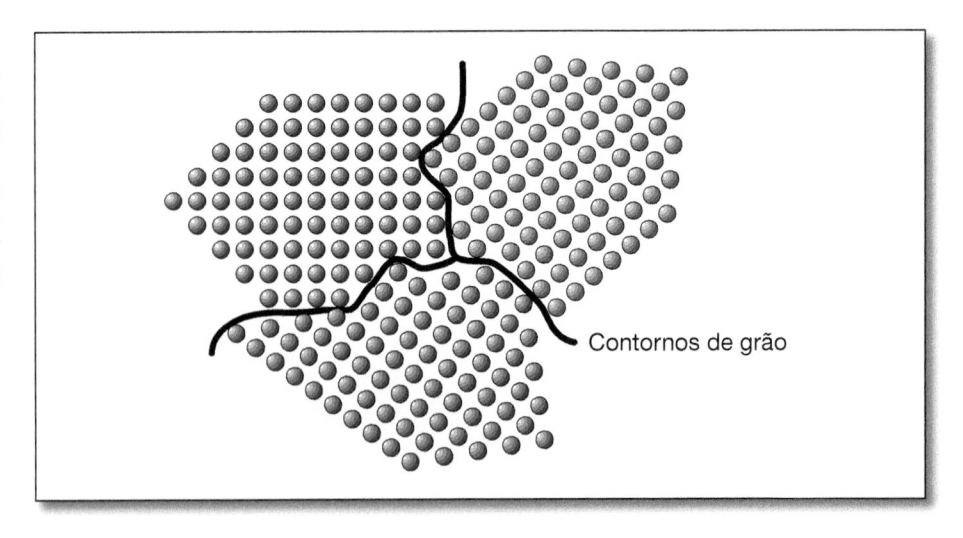

Contornos de grão

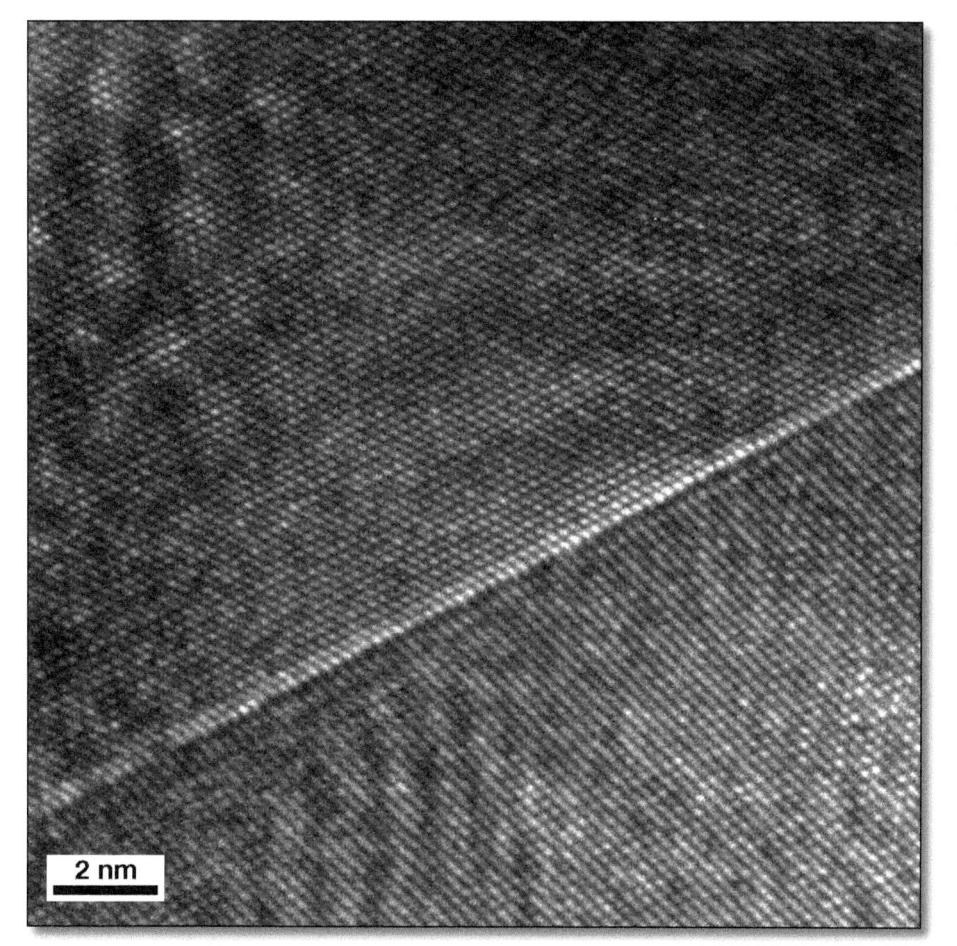

2 nm

Figura 3.1(b)
Interface de uma macla[1] em cobre. A orientação dos dois cristais é diferente, e a interface é claramente visível. Imagem de MET, alta resolução. Cada ponto representa uma coluna de átomos alinhada com a direção de observação. Cortesia de M. J. Kaufman, Colorado School of Mines, EUA.

Cada região contínua, com uma mesma orientação cristalográfica, é chamada de "grão". A região de transição entre um grão e outro é chamada de "contorno de grão". O material composto por vários grãos (ou cristais) é chamado policristalino.

Embora um grande número de fenômenos interessantes em materiais cristalinos possa ser simulado ou representado em duas dimensões apenas[2], a estrutura real do metal é tridimensional e erros graves podem ser cometidos quando não se considera adequadamente este fato. Cada cristal com uma certa orientação é chamado de um "grão" e as regiões que separam um cristal de uma dada orientação de outro cristal são chamadas de contornos de grão. Em alguns casos raros as estruturas metálicas se desenvolvem, efetivamente, em aproximadamente duas dimensões. É o caso, por exemplo, dos revestimentos de zinco aplicados a chapas de aço. Durante a galvanização por imersão, diferentes cristais de zinco (ou liga à base de zinco) nucleiam sobre a chapa de aço imersa no metal líquido. À medida que o aço é extraído do banho uma fina película de líquido fica sobre a superfície e solidifica. Quando os diferentes cristais se encontram, interrompendo o crescimento, formam contornos de grão (Figura 3.2).

No caso de o crescimento de cada cristal ocorrer em três dimensões, um cristal individual ocupará um determinado volume e as superfícies que separam estes cristais serão os contornos de grão. Esta é a imagem mais real de um metal policristalino. A Figura 3.3 apresenta

(1) Os dois cristais separados por uma interface de macla apresentam uma relação de simetria, freqüentemente uma "reflexão". Esta interface á uma interface especial, que pode ser observada em MET (Microscópio Eletrônico de Transmissão, Capítulo 6) de alta resolução. No caso de um contorno de grão qualquer, normalmente não existe uma condição de orientação que permita formação de imagem de alta resolução dos dois grãos, simultaneamente.

(2) O projeto DoITPoMS da Universidade de Cambridge tem excelentes exemplos usando bolhas para simular átomos: veja http://www.doitpoms.ac.uk/tlplib/dislocations/index.php

Figura 3.2
Chapa de aço galvanizado. Observam-se os grãos de zinco solidificados sobre a chapa. A estrutura é praticamente bidimensional. Cada divisão, no pé da figura, corresponde a 1 mm. Sem ataque.

visualizações da estrutura tridimensional de um material policristalino. A Figura 3.1 poderia representar um corte, através de um plano, de uma estrutura policristalina como a apresentada nesta figura.

As condições que determinam a forma dos grãos em um metal vêm sendo estudadas há muito tempo, e foram consolidadas nos estudos de Cyril Stanley Smith (por exemplo, [4]).

Duas condições básicas dominam a forma dos grãos (assim como a forma das bolhas na espuma):

    a)   O equilíbrio das forças associadas à energia interfacial, chamada "tensão superficial": se a tensão superficial for a mesma em todas as interfaces, estas devem se encontrar em ângulos de 120º.

Figura 3.3
(a) Visualização tridimensional de uma estrutura de grãos, através de bolhas que preenchem um volume. O interior de cada bolha seria um cristal (ou grão) e as paredes das bolhas, os contornos de grão. (b) Fratura intergranular, ao longo dos contornos de grão da austenita antes da transformação, em aço fragilizado. É possível ver a forma dos grãos (MEV, ES[3]). A forma real de grãos metálicos se aproxima bastante dos exemplos obtidos com o modelo de bolhas. Modelo de bolhas reproduzido com permissão de DoITPoMS, University of Cambridge.

b) Os grãos (ou bolhas) preenchem o espaço, e todas as suas superfícies (as interfaces) pertencem a dois grãos, simultaneamente.

Dentre os poliedros regulares, o tetracaidecaedro, mostrado na Figura 3.4 é o mais próximo de preencher estas condições e é, freqüentemente, empregado como modelo de grão para materiais monofásicos.

Thompson [5] salienta, entretanto, que em situações reais, raramente os grãos ou bolhas ou células assumem exatamente estas formas regulares, ocorrendo curvatura das faces e formação de outros poliedros similares ou distorcidos. O fato fundamental, proposto por Thompson e por Smith, entretanto, é que a estrutura é dominada pelas limitações de preenchimento do espaço e pelas energias interfaciais – esta informação é fundamental na compreensão das micro e macroestruturas de metais e, em particular, aços.

(3) MEV: Microscópio eletrônico de varredura, ES: imagem obtida por elétrons secundários (Capítulo 6).

Figura 3.4
O tetracaidecaedro (ou poliedro de Thomson ou Kelvin[4]), um octaedro com os vértices truncados nas direções indicadas, como *x, y* e *z*, preenche o espaço completamente. Em cada vértice há um ângulo de 90° e dois ângulos de 120°. (ver também www.steeluniversity.org em *grain size strengthening*)

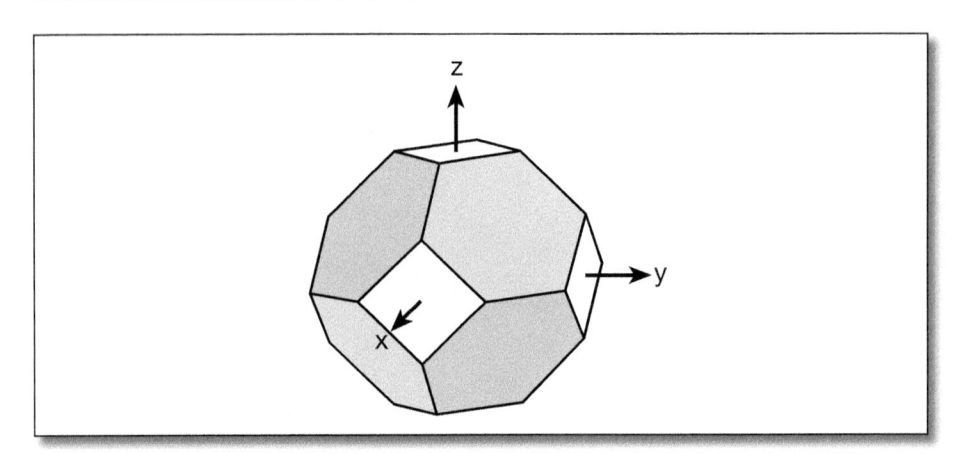

3. Estereologia

As microestruturas dos aços são tridimensionais. A maior parte das técnicas de microscopia produz imagens bidimensionais. A estereologia é a metodologia que permite a inferência da geometria da estrutura tridimensional a partir das observações bidimensionais [7].

Embora o objetivo deste texto não seja apresentar as técnicas estereológicas aplicadas à metalografia quantitativa, é importante apresentar alguns dos problemas e dificuldades associados a esta inferência sobre o estado micro (e macro) estrutural tridimensional, a partir de cortes bidimensionais. Há excelentes textos que discutem em profundidade estes problemas e dificuldades e ao leitor interessado é recomendada sua leitura ([8, 9]). A Figura 3.5 apresenta alguns exemplos da informação obtida ao secionar diferentes formas geométricas por um plano arbitrário. A lembrança desta transformação deve ser um cuidado permanente na análise de estruturas através de metalografia.

Duas das descrições mais importantes do estado microestrutural de um material são a descrição qualitativa e a descrição quantitativa do estado geométrico desta estrutura.

Figura 3.5
Ao secionar corpos tridimensionals (ao alto), obtêm-se figuras bidimensionais (abaixo) que fornecem informações incompletas sobre as características geométricas dos corpos secionados.

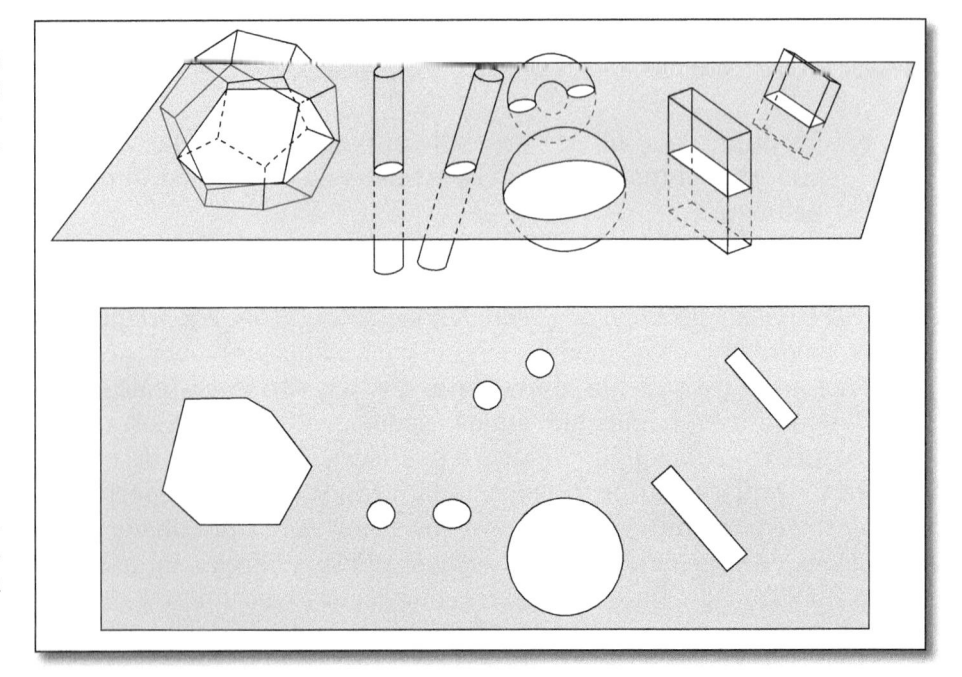

(4) William Thomson (1824-1907) é o primeiro Barão Kelvin e é cohecido, na ciência, tanto como Thomson como por Kelvin e discutiu esse arranjo geométrico em [6].

3.1. Descrição Qualitativa

Do ponto de vista geométrico, as microestruturas têm características uni, bi e tridimensionais. A maior parte destas características resulta do encontro de grãos. Dois grãos (tridimensionais) se encontram em uma interface (bidimensional). Três grãos se encontram em uma linha e o encontro de quatro grãos define um ponto quádruplo. A descrição qualitativa do sistema compreende uma lista das características existentes neste sistema assim como alguma qualificação destas características. Esta descrição é, por vezes, muito complexa. A Tabela 3.1 apresenta uma lista completa das características que estariam presentes em estruturas contendo uma, duas ou três fases. As seções de grãos, interfaces e linhas aparecem, nas imagens bidimensionais, no microscópio, como áreas, linhas e pontos. Pontos quádruplos não são visíveis em seções metalográficas e suas características precisam ser avaliadas por inferência das demais informações disponíveis. A Tabela 3.2 apresenta as correspondências entre as características tridimensionais e como são observadas em seções bidimensionais.

Segundo DeHoff, a maior utilidade da avaliação do estado qualitativo da microestrutura é, possivelmente, detectar quais características estão ausentes da lista de características possíveis. Se, por exemplo, não se observam pontos triplos $\alpha\alpha\beta$ (linhas, em três dimensões), isto indica que as partículas de β evitam os contornos de grão $\alpha\alpha$. [7].

Tabela 3.1

Lista de características qualitativas do estado microestrutural. Nas imagens bidimensionais, no microscópio, as características são observadas com uma dimensão a menos (Tabela 3.2).

Dimensões	Característica	Uma fase	Duas fases	Três fases
3	Volumes, grãos	α	α, β	α, β, γ
2	Superfícies, interfaces	$\alpha\alpha$	$\alpha\alpha, \alpha\beta, \beta\beta$	$\alpha\alpha, \alpha\beta, \alpha\gamma, \beta\beta, \beta\gamma, \gamma\gamma$
1	Linhas (linhas tríplices)	$\alpha\alpha\alpha$	$\alpha\alpha\alpha, \alpha\alpha\beta, \alpha\beta\beta, \beta\beta\beta$	$\alpha\alpha\alpha, \alpha\alpha\beta, \alpha\beta\beta, \alpha\alpha\gamma, \alpha\gamma\gamma, \alpha\beta\gamma, \beta\beta\beta, \beta\beta\gamma, \beta\gamma\gamma, \gamma\gamma\gamma$
0	Pontos (pontos quádruplos)	$\alpha\alpha\alpha\alpha$	$\alpha\alpha\alpha\alpha, \alpha\alpha\alpha\beta, \alpha\alpha\beta\beta, \alpha\beta\beta\beta, \beta\beta\beta\beta$	15 combinações possíveis

Tabela 3.2
Características observadas em uma seção realizada em um material contendo uma matriz de fase α e partículas de fase β.

Característica em 3-D	Fase	Característica 2-D

Volume
   Grão
   Partículas
	
	α
	β
		Área
		   Grão (seção)
		   Partículas (seção)

Superfície
   Contornos de grão
   Interfaces
	
	$\alpha\alpha,\beta\beta$
	$\alpha\beta$
		Linha
		   Contornos de grão (traço no plano)
		   Interface entre fases (traço no plano)

Linha (curva no espaço)
   Aresta de grão (linha tríplice)
   Linhas tríplices
	
	$\alpha\alpha\alpha$
	$\alpha\alpha\beta,\alpha\beta\beta$
		Ponto
		   Ponto tríplice
		   Ponto tríplice

Pontos
   Pontos Quádruplos
   Pontos Quádruplos
	
	$\alpha\alpha\alpha\alpha$
	$\alpha\alpha\alpha\beta$
	$\alpha\alpha\beta\beta$
	$\alpha\beta\beta\beta$
	$\beta\beta\beta\beta$
		
		Não observados
		Não observados
		Não observados
		Não observados
		Não observados

O exemplo da Figura 3.6 mostra algumas variações estruturais possíveis quando uma fase β ocorre em menor fração volumétrica que a matriz. A Figura 3.7 apresenta aspectos micrográficos correspondentes a cada uma das situações.

3.2. Descrição Quantitativa

Cada uma das características qualitativas da Tabela 3.1 pode ser medida e quantificada em termos métricos e topológicos. Aqui serão apenas abordados os aspectos métricos de algumas das grandezas empregadas para cada característica.

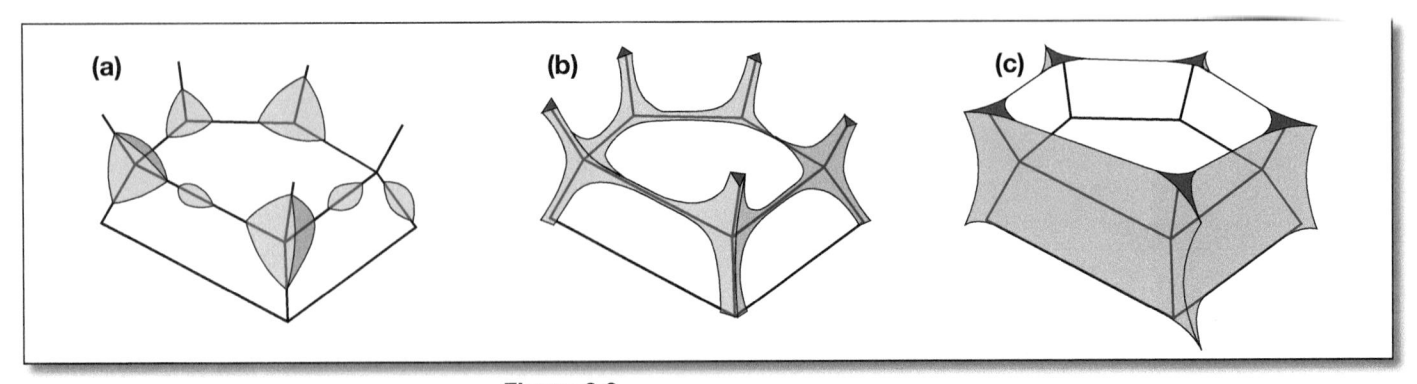

Figura 3.6
Três possíveis disposições espaciais de uma fase β (cinza) ocorrem em uma matriz α (branca). O chamado ângulo diedro θ entre as fases (que mede a energia interfacial) define a morfologia tridimensional nestes casos. (a) $\theta > 60°$ (c) $\theta = 0°$. Somente uma análise cuidadosa dos cortes destas estruturas permitirá verificar quais das características citadas na Tabela 3.2 estão presentes ou ausentes e, conseqüentemente, estimar a distribuição real da fase β.

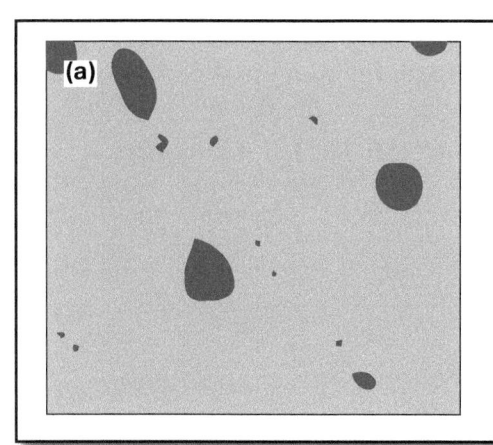 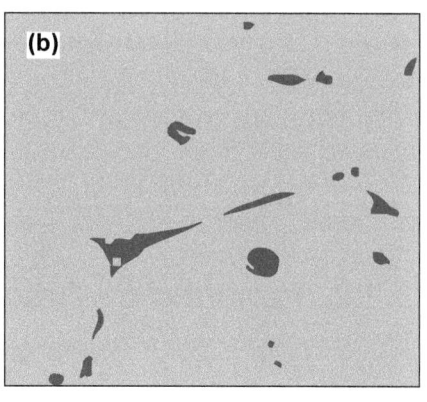 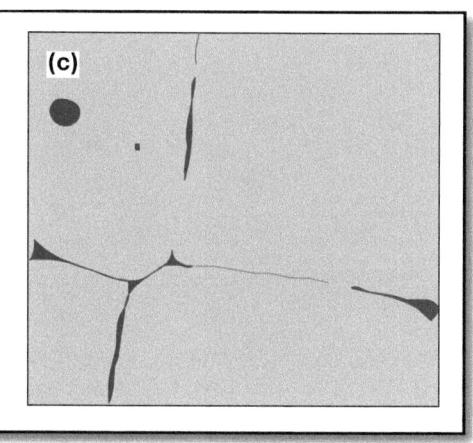

Figura 3.7
Micrografias esquemáticas representativas das distribuições de segunda fase mostradas na Figura 3.6.

Algumas medidas importantes para a quantificação do estado microestrutural são descritas a seguir.

Para as características tridimensionais, a medida é o *volume*, V, freqüentemente apresentado como *fração volumétrica*, V_V[5]. A medida de extensão ou quantidade de características bidimensionais é sua *área*, apresentada, em geral, como *densidade de área*, S_V. Para características lineares, emprega-se a *densidade de comprimento*, L_V. Estas são as medidas mais básicas que podem ser aplicadas a uma microestrutura. Conectividade, curvatura etc. são medidas mais complexas empregadas para caracterizar, quantitativamente, o estado microestrutural.

Algumas medidas usuais em estereologia são apresentadas na Tabela 3.3.

Tabela 3.3
Exemplos de algumas grandezas usuais em estereologia.

Símbolo	Dimensão	Definição
V_V	mm³/mm³	Fração volumétrica. Volume da característica por volume unitário.
N_L	mm⁻¹	Número de interseções da característica por comprimento unitário de uma linha de medida.
A_A	mm²/mm²	Fração de área. Área da característica por área unitária.
P_P		Fração de pontos. Número de pontos contidos em uma característica, por pontos da amostragem.

3.2.1. Fração Volumétrica

Se as medidas são realizadas com uniformidade estatística, isto é, com uma amostragem randômica, é possível demonstrar que:

$$V_V = A_A = P_P$$

(5) Na notação empregada em estereologia, o subscrito denota a unidade de normalização da medida ou o denominador da fração.

Assim, a fração volumétrica de uma fase pode ser estimada pela medida da fração de área na seção transversal ou pela fração de pontos de teste contidos na característica a medir. Detalhes do método empregando a contagem manual de pontos podem ser encontrados na norma ASTM E562 [10]. No caso de medidas automatizadas, a fração de área é mais empregada, em conjunto com analisadores de imagem, conforme a norma ASTM E1245 [11].

3.2.2. Tamanho de Grão

Como quase todas as propriedades mecânicas dos aços dependem do tamanho de grão, estimativas do tamanho dos grãos estão entre as medidas mais importantes da metalografia quantitativa. As medidas mais comuns para o tamanho de grão são a interseção linear média (em 3 dimensões)[6], L_3, e o tamanho de grão ASTM, dado por um número (G) calculado a partir da interseção linear média.

A interseção linear média é o valor da corda média gerada pela interseção dos grãos com retas de teste em diferentes posições e orientações na amostra. Esta medida é diretamente relacionada com a área total de interface entre grãos, e, em uma estrutura monofásica, é o inverso do número médio de interseções por comprimento unitário de linha de teste e é diretamente relacionada com a área de contornos de grão por unidade de volume (S_V).

De uma forma geral, $L_3 = 1/N_L$ em uma microestrutura monofásica que preenche o espaço. Quando existe mais de uma fase na estrutura, correções apropriadas devem ser empregadas.

A técnica mais simples, e possivelmente menos precisa, de medida do tamanho de grão envolve a comparação de imagens do material obtidas com um aumento predefinido com cartas-padrão. Naturalmente a avaliação é subjetiva e sujeita a erros introduzidos pelo operador. Existem cartas-padrão para diversas normas, tais como ASTM E112, SEP 1510 etc.

O número que exprime o tamanho de grão ASTM é definido como G, através da Equação 1, onde a variável a medir em amostras metalográficas é o número de grãos por polegada quadrada (n), com aumento de 100 vezes.

$$n = 2^{G-1}$$
(Eq. 1)

Há diversos métodos para medir o numero de grãos por unidade de área em uma seção de uma amostra metalográfica.

Os métodos planimétricos, propostos no final do século XIX por Sauveur e desenvolvidos no começo do século XX por Jeffries [12] envolvem a contagem do número de grãos dentro de uma área conhecida, normalmente um círculo (os grãos interceptados pelo círculo são contados pela metade).

Equipamentos automáticos de processamento de imagem [13] podem empregar o método planimétrico, como mostra a Figura 3.8.

Alternativamente, o método da interseção, proposto por Heyn, emprega uma linha de comprimento conhecido e conta o número de vezes que esta linha intercepta um contorno de grão, isto é realiza uma medida de N_L.

(6) O subscrito 3 é usado para diferenciar L_3 de L_L, L_A ou L_V que são medidas de comprimento na seção, normalizadas ou não. O índice 3 não indica uma normalização e sim o fato de se referir a uma dimensão na estrutura tridimensional.

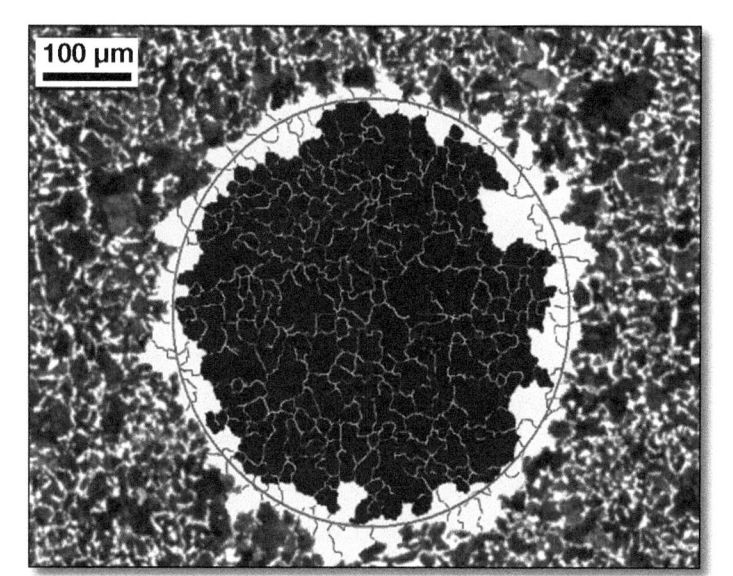

Figura 3.8
Aplicação do método planimétrico auto-matizado em sistema de processamen-to de imagem. O sistema identifica os contornos de grão na imagem e marca os grãos totalmente contidos no círculo ou por ele interceptados com diferentes cores. Uma distribuição de tamanhos de grão pode ser obtida automaticamente. Cortesia Neumayer-Tekfor, Brasil.

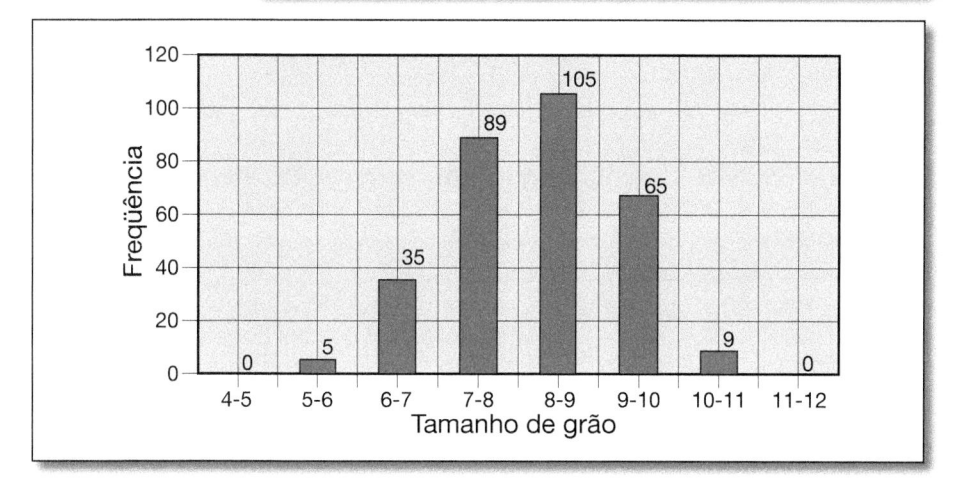

Para garantir a mesma probabilidade de interseção com contornos de grão orientados em todas as direções, a linha empregada é, fre-qüentemente, um círculo. O número de interseções permite calcular a interseção linear média e a área média de contornos de grão por vo-lume, assim como o número que representa o tamanho de grão ASTM, conforme a norma ASTM E112 [14]. Para que os resultados sejam sig-nificativos é necessário um tamanho mínimo de amostra (50 grãos, em alguns dos métodos). Resultados experimentais confirmam que amostras de tamanho inferior conduzem a estimativas incorretas do tamanho de grão [15]. No caso de uso de técnicas de análise de ima-gem, a norma aplicável é a ASTM E1382 [13].

Estas técnicas permitem calcular um valor da área média dos grãos interceptados pelo plano amostral. É importante notar que esta área não é a média da área máxima de seção transversal de cada grão, pois os planos amostais não secionam os grãos em sua maior área (que corresponderia a seccionar em um diâmetro de um grão "esférico").

3.2.3. Outras Medidas Importantes

Métodos estereológicos bem definidos existem, também, para a me-dida de espaçamento médio entre partículas, ou da trajetória livre no interior de uma fase. Em muitos casos, as propriedades mecânicas do material apresentam correlações bem definidas com estas características estruturais. À medida que a quantificação das relações estrutura-propriedades se torna mais importante na metalurgia dos aços, é preciso estar atento a estas ferramentas de caracterização quantitativas e abandonar as avaliações puramente qualitativas, ou semiquantitativas, capazes apenas de indicar tendências.

Referências Bibliográficas

1. KRAUSS, G.; MARDER, A. R. *The morphology of martensite in iron alloys.* Metallurgical Transactions, 1971, v. 2, p. 2343-2358.
2. KRAL, M. V.; MANGAN, M. A.; SPANOS G.; ROSENBERG, R. O. *Three-dimensional analysis of microstructures.* Materials Characterization, 2000, v. 45(1), p. 17-23.
3. SPANOS, G.; WILSON A. W.; KRAL, M. V. *New insights into the Widmanstätten proeutectoid ferrite transformation: integration of crystallographic and three-dimensional morphological observations.* Metallurgical and Materials Transactions A., 2005, v. 36A (may), p. 1209-1218.
4. SMITH, C. S. *Microstructure.* Transactions of the ASM, 1953, v. 45, p. 533-575.
5. THOMPSON, S. D. A. W. *On growth and form.* Republicação completa da edição de 1942. New York, Dover, 1992.
6. THOMSON, W. (Lord Kelvin). *On the division of space with minimum partitional area.* Philosophical Magazine, v. 24, p. 503-524 (disponível em http://zapatopi.net/kelvin/papers/on_the_division_of_space.html).
7. DEHOFF, R. T. *Stereology and metallurgy.* Metals Forum, 1982, v. 5(1), p. 4-12.
8. DEHOFF, R. T.; RHINES, F. N. *Quantitative microscopy.* New York: McGraw-Hill, 1968.
9. RUSS, J.; DEHOFF, R. T. *Practical stereology.* New York: Springer, 2000.
10. ASTM, *ASTM E 562-02. Standard Test Method for Determining Volume Fraction by Systematic Manual Point Count.* West Conshohocken, PA: ASTM – American Society for Testing and Materials, 2002.
11. ASTM, *ASTM E1245-03 Standard Practice for Determining the Inclusion or Second-Phase Constituent Content of Metals by Automatic Image Analysis.* West Conshohocken, PA: ASTM – American Society for Testing and Materials, 2003.
12. VANDER VOORT, G. *Committee E-4 and Grain Size Measurements:* 75 years of progress. ASTM Standardization News (1991), reproduzido em http://www.metallography.com/grain.htm, consultado em Junho/2007.
13. ASTM, *ASTM E1382-97(2004) Standard Test Methods for Determining Average Grain Size Using Semiautomatic and Automatic Image Analysis.* West Conshohocken, PA: ASTM – American Society for Testing and Materials, 2004.
14. ASTM, *ASTM E112-96(2004)e 2 Standard Test Methods for Determining Average Grain Size.* West Conshohocken, PA: ASTM – American Society for Testing and Materials, 2004.
15. KLANSKY, J. *Grain size measurements – Variables to Consider.* Microscopy and Microanalysis, 2002, v. 8 (Suppl 2), p. 348-349.

CAPÍTULO 4

TÉCNICA METALOGRÁFICA

MACROGRAFIA

1. Introdução

A *macrografia* consiste no exame do aspecto de uma peça ou amostra metálica, segundo uma seção plana devidamente polida e, em geral, atacada por um reativo apropriado. O aspecto, assim obtido, chama-se *macroestrutura*. O exame é feito à vista desarmada ou com auxílio de uma lupa.

A palavra macrografia é também empregada para designar os documentos que reproduzem a macroestrutura, em tamanho natural ou com ampliação máxima de 10 vezes. Para ampliações maiores, emprega-se o termo micrografia, porque são, em geral, obtidas com o microscópio.

2. Preparo de Corpos-de-prova para Macrografia

A técnica do preparo de um corpo-de-prova de macrografia abrange as seguintes fases:

a) Escolha e localização da seção a ser estudada.
b) Preparação de uma superfície plana e polida no lugar escolhido.
c) Ataque dessa superfície por um reagente químico adequado.

2.1. Escolha e Localização da Seção

Quando a seção a examinar não é definida por quem solicita o ensaio ou pela norma aplicável à avaliação em questão, é necessário levar em conta a forma da peça, as informações que se deseja obter e algumas outras considerações. As principais seções realizadas em produtos semi-acabados e de geometria regular são as seções longitudinais e transversais. A análise de algumas características macroestruturais é, em geral, realizada mais adequadamente em um tipo específico de seção.

Algumas características macroestruturais[1] para as quais o corte em seção transversal é o preferido, são:

• Verificação da homogeneidade do material ao longo de sua seção.
• Caracterização da forma e intensidade da segregação.
• Avaliação da posição, forma e dimensões de eventuais porosidades, trincas e bolhas.
• Caracterização de forma e dimensões de dendritas.
• Verificação da existência de restos de vazio ou rechupe.
• Verificação da aplicação de tratamento termo-químico superficial (cementação, nitretação etc.), sua profundidade e regularidade.
• Verificação da profundidade da têmpera.
• Verificação de se tubos são "sem costura" ou produzidos por solda ou caldeamento.
• Avaliação da extensão da zona termicamente afetada, zona de fusão etc. em juntas soldadas (macrografia transversal à solda).

---

(1) As características descritas a seguir são discutidas em detalhes nos Capítulos 8, 10, 11, 12 e 17, principalmente.

- No caso de ferramentas de corte, calçadas, a espessura e regularidade das camadas caldeadas (seção perpendicular ao gume.
- A regularidade e a profundidade de partes coquilhadas de ferro fundido etc.

O corte longitudinal é preferido quando se quer verificar, por exemplo:
- Se uma peça é fundida, forjada ou laminada.
- Se a forma de uma peça foi obtida por usinagem ou conformação.
- A presença de solda no comprimento de arames, fios, barras, vergalhões etc.
- Avaliação de soldas por fricção, de topo.
- Eventuais defeitos nas proximidades de fraturas.
- A extensão de tratamentos térmicos superficiais etc.

Como nem sempre as características macroestruturais dos materiais refletem exatamente a forma externa do item, obtida por conformação, é importante ter cuidado na determinação da extensão de características estruturais do material com base em poucas seções, sejam elas transversais ou longitudinais. O aspecto da seção longitudinal de uma barra cilíndrica com segregação, proveniente de um lingote ou *billet* de seção quadrada ou retangular pode depender da maneira pela qual o corte seciona esta característica, como mostra o esquema da Figura 4.1.

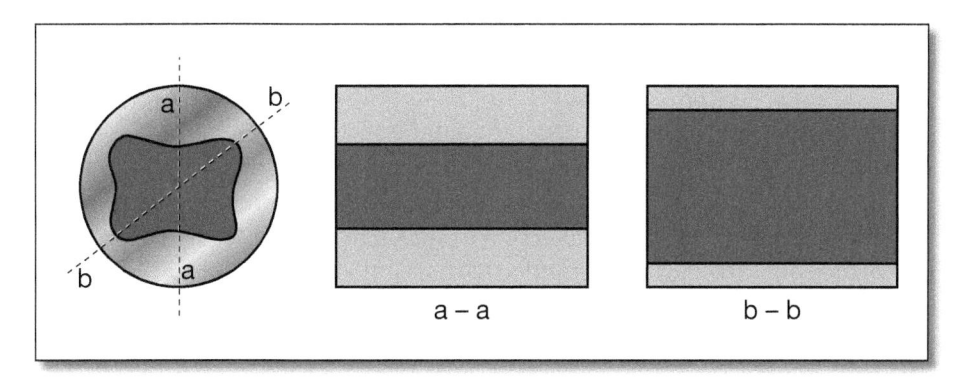

Figura 4.1
Influência da orientação do corte longitudinal sobre o aspecto da segregação em uma macrografia.

Assim sendo, a avaliação da extensão desta característica não deve ser feita com base em apenas uma seção longitudinal.

Na Figura 4.2 e nas macrografias apresentadas na Figura 4.3 pode-se notar a diferença de aspecto em porcas cortadas transversal ou longitudinalmente à direção de laminação das barras, das quais foram usinadas. Neste exemplo, as barras apresentam forte segregação central, o que realça a diferença observada.

Em fundidos, isto é, em peças fundidas diretamente na sua forma definitiva, o corte é normalmente escolhido em função da forma da peça. Deve-se preferir, entretanto, aqueles cortes que contenham pontos críticos da peça, seja em vista das solicitações a que será submetida, seja em função do projeto de fundição e dos defeitos esperados.

Figura 4.2
Exemplo da influência da orientação da seção examinada em macrografia sobre o resultado do exame.

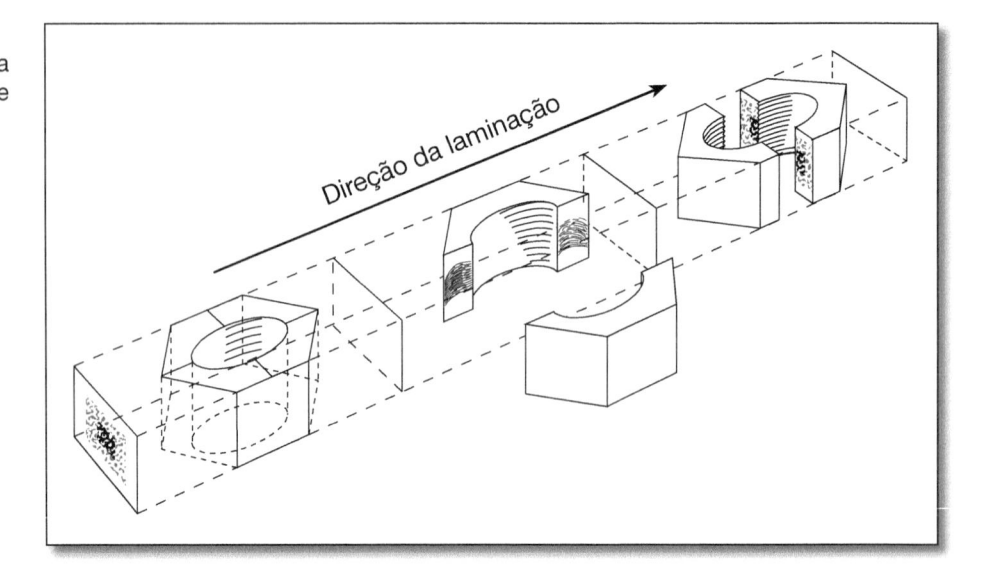

Figura 4.3
Aspectos macrográficos de duas seções realizadas em porcas estampadas a partir de uma barra laminada. As seções foram obtidas como identificado na Figura 4.2. A barra original apresenta forte segregação.

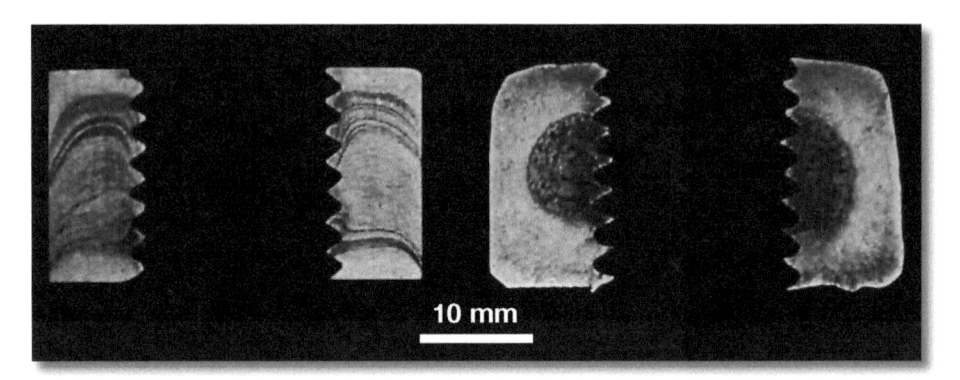

10 mm

De um modo geral, o exame macrográfico de uma peça fundida de aço visa a determinação de rechupes e outras falhas, tais como bolhas, porosidades e trincas, caracterização das dimensões e disposição da estrutura dendrítica e, às vezes, avaliação da segregação.

Dos ferros fundidos, só os mesclados e coquilhados normalmente apresentam interesse sob o ponto de vista macrográfico; nos primeiros pode-se apreciar as dimensões dos pequenos núcleos de ferro fundido cinzento, sua quantidade e modo de distribuição; nos segundos, a profundidade da parte coquilhada e a maneira como se processa a transição para o resto do material. A posição do corte nesses casos depende, naturalmente, da peça e da característica que se deseja avaliar.

2.2. Preparação da Superfície

A obtenção de uma superfície adequada para o exame macrográfico compreende duas etapas:

1) Corte ou desbaste.
2) Polimento.

O *corte* é feito com serra ou com cortador de disco abrasivo (*cut-off*) ou serra abrasiva, e localiza a superfície a examinar. Quando esses meios não são viáveis, recorre-se ao *desbaste* por usinagem (por exemplo, com auxílio da plaina) ou com esmeril comum, até atingir a região de interesse para o exame. Em peças ou construções muito grandes, quando um corte inicial por maçarico é inevitável, deve-se prever descarte de material suficiente para eliminar completamente toda a região termicamente afetada pela operação de corte. O corte por maçarico serve, assim, para reduzir as dimensões da parte a ser cortada ou desbastada[2].

Por meio de uma lixadeira mecânica ou de um processo de usinagem (fresa, plaina ou retífica, por exemplo) termina-se esta primeira etapa, cujo principal objetivo é conseguir uma superfície plana, com rugosidade baixa e com a orientação desejada.

Uma das maiores dificuldades operacionais desta etapa é conseguir uma superfície efetivamente plana. Esta dificuldade aumenta na medida que se deseja observar superfícies com maior extensão e/ou materiais de dureza variável ou de geometria complexa.

Todas essas operações deverão ser executadas com os cuidados necessários para evitar não só encruamento local excessivo[3], bem como aquecimentos a mais de 100 °C, fenômenos que podem ser, mais tarde, postos em evidência pelo ataque, falseando a interpretação da imagem.

A rugosidade desejada na superfície preparada para o exame macrográfico depende do ataque a ser empregado e dos detalhes a serem observados. Superfícies serradas ou usinadas podem, em alguns casos, ser examinadas macrograficamente com resultados satisfatórios. O *polimento* para o exame macrográfico é realizado com lixa. Lixas de carboneto (ou carbeto) de silício são as de emprego mais comum. Inicia-se o polimento em direção normal aos riscos de usinagem ou de lixa grossa já existentes, até o completo desaparecimento destes. Depois se passa para a lixa mais fina seguinte, mudando de 90° a direção de polimento e continuando-o igualmente até terem desaparecido os riscos da lixa anterior, e assim por diante. Em geral, uma seqüência de lixas de 100 ou 120, 220, 320 é empregada para a preparação macrográfica em laboratório [1].

O polimento (lixamento) é geralmente feito atritando a superfície a ser polida sobre a lixa. Quando a peça tem grandes dimensões, pode-se prendê-la numa morsa, com a face a polir voltada para cima, e passa-se então a lixa sobre a peça, com auxílio de uma régua (Figura 4.4). É preciso ter cuidado para não arredondar as arestas do corpo-de-prova. Informações importantes, freqüentemente, estão junto à superfície da amostra. O arredondamento das arestas dificulta ou impossibilita a observação adequada destas regiões[4]. O polimento não deve ser levado

Figura 4.4
Uma alternativa para o lixamento de uma seção para exame macrográfico. Uma peça de madeira, plana, serve de apoio à lixa, enquanto a amostra é fixada em morsa.

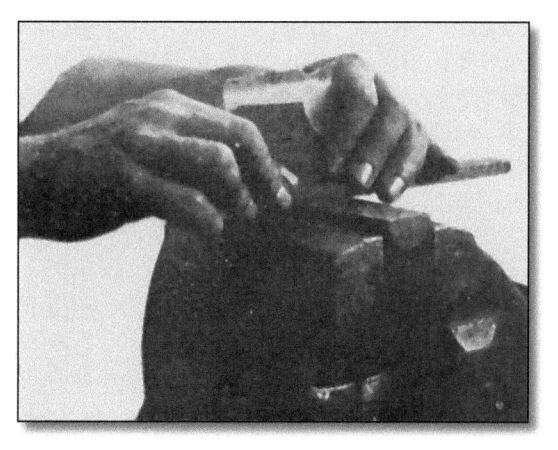

(2) De forma geral, nunca menos de 10 mm, medidos a partir da superfície cortada, devem ser removidos. A oxidação superficial decorrente do corte é um indicador inicial da quantidade mínima de material a desbastar. Ainda assim, muita cautela deve ser aplicada na observação da macrografia (e eventual micrografia). Em caso de qualquer dúvida, o descarte deve ser aumentado e as duas macrografias comparadas para confirmar que não houve qualquer efeito térmico do corte na região examinada.

(3) A pressão de esmerilhamento ou lixamento e os avanços de corte devem ser controlados, considerando, especialmente, a dureza da amostra.

(4) No lixamento manual, somente o treinamento adequado conduz ao desenvolvimento de práticas que resultem em arestas sem arredondamento. O principal cuidado é garantir que se aplique pressão "normal" à peça e evitar a tendência, natural do movimento manual, de forçar mais contra a lixa a aresta que avança, na direção de movimento da peça.

até um acabamento excessivamente fino (especular). Primeiramente, porque torna o ataque mais difícil e irregular em virtude do reativo não "molhar" por igual a superfície, e em segundo lugar porque cria dificuldades quando se deseja fotografar a amostra, devido a reflexos prejudiciais.

É conveniente limpar cuidadosamente a superfície em polimento cada vez que se vai mudar de lixa, para não contaminar a nova lixa com resíduos da anterior. Concluído o polimento, a seção deve ser novamente limpa, com esmero, com um pano ou com algodão.

Com a superfície nesse estado já se é possível observar algumas características importantes, como restos do vazio, trincas, grandes inclusões, porosidades, falhas em soldas. Um exame cuidadoso da superfície sem ataque é, portanto, muito importante. Um motivo adicional que justifica a avaliação cuidadosa da superfície polida, sem ataque, é que várias falhas de preparação metalográficas podem ser mascaradas pelo ataque químico. Sempre que for necessário avaliar uma macrografia ou micrografia que seja preparada por outra pessoa ou outra organização é conveniente avaliá-la, antes, sem ataque. Somente depois de registrar as características visíveis sem ataque (ou a ausência delas) e de avaliar a qualidade da preparação e limpeza da superfície, deve ser autorizada a realização do ataque químico.

O ataque químico é importante para pôr em evidência as outras heterogeneidades da estrutura, assim como a relação entre as heterogeneidades observáveis sem ataque e as demais características estruturais.

2.3. Ataque da Superfície

Embora não sejam descritos neste texto, os cuidados de segurança, quando se realiza a preparação de reagentes e os ataques químicos, são extremamente importantes e não podem ser negligenciados. Antes da preparação de qualquer solução ou do manuseio de qualquer reagente, é necessário familiarizar-se com os riscos associados, sejam riscos de queimaduras, toxicidade ou outros, e tomar os cuidados e as medidas de proteção individual e coletiva necessários.

Da mesma forma, o descarte das soluções usadas pode ter impacto ambiental e/ou requerer cuidados especiais.

Todos os aspectos ligados à segurança e ao meio ambiente devem ser verificados antes de se iniciar atividades que envolvam reagentes químicos, de modo a tomar todas as medidas recomendáveis.

Quando uma superfície polida é submetida uniformemente à ação de um reativo, acontece, quase sempre, que certas regiões são atacadas com maior intensidade do que outras. Esta diferença de "atacabilidade" provém habitualmente de duas causas principais: diversidade de composição química ou de estrutura cristalina. A origem dessas diferenças será explicada mais adiante. A imagem assim obtida constitui o "aspecto macrográfico" do material.

O contato do corpo-de-prova com o reativo pode ser realizado de três modos:

1) *Ataque por imersão*: a superfície polida é mergulhada em uma cuba contendo certo volume de reagente. Este é o método mais comum e usualmente o único que pode ser aplicado quando o ataque não é realizado a temperatura ambiente.

2) *Ataque por aplicação*: uma camada de reativo é aplicada sobre a seção em estudo, com auxílio de um pincel ou chumaço de algodão. Neste caso, o acompanhamento do ataque é crítico, para que seja regularizado, se necessário.

3) *Impressão direta de Baumann*: uma folha de papel fotográfico, convenientemente umedecido com um reagente apropriado, é aplicada sobre a superfície polida, e obtendo-se sobre ele um decalque da maneira como se encontram distribuídos os sulfetos, no aço.

Conforme sua duração e profundidade, os ataques classificam-se em *lentos* ou *profundos* e *rápidos* ou *superficiais*. Estes últimos são os mais empregados.

Os ataques lentos visam obter uma corrosão profunda do metal, com relevo acentuado. São empregados em alguns casos em que o reativo rápido não dá contraste suficiente, como em certas estruturas fibrosas. O ataque lento pode durar horas e mesmo dias. O principal reativo utilizado nesse gênero de ataque (para produtos siderúrgicos) é uma solução de ácido sulfúrico diluído a 20% em água.

Por meio do ataque rápido, com reativos próprios para esse fim, obtém-se o resultado desejado em poucos minutos. Embora a corrosão seja apenas superficial, produz, entretanto, imagens suficientemente visíveis.

2.3.1. Reagentes para Ataque Macrográfico

A Tabela 4.1, na página seguinte, apresenta os reagentes mais comumente empregados para ataque macrográfico e suas indicações.

A seguir, são discutidas as aplicações de alguns dos reagentes macrográficos mais usuais. A partir do Capítulo 7, exemplos da aplicação dos diversos reativos são apresentados.

2.3.1.1. Reativo de Iodo

As imagens produzidas pelo reativo de iodo são de dois tipos, descritos a seguir.

O primeiro tipo é composto por imagens que aparecem com o simples ataque da superfície e que desaparecem quase por completo com um leve repolimento subseqüente: alterações locais ou parciais de origem térmica, como têmperas brandas, têmperas seguidas de revenido, zonas afetadas pelo calor de soldas sem recozimento posterior; granulações grosseiras visíveis à vista desarmada, zonas segregadas com concentrações elevadas de carbono ou fósforo, partes cementadas etc.

O segundo tipo é constituído por imagens que são mais bem reveladas ou que só aparecem após um leve repolimento da superfície atacada: segregação, bolhas, estruturas dendríticas, linhas de caldeamento, texturas fibrosas etc. Em geral, estas imagens se tornam mais contrastadas se o repolimento leve ainda for seguido por um ataque de duração muito curta (da ordem de dois segundos), com remoção imediata do reativo sob um jato de água ou pela sua imersão e agitação numa cuba com água limpa.

Tabela 4.1
Reagentes para ataque Macrográfico

Reagente	Composição e técnica de aplicação	Indicações
Reativo de iodo	Iodo sublimado: 10 g Iodeto de potássio: 20 g Água: 100 mL	Aplicação geral em macrografia
Reativo de ácido sulfúrico	Ácido sulfúrico: 20 mL Água: 100 mL Quente: quase fervendo	Destaca a segregação, revelando o "fibramento"
Reativo de Heyn	Cloreto cupro-amoniacal: 10 g Água: 120 mL Remoção do cobre depositado por leve abrasão após ataque	Sensível à segregação de fósforo
Reativo de ácido clorídrico	Ácido clorídrico: 50 mL Água: 50 mL A quente (70-80 °C)	Segregação. Profundidade de regiões temperadas em aços-ferramenta. [2] NBR 11298: Aço-Análise por macroataque [3] Macrografia de aços inoxidáveis austeníticos (série AISI 300)
Reagente de Oberhoffer	Água destilada: 500 mL Etanol: 500 mL $FeCl_3$: 30 g $SnCl_3$: 0,5 g $CuCl_2$: 1 g Temperatura ambiente, imersão por cerca de 20 s	Segregação. Estrutura dendrítica. As áreas enriquecidas em ferro são escurecidas [2].
Reativo de Fry	Ácido clorídrico: 120 mL Água destilada: 100 mL Cloreto cúprico: 90 mL	Linhas de deformação, em aços com deformação a frio
Reativo de persulfato de amônia	Água destilada: 90 mL $(NH_4)_2S_2O_8$: 10 mL Ataque por aplicação [2] Ataque por imersão também é possível	Soldas [2] Segregação e dendritas
Reativo de Humfrey	Água destilada: 50 mL Ácido clorídrico: 25 mL $Cu(NH_3)_4Cl_2$: 60 g Remoção do cobre depositado por leve abrasão após ataque	Segregação dendrítica [2]
Reativo de Humfrey em dois estágios	Primeiro estágio: Humfrey neutro Água destilada: 50 mL $Cu(NH_3)_4Cl_2$: 60 g Segundo estágio: Humfrey ácido Água destilada: 50 mL Ácido clorídrico: 2 mL (4% vol.) $Cu(NH_3)_4Cl_2$: 60 g	Segregação dendrítica, estrutura de placas de lingotamento contínuo, aços de elevada limpeza interna e baixo teor de residuais [4]

2.3.1.2. Reativo de Ácido Sulfúrico

Este reativo empregado a quente, próximo à ebulição, produz um ataque enérgico em poucos minutos, principalmente se o material contiver muitas inclusões não-metálicas. A frio, o ataque com este reagente demora muitas horas. Este reativo é adequado para pôr em evidência as chamadas "fibras" do material.

2.3.1.3. Reativo de Heyn

Este reativo faz parte de uma família de reagentes que contém compostos de cobre em sua composição. O corpo-de-prova, quando retirado do reativo, apresenta-se coberto por uma camada vermelha de cobre em pó. Esta camada deve ser removida com auxílio de um pouco de algodão sob um jato de água; se a camada for excessivamente aderente, lava-se a superfície com uma solução de citrato de amônio em água contendo um pouco de amoníaco.

Este, como outros reativos cúpricos, destina-se principalmente a revelar as zonas ricas em fósforo.

2.3.1.4. Reativo de Humfrey (e Humfrey em Dois Estágios)

Como o reativo de Heyn, este reativo faz parte da família de reagentes que contém compostos de cobre em sua composição. Casey [4] relata excelentes resultados na revelação da macroestrutura de placas de aço de baixos teores de elementos residuais (fósforo e enxofre) e elevada limpeza interna, produzidas por lingotamento contínuo, com este reativo. Os reativos desta família não atacam as inclusões não-metálicas. Isto é uma grande vantagem em relação aos reativos como aqueles à base de ácido sulfúrico ou clorídrico, quando se deseja localizar segregação e inclusões através da macrografia para posterior caracterização destas inclusões por técnicas micrográficas. Como as inclusões são preservadas, é possível remover uma amostra da macrografia e passar diretamente à preparação para micrografia. No caso de reagentes mais agressivos, um novo desbaste é necessário e as regiões onde existiam inclusões não-metálicas podem ser removidas nesta operação.

2.3.1.5. Reativo de Ácido Clorídrico

Este reativo é aplicado a quente. É muito aplicado como reativo básico na observação de macroestrutura de produtos, em usinas siderúrgicas. Revela segregação, estrutura dendrítica, trincas e porosidade. Pode ser também empregado na macrografia de alguns aços inoxidáveis, como os aços austeníticos da série AISI 300.

2.3.1.6. Reativo de Fry

Este reagente é aconselhado para revelar linhas de deformação em material pouco encruado, "linhas de Lüders" (Figuras 12.3 e 12.4).

2.3.2. Impressão de Baumann (ou Impressão de Enxofre) [5]

No método de impressão direta de Baumann, emprega-se uma folha de papel fotográfico comum[5], de brometo de prata, de preferência sem brilho (mate), que é imersa por cerca de um minuto em uma solução aquosa de ácido sulfúrico (1 a 5%), na ocasião de ser usada. A folha assim preparada é retirada da solução e, depois de deixar escorrer algum excesso de líquido, é aplicada sobre a superfície polida, com as devidas precauções para assegurar um contato perfeito, sem movimentos relativos entre papel e amostra, e evitando ao máximo a formação de bolhas de ar. Uma rugosidade maior que Ra 3,2 μm é recomendada, para reduzir os deslizamentos do papel sobre a amostra [5]. Depois de 5 minutos o papel é retirado cuidadosamente e imerso em fixador fotográfico comum de hipossulfito de sódio, durante cerca de dez minutos e em seguida lavado em água corrente durante uma hora. Embora todas essas operações possam ser feitas à luz do dia, deve-se tomar precauções para evitar a exposição excessiva do papel à luz [5].

As regiões ricas em sulfetos se apresentam como manchas pardas ou pretas, porque o ácido sulfúrico decompõe essas inclusões, com desprendimento de gás sulfídrico (H_2S) que, por sua vez, reage com o brometo de prata da camada sensível do papel fotográfico, produzindo sulfeto de prata que fica impregnado na gelatina do papel. O fixador de hipossulfito elimina a parte do brometo não atacada e deixa inalterada a parte atacada. A norma NBR 11565 [5] apresenta orientação quanto à classificação das observações realizadas neste ensaio. Além disto, observa que, para aços ressulfurados, com teor de enxofre maior que 0,1%, o reagente de ácido sulfúrico deve ser muito mais diluído.

Habitualmente, há muita semelhança entre a imagem obtida por este processo e a obtida pelo reativo de iodo, quanto à forma da segregação, bolhas, estruturas fibrosas. Entretanto, regiões com variações de teores de carbono, manganês, silício ou fósforo, regiões enriquecidas somente em fósforo ou que sofreram alterações estruturais de origem térmica, não são detectáveis pelo processo de impressão de Baumann.

Não há uma relação bem definida entre a intensidade das imagens produzidas pela impressão de Baumann e o teor de enxofre, mesmo mantidas constantes todas as condições do ensaio: concentração da solução, temperatura ambiente, duração de aplicação, qualidade do papel etc. Entretanto, de um modo geral, impressões muito escuras ou muito claras correspondem, respectivamente, a materiais com muito ou pouco enxofre.

É importante observar que a intensidade da impressão obtida depende de vários fatores, além, simplesmente, da concentração de enxofre em inclusões. Um exemplo é o caso de produtos laminados, nos quais os sulfetos tomam disposição de estrias muito alongadas (ver Capitulo 11). A impressão de Baumann da seção transversal, em geral é mais intensa do que na seção longitudinal. Observando-se a Figura 4.5 é fácil compreender a origem da diferença: na seção transversal o reativo atinge as inclusões não-metálicas alongadas de topo e penetra profundamente por elas, desenvolvendo assim maior quantidade de H_2S do que no caso da seção longitudinal. Por esta razão, não se pode comparar impressões de Baumann da seção longitudinal de um material com a transversal de outro.

---

(5) Papel fotográfico "clássico" para cópias preto e branco.

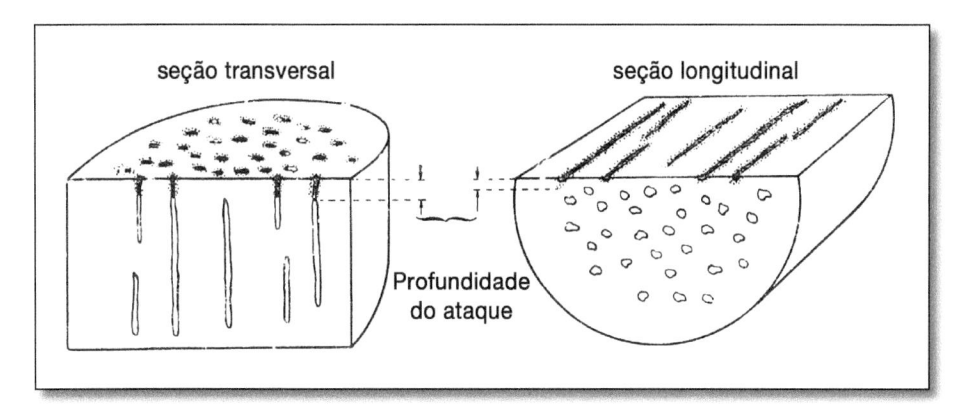

Figura 4.5
Influência da orientação da seção macrográfica em relação à anisotropia das inclusões não-metálicas em produtos conformados a quente (laminados, forjados etc.). No caso da impressão de Baumann a diferença de profundidade de ataque produz diferença na intensidade dos detalhes da imagem.

Um cuidado adicional importante, quando se deseja fazer uma segunda impressão de Baumann de uma mesma amostra ou extrair um corpo-de-prova para exame micrográfico, é a realização de um novo desbaste, para eliminar as regiões corroídas pelo ataque (Figura 4.6). Em particular, neste caso, é necessário desbastar muito mais a seção transversal do que a longitudinal para se obter uma nova superfície realmente não afetada pelo ensaio anterior. Este cuidado se aplica a todas as técnicas de ataque "profundo".

Embora a técnica de impressão de Baumann tenha sido muito empregada na análise de falhas e avaliação de produtos de aço, seu emprego vem se reduzindo, nas últimas décadas. Este teste depende do enxofre presente no aço e, adicionalmente, de sua segregação e/ou precipitação como sulfetos. As exigências de qualidade da indústria têm levado a reduções significativas dos teores de enxofre do aço e ao controle da segregação (Capítulo 8) de forma que nem sempre é fácil obter impressões de Baumann com grau de informação relevante, em aços modernos. A técnica ainda é empregada, entretanto, e pode ser útil em alguns casos. É ainda bastante empregada como técnica de controle da qualidade no lingotamento contínuo, principalmente.

2.3.3. Precauções e Indicações Falsas

É importante ressaltar que descuidos no polimento ou no ataque podem conduzir a erros na avaliação do aspecto macrográfico de uma seção e induzir a erros na avaliação da macroestrutura.

O esmerilhamento, o lixamento, assim como o corte com disco abrasivo feitos sem cuidado adequado podem provocar alterações térmicas (têmpera, revenimento) ou encruamento localizado, que serão revelados pelo ataque químico e que nada têm a ver com a estrutura

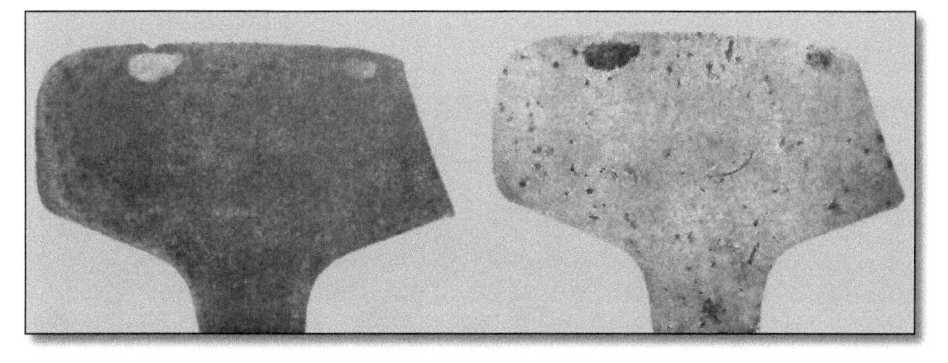

Figura 4.6
Quando se verifica que ocorreram bolhas de ar entre o papel e a peça (ver exemplos no Capítulo 8) não se deve repetir a impressão de Baumann antes de relixar muito bem a superfície. Caso contrário, áreas muito mais escuras aparecerão na nova impressão, onde não houve contato na primeira impressão.

Figura 4.7
Indicações falsas em macrografia. As faixas escuras são decorrentes da têmpera local provocada pelo aquecimento excessivo durante o desbaste da superfície com esmeril. Ataque: reativo de iodo.

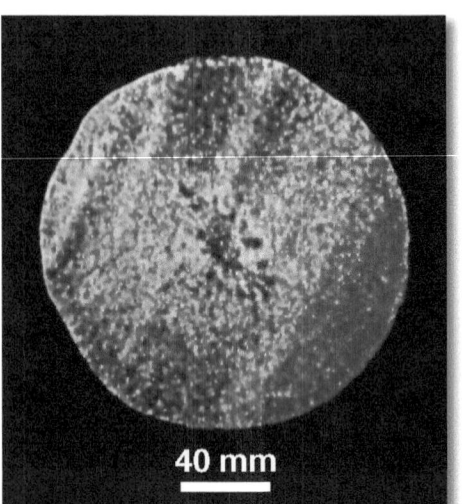

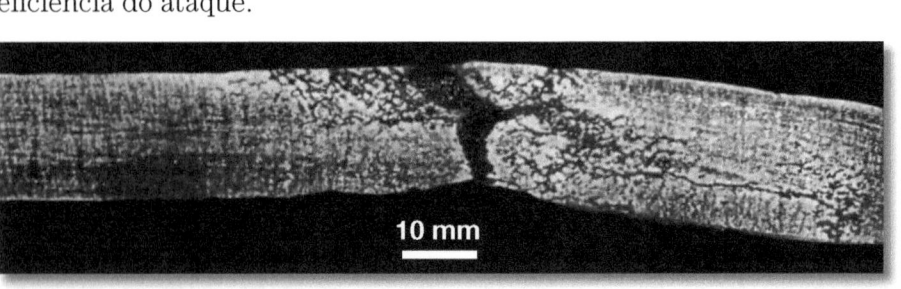

Figura 4.8
Indicações falsas em macrografia. As faixas claras e escuras resultam do aquecimento causado pelo aquecimento excessivo durante o corte com disco abrasivo, usado com pressão excessiva ou refrigeração insuficiente. Ataque: reativo de iodo.

da peça examinada. As Figuras 4.7 a 4.9 apresentam exemplos de problemas deste tipo.

É preciso cuidado na secagem do corpo-de-prova, quando existirem na face em estudo porosidades, trincas, restos de vazio e outras cavidades que possam reter reativo ou água, porque o líquido que fica retido nessas reentrâncias, vem, paulatinamente, à superfície e espalha-se em torno de sua origem, formando estrias e manchas pelo seu arrastamento por qualquer pano ou lixa que entre em contato com a superfície, posteriormente. Adicionalmente, em alguns casos, o líquido retido nas cavidades pode aflorar ao longo do tempo, resultando em manchas e falsas indicações (Figura 8.54(a)).

A falta de imediata limpeza e repolimento da peça, da qual se acaba de tirar uma impressão de Baumann, faz com que o ácido sulfúrico remanescente ataque a superfície de forma desigual, reultando em manchas em um ataque posterior com reativo de iodo.

Quando a superfície vai ser atacada, deverá estar a mais limpa possível; nem os dedos, ainda que secos, devem tocá-la. A gordura dos dedos, dependendo do reagente a empregar, pode interferir com a eficiência do ataque.

Figura 4.9
Indicações falsas em macrografia. Restos de riscos transversais produzidos por lixa grossa, não removidos completamente no polimento posterior. A mancha escura à esquerda é o reflexo da objetiva na superfície da peça (ver item 2.5.3). Ataque: reativo de iodo.

Convém remover quaisquer substâncias oleosas ou graxas que se encontrem nas faces laterais do corpo-de-prova e que possam entrar em contato com o reativo e em seguida contaminar a superfície em estudo.

Empregando-se reativos ácidos em aplicações prolongadas, é preciso ter cuidado com as pinças ou suportes de metal diferente daquele que está sendo atacado, porque, se entrarem em contato com o reativo, podem contaminá-lo e, pela eletrólise, criar um depósito químico na superfície do corpo-de-prova.

Durante os ataques com ácidos, convém agitar freqüentemente o corpo-de-prova ou o reativo para dispersar as bolhas que vão se formando em conseqüência das reações químicas. Nos pontos onde as bolhas aderem à superfície, o ataque não prossegue, resultando em marcas ou manchas. Da mesma forma, bolhas de ar arrastadas mecanicamente e que permanecem aderentes à superfície durante o ataque por imersão produzirão áreas circulares não atacadas ou com muito menos ataque do que o resto da seção. É preciso garantir que, ao imergir o corpo-de-prova no reagente, todas as bolhas eventualmente presentes na superfície sejam removidas através da agitação.

Um polimento muito brilhante dificulta o ataque principalmente porque o reativo não "molha" homogeneamente a superfície. Assim, quando se retira o corpo-de-prova do reativo, ou se tenta espalhar o reativo com um chumaço de algodão, a tensão superficial do líquido o fará contrair-se em gotas, debaixo das quais o ataque prossegue, enquanto o resto da superfície permanece livre de reativo. Isto provoca manchas e ataques não uniformes.

2.4. Exame e Interpretação

O que macrograficamente se pode constatar, em conseqüência da ação do reativo, resulta do contraste que se estabelece entre as áreas de composição química diferente ou entre as áreas de estrutura metalográfica diferente (seja por diferenças das fases presentes ou da fração volumétrica das fases ou até por diferenças de tamanho e distribuição das fases). O contraste decorre do fato de certas regiões escurecerem muito mais do que outras.

Quando a macrografia é realizada por exigência de alguma norma específica, o critério de avaliação é, em geral, estabelecido na própria norma. É o caso, por exemplo, da NBR 11298 [3] que trata da análise por macroataque para determinar as heterogeneidades e descontinuidades mais comuns em produtos de seção quadrada, retangular ou redonda de aços laminados ou forjados.

2.4.1. Resultados Obtidos com Reativo de Iodo

A seguir, são resumidas as principais observações relativas ao ataque com o reativo de iodo.

Com relação à composição química, escurecem bastante:
- As regiões com maior teor de carbono.
- As regiões com maior teor de fósforo.
- As regiões com maior quantidade de inclusões não-metálicas, especialmente de sulfetos.

Portanto, as zonas segregadas, as partes somente cementadas etc. se sobressaem em tom escuro.

2.4.1.1. Efeitos do Repolimento após Ataque com Reativo de Iodo

Como discutido anteriormente, um leve repolimento após o ataque pode ser extremamente útil para realçar os contrastes decorrentes do ataque.

Em primeiro lugar, as regiões escurecidas, devido a maior teor de carbono ou de fósforo, ficam mais claras, enquanto as que contêm maior quantidade de inclusões de sulfetos permanecem escuras por causa do ataque químico intenso que ocorreu em torno dessas inclusões. Como as regiões adjacentes, isentas de inclusões, se clareiam pelo leve repolimento, as que contêm sulfetos se sobressaem ainda mais, aumentanto o contraste da imagem.

Por isso, as regiões dendríticas ficam muito mais aparentes após leve repolimento do que antes. Os eixos e braços secundários das dendritas recuperam o brilho, enquanto as partes interdendríticas segregadas (ver Capítulo 8), e que, portanto, são mais corroídas pelo ataque químico, continuam escuras.

Fenômeno análogo ocorre no exame das seções longitudinais de peças laminadas, nas quais o leve repolimento realça a estrutura fibrosa decorrente do grande alongamento que sofreram as inclusões não-metálicas. A posterior conformação (por exemplo, forjamento em matriz fechada, laminação de rosca etc. Capitulos 11 e 12) altera a orientação destas fibras, deformando-as. A orientação das "fibras" do material em relação às solicitações mecânicas aplicadas é extremamente importante e o exame macrográfico é essencial em sua avaliação.

Por outro lado, heterogeneidade de tamanho de grão ("estrutura grosseira") também está associada a pouca corrosão durante o ataque e sua indicação, na macrografia, desaparecerá completamente com o leve repolimento, para deixar aparentes estruturas resultantes de corrosão mais profunda.

Da mesma forma, regiões temperadas e revenidas são muito sensíveis ao ataque e escurecem bastante. Entretanto, estas áreas escurecidas desaparecem facilmente com leve repolimento e, como têm maior dureza, podem até ficar mais brilhantes que as regiões circunvizinhas.

Por fim, o escurecimento das regiões fortemente deformadas a frio se atenua com o repolimento leve.

Em resumo, o repolimento leve é realizado visando a realçar certos aspectos estruturais produzidos pela corrosão mais profunda e que podem ficar pouco visíveis, devido ao aparecimento simultâneo de outros aspectos superficiais. É um trabalho a ser feito com cuidado e somente a experiência permitirá determinar, com certeza, os casos em que é vantajoso ou não praticar esta operação.

Assim, no caso de se querer pôr em evidência uma granulação grosseira, não se se deve repolir a amostra. Quando se deseja destacar a estrutura dendrítica, é provável que sem repolimento ela não apareça. A comparação entre as Figuras 4.10 e 4.11 ou entre as Figuras 4.12 e 4.13 demonstra alguns dos efeitos do leve repolimento após o ataque por reativo de iodo.

Figura 4.10
Macrografia de segmento de aro de roda de bonde restaurado por solda. Observa-se o metal depositado (claro) e a zona termicamente afetada (ver Capítulo 14) (escuro). Ataque: Reativo de iodo.

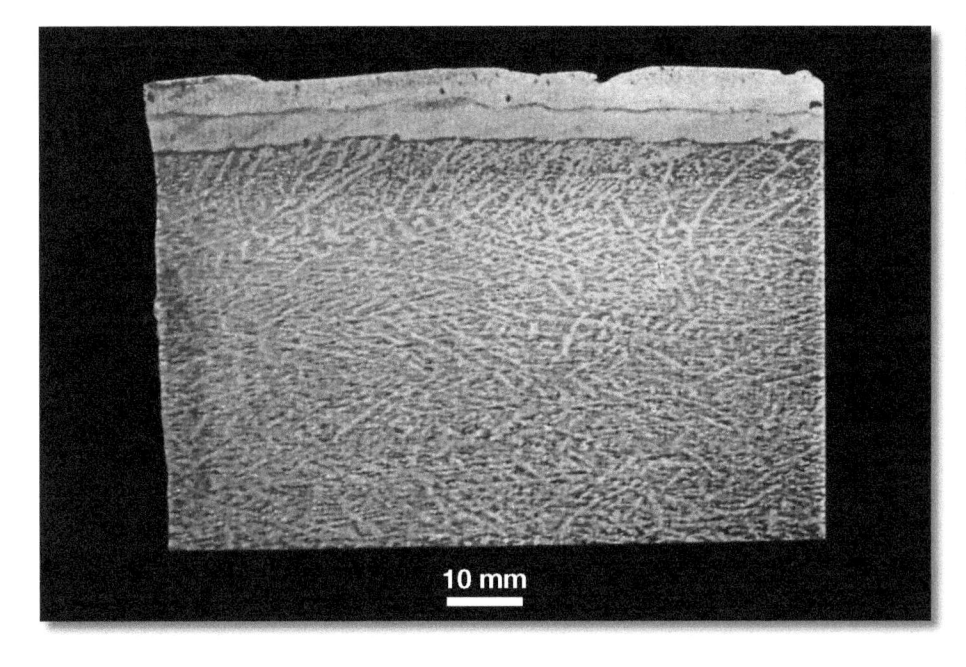

Figura 4.11
Macrografia da Figura 4.10 após leve repolimento. Observa-se a transição entre as duas camadas de metal depositado e a estrutura dendrítica. Ataque: Reativo de iodo, seguido de leve repolimento.

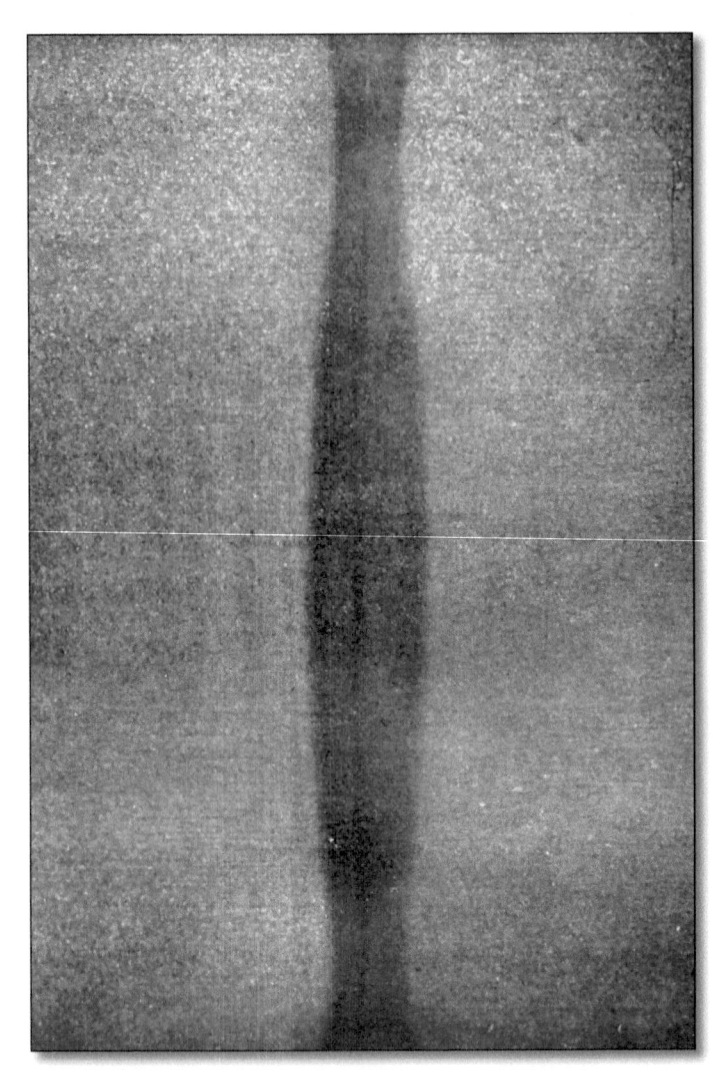

Figura 4.12
Macrografia da seção longitudinal de dois trilhos caldeados[6]. Observa-se a zona termicamente afetada. A largura da zona varia em função da espessura das diferentes regiões do trilho. Ataque: Reativo de iodo.

Figura 4.13
Macrografia da Figura 4.12 após leve repolimento. Observam-se as "fibras" do material, na direção longitudinal dos trilhos. As fibras estão deformadas na região de caldeamento, devido ao efeito da pressão aplicada. A região termicamente afetada aparece como um "halo" claro.

2.5. Registro Fotográfico

No caso da impressão de Baumann, a imagem se produz diretamente sobre o papel fotográfico e reproduções dessa imagem podem ser obtidas digitalizando-se ou fotografando-se a impressão já obtida.

Quando, porém, se ataca o corpo-de-prova com um dos reativos usuais para o exame macrográfico ou mesmo quando se deseja registrar o aspecto da seção sem ataque, é necessário fotografar a amostra.

2.5.1. Tamanho e Resolução

A reprodução em tamanho natural (escala 1:1) é geralmente preferível. As superfícies pequenas ou detalhes interessantes poderão ser fotografados com aumento. Neste caso, lentes do tipo "macro", comuns em muitas câmaras, inclusive digitais, podem ser empregadas.

---

(6) No caldeamento, pressão e temperatura (por exemplo, através de passagem de corrente elétrica e aquecimento por efeito Joule) são aplicadas simultaneamente produzindo a união de duas peças.

Quando a superfície a reproduzir é muito grande, pode-se fotografá-la por partes ou então com redução. É importante observar que as fotografias obtidas por técnicas convencionais (negativos ou transparências, *slides*) têm resolução bastante elevada. No caso do emprego de fotografia digital, é conveniente considerar um mínimo de 75 dpi[7] para imagens que serão exibidas em telas de computador ou de 300 dpi para imagens que deverão ser impressas em papel. No caso de imagens de peças grandes, empregando técnicas digitais, é conveniente calcular o número de *pixels* que será obtido na imagem final, de modo a decidir adequadamente a maior amostra que pode ser fotografada ou a maior ampliação, em papel, que poderá ser produzida. Em geral as especificações das máquinas digitais informam o número de *pixels* que será obtido em uma imagem. Conhecido o número de *pixels* em cada direção da imagem (caso não seja informado no manual da máquina, este valor pode ser calculado a partir do conhecimento do número total de *pixels* na imagem e da relação de tamanho do quadro, (freqüentemente horizontal/vertical = 4/3) e sabendo-se a dimensão da peça pode-se estimar quantos *pixels* serão empregados para registrar esta dimensão. Basta então converter para *pixels* por polegada para obter o valor de dpi aproximado na foto digital[8].

Em qualquer hipótese, é conveniente que o tamanho da reprodução fotográfica tenha uma relação simples com o tamanho do original para que seja mais fácil relacionar mentalmente as dimensões da imagem com as reais. Da mesma forma, deve-se incluir uma régua ou escala graduada no campo fotográfico para que se preserve a informação da relação entre o tamanho da imagem e o tamanho real da peça. Esta providência simples resulta em economia de tempo e evita dificuldades posteriores. Pode ser conveniente, ainda, incluir no campo a fotografar uma identificação da peça para garantir a futura rastreabilidade da informação.

2.5.2. Iluminação

Qualquer que seja a técnica fotográfica, três aspectos relacionados à iluminação são especialmente importantes para a obtenção de boas imagens fotográficas:

a) Iluminação homogênea e com orientação adequada.
b) Controle de reflexos na superfície e sombras (associados à iluminação).
c) Intensidade de iluminação suficiente.

Em geral, a imagem que a ação do reativo faz aparecer na superfície fica visível devido às diferenças de reflexão entre as áreas menos atacadas, que refletem mais luz, e as áreas mais atacadas, que se tornaram foscas ou corroídas, dispersando a luz que atinge a amostra.

Ao examinar a superfície depois de atacada, para cada característica revelada pelo ataque, pode existir um ângulo de iluminação, segundo o qual se observa mais claramente esta característica. Desejando-se fotografar esse aspecto, é preciso fazer com que a objetiva do aparelho "veja" a superfície a reproduzir iluminada também de acordo com aquele ângulo.

---

(7) dpi = *dots per inch* (pontos por polegada).

(8) Por exemplo: Considerando-se uma câmara com 7,2 MPixels (supondo que todos os *pixels* sejam usados na imagem), com relação de imagem h/v = 4/3 qual a maior dimensão horizontal que permitirá obter 300 dpi? O número de *pixels* na direção horizontal é calculado por

$$h \times \frac{3}{4}h = 7,2 \times 10^6 \, pixels$$

Logo

$$h = \sqrt{\frac{4}{3} \times 7,2 \times 10^6} \, pixels \cong 3100$$

Se há, aproximadamente 3100 pixels na direção horizontal do sensor da câmara, a largura máxima para se obter 300 dpi será de aproximadamente, 10 polegadas ou 254 mm.

Figura 4.14
Esquema apresentando os dois ângulos de iluminação básicos para a fotografia de macrografias atacadas. Em (a) a iluminação é tal que os raios refletidos pela região menos atacada (parte "brilhante") atingem o filme ou o sensor da câmara. Em (b) os raios refletidos pela região menos atacada (parte "brilhante") não atingem o filme ou o sensor da câmara.

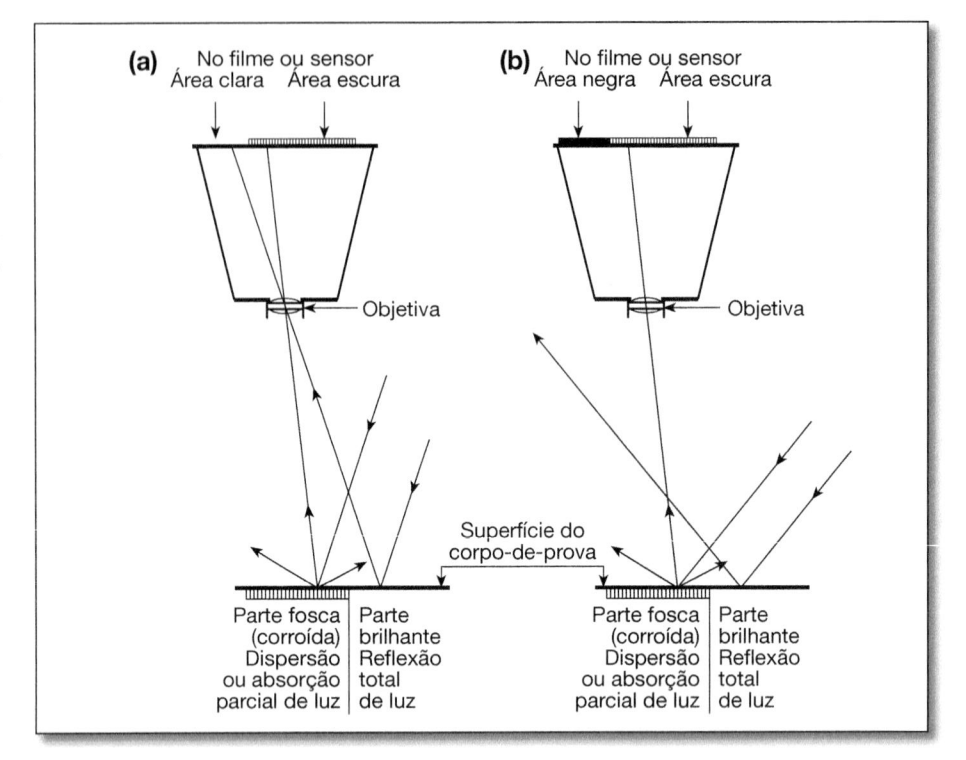

Existem basicamente dois ângulos de iluminação, para a fotografia de macrografias, como ilustrado na Figura 4.14.

No primeiro caso Figura 4.14(a), a luz refletida pela parte ainda brilhante (menos atacada), é dirigida para a objetiva e atinge o filme ou o sensor da câmara. As partes foscas ou escuras (mais atacadas) dispersam a luz, não refletem luz em direção ao filme ou ao sensor, portanto.

No segundo caso, a luz incide na superfície atacada sob uma inclinação maior, fazendo com que os raios refletidos nas partes brilhantes não penetrem mais na objetiva. A essas áreas corresponderá uma intensidade menor no filme ou no sensor da câmara, enquanto a imagem correspondente à parte fosca não se alterará, isto é, continuará escura, mas parecerá relativamente clara em contraste com as areas negras.

A uniformidade e homogeneidade da iluminação são fundamentais para o sucesso da fotografia de macrografias. Na falta de equipamentos para produzir uma iluminação uniforme e controlada, uma das melhores opções é uma sombra aberta, empregando a luz solar ambiente. Naturalmente, condições técnicas de iluminação devem produzir melhores resultados, em vista da possibilidade de controle mais preciso.

Uma das alternativas para obtenção de luz uniforme e homogênea é o emprego de anteparos refletivos. Como os anteparos resultam em perda de luminosidade, fontes suficientemente potentes precisam ser empregadas para se conseguir contraste adequado. Outros tipos de difusores e fontes de iluminação para fotografia são comuns e podem, também, resultar em boa homogeneidade de iluminação.

Quando se empregam anteparos refletivos, para que todas as partes brilhantes da superfície a fotografar reflitam a luz para dentro da objetiva é necessário ter-se como fonte de iluminação uma área que satisfaça as condições apresentadas na Figura 4.15[9]. O emprego de

(9) A realização dessa condição fica facilitada quando se usam câmaras em que a objetiva pode ser deslocada transversalmente em direção horizontal ou vertical, como as câmaras de fole, mais antigas.

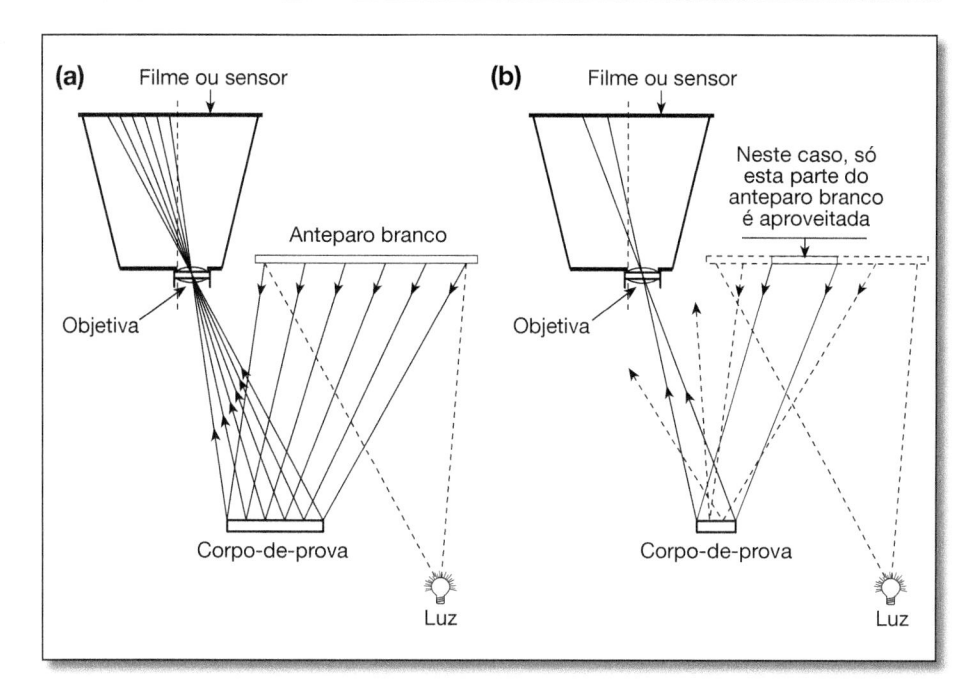

Figura 4.15
(a) Iluminação empregando anteparo que distribui e homogeneíza a luz que atinge a amostra. (b) Anteparos mal dimensionados resultam em perda de iluminação e redução de contraste.

um anteparo de iluminação de tamanho adequado, quando a imagem a fotografar é pouco contrastada é especialmente importante. Quando o anteparo é excessivamente grande para iluminar a amostra (Figura 4.15(b)), parte da luz refletida pelo anteparo não é útil para a fotografia, pois, quando refletida pela amostra, não atinge a objetiva. A perda de intensidade de iluminação resulta em redução do contraste da fotografia da macrografia.

2.5.3. Reflexos

No caso de a superfície a fotografar ser muito brilhante, o deslocamento do corpo-de-prova ou da objetiva, ou de ambos, em relação ao eixo do aparelho fotográfico, evita que a objetiva se reflita no corpo-de-prova, Figura 4.16. Essa reflexão causaria o aparecimento de uma mancha escura característica, pois as partes brilhantes aparecem na fotografia da cor daquilo que nelas se reflete. O contraste que existia normalmente entre as partes claras (brilhantes) e as escuras (corroídas) desaparece, porque as primeiras refletindo a imagem da objetiva também escurecem.

2.5.4. Relevo

Quando se deseja capturar a impressão de relevo em uma fotografia, a combinação de luz e sombra tem grande importância. De forma geral, os relevos são mais facilmente interpretados quando o objeto é iluminado com luz inclinada, de cima para baixo, da esquerda para a direita e da frente para trás. Assim sendo, o foco de luz único, ou então o principal deve estar situado nessa posição.

Quando, porém, as sombras das saliências de uma fratura, por exemplo, são muito intensas, de modo que não se vejam detalhes onde elas se projetam, convém fazer uma iluminação adicional mais fraca, em direção oposta, a fim de aclarar os detalhes que ficam pouco visíveis nas referidas sombras.

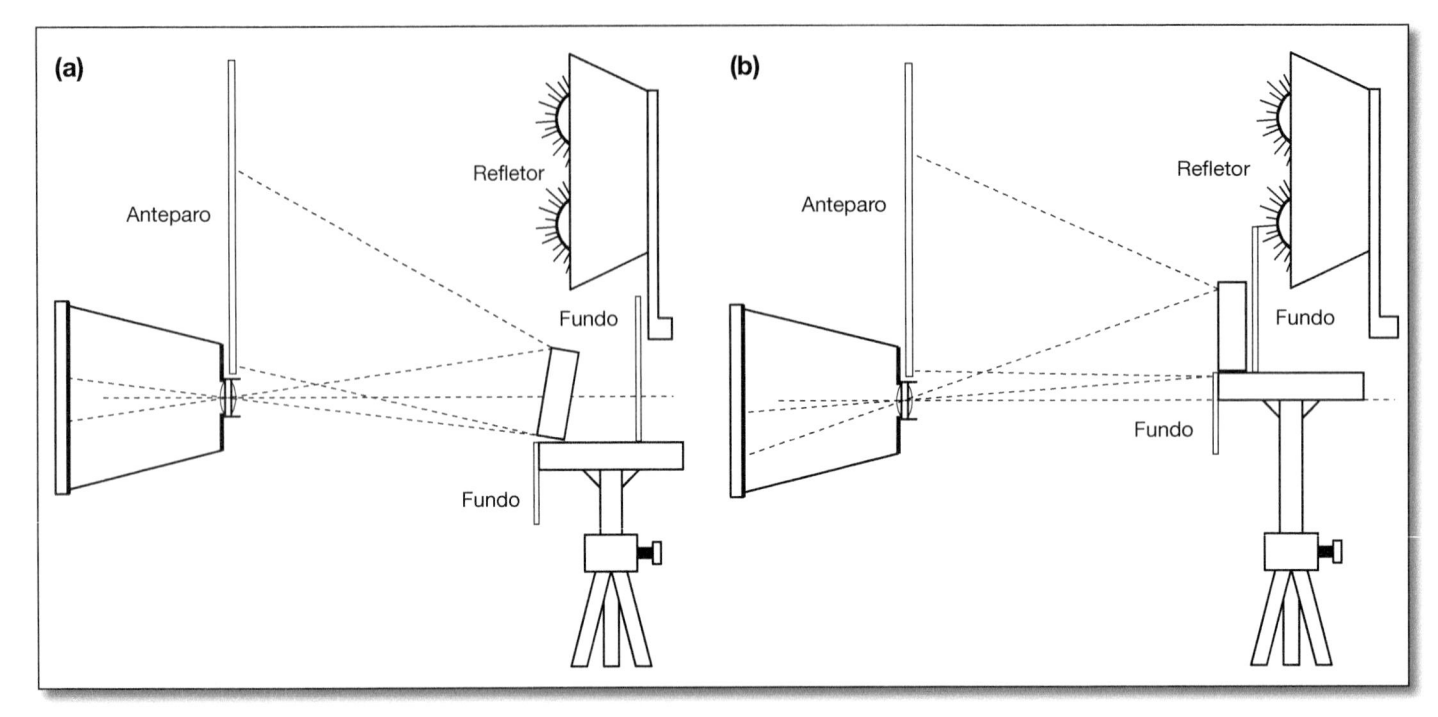

Figura 4.16
Arranjos de iluminação para evitar reflexos. Em (a), o corpo-de-prova é inclinado para evitar o reflexo da objetiva sobre o corpo-de-prova. Este arranjo produz alguma distorção da imagem. Em (b) o eixo da câmara é deslocado em relação ao corpo-de-prova.

Tão importante quanto a iluminação é a posição com que a fotografia é depois apresentada ao observador, Figura 4.17. Essa precaução se estende também às micrografias, quando alguns constituintes ficam em relevo, como se pode notar na Figura 4.18(a) e (b), em que os carbonetos parecem formar saliências ou reentrâncias conforme a posição da figura.

Em virtude desse fato, é aconselhável, a fim de evitar ilusões de ótica, apresentar as fotografias de superfícies com saliências e depressões de modo a que as respectivas sombras fiquem orientadas como se resultassem de iluminação na posição indicada acima.

Figura 4.17
A direção de onde provém a iluminação tem grande importância sobre o aspecto dos relevos de uma superfície. Em (a) a luz vem da posição correta, o canto superior esquerdo, dando a impressão de que as letras são escavadas no material (como de fato são). Em (b) a luz vem do canto direito inferior, fazendo parecer que as letras estão em relevo. As Figuras (c) e (d) são as imagens (a) e (b) em posição invertida, mostrando a importância de as fotografias serem apresentadas na posição certa, para que a impressão transmitida corresponda à realidade.

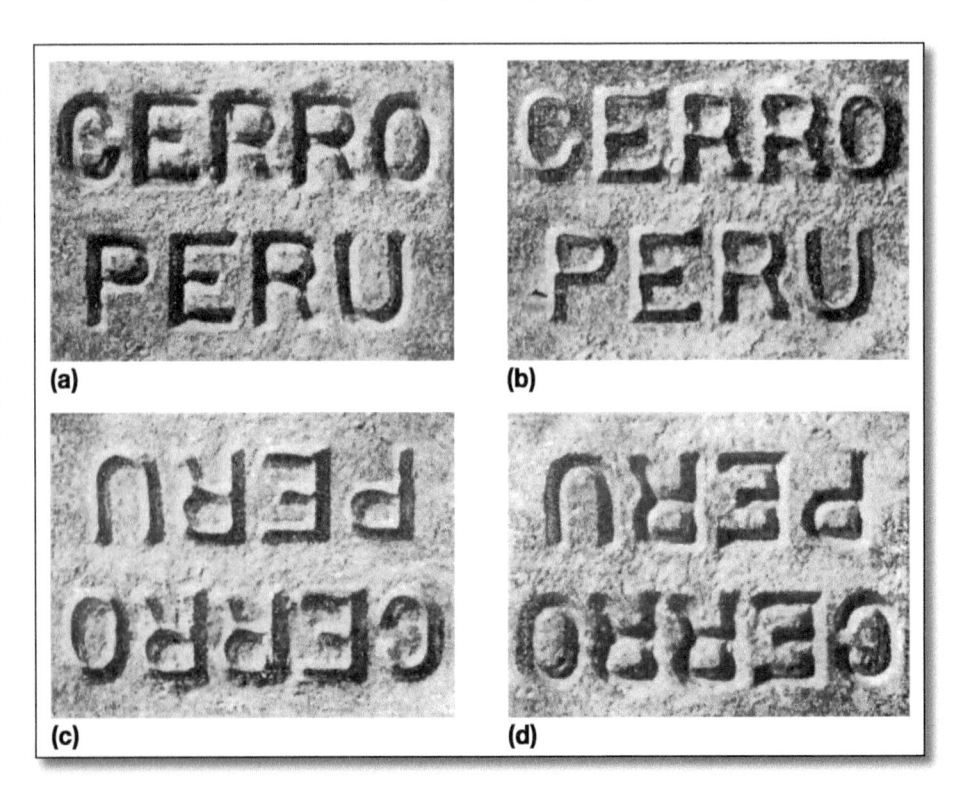

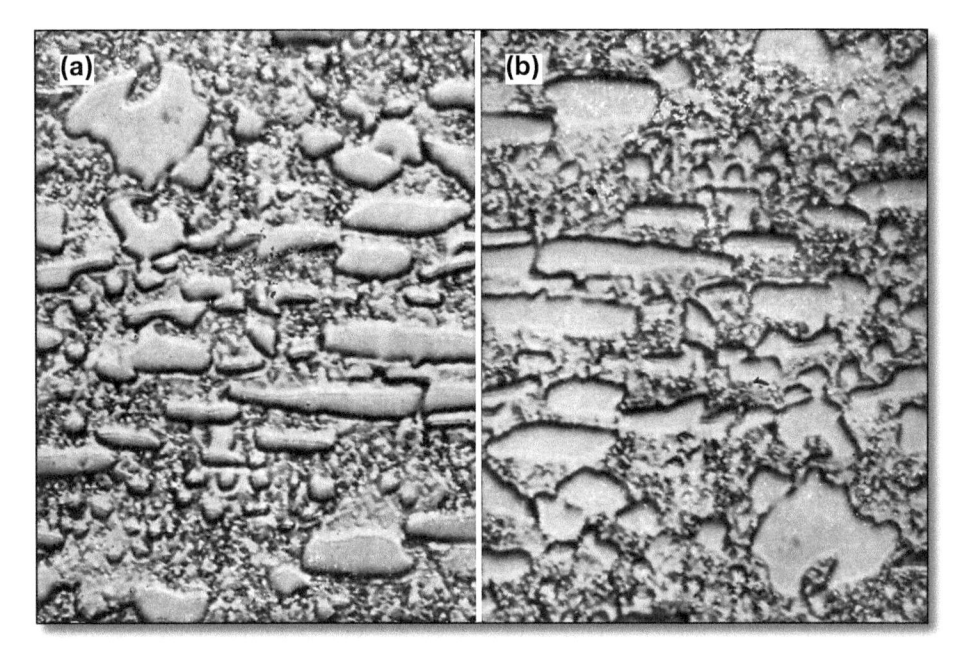

Figura 4.18
A mesma micrografia, apresentada em duas posições. Em (a) tem-se a impressão de que as áreas mais claras são saliências (que é o correto), enquanto em (b), a impressão é de reentrâncias.

2.5.5. Profundidade de Foco

A profundidade de foco é a distância à frente e atrás do assunto da fotografia que parece estar em foco. Esta distância é controlada pela abertura (diafragma) e pela distância lente-objeto empregada. Em geral, a profundidade de foco aumenta com a redução da abertura da lente. Isto resulta, entretanto, em menos luz atingindo o filme e/ou o sensor da câmara e pode requerer o uso de exposições mais longas e, conseqüentemente, apoio para a câmara. Maiores distâncias lente-objeto aumentam a profundidade de foco. O efeito da distância focal da lente é secundário e normalmente é devido à combinação de abertura e distância entre objeto e lente empregada.

Quando se fotografa um corpo-de-prova um pouco inclinado ou uma fratura, convém diminuir o diafragma da objetiva para assegurar uma focalização mais nítida, porque quanto mais fechado estiver o diafragma, maior será a "profundidade de foco", isto é, ficarão nítidas também, as partes que estão mais longe e as que estão mais perto.

2.5.6. Esquemas de Iluminação

O advento da fotografia digital tornou possível a observação praticamente instantânea da fotografia obtida. Se, por um lado, esta enorme vantagem em relação à fotografia com filme é muito útil para evitar insucessos, também leva, freqüentemente, à obtenção de fotografias de qualidade baixa ou marginal, em vista da pouca preocupação com a preparação da iluminação, eliminação de reflexos etc.

O fato de que a maior parte das câmaras digitais ainda tem a sensibilidade limitada ao equivalente a ISO 400 (sem perda de qualidade) recomenda, em muitos casos, o uso de apoio (como tripé, por exemplo), em vista das exposições relativamente longas que podem ser necessárias.

Da mesma forma, o fato de que muitas câmaras empregadas atualmente têm controle de exposição automático freqüentemente leva a uso de aberturas muito grandes, com perda de profundidade de foco, como discutido no item anterior.

Os cuidados descritos a seguir, associados à extraordinária vantagem da possibilidade de avaliação imediata do resultado da macrografia quando se usa fotografia digital, devem permitir que se atinja, modernamente, um nível de qualidade extraordinário no registro de ensaios macrográficos ou fratográficos.

Deve-se observar que o flash eletrônico da própria máquina fotográfica em geral se encontra em posição inadequada para a fotografia de corpos-de-prova macrográficos, embora sua intensidade seja muito boa para obtenção de contraste. Na maior parte dos casos, o uso do flash da própria máquina deve ser evitado.

2.5.6.1. Montagem A (Iluminação Indireta, Difusa)

A iluminação apresentada esquematicamente nas Figuras 4.19 e 4.16 é especialmente indicada para destacar, em fotografias, características que resultam em maior ataque na macrografia, tais como textura dendrítica, "fibras", segregação, bolhas etc.

O corpo-de-prova é iluminado indiretamente pela luz de um ou mais refletores refletida sobre uma superfície branca fosca (de papel ou cartolina). Os refletores são dispostos do lado indicado na figura ou de ambos os lados do corpo-de-prova, caso seja necessário. São dotados de um anteparo que impede que sua luz incida diretamente sobre o corpo-de-prova a fotografar.

Quando se busca evidenciar as particularidades citadas, convém dar um repolimento muito leve, à superfície do corpo-de-prova, após o último ataque. Esse cuidado permite acentuar o contraste entre as partes mais corroídas e menos corroídas: estas, mais brilhantes, refletem melhor a luz emanada da superfície branca, produzindo na fotografia regiões claras. Ao passo que as zonas mais atacadas de menor poder refletor se traduzem por regiões escuras. A excentricidade no

Figura 4.19
Esquema de iluminação por meio de anteparo difusor (montagem "A").

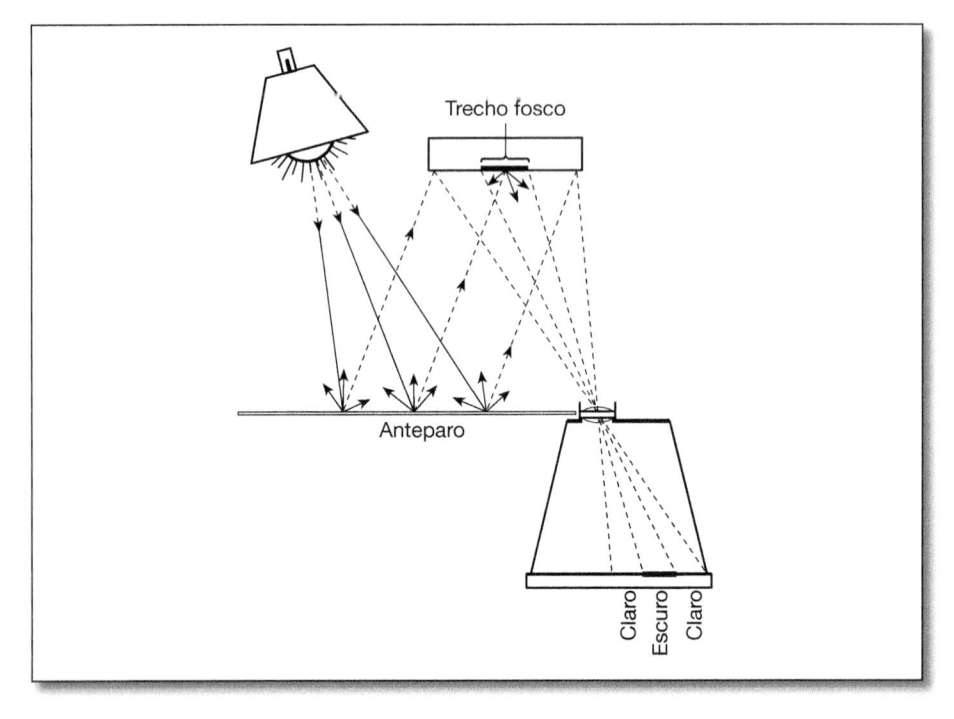

arranjo do conjunto é proposital, para evitar reflexos, como discutido anteriormente.

Seções estreitas e compridas devem ser fotografadas com a maior dimensão sempre normal ao eixo da objetiva.

A inclinação do corpo-de-prova ou sua excentricidade em relação ao eixo da objetiva produzem pequenas deformações da imagem, fato este que, em geral, não tem importância, pois que as fotografias obtidas, em regra, não se destinam a ser utilizadas para nelas se efetuar medidas rigorosas. Convém evitar inclinações excessivas, que tornem manifestamente assimétricas imagens que, na realidade, são simétricas. Assim, por exemplo, seções retangulares ou quadradas, cuja superfície não esteja paralela ao filme ou sensor digital, aparecerão com forma trapezoidal, o que é desagradável.

No caso de fotografia digital, correções das distorções eventualmente decorrentes destes procedimentos podem ser realizadas com a maior parte dos programas de processamento de imagem usuais[10].

2.5.6.2. Montagem *B* (Iluminação Direta, Inclinada, Simples)

Este tipo de iluminação (Figura 4.20) deve ser empregado quando se deseja registrar características que se tornam visíveis apenas por diferenças de corrosão superficial, como discutido no item 2.5.2. A superfície a fotografar pode, sem inconveniente, ser colocada centrada em relação ao eixo da objetiva e normal a ela, pois o reflexo da objetiva, muito pouco iluminada, é praticamente invisível.

Convém lembrar que, nos casos em que se aplica esta iluminação, o repolimento leve não é benéfico. A superfície atacada deve ser apenas lavada sob um jato d'água com um chumaço de algodão e, a seguir, secada cuidadosamente com álcool.

A montagem "B", quando aplicada aos casos para os quais a montagem "A" é recomendada, fornece imagens de tons invertidos em relação aos obtidos com esta.

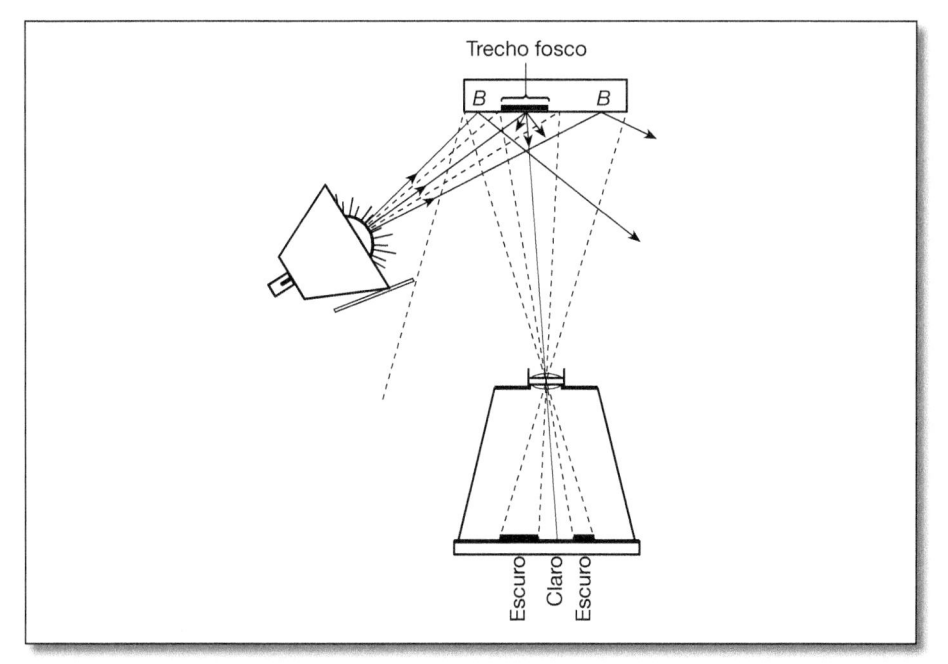

Figura 4.20
Esquema de iluminação direta. (Montagem B, no texto.)

(10) No software GIMP, por exemplo, utilizam-se, quando necessário: ferramentas → ferramentas de transformação → perspectiva. (Ver também o Capítulo 18).

2.5.6.3. Montagem *C* (Iluminação Mista)

Havendo necessidade de se pôr em destaque ao mesmo tempo as características a que se referem os dois itens anteriores, as duas montagens ("A" e "B") podem ser combinadas e balanceadas, de modo a se obter uma iluminação conveniente ao caso, como se vê na Figura 4.21.

2.5.6.4. Montagem *D* (Iluminação Direta, Normal à Superfície a Fotografar)

Seções planas e pequenas (em geral só até 20 mm de diâmetro) podem ser fotografadas com iluminação perpendicular à sua superfície, como indica a Figura 4.22, em um esquema de iluminação muito semelhante ao de um microscópio ótico.

Nesta montagem utiliza-se um vidro transparente, de faces planas e paralelas, colocado entre o aparelho fotográfico e o objeto, com inclinação de 45° em relação ao eixo da objetiva. O foco luminoso é colocado de forma que sua luz refletida pelo vidro venha a incidir normalmente sobre a superfície a fotografar.

Figura 4.21
Sistema misto de iluminação.

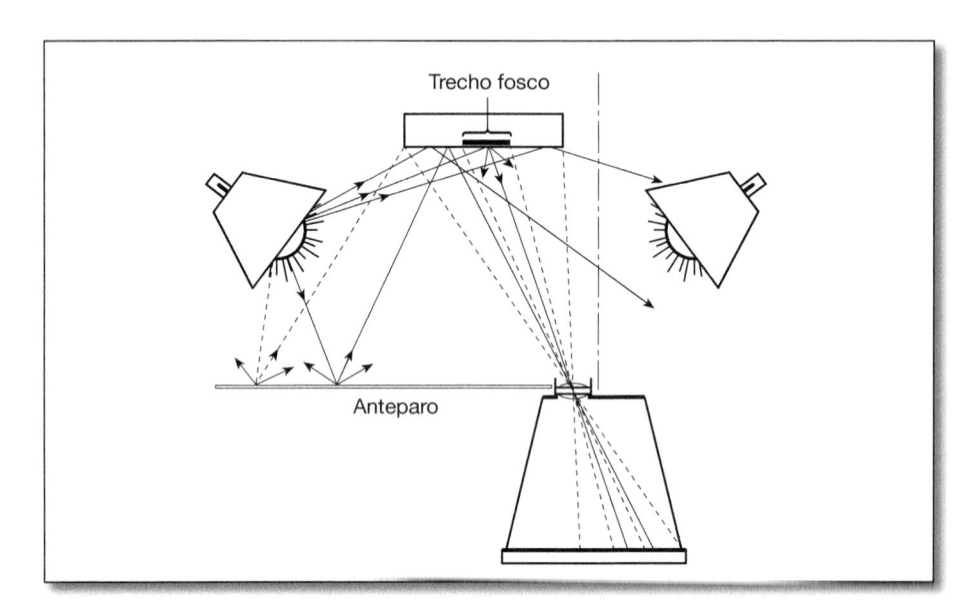

Figura 4.22
Uso de um vidro plano a 45° para a iluminação normal à superfície de corpos-de-prova pequenos.

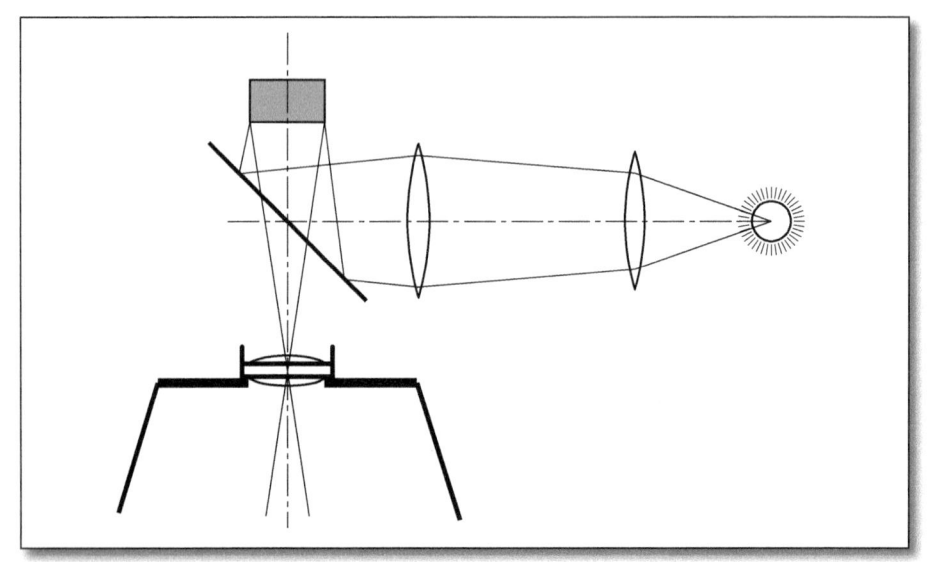

É recomendável a interposição, entre o foco e o vidro, de um condensador de uma ou de duas lentes. Parte da luz proveniente do foco atravessa o vidro e perde-se, mas parte reflete-se e incide sobre a superfície atacada, refletindo-se novamente, voltando ao vidro, atravessando-o em parte, e penetrando por fim na objetiva da máquina fotográfica.

Com este modo de iluminar, obtém-se o máximo de contraste na reprodução das características para as quais a montagem "A" é recomendada. Convém, entretanto, notar que este processo só é prático para superfícies de pequenas dimensões. Superfícies maiores exigiriam lentes condensadoras muito grandes.

Esta montagem é especialmente recomendada quando se deseja fotografar superfícies planas com ampliação superior a 3 vezes. Nesses casos, é indispensável utilizar uma objetiva apropriada, de curta distância focal, e a montagem "A" torna-se quase impraticável em virtude de ser muito difícil evitar os efeitos do reflexo da objetiva na superfície a fotografar.

2.5.6.5. Montagem *E* (Iluminação Direta, Inclinada, Dupla)

Para fotografar o aspecto de fraturas é recomendado o emprego da montagem "E", variante da montagem "B". Nesta montagem, a fratura é iluminada diretamente por dois focos luminosos: o primeiro, mais forte, à esquerda do observador e um pouco acima e à frente do objeto, e o segundo, mais fraco à direita, para atenuar o excesso de contraste produzido pelo primeiro e permitir a obtenção de detalhes nas áreas sombreadas da superfície de fratura (Figura 4.23).

2.5.6.6. Montagem *F* (Iluminação Direta, Inclinada, Orientada)

Quando se fotografam superfícies apresentando riscos de usinagem paralelos, provenientes de acabamento, relativamente grosseiro, de torno, plaina, esmeril, lima, lixa grossa etc., a direção da luz pode

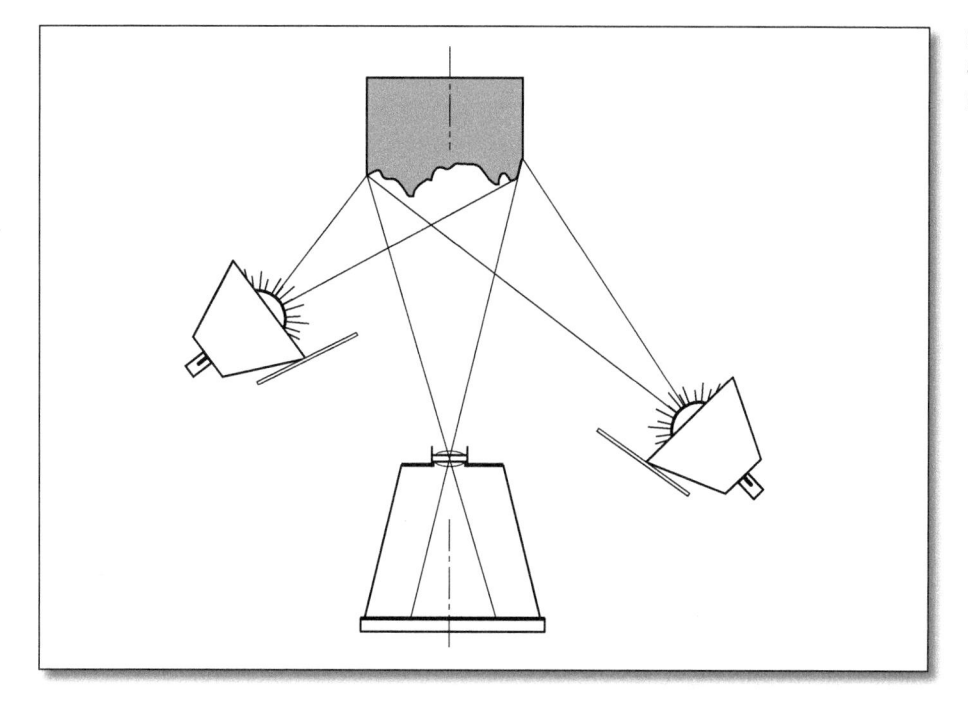

Figura 4.23
Sistema de iluminação recomendado para fraturas e superfícies não-planas.

ajudar a reduzir o efeito dos riscos, na fotografia. O máximo e mínimo de visibilidade dos riscos são obtidos, respectivamente, orientando-os em relação ao foco luminoso como o mostram as posições I e II, da Figura 4.24.

Esta montagem, ainda um caso particular da montagem "B", é aplicável, por exemplo, às fotografias de seções, nas quais se quer apenas mostrar certos defeitos de fundição ou porosidades. Estas superfícies não precisam ser polidas com rigor, desde que sejam iluminadas convenientemente.

2.5.6.7. Montagem G (Iluminação Indireta, Periférica)

Superfícies cilíndricas mais ou menos polidas, nas quais existem detalhes a serem fotografados, exigem para uma boa iluminação, a montagem "G", apresentada na Figura 4.25. Com esta montagem é evitada a incidência direta da luz sobre a superfície do corpo-de-prova.

Figura 4.24
À esquerda, posição I, que dá o máximo de visibilidade de riscos orientados conforme indicado. À direita, posição II, que resulta no mínimo de visibilidade dos riscos.

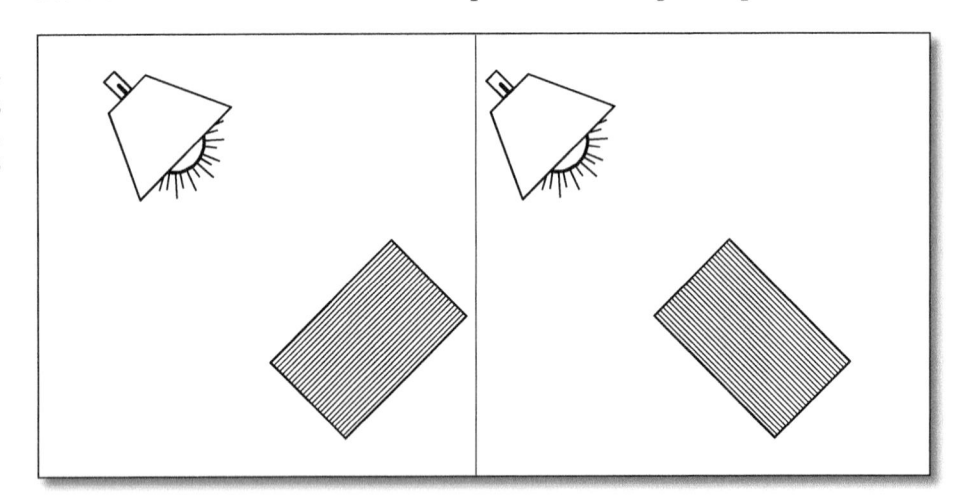

Figura 4.25
Iluminação recomendada para a macrografia de peças cilíndricas com algum polimento superficial, em cuja superfície existam defeitos a serem registrados pela fotografia.

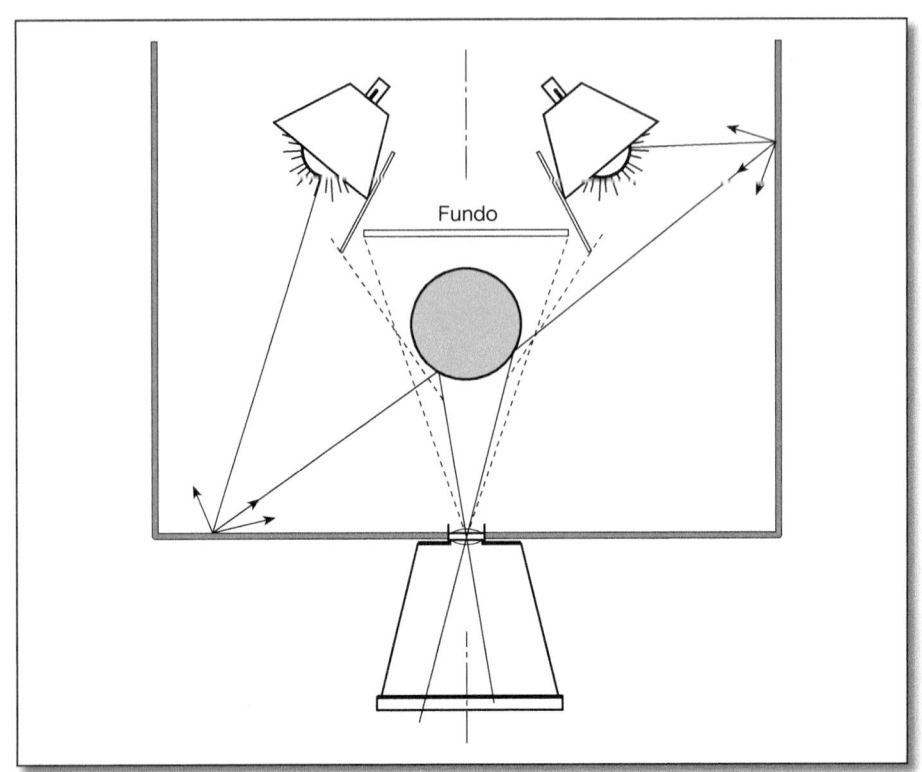

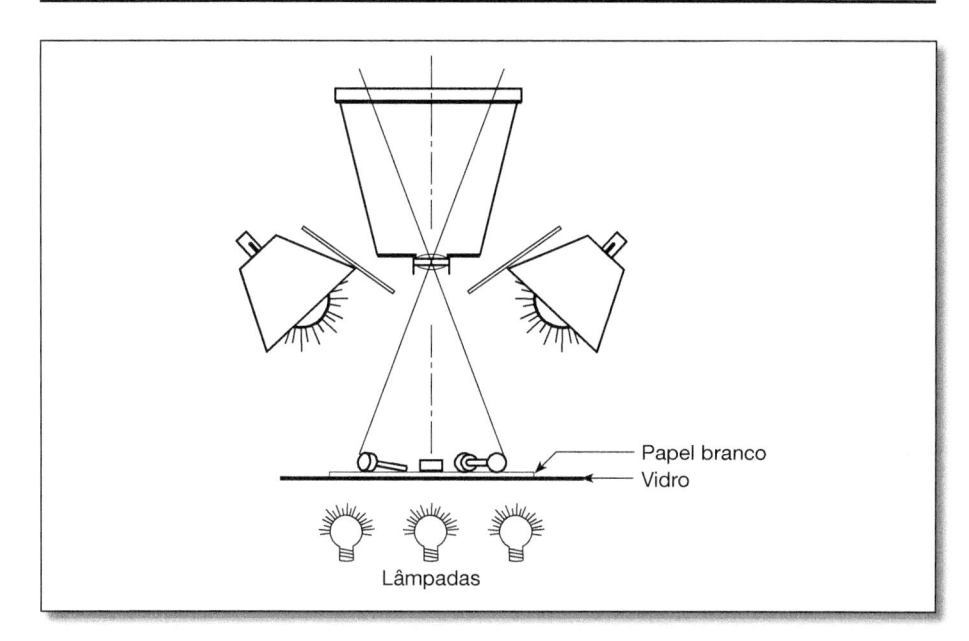

Papel branco
Vidro
Lâmpadas

2.5.6.8. Montagem para Eliminar Sombras

Se os objetos a serem fotografados produzirem sombras inconvenientes, podem ser colocados sobre uma chapa de vidro coberta de papel branco e por baixo do vidro dispor também focos luminosos. A iluminação produzida através do papel faz desaparecer ou atenua as sombras projetadas pelos focos superiores (Figura 4.26).

As diversas montagens apresentadas mostram a variedade de maneiras com que se pode fotografar um corpo-de-prova, apontando, ao mesmo tempo, as precauções a serem tomadas para não falsear o aspecto da imagem. Adicionalmente, para realçar os contornos, pode-se recorrer ao contraste com o fundo. Assim, para imagens escuras, usa-se um fundo claro ou branco e, para as macrografias, um fundo geralmente preto.

2.6. Técnicas de Destaque das Observações Macrográficas

Aços de elevada limpeza interna e com baixo teor de residuais podem ser extremamente difíceis de ser observados macrograficamente. Além disto, aços de baixo teor de enxofre praticamente não produzem impressões de Baumann úteis. Casey [4] desenvolveu, recentemente, algumas técnicas que favorecem a observação de macrografias deste tipo de aço.

2.6.1. Realce de Contraste com Uso de Tinta de Gráfica

A técnica mais simples desenvolvida por Casey consiste em ressaltar o relevo resultante do ataque químico, em uma macrografia, com o uso de tinta de gráfica. Este processo envolve quatro etapas:

I.   Aplicar um repolimento leve com lixa 500 ou 600.
II. Aplicar uma película de tinta de gráfica sobre a superfície atacada e repolida.

III. Remover o excesso de tinta com trapos embebidos em solvente mineral.

IV. Examinar a superfície visualmente e fotografar, conforme necessário.

2.6.2. Impressões em Fita Celofane ou Papel

Esta técnica é ideal para o registro de estruturas grosseiras obtidas com ataque por ácido clorídrico quente. Normalmente, resulta em melhor registro dos detalhes do que o registro fotográfico descrito no item anterior. Não é a melhor técnica para o registro de detalhes finos da estrutura. O procedimento empregando fita transparente envolve as seguintes etapas:

I. Aplicar uma fina camada de tinta de gráfica à superfície atacada usando um rolete de borracha dura.

II. Aplicar uma fita de celofane larga sobre a superfície em que a tinta foi aplicada (Figura 4.27).

III. Remover a fita e afixá-la a uma folha de papel branco (Figura 4.28).

IV. A imagem resultante, visível através da fita, produz uma reprodução ou "réplica" da superfície atacada, que pode ser usada para arquivo ou análise.

Uma variante da técnica envolve aplicar uma folha de papel branco, grosso, de boa qualidade sobre a superfície em que a tinta foi aplicada, ao invés da fita de celofane. Esta folha é prensada com pressão da ordem de 100-200 psi em uma prensa de rolo de borracha.

Figura 4.27
Aplicando a fita de celofane sobre a macrografia com a tinta de gráfica. Cortesia de J. Casey, DOFASCO, Canadá.

Figura 4.28
Transferindo a imagem da fita para o papel, empregando o rolete de borracha. Cortesia de J. Casey, DOFASCO, Canadá.

2.6.3. Uso da Macrografia como Matriz para Gravura em Metal (*intaglio*)

Após ataque químico, a macrografia é usada como uma matriz de gravura em metal (ou talho seco, ou *intaglio*). Este método, segundo Casey, é ideal para macrografias submetidas ao ataque duplo com reativo de Humfrey.

I. Aplicar a tinta de gráfica para preencher todas as depressões resultantes do ataque químico.

II. O excesso de tinta é removido aplicando-se, sucessivamente, fitas de celofane.

III. Papel de algodão é usado para produzir uma gravura de alta qualidade. O papel é colocado em contato com a macrografia, já sem o excesso de tinta e é submetida à prensagem em uma prensa manual de arte gráfica, com pressão da ordem de 1000-2000 psi (Figura 4.29).

Exemplos da aplicação desta técnica são apresentados no Capítulo 8.

2.6.4. Uso de Outros Contrastes

Os detalhes de macrografias podem ser ressaltados, também, com o uso de anilina ou tinta de carimbo (Figura 11.54). O uso de tinta nanquim também é uma opção para destacar pequenos poros e defeitos semelhantes [6].

Figura 4.29
Produzindo uma gravura *intaglio* de uma macrografia em prensa de gráfica. Cortesia de J Casey, DOFASCO Canadá.

Referências Bibliográficas

1. ABUD, I. C. *Comunicação particular*, 2007, INT, Rio de Janeiro.
2. BRAMFITT B. L.; BENSCOTER, A. O. *Common etchants for irons and steels.* Advanced Materials & Processes, 2002 (June), p. 42-43.
3. ABNT. *Aço – Análise por Macroataque NBR 11298 (MB 3218).* São Paulo, ABNT. 1990.
4. CASEY, J. *Macro-etching of Continuous Cast Steel.* Microsc. Microanal. 2002, v. 8 (Suppl. 2), p. 362-363.
5. ABNT. *Aço – Impressão de Baumann (Impressão de enxofre) NBR 11565 (MB 334).* São Paulo, ABNT. 1990.
6. SKAL, M. *Comunicação particular*, 2007: Gerdau, Rio de Janeiro.

TÉCNICA METALOGRÁFICA

MICROGRAFIA

1. Introdução

Há diversas técnicas usuais para observar a estrutura dos aços e ferros fundidos em escala microscópica. Para um grande grupo de técnicas em que se observa a microestrutura através de seções, as técnicas de preparação de amostra são muito semelhantes. Algumas técnicas, como a microscopia eletrônica de varredura (MEV, Capítulo 6), permitem também a observação de superfícies praticamente sem preparação, o que é especialmente útil na análise de falhas. Por fim, técnicas como a microscopia eletrônica de transmissão (MET, Capítulo 6) exigem preparação de amostra específica, bastante diferente das demais técnicas, por se utilizar da análise do feixe de elétrons que atravessa a amostra.

As principais técnicas micrográficas são discutidas a seguir, destacando, principalmente, suas vantagens e limitações, possíveis fontes de erros nas avaliações e alguns cuidados específicos nas preparações de amostras. Em vista da extensão do tema, referências e leituras complementares são recomendadas para cada um dos temas.

2. Microscopia Ótica

Dentre as diversas técnicas de observação da microestrutura dos aços e ferros fundidos, a mais comum é a microscopia ótica. Neste caso, emprega-se luz visível que incide sobre a amostra e é refletida até o observador, como mostra o esquema da Figura 5.1. A resolução que pode ser obtida em uma imagem depende do comprimento de onda da radiação empregada. Para a luz visível de cor verde, isto resulta em uma resolução de 220 a 250 nm que corresponde a um aumento máximo da ordem de 1400 vezes (1400X) [1]. Embora existam microscópios óticos capazes de fornecer aumentos superiores a este valor, tais aumentos são chamados aumentos "vazios" por não fornecerem informação adicional àquela obtida com o aumento máximo de cerca de 1400X [1].

Por outro lado, a profundidade de foco (item 2.5.5, Capítulo 4) também depende do comprimento de onda da radiação empregada na observação e da distância focal das lentes empregadas (além da abertura, já discutida anteriormente). Quando se emprega o microscópio ótico, a profundidade de foco é bastante pequena (de 200 nm a 8 μm, dependendo das condições de aumento – quanto maior o aumento, menor a profundidade de foco) e, para que se observe a superfície de uma amostra totalmente em foco, é necessário que ela seja bastante plana e esteja perfeitamente perpendicular ao eixo ótico do microscópio.

Assim, cuidados com a planicidade da amostra e, em especial, com o possível arredondamento dos cantos durante o polimento, são uma preocupação básica na preparação de amostras para a microscopia ótica.

Várias técnicas de observação podem ser aplicadas na microscopia ótica (iluminação obliqua, luz polarizada, campo escuro etc.) Informações detalhadas sobre estas técnicas podem ser encontradas, normalmente, nos manuais dos equipamentos e em textos específicos sobre microscropia.

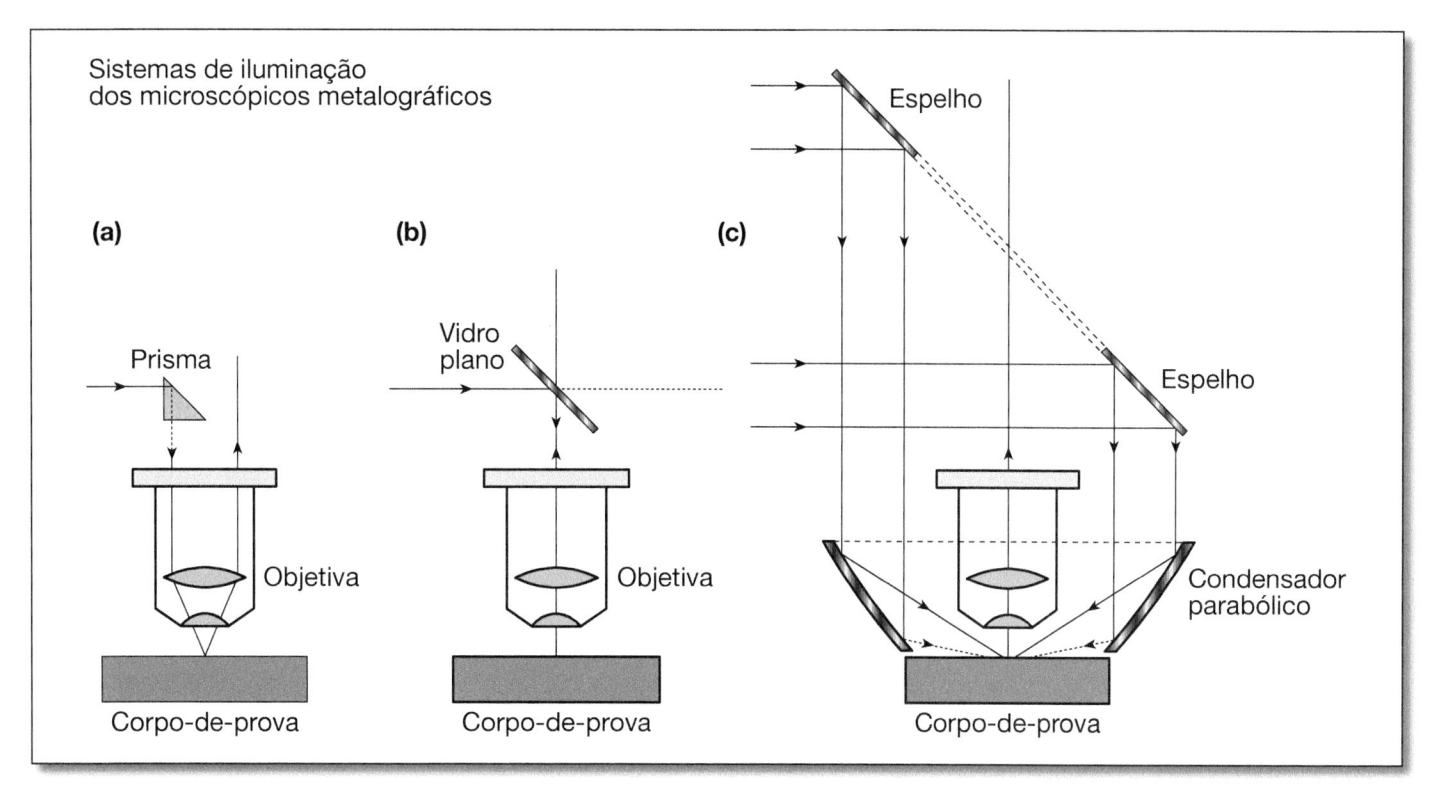

Sistemas de iluminação
dos microscópicos metalográficos

Figura 5.1
Ilustração esquemática dos modos de iluminação em microscópio ótico para metalografia. (a) Iluminação inclinada ou oblíqua, (b) iluminação paralela ao eixo ou normal e (c) iluminação em campo escuro.

Diferentes técnicas de iluminação podem ser empregadas na microscopia ótica, como ilustrado na Figura 5.1. A iluminação oblíqua ou inclinada pode ser usada para ressaltar alguns aspectos da estrutura ou alterar a forma como o contraste é percebido (ver Figura 8.38). A iluminação mais comum é a iluminação paralela ao eixo do microscópio. De forma geral, estas formas de iluminação resultam em imagens claras da região plana ou não atacada da amostra e em imagens escuras das partes não-planas como trincas, poros etc., ou regiões atacadas quimicamente.

Em alguns casos excepcionais, podem ser empregadas objetivas capazes de iluminar a superfície do corpo-de-prova obliquamente com um feixe cônico, a chamada iluminação de campo escuro. Os raios luminosos que incidem nas partes polidas não se refletem mais para dentro da objetiva. Portanto, estas áreas aparecem escuras. As partes atacadas, os bordos de poros, arestas de trincas ou áreas que não refletem a luz aparecem claras ou, às vezes, brilhantes.

2.1. Preparação de Amostras para Microscopia Ótica

A técnica de preparação de amostras para a realização de um ensaio micrográfico em microscópio ótico pode ser dividida nas seguintes fases:

I.   Escolha e localização da seção a ser estudada.
II. Obtenção de uma superfície plana e polida no local escolhido para estudo.
III. Exame ao microscópio para a observação das ocorrências visíveis sem ataque.
IV. Ataque da superfície por um reagente químico adequado.
V.   Exame ao microscópio para a observação da microestrutura.
VI. Registro do aspecto observado (fotografia).

2.1.1. Escolha e Localização da Seção a Ser Estudada

As dimensões dos corpos-de-prova para o exame micrográfico podem ser limitadas por diversos aspectos. A dificuldade de obter uma boa preparação para o exame, no caso de microscopia ótica, o peso máximo suportado pelo porta-amostra do microscópio (ótico ou eletrônico de varredura, por exemplo), assim como as dimensões da câmara ou da porta de entrada de amostras (no caso do microscópio eletrônico de varredura) podem limitar a maior dimensão praticável para o corpo-de-prova para exame micrográfico. A localização do corpo ou dos corpos-de-prova para micrografia em peças grandes é, freqüentemente, feita após o exame macrográfico. Se o aspecto macrográfico for homogêneo, a localização do corpo-de-prova para micrografia é, em geral, indiferente; se, porém, forem reveladas heterogeneidades, pode ser recomendável realizar o exame micrográfico em vários pontos, onde um exame mais detalhado seja requerido. Neste caso, mais de um corpo-de-prova devem ser removidos.

Quando se trata de uma peça pequena, normalmente é possível examinar toda a seção da peça em uma única micrografia.

No caso de peças em que anisotropia pode ser esperada (forjados, laminados, peças estampadas etc.) a orientação da seção escolhida para a realização do exame micrográfico é muito importante e deve ser registrada. Convém, ao cortar as amostras para a preparação micrográfica, identificá-las claramente, indicando, inclusive, a orientação longitudinal da peça original. Croquis de amostragem ou fotografias que registrem o processo de amostragem são, muitas vezes, extremamente úteis. A perda destas informações durante o processo de preparação da amostra pode requerer a tomada de nova amostra ou colocar sérias dúvidas sobre a confiabilidade dos resultados. Nas peças fundidas a orientação da seção é, normalmente, pouco importante. Ainda assim, o registro da posição e orientação de amostragem não deve ser negligenciado.

Em todos os casos, a distância da amostra em relação à superfície da peça é uma variável importante que também deve ser registrada. Como as amostras têm espessura não desprezível, é necessário também registrar qual das faces da amostra deverá ser observada.

Por vezes, o emprego de metalografia não-destrutiva ou técnicas de réplica metalográfica pode ser necessário (ver item 2.2). Nestes casos, é importante considerar que a superfície da peça pode ter sido alterada em relação à peça como um todo, isto é, pode ter ocorrido descarbonetação, encruamento superficial etc. Assim, ao se preparar para metalografia uma pequena região da superfície da própria peça, é preciso ter em mente que as observações podem ser limitadas por estas alterações.

2.1.2. Obtenção de uma Superfície Plana e Polida no Local Escolhido para Estudo

Aos cuidados descritos para a preparação superficial para o exame macrográfico, agregam-se alguns cuidados especiais, em vista do fato de que agora a superfície se destina a um exame em escala microscópica.

Na preparação "clássica", após o corte com serra, plaina, ou no torno, há duas opções principais: (a) a amostra é embutida em plástico ou resina que permite maior firmeza e facilidade de manuseio, além de permitir medidas para preservar as arestas (superfícies) durante o polimento ou (b) a amostra é submetida diretamente à preparação. A preparação da superfície de interesse envolve o lixamento em lixadeiras motorizadas seguindo uma seqüência de papéis de lixa de carboneto de silício (SiC), com resfriamento e lubrificação por água. A seqüência usual de lixas é: 100 (ou 120) (ou 180), 240, 320, 400, 600 e, eventualmente, 1200. Para materiais mais macios, como aços inoxidáveis, aços ferríticos e para aços carbonetados, em que há interesse em evitar deformação excessiva, a seqüência pode ser: 240, 320, 400, 600, (800) e 1200. As primeiras etapas em lixa 120 (ou 180) não são recomendadas, nestes casos.

Deve-se mudar de 90° a direção do lixamento e polimento ao se passar de um abrasivo a outro e seguir o quanto possível a série como está indicada. Uma regra prática comum é submeter a amostra a cada lixa, ao menos ao dobro do tempo necessário para eliminar os riscos da lixa anterior.

Quando as amostras não são embutidas, é prudente chanfrar um pouco os seus vértices antes de iniciar o polimento, não só para estragar menos as lixas e os discos de polimento, como também para diminuir o perigo de o corpo-de-prova prender-se ao disco e ser projetado violentamente à distância.

Para se verificar se o polimento já está suficientemente bom, pode se examinar a superfície ao microscópio, depois de lavá-la em água com auxílio de um pequeno chumaço de algodão e secá-la imediatamente passando-se na superfície um pouco de algodão com álcool e, normalmente, empregando-se um jato de ar, de preferência quente[1], para evitar manchas de secagem.

Após o emprego das lixas, o polimento é continuado sobre disco giratório de feltro, sobre o qual se aplica uma leve camada de abrasivo. Os abrasivos mais comumente empregados são a alumina, o diamante e, em alguns casos, a sílica coloidal. O polimento é realizado em politrizes manuais ou automáticas. No caso de preparações repetitivas, em grandes quantidades (por exemplo, controle da qualidade em aplicações industriais), o emprego de politrizes automáticas pode ser muito conveniente. Em todos os casos, é preciso determinar, experimentalmente, as melhores condições de pressão sobre a amostra e velocidade de rotação dos discos (ou vibração, em alguns tipos de politrizes) para o material a ser preparado.

Polimentos usuais após o acabamento com lixa 600 são o uso de pasta de alumina na seqüência de 1, 0,3 e 0,05 μm ou pasta de diamante com 3 μm seguida por 1 μm [2].

(1) Um secador de cabelos normalmente se presta a esta função satisfatoriamente.

A Tabela 5.1 apresenta valores de rugosidade medidos em dois materiais diferentes depois de diferentes polimentos. Os valores obtidos em diferentes materiais, com diferentes técnicas de polimento (pressão, velocidade etc.) servem apenas para uma orientação básica sobre a ordem de grandeza da rugosidade esperada após polimento.

Tabela 5.1

(a) Rugosidade média após o polimento manual e automático de aço inoxidável. Valores apenas indicativos. Adaptado de [3]

Lixa de SiC	Rugosidade (média aritmética) (R_a)	
	Manual μm	Automático μm
120	0,23	0,18
180	0,13	0,08
240	0,10	0,10
320	0,10	0,05
400	0,05	0,03
600	0,05	0,03

(b) Rugosidade média após o polimento manual de liga de titânio. Valores apenas indicativos. Adaptado de [4]

Polimento até	R_a [μm]
Lixa 1200	0,130
Diamante 6 μm	0,125
Diamante 3 μm	0,060
Diamante 0,7 μm	0,056

Os fornecedores de material para metalografia disponibilizam farta quantidade de material orientativo sobre estas escolhas[2]. Estas informações podem ser um bom ponto de partida para a otimização do processo de preparação de amostras.

Quando a superfície tiver um aspecto especular e praticamente sem riscos perceptíveis com aumento entre 100 ou 200 vezes, estará em condições de ser examinada ao microscópio para a observação de inclusões, trincas, distribuição da grafita, porosidades, ou outras ocorrências visíveis sem ataque. Ainda assim é somente depois do ataque que se pode ter certeza de que o polimento foi bem conduzido.

Os abrasivos usados no polimento não só riscam o material como também causam deformação a frio (encruamento, ver Capítulo 12) da camada de material abaixo da superfície polida. A profundidade de deformação depende diretamente da granulometria do material usado no lixamento ou polimento, da pressão empregada no lixamento ou polimento e, inversamente, da dureza do material, como mostrado, esquematicamente, na Figura 5.2.

Quando os polimentos mais finos subseqüentes removem as depressões deixadas pelos riscos no material sem remover também a

---

(2) Alguns exemplos são:
http://www.buehler.com/;
http://www.struers.com/;
http://www.lecobrasil.com.br;
http://www.panambra.com/
(a citação de alguns fornecedores não representa endosso ou recomendação de seus produtos. Há um grande número de fornecedores não listados e o leitor deve buscar o que melhor atender a suas necessidades).

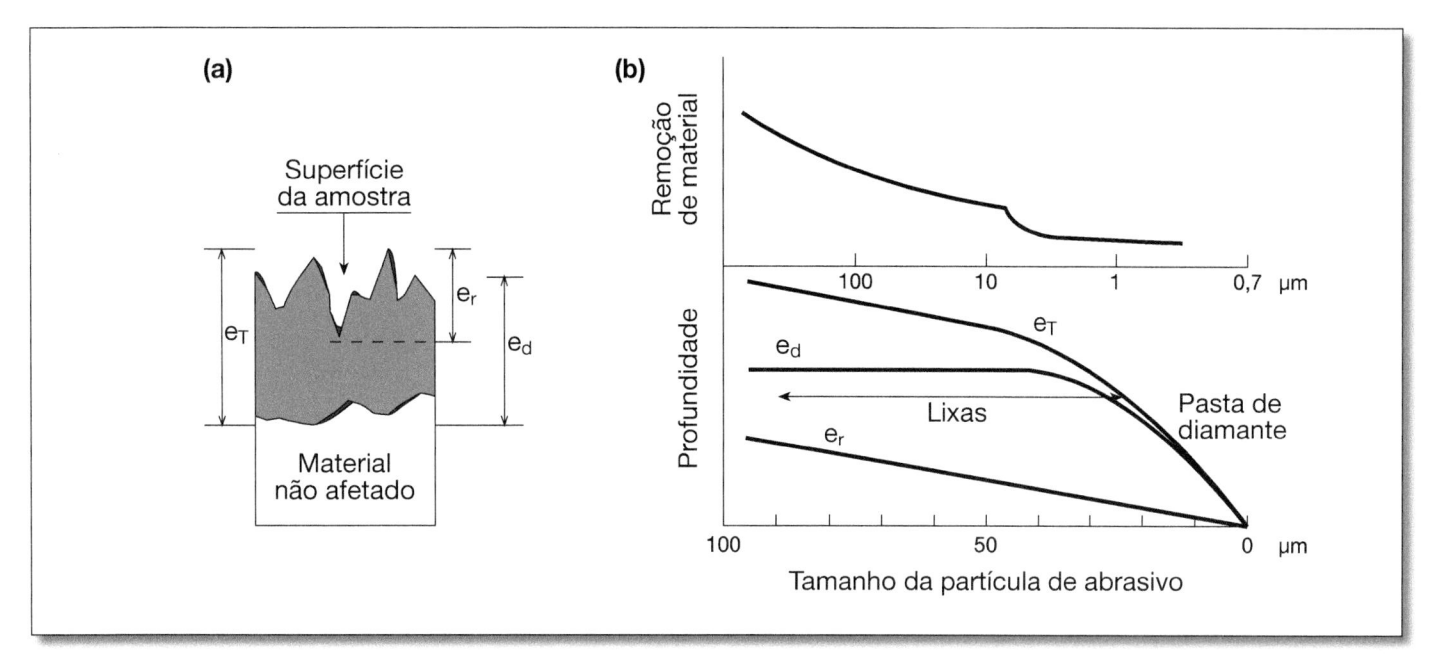

Figura 5.2
(a) corte esquemático de uma amostra durante o polimento, indicando as três espessuras mais críticas: rugosidade (e_r), espessura deformada (e_d) e espessura total afetada pelo polimento (e_T), (b) Evolução esquemática da rugosidade (e_r), espessura deformada (e_d) e espessura total afetada pelo polimento (e_T) em função da granulometria do material abrasivo empregado. Adaptado de [5].

parte encruada subjacente, a superfície pode atingir um acabamento aparentemente satisfatório (com brilho especular e sem arranhões visíveis), com aparência de bem polida. Porém, quando se ataca este corpo-de-prova, o resultado do ataque não é uniforme, pois o reagente corrói preferencialmente as regiões mais encruadas ao resto da superfície, resultando em heterogeneidades artificiais, por exemplo, linhas escuras no lugar dos antigos riscos. Os vestígios de encruamento decorrentes de imperfeições no polimento podem também aparecer com o ataque sob a forma de "empastamento" dos constituintes ou então dando a aparência de aspereza ao interior de grãos, como os de ferrita. A Figura 5.3 mostra, esquematicamente, como os vestígios de riscos profundos podem permanecer no material.

Para se examinar a seção transversal ou longitudinal de arames, fios e chapas finas pode ser necessário prender o material em um suporte, como mostram os exemplos da Figura 5.4. Em alguns casos estes arranjos podem ser alternativas interessantes ao embutimento ou

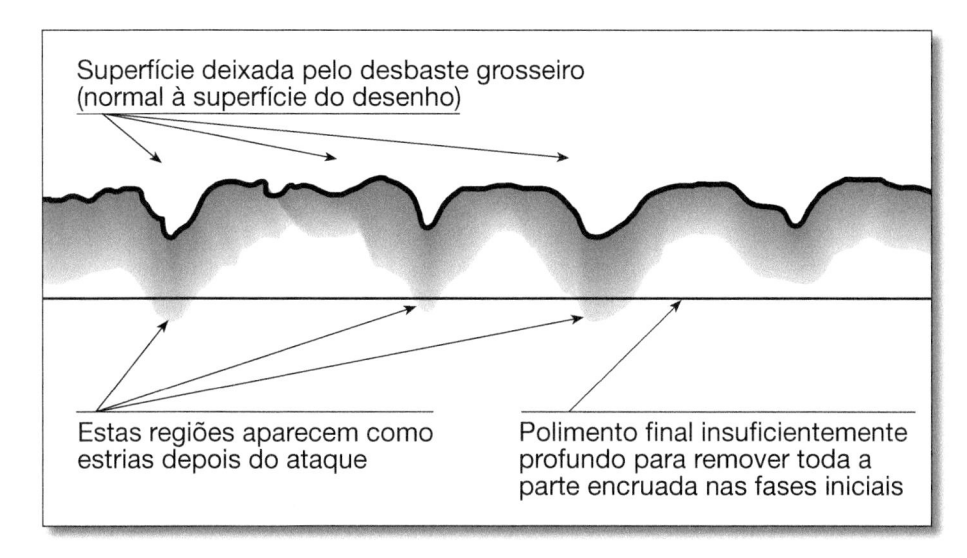

Figura 5.3
Representação esquemática do encruamento produzido pelo lixamento, abaixo da superfície do material.

Figura 5.4
Algumas formas de fixar peças pequenas para facilitar o polimento para exame micrográfico. Estas formas de fixação são alternativas ao embutimento.

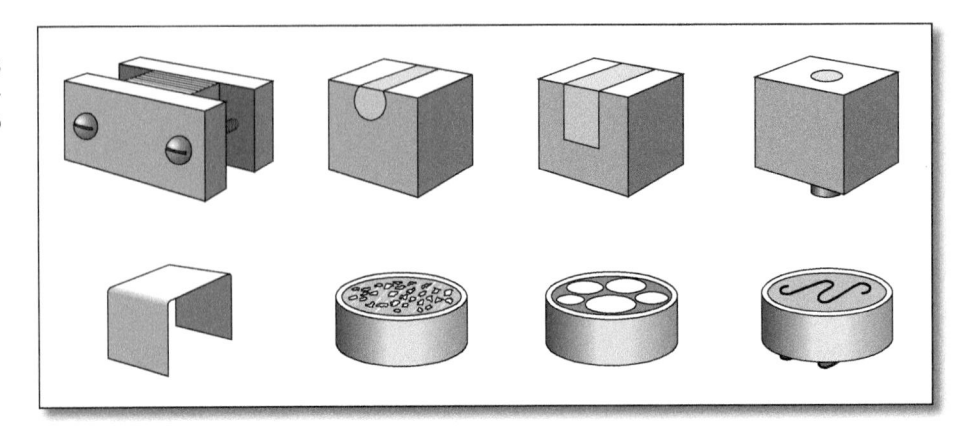

montagem em resina. A fixação é também aconselhada quando se precisa examinar a superfície do corpo-de-prova até junto dos bordos, pois é difícil impedir que se arredondem, se não houver algo que os proteja durante o polimento. Sem esse cuidado, torna-se impossível uma focalização perfeita nas proximidades da periferia. Estes cuidados são especialmente importantes na análise de fraturas, descarbonetação superficial, cementação, pequenas trincas superficiais, revestimentos etc. No caso do uso do embutimento, a melhor opção, normalmente, é a aplicação de um revestimento (por exemplo, revestimento por níquel químico, Figura 14.21) à superfície que se deseja preservar, para observação. Uma alternativa é a montagem, em conjunto com a peça a observar, de outros pedaços do mesmo material ou semelhante, que evitem a inclinação e/ou arredondamento da amostra, funcionando como "suportes", no polimento (Figura 12.32). Quando polimento vibratório é empregado, normalmente o problema de arredondamento dos cantos é minimizado.

Da mesma forma que no caso do exame macrográfico, o cuidado para evitar o aquecimento do corpo-de-prova durante todo o processo de lixamento e polimento é muito importante, para não alterar as estruturas a observar.

Quando o corpo-de-prova é cortado com serra manual, ou quando é passado com a mão sobre lixa em uma mesa plana, o perigo de aquecimento não é grande. Além disto, se houver elevação de temperatura, o operador logo o perceberá, pois segura o corpo-de-prova com os dedos.

Quando se usam serras mecânicas a seco ou quando se emprega disco abrasivo (*cut-off*), cuidado especial é necessário. Quando a refrigeração não é contínua, convém esfriar com frequência o corpo-de-prova em água.

A montagem de corpos-de-prova em resina fenólica, "baquelite" e similares só pode ser usada se o aquecimento da ordem de 150 °C, necessário à moldagem desses materiais, não tiver influência sobre a estrutura do material a ser examinado. Caso haja necessidade de evitar mesmo este aquecimento relativamente baixo, materiais de polimerização a frio devem ser selecionados para o embutimento.

Normalmente, as operações de lixamento devem ser realizadas com uso de água corrente que, além de refrigerar a amostra, tem função lubrificante e serve para remover continuamente os resíduos gerados no lixamento.

As Figuras 5.5 a 5.13 mostram o aspecto de uma superfície bem polida e diversos aspectos de defeitos de polimento e de secagem, bem como de alguns acidentes, que podem decorrer da má proteção da superfície depois de polida.

Na Figura 5.8 são apresentados alguns dos defeitos mais comuns associados a problemas no polimento:

Cometas: devidos à pressão excessiva durante o polimento ou a partículas que se destacam de inclusões não-metálicas duras e quebradiças (como alumina, por exemplo).

Manchas marrons: que aparecem quando, no fim do polimento, a pressão contra o abrasivo é fraca demais, e ocorrem mais freqüentemente em aços com teor elevado de fósforo.

Auréolas escuras e heterogêneas: que aparecem geralmente quando a lavagem do corpo-de-prova em água, após o polimento, é muito demorada ou não se seca logo o corpo-de-prova depois de lavado.

Quando a superfície polida não for atacada imediatamente, é preciso evitar sua oxidação. Embora isto não seja fácil, a conservação do corpo-de-prova completamente seco, em uma campânula contendo cloreto de cálcio ou sílica gel, pode ser uma medida útil. Em alguns casos, é possível fazer vácuo no interior da campânula. Quando se manuseiam corpos-de-prova dentro de uma mesma campânula, é importante ter as mãos limpas e secas.

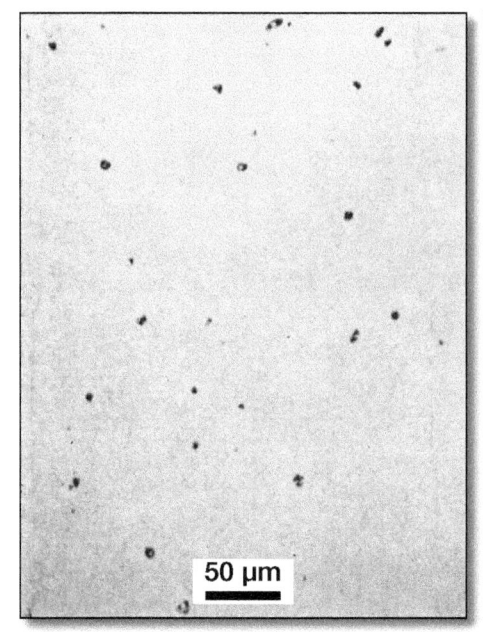

Figura 5.5
Aspecto da superfície bem polida e sem ataque de um aço com numerosas inclusões globulares.

Figura 5.6
Superfície mal polida. Notam-se numerosos riscos de polimento, em várias direções.

Figura 5.7
Superfície bem polida de um ferro fundido eutético (ver Capítulo 17). Os desenhos que se observam resultam do relevo que surge, durante o polimento, devido à diferença muito grande de dureza entre os constituintes.

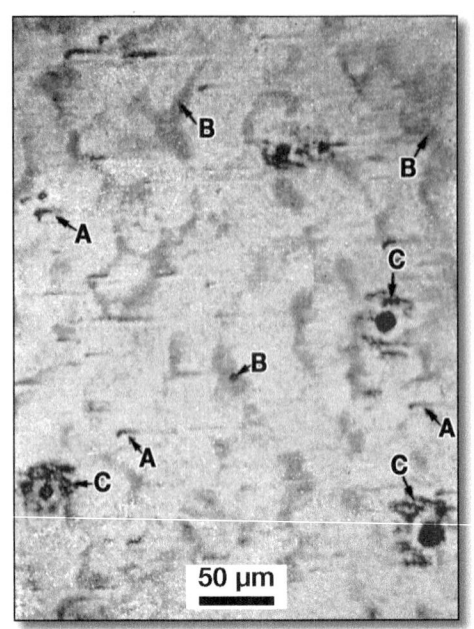

Figura 5.8
Superfície mal polida (A) Cometas, (B) manchas marrons, (C) halos em torno de pequenos orifícios. Ver discussão no texto.

Figura 5.9
Ferrugem filiforme[3] que pode ocorrer em corpos-de-prova armazenados após o polimento.

Figura 5.10
Defeito de secagem. Os pequenos pontos são marcas de secagem de pequenas gotas de água. O material é ferro pudlado (ver Capítulo 2, item 2.2.1) rico em inclusões não-metálicas grandes.

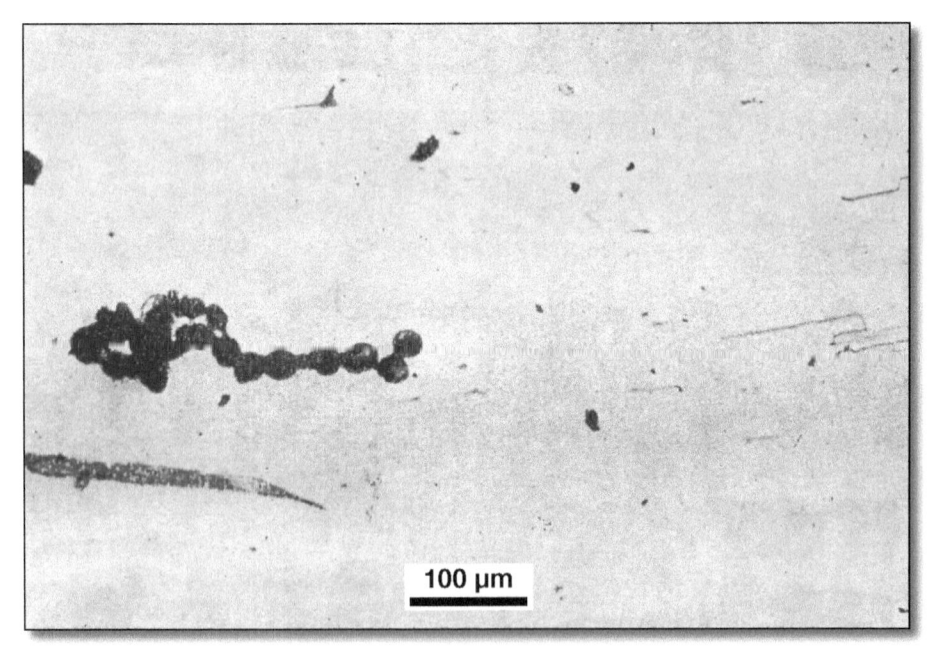

Figura 5.11
Alguns problemas que podem ocorrer em amostras polidas. Fibras de algodão (provenientes da secagem), partículas de poeira, ferrugem filiforme, ferrugem em forma de rosário.

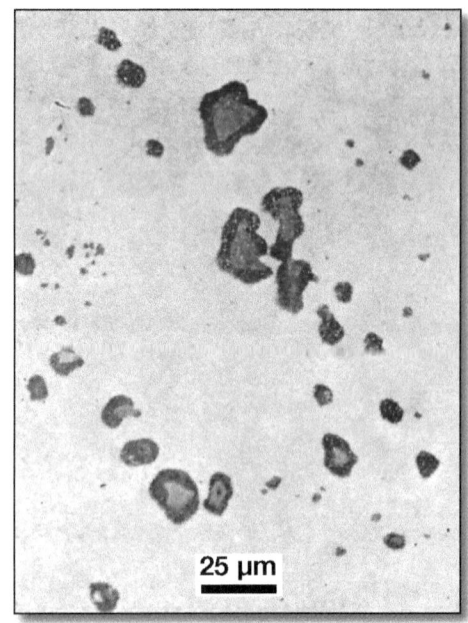

Figura 5.12
Superfície previamente atacada para exame macrográfico submetida a polimento insuficiente para remoção dos efeitos do ataque pelo reativo de iodo. Observa-se corrosão em torno das inclusões não-metálicas.

---

(3) Filiforme: semelhante a um fio.

2.1.2.1. Exame ao Microscópio sem Ataque

O exame ao microscópio antes da realização de qualquer ataque tem duas funções: A primeira, permitir avaliar a qualidade do polimento realizado. Diversos defeitos de polimento podem influenciar o resultado dos ataques químicos e confundir a avaliação metalográfica. É essencial que, antes de realizar um ataque, a qualidade do polimento seja satisfatória[4].

A segunda função importante do exame microscópico sem ataque é avaliar características estruturais que são visíveis nesta condição, tais como inclusões não-metálicas, grafita, trincas, porosidades etc. Embora muitas vezes seja necessário observar estas características também após o ataque (em especial quando se deseja correlacionar sua localização com a estrutura do material), a observação sem ataque é muito mais clara e objetiva e a ausência das informações produzidas pelo ataque evita confusão na análise.

Quando se usa a microscopia ótica, a pequena profundidade de foco pode ser útil na distinção entre pequenos poros e cavidades e inclusões não-metálicas. Ao variar o foco do microscópio com aumentos relativamente elevados é possível, no caso de poros e cavidades, focalizar pontos no interior da cavidade, desfocando sua borda. No caso de inclusões não-metálicas, não se observa este efeito, por estarem no mesmo plano da seção metalográfica.

2.1.3. Ataque da Superfície

O primeiro passo para a realização do ataque químico é a escolha do reagente a empregar. A seguir, é necessário observar os cuidados de segurança do trabalho e cuidados ambientais relativos ao uso e ao descarte do reagente selecionado. Por fim, determinados reagentes somente são suficientemente ativos quando usados imediatamente após a preparação, enquanto outros podem ser estocados, desde que observadas determinadas condições de temperatura e exposição ao meio ambiente.

O ataque propriamente dito é feito, normalmente, agitando o corpo-de-prova com a superfície polida mergulhada no reativo posto numa pequena cuba[5].

A duração do ataque depende da concentração do reativo e da natureza e estrutura do material a ser examinado. O tempo médio para aços comuns e ferros fundidos, empregando-se reativos usuais, é da ordem de 5 a 15 segundos.

Terminado o ataque, lava-se imediatamente a superfície com álcool[6]. Em seguida, procede-se à secagem, como descrito anteriormente, isto é, passando-se primeiramente um pequeno chumaço de algodão umedecido com álcool e submetendo-se depois o corpo-de-prova a um jato de ar quente.

Em caso de dúvida, ataca-se por tempo curto, lava-se, enxuga-se a amostra e observa-se ao microscópio; se o ataque não foi suficiente, ataca-se novamente. Por vezes, algumas características da microestrutura são melhor reveladas com ataques mais leves enquanto outras podem requerer maiores tempos de ataque. Como regra geral, ataques mais leves são preferidos para observação com aumentos elevados. Um

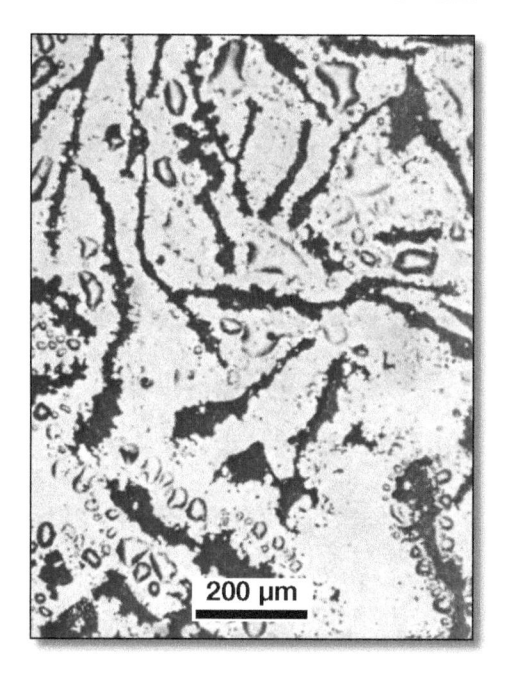

Figura 5.13
Manchas causadas pela saída da água retida nas frestas entre a matriz metálica e os veios de grafita de um ferro fundido oxidado. Por vezes, a saída da água demora alguns segundos, ou mesmo minutos. Microscópios invertidos aceleram a saída da água. Esta umidade pode contribuir para danificar as lentes do microscópio ótico ou causar tempos de evacuação excessivamente longos em MEV.

---

(4) Este cuidado é especialmente importante para os profissionais que são responsáveis por avaliar metalografias, mas não participam da preparação da amostra. Somente quando existir total segurança de que a preparação da amostra foi correta e não há riscos, cometas, manchas de secagem, marcas de gordura etc. deve-se aceitar avaliar amostras já atacadas.

(5) É comum empregar-se cubas de fundo côncavo para minimizar o risco de riscar a superfície da amostra por contato com o fundo da cuba.

(6) Depois do ataque com um reativo que tenha como solvente o álcool, convém que a lavagem também seja feita com álcool e não com água.

operador experimentado, observando de vez em quando a superfície polida enquanto a está atacando, pode acompanhar a ação do reativo e reconhecer quando deve interromper o ataque.

Os efeitos dos reagentes durante o ataque, podem se manifestar de diferentes formas, na superfície da amostra como ilustrado na Figura 5.14.

A Tabela 5.2 apresenta os reagentes mais comumente empregados na metalografia dos aços e suas principais características.

2.2. Réplica Metalográfica

Quando se deseja observar a estrutura de uma peça sem a remoção de amostra, a técnica de replicar a superfície é extremamente útil. A preparação deve ser iniciada com uma lixa compatível com o acabamento superficial. Para peças usinadas, lixa 120 é, em geral, adequada. Para peças com superfícies oxidadas ou mais rugosas, a preparação pode ter de ser iniciada com lixa mais grossa. Após o lixamento até a lixa 600 é comum empregar pasta de diamante de 6 µm, seguida por pasta de 1 µm e polimento final com alumina de 0,05 µm [8].

Uma técnica comum de réplica emprega uma película de celofane. Produtos específicos como elastômeros de silicone, entre outros, são também fornecidos por produtores de insumos para metalografia e produzem réplicas de excelente qualidade [9]. No caso do uso do celofane, após o ataque, um pedaço de celofane (acetato de celulose de 3 a 5 milésimos de polegada de espessura) é empregado para replicar a superfície. Uma das faces do acetato é amolecida com o emprego de algumas gotas de acetona, por cerca de 30 segundos. O excesso de

Figura 5.14
(a) Contraste entre grãos é obtido devido à diferente refletividade dos grãos (com diferentes orientações cristalográficas) após o ataque químico. (b) Ataque diferencial entre os grãos, causando desnível nos contornos de grão, que gera contraste na imagem. (c) e (d) Contraste obtido pela deposição de camadas sobre determinada fase ou camadas de espessura variável sobre determinadas fases. Adaptado de [5 e 6].

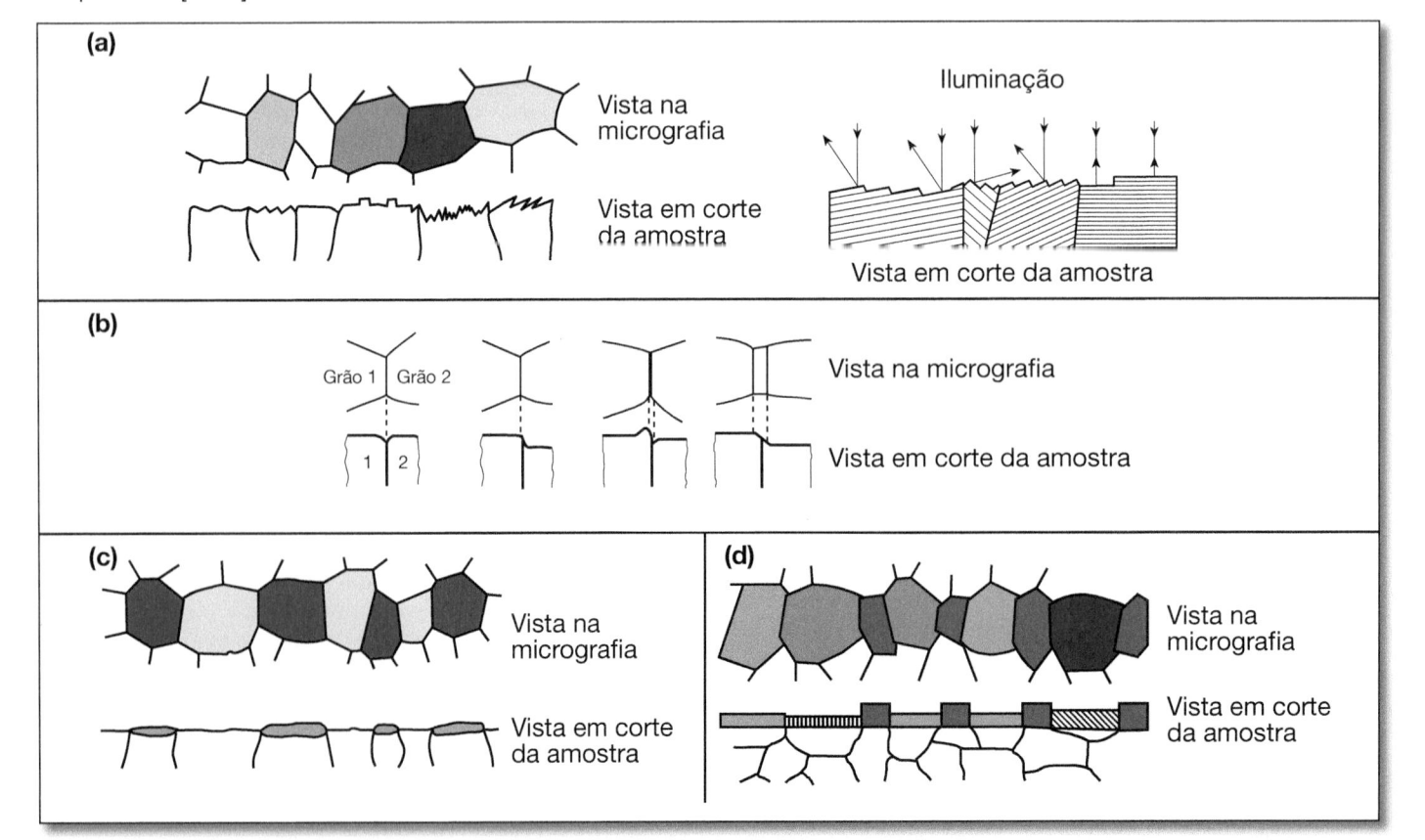

Tabela 5.2
Reagentes para ataque Micrográfico

Reagente	Composição e técnica de aplicação	Indicações
Nital (1 a 5%)	1 a 5 mL de HNO_3 (ácido nítrico) 99 a 95 mL de etanol (álcool etílico)	A concentração mais usual para metalografia de aços em geral é de 2%. Ataca contornos de grão. Embora seja de uso geral, não é o ideal para perlita, por não atacar uniformemente este constituinte (ver exemplos do Capítulo 14: uso de nital e picral em seqüência.) O ataque excessivo da perlita ou o ataque à perlita de espaçamento muito fino resulta em áreas perlíticas pretas ou muito escuras e confusão das lamelas.
Picral 4%	4 g de ácido pícrico 96 mL de etanol (álcool etílico) Opcionalmente, adicionar 3-5 gotas de cloreto de benzalcônio a 15-17% (agente tensoativo, "molhante")[7]	Recomendado para perlita e outras microestruturas contendo carbonetos, como martensita revenida. Segundo Bramfitt e Benscotter [7] picral é um dos poucos reagentes que melhoram com o uso. Os autores recomendam "envelhecer" o reagente através da colocação de cavacos de aço ou pedaços de aço dentro da solução até que ela adquira uma coloração verde-escura (a cor normal é amarelada). Para amostras com mais de 0,5%Cr é recomendada [7] a adição de 5 gotas de ácido clorídrico por 100 mL de solução.
Solução alcalina de picrato de sódio	100 mL de água 25 g de NaOH (ou soda a 36° Baumé) 2 g de ácido pícrico	Revela perlita através da coloração da cementita e colore diversos carbonetos. Não colore carbonetos com mais de 10%Cr [7]. Ataca sulfetos e revela contornos de grão em aços resfriados lentamente. A solução é preparada dissolvendo o ácido pícrico em água fervente e adicionando-se a soda a 36° Baumé progressivamente. O ataque é feito com o reagente fervente. Ataca baquelite. Recomendado o embutimento em epóxi. A solução não deve ser fervida até secar. O tempo de ataque varia de 5 a 15 minutos.
Ataque oxidante por aquecimento		Revela contornos de grão através da oxidação diferencial dos grãos. Consiste em se aquecer o corpo-de-prova polido a cerca de 250-300 °C em presença do ar. Sobre a superfície do corpo forma-se uma película finíssima de óxido cuja espessura varia com o constituinte e/ou com a orientação cristalográfica dos grãos. Essa película, conforme sua espessura, decompõe a luz branca que nela incide e a reflete com cores, tais como amarelo, castanho-claro, carmim, roxo e azul. A fim de tornar mais nítidos os contornos dos grãos é comum preceder o ataque por oxidação por um ataque com reativo de ácido nítrico ou pícrico. Este modo de atacar é indicado quando se quer mostrar a diferença de tamanho de grão em aço de baixo carbono.
Klemm ou Klemm I	Solução aquosa saturada de tiossulfato de sódio: 50 mL (solubilidade do sulfato anidro: ($Na_2S_2O_3$) 50 g/100 mL a 20 °C. Solubilidade do sulfato hidratado 291,1 g/100 mL a 45 °C 1 g de metabissulfito de potássio	Colore a ferrita (40 a 100 s). Revela segregação de fósforo e superaquecimento. Útil para destacar carbonetos em matriz ferrítica.
Beraha	100 mL H_2O 10 g $Na_2S_2O_3$ 3 g $K_2S_2O_5$	Um dos mais diversos reagentes desenvolvidos por Beraha que colore ferrita, martensita e bainita. Há diversos ataques que produzem resultados coloridos desenvolvidos por Beraha.

Tabela 5.2 (*Continuação*)
Reagentes para ataque Micrográfico

Reagente	Composição e técnica de aplicação	Indicações
Beraha II	Solução I: 800 mL H_2O 400 mL HCl 48 g bifluoreto de amônio Para uso, adicionar a 100 mL da solução I, 1-2 g metabissulfito de potássio antes do ataque	Aços inoxidáveis. Aços inoxidáveis dúplex (Capítulo 16).
Oberhoffer	30 g $FeCl_3$ 1 g $CuCl_2$ 0,5 g $SnCl_3$ 50 mL HCl 500 mL etanol 500 mL H_2O	Detecta segregação de fósforo.
Béchet-Beaujard	100 mL H_2O 2 g ácido pícrico 20 mL sabão neutro	Revela o fibramento (Capítulo 14).
Metabissulfito de potássio	800 mg de metabissulfito de potássio 100 mL H_2O	Colore diferentemente ferrita e perlita. Uso em aços dual phase ou multifásicos (Capítulo 13).
Metabissulfito de sódio (Datta e Gokhale)	20 g de metabissulfito de sódio 100 mL H_2O	Diferencia ferrita e martensita em aços multifásicos (Capítulo 13).
LePera	Solução I: 1 g de metabissulfito de sódio 100 mL H_2O Solução II: 100 mL de etanol Misturar 1:1	Diversas aplicações em aços bifásicos, multifásicos, TRIP (Capítulos 11 e 13). Há várias modificações e variantes também, muitas envolvendo diferentes proporções das soluções I e II no ataque final.
Kalling	2 g cloreto cúprico 40-80 mL metanol 40 mL H_2O 40 mL HCl	Aços inoxidáveis. Escurece ferrita e martensita. Austenita aparece clara, carbonetos não são afetados (Capítulo 16).
Vilela	1 g ácido pícrico 5 mL HCl 100 mL etanol	Uso geral em aços carbono. Pode revelar contorno de grão austenítico anterior. Uso em aços inoxidáveis (Capítulo 16).

(7) Há no mercado, desinfetantes contendo cerca de 15% de cloreto de benzalcônio, que atendem a esta função.

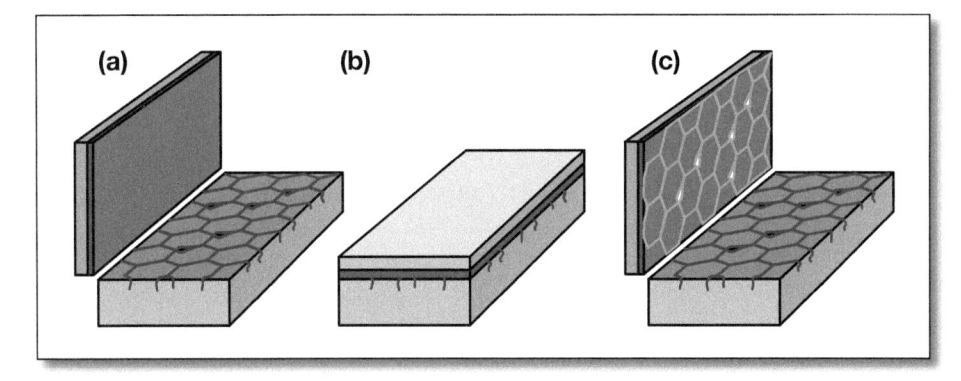

Figura 5.15
Representação esquemática das três etapas do processo de produção de uma réplica metalográfica: (a) o material é polido e atacado e o material da réplica é preparado; (b) o material da réplica é pressionado sobre a região a replicar e mantido, sem movimento, na posição, durante tempo suficiente para endurecer; (c) a réplica é removida cuidadosamente e conduzida à análise em microscópio.

acetona é removido e a face amolecida é pressionada sobre a superfície atacada a ser replicada. Normalmente, de 10 a 15 minutos são necessários para o celofane endurecer, registrando, em réplica, o relevo da superfície da amostra, como ilustrado na Figura 5.15 . É importante que não haja movimento relativo entre a réplica e peça durante este tempo. Após o endurecimento da réplica ela deve ser removida cuidadosamente, com pinça. A réplica é fixada a uma lâmina de vidro, plana, para observação. Se possível, a deposição de carbono, por exemplo, pode ser muito útil para aumentar o contraste na observação.

A técnica de réplica pode ser muito útil para permitir a observação de uma região relativamente extensa de uma superfície curva, pois a curvatura pode ser eliminada ao se fixar a réplica à lâmina, permitindo que uma extensa área seja observada em foco, no microscópio ótico. As normas ASTM E 1351 [10] e ISO 3057 [11] tratam da prática de preparação e avaliação de réplicas metalográficas.

Referências Bibliográficas

1. DELLY, J. G. *Light microscopy*. In: BRUNDE, C. R.; EVANS Jr C. A.; WILSON, S. (Editores). *Encyclopedia of materials characterization*. Butterworth-Heinemann: Stoneham, MA. 1992.
2. ABUD, I. C. *Comunicação particular*. 2007, INT, Rio de Janeiro.
3. DILLINGER, L. *Surface roughness*. In: *LECO MET TIPS*. 2002, http://www.leco.com/resources/met_tips/met_tip16.pdf.
4. KUNÍKOVÁ, T.; CAPLOVIC, L.; VOJS, M.; GRGAC, P.; VESELY, M. *Influense of Ti6Al4V alloy surface praparation on formation of DLC layers*. http://www.mtf.stuba.sk/docs//internetovy_casopis/2006/2/kunikova.pdf.
5. SCHUMMANN, H.; CYRENER, K.; MOLLE, W.; OETTEL, H.; OHSER, J.; STEYER, L. *Metallographie*. Leipzig: Deutscher Verlag fur Grunstoffindustrie – Wiley-VCH Verlag GmbH, 1990.
6. CHADWICK, G. A. *Metallography of phase transformations*. New York: Crane, Russak & Company, 1972.
7. BRAMFITT B. L.; BENSCOTER, A. O. *Common etchants for irons and steels*. Advanced Materials & Processes, 2002 (June), p. 42-43.
8. DILLINGER, L. *In-situ metallography*, 2007. Leco Met Tips n. 3: p. http://www.leco.com/resources/met_tips/met_tip3.pdf.
9. ZULJAN, D.; GRUM, J. *Non-destructive metallographic analysis of surfaces and microstructures dy means of replicas*. In: *The 8th International Conference of the Slovenian Society for Non-Destructive Testing*. "Application of contemporary non-destructive testing in engi-

neering". 2005. Portorož, Slovenia. http://www.ndt.net/article/ndt-slovenia2005/PAPERS/43-NDTP05-86.pdf.

10. ASTM E1351-01(2006). *Standard Practice for Production and Evaluation of Field Metallographic Replicas,* West Conshohocken, PA: ASTM – American Society for Testing and Materials, 2006.

11. ISO, *ISO 3057 (1998) Non-destructive testing – Metallographic replica techniques of surface examination,* 1998.

TÉCNICA METALOGRÁFICA

MICROSCOPIA ELETRÔNICA E OUTRAS TÉCNICAS AVANÇADAS

1. Introdução

Enquanto a microscopia ótica se baseia na interação da luz (visível, principalmente) com a amostra, permitindo a observação de relevo, cor e polarização, principalmente, a microscopia eletrônica aproveita o grande número de fenômenos de interação entre elétrons e metais, para extrair informações importantes de uma amostra. Em diversos fenômenos, elétrons têm comportamento que pode ser descrito como radiação[1]. A Tabela 6.1 compara algumas características da luz visível e de elétrons.

Tabela 6.1
Algumas características da luz visível comparada com raios X e elétrons.

Característica	Luz visível	Raios X	Elétrons
Comprimento de onda (nm)	400-700	0,05-0,3	0,001-0,01 100 kV = 0,0037 nm 20 kV = 0,0085 nm
Energia (eV)	1	1×10^4	1×10^5
Massa em repouso (g)	0	0	$9,11 \times 10^{-28}$

As principais interações importantes entre elétrons e metais estão resumidas na Figura 6.1.

Quando a amostra é suficientemente fina e a energia e a corrente do feixe são suficientemente elevadas, é possível obter informação dos sinais que atravessam a amostra. Estes sinais são tipicamente os sinais analisados em microscópio eletrônico de transmissão (MET).

As imagens observadas são o resultado da interação de um grande número de elétrons com a amostra. Métodos matemáticos que permitem a simulação de um grande número de interações são especialmente úteis na compreensão do efeito combinado do material da amostra, sua espessura e a voltagem de aceleração. O simulador disponível em: http://www.matter.org.uk/tem/electron_scattering.htm, permite visualizar o espalhamento dos elétrons – que resulta em elétrons retroespalhados e secundários e também sua transmissão.

Figura 6.1
Resumo das principais interações de um feixe de elétrons que incide sobre uma amostra. Elas podem ser empregadas para obter informações sobre a amostra.

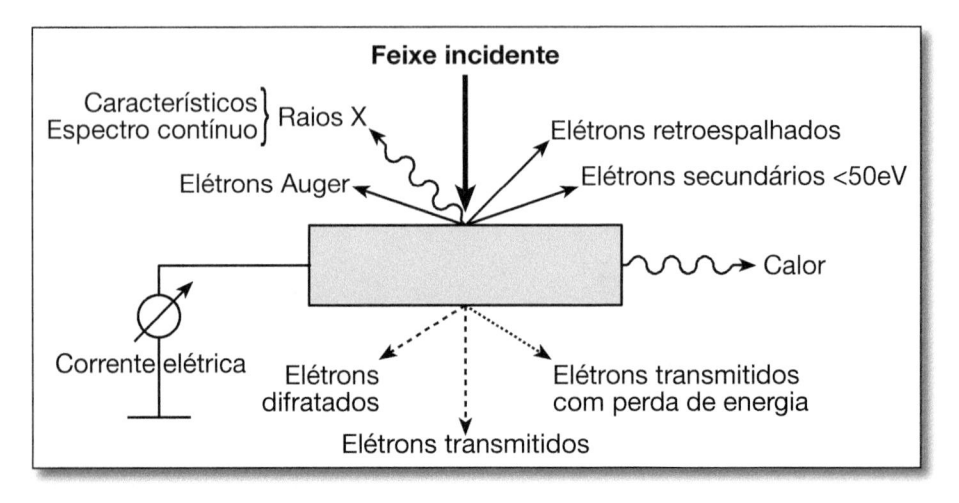

(1) Textos de física quântica explicam em maior detalhe a "dualidade onda-partícula".

Os sinais que não atravessam a amostra podem ser empregados em microscópio eletrônico de varredura (MEV). Alguns deles são, também, empregados em MET.

Em função das interações que os elétrons têm com o material da amostra, uma região significativamente maior do que a área de impacto do feixe, é por ele excitada.

O volume da amostra que é excitado pelo feixe de elétrons, depende da energia dos elétrons (medida pela tensão de aceleração, V) e do número atômico do material da amostra (Z) como indicado na Figura 6.2.

Os diferentes sinais gerados por estas interações podem ou não ter energia suficiente para deixar a amostra e serem captados por um detector. De qualquer forma, é essencial que se tenha sempre em mente que os sinais medidos pelos detectores nos microscópios eletrônicos, podem não representar apenas a área onde o feixe de elétrons atinge a amostra, mas sim, um volume que pode ser significativamente maior do que poder-se-ia imaginar.

Todos os microscópios eletrônicos (tanto de transmissão como de varredura) têm, em comum, a necessidade de ter uma fonte capaz de gerar um feixe de elétrons com energia e intensidade compatível e um conjunto de lentes capazes de focalizar e orientar este feixe sobre a amostra. Além disto, os microscópios eletrônicos de varredura têm um conjunto de lentes capazes de fazer o feixe varrer a amostra (como será visto adiante) e os microscópios eletrônicos de transmissão têm um conjunto ótico que processa os feixes transmitidos e difratados de modo a obter a imagem desejada. A ótica destes microscópios assim como sua operação é discutida em detalhe em outros textos como em [1].

O leitor interessado na utilização destes microscópios deve procurar informações em textos específicos para compreender as vantagens e limitações de cada uma das fontes de elétrons e configurações de lentes e aberturas. Neste texto, apresentam-se apenas as informações básicas necessárias à compreensão e interpretação de imagens usuais de microscópios eletrônicos, em especial de varredura.

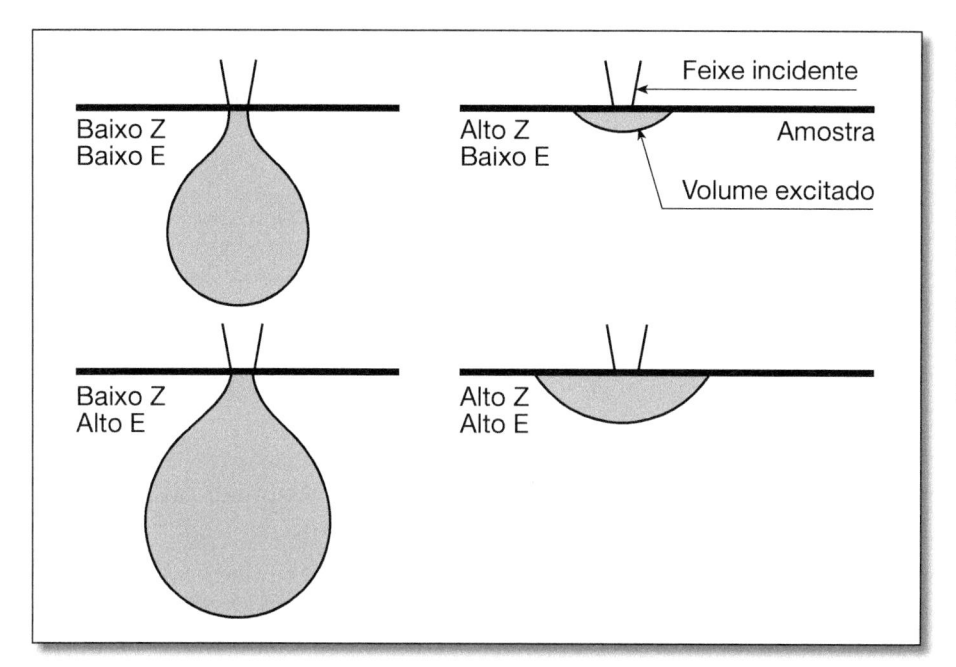

Figura 6.2
Representação esquemática do volume da amostra excitado pelo feixe de elétrons em função do número atômico do material (Z) e da tensão de aceleração (V) dos elétrons. Volumes muito superiores ao diâmetro do feixe de elétrons podem ser amostrados no MEV, especialmente no caso de sinais diferentes de elétrons secundários. Além de influenciar a resolução da imagem, isto pode afetar os resultados da análise dos raios X emitidos pela amostra.

2. O Microscópio Eletrônico de Varredura

A principal característica do microscópio eletrônico de varredura é que, embora a iluminação da amostra seja feita com um feixe de elétrons bastante focalizado (diâmetros de feixe da ordem de 1 nm a 1 μm são típicos, dependendo do tipo de operação), uma área relativamente grande da amostra pode ser observada, pois o feixe de elétrons varre a superfície da amostra. À medida que o feixe (Figura 6.3) varre a amostra, sinais são gerados e coletados por um dos detectores do microscópio e apresentados em uma tela com uma varredura sincronizada com a varredura do feixe sobre a amostra. A relação entre a dimensão varrida sobre a amostra, pelo feixe, e a dimensão varrida na tela, representa o aumento neste microscópio.

Cada um dos tipos de sinais apresentados na Figura 6.1 fornece um tipo de informação sobre a amostra, como descrito a seguir.

Figura 6.3
Esquema de operação de um MEV. Uma fonte gera um fluxo de elétrons que é colimado e focalizado através de diversas lentes e aberturas. O feixe varre a amostra através do campo magnético introduzido nas bobinas de deflexão (é possível, também, manter o feixe fixo sobre um ponto, para análise química pontual, por exemplo). O feixe varre a amostra gerando os diversos sinais. O sinal escolhido para a geração da imagem é utilizado para modular um sistema de varredura sincronizado com a varredura da amostra, gerando uma imagem na tela do instrumento (tipicamente um CRT-tubo de raios catódicos mas, cada vez mais freqüentemente, um monitor de computador, de qualquer tecnologia). A relação entre a dimensão varrida e a dimensão da imagem fixa o aumento da imagem.

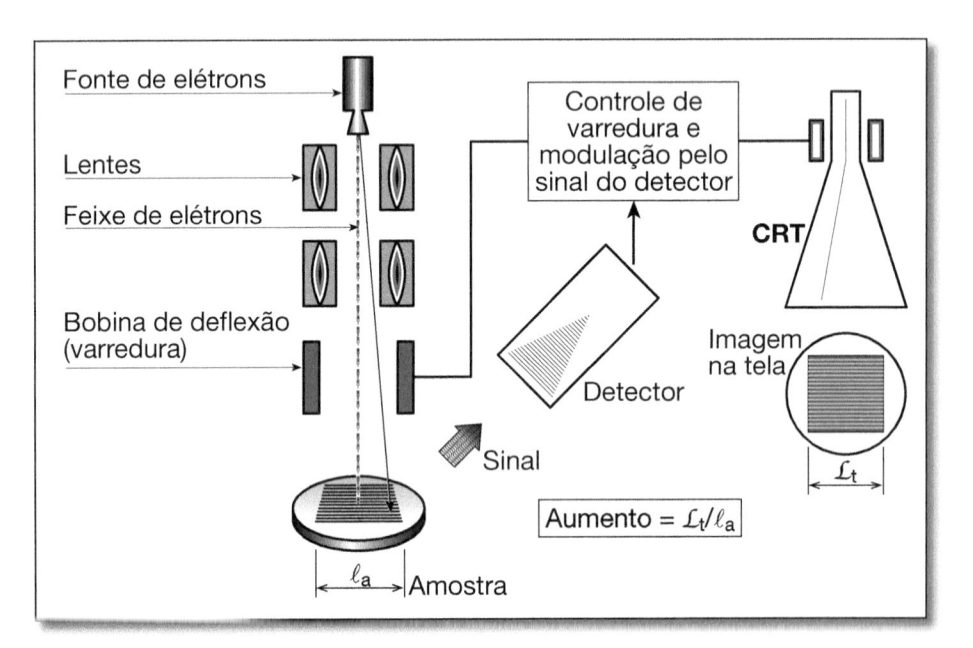

2.1. Elétrons Secundários

A distinção energética entre elétrons secundários e retroespalhados é arbitrária. Elétrons secundários são os elétrons de baixa energia (<50eV) emitidos pela amostra. Por serem de baixa energia, somente escapam de uma região muito próxima à superfície da amostra. O detector de elétrons secundários é, normalmente, colocado em posição ao lado e acima da amostra e é polarizado de forma a selecionar os elétrons que o atingem por sua energia.

A Figura 6.4 mostra, esquematicamente, a posição do detector de elétrons secundários em relação à amostra. A topografia da amostra influencia grandemente a possibilidade de os elétrons atingirem o detector, de forma que este é o modo de imagem mais comum para a observação de superfícies de fratura e microestruturas em amostras submetidas a ataque químico em que a topografia é importante.

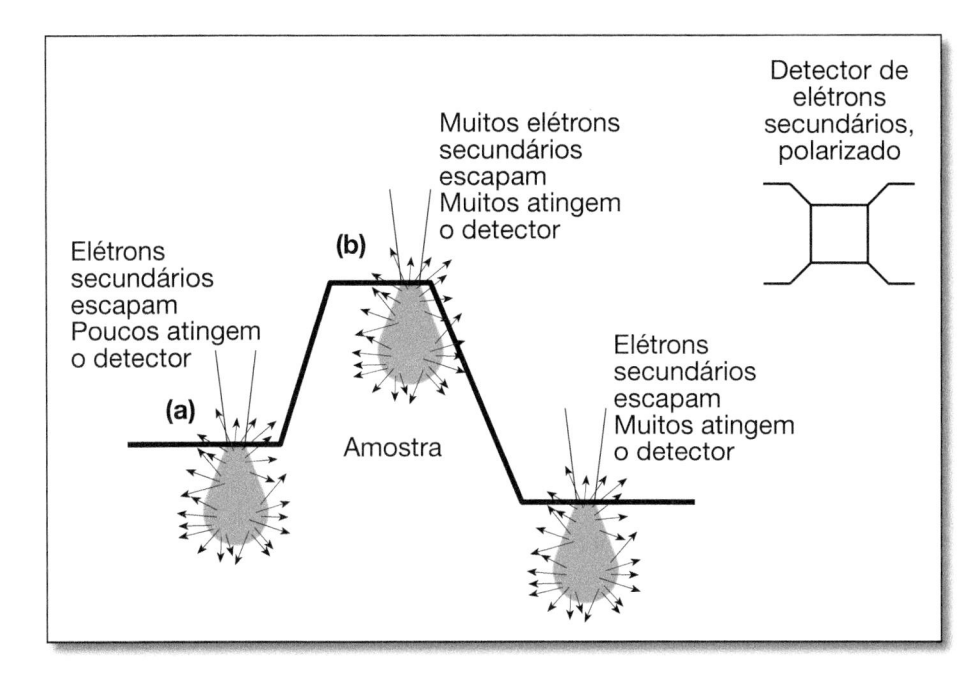

Figura 6.4
Esquema indicativo da origem do contraste topográfico no modo de operação de elétrons secundários. (a) A baixa energia destes elétrons faz com que obstáculos topográficos na amostra (relevo causado pelo ataque ou topografia da fratura, por exemplo) impeçam a chegada de elétrons secundários ao detector. (b) Bordas têm maior emissão de elétrons secundários. A inclinação da amostra em relação ao feixe e ao detector altera o contraste, naturalmente.

A inclinação da amostra em relação ao feixe incidente também tem efeito importante sobre os sinais de elétrons secundários que chegam ao detector. Embora a construção do microscópio eletrônico de varredura seja relativamente complexa, suas imagens são de bastante fácil interpretação através da analogia óptica apresentada na Figura 6.5. A imagem obtida é análoga à que seria obtida iluminando (com luz visível) a amostra a partir da posição do detector de elétrons secundários e observando-a a partir da posição do filamento que gera o feixe de elétrons. Esta analogia é especialmente melhor quando a formação da imagem/varredura é orientada para que a "iluminação" (isto é, a posição do detector) corresponda à parte superior da tela de observação (ver Capítulo 4, Item 2.5.4, Relevo).

As imagens obtidas com elétrons secundários são especialmente adequadas para a observação de detalhes topográficos. No caso de microestruturas, o ataque químico é, em geral, empregado para ge-

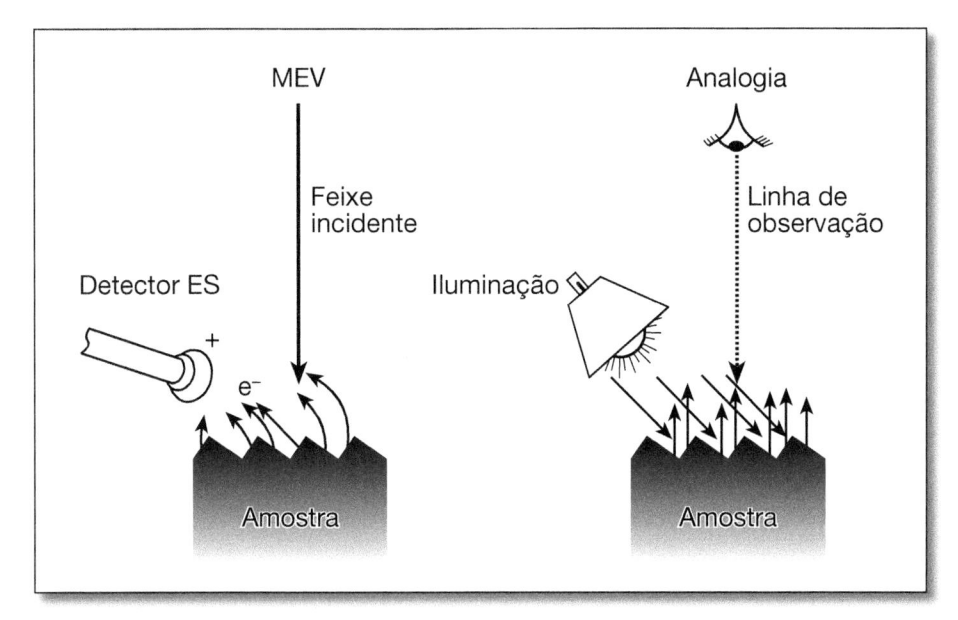

Figura 6.5
Analogia ótica para a interpretação de imagem obtida por elétrons secundários (ES) em MEV. A imagem obtida é análoga a uma imagem ótica que seria obtida iluminando-se a amostra com uma fonte luminosa na posição do detector de ES e observando-se a amostra do topo da coluna, da posição da fonte de elétrons.

rar as diferenças topográficas na amostra. De forma geral, quando se empregam os reativos clássicos, ataques bastante mais suaves devem ser empregados para a observação em MEV do que para o exame em microscopia ótica.

Os maiores aumentos, com as melhores resoluções, no MEV, são obtidos, naturalmente, com imagens de elétrons secundários.

As condições de operação do microscópio eletrônico de varredura devem ser otimizadas para a observação de cada um dos tipos de sinais possíveis.

2.2. Elétrons Retroespalhados

Alguns elétrons, ao interagirem com os átomos da amostra, têm sua trajetória alterada em praticamente 180°, sem perder energia, em um mecanismo similar a um "choque elástico". Estes elétrons retornam em direção à superfície da amostra e, quando conseguem escapar da amostra, podem ser captados em um detector que se situa em um plano praticamente normal ao feixe incidente (paralelo à amostra não inclinada). Como o fenômeno de retroespalhamento é fortemente dependente do número atômico dos átomos que compõem a amostra, a intensidade do sinal depende desta grandeza e a imagem obtida, portanto, traz esta informação[2]. A formação de imagem usando o sinal de ER é especialmente interessante, portanto, quando se deseja verificar diferenças de número atômico (composição química, portanto) como mostram as Figuras 8.73 e 8.74, por exemplo.

Como os elétrons retroespalhados têm uma trajetória dentro do cristal que estão amostrando, no seu caminho de volta à superfície, sofrem, também, difração. Nas últimas décadas o aproveitamento da informação da difração sofrida pelos elétrons retroespalhados se tornou uma das ferramentas mais importantes na análise de textura cristalográfica, orientação relativa entre cristais etc. pela técnica EBSD (*Electron Backscattering Diffraction*) (exemplos no Capítulo 12).

2.3. Raios X

A interação do feixe eletrônico com a amostra gera, ainda, radiação na faixa de comprimento de onda dos raios X. Uma parte desta radiação é simplesmente o espectro contínuo de radiação[3], que traz pouca ou nenhuma informação importante sobre o material. Entretanto, quando a energia dos elétrons incidentes é suficientemente elevada, eles podem arrancar elétrons de alguns níveis de energia do material da amostra. Quando um elétron de um nível de energia mais alto "cai" para a "vaga" criada no nível mais baixo, a energia liberada corresponde exatamente à diferença de energia entre os dois níveis, que é quantizada e é uma característica de cada elemento. Assim, se for possível analisar a energia dos raios X emitidos pela amostra, será possível identificar os elementos químicos presentes e até realizar análises químicas de pontos ou regiões da amostra.

Dois métodos principais são empregados para analisar o espectro de energia dos raios X emitidos. O método de dispersão por comprimento de onda, em que um espectro dos raios X emitidos é gerado passan-

(2) A construção e operação dos MEV buscam otimizar a detecção dos elétrons desejados em cada detector. Assim, tenta-se evitar que elétrons secundários atinjam o detector de elétrons retroespalhados (através de polarização negativa do detector, por exemplo) e que elétrons retroespalhados atinjam o detector de elétrons secundários (através do arranjo físico, principalmente). Isto nem sempre é possível e não é raro observar-se contraste associado a número atômico em imagens de ES e relevo em imagens de ER (mesmo não empregando detectores de ER bipartidos, que favorecem a obtenção desta informação).

(3) *Brehmstrahlung*, em alemão.

do os raios X por um cristal de espaçamento conhecido. O ângulo onde ocorre difração é uma função do comprimento de onda (e da energia, portanto) e isto permite construir um espectro energia (comprimento de onda) versus intensidade de raios X. Este método é chamado WDS[4] (espectrometria por dispersão de comprimento de onda) e é empregado, normalmente, em MEVs chamados de "microssondas eletrônicas". As primeiras microanálises quantitativas confiáveis foram realizadas com estes equipamentos. O segundo método consiste em separar as energias dos raios X que incidem sobre um detector por técnicas eletrônicas. Este método é chamado de EDS (espectrometria por dispersão de energia) e se tornou o mais comum. Embora o método EDS requeira menos intensidade de feixe incidente do que o método WDS e seja bem mais rápido, pois todas as energias são amostradas simultaneamente, em alguns casos as análises quantitativas por WDS ainda são consideravelmente mais precisas. Em especial, os métodos de calibração requerem muita atenção do analista. Mesmo quando métodos *standardless* (sem padrão) são empregados, pode ser recomendável a verificação dos resultados de análise empregando materiais de composição conhecida, para evitar erros. As Figuras 11.24 a 11.29 apresentam alguns exemplos da aplicação de EDS na identificação de inclusões não-metálicas.

Além de produzir espectros completos das energias observadas, é possível empregar os raios X para produzir uma imagem que retrate os pontos da estrutura onde é maior a intensidade de determinada energia e, conseqüentemente, deve ser maior a concentração de determinado elemento. As Figuras 8.34 e 8.35 no Capítulo 8 apresentam alguns exemplos deste tipo de imagem, também chamado de mapeamento de raios X.

Um cuidado importante no uso destas técnicas é sempre ter em mente que para a emissão de determinada radiação característica, é necessário que os elétrons que atingem a amostra tenham energia suficiente para "arrancar" um elétron do nível destino da transição. Se a voltagem de aceleração não for corretamente ajustada, determinadas radiações características de certos elementos podem não ser observadas no espectro de raios X, muito embora o elemento em questão esteja presente na amostra.

3. Microscopia Eletrônica de Transmissão

O microscópio eletrônico de transmissão (MET) usa, para formação de imagem, os feixes eletrônicos que atravessam a amostra. Para tal, as amostras devem ser submetidas a um processo de preparação que envolve a produção de regiões de espessura muito pequena. Como, em geral, opera-se com aumentos bastante grandes (esta é uma das características mais importantes do MET), o volume de metal que é examinado no MET é muito pequeno. Assim, este microscópio é mais utilizado para avaliar características gerais da estrutura do que particularidades, uma vez que é muito difícil garantir que áreas de interesse particular sejam efetivamente analisadas (embora recentemente, técnicas bastante sofisticadas para localizar e amostrar pontos específicos de amostras tenham sido desenvolvidas com grande sucesso[5]). Além de obter

---

(4) *Wavelength dispersion spectrometry.*

(5) FIB-TEM *Focused Ion Beam* (Feixe Iônico Focado) – *Transmission Electron Microscope* (MET). Exemplo de aplicação a material "galvanneal": [4].
Exemplos em solda e solidificação: [5].

imagens, os MET podem, também, realizar análises químicas via EDS (normalmente os detectores de EDS no MET ficam acima da amostra) ou avaliando a perda de energia dos elétrons transmitidos (EELS). Informações mais detalhadas sobre MET podem ser obtidas em [2, 3].

Mesmo as mais simples imagens obtidas em MET requerem conhecimento da cristalografia das fases e conhecimento da técnica para sua correta interpretação. Alguns aspectos importantes da microscopia de transmissão, são:

a) É possível obter difratogramas (figuras de difração) de partículas extremamente pequenas presentes no material. A identificação da estrutura cristalina e dos espaçamentos entre planos freqüentemente é suficiente para identificar exatamente a fase em questão. Por vezes, esta identificação é complementada pelas informações de espectrometria do próprio MET.

b) É possível identificar a orientação cristalográfica de cada grão, e estudar as relações cristalográficas entre as fases (embora presentemente a técnica de EBSD venha sendo mais utilizada, por permitir a medida de um grande número de interfaces entre grãos com grande rapidez e automação, o MET ainda é a única solução para precipitados e fases em pequenas dimensões).

c) É possível identificar discordâncias e sua orientação no metal.

4. Microscopia de Força Atômica

Nas últimas décadas os equipamentos capazes de medir e apresentar as interações entre um fino sensor e a superfície da amostra foram desenvolvidos. Estes microscópios são capazes de operar em condições ambientais bastante simples (a maior parte dos microscópios eletrônicos requer vácuo para garantir a estabilidade do feixe de elétrons) e permitem obter informações muito interessantes. Os vários tipos de microscópios desenvolvidos baseados neste princípio são chamados microscópios de Varredura por Sonda Mecânica. A técnica é discutida em detalhe em [6].

A interação mais simples é a que decorre da atração e repulsão mecânica e da deflexão ao se mover uma "agulha" sobre a superfície da amostra, como mostra a Figura 6.6.

Esta técnica permite medir relevos da ordem de angstroms. Dois aspectos são particularmente interessantes nesta técnica [6]: (a) é possível obter informação quantitativa sobre as dimensões na direção vertical da amostra (relevo) e (b) amostras não condutoras podem ser examinadas diretamente.

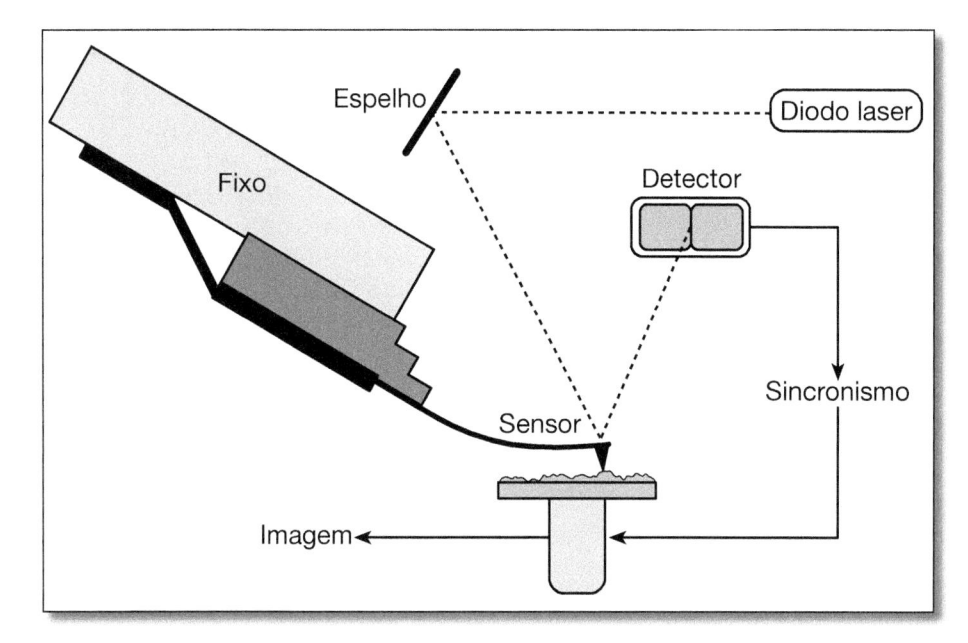

Figura 6.6
Esquema simplificado de um microscópio de força atômica. A "agulha" na extremidade do sensor varre a amostra e sua deflexão é medida pela posição do reflexo de um feixe de laser que é refletido no braço que a sustenta. A informação da posição do braço é uma medida do relevo, naquela posição. Este sinal é sincronizado, em uma tela, com a varredura da amostra, de forma semelhante à realizada no MEV. Uma imagem de relevo da amostra é assim obtida.

5. Microscopia Confocal Laser de Varredura

A microscopia confocal foi desenvolvida inicialmente na área biológica.

A microscopia confocal laser de varredura (*Confocal Scanning Laser Microscopy* – CSLM) combina as vantagens da ótica confocal e o uso de laser. Isto viabiliza a observação de amostras à alta temperatura, com elevada resolução. A ótica confocal permite selecionar o sinal proveniente do plano onde se realiza o foco, reduzindo a intensidade dos sinais das regiões fora do plano de foco. Realizando-se uma varredura da amostra em vários planos de focalização, é possível reconstruir uma imagem tridimensional com elevada resolução. Imagens de superfícies irregulares e com relevo podem ser obtidas desta forma, mesmo empregando os comprimentos de onda da luz (laser). Como a intensidade do laser é muito maior que a radiação emitida pela amostra à alta temperatura, é possível observar as diferentes fases sem interferência da radiação. Segundo Orling e colaboradores [7], a técnica é muito adequada à observação *in situ* de metal líquido, reações químicas, transformações de fases etc. Alguns exemplos são apresentados em diversos capítulos, a seguir. Além disto, Orling e colaboradores disponibilizam excelentes vídeos *on-line*.[6]

Referências Bibliográficas

1. GOLDSTEIN, J.; NEWBURY, D. E.; JOY, D. C.; LYMAN, C. E.; ECHLIN, P.; LIFSHIN, E.; SAWYER, L. C.; MICHAEL, J. R. *Scanning electron microscopy and X-ray microanalysis*. New York: Springer Science and Business Media, 2003.
2. WILLIAMS, D. B.; CARTER, C. B. *Transmission electron microscopy: A textbook for materials science*. New York: Plenum Press. 1996.
3. LORETTO, M. H. *Electron beam analysis of materials*. New York: Springer, 1994.

(6) http://www.tms.org/pubs/journals/JOM/9907/Orrling/Orrling-9907.html#ToC3

4. KATO, T.; HONG, M. H.; NUNOME, K.; SASAKI, K.; KURODA, K.; SAKA, H. *Cross-sectional TEM observation of multilayer structure of a galvannealed steel.* Thin Solid Films, 1998, v. 319 (1-2), p. 132-139.

5. PERRICONE, M. J. *Advanced milling technology helps identify phase transformations.* Welding Journal, 2005, v. 84 (10), p. 44-49.

6. ANDRADE, M. S.; VILELA, J. M. C.; GOMES, O. A. *Microscopia de varredura por sonda mecânica: ampliando as fronteiras da análise metalográfica.* Metalurgia & Materiais, 2002, v. 58 (518), p. 123-125.

7. ORRLING, C.; FANG, Y.; PHINICHKA, N.; SRIDHAR, S.; CRAMB, A. W. *Observing and measuring solidification phenomena at high temperatures, JOM-e,* July 1999 (v. 51, n. 7). 1999, http://www.tms.org/pubs/journals/JOM/9907/Orrling/Orrling-9907.html#ToC3.

7

FASES E CONSTITUINTES DE EQUILÍBRIO
SISTEMA Fe-C

1. Introdução

Neste capítulo são apresentados os conceitos básicos sobre as fases e os constituintes presentes nos aços mais simples, em condições muito próximas ao equilíbrio. Neste caso, a discussão se passa, simplificadamente, considerando apenas o sistema ferro-carbono. A compreensão destes conceitos é básica para a discussão dos fenômenos que se passam durante a solidificação do aço e, posteriormente, quando o aço é submetido a tratamentos térmicos e termomecânicos.

A combinação de composição química e estrutura (em suas várias escalas) define as propriedades e, conseqüentemente, o desempenho dos aços. A composição química é controlada fundamentalmente[1] através dos processos de elaboração e refino. Já a estrutura é alterada pelo conjunto de operações de deformação mecânica e variação de temperatura chamado, genericamente, de tratamentos termomecânicos.

A possibilidade de produzir transformações de fases entre as duas estruturas principais do ferro (CCC e CFC) e a ocorrência de estruturas diferentes daquelas de equilíbrio (ver Capítulo 10), com propriedades interessantes para uso e com razoável estabilidade são, possivelmente, os dois principais motivos da ampla aplicação dos aços como materiais industriais.

Um objetivo importante deste texto é mostrar as estruturas que resultam da aplicação de diferentes tratamentos termomecânicos sobre aços de várias composições químicas, em particular nas escalas avaliadas pela metalografia. Subjacente aos efeitos destes tratamentos sobre aços de composições químicas determinadas está o conceito de transformações de fases. Os modos como ocorrem as transformações de fases dos aços nas diferentes etapas de seu processamento são fatores que definem, em grande parte, as características das estruturas obtidas. Embora o objetivo deste texto não seja o estudo aprofundado das transformações de fases, o leitor deve procurar se familiarizar, tanto quanto possível, com os conceitos que regem estas transformações. Aqui serão tratados apenas os aspectos básicos necessários à compreensão do texto, uma vez que excelentes textos sobre o assunto estão disponíveis em diferentes níveis de complexidade [1, 2, 3]. A referência [4] também indica mais fontes sobre o assunto.

2. Fases do Ferro e suas Ligas

Dependendo da temperatura, o ferro tem em equilíbrio a pressão atmosférica, duas estruturas cristalinas diferentes (CCC e CFC), além de poder se apresentar no estado líquido[2]. Os elementos de liga adicionados ao ferro podem estabilizar uma ou outra estrutura, além de formar novas fases importantes, nos aços. A primeira informação importante sobre as possíveis estruturas em uma liga à base de ferro está relacionada, portanto, ao conhecimento do estado de equilíbrio desta liga na temperatura em questão, assim como nas eventuais temperaturas de processamento.

O modo clássico de apresentar, em metalurgia, estas informações, é sob a forma de diagramas de equilíbrio de fases. Estes diagramas podem ser obtidos diretamente através de experimentos cujos resul-

---

(1) A composição química dos aços é também afetada por tratamentos termoquímicos, embora em regiões próximas à superfície das peças apenas (item 10, Capítulo 10).

(2) As condições em que o ferro se apresenta como fase gasosa são de pouco interesse para a maior parte das aplicações metalúrgicas.

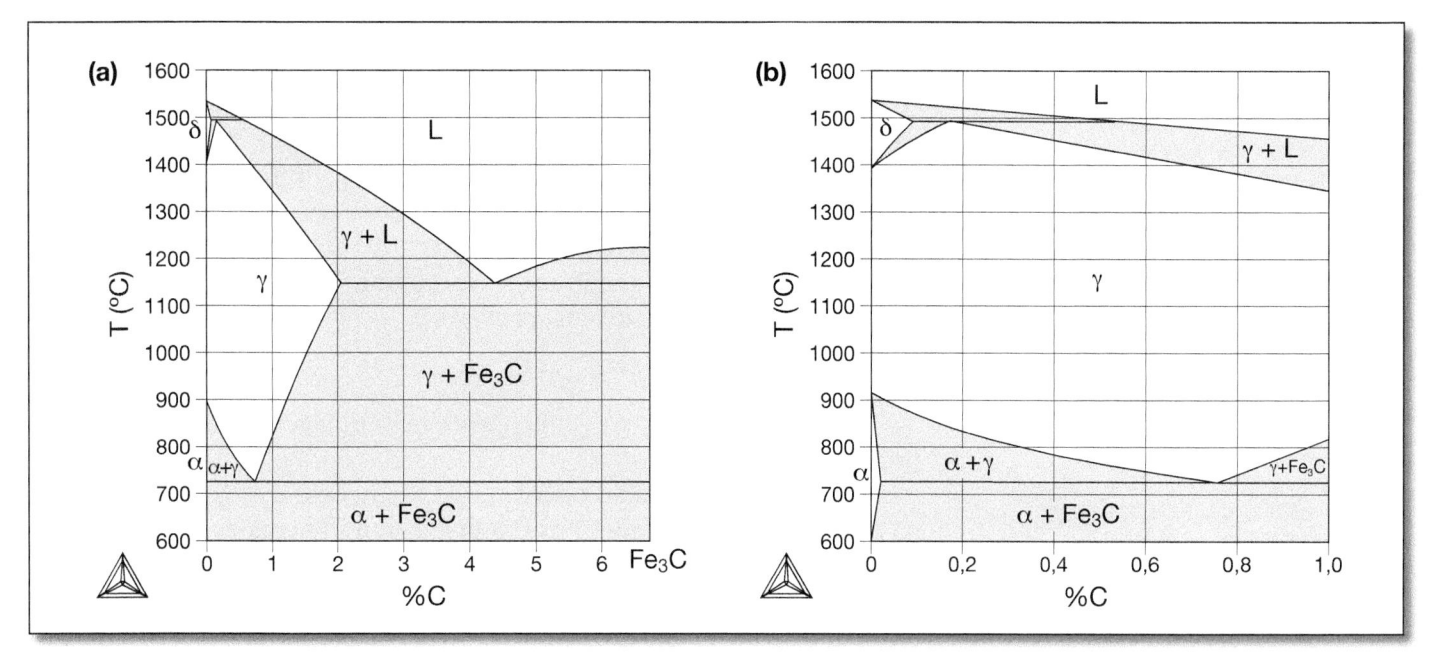

tados, coletados e consolidados, são apresentados como diagramas, ou podem ser calculados a partir de dados termodinâmicos [4, 5].

Assim, uma primeira classificação do efeito dos elementos de liga nos aços (como visto no Capítulo 1) pode ser baseada em seu efeito estabilizador de uma das fases do ferro:

a) estabilizadores da ferrita (CCC);
b) estabilizadores da austenita (CFC).

Tradicionalmente, as análises estruturais mais simples de aços são feitas sobre o diagrama de equilíbrio de fases ferro-carbono (Fe-C). Isto se deve, principalmente, a dois fatos:

a) A escassez reinante, durante longo tempo, de dados relativamente precisos sobre os diagramas de equilíbrio de fases de aços mais complexos.
b) A dificuldade de representação gráfica e interpretação dos diagramas de sistemas mais complexos.

De qualquer forma, a análise sobre o diagrama Fe-C é bastante instrutiva, por ser uma descrição simplificada que se aproxima de descrever várias famílias de aços bastante empregados.

O equilíbrio Fe-C indicado na Figura 1.3 (Capítulo 1) não se estabelece normalmente em aços e a grafita não é observada. Ao invés da grafita, observa-se a formação do carboneto de ferro Fe_3C ("cementita") (com 6,67% $C^{(3)}$). A Figura 7.1 apresenta o diagrama "metaestável"[4] Fe-C.

O caminho de transformação "típico" de um aço, ao longo de toda a sua história de processamento, envolveria a solidificação a partir do campo onde existe a fase líquida (L), passagem pelo campo onde existe CFC (γ), monofásico e passagem para o campo onde existe CCC(α)+ Fe_3C.

O diagrama de equilíbrio indica que, ao se atingir uma linha que separa dois campos, a energia[5] das fases que estão em equilíbrio nesta linha são iguais. Assim, não haveria tendência a ocorrer nenhuma

(3) A composição atômica do carboneto é 25%C e 75%Fe. Considerando as massas atômicas dos dois elementos (12 e 55, 85, respectivamente), é possível calcular a composição em massa do carboneto.

(4) Um sistema é metaestável (em relação a uma ou mais fases) quando se apresenta em equilíbrio, exceto pela ausência da fase em questão. No caso do sistema Fe-C normalmente o diagrama em que a grafita não se forma é chamado apenas de diagrama metastável Fe-C, omitindo-se a informação de que a grafita é a fase que não ocorre em equilíbrio.

(5) A energia em questão, para um sistema à pressão constante, é a energia livre de Gibbs. Ver, por exemplo, [1].

transformação neste ponto, pois não há ganho de energia para a natureza com esta transformação. À medida que uma fase é conduzida para condições termodinâmicas onde outra fase ou combinação de fases é estável, passa a existir uma diferença de energia entre as duas configurações. Esta diferença de energia pode ser interpretada como uma "força motriz" para causar a transformação. Para que uma transformação ocorra são necessárias duas etapas:

    a) a nova fase ou combinação de fases precisa(m) surgir (nuclear) e, uma vez nucleadas, precisam;

    b) crescer;

A força motriz é usada pela natureza para fazer com que estes dois processos ocorram.

Para que a nucleação ocorra pode ser necessário "gastar" energia na formação de interfaces entre a fase original e a nova fase e organizar um grupo de átomos na nova estrutura, o que pode requerer mobilidade atômica. Pode ainda ser necessário gastar energia para vencer forças associadas, por exemplo, as diferenças de volume entre o núcleo formado e a fase anteriormente existente.

Para que o crescimento ocorra, normalmente é necessário que átomos se movimentem. Se as fases que crescem têm composições diferentes daquela que desaparece, solutos terão de se movimentar, redistribuindo-se entre as fases.

Assim, qualitativamente, as transformações de fases são dominadas pelo balanço entre força motriz disponível para criar interfaces e vencer forças (elásticas, por exemplo) e mobilidade atômica. A descrição das fases presentes em aços e de sua formação a partir de outras fases é mais simples quando esta formação ocorre em condições próximas ao equilíbrio. Isto significa uma situação em que este balanço é tal que, ao se mudar de campo nos diagramas de equilíbrio, as novas fases previstas no diagrama conseguem vencer as barreiras de nucleação, e as condições de mobilidade atômica permitem que os átomos de soluto se redistribuam convenientemente e de forma simples entre as fases. A estas condições costuma-se denominar, de forma não muito exata, de condições de "resfriamento lento". Neste capítulo a discussão será também limitada a transformações que não envolvem a fase líquida, envolvendo, portanto, as fases CCC, CFC e o carboneto de ferro Fe_3C, chamado cementita. Nestes casos, os constituintes presentes nos aços são os descritos a seguir.

3. Ferrita

Ferro puro ou aços que contenham teores de carbono abaixo do limite de solubilidade da cementita na fase CCC são essencialmente monofásicos, contendo apenas a fase CCC, chamada "ferrita" a temperatura ambiente. A formação da ferrita, a partir da austenita (CFC, γ) em condições próximas ao equilíbrio é mostrada, esquematicamente, na Figura 7.2.

A Figura 7.3 mostra uma amostra de Ferro Armco, ferro de baixíssimo teor de carbono em que a microestrutura é composta por grãos de ferrita. Aços em que a ferrita se forma através de resfriamento relativamente lento do campo austenítico têm ferrita em grãos equiaxiais[6].

---

(6) Mesma dimensão, aproximadamente, em todas as direções ou eixos.

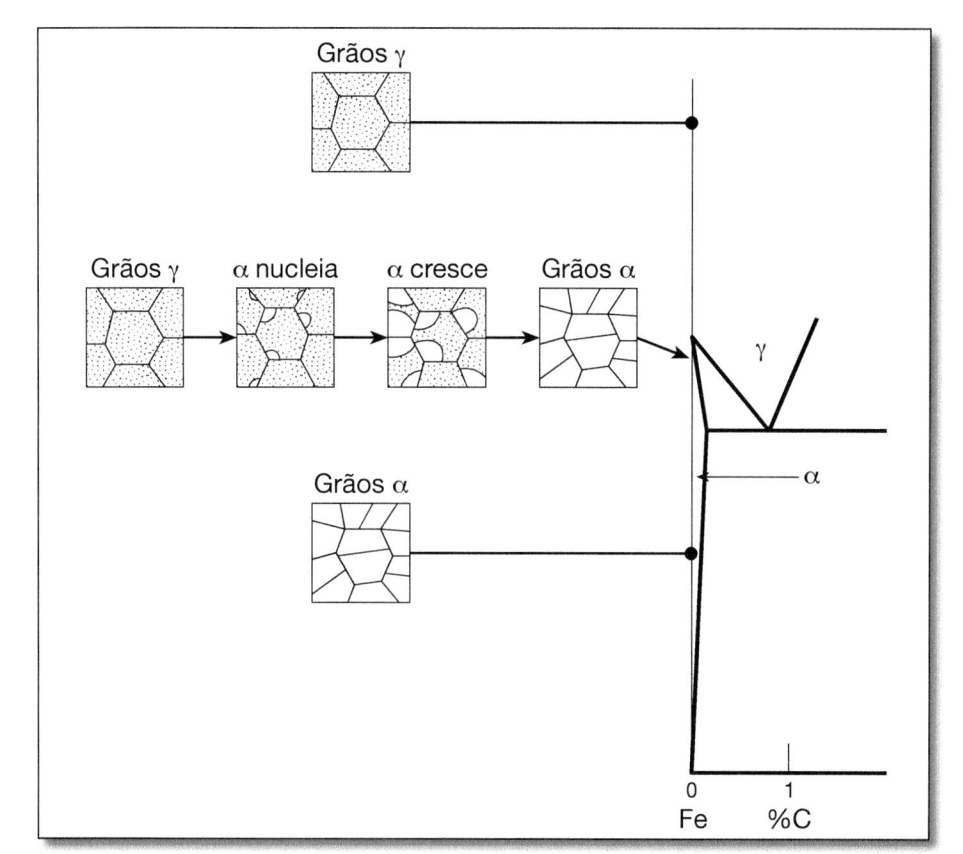

Figura 7.2
Representação esquemática da transformação da austenita em ferrita em condições próximas ao equilíbrio. Adaptado de Ashby [7].

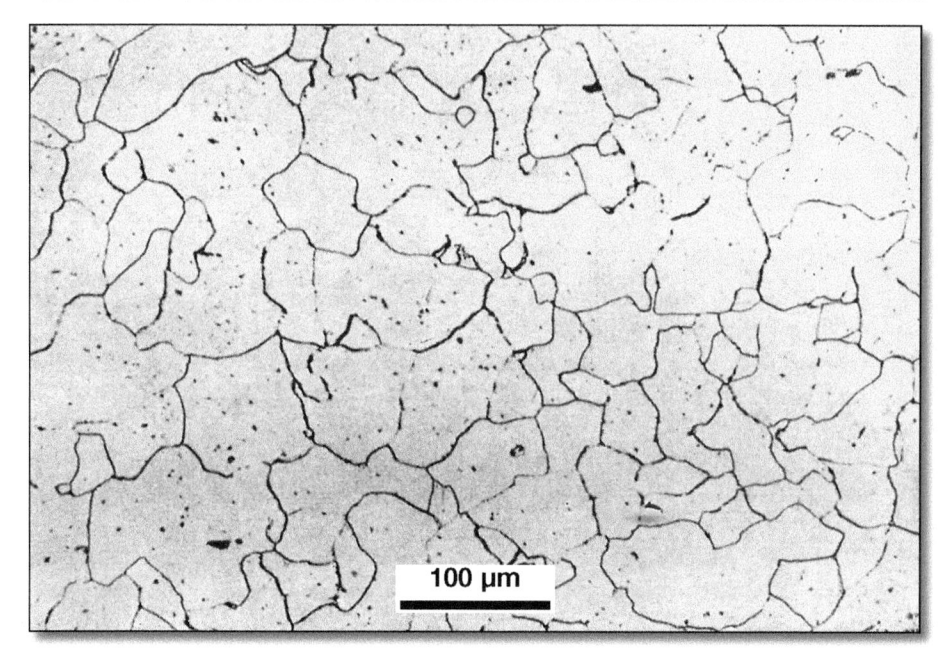

Figura 7.3
Aço de teor de carbono extra baixo[7] (no caso, Ferro Armco). Grãos de ferrita e pequenas inclusões não-metálicas. Ataque: água régia.

Durante o eventual trabalho a frio, a forma destes grãos se altera (ver Capítulo 12), em função da deformação.

Este tipo de material normalmente tem dureza bastante baixa. Quando o tamanho de grão é suficientemente grande, pode ser empregado para aplicações como anéis de vedação metal-metal na indústria do petróleo, onde é importante que o anel se deforme ao se apertar a conexão para que a vedação seja obtida. As Figuras 7.4 e 7.5 apresentam um aço IF[8] recozido com dureza 33-36 HRB, limite de escoamento da ordem de 150 MPa e limite de ruptura aproximadamente 315 MPa.

---

(7) Chamava-se aços baixo carbono de "aços doces" e aços de carbono extrabaixo de "aços extradoces".

(8) *Interstitial Free*, livre de intersticiais.

Figura 7.4
Aço IF (C = 26 ppm, N = 30ppm, Ti = 600 ppm) recozido. Grãos de ferrita poligonais (equiaxiais). Ataque: Klemm.

Figura 7.5
Aço IF (C = 26 ppm, N = 30 ppm, Ti = 600 ppm) recozido. Grãos de ferrita poligonais (equiaxiais). No centro da imagem observa-se uma pequena inclusão não-metálica, possivelmente TiN. Ataque: Klemm.

O teor de carbono destes aços é suficientemente baixo para que não se forme cementita. Normalmente recebem adições de titânio ou nióbio para formar carbonetos e/ou carbonitretos destes elementos. Tais carbonetos, nitretos e carbonitretos, se formados no estado sólido, normalmente são suficientemente pequenos para não serem visíveis em microscopia ótica. Os nitretos eventualmente formados no aço líquido, como o TiN, por exemplo, têm dimensões que permitem serem vistos na microscopia ótica.

Outras combinações de composições químicas, como no caso dos aços para fins elétricos (item 7, Capítulo 12) contendo silício, também podem ter microestrutura completamente ferrítica, como mostra a Figura 7.6.

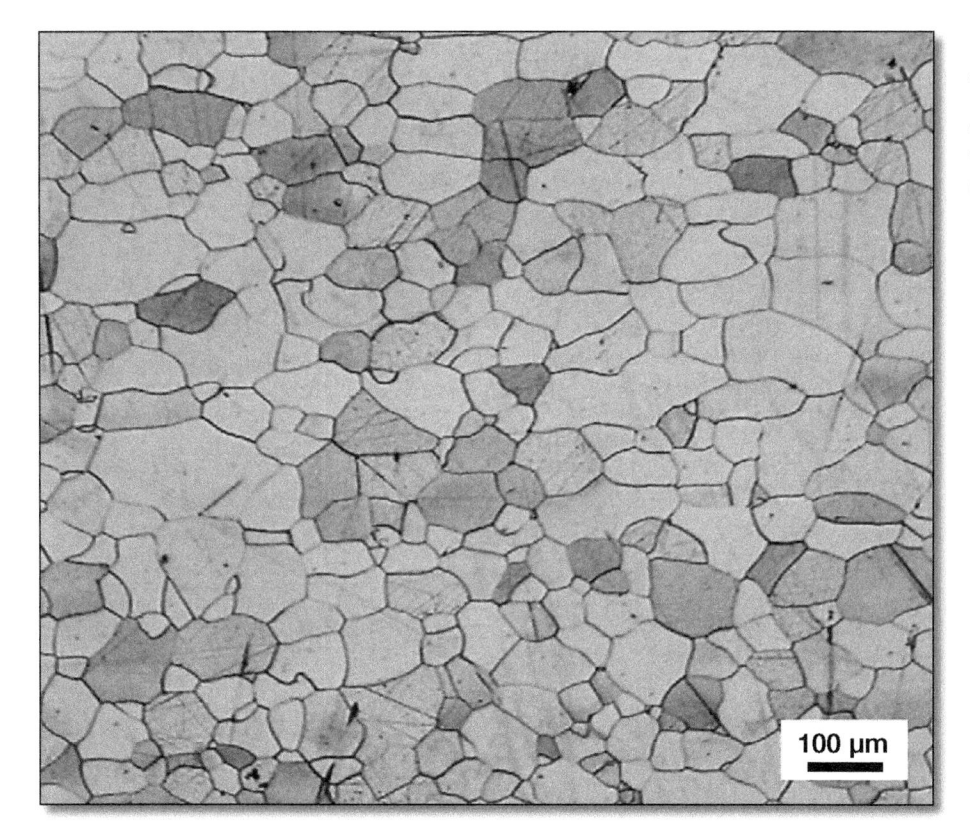

Figura 7.6
Aço para fins elétricos, recozido. Ferrita poligonal. Cortesia C. Capdevila Montes, Centro Nacional de Investigaciones Metalúrgicas – CENIM-CSIC, grupo Materialia, Madrid, Espanha.

3.1. Elementos Estabilizadores da Ferrita (CCC)

Alguns elementos, quando dissolvidos no ferro, tendem a estabilizar a estrutura CCC em relação à estrutura CFC (Por exemplo, o cromo, Figura 7.7). Em geral, isto ocorre com elementos que, puros, apresentam a estrutura CCC, embora estes não sejam os únicos. Os principais elementos estabilizadores da ferrita são: silício, cromo, fósforo, molibdênio, vanádio, titânio, nióbio e alumínio[9].

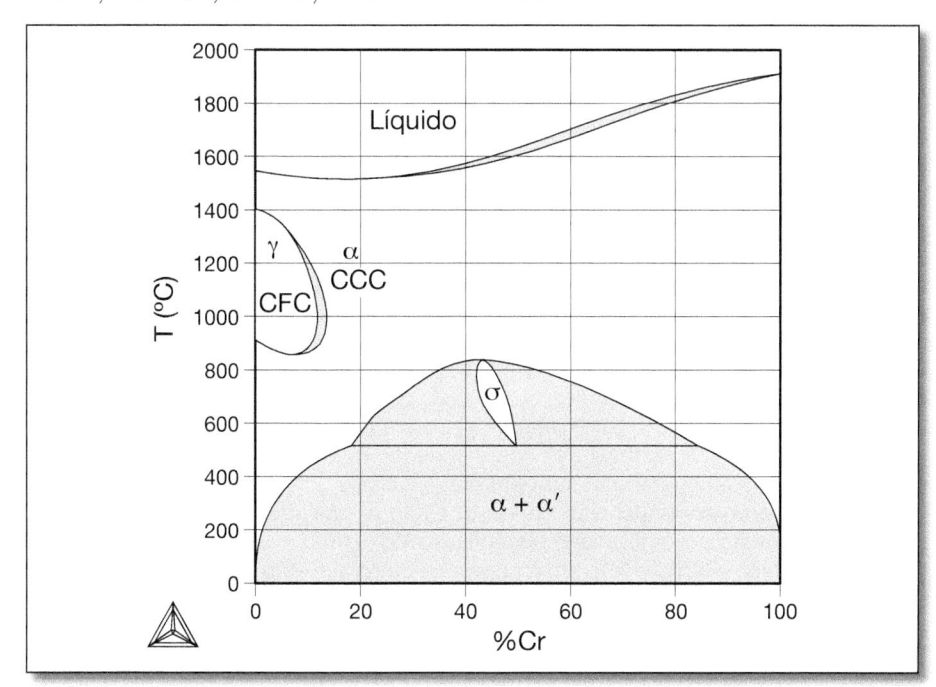

Figura 7.7
Diagrama de equilíbrio de fases Fe-Cr. A adição de cromo ao ferro reduz a faixa de temperaturas em que a fase CFC é estável até que, com cerca de 13% de cromo, não se forma mais esta fase. [6]

---

(9) Embora o alumínio puro tenha estrutura CFC.

4. Austenita

O aquecimento da ferrita em aços Fe-C leva à formação da fase CFC, chamada "austenita"[10].

A austenita, em ferro puro e ligas Fe-C, só é observável diretamente em microscópios que possam operar a temperatura elevada, onde esta fase é estável. A Figura 7.8 apresenta um exemplo da formação de austenita a partir da ferrita em aço IF (40 ppm C). Como um aço IF contém muito pouco carbono, a redistribuição deste elemento entre a ferrita e a austenita praticamente não retarda a transformação. Há situações, inclusive, em que é possível que esta transformação ocorra sem redistribuição do carbono[11].

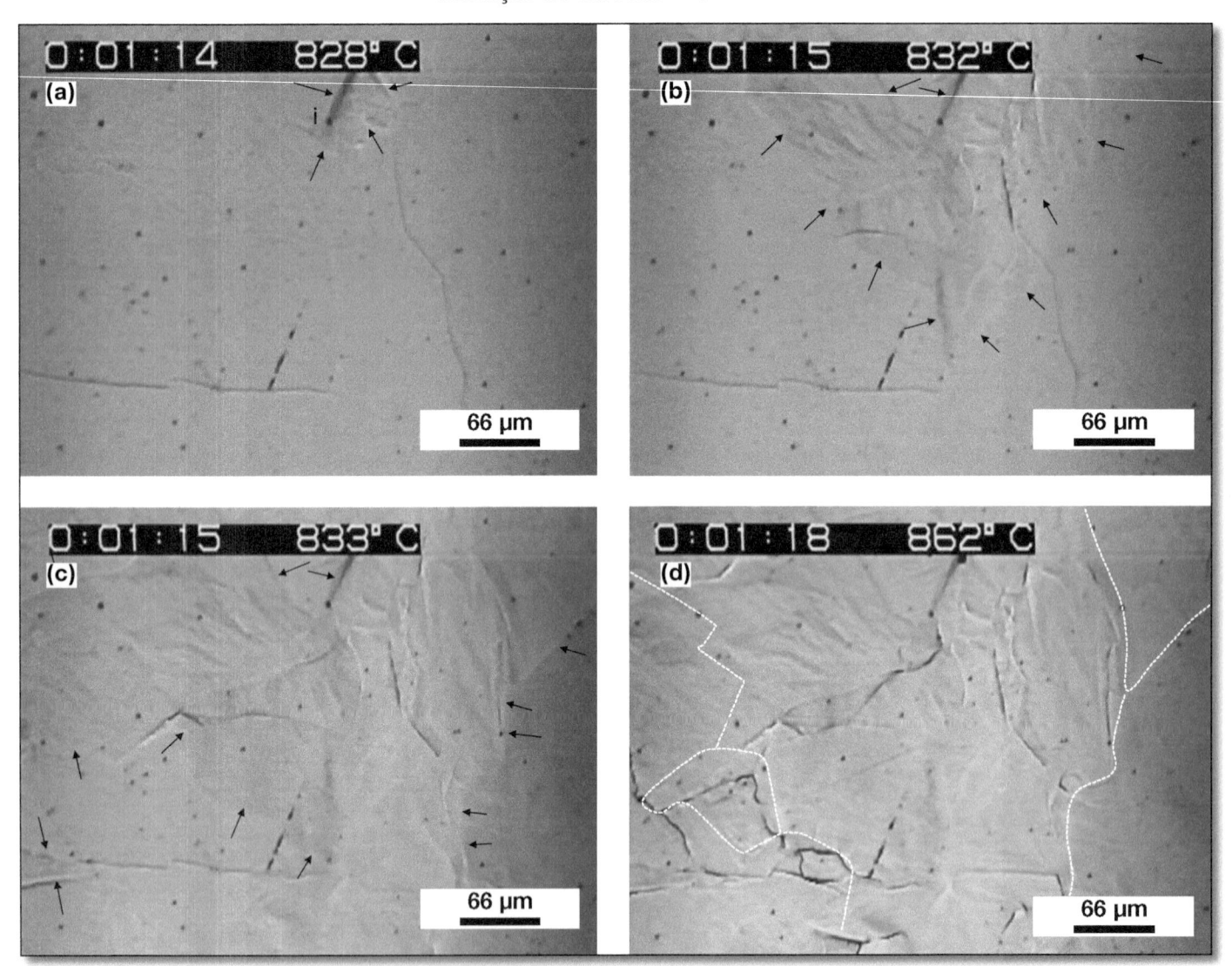

Figura 7.8
Aço IF aquecido a 10K/s a partir de uma estrutura ferrítica. Quadros de filme obtido por microscopia confocal laser. No canto superior estão indicados o tempo (horas: minutos: segundos) e a temperatura em graus Celsius. Em (a), os contornos de um grão austenítico recém-nucleado na ferrita estão assinalados. A letra i indica uma inclusão não-metálica que, aparentemente, impede o movimento daquela parte do contorno de grão (ver (b) e (c)). Em (c) aparece outro núcleo à esquerda, abaixo. Em (d) a transformação está completa e as posições aproximadas dos contornos de grão austeníticos estão indicadas com linhas brancas superpostas. Obtidas de filme, cortesia de S. Sridhar e E. Schmidt, Carnegie Melon University, Pittsburgh, USA [8].

(10) O nome é uma homenagem a Sir William Chandler Roberts-Austen (1843-1902), professor da Royal School of Mines (depois Imperial College) um dos pioneiros da metalografia e responsável pelo primeiro diagrama de equilíbrio de fases Fe-C.

(11) Transformação "massiva".

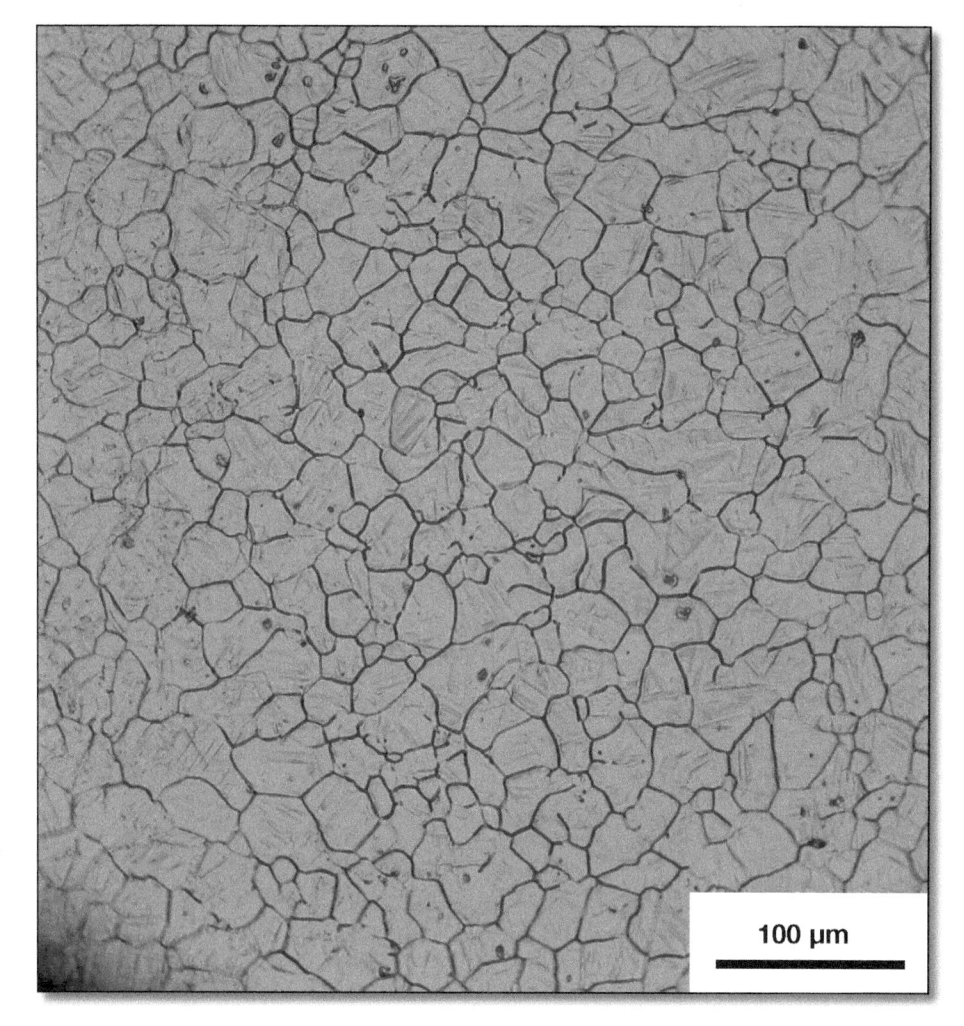

Figura 7.9
Contornos de grão austeníticos em um aço com C = 0,08%, Mn = 0,7% revelados por ataque térmico, por oxidação (ver Capítulo 9). Cortesia C. Garcia-Mateo, Centro Nacional de Investigaciones Metalúrgicas- CENIM-CSIC, grupo Materialia, Madrid, Espanha.

100 μm

Alternativamente, é possível empregar técnicas metalográficas que revelem os contornos de grão da austenita que existiam antes de o material se transformar. Estas técnicas são discutidas em mais detalhe no item 3.4 do Capítulo 9. A Figura 7.9 mostra os contornos de grão da austenita que existiam em um aço antes de ser resfriado.

4.1. Elementos Estabilizadores da Austenita (CFC)

Alguns elementos, quando dissolvidos no ferro, tendem a estabilizar a estrutura CFC em relação à estrutura CCC (Por exemplo, o manganês Figura 7.10). Este efeito é mais comum com elementos que, puros, apresentam a estrutura CFC, embora estes não sejam os únicos. Os principais elementos estabilizadores da austenita são: níquel, manganês, carbono, cobalto, cobre, nitrogênio.

Figura 7.10
Diagrama de equilíbrio de fases Fe-Mn.
A adição de manganês ao aço aumenta a
faixa de temperaturas em que a fase CFC
é estável [6].

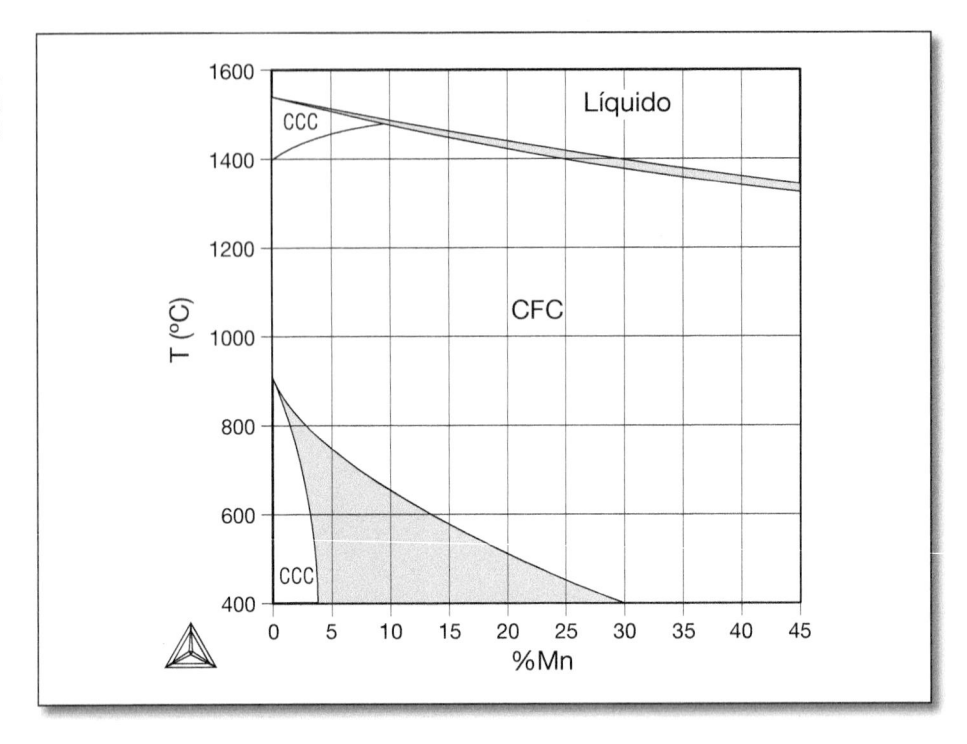

5. Cementita

Quando a solubilidade do carbono na ferrita é excedida, a cementita começa a aparecer na estrutura do aço. Aços para conformação, de baixo teor de carbono, normalmente apresentam a cementita distribuída ao longo do produto, como uma segunda fase dispersa, como mostra a Figura 7.11.

Nestes aços, é importante que os tratamentos térmicos realizados favoreçam ao máximo a precipitação da cementita, para que o carbono seja removido de solução tanto quanto possível, para garantir uma boa

Figura 7.11
Aço com C = 0,042%, Mn = 0,2% laminado a quente com alta formabilidade, para peças tais como carcaças de compressores herméticos. Microestrutura composta de ferrita poligonal e pequenos grãos de cementita globular. Ataque: Nital 2%.

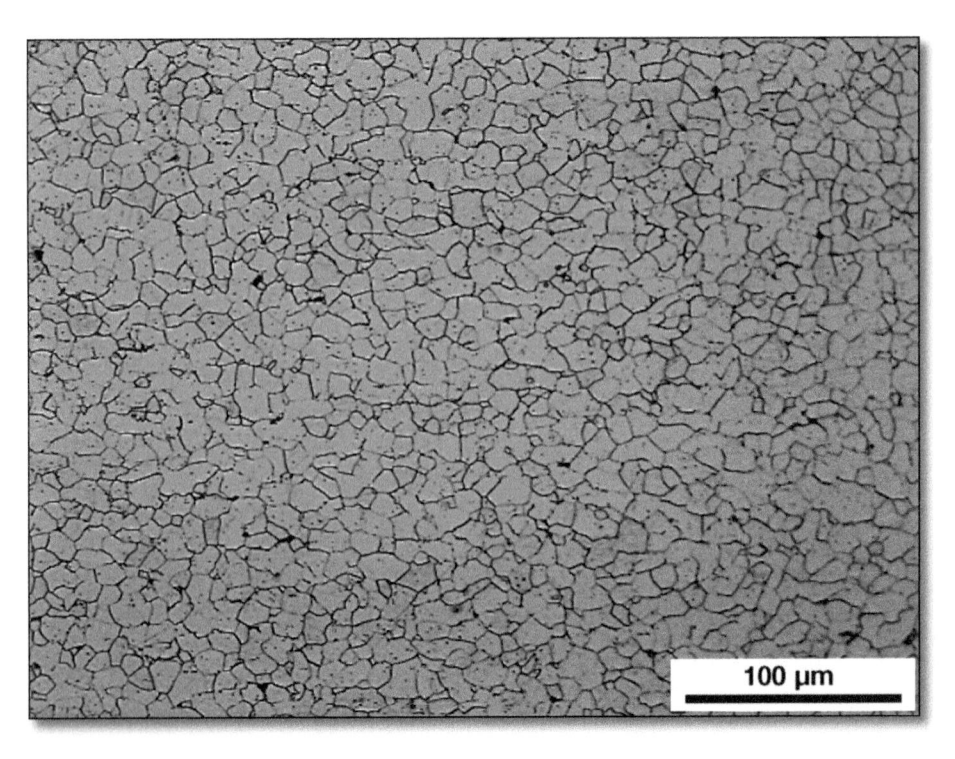

formabilidade. Durante o tratamento térmico, as partículas de cementita nucleiam nas heterogeneidades estruturais e crescem pela difusão de carbono até estes núcleos. Como a concentração de carbono na cementita é elevada, é preciso que ocorra movimentação significativa de carbono, no aço, para que a cementita se forme e cresça.

5.1. Elementos Formadores de Carbonetos

Diversos elementos têm elevada afinidade pelo carbono e podem formar carbonetos estáveis no aço ou se dissolver na cementita. Cromo, tungstênio, vanádio, titânio, nióbio e molibdênio são alguns importantes formadores de carbonetos. Embora o silício forme um carboneto estável (SiC), este carboneto não ocorre em aços e o silício praticamente não se dissolve na cementita, podendo dificultar sua formação.

6. Perlita[12]

O diagrama Fe-C apresenta um equilíbrio eutectóide[13] entre ferrita, cementita e austenita, a 723 °C. Quando aços contendo teores de carbono mais significativos do que os discutidos acima se transformam de austenita para o campo abaixo da temperatura eutectóide as fases esperadas são ferrita e cementita. Observando-se o diagrama e considerando-se o que já foi discutido, é possível concluir que, em função da grande diferença de composição química das duas fases que devem se formar, o carbono precisará se movimentar consideravelmente. Da mesma forma que em reações eutéticas, a natureza busca mecanismos que tornem mais eficiente esta transformação, minimizando as distâncias a difundir. No caso em questão, isto é feito através do crescimento cooperativo de ferrita e cementita. Como existem orientações cristalográficas em que a energia interfacial entre alguns planos da ferrita e da cementita é relativamente baixa [4], o crescimento cooperativo se dá sob a forma de "placas" paralelas das duas fases, como indicado na Figura 7.12(a). Acredita-se que a nucleação inicial de cementita remove carbono da austenita situada em sua volta, favorecendo a nucleação da ferrita. A partir daí, os dois núcleos avançariam como indicado na Figura 7.12(b) enquanto a nucleação de outras placas (chamadas "lamelas"), de mesma orientação, prosseguiria, dando origem ao que se chama uma "colônia" de perlita: um conjunto de lamelas de ferrita e cementita com a mesma orientação cristalográfica.

Os aços com composição correspondente à composição da austenita no ponto eutectóide (C = 0,77% no sistema Fe-C) transformam-se completamente de austenita para perlita quando as condições de transformação são adequadas para a redistribuição do carbono ("resfriamento lento"). A Figura 7.13 apresenta um esquema da transformação da austenita com composição eutectóide em perlita, próxima a condições de equilíbrio.

As Figuras 7.14 a 7.19 apresentam alguns exemplos da microestrutura perlítica. Como o plano da metalografia corta as diferentes colônias de perlita formando diferentes ângulos com as lamelas o espaçamento das lamelas parece variar, como mostra a Figura 7.14. O espaçamento entre lamelas é afetado pela velocidade de resfriamento

(12) O nome perlita vem da observação de que amostras contendo este constituinte, quando atacadas têm, sob observação visual, um brilho que lembra madrepérola (nácar), o calcáreo que constitui diversas conchas (que também têm estrutura lamelar).

(13) Do grego: semelhante a um eutético, ver Capítulo 8.

ou pela temperatura em que a perlita é formada. Resfriamento lento (temperatura de transformação elevada) resulta em maiores espaçamentos interlamelares e resfriamento rápido (temperatura de transformação mais baixa) em perlita mais fina. (Figuras 7.15 a 7.19).

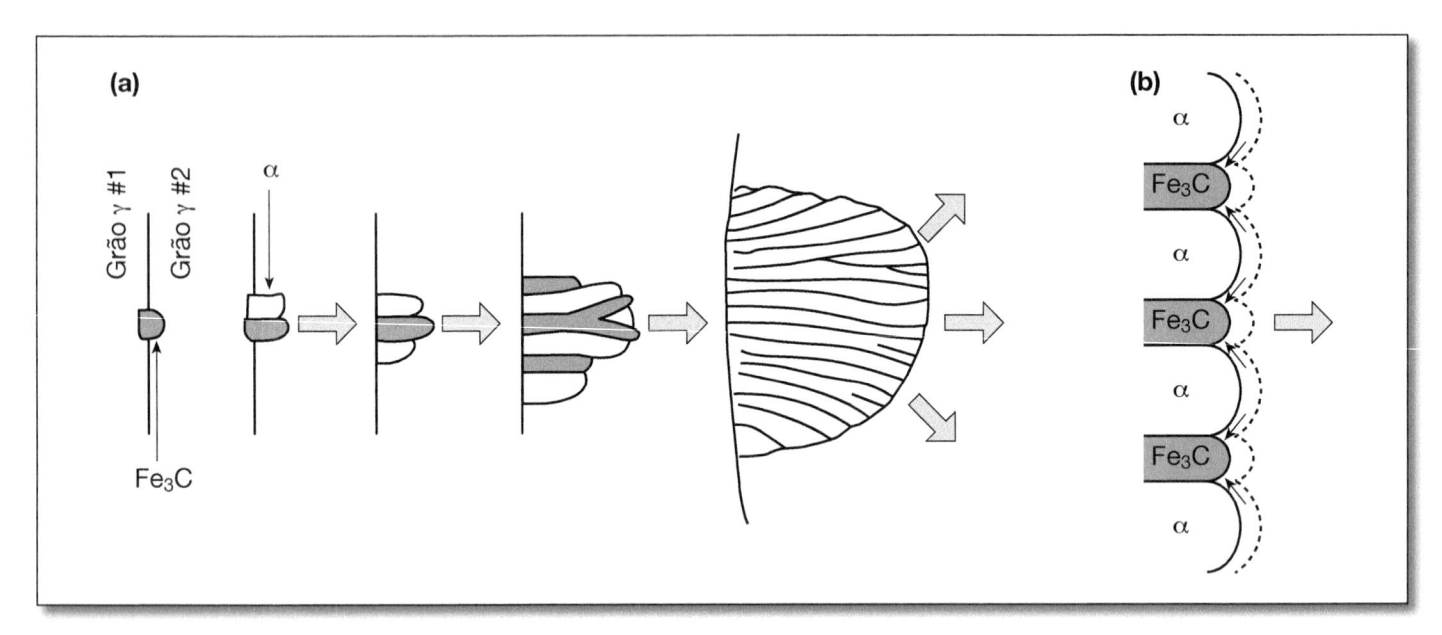

Figura 7.12
Mecanismo simplificado de formação e crescimento de perlita. Seção transversal às placas (lamelas) de ferrita e cementita. (a) Um carboneto nucleia no contorno de grão austenítico. A região próxima ao carboneto fica empobrecida em carbono, favorecendo a nucleação da ferrita. A nucleação ocorre formando uma interface ferrita-cementita de baixa energia. O processo de nucleação se repete. (b) À frente das placas, o carbono se difunde em uma pequena distância na austenita saindo da região em frente à ferrita e indo para a região onde os carbonetos crescerão como indicam as setas finas. As setas largas indicam a direção de crescimento da colônia de perlita.

Figura 7.13
Representação esquemática da transformação da austenita em perlita em aço de composição eutectóide em condições próximas ao equilíbrio. (P = perlita). Adaptado de [7].

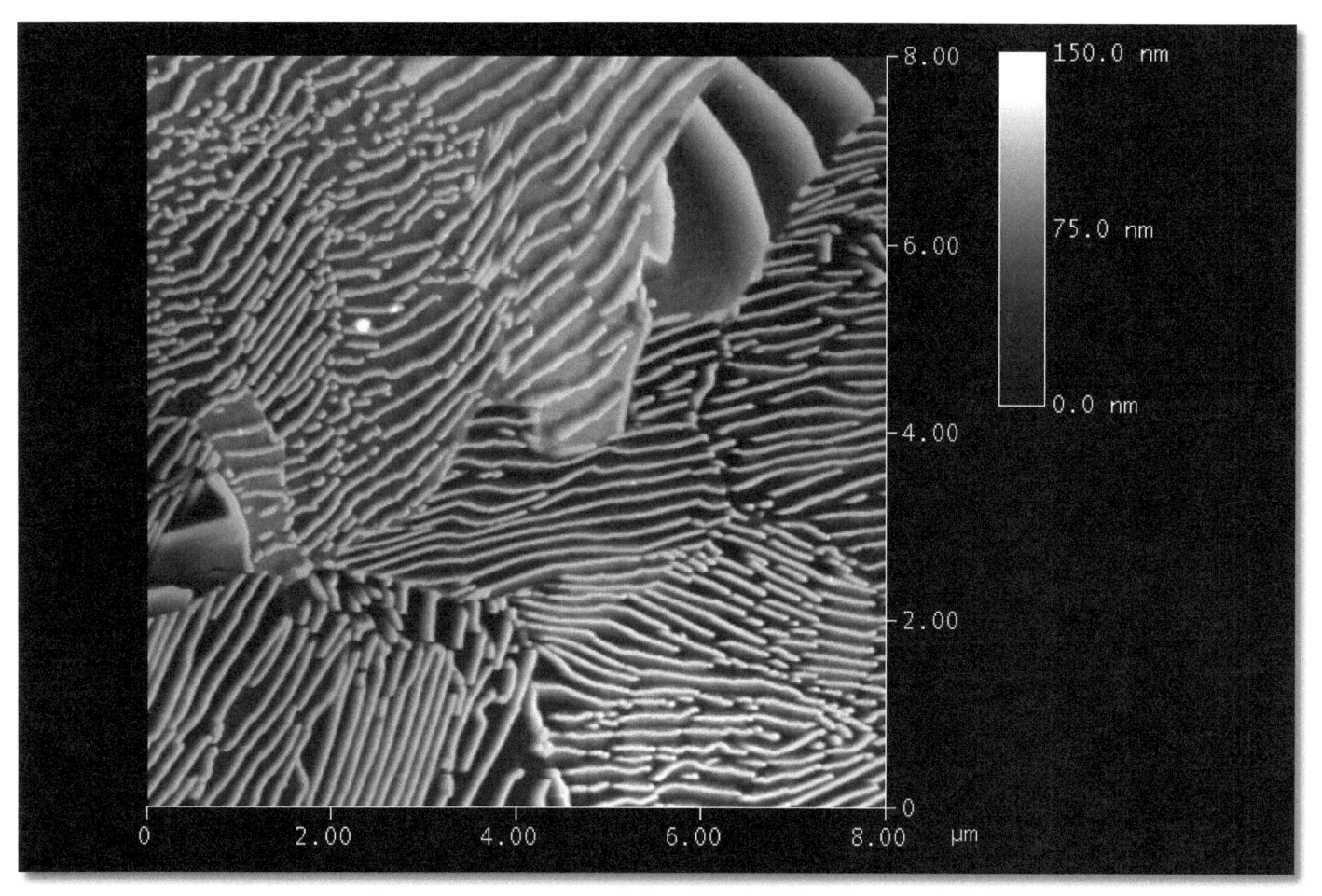

Figura 7.14
Perlita em aço eutectóide. A cementita apresenta-se em relevo, mais alta do que a ferrita devido ao ataque químico. Em função dos diferentes ângulos entre os planos das lamelas das diversas colônias de perlita e o plano da micrografia, o espaçamento entre lamelas observado na micrografia é bastante variável (no canto superior direito observam-se lamelas quase paralelas ao plano da micrografia, por exemplo). Imagem de Microscopia de Força Atômica. A escala à direita, acima, refere-se as dimensões verticais da amostra. Ataque: Nital 2%. Cortesia M. S. Andrade, CETEC-MG, Brasil.

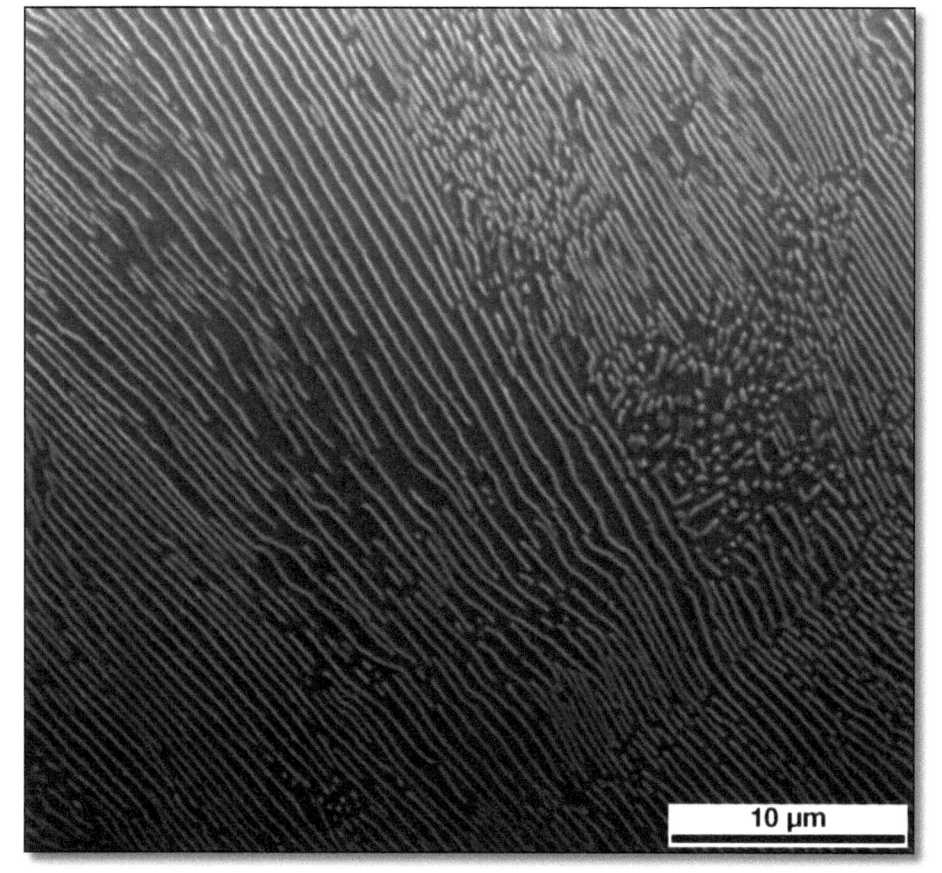

Figura 7.15
Detalhe da estrutura da perlita em um aço para construção mecânica. Região perlítica de aço contendo C = 0,5%, Mn = 1,5%, tratamento isotérmico a 688°C. MEV, ES. Ataque: Nital 2%. Cortesia C. Capdevila Montes, Centro Nacional de Investigaciones Metalúrgicas – CENIM-CSIC, grupo Materialia, Madrid, Espanha.

Figura 7.16
Várias colônias de perlita em um aço contendo C = 0,78% resfriado do campo austenítico a 0,1K/s. MEV, ES. Ataque: Nital 2%. Cortesia C. Garcia-Mateo, Centro Nacional de Investigaciones Metalúrgicas – CENIM-CSIC, grupo Materialia, Madrid, Espanha.

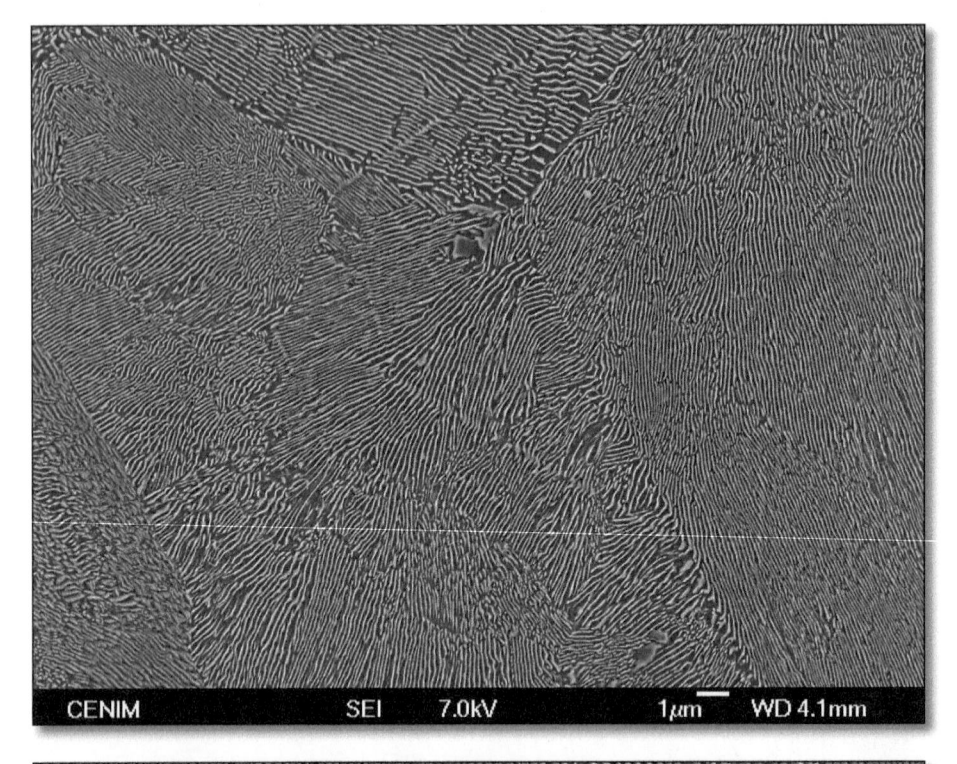

Figura 7.17
Colônias de perlita em um aço contendo C = 0,78% (mesmo aço da Figura 7.16) resfriado do campo austenítico a 0,005 K/s. MEV, ES. Ataque: Nital 2%. Cortesia C. Garcia-Mateo, Centro Nacional de Investigaciones Metalúrgicas – CENIM-CSIC, grupo Materialia, Madrid, Espanha.

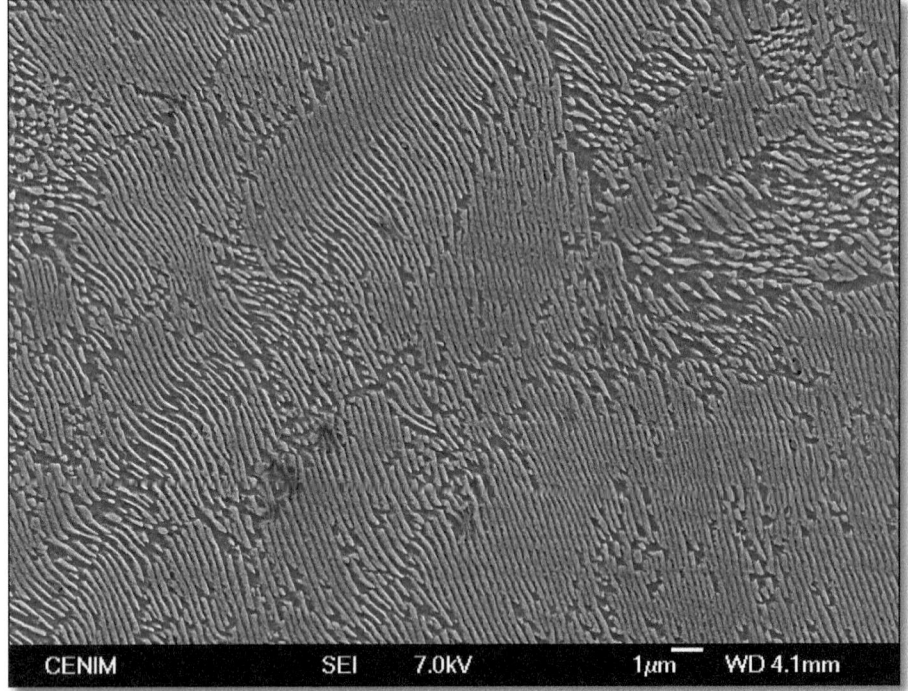

A perlita é um dos materiais compósitos naturais mais interessantes, sob o aspecto de propriedades. Conjuga uma matriz dúctil (a ferrita) e um reforço alinhado de alta dureza (a cementita). Embora não seja uma estrutura caracterizada por elevada tenacidade à fratura (em função da presença da cementita), tem elevada dureza, alta resistência mecânica, resistência ao desgaste e resistência à fadiga e tenacidade à fratura bastante razoáveis. Rodas e trilhos ferroviários (item 4.2, Capítulo 15) e arames de alta resistência (Figura 12.13, Capítulo 12) são alguns exemplos de aplicações em que a microestrutura perlítica ainda é uma das melhores soluções.

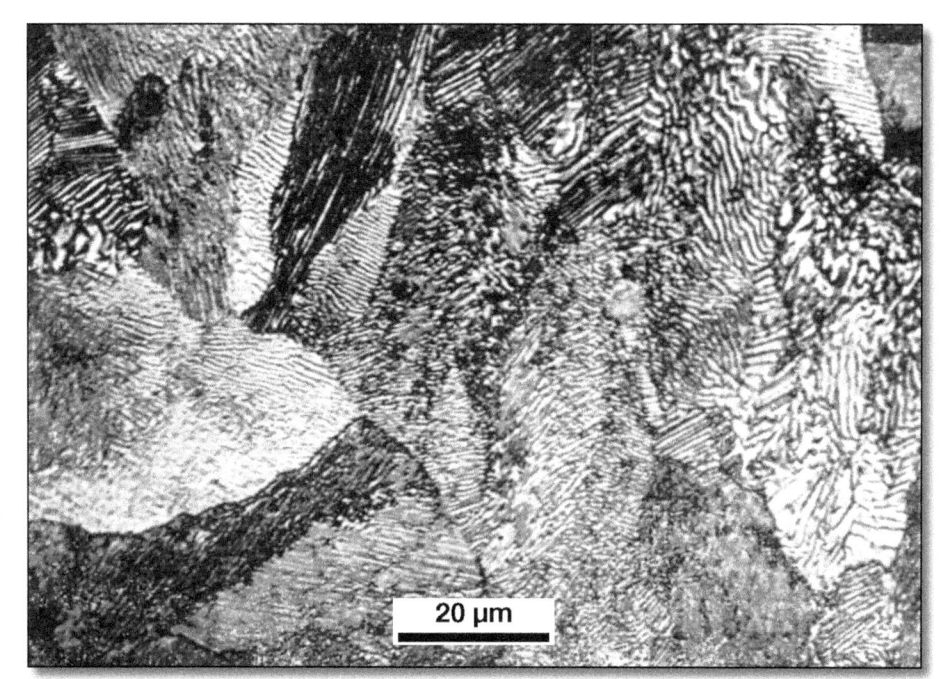

Figura 7.18
Aço eutectóide. Colônias de perlita. Algumas áreas que aparecem pouco definidas podem ter seu caráter lamelar mais
facilmente observado girando o corpo-
de-prova de 90°. Ataque: Nital.

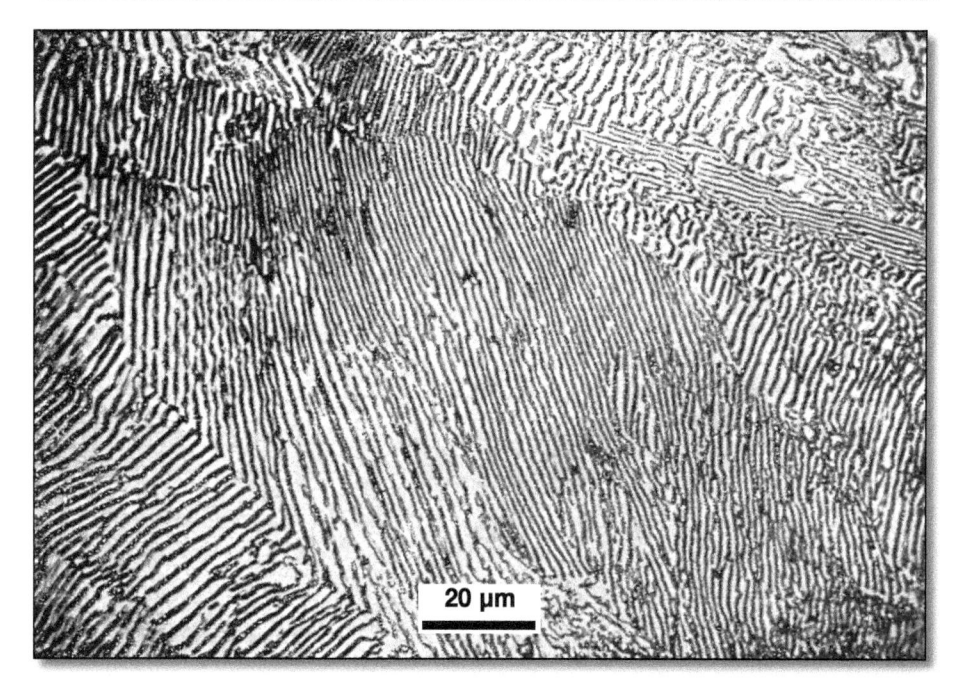

Figura 7.19
Aço de composição eutectóide, resfriado
muito lentamente. Ataque: Nital.

6.1. A Fração Volumétrica das Fases na Perlita e a "Regra da Alavanca"

Quando se conhece, do diagrama de fases, a composição das fases que
se formam em equilíbrio é possível estimar, para uma dada composição média da liga, a fração de cada fase que deve estar presente.
A base para esta estimativa é a conservação de massa. Como todo o
carbono do aço deve estar em uma das duas fases (ferrita e cementita,
no caso), é possível calcular a quantidade de cada fase que deve existir
para que se atinja a composição média do aço.

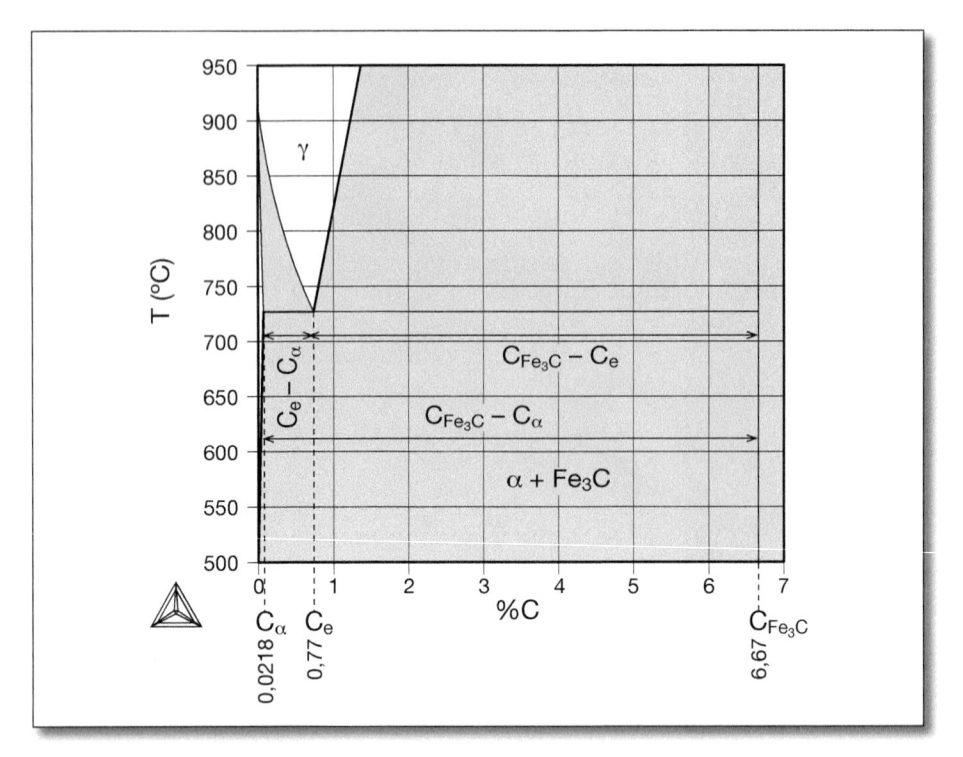

Tomando-se um aço de composição eutectóide, o teor de carbono médio do aço seria C_e (0,77%) como indicado na Figura 7.20. A ferrita teria C_α e a cementita, C_{Fe_3C}. É possível expressar a conservação de massa de carbono, em uma massa de aço qualquer como:

$$\frac{\%C_{a\varsigma o} \cdot \text{massa de aço}}{100} = \frac{\%C_\alpha \cdot \text{massa de ferrita}}{100} +$$
$$+ \frac{\%C_{Fe_3C} \cdot \text{massa de Fe}_3\text{C}}{100} \qquad \text{(Eq. 1)}$$

Pode-se indicar a fração em massa de cada uma das fases por:

$$f_\alpha = \frac{\text{massa de ferrita}}{\text{massa de aço}} \qquad e \qquad f_{Fe_3C} = \frac{\text{massa de Fe}_3\text{C}}{\text{massa de aço}}$$

Dividindo-se a equação (1) pela massa de aço, substituindo as frações em massa e multiplicando-se por 100, obtém-se:

$$\%C_{a\varsigma o} = \%C_\alpha \cdot f_\alpha + \%C_{Fe_3C} \cdot f_{Fe_3C} \qquad \text{(Eq. 2)}$$

Observando-se que $f_\alpha + f_{Fe_3C} = 1$, é possível obter equações para as frações em massa das duas fases, a partir da equação (2).

$$f_\alpha = \frac{\%C_{Fe_3C} - \%C_{a\varsigma o}}{\%C_{Fe_3C} - \%C_\alpha}$$

$$f_{Fe_3C} = \frac{\%C_{a\varsigma o} - \%C_\alpha}{\%C_{Fe_3C} - \%C_\alpha} \qquad \text{(Eq. 3a)}$$

Particularizando-se para as composições indicadas na Figura 7.20 para um aço eutectóide (isto é, de composição C_e) e substituindo-se os valores do diagrama:

$$f_\alpha = \frac{C_{Fe_3C} - C_e}{C_{Fe_3C} - C_\alpha} = \frac{6,67 - 0,77}{6,67 - 0,0218} = 0,89$$

$$f_{Fe_3C} = \frac{C_e - C_\alpha}{C_{Fe_3C} - C_\alpha} = \frac{0,77 - 0,0218}{6,67 - 0,0218} = 0,11$$

(Eq. 3b)

Como a densidade da cementita é de 7,66-7,68 g/cm^3 [9] e a da ferrita é 7,87 g/cm^3 as frações volumétricas são aproximadamente iguais às frações de massa calculadas (a fração volumétrica de cementita na perlita é de 12%).

6.1.1. Regra da Alavanca

Observando-se as relações expressas pelas equações 3a e 3b, nota-se que os valores dos numeradores e denominadores das expressões que permitem calcular as frações de cada fase representam segmentos que podem ser computados diretamente do diagrama de equilíbrio de fases, como indicado na Figura 7.20. Assim, é comum aplicar a chamada "regra da alavanca". Esta regra pode ser aplicada para qualquer composição de aço e para qualquer campo bifásico[14]. É importante observar, entretanto, que esta regra somente pode ser aplicada em diagramas em que a composição do aço e a composição das fases que estão em equilíbrio estejam presentes no mesmo plano. Este não é o caso para um grande número de cortes planos de diagramas ternários e de mais alta ordem, de modo que, nestes casos, é importante avaliar cautelosamente o diagrama antes de aplicar a "regra da alavanca".

De uma forma geral, a regra da alavanca pode ser aplicada para determinar a fração de fases presentes em uma microestrutura ou a fração de constituintes (como a perlita). Não há qualquer restrição ao uso para constituintes e a regra se aplica exatamente da mesma forma. O único cuidado importante é lembrar que a regra se baseia em conservação de massa e, portanto, permite o cálculo de frações de massa. Na metalografia, pode-se medir fração volumétrica. As duas frações são iguais somente no caso de as fases e/ou constituintes em questão terem densidades muito próximas.

A Figura 7.21 apresenta as frações de fases e de constituintes, em equilíbrio, calculadas de acordo com a regra da alavanca, no sistema Fe-C.

A regra da alavanca se aplica para qualquer soluto em um diagrama de equilíbrio de fases, sujeita à limitação de que a fração calculada é fração em massa, e não em volume.

(14) Bons tutoriais sobre este assunto estão disponíveis em:
http://www.matter.org.uk/steelmatter/metallurgy/6_2_4.html
http://www.soton.ac.uk/~pasr1/tielines.htm#page1
http://www.doitpoms.ac.uk/tlplib/phase-diagrams/lever.php

Figura 7.21
(a) Fração em massa das fases presentes em equilíbrio em ligas Fe-C. (b) Fração em massa dos constituintes presentes em equilíbrio em ligas Fe-C[15]. Adaptado de [7].

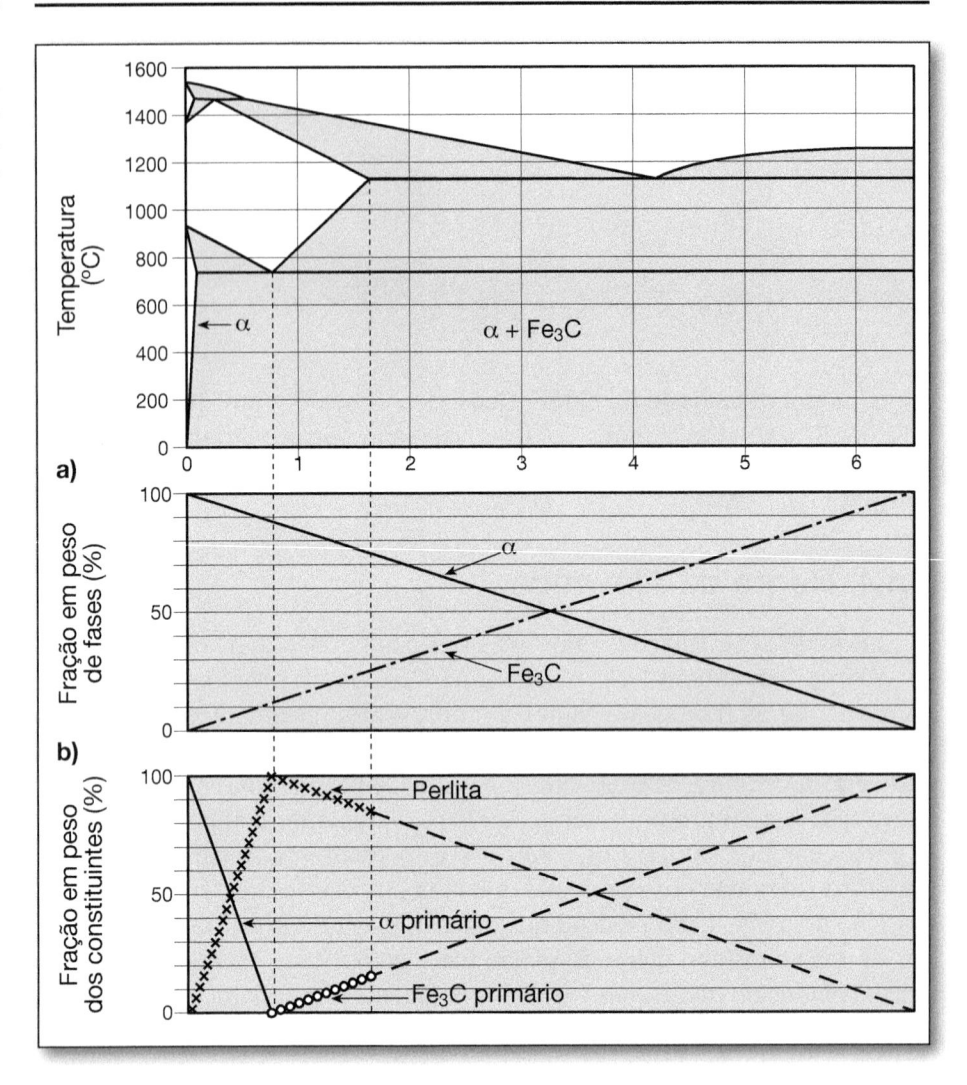

7. Estruturas Intermediárias – Hipoeutectóides e Hipereutectóides

Os aços carbono (ou de baixa liga) que têm teores de carbono abaixo de 0,77% são chamados hipoeutectóides[16] e os aços com teores de carbono acima deste valor são chamados hipereutectóides. Nas condições de resfriamento em que a redistribuição de soluto é praticamente completa, quando a austenita é resfriada entra em um campo bifásico, onde se forma uma fase antes do eutectóide (perlita) chamada, por isto, pró-eutectóide. Nos aços hipoeutectóides, a fase que se forma antes do eutectóide é a ferrita e no caso dos aços hipereutectóides, a fase pró-eutectóide é a cementita.

7.1. Aços Hipoeutectóides

Aços carbono ou baixa liga com menos de 0,77%C são aços hipoeutectóides. No resfriamento lento, próximo ao equilíbrio previsto pelo diagrama Fe-C metaestável, sua microestrutura é caracterizada pela variação da fração volumétrica de perlita entre 0% e 100%. Como discutido acima, a

(15) A fração de cementita precipitada na ferrita após o resfriamento abaixo da temperatura eutectóide não foi considerada, por ser muito pequena.

(16) hipo: em grego "menos que" hiper; em grego "mais que".

fração volumétrica de ferrita e perlita nestes aços pode ser estimada em função do teor de carbono. Alternativamente, o teor de carbono pode ser estimado pela observação da fração volumétrica de ferrita e perlita. Esta avaliação só é válida, entretanto, se o aço tiver sua estrutura obtida próxima do equilíbrio. (Exemplos de estruturas hipoeutectóides fora de equilíbrio podem ser avaliados no Capítulo 14, Figura 14.17).

A Figura 7.22 apresenta, esquematicamente, a formação da estrutura de aços hipoeutectóides transformados da austenita em condições próximas ao equilíbrio.

As Figuras 7.23 a 7.30 apresentam o aspecto típico de aços hipoeutectóides resfriados lentamente ou, no máximo, normalizados (Capítulo 10).

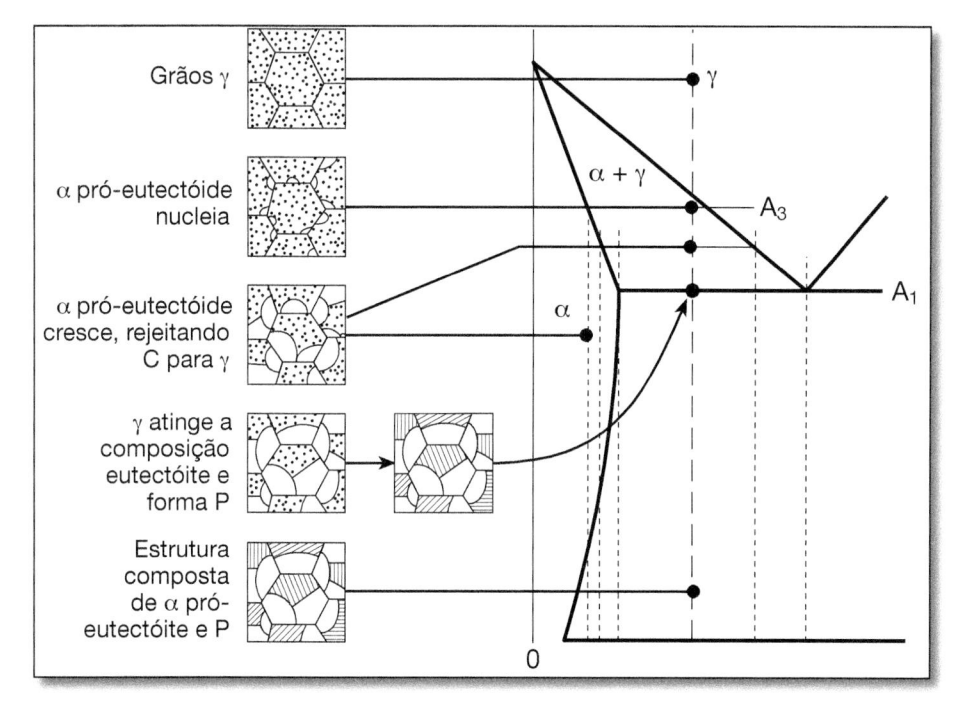

Figura 7.22
Representação esquemática da transformação da austenita em ferrita pró-eutectóide e perlita (P) em aço de composição hipoeutectóide em condições próximas ao equilíbrio. Adaptado de [7].

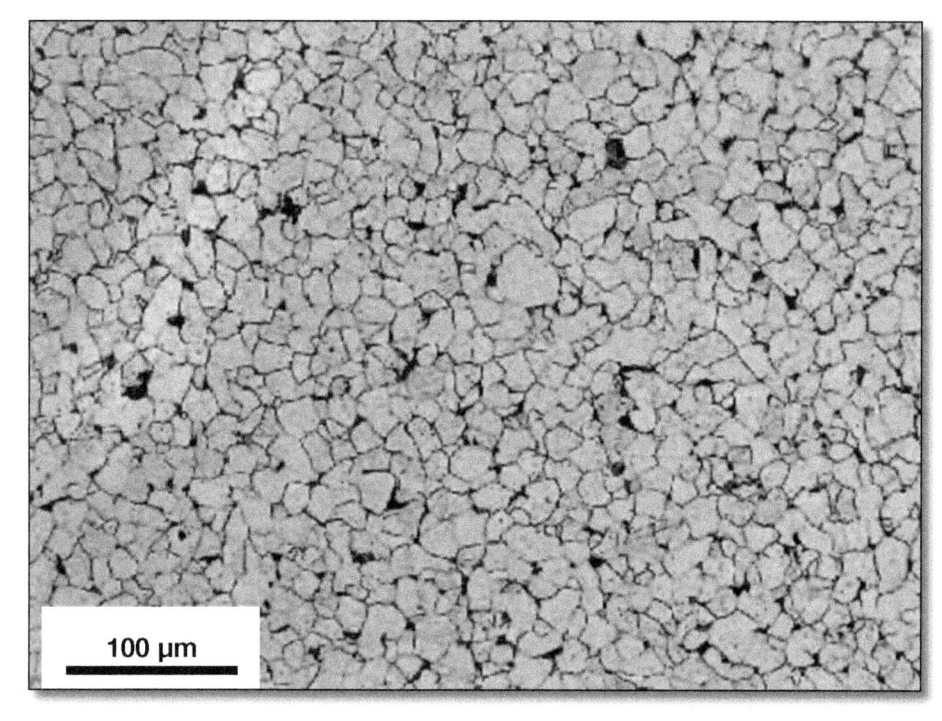

Figura 7.23
Seção transversal de fio-máquina de aço AISI 1005 normalizado. Ferrita e perlita (fração volumétrica ≈ 5%). Tamanho de grão ferrítico ASTM 9. Ataque: Nital 2%. Cortesia ArcelorMittal Aços Longos, Juiz de Fora, MG, Brasil.

Figura 7.24
Aço com cerca de 0,1% de carbono, resfriado lentamente. Perlita (grãos escuros)
e ferrita, com numerosas inclusões não-
metálicas pequenas. Ataque: Picral.

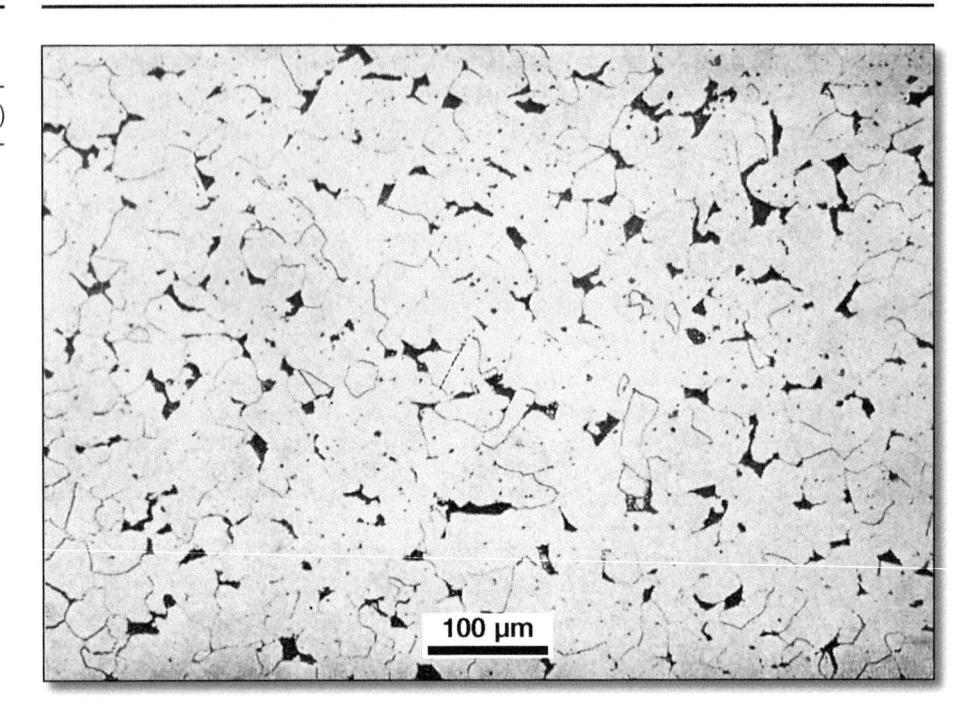

Figura 7.25
Seção transversal de fio-máquina de aço
AISI 1010 normalizado. Ferrita e perlita
(fração volumétrica ≈ 10%). Tamanho de
grão ferrítico ASTM 8-9. Ataque: Nital
2%. Cortesia ArcelorMittal Aços Longos,
Juiz de Fora, MG, Brasil.

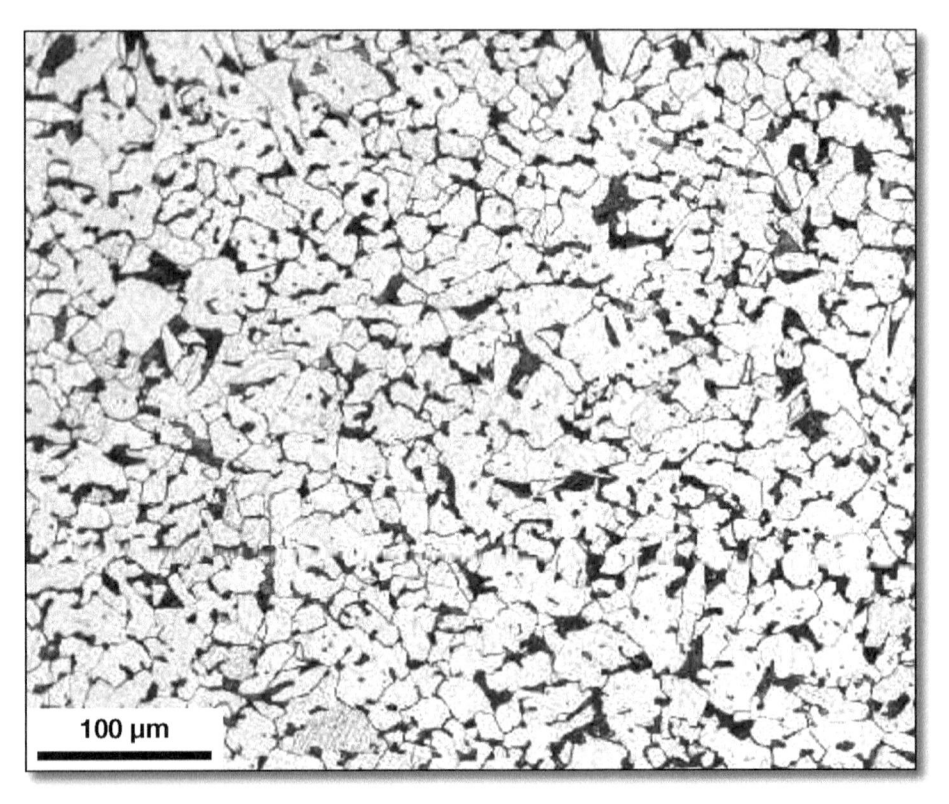

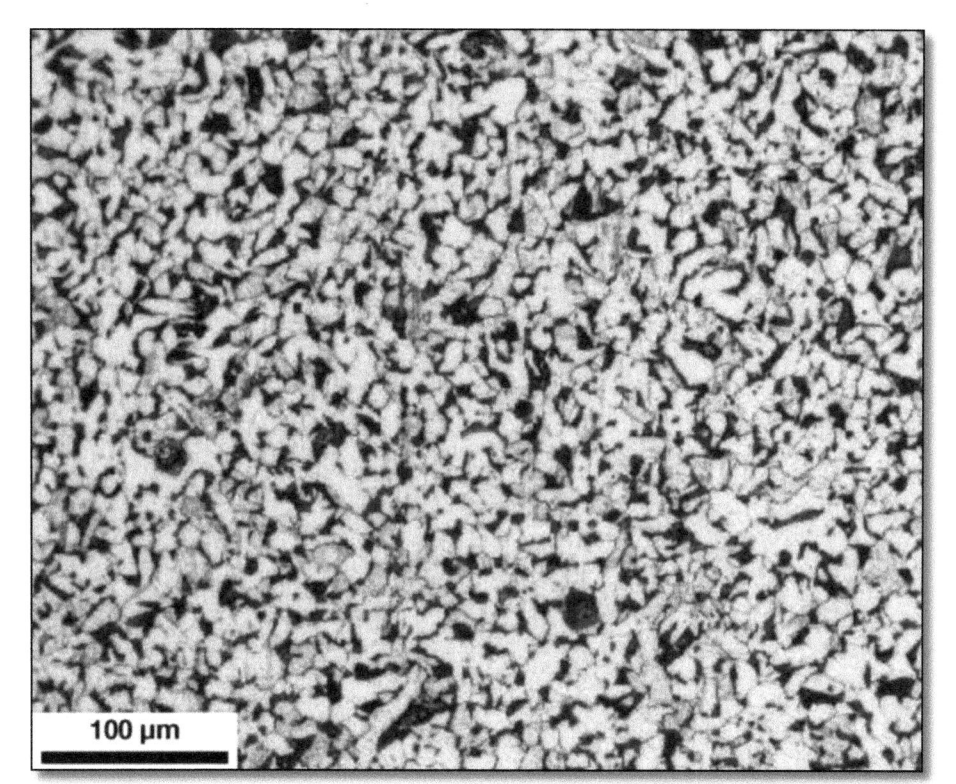

Figura 7.26
Seção transversal de fio-máquina de aço AISI 1015 normalizado. Ferrita e perlita (fração volumétrica ≈ 15%). Tamanho de grão ferrítico ASTM 9. Ataque: Nital 2%. Cortesia ArcelorMittal Aços Longos, Juiz de Fora, MG, Brasil.

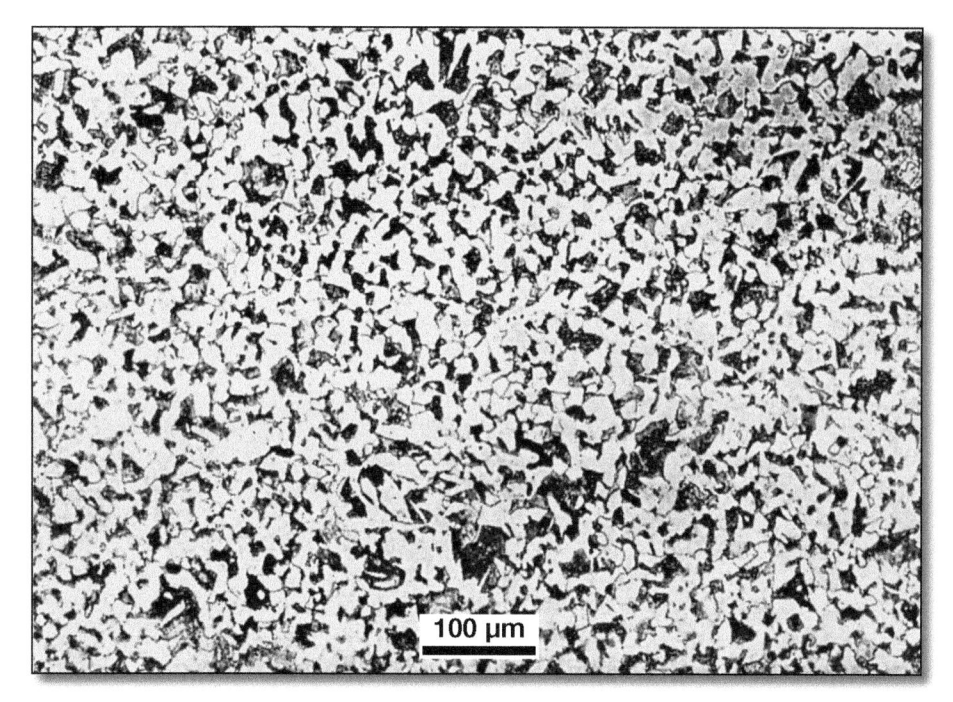

Figura 7.27
Aço com cerca de 0,3% de carbono, resfriado lentamente. Ferrita e perlita. Ataque: Nital.

Figura 7.28
Seção transversal de fio-máquina de aço AISI 1045 recozido. Ferrita e perlita. Ataque: Nital 2%. Cortesia ArcelorMittal Aços Longos, Juiz de Fora, MG, Brasil.

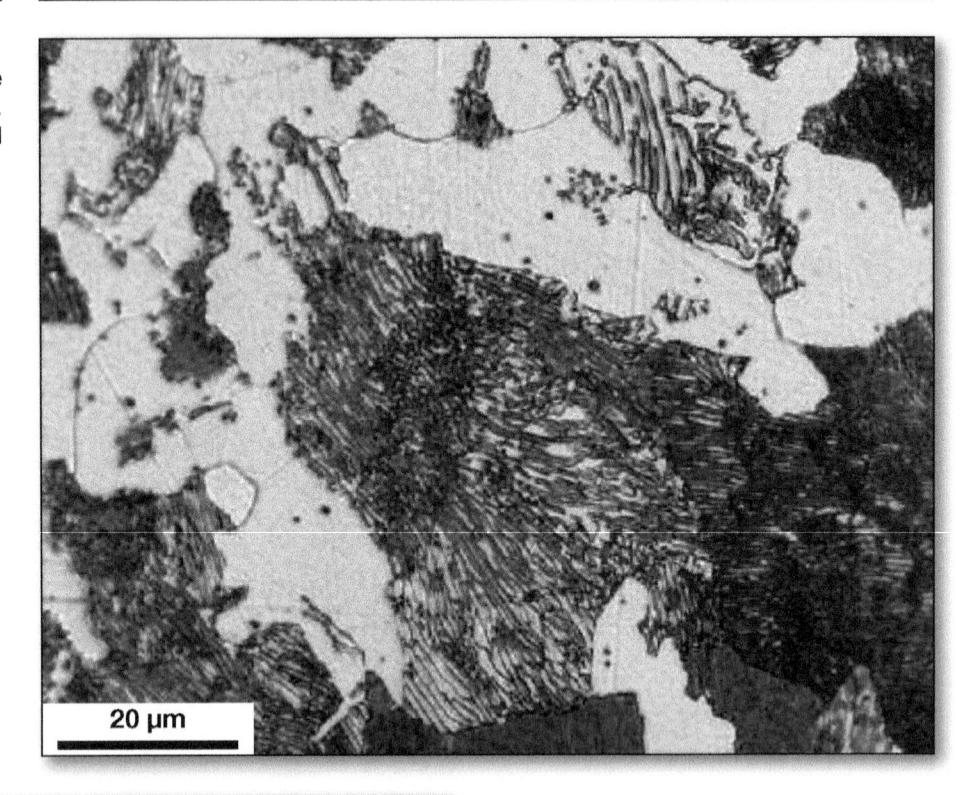

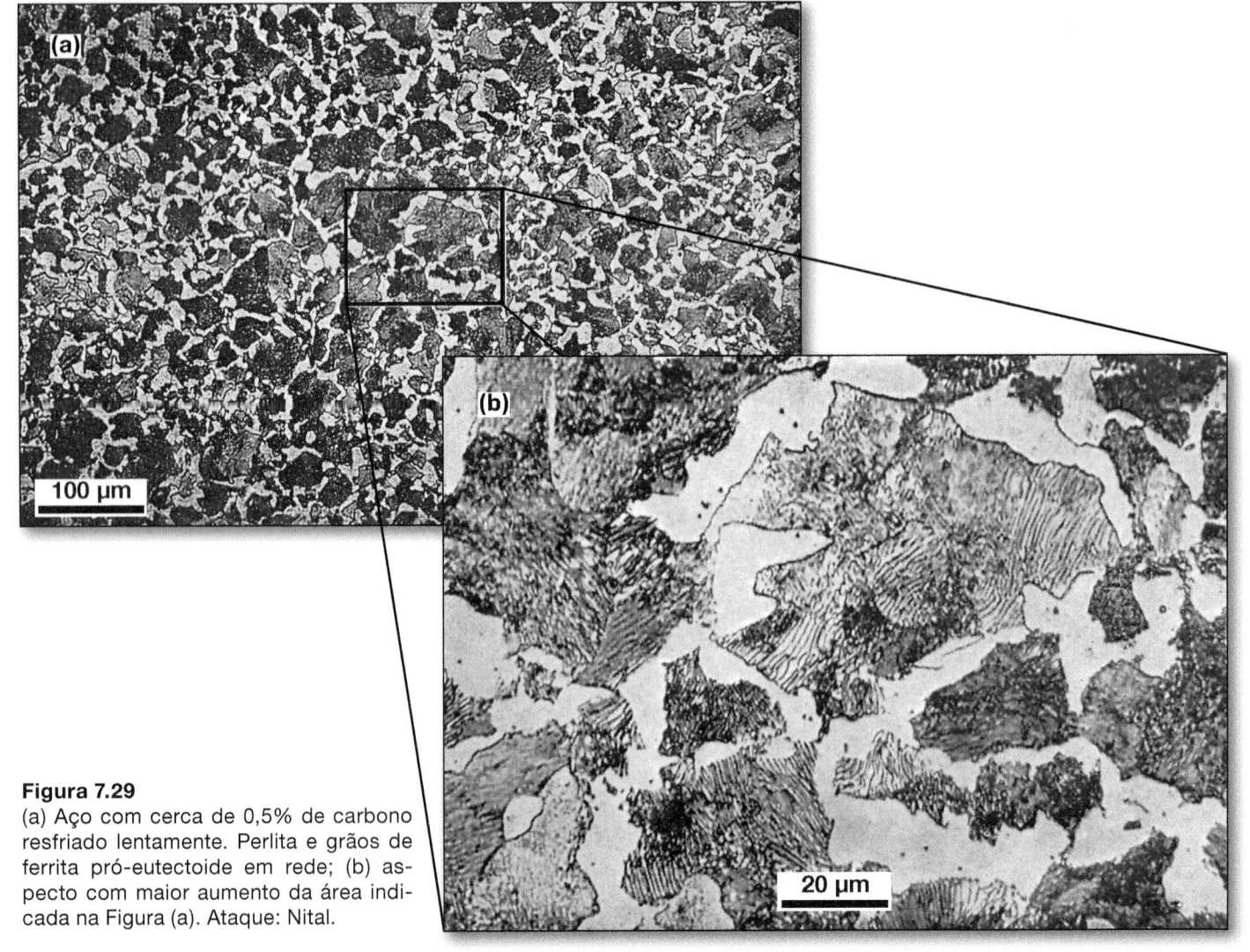

Figura 7.29
(a) Aço com cerca de 0,5% de carbono resfriado lentamente. Perlita e grãos de ferrita pró-eutectoide em rede; (b) aspecto com maior aumento da área indicada na Figura (a). Ataque: Nital.

Figura 7.30
Aço com 0,7% de carbono, resfriado lentamente. Perlita e poucas áreas de ferrita. Ataque: Nital.

7.2. Aços Hipereutectóides

Nos aços hipereutectóides resfriados lentamente, pode ocorrer a formação de rede de cementita pró-eutectóide. A temperatura de austenitização destes aços é, freqüentemente, ajustada para que não haja austenitização completa e, posteriormente, formação da cementita em rede, nos contornos de grão austeníticos. A Figura 7.31 apresenta a representação esquemática da formação destas estruturas em aços hipereutectóides.

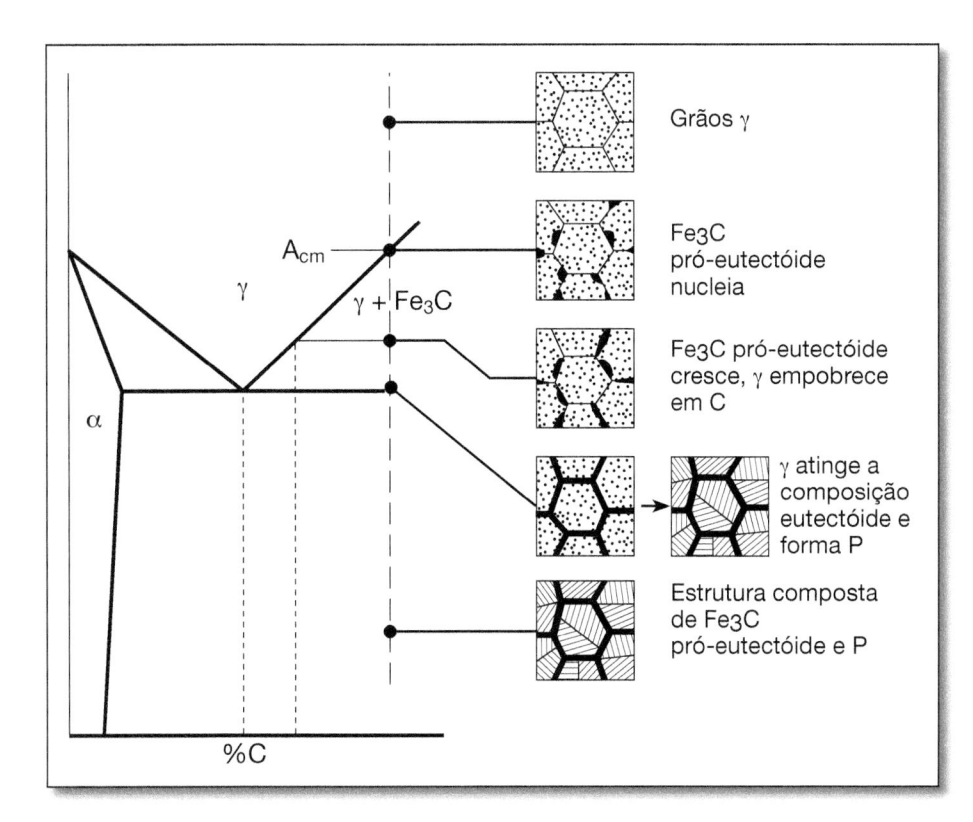

Figura 7.31
Representação esquemática da transformação da austenita em cementita pró-eutectóide e perlita (P) em aço de composição hipereutectóide em condições próximas ao equilíbrio. Adaptado de [7].

As Figuras 7.32 a 7.35 mostram exemplos de microestrutura de aços hipereutectóides. Com o ataque por nital pode ser difícil distinguir a cementita pró-eutectóide, destes aços, da ferrita pró-eutectóide, dos aços hipoeutectóides. Há ataques químicos específicos que permitem destacar a cementita, no aço, como mostram as Figuras 7.34 e 7.35.

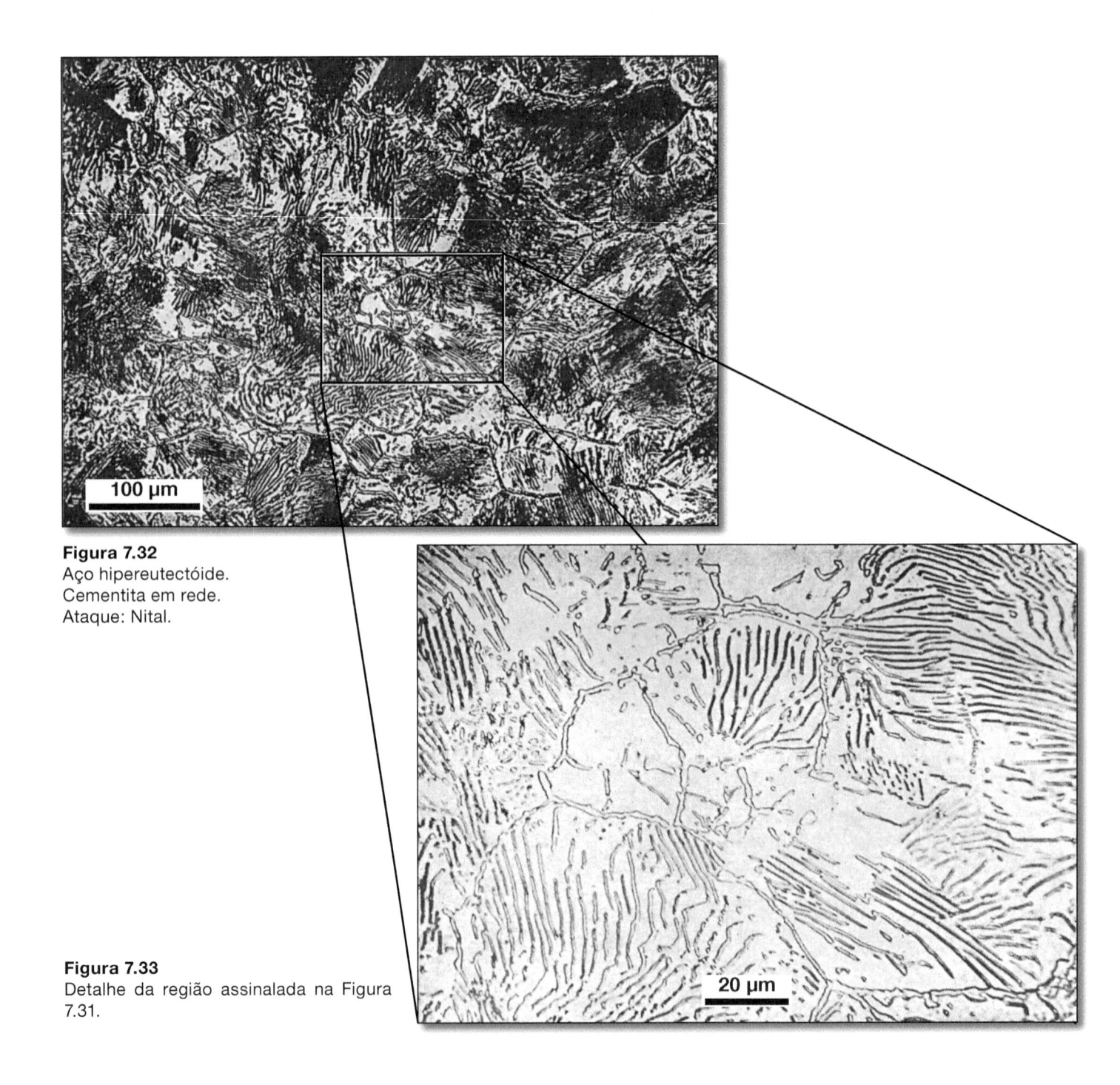

Figura 7.32
Aço hipereutectóide.
Cementita em rede.
Ataque: Nital.

Figura 7.33
Detalhe da região assinalada na Figura 7.31.

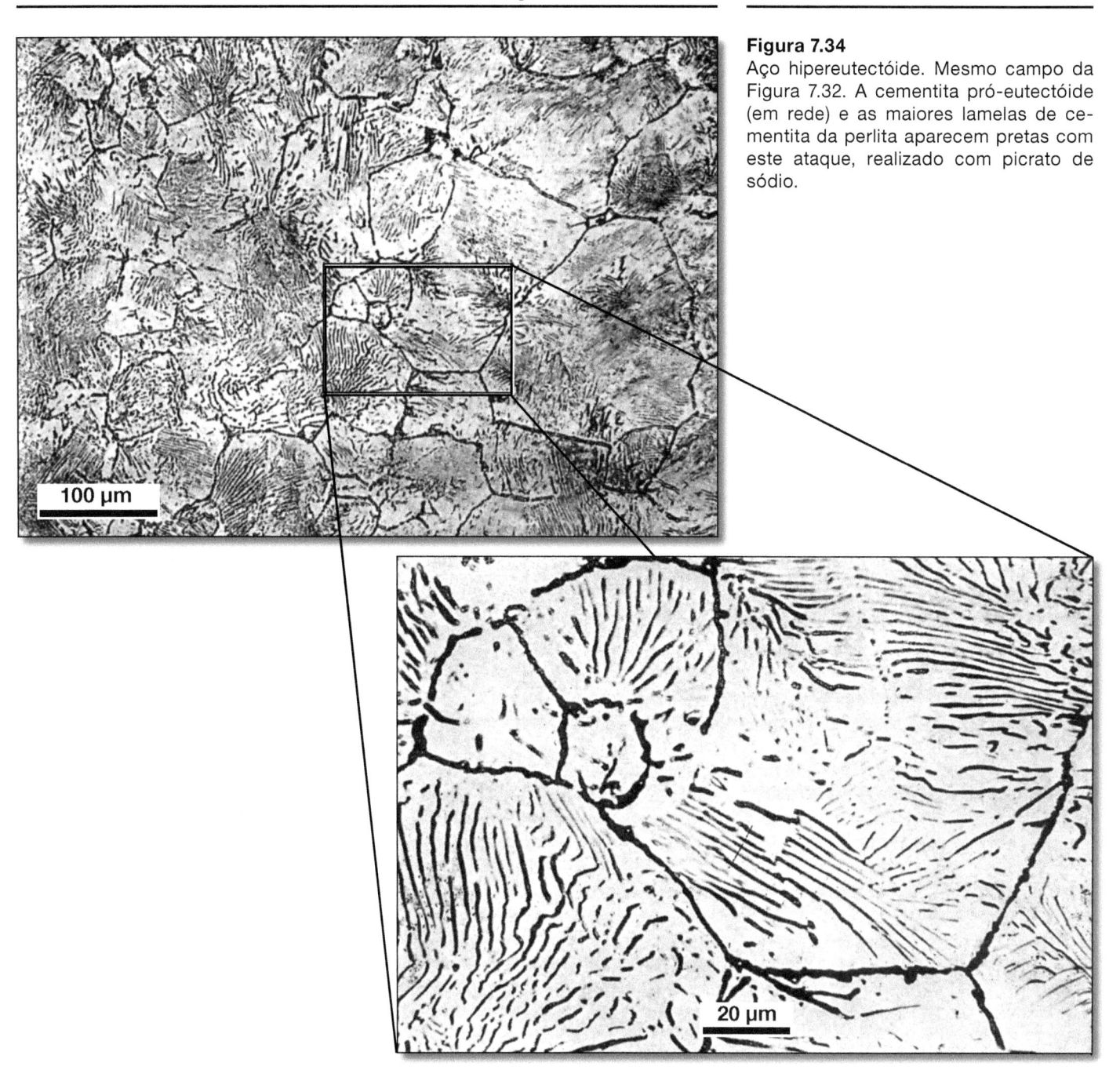

Figura 7.34
Aço hipereutectóide. Mesmo campo da Figura 7.32. A cementita pró-eutectóide (em rede) e as maiores lamelas de cementita da perlita aparecem pretas com este ataque, realizado com picrato de sódio.

Figura 7.35
Detalhe da região assinalada na Figura 7.34. Ataque: Picrato de sódio.

Referências Bibliográficas

1. PORTER, D. A.; EASTERLING, K. E. *Phase transformations in metals and alloys*. 2.ª edição. London: Chapman & Hall, 1992.
2. RIOS, P. R.; PADILHA, A. F. *Transformações de fase*. São Paulo: Artliber, 2007.
3. CHADWICK, G. A. *Metallography of phase transformations*. New York: Crane, Russak & Company, 1972.
4. COSTA E SILVA, A. L. V.; MEI, P. R. *Aços e Ligas Especiais*. 2.ª edição. São Paulo: Blucher, 2006.
5. COSTA E SILVA, A.; AGREN, J.; CLAVAGUERA-MORA, M. T.; DUROJVIC, D.; GOMEZ-ACEBO, T.; LEE, B. -J.; LIU, Z. -K.; MIODOWNIK, P.; SEIFERT, H. J. *Applications of computational thermodynamics the extension from phase equilibrium to phase transformations and other properties*. Calphad, v. 31, p. 53-74, 2007.
6. SUNDMAN, B.; JANSSON, B.; ANDERSSON, J. O. *The thermo-calc databank system*. Calphad, 1985, v. 9, p. 153-190.
7. ASHBY, M. F.; JONES, D. R. H. *Engineering materials*, 2.ª edição. Oxford: Pergamon Press, 1986.
8. SCHMIDT, E.; SOLTESZ, D.; ROBERTS, S.; BEDNAR A.; SRIDHAR, S. *The austenite/ferrite front migration rate during heating of IF steel*. ISIJ International, 2006, v. 46 (10), p. 1500-1509.
9. ISHIGAKI, T. *Determination of the density of cementite*. SCI. Repts. Tôhoku Imp. Univ., 1927, v. 16, p. 295-302.

CAPÍTULO 8

SOLIDIFICAÇÃO, SEGREGAÇÃO E INCLUSÕES NÃO-METÁLICAS

1. Introdução

Os processos de produção e refino de aços são capazes de produzir grandes massas de aço líquido com elevadíssima homogeneidade térmica e química. Entretanto, é necessário transformar estas massas de aço líquido em produtos sólidos com as formas e dimensões desejadas.

Duas famílias principais de processos dominam a transformação do aço líquido em formas e dimensões adequadas à obtenção de produtos siderúrgicos: os processos de fundição e os processos de lingotamento[1]. Grande parte das características estruturais de produtos siderúrgicos está associada às transformações que acontecem durante a solidificação. Estas características sofrem pouca alteração durante o processamento de fundidos. No caso dos produtos submetidos à conformação, especialmente trabalho a quente (laminação, forjamento etc.), algumas destas características são alteradas, mas, como será visto adiante, são preservadas, em boa parte, no produto final.

Os principais fenômenos de solidificação que dão origem às características dos produtos siderúrgicos são a contração de volume associada à mudança de estado físico e a redistribuição dos solutos do aço, chamada de segregação.

Como o arranjo atômico no aço líquido é menos compacto do que no estado sólido (CCC ou CFC), uma significativa variação de volume (contração) acontece durante a solidificação (no caso dos ferros fundidos esta contração é compensada, em parte, pela formação de grafita, que tem baixa densidade). Esta variação de volume pode induzir ao aparecimento de diversos defeitos como vazios (rechupes, poros etc.) e trincas e pode contribuir para a ocorrência de movimentos de líquido durante a solidificação. Estes movimentos podem influenciar na redistribuição de solutos, originando segregação em escala macroscópica.

Aços são ligas metálicas, isto é, misturas de ferro com vários solutos. Em geral, a solubilidade dos diversos elementos nas fases sólidas que se formam a partir do líquido não é a mesma que no estado líquido. Esta diferença de solubilidade nas fases líquida e sólida conduz à redistribuição dos solutos durante o processo de solidificação. Como o processo de solidificação não é tão lento que permita se restaurar completamente o equilíbrio ao fim da solidificação, parte desta redistribuição se mantém nos produtos sólidos, sob a forma de segregação. Por outro lado, no estado sólido, o único mecanismo viável para a homogeneização da composição química seria a difusão. A baixa mobilidade dos elementos substitucionais no ferro, no estado sólido, e a escala de dimensões em que a segregação de solidificação normalmente acontece, praticamente inviabilizam a eliminação completa da segregação nos produtos siderúrgicos.

Além disto, outros problemas podem ocorrer durante a solidificação, dando origem a defeitos e características estruturais importantes.

---

(1) Processos de atomização ou solidificação de gotas de aço, embora empregados para produtos de grande importância como ferramentas e peças especiais através de "metalurgia do pó", representam uma fração bastante pequena do aço produzido mundialmente.

2. Lingotamento e Lingotes

A maior parte da produção mundial de aços é processada por meio de lingotamento contínuo, em que o aço começa a solidificação em um molde de cobre refrigerado à água e, após a formação de uma "casca" sólida de espessura suficiente, é resfriado diretamente por aspersão de água. Para aços especiais, produzidos em menores quantidades, para grandes forjados e para alguns aços que exigem condições de solidificação especiais, o lingotamento "estático" ou convencional é empregado. Neste caso, o aço é vazado em fôrmas ou moldes chamados lingoteiras, em que solidifica, originando fundidos chamados lingotes. Adicionalmente, peças podem ser produzidas em sua forma final através de processos de fundição, em que aço é vazado em moldes em diferentes processos, obtendo-se peças com peso desde gramas (peças para armas, máquinas de costura etc.) até toneladas (rotores de turbinas hidráulicas etc.). Ferro fundido é obtido apenas, como o nome indica, por fundição (Capítulo 17).

O produto de lingotamento (lingote ou semi-acabado lingotado continuamente) ideal seria homogêneo física e quimicamente, com estrutura fina, equiaxial e isenta de segregação, porosidade, cavidades e inclusões não-metálicas. Entretanto, as próprias leis que regem a solidificação impedem a obtenção deste tipo de material homogêneo. A contração de solidificação é, também, uma fonte importante de problemas na solidificação. Além destes problemas de qualidade interna, podem ocorrer também problemas superficiais, como dobras, trincas etc.

3. Contração de Solidificação

Durante a solidificação do aço, ocorre contração de aproximadamente 4% em volume, devido à diferença de densidade entre o aço sólido e o líquido. Nos aços efervescentes[2] produzidos em lingotes, esta contração era compensada pela evolução do gás CO durante a solidificação (Figura 8.1).

Nos aços acalmados, não ocorre evolução de gás durante a solidificação. Para garantir a ausência de vazios internos à peça fundida ou ao lingote (rechupe, porosidade etc.) é necessário concentrar-se esta contração em uma determinada parte do lingote ou do fundido. Isto é feito pelo controle do avanço da solidificação nas direções horizontal e vertical, garantindo a ocorrência de "solidificação direcional". Em peças fundidas, o controle da solidificação direcional se faz através do projeto adequado de canais (por onde o aço liquído entra no molde) alimentadores e, por vezes, resfriadores. Os alimentadores são adicionados ao projeto das peças de modo que a solidificação avance em sua direção, e que sejam a última porção da massa líquida a solidificar, garantindo fornecimento de metal líquido para encher a peça, à medida que a contração ocorre. Um indicador do tempo de solidificação é a relação volume/área e, simples, a "regra de Chvorinov" (Figura 8.3) dá bons r projeto de fundidos.

escentes eram empregados planos de bom acabamento. Não são mais produzidos, m o emprego de lingotamento nal, o que os tornou economica-viáveis.

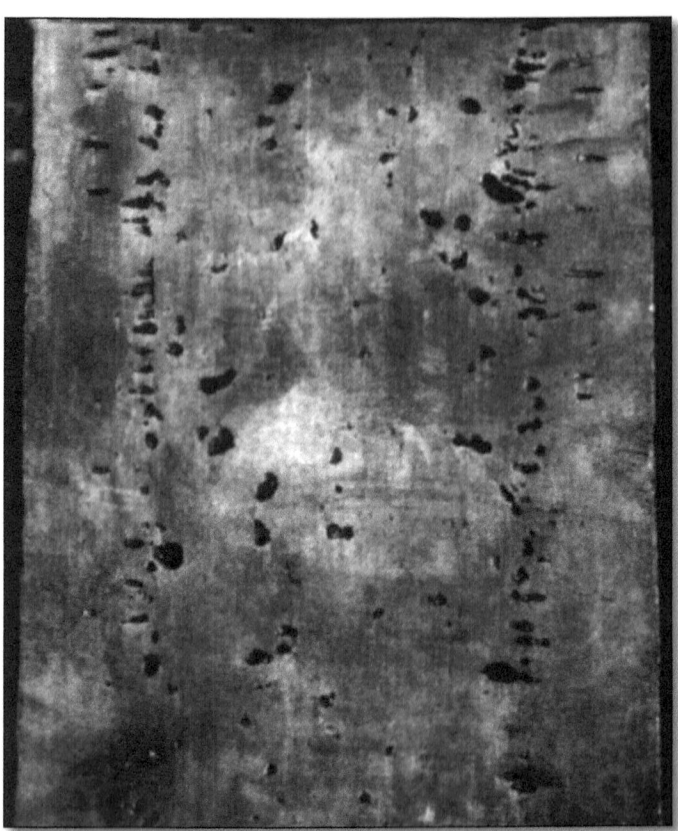

Figura 8.1
Macrografia da seção longitudinal de um lingote de aço efervescente. As bolhas de CO formadas durante a solidificação compensam a contração de solidificação. Sem ataque. [1], pg. 380. Copyright Wiley-VCH Verlag GmbH & Co. KGaA. Reproduzido com autorização.

Figura 8.2
Macrografia da seção transversal de um lingote com bolhas junto à superfície. Aspecto típico de lingote de aço efervescente. As bolhas nucleiam após o início da solidificação e crescem na direção de solidificação. Sem ataque.

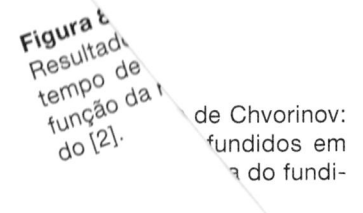

Figura 8...
Resultad...
tempo de...
função da ... de Chvorinov:
do [2]. ... fundidos em
... do fundi-

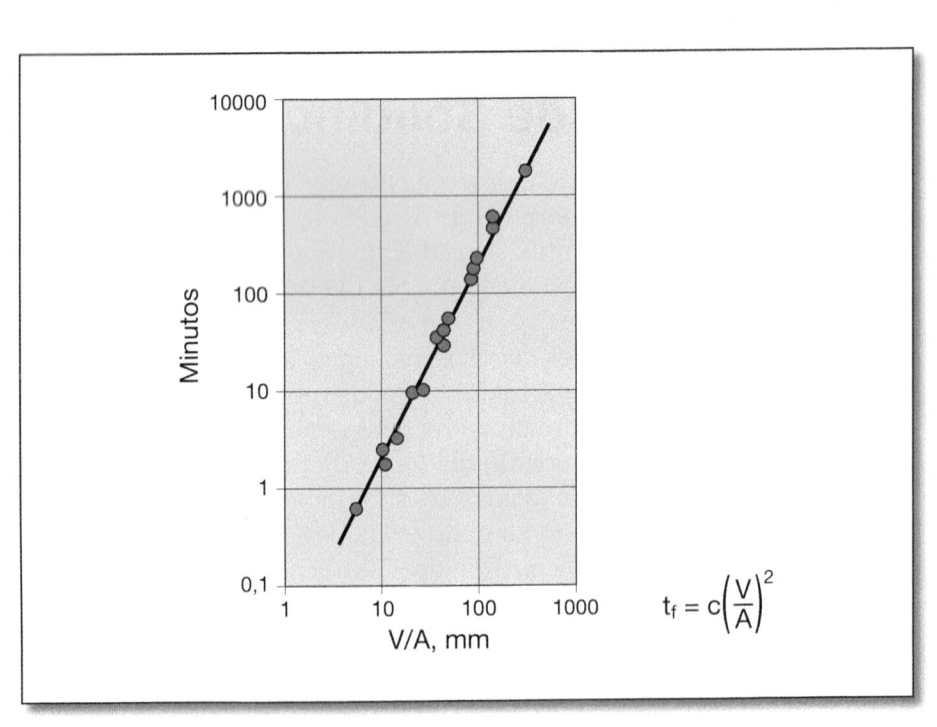

$$t_f = c\left(\frac{V}{A}\right)^2$$

A regra de Chvorinov é baseada na condição de que ocorra o mesmo fluxo de extração de calor em todas as superfícies. A Figura 8.4 mostra, esquematicamente, o progresso da solidificação em um molde metálico, em que a extração de calor se passa, preferencialmente, pelas laterais e pela base do molde.

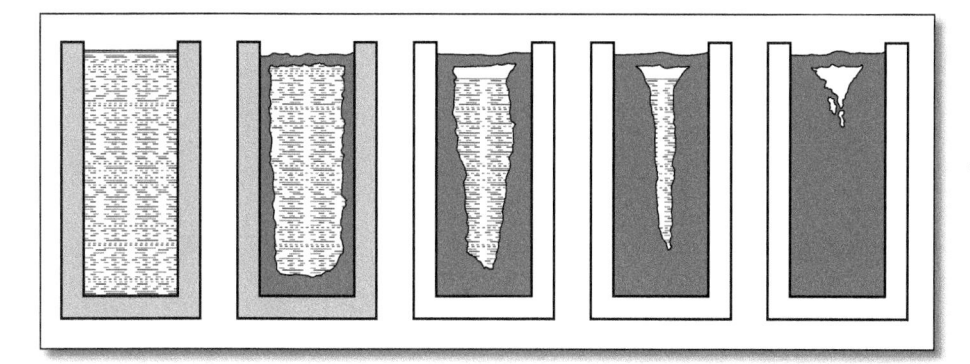

Figura 8.4
Progresso da solidificação em um molde metálico em que a extração de calor se passa, principalmente, pelas laterais e pela base e, de forma secundária, pelo topo.

As Figuras 8.5 e 8.6 apresentam rechupes em lingotes solificados em condições semelhantes à apresentada na Figura 8.4. Como a superfície líquida, no topo dos lingotes destas figuras resfriou rapidamente por radiação, forma-se essa "ponte" que oculta o rechupe. O uso de

Figura 8.5
Rechupe ou vazio de solidificação na cabeça de um lingote. Seção longitudinal.

Figura 8.6
Rechupe em um lingote pequeno. Com ataque. Trinca a quente, entre dois grãos, com iniciação na base do rechupe. Seção longitudinal. [1], pg. 377. Copyright Wiley-VCH Verlag GmbH & Co. KGaA. Reproduzido com autorização.

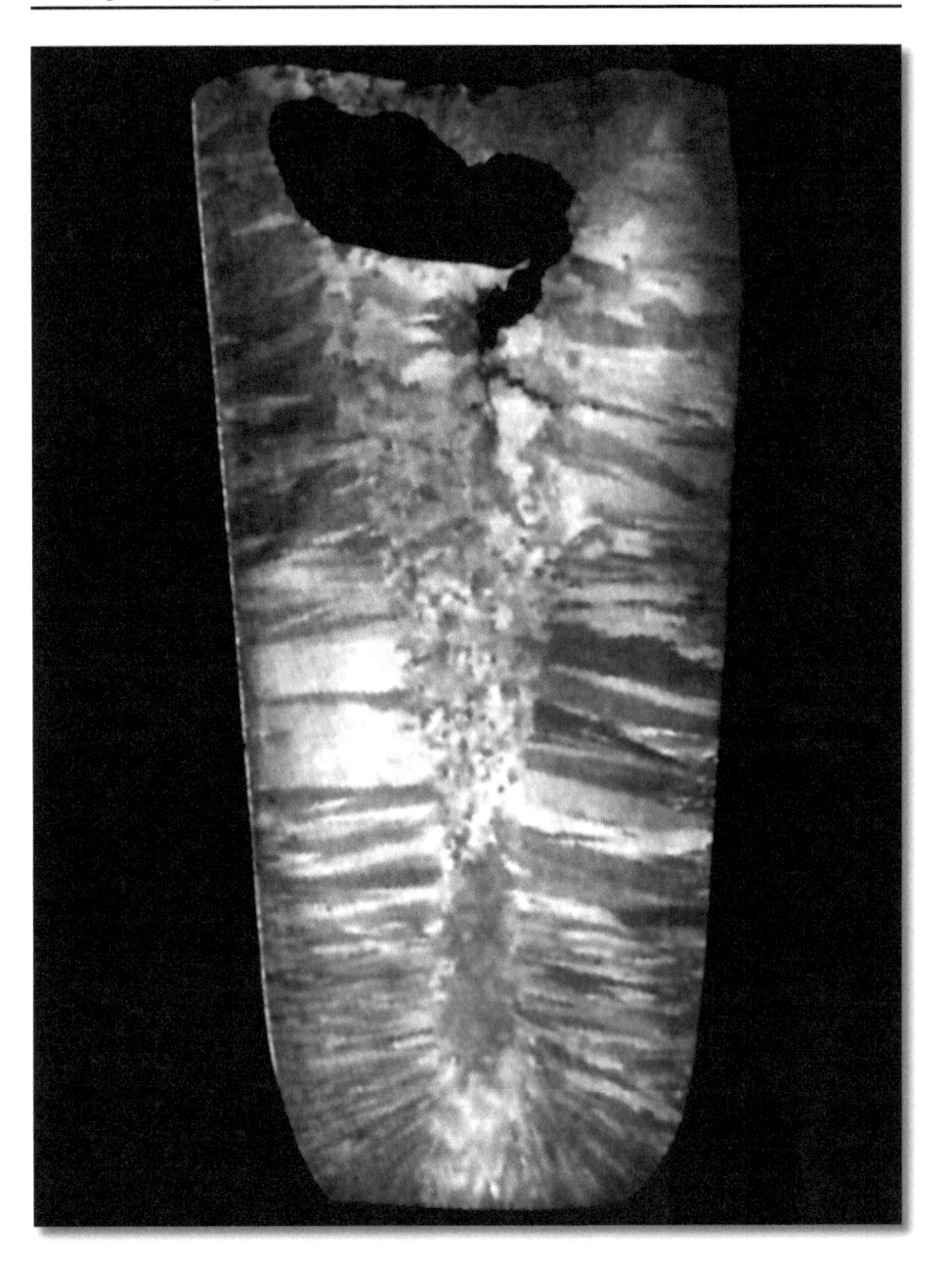

isolantes térmicos nos alimentadores permite estender o tempo de solidificação, sem aumentar a quantidade (volume) de metal. Alimentadores com revestimento isolante são freqüentemente empregados em fundição, como mostra a Figura 8.7. Por vezes materiais exotérmicos são, também, empregados.

Regiões mais espessas e mudanças de seção transversal são partes que merecem especial atenção no projeto de peças fundidas para evitar a ocorrência de vazios associados à contração de solidificação, como mostram as Figuras 8.8 e 8.9.

No lingotamento convencional, o controle do avanço da solidificação se faz basicamente, pelo controle dos aspectos térmicos do fenômeno. Projeto adequado da lingoteira (conicidade, relação altura/diâmetro etc.) e uso de "cabeça-quente" isolante ou, eventualmente, exotérmica, são as principais medidas disponíveis para este controle.

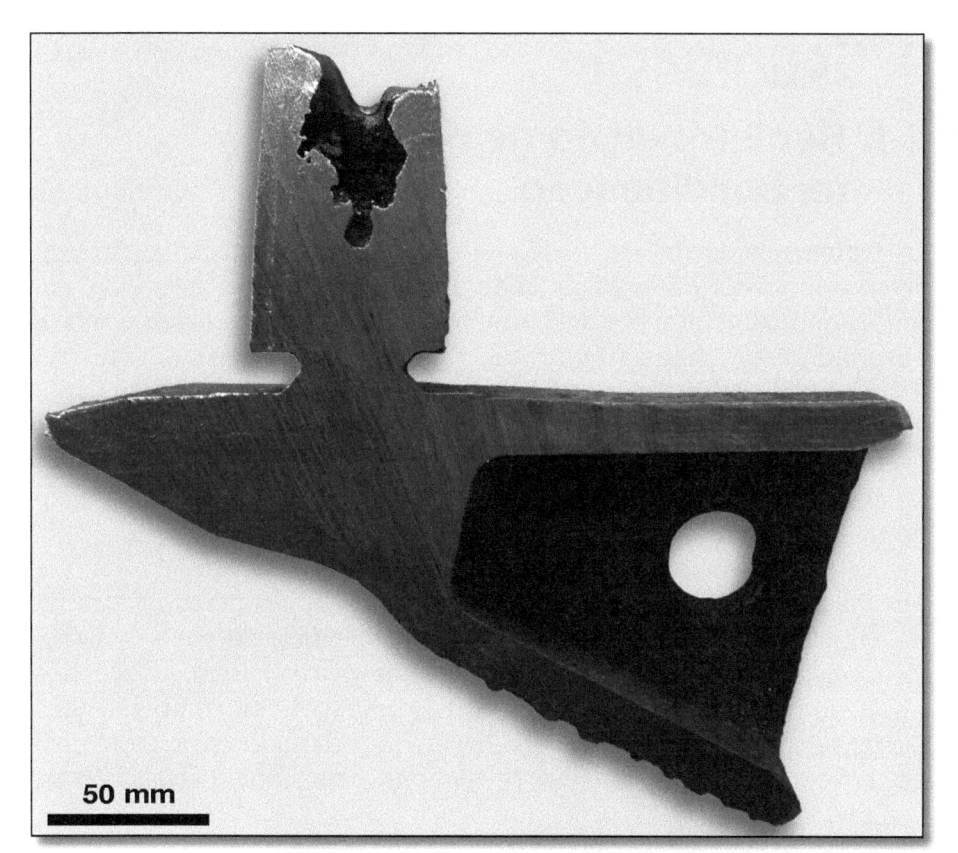

Figura 8.7
Corte transversal de um fundido e seu alimentador, mostrando a região da contração de solidificação. Cortesia de G. Ronelli.

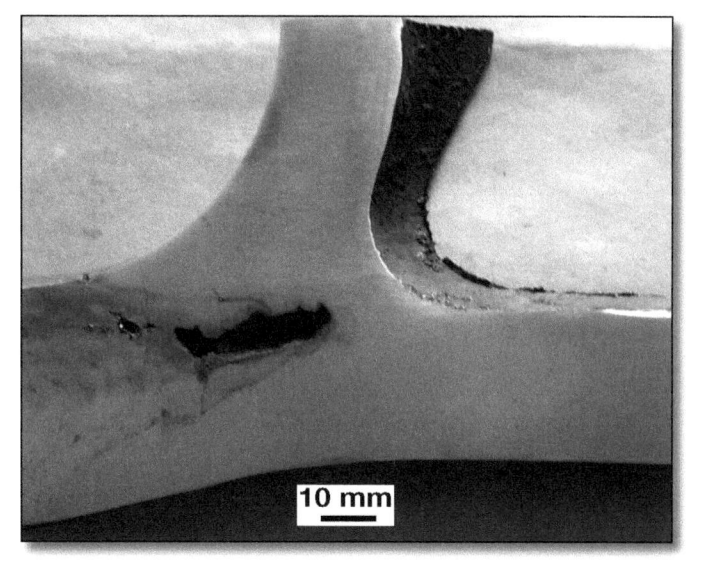

Figura 8.8
Macrografia da seção longitudinal de uma peça de aço fundido. Observa-se vazio de solidificação em região de mudança de seção transversal. Ataque HCl (as manchas próximas aos vazios são causadas por falha na secagem após o ataque. Para observação apenas da porosidade, a macrografia sem ataque é mais recomendada). Cortesia MRS Logística S.A., Rio de Janeiro, Brasil.

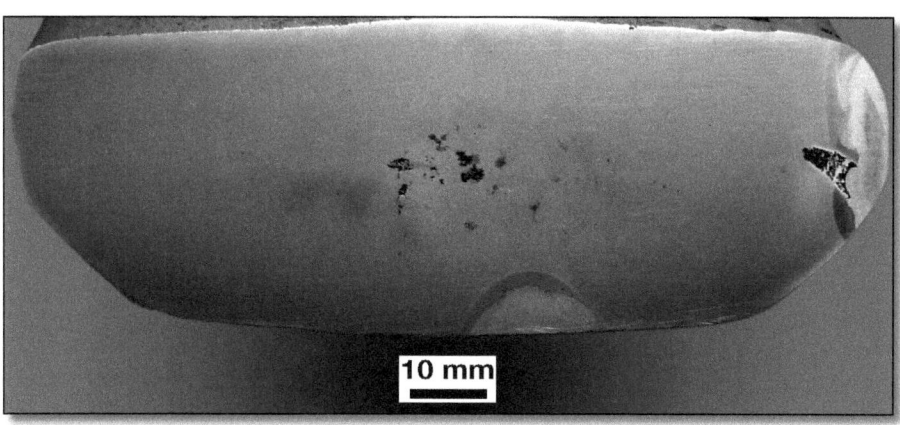

Figura 8.9
Macrografia da seção transversal de uma peça de aço fundido. Porosidade na região mais espessa da peça. Observam-se ainda reparos por solda abaixo e à direita da figura. (Ver Capítulo 14). A preparação para o reparo à direita não eliminou completamente o defeito de fundição. Cortesia MRS Logística S.A., Rio de Janeiro, Brasil.

4. Segregação

4.1. Redistribuição de Soluto na Solidificação

Os fenômenos de redistribuição de soluto na solidificação estão presentes em nosso dia-a-dia. Quando um refrigerante do tipo "Cola" solidifica parcialmente, por acidente, no congelador da geladeira, é fácil observar que o sólido formado tem cor mais clara do que o líquido. Isto é uma evidência de que os solutos contidos no refrigerante têm maior solubilidade na água no estado líquido do que na água no estado sólido (gelo). Da mesma forma, a solubilidade do gás carbônico é muito maior na água líquida do que no sólido, de forma que ele se concentra no líquido e a abertura da garrafa pode ser catastrófica.

O gelo produzido a partir de água com ar dissolvido contém pequenos poros "tubulares" (de forma semelhante aos poros mostrados na Figura 8.2, porém mais afastados da superfície do cubo de gelo). Esta região solidifica como um eutético ar-gás (ver Item 4.3.2). Gelo produzido em máquina não tem estes poros pois ao empregar água corrente sobre uma superfície refrigerada, o líquido enriquecido em gás é removido continuamente do sistema (para uma discussão mais completa ver [3]).

Quando aços solidificam, normalmente as composições do sólido e do líquido em equilíbrio termodinâmico variam continuamente com a temperatura e os solutos têm, em geral, maior solubilidade na fase líquida. Ocorre, assim, redistribuição de soluto. A Figura 8.10 apresenta uma porção esquemática de um diagrama de equilíbrio de fases A-B. Uma liga de composição inicial C_0 inicia a solidificação com a formação de um sólido de composição kC_0 (onde k é o coeficiente de partição do soluto em questão).

Para que a solidificação se passe em equilíbrio, em acordo com o diagrama da Figura 8.10 é necessário que o sólido e o líquido sejam

Figura 8.10
Parte de um diagrama de equilíbrio de fases A-B, mostrando o coeficiente de partição k do soluto B entre as fases sólido e líquido.

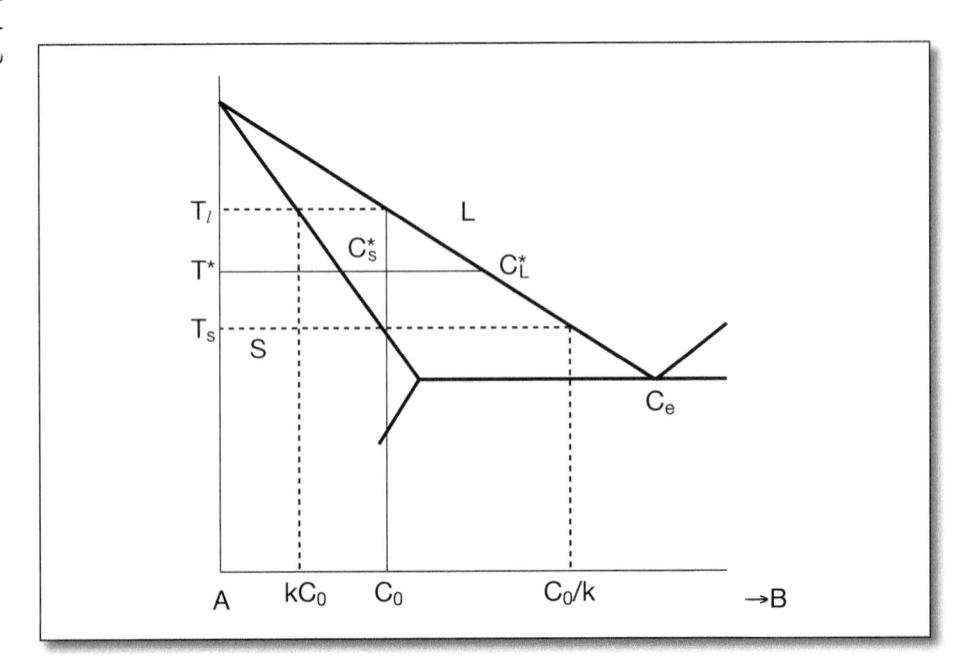

perfeitamente homogêneos ao longo do processo e tenham as composições ditadas pelo diagrama, como mostra o esquema da Figura 8.11.

Se a solidificação fosse suficientemente lenta para que, ao longo do processo, ocorresse difusão capaz de homogeneizar o sólido, e o líquido também se mantivesse homogêneo, o último líquido a solidificar teria composição C_0/k, e o sólido final teria composição homogênea C_0, como mostrado nas duas figuras.

Entretanto, nos processos normais de solidificação de produtos de aço, a transformação se passa em minutos, ou, no máximo, horas. Nestas condições, sólido e líquido não se mantêm homogêneos, uma vez que esta homogeneização depende de fenômenos como difusão, que pode requerer um tempo muito mais longo. Normalmente, existe equilíbrio apenas onde as duas fases estão em contato, isto é, na interface sólido-líquido.

A Figura 8.12 mostra, qualitativamente, o desvio da composição do sólido da composição de equilíbrio, causado pela falta de homogeneização do sólido. O sólido assim obtido tem composição heterogênea e é chamado sólido "zonado" (*cored*). Evidentemente, uma análise química macroscópica do sólido indica uma concentração média igual a C_0, embora existam regiões, em escala microscópica, com composição química diferente.

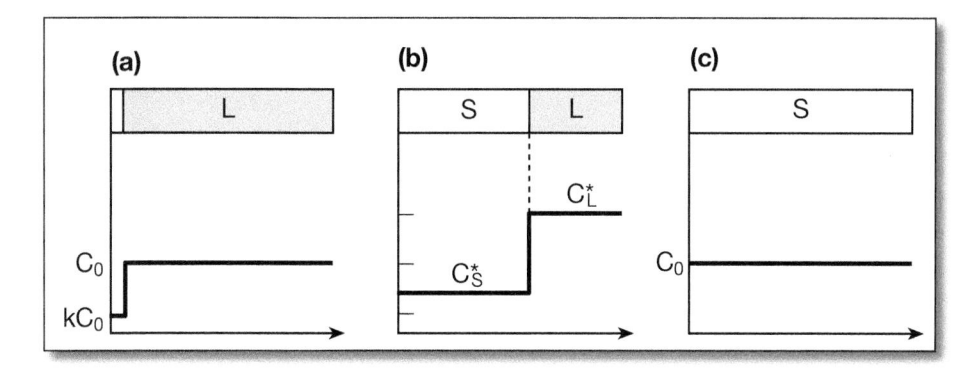

Figura 8.11
Perfil de composição de uma barra que solidifica da esquerda para a direita, em equilíbrio, conforme o diagrama da Figura 8.10. Em (a), a situação imediatamente abaixo de T_l. Em (b), na temperatura T^*. Em (c), ao final da solidificação. É importante observar que a composição do sólido já formado varia ao longo do tempo, o que exige difusão do soluto no estado sólido.

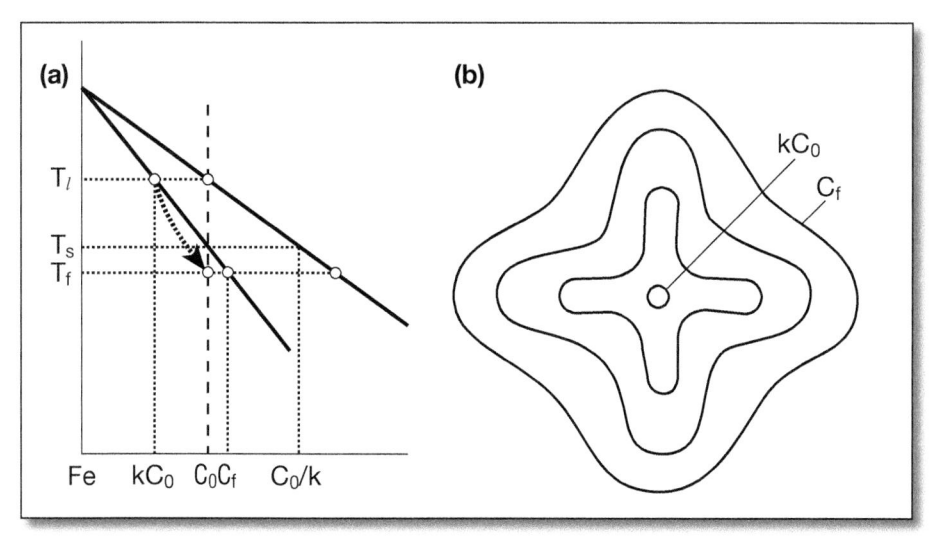

Figura 8.12
Evolução da solidificação quando somente na interface existe equilíbrio. A solidificação começa em T *liquidus*[3] (T_l) com a formação do sólido com composição kC_0. À medida que a solidificação progride, não há difusão de soluto para "dentro" do sólido já formado e a composição média do sólido (linha pontilhada) se desvia da composição do diagrama de equilíbrio de fases. Ao atingir-se a temperatura *solidus* (T_s), a solidificação não está completa, pois a composição média do sólido ainda não é C_0. Sólidos mais ricos em soluto do que a composição média são formados. A estrutura formada tem variações de composição desde a região onde a solidificação se inicia até onde se acaba.

---

(3) A linha *liquidus* é a linha de fração sólida igual a zero, isto é, a linha que define as composições e temperaturas onde começa a aparecer a fase sólida. A linha so*lidus* é a linha onde, em equilíbrio, desaparece a última fração de líquido.

Na natureza, ocorrem vários processos em que segregação é importante. Ágatas, por exemplo, são formadas a partir de líquido retido no interior de rochas com cavidades. À medida que o sólido se cristaliza sobre as paredes originais da rocha, alterações de composição do líquido ocorrem e se refletem nas mudanças das características[4] do sólido formado, gerando um aspecto "zonado" como mostra a Figura 8.13.

Se nenhuma homogeneização acontece no sólido, o chamado modelo de Scheil [4, 5] pode prever a redistribuição dos solutos, como mostrado esquematicamente na Figura 8.14.

As heterogeneidades de composição química decorrentes da solidificação – segregações – são detectáveis através de ataques químicos, análises localizadas, por exemplo, por meio de microssonda e através da observação da variação da microestrutura causada pela variação de composição química.

Figura 8.13
Seção polida em ágatas. O mecanismo de formação destas rochas envolve a formação inicial de uma rocha externa, com uma cavidade (possivelmente causada por gás). Posteriormente, a rocha externa tem sua cavidade preenchida com um líquido, do qual o sólido se forma, de fora para dentro. As alterações de composição do líquido causam o aparecimento de um sólido com variações de estrutura e/ou composição. Quando o volume de líquido é insuficiente, cavidades aparecem no interior da ágata. Cortesia de R. Pabian, University of Nebraska-Lincoln, EUA.

(4) Não apenas a composição química mas a forma de cristalização e a orientação dos cristais, aparentemente, variam à medida que o sólido se forma, em um processo bastante complexo.

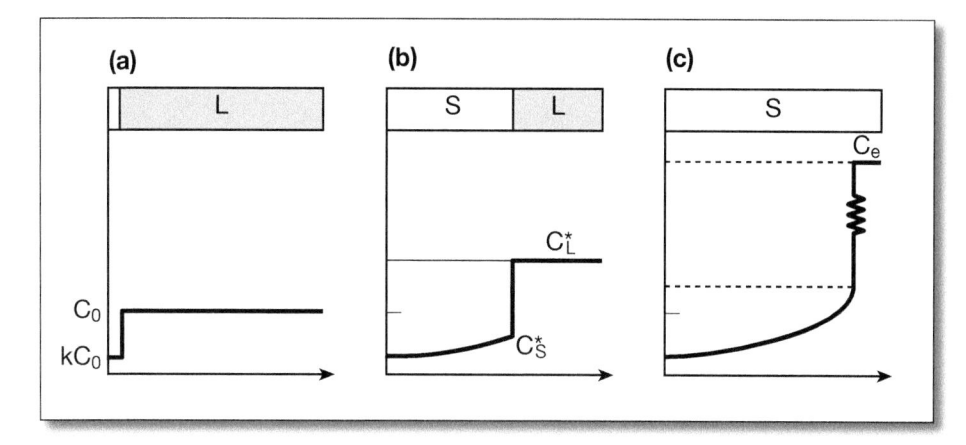

Figura 8.14
Perfil de composição de uma barra que solidifica da esquerda para a direita, sem que ocorra homogeneização no sólido e mantendo o equilíbrio na interface sólido-líquido, conforme o diagrama da Figura 8.10. Em (a), a situação imediatamente abaixo de T_l. Em (b), na temperatura T*. Em (c), ao final da solidificação. Nestas circunstâncias, não é possível calcular, pelo diagrama de equilíbrio de fases, a fração de cada fase (regra da alavanca).

4.2. Crescimento Dendrítico

Observando-se a estrutura de metais solidificados, pode-se notar que, freqüentemente, o crescimento do sólido ocorre com uma interface não-plana. Além disso, existem casos em que sólido é nucleado adiante da frente de solidificação e casos em que núcleos sólidos lançados adiante da interface sólido-líquido encontram condições térmicas que permitem sua sobrevivência e crescimento. Uma vez que existem planos cristalográficos em que o processo de ajuste dos átomos na transformação líquido-sólido é mais fácil, é natural que nem todas as orientações cristalográficas cresçam na mesma velocidade. O que define se a interface sólido-líquido será plana ou não é a condição de sobrevivência de uma destas instabilidades na interface, isto é: existem condições à frente da interface que permitem que um grão sólido, que cresce mais rapidamente que os demais, sobreviva e continue crescendo? No caso de metais puros, estes fenômenos só podem ocorrer na presença de um gradiente de temperatura negativo no líquido (superesfriamento), o que não é muito comum. No caso das ligas, fenômenos como o superesfriamento constitucional [5], causado pela redistribuição de soluto, tornam estável o crescimento de sólido com interface sólido-líquido não-plana. A Figura 8.15 apresenta, esquematicamente, a interface sólido-líquido no crescimento com interface não-plana e sua relação com um diagrama de equilíbrio de fases.

A semelhança entre a forma que o metal sólido toma (Figuras 8.16 a 8.18) e o crescimento e ramificação de árvores levou ao nome dendrita (do grego: *dendron* = árvore). Como o metal sólido é cristalino, o crescimento em determinadas direções cristalográficas é mais rápido e a solidificação evolui de modo que as estruturas formadas nesta região "sólido-líquido"[5] têm formas bem definidas. Isto é, os ramos ou braços de sólido que avançam para dentro do líquido em busca de condições ideais de crescimento (líquido segregado onde exista superesfriamento constitucional) precisam conciliar este avanço com a cristalografia do sólido e a direção de extração de calor. No crescimento de árvores, em que os ramos ou braços buscam condições de luz e aeração propícias para o crescimento, as limitações para as direções de crescimento são mais notáveis em coníferas (pinheiros etc.) do que em folhosas, onde a semelhança com as dendritas metálicas é mais restrita.

---

(5) É comum chamar esta região de "pastosa" (*mushy* em inglês) em função de seu comportamento reológico. É importante lembrar, entretanto, que não existe o estado "pastoso" e o comportamento desta região de deve à presença de material em dois estados físicos distintos, sólido e líquido, e ao modo como o líquido se distribui entre o sólido.

Figura 8.15
Esquema simplificado mostrando a solidificação unidirecional, com interface não-plana, de uma liga a partir de um molde. No intervalo entre x_s e x_ℓ as temperaturas estão entre T_s e T_ℓ e a fração de sólido varia desde 1 até zero.

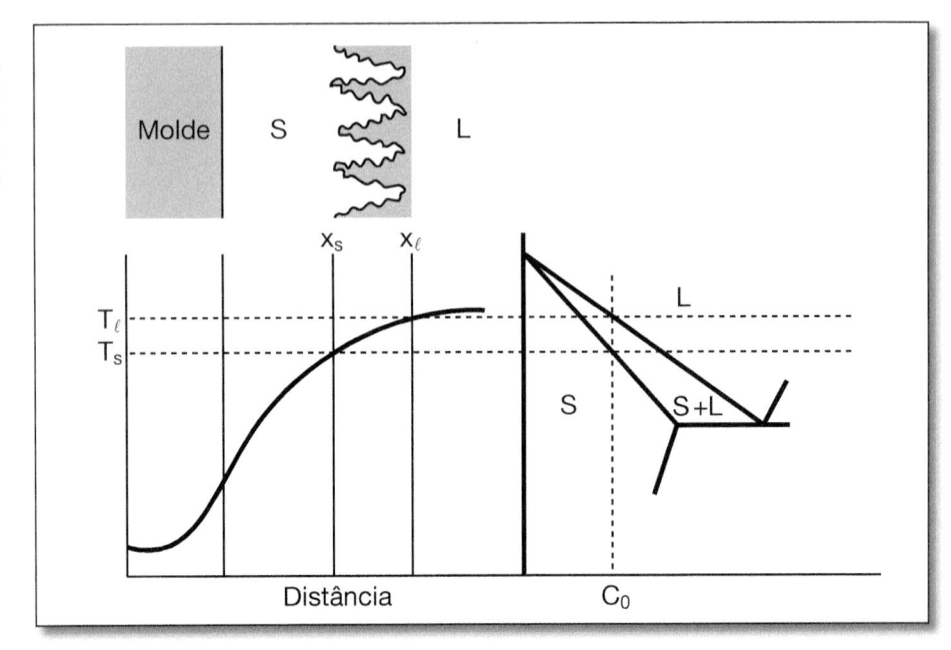

Figura 8.16
Dendritas formadas durante a solidificação de liga metálica[6]. O espaçamento entre os "ramos" ou braços das dendritas, em aço solidificado industrialmente, pode ser da ordem de centenas de micrômetros até alguns milímetros. O espaçamento entre os braços secundários é a medida mais comum. MEV, ES, sem ataque. Cortesia de S. Chumbley, Iowa State University, EUA. Reproduzido com autorização.

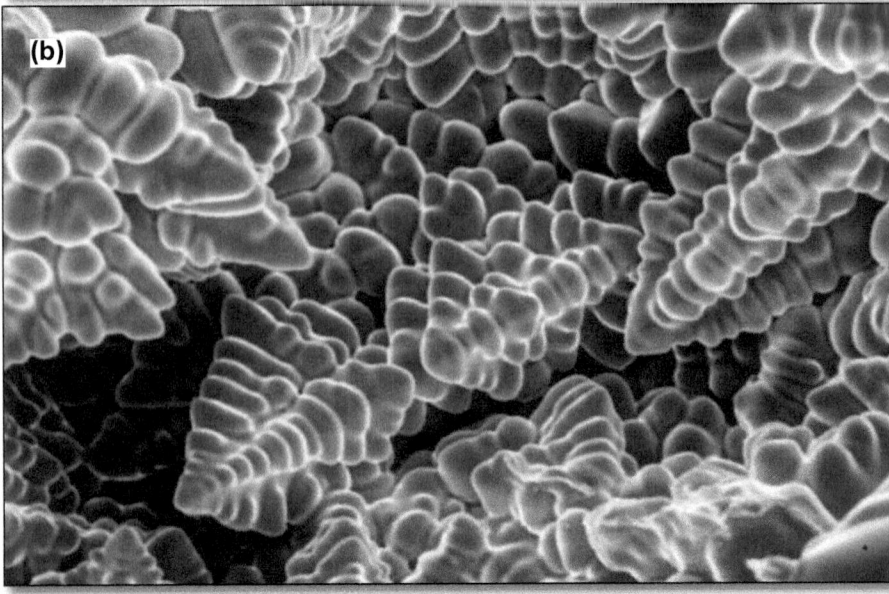

(6) Liga nióbio-cobre rica em nióbio, fundida a arco. Como a miscibilidade dos dois materiais é muito baixa, após a solidificação, o cobre é dissolvido por ataque químico seletivo, restando apenas as dendritas primárias de nióbio [6].

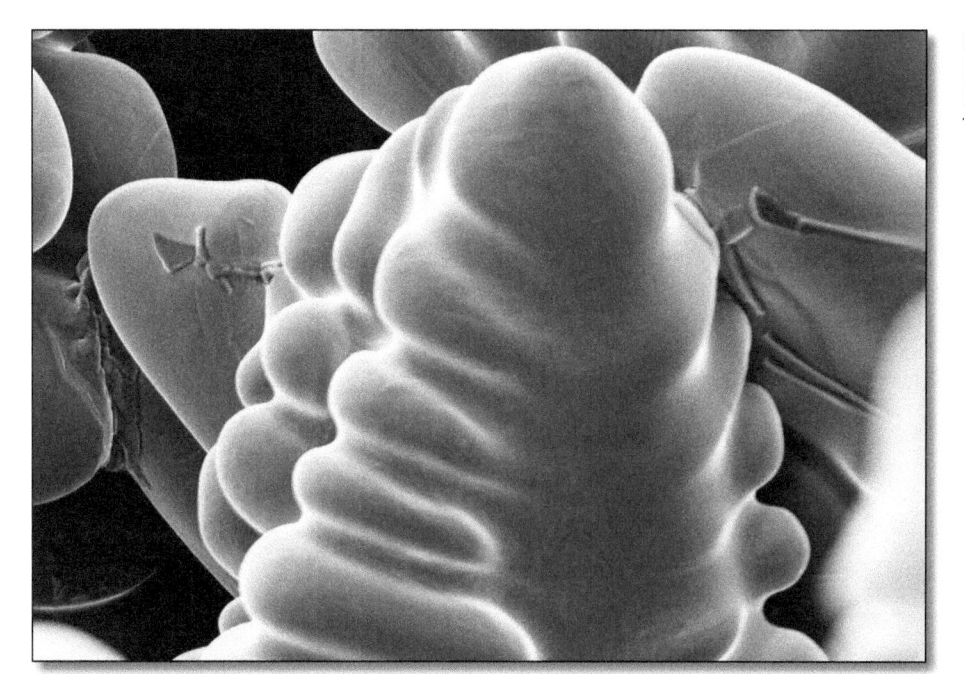

Figura 8.17
Dendrita em aço de baixo carbono. MEV, ES, sem ataque. Cortesia ArcelorMittal Tubarão, Brasil.

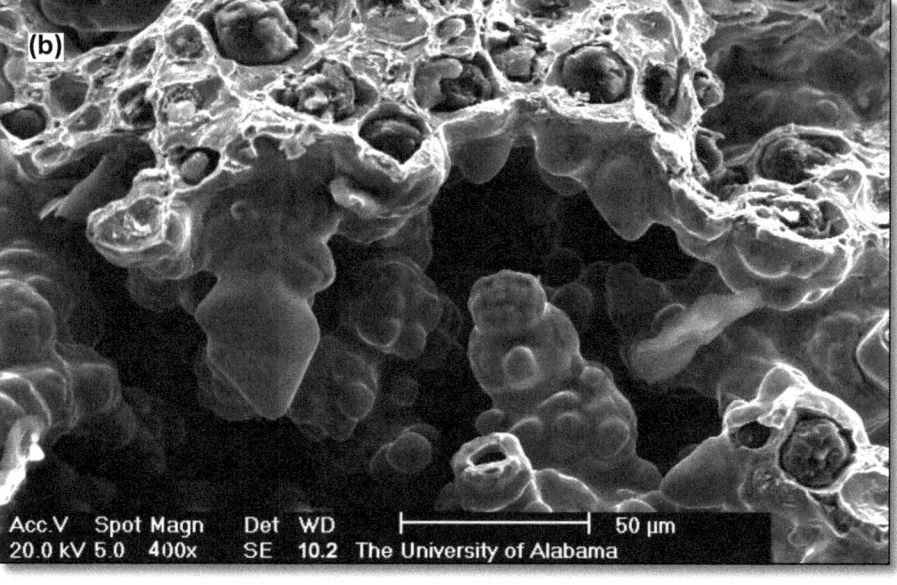

Figura 8.18
(a) Dendritas de austenita primária no interior de um poro em uma amostra de ferro fundido nodular; (b) grãos do eutético entre austenita e grafita nodular no mesmo poro. Observa-se, em algumas regiões, a grafita não envolvida completamente pela austenita. MEV, ES. [7]. Cortesia de D. Stefanescu, The University of Alabama. Copyright AFS American Foundry Society. Reprodução autorizada por cortesia. (Ver Capítulo 17.)

Observa-se uma correlação entre o espaçamento entre os braços secundários das dendritas (aqueles transversais à direção de crescimento) e a taxa de resfriamento a que o metal é submetido, como mostra a Figura 8.19. Esta correlação é muito empregada para a determinação aproximada da taxa de resfriamento, por análise metalográfica.

A Figura 8.20 mostra o efeito da variação da taxa de resfriamento em um experimento de simulação de solidificação de um lingote, em que a variação do espaçamento interdendrítico com a mudança da taxa de resfriamento fica evidente.

Figura 8.19
Dados experimentais do espaçamento interdendrítico em função da taxa de resfriamento em aços (adaptado de [4]).

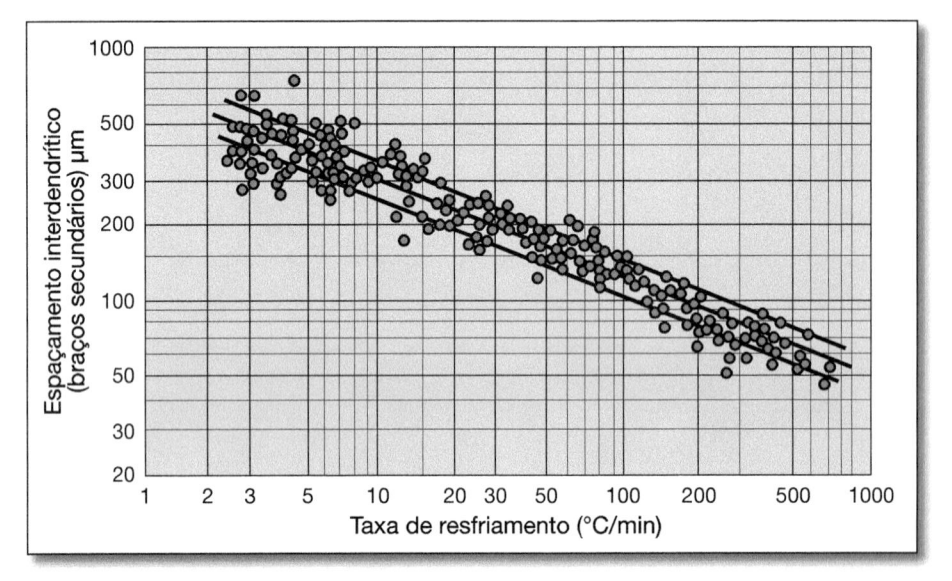

Figura 8.20
Macrografia de experimento de simulação de solidificação de liga 718[7]. A região à esquerda solidificou nas condições equivalentes ao centro de um lingote ESR (ver item 9.2) de 550 mm de diâmetro. A amostra foi então resfriada bruscamente, quando ocorreu o fim da solidificação de forma rápida, com espaçamento dendrítico mais fino (à direita). Cortesia A. Mitchell, University of British Columbia, Canadá.

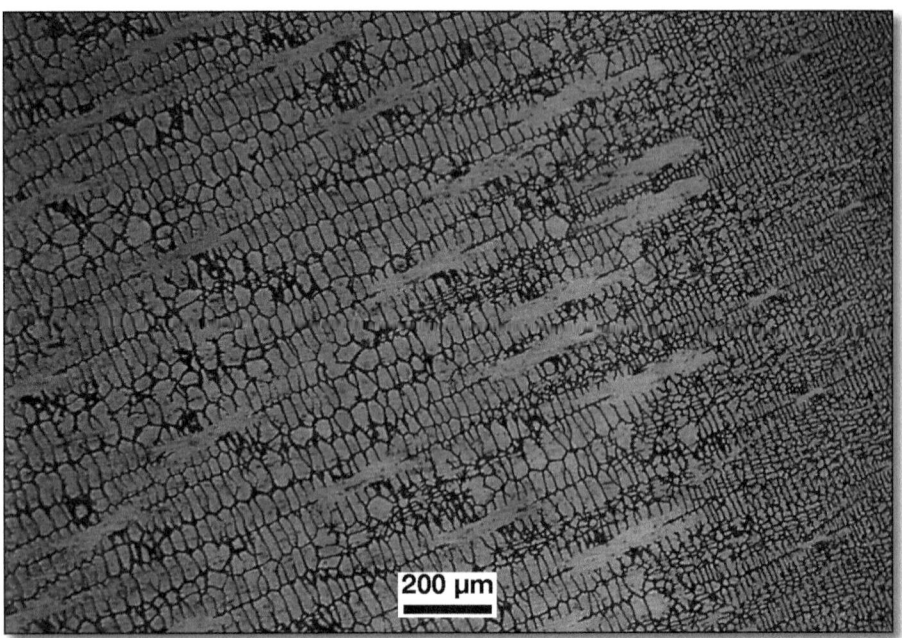

---

(7) O processo (refino, solidificação e conformação) das ligas à base de níquel (como a liga 718) é muito semelhante ao dos aços, assim como as principais características macroestruturais.

4.3. Reações durante a Solidificação

Quando uma reação ocorre simultaneamente com a solidificação, a morfologia (forma) do crescimento pode ser alterada. A Figura 8.18, por exemplo, mostra algumas características da solidificação de um ferro fundido nodular com cerca de 3,27%C e 4,38%Si. Quando a austenita se forma como fase primária a partir do líquido, o crescimento dendrítico é bem definido. Entretanto, quando austenita e grafita precisam crescer simultaneamente a partir do líquido, a austenita envolve os núcleos esféricos de grafita (ver Capítulo 17). O progresso da solidificação depende da difusão do carbono através da austenita para chegar aos nódulos de grafita, o que influencia fortemente a morfologia dos sólidos formados na solidificação.

Duas reações mais comuns ocorrem no processo de solidificação do aço e são tratadas neste item: reação peritética e reação eutética. A precipitação de inclusões não-metálicas é tratada no item 10.2.

4.3.1. Reação Peritética[8]

A reação peritética que ocorre na solidificação de aços com teores de carbono relativamente baixos tem sido muito estudada, em vista de sua importância no surgimento de trincas a quente em produtos de aço lingotados. A Figura 8.21 mostra o diagrama de equilíbrio Fe-C na região da reação peritética $L + \delta = \gamma$. A linha correspondente a uma composição 0,14%C, bastante comum, está indicada. Na reação peritética o líquido reage com o sólido já formado, para formar um novo sólido. Este processo envolve, normalmente, a formação de uma camada do novo sólido em torno do sólido inicial. Para que a reação entre o sólido e o líquido progrida, é necessário que ocorra difusão através da camada do novo sólido formado.

As Figuras 8.22 e 8.23 mostram a evolução da solidificação deste aço. Observa-se a rápida transformação da ferrita em austenita e a variação de volume associada, resultando na deformação da superfície livre do sólido.

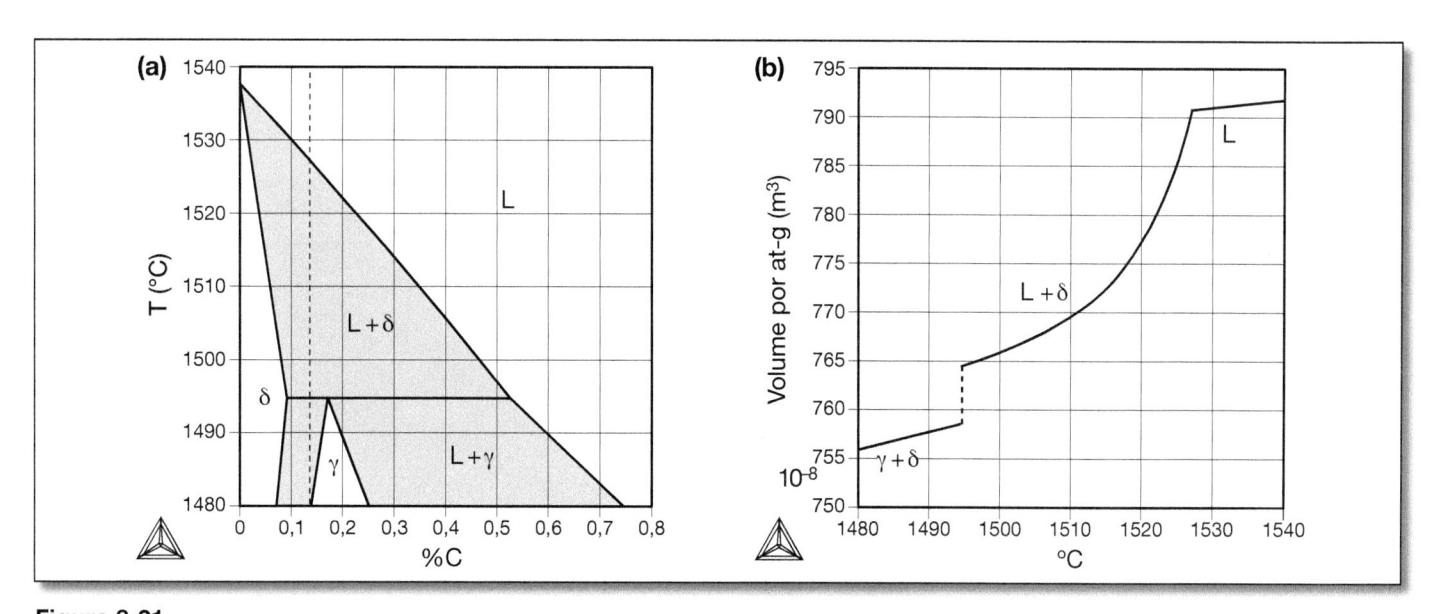

Figura 8.21
(a) Diagrama de equilíbrio Fe-C, na região da reação peritética. A linha tracejada indica a composição 0,14%C. O campo bifásico não identificado é $\delta + \gamma$. (b) Variação de volume durante a solidificação, em equilíbrio (sem segregação), do aço com 0,14%C. A descontinuidade na curva representa a reação peritética.

(8) Do grego *peri* = em torno e *tektos* = fusível, em função da camada de sólido que se forma em torno do sólido anterior.

134

Figura 8.22
Aço com 0,14%C solidificado sob um gradiente de temperatura de 4 K/mm e com taxa de resfriamento de 20 K/min. Microscopia confocal laser. Entre o instante t = 0 (a) e o instante t = 1/30 s (b), temperatura de 1495 °C, a reação peritética se completou. O intervalo de 1/30 s é o intervalo entre quadros da filmagem do experimento. [8] Cortesia de T. Emi, Institute of Research of Iron and Steel (IRIS), Sha-Steel, Japão. Copyright de Springer Science and Business Media. Reprodução permitida por cortesia.

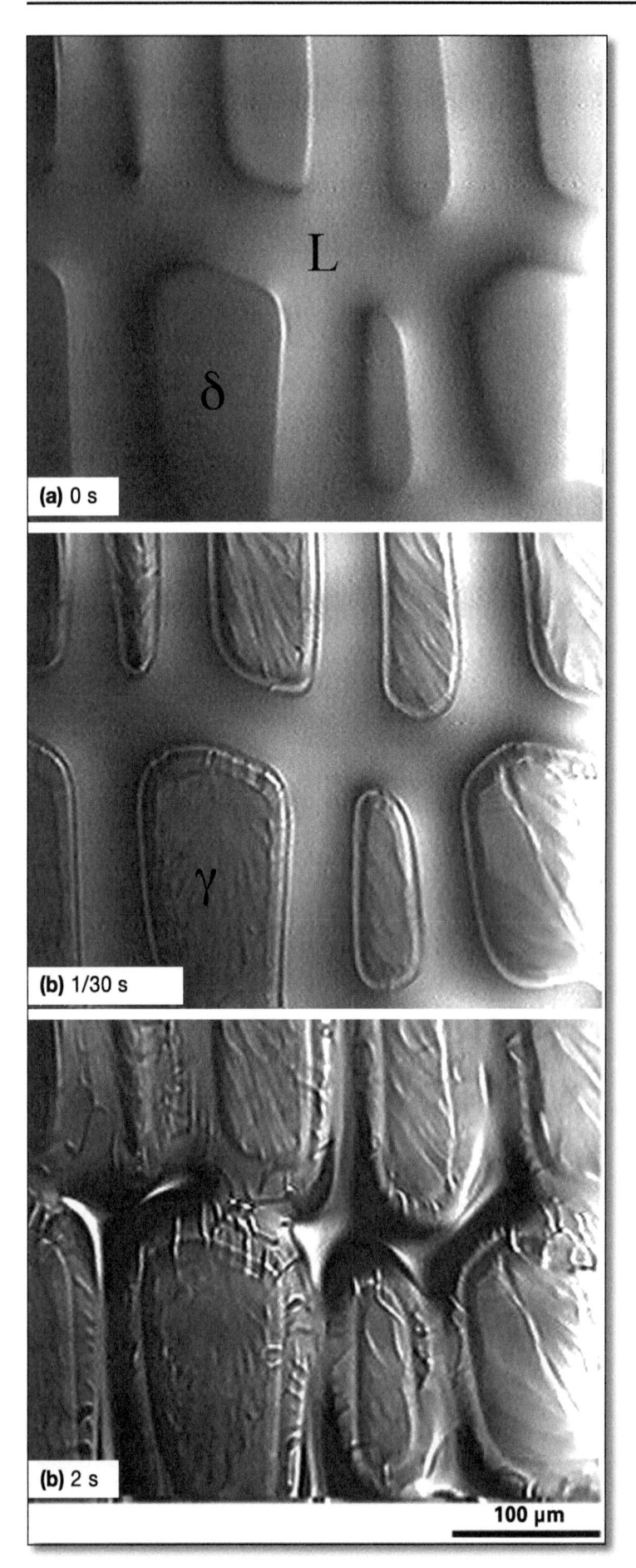

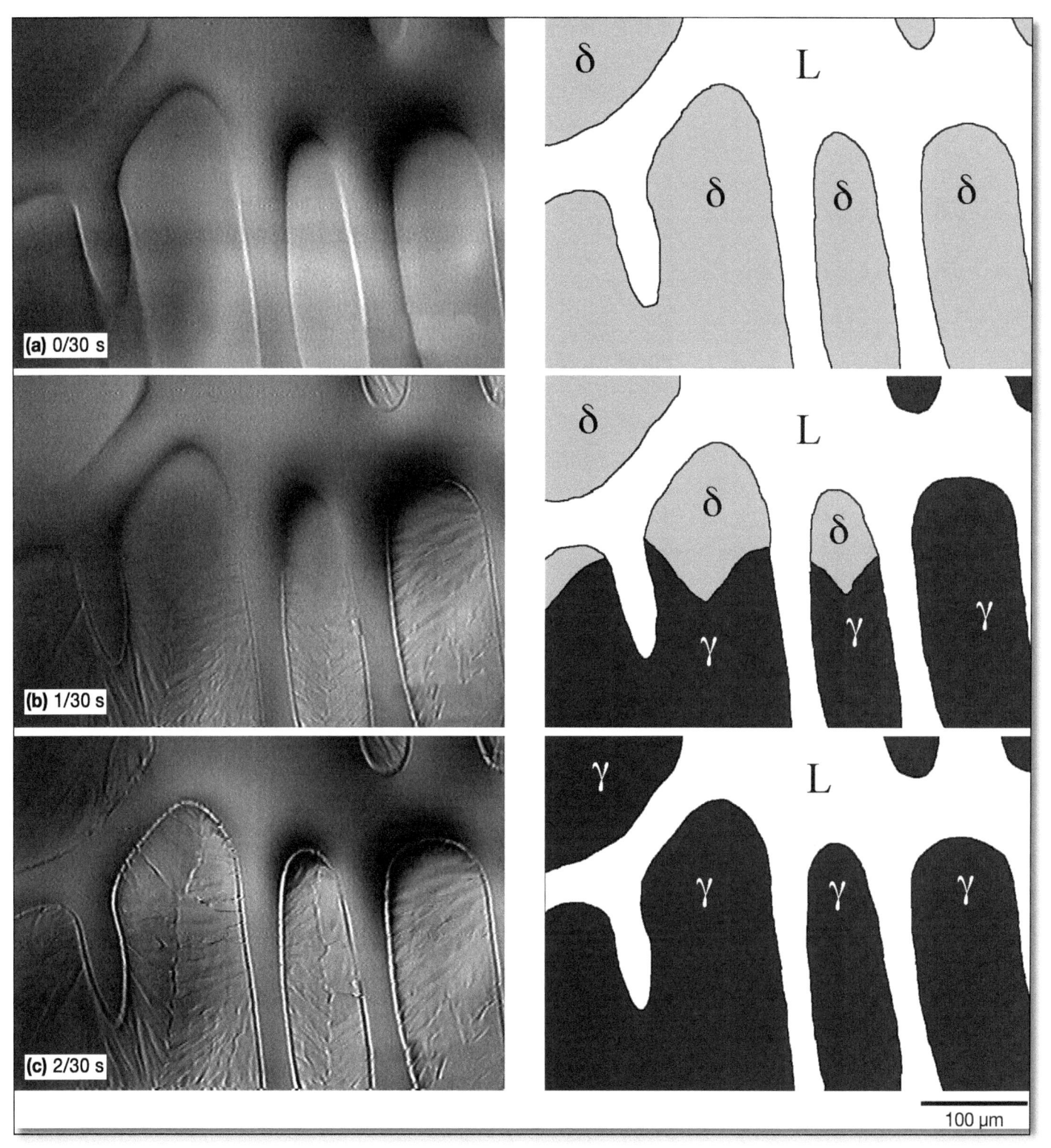

Figura 8.23
Aço com 0,14%C solidificado sob um gradiente de temperatura de 4 K/mm e com taxa de resfriamento de 10 K/min. Microscopia confocal laser. Entre o instante t = 0 (a) e o instante t = 1/30 s (b) é possível observar a reação peritética. No instante 2/30 (c) a reação já está completa, com as rugas associadas à contração da reação peritética. [8] Cortesia de T. Emi, Institute of Research of Iron and Steel (IRIS), Sha-Steel, Japão. Copyright de Springer Science and Business Media. Reprodução permitida por cortesia.

4.3.2. Reação Eutética[9]

Em um sistema binário, a reação eutética envolve a decomposição do líquido em dois sólidos. Como os dois sólidos crescem a partir do mesmo líquido, mecanismos de crescimento cooperativo são comuns. Dependendo da estrutura cristalina dos sólidos formados, pode haver relações de orientação preferenciais entre os dois sólidos e estruturas especialmente interessantes, esteticamente, podem ser formadas. No sistema Fe-C estável, observa-se a reação eutética L = γ + grafita. No sistema Fe-C metaestável, em que a formação da grafita não ocorre, existe um eutético L = γ + Fe$_3$C. O constituinte eutético entre a austenita e a cementita é chamado de Ledeburita[10]. Estes dois eutéticos são importantes na metalurgia dos ferros fundidos. O primeiro, na maior parte das ligas que contêm grafita e o segundo, nos ferros fundidos brancos.

Quando a composição não corresponde exatamente à composição do eutético, uma fase pró-eutética é formada, como mostrado, esquematicamente, na Figura 8.24.

A Figuras 8.25 e 8.26 apresentam microestruturas de ferros fundidos, em que a fase pró-eutética é visível.

Alguns aços-ferramenta atingem composições eutéticas no final da solidificação. Em geral, quando estes aços contêm teores de carbono consideráveis e elementos formadores de carbonetos, os eutéticos formados ocorrem entre austenita e um carboneto de elemento de liga. A Figura 8.27 mostra um exemplo para o caso do aço D2. O trabalho a quente, posterior, é fundamental para buscar a homogeneização da distribuição dos carbonetos e, conseqüentemente, das propriedades da ferramenta (ver Capítulo 11).

Um caso importante e complexo é a solidificação de ferros fundidos com formação de grafita nodular mostrado na Figura 8.18. Uma

Figura 8.24
Uma liga de composição X$_0$, hipoeutética, inicia a solidificação com a formação de austenita, conforme o diagrama de fases esquematizado. O líquido interdendrítico vai sendo enriquecido em carbono até atingir a composição X$_E$, do eutético, quando ocorre o crescimento cooperativo de austenita e grafita. A Figura 8.25 apresenta uma micrografia correspondente. (Adaptado de [9]).

(9) O termo vem do grego "eutektos", fácil de fundir.

(10) O nome é uma homenagem ao metalurgista alemão Karl Heinrich Adolf Ledebur (1837-1906), professor em Freiberg, que estudou este constituinte em 1882. [10]

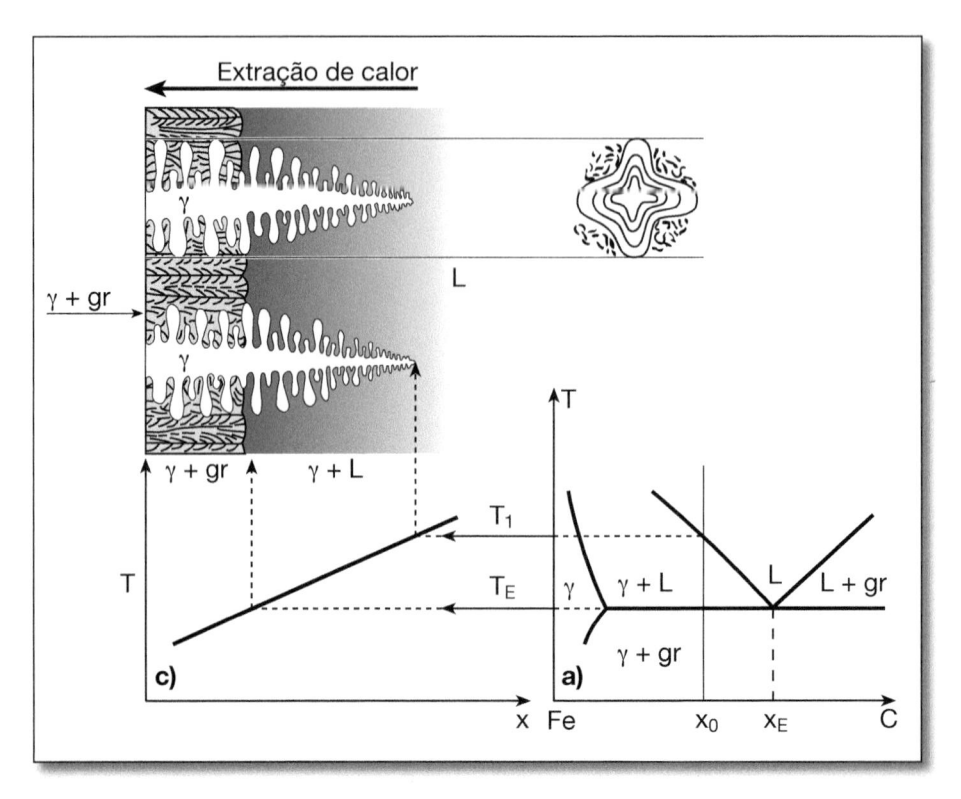

teoria [7] propõe que a austenita e a grafita crescem a partir do líquido de forma independente, até que a fração de sólido presente atinja
cerca de 30%, interrompendo a convecção no líquido. A partir daí as
partículas de grafita seriam aprisionadas pela austenita, como mostra
o esquema da Figura 8.28.

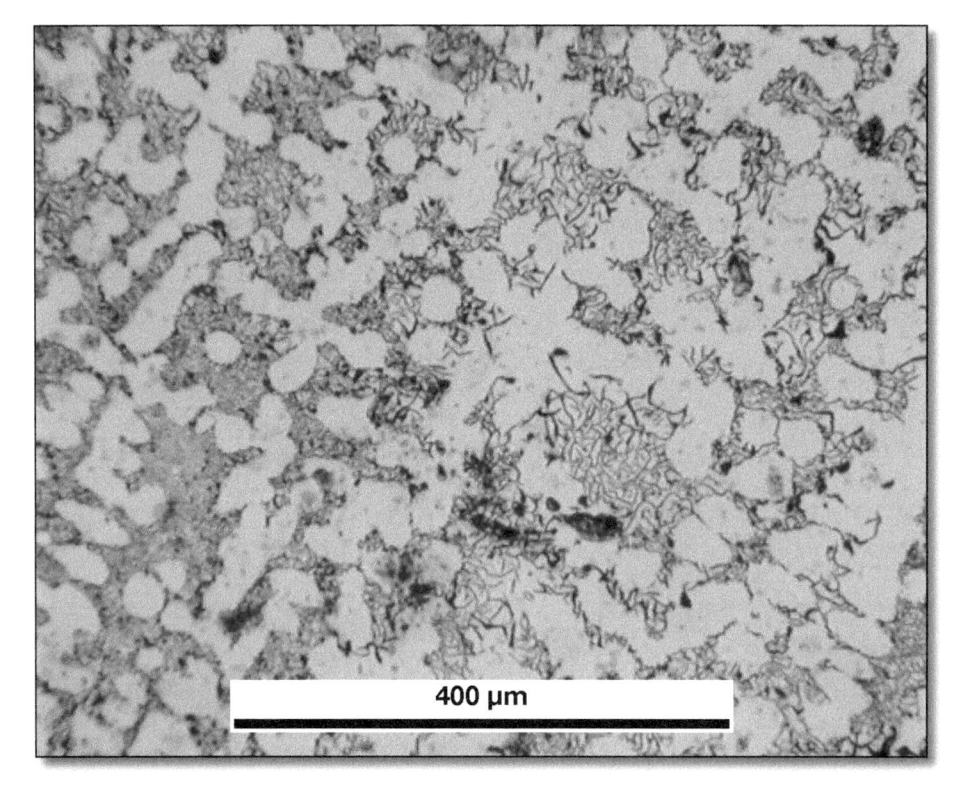

Figura 8.25
Ferro fundido. As regiões brancas são dendritas de austenita pró-eutética. Entre as dendritas observa-se o eutético austenita-grafita. Microscopia ótica, ataque por picral. (A estrutura dos ferros fundidos é discutida em detalhe no Capítulo 17). Reproduzido com permissão de DoITPoMS, University of Cambridge.

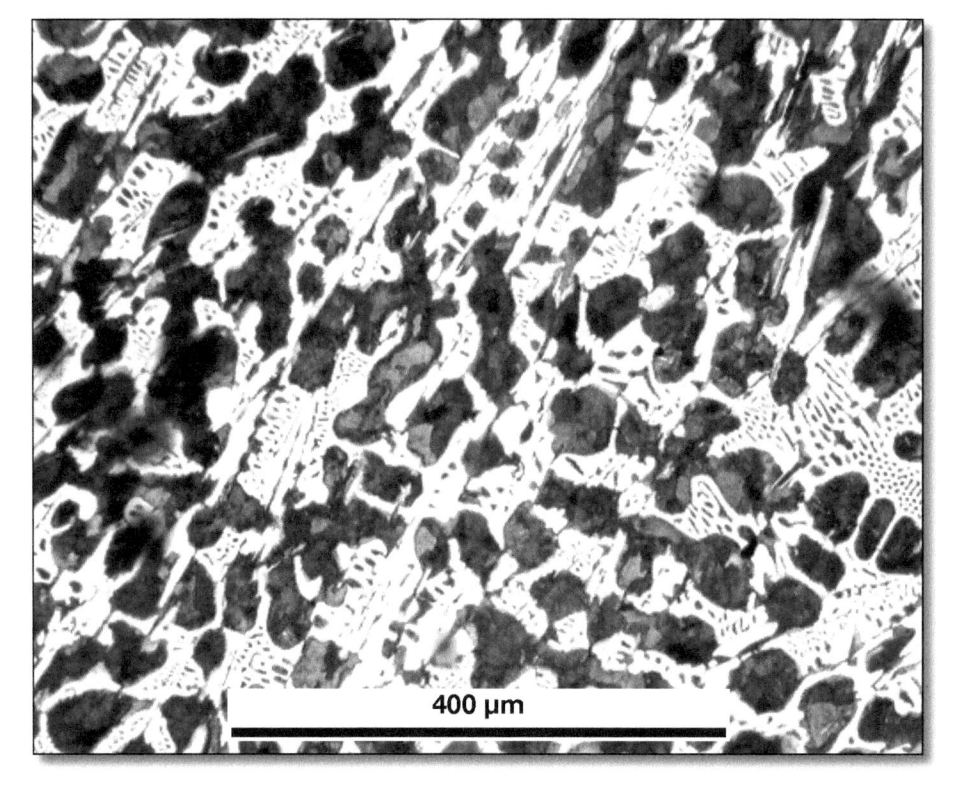

Figura 8.26
Ferro fundido branco. As regiões escuras são dendritas de austenita pró-eutética que se transformou em perlita. Entre as dendritas observa-se o eutético austenita-cementita, ledeburita. A austenita do eutético se transformou em perlita (escura) e o carboneto é a fase clara. (A estrutura dos ferros fundidos é discutida em detalhe no Capítulo 17) Microscopia ótica, ataque por picral. Reproduzido com permissão de DoITPoMS, University of Cambridge.

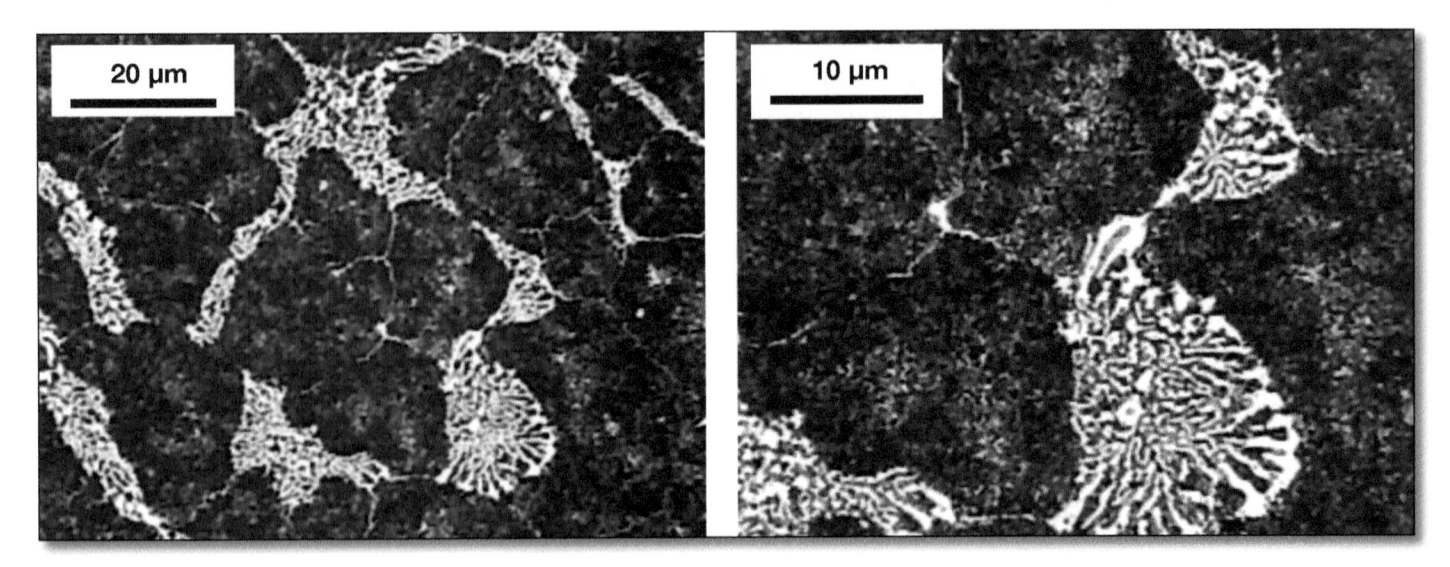

Figura 8.27
Estrutura bruta de fusão de aço-ferramenta para trabalho a frio, ASTM A681-D2. Observa-se a presença de um eutético formado por carbonetos (brancos) e aus-tenita. (A austenita já está transformada, nas micrografias (escura). Este eutético é formado ao final da solidificação, como discutido em [5]. Microscopia ótica, ataque nital 4%. Cortesia Villares Metals. Sumaré, SP, Brasil.

Figura 8.28
Esquema de solidificação de ferro fundido eutético com grafita nodular. Inicialmente (a) dendritas de austenita e partículas de grafita crescem independentemente, no líquido. A partir de 30% de fração sólida, as partículas de grafita começam a ser aprisionadas pela austenita (ver Figura 8.18b). Deste ponto em diante, o cresci-mento das partículas de grafita é contro-lado pela difusão de carbono através da austenita. Adaptado de [7].

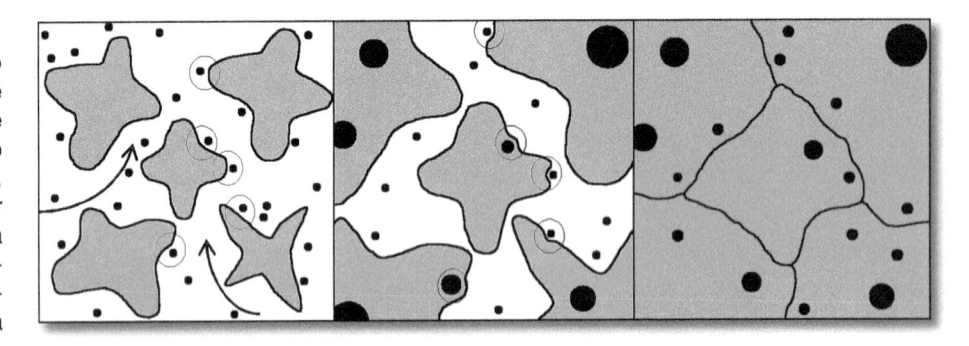

5. Microporosidade

Quando se estabelece uma região em que coexistem sólido e líquido, podem surgir dificuldades para o escoamento do líquido necessário à compensação da contração de solidificação. A Figura 8.29 apresenta, esquematicamente, o movimento do líquido necessário para compen-sar a contração e a localização de eventual microporosidade (indicada por P), caso não ocorra fluxo suficiente de líquido (em função da ex-tensão da zona "pastosa", por exemplo). As Figuras 8.30 a 8.32 apre-sentam exemplos de microporosidade em fundidos de aço.

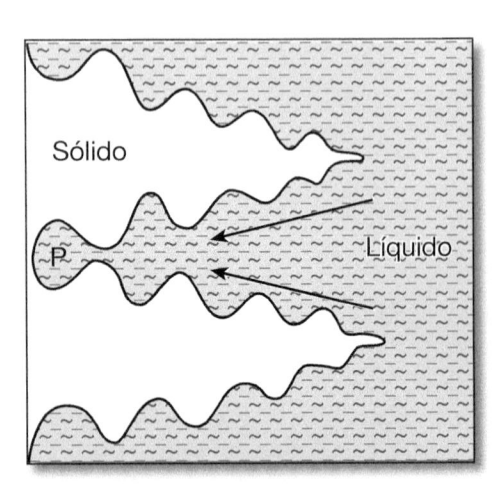

Figura 8.29
Esquema indicando o escoamento de líqui-do necessário para compensar a contração de solidificação e a formação de microporo-sidade no ponto indicado por P.

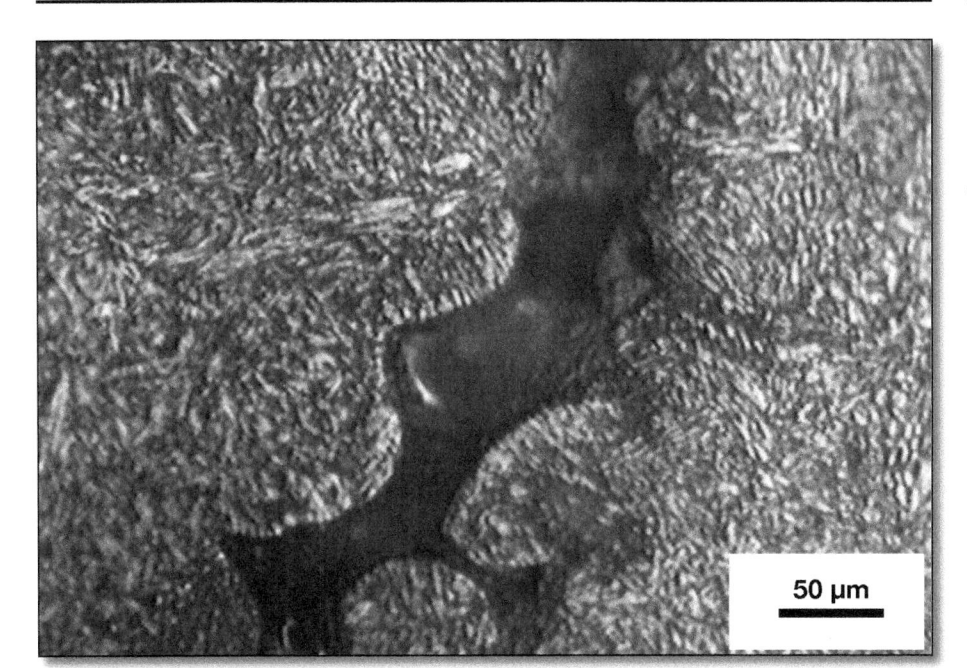

Figura 8.30
Porosidade interdendrítica em fundido de aço com 0,28%C temperado e revenido. Ataque, nital 2%. O formato da porosidade é muito semelhante ao formato de espaço interdendrítico.(A porosidade é visível, também, sem ataque.)

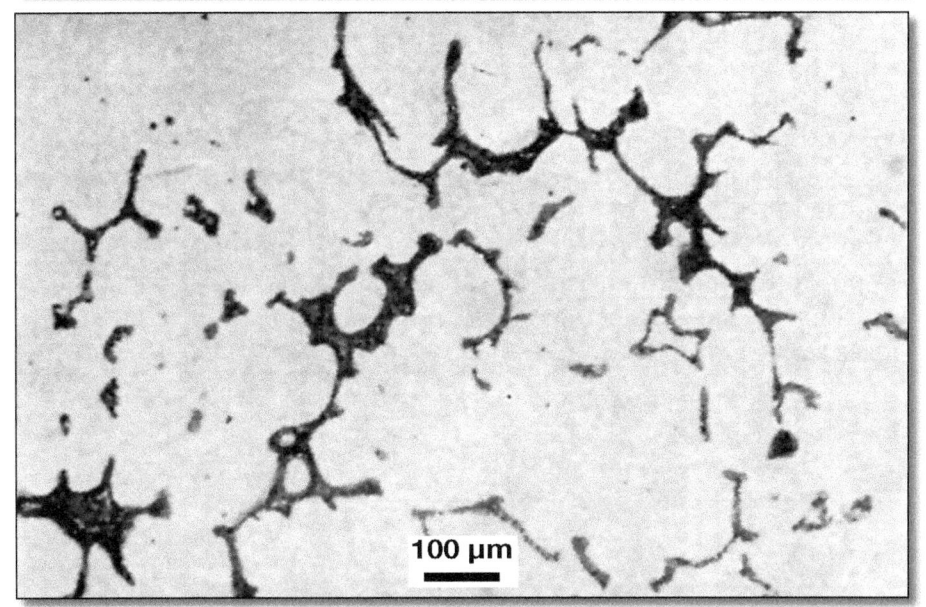

Figura 8.31
Porosidade grave em fundido de aço. Sem ataque.

Figura 8.32
Porosidade em aço eutectóide fundido. Ataque nital 2%. O formato da porosidade é muito semelhante ao formato de espaço interdendrítico.

6. Segregação em Produtos Siderúrgicos

6.1. Microssegregação ou Segregação Dendrítica

Quando se combina a redistribuição de soluto, que resulta na segregação destes solutos durante a solidificação, com o crescimento do sólido com interface sólido-líquido não-plana (colunar ou, mais comumente, dendrítica[11]) o resultado é a variação de composição química no sólido segundo formas que retratam as interfaces sólido-líquido das dendritas a cada instante da solidificação, como mostra a Figura 8.33.

A estrutura dendrítica pode ser observada principalmente através de duas técnicas. Ataques químicos sensíveis a elementos que segregam ou mapeamentos de raios X característicos destes elementos (Capítulo 6). Quando a solidificação é conduzida de forma controlada, é relativamente mais fácil observar o resultado da redistribuição de soluto. Mizoguchi [13] realizou experiências de solidificação unidirecional de aços de baixa liga, em condições em que o crescimento se deu com interface não-plana, principalmente "celular". Nestes experimentos, uma amostra cilíndrica de aço é completamente fundida e depois resfriada de forma controlada, em um forno tubular, com um gradiente térmico. A amostra é, finalmente, resfriada rapidamente da temperatura em que se encontra. Desta forma, cada posição do corpo-de-prova tem uma história térmica bem definida e é possível observar a extensão da segregação e a estrutura formada para cada um destes ciclos térmicos, a partir de 1560 °C.

Os resultados de Mizoguchi são apresentados nas Figuras 8.34 e 8.35.

Figura 8.33
Projeções das superfícies de mesma concentração de solutos (isoconcentração) em uma dendrita do aço de baixa liga. Supondo-se que o ataque químico ou um método analítico possam determinar a posição das superfícies (ou linhas em uma seção plana) a estrutura dendrítica pode apresentar-se mais ou menos evidente, dependendo da seção escolhida para avaliação. Adaptado de [4].

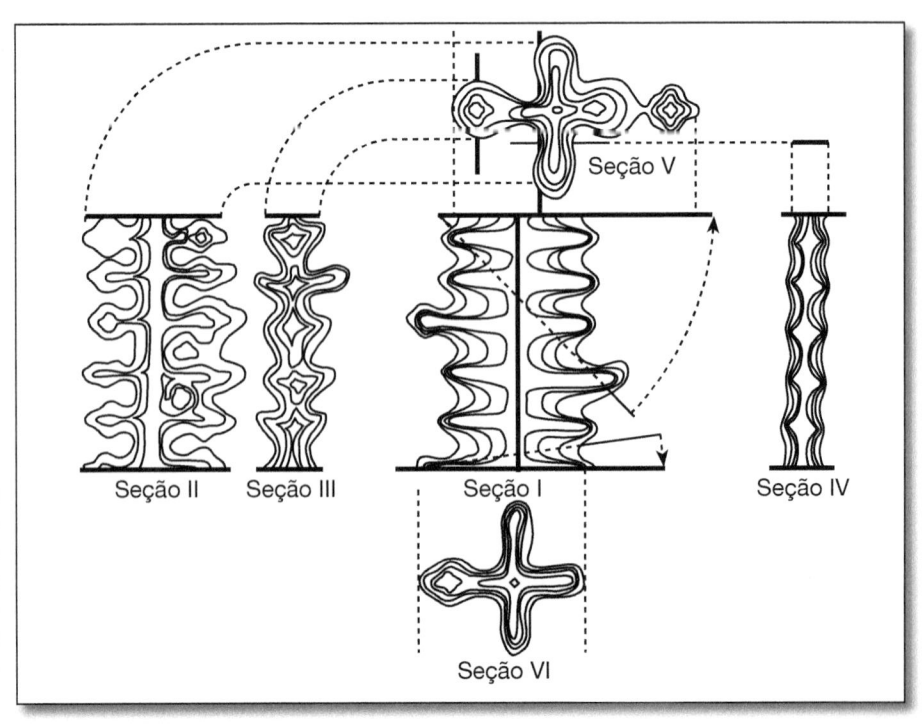

(11) A diferença entre crescimento colunar e dendrítico é descrita em textos sobre solidificação como [4, 12]. O modo de solidificação "colunar" não deve ser confundido com "grãos colunares", que normalmente aparecem como resultado da extração de calor direcional, ver item 8.4, durante o crescimento dendrítico.

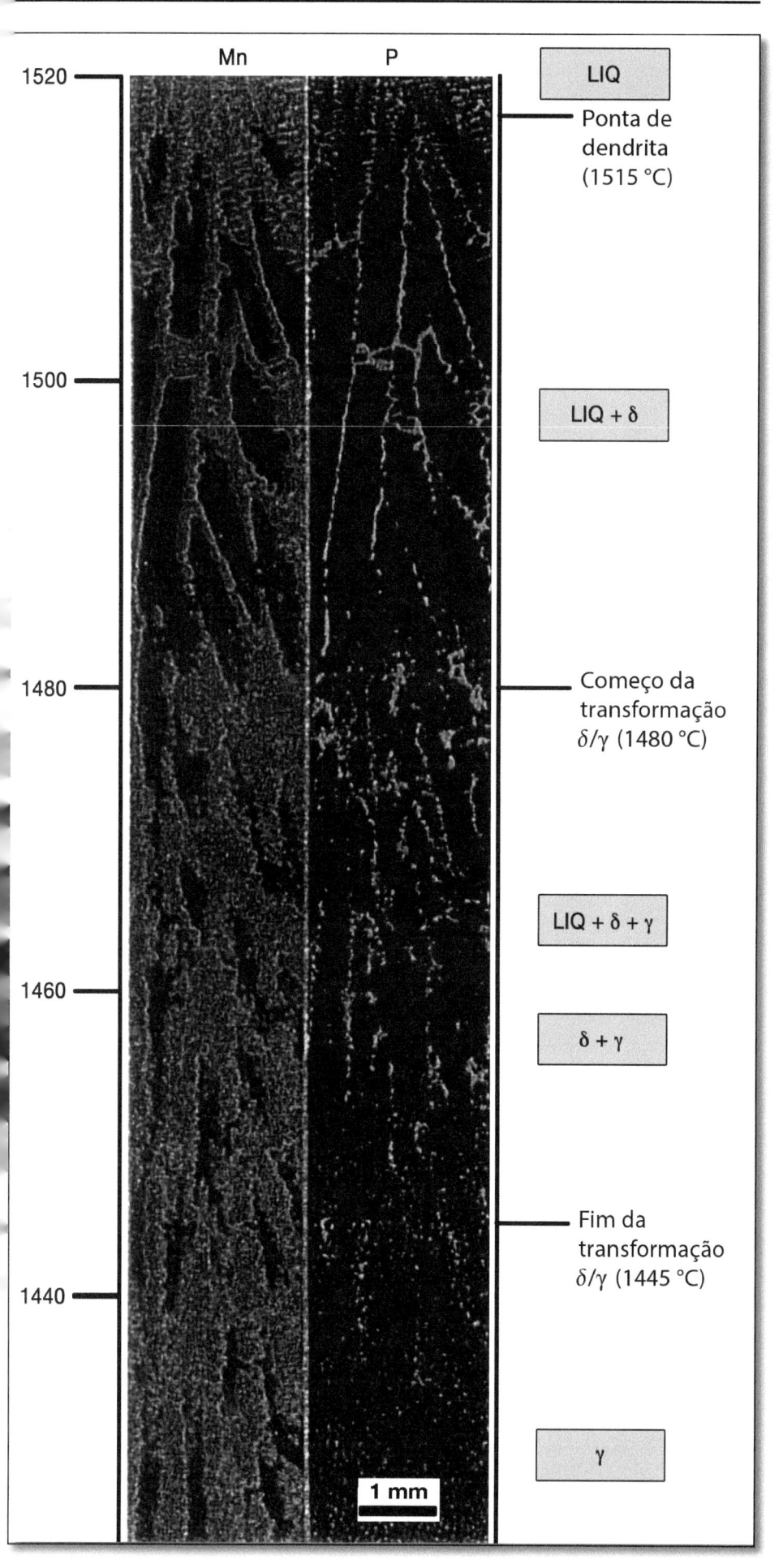

Figura 8.34
Mapeamento de raios X característicos para os elementos manganês (entre 1,3 e 1,6%) e fósforo (entre 0 e 0,03%) na seção longitudinal de uma amostra submetida a resfriamento controlado seguido de resfriamento brusco. As regiões mais claras indicam maior concentração destes elementos. A escala de temperatura à esquerda indica a temperatura em que a amostra se encontrava quando o resfriamento brusco foi realizado. A legenda da direita indica as fases presentes na amostra no momento do resfriamento brusco. A redistribuição de fósforo e manganês durante a solidificação é evidente (experimentos com taxa de resfriamento de 27 °C/min e aço com 0,13%C, 1,52%Mn, 0,018%P, 0,35%Si, 0,002%S) Cortesia de S. Mizoguchi, Japão.

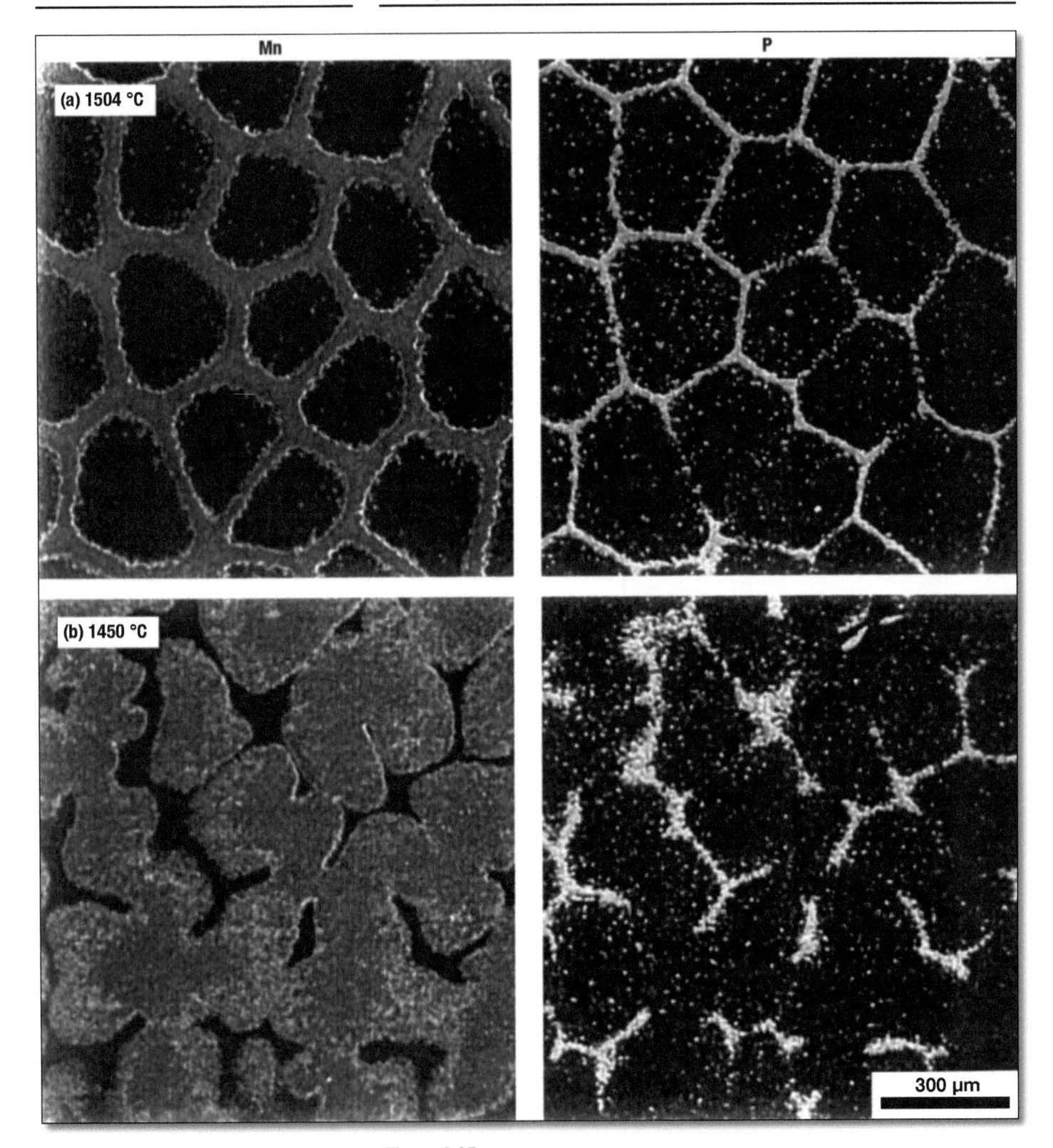

Figura 8.35
Mapeamento de raios X característicos para os elementos manganês (entre 1,3 e 1,6%) e fósforo (entre 0 e 0,03%) na seção transversal de uma amostra submetida a resfriamento controlado seguido de resfriamento brusco. Em (a), resfriamento brusco a partir de 1504 °C. Em (b) resfriamento brusco a partir de 1450 °C. A redistribuição de fósforo e manganês durante a solidificação é evidente (experimentos com taxa de resfriamento de 2,7 °C/min e aço com 0,13%C, 1,52%Mn, 0,018%P, 0,35%Si, 0,002%S). Observar a semelhança da morfologia colunar com as estruturas apresentadas na Figura 8.36. Cortesia de S. Mizoguchi, Japão.

A comparação das estruturas observadas nas Figuras 8.35 e 8.36 mostra como os mesmos mecanismos de solidificação operam em diferentes escalas dimensionais, na natureza.

Figura 8.36
Basalto solidificado com estrutura colunar próximo à cidade de Kamenický Šenov na região norte da Boêmia [14]. A semelhança morfológica com a seção transversal da Figura 8.35 é evidente.

A observação da segregação, através de metalografia requer técnica cuidadosa. A escolha do ataque é essencial para a revelação da segregação. Em aços com baixos teores de residuais, técnicas especiais de ataque e revelação podem ser necessárias [15], como mostra o exemplo da Figura 8.37.

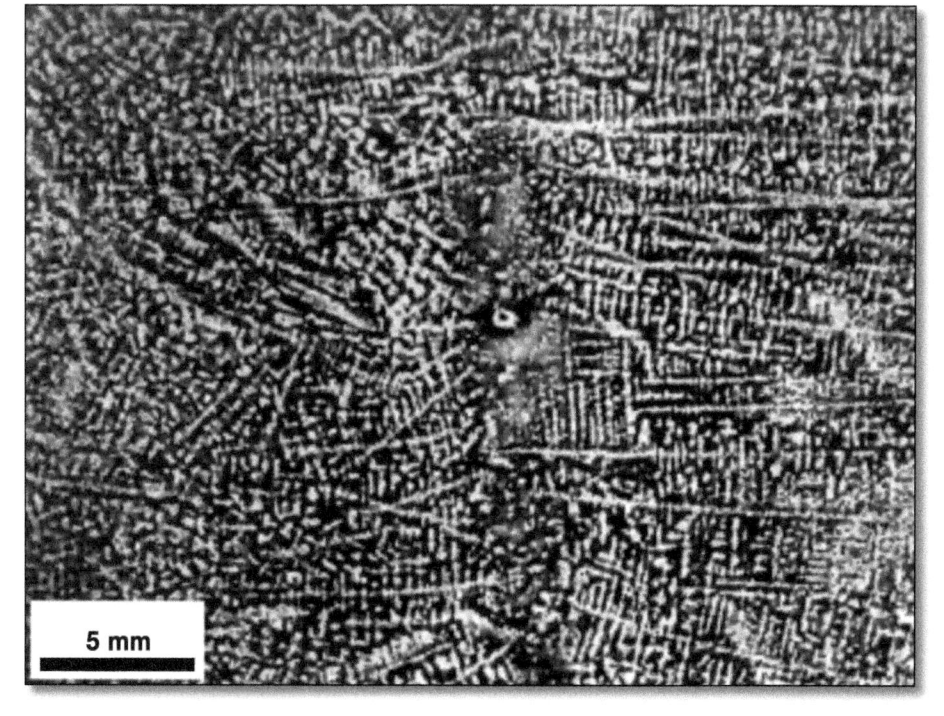

5 mm

Figura 8.37
Seção transversal da região central de uma placa de lingotamento contínuo. Aço com 0,08%C, 0,61%Mn, 0,0018%S, 0,005%P. Ataque: Reagente de Humfrey em dois estágios[12]. Impressão *intaglio* com tinta, usando prensa (ver Capítulo 4, item 2.6). Observa-se a semelhança morfológica com os perfis de isoconcentração apresentados na Figura 8.33. Cortesia de J. Casey, DOFASCO, Canadá.

---

(12) Cloreto de cobre amoniacal a 12% neutro seguido pela imersão em solução acidificada com 4% em volume de HCl, do mesmo cloreto. Ataque à temperatura ambiente.

Da mesma forma, nem sempre o fato de atacar uma amostra resulta na revelação da estrutura primária (de solidificação) do material. Há reagentes mais adequados para revelar estas diferenças e outros mais adequados para revelar as diferenças entre as fases presentes no aço, após resfriamento completo, como mostra a Figura 8.38.

As variações de composição química associadas à segregação freqüentemente resultam, também, na mudança das fases presentes na microestrutura do material.

Em muitos casos, a composição do centro (ou eixo) das dendritas é tão diferente da composição do último líquido a solidificar que a imagem de "dois aços diferentes" não é muito distante da realidade.

Figura 8.38
Aço com C = 0,25%, fundido. A amostra foi atacada em duas etapas, com dois reagentes diferentes. A parte superior foi atacada com Nital 1% e mostra a microestrutura de ferrita e perlita, característica do estado final, à temperatura ambiente, de aço "como fundido" sem tratamento térmico. Ferrita pró-eutectóide delineando os contornos de grão austeníticos anteriores, ferrita Widmanstätten e perlita no interior dos grãos austeníticos transformados. (ver Capítulo 9 para discussão detalhada deste tipo de estrutura). A parte inferior da amostra foi atacada com reagente de Oberhoffer revelando a estrutura primária, de solidificação. As regiões de baixo fósforo, o centro ou eixo das dendritas, aparecem escuras e as regiões mais ricas em fósforo aparecem claras. (O uso de iluminação oblíqua pode alterar este contraste) [1], pg. 455. Copyright Wiley-VCH Verlag GmbH & Co. KGaA. Reproduzido com autorização.

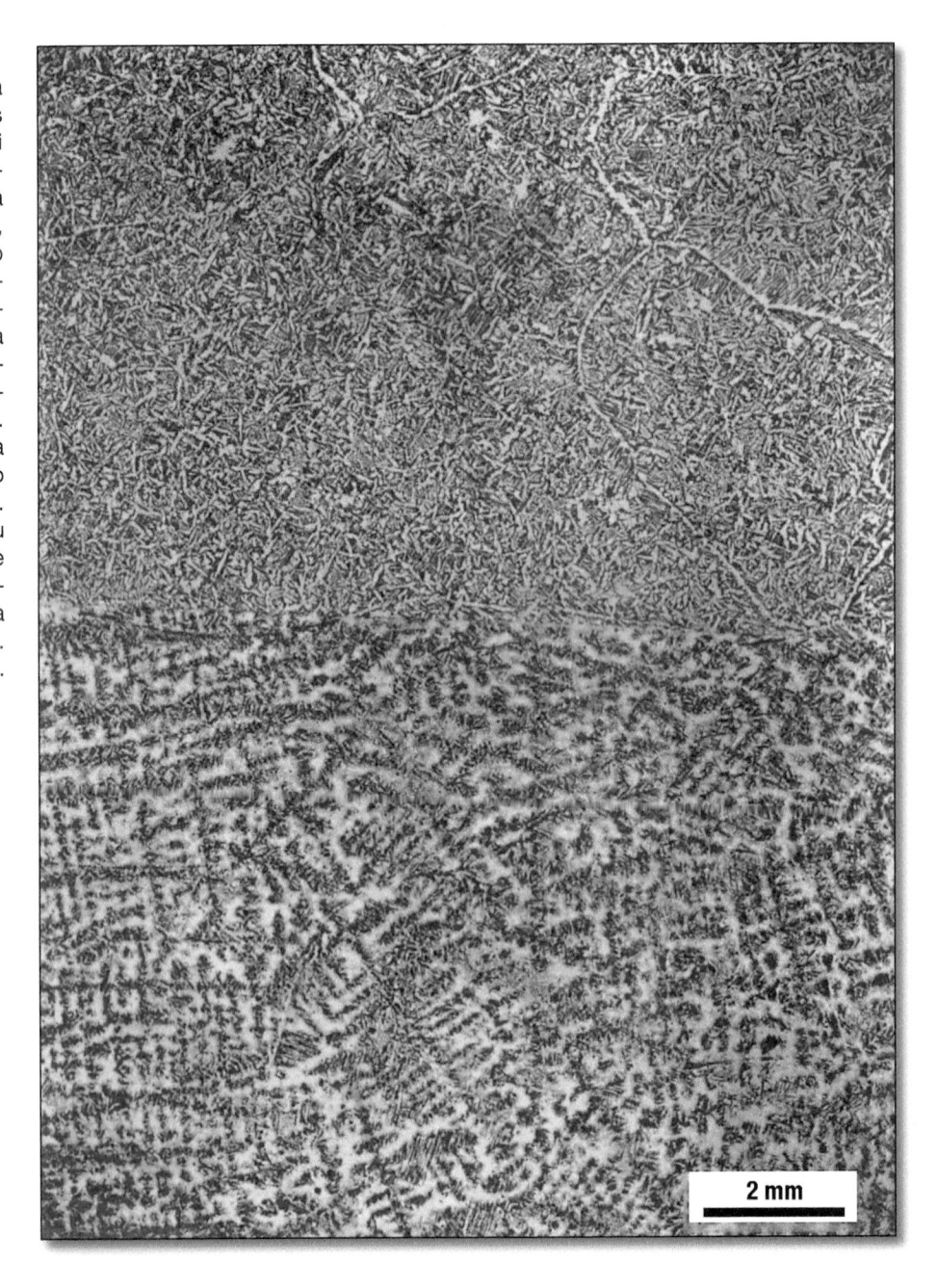

2 mm

Figura 8.39
Estrutura dendrítica em um fundido de aço de grandes dimensões (14 t). O grande espaçamento interdendrítico indica resfriamento lento. Os eixos retos das dendritas indicam estrutura não submetida a tratamento mecânico. Em aços, com este reativo, os eixos das dendritas são claros quando são mais ricos em ferrita. Ataque: iodo. (Comparar com a Figura 8.37.)

Figura 8.40
Macrografia apresentando a estrutura dendrítica de um ferro fundido branco. Os eixos das dendritas são escuros, pois a austenita se decompôs, em ferrita e cementita, possivelmente perlita. Ataque: reativo de ácido nítrico. (Comparar com a Figura 8.39.)

7. Trincas a Quente

Enquanto o aço solidifica, sua resistência mecânica à tração é praticamente nula, devido à presença da fase líquida na estrutura. Uma vez solidificado, o aço ainda tem propriedades mecânicas a temperaturas elevadas relativamente baixas e os processos de solidificação devem prever medidas que minimizem tensões trativas elevadas sobre a "casca" de metal sólida, para evitar trincas a quente. Enquanto existir líquido no espaço interdendrítico, naturalmente a ductilidade à tração será nula. Qualquer situação que reduza a temperatura *liquidus* pode, também, favorecer o aparecimento de trincas a quente (Figura 8.41).

Naturalmente, todos estes fenômenos de contração relacionados à solidificação se repetem na soldagem, podendo dar origem a defeitos similares (Figura 16.17).

As Figuras 8.42 e 8.43 mostram o aspecto do interior de trincas a quente observadas em lingotamento contínuo. As superfícies lisas das dendritas indicam que estavam cobertas por líquido no momento da fratura. Observam-se várias partículas de segunda fase, formadas na superfície das dendritas. Estas partículas, em diversos casos, se comportam como películas (filmes) indicando que cobriam as interfaces entre as dendritas.

Figura 8.41
Mecanismo postulado para trincas a quente. Estas trincas ocorrem quando tensões trativas são aplicadas ao material acima da temperatura de ductilidade zero (TDZ). Esta temperatura pode ser reduzida pela segregação de impurezas, formação de eutéticos de baixo ponto de fusão etc. Estes fatores favorecem a ocorrência de trincas a quente. Adaptado de [16].

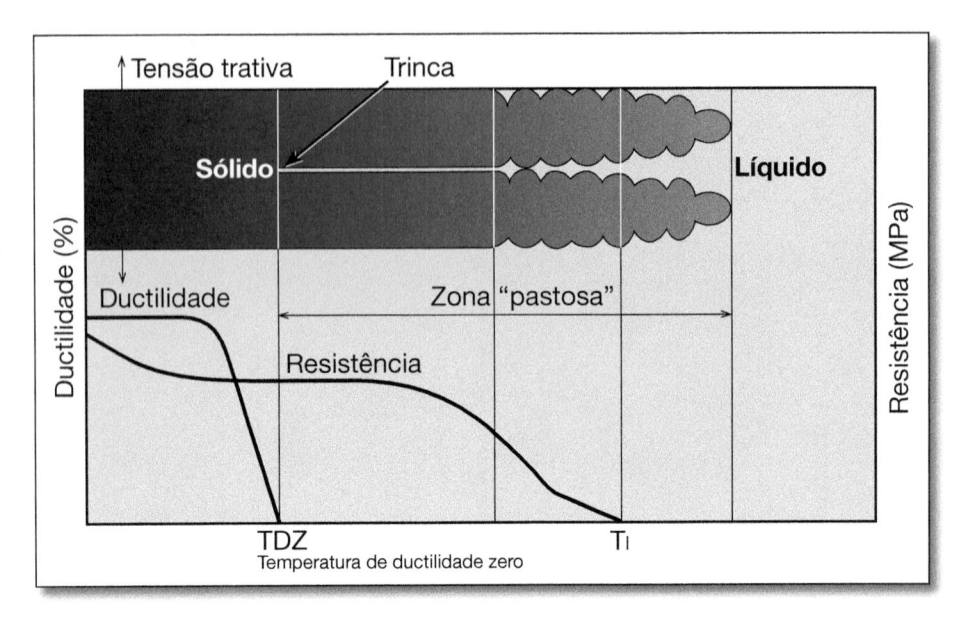

Figura 8.42
Aspecto da superfície de fratura de trinca a quente. O aspecto dendrítico é evidente, mesmo na foto com menor aumento, acima. MEV, ES, sem ataque. Copyright 2007 Tenaris. Cortesia C. Ciccuti, CINI, Argentina.

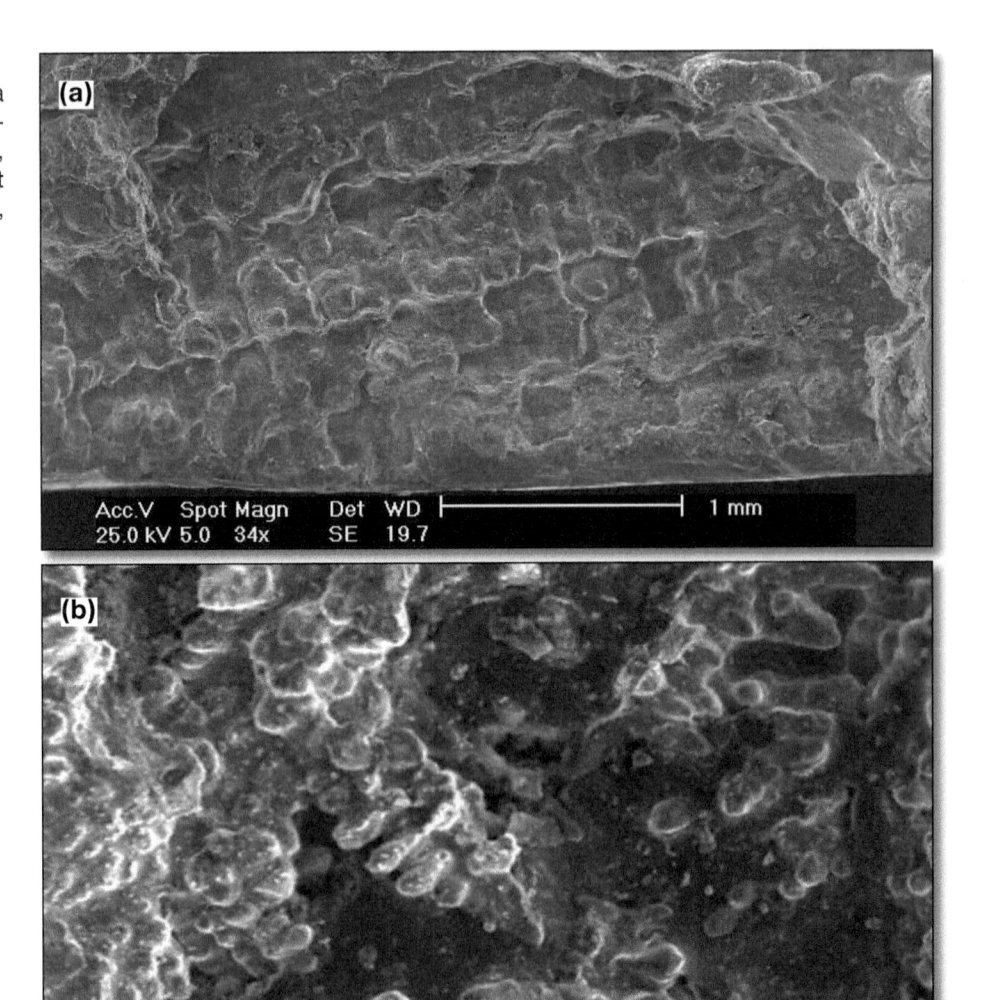

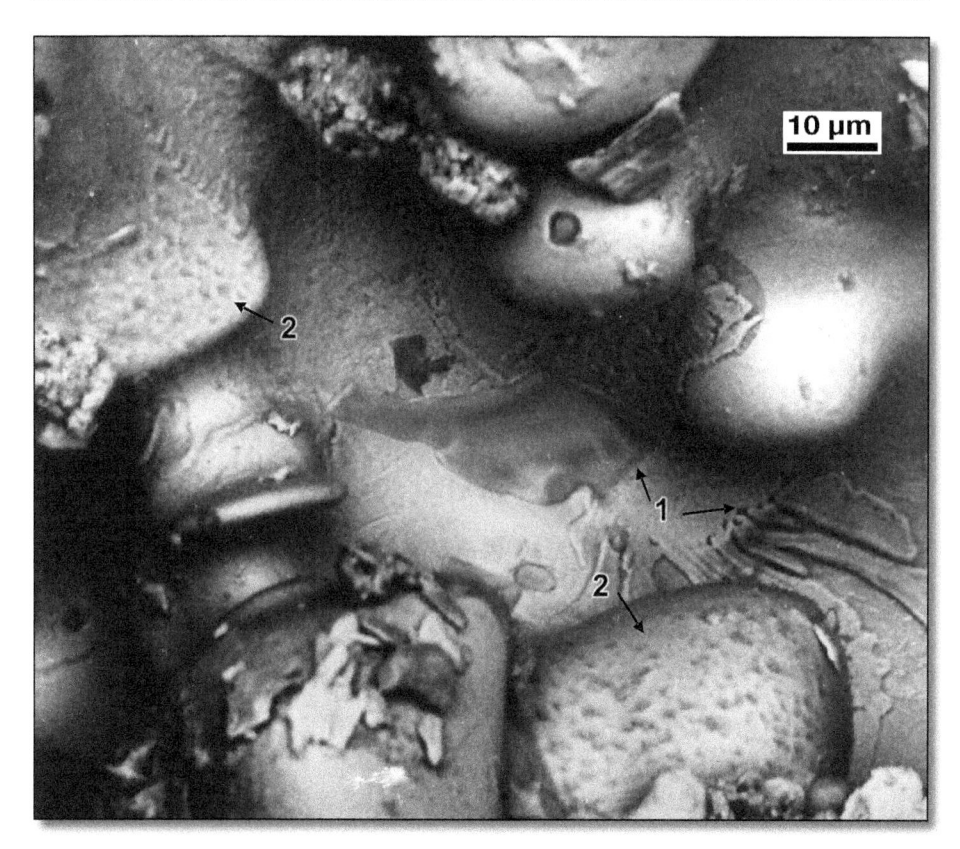

10 µm

Figura 8.43
Superfície de trinca a quente de aço produzido em lingotamento contínuo. Os pontos indicados por 1 apresentam partículas de segunda fase em forma de filme sobre a superfície das dendritas. As pequenas partículas indicadas por 2 na superfície das dendritas são, possivelmente, MnS que estava líquido no momento da fratura e se contraiu, por tensão superficial, ao solidificar sobre as dendritas (mecanismo proposto por [17]).

8. Estrutura de Fundidos, Lingotes e Produtos de Lingotamento Contínuo

8.1. Lingotamento Convencional

8.1.1. Tipos de Lingoteiras – Técnicas de Lingotamento

O projeto da combinação lingoteira/lingote é feito visando otimizar as variáveis de solidificação e considerando a conformação mecânica posterior do lingote. Lingoteiras têm, em geral, a forma de uma caixa, feita de ferro fundido, pesando 1-1,5 vezes o peso do lingote a ser produzido.

Diferentes formas de seção transversal são empregadas: quadrada, cilíndrica, oitavada (ou facetada) e, menos comumente, retangular. Normalmente, os lingotes têm alguma conicidade (as dimensões da seção transversal variam ao longo da altura), o que facilita a desmoldagem (estripagem) e favorece a solidificação direcional.

Quanto à conicidade, há dois principais tipos de lingotes: lingotes de topo maior que a base (*Big end up*) e lingotes de base maior que o topo (*Big end down*).

Além da conicidade, emprega-se isolante térmico no topo do lingote, a chamada "cabeça-quente" (*hot-top*) para evitar vazios chamados "rechupes" (Figura 8.44), como discutido no item 3 deste capítulo.

Figura 8.44
Contração de solidificação em lingotes. À direita, lingote sem "cabeça-quente": A solidificação progride uniformemente ao longo de toda a parede da lingoteira. O isolamento e os materiais exotérmicos na "cabeça-quente" retardam a solidificação desta região em relação ao restante do lingote (à esquerda). O metal líquido contido na "cabeça" alimenta o lingote, compensando sua contração. Todo o volume correspondente à contração fica contido na "cabeça". (Ver Figura 8.45).

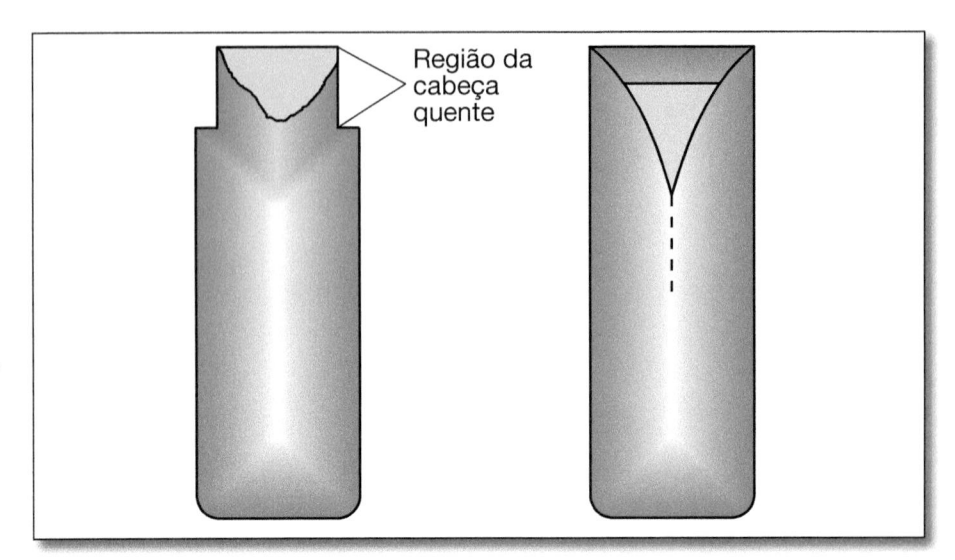

Região da cabeça quente

Quando o descarte da região da cabeça do lingote é insuficiente ou quando ocorre o fenômeno de "rechupe secundário", podem ser observados "restos de vazios" (Figura 8.45) nos produtos conformados. Normalmente exame por ultra-som é empregado para detectar e eliminar estes defeitos.

Quando seções próximas à seção circular são desejadas em lingotes destinados à forjaria pesada, é comum o emprego de seção transversal poligonal corrugada, como mostra a Figura 8.46.

Figura 8.45
Macrografias de exemplos de "restos de vazio" em barras conformadas a quente. Sem ataque.

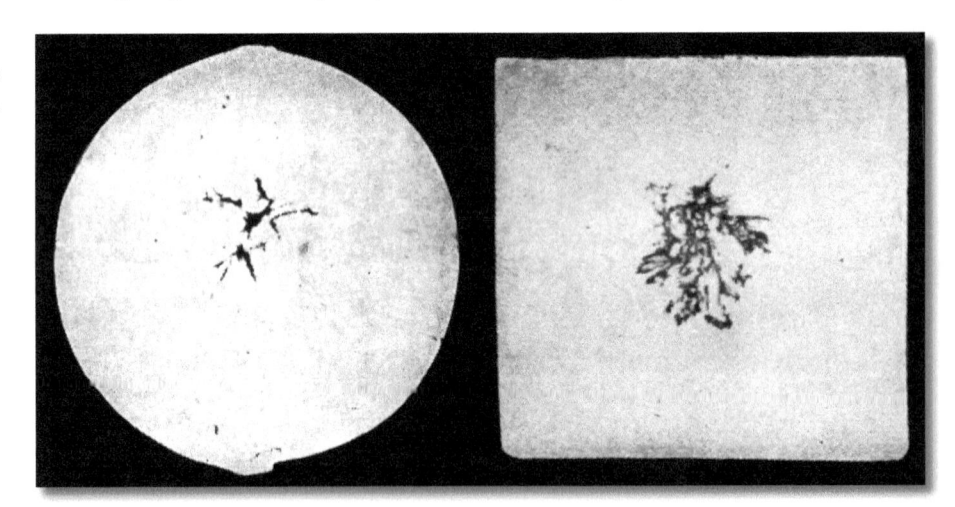

Figura 8.46
Esquema de um lingote típico para forjaria. A região a) solidifica mais rapidamente do que a região b). A região b) não é exposta a tensões trativas, em função da sua concavidade. Este arranjo evita a formação de trincas a quente na superfície do lingote, *panel cracks*.

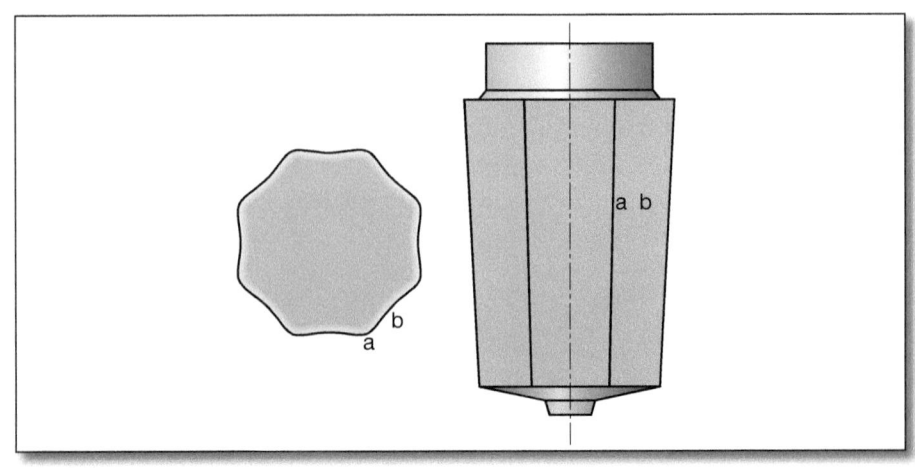

8.2. Aços Efervescentes

Nos antigos lingotes de aço efervescente, o movimento do líquido segregado associado à formação e crescimento de bolhas na região colunar levava ao transporte deste líquido para a região central do lingote, como mostra a Figura 8.47. O aço que solidificava junto à superfície tinha baixo teor de residuais e, após laminação para caldeamento das bolhas, era empregado para produtos de boa qualidade superficial. Este é um tipo de macrossegregação causado pelo movimento de líquido no interior do lingote.

8.3. Lingotamento Contínuo

Mais de 90% da produção mundial de aço é produzida pelo lingotamento contínuo. Neste sistema, o aço líquido é vazado em um molde de cobre refrigerado à água, dentro do qual uma primeira casca sólida se forma e vai sendo extraída por um sistema mecânico de rolos e suportes [5]. O molde oscila com pequena amplitude durante o processo, de modo a facilitar a extração do produto sólido formado, evitando a adesão. Formada a casca com uma espessura suficiente para resistir à pressão do metal líquido, o aço deixa o molde e passa a ser refrigerado por aspersão de água em *sprays* ou jatos e por radiação, até a conclusão da solidificação, como mostra o esquema da Figura 8.48.

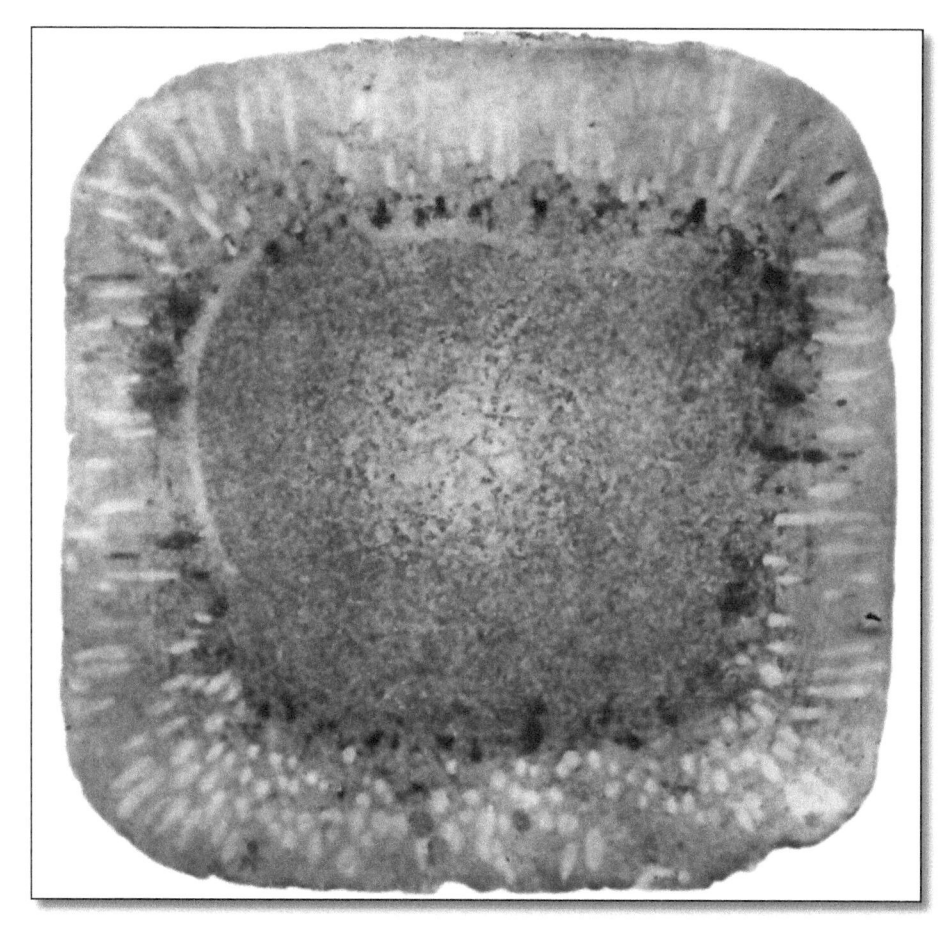

Figura 8.47
Reprodução da impressão de Baumann da seção transversal de um lingote de aço com numerosas bolhas junto à superfície (periferia da impressão). Os sulfetos se formam na região mais interna ao lingote, em vista de o líquido segregado ter sido "expulso" da região interdendrítica pelas bolhas. Aspecto típico de lingote de aço efervescente (comparar com a Figura 8.2).

Figura 8.48
Esquema de uma máquina de lingotamento contínuo. A solidificação é concluída vários metros abaixo do nível do menisco formado no interior do molde (comprimento metalúrgico). Velocidades de lingotamento (ou do veio) da ordem de 1 a 2 m/min são típicas. Como o veio é curvo, a estrutura não é perfeitamente simétrica (ver Figura 8.52).

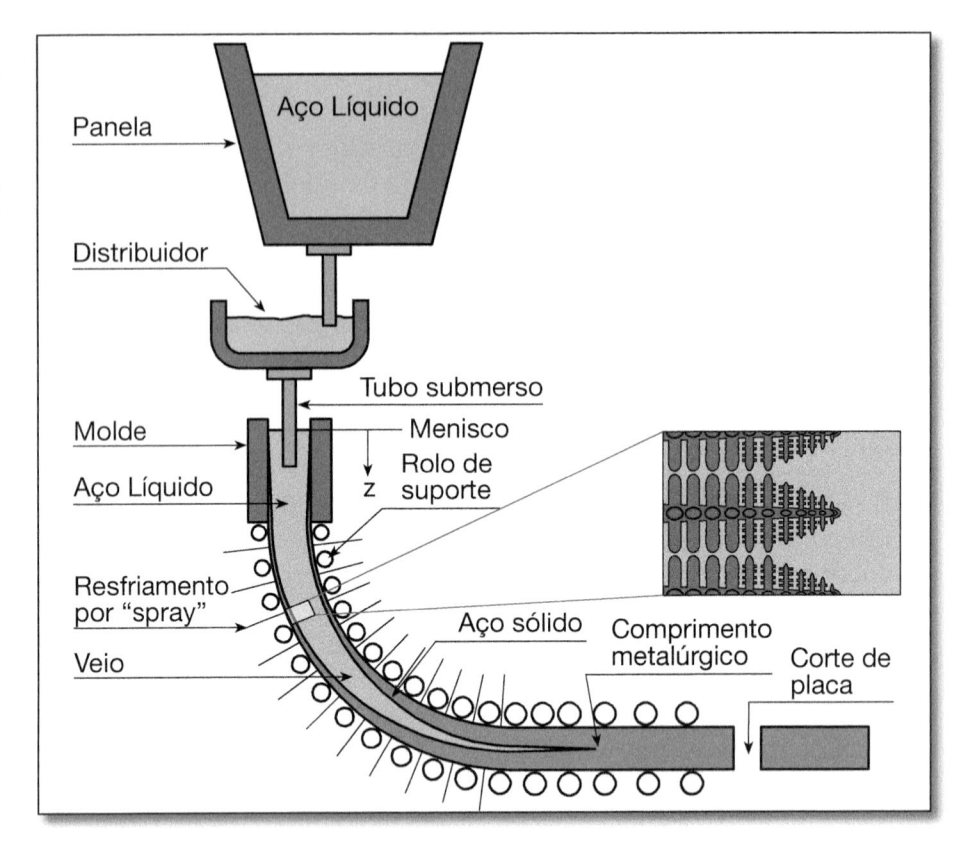

O lingotamento contínuo pode produzir semi-acabados de diferentes seções transversais. Usinas que produzem aços planos trabalham com lingotamento de placas, usualmente de aproximadamente 200 a 250 mm de espessura e larguras superiores a 1 m. O processo de *thin slab casting* trabalha com placas na faixa de 80 a 100 mm de espessura e elimina a primeira etapa da laminação a quente. *Billets* ou tarugos quadrados e redondos são produzidos nas siderúrgicas que produzem produtos longos.

8.4. Estrutura de Lingotes e Produtos de Lingotamento Contínuo

Lingotes são fundidos projetados para otimizar a estrutura de solidificação, levando em consideração o trabalho mecânico posterior a que serão submetidos.

Lingotes comerciais apresentam, em geral, três zonas de estruturas diferentes, como mostra a Figura 8.49.

- *Zona equiaxial fina na superfície*: esta zona aparece, devido à farta nucleação que ocorre quando o metal é vazado e entra em contato com as paredes frias do molde (ou da lingoteira). Os cristais nesta região são dendríticos e equiaxiais. Seu crescimento é limitado pela presença de outros núcleos.
- *Zona colunar*: à proporção que o crescimento da zona equiaxial prossegue em direção ao interior do metal vazado, os cristais favoravelmente orientados em relação ao fluxo térmico crescerão mais rapidamente, como mostra, esquematicamente, a Figura 8.50.

- *Zona equiaxial central*: se o líquido no interior do molde (ou do lingote) chegar a ficar superesfriado, pode ocorrer o crescimento equiaxial central. Este crescimento pode partir de núcleos existentes na região ou de pontas de dendritas trazidas por correntes de convecção.

É importante observar que nem sempre as três zonas estão presentes em lingotes comerciais. A ocorrência de cada uma das zonas pode ser favorecida ou dificultada por determinados fatores, inclusive o tipo do aço em questão.

Produtos de lingotamento contínuo têm a mesma variação de estrutura ao longo da seção. Junto ao molde tem-se uma camada equiaxial fina, seguida de uma zona colunar. Freqüentemente se observa também uma zona de cristais equiaxiais centrais, como mostra a Figura 8.50. A variável que tem maior influência sobre a extensão relativa das zonas colunar e equiaxial é o superaquecimento no lingotamento[13] [5, 17, 18]. A Figura 8.53 mostra o efeito do superaquecimento no lingotamento contínuo sobre a extensão das zonas colunar e equiaxial central.

Atenção especial deve ser dada às várias estruturas que se desenvolvem no aço desde a solidificação até o resfriamento completo e, eventualmente, tratamento térmico. À medida que os cristais colu-

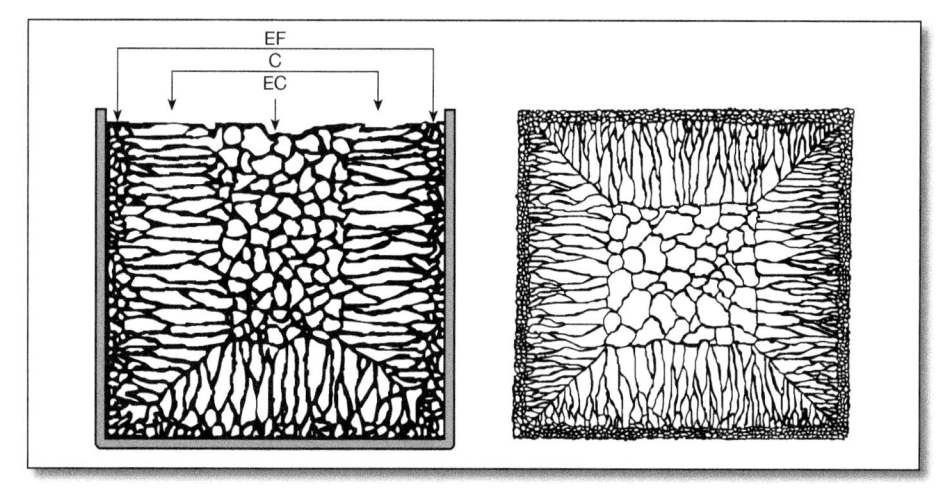

Figura 8.49
Diferentes estruturas em um lingote: Zona Equiaxial Fina (EF), Zona Colunar (C) e Zona Equiaxial Central (EC). A extensão de cada zona depende do material solidificado e das condições de solidificação. À esquerda, corte longitudinal (parcial) e à direita, corte transversal. As mesmas estruturas ocorrem em produtos de lingotamento contínuo. [5]

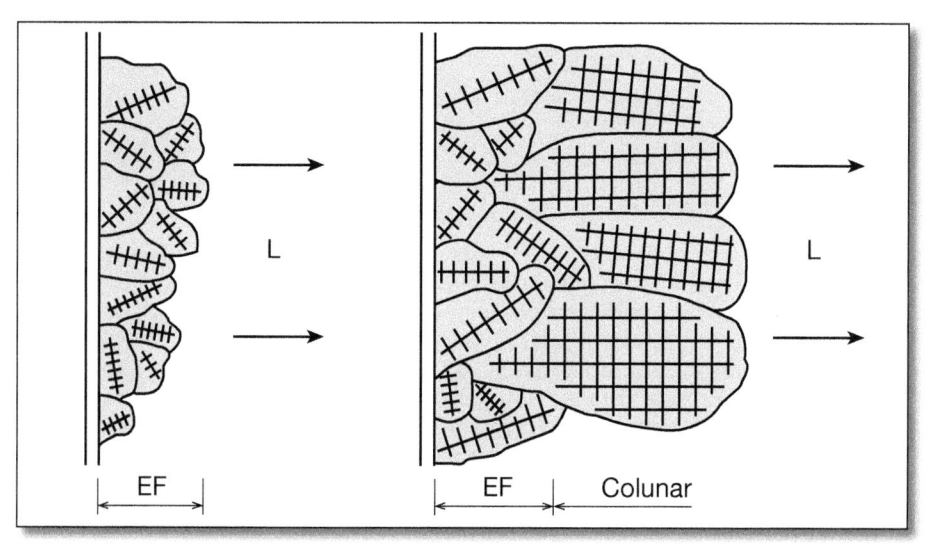

Figura 8.50
Transição da zona de cristais equiaxiais finos (EF) para zona de crescimento colunar. Os grãos com orientação cristalográfica favorável em relação à direção de extração de calor crescem mais rápido e dominam a estrutura. [5]

(13) Superaquecimento no lingotamento é a diferença entre a temperatura de lingotamento e a temperatura *liquidus* do aço a lingotar.

nares solidificam, com uma mesma orientação cristalográfica, podem gerar grãos da primeira fase que se solidificam ou podem sofrer, ao longo do resfriamento associado, transformações de fase no estado sólido, que mascarem os contornos de grão decorrentes da solidificação. A Figura 8.51 apresenta um exemplo em que as diferentes escalas da estrutura podem ser observadas em um aço inoxidável. Os cristais colunares são visíveis nesta imagem com pouco aumento. A distribuição

Figura 8.51
Aço inoxidável AISI 316 solidificado unidirecionalmente na direção da seta. Os grãos colunares da solidificação estão bastante evidentes. Imagens de dendritas são, também, claramente visíveis, pois o aço solidifica inicialmente como austenita e ferrita é precipitada no final da solidificação. Os grãos de ferrita, neste estado, indicarão a forma das dendritas, enquanto os grãos austeníticos, os cristais colunares. Ataque: eletrolítico com mistura de 60 mL HNO_3 e 40 mL H_2O com 1.1 V. Reproduzido de [19] com permissão de Springer Science and Business Media.

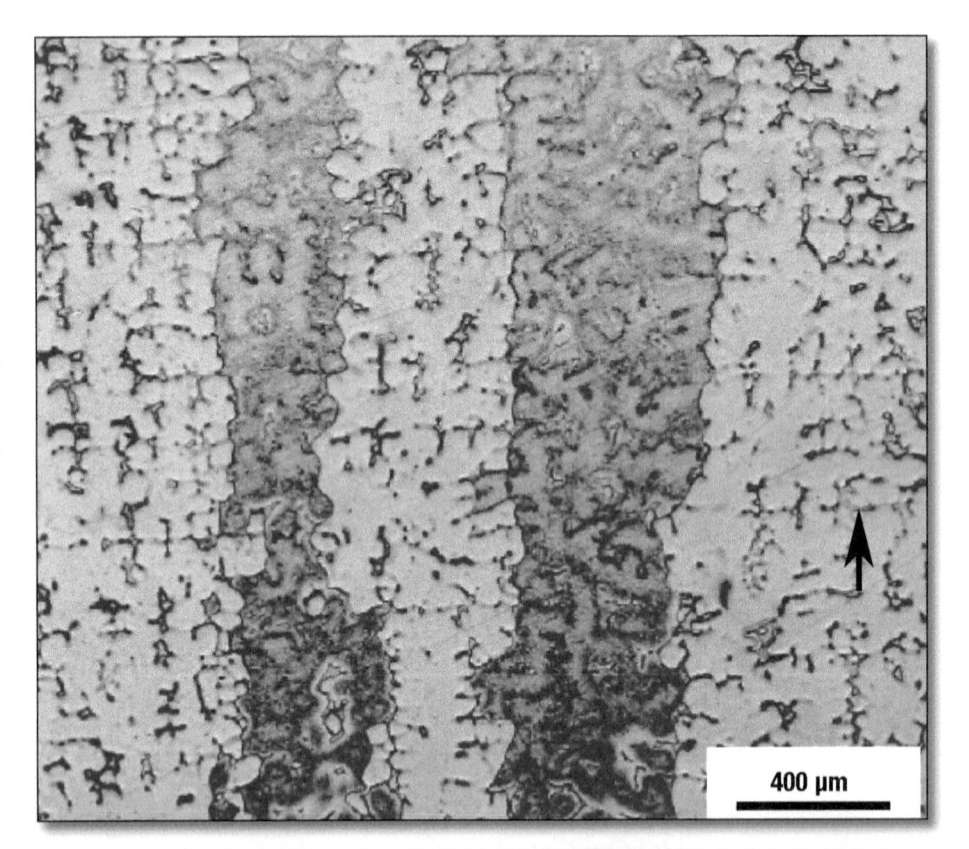

400 µm

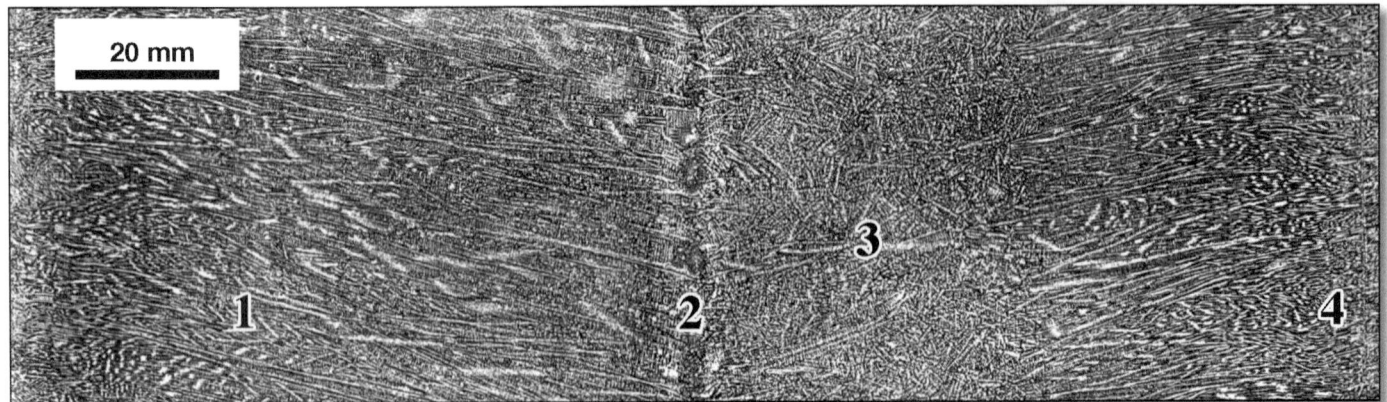

20 mm

Figura 8.52
Macrografia do plano longitudinal de placa de aço para gasoduto resistente à trinca por hidrogênio, produzida por lingotamento contínuo (0,08%C, 0,61%Mn, 0,21%Si, 0,0018%S, 0,005%P). (1) Região colunar (2) linha de centro, (3) região equiaxial "central"[14], (4) região equiaxial fina. Ataque: Reativo de Humfrey em dois estágios. Impressão *intaglio* (Capítulo 5). O teor de enxofre deste aço inviabiliza a realização de impressão de Baumann. Os baixos teores de fósforo e carbono dificultam a visualização de uma macrografia comum. A técnica empregada destaca o contraste da estrutura e permite o registro fotográfico. Cortesia de J. Casey, DOFASCO, Canadá.

(14) Como os núcleos equiaxiais tendem a afundar no líquido, no lingotamento com veio curvo a região externa do veio (raio maior) tende a concentrar a região equiaxial. Esta região não é simétrica, portanto nestas máquinas.

característica das fases associada à solidificação dendrítica é também perceptível. A microestrutura dos aços inoxidáveis é discutida no Capítulo 16. A Figura 8.38 é, também, um exemplo das diferentes informações estruturais acessíveis ao metalógrafo cuidadoso.

As diferentes zonas macroestruturais de uma placa de lingotamento contínuo estão identificadas nas Figuras 8.52 e 8.53, onde se observa, ainda, a assimetria da zona equiaxial central, característica de máquinas de lingotamento contínuo de veio curvo.

Outro modo de alterar a distribuição das estruturas colunar e equiaxial no lingotamento contínuo é o uso de agitação eletromagnética do aço líquido durante a solidificação. A agitação favorece a "quebra" de pontas de dendritas, que podem agir como núcleos de cristais equiaxiais, e acelera a transmissão de calor e a extração do superaquecimento [24]. A Figura 8.54 mostra o efeito de agitação eletromagnética em *billet* cilíndrico. Outro exemplo pode ser visto na Figura 15.38.

Figura 8.53
Macrografia do plano longitudinal de placa de aço para tubulação resistente à trinca por hidrogênio, produzida por lingotamento contínuo. (a) Baixo superaquecimento. (b) Alto superaquecimento. Todos os demais parâmetros de lingotamento constantes. Observa-se a maior extensão da zona colunar e estrutura mais grosseira quando o superaquecimento é maior. Ataque: Reativo de Humfrey em dois estágios (Capítulo 5). Impressão *intaglio*. O teor de enxofre deste aço inviabiliza a realização de impressão de Baumann. A técnica empregada destaca o contraste da estrutura e permite o registro fotográfico. Cortesia de J. Casey, DOFASCO, Canadá.

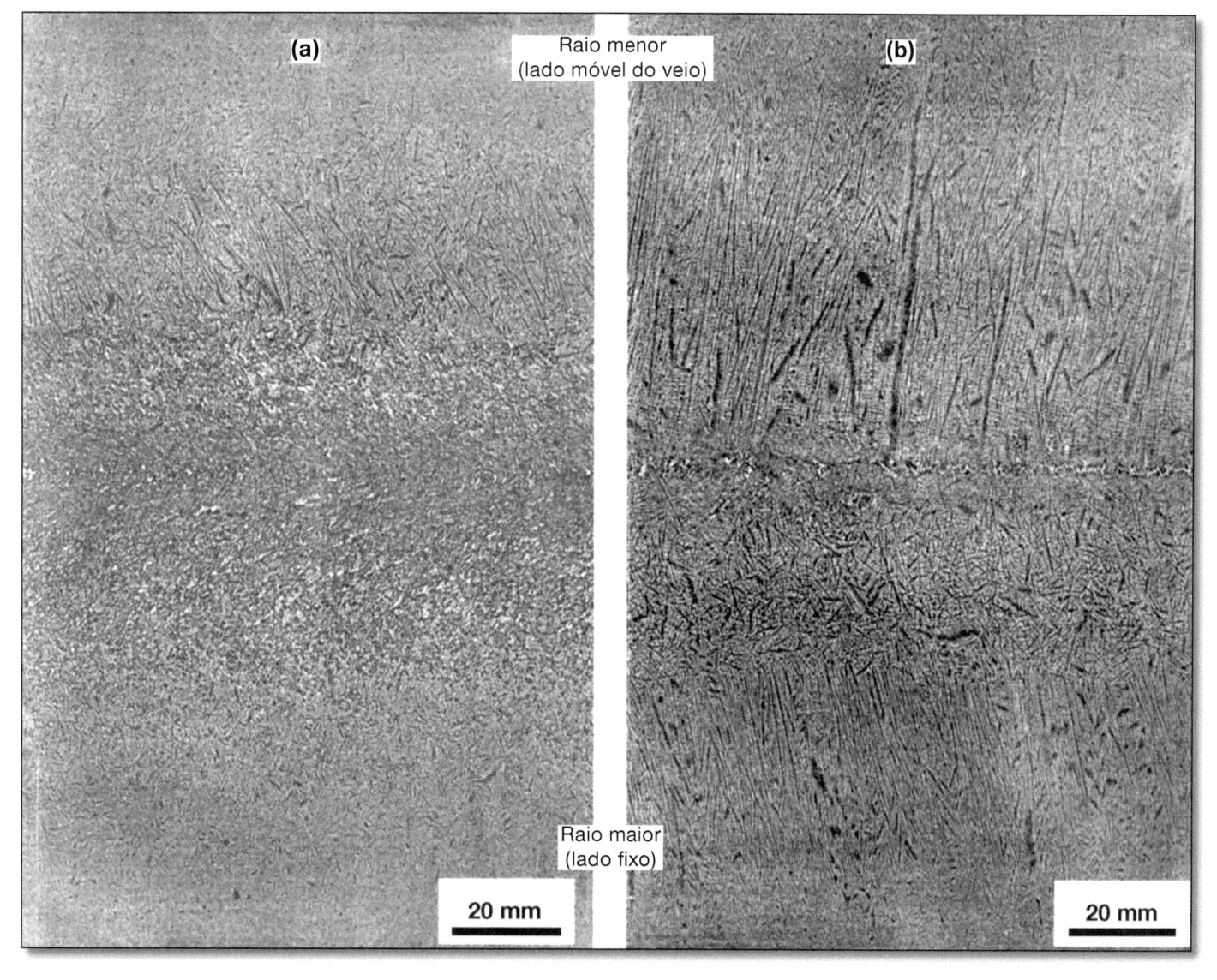

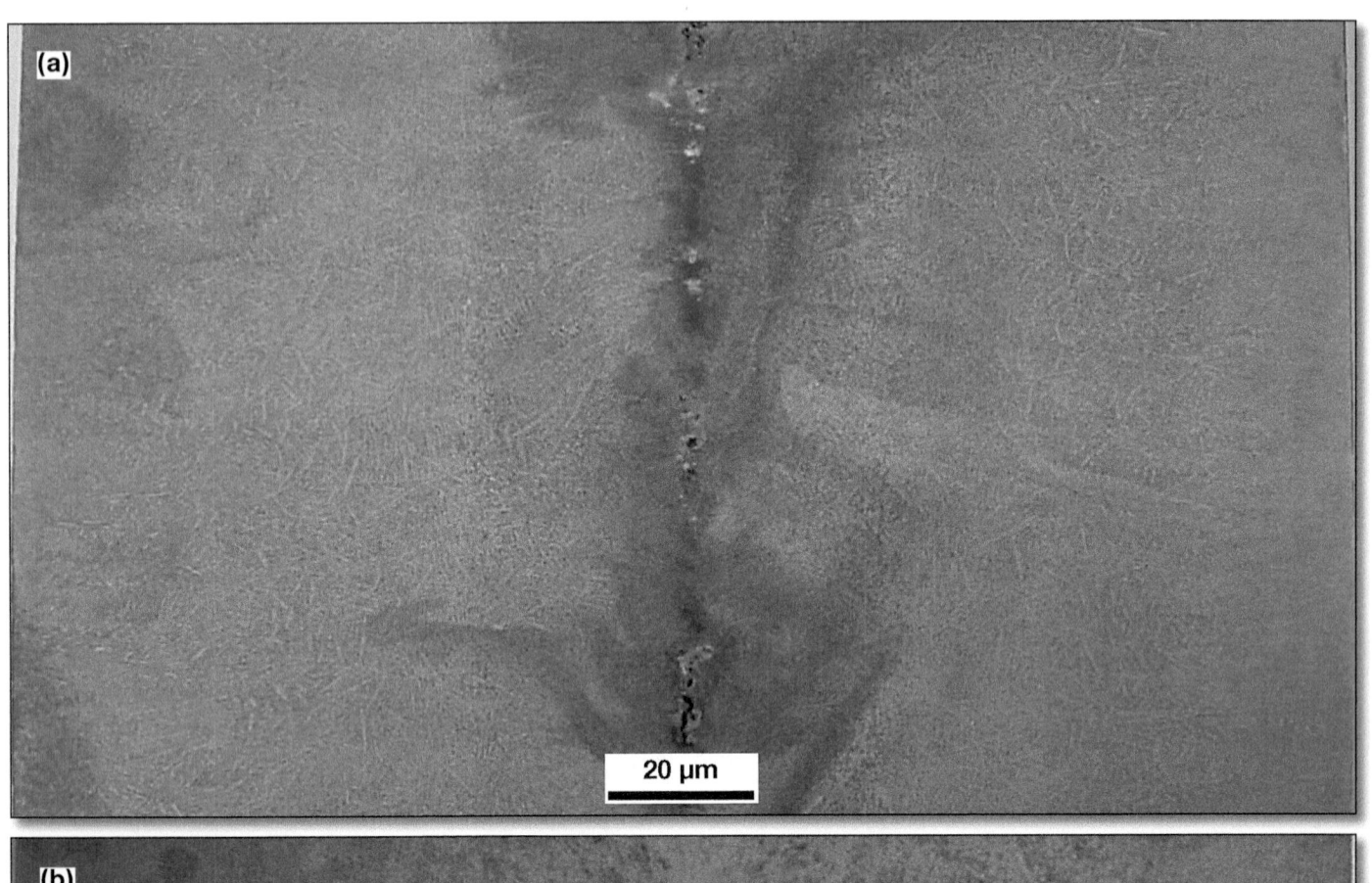

Figura 8.54
Macrografia do plano longitudinal de um billet cilíndrico de aço API N80 para dutos, produzido por lingotamento contínuo. Em (a), sem agitação eletromagnética. Observa-se estrutura colunar e porosidade e segregação centrais (manchas de secagem presentes). Em (b), com agitação eletromagnética. Estrutura mais fina, zona equiaxial central ampla. Ataque: Ácido clorídrico, quente. Cortesia V&M (Vallourec & Mannesmann) do Brasil.

9. Macrossegregação

Além da segregação que ocorre na escala interdendrítica, pode ocorrer segregação em maior escala, principalmente associada ao movimento de líquido interdendrítico. Dois motivos principais causam estes movimentos:

a) Diferenças de densidade entre o líquido segregado, localizado entre as dendritas e o líquido não segregado, adiante da região em solidificação.

b) Outras forças que causem o movimento do líquido interdendrítico.

9.1. Segregação em A ou *Freckles*

Quando o líquido interdendrítico tem densidade suficientemente diferente do líquido adiante da frente de solidificação, tais diferenças podem causar o aparecimento de correntes de convecção e o surgimento de canais por onde a convecção ocorre preferencialmente. Fósforo e enxofre são dois dos elementos que têm maior efeito sobre a densidade do líquido, quando segregados [5]. Os canais formados por líquidos de densidade mais baixa que a média, em lingotes, conduzem os segregados para cima, enriquecendo a região próxima à cabeça de lingotes convencionais nos elementos segregados. Naturalmente, as diferenças de densidade são pequenas e estes fenômenos se manifestam, com mais intensidade, preferencialmente em lingotes grandes ou em aços com teores elevados de elementos que afetem a densidade do líquido. As Figuras 8.55 e 8.56 mostram as principais características de lingotes convencionais.

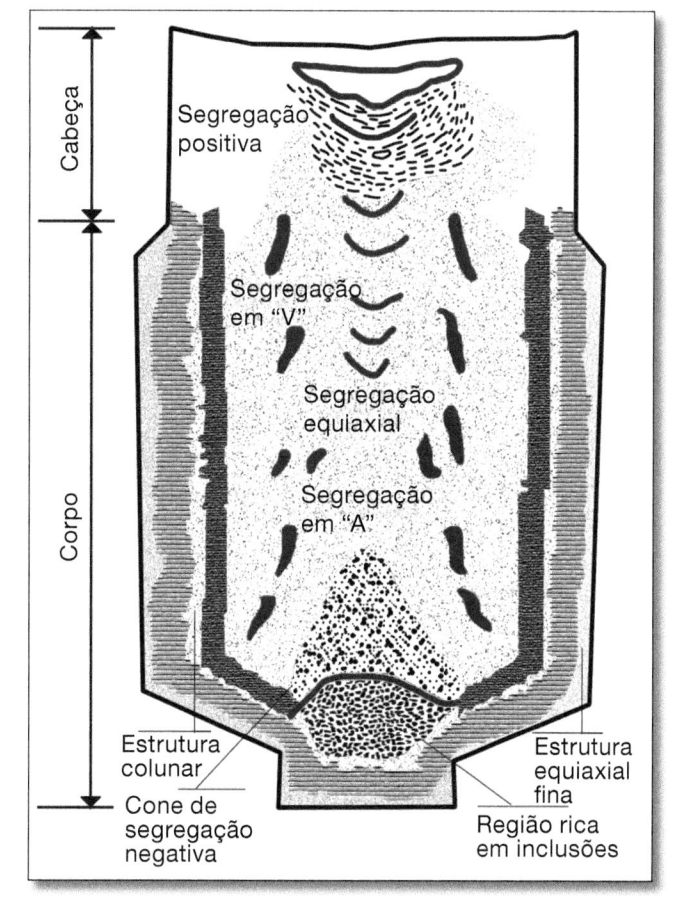

Figura 8.55
Principais características de um lingote de aço acalmado. [5]

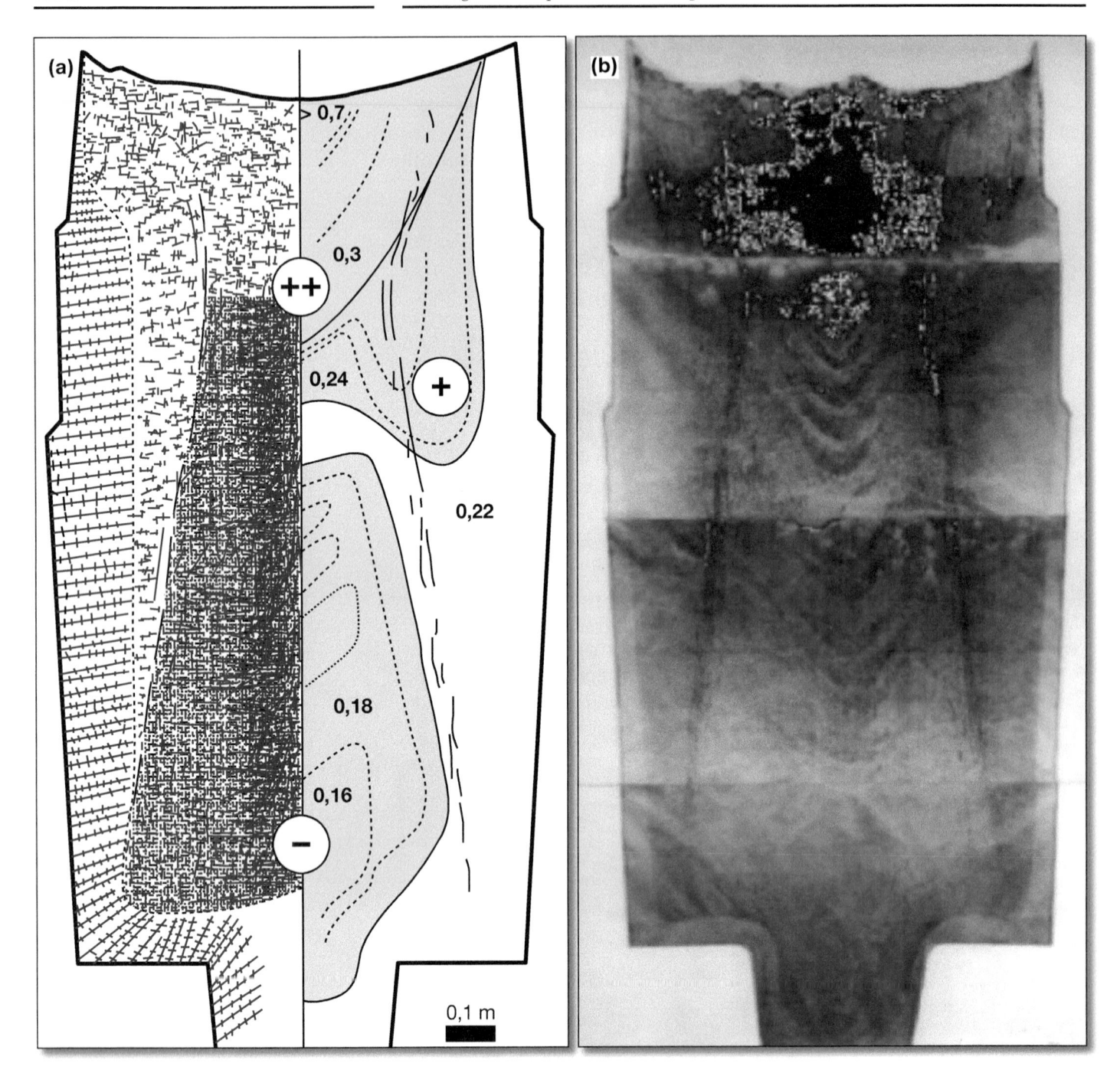

Figura 8.56

(a) Mapeamento do teor de carbono na seção transversal de um lingote convencional de 65 t, aço acalmado com C = 0,22%. Observam-se regiões de segregação positiva e segregação negativa. (b) Impressão de Baumann da seção transversal do mesmo lingote. Observam-se as segregações em "A" e as segregações em "V" apresentadas esquematicamente na Figura 8.55 e a segregação positiva de enxofre na cabeça do lingote. [20] Reproduzido com autorização da editora Elsevier.

9.2. Processos de Refusão

Nos processos convencionais de lingotamento, a massa total do lingote é vazada no interior da lingoteira, solidificando naturalmente. No lingotamento contínuo, as condições de solidificação normalmente ficam limitadas pelas exigências de produtividade e estabilidade da operação. Esta solidificação dá origem às heterogeneidades discutidas acima. É evidente que tais heterogeneidades são aceitáveis na maior parte dos aços nas aplicações usuais. Entretanto, à medida que as solicitações crescem, nota-se a tendência de as falhas se concentrarem nestes defeitos, ou surgirem em decorrência deles.

Uma alternativa, nestes casos, é o emprego de processos de refusão que, mediante o controle da entrada e extração de calor, permitem a realização de uma solidificação progressiva, além do refino do metal, como esquematizado na Figura 8.57.

Há dois processos mais comuns de refusão: a refusão sob escória eletrocondutora (*Electroslag remelting*, ESR) e a refusão a arco sob vácuo (*vacuum arc refining*, VAR). As características específicas dos dois processos são comparadas em [5]. As características de solidificação são relativamente similares.

A Figura 8.58 mostra o aspecto típico da seção longitudinal de um lingote refundido.

Quando a zona sólido-líquido é extensa, em processos de refusão, podem aparecer segregados em "A", também nestes processos. Como a observação mais comum é o exame em macrografias transversais, quando estes segregados aparecem como seções mais ou menos circulares dos canais segregados, com tonalidade bastante diferente do restante do material, costumam ser chamados de *freckles*[15]. Na seção longitudinal do lingote eles aparecem, naturalmente, como segregados em "A" típicos, como mostram as Figuras 8.59 e 8.60.

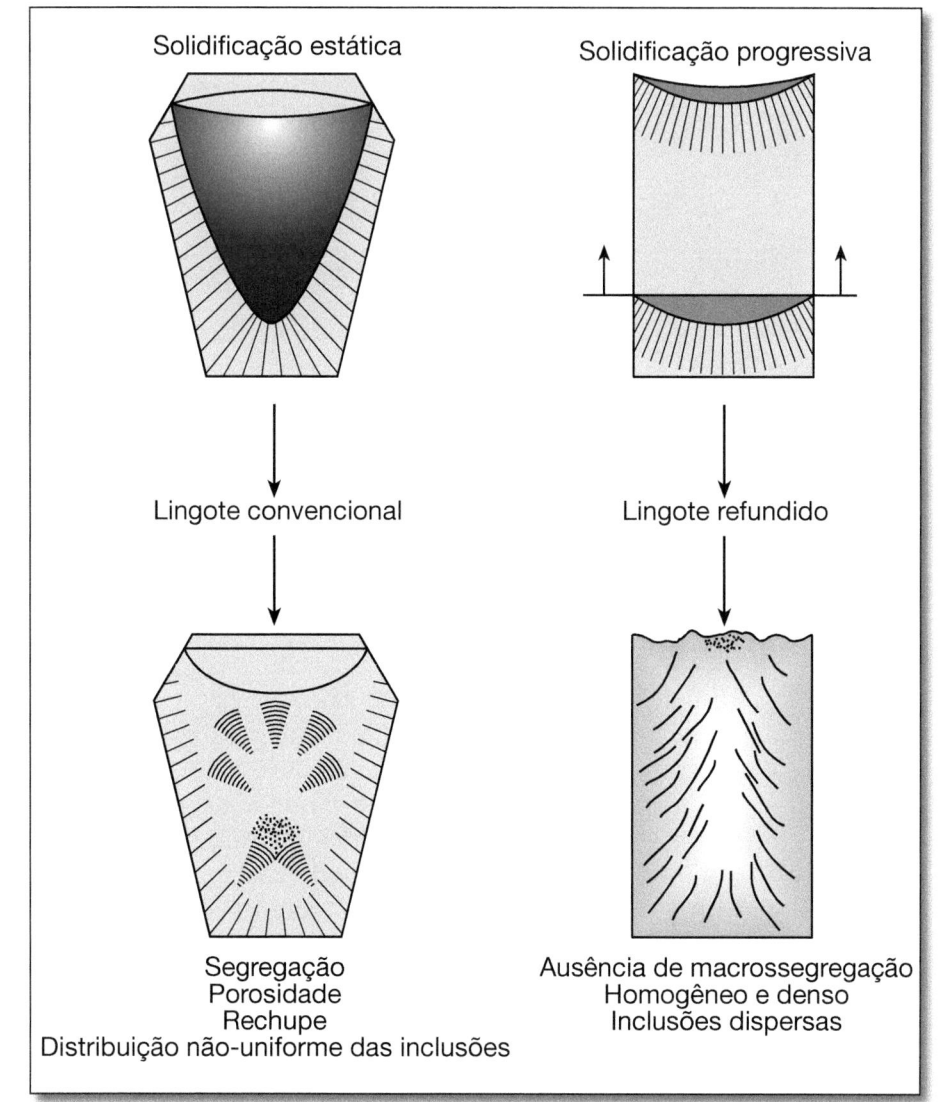

Solidificação estática

Solidificação progressiva

Lingote convencional

Lingote refundido

Segregação
Porosidade
Rechupe
Distribuição não-uniforme das inclusões

Ausência de macrossegregação
Homogêneo e denso
Inclusões dispersas

Figura 8.57
Esquema de lingote convencional e lingote refundido (à direita). Para o mesmo tamanho aproximado de lingote, a quantidade de metal líquido a cada momento é muito menor no lingote refundido, resultando em estrutura mais homogênea.

(15) Em inglês: manchas, sardas.

Figura 8.58
Macrografia da seção longitudinal de um lingote de liga Invar, de 550 mm de diâmetro, refundido por VAR. A estrutura é extremamente homogênea. A orientação dos cristais colunares permite visualizar o contorno da "poça" líquida a cada momento, uma vez que os cristais colunares crescem, basicamente, ortogonais à frente de solidificação. Cortesia A. Mitchell, University of British Columbia, Vancouver, Canadá.

50 mm

9.2.1. Segregação em "V"

No final da solidificação, quando a região central do lingote ou do fundido já tem uma fração sólida considerável, podem se estabelecer condições que causem fluxos de líquido, especialmente para "alimentar" regiões que ficam separadas do alimentador ou da cabeça do lingote por uma grande extensão de material sólido + liquído, com permeabilidade relativamente baixa. Nestes casos, pode ocorrer que a massa sólido + líquido não resista aos esforços de "sucção" causados pela contração e venha a cisalhar, em planos de aproximadamente 45° com a direção de "sucção", criando, então, canais de alimentação, chamados segregação em "V". Estes segregados são evidentes na impressão de Baumann da Figura 8.56. Por outro lado, a Figura 8.61 mostra a ocorrência deste tipo de segregação em fundido de aço.

Figura 8.59
Macrografia longitudinal de lingote de aço 18% cromo 18% manganês produzido por refusão sob escória condutora (ESR). Segregações em "A" (*freckles*). Cortesia A. Mitchell, University of British Columbia, Vancouver, Canadá.

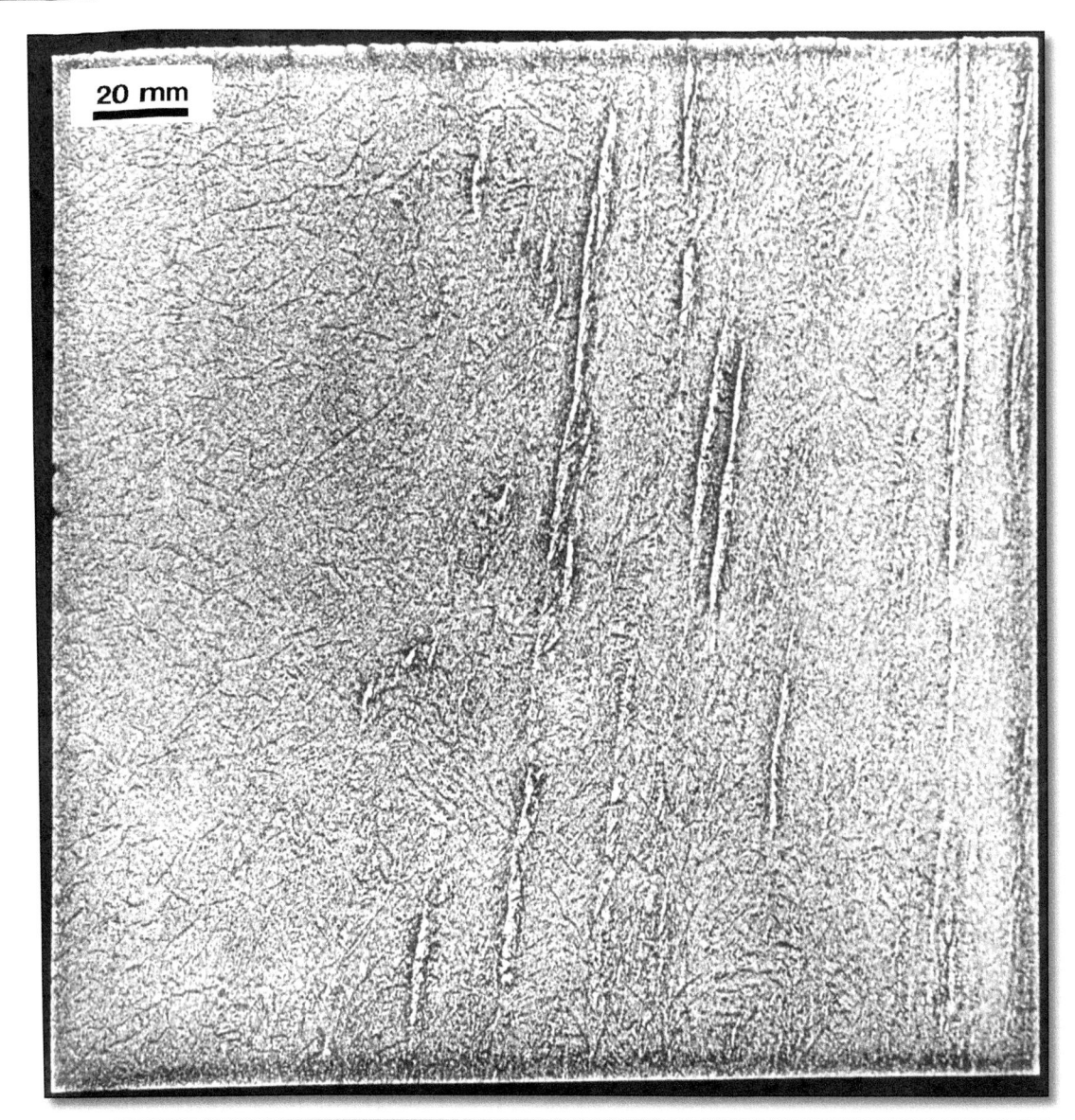

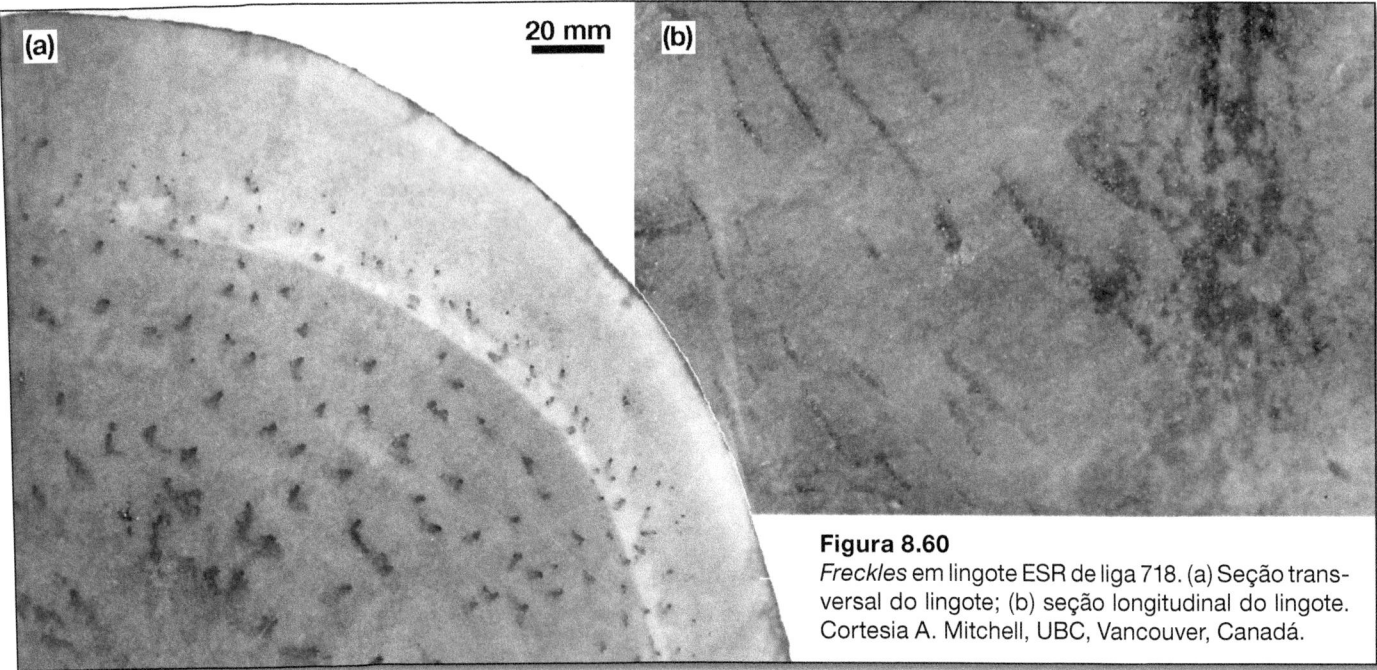

Figura 8.60
Freckles em lingote ESR de liga 718. (a) Seção transversal do lingote; (b) seção longitudinal do lingote. Cortesia A. Mitchell, UBC, Vancouver, Canadá.

Figura 8.61
Macrografia de fundido de aço fraturado (a macro é transversal ao plano de fratura, que está na parte inferior da figura. A região central do fundido apresenta forte segregação em "V" e alguma porosidade. Ataque: ácido clorídrico.

10. Monitoramento da Qualidade de Produtos de Lingotamento Contínuo

Enquanto o lingotamento convencional é caracterizado pela ausência de fortes movimentos após o vazamento do lingote e nos processos de refusão se tem um lento avanço da frente de solidificação através da adição contínua, porém relativamente lenta de metal líquido, os processos de lingotamento contínuo são caracterizados, simultaneamente, pela adição de metal líquido em altas taxas e pela necessidade de movimentar o produto que se forma, durante o processo de solidificação. Estas duas características introduzem fontes de tensões e possibilidades de movimentos de líquido durante o processo que podem dar origem a problemas específicos do processo.

A Figura 8.62, por exemplo, indica uma possível fonte de movimento de líquido nos processos de lingotamento contínuo. Além de mecanismo de *bulging*, outros mecanismos similares, ligados ao alinhamento dos rolos, são responsáveis pelo aparecimento de tensões que podem levar a trincamento, por exemplo. É importante notar que o posicionamento correto dos rolos não é uma questão trivial, uma vez que durante o percurso ao longo da máquina o aço sofre contração de solidificação, contração térmica e deve ser suportado mecanicamente. É comum realizar controle da qualidade do produto lingotado através de macrografias e impressões de Baumann.

Uma vez que as máquinas de lingotamento contínuo são longas e têm muitos rolos suportadores e regiões de resfriamento com controle independente, é muito importante identificar, na macrografia ou na impressão de Baumann, o local aproximado na máquina onde os problemas podem estar sendo causados. Para isto, normalmente, empregam-se correlações entre tempo de solidificação e espessura solidificada (Figura 8.63) e velocidade de lingotamento e tempo de solidificação.

As Figuras 8.64 a 8.67 apresentam impressões de Baumann e macrografias típicas de placas de lingotamento contínuo.

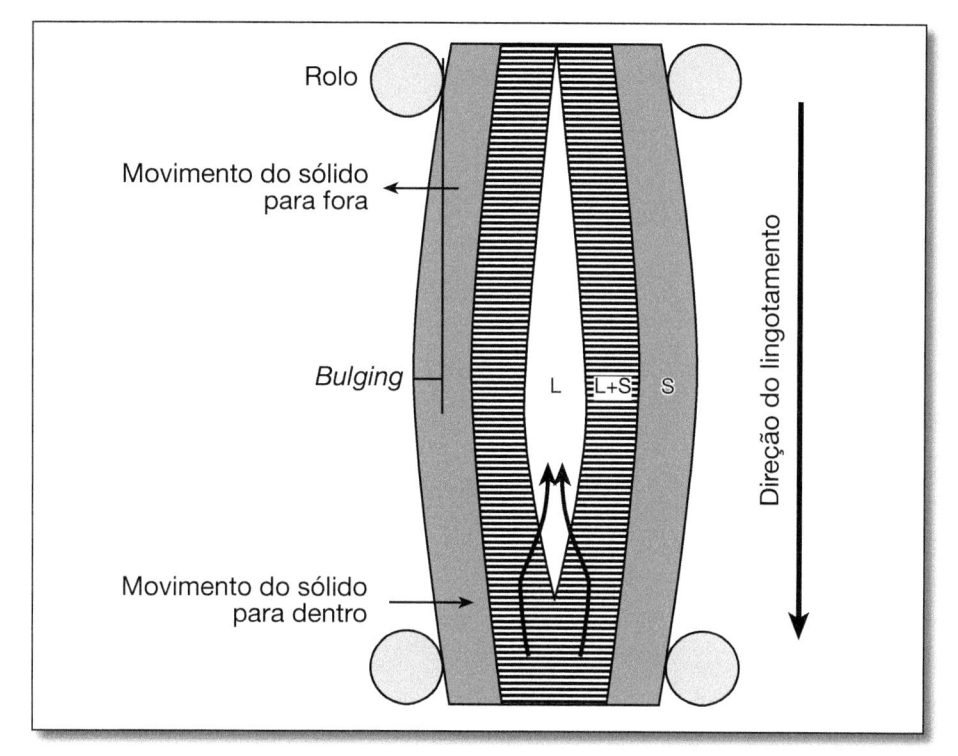

Figura 8.62
Mecanismo de movimentação de líquido interdendrítico causado por *bulging* no lingotamento contínuo [5].

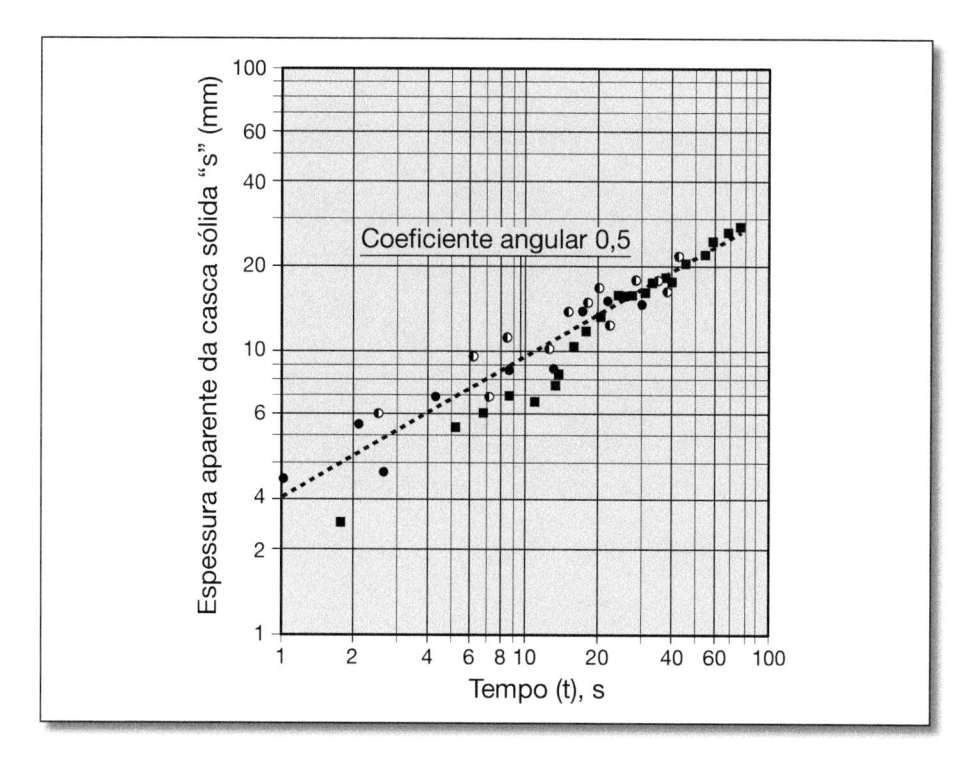

Figura 8.63
Exemplo de ajuste de relação entre espessura da camada solidificada em placa de aço inoxidável AISI 304, a partir da entrada de um volume de aço no molde, em função do tempo. A inclinação de 0,5, no gráfico log-log, corresponde à dependência da raiz quadrada do tempo. Adaptado de [24]. Ver [53].

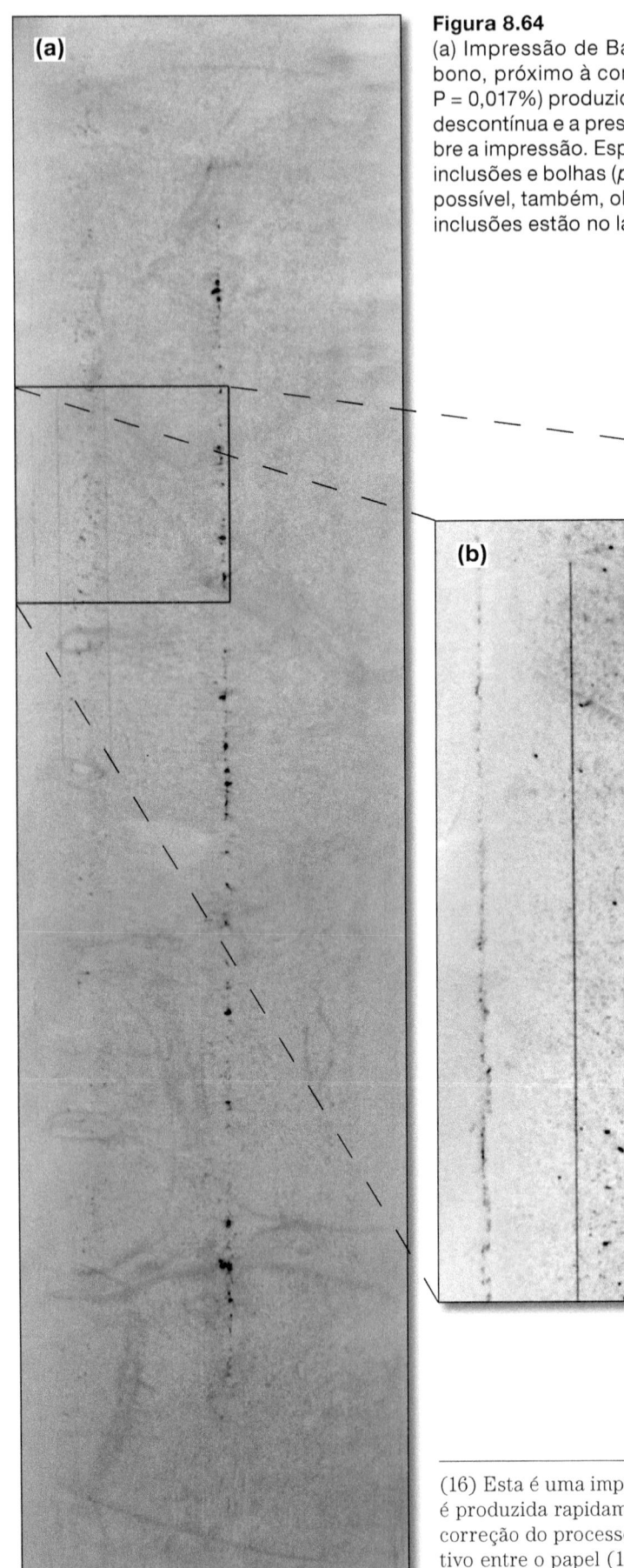

Figura 8.64

(a) Impressão de Baumann[16] no plano transversal de placa de aço baixo carbono, próximo à composição peritetóide (C = 0,13%, Mn = 0,65%, S = 0,010%, P = 0,017%) produzida por lingotamento contínuo. Observa-se segregação central descontínua e a presença de pequenos defeitos indicados pelas retas traçadas sobre a impressão. Espessura da placa 250 mm. (b) Detalhe da região com pequenas inclusões e bolhas (*pinholes*), marcadas pelas retas traçadas sobre a impressão. É possível, também, observar a estrutura colunar e as descontinuidades centrais. As inclusões estão no lado interno (ou superior) da curvatura da máquina.

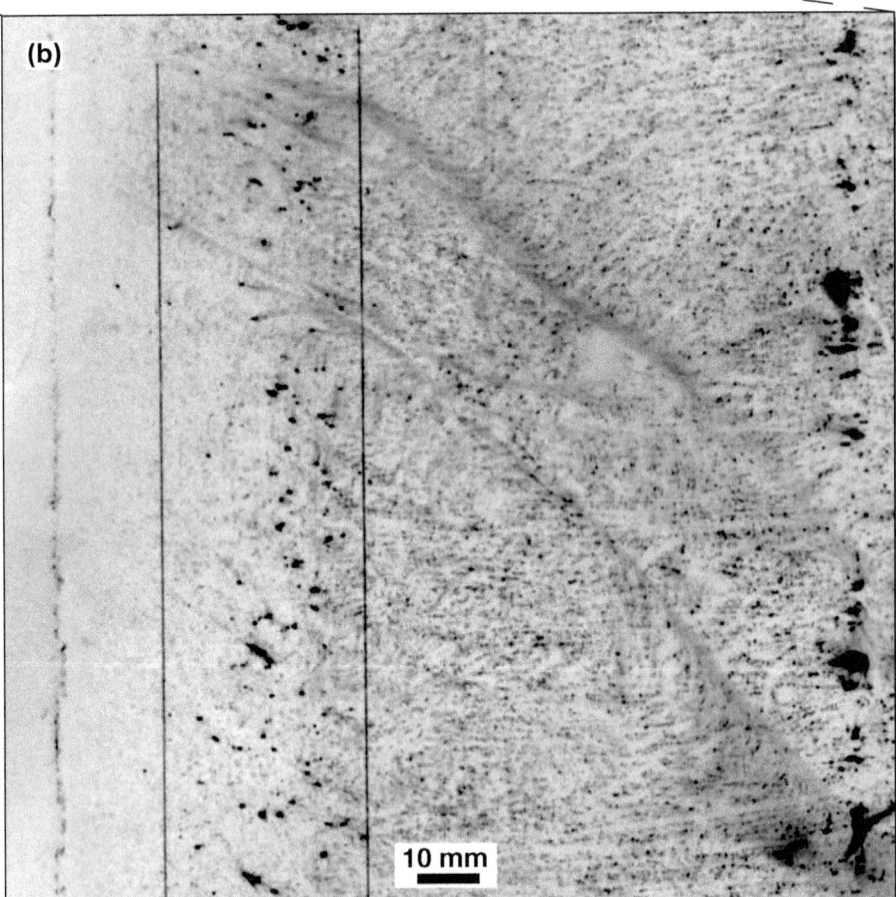

10 mm

(16) Esta é uma impressão típica de aplicação em controle de processo. A impressão é produzida rapidamente, de modo a obter resultados em tempo útil para o ajuste e correção do processo. Há, por isto, algumas manchas causadas por movimento relativo entre o papel (1400 × 250 mm, aproximadamente) e a peça e algumas "bolhas" de ar, retidas.

Figura 8.65
Detalhe de Impressão de Baumann no plano transversal de placa de aço baixo carbono, próximo à composição peritetóide. A superfície da placa está no topo da imagem. Pequenas inclusões e bolhas (*pinholes*) no lado interno da curvatura da máquina. Presença de trincas próximas à região de segregação central. As diversas linhas traçadas sobre a impressão destinam-se a medir a posição das indicações e correlacioná-las com a posição na máquina de lingotamento.

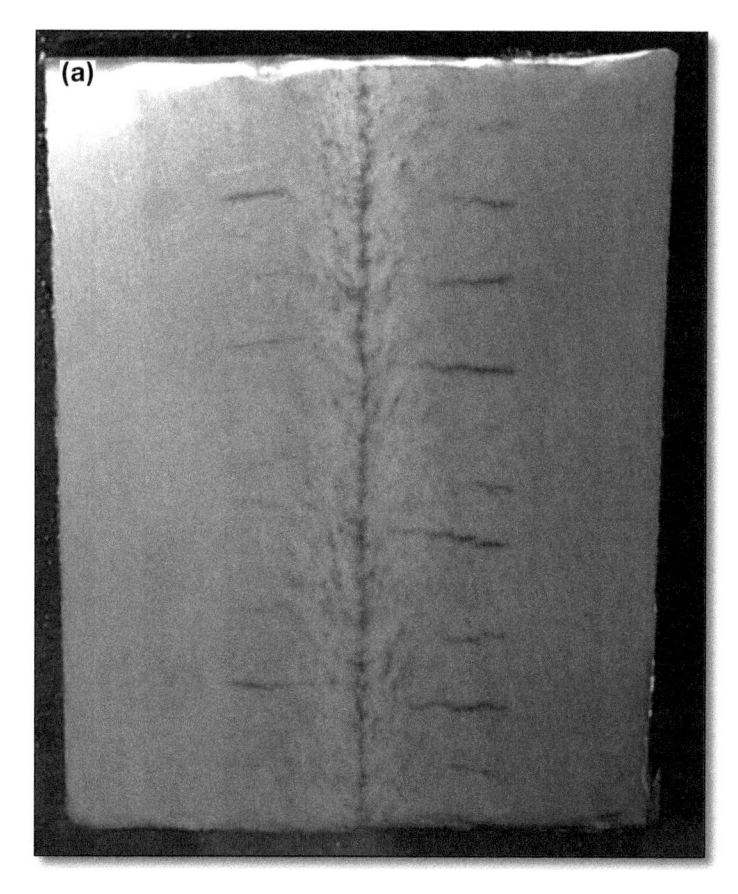

Figura 8.66
(a) Macrografia no sentido longitudinal de placa produzida por lingotamento contínuo de aço AISI 1527. Espessura da placa 225 mm. Presença de trincas e segregação central. Formato em "V" da segregação central pode ser observado[17]. Continua na página seguinte com a figura (b).

(17) O lado direito da macrofotografia foi editado digitalmente para eliminar parte dos dados de rastreabilidade da usina.

Figura 8.66 (*Continuação*)
(b) Macrografia no sentido transversal de placa de aço produzida por lingotamento contínuo. Presença de trinca central.

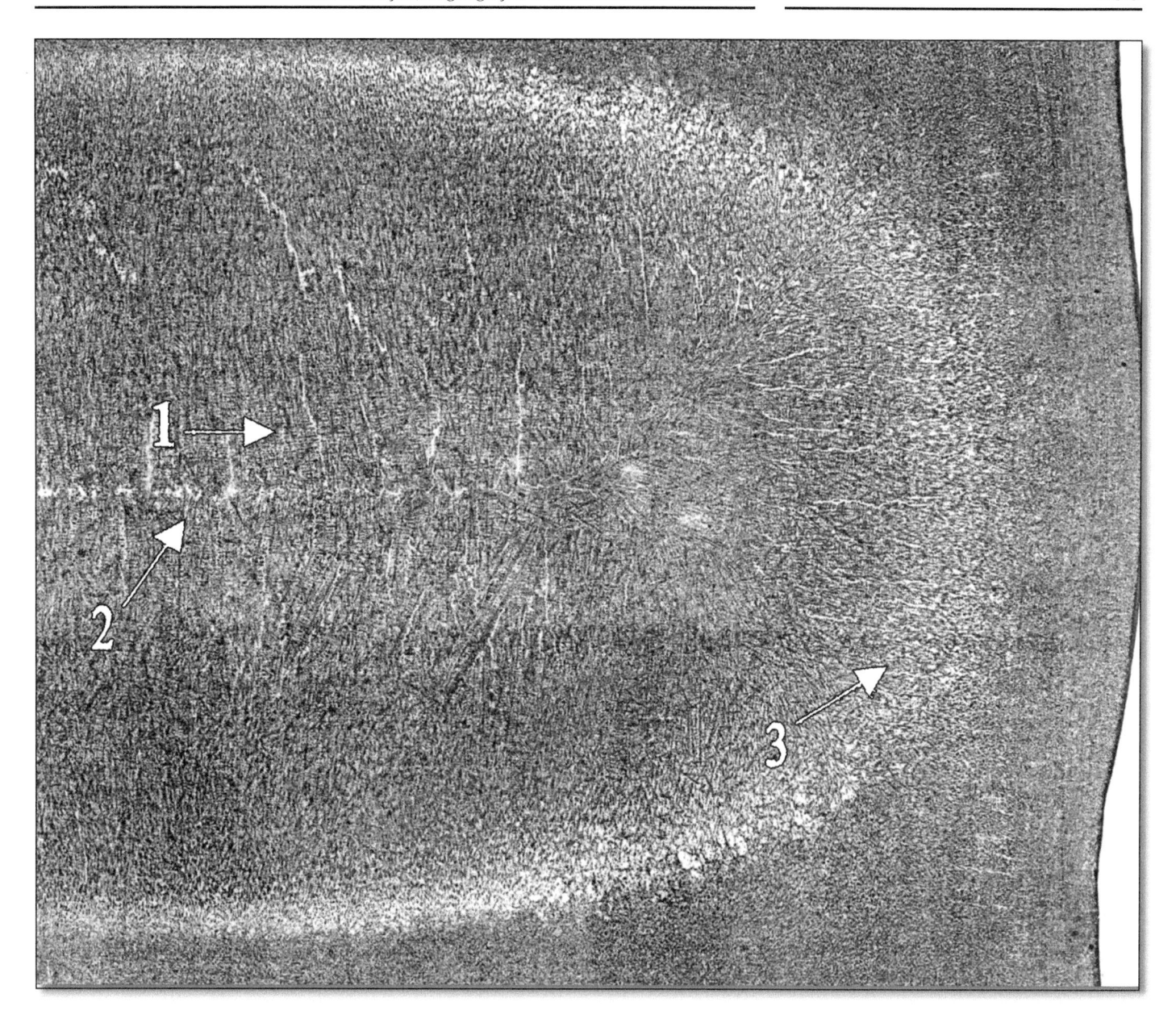

Figura 8.67
Macrografia transversal de placa de lingotamento contínuo (aço contendo C = 0,30%, Mn = 0,53%, Si = 0,23%, S = 0,003%, P = 0,0012%). Espessura 125 mm. À direita, a superfície lateral da placa. (1) trincas (*midway cracks*); (2) segregação central; (3) trincas de ponto triplo (canto da placa). Macrografia produzida por técnica de gravura, para publicação (ver Capítulo 5). Cortesia de J Casey, DOFASCO, Canadá.

11. Inclusões Não-metálicas

Aços contêm diversos elementos não metálicos em solução. Em particular, oxigênio, enxofre e nitrogênio são solutos muito comuns. Oxigênio e enxofre têm baixa solubilidade no ferro sólido e formam, com o ferro, compostos de baixo ponto de fusão (ver, por exemplo, diagrama Fe-O Figura 2.9, Capítulo 2). Assim, a estratégia para o controle do oxigênio e do enxofre consiste, basicamente, em reduzir seus teores tanto quanto possível no aço e reter a quantidade restante sob a forma de partículas precipitadas, inclusões não-metálicas, com ponto de fusão suficientemente elevado para não comprometer o aço. A mesma estratégia é, por vezes, aplicada ao nitrogênio. Quando a solubilidade do enxofre no ferro sólido é excedida, forma-se FeS, de baixo ponto de fusão. As Figuras 8.68 e 8.69 mostram a formação de rede de FeS em aço, quando a solubilidade do enxofre no ferro sólido é excedida e este sulfeto precipita no final da solidificação. Esta estrutura não resiste

Figura 8.68
Aço bruto de fusão, contendo FeS em rede. O baixo ponto de fusão do FeS faz com que esta fase seja a última a se solidificar, formando uma rede. O material fica fragilizado a quente (*hot shortness*) (ver Figura 8.70). Sem ataque. [21][18]

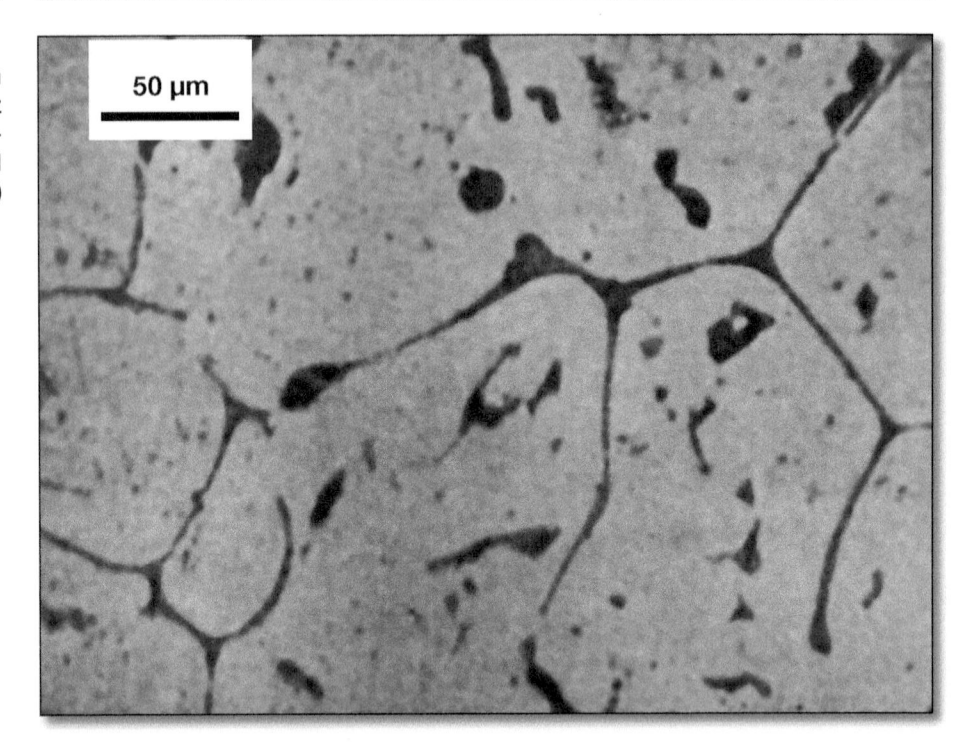

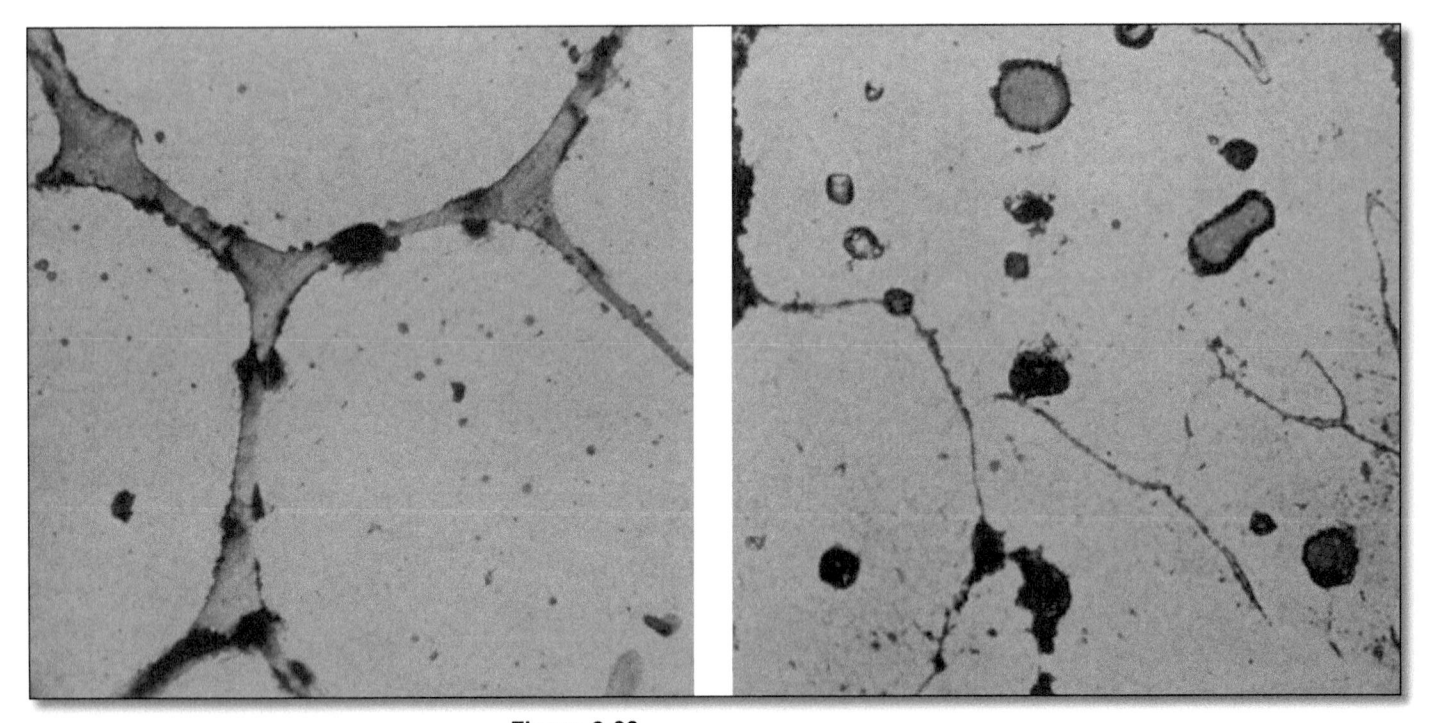

Figura 8.69
Aços brutos de fusão, contendo FeS em rede (à esquerda) e contendo MnS, globular, à direita. Sem ataque. [21][18]

(18) A quantidade e tamanho destas inclusões não são facilmente encontrados em aços produzidos com os processos atuais de elaboração. O valor didático das ilustrações é importante, entretanto.

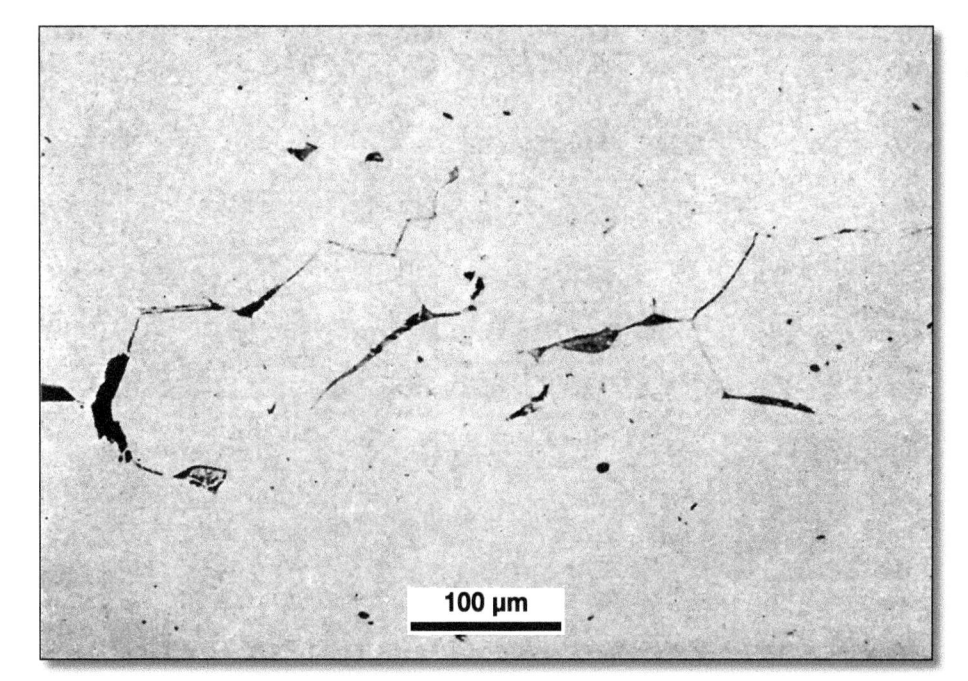

Figura 8.70
Aço contendo sulfeto de ferro, deforma-do a quente. Observa-se que o sulfeto ocupa os contornos de grão austeníticos, causando fragilização a quente.

ao trabalho a quente. A adição de manganês em quantidade adequada resulta na formação de um sulfeto de ponto de fusão mais alto, o MnS, que precipita a temperaturas mais elevadas.

Como a origem e formação das inclusões não-metálicas é um tema bastante complexo (ver, por exemplo, [5, 22, 23]), há diversas classificações para estas inclusões. Infelizmente, as classificações não são excludentes e, com freqüência, conduzem à confusão. Além disto, as inclusões podem sofrer alterações de composição química e de forma, desde seu aparecimento no aço e principalmente de forma, durante a conformação. Além da evidente classificação pela composição química (óxidos, sulfetos, nitretos etc.) é freqüente tentar-se classificar as inclusões em exógenas (que vêm "de fora" – *exo* do processo) e endógenas. Grande parte das inclusões que têm gênese exógena reage e tem sua composição alterada, de modo que muitas vezes é difícil determinar se são, efetivamente, exógenas. A Figura 8.71, por exemplo, mostra uma inclusão de óxido bastante grande (freqüentemente são chamadas macroinclusões) em um fundido.

11.1. Desoxidação

O elemento mais comumente usado para a desoxidação do aço é o alumínio. Quando o alumínio é usado em quantidade suficiente, a inclusão formada é a alumina, óxido de alumínio. Normalmente, a maior parte da alumina é precipitada antes do início da solidificação (classificada como "primária") e uma parte restante, pequena, precipita durante a solidificação, devido à redução da solubilidade deste óxido no aço. Devido ao seu elevado ponto de fusão, a alumina precipita como uma fase sólida, no interior do líquido. A alumina pode se precipitar em diversas morfologias, que podem ter influência sobre o processamento e propriedades do aço. A Figura 8.72 mostra uma inclusão poligonal de alumina, observada em um lingote refundido por ESR através de

Figura 8.71
Grande inclusão não-metálica de óxido em aço fundido, temperado e revenido. Observa-se que a reação química entre a inclusão e o aço foi interrompida pela solidificação da peça. Há uma "coroa" de pequenas partículas de óxidos em torno da inclusão, resultado da reação entre o aço e a inclusão "original" que tanto pode ser exógena como um produto de reoxidação. A inclusão não é composta por uma única fase: há pequenas partículas que parecem metal "preso" na inclusão e outras partículas mais escuras, que deram origem a "cometas" no polimento da inclusão. Microscopia ótica, ataque: nital 2%. Para mais exemplos de inclusões em fundidos de aço, consultar o Atlas de Inclusões da AFS, na Internet. [24]

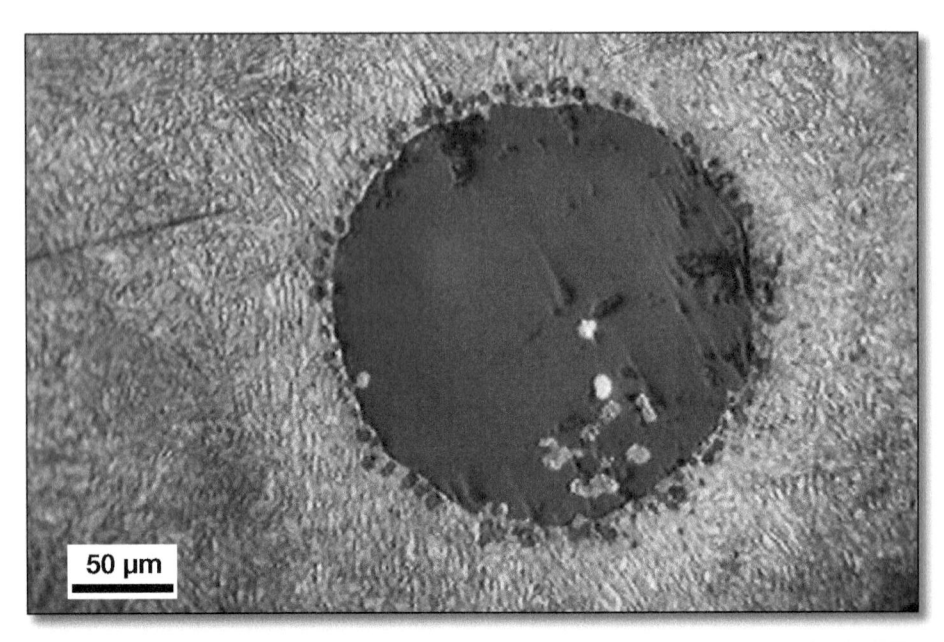

Figura 8.72
Inclusão de alumina poligonal de um lingote refundido por ESR (refusão sob escória eletrocondutora [5]). A forma poligonal indica que a inclusão precipitou como um sólido a partir do metal ainda líquido. Estas inclusões são freqüentemente classificadas como tipo D segundo a norma ASTM E45. A amostra foi submetida a um ataque profundo (*deep etch*) de modo a corroer a matriz de aço e a inclusão foi retida em um substrato, para observação. MEV, ES. Cortesia A. Mitchell, University of British Columbia, Canadá.

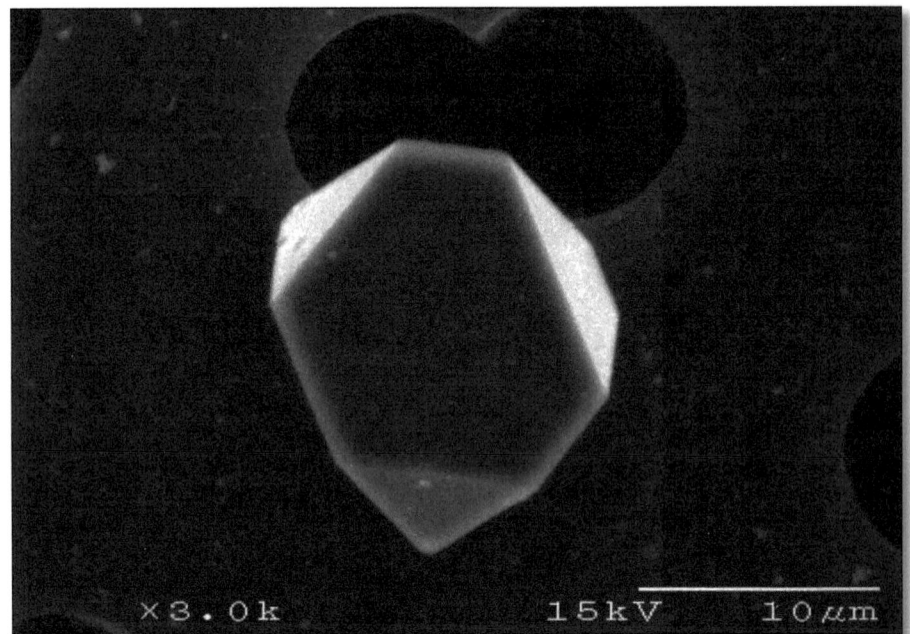

Figura 8.73
(a) Inclusão não-metálica de óxido em aço bruto de fusão. A forma esférica da inclusão pode indicar que a inclusão precipitou no estado líquido, no aço líquido. MEV, ES[19] (b) Espectro de intensidade de raios X emitidos pela inclusão, em função da energia. À direita, análise quantitativa obtida por EDE (EDS).

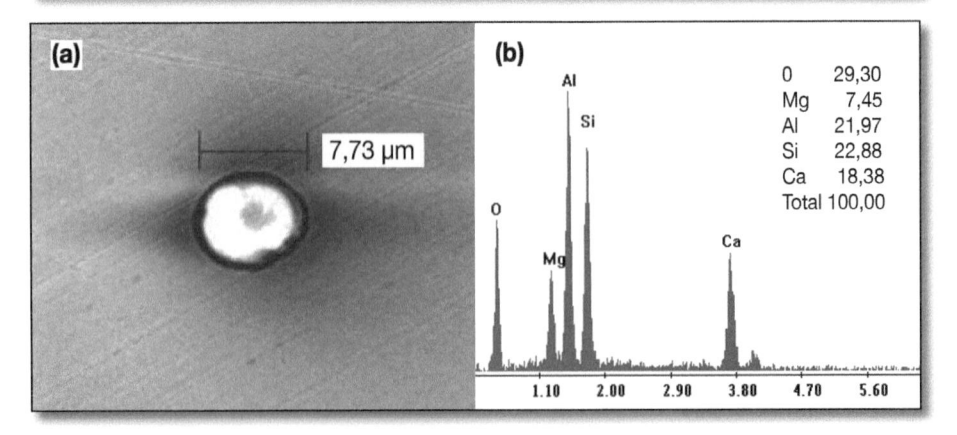

---

(19) A inclusão aparece muito clara possivelmente devido ao carregamento elétrico sofrido durante o tempo de análise por EDS. Como a inclusão é má condutora de eletricidade e a amostra não foi revestida por material condutor para não afetar os resultados do EDS, há algum carregamento (acúmulo de elétrons) que passa a causar um desvio do feixe de elétrons, resultando em uma imagem mais clara. Artefato comum em análise por MEV.

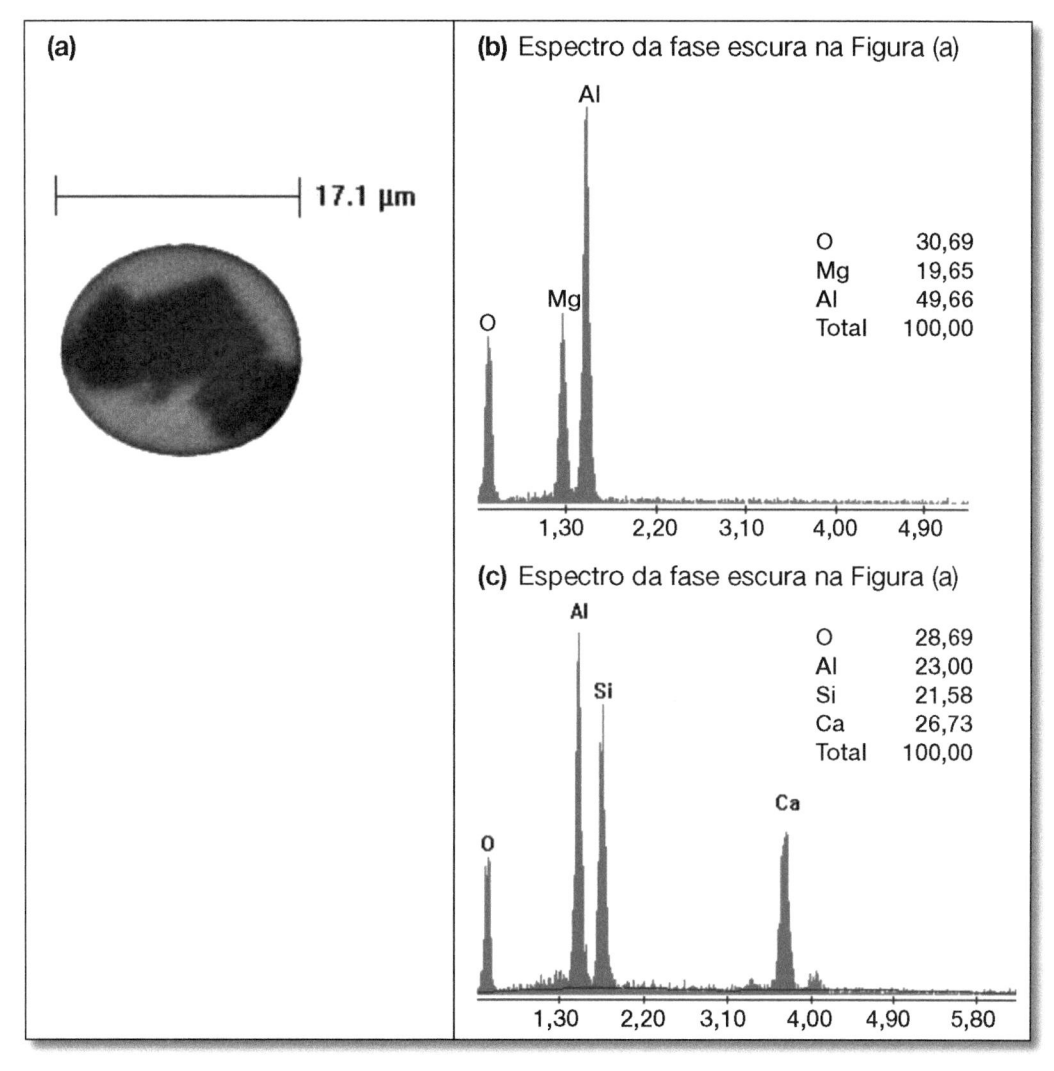

Figura 8.74
(a) Inclusão não-metálica de óxido em aço bruto de fusão. A inclusão apresenta duas fases, de composição química diversa. A fase escura poligonal é um óxido contendo Mg e Al; (b), possivelmente espinélio ($MgAl_2O_4$) de alto ponto de fusão. Sua forma indica que deve ter se formado no estado sólido, a partir do aço líquido. A fase clara que a recobre tem forma esférica, o que pode indicar que a inclusão precipitou no estado líquido, no aço líquido, usando a inclusão de espinélio como núcleo. É um óxido complexo, mistura de CaO, Al_2O_3 e SiO_2. MEV, ERE(BE). (b) e (c) são espectros de intensidade de raios X emitidos pela inclusão, em função da energia. A análise quantitativa obtida por EDE (EDS) está também indicada.

uma técnica de ataque profundo, que dissolve todo o aço em torno da inclusão.

Em alguns casos, a desoxidação pode ser conduzida de modo a produzir inclusões de composição química mais complexa, visando, por exemplo, garantir sua deformação posterior, durante a conformação do aço (Capítulo 11).

11.2. Sulfetos

O sulfeto mais comum, em aços, é o sulfeto de manganês. Tem ponto de fusão e estabilidade suficientemente altos para evitar a precipitação na forma de películas no fim da solidificação do aço, evitando a fragilidade a quente causada pelo FeS. Ainda assim, a estabilidade do sulfeto de manganês é tal que este composto normalmente só precipita depois do início da solidificação, na medida em que enxofre e manganês são segregados para os espaços interdendríticos. Nas experiências de solidificação unidirecional de Mizoguchi [13], uma amostra cilíndrica de aço foi completamente fundida e depois resfriada de forma controlada, em um forno tubular, com um gradiente térmico. A amostra é, finalmente, resfriada rapidamente da temperatura em que se encontra. Desta forma, cada posição do corpo-de-prova tem uma

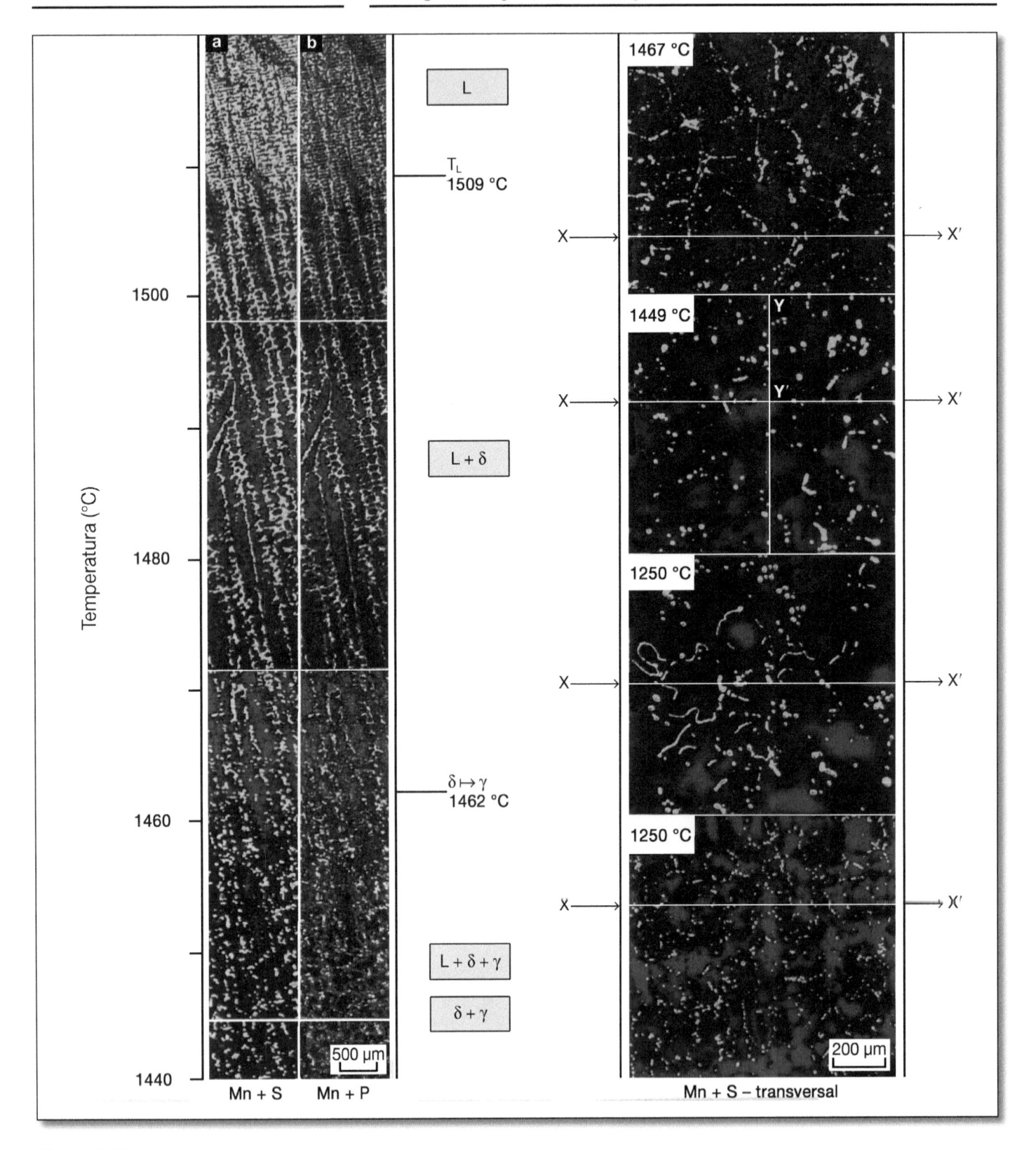

Figura 8.75

Mapeamento de raios X característicos para os elementos manganês e enxofre (a) e manganês e fósforo (b) na seção longitudinal de uma amostra submetida a resfriamento controlado seguido de resfriamento brusco. As regiões mais claras indicam maior concentração destes elementos e formação de MnS (em (a)). A escala de temperatura à esquerda indica a temperatura em que a amostra se encontrava quando o resfriamento brusco foi realizado. A legenda da direita indica as fases presentes na amostra no momento do resfriamento brusco. A redistribuição de enxofre e manganês durante a solidificação é evidente, assim como a distribuição não uniforme do MnS na estrutura solidificada (experimentos com taxa de resfriamento de 5,4 °C/min e aço com 0,08%C, 1,04%Mn, 0,075%P, 0,351%S) Cortesia de S. Mizoguchi, Japão.

história térmica bem definida e é possível observar a extensão da segregação e a estrutura formada para cada um destes ciclos térmicos, a partir de 1520 °C. A Figura 8.75 mostra os resultados para medidas de segregação de manganês e enxofre e para a precipitação de sulfeto de manganês.

A Figura 8.76 apresenta dois exemplos de morfologia de sulfeto de manganês em aço bruto de fusão (lingotamento contínuo, no caso). Dependendo dos teores de enxofre e oxigênio, principalmente, os sulfetos podem ser granulares, poligonais ou bastões em colônias eutéticas. A seção transversal nem sempre permite identificas claramente cada uma destas morfologias.

Sulfetos são freqüentemente empregados para melhorar a usinabilidade do aço (Capítulo 11). Por este motivo, tem sido comum em aços para a indústria automobilística, por exemplo, especificar faixas para o teor de enxofre entre 0,015 e 0,030%, ao invés de apenas especificar um valor máximo, como se fazia até a década de 1990.

Embora as técnicas de análise localizada em MEV sejam a forma mais confiável de identificar a composição química de inclusões não-metálicas, especialmente em produtos brutos de fusão, em que os efeitos da deformação a quente sobre a plasticidade das inclusões não podem ser observados, existem algumas indicações na metalografia ótica que podem ser consideradas.

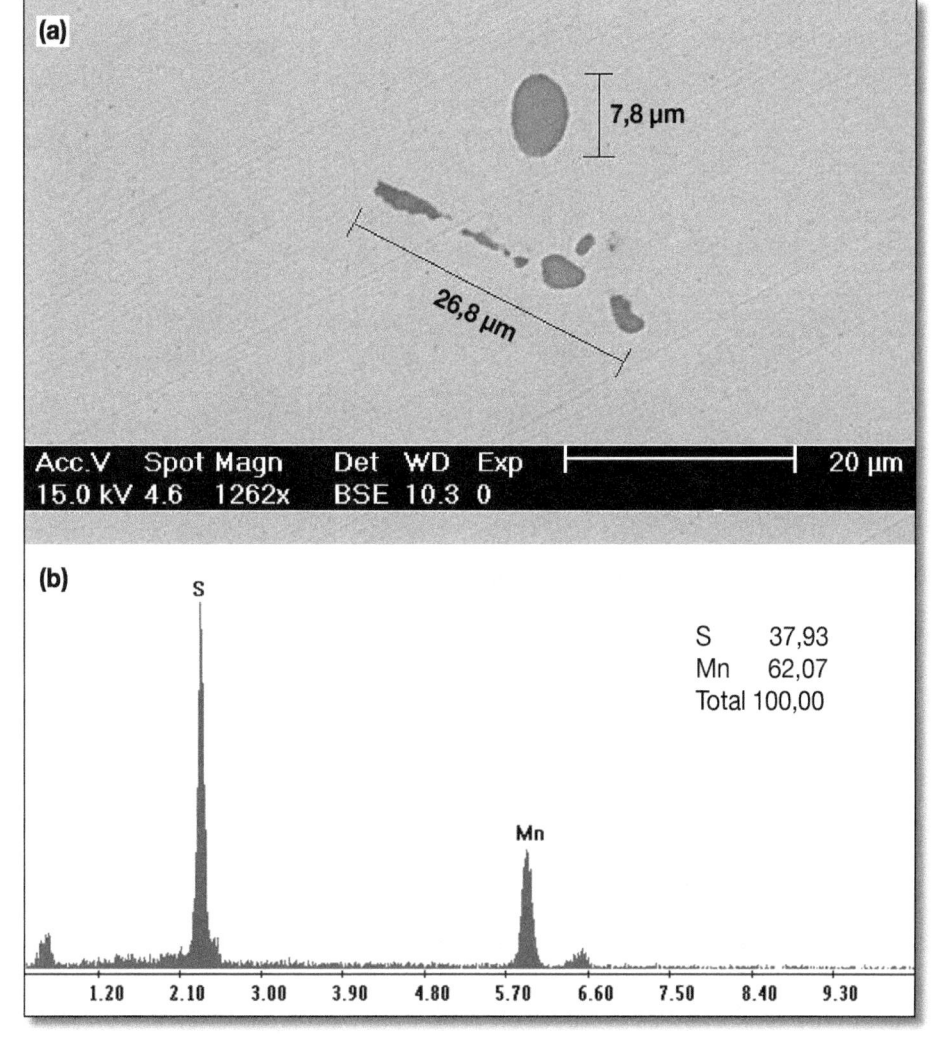

Figura 8.76
(a) Inclusão não-metálica de sulfeto em aço bruto de fusão. MEV, ERE(BE); (b) espectros de intensidade de raios X emitidos pela inclusão, em função da energia. A análise quantitativa obtida por EDE (EDS) está também indicada. Sulfeto de manganês. Sem ataque.

Figura 8.77
Acúmulo de inclusões[20] poligonais de sulfeto de manganês em aço fundido (sulfeto tipo III). Ataque, Nital. Os sulfetos seriam mais claramente observados em micrografia sem ataque.

As inclusões de sulfeto de manganês apresentam coloração cinzenta-escura, como ardósia, mesmo sem ataque químico. Nos produtos brutos de fusão o sulfeto de manganês pode apresentar diferentes morfologias, dependendo dos teores de manganês, oxigênio e enxofre no aço, principalmente [25-28]. A morfologia dos sulfetos após deformação a quente é discutida no Capítulo 11. As Figuras 8.77 a 8.79 apresentam outros exemplos de morfologias de sulfeto de manganês no estado bruto de fusão.

O sulfeto de ferro, por sua vez, apresenta coloração amarelo pálido em amostras polidas sem ataque.

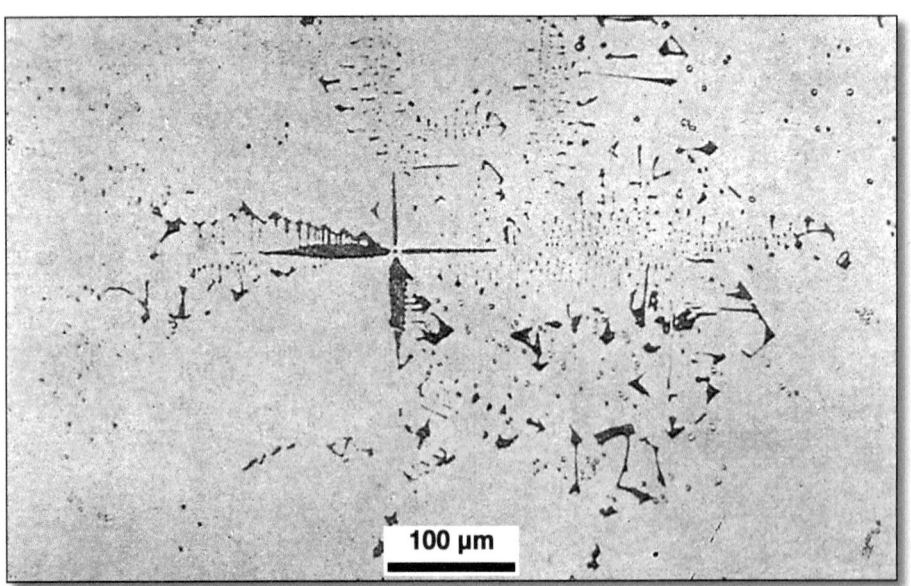

100 µm

Figura 8.78
Área muito rica em inclusões de sulfeto de manganês, com morfologia dendrítica em aço fundido. (Tipo II). Sem ataque.

Figura 8.79
Imagens de Microscopia de Força Atômica de aço ao silício (para fins elétricos) mostrando distribuição, forma e tamanho de precipitados de sulfeto de manganês. O tamanho dos precipitados é inferior a 250 nm. Cortesia M. S. Andrade, CETEC-MG, Brasil.

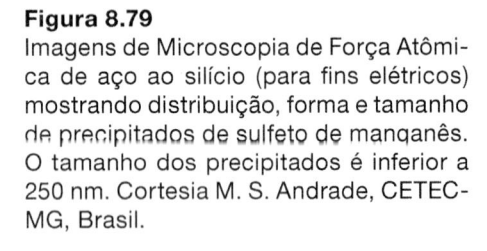

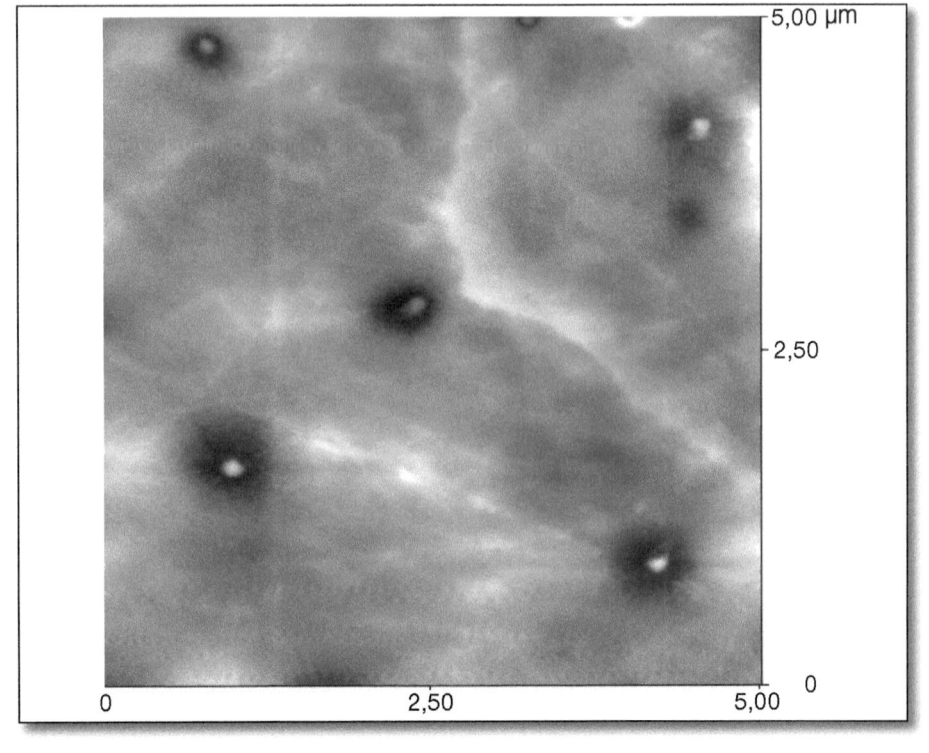

5,00 µm

2,50

0

0   2,50   5,00

(20) As quantidades de sulfeto presentes nas Figuras 8.77 e 8.78, assim como nas Figuras 8.68, 8.69 e 8.70 são muito elevadas e bastante incomuns em aços modernos. As figuras servem para ilustrar casos extremos e as morfologias possíveis.

11.3. Nitretos

Embora nitretos possam ser constituintes estruturais dos aços, quando se formam a partir do líquido são normalmente classificados como inclusões não-metálicas. O nitreto mais comumente observado, como inclusão, em aços, é o nitreto de titânio, que tem coloração dourada clara quando observado sem ataque (Figura 8.80).

O nitreto de alumínio tem papel importante no controle do tamanho de grão austenítico em aços tratados termicamente (Capítulo 9) e no controle da textura de aços para conformação [5]. Entretanto, o excesso de alumínio e nitrogênio no aço pode levar à precipitação deste nitreto no final da solidificação, sob a forma de um eutético [29]. Este tipo de precipitação leva à fragilização dos contornos de grão finais da solidificação, como mostram as Figuras 8.81 e 8.82.

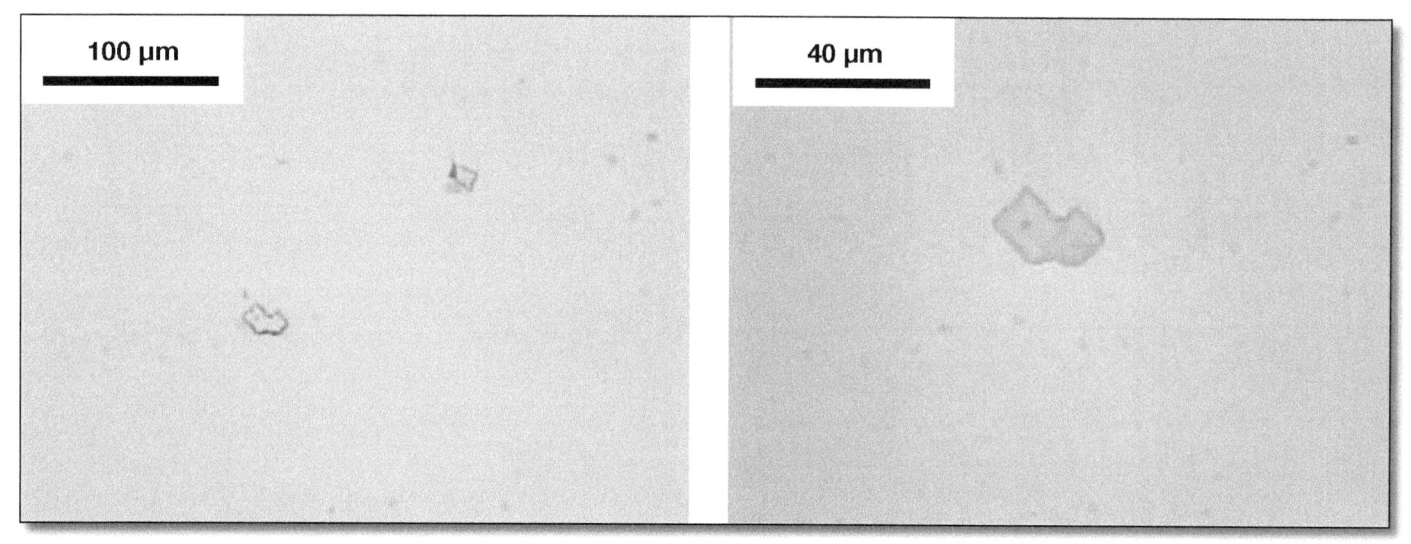

Figura 8.80
Inclusões de carbonitreto de titânio em aço inoxidável AISI 321. Sem ataque. O aspecto poligonal e coloração dourada são típicos de nitretos e carbonitretos ricos em nitrogênio de titânio. Cortesia Villares Metals. Sumaré, SP, Brasil.

Figura 8.81
Fratura *rock candy* em aço fundido, fragilizado pela precipitação de nitreto de alumínio nos contornos de grão, durante a solidificação. [30]

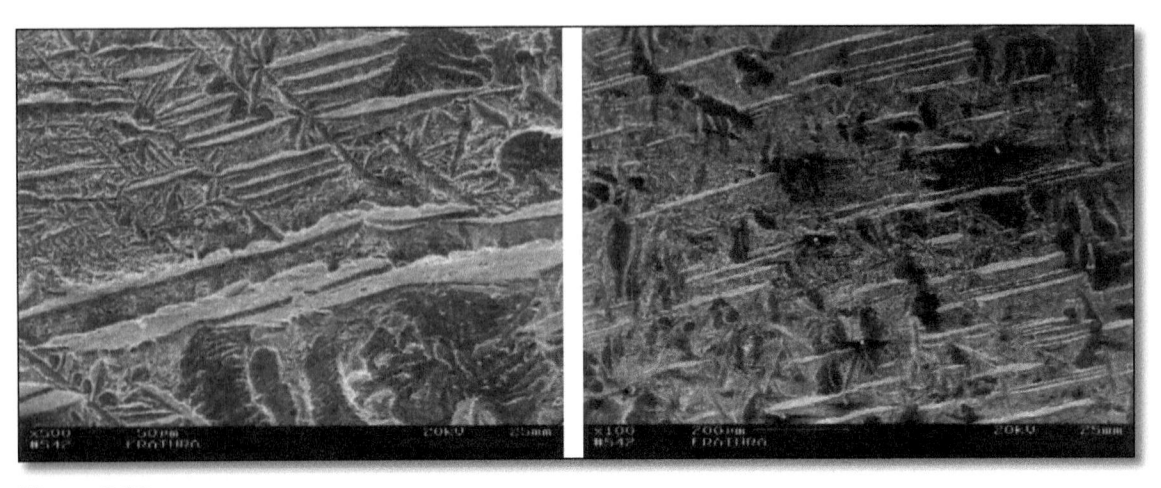

Figura 8.82
Aspecto da superfície de fratura *rock candy* [30]. Observa-se a morfologia da precipitação do nitreto de alumínio, no final da solidificação. MEV, ES. Sem ataque.

Referências Bibliográficas

1. SCHUMMANN, H.; CYRENER, K.; MOLLE, W.; OETTEL, H.; OHSER, J.; STEYER, L. *Metallographie*. Leipzig: Deutscher Verlag für Grundstoffindustrie – Wiley-VCH Verlag GmbH, 1990.
2. CHVORINOV, N. Giesserei, 1940, v. 27, p. 177.
3. ASHBY, M. F.; JONES, D. R. H. *Engineering materials*, 2. Oxford: Pergamon, 1986.
4. FLEMINGS, M. C. *Solidification*. In: SANO, N. *et al.*, (Editores). *Advanced physical chemistry for process metallurgy*, Academic Press: San Diego, p. 151-182, 1997.
5. COSTA E SILVA, A. L. V.; MEI, P. R. *Aços e ligas especiais*. 2.ª edição, São Paulo: Blucher, 2006.
6. CHUMBLEY, S. *Método para produzir dendritas*. Comunicação particular, 2007, Iowa State University.
7. RUXANDA, R.; BELTRAN-SANCHEZ, L.; MASSONE, J.; STEFANESCU, D. M. *On the eutectic solidification of spheroidal graphite iron – An experimental and mathematical modeling approach. Proceedings of Cast Iron Division, AFS 105th Casting Congress, Dallas, Texas*, 2001, TX: American Foundry Society.
8. SHIBATA, H.; ARAI, Y.; SUZUKI, M.; EMI, T. *Kinetics of peritectic reaction and transformation in Fe-C alloys*. Metallurgical and Materials Transactions B, 2000, v. 31B (October), p. 981-991.
9. PORTER, D. A.; EASTERLING, K. E. *Phase transformations in metals and alloys*. 2.ª edição, London: Chapman & Hall, p. 514. 1992.
10. WIKIPEDIA. *Adolf Ledebur*, 2007. http://de.wikipedia.org/wiki/Adolf_Ledebur. Consultado em 09/11/2007.
11. FLEMINGS, M. C. *Solidification processing*. New York: McGraw-Hill, p. 364, 1974.
12. GARCIA, A.; SPIM, J. A.; SANTOS, C. A.; CHEUNG, N. *Lingotamento contínuo de aços*. São Paulo, ABM, 2006.
13. MIZOGUCHI, S. *A study on segregation and oxide inclusions for the control of steel properties*, 1996, Tokyo. University of Tokyo: Tese de Doutorado.
14. BASALTO. *http://commons.wikimedia.org/wiki/Image:Basalt-tschechien.jpg*. 2007.

15. CASEY, J. *Macro-etching of continuous cast steel.* Microsc. Microanal., 2002, v. 8, (Suppl. 2), p. 362-363.

16. CRAMB, A. (editor). *The making, shaping and treating of steel, casting volume*, 11.ª edição, AISE: Pittsburgh, 2003.

17. VANDRUNEN, G.; BRIMACOMBE, J. K.; WEINBERG, F. *Internal cracks in strand-cast billets.* Ironmaking and Steelmaking, 1975, v. 2, p. 125-147.

18. KRAUSS, G. *Solidification, segregation and banding in carbon and alloy steels.* Metallurgical and Materials Transactions B, 2003, v. 34B (6), p. 781.

19. MATAYA, M. C.; NILSSON, E. R.; BROWN, E. L.; KRAUSS, G. *Hot working and recrystallization of as-cast 316L.* Metallurgical and Materials Transactions A, 2003, v. 34A (August), p. 1683-1703.

20. LESOULT, G. *Macro segregation in steel strands and ingots: Characterisation, formation and consequences.* Materials Science and Engineering A, 2005, v. 413, p. 19-29.

21. SAUVEUR, A. *Metallography and heat treatment of iron and steel.* 4.ª edição, New York, McGraw-Hill, 1935.

22. KIESSLING, R. *Non-metallic inclusions in steels.* London: The Iron and Steel Institute, 1968.

23. IISI, *IISI Study on clean steel.* Brussels, Belgium: International Iron and Steel Institute, 2004.

24. CRAMB, A. *AFS Inclusion Atlas*, 1998, http://neon.mems.cmu.edu/afs/afs2/window2.html.

25. STEINMETZ, E.; LINDENBERG, H. U.; WAHLERS, F. J. *Morphologie der oxide und sulfide bei der desoxidation von eisenschmelzen mit mangan und silicium*, 1986, v. 106 (11).

26. TURKDOGAN, E. T.; KOR, G. J. W. *Sulfides and oxides in Fe-Mn alloys:* Part I. Phase relations in Fe-Mn-S-O system. Metallurgical Transactions, 1971, v. 2 (June), p. 1561-1570.

27. OIKAWA, K.; OHTANI, H.; ISHIDA, K.; NISHIZAWA, T. *The control of the morphology of MnS inclusions in steel during solidification.* ISIJ International, 1995, v. 35 (4), p. 402-408.

28. OIKAWA, K.; SUMI, S.; ISHIDA, K. *Morphology control of MnS inclusions in steel during solidification by the addition of Ti and Al.* Zeitschrift Fur Metallkunde, 1999, v. 90 (1), p. 13-18.

29. WILSON, F. G.; GLADMAN, T. *Aluminum nitride in steel.* International Materials Review, 1988, v. 33 (5), p. 221-288.

30. COSTA E SILVA, A. L. V.; RIZZO, F.; SPEER, J. G. *Thermodynamic study of aluminum oxide and nitride precipitation in ferrous alloys.* In: Calphad XXX – Calculation of Phase Diagrams and its Applications. 2001, York, England.

CAPÍTULO 9

TRATAMENTOS TÉRMICOS CONVENCIONAIS

CONSTITUINTES COMUNS E SUA FORMAÇÃO

1. Introdução

O modo mais comum de alterar as propriedades mecânicas, físicas e mesmo químicas dos aços é através do emprego de tratamentos térmicos. Neste capítulo serão discutidos os tratamentos térmicos convencionais aplicados a aços carbono e aços de baixa liga, principalmente.

De uma forma geral, os tratamentos térmicos convencionais envolvem aquecimento e resfriamento e compreendem: recozimento, normalização e têmpera e revenimento.

Os tratamentos que envolvem alterações químicas da superfície da peça tratada são normalmente chamados tratamentos termoquímicos e serão discutidos em seção específica. Compreendem, principalmente, cementação (ou carbonetação), nitretação e carbonitretação e envolvem alterações nos teores dos elementos carbono e nitrogênio, que sendo solutos intersticiais no ferro, têm mobilidade relativamente elevada.

Tratamentos em que a conformação mecânica é conjugada com as transformações de fase normalmente visadas em um tratamento térmico são chamados, de forma geral, tratamentos termomecânicos e serão discutidos no Capítulo 11.

Classicamente, as temperaturas de transformação de fases entre ferrita, austenita e cementita são consideradas "temperaturas críticas" na discussão dos tratamentos térmicos. Como as transformações não ocorrem exatamente às temperaturas de equilíbrio (como será discutido adiante) introduzem-se os subscritos "c" (francês, *chauffage* = aquecimento) e "r" (francês, *refroidisement* = resfriamento) para indicar as temperaturas em que a transformação se inicia no aquecimento ou no resfriamento, como mostra a Figura 9.1.

A maioria dos tratamentos térmicos convencionais envolve, em uma primeira etapa, a passagem do aço da temperatura ambiente para o campo monofásico austenítico, atravessando assim a chamada re-

Figura 9.1
Linhas de equilíbrio bi- e trifásico no diagrama Fe-C e as linhas de transformação no resfriamento ("r") e no aquecimento ("c").

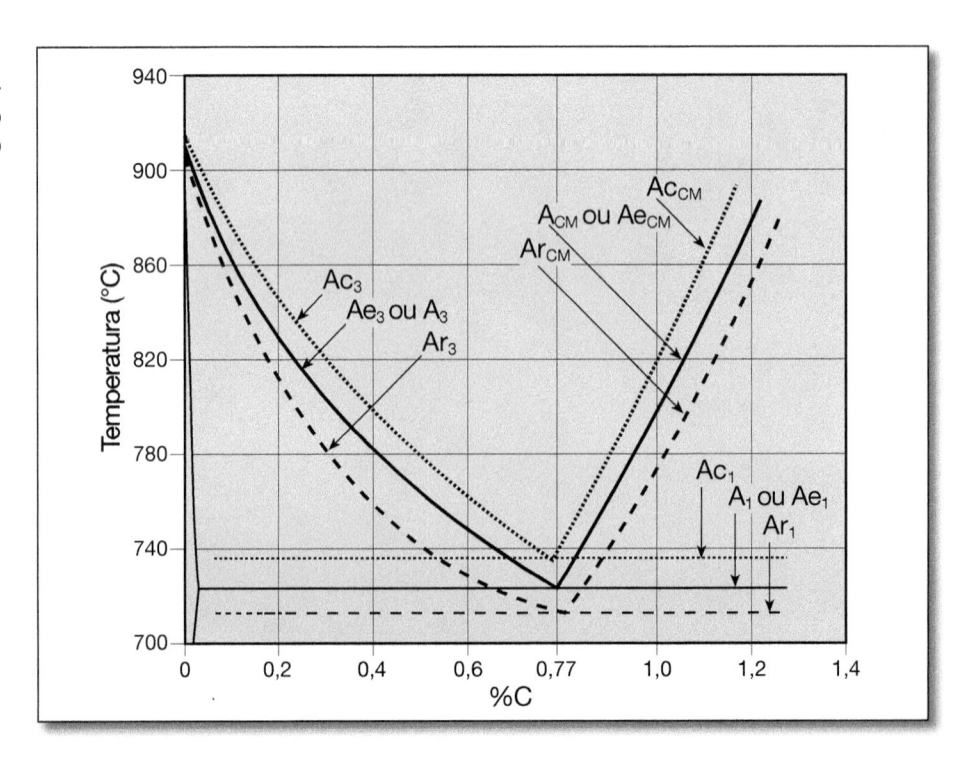

gião "crítica". Tratamentos em que não se ultrapassa a temperatura A_1 são chamados "subcríticos". Tratamentos realizados entre A_1 e A_3 são chamados "intercríticos" e normalmente não são classificados como tratamentos convencionais (ver Capítulo 10).

Embora seja possível determinar com precisão as temperaturas de equilíbrio entre fases, mesmo de aços complexos, através da termodinâmica computacional, há um grande número de relações empíricas para o cálculo de A_1 e A_3 em função da composição química dos aços (ver [1], por exemplo). Estas fórmulas devem ser usadas com cautela, e na faixa de interpolação para as quais foram determinadas.

Todos os tratamentos térmicos que envolvem o aquecimento do aço até o campo austenítico têm, como primeira transformação de fase importante no ciclo do tratamento, a formação da austenita. Freqüentemente, esta transformação não recebe a atenção necessária, seja no estudo do tratamento térmico, seja em sua execução. Negligenciar a etapa de aquecimento e formação da austenita pode ter conseqüências graves e levar a resultados insatisfatórios no tratamento térmico. Esta transformação é discutida em detalhe no item 3.1, Formação da Austenita.

No item 2, a seguir, a discussão é baseada na premissa de que o tratamento se inicia com um aço constituído por uma única fase, austenita, uniforme, tanto sob o aspecto da composição química como sob aspectos microestruturais (tamanho e forma de grãos, por exemplo).

2. Decomposição da Austenita

O modo como se processa a decomposição da austenita nos tratamentos térmicos convencionais define, em grande parte, o resultado obtido, sob o aspecto microestrutural. As transformações de fase que ocorrem na decomposição da austenita se passam por nucleação e crescimento.

Os processos de nucleação e crescimento fundamentalmente difusionais que controlam a formação da ferrita, cementita e perlita são extremamente importantes por dois aspectos:

a) Em primeiro lugar, por definir a morfologia, tamanho e fração volumétrica destas fases, quando formadas. Definem, portanto, em grande parte, as propriedades físicas e mecânicas que resultam dos tratamentos em que estas fases são o produto final do tratamento.

b) Em segundo lugar, quando estas transformações difusionais, que conduzem à formação das fases de equilíbrio[1], não ocorrem, abre-se a possibilidade de formação de fases não previstas pelo equilíbrio, formadas por mecanismos mais complexos do que simplesmente nucleação e crescimento difusionais. Estas fases são a base da obtenção das excepcionais propriedades dos aços empregados em construção mecânica.

---

(1) Ainda que a cementita seja uma fase metaestável, sua estabilidade a longo prazo é extremamente elevada.

2.1. Nucleação

A nucleação, isto é, o aparecimento de um "núcleo" da nova fase no interior de uma fase prexistente, desempenha um papel importante na ocorrência das transformações de fase e na velocidade com as quais estas transformações se passam.

Alguns exemplos comuns da importância da nucleação em transformações de fase são observados no dia-a-dia e são muito instrutivos para a compreensão das transformações de fases em materiais, de forma geral, e em ligas ferrosas, em particular.

A experiência de que é possível "superesfriar" água (ou cerveja, ou refrigerantes) abaixo da temperatura de solidificação, sem que a transformação de solidificação (líquido → sólido) ocorra, até que alguma instabilidade produza a nucleação do gelo, é conhecida. O reflexo deste conhecimento é que garrafas esquecidas no congelador e que estão, portanto, a temperatura em que o líquido não é mais estável, são em geral manuseadas com cuidado, visando prevenir a transformação líquido-sólido.

Por outro lado, quando se promove a nucleação, através de agitação, da instabilidade associada à abertura da garrafa ou de um impacto, a transformação do líquido superesfriado ocorre rapidamente (ver exemplo em vídeo[2]). É evidente que sob o ponto de vista termodinâmico, a água "deveria" estar sólida, mas a transformação não ocorre por falta de um (ou mais) núcleos sólidos iniciais.

Embora menos comum, água superaquecida pode ser obtida se a nucleação do vapor não ocorrer, ao se atingir a temperatura de ebulição. No aquecimento da água em panelas, sobre o fogão, as paredes da panela em geral estão mais quentes e têm heterogeneidades superficiais, o que permite a nucleação fácil de bolhas de vapor na interface água-panela (facilmente visíveis). Não se observa superaquecimento, por não haver barreira para a nucleação. Já o aquecimento da água em forno de microondas, que não aquece o recipiente cerâmico ou de vidro que contém a água, cria condições para a obtenção de água superaquecida (acima de 100 °C) no interior da xícara ou do copo, sem que vapor seja nucleado. A adição de um nucleante como café solúvel (ver exemplo em vídeo[3]) ou açúcar pode ter conseqüências catastróficas, nucleando grande quantidade de vapor.

Por fim, líquidos supersaturados em gás carbônico em relação ao ar atmosférico (cerveja, refrigerante, "espumante") se mantêm em equilíbrio dentro das garrafas fechadas, devido à elevada pressão reinante no interior destas garrafas. Ao serem expostos ao ar, onde a pressão de gás carbônico é muito inferior à de equilíbrio, dependem da nucleação de bolhas para que o gás seja eliminado de forma relativamente rápida. Quando se observa um copo contendo um destes líquidos suficientemente transparente, nota-se que as bolhas são nucleadas em locais preferenciais da interface líquido-copo, onde possivelmente existem pequenos defeitos (ver exemplo em vídeo[4]). Alternativamente, a adição de nucleadores como açúcar ou sal ou a injeção de gás (através de um canudo) promovem a nucleação acelerada e a rápida eliminação do gás carbônico dissolvido no líquido, com as conseqüências conhecidas para o paladar do líquido resultante.

(2) Ver por exemplo: "supercooled water" em http://br.youtube.com/watch?v=DpiUZI_3o8s ou "corona freeze" http://br.youtube.com/watch?v=4i11hVEVPdM.

(3) Ver por exemplo: "Boiling water in microwave oven" https://www.youtube.com/watch?v=l09pIPX3Y-c.

(4) Ver por exemplo: "bubbles champ" http://br.youtube.com/watch?v=ZQgMjXqlKQc.

Os experimentos acima descritos destacam a importância da presença de heterogeneidades sobre a nucleação da fase mais estável termodinamicamente. Na ausência de nucleação, é possível manter-se sistemas fora das condições estáveis, termodinamicamente.

Em um trabalho hoje considerado um "clássico", Turnbull e Cech [2] conseguiram, através da eliminação praticamente completa de heterogeneidades que pudessem agir como núcleos para a solidificação do ferro, superesfriar o ferro líquido 295 °C abaixo de seu ponto de fusão. Mais recentemente, Valdez e colaboradores [3], empregando um suporte de alumina para uma gota de aço líquido, mostraram que é possível controlar a ação da alumina como nucleante da solidificação do aço e conseguiram reproduzir o superesfriamento medido por Turnbull, controlando a pressão parcial de oxigênio no ambiente do experimento.

No caso das transformações de fases no estado sólido em aços e ferros fundidos, as heterogeneidades da estrutura desempenham importante papel como nucleantes: contornos de grão, regiões mais deformadas (com maior energia armazenada), interfaces de inclusões não-metálicas, por exemplo, são alguns pontos que favorecem a nucleação de novas fases. Uma interpretação simplificada deste efeito é associar a estes locais uma vantagem energética: comparando-se com regiões sem defeitos ou heterogeneidades, no material, estas regiões têm maior energia, logo, sua eliminação através da substituição por uma nova fase ou uma nova interface entre fases, dará uma contribuição mais favorável, do ponto de vista energético, ao sistema.

2.1.1. Teoria da Nucleação

A teoria clássica da nucleação aplicada às transformações de fases mostra que a formação de um núcleo de nova fase não pode ocorrer exatamente nas condições de equilíbrio entre as duas fases. Isto decorre do fato de que a criação de um núcleo envolve um "gasto" de energia na formação de uma interface entre a fase existente (matriz) e a nova fase (núcleo) e, no equilíbrio, não existe liberação de energia quando uma fase se transforma em outra. Assim, o balanço total de energia seria contrário à transformação.

À medida que o sistema se afasta das condições de equilíbrio, existe um ganho de energia associado à transformação da fase menos estável para a fase estável e parte desta energia pode ser usada para criar a interface entre a matriz e o núcleo. Como o ganho de energia depende do volume transformado e a energia interfacial depende da área de interface, os dois termos dependem de forma diferente do tamanho de um núcleo, como mostra esquematicamente a Figura 9.2 para uma determinada temperatura. Observa-se que a curva de energia total resultante passa por um máximo: núcleos de tamanhos inferiores ao tamanho associado a este máximo podem reduzir a energia do sistema diminuindo seu tamanho até desaparecerem. Núcleos maiores que este tamanho "crítico" podem reduzir a energia do sistema, crescendo. Os cálculos da teoria clássica da nucleação indicam que, quanto mais "fora" de equilíbrio, menor o núcleo crítico. Sob este aspecto, tanto mais favorável seria a nucleação.

Figura 9.2
Parcelas da energia associada a formação de um núcleo de uma fase mais estável em uma fase menos estável, em função do raio do núcleo (r). Uma parcela corresponde ao gasto energético associado a formar uma interface entre as duas fases. Outra parcela corresponde ao ganho de energia associado a formar a fase mais estável a partir da menos estável. A curva que representa a variação de energia total passa por um máximo no raio chamado "crítico" (r^*). Núcleos que atinjam esta dimensão podem reduzir sua energia continuando a crescer, logo são viáveis. Núcleos menores que esta dimensão tendem a reduzir sua energia diminuindo e desaparecendo. A energia total é máxima em r^*, tendo o valor da barreira de nucleação. Discussões completas e quantitativas são encontradas em diferentes níveis em [4] ou [5].

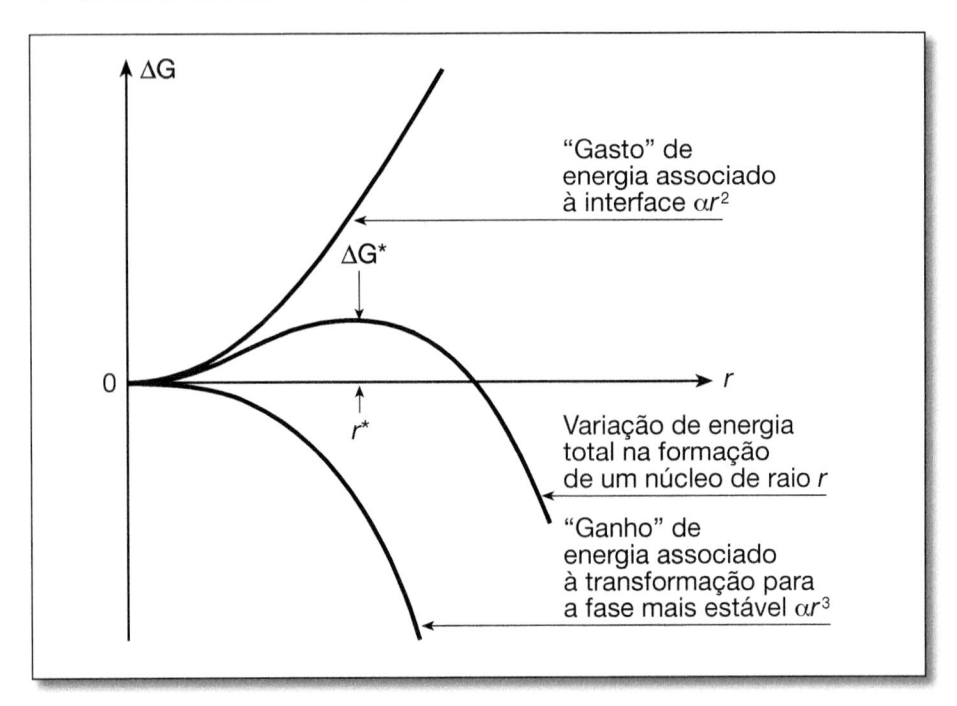

É necessário considerar outro fator, entretanto: embora tenha sido definido um critério de sobrevivência de um núcleo, resta a pergunta "como aparecem os núcleos"? A teoria clássica da nucleação propõe que oscilações atômicas podem criar núcleos da nova estrutura a qualquer momento, por alguns instantes. Se estes núcleos não forem estáveis, voltarão à configuração inicial.

Dois aspectos são importantes:

a) Se o núcleo "crítico" é grande, é difícil imaginar que a natureza promova uma oscilação aleatória de um conjunto tão grande de átomos e é razoável supor que a taxa de formação destes "pré-núcleos" com condição de sobrevivência seja baixa.

b) A possibilidade de formação de pré-núcleos através de oscilações em escala atômica diminui com o abaixamento da temperatura. Se a fase que vai nuclear se torna mais estável com o abaixamento da temperatura (como e o caso da formação de ferrita ou cementita a partir da austenita), isto é um problema especialmente interessante, discutido a seguir.

Por um lado, a diferença de energia entre as fases (a "força motriz" para a transformação) aumenta com o abaixamento da temperatura, e o tamanho do núcleo crítico diminui com esta redução da temperatura, fatores que favorecem a nucleação. Por outro lado, a mobilidade atômica diminui, o que dificulta a nucleação. Espera-se, assim, que a taxa de nucleação passe por um máximo, decorrente da combinação destes dois fatores antagônicos, como esquematizado na Figura 9.3.

Embora o formalismo matemático seja normalmente desenvolvido para a nucleação homogênea, a discussão se aplica igualmente à situação em que nucleação heterogênea ocorre. A principal diferença quantitativa é que o máximo da taxa de nucleação, para a nucleação heterogênea, ocorre a temperaturas mais próximas do equilíbrio do que para a nucleação homogênea.

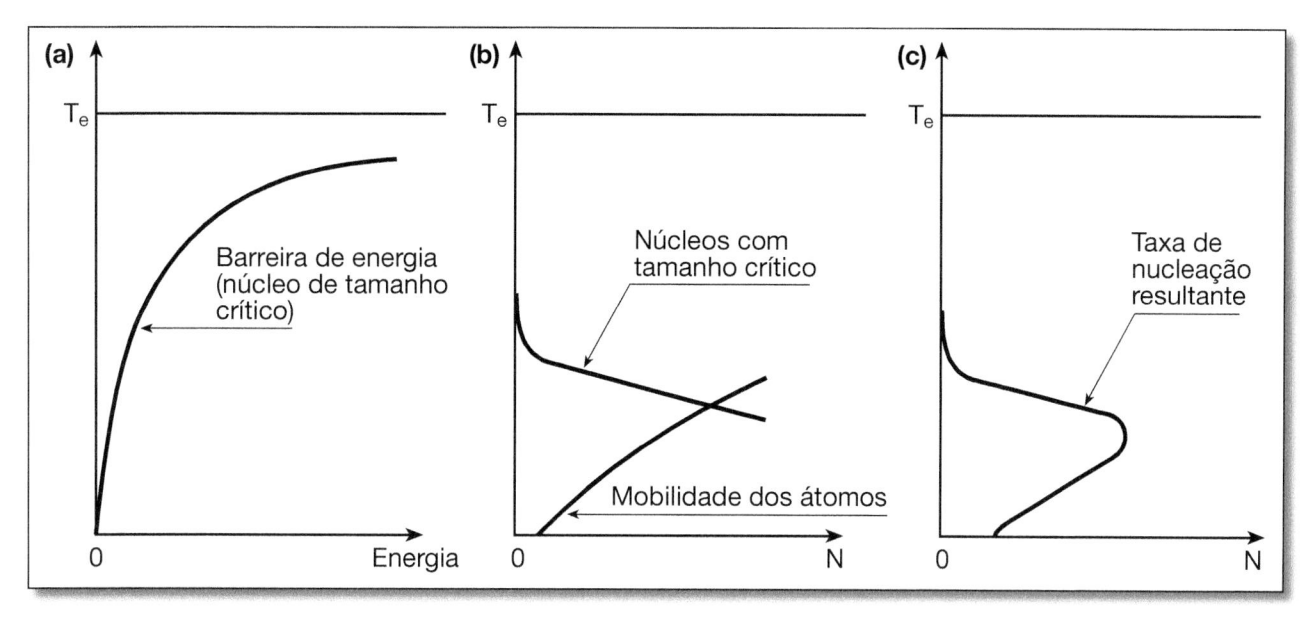

Figura 9.3
Pela teoria da nucleação, (a) supondo que a matriz e a fase a precipitar estejam em equilíbrio em T_e, a barreira de energia para formação de um núcleo "crítico" diminui com o superesfriamento abaixo da temperatura de equilíbrio. (b) Como o tamanho do núcleo crítico diminui e a barreira de energia para a nucleação também diminui, é mais fácil ter núcleos com tamanho crítico, como indicado. Mas para o núcleo ser ativo, é necessário que os átomos tenham mobilidade para fazer o núcleo passar do tamanho crítico, e esta mobilidade diminui com a redução da temperatura. (c) O resultado é que a taxa de nucleação passa por um máximo em uma temperatura intermediária. Para uma discussão completa, inclusive das equações aplicáveis, ver [4] ou [5], por exemplo.

Outro aspecto, que não foi mencionado nesta discussão simplificada, é o efeito de tensões decorrentes da diferença de volume entre a fase que se forma e a fase que desaparece. Quantitativamente, isto representa mais uma contribuição contrária à nucleação. Qualitativamente, é interessante observar que, se as fases forem anisotrópicas, podem existir condições mais favoráveis de nucleação, que minimizem as tensões induzidas.

Por fim, esta discussão simplificada da nucleação ignora o fato de que a energia interfacial entre dois cristais depende, dramaticamente, da relação de orientação cristalina entre estes cristais. Em praticamente todas as transformações de fase que ocorrem na decomposição da austenita a orientação entre as fases formadas e a austenita original é importante, pelo menos no estágio da nucleação.

2.2. Crescimento por Difusão

Na maior parte das transformações que ocorrem na decomposição da austenita em aços e ferros fundidos é necessário que solutos se redistribuam entre a austenita e as fases formadas, ferrita e cementita. Avaliando-se apenas a formação da ferrita a partir da austenita em uma liga Fe-C, como indicado na Figura 9.4, é possível analisar os principais aspectos do crescimento por difusão, ao menos semi-quantitativamente.

O fluxo de difusão depende de dois fatores:

a) O coeficiente de difusão, que depende diretamente da temperatura.

b) O gradiente de concentração química[5] que causa a difusão.

Na Figura 9.4 (a) estão indicados sobre um diagrama Fe-C as condições associadas à transformação da austenita em ferrita em um aço com 0,1%C (C_0). Se existir equilíbrio na interface entre a ferrita e a austenita (uma premissa usualmente aceita), a diferença de composição química associada à difusão do carbono na austenita, a uma temperatura T–ΔT, será $\Delta C = C_\gamma - C_0$. Ao contrário do coeficiente de difusão,

---

(5) Pode ser mais preciso considerar que gradientes de potencial químico causam difusão, e não gradientes de composição química. Para esta discussão a simplificação adotada é razoável. Alternativamente, consulte [6] e [7].

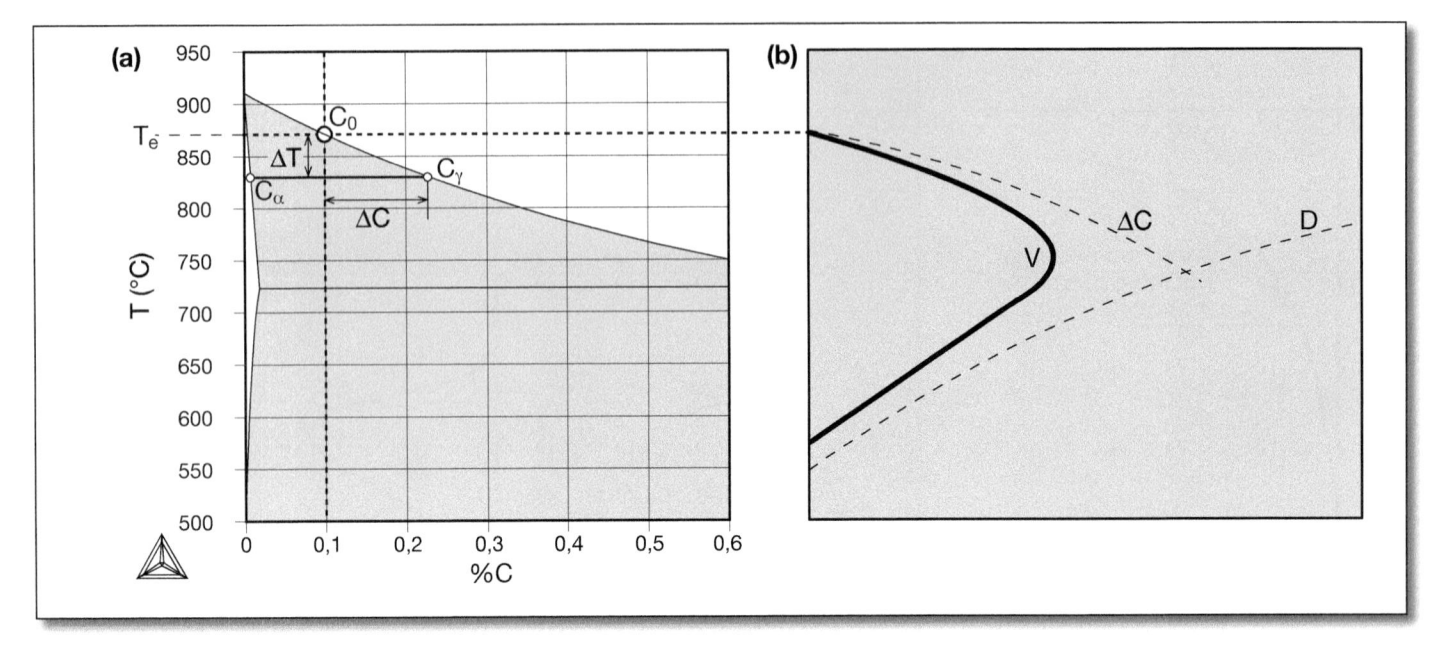

Figura 9.4
Condições que influenciam o crescimento de ferrita a partir de austenita de
composição C_0, conforme o diagrama
Fe-C da figura (a). Abaixo de T_e existem
condições termodinâmicas para o crescimento. O fluxo de carbono na austenita definirá a velocidade de crescimento.
Dois fatores contribuem para o fluxo de
carbono na austenita: a diferença entre
o teor de carbono na interface austenita-
ferrita ($C\gamma$) e o teor de carbono médio da
austenita (C_0), ΔC e o coeficiente de difusão do carbono. Na Figura (b) observa-se que ΔC aumenta com a diminuição
da temperatura. O coeficiente de difusão
D, por outro lado, diminui com a redução
da temperatura. Os dois efeitos antagônicos resultam em um máximo na curva
de velocidade de crescimento, V.

ΔC aumenta com a redução da temperatura (abaixo da temperatura
de equilíbrio da austenita inicial com a ferrita). Assim, a Figura 9.4
(b) apresenta, esquematicamente, a variação de D e ΔC com ΔT. É
evidente que, também neste caso, haverá um máximo na velocidade
de crescimento, devido ao balanço entre a redução do coeficiente de
difusão e o aumento da força motriz para a difusão.

2.2.1. Curvas TTT

A combinação entre a taxa de nucleação e a velocidade de crescimento
permite que se avalie a velocidade de transformação em condições iso-
térmicas, para cada ΔT abaixo da temperatura de equilíbrio.

Considerando-se um aço de teor de carbono muito baixo, em que
seja possível transformar toda a austenita em ferrita (um aço IF, por
exemplo), é possível obter, para cada temperatura (ou ΔT) curvas
que apresentem a fração de fase transformada em função do tempo,
como mostra a Figura 9.5 (b). Estas curvas são o resultado da combinação das taxas de nucleação e de crescimento discutidas acima
([4, 5]).

Se definirmos uma determinada porcentagem transformada como
o ponto de início da transformação (por exemplo, 1%) e a fração de
99% transformada como o "fim" da transformação, podemos transferir estas informações para uma curva que represente um mapa de
"tempo-temperatura e transformação", chamado curva TTT [8], indicado na Figura 9.5(a).

Embora a filosofia de construção das curvas TTT seja sempre a
mesma, à medida que as possibilidades de evolução microestrutural
dos aços se tornam mais complexas, as curvas também se tornam menos simples.

2.2.1.1. Curvas TTT — Aço Eutectóide

A Figura 9.6 apresenta uma curva TTT esquemática de um aço Fe-C
eutectóide, na região em que ocorre apenas a formação de perlita.

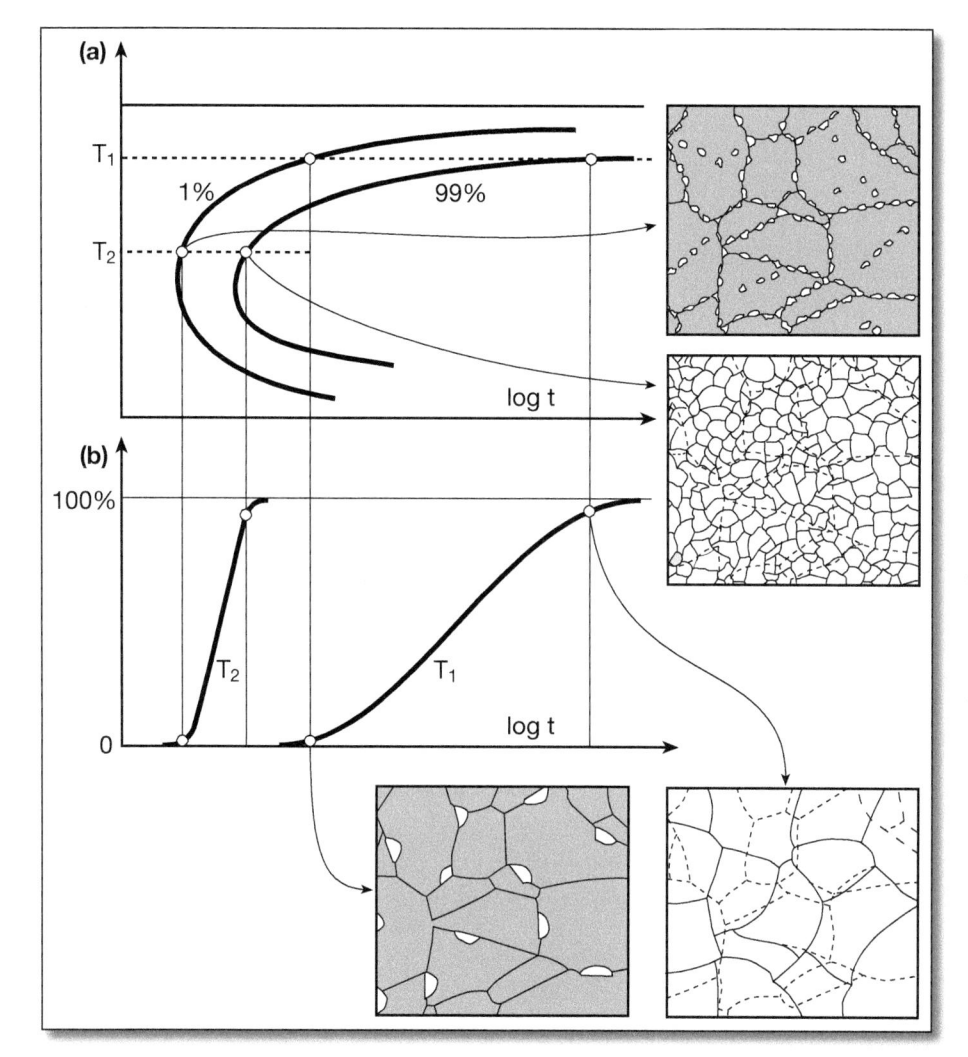

Figura 9.5
(a) Curva TTT (tempo-temperatura-transformação) para um aço de teor de carbono extra baixo, que transforma de austenita para ferrita, sem formação de cementita. A linha 1% é o lugar geométrico dos pontos em que 1% da austenita (cinza) transformou em ferrita (branco) (início da transformação). A linha 99% é o lugar geométrico dos pontos em que 99% da austenita se transformou em ferrita (fim da transformação.) (b) Curvas de fração transformada em função do tempo, para duas temperaturas T_1 e T_2. As micrografias esquematizadas indicam que, para a mesma microestrutura austenítica inicial, há mais pontos de nucleação na temperatura T_2, próxima ao "nariz" da curva do que na temperatura T_1, conforme discutido no texto. A maior nucleação, em uma transformação como esta, que prossegue até consumir toda a matriz, resulta em um tamanho de grão ferrítico muito mais fino.

No caso da formação da perlita há duas características importantes associadas à nucleação e crescimento. A primeira decorre do fato de que, havendo nucleação mais intensa, o tamanho final das colônias de perlita será menor, em um efeito semelhante ao exemplificado com os grãos ferríticos na Figura 9.5. A segunda está associada ao fato de que o espaçamento da perlita se ajusta de modo a otimizar as condições de crescimento: quando a temperatura é relativamente baixa, com muita força motriz para a transformação, é conveniente ter uma distância pequena de difusão (vide Figura 9.7) mesmo aumentando a quantidade de área interfacial na perlita. Por outro lado, a temperaturas mais próximas da temperatura eutectóide, havendo alta mobilidade do carbono por difusão, o espaçamento entre as lamelas pode ser maior, economizando energia interfacial.

A Figura 7.14 do Capítulo 7 mostra a perlita formada isotermicamente em um aço eutectóide.

As Figuras 7.15 a 7.17 do Capítulo 7 e a Figura 9.7 ilustram o efeito da taxa de resfriamento sobre o espaçamento interlamelar e o tamanho das colônias de perlita formadas.

Figura 9.6
Curva TTT esquemática de um aço Fe-C eutectóide. A cinética de formação da perlita se assemelha ao discutido na Figura 9.4. Como ocorre nucleação de cementita e de ferrita (ver Capítulo 7) a diminuição da temperatura de transformação até a temperatura onde ocorre a taxa máxima da nucleação tem dois efeitos: (i) reduz o espaçamento entre as lamelas de perlita, conduzindo à formação de perlita cada vez mais "fina" e (ii) reduz o tamanho das colônias de perlita.

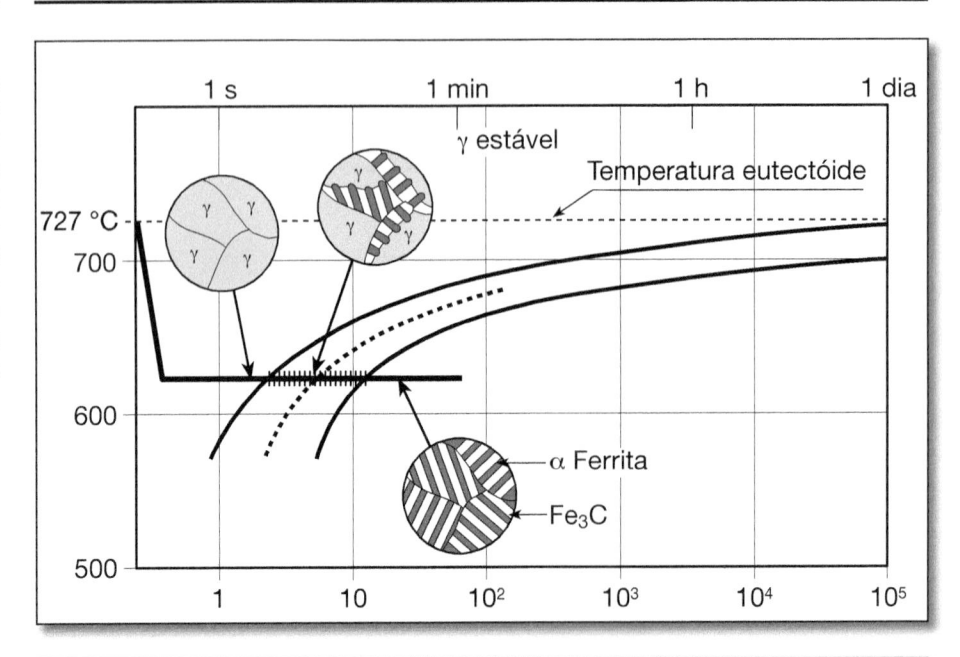

Figura 9.7
(a) e (c) Aço eutectóide resfriado lentamente do campo austenítico. Perlita. (b) e (d), na página seguinte, aço eutectóide resfriado ao ar do campo austenítico. Perlita. Observa-se a diferença de espaçamento lamelar e de tamanho das colônias de perlita. Nital 2%. Cortesia DoITPoMS, Universidade de Cambridge, Inglaterra.

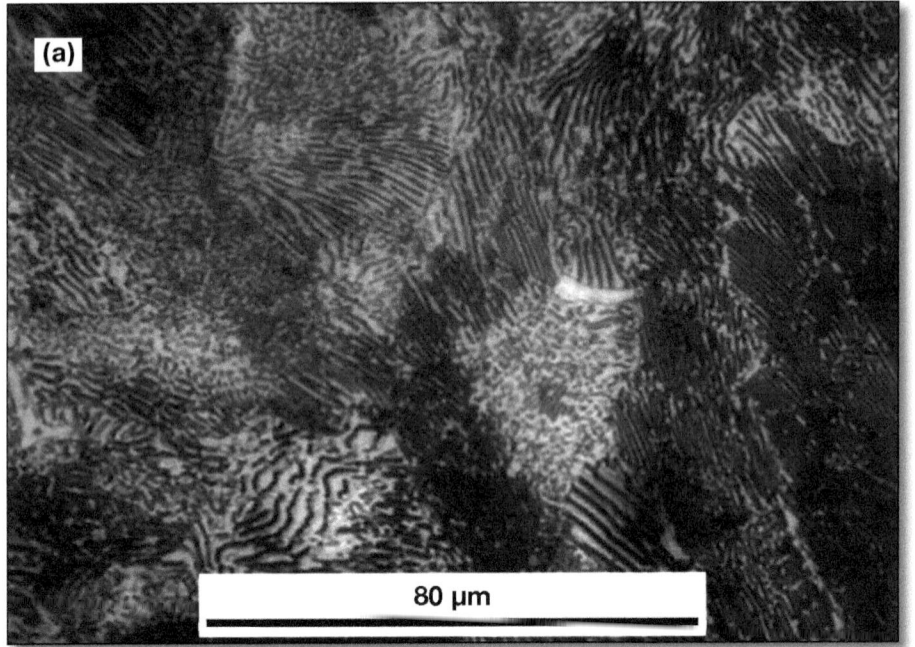

Figura 9.7 — *(Continuação)*

2.3. Martensita — Crescimento sem Difusão

As transformações de fases que envolvem a formação de ferrita e de cementita acima descritas e, conseqüentemente, também da perlita, dependem do movimento dos átomos, por difusão. Mesmo nos casos em que não seja necessária a redistribuição considerável de soluto, estas transformações são caracterizadas, sob o aspecto do comportamento dos átomos individuais, como transformações "civis" em que os átomos de uma fase atravessam, individualmente e de forma não coordenada a interface entre as fases, reorganizando-se na nova estrutura cristalina. Estas transformações são também chamadas de reconstrutivas (*reconstrutive*) pelo fato de que os átomos, ao atravessarem a interface, constroem uma nova fase, com movimentos superiores a uma distância atômica média.

À medida que a austenita é resfriada, a mobilidade atômica é cada vez mais restrita e as transformações que envolvem difusão e movimentos atômicos extensos ficam cada vez mais dificultadas. Ainda assim, mesmo quando não existem condições para que esta reorganização dos átomos ocorra através de difusão e movimentos significativos dos átomos através de uma interface, é possível que as ligas de ferro se reorganizem em estruturas de menor energia do que a austenita.

Estas transformações ocorrem normalmente em condições em que a difusão não mais atua de forma significativa (temperaturas baixas) e, portanto, não estão associadas à mudança de composição química, somente à mudança de estrutura cristalina. Para que tais transformações ocorram em condições em que os átomos têm baixa mobilidade, é freqüente que ocorra movimento coordenado de átomos, nas chamadas transformações "militares". O principal exemplo de fase formada sem difusão, através de uma transformação "militar" no aço, é a martensita. Esta transformação também é chamada "displaciva" (*displacive*) por causa do movimento coordenado de deslocamento dos átomos.

A martensita[6] tem estrutura cristalina tetragonal de corpo centrado. Dentre as várias maneiras de visualizar as transformações "displacivas" que podem conduzir a estrutura da austenita (CFC) a uma estrutura tetragonal de corpo centrado (TCC), a mais comumente aceita é a distorção de Bain, indicada na Figura 9.8.

A estrutura TCC pode ser visualizada como uma distorção da estrutura CCC em que o parâmetro da rede na direção [001] não é igual ao parâmetro nas direções [010] e [100].

Os parâmetros da rede cristalina TCC da martensita dependem diretamente do teor de carbono, uma vez que, como elemento intersticial, é o principal responsável por distorcer a rede cristalina, como indicado na Figura 9.7 (b). A Figura 9.9 mostra como estes parâmetros

Figura 9.8
A distorção de Bain. (a) Duas células unitárias de austenita (CFC) justapostas e uma célula tetragonal de corpo centrado (TCC) destacada a partir das células CFC (alguns átomos das células CFC foram removidos para facilitar a visualização). (b) Para que a célula TCC se transformasse em CCC seria necessária uma compressão no eixo "vertical" [001]$_m$ e uma expansão dos lados da base [010]$_m$ c [100]$_m$.

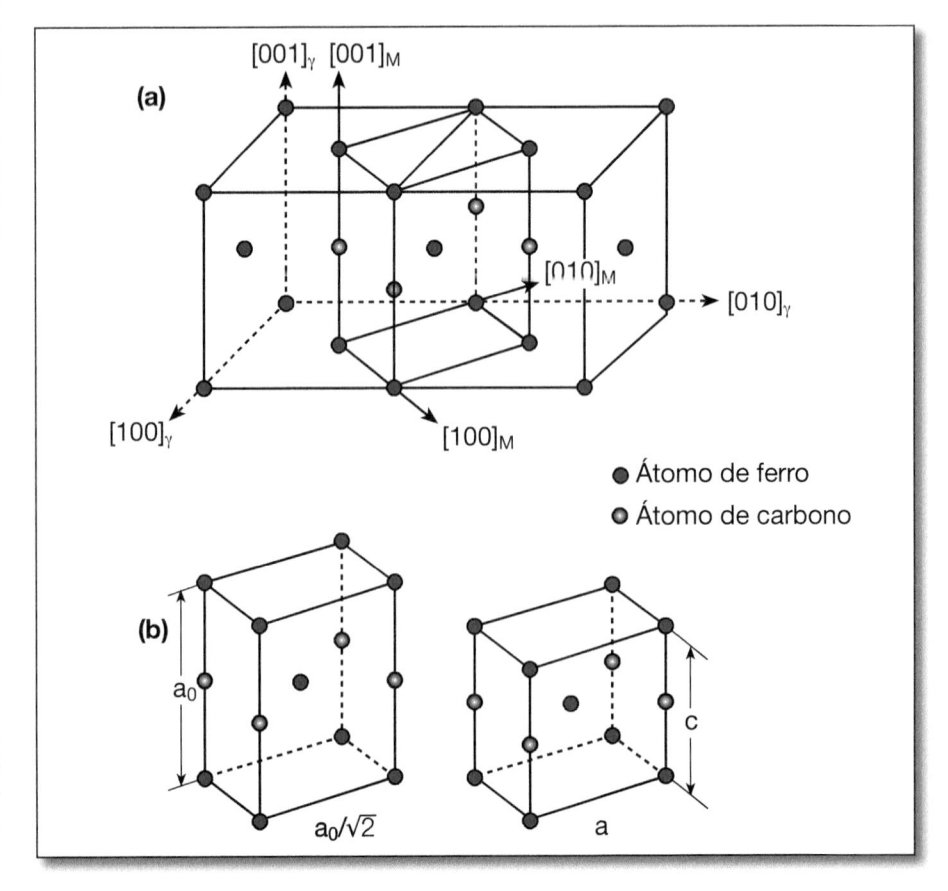

(6) Homenagem a Adolf Martens, cientista alemão (1850-1914) e um dos pioneiros da metalografia, primeiro diretor do Materialsprüfungsamt, hoje BAM, Berlim, Alemanha. [9]

variam com o teor de carbono e como a dureza da martensita também depende diretamente do teor de carbono.

As teorias que descrevem a formação da martensita são bastante complexas e não serão discutidas em detalhe neste texto. O leitor interessado deve consultar, por exemplo, [4, 5, 8, 10].

É importante salientar, entretanto, alguns aspectos gerais fundamentais desta transformação, que a diferenciam das transformações por difusão e que são relevantes para a análise das microestruturas resultantes:

a) A composição química da martensita formada é a mesma da austenita (matriz) que a originou.

b) A transformação é basicamente "atérmica", isto é, a quantidade de austenita transformada depende da temperatura atingida e não depende do tempo em que o material é mantido a temperatura[7].

c) Em função da variação de volume associada à transformação de fase e ao mecanismo "displacivo", a transformação ocorre com um nível elevado de tensões residuais.

É fácil observar (Figura 9.9 (a)) que, à medida que o aço tem mais carbono em sua composição, maior será a distorção associada à formação da martensita. Para que seja possível transformar a austenita em martensita é preciso haver, assim, cada vez mais energia disponível como força motriz para a transformação. Assim, é razoável imaginar que, à medida que o teor de carbono da austenita aumenta, esta fase precisará ser mais superesfriada para viabilizar a formação da fase

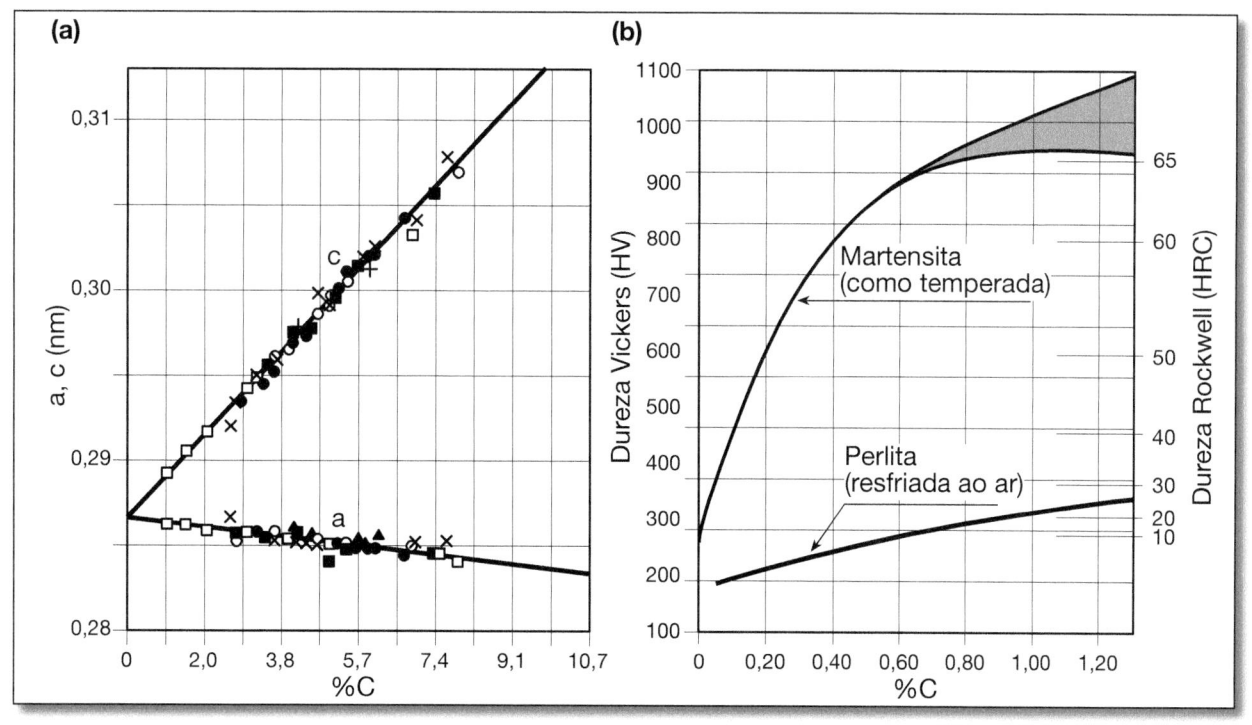

(7) Embora haja exemplos de formação "isotérmica" de martensita [12], as quantidades e ocorrências são praticamente irrelevantes para os tratamentos térmicos dos aços comerciais.

(8) Na região hachurada ocorre austenita não-transformada (retida). O limite superior da região corresponde à dureza real de estruturas martensíticas. O limite inferior representa estruturas temperadas com austenita retida.

Figura 9.9
(a) Parâmetros de rede da martensita, em função do teor de carbono, adaptado de [10]. (b) Dureza da martensita em função do teor de carbono[8]. A dureza da perlita obtida por resfriamento ao ar é apresentada, para comparação. adaptado de [10].

martensita, metaestável, alternativa que resta ao sistema, já que não é mais possível formar fases mais estáveis através de processos difusionais. A temperatura em que a transformação martensítica se inicia é chamada M_s ou M_I (s = *start*, I = início).

A Figura 9.10 mostra a variação da temperatura M_I de ligas Fe-C superposta ao diagrama de equilíbrio de fases. Esta figura indica que, efetivamente, o aumento do teor de carbono do aço causa o abaixamento da temperatura de início da transformação martensítica, M_I.

Como a temperatura de início da formação da martensita é bastante difícil de ser prevista através da termodinâmica, é comum o emprego de fórmulas empíricas, como listadas na Tabela 9.1.

Por outro lado, em vários aços a transformação se completa aproximadamente a 130-150 °C abaixo da temperatura de início da transformação [17] e a fração volumétrica transformada a uma temperatura T pode ser estimada através da equação de Koistinen e Marburger [13]:

$$V_{\alpha'} = 1 - \exp[-0,011(M_I - T)]$$

Figura 9.10
Temperaturas de início da transformação martensítica em ligas Fe-C superpostas ao diagrama de equilíbrio de fases do sistema. As faixas em que cada uma das morfologias da martensita predomina estão indicadas. Adaptada de [11].

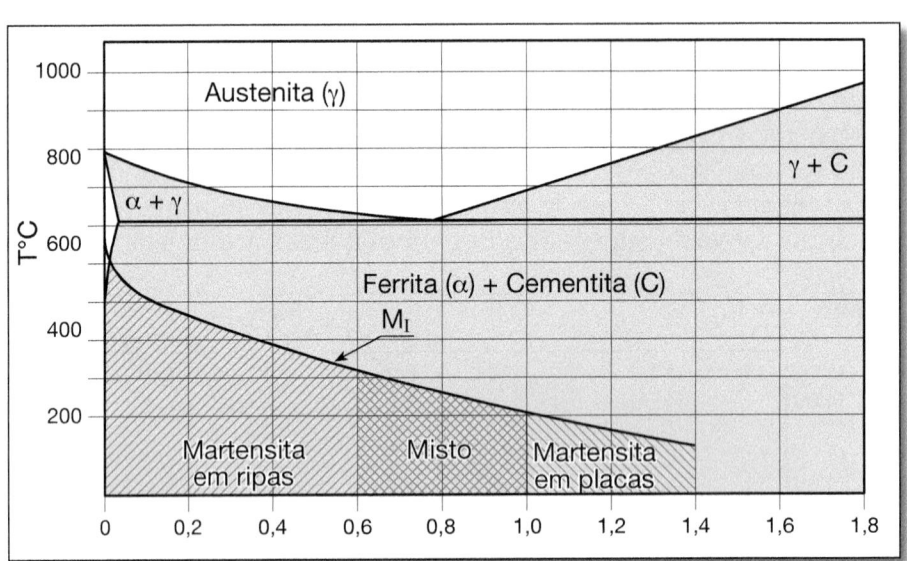

Tabela 9.1
Algumas equações usadas para a previsão da temperatura de início da transformação martensítica em aços. (Todas as concentrações em % em peso dos elementos citados).

Equação de Andrews M_I (°C) = 539 – 423 (%C) – 30,4 (%Mn) – 17,7 (%Ni) – 12,1 (%Cr) – 7,5 (%Mo)	[13]
M_I (°C)= 545 – 470,4 (%C) – 37,7 (%Mn) – 3,96 (%Si) – 21,5 (%Cr) + 38,9 (%Mo)	[14]
Para aços inoxidáveis com cerca de 12%Cr M_I (°C)= 300 – 474 (%C) – 33 (%Mn) – 17 (%Ni) – 17 (%Cr-12) – 21 (%Mo) – 11 (%Si) – 11 (%W)	[15]
Para aços com %Cr entre 10-18% e %Ni 0-7%: M_I (°C)= 540 – 497 (%C) – 6,3 (%Mn) – 36,3 (%Ni) – 10,8 (%Cr) – 46,6(%Mo)	[16]

Há propostas de que a temperatura M_I do ferro puro deve ser em torno de 540 °C, diferentemente da Figura 9.10 (ver [12], por exemplo).

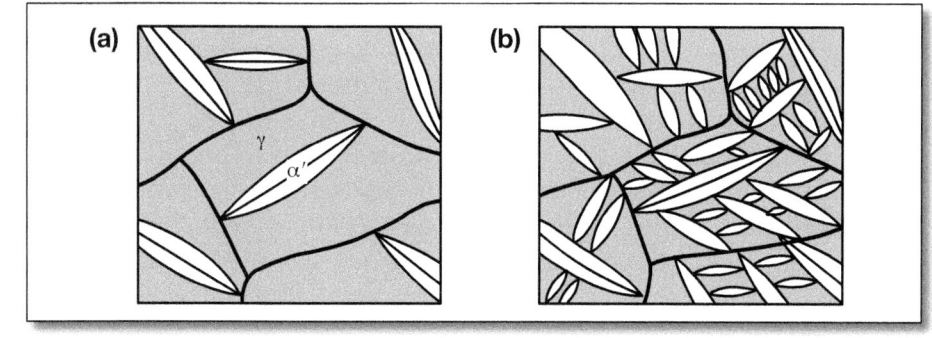

Figura 9.11
Esquema (em uma seção bidimensional) do crescimento da martensita (α') com a redução da temperatura abaixo da temperatura M_I.

A partir de cerca de 0,6% de carbono, em ligas Fe-C, a temperatura M_f (f = fim), onde a transformação martensítica é concluída, se situa abaixo de 0 °C. Assim, em tratamentos térmicos normais, a microestrutura pode continuar apresentando austenita ao fim do tratamento. Esta austenita é, comumente, chamada de austenita retida.

A martensita se forma em velocidades extremamente rápidas[9] e em formas alongadas, sejam "ripas" ou "placas". De qualquer forma, no corte bidimensional, aparece em forma alongada, "acicular". A Figura 9.11 apresenta esquematicamente uma representação fenomenológica. Placas nucleadas crescem rapidamente, mais no sentido de alongar-se do que no sentido de aumentar sua espessura. O crescimento é interrompido por algum obstáculo: inicialmente contornos de grão austeníticos e, posteriormente, placas já formadas anteriormente.

Observações cuidadosas da superfície do aço durante a transformação fornecem informações interessantes, como mostra a Figura 9.12. As interfaces entre a martensita e a austenita são coerentes

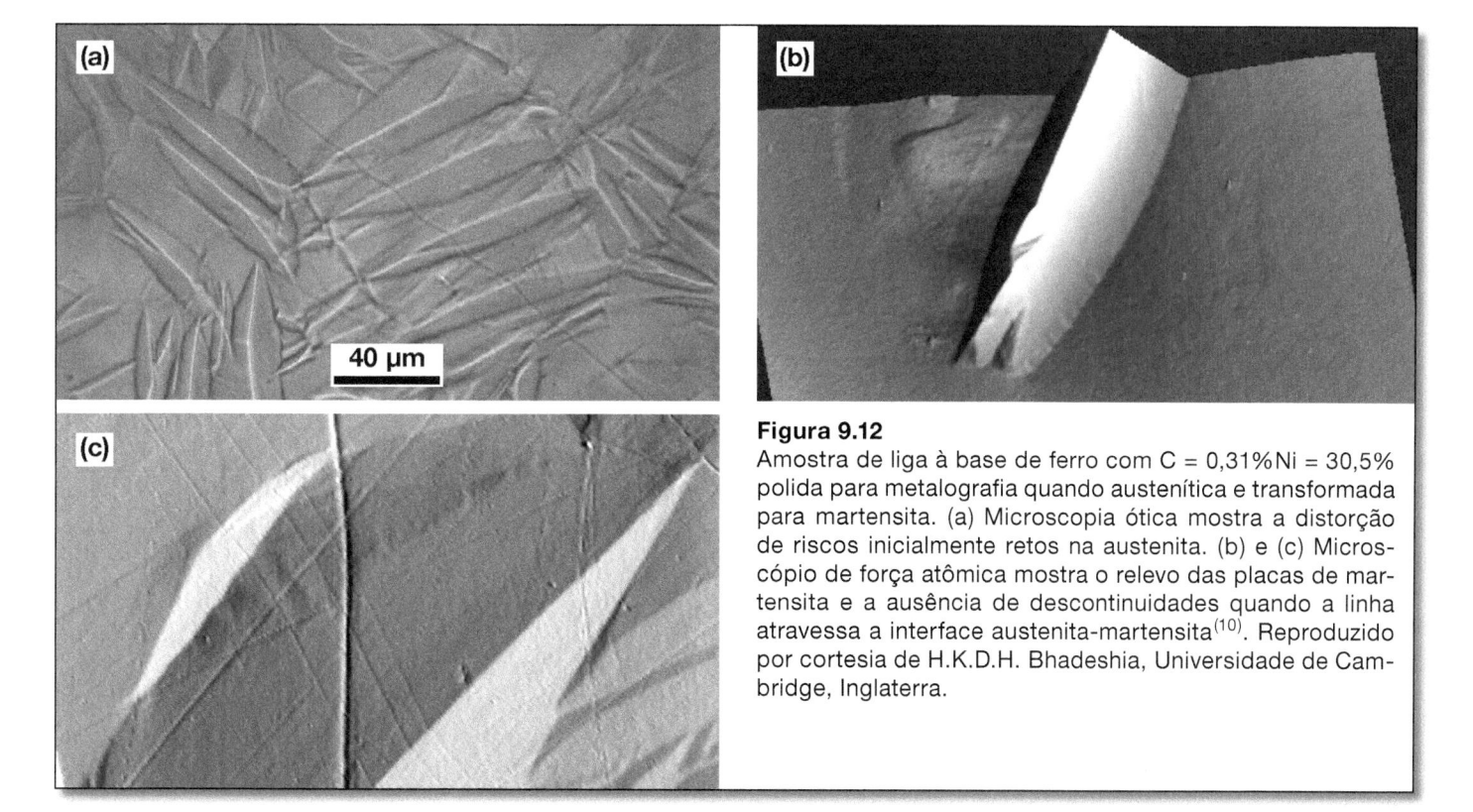

Figura 9.12
Amostra de liga à base de ferro com C = 0,31% Ni = 30,5% polida para metalografia quando austenítica e transformada para martensita. (a) Microscopia ótica mostra a distorção de riscos inicialmente retos na austenita. (b) e (c) Microscópio de força atômica mostra o relevo das placas de martensita e a ausência de descontinuidades quando a linha atravessa a interface austenita-martensita[10]. Reproduzido por cortesia de H.K.D.H. Bhadeshia, Universidade de Cambridge, Inglaterra.

(9) A velocidade de crescimento da martensita no aço é próxima à velocidade do som no material. [4].

(10) Mais informações em <http://www.msm.cam.ac.uk/phase-trans/2004/CMisc/scratch/scratch.html>.

macroscopicamente (os riscos preexistente são desviados, mas não há descontinuidades) e ocorre distorção significativa, visível como relevo e pelo desvio das linhas originalmente retas.

Estas observações suportam uma visão esquemática da transformação como indicado na Figura 9.13. Uma conclusão importante destas observações é que a martensita não pode se formar em qualquer orientação em um grão de austenita: é preciso que se forme em direções e com planos cristalográficos de interface adequados. Isto resulta em uma característica micrográfica importante, que pode ser observada mesmo em microscopia ótica. Em cada grão austenítico anterior há um número limitado de orientações de martensita. Outra observação importante é que ocorre alguma deformação, tanto na austenita como na martensita.

Figura 9.13

Um esquema que ilustra como é possível a martensita (α') permanecer coerente, macroscopicamente, com a austenita que a envolve (γ). Para que isto ocorra, a martensita deve se formar com orientações cristalográficas definidas, discutidas, por exemplo, em [8]. A avaliação micrográfica permite observar que as orientações das "agulhas" de martensita não são aleatórias, em um mesmo grão de austenita anterior.

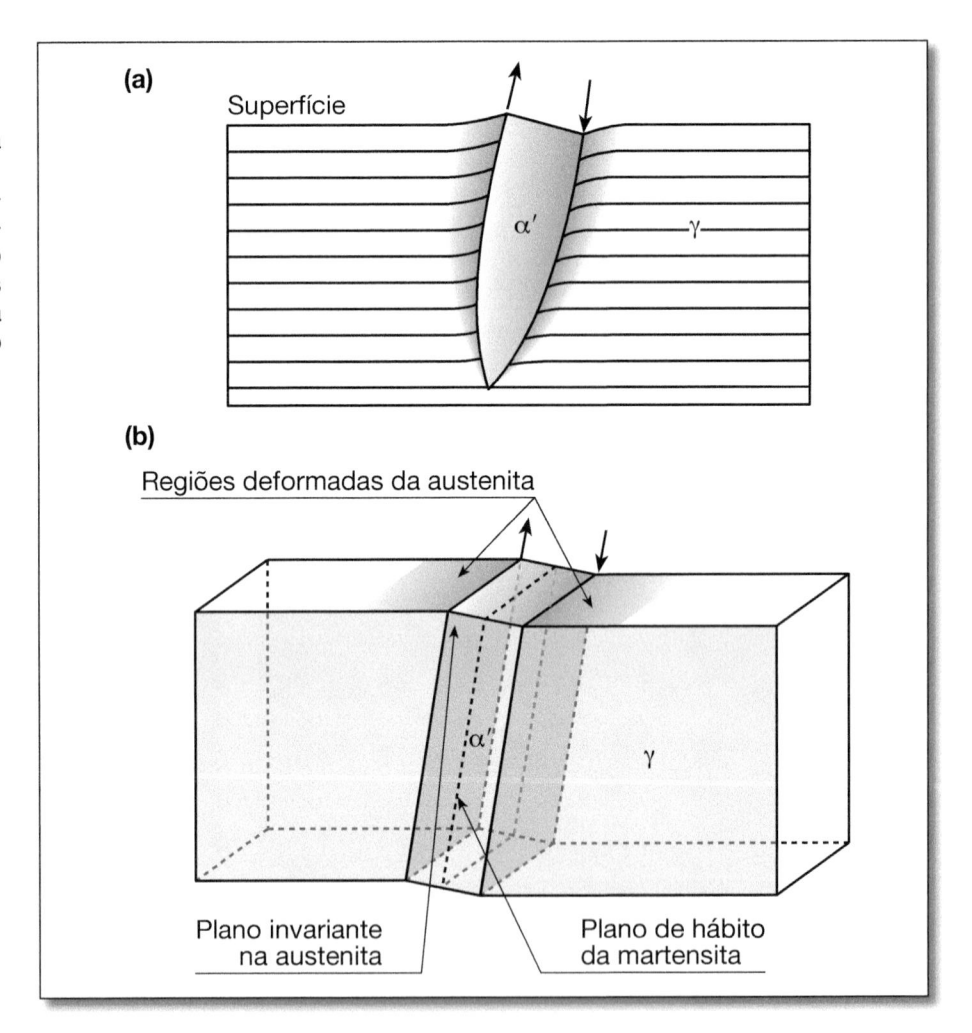

2.3.1. A Morfologia da Martensita

A morfologia da martensita formada é afetada pelo teor de carbono, principalmente. Aços mais usuais para a construção mecânica (com até cerca de 0,6% de C) apresentam martensita em pacotes de "ripas" (*laths*) enquanto que aços mais ricos em carbono (e ligas Fe-Ni) apresentam martensita em placas (*plates*).

Quando a martensita ocorre em ripas, conjuntos destes cristais, paralelos ou quase paralelos entre si, constituem um aglomerado cha-

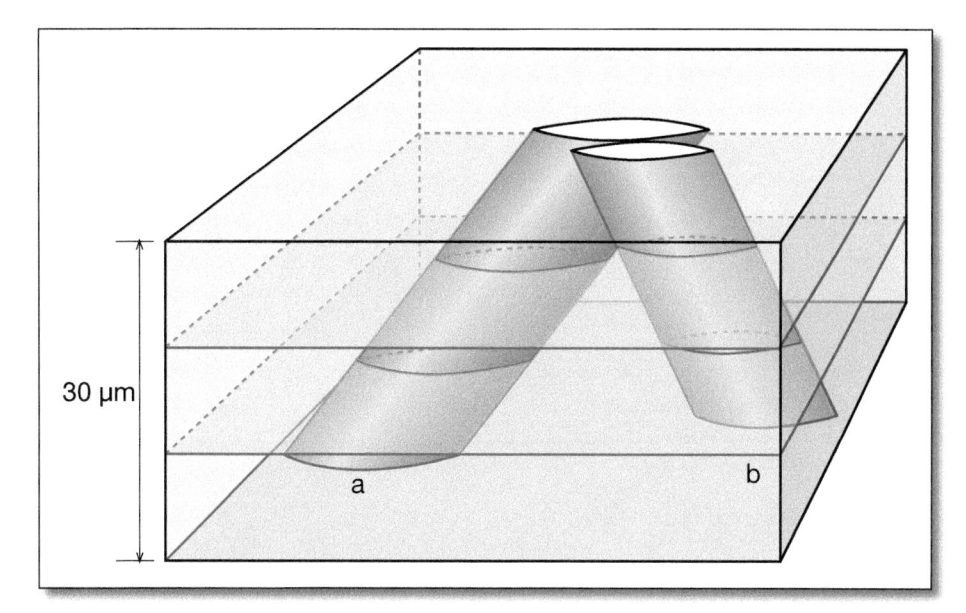

Figura 9.14
Reconstrução tridimensional de duas ripas que fazem parte de um mesmo "pacote" de martensita em uma liga Fe-0,2%C. Krauss e Marder realizaram uma série de micrografias espaçadas de 1,5 μm, aproximadamente, para criar uma reconstrução como esta. Uma grande parte das ripas tem seção transversal aproximadamente retangular, e não lenticular como indicado nesta figura. A ripa (a) tem aproxidamente 15 μm na maior dimensão da micrografia e a ripa (b) aproximadamente 5 μm. Um "pacote" é composto por muitas ripas lado a lado, preenchendo o volume, naturalmente (ver Figura 9.18(a)). Na figura são representadas apenas as duas ripas para permitir sua visualização completa. Figura adaptada de [10].

mado de "pacote" (*packet*). A morfologia das "ripas" foi esclarecida por Krauss e Marder em 1971 [10] usando uma liga Fe-0,2%C. O problema é especialmente complexo porque as ripas são, em geral, pequenas demais para a observação detalhada por microscopia ótica e muito grandes para a microscopia eletrônica de transmissão. Krauss e Marder identificaram em uma micrografia de um pacote duas ripas e realizaram uma série de seções metalográficas paralelas à micrografia original removendo, a cada vez, cerca de 1,5 μm de material através de polimento eletrolítico. Desta forma, foi possível acompanhar a evolução tridimensional das ripas isoladamente e apresentar uma reconstrução como a indicada na Figura 9.14.

A martensita é, normalmente, submetida a um tratamento de revenimento (Capítulo 10, item 5), em que parte do carbono sai da solução supersaturada, precipitando carbonetos e ocorrem outras alterações, que em geral reduzem as tensões e aumentam a ductilidade.

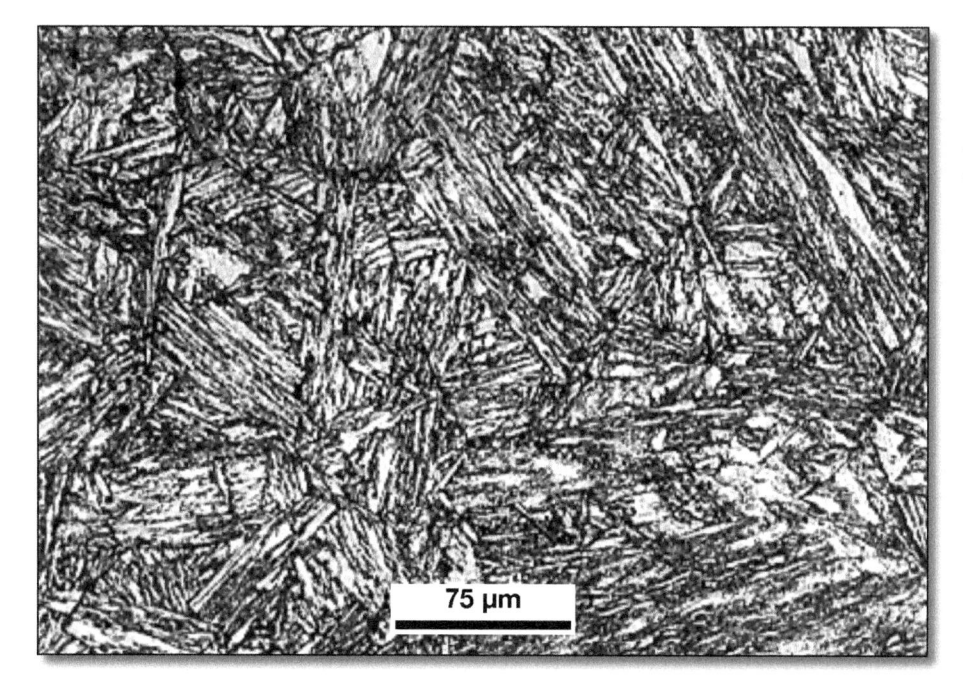

75 μm

Figura 9.15
Martensita em aço baixa liga ASTM A533 Cl.1 (20MnMoNi55) com C = 0,2%, Mn = 1,38%, Si = 0,25%, Ni = 0,83%, Mo = 0,49% resfriado continuamente a 50 °C/s Início da transformação: 415 °C. Ataque: Nital 2%. Cortesia B. Marini, CEA, França. [19].

Figura 9.16
Aço com 0,55%C e 0,65%Mn resfriado rapidamente. Martensita. Ataque: Nital. Cortesia DoITPoMs, Universidade de Cambridge, Inglaterra.

Figura 9.17
Placas de martensita em aço experimental com C = 0,1%; Ni = 30%. Observa-se o *midrib* linha central associada, na teoria, à nucleação da martensita. Fotografia de J.R.C. Guimarães, Cortesia de H. -J. Kestenbach, UFSCar, Brasil.

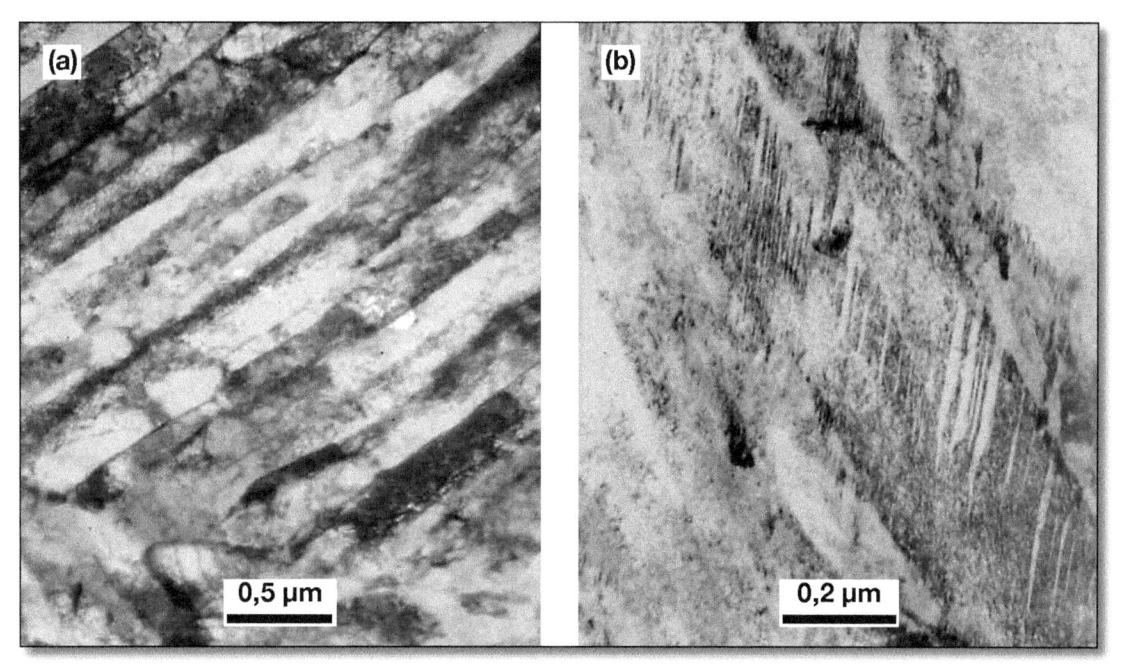

Figura 9.18
(a) Martensita de ripas[11] em aço com C < 0,16%, Mo = 0,3-0,6%, Cr = 0.6-1.2%, Cu 0,2-0,5% V ≤ 0.1%V(b) Martensita em placa (contendo maclas) na camada de alto carbono de aço AISI 4118 cementado. MET. Cortesia de H.-J. Kestenbach, UFSCar, Brasil.

Figura 9.19
(a) Placas de martensita em matriz de austenita retida em um aço com 1,7% C, resfriado rapidamente até a temperatura ambiente. (b) A mesma amostra da fotografia (a) submetida a resfriamento em ar líquido. Observa-se o aumento significativo da fração de martensita e a eliminação quase completa da austenita retida. A placa central de martensita apresenta trincas transversais a seu eixo maior. Comparar com a Figura 9.11. Cortesia de M. Hillert, [20].

(11) Embora o aço tenha sido temperado e posteriormente revenido a 620 °C/1 h, não houve recristalização no revenido, preservando-se a forma das ripas.

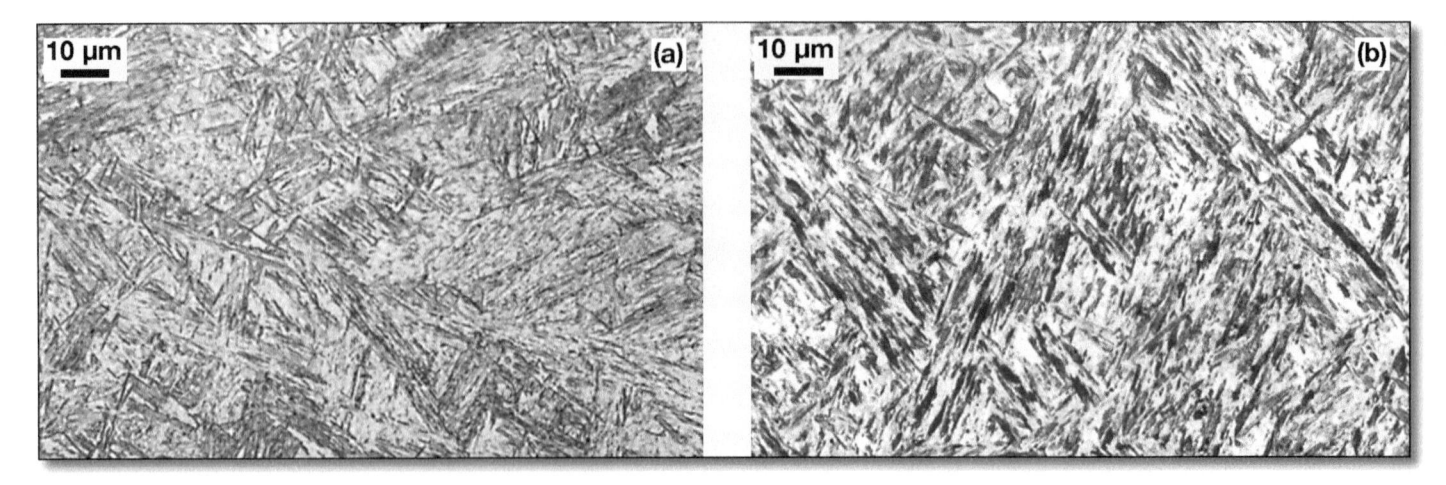

Figura 9.20
Martensita (a) em ripas, em solda a laser de aço com C = 0,13% e (b) em placas (ou maclada) em solda a laser de aço com C = 0,27%. Cortesia de G Thewlis, reproduzido de [21] com permissão da Maney Publishing.

2.4. Bainita — Um Constituinte Intermediário[12]

Na faixa de temperaturas intermediária entre aquela em que a transformação eutectóide acontece formando perlita (cerca de 550-720 °C [13]) e a temperatura de início da transformação martensítica uma série de microestruturas específicas pode se formar em aços ao carbono. Estas microestruturas são, freqüentemente, agregados de ferrita e cementita (ou outros carbonetos, no caso de aços ligados) com dimensões características muito pequenas. Os estudos de Davenport e Bain [22] permitiram pela primeira vez identificar um constituinte "diferente da perlita ... e da martensita ..." [23] formado nesta faixa intermediária de temperatura. Este constituído foi chamado de bainita, em homenagem a Edgard Bain[13]. Esta descoberta é especialmente interessante tendo em vista que, nos aços ao carbono, as curvas de nucleação e crescimento (curvas em "c") da formação da perlita e da formação da bainita praticamente se superpõem, como indicado na Figura 9.21.

Assim, a bainita pode ser definida como um produto de transformação formado em faixa de temperatura intermediária entre a transformação eutectoide (de formação da perlita) e a formação da martensita, constituído por agregados de ferrita e cementita[14].

Ainda existe um grau considerável de discussão sobre os mecanismos exatos de formação da bainita e há casos de controvérsia na aplicação do termo. Uma excelente revisão sobre o assunto, incluindo a evolução histórica dos conceitos sobre a formação da bainita e as controvérsias que persistem, foi publicada por H. Goldenstein [24]. Uma visão dos vários aspectos ligados a bainitas, embora orientada sob o ponto de vista de Bhadeshia [25], é a tradução de C.N. Elias disponível *on-line* [26]. Bhadeshia [25] propõe que uma classificação adequada da microestrutura bainítica continue sendo a de "um agregado não-lamelar" de ferrita e carbonetos. Além disto, estas microestruturas podem ser, classicamente, classificadas em dois tipos, em função da faixa de temperatura em que se formam e das suas características microestruturais: bainita superior e bainita inferior. Esta classificação é importante, devido a diferenças importantes em termos de propriedades mecânicas das duas bainitas.

(12) Em alemão, a bainita foi chamada, durante muito tempo, de *Zwischenstufe*, isto é, "estágio intermediário" ou "região intermediária".

(13) Edgard Bain liderou um grupo de pesquisa pequeno mas muito importante, no final da década de 1920 e primeira metade dos anos 1930 na U.S. Steel, na época uma das maiores siderúrgicas do mundo.

(14) Esta definição é compatível com a da Norma Brasileira de terminologia [27].

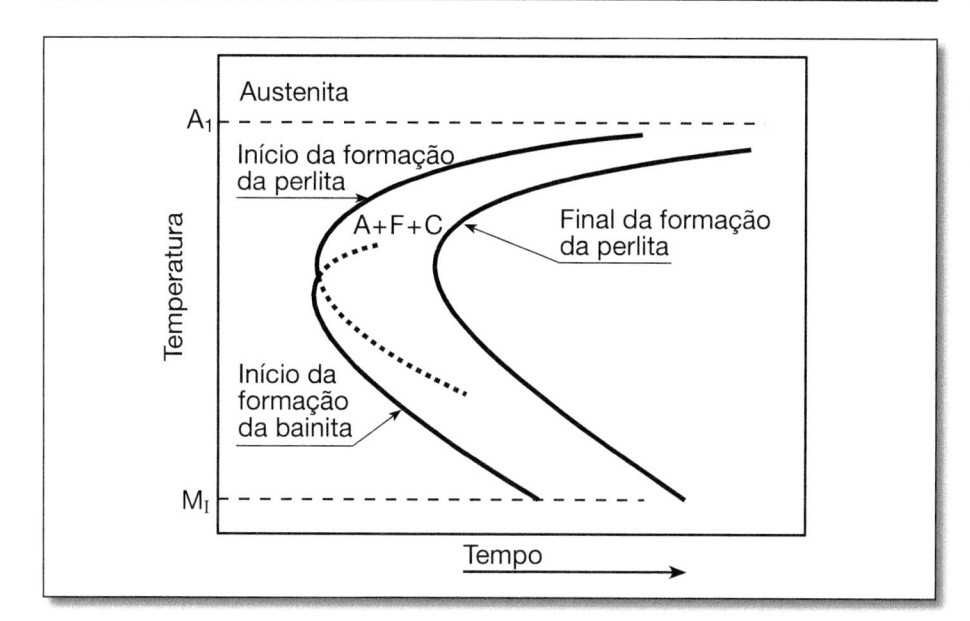

Figura 9.21
Curva TTT esquemática de um aço eutectóide. A transfomação perlítica se superpõe à transformação bainitica. A temperatura de início da transformação martensítica está também indicada, esquematicamente.

A principal diferença entre as duas microestruturas está na forma de precipitação dos carbonetos. Infelizmente, estas diferenças não são observáveis em microscopia ótica. A própria distinção entre bainita e martensita, empregando a microscopia ótica pode ser difícil, pois as duas estruturas estão, em geral, no limite de resolução desta técnica. Observada esta restrição, em geral, a martensita tem aparência mais fina do que a bainita no microscópio ótico, sendo praticamente todos os cristais de martensita menores do que a resolução do microscópio ótico. Além disto, pode haver alguma evidência dos planos de hábito cristalográficos das ripas de martensita dentro de um "pacote" de martensita [28].

Na ausência de cementita na microestrutura, os constituintes intermediários são mais bem classificados como "ferritas" [10], inclusive "ferrita bainítica", ver item 4.

2.4.1. Bainita Superior e Bainita Inferior

A bainita superior se forma nas faixas de temperatura imediatamente abaixo da faixa em que a perlita se forma. No diagrama TTT, a distinção entre a formação da perlita e da bainita se torna mais clara à medida que elementos de liga são adicionados ao aço. Uma explicação clássica para este efeito seria o fato de que os elementos de liga, em uma transformação que ocorre por difusão, precisariam se distribuir entre a austenita e as fases formadas (ferrita e cementita). O efeito desta partição sobre a cinética da formação da ferrita e da perlita é bastante distinto do efeito sobre a transformação bainítica, de forma que nas curvas TTT de aços com adições de elementos de liga é possível, freqüentemente, diferenciar claramente a formação da bainita, como mostra, esquematicamente, a Figura 9.22.

A Figura 9.23 apresenta esquematicamente duas morfologias mais comuns de bainita[15]. A bainita superior é composta de "pacotes" de cristais de ferrita paralelos entre si, que crescem através dos grãos de austenita. Carbonetos estão presentes entre os cristais de ferrita. Há diversos estudos que analisam as relações cristalográficas entre os

---

(15) Na visão de Hillert [31], que se alinha com várias visões clássicas (ver [24]) a bainita é um produto da decomposição eutectóide não-lamelar da austenita. Outras microestruturas devem ser classificadas como ferritas ou martensita revenida. Dentro desta visão, há várias outras morfologias para a bainita, como descrito em [30].

Figura 9.22
Curva TTT esquemática de um aço em que a transfomação bainítica não se superpõe à transformação perlítica. A temperatura de início da transformação martensítica está também indicada, esquematicamente. A transformação bainítica pode ser incompleta em uma faixa de temperatura.

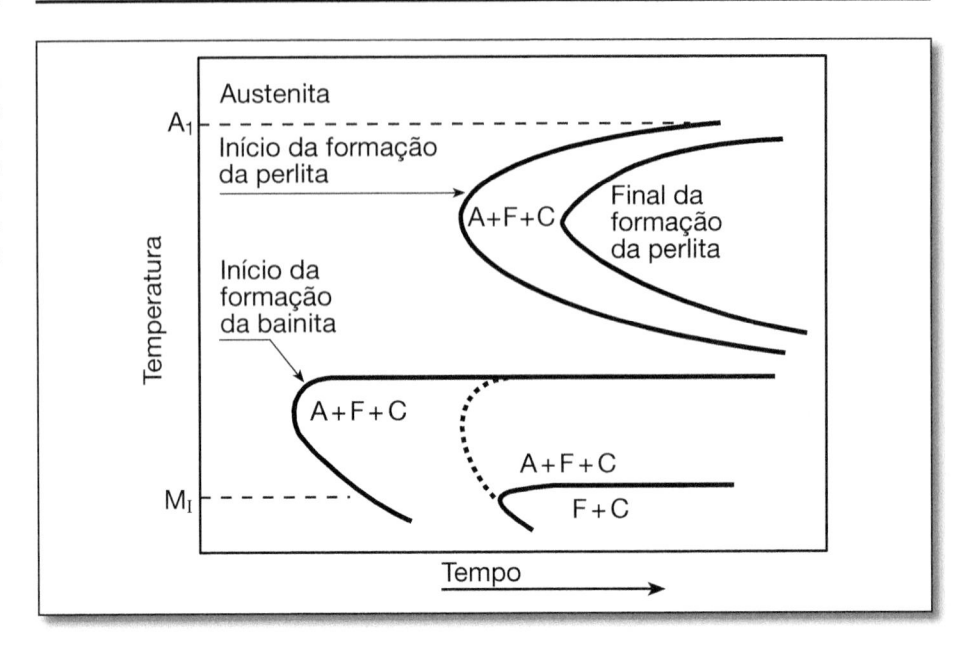

cristais de ferrita (que são muito próximas, em um mesmo "pacote") e entre os cristais de ferrita e a austenita da qual se originaram. A relação cristalográfica entre a austenita e a ferrita da bainita superior é diferente da orientação entre estas fases na formação da bainita inferior, e isto pode ser verificado por EBSD [29].

Os carbonetos na bainita superior são maiores dos que aqueles da bainita inferior, mas não são visíveis na metalografia ótica.

A bainita superior normalmente se apresenta escura na metalografia ótica, devido à rugosidade causada pelo ataque em torno das partículas de cementita. Os pacotes de ferrita da bainita superior podem ter o aspecto de "penas de aves" [10, 27].

A bainita inferior, por outro lado, apresenta placas de ferrita longas, não paralelas, em uma microestrutura análoga à da martensita em placas [10]. Esta morfologia faz com que seja comumente caracterizada como "acicular". Sua diferenciação, por microscopia ótica, da

Figura 9.23
Esquemas das duas morfologias de bainita mais comuns. (a) Bainita superior (b) Bainita inferior. As partículas pretas representam cementita. As regiões brancas, ferrita. Esquemas simplificados do crescimento (c) da bainita superior, com precipitação de carboneto entre as placas de ferrita e (d) da bainita inferior em que os carbonetos seriam precipitados dentro da ferrita após a transformação. Na bainita inferior pode ocorrer, também, carboneto entre as placas. (a) e (b) adaptados de [30]. (c) e (d) adaptados de [4].

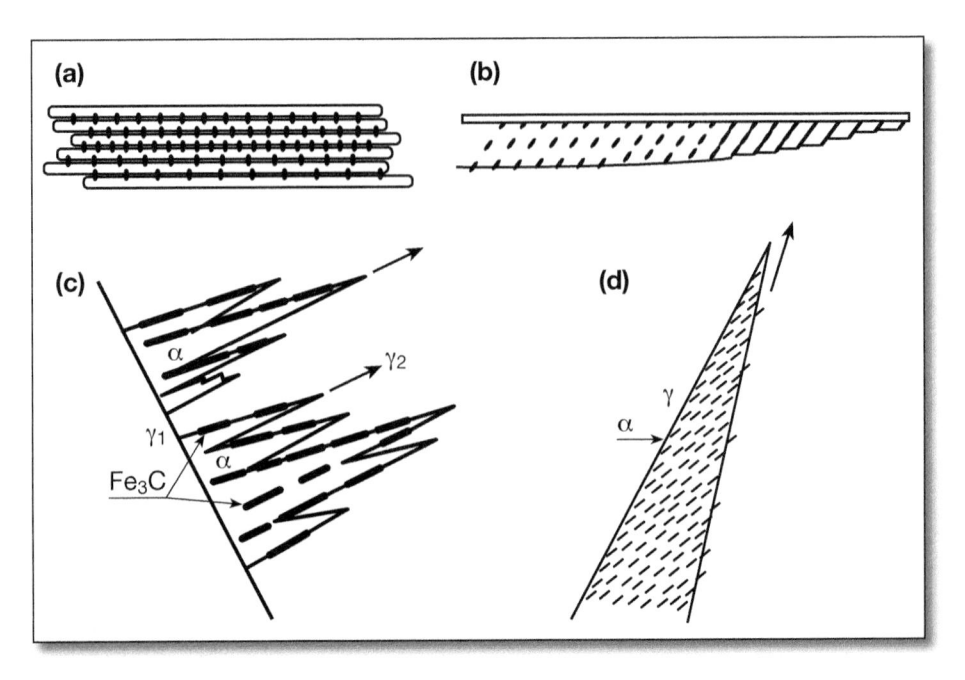

martensita, é difícil, como mencionado acima. Ataques que colorem diferencialmente as fases (Figura 9.28) são extremamente úteis em casos de dúvida.

As Figuras de 9.24 a 9.27 apresentam diferentes aspectos metalográficos da bainita.

Em tratamentos isotérmicos, freqüentemente é possível produzir as microestruturas características de bainita superior e inferior. No resfriamento contínuo, entretanto, freqüentemente as morfologias observadas não são claramente caracterizáveis como bainita superior ou inferior [32]. Ainda assim, o efeito da velocidade de resfriamento sobre a morofologia da bainita é evidente (Figuras 9.26 e 9.27, por exemplo).

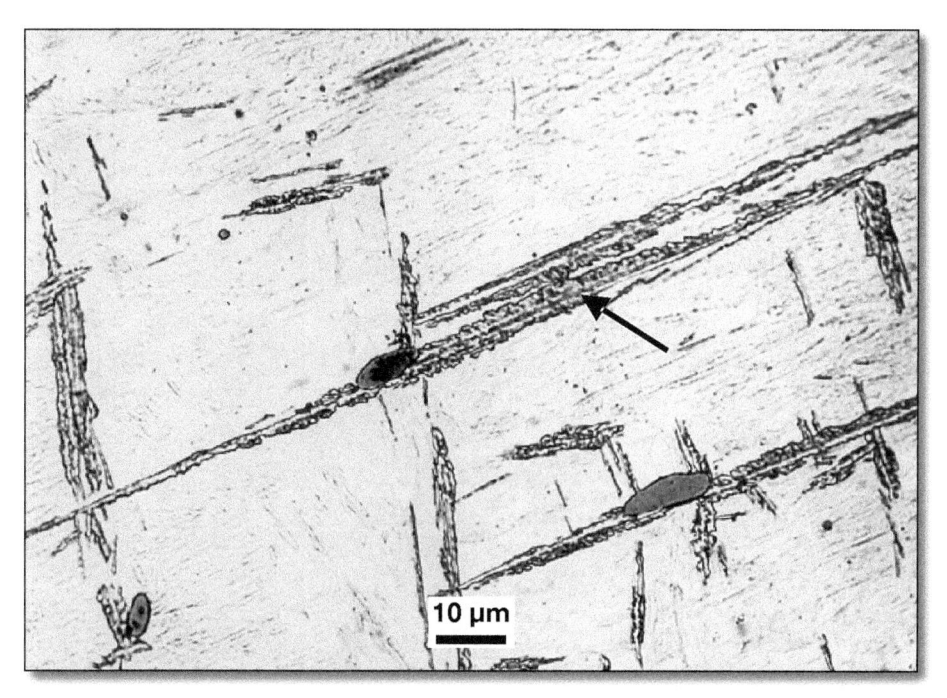

Figura 9.24
Crescimento de placas de bainita a partir de inclusões não-metálicas intragranulares em aço com C = 0,38%C, Mn = 1,39%, S = 0,039%, V = 0,09% e N = 130 ppm tratado isotermicamente por 38 s a 450 °C. A seta indica ripas de bainita com carbonetos entre as ripas, assim como no interior destas. A matriz transformou para martensita no resfriamento após o tratamento isotérmico. Cortesia de G. Thewlis, reproduzido de [21] com permissão da Maney Publishing.

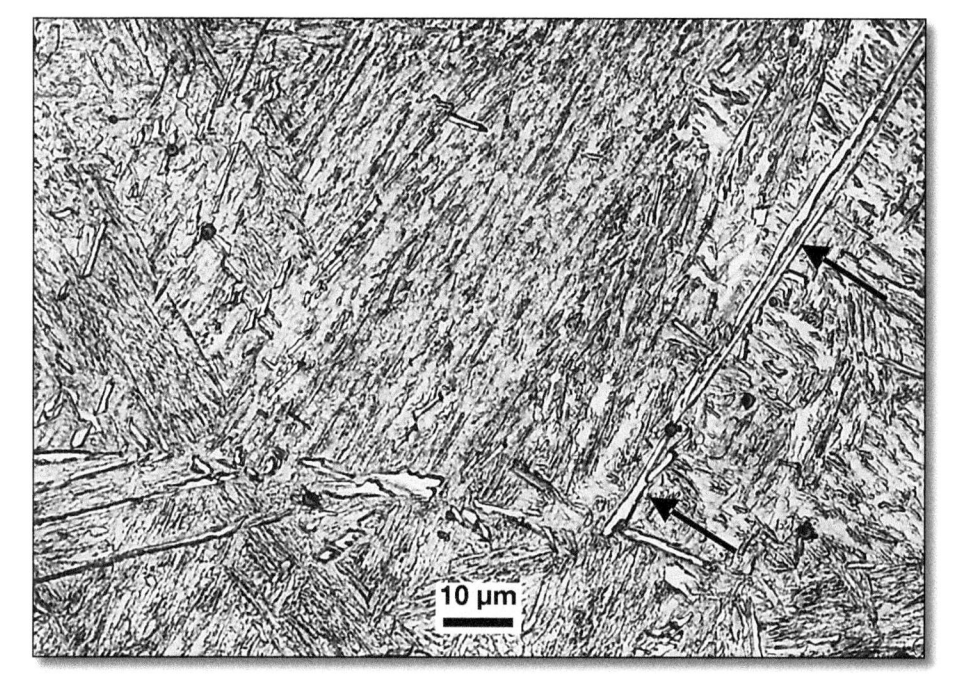

Figura 9.25
Crescimento de placas de bainita intragranulares em aço com C = 0,38%C, Mn = 1,39%, S = 0,039%, V = 0,09% e N = 1,30 ppm tratado isotermicamente por 38 s a 500 °C. A seta indica placas individuais de ferrita bainítica nucleadas em inclusão não-metálica. Cortesia de G. Thewlis, reproduzido de [21] com permissão da Maney Publishing.

Figura 9.26
Bainita em aço baixa liga ASTM A 533 Cl.1 com C = 0,2%, Mn = 1,38%, Si = 0,25%, Ni = 0,83%, Mo = 0,49% (mesmo aço da Figura 9.15) resfriado continuamente a 0,1° C/s. Início da transformação: 590 °C. Ataque: Nital 2%. Os contornos de grão austeníticos anteriores são visíveis. Cortesia B. Marini, CEA, França [19].

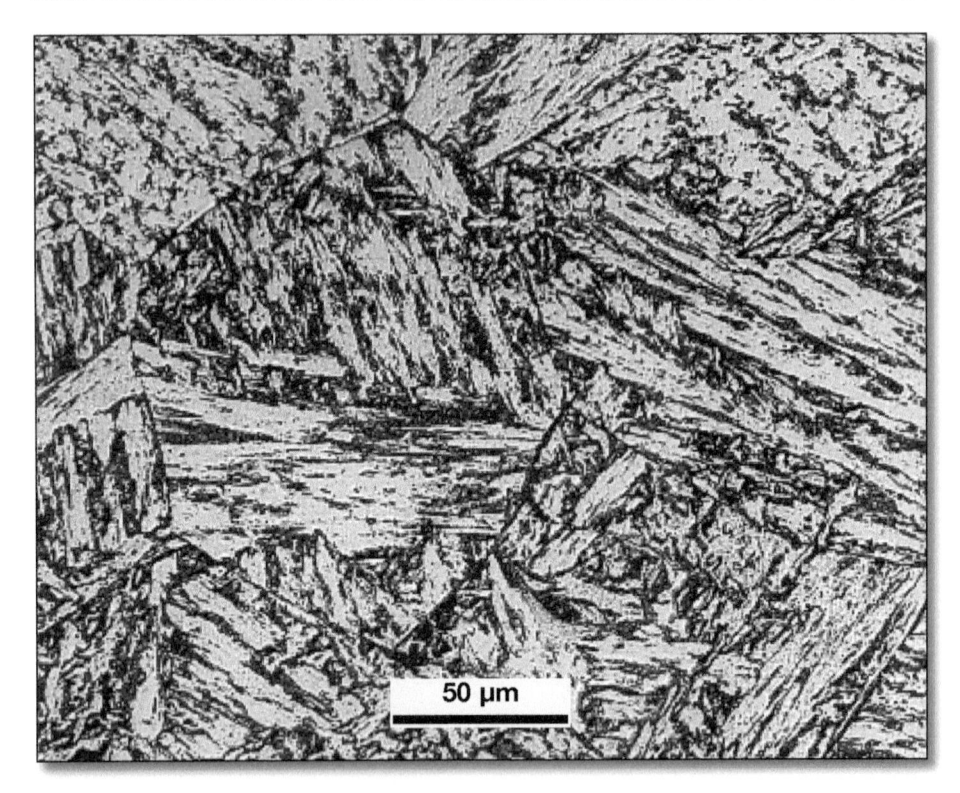

Figura 9.27
Bainita em aço baixa liga ASTM A 533 Cl.1 com C = 0,2%, Mn = 1,38%, Si = 0,25%, Ni = 0,83%, Mo = 0,49% (mesmo aço das Figuras 9.15 e 9.26) resfriado continuamente a 2 °C/s. Início da transformação: 500 °C. Ataque: Nital 2%. Os contornos de grão austeníticos anteriores são distinguíveis parcialmente. Cortesia B. Marini, CEA, França [19].

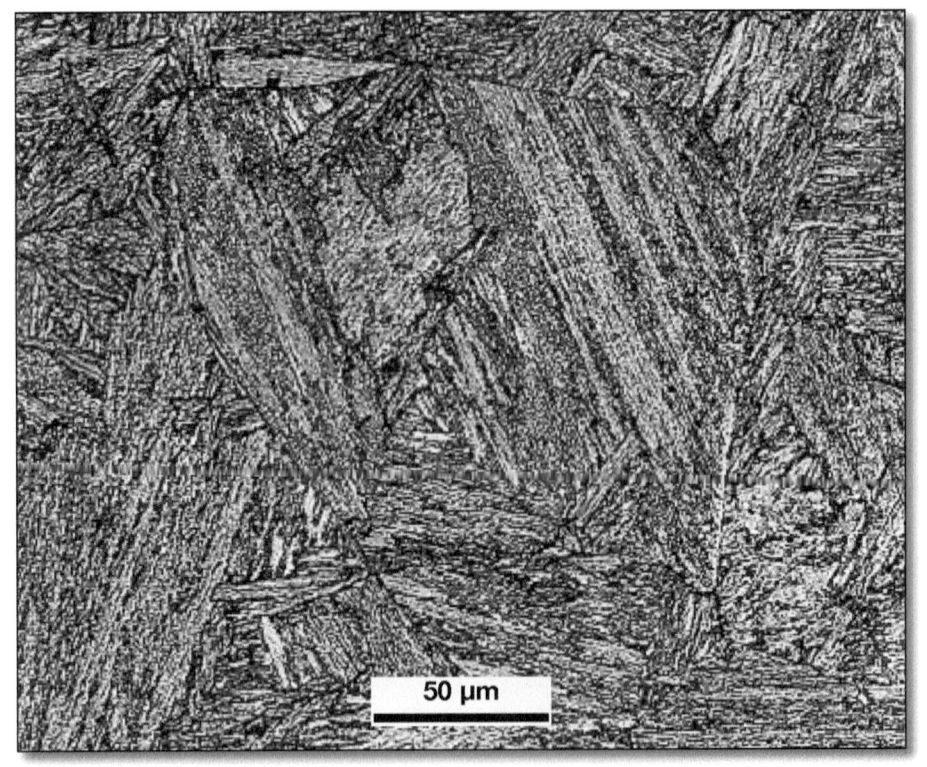

A Figura 9.28 apresenta, também, um constituinte que foi, durante algum tempo, motivo de controvérsia na comunidade metalúrgica. Habraken e Economopulus [32] observaram que, em algumas condições de transformação de aços, regiões podem ser enriquecidas em carbono suficientemente para se transformar, parcialmente, em martensita e manterem uma fração de austenita retida. Estas regiões, em geral, respondem de forma uniforme à maior parte dos reagentes usados para ataque, de modo que é difícil diferenciar a martensita da austenita retida. Passaram a ser chamadas de áreas MA (ou AM, em português). Este constituinte é importante para a tenacidade do material, tendo sido associado, em diversas ocasiões, um efeito negativo do aumento de sua fração volumétrica sobre a tenacidade do aço (por exemplo [33]).

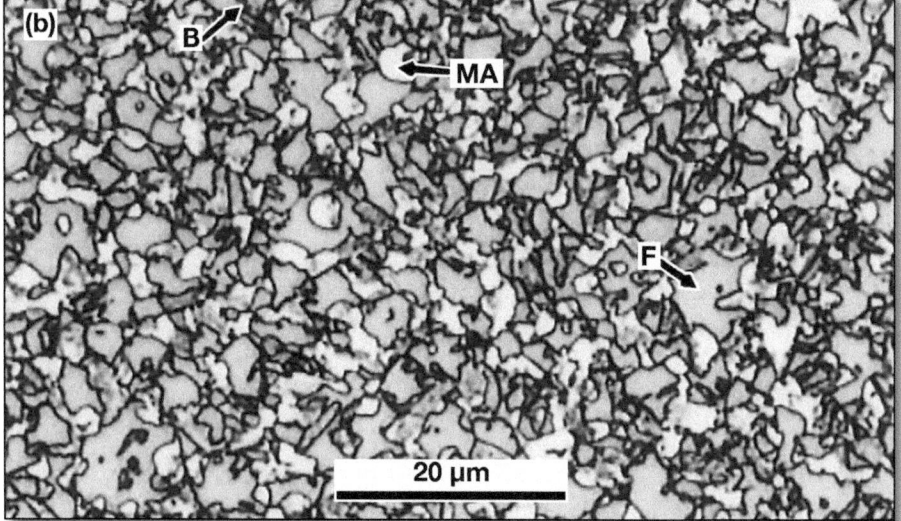

Figura 9.28
Reagentes como o reagente de LePera e suas modificações depositam camadas coloridas sobre as fases, seletivamente. Nas fotografias (a e b), convertidos para tons de cinza (F = ferrita, (verde-azulado no original, tom intermediário na foto)   B = bainita (marrom, tom mais escuro) M-A (martensita-austenita (branco). Aços TRIP (ver Capítulo 13) (a) (C = 0,11%, Si = 1,5%, Mn = 1,53%) e (b) (C = 0,27%, Si = 1,4%, Mn = 1,4%) após tratamento intercrítico e tratamento isotérmico. Ataque: LePera modificado.[16] Reproduzido de [34] com autorização da Elsevier.

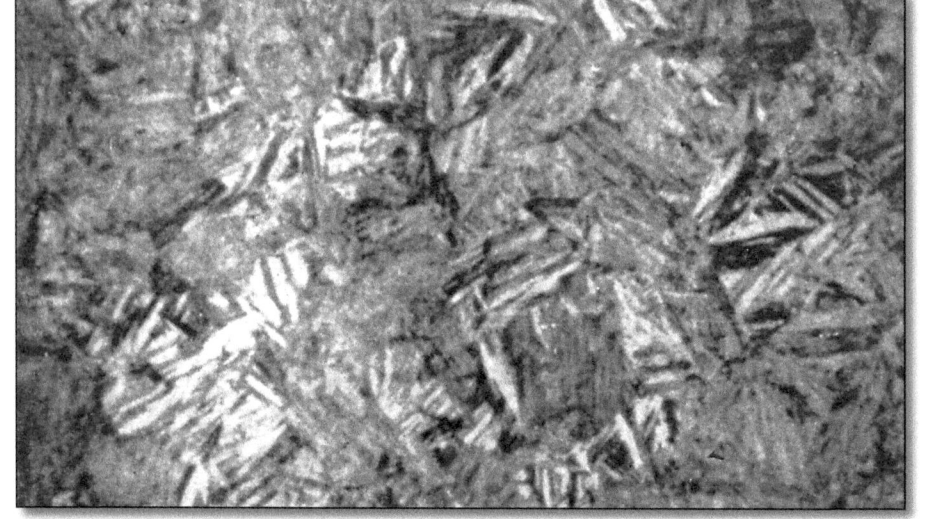

Figura 9.29
Bainita produzida por tratamento isotérmico a 400 °C (austêmpera em banho de chumbo). Ataque: Nital.

(16) Reagente de LePera modificado [34]: mistura de duas soluções frescas misturadas imediatamente antes do ataque. 30 ± 2 mL do reagente 1 (1 g $Na_2S_2O_5$ (metabissulfito de sódio) + 100 mL de água destilada) e 30 ± 2 mL do reagente 2 (4 g de ácido pícrico seco + 100 mL de etanol). Imergir e oscilar durante 10 a 20 s, lavar com etanol e secar com ar fresco. Mais detalhes na referência original.

Figura 9.30
Bainita produzida por tratamento isotérmico a 250 °C (austêmpera em banho de sal). Ataque: Nital.

Figura 9.31
Bainita em aço com 0,4%. Ataque: Nital 2%. Cortesia DoITPoMS, Universidade de Cambridge, Inglaterra.

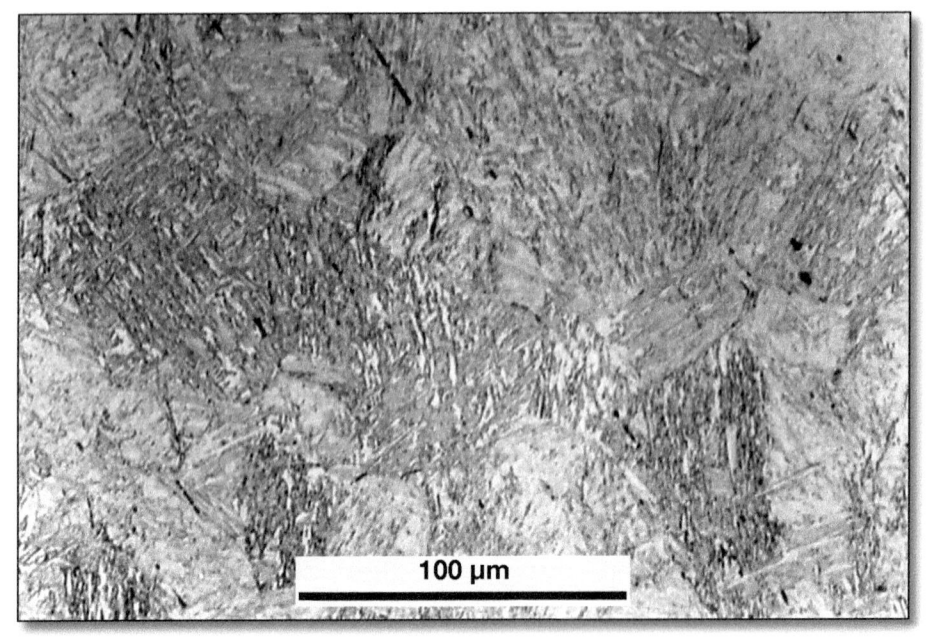

2.5. Curvas TTT e Curvas CCT

2.5.1. Curvas TTT

Há duas maneiras principais de determinar, experimentalmente, curvas TTT [17] apresentadas no item 2.2.1. A primeira consiste no emprego de técnicas dilatométricas. Acompanhando-se a variação de volume com o tempo, de uma amostra resfriada rapidamente até a temperatura de transformação que se deseja estudar, é possível identificar o início e o fim da transformação, uma vez que a austenita tem densidade diferente dos produtos de sua decomposição e a transformação de fase está associada, portanto, à alteração de volume.

(17) Também chamadas curvas ITT (*"iso-thermal time transformation"*) [8].

A segunda técnica consiste no emprego da metalografia. Neste método, vários corpos-de-prova do mesmo aço são austenitizados pelo mesmo tempo e pela mesma temperatura. Concluída a austenitização, todos os corpos-de-prova são resfriados rápida e simultaneamente para a temperatura na qual se deseja avaliar as transformações de fases. Em seguida, após serem mantidos a temperatura por intervalos de tempo determinados, os corpos-de-prova são resfriados rapidamente (temperados), um a um. Se o intervalo de tempo no qual o corpo-de-prova foi mantido a temperatura em questão não for suficiente para o início da transformação da austenita, a austenita se transformará totalmente em martensita, no segundo resfriamento brusco. Caso contrário o material apresentará uma certa área (ou fração volumétrica) transformada isotermicamente e o restante se transformará em martensita no resfriamento subseqüente.

Pelo exame metalográfico desta série de corpos-de-prova (como o exemplo apresentado na Figura 9.32) pode-se acompanhar a evolução da transformação. Estes dados permitem traçar um gráfico relacionando a porcentagem de produtos de transformação isotérmica com o tempo de permanência na temperatura escolhida, como mostra, esquematicamente, a Figura 9.33.

Figura 9.32
Transformação isotérmica em um aço contendo C = 0,5% Mn = 1,5% a 538°C. Os corpos-de-prova são resfriados bruscamente da temperatura de austenitização para a temperatura de tratamento isotérmico onde são mantidos pelos tempos indicados em cada figura. Após este tempo os corpos-de-prova são novamente resfriados rapidamente até a temperatura ambiente. A fração de austenita não transformada aparece como martensita (clara) nas imagens assim obtidas. Observa-se que a transformação se inicia nos contornos de grão austeníticos, já completamente transformados nas figuras (a) e (b). Algumas poucas colônias de perlita nucleiam no interior do grão austenítico, como se observa em (a). Em (b) até (d) observa-se a presença de ferrita pró-eutectóide. A região observada da amostra (a) pode ter sido levemente segregada ou heterogênea, não apresentando o constituinte pró-eutectóide. Com 10 s de tratamento isotérmico a 538 °C a transformação está completa, como se observa em (d). Ataque: Nital 2%. Cortesia C. Capdevila Montes, grupo Materialia, Espanha. (Na página seguinte estão as fotos b, c e d.)

Figura 9.32 (*Continuação*)

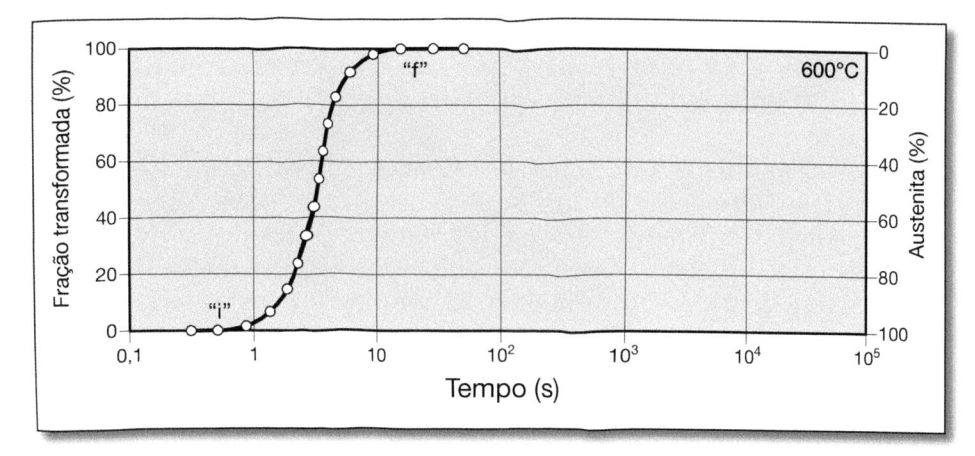

Figura 9.33
Curva de fração transformada em transformação isotérmica de um aço eutectóide a 600 °C. O início e o fim da transformação ("*i*" e "*f*") na figura são, normalmente, caracterizados por uma fração transformada mensurável por metalografia quantitativa.

Como o tempo de transformação varia diversas ordens de grandeza (de segundos até dias) quando a temperatura de transformação varia, a escala do eixo onde o tempo é representado é logarítmica. Esse gráfico fornece o tempo para o início e o do fim da transformação (pontos "*i*" e "*f*") da austenita, na temperatura escolhida.

Repetindo-se a mesma experiência com o mesmo material, austenitizado na mesma temperatura, mas para diferentes temperaturas de transformação, obter-se-ão resultados semelhantes, que poderão ser registrados num gráfico temperatura vs. tempo, resultando em um diagrama como o da Figura 9.34.

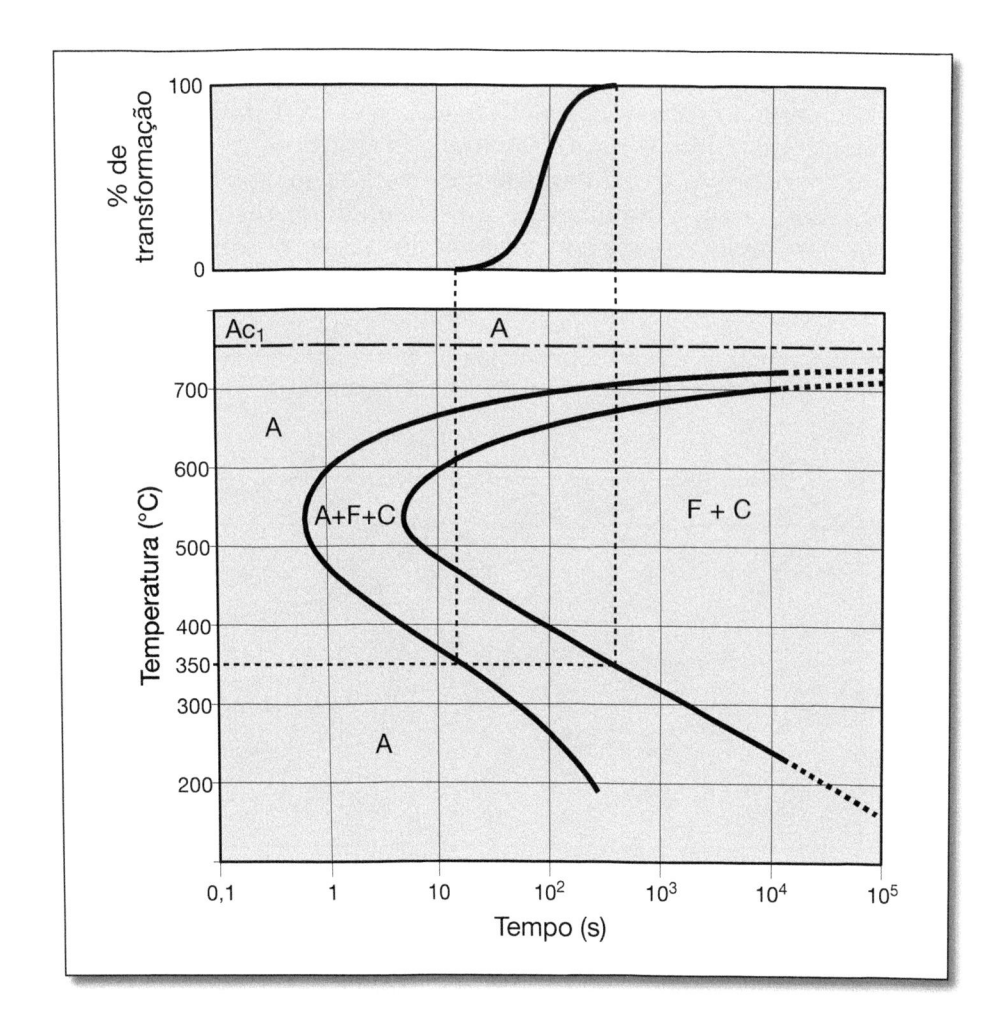

Figura 9.34
Relação esquemática entre a curva de fração transformada isotérmica e o diagrama TTT (ver também Figuras 9.5 e 9.6).

Este diagrama de transformação isotérmica recebe a denominação de diagrama IT (*isothermal time transformation*), ou diagrama TTT (transformação tempo-temperatura) (item 2.2.1), ou curvas em C, ou em S.

Embora as curvas TTT sejam ferramentas importantíssimas no estudo das transformações de fases que ocorrem em aços e ferros fundidos e sejam extremamente difundidas, a maior parte dos tratamentos térmicos reais utilizados para aços emprega resfriamento contínuo e não a manutenção do aço em uma temperatura constante para que ocorra a transformação[18]. Assim, é importante conhecer o efeito da aplicação de uma taxa de resfriamento sobre a austenita, ao invés do efeito de mantê-la a uma temperatura constante. A aplicação direta de curvas de resfriamento, sobre diagramas obtidos isotermicamente, pode resultar em erros significativos, como discutido na próxima seção.

2.5.2. Curvas CCT ou TRC

Processos em que se aplica resfriamento contínuo à austenita podem ser representados em curvas de transformação em resfriamento contínuo (TRC) (ou *continuous cooling transformation*, CCT). O levantamento experimental destas curvas é, normalmente, realizado por técnicas dilatométricas (ver [35], por exemplo).

As duas formas mais comuns de apresentar estas curvas são mostradas na Figura 9.35. É muito importante avaliar, inicialmente, os eixos empregados nos gráficos, para que os dados possam ser corretamente compreendidos. Há dois formatos básicos de curvas CCT: Figura 9.35(a): curvas em que o eixo horizontal representa o tempo e Figura 9.35(b): curvas em que este eixo representa a taxa de resfriamento.

A comparação entre a curva TTT e a curva CCT de um aço é especialmente instrutiva e mostra alguns dos riscos de se empregar as primeiras para prever o resultado de tratamentos de resfriamento contínuo. Como mostra a Figura 9.36 a velocidade de resfriamento necessária para evitar as transformações difusivas, no diagrama TTT (indicada por V_{crit} TTT), não é a velocidade crítica de têmpera (ou ve-

Figura 9.35
(a) Diagrama CCT tempo versus temperatura para um aço com C = 0,39%, Mn = 1,45% e Mo = 0,49% (adaptado de [36]). Cada velocidade de resfriamento é representada por uma curva sobre o gráfico T vs t. Os valores de dureza final obtidos são, freqüentemente, indicados para cada taxa de resfriamento.

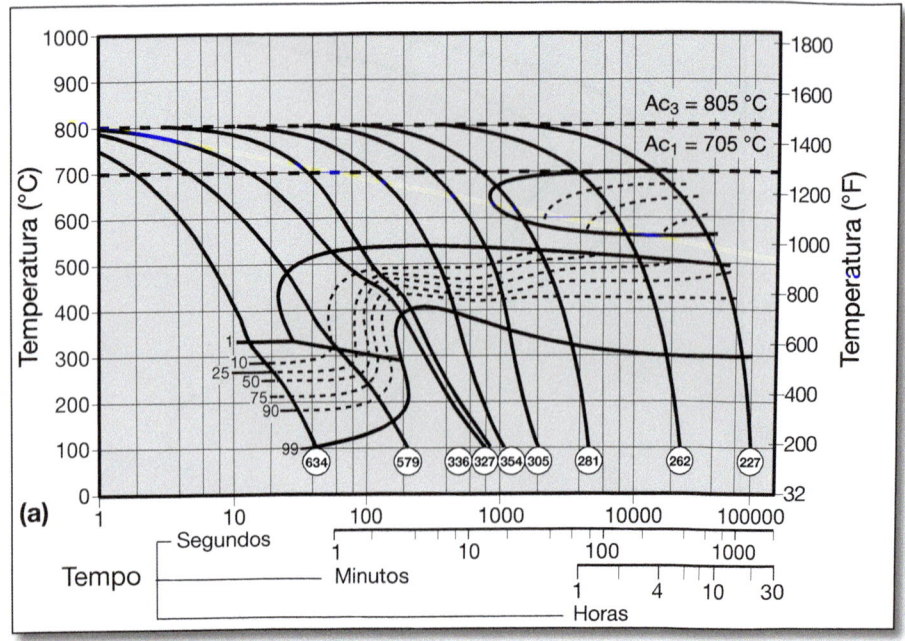

(18) Exceções importantes, envolvendo decomposição da austenita, são o recozimento isotérmico, patenteamento e a austêmpera (*austempering* ou "têmpera bainítica" na norma de terminologia brasileira [38]).

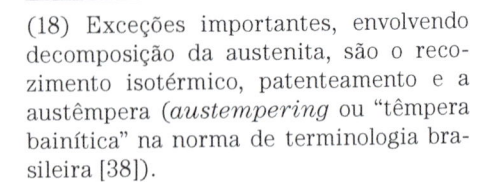

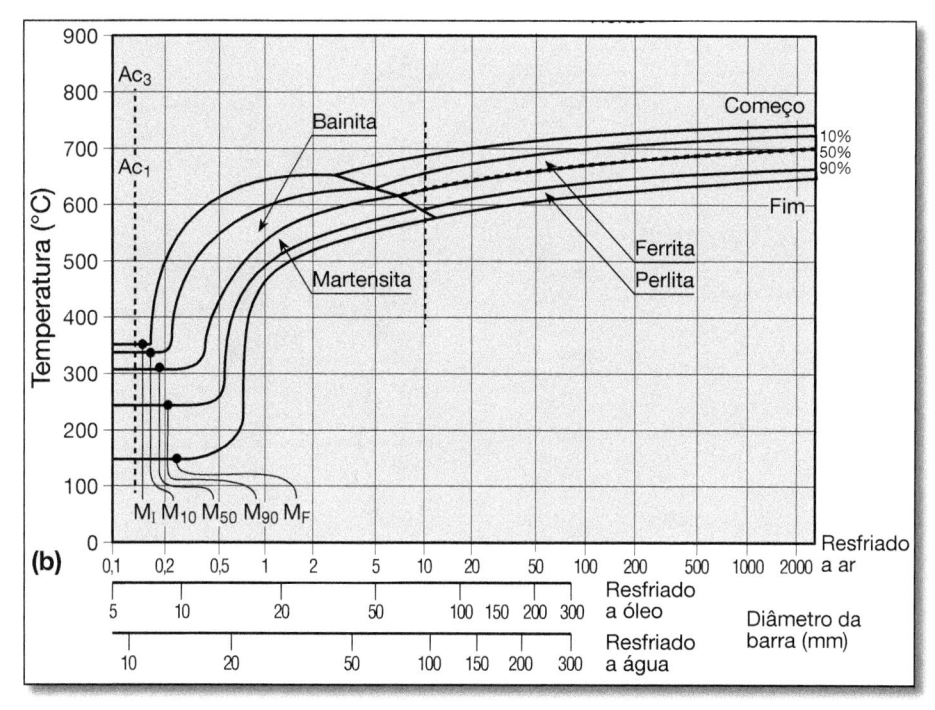

(b)

Figura 9.35 (*Continuação*)
(b) Diagrama CCT taxa de resfriamento *versus* temperatura para um aço com C = 0,38%, Mn = 0,6% (adaptado de [37]). Cada velocidade de resfriamento é representada por uma linha vertical sobre o gráfico T vs dT/dt.

locidade crítica de têmpera martensítica [38][19]). Na verdade, em função do modo de levantamento das curvas TTT, curvas em que a temperatura não é mantida constante não têm significado nestes gráficos. Além disto, a velocidade crítica de têmpera bainítica [38] pode ser determinada com facilidade na curva CCT (linhas tracejadas), enquanto que, caso se tentasse determinar esta velocidade sobre a curva TTT, poder-se-ia considerar, erradamente, que não é possível obter bainita sem a formação de perlita (curvas com linha sólida) neste aço.

A Figura 9.37 apresenta uma curva CCT determinada por dilatometria, com os valores de dureza obtidos em cada corpo-de-prova também indicados. Na Figura 9.38 são apresentadas as microestruturas de cada um dos corpos-de-prova.

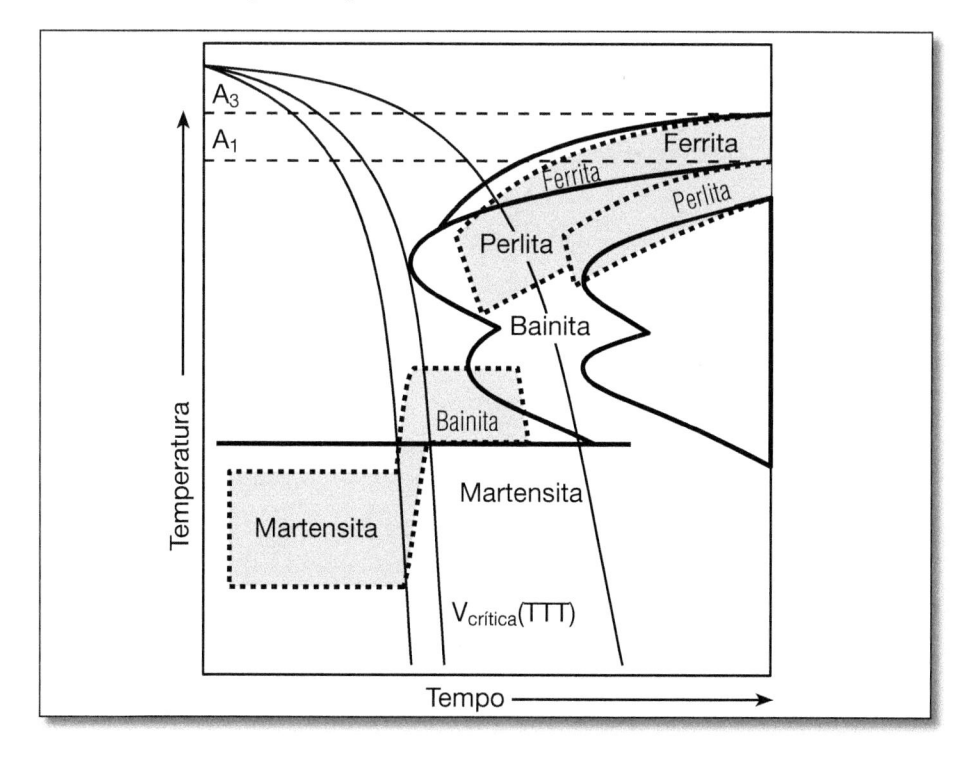

Figura 9.36
Apresentação esquemática de uma curva CCT (tracejado) superposta à curva TTT do mesmo aço (linhas sólidas). A velocidade necessária para evitar o "nariz" da curva TTT não é, exatamente, a velocidade crítica para garantir a formação de martensita. Alguns pontos do diagrama TTT seriam inacessíveis através de resfriamento contínuo. Adaptado de [12].

(19) No passado, o termo têmpera, no Brasil, era reservado ao "tratamento térmico caracterizado pelo resfriamento em velocidade superior à velocidade crítica de têmpera... resultando em transformação da austenita em martensita". Como o termo *quenching* na língua inglesa, refere-se apenas a um resfriamento, em geral rápido, a Norma Brasileira [38] passou a usar têmpera de forma mais geral, indicando que "têmpera significa esfriar." Salienta, entretanto, que o emprego do termo têmpera, sem qualificativo, designa na têmpera martensítica.

Figura 9.37
Curva CCT determinada por dilatometria de um aço experimental C = 0,78%, Si = 1.6%, Mn = 2.02%, Mo = 0,24%, Cr = 1,01%, Co = 3,87% e Al = 1,37%. Os pontos pretos indicam a dureza em HV (eixo da direita). As cruzes indicam início e fim de transformação medidos (ver as micrografias correspondentes, Figura 9.38). A taxa de resfriamento está indicada em °C/s no alto do gráfico, para cada curva. Cortesia C Garcia-Mateo, Grupo Materialia, Espanha.

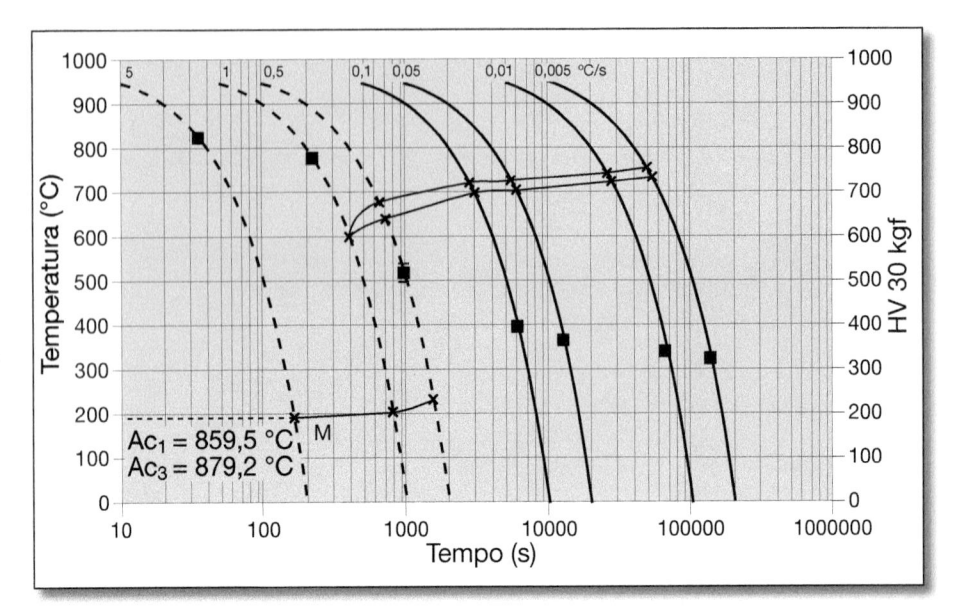

Figura 9.38
Microestruturas selecionadas dos corpos-de-prova utilizados para o levantamento da curva CCT da Figura 9.37. A amostra (a) é composta apenas por martensita (e austenita retida, possivelmente, em função da temperatura M_I medida). Nas amostras (b) e (c) observam-se perlita[20] e martensita (possivelmente há austenita retida, também) A perlita nucleou na austenita, principalmente em contornos de grão. Observa-se a forma de "nódulos" das colônias de perlita. A austenita que não se transformou em perlita transforma-se em martensita ao atingir a temperatura M_I . Com velocidades inferiores a 0,1 °C/s observou-se apenas perlita, isto é, toda a austenita se transforma em perlita. O espaçamento interlamelar da perlita é mais fino com as maiores velocidades de resfriamento, como indicado pelas amostras (e) e (h). A perlita escurece, no ataque, muito mais rapidamente que a martensita (ver figuras (b) e (c)). Ataque: Nital 2%. Cortesia C. Garcia-Mateo, Grupo Materialia, Espanha. As figuras seguem nas próximas duas páginas.

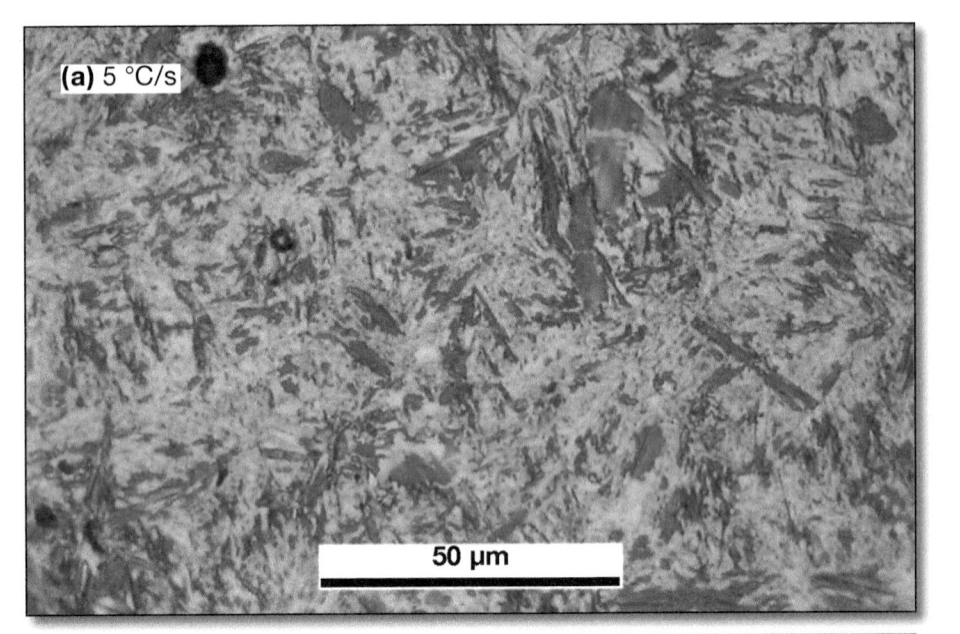

(a) 5 °C/s

50 µm

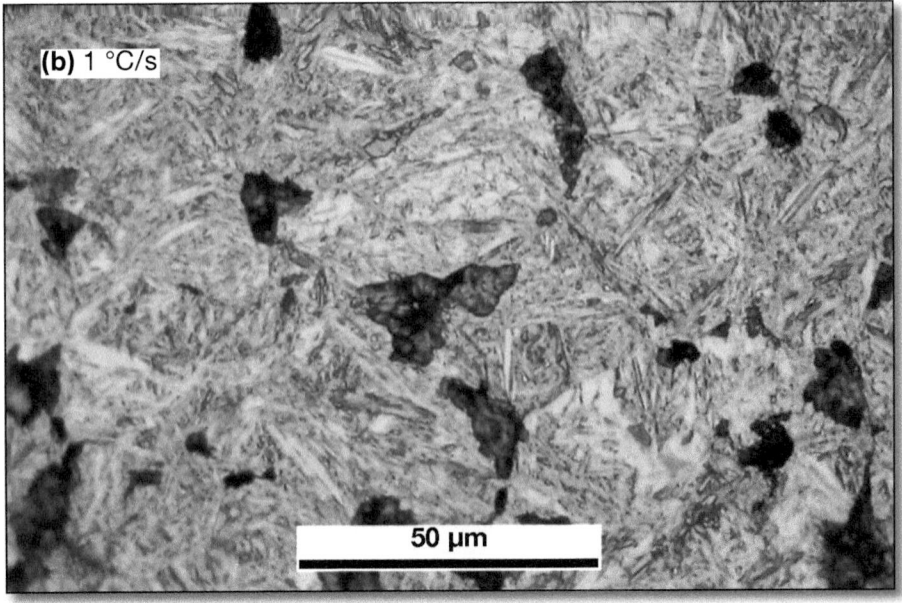

(b) 1 °C/s

50 µm

(20) No passado, perlitas muito finas foram chamadas de troostita. A norma brasileira de nomenclatura considera este termo em desuso [27].

Figura 9.38 (*Continuação*)

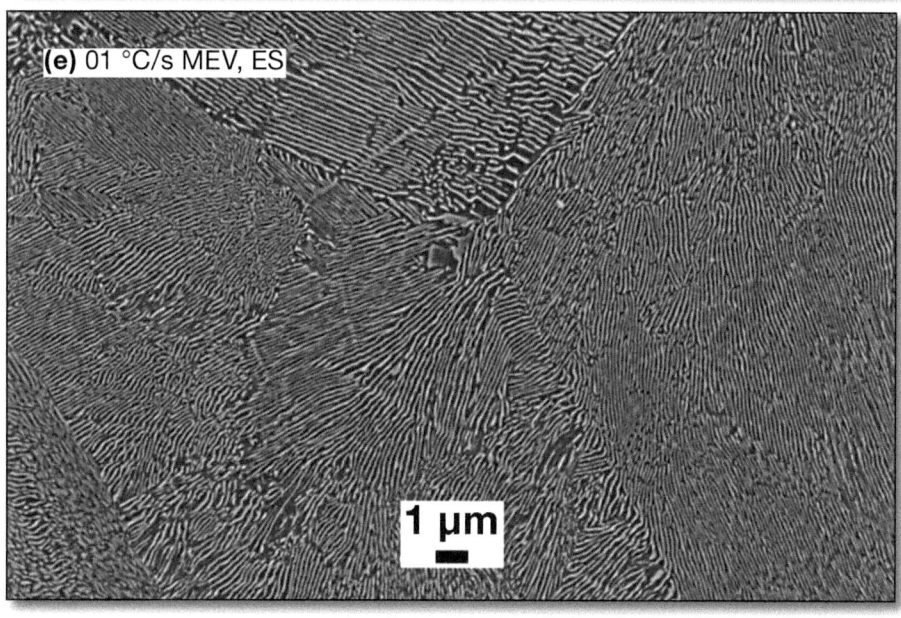

Figura 9.38 (*Continuação*)

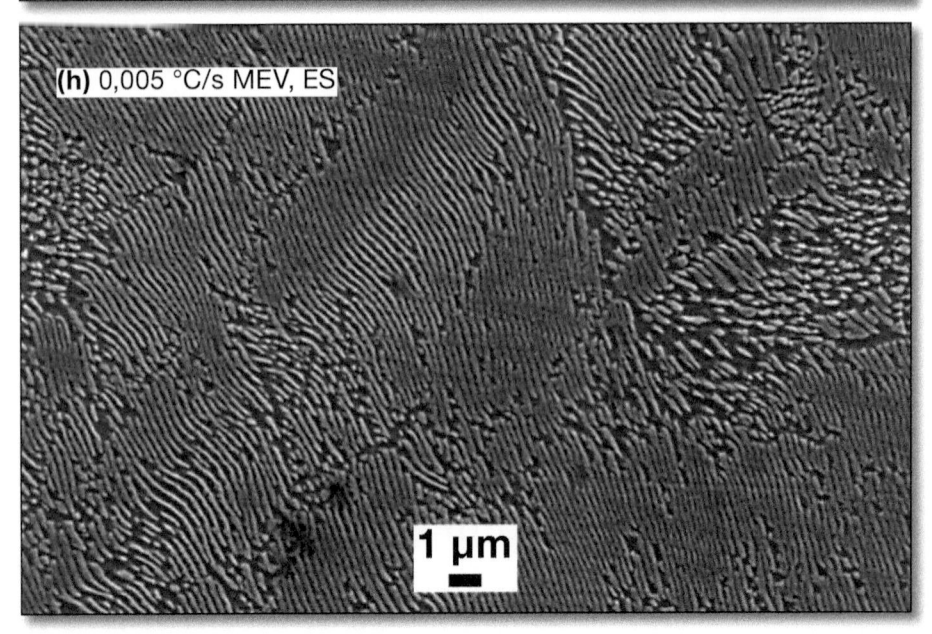

3. Austenita e Medida do Tamanho de Grão Austenítico

Embora, na maioria dos aços, não se tenha acesso à austenita para avaliá-la metalograficamente, as características da microestrutura austenítica têm papel determinante no resultado da maior parte dos tratamentos térmicos e termomecânicos dos aços[21].

As transformações de decomposição da austenita dependem da ocorrência ou não de nucleação e da freqüência e localização dos núcleos formados. Estas características, por sua vez, dependem diretamente do tamanho de grão austenítico (e conseqüentemente a densidade de área interfacial onde a nucleação ocorre preferencialmente), sua distribuição, da homogeneidade química da austenita e da presença ou não de segundas fases (como carbonetos não dissolvidos, por exemplo).

Conhecer os mecanismos de formação da austenita, processo que ocorre durante o aquecimento e manutenção em patamar em vários tipos de tratamentos térmicos (ver Capítulo 10) é de grande importância, portanto.

3.1. Formação da Austenita

A austenita é formada por nucleação e crescimento a partir da microestrutura do aço que se aquece para tratamento térmico.

A diferença mais marcante na cinética de formação da austenita em relação à cinética de sua decomposição é o fato de que, enquanto a decomposição se passa durante o resfriamento e termina, normalmente, a temperatura ambiente, a primeira ocorre no aquecimento e termina a temperaturas em que os átomos têm grande mobilidade. Por este motivo, alguns processos importantes que não ocorrem na decomposição da austenita são extremamente importantes na sua formação. O principal deles é o crescimento de grão.

Schmidt e colaboradores [39] confirmaram, em observação com microscopia confocal à alta temperatura, que os pontos triplos da microestrutura ferrítica em aços IF são regiões preferenciais para a nucleação da austenita (ver Figura 7.8).

Savran e colaboradores [40] realizaram tratamentos de austenitização interrompidos, em aços C35 e C45 (semelhantes a AISI 1035 e 1045). Ao atingir uma determinada temperatura as amostras eram resfriadas bruscamente, transformando a austenita existente à alta temperatura em martensita. Observou-se que a nucleação da austenita na perlita é predominante. Nucleação ocorre, também, em pontos triplos da ferrita: são pontos de nucleação preferenciais (Figuras 9.39 a 9.42). Assim, parece haver uma superposição, no tempo, das duas transformações (ferrita para austenita e perlita para austenita). A transformação da perlita para austenita segue dois mecanismos distintos, dependendo da taxa de aquecimento: no aquecimento lento as placas de ferrita e de cementita se transformam ao mesmo tempo em austenita. Já no aquecimento rápido, a ferrita se transforma em austenita e a cementita se dissolve, posteriormente, nesta fase.

Figura 9.39
Aço C35 (semelhante a AISI 1035) aquecido a 0,05 °C/s, tratamento interrompido por resfriamento brusco a 745 °C. F = ferrita, P = perlita e M = martensita. As regiões martensíticas eram austenita no momento da interrupção do tratamento. As setas indicam: nucleação da austenita em pontos triplos da microestrutura e o início da formação de austenita em uma colônia de perlita (seta à esquerda da foto). MEV, ES. Cortesia de V. Savran e J. Sietsma, Delft University of Technology, Delft, Holanda.

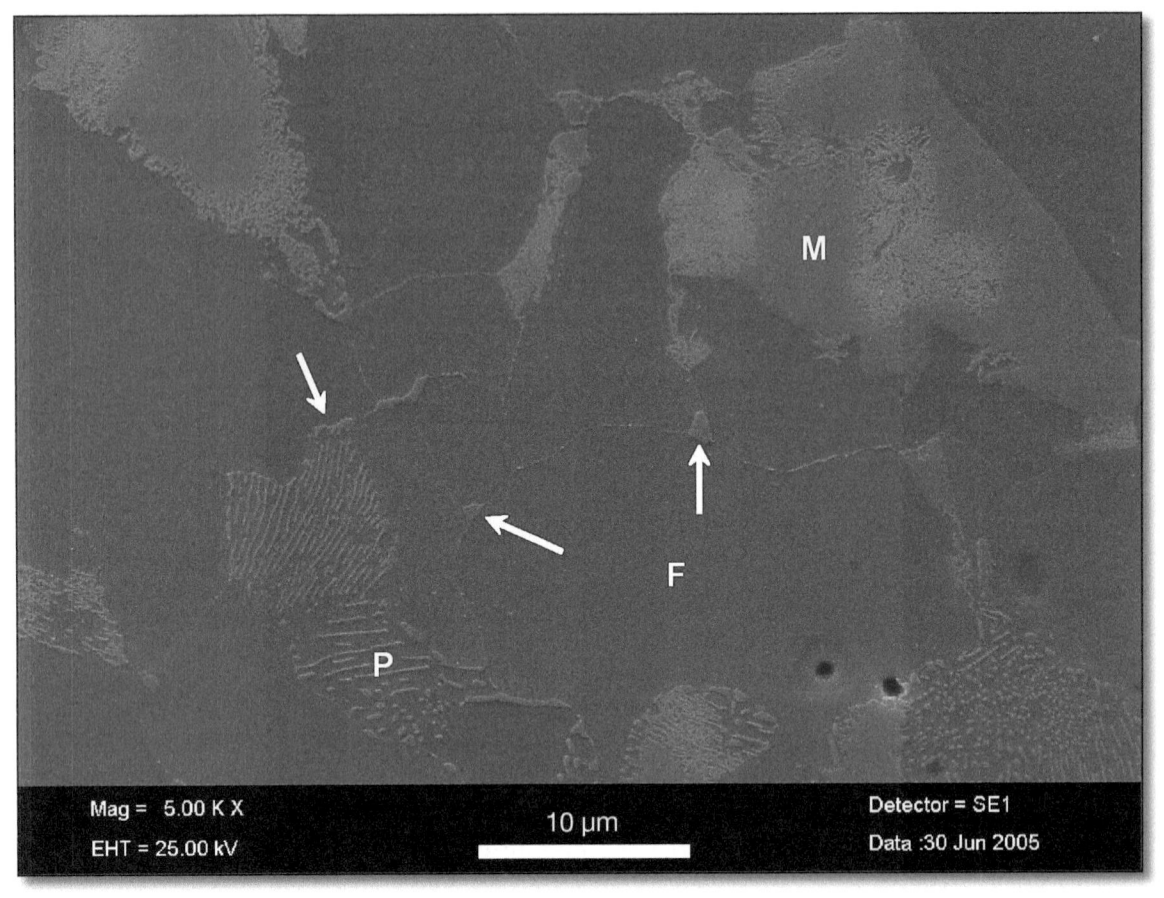

Figura 9.40
O mesmo aço, nas mesmas condições de tratamento da Figura 9.39. Observa-se a esferoidização da cementita da perlita, em algumas regiões (PE). MEV, ES. Cortesia de V. Savran e J. Sietsma, Delft University of Technology, Delft, Holanda.

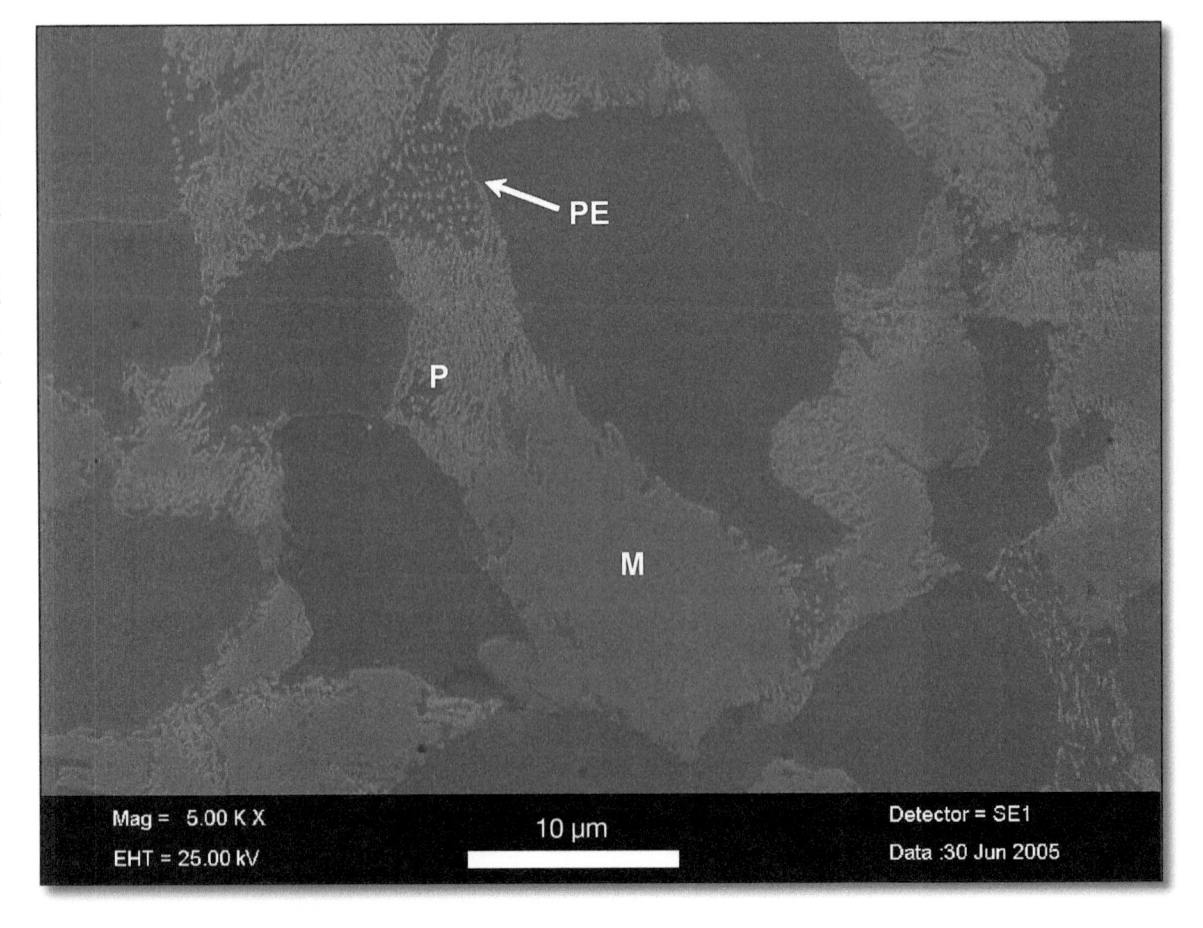

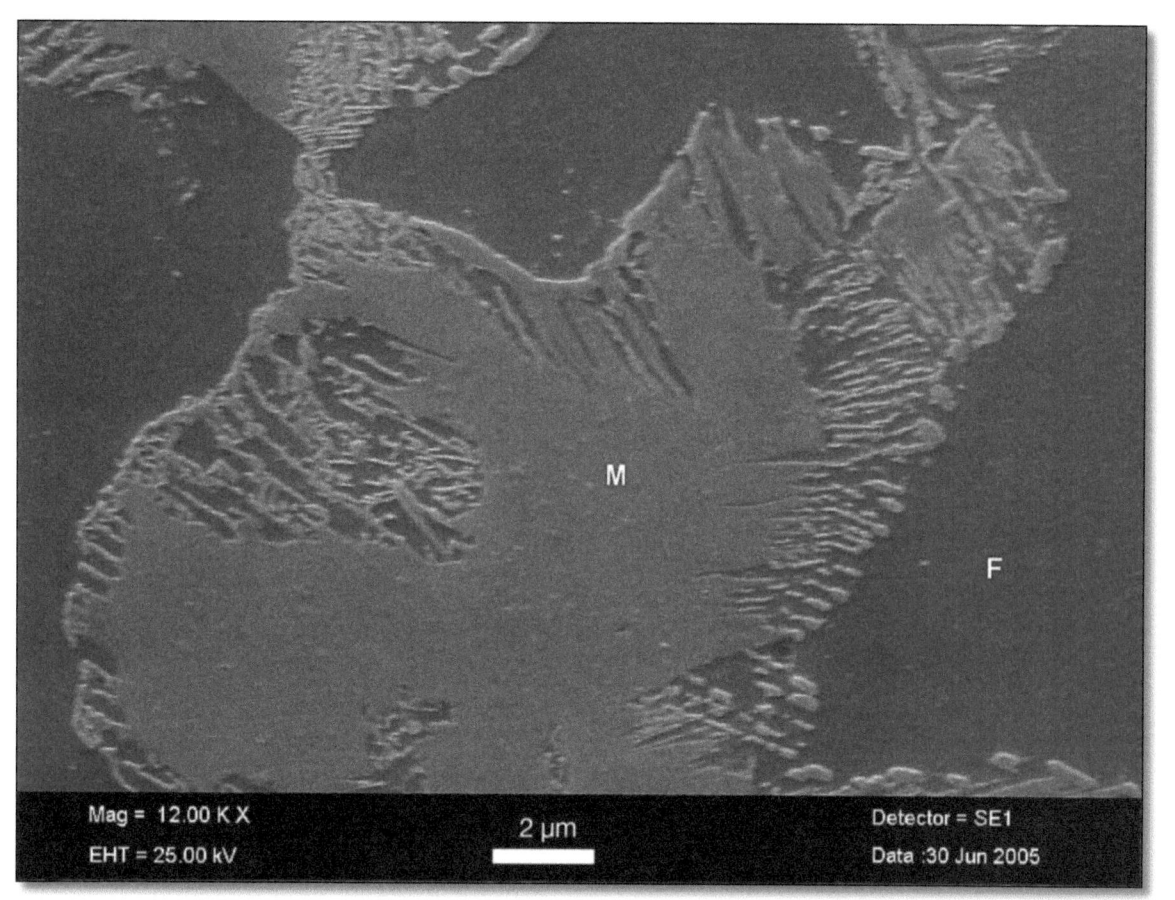

Figura 9.41
O mesmo aço, nas mesmas condições de tratamento da Figura 9.39. Observa-se o crescimento da austenita (já transformada em martensita, M, na foto) ao longo das lamelas de ferrita da perlita. A perlita vai se dissolvendo posteriormente. MEV, ES. Cortesia de V. Savran e J. Sietsma, Delft University of Technology, Delft, Holanda.

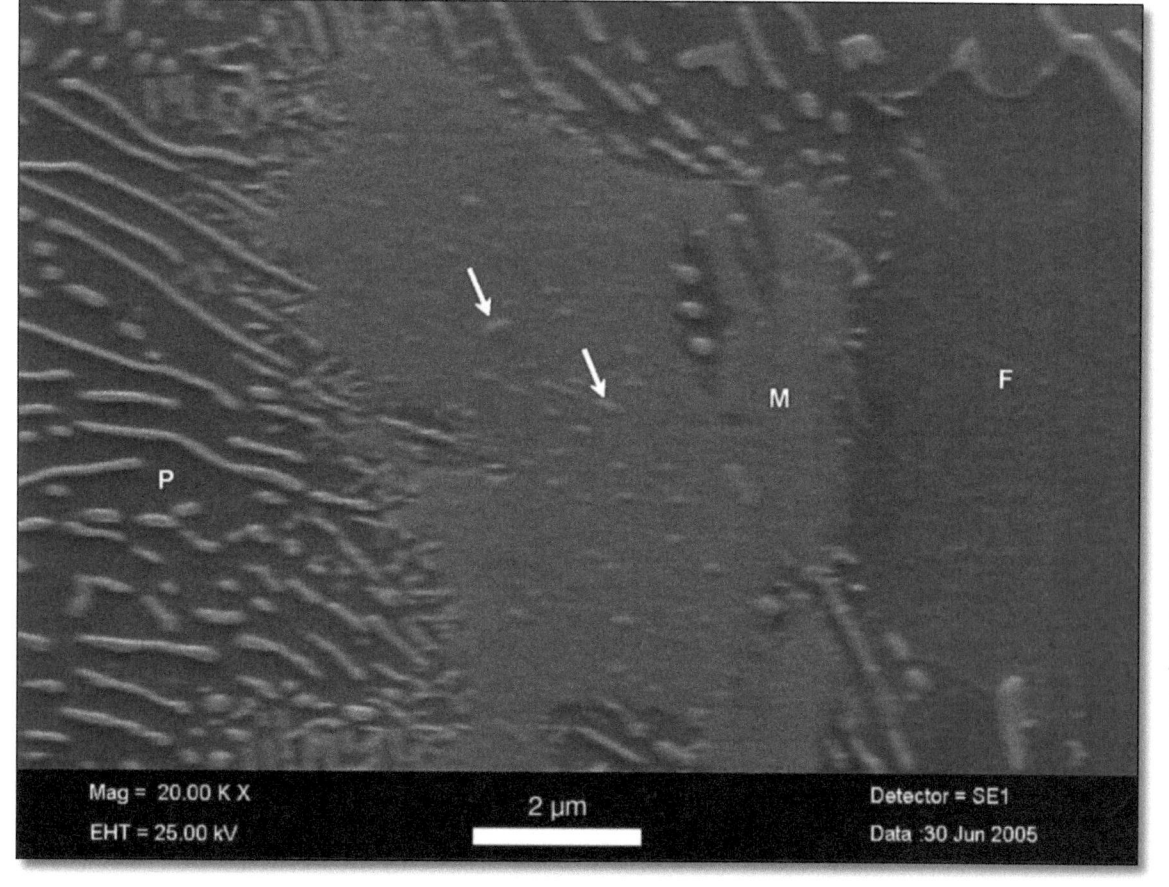

Figura 9.42
Aço C45 (semelhante a AISI 1045) aquecido a 20 °C/s, tratamento interrompido por resfriamento brusco a 765 °C. F= ferrita, P = perlita e M = martensita. As regiões martensíticas eram austenita no momento da interrupção do tratamento. As setas indicam alguns dos vários carbonetos não dissolvidos na austenita formada a partir de colônia de perlita. MEV, ES. Cortesia de V. Savran e J. Sietsma, Delft University of Technology, Delft, Holanda.

3.2. Curvas de Transformação na Austenitização (TTA: *Time Temperature Austenitizing*)

À semelhança da metodologia empregada para registrar a cinética da decomposição da austenita, é possível construir-se curvas de aquecimento contínuo-transformação para registrar as transformações que acontecem no aquecimento e austenitização de aços. Como a formação da austenita ocorre por nucleação e crescimento, é natural que estas curvas tenham um aspecto relativamente semelhante a curvas CCT invertidas, como mostrado na Figura 9.43.

A Figura 9.44 mostra curvas de transformação na austenitização para os aços AISI 4140 e 52100. A diferença entre o comportamento dos dois aços é marcante. As diferenças nos teores de carbono (0,4 e 1,00%, respectivamente) e Cr (1 e 1,5%, respectivamente) são as principais causas destas alterações. Como o aço AISI 52100 é um aço hipereutectóide, há uma faixa de temperaturas em que os carbonetos e a austenita coexistem em equilíbrio, enquanto que, no aço AISI 4140 (como no esquema da Figura 9.43) a coexistência entre austenita e carbonetos se dá principalmente por motivos cinéticos.

A análise da Figura 9.44(b) ressalta, também, um problema muito importante no tratamento térmico de aços ligados, especialmente os de alta liga. À medida que o conteúdo de elementos de liga aumenta, a cinética de austenitização se torna mais lenta, em geral, em vista da necessidade de dissolver carbonetos e homogeneizar diversos solutos substitucionais, por difusão. Por outro lado, a temperatura *solidus* tende a ser também reduzida. Isto reduz, significativamente, a faixa de temperaturas em que é viável realizar a austenitização, seja para o trabalho a quente (ver Capítulo 11), seja para o tratamento térmico (ver Figura 9.45).

Figura 9.43
Relação entre as curvas de aquecimento contínuo – transformação de um aço de C = 0,7% e o diagrama de equilíbrio Fe-C. A demora na dissolução dos carbonetos, discutida no texto, se reflete nas regiões indicadas no diagrama. (A = austenita, F = ferrita, C = carboneto, P = perlita).

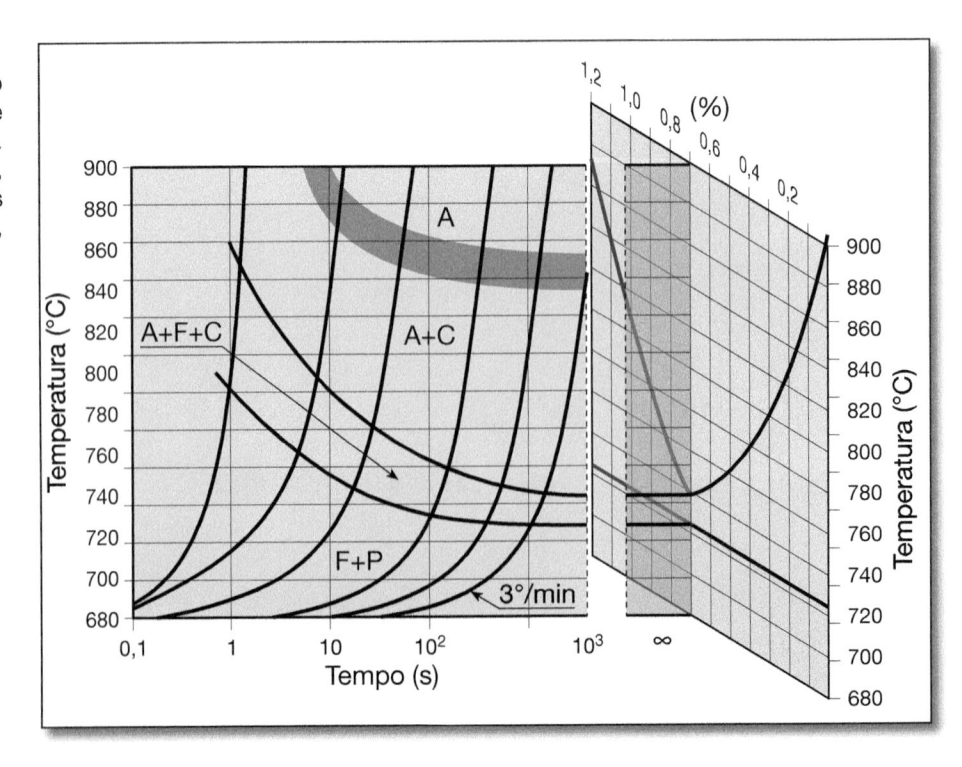

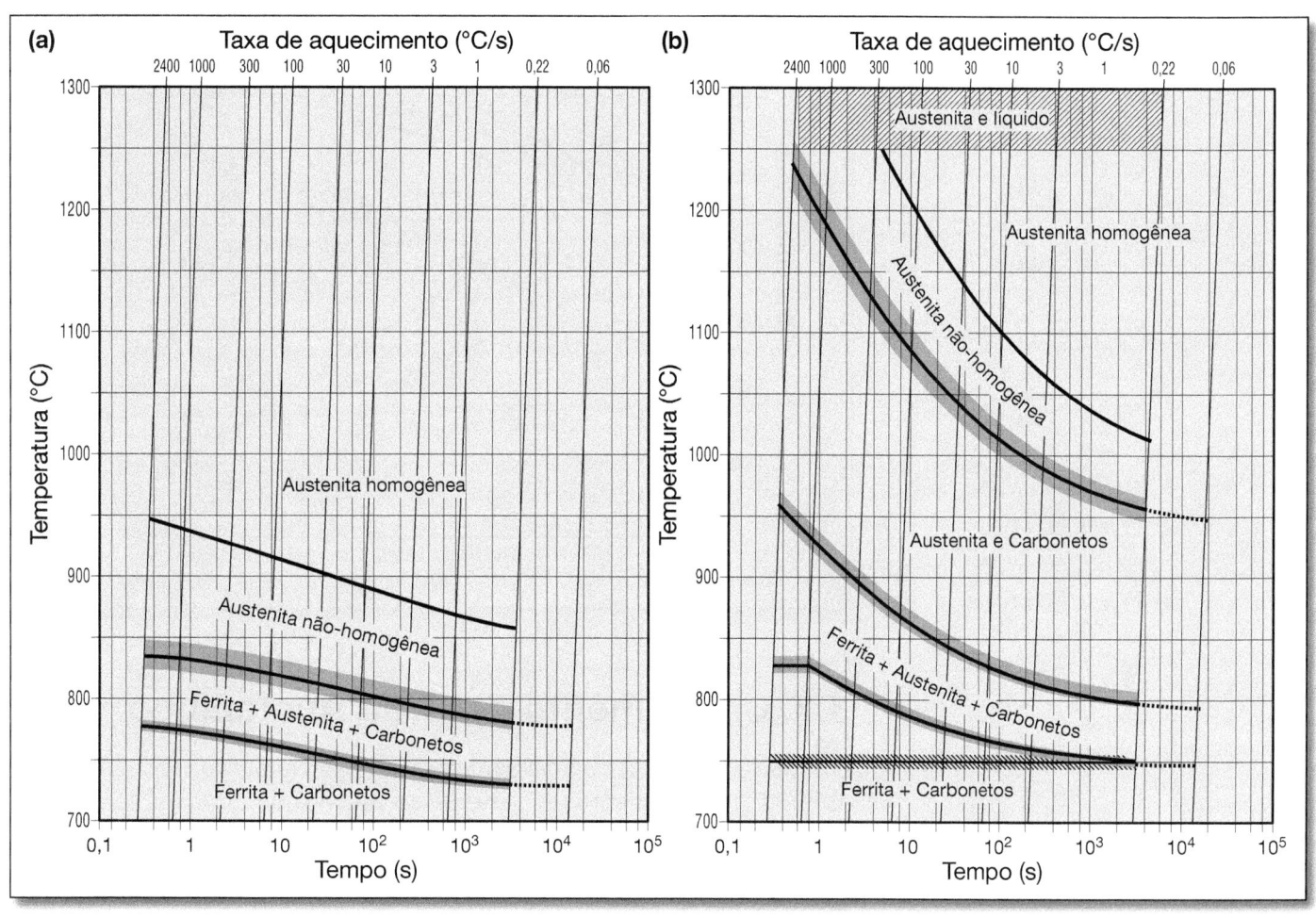

Figura 9.44
Curvas de austenitização dos aços (a) 42CrMo4 (AISI 4140) e (b) 100Cr6 (AISI 52100). Adaptado de [10], fonte original [41].

Figura 9.45
Aço para trabalho a quente W.Nr 1.2365 (similar ao AISI H10) com tamanho de grão austenítico heterogêneo. Microestrutura martensítica com carbonetos. Obtido por aquecimento a 1020 °C/0,5 h, transferido para outro forno a 700 °C/1 h e resfriamento ao ar. Ataque: Villela. Cortesia Villares Metals S.A., Sumaré, SP, Brasil.

    A heterogeneidade da austenita e a presença de constituintes não dissolvidos favorecem a nucleação dos constituintes que se formam por difusão, sendo o efeito sobre as curvas TTT indicado, esquematicamente, na Figura 9.46.

Figura 9.46
Influência da homogeneidade da austenita na curva TTT de um aço com C = 0,87%, Mn = 0,3% e V = 0,27%. Adaptado de [42].

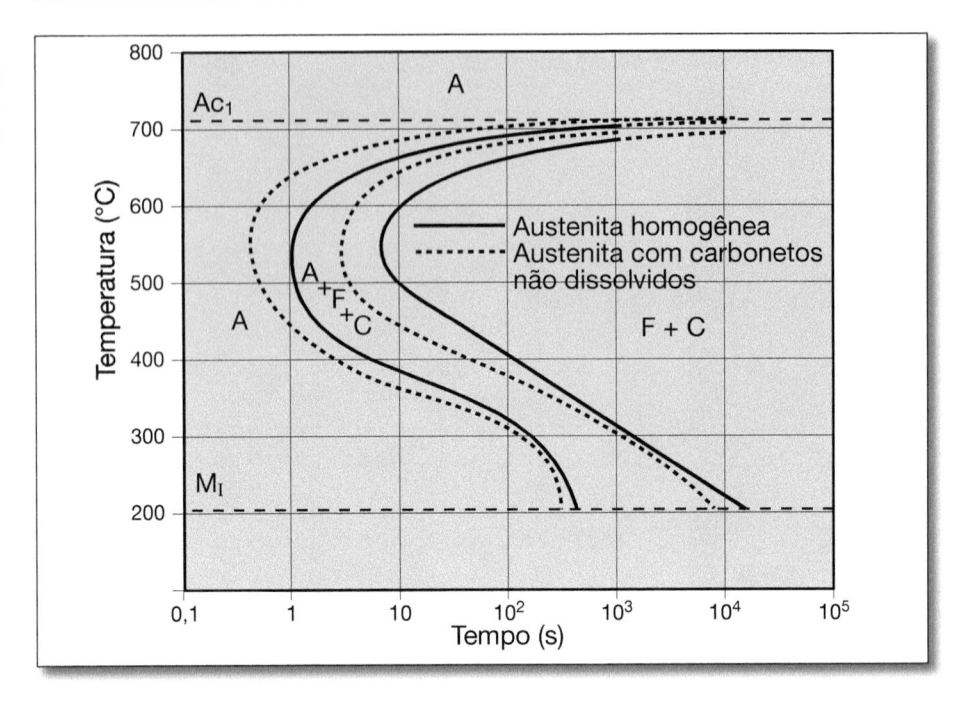

3.3. Crescimento de Grão Austenítico

Diferentemente das transformações no resfriamento, há mobilidade atômica no tratamento de austenitização, mesmo quandos se atinge a temperatura "final" do tratamento térmico. Isto pode conduzir a um processo de crescimento do grão austenítico. De uma forma geral, o crescimento de grão austenítico pode ter dois efeitos importantes. Em primeiro lugar, pode ocorrer segregação de elementos fragilizantes para os contornos de grão austeníticos. Quanto maior o tamanho de grão, menor a área de contorno disponível: conseqüentemente, para uma mesma concentração do elemento que segrega, a concentração no contorno de grão será maior. Isto pode aumentar o efeito fragilizante.

Por outro lado, a nucleação dos constituintes em contornos de grão será dificultada, retardando as transformações por ela influenciadas, como mostra a Figura 9.47.

A Figura 9.48 mostra o efeito da temperatura de austenitização sobre o grão austenítico, para um aço desoxidado ao silício. É evidente que, quanto maior a temperatura, maior o grão austenítico obtido ao final do tratamento. O controle da temperatura de austenitização, neste tipo de aço, é extremamente crítico para se garantir reprodutibilidade de tamanho de grão e, conseqüentemente, de resposta ao tratamento térmico.

O efeito do tempo de austenitização sobre tamanho de grão, a temperatura constante, para estes aços, pode ser aproximado por uma relação do tipo:

$$D = k\sqrt{t}$$

onde D é o tamanho de grão (em unidade de comprimento), t é o tempo e k uma constante que depende do aço e da temperatura [10].

A Figura 9.49 apresenta, esquematicamente, o efeito do tempo e temperatura de austenitização sobre a microestrutura destes aços.

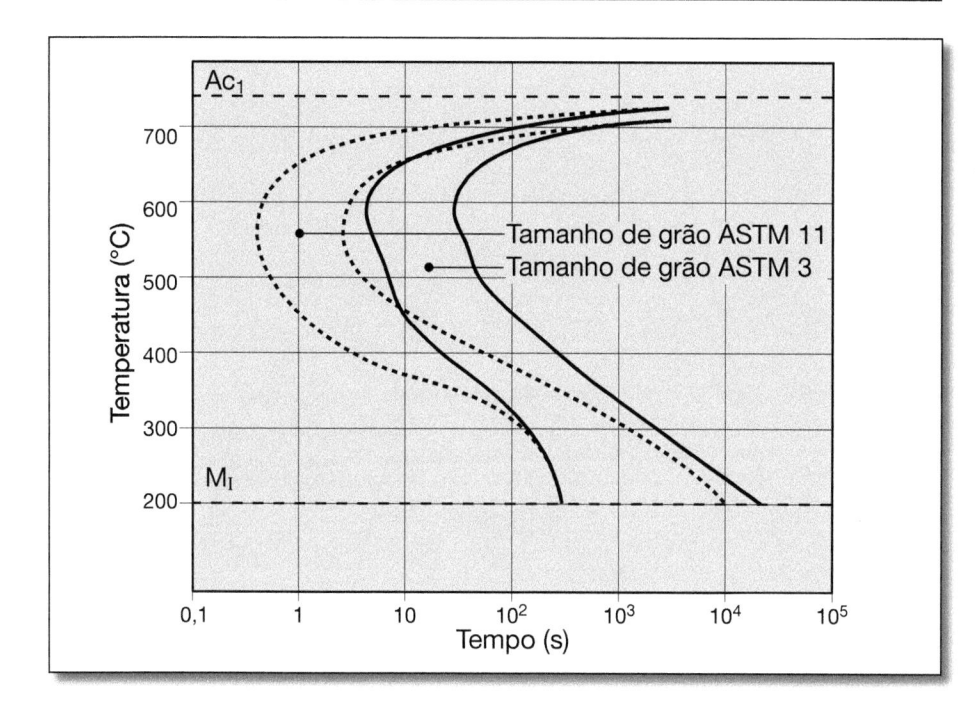

Figura 9.47
Influência do tamanho de grão austenítico no diagrama TTT de um aço com C = 0,87%, Mn = 0,30% e V = 0,27%. Adaptado de [42].

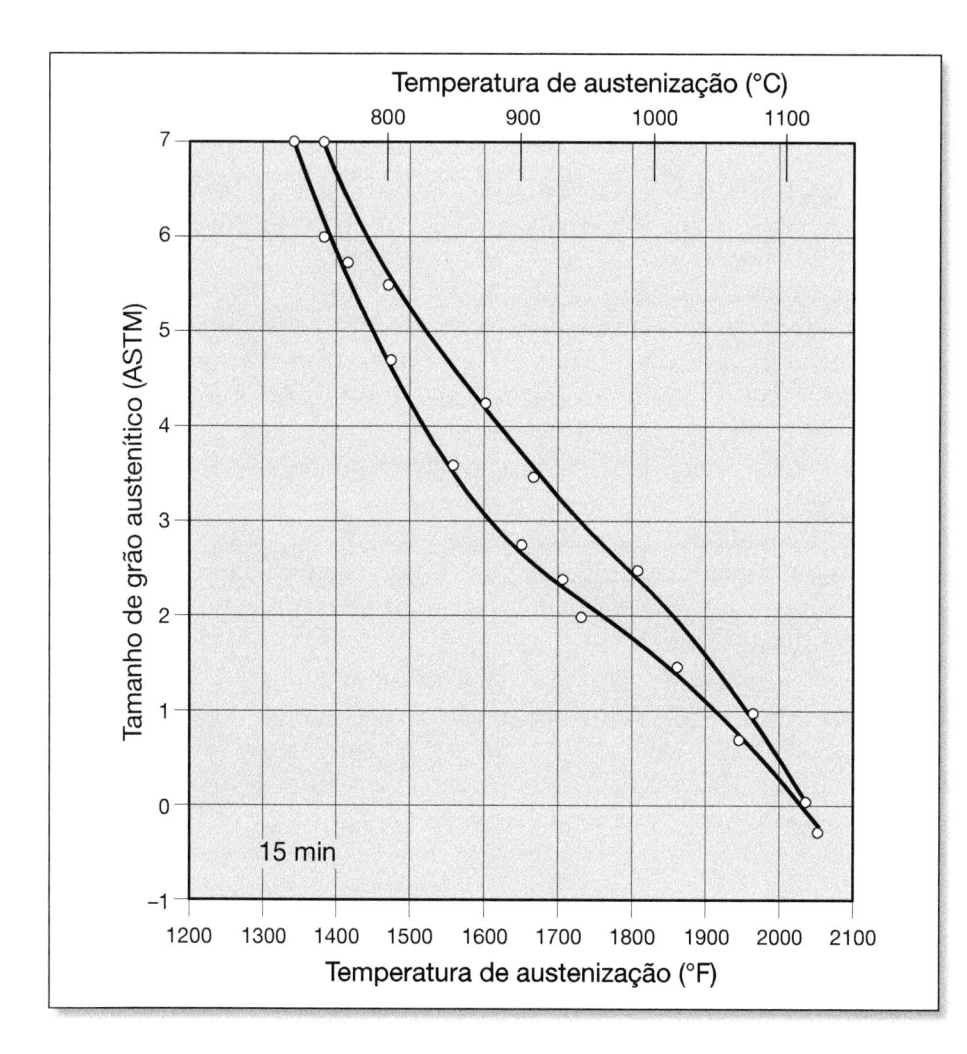

Figura 9.48
Efeito da temperatura de austenitização sobre o tamanho de grão austenítico, para um mesmo tempo de manutenção à temperatura, para um aço desoxidado com silício. Adaptado de [43].

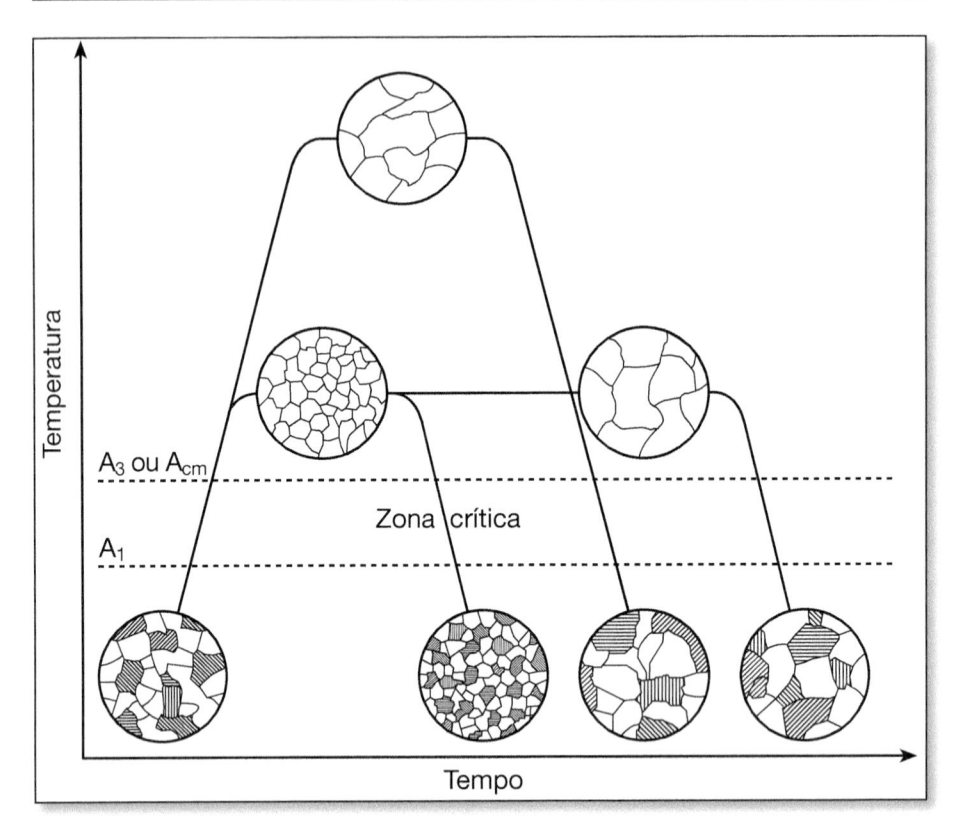

3.3.1. Controle do Tamanho de Grão Austenítico Através de Partículas de Segunda Fase

Para que se obtenha austenita homogênea, importante para os resultados dos tratamentos térmicos e termomecânicos, é evidente da discussão do item 3.2 que o tempo e a temperatura de austenitização têm grande importância. Assim, regras simples para a definição dos tempos de patamar como "uma hora por polegada de espessura da peça" devem ser empregadas apenas como ponto de partida para o desenvolvimento do ciclo ideal de tratamento ou na ausência total de informações mais precisas sobre o aço a tratar. Por outro lado, definidos tempo e temperatura ideais para a homogeneização desejada da austenita, pode ser impossível obter o tamanho de grão adequado para os resultados desejados.

Por este motivo, é comum empregar medidas para o controle de grão austenítico, especialmente em aços em que se deseja garantir grãos austeníticos pequenos (ou "finos") no tratamento térmico[22].

A medida mais eficaz para o controle do tamanho de grão é o uso de uma dispersão fina de partículas de segunda fase. A interação entre as partículas e os contornos de grão gera uma reação à força motriz para o crescimento dos grãos, como indicado esquematicamente na Figura 9.50. Para que a dispersão seja eficiente é essencial que o tamanho médio das partículas (dado por $2r$ na Figura) e a fração volumétrica da fase (dada por f) sejam tais que a força gerada seja suficiente para compensar a força motriz para o movimento do contorno de grão. As teorias aplicáveis a este fenômeno são discutidas em detalhe em [4, 44, 45].

A Figura 9.51 mostra um exemplo de observação *in situ* deste fenômeno.

---

(22) No caso de aços para emprego a temperaturas elevadas, por exemplo, pode ser desejado ter um tamanho de grão maior, mesmo que comprometendo, parcialmente a tenacidade do aço. É o caso, por exemplo, dos aços da norma ASTM A515, quando comparados com os da norma ASTM A516.

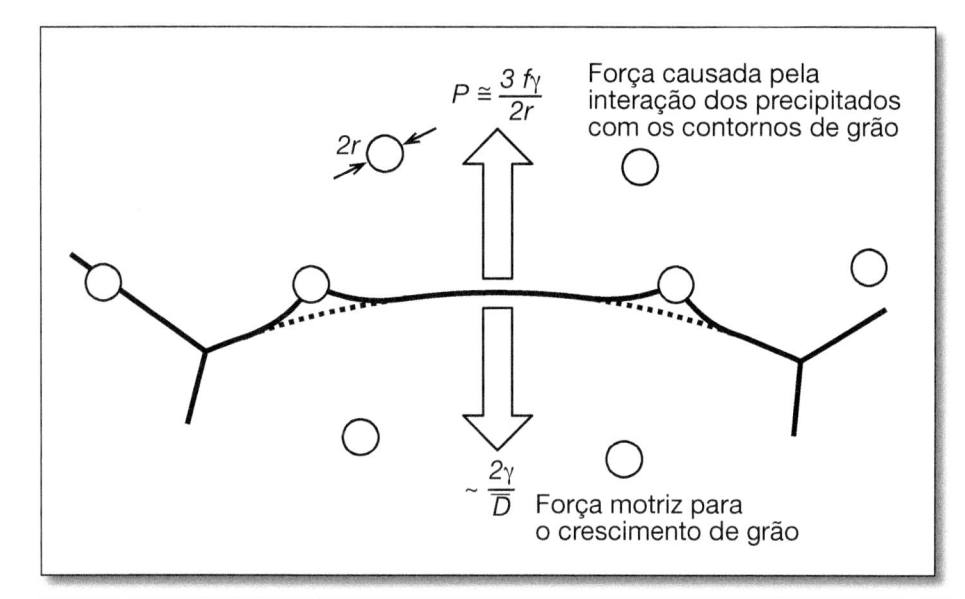

Figura 9.50
A interação entre os contornos de grão e partículas de segunda fase pode ser suficiente para balancear a força motriz para o crescimento de grão, estabilizando o tamanho de grão. Adaptado de [4].

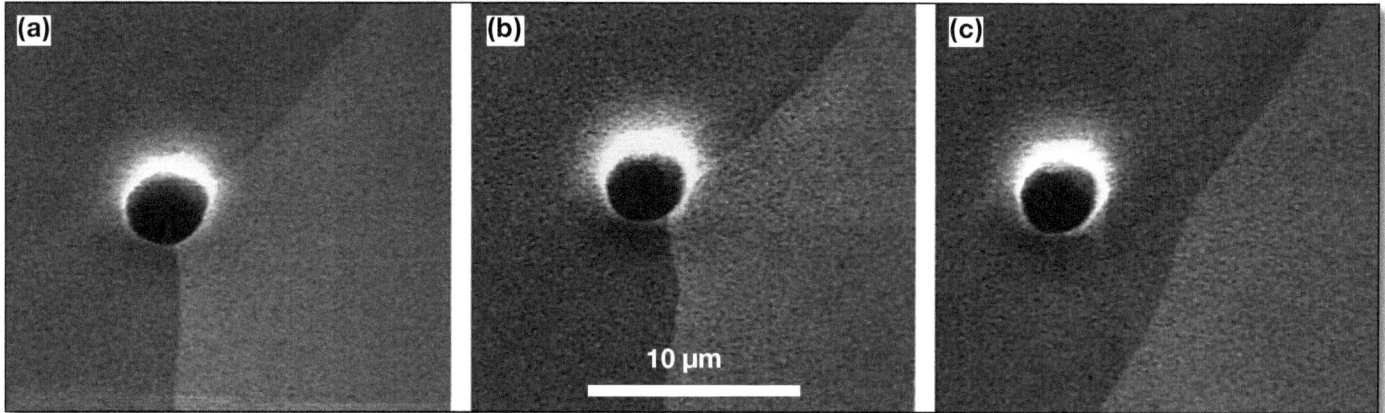

Figura 9.51
Observação *in situ* da interação de um precipitado com um contorno de grão, na austenita a 1100 °C. (a) Movimento do contorno de grão interrompido (*pinning*). (b) Contorno ainda retido pelo precipitado. (c) Contorno livre do precipitado. Em função de suas dimensões, distância entre precipitados e da temperatura, a força de travamento não foi suficiente para deter o movimento do contorno de grão, neste ponto. Comparar com a Figura 9.50. SIM, FIB. Reproduzido de [46] por Cortesia da Nippon Steel Corporation.

Nem todas as partículas dispersas em aços atendem as condições necessárias para controlar o crescimento de grão austenítico efetivamente, como mostra a Figura 9.52 e demonstraram os trabalhos experimentais de Gladman e colaboradores [47].

A Figura 9.53 mostra o efeito de diferentes temperaturas de austenitização em um aço desoxidado por alumínio em que a precipitação de nitreto de alumínio cria uma dispersão que controla o crescimento de grão austenítico. Para uma ampla faixa de temperaturas em que a dispersão é estável observa-se tamanho de grão homogêneo e relativamente constante, função da dispersão presente. Em uma faixa de temperatura definida ocorre a transição para grãos grosseiros em função da dissolução dos precipitados. O processo de dissolução depende do tempo e da própria homogeneidade da dispersão das partículas, de forma que ocorre ao longo de uma faixa de temperaturas. A Figura 9.54 apresenta, esquematicamente, a seqüência de transformações que ocorrem na austenitização de um aço hipoeutectóide em que uma dispersão de precipitados está presente. A temperatura em que os precipitados se dissolvem completamente depende da composição do aço e pode ser calculada a partir de dados termodinâmicos. Para alguns precipitados simples é possível expressar estas temperaturas na forma de equações simples, chamadas de equações de produto de solubilidade, apresentadas na Tabela 9.2.

Figura 9.52
Fração volumétrica e tamanho de partículas de segunda fase em aços. As inclusões não-metálicas (ver Capítulo 8) normalmente têm combinação de tamanho e distribuição fora da região que permite produzir endurecimento por precipitação ou controle de tamanho de grão austenítico, faixa do gráfico onde se situam os carbonitretos de nióbio Nb(CN) em aços ARBL, o nitreto de alumínio, (AlN) e os resultados de uma dispersão sintética de alumina em aço, produzida por Gladman e colaboradores [47] (no gráfico, Al_2O_3 *in situ*) que resultou em efetivo controle do crescimento do grão austenítico.

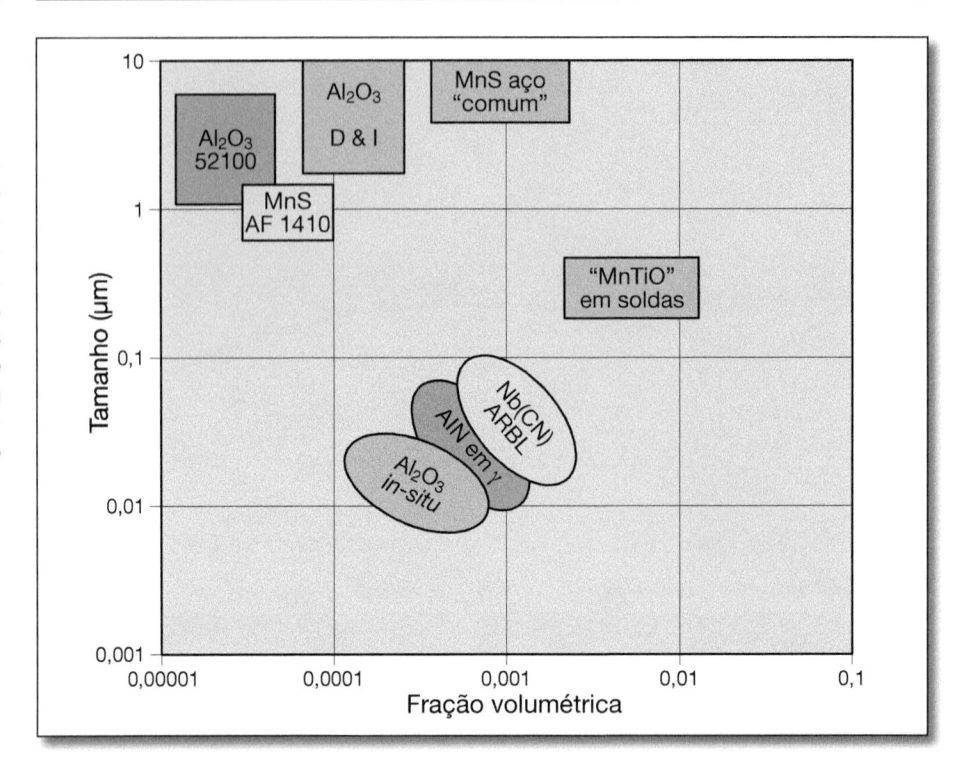

Figura 9.53
Representação esquemática do efeito da temperatura de austenitização sobre o tamanho de grão em aço desoxidado ao alumínio (onde ocorre a precipitação de AlN). Adaptado de [43].

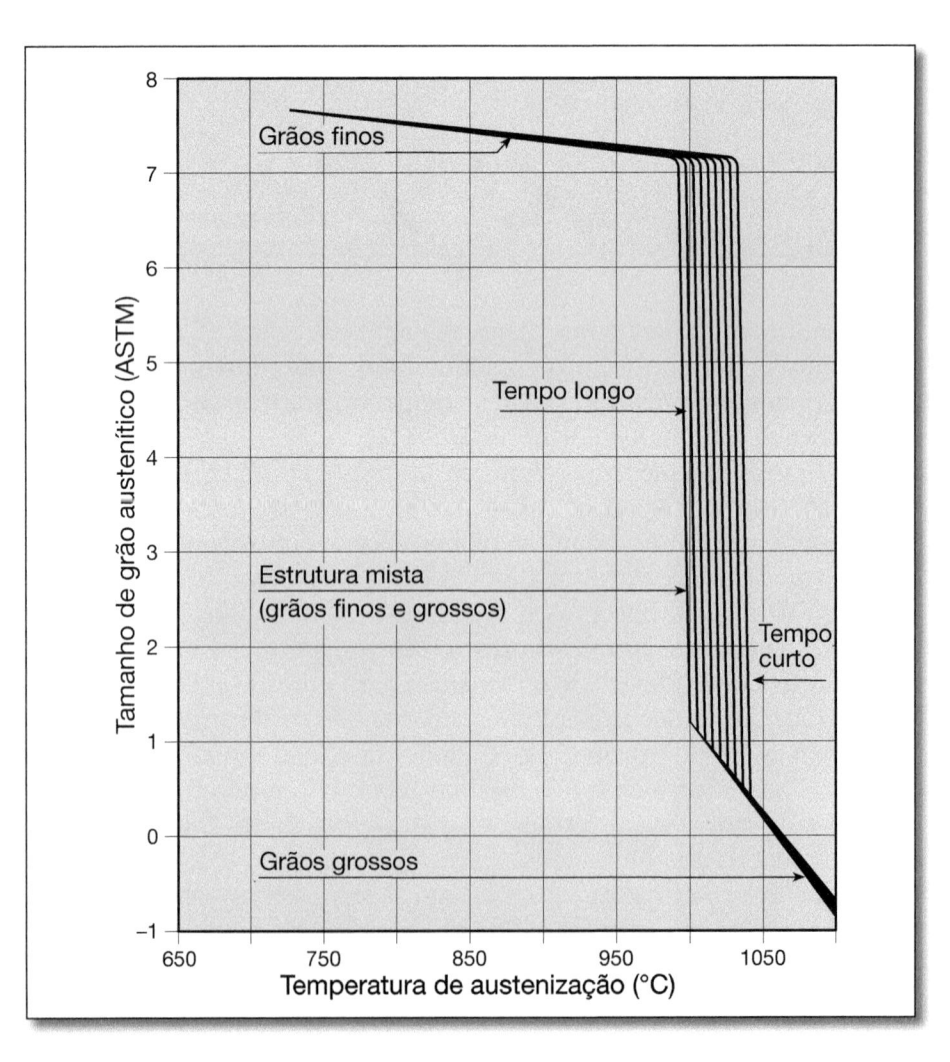

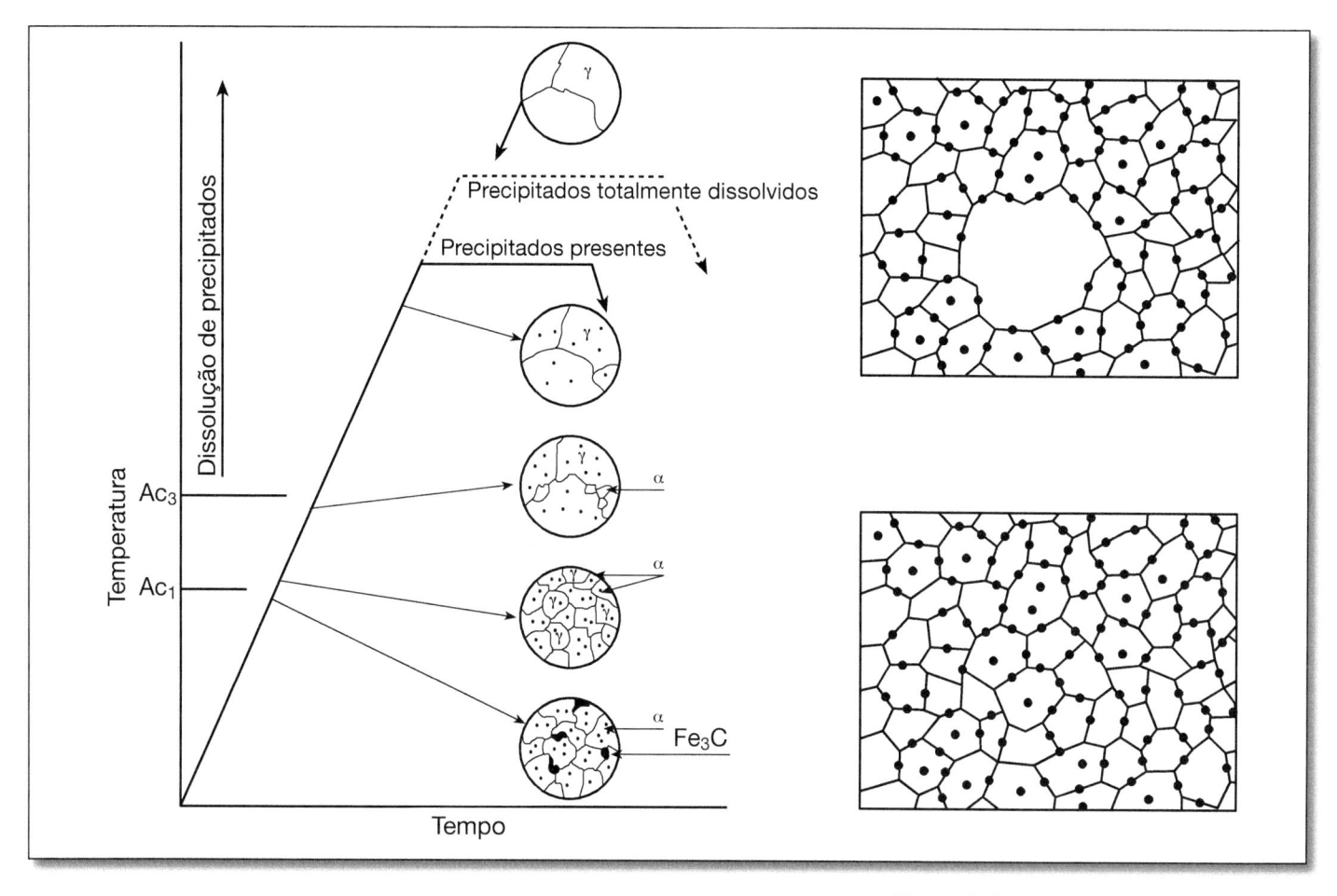

Figura 9.54
Representação esquemática da austenitização de um aço hipoeutectóide, contendo uma dispersão de partículas precipitadas (ampliadas exageradamente na figura, para permitir a visualização). Se a austenitização é feita acima da temperatura em que os precipitados se dissolvem, ocorre crescimento de grão austenítico (a formação de microestrutura austenítica de tamanho de grão heterogêneo é mostrada, esquematicamente, na figura à direita.)

Tabela 9.2
Produtos de solubilidade para diversos compostos na austenita. Para um aço contendo teores de alumínio e nitrogênio conhecidos, por exemplo, a dissolução do AlN ocorreria acima da temperatura calculada pela equação $\log_{10}(\%Al\%N) = -6\,770/T(K) + 1{,}033$. As equações não levam em conta a presença de outros elementos. Assim, em um aço contendo titânio, parte do nitrogênio pode estar combinada sob a forma de TiN não estando disponível para a formação de AlN. O uso da termodinâmica computacional permite contornar estas dificuldades (por exemplo, [48] ou [49]. Dados de [8, 36].

Produto de solubilidade	$\log_{10}k$	Produto de solubilidade	$\log_{10}k$
%B%N	$-13970/T + 5{,}24$	%V%N	$-7700/T + 2{,}86$
%Nb%N	$-10150/T + 3{,}79$	%V%C	$-6500/T + 4{,}45$
%Nb%C^{0,87}	$-7020/T + 2{,}81$	%Ti%S	$-16550/T + 6{,}92$
%Nb%C^{0,7}%N^{0,2}	$-9480/T + 4{,}12$	%Ti%C^{0,5}%S^{0,5}	$-15350/T + 6{,}32$
%Ti%N	$-15790/T + 5{,}40$	%Mn%S	$-9020/T + 2{,}93$
%Ti%C	$-7000/T + 2{,}75$	%Al%N	$-6770/T + 1{,}033$

À medida em que os precipitados se dissolvem o efeito de controle do tamanho de grão desaparece e ocorre crescimento de grão. Especialmente nocivo é o fato de que, no intervalo de temperaturas em que a dissolução se passa, a dispersão da distribuição de tamanhos de grão aumenta drasticamente, como mostra a Figura 9.55 resultando em microestruturas como as mostradas na Figura 9.56. Além disto, criam-se condições para o chamado "crescimento anormal de grão", em que se observa a ocorrência de alguns grãos significativamente maiores do que os demais.

Figura 9.55
Desvio padrão do tamanho de grão austenítico medido em diferentes combinações de tempo e temperatura de austenitização de um aço contendo C = 0,46%, Mn = 0,7%, Al = 0,02% e N = 32 ppm. Na faixa de temperatura onde ocorre a dissolução do nitreto de alumínio observa-se um aumento da dispersão da distribuição de tamanho de grão.

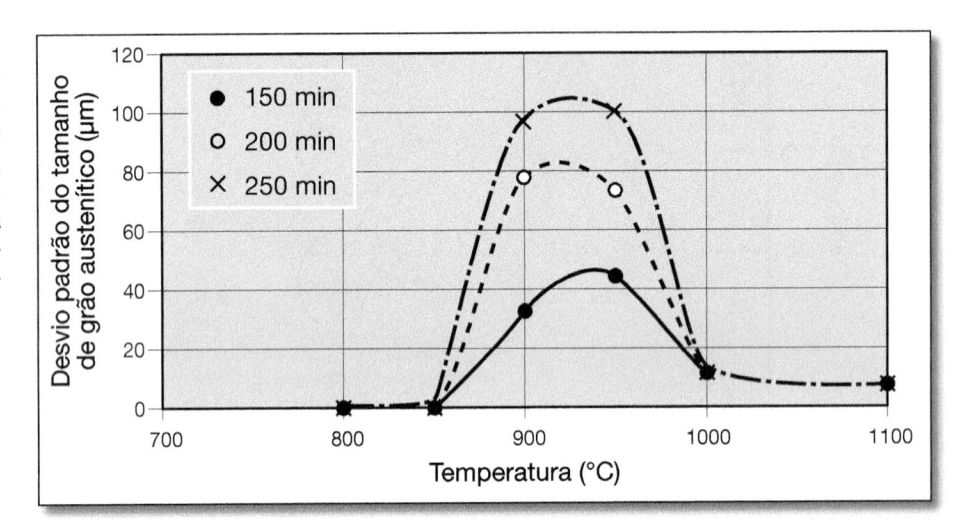

Figura 9.56
Aço com a composição indicada na Figura 9.55 austenitizado a 900 °C por 200 min (a) grão austenítico heterogêneo revelado por ataque à base de ácido pícrico[23], (b) resfriado ao ar, com microestrutura composta de ferrita e perlita de tamanho e distribuição heterogêneos.

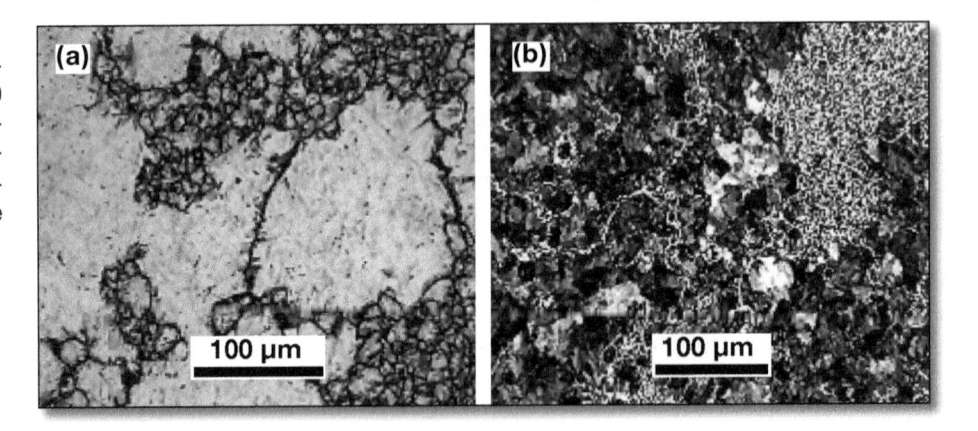

As Figuras 9.57 e 9.58 apresentam outros exemplos de microestruturas heterogêneas decorrentes de heterogeneidades da austenita. Embora a heterogeneidade de tamanho de grão austenítico seja uma causa comum, outras heterogeneidades (segregação, por exemplo) podem resultar, também, neste tipo de microestrutura.

---

(23) Solução com 75 mL de H_2O, 55 mL de teepol (detergente industrial) e 3 g de ácido pícrico.

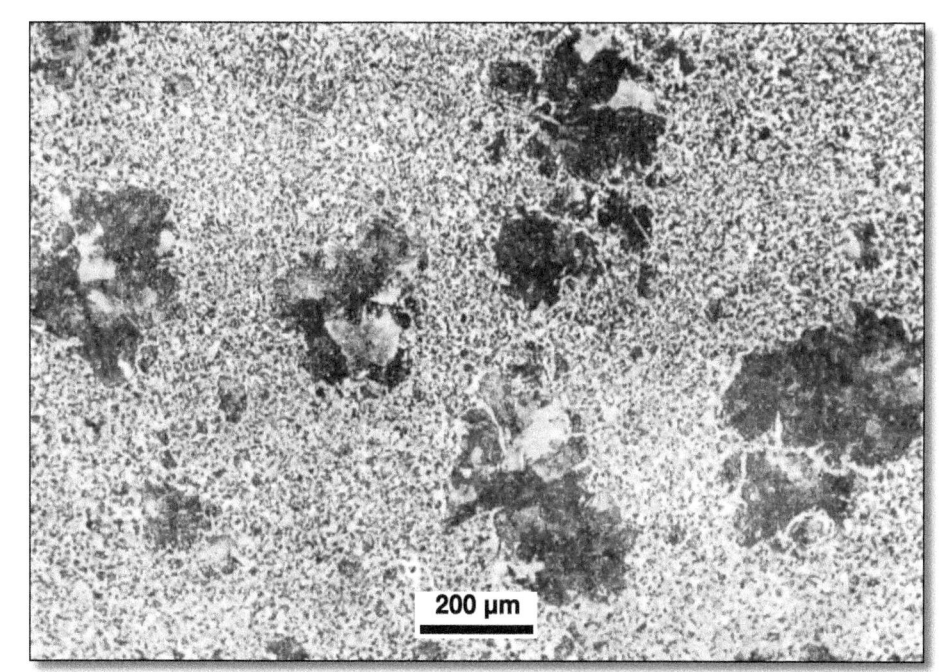

Figura 9.57
Aço com C = 0,38%, normalizado. A microestrutura de ferrita e perlita é heterogênea, apresentando colônias grandes de perlita, decorrentes de austenita heterogênea. Ataque: Nital.

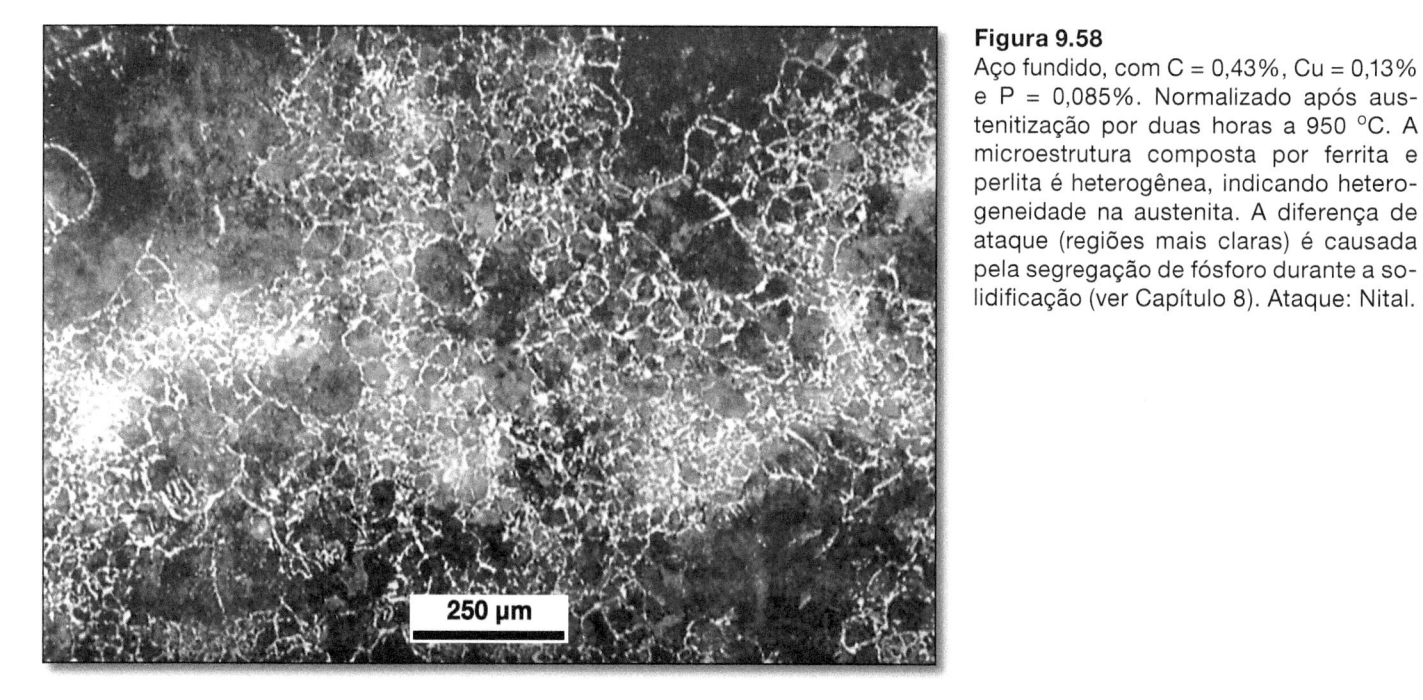

Figura 9.58
Aço fundido, com C = 0,43%, Cu = 0,13% e P = 0,085%. Normalizado após austenitização por duas horas a 950 °C. A microestrutura composta por ferrita e perlita é heterogênea, indicando heterogeneidade na austenita. A diferença de ataque (regiões mais claras) é causada pela segregação de fósforo durante a solidificação (ver Capítulo 8). Ataque: Nital.

3.4. Medidas do Tamanho de Grão Austenítico

O conhecimento do tamanho de grão austenítico pode ser muito importante, tanto no desenvolvimento e controle de processos de tratamento térmico ou tratamento termomecânico como na análise de falhas e desvios. Entretanto, as técnicas metalográficas para a revelação do grão austenítico, em um material em que esta fase já se transformou, não são de fácil emprego e nem sempre conduzem a bons resultados.

Há, basicamente, dois tipos de técnicas para determinar o tamanho de grão austenítico:

a) Técnicas que revelam os contornos de grão que existiam antes do material sofrer transformação para a microestrutura presente.

b) Técnicas que envolvem a formação de novos grãos austeníticos.

As técnicas que envolvem a reaustenitização fornecem informações sobre o comportamento do material quando exposto a ciclos de austentização definidos e são úteis para o desenvolvimento e controle de processos e para o controle da qualidade. Para análise de falhas, entretanto, podem ter aplicação limitada, uma vez que não permitem observar eventuais desvios, não registrados, no tratamento da peça em questão.

A Tabela 9.3 apresenta um resumo das principais técnicas utilizadas para a avaliação do tamanho de grão austenítico [50]. Recentemente, Andrés e colaboradores [51] compararam os diferentes métodos quando aplicados a aços ligados com vanádio, titânio e combinação destes elementos, determinando a confiabilidade e aplicabilidade geral do método de ataque térmico.

Tabela 9.3
Resumo dos principais métodos para avaliação metalográfica do tamanho de grão austenítico, adaptado de Millsop [50].

Técnica	Detalhes	Aplicação
Soluções de ácido pícrico	Ataque realizado a temperatura ambiente. Várias composições são empregadas, por exemplo: (a) 75 mL de H_2O, 55 mL de teepol (detergente industrial) e 3 g de ácido pícrico. [52] (b) Solução saturada de ácido pícrico em água, 1% HCl e agente tensoativo (detergente) [53]	Empregadas para uma ampla faixa de aços especialmente com estrutura martensítica ou bainítica. Podem fornecer informações sobre o tamanho de grão austenítico sem nova austenitização. (ver Figura 9.56)
Carbonetação. McQuaid-Ehn [54]	Carbonetação do aço a 925 °C por 5 h. Polimento e ataque (Nital, por exemplo) para revelar a cementita que delineia os contornos de grão.	Aplica-se principalmente a aços hipoeutectóides. Não reflete o grão austenítico do aço "como recebido". O tamanho de grão obtido é razoável para aços utilizados para carbonetação. Para outros aços, o valor obtido é um limite superior dos tamanhos de grão austeníticos esperados em tratamentos térmicos. (ver Figura 9.59)
Oxidação	Uma superfície polida do aço é exposta a uma atmosfera oxidante a 855 °C por 1 h. O aço é temperado em salmoura ou água e levemente repolido para revelar os contornos de grão austeníticos, revelados por oxidação preferencial.	Aplica-se principalmente a aços hipoeutectóides. Não reflete o grão austenítico do aço "como recebido".
"Ataque térmico" ou tratamento sob vácuo [54]	Tratamento sob vácuo a 900 °C por 1 h ou menos. Ver detalhes em [51]	Aplicável a grande número de aços. Não reflete o grão austenítico do aço "como recebido". (ver Figura 9.61)
Delineamento por ferrita ou cementita pró-eutectóide	Austenitização completa, seguida de resfriamento controlado para precipitar a fase pró-eutectóide em rede, ao longo dos contornos de grão austeníticos.	Aplicável a ampla gama de aços hipo- e hipereutectóides. Em alguns casos o tratamento térmico não é requerido pois a estrutura em "rede" já está presente.

Figura 9.59
Corpo-de-prova de ensaio McQuaid-Ehn com os contornos de grão austeníticos delineados pela cementita proveniente da carbonetação. Cortesia de S. Bruschi, Universitá degli Studi di Padova, Padova, Itália.

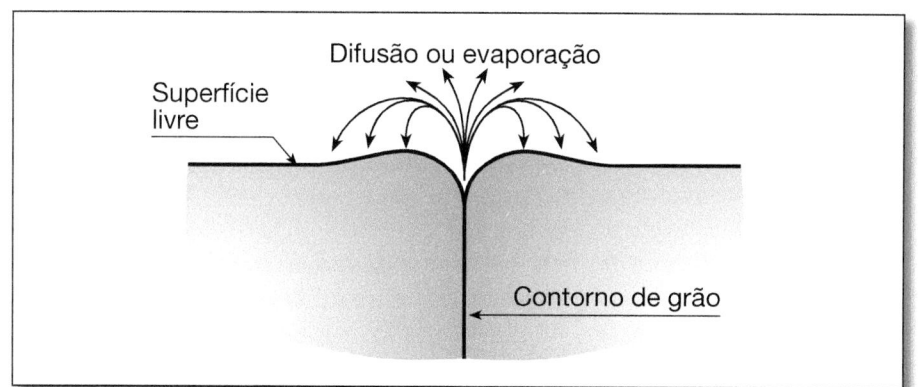

Figura 9.60
Esquema da seção transversal de dois grãos e um contorno de grão, ilustrando o mecanismo de difusão ou evaporação seletiva no contorno de grão que leva à formação de depressão (*groove*) nesta região. Adaptado de [51].

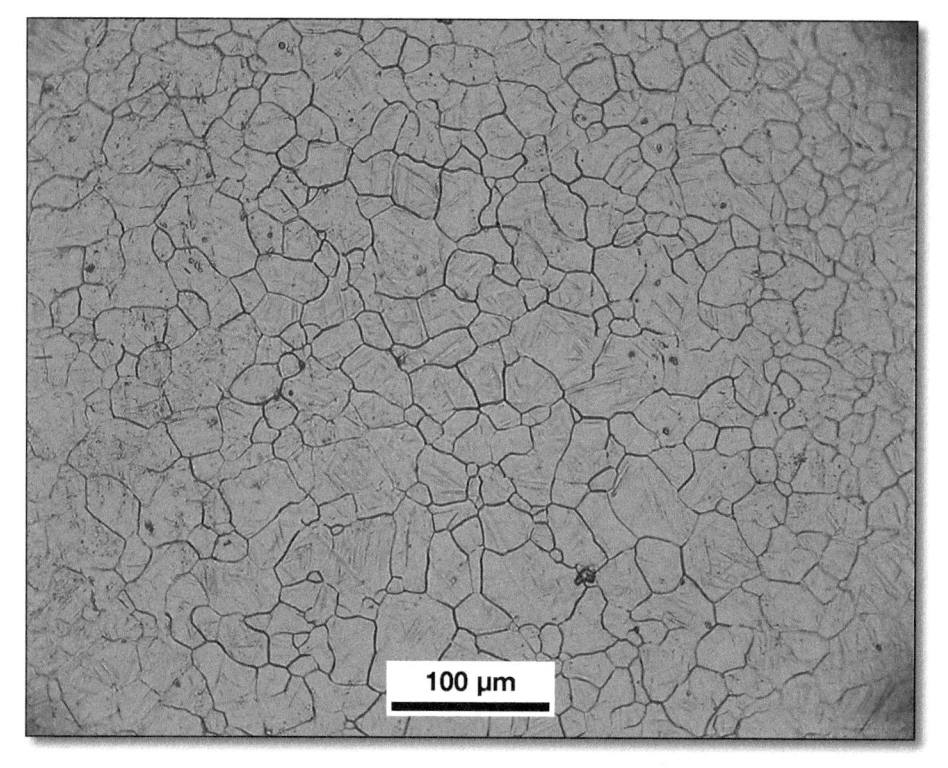

Figura 9.61
Aço contendo C = 0,08%, Mn = 0,73%, V = 0,26%, N = 0,0033% e Al = 0,021%, submetido a ataque térmico a 1200 °C por 120 s (Pressão < 1 Pa). Observam-se os contornos de grão austeníticos. O interior dos grãos é composto por martensita, provavelmente. Cortesia C. Garcia-Mateo, Grupo Materialia CENIM-CSIC, Madrid, Espanha.

4. Microestruturas Ferríticas

4.1. Introdução

No Capítulo 7 foi apresentada a fase CCC do ferro, a ferrita. Diversas imagens de aços de baixo carbono em que a ferrita se forma em grãos equiaxiais foram apresentadas. Diversas imagens em que a ferrita pró-eutectóide se forma também, com aspecto essencialmente equiaxial, foram mostradas para produtos de vários teores de carbono. Da mesma forma, nos itens 2.3 e 2.4, discutiram-se os constituintes bainita e martensita, que se formam fora do equilíbrio, assim como a controvérsia sobre os mecanismos de formação e a classificação microestrutural da bainita.

Entretanto, é importante observar que, dependendo das condições em que a austenita se decompõe, outras morfologias de ferrita, diferentes da "equiaxial", podem se formar. Várias destas morfologias não são produto de transformação martensítica nem devem ser classificadas como bainita [24, 31], como será discutido neste item. Uma das mais comuns e conhecida há muitas décadas, é a morfologia chamada de Widmanstätten[24].

À medida que a tecnologia dos aços evoluiu na segunda metade do século XX buscaram-se composições químicas que garantissem boa tenacidade aliada à boa resistência e que fossem relativamente fáceis de soldar. Um dos caminhos importantes nesta linha de desenvolvimento foi a redução do teor de carbono dos aços e o emprego de outros elementos de liga para o controle da microestrutura. Não apenas a quantidade de ferrita na estrutura dos aços (especialmente aços estruturais) aumentou, como se tornou necessário compreender melhor os mecanismos de formação das diversas morfologias que se observavam, assim como suas propriedades mecânicas.

Possivelmente, a primeira área onde se sentiu a necessidade de correlacionar a morfologia presente na microestrutura com as propriedades obtidas foi nos metais depositados por solda. A maior parte das composições empregadas para metal depositado por solda em aços estruturais e de baixa liga depende de morfologias adequadas de ferrita para obter as propriedades desejadas com baixo teor de carbono e a importância de se quantificar as relações propriedades–estrutura–morfologia ficou logo evidente.

Como visto no item 2, à medida que a mobilidade atômica diminui com a redução das temperaturas de transformação para a decomposição da austenita, produtos alternativos à ferrita e perlita podem se formar, tais como bainita e martensita. Entretanto, da mesma forma que o espaçamento perlítico se ajusta com a diminuição da mobilidade, os modos de formação da ferrita se alteram, assim como sua morfologia, antes que a formação de bainita e martensita passem a dominar a microestrutura.

À medida que o superesfriamento aumenta (através de aumento da taxa de resfriamento ou de tratamentos isotérmicos a temperaturas cada vez mais baixas), alterações importantes nos mecanismos de formação da ferrita podem ocorrer. Esta complexidade aparece, entre outros motivos, pela diferença entre a elevada velocidade de difusão do carbono, soluto intersticial, no ferro e as velocidades de difusão dos

---

(24) O cientista austríaco Alois Widmanstätten (1753-1849) descobriu, realizando ataque químico em meteoritos, a microestrutura acicular que hoje leva seu nome. A grafia Widmanstaetten elimina o trema.

elementos de ligas mais comuns, solutos substitucionais, que se difundem muito mais lentamente. Os principais mecanismos que podem ocorrer são descritos, de forma bastante sumária, a seguir. Para uma discussão mais completa ver, por exemplo [4, 55]:

a) Partição completa de solutos, com equilíbrio termodinâmico na interface (PLE[25]). Neste caso, é possível a reconstrução da ferrita a partir da austenita com a difusão de todos os solutos de uma fase para a outra, mantendo o equilíbrio indicado pelo diagrama de equilíbrio de fases.

b) Partição desprezível de solutos (substitucionais) com equilíbrio termodinâmico na interface (NPLE[25]). Neste caso, a reconstrução ocorre sem que haja uma redistribuição significativa de solutos substitucionais entre as duas fases, somente com a partição do carbono, que se difunde muito mais rapidamente.

c) Paraequilíbrio [56, 57], em que não ocorre qualquer alteração na concentração dos elementos substitucionais, mas o carbono se redistribui. Este mecanismo se diferencia do item (b), NPLE, pois não há equilíbrio completo na interface entre as duas fases, e sim um equilíbrio apenas em relação ao potencial químico do carbono.

d) Transformação massiva [4]. Neste tipo de transformação, ocorre a reconstrução da estrutura sem que a composição mude. Normalmente, no caso de formação de ferrita, só é possível no caso de teores baixos de carbono.

e) Transformação bainítica (ver item 2.4). Alguns autores consideram que a transformação bainítica é uma transformação displaciva do ponto de vista dos átomos de ferro e substitucionais [58] com movimentação difusiva do carbono. Quando a bainita se forma sem que ocorram carbonetos, é, em geral, considerada como ferrita.

f) Transformação martensítica (ver item 2.3), displaciva, em que ocorre o rearranjo dos átomos sem que haja difusão.

Desta forma, quando se variam as condições de resfriamento, mesmo de ligas relativamente simples, observam-se diferentes cinéticas de transformação, como mostra a Figura 9.62.

Como o objetivo principal deste texto é apresentar as microestruturas resultantes do processamento dos aços, é fundamental apresentar e discutir os métodos de classificação das diferentes morfologias que resultam dos diversos e complexos mecanismos de transformação possíveis. Algumas destas classificações são extremamente úteis, pois permitem correlacionar as propriedades obtidas com a microestrutura, em geral de forma quantitativa.

Isto é fundamental, pois, à medida que se busca melhor caracterizar as relações estrutura-propriedades e desenvolver modelos de evolução microestrutural, é importante dispor de ferramentas que permitam descrever de forma padronizada os diferentes aspectos microestruturais, para que suas características possam ser medidas e correlacionadas com resultados experimentais e previsões através de modelos.

(25) PLE – *partition, local equilibrium*; NPLE – *negligible partition, local equilibrium*.

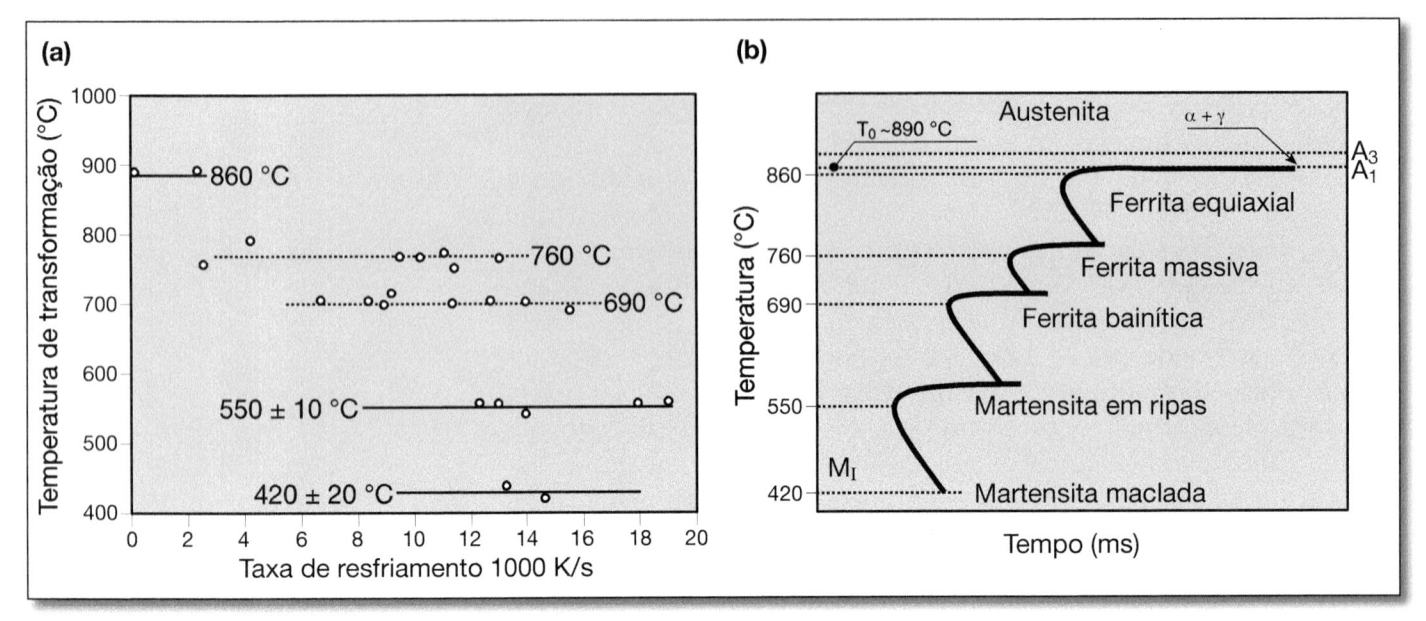

Figura 9.62
(a) Resultados experimentais de temperatura de transformação em função da velocidade de resfriamento para Fe-0,011%C[26]. (b) Diagrama TTT esquemático construído a partir das medidas de (a), ilustrando as diferentes curvas de transformação para algumas morfologias de produto de transformação, classificadas por Wilson no trabalho original. Adaptado de [59].

4.2. Classificações Metalográficas da Ferrita

Existem pelo menos cinco métodos importantes para a classificação da morfologia da ferrita. A classificação de Dubé modificada por Aaronson, tratada no próximo item é a mais antiga. As classificações do IIW e do ISIJ[27], fundamentalmente criadas para tratar das microestruturas de aços soldados são relativamente semelhantes, embora com nomenclaturas diferentes. A classificação de Anelli e Di Nunzio [60], foi desenvolvida fundamentalmente para produtos semi-acabados de aços baixo carbono e a de Thewlis [21] visa atender tanto aos metais depositados por solda como semi-acabados.

4.2.1. Classificação de Dubé e Aaronson

A classificação clássica das morfologias da ferrita é a de Dubé [61], modificada por Aaronson [62], mostrada na Figura 9.63.

4.2.1.1. Alotriomorfos e Idiomorfos

A Figura 9.63 (a) mostra um cristal de ferrita que nucleou e cresceu ao longo de um contorno de grão austenítico original. Este tipo de cristal é chamado de um alotriomorfo[28] de contorno de grão e corresponde à ferrita equiaxial e a ferrita pró-eutectóide mostradas no Capítulo 7. Na Figura 9.63 (d) é mostrado, esquematicamente, um cristal idiomorfo, que tem sua forma definida pela simetria cristalina da ferrita e sua relação com a austenita. Os cristais idiomorfos[29], tendem a nuclear em inclusões não metálicas, sem influência dos contornos de grão austeníticos. As Figuras 9.64 e 9.65 apresentam exemplos de ferrita alotriomórfica de contorno de grão e ferrita idiomórfica. A ferrita idiomórfica também resulta, geralmente, em ferrita equiaxial no produto final.

(26) Observar que as taxas de resfriamento são elevadíssimas. Somente viáveis em pequena escala.

(27) IIW = *International Institute of Welding* e ISIJ = *Iron and Steel Institute of Japan*.

(28) Alotriomorfo (grego: *alotrio* – diferente, *morfo* – forma) é usado para indicar cristais que têm sua forma externa definida pelos minerais adjacentes e não por sua cristalografia.

(29) Idiomorfo (grego: *idio* – própria *morfo* – forma), que tem sua própria forma cristalina.

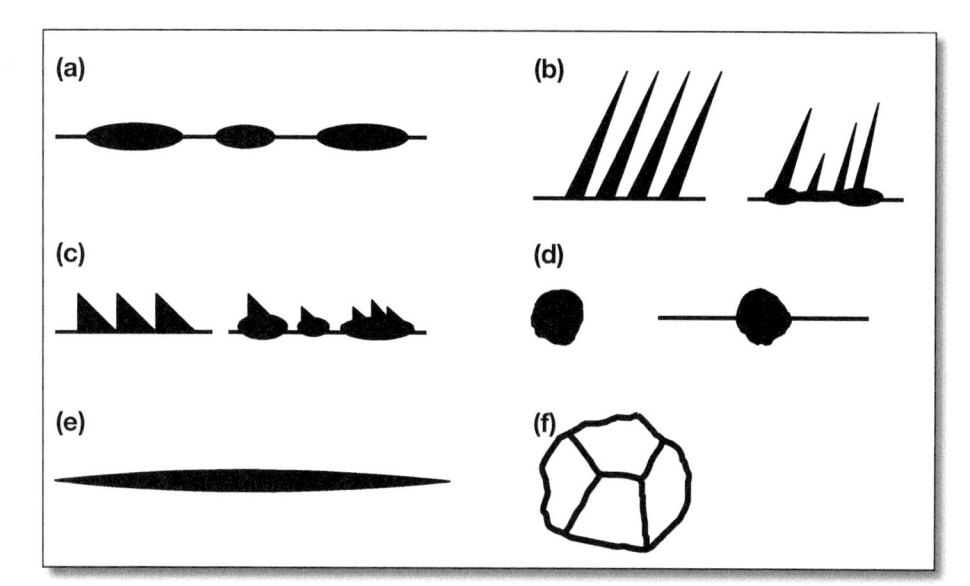

Figura 9.63
Esquema da classificação de Dubé, modificada por Aaronson, para as formas da ferrita em aços: (a) alotriomorfos; (b) ferrita Widmanstätten primária (*primary side plates*, "placas laterais de ferrita") e ferrita Widmanstätten secundária (*secondary side plates*, "placas laterais de ferrita"); (c) ferrita Widmanstätten em "dentes de serra"; (d) idiomorfos; (e) ferrita Widmanstätten intergranular e (f) ferrita massiva (adaptado de [63]) Ver texto para discussão.

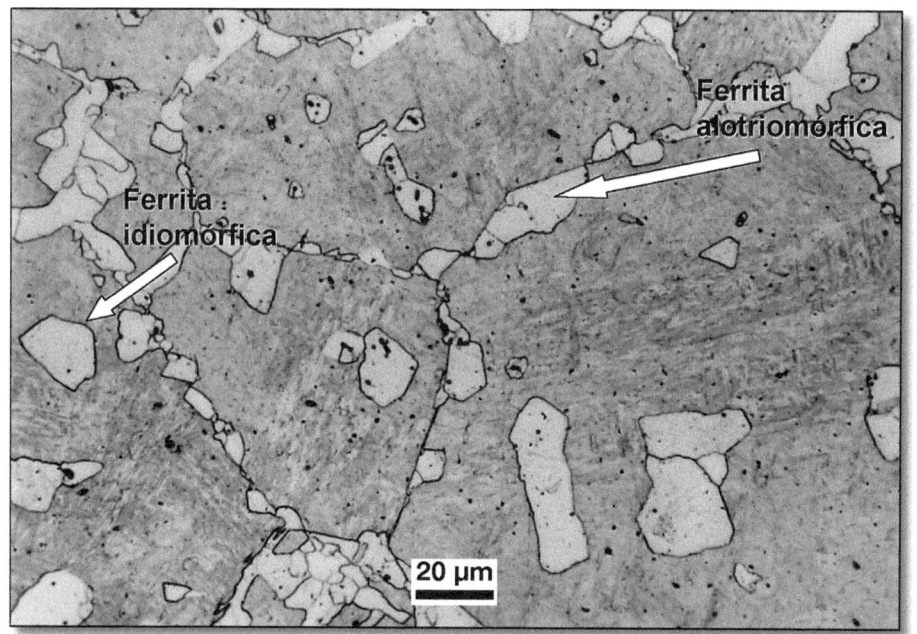

Figura 9.64
Diferentes morfologias de ferrita próeutectóide em aço com C = 0.37% Mn = 1.5% e V = 0.11% transformado isotermicamente a 700 °C. Observa-se ferrita alotriomórfica nucleada nos contornos de grão austeníticos anteriores e ferrita idiomórfica. A matriz transformou para martensita no resfriamento brusco após o tratamento isotérmico. Cortesia C. Capdevila Montes, Grupo Materialia (CENIM-CSIC), Madrid, Espanha.

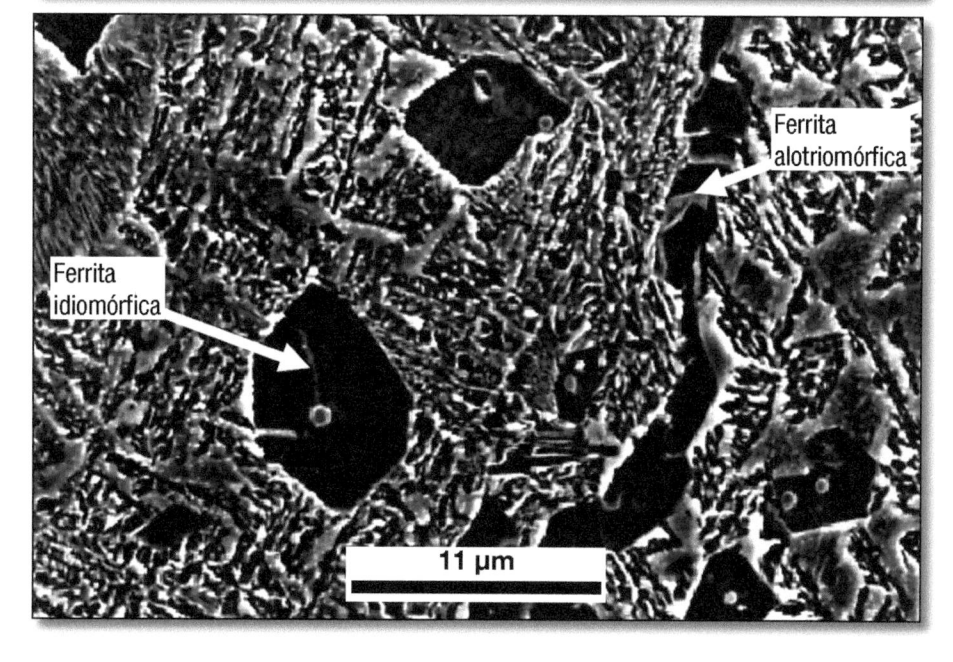

Figura 9.65
Diferentes morfologias de ferrita pró-eutectóide em aço com C = 0.37%, Mn = 1.5% e V = 0.11% transformado isotermicamente a 640 °C. Observa-se ferrita alotriomórfica nucleada nos contornos de grão austeníticos anteriores e ferrita idiomórfica. A matriz transformou para martensita no resfriamento brusco após o tratamento isotérmico. É possível ver claramente uma inclusão não-metálica no interior do cristal idiomórfico assinalado. MEV, ES. Cortesia C. Capdevila Montes, Grupo Materialia (CENIM-CSIC), Madrid, Espanha.

Figura 9.66

Formação de ferrita pró-eutectóide, alotrio-mórfica em aço médio carbono C = 0,5%, Mn = 1,5% transformado isotermicamen-te a (a) 723 °C, (b) 688 °C, seguido de resfriamento brusco. O resfriamento não foi rápido o suficiente para evitar a forma-ção de uma pequena camada de perlita muito fina, antes de atingir a temperatura M_I. Observa-se o crescimento do alotrio-morfo a partir do contorno de grão aus-tenítico apenas para dentro de um dos grãos austenísticos originais. A marten-sita como temperada (não-revenida, ver Capítulo 10) praticamente não é atacada. Ataque: Nital 2%. Cortesia C. Capdevila Montes, Grupo Materialia (CENIM-CSIC), Madrid, Espanha.

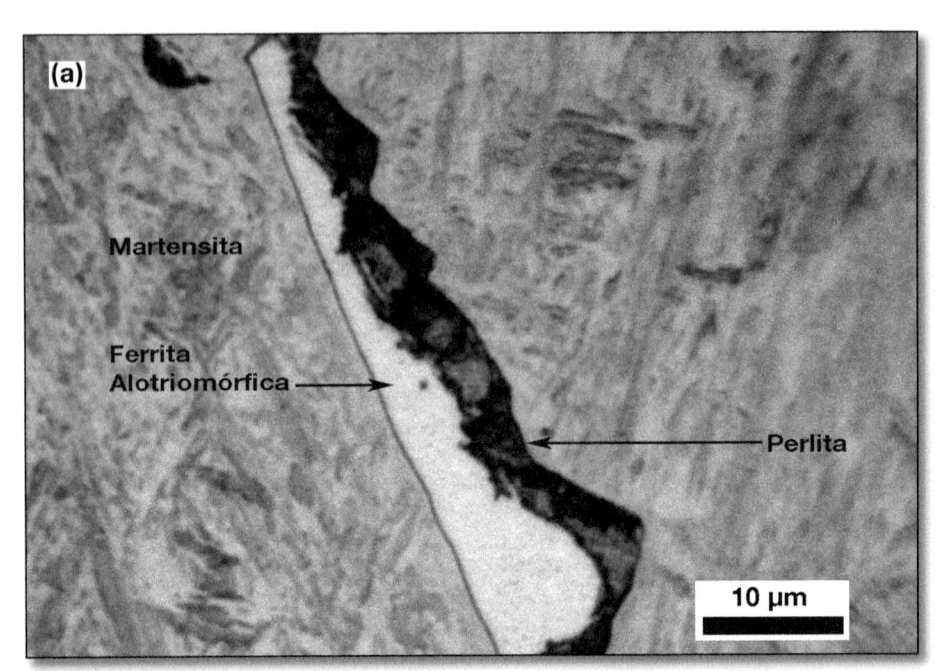

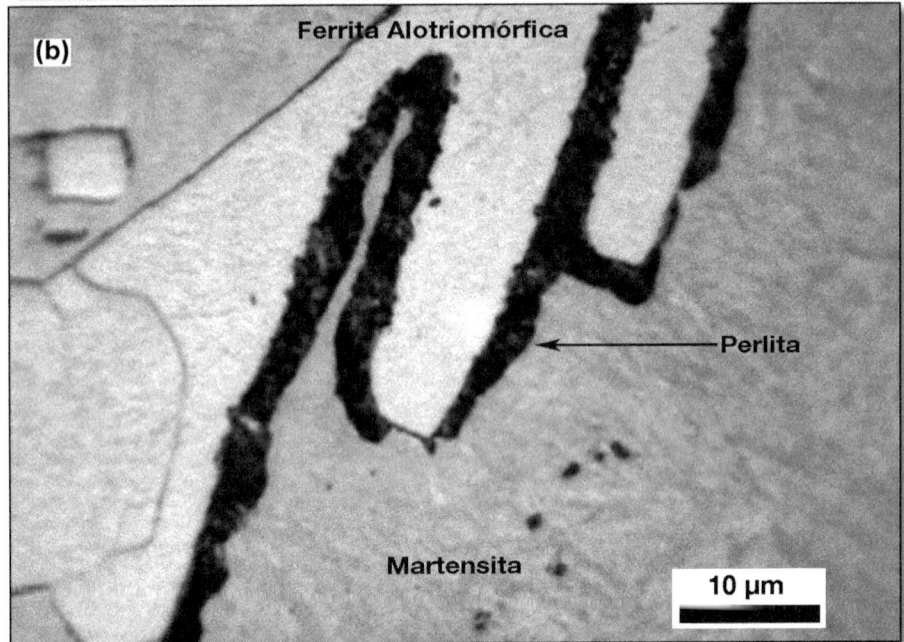

Figura 9.67

Nucleação de um grão de ferrita idiomór-fica (IGF) em uma inclusão não-metálica (*inclusion*) durante transformação isotér-mica a 600 °C. A amostra foi aquecida a 1400 °C e depois austenitizada a 1100 °C para precipitar e fazer crescer as inclusões de MnS. Para evitar os efeitos da difusão rápida na superfície, a amostra foi prepara-da *in situ* através de corte por FIB[30] após a austenitização, a 800 °C, e resfriada do campo austenítico atingindo a temperatura de transformação isotérmica no momento t = 0 (a). Segundo os autores, a região em torno da inclusão de MnS fica empobrecida em manganês, favorecendo, termodinami-camente, a formação da ferrita. SIM[30]. Aço com C = 0,08%, Si = 0,2%, Mn = 1,47%, S = 0,004%, Al = 0,03%, Ti = 0,01%, N = 0,0040%. Reproduzido de [46] e [64] por cortesia da Nippon Steel Corporation.

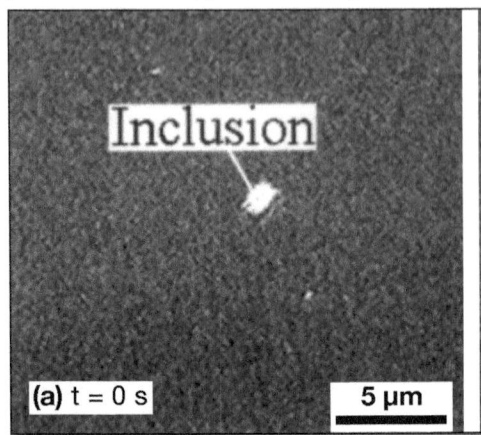

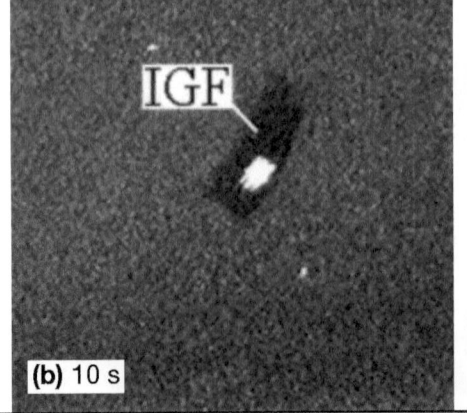

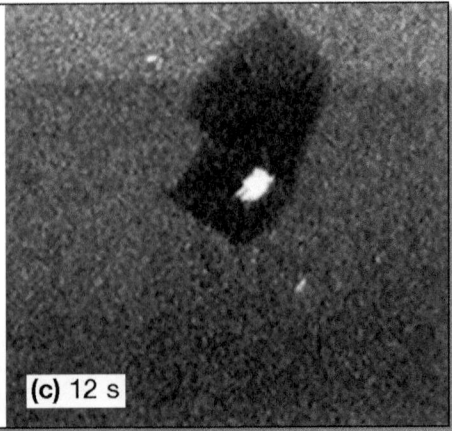

---

(30) FIB – *Focused ion beam*. (ver Capítulo 6). SIM – *Scanning ion beam micros-cope*, similar a um MEV, com feixe iônico ao invés de eletrônico [64].

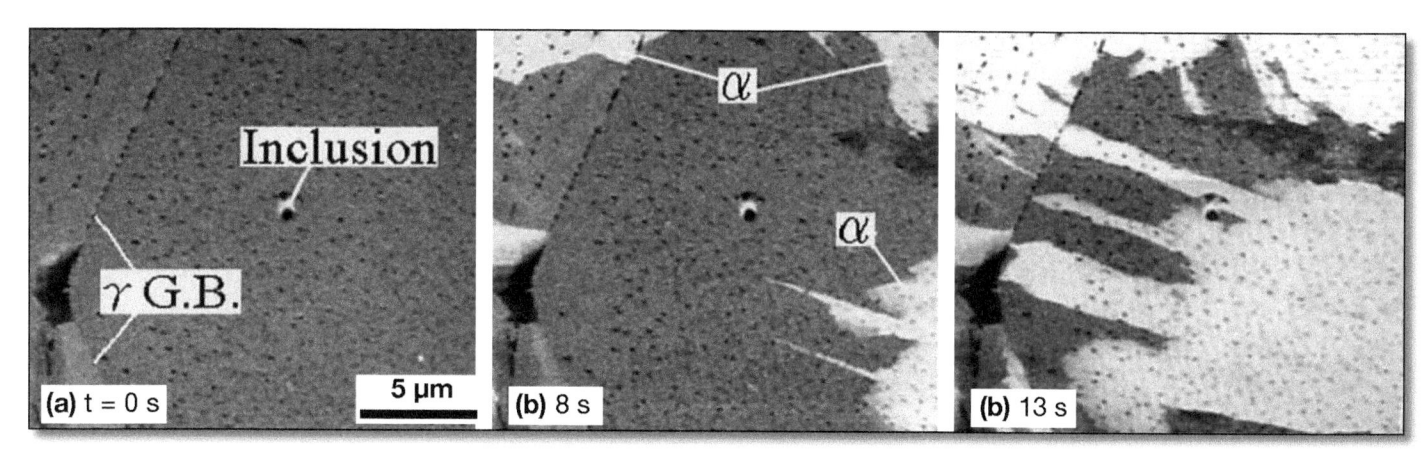

Figura 9.68
Crescimento de ferrita em aço C = 0,08%, Si = 0,2%, Mn = 1,47%, S = 0,004%, Al = 0,03%, Ti = 0,01%, N = 0,0040%. A inclusão (*inclusion*) não foi efetiva em nuclear a formação de ferrita idiomorfa (ver Figura 9.67) porque já estava na superfície da amostra durante o aquecimento realizado a 1400 °C e durante a austenitização a 1100 °C (para precipitar e fazer crescer as inclusões de MnS). A difusão rápida na superfície impediu o empobrecimento da matriz em manganês em torno da inclusão. A amostra foi resfriada do campo austenítico atingindo a temperatura de transformação isotérmica no momento t = 0 (a). SIM. Reproduzido de [46] e [64] por cortesia da Nippon Steel Corporation.

Os cristais alotriomórficos nucleiam nos contornos de grão normalmente mantendo uma orientação cristalográfica preferencial em relação a um dos grãos e uma orientação qualquer em relação ao outro[31]. Isto resulta em menor energia interfacial pois a interface que tem orientação cristalográfica preferencial é, normalmente, de mais baixa energia. O crescimento do alotriomorfo, se dá por reconstrução, com uma interface "incoerente" de alta mobilidade para dentro de um dos grãos de austenita, apenas. Isto é claramente visível nos grãos alotriomorfos indicados nas Figuras 9.64 e 9.66.

4.2.1.2. Ferrita Widmanstätten

A Figura 9.63(b) apresenta esquematicamente placas de ferrita Widmanstätten (esta forma de ferrita tem, tridimensionalmente, forma entre ripas e placas). Nas seções transversais apresentam-se alongadas e são chamadas de estruturas "aciculares"[32]. Estas placas podem nuclear diretamente no contorno de grão austenítico, ou se desenvolver a partir de alotriomorfos já nucleados inicialmente no contorno de grão, como esquematizado na Figura 9.63. Embora a aparência na microscopia ótica seja de que as placas são "continuações" da ferrita do contorno de grão, Spanos e colaboradores [65] mostraram que as placas de ferrita que crescem neste caso não têm a mesma orientação cristalográfica, nem mantêm a mesma orientação, que a ferrita inicialmente formada no contorno de grão.

As Figuras 9.69 a 9.71 apresentam exemplos de ferrita Widmanstätten.

A Figura 9.72 mostra reconstruções tridimensionais de ferrita Widmanstätten primária e secundária. Esta análise é especialmente interessante, pois mostra diversas características importantes do crescimento da ferrita com esta morfologia. Uma das mais interessantes é o fato de que as placas de ferrita têm extensão maior na direção paralela ao contorno de grão do que em direção ao interior do grão, contrariamente ao que se imaginava há alguns anos [65].

Os resultados mais recentes de caracterização sugerem que os diferentes cristais que compõem um pacote de ferrita Widmanstätten secundária crescem com nucleação simpatética sobre os alotriomorfos e não formando um cristal único, como indica a Figura 9.73 [65]. É muito comum referir-se a todas as estruturas em placas e ripas de ferrita como ferrita acicular, de uma forma geral.

(31) Como, em geral, não há uma relação de orientação cristalográfica entre dois grãos de austentita é quase impossível encontrar uma orientação cristalográfica para um cristal de ferrita que resulte em orientações "especiais" com relação aos dois grãos com os quais está em contato.

(32) Acicular: "como agulhas" (embora tridimensionalmente a ferrita não tenha a forma de agulhas).

Figura 9.69

Ferrita Widmanstätten em aço de médio carbono. As placas de ferrita, neste caso, se dispõem, em orientação de 60° entre si, em um grão de austenita anterior. Ataque: Água régia.

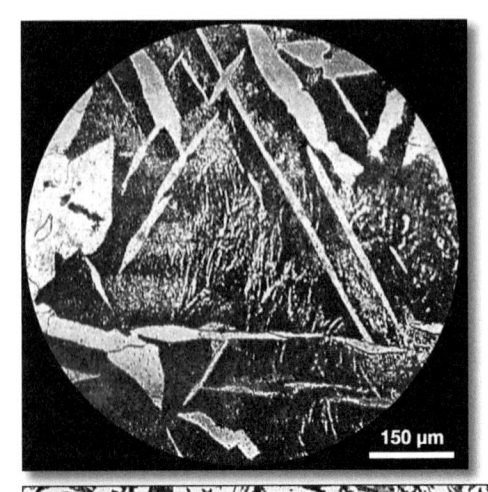

Figura 9.70

Aço médio carbono. Ferrita pró-eutectóide e perlita. Ferrita alotriomorfica nos contornos de grão anteriores, ferrita Widmanstätten em placas primárias e secundárias. Estrutura predominantemente "acicular". Aço com tamanho de grão austenítico anterior grande, possivelmente causado por superaquecimento (ver Capítulo 10). Ataque: Nital.

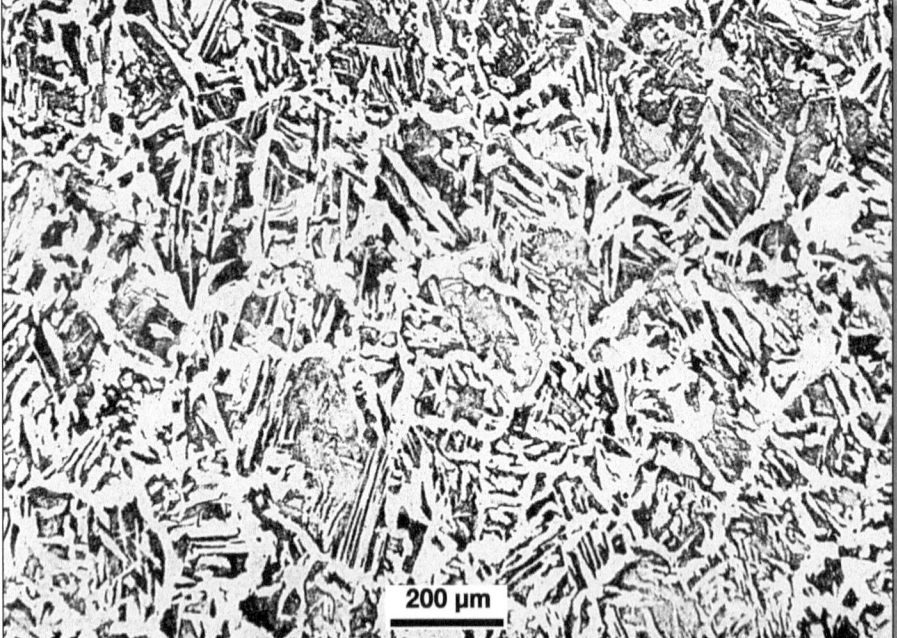

Figura 9.71

Aço médio carbono com Cr = 0,3%, bruto de fusão. Ferrita e perlita. Ferrita Widmanstätten. Ataque: Nital.

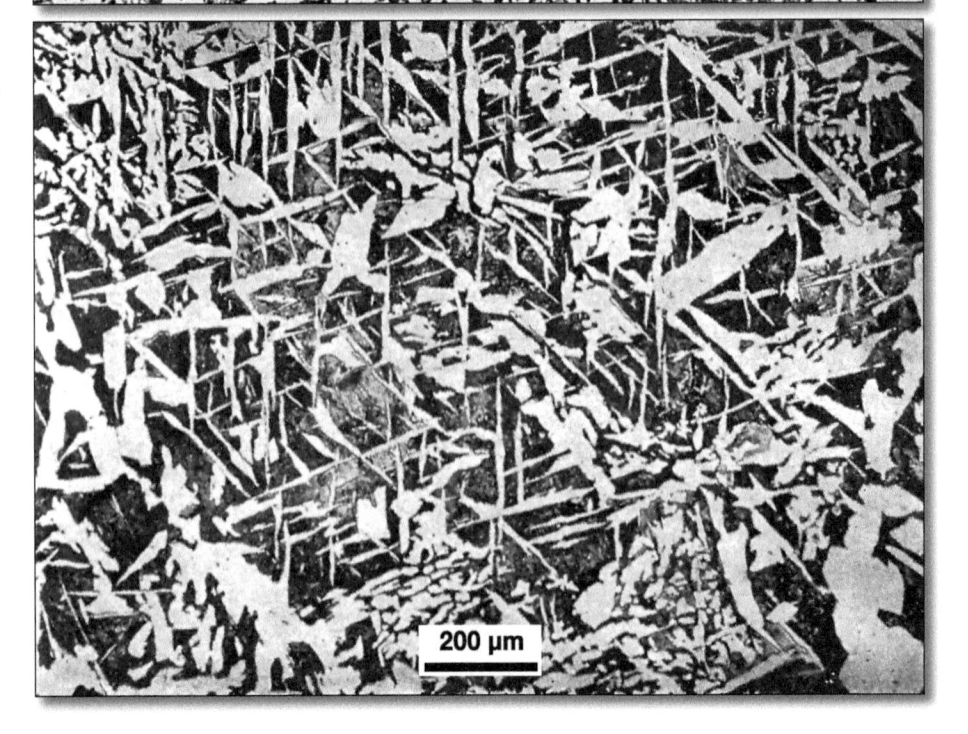

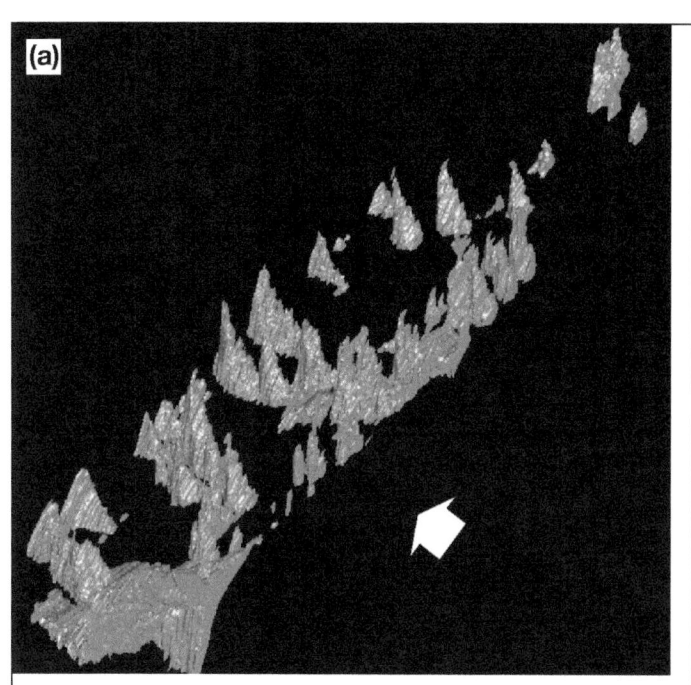

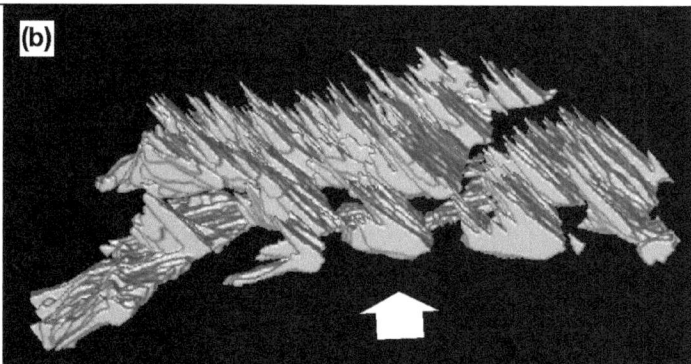

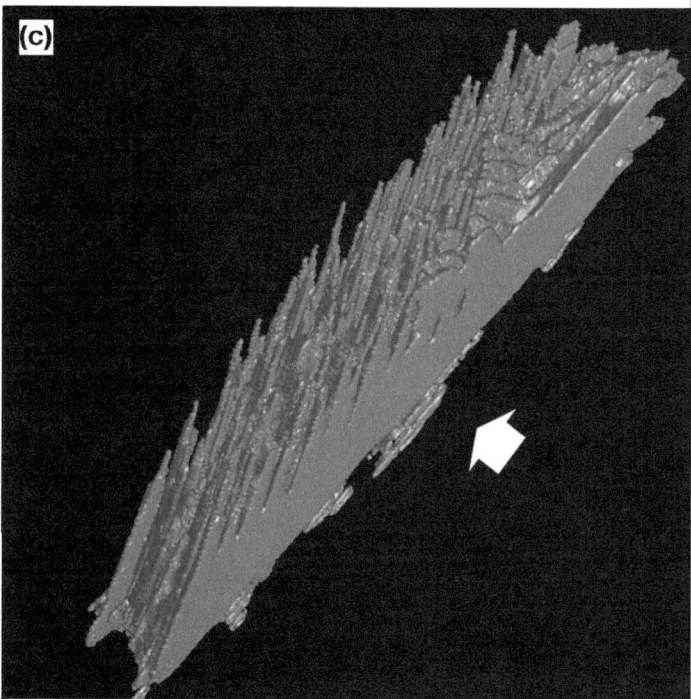

Figura 9.72
Reconstrução tridimensional de ferrita Widmanstätten (a) primária (*spikes*); (b) e (c) secundária. As setas indicam o plano onde se iniciou o secionamento e a direção das sucessivas seções. As seções avançam em uma direção paralela ao plano do contorno de grão austenítico. O secionamento não foi realizado ao longo de toda a extensão da ferrita. Cortesia de M. Kral, University of Canterbury, Christchurch, Nova Zelândia.

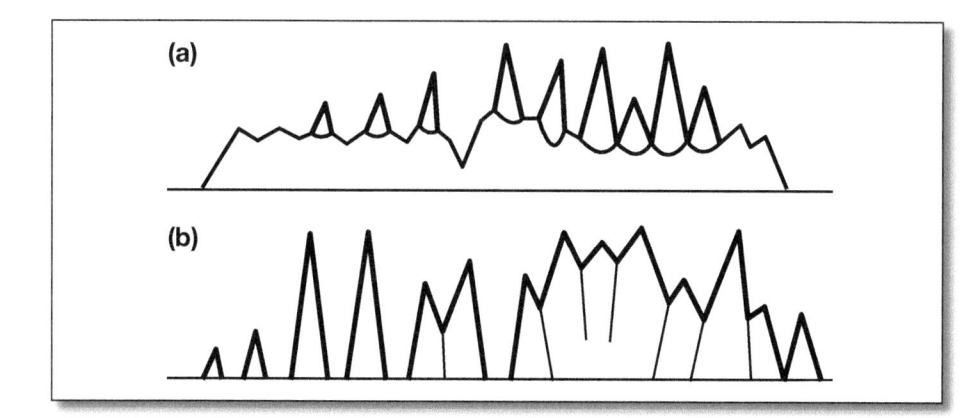

Figura 9.73
Representação esquemática em duas dimensões dos mecanismos propostos para (a) formação de ferrita Widmanstätten secundária, com nucleação simpatética sobre alotriomorfos e (b) crescimento independente de ferrita Widmanstätten primária até o contato com cristais adjacentes. Adaptado de [65].

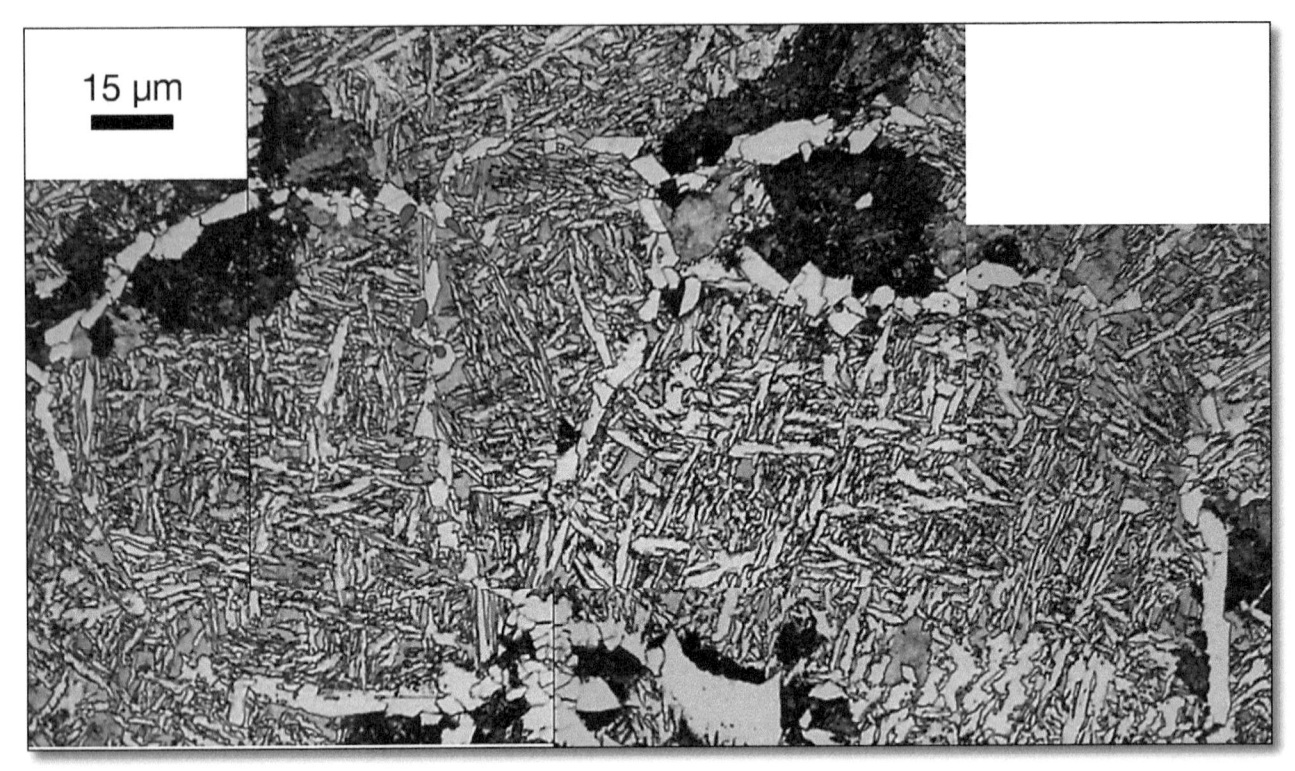

Figura 9.74(a)
Microestrutura de aço médio carbono C = 0,37%, Mn = 1,5%, V = 0,11% submetido a resfriamento acelerado. Ferrita acicular, ferrita idiomórfica, ferrita alotriomórfica (nos contornos de grão austeníticos anteriores) e perlita. Ver Figuras (b), (c) e (d). As áreas entre as placas de ferrita são compostas por martensita. Cortesia C. Capdevila Montes, Grupo Materalia, CENIM-CSIC, Madrid, Espanha.

Figura 9.74(b)
Microestrutura do aço médio carbono da Figura 9.74(a). Ferrita acicular, ferrita idiomórfica (observam-se inclusões acinzentadas de MnS em seu interior), ferrita alotriomórfica e perlita. As áreas entre as placas de ferrita são compostas por martensita. Ataque: Nital. Cortesia C. Capdevila Montes, Grupo Materialia, CENIM-CSIC, Madrid, Espanha.

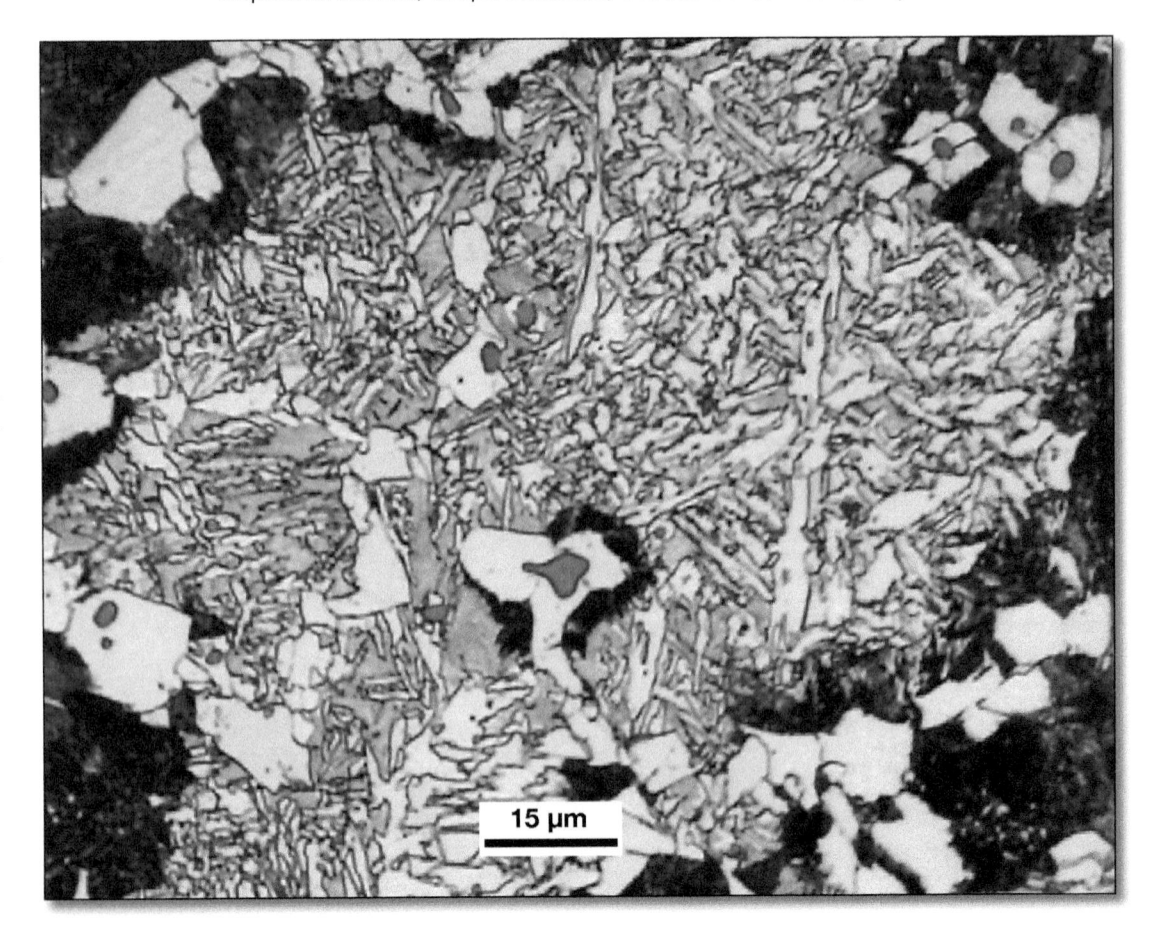

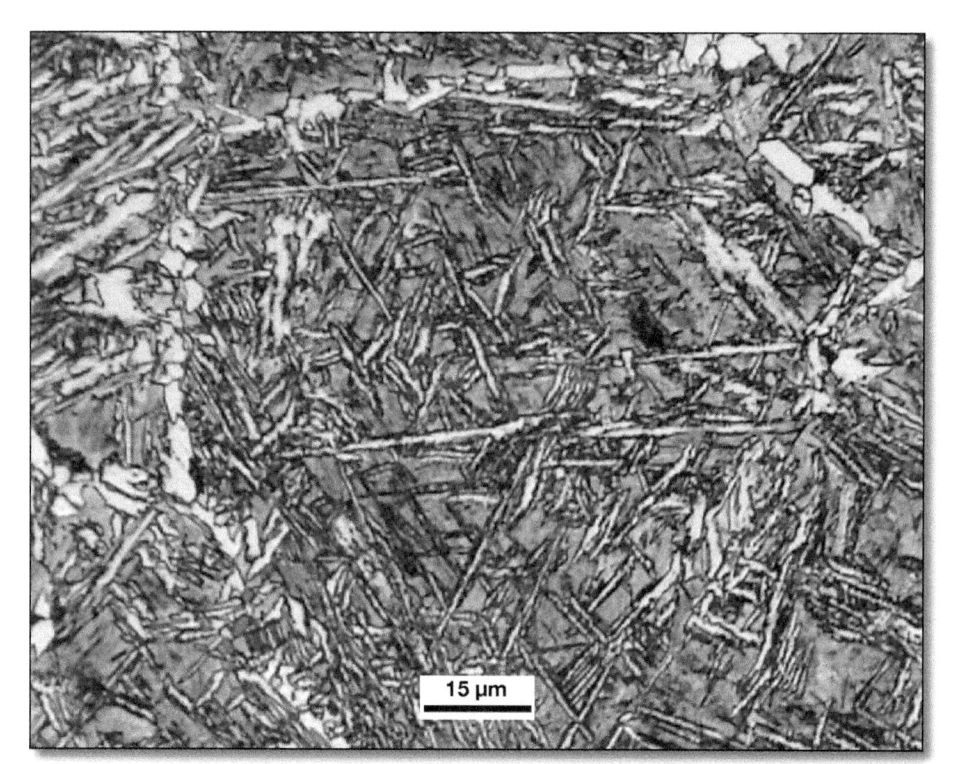

Figura 9.74(c)
Microestrutura do aço médio carbono da Figura 9.74(a). Ferrita acicular, ferrita alotriomórfica nos contornos de grão austeníticos anteriores. As áreas entre as placas de ferrita são compostas por martensita. Ataque: Nital. Cortesia C. Capdevila Montes, Grupo Materialia, CENIM-CSIC, Madrid, Espanha.

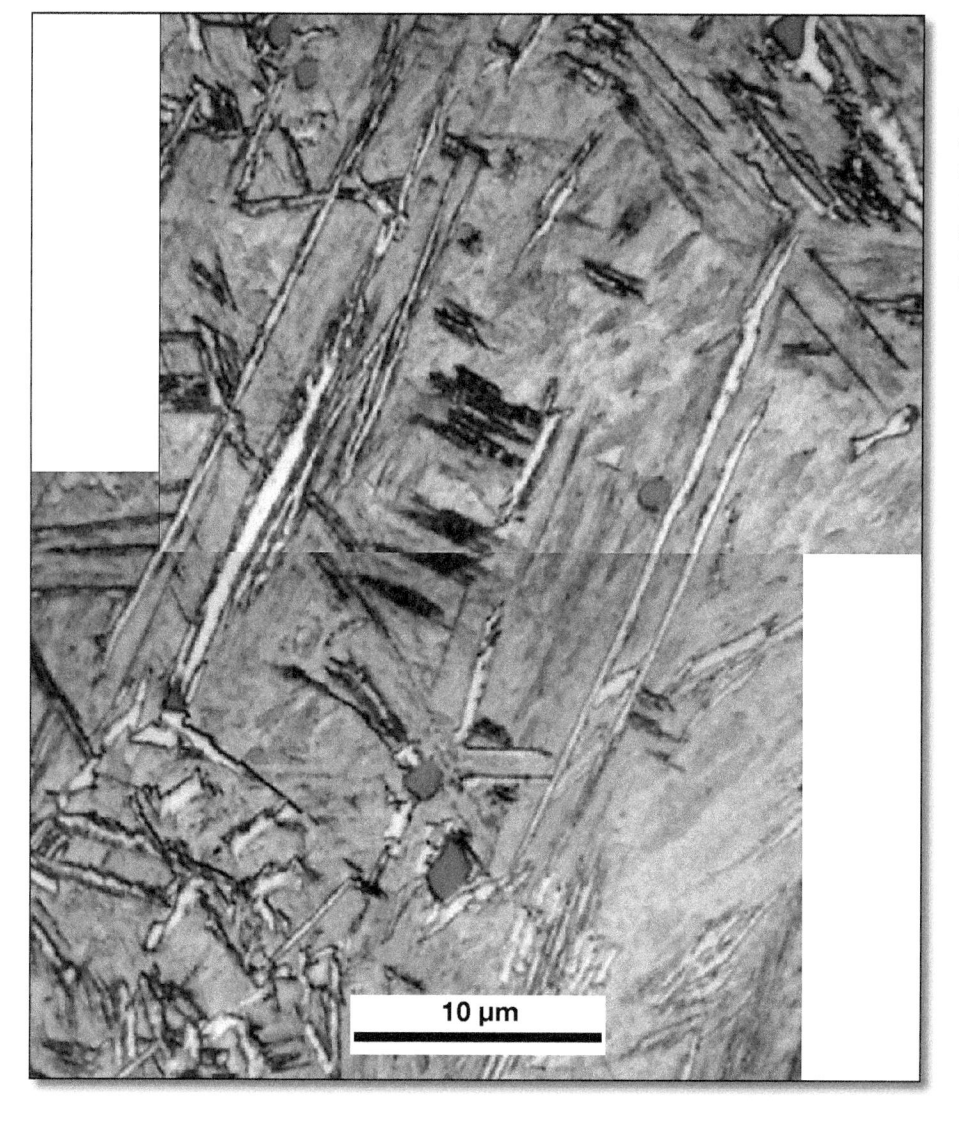

Figura 9.74(d)
Microestrutura do aço médio carbono da Figura 9.74(a). Ferrita acicular em matriz de martensita. Inclusões de MnS são visíveis. A transformação ferrítica progrediu menos do que nas figuras (a) a (c). Há início de nucleação de ferrita em algumas inclusões. Ataque: Nital. Cortesia C. Capdevila Montes, Grupo Materialia, CENIM-CSIC, Madrid, Espanha.

Figura 9.75(a)
Aço contendo C = 0,78%, Si = 1,6%, Mn = 2,02%, Co = 3,87%, Al = 1,37% tratado isotermicamente a 200 °C por 3 dias e 6 horas. Ferrita bainítica[33] e austenita retida. Cortesia C. Garcia-Mateo, Grupo Materialia, CENIM-CSIS, Madrid, Espanha.

Figura 9.75(b)
Imagem em MET do aço da figura (a). Na condição de difração da fotografia, as áreas claras são a ferrita bainítica, intercalada com finas películas de austenita retida (escura). Cortesia C. Garcia-Mateo, Grupo Materialia, CENIM-CSIS, Madrid, Espanha.

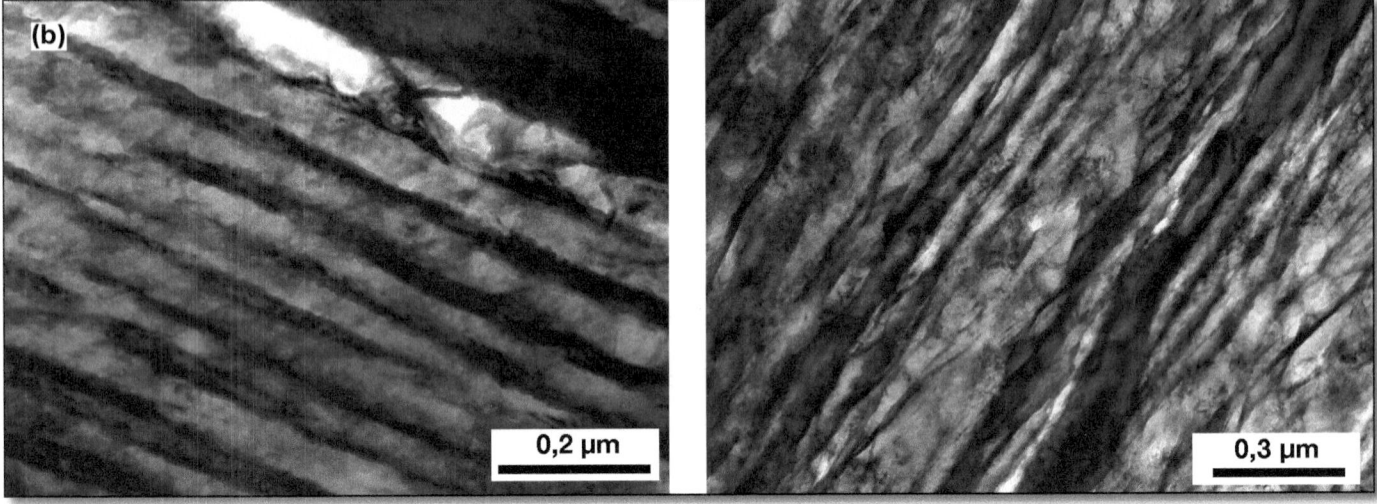

4.3. Classificação do IIW

O Instituto Internacional de Soldagem (IIW) desenvolveu um sistema de classificação para os constituintes do metal depositado na zona fundida, baseado na sua observação com o microscópio ótico, que se tornou o mais aceito mundialmente. Segundo este sistema, os constituintes mais comuns podem ser classificados como mostra a Tabela 9.4[34].

O esquema de classificação proposto pelo IIW é bastante direto e visa evitar dúvidas quando se emprega apenas a microscopia ótica.

No método do IIW um reticulado é aplicado sobre a metalografia ótica e o constituinte, em cada ponto do reticulado, é identificado segundo um fluxograma que praticamente elimina as duplas interpretações (ver Figura 9.76). A microestrutura é então caracterizada pela fração volumétrica de cada constituinte, inferida pela fração de pontos medida.

(33) O autor da foto identifica como "ferrita bainítica", uma classificação coerente com a proposta de Hillert [31] quando a morfologia da ferrita é semelhante à da bainita, mas não há carbonetos precipitados.

(34) Para uma discussão detalhada da aplicação deste sistema ao metal de solda, ver [66].

Tabela 9.4
Constituintes no esquema de classificação de microestrutura de metal de solda de baixo carbono do IIW (ver também Figura 9.77).

Categoria principal do constituinte	Subcategoria do constituinte	Abreviação
Ferrita primária		PF
	Ferrita de contorno de grão	PF(G)
	Ferrita intragranular	PF(I)
Ferrita com segunda fase		FS
	Ferrita com segunda fase não-alinhada	FS(NA)
	Ferrita com segunda fase alinhada	FS(A)
	Placas laterais de ferrita (*side plates*)	FS(SP)
	Bainita	FS(B)
	Bainita superior	FS (UB)
	Bainita inferior	FS (LB)
Ferrita acicular		AF
Agregado ferrita carboneto		FC
	Perlita	FC (P)
Martensita	Martensita em ripas	M (L)
	Martensita maclada	M (T)

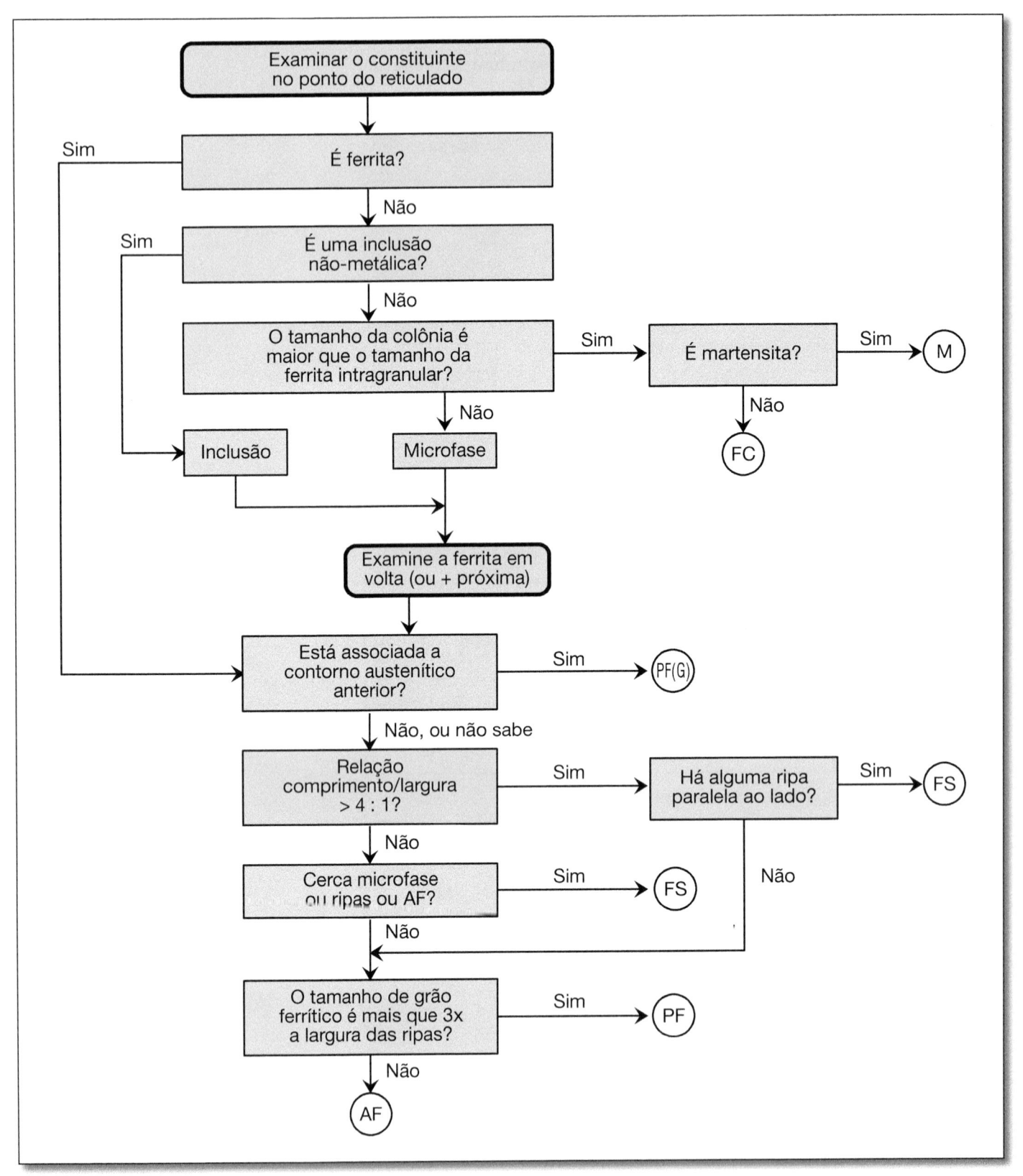

Figura 9.76
Fluxograma para classificação de constituintes em metal de solda, adaptado de [67] para classificação similar à do IIW.[35] A definição dos constituintes está na Tabela 9.4 (ver também Figura 9.77).

(35) No caso de avaliações e laudos, deve-se usar o documento original do IIW e não esta versão adaptada para fins didáticos.

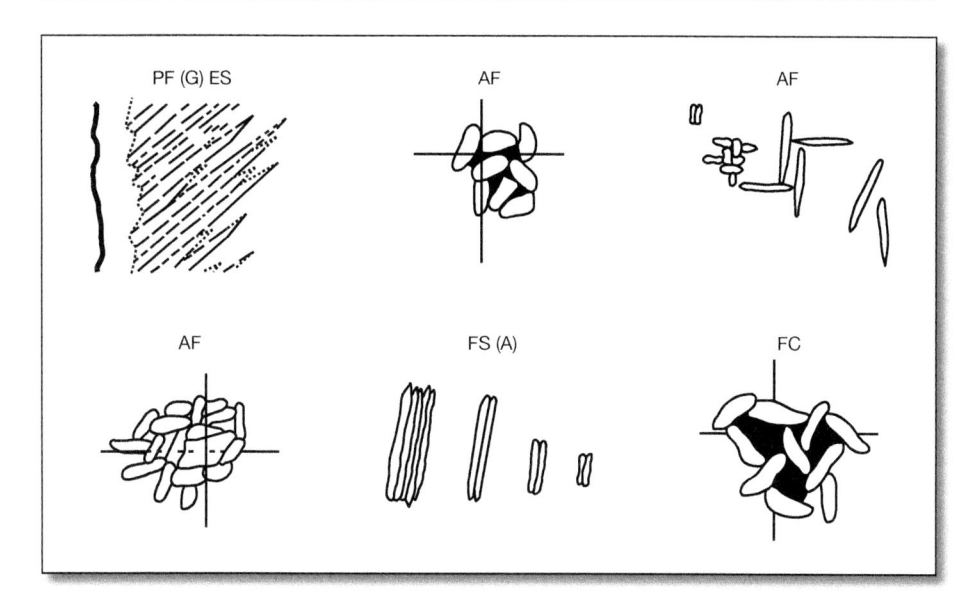

Figura 9.77
Esquema de algumas morfologias de constituintes conforme a classificação da Figura 9.76. O IIW dispõe de micrografias "padrão" para comparação pelo usuário. Adaptado de [67].

4.4. Classificação de Anelli e Di Nunzio [60]

No âmbito de um projeto de desenvolvimento de produtos planos de aços de baixo carbono apoiado pela Comunidade Européia, várias empresas e organizações de pesquisa realizaram um esforço conjunto que resultou no método de classificação proposto por Anelli e Di Nunzio.

A avaliação consiste, também, na caracterização dos constituintes encontrados nos pontos de uma rede superposta à microestrutura. Neste caso, há um ramo do fluxograma que depende da capacidade de observar com maior aumento (ver Figura 9.78).

Buscar harmonizar este sistema com outras classificações é, naturalmente, difícil, pois as correspondências nem sempre são unívocas. Thewlis [68, 69] comparou as classificações mais comuns, como apresentado na Tabela 9.5, nas páginas 244 e 245. Esta tabela permite uma visão geral das classificações e comparar as diferentes nomenclaturas dos constituintes. Naturalmente, dependendo do critério utilizado como base para a comparação, diferentes visões dos sistemas podem ser obtidas. Um excelente sumário das diferentes comparações pode ser encontrado em [70].

Mais recentemente, Thewlis propôs ainda um aprimoramento do sistema do IIW e do método de Anelli e Di Nunzio, visando a aplicação a aços estruturais [21].

Alguns exemplos típicos de categorização microestrutural segundo o esquema de Anelli e Di Nunzio [60] são apresentados na Figura 9.79.

O papel das inclusões não-metálicas na nucleação da ferrita, no metal depositado por solda, é muito importante e bastante bem estabelecido. Recentemente, pesquisadores vêm tentando transferir esta técnica para materiais processados por conformação a quente, visando permitir estruturas com tamanho de grão fino sem a necessidade de trabalho mecânico extenso.

Há diversas teorias sobre o efeito das inclusões não-metálicas sobre a nucleação. A teoria simples, de nucleação heterogênea, nem sempre é capaz de explicar o efeito das inclusões, uma vez que algumas inclusões têm

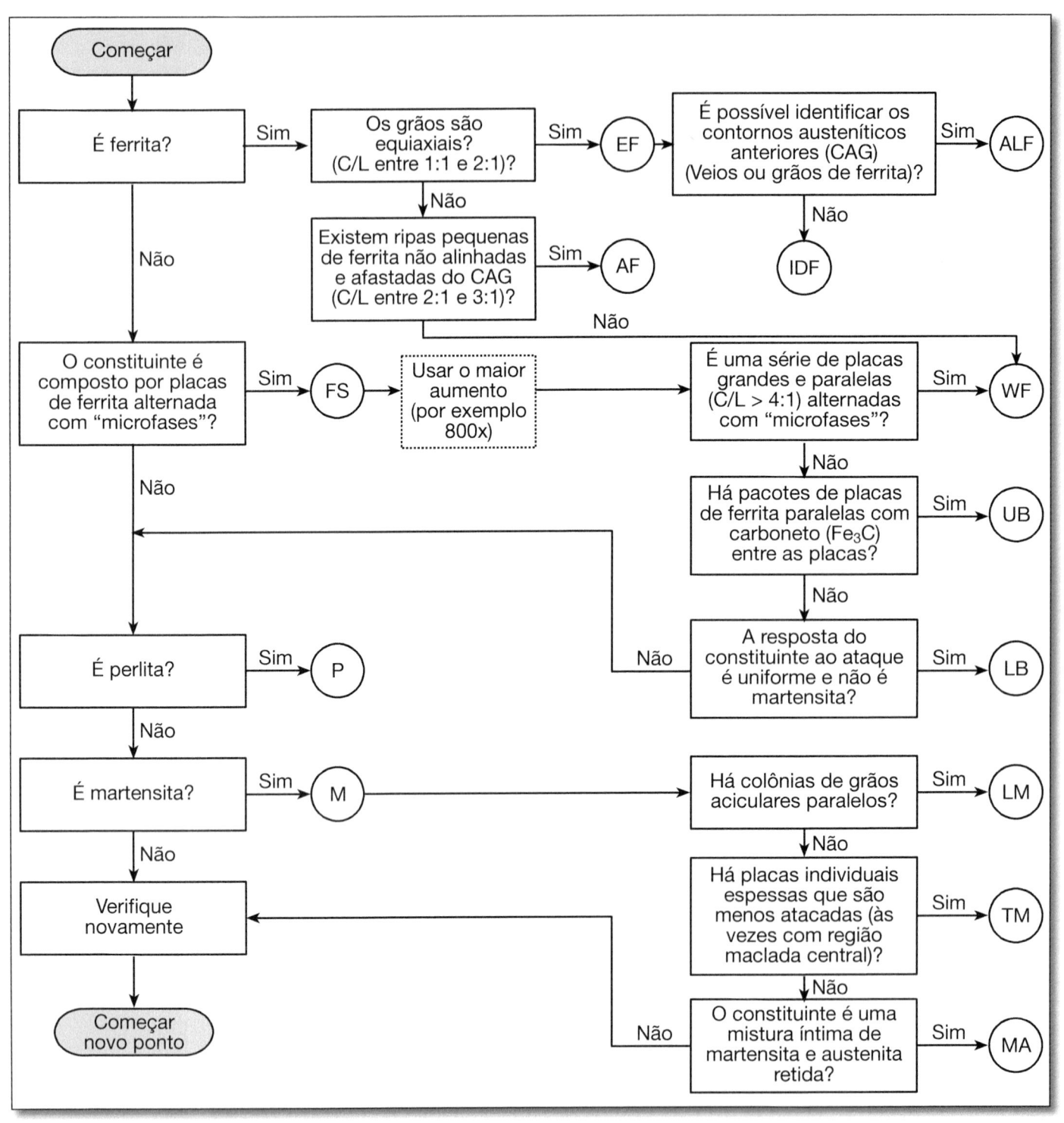

Figura 9.78
Fluxograma para classificação de constituintes em aço de baixo carbono, adaptado de [60]. A definição dos constituintes está na Tabela 9.4.

efeito sobre a nucleação da ferrita e outras não. Há teorias que propõem que a nucleação é favorecida pela presença de uma estrutura cristalina compatível (por exemplo, [72, 73]), que permita a formação epitaxial de ferrita. Outras teorias sugerem que a formação das inclusões pode remover solutos da matriz na região em torno da inclusão, estabilizando a ferrita nesta região. Esta seria a causa do efeito do sulfeto de manganês como nucleante, como mostrado nas Figuras 9.67, 9.80 e 9.81. O exemplo da Figura 9.81 apóia esta teoria.

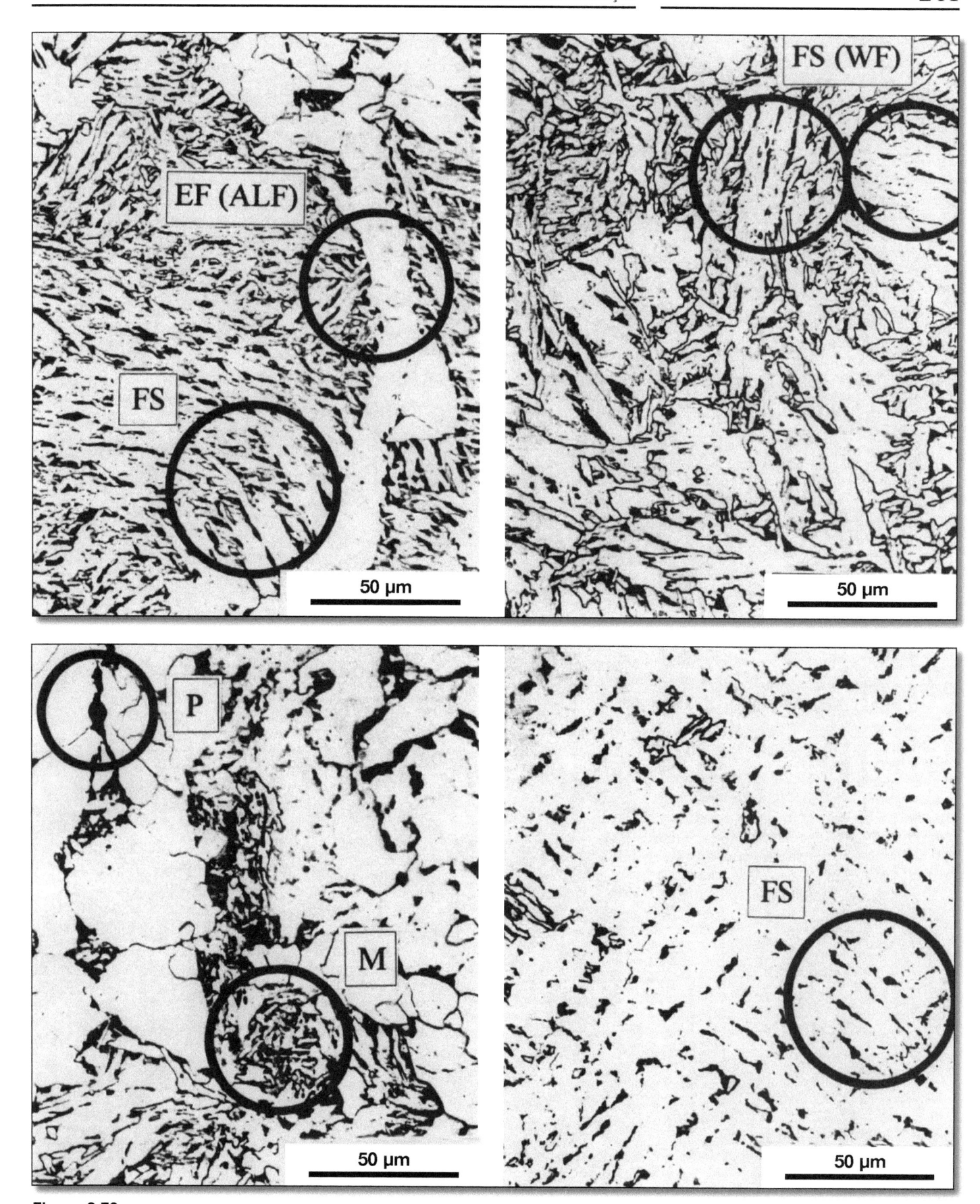

Figura 9.79
Alguns exemplos de microestruturas classificadas conforme o esquema de Anelli e Di Nunzio (Figura 9.78). Cortesia de P. E. Di Nunzio, CSM, Roma, Itália. (*Continua*)

Figura 9.79 (*Continuação*)

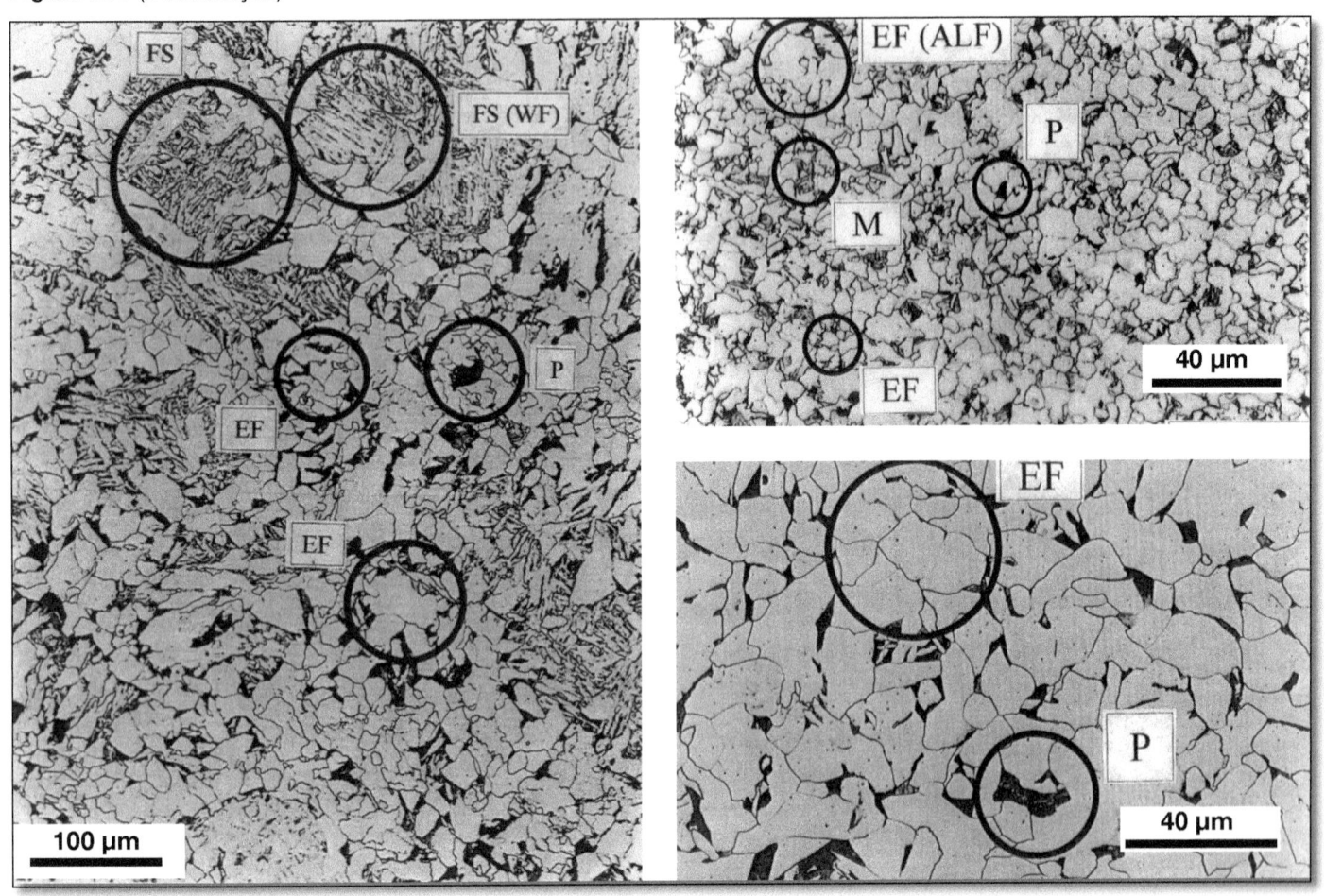

Figura 9.80

Placas de ferrita Widmanstätten nuclea-das em uma inclusão não-metálica em aço de baixo carbono. A variedade de orientações das placas indicaria que o mecanismo de nucleação não envolve epitaxialidade com a estrutura cristalina da inclusão não-metálica. Cortesia de G. Thewlis.

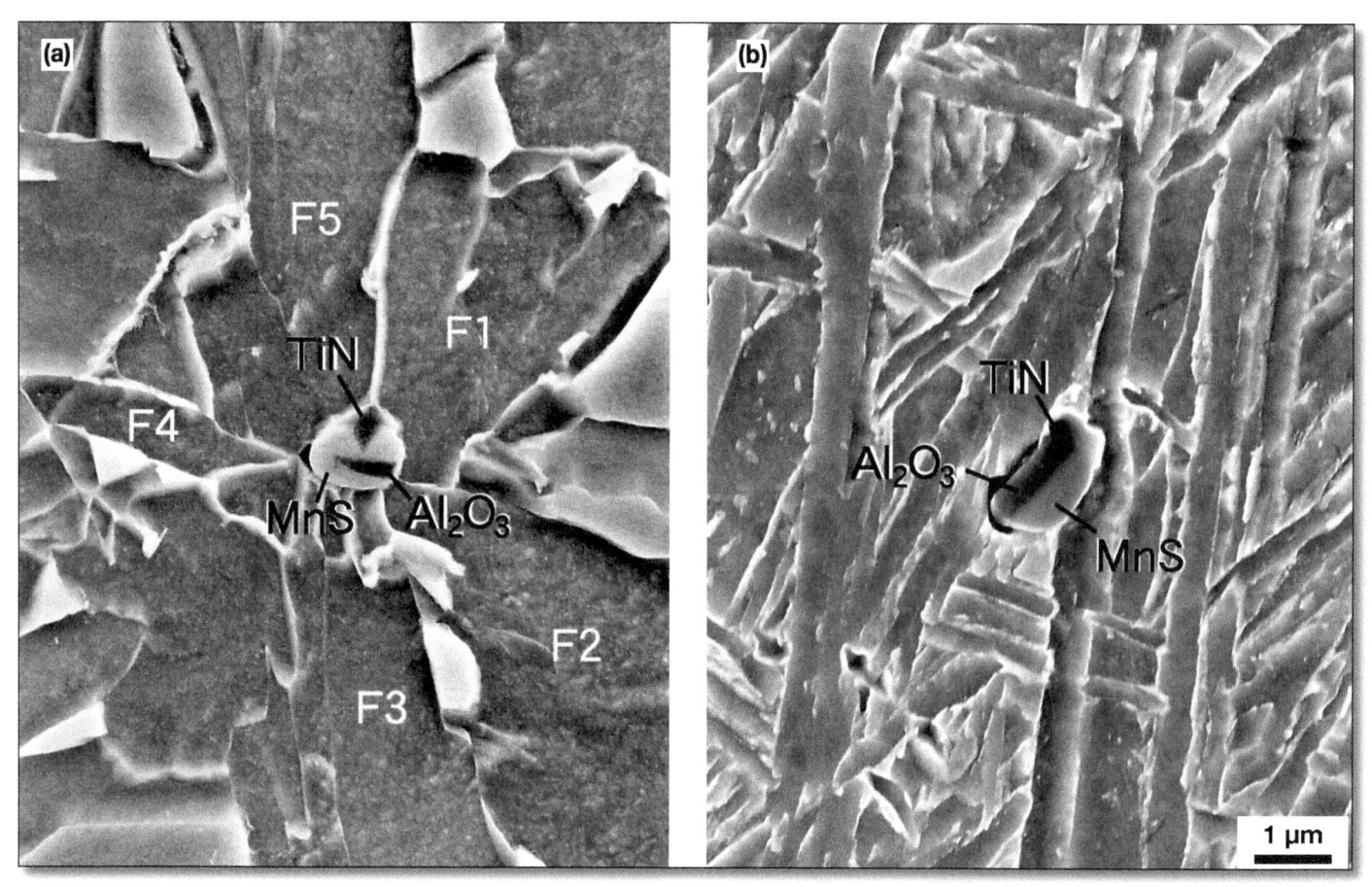

Figura 9.81
Aço estrutural com C = 0,08%, Si = 0,19%, Mn = 1,47%, S = 0,004%, Ti = 0,012%. Determinação das condições para a nucleação de ferrita intragranular (acicular) em inclusão não-metálica complexa. Ciclo térmico de soldagem simulado com aquecimento até 1440 °C por 4s e manutenção a (a) 1100 °C por 100 s e (b) 1250 °C por 100 s seguido de resfriamento rápido. Em (a) houve a nucleação de vários grãos de ferrita acicular (F1 a F5) na inclusão. Em (b) não houve nucleação de ferrita e formou-se apenas martensita, sem relação de nucleação com a inclusão. A análise local junto à inclusão indicou que ocorreu empobrecimento em manganês em torno da inclusão no caso (a) e não ocorreu empobrecimento no caso (b). Reproduzido de [74, 75] por cortesia da Nippon Steel Corporation.

A Figura 9.82 apresenta um exemplo da importância da morfologia da ferrita na microestrutura sobre o comportamento mecânico do material. Os parâmetros de solda têm grande efeito sobre a microestrutura (ver Capítulo 14) como mostra o exemplo da Figura 9.83.

As diferentes microestruturas dos aços de baixo carbono podem ser observadas, ainda, quando se variam as velocidades de resfriamento. Neste caso, o efeito do aumento da velocidade de resfriamento é o aumento da fração volumétrica de constituintes aciculares. As microestruturas obtidas por resfriamento mais lento são compostas por ferrita e perlita e, à medida que as velocidades de resfriamento aumentam, a fração de ferrita formada por transformação reconstrutiva diminui e aumenta a ocorrência de constituintes cada vez mais aciculares, até a formação de martensita, como mostra a seqüência de imagens da Figura 9.85 que corresponde às microestruturas obtidas com as velocidades de resfriamento indicadas na curva CCT correspondente, apresentada na Figura 9.84.

Tabela 9.5
Comparação dos principais esquemas de classificação de ferrita e de constituintes em metal de solda ou aços

Tipo de transformação	Classificação estrutural principal	Descrição dos constituintes	Abreviação		
			Dubé [61]	Annelli [60]	Abson [71]
Reconstrutiva	Ferrita	Ferrita de contorno de grão; ferrita alotriomorfa; ferrita poligonal de contorno de grão; ferrita primária	GBF	GBF	PF(G)
		Ferrita intragranular poligonal; ferrita idiomórfica	—	IPF	PF(I)
	Perlita	Perlita lamelar, perlita degenerada, perlita fina	—	P	FC(P)
Reação tem caráter crescentemente displacivo, ao menos para os elementos substitucionais. Crescimento envolve alguma espécie de movimento cooperativo.	Placas laterais de ferrita	Ferrita Widmanstätten de contorno de grão, primária e secundária	FS	Wf	FS(A) FS(SP)
		Ferrita Widmanstätten intragranular, primária e secundária	IFP	—	FS(NA)
		Ferrita acicular	IFP	AF	AF
		Bainita superior	FS	UB	FS(A) FS(UB)
		Bainita intragranular; placas de ferrita intragranular	IFP	—	Ver (AF)
		Bainita granular	—	GB	FS (NA)
		Bainita inferior	—	LB	FS(A)
Displacivo	Martensita	Martensita em ripas	—	LM	M M(L)
		Martensita maclada	—	MA	M M(T)

baixo carbono. Adaptada da proposta de G Thewlis [69]

Thewlis [68]	Comentários
GB(PF)	Veios de ferrita ou grãos poligonais associados aos contornos de grão austeníticos prévios.
I (PF)	Grãos poligonais de ferrita no interior dos grãos austeníticos anteriores, com um tamanho aproximadamente três vezes maior que os grãos de ferrita que os cercam; podem ser GBF vistos em corte, afastados do contorno de grão; idiomorfos associados a sítios de nucleação intragranular (inclusões grandes de óxidos ou sulfetos).
—	Lamelas alternadas de ferrita e cementita. A perlita freqüentemente não pode ser resolvida no microscópio ótico. A perlita pode estar presente, também, como "microfase".
GB(W)	Ripas de ferrita paralelas com "microfases" entre as ripas, variando de perlita até martensita. As placas laterais primárias crescem diretamente do contorno de grão austenítico anterior, enquanto que as placas secundárias crescem a partir de ferrita alotriomórfica de contorno de grão.
I(Wf)	Ferrita dentro de grãos austeníticos anteriores, completamente cercada por "microfases". Podem ser placas laterais de contorno de grão vistas de topo (nucleadas em um contorno imediatamente abaixo do plano da micrografia). Placas de ferrita com uma razão de aspecto maior que 4:1 crescendo a partir de sítios de nucleação intragranulares (pequenas inclusões de óxidos ou sulfetos). Placas laterais primárias crescem diretamente de inclusões enquanto que as secundárias crescem a partir de idiomorfos nucleados em inclusões.
AF	Ferrita muito fina dentro dos grãos austeníticos anteriores, intercalada com "microfases" que variam desde perlita até martensita. A ferrita acicular foi considerada, inicialmente, uma forma de bainita nucleada intragranularmente.
GB(B)	Ripas finas de ferrita paralelas intercaladas com cementita entre as ripas. Cresce diretamente dos contornos de grão austeníticos. A densidade de discordâncias (observável em MET) é mais alta do que na ferrita Widmanstätten, devido ao caráter displacivo da transformação do ponto de vista do ferro e dos elementos substitucionais.
I(B)	A bainita pode nuclear diretamente de pequenas inclusões intragranulares, de óxidos ou sulfetos.
	Agregado de ferrita bainítica e martensita maclada como "microfase".
—	Dispersão fina de partículas de cementita.
	Martensita de baixo carbono com subestrutura interna de ripas. Pacotes de martensita muito maiores do que os pacotes de ferrita adjacentes podem se formar dentro dos grãos austeníticos anteriores. Colônias menores podem ser classificadas como "microfases". Dureza inferior a 350 HV.
—	Martensita de alto carbono com austenita retida (áreas MA). Coloração marrom-clara no ataque. Dureza superior a 400 HV.

Figura 9.82
Seção transversal à fratura frágil na zona termicamente afetada de um aço estrutural de 490 MPa de limite de ruptura junto à linha de fusão de uma solda por eletrogás (alta energia). O tamanho de grão austenítico grande e a camada de ferrita pró-eutectóide nos contornos de grão (GBF) austeníticos anteriores reduzem a tenacidade do material. A seta indica o local de início da trinca (*crack initiation site*). Reproduzido de [76] por cortesia da Nippon Steel Corporation.

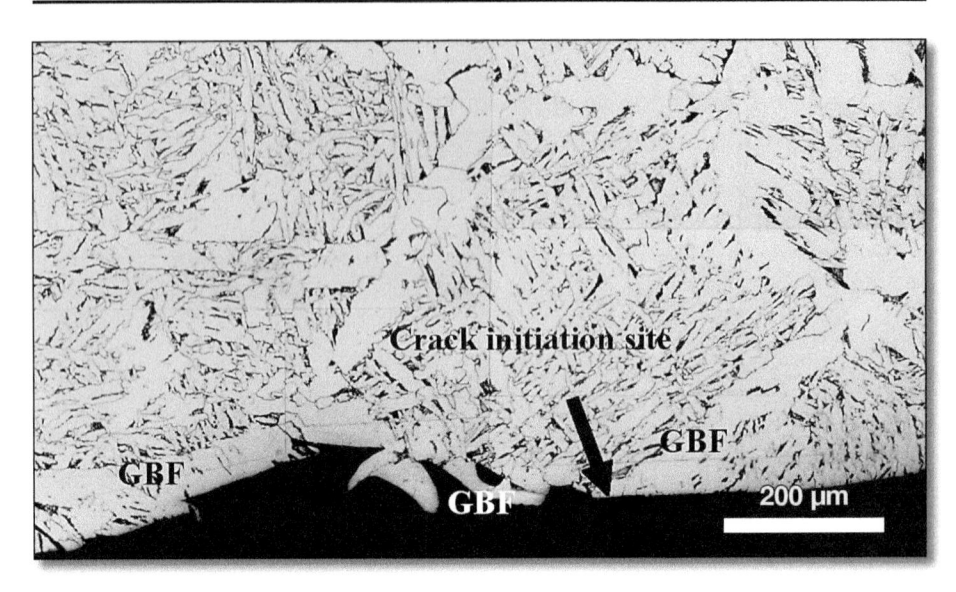

Figura 9.83
As condições de soldagem em aço estrutural da classe de 490 MPa de limite de ruptura podem resultar em microestruturas bastante diversas, em função do ciclo térmico experimentado. O crescimento de grão austenítico em (b) é muito maior que em (a). Ferrita em rede nos contornos de grão e ferrita acicular. Reproduzido de [76] por cortesia da Nippon Steel Corporation.

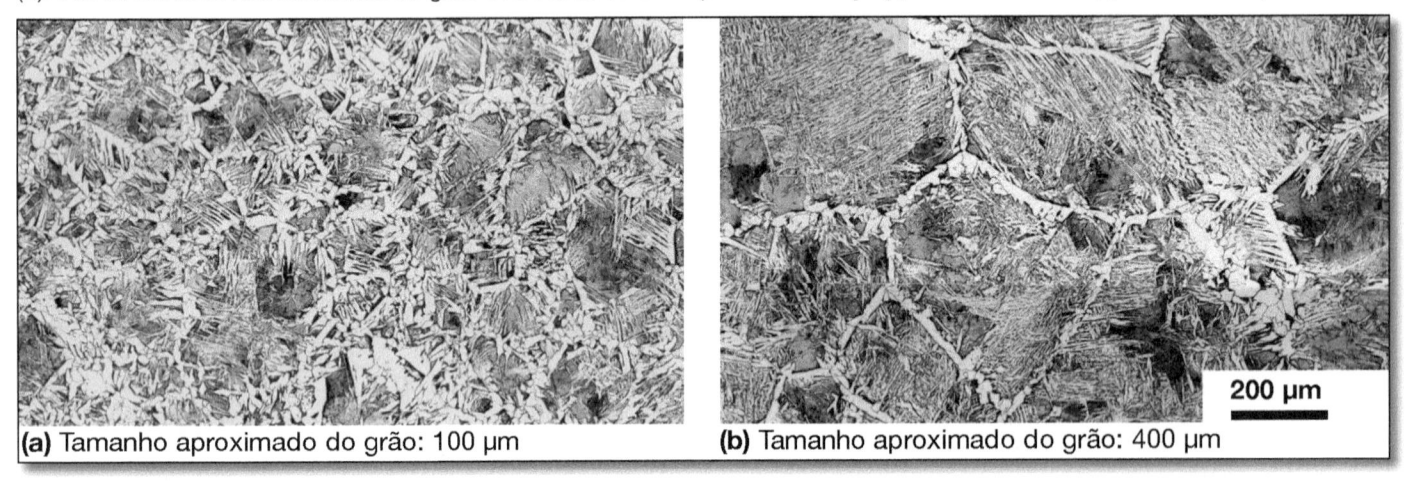

(a) Tamanho aproximado do grão: 100 μm   (b) Tamanho aproximado do grão: 400 μm

Figura 9.84
Curva CCT para aço experimental contento C = 0,08%, Mn = 1,46%, V = 0,25%. F = ferrita equiaxial, P = perlita, B = bainita, AF = ferrita acicular, M = martensita. As velocidades de resfriamento estão indicadas, para cada curva, no topo da figura, em °C/s. O aço foi austenizado a 1125 °C por 120 s. Cortesia de C. Garcia-Mateo, Grupo Materialia, CENIM-CSIC, Madrid, Espanha. A Figura 9.85 apresenta as microestruturas correspondentes.

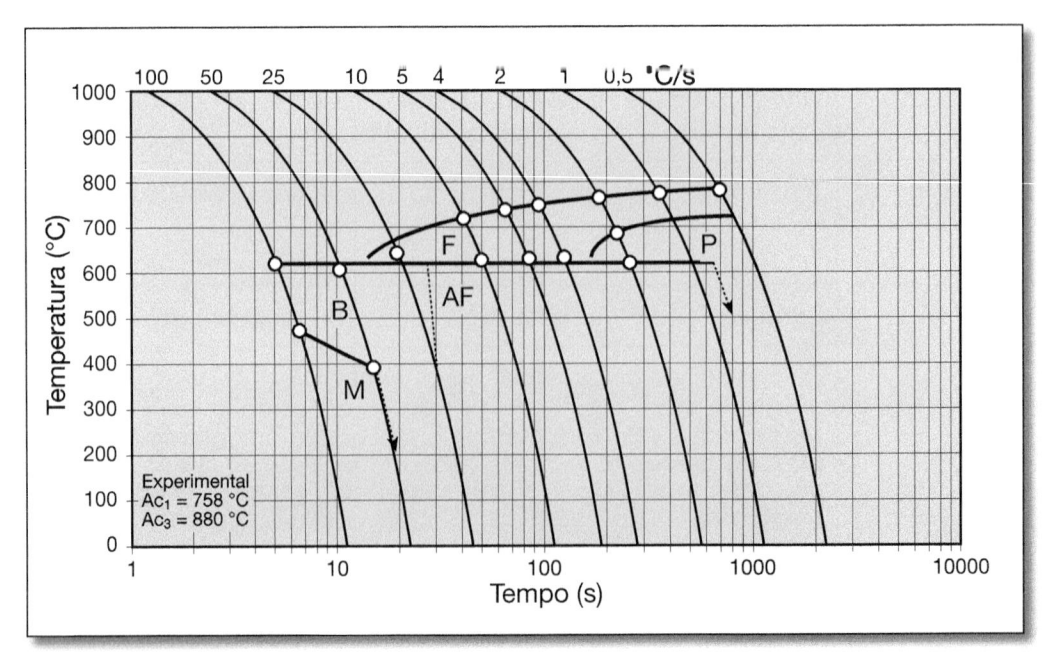

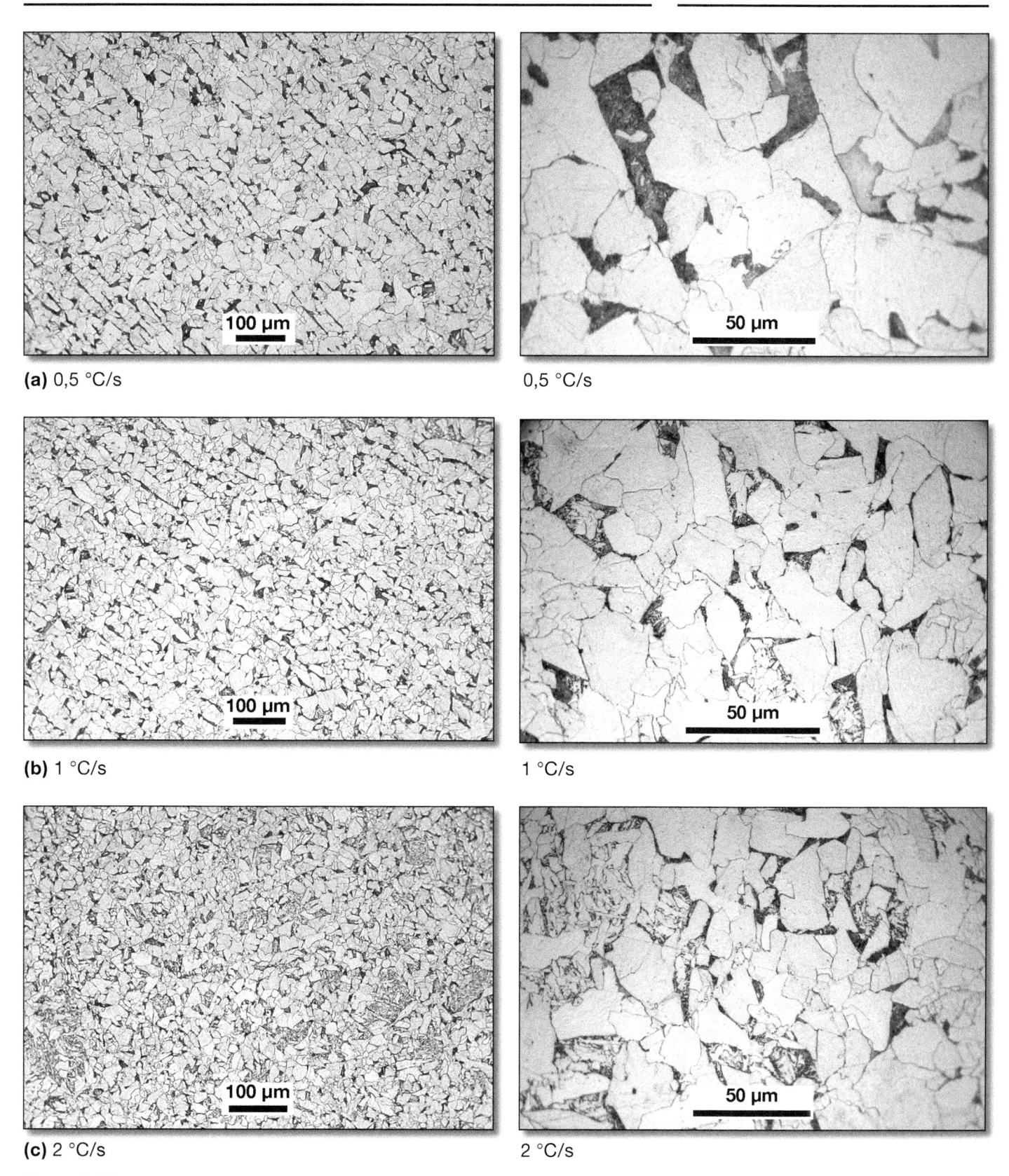

(a) 0,5 °C/s

0,5 °C/s

(b) 1 °C/s

1 °C/s

(c) 2 °C/s

2 °C/s

Figura 9.85

Microestruturas correspondentes às amostras submetidas às diferentes taxas de resfriamento da Figura 9.84. (a) Amostra resfriada a 0,5 °C/s tem a estrutura muito próxima a equilíbrio. Ferrita equiaxial e perlita. (b) Amostra resfriada a 1 °C/s já começa a apresentar alguma acicularidade. A classificação de perlita degenerada, por vezes utilizada, poderia ser aplicada à parte da perlita. Começa também a surgir Ferrita Acicular. (c) Esta é a última amostra em que se observa a formação de perlita. Observa-se, também, a redução progressiva da ferrita equiaxial. Os contituintes decorrentes de transformações reconstrutivas vão desaparecendo da estrutura com o aumento da velocidade de resfriamento. (*Continua*).

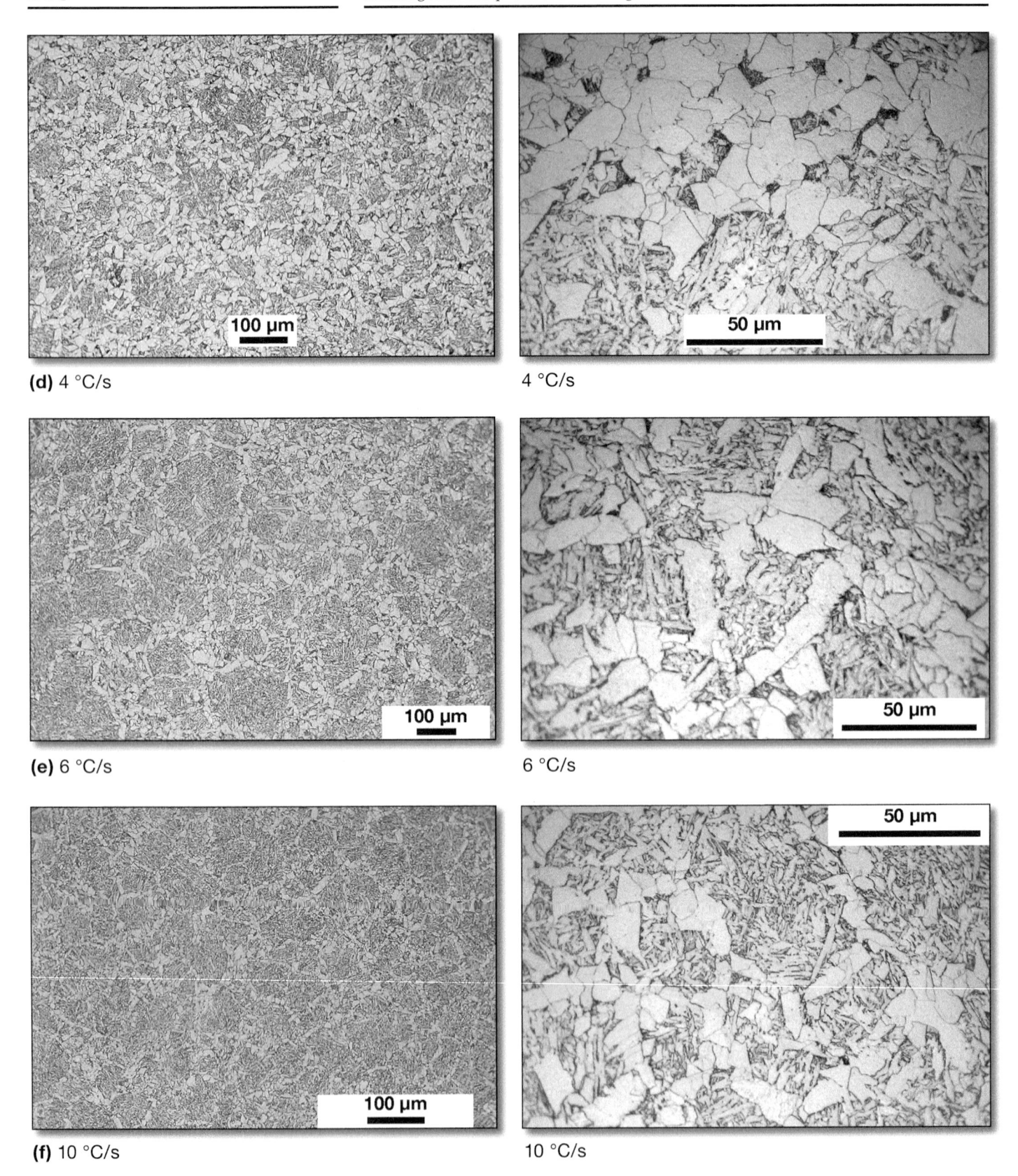

(d) 4 °C/s   4 °C/s

(e) 6 °C/s   6 °C/s

(f) 10 °C/s   10 °C/s

Figura 9.85 (*continuação*)
(d) Ferrita equiaxial e ferrita acicular. (e) e (f) As amostras resfriadas entre 5 e 10 °C/s apresentam ferrita equiaxial, em proporções decrescentes, e ferrita acicular. A amostra com 10 °C/s é a última que apresenta ferrita acicular. (*Continua*).

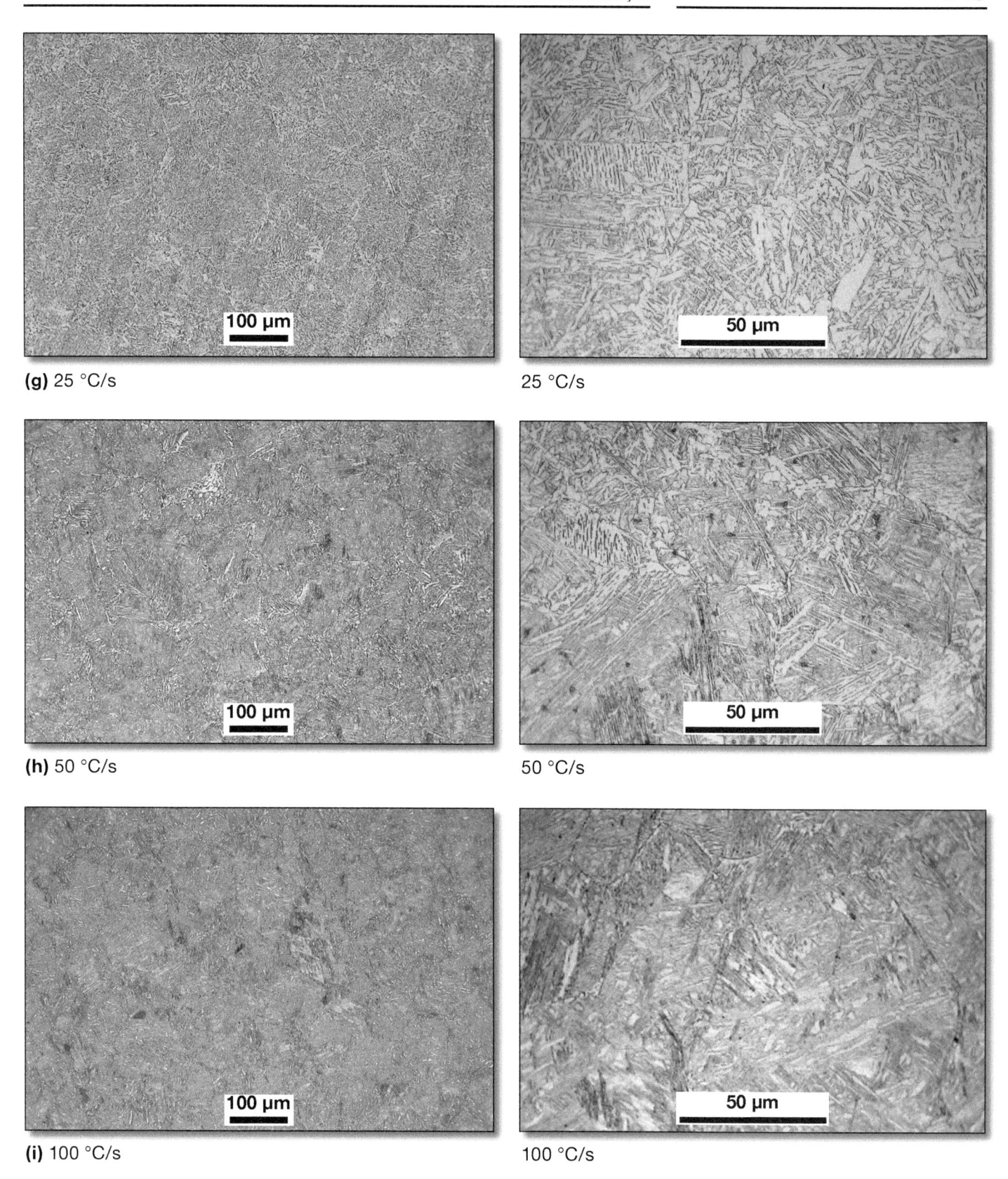

(g) 25 °C/s

25 °C/s

(h) 50 °C/s

50 °C/s

(i) 100 °C/s

100 °C/s

Figura 9.85 (*continuação*)
(g) Com 25 °C/s a formação reconstrutiva de ferrita equiaxial é praticamente eliminada. Esta constituinte ocorre em pouca quantidade. A microestrutura é predominantemente bainítica. (h) A 50 °C/s obtêm-se bainita e martensita. (i) A 100 °C/s a estrutura da amostra é predominantemente martensita em ripas. Cortesia de C. Garcia-Mateo, Grupo Materialia, CENIM-CSIC, Madrid, Espanha.

Referências Bibliográficas

1. OHTANI, H. *Processing – conventional heat treatments*. In: F.B. Pickering ed. *Materials science and technology – constitution and properties of steels*, Wiley-VCH, New York, 1996.
2. TURNBULL, D.; CECH, R. E. *Journal of Applied Physics*, 1950, v. 21, p. 804-810.
3. VALDEZ, M. E.; URANGA, P.; FUCHIGAMI, K.; SHIBATA, H.; CRAMB, A. W. *Controlled undercooling of liquid iron in contact with Al2O3 substrates under varying oxygen partial pressures*. Metallurgical and Materials Transactions B, 2006, v. 37B (october), p. 811-821.
4. PORTER, D. A.; EASTERLING, K. E. *Phase transformations in metals and alloys*. 2.ª edição, London: Chapman & Hall, 514, 1992.
5. RIOS, P. R.; PADILHA, A. F. *Transformações de fase*. São Paulo: Artliber, 2007.
6. AGREN, J. *Computer simulations of the austenite/ferrite diffusional transformation in low alloyed steels*. Acta Metallurgica, 1982, v. 30, p. 841-851.
7. ANDERSSON, J. O.; AGREN, J. *Models for the numerical treatment of multicomponent diffusion in simple phases*. Journal of Applied Physics, 1992, v. 72 (4), p. 1350-1355.
8. COSTA E SILVA, A. L. V.; MEI, P. R. *Aços e ligas especiais*. 2.ª edição, São Paulo: Blucher, 2006.
9. PORTELLA, P. D. *Adolf Martens — and his contributions to materials engineering*, in http://www.msm.cam.ac.uk/phase-trans/2002/Martens. pdf consultado em 09/2007, 2006.
10. KRAUSS, G. *Steels: processing, structure and performance*. Materials Park: ASM International, 2005.
11. MARDER, A. R.; KRAUSS, G. *The morphology of martensite in iron-carbon alloys*. Transactions ASM, 1967, v. 60, p. 651-660.
12. ZHAO, J. C.; NOTIS, M. R. *Continuous cooling transformation kinetics versus isothermal transformation kinectics of steels: a phenomenological rationalization of experimental observations*. Materials Science and Engineering, 1995, p. 135-208.
13. HONEYCOMBE, R. W. K. *Steels: microstructure and properties*. London: Edward Arnold, 1981.
14. WANG, J.; VAN DER WOLK, P. J.; VAN DER ZWAAG, S. *Determination of martensite start temperature in engineering steels Part I. Empirical relations describing the effect of steel chemistry*. Materials Transactions JIM, 2000, v. 41 (7), p. 761-768.
15. IRVINE, K.; CROWE, D.; PICKERING, F. *The physical metallurgy of 12% Cr steels*. Journal of the Iron and Steel Institute – JISI, 1960, v. 195, p. 386.
16. GOOCH, T. G.; WOOLLIN, P.; HAYNES, A. G. *Welding metallurgy of low carbon 13% chromium martensitic steels*. Supermartensitic stainless steels 99 Proceedings. 1999. Brussels: Belgian Welding Institute. Belgium, may 27-28, 1999.
17. AKSELSEN, O. M.; RORVIK, G.; KVAALE, P. E.; VAN DER EIJK, C. *Microstructure-property relationships in HAZ of new 13% Cr martensitic stainless steels*. Welding Research Supplement, 2004 (may), p. 160s-167s.
18. KRAUSS, G.; MARDER, A. R. *The morphology of martensite in iron alloys*. Metallurgical Transactions, 1971, v. 2, p. 2343-2358.
19. RAOUL, S. *Rupture intergranulaire fragile d'un acier faiblement allié induite par la ségrégation d'impuretés aux joints de grains: Influence de la microstructure. Intergranular brittle fracture of a low alloy steel induced by grain boundary segregation of impuri-*

ties: Influence of the microstructure. Rapport CEA-R-5874 Université Paris-Sud XI, 1999.

20. HILLERT, M. *Metallographic atlas.* Materials Education Council (MEC), The Pennsylvania State University. University Park, PA, 1991.

21. THEWLIS, G. *Classification and quantification of microstructures in steels.* Materials Science and Technology, 2004, v. 20 (february), p. 143-160.

22. DAVENPORT, E. S.; BAIN, E. C. *Transformation of austenite at constant subcritical temperatures.* Transactions AIME, 1930, v. 90, p. 117-144.

23. BAIN, E. C. *Some recollections, early observations of phase transformations – micromorphology.* Metallurgical Transactions, 1972, v. 3, p. 1031-1034.

24. GOLDENSTEIN, H. *Bainita nos aços.* In: Bott, I. (editor). *Aços: perspectivas para os próximos 10 anos,* Rio de Janeiro, Recope, p. 77-88, 2002.

25. BHADESHIA, H. K. D. H. *Bainite in steels* – 2.ª edição, London: Institute of Materials, 2001.

26. BHADESHIA, H. K. D. H. *A Reação bainítica em aços.* Tradução C. N. Elias, 2000. http://www.msm.cam.ac.uk/phase-trans/port/bainitepa.html.

27. ABNT. *Metalografia das ligas ferro-carbono – Terminologia. ABNT NBR 15454.* São Paulo: ABNT, 2007.

28. KRAUSS, G. *Comunicação particular,* 2007.

29. GOURGUES, A. F.; FLOWER, H. M.; LINDLEY, T. C. *Electron backscattering diffraction study of acicular ferrite, bainite and martensite steel microstructures.* Materials Science and Technology, 2000. v. 16 (january), p. 26-40.

30. REYNOLDS Jr., W. T.; AARONSON, H. I.; SPANOS, G. Materials Transactions. *JIM,* 1991, v. 32 (8), p. 737.

31. HILLERT, M. *Paradigm shift for bainite.* Scripta Materalia, 2002, v. 47, p. 175-180.

32. HABRAKEN, L. J.; ECONOMOPUOULOS, M. *Bainitic microstructures in low-carbon alloy steels and their mechanical properties.* In: *Transformation and hardenability in steels.* Ann Harbor: Climax Molybdenum, 1967.

33. KOJIMA, A.; YOSHII, K.; HADA, T.; SARKI, O.; ICHIKAWA, K.; YOSHIDA, Y.; SIMURA, Y.; AZUMA, K. *Development of high HAZ toughness steel plates for box columns with high heat input welding.* Nippon Steel Technical Report, 2004, v. 90 (july), p. 39-44.

34. GIRAULT, E.; JACQUES, P.; HARLET, P.; MOLS, K.; HUMBEECK, J. V.; AERNOUDT, E.; DELANNAY, F. *Metallographic methods for revealing the multiphase microstructure of TRIP-assisted steels.* Materials Characterization, 1998, v 40, p. 111-118.

35. ANDRÉS, C. G.; CABALLERO, F. G.; CAPDEVILA, C.; ÁLVAREZ, L. F. *Application of dilatometric analysis to the study of solid–solid phase transformations in steels.* Materials Characterization, 2002, v. 48, p. 101-111.

36. LLEWELLYN, D. T.; HUDD, R. C. *Steels: metallurgy and applications.* Woburn, MA, USA: Butterworth-Heinemann, 1998.

37. ATKINS, M. *Atlas of continuous cooling transformation diagrams for engineering steels.* Materials Park: American Society for Metals, 1980.

38. ABNT. *Tratamentos térmicos dos aços – terminologia e definições,* ABNT NBR NM 136 (Adotada no Brasil em out 2000). São Paulo: ABNT, 1997.

39. SCHMIDT, E.; SOLTESZ, D.; ROBERTS, S.; BEDNAR, A.; SRIDHAR, S. *The austenite/ferrite front migration rate during heating of IF steel.* ISIJ International, 2006, v. 46 (10), p. 1500-1509.

40. SAVRAN, V. I.; LEEUWEN, Y. V.; HANLON, D. N.; KWAKERNAAK, C. SLOOF, W. G.; SIETSMA, J. *Microstructural features of austenite for-*

mation in C35 and C45 alloys. Metallurgical and Materials Transactions A, 2007, v. 38A, p. 946-955.

41. VDEh. *Atlas von Wärmebehandlung der Stähle, v. 3 – Zeit Temperatur Austenitizierung Schaubilder,* 1973, Düsseldorf: VDEh.

42. USS. *Atlas of isothermal transformation diagrams, United States Steel.* 3ª edição, Pittsburgh, 1963.

43. BAIN, E. C.; PAXTON, H. W. *Alloying elements in steel.* Metals Park, OH: ASM, 1966.

44. MANOHAR, P. A.; FERRY, M.; CHANDRA, T. *Five decades of the Zener equation.* ISIJ International, 1998, v. 38 (9), p. 913-924.

45. RIOS, P. R. *Overview No-62 – A theory for grain-boundary pinning by particles.* Acta Metallurgica, 1987, v. 35 (12), p. 2805-2814.

46. SUGIYAMA, M.; SHIGESATO, G. *Development of in situ microstructure observation technique in steel.* Nippon Steel Technical Report, 2005 (91), p. 13-17.

47. GLADMAN, T.; FOURLARIS, G.; TALAFI-NOGHANI, M. *Grain refinement of steel by oxidic second phase particles.* Materials Science and Tecnology, 1999, v. 15, p. 1414-1424.

48. COSTA E SILVA, A.; AVILLEZ, R. R. *Um banco de dados termodinâmicos para aços IF.* Revista Tecnologia em Metalurgia e Materiais, ABM, 2004, v. 1 (1), p. 64-68.

49. RENÓ, R. T.; MONTEIRO, B. O.; NOVAES, C. A. L.; COSTA E SILVA, A. *Granulação grosseira em aço baixo carbono acalmado ao alumínio com temperatura de bobinamento elevada.* In: 54° Congresso Anual da ABM, 1999, São Paulo, ABM.

50. MILLSOP, R. *A survey of austenite grain size measurements.* In: *Hardenability concepts with applications to steel.* Chicago: TMS-AIME, Warrendale, PA, 1977.

51. ANDRÉS, C. G.; CABALLERO, F. G.; CAPDEVILA, C.; MARTIN, D. S. *Revealing austenite grain boundaries by thermal etching: advantages and disadvantages.* Materials Characterization, 2003, v. 49, p. 121– 127.

52. BOTELHO, R. C., BORATTO, F. J. M., SANTOS, D. B. *Influência das condições de processamento na ocorrência de crescimento anormal de grão em aços médio carbono.* In: Anais do 62.° Congresso Anual da ABM, 2007, São Paulo, ABM, p. 3254-3261.

53. SCHREIMAN, R.; BOLTON, W. *Estimation of prior-austenite grain size in heat treated martensitic carbon and low alloy steels.* Microscopy and Microanalysis, 2003, v. 9, p. 732-733.

54. ASTM. *ASTM E112-96(2004)e 2 standard test methods for determining average grain Size,* 2004.

55. BHADESHIA, H. K. D. H. *Deffusonal formation of ferrite in iron and its alloys.* Progress in Materials Science, 1985, v. 29, p. 321-386.

56. HULTGREN, A. Transactions ASM, 1947, p. 915.

57. HILLERT, M.; AGREN, J. *On the definitions of paraequilibrium and orthoequilibrium.* Scripta Mater, 2004, v. 50, p. 697-699.

58. SPEER, J. G.; EDMONDS, D. V.; RIZZO, F. C.; MATLOCK, D. K. *Partitioning of carbon from supersaturated plates of ferrite, with application to steel processing and fundamentals of the bainite transformation.* Current Opinion in Solid State & Materials Science, 2004, v. 8 (219-237).

59. WILSON, E.A. *The γ->α transformation in low carbon irons.* ISIJ International, 1994, v. 34 (8), p. 615-630.

60. ANELLI, E.; DI NUNZIO, P. E. *Classification of microstructures of low carbon steels: preparation of a set of standard micrographs, ECSC Agreement 7210 – EC/405 (94 – D3.02a),* 1996, Rome: CSM.

61. DUBÉ, C. A.; AARONSON, H. I.; MEHL, R. F. Revue de Metallurgie, 1958, v. 55 (3), p. 201.

62. AARONSON, H. I. *The proeutectoid ferrite and the proeutectoid cementite reactions*, in *Decomposition of austenite by diffusional processes*, V. F. ZACKAY e H. I. AARONSON, Editors. New York. Interscience, p. 387-542, 1962.

63. KRAL, M. V.; SPANOS, G. *Three-dimensional analysis and classification of grain boundary–nucleated proeutectoid ferrite precipitates.* Metallurgical and Materials Transactions A, 2005, v. 36A (may), p. 1199-1207.

64. SHIGESATO, G.; SUGIYAMA, M. *Development of in situ microstructure observation technique in steel.* Journal of Electron Microscopy, 2002, v. 51, p. 359.

65. SPANOS, G.; WILSON, A. W.; KRAL, M. V. *New insights into the Widmanstätten proeutectoid ferrite transformation: Integration of Crystallographic and Three-Dimensional Morphological observations.* Metallurgical and Materials Transactions A, 2005, v. 36A (may), p. 1209-1218.

66. MARQUES, P. V.; MODENESI, P. J.; BRACARENSE, A. Q. *Soldagem – fundamentos e tecnologia.* Belo Horizonte: Editora UFMG, 2005.

67. DUNCAN, A. *Further development of a scheme for the classification of ferritic weld metal microstructures.* The Welding Institute Research Bulletin, 1986 (august), p. 260-265.

68. THEWLIS, G.; WHITEMAN, J.; SENOGLES, D. *Dynamics of austenite to ferrite phase transformation in ferrous weld metals.* Materials Science and Technology, 1997, v. 13 (3), p. 257-274.

69. THEWLIS, G. *Comunicação particular*, 2007.

70. ALÉ, R. M.; JORGE, J. C. F.; REBELO, J. M. A. *Constituintes microestruturais de soldas de aço C-Mn baixa liga.* Parte II: metal de solda. Soldagem e Materiais, Arquivo Técnico, 1993. v. 1 (2), p. 18-25.

71. ABSON, D. J.; DOLBY, R. E. Welding Institute Research Bulletin, 1980, v. 21 (4), p. 100.

72. FOX, A. G.; BROTHERS, D. G. *The role of titanium in the non metallic inclusions which nucleate acicular ferrite in the submerged arc weld (SAW) fusion zone of navy HY-100 steel.* Scripa metallurgica et materialia, 1995, v. 32 (7), p. 1061-1066.

73. BABU, S. S.; DAVID, S. A. *Inclusion formation and microstructure evolution in low alloy steel welds.* ISIJ International, 2002, v. 42 (12), p. 1344-1353.

74. AIHARA, S.; SHIGESATO, G.; SUGIYAMA, M.; UEMORI, R. *Microstructural control of weld heat-affected zone of steel by Mn depletion around non-metallic inclusions.* Nippon Steel Technical Report, 2005, v. 91.

75. SHIGESATO, G.; SUGIYAMA, M.; AIHARA, S.; UEMORI, R.; TOMITA, Y. *Tetsu-to-hagane* (in Japanese), 2001, v. 87 (2), p. 23-30.

76. KOJIMA, A.; KIYOSE, A.; UEMORI, R.; MINAGAWA, M.; HOSHINO, M.; NAKASIMA, T.; ISHIDA, K.; YASUI, H. *Super high HAZ toughness technology with fine microstructure imparted by fine particles.* Nippon Steel Technical Report, 2004, v. 90, p. 2-6.

CAPÍTULO 10

TRATAMENTOS TÉRMICOS CONVENCIONAIS

NOÇÕES BÁSICAS

1. Introdução

Este capítulo tem como objetivo apresentar os principais tratamentos térmicos convencionais e as estruturas deles resultantes.

Antes da discussão dos tratamentos térmicos, é importante lembrar que a metrologia térmica representa ferramenta fundamental para o sucesso de qualquer tratamento térmico. A confiabilidade metrológica da cadeia de instrumentos empregados para medir e controlar as temperaturas dos equipamentos de tratamento térmico deve ser alvo de um programa de manutenção e calibração consistente e bem organizado. Isto é essencial para a qualidade dos resultados de tratamentos térmicos.

Por outro lado, a verificação da homogeneidade de temperatura em equipamentos de tratamento térmico é uma atividade freqüentemente negligenciada. Obter, ao longo de todo o volume de um forno, temperaturas com diferenças razoáveis em relação àquela medida no(s) termopar(es) de controle e registro nem sempre é trivial. A verificação da homogeneidade de temperatura dos fornos de tratamento térmico deve ser realizada periodicamente. Os mecanismos de transmissão de calor que operam nas diferentes faixas de temperatura em que tratamentos são realizados não são os mesmos. Na faixa de alívio de tensões e revenido (cerca de 300-650 °C), a conveção é importante, enquanto que nos tratamentos que envolvem austenitização (tipicamente acima de 800 °C) a radiação é dominante. Assim, para um forno que opere nas duas faixas de temperatura, uma verificação para cada faixa é necessária. Algumas normas apresentam métodos e requisitos para estas verificações (por exemplo, [1]) e podem ser utilizadas como orientação quando não existir um requisito específico. Adicionalmente, em algumas indústrias, como a nuclear, o uso de termopares em contato com as peças que estão sendo tratadas é exigido, adicionalmente, no caso de itens de maior importância para a segurança.

2. Recozimento

2.1. Recozimento ou Recozimento "Pleno"

O *recozimento*, por vezes denominado *recozimento pleno,* consiste no aquecimento do aço até acima ou dentro da zona crítica (recozimento intercrítico), seguido de um esfriamento lento (dentro do forno, por exemplo).

Habitualmente, este tratamento é empregado visando:

a) Restituir ao material as propriedades alteradas por um tratamento mecânico ou térmico anterior.

b) Refinar e/ou homogeneizar estruturas brutas de fusão.

O recozimento "apaga", por assim dizer, as estruturas resultantes de tratamento térmicos ou mecânicos anteriormente sofridos pelo material porque, ao passar pela zona crítica, ocorrem a nucleação e crescimento de novos grãos de austenita, qualquer que seja a microestrutura apresentada pelo material antes do aquecimento. Posteriormente, esta austenita se decompõe em condições de resfriamento lento, aproximando as estruturas de equilíbrio discutidas no Capítulo 7.

2.2. Cuidados no Ciclo Térmico de Recozimento

Os seguintes fatores são importantes para a execução de um recozimento adequado:

a) *Aquecimento*

É importante que o aquecimento seja uniforme e que a temperatura de patamar do tratamento térmico seja homogênea. Aquecimento não uniforme ou tratamentos em condições em que a temperatura não é homogênea, na peça, podem levar à distorção e até à fratura da peça.

b) *Temperatura de recozimento*

Para cada composição química existe uma temperatura mais adequada para o recozimento pleno, que é da ordem de 20 a 50 °C acima do limite superior da zona crítica, para aços hipoeutectóides. A Figura 10.1 apresenta as temperaturas recomendadas para aços carbono e que podem ser empregadas para aços com baixo teor de elementos de liga.

Para aços hipereutectóides é comum evitar-se a formação de cementita pró-eutectóide, em rede, nos contornos de grão, que pode causar a fragilização do aço, realizando o tratamento entre as temperaturas A_1 e A_{cm}.

c) *Tempo de permanência a temperatura (patamar)*

O tempo de manutenção a temperatura de patamar deve ser suficiente para a ocorrência da formação e uniformização da austenita (ver Capítulo 9). Em qualquer caso, deve-se garantir que o centro da peça atinja, também, a temperatura de patamar. No caso de peças pequenas ou delgadas, a recomendação prática é que se deve esperar pelo menos alguns minutos para permitir a transformação e homogeneização. No caso de peças maiores, mais espessas, freqüentemente é recomendado cerca de 20 minutos de permanência a temperatura para cada centímetro de espessura da peça, para garantir homogeneidade de temperatura ao longo de toda a seção e tempo suficiente para a formação e homogeneização da austenita.

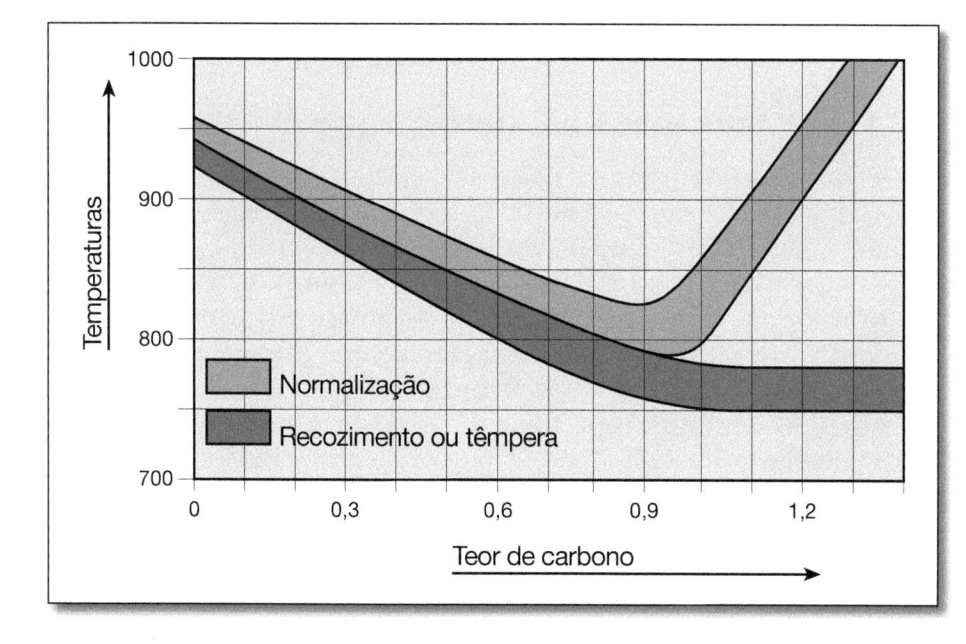

Figura 10.1
Temperaturas recomendadas, para aços carbono, para a austenitização para recozimento (pleno), normalização e têmpera. Para aços ligados, as temperaturas podem ser diferentes, em função das alterações das temperaturas de equilíbrio de fases (ver [2]).

d) *Atmosfera do forno*

Em fornos de atmosfera oxidante é recomendável, ao menos, reduzir as entradas de ar para minimizar a formação de carepa. Isto é especialmente importante no caso de peças grandes que permanecem muito tempo no forno. No caso de peças em que a descarbonetação superficial possa ser um inconveniente, cuidados especiais com a atmosfera do forno devem ser tomados. Isto é especialmente crítico em ferramentas e em peças nas quais a dureza superficial é importante (engrenagens, parafusos etc.), assim como em molas e outras peças em que a resistência à fadiga é importante. Esta resistência é seriamente afetada pela descarbonetação.

e) *Esfriamento lento*

É comum realizar o resfriamento, pelo menos até uma faixa de temperaturas em que se tem certeza de que as transformações de decomposição da austenita estão completas, dentro do forno. Nos casos em que o custo de reter o forno para este tratamento é inaceitável, alternativas podem ser aplicadas para peças que sejam suficientemente grandes que possam ser retiradas do forno e transferidas para outros locais de resfriamento sem que ocorra um resfriamento significativo e, conseqüentemente, decomposição da austenita em condições diferentes das desejadas. Estas peças podem ser resfriadas sob campânulas isoladas, ou imersas (ou enterradas) em materiais isolantes térmicos, tais como vermiculite, cal em pó, areia bem seca, cinza, ou qualquer meio que assegure um esfriamento lento, desde o momento em que saem do forno.

No Capítulo 7, são apresentados vários exemplos de microestruturas típicas de aços recozidos.

2.3. Recozimentos em que a Temperatura Máxima é Inferior ao Intervalo Crítico

Há vários outros tratamentos normalmente classificados como recozimento que não envolvem o tratamento acima ou dentro da zona crítica. Os principais são:

2.3.1. Recozimento de Esferoidização[1]

No recozimento de esferoidização se objetiva alterar a distribuição dos carbonetos na microestrutura (especialmente aqueles presentes na perlita), transformando-os em pequenos glóbulos ou esferas, dispersos na matriz. Este tratamento não é, normalmente, acompanhado por transformação de fases. A força motriz para a transformação da microestrutura é a redução de área interfacial. A esfera é a forma geométrica de menor relação área/volume.

Em diversos casos, especialmente aços de médio a alto carbono, esta microestrutura é muito favorável para a usinabilidade. [2]

A Figura 10.2 mostra a evolução de microestruturas de aços estruturais, quando submetidos a um tratamento térmico simulado abaixo da zona crítica. A alteração da forma dos carbonetos é evidente, mesmo para tempos relativamente curtos.

(1) Também chamado de "coalescimento".

A Figura 10.3 apresenta a microestrutura de um aço hipereutectóide, esferoidizado.

Tratamentos de recozimento que envolvem a oscilação da temperatura entre patamares acima e abaixo da temperatura A_1 são bastante efetivos para a esferoidização, como mostra a Figura 10.4.

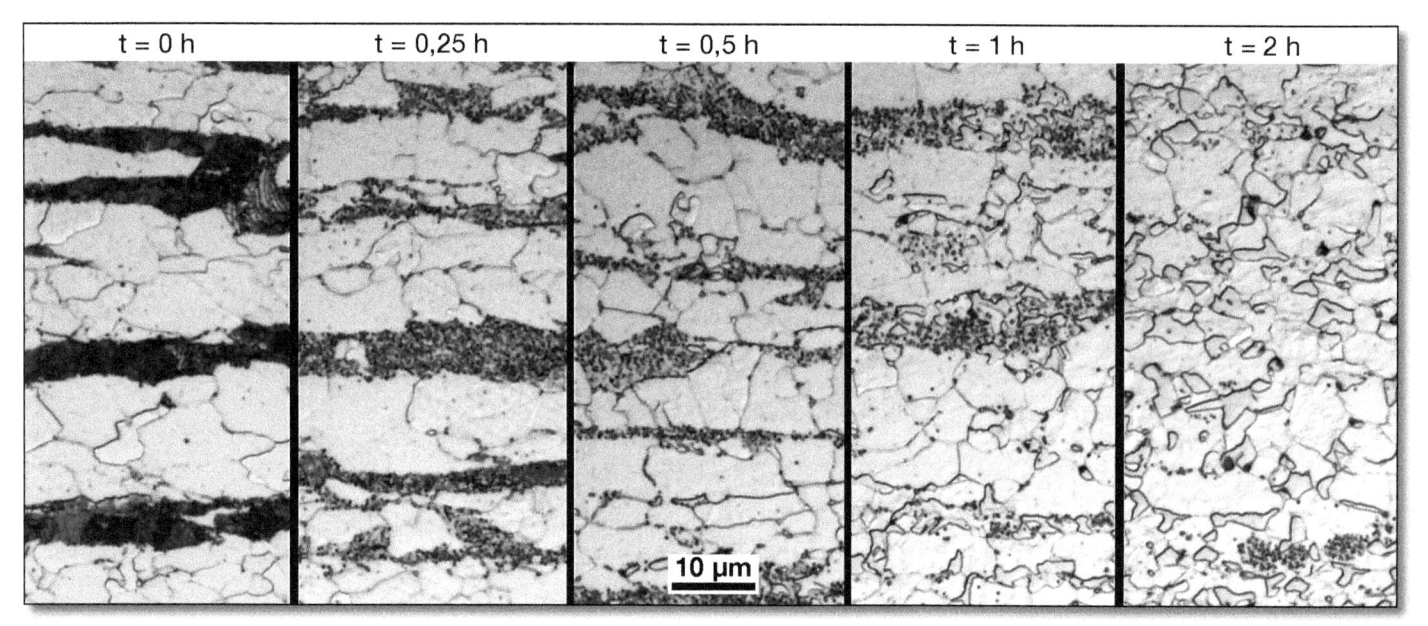

Figura 10.2(a)
Aço estrutural de 60 KSI de resistência mecânica submetido a tratamento térmico a 625 °C por diferentes tempos. A microestrutura inicial é composta por ferrita e perlita fina. A esferoidização dos carbonetos é evidente. Ataque: Nital 2% + Picral 4%. Cortesia do National Institute of Standards and Technology – NIST, EUA. [3].

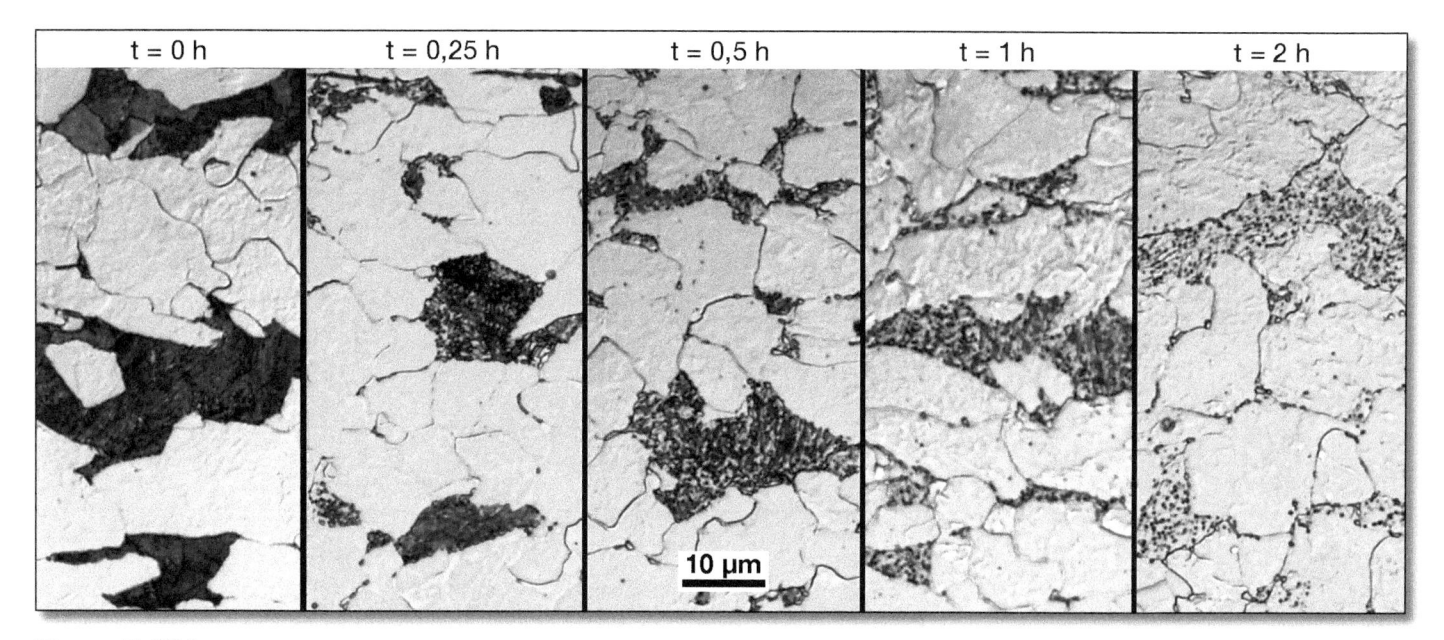

Figura 10.2(b)
Aço estrutural de 42 KSI de resistência mecânica submetido a tratamento térmico a 625 °C por diferentes tempos. A microestrutura inicial é composta por ferrita e perlita fina. A esferoidização dos carbonetos é evidente. Ataque: Nital 2% + Picral 4%. Cortesia do National Institute of Standards and Technology – NIST, EUA. [3].

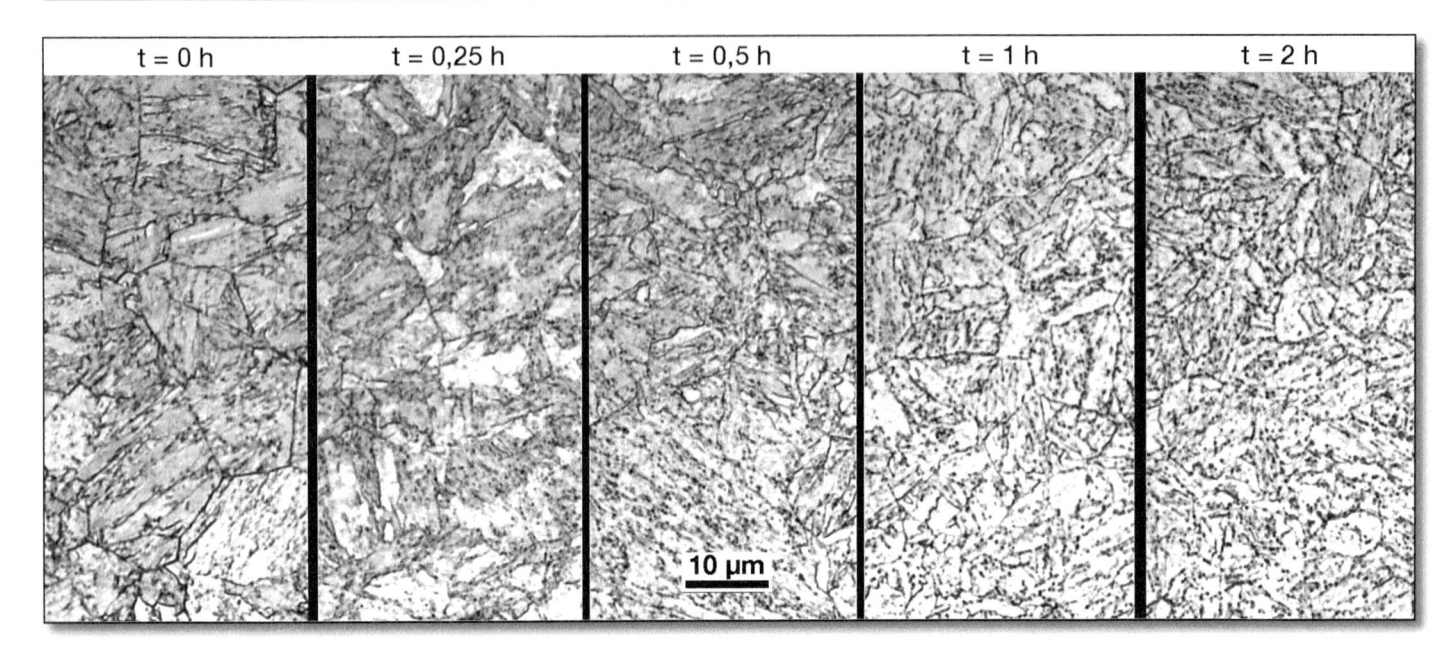

Figura 10.2(c)

Aço estrutural de 100 KSI de resistência mecânica, produzido por têmpera e revenido (ver itens 5 e 6) submetido a tratamento térmico a 625 °C por diferentes tempos. A microestrutura inicial é composta por martensita revenida e ferrita acicular e carbonetos (cementita). Os contornos de grão austeníticos prévios foram claramente revelados. Há alguma precipitação de carbonetos nestes contornos. A esferoidização dos carbonetos é evidente. A estrutura ao final do tratamento térmico é composta de ferrita e carbonetos. Ataque: Nital 2% + Picral 4%. Cortesia do National Institute of Standards and Technology – NIST, EUA. [3].

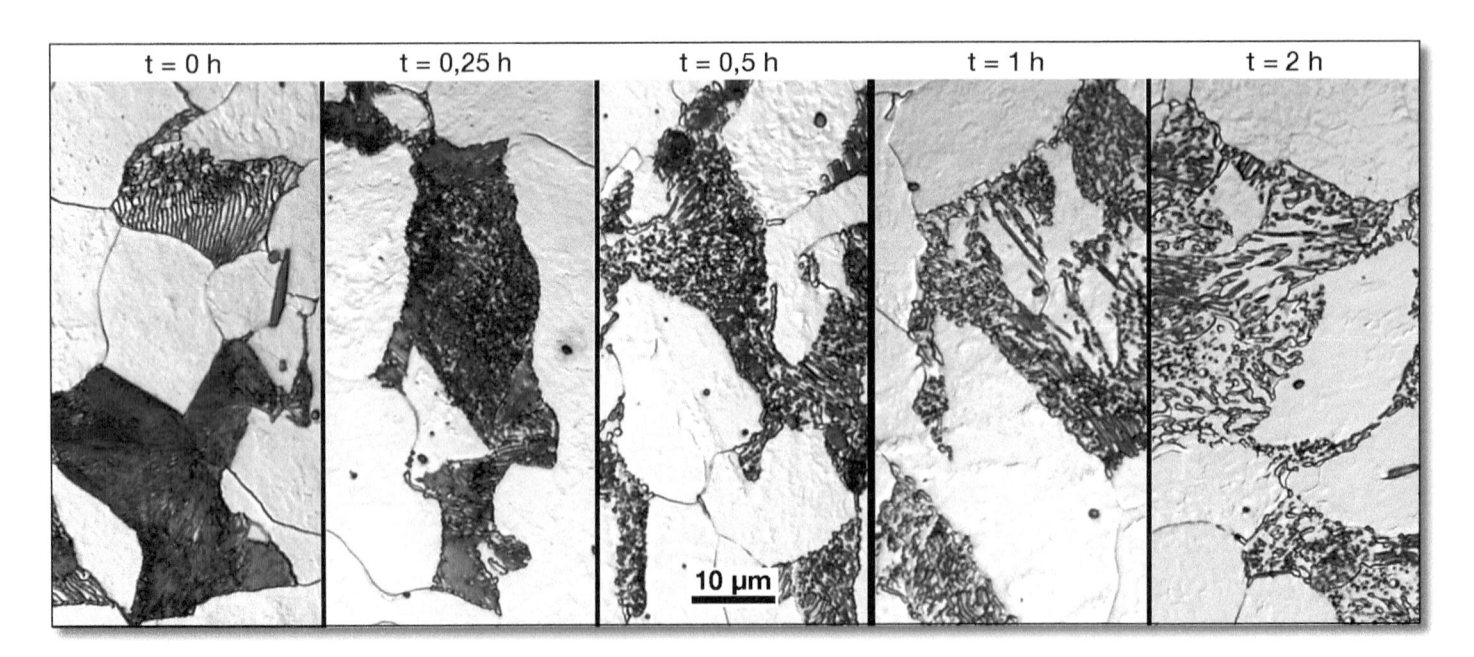

Figura 10.2(d)

Aço estrutural submetido a tratamento térmico a 625 °C por diferentes tempos. A microestrutura inicial é composta por ferrita e perlita. A esferoidização dos carbonetos é evidente. Ataque: Nital 2% + Picral 4%. Cortesia do National Institute of Standards and Technology – NIST, EUA. [3].

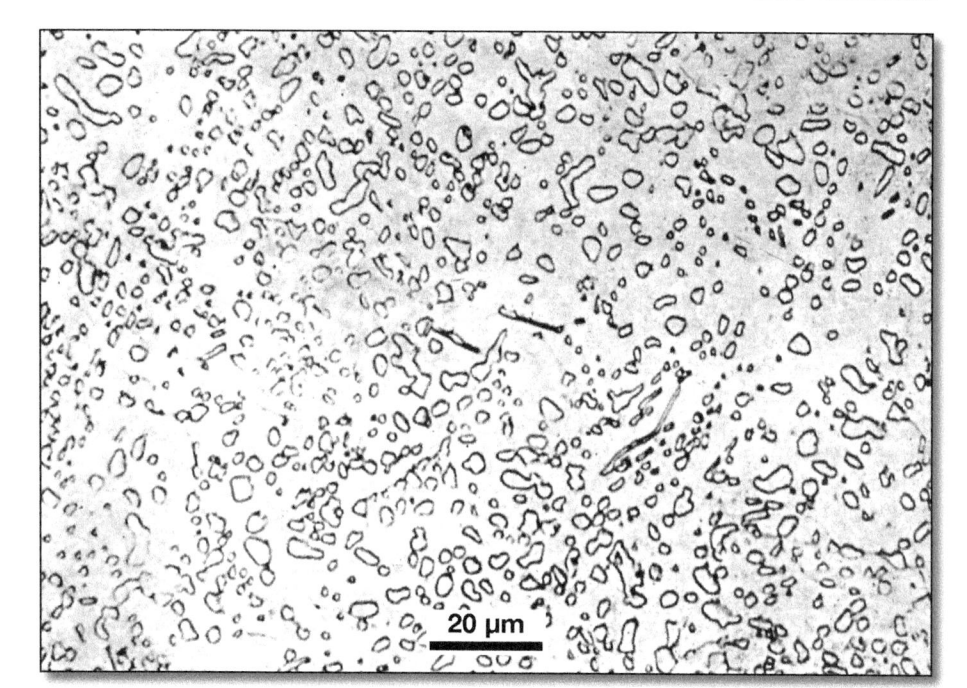

Figura 10.3
Aço hipereutectóide submetido a recozimento de esferoidização. Glóbulos de cementita (coalescida ou esferoidizada) em matriz ferrítica. Ataque: Nital.

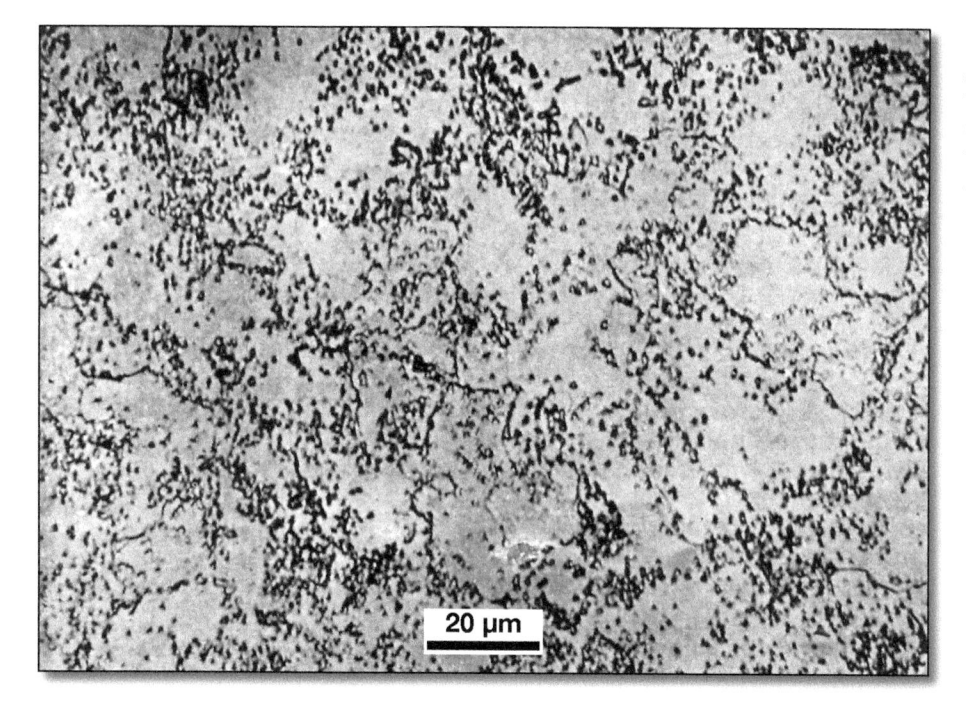

Figura 10.4
Aço com C = 0,5% esferoidizado em tratamento envolvendo 15 oscilações entre 650 °C e 750 °C, em 85 minutos. Cementita esferoidizada em pequenos glóbulos em matriz ferrítica. Ataque: Nital.

Exemplos de microestruturas decorrentes de desvios no tratamento de recozimento são apresentados nas Figuras 10.5 e 10.6.

Como as microestruturas de recozimento são muito próximas da condição de equilíbrio[2], é praticamente impossível identificar a microestrutura que existia antes do recozimento, quando este é realizado corretamente. Especialmente no caso de esferoidização, deve-se lembrar que o aquecimento tanto de estruturas perlíticas, como bainíticas ou martensíticas, pelo tempo suficiente, nas temperaturas de tratamento, resulta em microestruturas praticamente indistinguíveis.

(2) Metaestável, é claro, pois não há formação de grafita.

Figura 10.5

Aço hipereutectóide com C = 1% submetido a recozimento inadequado, a partir de uma microestrutura inicial esferoidizada. Cementita parcialmente em lamelas e parcialmente em glóbulos, em matriz ferrítica. Ataque: Nital.

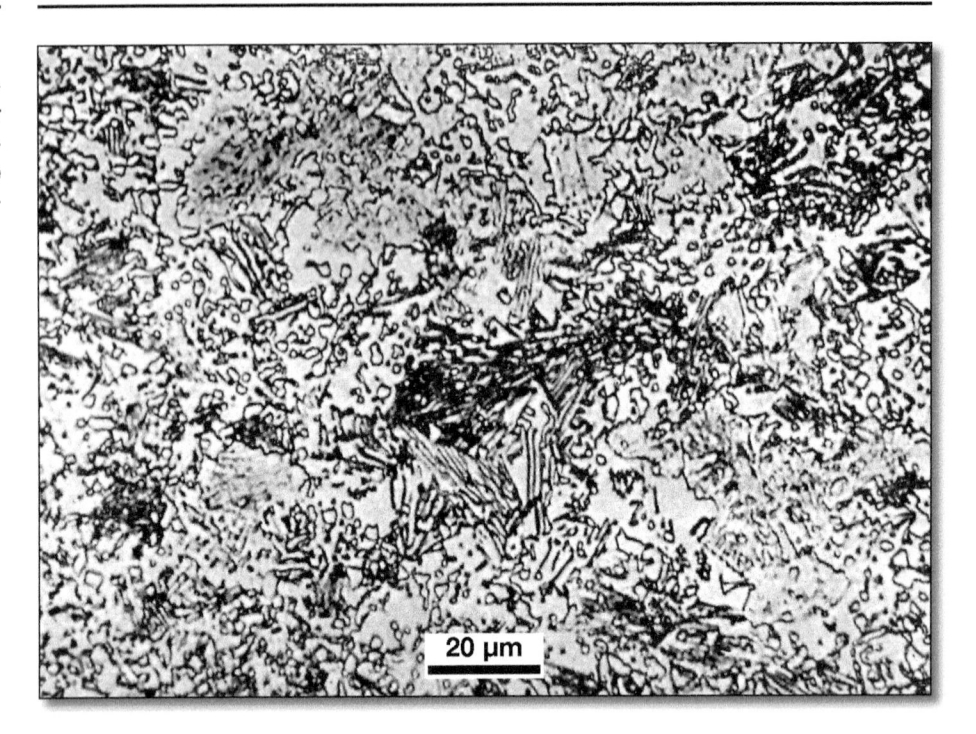

Figura 10.6

O aço da Figura 10.5, também recozido inadequadamente. Cementita em rede e perlita grosseira. Ataque: Nital.

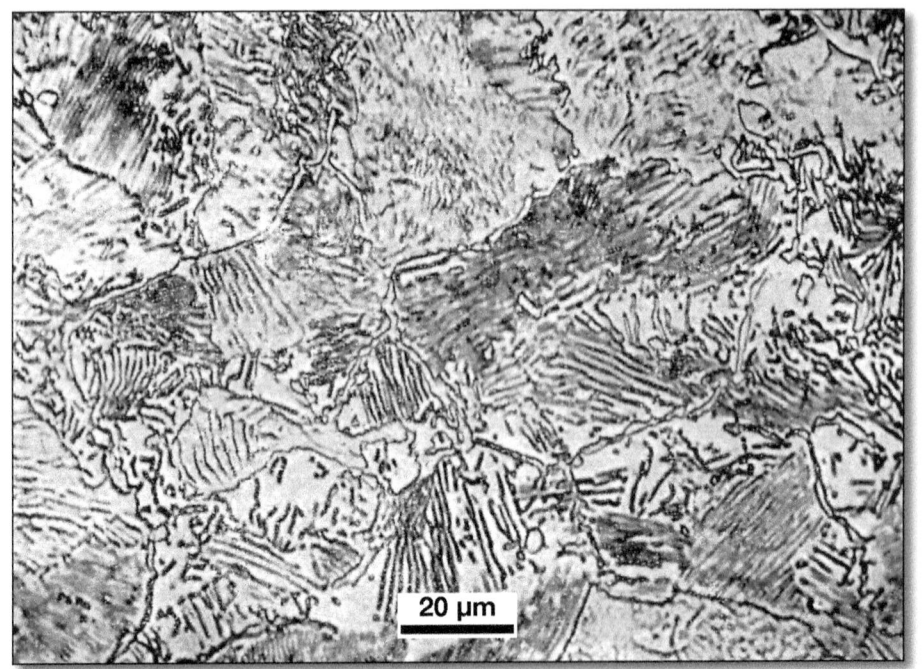

2.3.2. Recozimento para Alívio de Tensões

Freqüentemente chamado de tratamento térmico de alívio de tensões, este tratamento visa a redução ou eliminação de tensões residuais e é empregado, com freqüência, após soldagem de alguns aços. Pode ser empregado, também, após solidificação (em alguns tipos de fundidos) e após usinagem.

No caso das juntas soldadas de aços estruturais (ver Capítulo 14), o alívio de tensões pode ter o objetivo adicional de promover alterações metalúrgicas semelhantes ao revenido (ver item 5.1).

Alguns cuidados específicos são recomendados no caso de alívio de tensões:

a) O aquecimento e, especialmente, o resfriamento, devem ser realizados de forma lenta e uniforme, para evitar a introdução de tensões adicionais. Cuidados especiais são requeridos no caso de alívios de tensões localizados. Este tratamento, quando realizado incorretamente, pode até resultar em aumento do nível de tensões residuais. Recomendações sobre os procedimentos para alívio de tensões localizados estão disponíveis em [4].

b) É importante lembrar que o tratamento de alívio de tensões pode alterar a microestrutura do material, podendo agir, por exemplo, como um revenido adicional, no caso de aços temperados e revenidos ou até causar esferoidização parcial, se a temperatura for inadequada. No caso de aços temperados e revenidos é comum adotar, por segurança, uma temperatura de alívio de tensões de, no máximo, 30 °C abaixo da temperatura do revenido.

Em itens de elevada responsabilidade é comum realizar ensaios mecânicos do material após uma simulação do alívio de tensões, para garantir o atendimento às propriedades especificadas.

2.3.3. Recozimento para Redução do Teor de Hidrogênio

O hidrogênio fragiliza o aço [5]. O excesso de hidrogênio no aço pode causar a formação de bolhas ou bolsas. O hidrogênio pode também causar a ocorrência de trincas, chamadas "flocos" (Figura 10.8). As variações de solubilidade do hidrogênio nas diversas fases do aço (Figura 10.7) têm papel importante na ocorrência destes fenômenos.

Os estudos de Troiano e colaboradores, na década de 1950, permitiram estabelecer que flocos são formados por uma combinação de hidrogênio e tensões (de transformação, por exemplo), agravada pela segregação, como mostrado nas Figuras 10.9 e 10.12. O aspecto típico de flocos, na seção transversal, em exame macrográfico, é mostrado nas Figuras 10.9 (b) e (d). As trincas da Figura 10.9 (a) têm o aspecto macroscópico de trincas de têmpera.

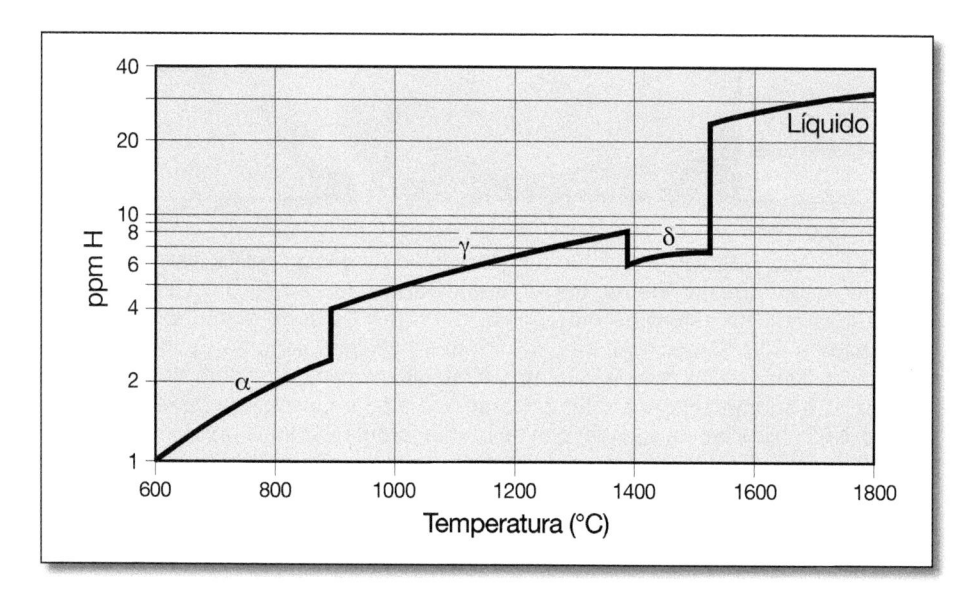

Figura 10.7
Solubilidade do hidrogênio no ferro a 1 atm, em função da temperatura. A solubilidade na austenita é significativamente maior do que na ferrita. Adaptado de [6].

Figura 10.8
Corpo-de-prova fraturado[3], com regiões de aspecto metálico, brilhantes, chamadas "flocos", trincas causadas pelo hidrogênio no aço. Aumento não informado. [6]. Copyright Wiley-VCH Verlag GmbH & Co. KGaA. Reproduzido com autorização.

Os resultados de Dana e colaboradores (Figura 10.9) indicam que, quando a decomposição da austenita é completada a temperaturas relativamente elevadas, sem a formação de martensita, não ocorre a formação de flocos, mesmo em material contendo concentração elevada deste elemento. Isto não significa, entretanto, que o hidrogênio foi totalmente removido do aço. Estes resultados estão resumidos na Figura 10.10.

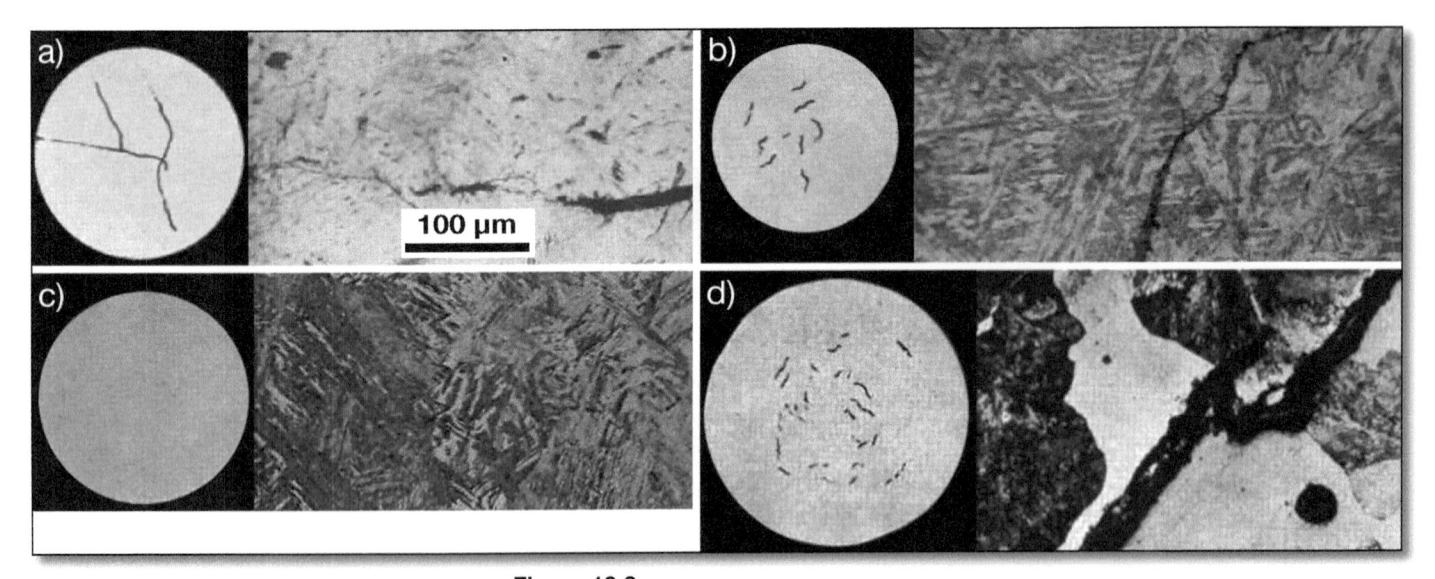

Figura 10.9
Barras de Aço AISI 4340. Em cada figura tem-se a macrografia, sem ataque, e a micrografia correspondente. (a), (b) e (c): Barras de 25 mm de diâmetro, austenitizadas em atmosfera de hidrogênio, a 1120 °C e submetidos a tratamento isotérmico a 338 °C por (a) 2 min. (b) 6 min (c) 22 min, seguido de resfriamento rápido. (d) Barra de 45 mm de diâmetro, austenitizada em atmosfera de hidrogênio a 1120 °C e submetida a tratamento isotérmico a 630 °C, seguido de resfriamento rápido. Nos casos (a), (b) e (d) em que as barras foram resfriadas rapidamente antes do fim da transformação isotérmica, ocorreu a formação de flocos. No caso (c), quando a austenita se transformou completamente antes da barra ser resfriada, não ocorreram flocos. Ataque: Nital 3%. [8] Reproduzido com autorização da TMS, The Minerals, Metals, & Materials Society, Warrendale, PA, EUA.

(3) Corpo-de-prova para ensaio de fratura azul: aço 42MnV7, austenitizado a 850 °C, temperado a 850 °C, revenido a 350 °C.

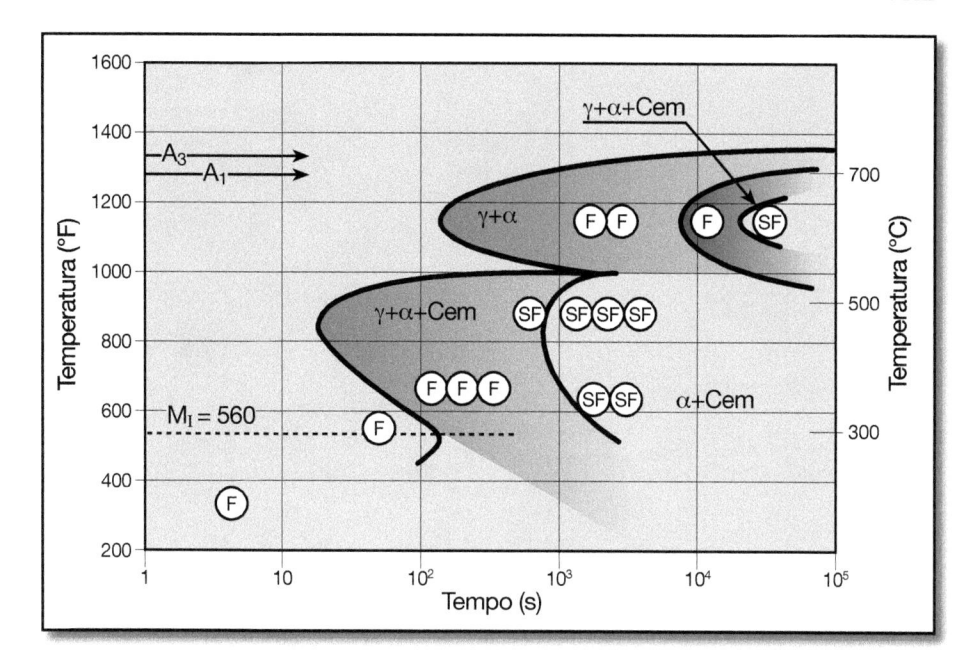

Figura 10.10
Resultados dos tratamentos térmicos de amostras de aço AISI 4340 com alto teor de hidrogênio superpostos à curva TTT. As amostras foram submetidas a tratamento isotérmico a temperatura e pelo tempo indicado, e depois resfriadas bruscamente. "F" indica a ocorrência de flocos de hidrogênio. "SF" indica amostras sem a ocorrência de flocos. Adaptado de [8].

Para averiguar o efeito da segregação sobre a formação de flocos, Scott e colaboradores [9] prepararam barras de AISI 4140 com insertos de AISI 8640. A diferença de composição química entre os dois aços resulta em uma simulação de uma região segregada. Estas barras foram submetidas a diversos tratamentos térmicos isotérmicos, seguidos de resfriamento rápido, visando obter diferentes combinações de microestruturas nos dois aços. A Figura 10.11 mostra a diferença da cinética de decomposição da austenita nos dois aços na temperatura de tratamento estudada.

Quando o tempo de tratamento isotérmico foi suficiente para que a barra e o inserto se transformassem em ferrita e perlita, não foram observados flocos. Embora nos tratamentos que levaram à formação de martensita nos dois aços tenham sido observadas algumas trincas, a aparência clara de flocos só foi observada em amostras em que o aço AISI 4140 ("matriz") se transformou inicialmente para ferrita e perli-

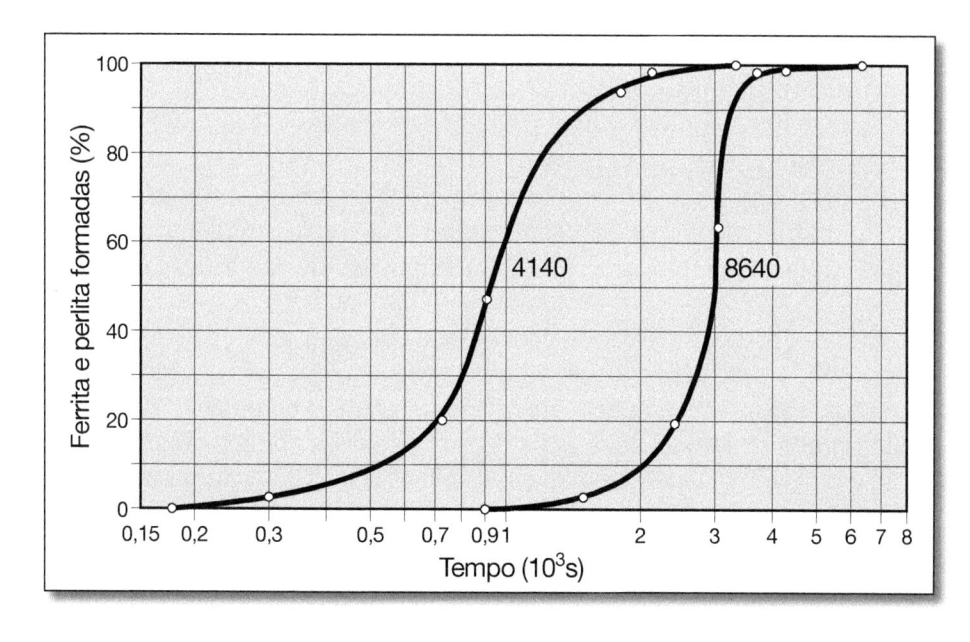

Figura 10.11
Fração de austenita transformada em ferrita e perlita no tratamento isotérmico dos aços AISI 4140 e 8640 a 650 °C. Adaptado de [9].

Figura 10.12
Barra de AISI 4140 com inserto cilíndrico de AISI 8640 austenitizado em atmosfera de hidrogênio a 1120 °C e submetida a tratamento isotérmico a 650 °C. A barra foi tratada por tempo suficiente para transformar o AISI 4140 em ferrita e perlita e depois resfriada rapidamente, temperando o inserto de AISI 8640. Observam-se trincas por hidrogênio ("flocos") na região martensítica. [9]. Ataque: Nital 3%. Reproduzido com autorização da TMS, The Minerals, Metals, & Materials Society, Warrendale, PA, EUA.

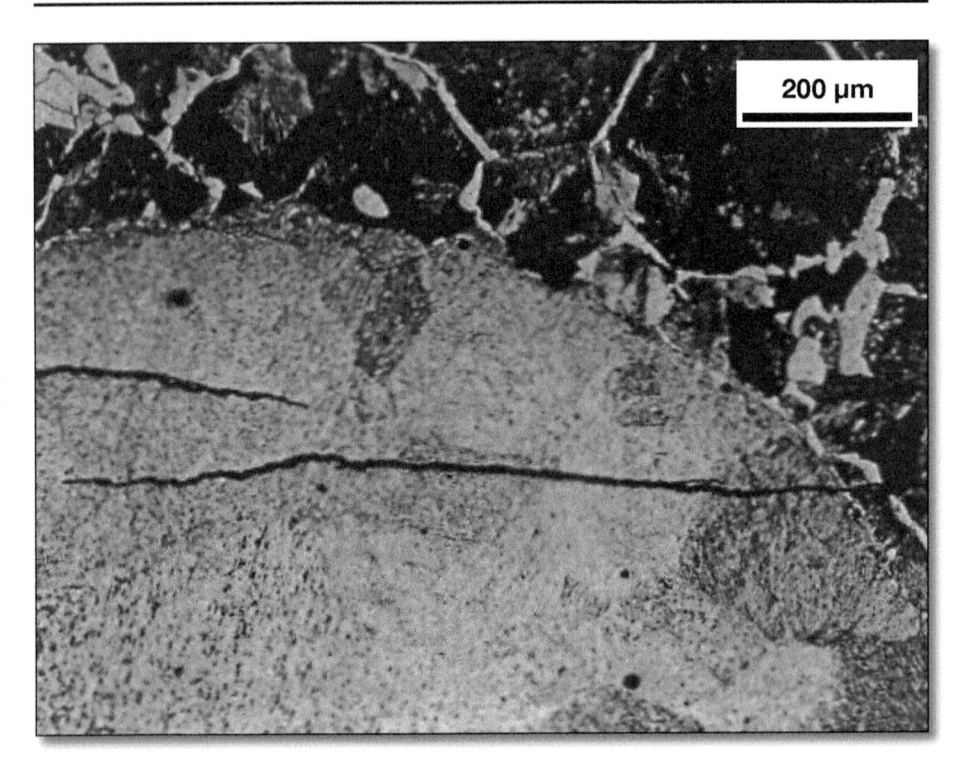

200 µm

ta e o aço AISI 8640 ("segregado") se transformou depois, no resfriamento rápido, para martensita (mesmo quando a percentagem não foi de 100% de martensita), como mostra a Figura 10.12. A formação de flocos foi associada ao seguinte mecanismo: Quando a matriz (4140) se transforma para ferrita e perlita e o segregado (8640) ainda está austenítico, ocorre difusão do hidrogênio para esta região, em vista da dramática diferença de solubilidade entre as duas fases (Figura 10.7). Este enriquecimento em hidrogênio da região de 8640, associado às tensões da resfriamento brusco e da formação da martensita, torna esta região altamente susceptível à formação de flocos.

Na elaboração do aço líquido, a principal fonte de hidrogênio é a umidade do ar, nas matérias-primas, escórias etc[4]. Embora a medida mais efetiva para a remoção do hidrogênio seja o tratamento de desgaseificação do aço líquido, há algumas limitações que devem ser consideradas.

a) Nem sempre a maneira mais econômica de controlar os efeitos do hidrogênio é adicionar uma operação de desgaseificação com o custo associado.

b) Em alguns aços, especialmente aços com elevados teores de níquel, mesmo a desgaseificação pode ser insuficiente para garantir que não ocorram defeitos associados ao hidrogênio.

Embora a difusividade do hidrogênio seja elevadíssima, mesmo no estado sólido e a temperaturas relativamente baixas, nem sempre os tratamentos a alta temperatura são suficientes para a eliminação do hidrogênio do aço. A combinação mais favorável para a eliminação do hidrogênio é alta difusividade e baixa solubilidade, condições atingidas com a microestrutura ferrítica. Tratamentos no campo austenítico freqüentemente são ineficazes em função da elevada solubilidade do hidrogênio (Figura 10.7) e difusividade relativamente mais baixa [10], nesta fase.

---

(4) Há várias fontes de hidrogênio importantes para o aço, depois da elaboração. Processos químicos que geram o íon H^+ são as fontes mais importantes: processos de decapagem, processos de deposição eletrolítica, proteção catódica e processos de corrosão podem, também, causar a ocorrência de defeitos por hidrogênio.

Tratamentos isotérmicos são eficazes e são os mais comuns. Entretanto, para aços com elevados teores de elementos de liga, como por exemplo, forjados de aços Ni-Cr-Mo para rotores (normalmente os maiores forjados produzidos), um tratamento que garanta a transformação da austenita para a bainita seguido de um período de difusão isotérmica, como indicado na Figura 10.13, é eficaz para a redução do teor de hidrogênio e eliminação da ocorrência de flocos [11].

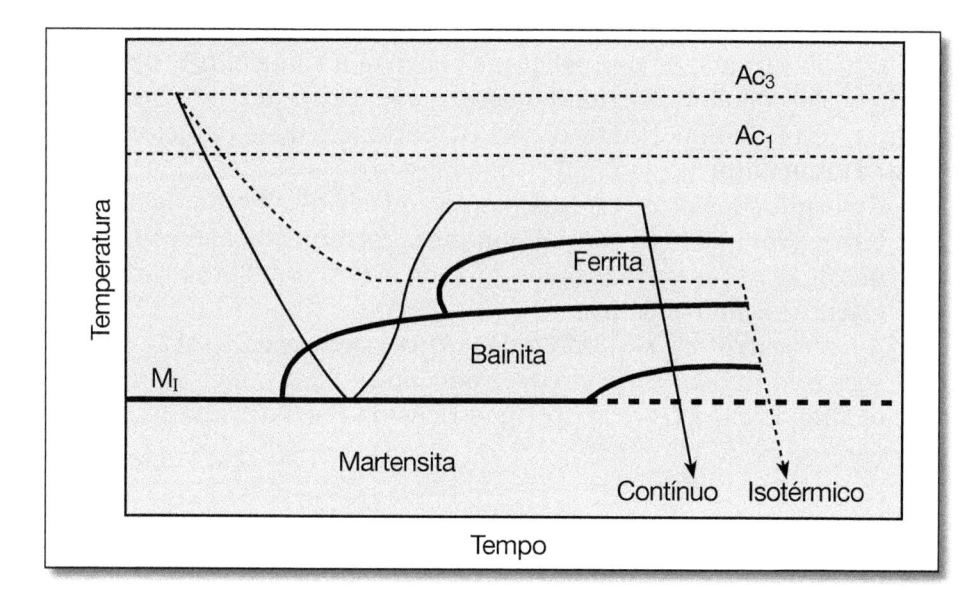

Figura 10.13
Ciclos de tratamento térmico para prevenção de trincas por hidrogênio superpostos à curva CCT hipotética. O ciclo "isotérmico" é o mais comum. Para aços, em que as transformações difusivas são muito lentas, o tratamento "contínuo" dá bons resultados em tempos mais curtos. Adaptado de [11].

2.3.4. Recozimento de Restauração e Recozimento de Recristalização

Após o trabalho a frio, podem ser realizados tratamentos térmicos subcríticos para recuperar, total ou parcialmente, as propriedades físicas e mecânicas do material ou para produzir outras alterações estruturais, como será discutido no Capítulo 12.

3. Normalização

Diferentemente dos aços que são submetidos a tratamentos termomecânicos controlados (ver Capítulo 11), os aços que são submetidos a trabalho a quente convencional têm, normalmente, ao fim da conformação, estruturas pouco homogêneas e com tamanho de grão grosseiro.

A normalização é o tratamento térmico indicado para obter uma estrutura homogênea e refinada e melhorar a resistência e a tenacidade destes aços. Além disto, em muitos casos, para se obter uma resposta uniforme a outros tratamentos térmicos (como têmpera, por exemplo) é necessário partir de uma estrutura uniforme, obtida através de normalização. A normalização pode ser empregada como recozimento de homogeneização [12].

Assim, a normalização é comumente empregada nos seguintes casos:

a) Homogeneização microestrutural de peças fundidas e forjados, especialmente de grandes dimensões, inclusive antes de outros tratamentos térmicos, tais como têmpera e revenido.

b) Homogeneização microestrutural de peças submetidas a tratamentos incorretos ou desvios de tratamento térmico, especialmente têmpera, antes da repetição do tratamento.

c) Obtenção de microestrutura homogênea e "refinada" visando propriedades mecânicas finais, especialmente quando boas combinações de resistência e tenacidade são requeridas em aços estruturais e em aços, em que a aplicação de têmpera e revenimento não é uma alternativa econômica[5].

O ciclo térmico de normalização consiste no aquecimento de austenitização completa, seguido de resfriamento ao ar, como mostra a Figura 10.14. É importante observar, portanto, duas características deste tratamento:

a) Determinados aços, especialmente aqueles de elevada temperabilidade (ver item 4.3) como alguns aços-ferramenta, não podem (ou não devem) ser normalizados, quando este tratamento resultar em estruturas martensíticas.

b) A microestrutura resultante da normalização é sensível às dimensões e forma da peça, uma vez que, ao se fixar o meio de resfriamento, as características geométricas da peça definirão a velocidade de resfriamento.

Exemplos de estrutura de AISI 1005 até 1015, na condição normalizada, são apresentados no Capítulo 7. As Figuras 10.15 a 10.19 apresentam outros exemplos de microestruturas obtidas em tratamento de normalização.

Ciclos sucessivos de normalização podem ter efeito favorável sobre o tamanho de grão austenítico. A Figura 10.20 apresenta os resultados de [13] em que sucessivos ciclos de normalização foram realizados em um aço baixa liga para tubos. Os resultados apresentados na Figura 10.21 mostram a redução do tamanho de grão austenítico medido após cada tratamento de normalização.

Figura 10.14
Ciclo térmico esquemático dos tratamentos de recozimento (pleno) e normalização, superpostos à curva CCT de um aço.

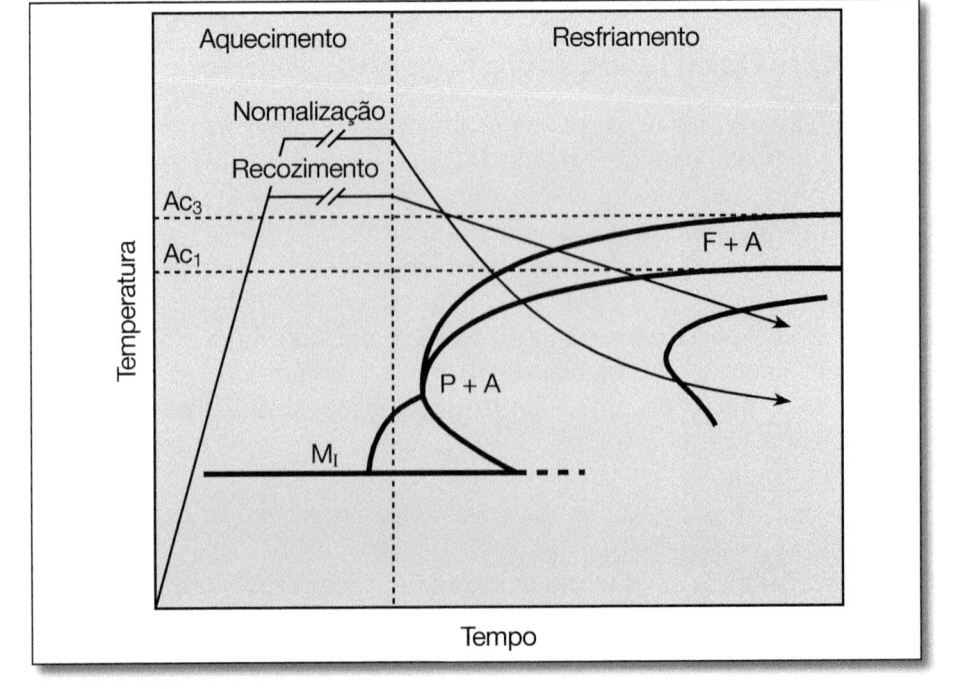

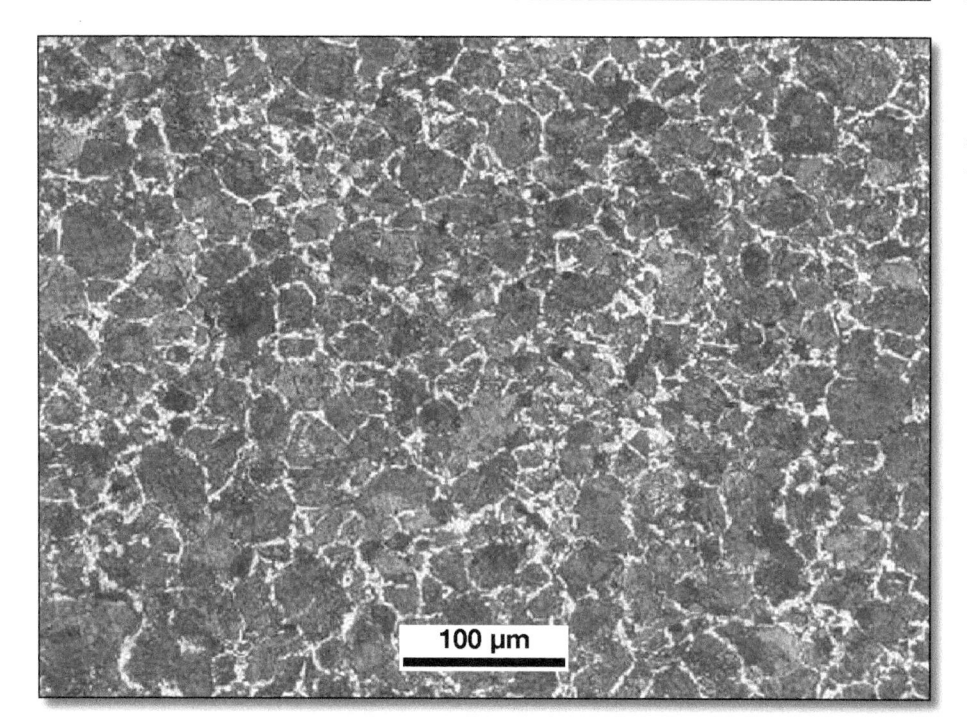

Figura 10.15
Fio-máquina de aço AISI 1045, norma-
lizado. Ferrita pró-eutectóide e perlita.
Ataque: Nital 2%. Cortesia ArcelorMittal
Aços Longos, Juiz de Fora, MG, Brasil.

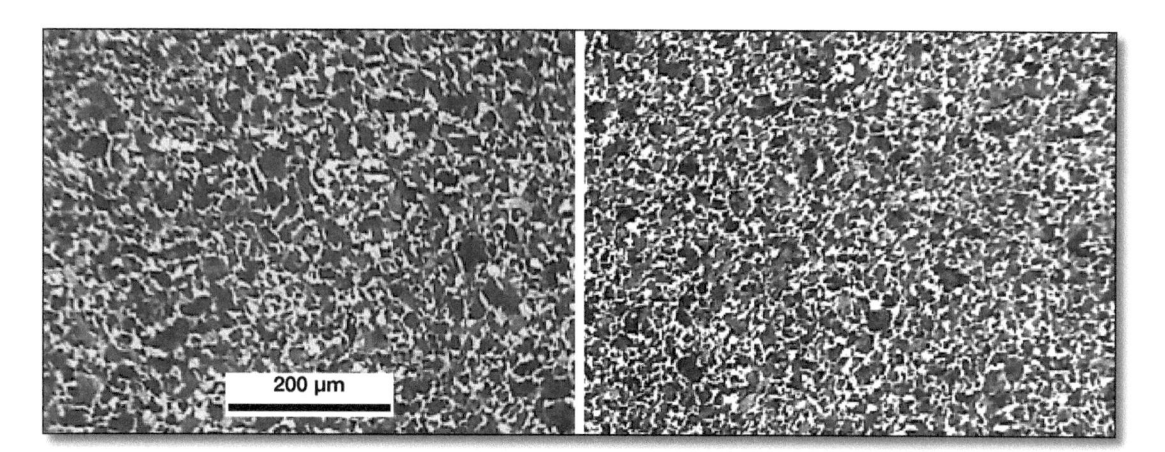

Figura 10.16
Forjado de aço AISI 1045, normalizado.
Ferrita pró-eutectóide e perlita fina. Ata-
que: Nital 2%. Cortesia Villares Metals
S.A., Sumaré, SP, Brasil.

Figura 10.17
Aço com C = 0,45% e Mn = 0,77% normalizado. Ferrita pró-eutectóide em rede,
nos contornos de grão austeníticos anteriores e perlita fina. Ataque: Nital.

Figura 10.18
Aço hipereutectóide esferoidizado e normalizado. Glóbulos de cementita em matriz perlítica. A austenitização, na normalização, não teve duração suficiente para dissolver completamente a cementita esferoidizada. Ataque: Nital.

Figura 10.19
Seção longitudinal de chapa grossa de aço para fins estruturais WStE355 (C = 0,19% Mn = 1,2%) normalizado, com espessura de 38 mm. A direção longitudinal é vertical, na figura. (a) Região da superfície da chapa (à esquerda, observa-se leve descarbonetação). Ferrita e perlita. (b) Região do meio da espessura da chapa. Ferrita e perlita. Estrutura bandeada (ver Capítulo 11). Ataque: Nital.

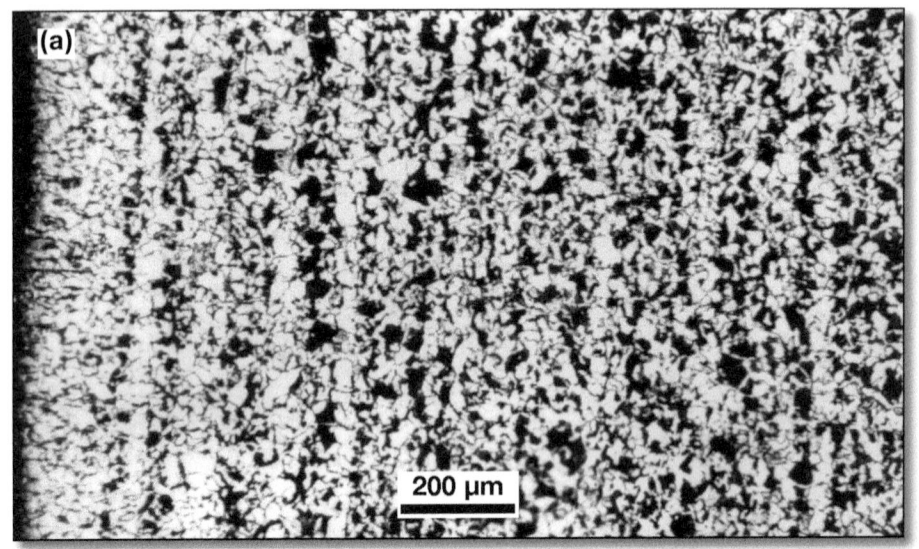

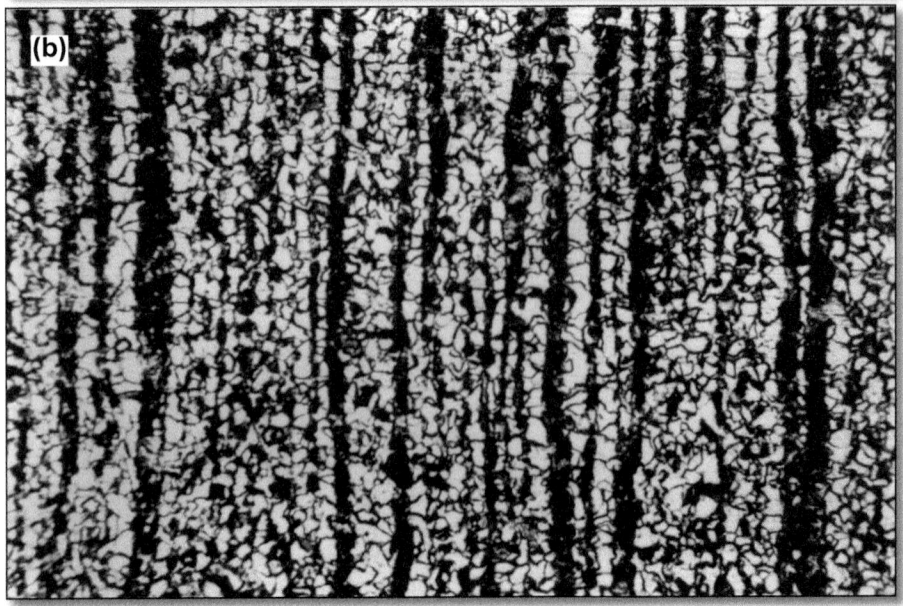

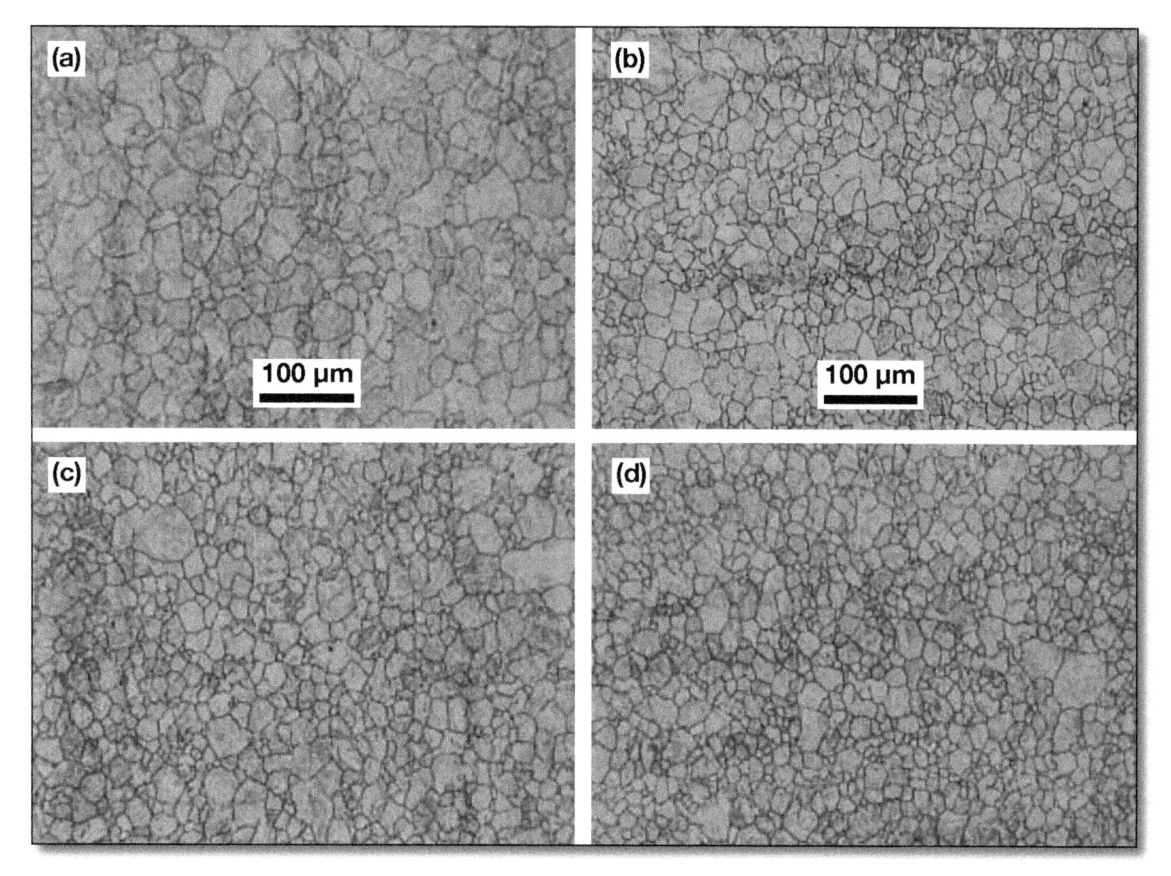

Figura 10.20
Amostras de tubo de 117,8 mm de diâmetro e 12,7 mm espessura com C = 0,29%, Mn = 0,86%, Si = 0,27%, Cr = 0,94%, Mo = 0,40%, Al = 0,025%, N = 0,005% submetidas à normalização a 900 °C por 5 min em patamar. As amostras foram atacadas para revelar os contornos de grão austeníticos anteriores. (a) Uma normalização. (b) Duas normalizações. (c) Três normalizações e (d) Quatro normalizações. Ataque: Ácido Pícrico. Cortesia de A. L. L. Figueiredo, V&M Tubes do Brasil [13].

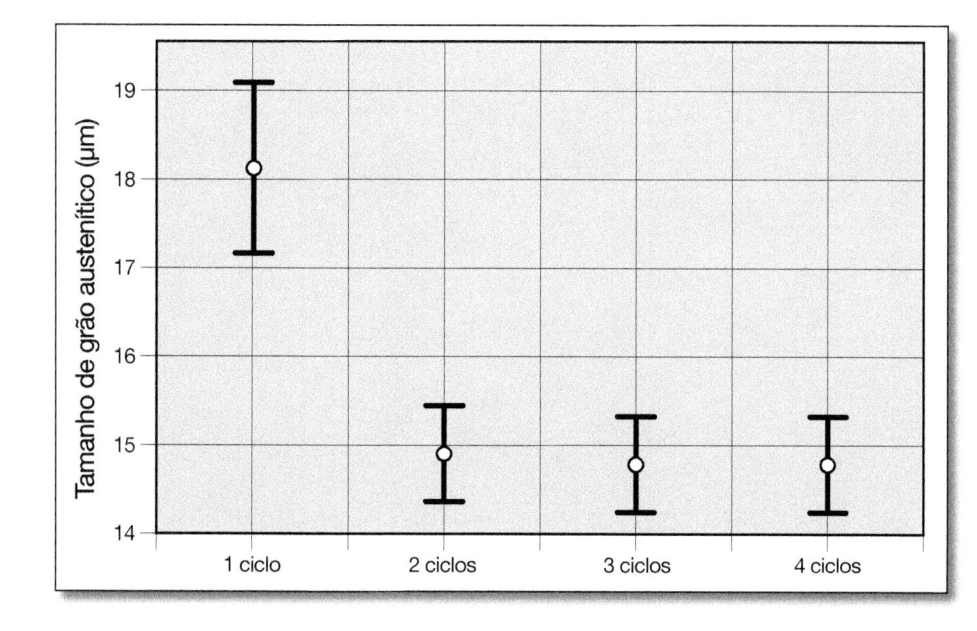

Figura 10.21
Tamanho de grão austenítico em função do número de ciclos de normalização, para o aço da Figura 10.20. Média de cerca de 500 medidas para cada amostra. Intervalos de confiança para 95% para a média. Adaptado de [13].

3.1. Desvios no Aquecimento para Tratamento Térmico e Conformação a Quente

As condições para a formação de austenita homogênea e com tamanho de grão uniforme foram discutidas no item 3 do Capítulo 9. Da mesma forma, os principais cuidados aplicáveis a um tratamento térmico que envolva o aquecimento para austenitização foram discutidos no item referente ao recozimento pleno (item 2.2).

Muitas vezes, no planejamento do tratamento de normalização há uma grande preocupação em obter homogeneização. No aquecimento para a conformação a quente, adicionalmente, pode haver um interesse em empregar temperaturas mais elevadas para início das operações de deformação, de modo que todas as etapas previstas no processo possam ser realizadas sem a necessidade de realizar um novo aquecimento, com perda de tempo e aumento de custos. Entretanto, o aquecimento excessivo pode levar a desvios importantes, alguns dos quais irrecuperáveis. Os dois casos mais significativos são o superaquecimento e a "queima". A "queima" será discutida no Capítulo 11. Alternativamente, o aquecimento insuficiente, tanto na normalização quanto no recozimento, pode resultar em microestruturas inadequadas (ver itens 3.1.2 e 4.4.2).

3.1.1. Superaquecimento

Quando o aquecimento é realizado a temperaturas muito altas, pode ocorrer crescimento de grão austenítico excessivo. Esta condição resulta, com freqüência, em atendimento às propriedades de resistência (inclusive dureza), mas comprometimento da tenacidade e comprometimento parcial da ductilidade (medida por alongamento e redução de área no ensaio de tração, por exemplo).

Figura 10.22
Aço de baixo carbono, superaquecido no campo austenítico. Ferrita parcialmente em rede e ferrita acicular. A rede incompleta de ferrita permite estimar o tamanho de grão austenítico existente antes do resfriamento ($\cong$ 290 µm), evidência do provável superaquecimento. Ataque: Nital.

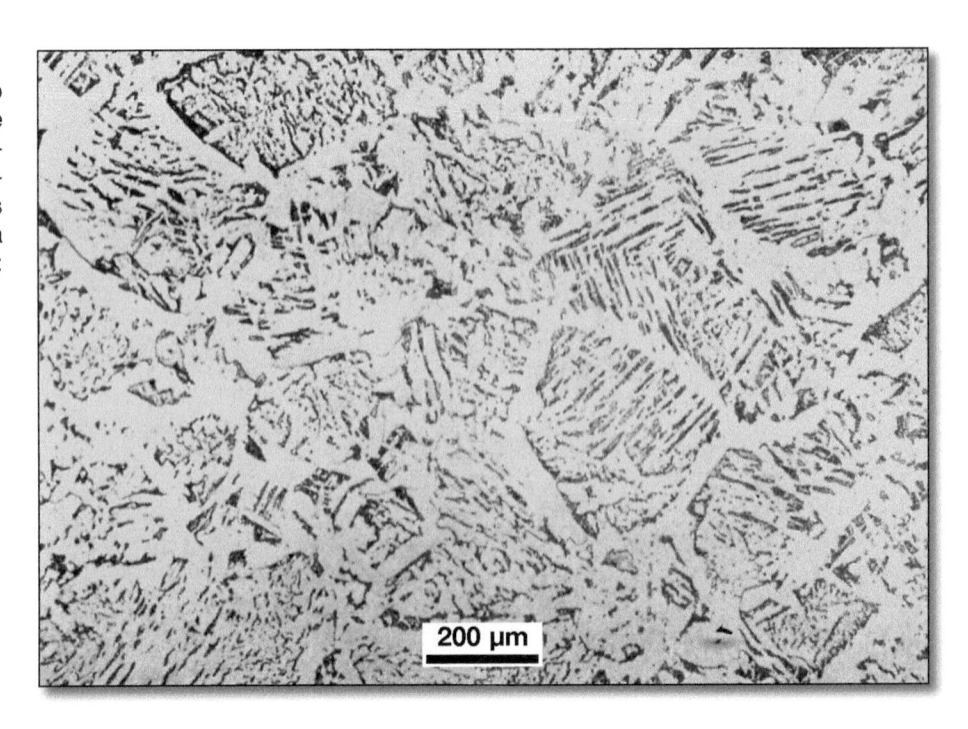

200 µm

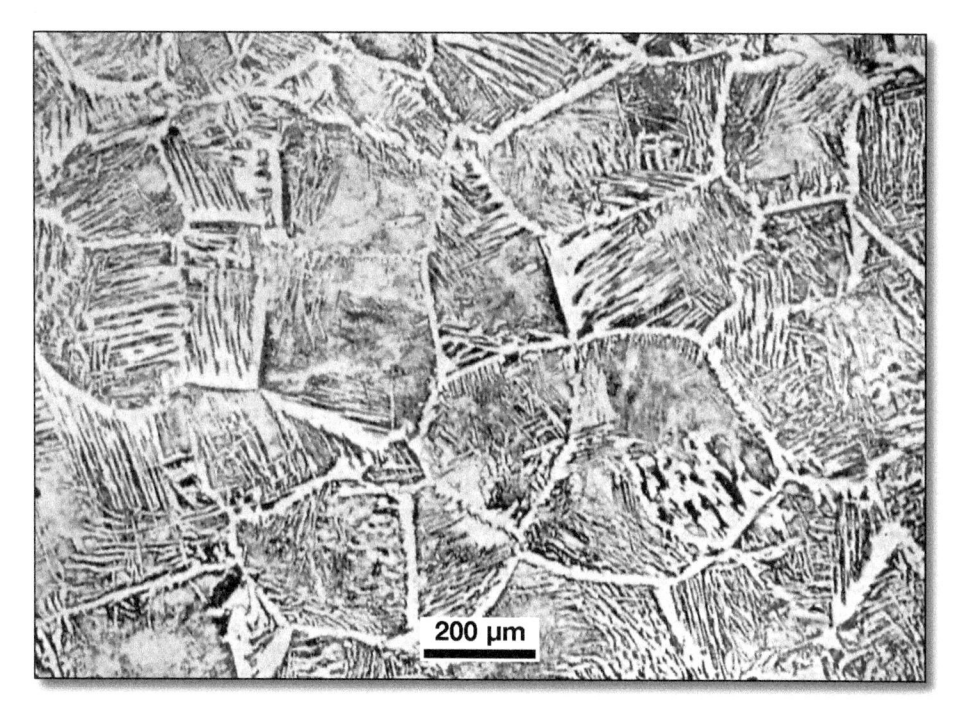

Figura 10.23
Aço com C = 0,24%, superaquecido no campo austenítico. Ferrita em rede e ferrita acicular. A rede de ferrita permite estimar o tamanho de grão austenítico existente antes do resfriamento ($\cong$ 340 µm), evidência do provável superaquecimento. Ataque: Nital.

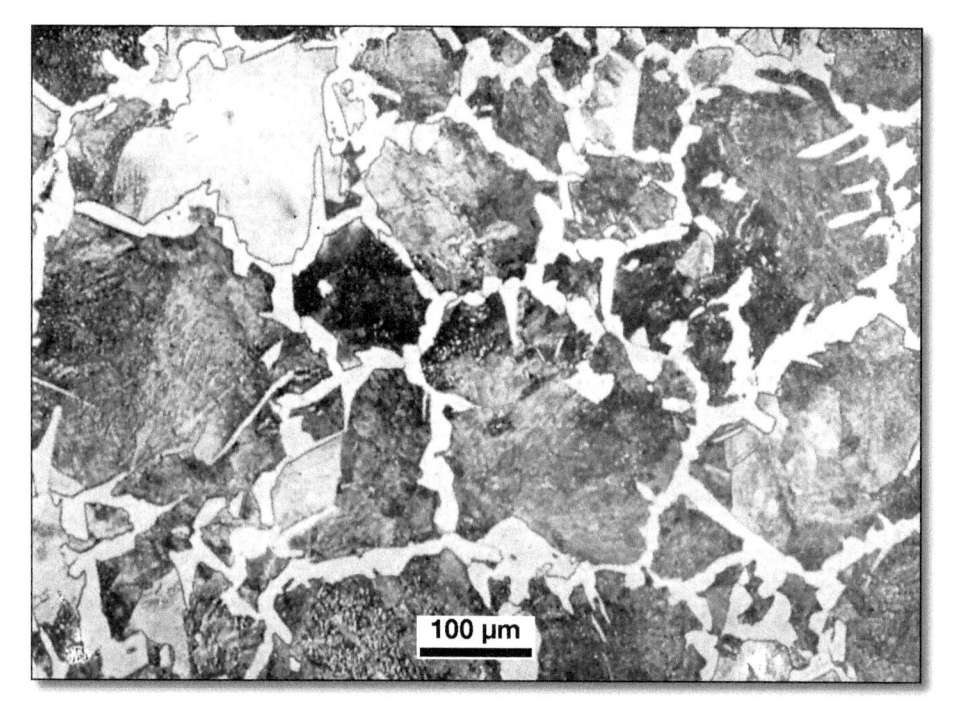

Figura 10.24
Aço com C = 0,5%, superaquecido no campo austenítico. Ferrita em rede e ferrita acicular, perlita fina. A rede de ferrita permite estimar o tamanho de grão austenítico existente antes do resfriamento ($\cong$ 200 µm), evidência de possível superaquecimento.

Figura 10.25
Aço com C = 0,53% superaquecido no campo austenítico. Rede de ferrita próeutectóide e colônias de perlita fina. Ataque: Nital.

3.1.2. Aquecimento Insuficiente (Tratamentos Intercríticos) (*ver também item 4.4.2*)

Embora tratamentos intercríticos venham se tornando cada vez mais importantes para algumas classes de aços estruturais (como aços *dual phase* e aços TRIP, ver Capítulo 13), a austenitização dentro da zona crítica, em tratamentos convencionais, pode resultar em microestruturas indesejáveis.

Figura 10.26
Aço de médio carbono, originalmente com microestrutura semelhante à apresentada na Figura 10.23 (superaquecido). O aço foi reaustenitizado, para normalização, na faixa intercrítica (temperatura insuficiente para a normalização). A ferrita pró-eutectóide em rede nos contornos austeníticos do primeiro tratamento não se dissolveu. A austenitização iníciou-se nas áreas de perlita (ver Capítulo 9), como esperado, mas não se concluiu. As regiões austenitizadas no tratamento intercrítico se transformaram em ferrita e perlita com dimensões mais finas do que as anteriores.

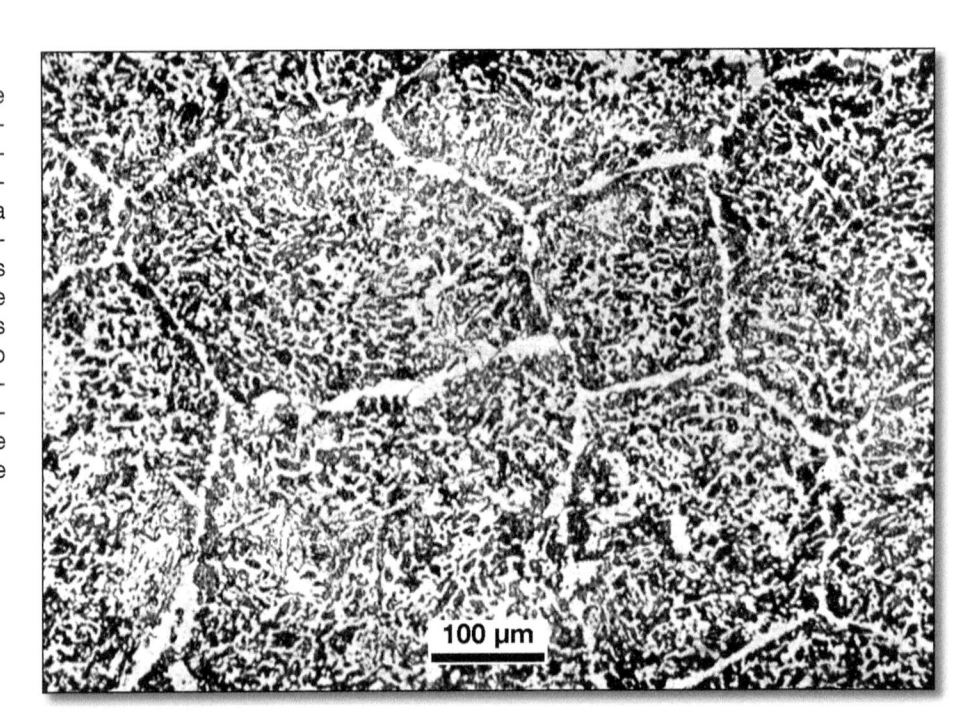

Figura 10.27
Aço de médio carbono, fundido, submetido a recozimento em temperatura intercrítica (temperatura insuficiente para austenitização completa). A perlita foi austenitizada mas as regiões de ferrita pró-eutectóide alotriomorfa e acicular não se transformaram. A região austenitizada se transformou em grãos finos de ferrita e pequenas colônias de perlita. Ataque: Nital.

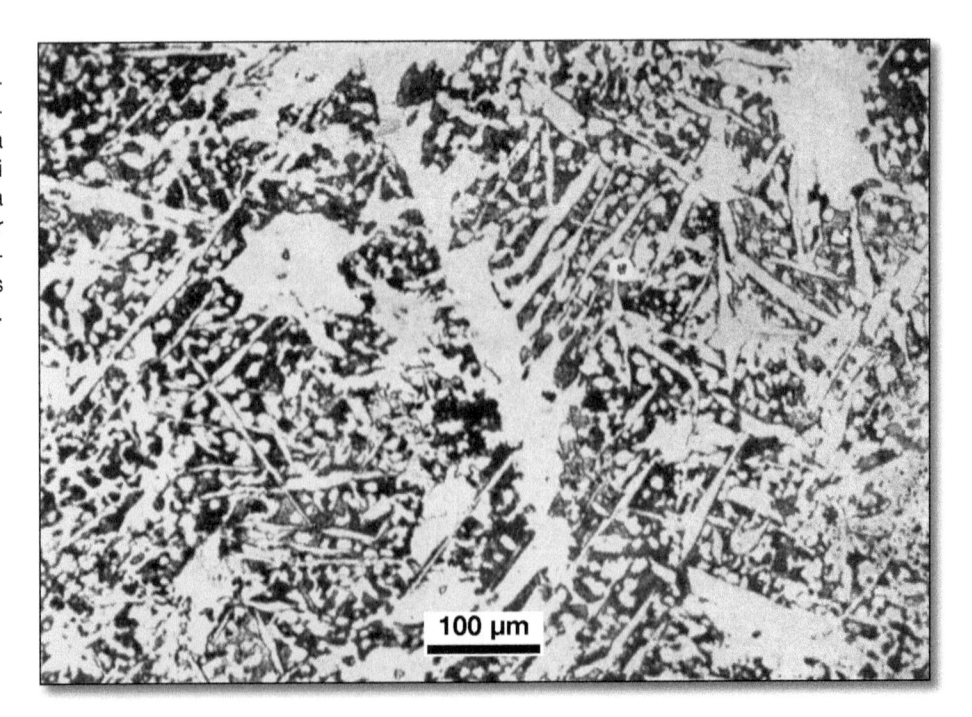

3.1.3. Descarbonetação

Às temperaturas em que ocorrem os tratamentos que envolvem a austenitização do aço, o carbono tem elevada mobilidade. Em geral, quando não são tomados cuidados especiais, as atmosferas de tratamento térmico promovem a descarbonetação dos aços.

Para evitar a descarbonetação, as soluções mais adequadas, em produção, são o uso de atmosferas em que o potencial químico do carbono seja ajustado para estar em equilíbrio com o aço ou o emprego de banhos de sal, em que a peça é imersa em sal fundido, a temperatura de austenitização desejada (ver [2], por exemplo). Alternativamente, proteções como pinturas especiais e outros revestimentos adequados ou o emprego de materiais sólidos de empacotamento podem ser empregados.

A descarbonetação é especialmente importante em peças submetidas a solicitações superficiais elevadas, em especial sob o ponto de vista de resistência à fadiga. A norma SAE J 419 [14], por exemplo, define perfis típicos de descarbonetação e estabelece metodologia para a medida da camada descarbonetada em produtos de aço. A Figura 10.28 apresenta exemplos de descarbonetação em fio-máquina com dois perfis comuns de descarbonetação. A Figura 10.29 mostra a descarbonetação na superfície de uma chapa grossa de aço estrutural laminada a quente e normalizada. Neste caso, a pequena descarbonetação é irrelevante para o desempenho do produto.

As Figuras 10.29 a 10.32 apresentam exemplos de descarbonetação.

Figura 10.28
Exemplos de fio-máquina descarbonetado (seção transversal). (a) Perfil de descarbonetação tipo 1 (esquematicamente apresentado em (c)). (b) Perfil de descarbonetação tipo 2 (esquematicamente apresentado em (d)). No interior do material a microestrutura é composta, basicamente, por perlita. Na região descarbonetada aumenta a fração volumétrica de ferrita. No caso do perfil tipo 1 (a) há uma região de ferrita pura, com grãos grosseiros, colunares. É possível observar uma camada de óxido (acinzentado) entre a ferrita e o polímero usado para o embutimento da amostra (região mais escura). Ataque: Nital.

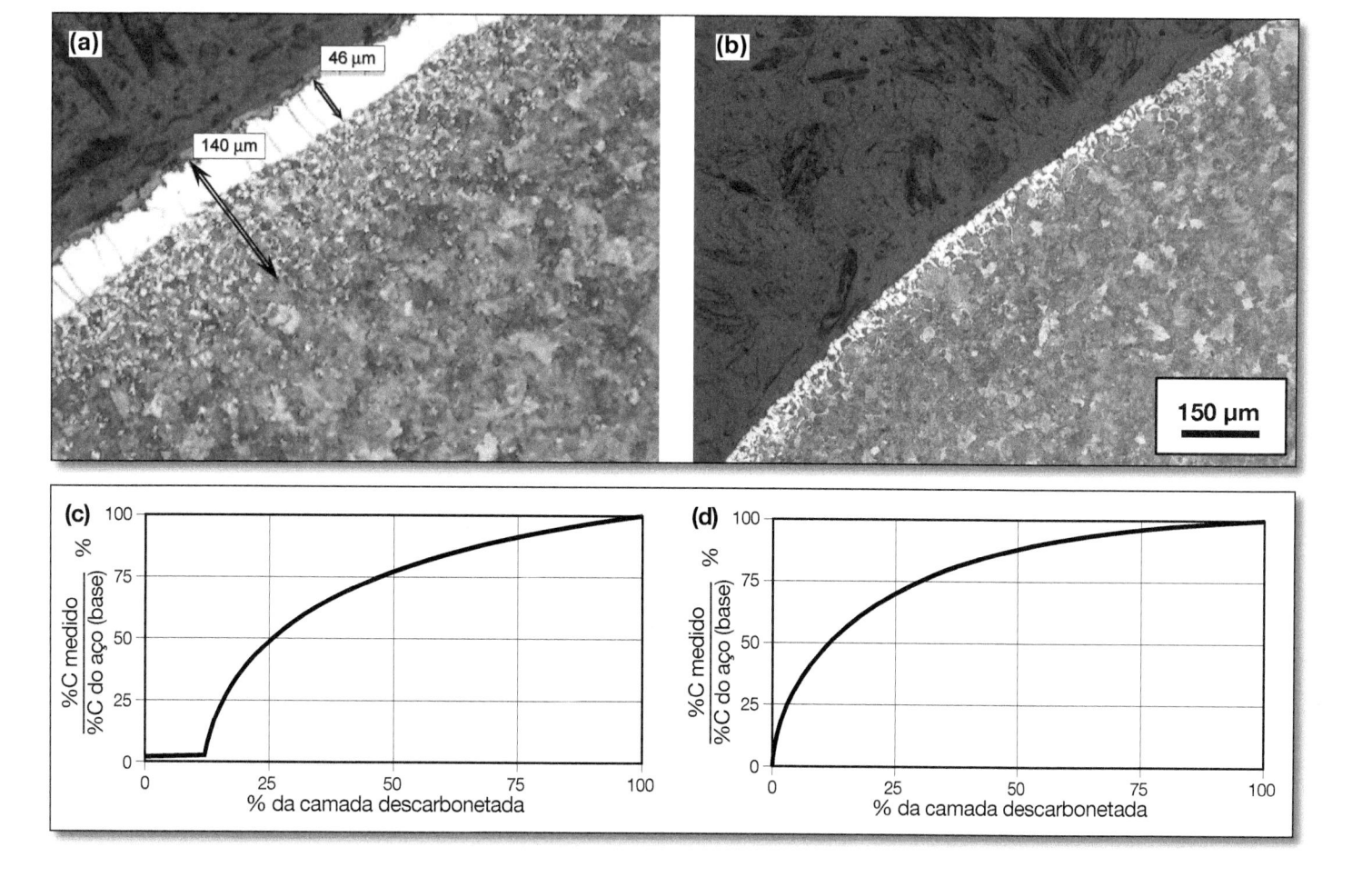

Figura 10.29
Detalhe de região descarbonetada com perfil tipo 2 da norma SAE J419 em aço médio carbono normalizado. A fração de perlita na microestrutura diminui à medida que a distância da superfície da peça (região superior da foto) diminui. Ataque: Nital.

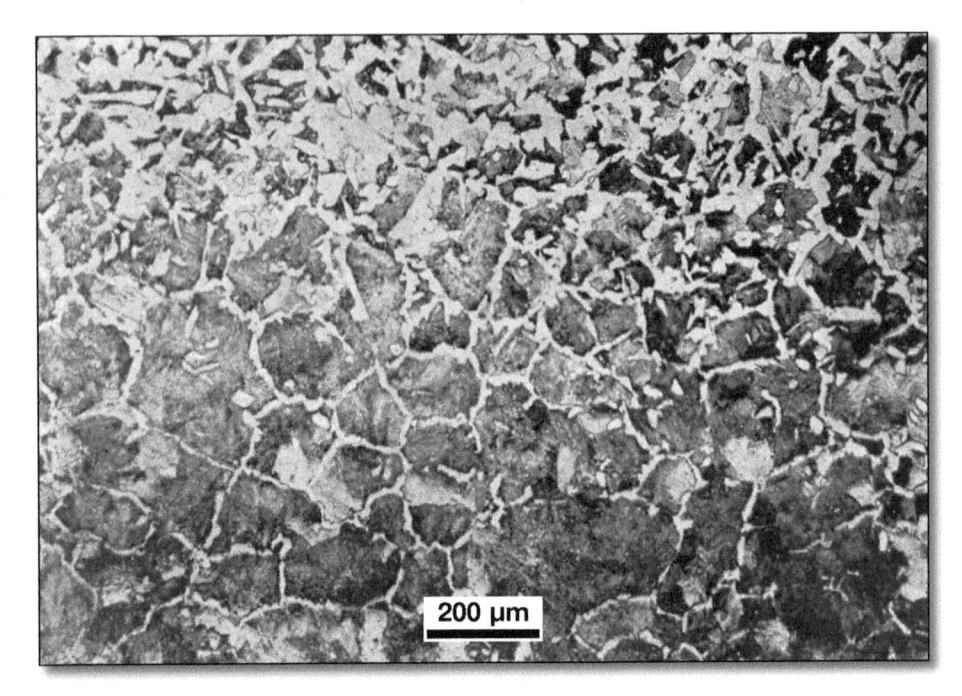

Figura 10.30
Seção junto à superfície de peça de aço de médio carbono superaquecido. Ferrita em rede delineando os grãos austeníticos anteriores, ferrita acicular e perlita. Descarbonetação superficial. A região superficial é mais rica em ferrita acicular. Ataque: Nital.

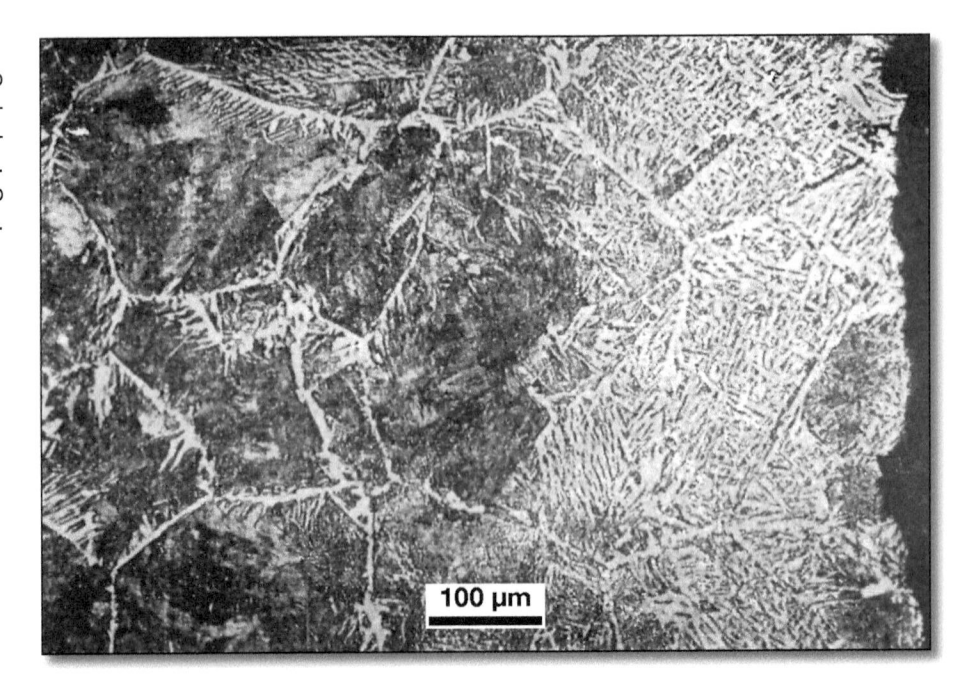

Figura 10.31
Aço AISI 4340 aquecido em atmosfera oxidante a 850 °C. Descarbonetação superficial severa. Ataque: Nital. Cortesia Villares Metals S.A., Sumaré, SP, Brasil.

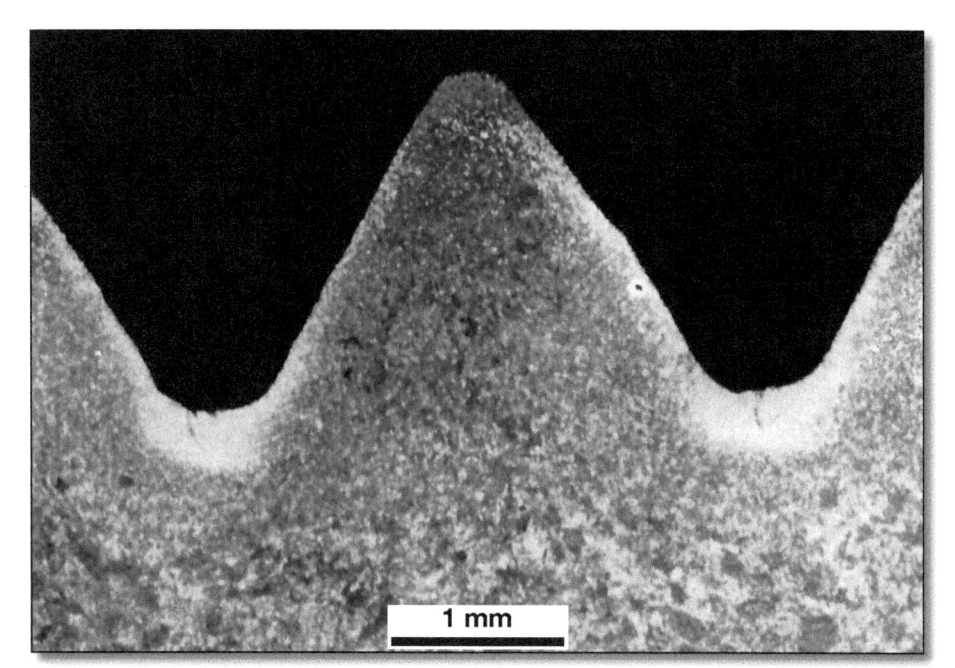

Figura 10.32
Seção longitudinal de parafuso de alta resistência tratado termicamente após a fabricação da rosca (ver também Capítulo 12). Observam-se intensa descarbonetação e trincas no fundo dos filetes. Ataque: Nital.

Na avaliação de falhas, especialmente quando se observam trincas, a presença de descarbonetação em torno da falha ou da trinca é indicação de que esta existia quando o material foi exposto a temperatura elevada, possivelmente durante a conformação a quente ou tratamento térmico de recozimento, normalização ou têmpera subseqüente, como mostram as Figuras 10.33 e 10.34.

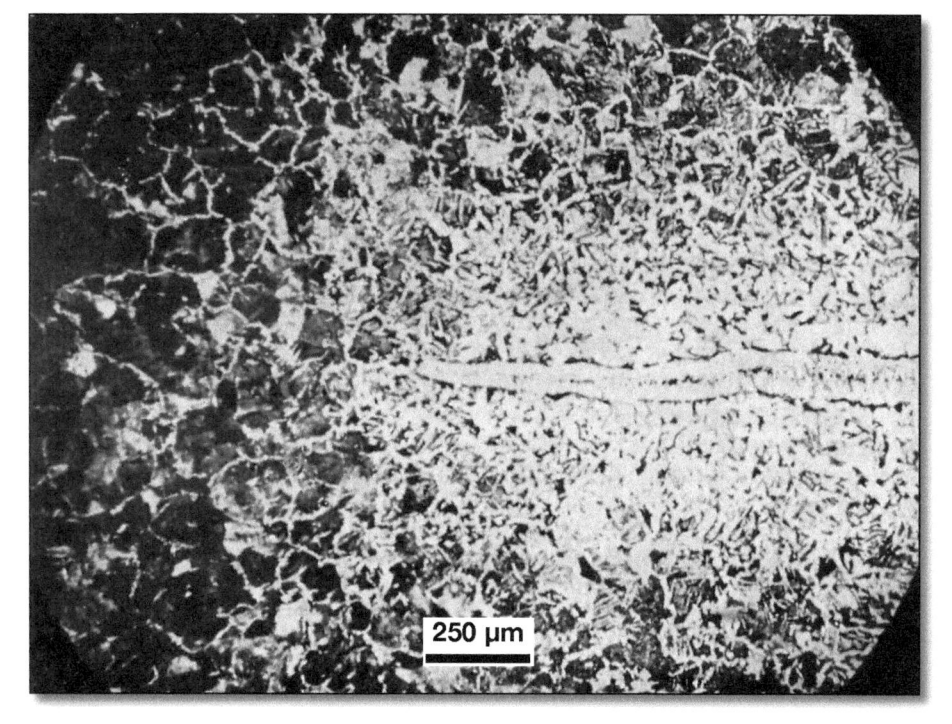

Figura 10.33
Aspecto da seção de um defeito próximo à superfície de uma peça de aço. Possivelmente um poro ou bolha aberto para o exterior da peça, o que permitiu intensa descarbonetação na região. O defeito está parcialmente fechado, possivelmente por efeito do trabalho a quente. Nestes casos é comum encontrar-se também, elevada incidência de óxidos no interior do defeito. Ataque: Reativo de água régia.

Figura 10.34
Trincas com bordas descarbonetadas. O formato das trincas sugere que possam ser trincas de têmpera, em um tratamento anterior (ver item 4.5). A descarbonetação ocorreu no tratamento de recozimento ou normalização que resultou na microestrutura de ferrita e perlita observada na amostra. Ataque: Água régia.

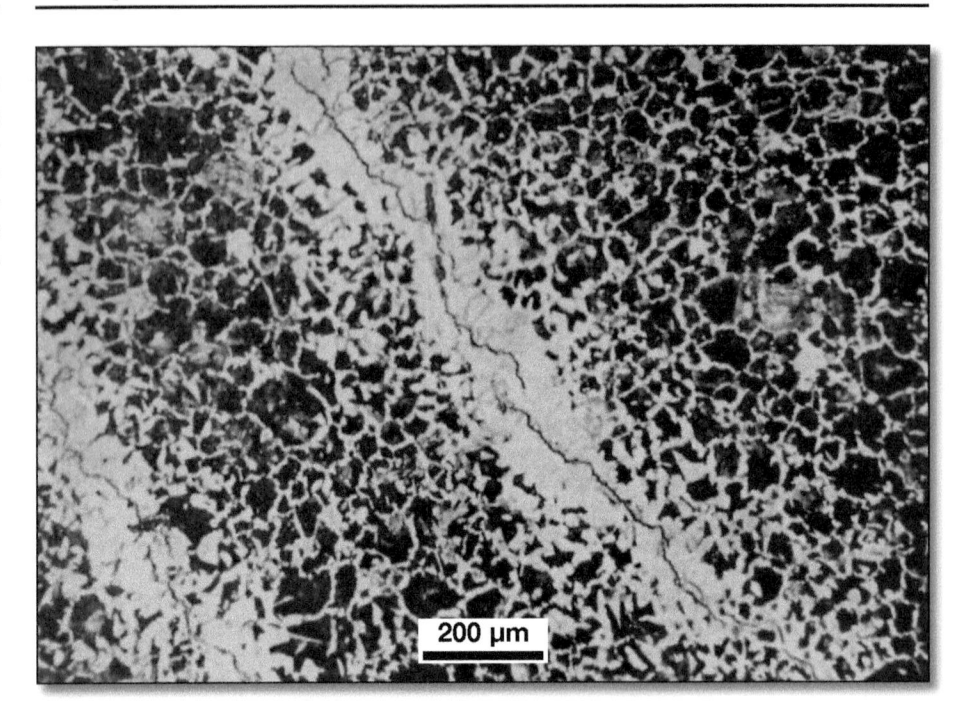

200 µm

4. Têmpera e Revenimento

4.1. Aços para Têmpera e Revenimento (ou Aços para a Construção Mecânica)

A microestrutura que, normalmente, conduz à melhor combinação de resistência e tenacidade em aços é a martensita revenida. Em geral, esta microestrutura não pode ser garantida em aços no estado bruto de fornecimento ("como forjado" ou "como laminado"), recozidos ou normalizados e é necessário então empregar tratamentos de têmpera e revenimento. Da mesma forma, peças, que poderiam ser produzidas em aços simplesmente normalizados, podem se tornar mais leves (devido ao aumento de resistência), empregando-se aços temperados e revenidos.

Enquanto aços estruturais são normalmente fornecidos para atender a requisitos mecânicos (com alguns limites de composição química especificados com vistas à soldabilidade, por exemplo, aços para construção mecânica são usualmente fornecidos para atender faixas de composição química, uma vez que, normalmente, são tratados termicamente para obter as propriedades finais após o processamento pelo comprador. A principal característica visada, ao se definir a composição química, é a temperabilidade, característica que será discutida no item 4.3.

Na seleção de aços para têmpera e revenimento, a propriedade mais importante é a temperabilidade. Não se deve confundir temperabilidade com dureza máxima na têmpera, que é função do teor de carbono (Capítulo 9, Figura 9.9) e da quantidade de martensita na microestrutura (Figura 10.35).

No projeto de peças temperadas e revenidas, emprega-se a dureza como indicador da resistência mecânica, como indicado na Figura 10.36 ou através das relações empíricas:

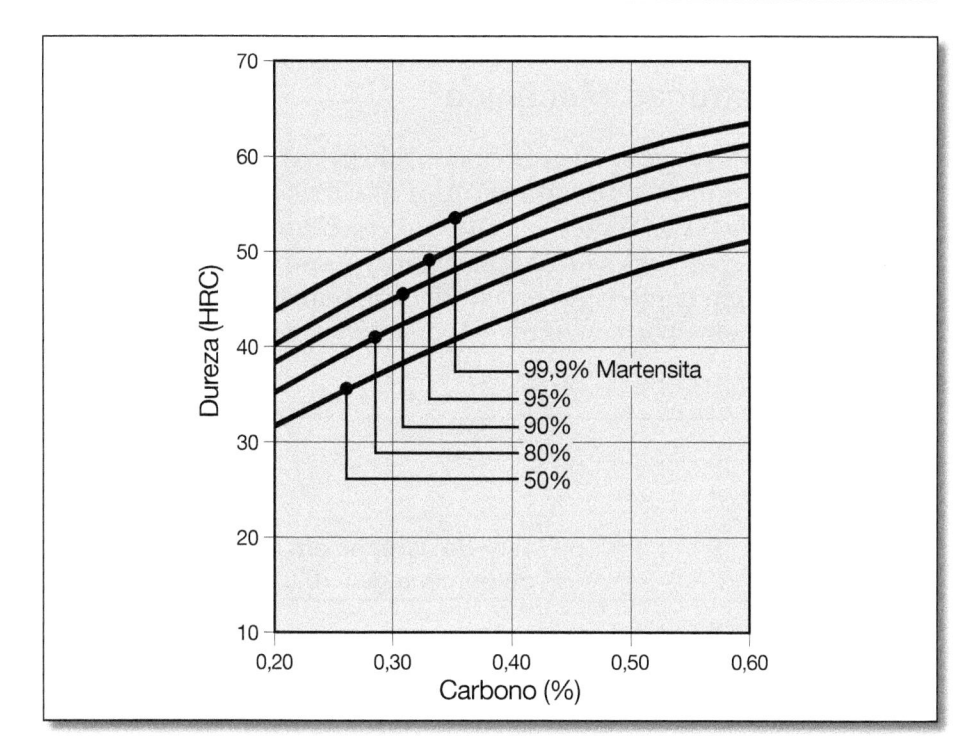

Figura 10.35
Dureza atingida pelo aço após têmpera em função de seu teor de carbono e da porcentagem de martensita na microestrutura. A dureza da martensita é função, apenas, do teor de carbono. Adaptado de [15].

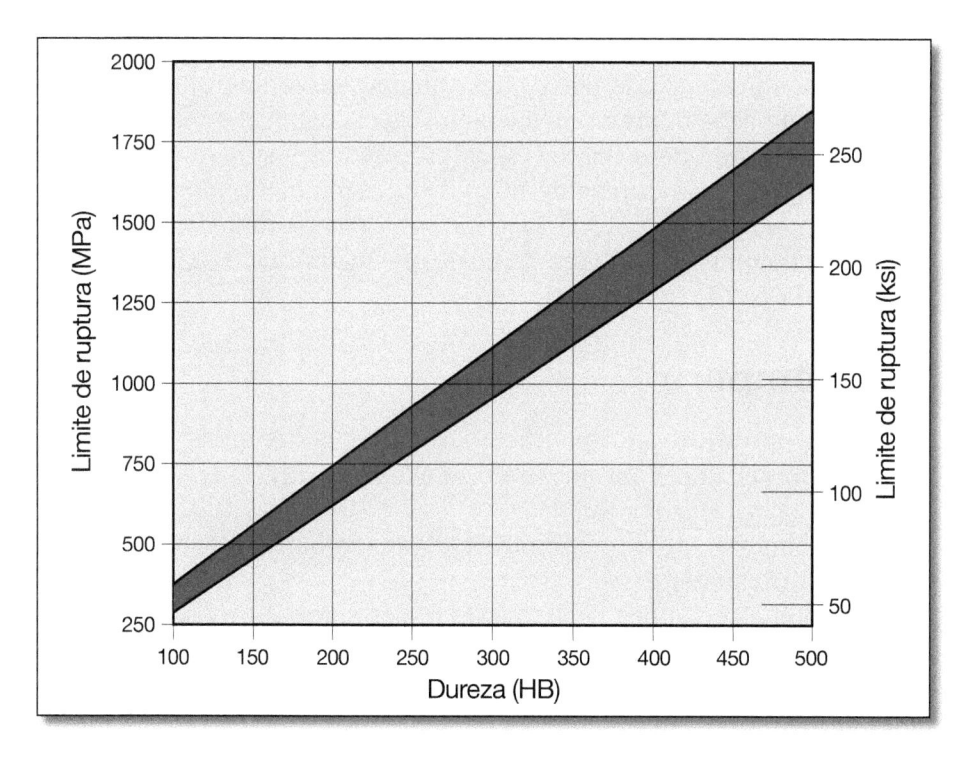

Figura 10.36
Relação entre o limite de ruptura e a dureza (HB) para aços nas condições temperado e revenido, normalizado ou como laminado.

$$LR \text{ (MPa)} = 3,55 \times HB \qquad HB \leq 175$$
$$LR \text{ (MPa)} = 3,38 \times HB \qquad HB > 175$$

onde HB é a dureza Brinell medida com esfera de 10 mm e carga de 3000 kgf.

A dureza só é necessária, como propriedade, nos casos em que o fator mais importante no projeto é a resistência ao desgaste. Neste caso, deve-se escolher aços tratados de modo a atingir 100% de martensita na superfície e a maior dureza possível.

4.1.1. O Sistema de Classificação ABNT para Aços "Construção Mecânica"

O sistema de classificação de aços empregado pela ABNT (NBR NM 87) é basicamente o mesmo usado pelo AISI (*American Iron and Steel Institute*) e pela SAE (*Society of Automotive Engineers*: SAE J404). Nestes sistemas, os aços são divididos em grupos principais e, dentro destes grupos, em famílias de características semelhantes Estas famílias são designadas por conjuntos de algarismos, em geral quatro, da seguinte forma:

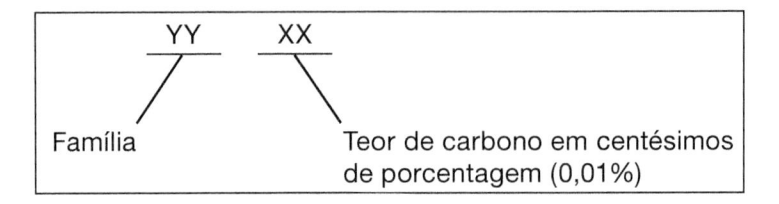

Assim, um aço 4340, é um aço da família 43, isto é, com 1,8%Ni, 0,80%Cr, 0,25%Mo e com 40 centésimos de porcentagem de carbono, isto é, 0,40%C. Além dos algarismos, são empregadas letras na classificação, principalmente "H", após os algarismos, que indica temperabilidade assegurada e "B" entre os dois grupos de dois algarismos que indica a presença de boro, para aumento da temperabilidade. Por exemplo, um aço 8620H é um aço com resposta ao tratamento térmico mais consistente que o 8620, e suas propriedades situam-se na parte superior da faixa de dureza do 8620. Do mesmo modo, o aço 10B46 é essencialmente um aço 1046 (aço carbono com 0,46% C), ao qual se adiciona um mínimo de 5 ppm de boro, que melhora a temperabilidade (ver Tabela 10.1).

4.2. Têmpera

Quando empregado sem qualificativo, o termo "têmpera" indica um tratamento visando a formação de martensita [12]. O tratamento de têmpera consiste, portanto, de:

a) Aquecimento até a temperatura adequada para obter uma micro-estrutura austenítica.

b) Manutenção da peça neste patamar de temperatura por um tempo adequado.

c) Resfriamento em um meio que resulte em velocidade apropriada para obter a formação de martensita.

A profundidade de endurecimento e a distribuição de dureza ao longo da seção em uma peça, após a têmpera, dependem da "temperabilidade" do aço, do tamanho e forma da peça, da temperatura de austenização e do meio de têmpera.

Tabela 10.1
Principais famílias de aços conforme a classificação ABNT
(similar a AISI e SAE)

Aços carbono	10xx	Aço carbono
	11xx	Aço carbono ressulfurado (corte fácil)
	12xx	Aço carbono ressulfurado e refosforado (corte fácil)
Aços de baixa liga (construção mecânica)	13xx	Mn 1,75%
	23xx	Ni 3,5%
	25xx	Ni 5,0%
	31xx	Ni 1,25%, Cr 0,65%
	33xx	Ni 3,50%, Cr 1,55%
	40xx	Mo 0,25%
	41xx	Cr 0,50% ou 0,95%, Mo 1,12% ou 0,20%
	43xx	Ni 1,80%, Cr 0,50% ou 0,80%, Mo 0,25%
	46xx	Ni 1,55% ou 1,80%, Mo 0,20% ou 0,25%
	47xx	Ni 1,05%, Cr 0,45%, Mo 0,20%
	48xx	Ni 3,50%, Mo 0,25%
	50xx	Cr 0,80% ou 0,40%
	51xx	Cr 0,80% a 1,05%
	5xxxx	Cr 0,50% ou 1,00% ou 1,45%, C 1,00%
	61xx	Cr 0,80% ou 0,95%, V 0,10% ou 0,15% mínimo
	86xx	Ni 0,55%, Cr 0,50% ou 0,65%, Mo 0,20%
	87xx	Ni 0,55%, Cr 0,50%, Mo 0,25%
	92xx	Mn 0,85%, Si 2,00%
	93xx	Ni 3,25%, Cr 1,20%, Mo 0,12%
	98xx	Ni 1,00%, Cr 0,80%, Mo 0,25%

4.3. Temperabilidade

Temperabilidade (ou "profundidade de penetração à têmpera" [12]) é a característica que define a variação de dureza desde a superfície até o núcleo da peça quando temperada. Está associada à capacidade de determinado aço formar martensita e, portanto, à velocidade crítica de têmpera (Capítulo 9). O tamanho de grão austenítico e a homogeneidade da microestrutura inicial (austenítica) têm efeito sobre a temperabilidade do aço.

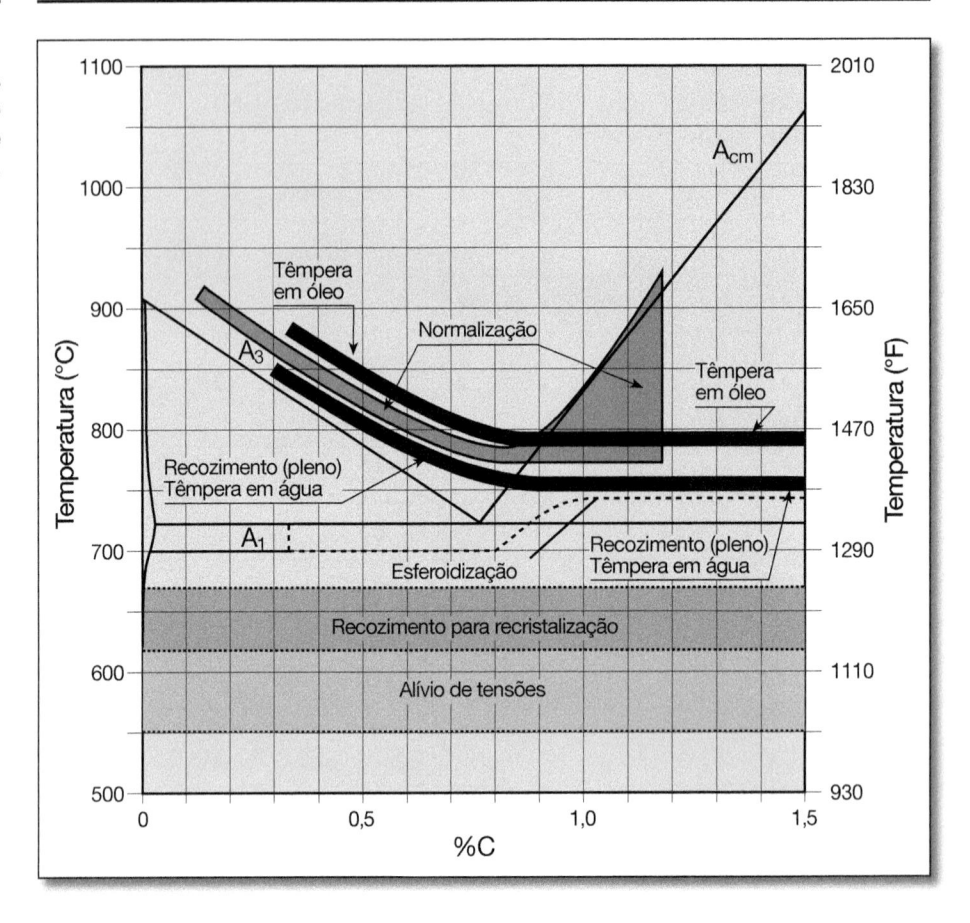

Enquanto o carbono tem um forte efeito sobre a dureza da martensita, a maior parte dos elementos de liga adicionados ao aço retarda as transformações de decomposição difusional da austenita, aumentando sua temperabilidade. Assim, a velocidade crítica para a formação da martensita é menor em aços que contêm maior teor de elementos de liga, como mostra o exemplo da Figura 10.38 e o esquema da Figura 10.39. Dentre os elementos de liga, a exceção é o cobalto, que reduz a temperabilidade [17].

Quando uma peça é submetida a uma têmpera, dois fatores influenciam a velocidade com a qual as diferentes posições na peça resfriam:

a) A velocidade com a qual o calor é extraído, na superfície da peça, que é função do meio de têmpera selecionado.

b) A transmissão de calor, por condução, dentro da peça.

Esta combinação de fatores faz com que diferentes posições em uma peça resfriem a diferentes velocidades, como apresentado no exemplo da Figura 10.40. Quando as curvas de resfriamento são superpostas aos diagramas CCT dos aços, é possível determinar as microestruturas obtidas, na têmpera, como indicado na Figura 10.41.

Em geral, o problema na seleção de materiais, em metalurgia, é inverso e consiste em definir qual aço, temperado em qual meio, atingirá determinada microestrutura (e, portanto, propriedades) em determinada posição na peça que se deseja fabricar. Para resolver este problema foram desenvolvidos, em meados do século XX, métodos eficazes de previsão das microestruturas que se obtêm no resfriamento de aços, a partir de informações padronizadas. Nas últimas décadas

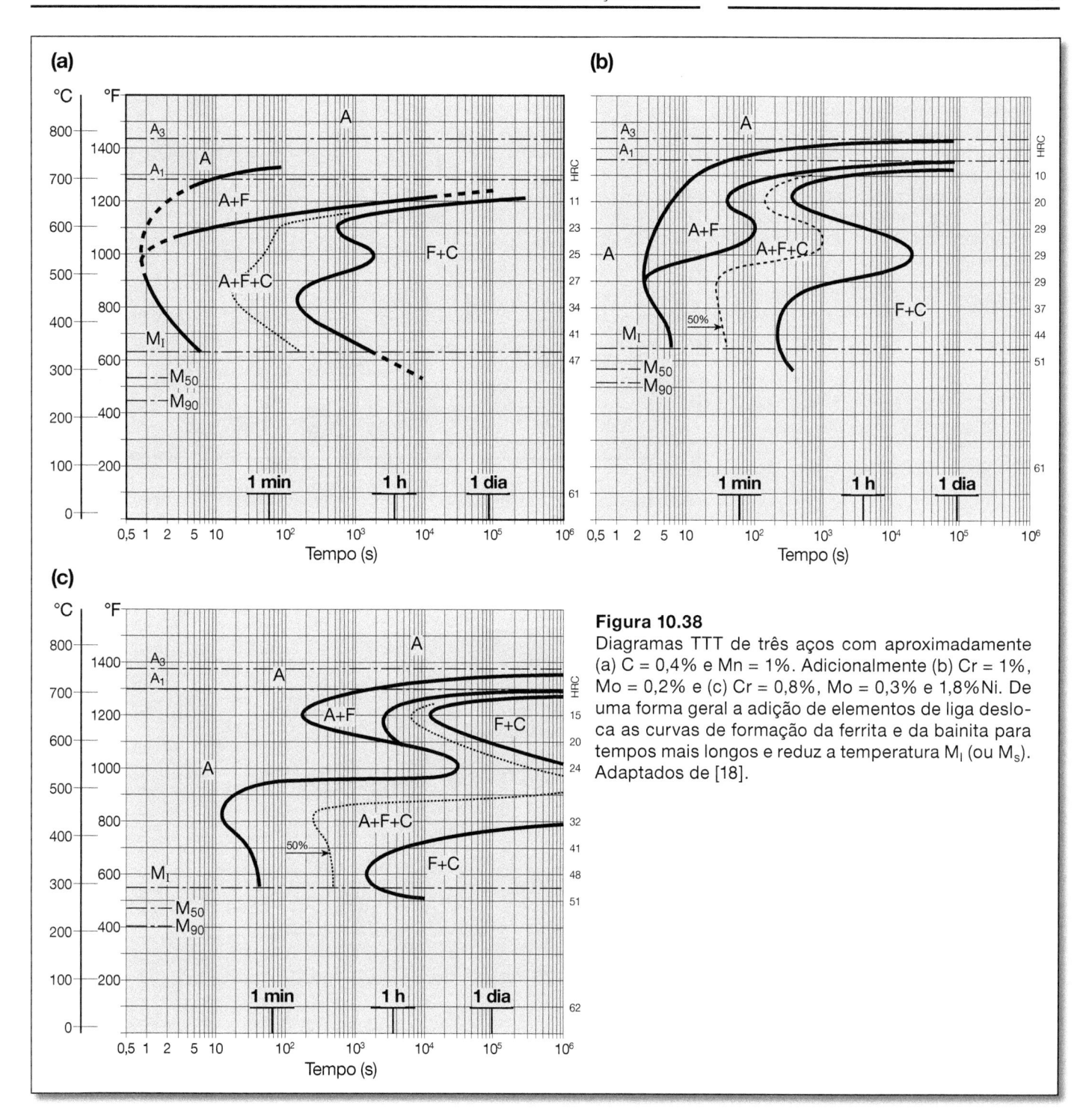

Figura 10.38
Diagramas TTT de três aços com aproximadamente (a) C = 0,4% e Mn = 1%. Adicionalmente (b) Cr = 1%, Mo = 0,2% e (c) Cr = 0,8%, Mo = 0,3% e 1,8%Ni. De uma forma geral a adição de elementos de liga desloca as curvas de formação da ferrita e da bainita para tempos mais longos e reduz a temperatura M_I (ou M_s). Adaptados de [18].

do século XX modelos matemáticos eficazes foram também desenvolvidos para realizar esta previsão.

Dois métodos importantes foram estabelecidos para a medida e quantificação da temperabilidade dos aços: o método Jominy e o método do diâmetro crítico de Grossmann [17]. O método de Jominy é o mais simples e o mais comumente empregado.

Figura 10.39
Representação esquemática do efeito dos vários solutos no aço sobre a posição das principais transformações de fase em um diagrama TTT. Embora este esquema apresente tendências comumente observadas, a complexidade dos mecanismos de transformação envolvidos recomenda cautela no uso das generalizações dos efeitos dos elementos de liga. Adaptado de [19].

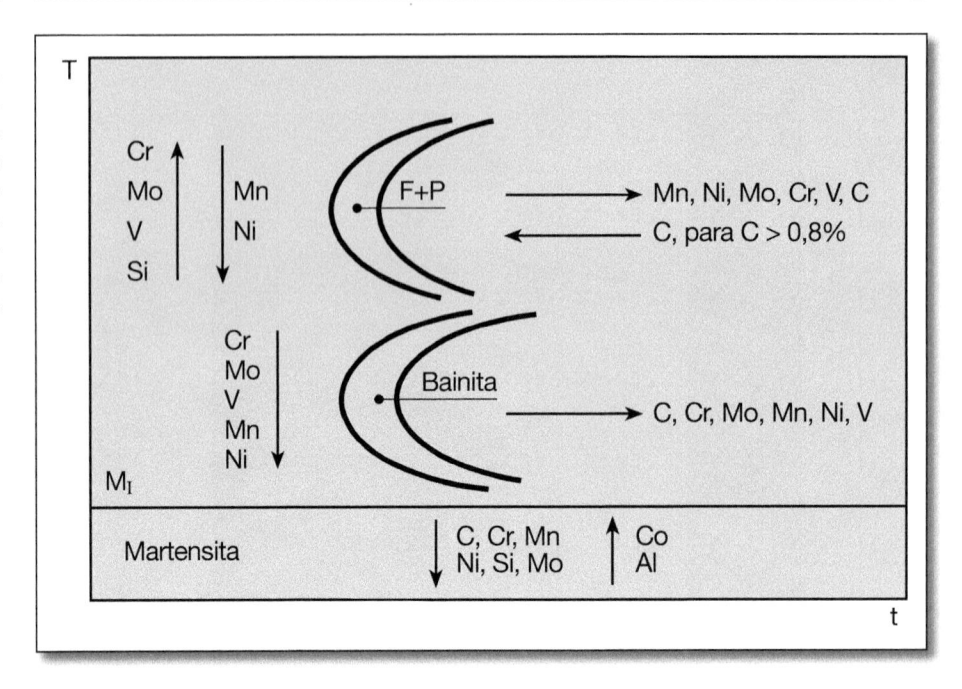

Figura 10.40
Curvas de resfriamento da superfície e do centro de uma barra de aço de 28 mm de diâmetro resfriada em água.

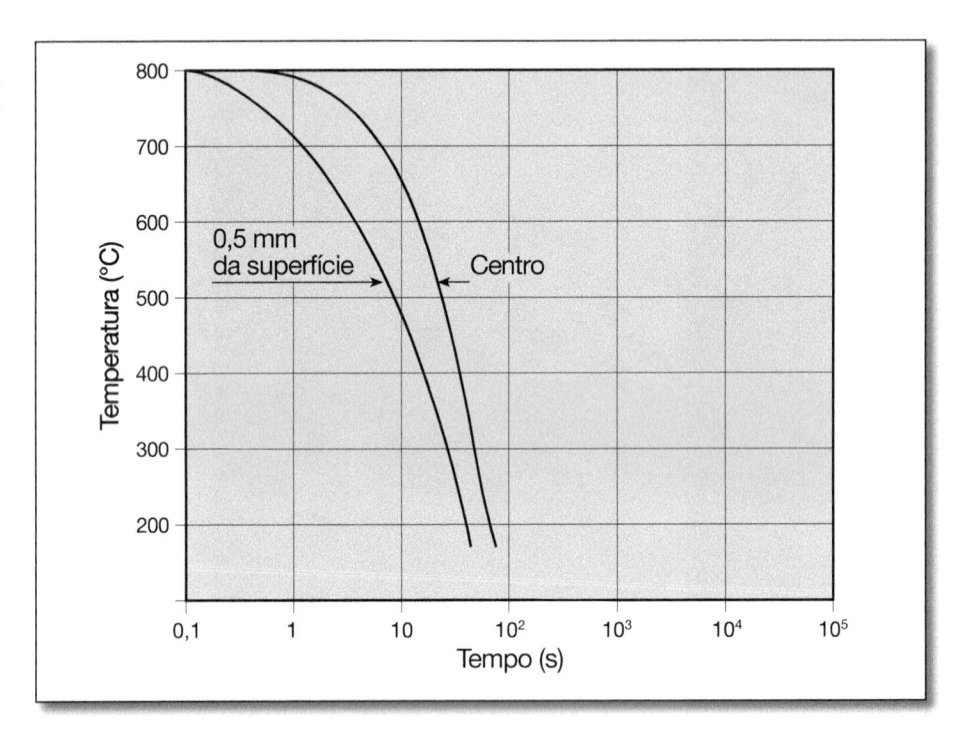

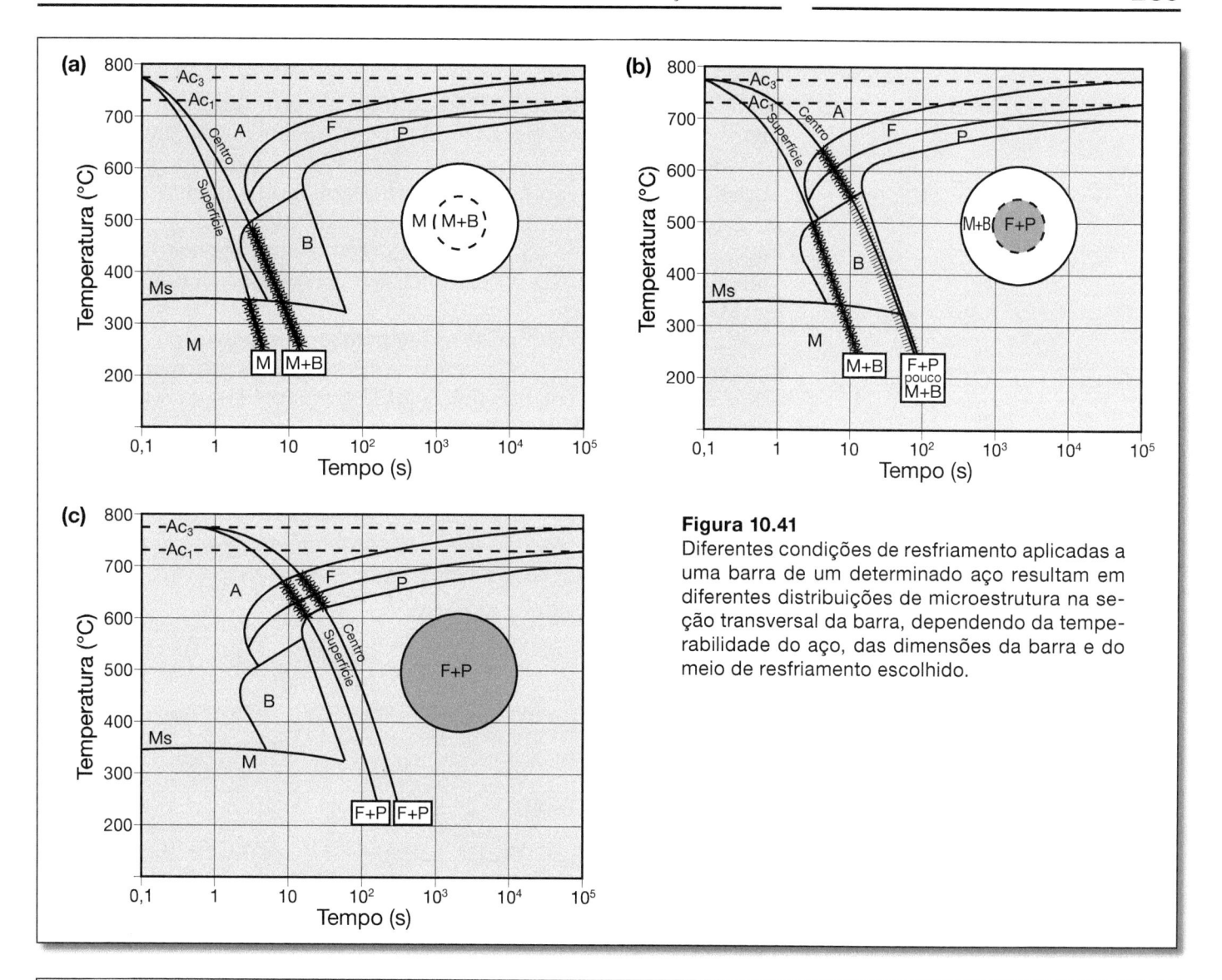

Figura 10.41
Diferentes condições de resfriamento aplicadas a uma barra de um determinado aço resultam em diferentes distribuições de microestrutura na seção transversal da barra, dependendo da temperabilidade do aço, das dimensões da barra e do meio de resfriamento escolhido.

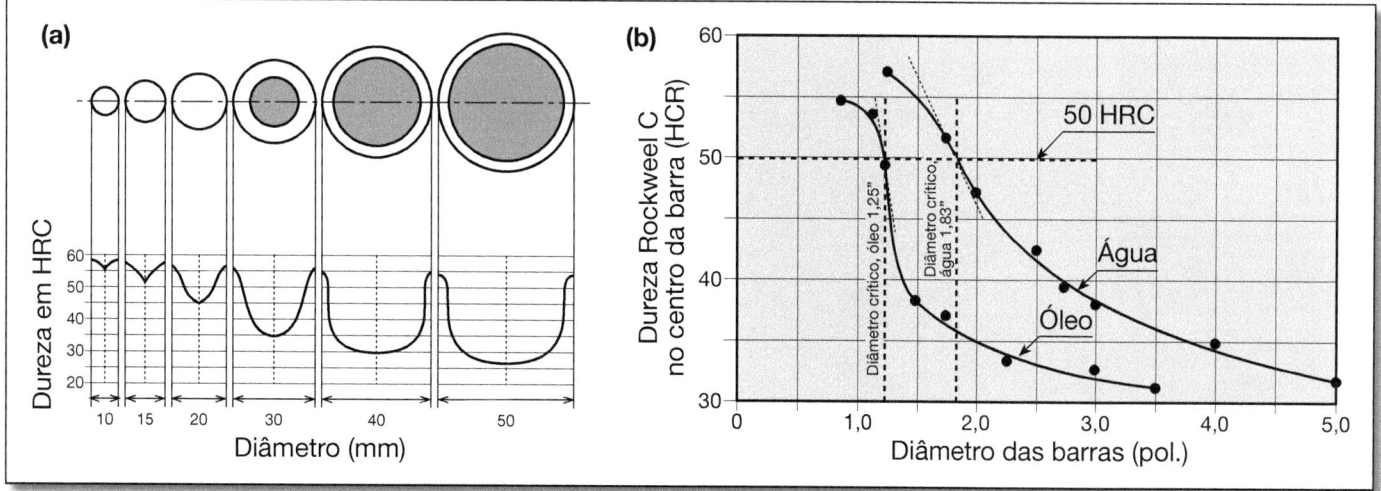

Figura 10.42
Ensaio Grossmann. (a) Barras de diferentes diâmetros são temperadas e o perfil de dureza ao longo do diâmetro da barra é medido. (b) A dureza no centro das barras pode ser apresentada em um único gráfico onde o diâmetro crítico é determinado, para um determinado meio de têmpera. No exemplo, resultados para AISI 3140, Adaptado de [20] e [17].

4.3.1. Diâmetro Crítico

O método desenvolvido por Grossmann envolve temperar barras de diâmetros crescentes para determinar o diâmetro em que se obtêm 50% de martensita no centro da barra. Este é o chamado diâmetro crítico. Esta avaliação pode ser feita metalograficamente ou através da medida da dureza. Embora a dureza de estruturas com 50% de martensita possa ser obtida de dados como os da Figura 10.35, é comum adotar o valor de 50 HRC como o "corte" para a determinação do diâmetro crítico.

Era comum apresentar-se as medidas de temperabilidade em gráficos em que as várias curvas como as apresentadas na Figura 10.42(a) eram superpostas em um único gráfico, chamadas curvas em "U", como mostrado na Figura 10.43.

Como o meio de têmpera é determinante no resultado, o método de Grossmann permite calcular o efeito do meio de têmpera, medido através de um fator H, denominado "severidade de têmpera". O processo de determinação da severidade de têmpera de um determinado meio, pelo método de Grossmann, está bem descrito em [20].

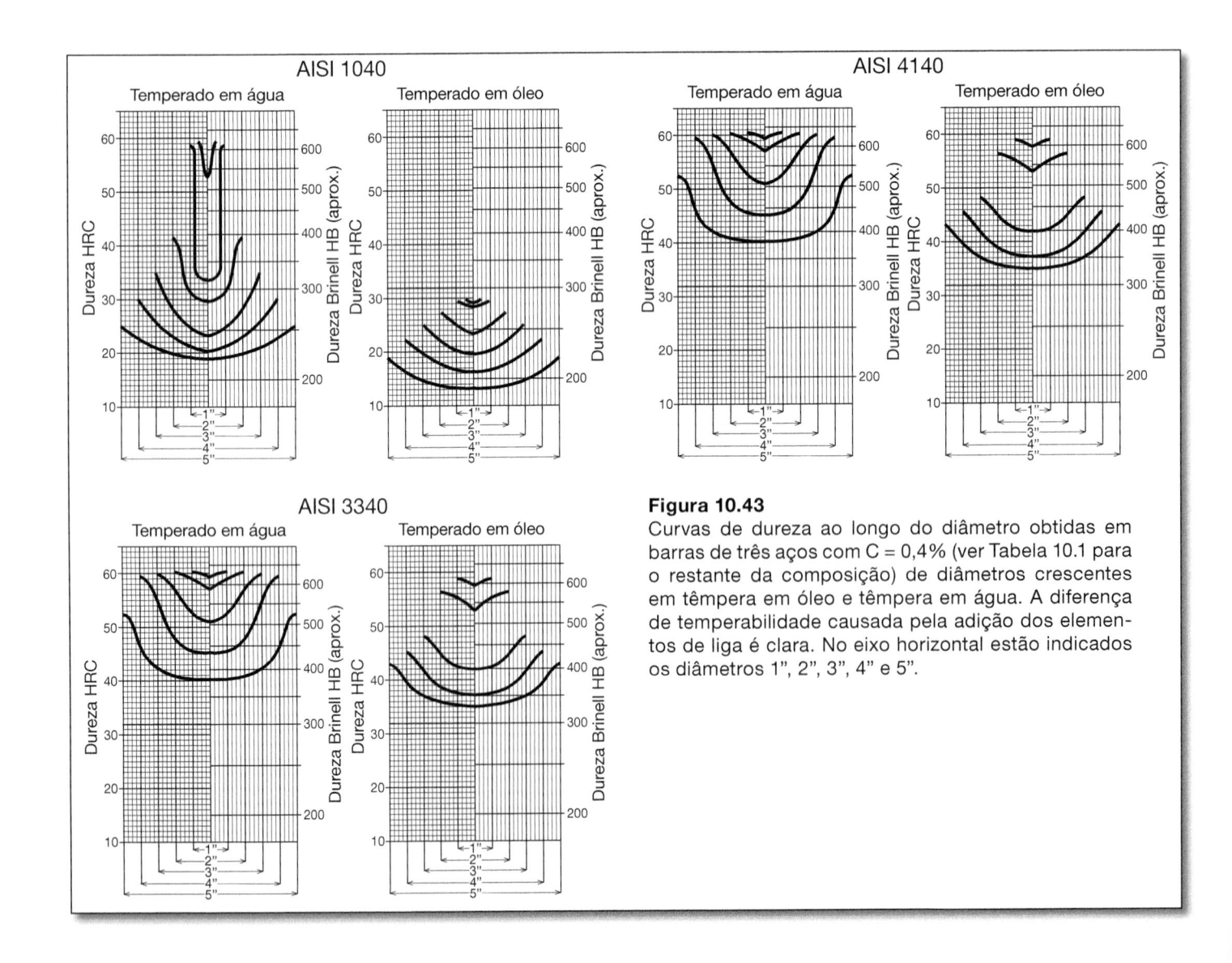

Figura 10.43
Curvas de dureza ao longo do diâmetro obtidas em barras de três aços com C = 0,4% (ver Tabela 10.1 para o restante da composição) de diâmetros crescentes em têmpera em óleo e têmpera em água. A diferença de temperabilidade causada pela adição dos elementos de liga é clara. No eixo horizontal estão indicados os diâmetros 1", 2", 3", 4" e 5".

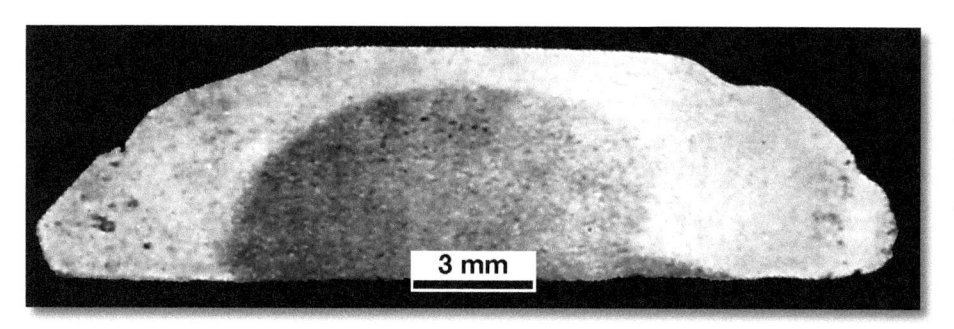

Figura 10.44
Seção transversal de uma lima. A região branca, externa, corresponde à parte temperada e a área cinzenta à região em que o resfriamento não foi suficientemente rápido para formar 100% de martensita. Ataque: Nital.

O exame macrográfico pode fornecer uma indicação da profundidade de têmpera, como mostra a Figura 10.44, embora os limites da "camada temperada" determinados macrograficamente, micrograficamente e pela medida de dureza, raramente coincidam.

4.3.2. Meios de Têmpera e Severidade de Têmpera

A Tabela 10.2 apresenta o fator H determinado para diferentes meios de têmpera, adotando o resfriamento em água como referência (H = 1).

Quanto maior a severidade de têmpera, mais rápido é o resfriamento. Entretanto, o potencial de ocorrência de distorção e trincas também cresce com o aumento da severidade de têmpera.

Como orientação básica para a escolha do meio de têmpera, deve-se considerar que a água deve ser usada para peças de geometria simples, simétrica, em que alguma distorção pode ser tolerada (por exemplo, por meio de usinagem final pós-tratamento). Meios de resfriamento menos drásticos, que promovam menores gradientes de temperatura nas peças, devem ser empregados quando a distorção e a possibilidade de trincas são fatores críticos. De forma geral, a tendência à formação de trincas depende da temperatura M_I e do teor de carbono equivalente do aço escolhido (C_{eq}) (ver item 4.5).

Tabela 10.2
Severidade de têmpera de diferentes meios comparados com a água.

Meio de têmpera	Severidade de têmpera (H)	
Óleo sem agitação	0,2	
Óleo moderadamente agitado	0,5	Crescem: Velocidade de resfriamento / Trincas / Distorção
Óleo violentamente agitado	0,7	
Água sem agitação	1,0	
Água fortemente agitada	1,5	
Salmoura sem agitação	2,0	
Salmoura fortemente agitada	5,0	

O resfriamento em um meio líquido não é um processo simples e tem sido muito estudado, visando aprimorar os processos de têmpera. A Figura 10.45 apresenta os principais fenômenos que ocorrem durante a têmpera em água, e seu efeito sobre a velocidade de resfriamento. Em um primeiro estágio ocorre a formação de uma película de vapor contínua sobre a peça, que retarda em muito o resfriamento. Por este motivo, tem sido comum utilizar aditivos na água para reduzir a extensão deste estágio, que ocorre exatamente na faixa de temperaturas em que se desejaria a maior taxa de resfriamento possível. A temperaturas algo mais baixas, o resfriamento é controlado pela formação e separação de bolhas isoladas na superfície da peça. Neste estágio, a velocidade de resfriamento em água é máxima. Este máximo normalmente já ocorre abaixo do ponto onde as transformações difusionais seriam mais rápidas. Assim, contribui, principalmente, para a geração de tensões residuais. Por fim, o resfriamento se dá sem formação de vapor, por condução e convecção.

A análise da experiência de têmpera e de gráficos com o da Figura 10.45 permite estabelecer algumas recomendações básicas para qualquer tratamento de têmpera:

a) O volume do tanque de têmpera deve ser suficiente para que, ao longo do processo de remoção de calor da peça, a temperatura média do meio de têmpera pouco se altere. Se o meio de têmpera se aquece, a taxa de resfriamento cai. É muito comum o emprego de sistemas de refrigeração do meio de têmpera para garantir esta condição favorável.

b) A temperatura inicial do meio de têmpera deve ser suficientemente baixa. Em algumas normas, limites tais como 40 °C para a temperatura máxima da água ao longo de todo o tratamento são estabelecidos. O aumento da temperatura do meio de têmpera causa redução da velocidade de têmpera. No caso da água, seu poder de resfriamento a temperaturas próximas a 100 °C é cerca de 1/10 daquele experimentado com água a temperatura ambiente.

Figura 10.45
Variação de temperatura no centro de uma barra de aço de 25 mm de diâmetro e taxa de resfriamento correspondente, durante a têmpera em água. Estão indicados, esquematicamente, os três estágios do resfriamento de têmpera e os mecanismos dominantes em cada estágio. Adaptado de [21].

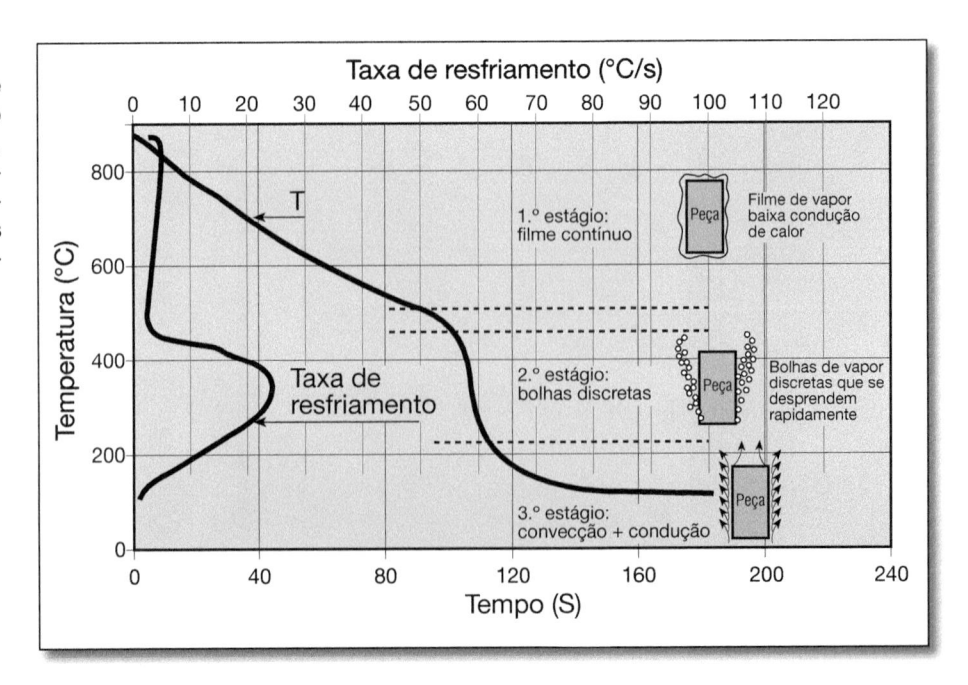

c) O resfriamento não uniforme é apontado como uma das maiores causas de têmpera inadequada e de distorção e trincas de têmpera, superando até a severidade de têmpera como causa de trincas e distorção. Agitação adequada, ao longo de todo o tempo de têmpera é fundamental. A agitação vigorosa colabora para reduzir o primeiro estágio da têmpera ao mínimo possível.

d) O tempo de transferência do forno de austenitização até o tanque de têmpera é crítico, especialmente para peças pequenas, que perdem calor muito rapidamente e podem sofrer transformação parcial antes de serem imersas no tanque.

Embora as fórmulas derivadas do método de Grossmann sejam empregadas até hoje e os princípios derivados por este trabalho pioneiro tenham sido decisivos para o estabelecimento de metodologias de seleção de aços por temperabilidade, o ensaio Jominy, discutido a seguir, é bastante mais barato e permite tabular os dados de cada aço de forma mais compacta sendo, por estes motivos, o método preferido para a medida de temperabilidade.

4.3.3. Ensaio Jominy

O método mais usual para a medida da temperabilidade de aços para a construção mecânica é o ensaio Jominy. Neste ensaio, em um único corpo-de-prova, é gerada uma ampla faixa de velocidades de resfriamento. Após austenitização em condições definidas por norma, a extremidade do corpo-de-prova é resfriada por um jato de água em condições controladas (Figura 10.46). O resultado é que cada posição da superfície do corpo-de-prova resfria com uma velocidade diferente e sofre diferentes transformações. Isto resulta em diferentes durezas, como mostra a Figura 10.47.

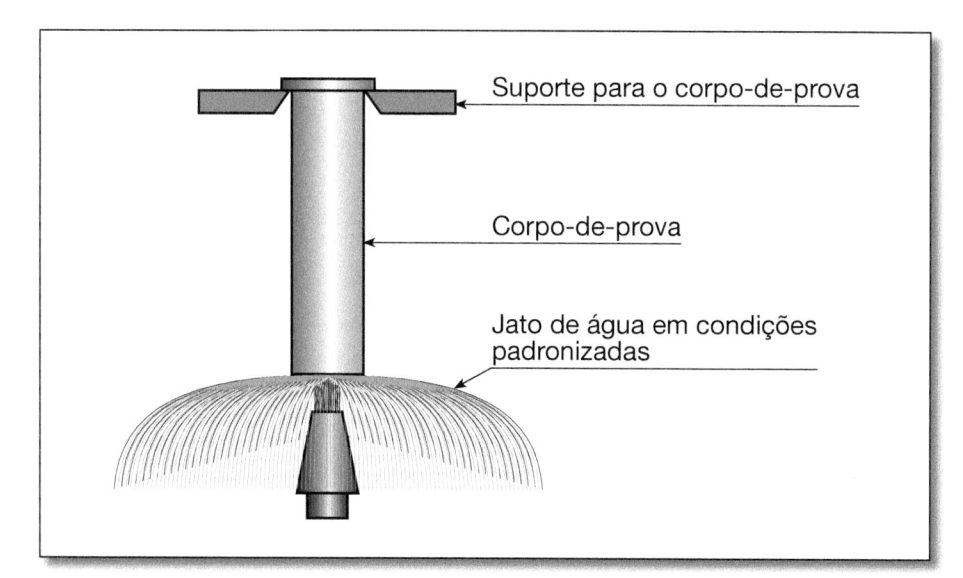

Suporte para o corpo-de-prova

Corpo-de-prova

Jato de água em condições padronizadas

Figura 10.46
Esquema do arranjo do ensaio de temperabilidade Jominy segundo normas SAE J406 ou ASTM A255. As dimensões do corpo-de-prova e todas as demais variáveis do ensaio são padronizadas para garantir a reprodutibilidade das taxas de resfriamento obtidas no corpo-de-prova.[6]

(6) Assista a um ensaio Jominy em: http://www.doitpoms.ac.uk/tlplib/jominy/videoclips.php Faça uma simulação do ensaio Jominy em: http://www.doitpoms.ac.uktlplib/jominy/sim2.php

Figura 10.47

O ensaio Jominy permite obter, em um corpo-de-prova, larga gama de velocidades de resfriamento do aço. Na parte inferior da figura são mostradas as velocidades de resfriamento de diferentes pontos do corpo-de-prova Jominy superpostas a um diagrama TTT e CCT (zona cinzenta). Na parte superior, apresenta-se esquematicamente uma curva Jominy (dureza versus distância no corpo-de-prova) do aço em questão. [2]

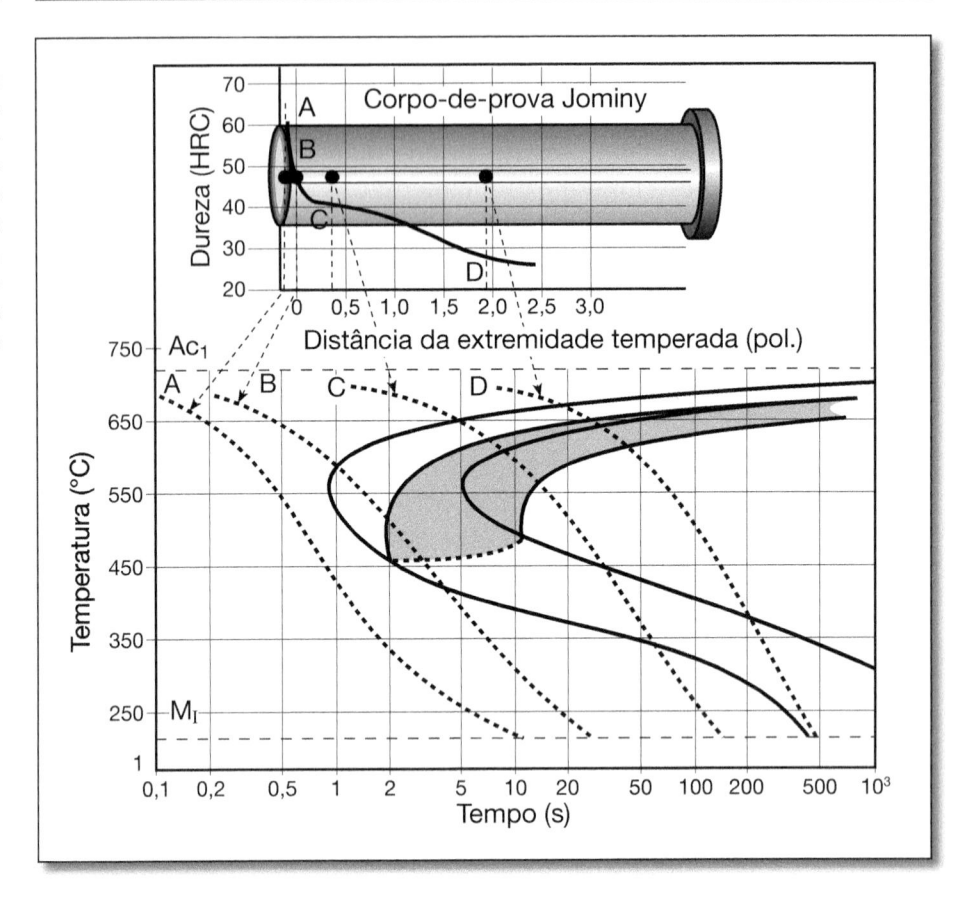

Há métodos bastante bem estabelecidos para correlacionar as taxas de resfriamento em peças reais com as taxas encontradas em corpos-de-prova Jominy. Assim, para aços em que a curva Jominy é conhecida, é possível estimar, para determinada posição em peça de dimensão e geometria conhecida, qual seria sua dureza na condição "como temperado" (ver, por exemplo, [2]).

D. Lober [22] disponibiliza em seu *site*[7], na Internet, metalografias de corpos-de-prova Jominy de diferentes aços a diferentes distâncias da extremidade temperada. Estas micrografias são excelentes referências para avaliar a microestrutura de amostras temperadas.

4.3.4. Métodos de Previsão de Microestrutura por Computador

Há diversas técnicas de previsão de temperabilidade empregando modelos matemáticos. Há dois enfoques mais importantes: (a) modelamento das transformações de fases e (b) ajustes de fórmulas empíricas aos dados de transformações de fases [11, 15].

Dentre os métodos que empregam fórmulas empíricas destacam-se aqueles que estabelecem correlações entre a composição química e as velocidades críticas de transformação dos aços ou com o diâmetro crítico do aço.

Os métodos que usam correlações entre composição e velocidade crítica empregam variações da técnica descrita pelo fluxograma da Figura 10.48. As velocidades críticas empregadas para a previsão da microestrutura são, normalmente, as indicadas no diagrama da Figura 10.49.

(7) http://www.metallograf.de/jominy-eng/jominy.htm

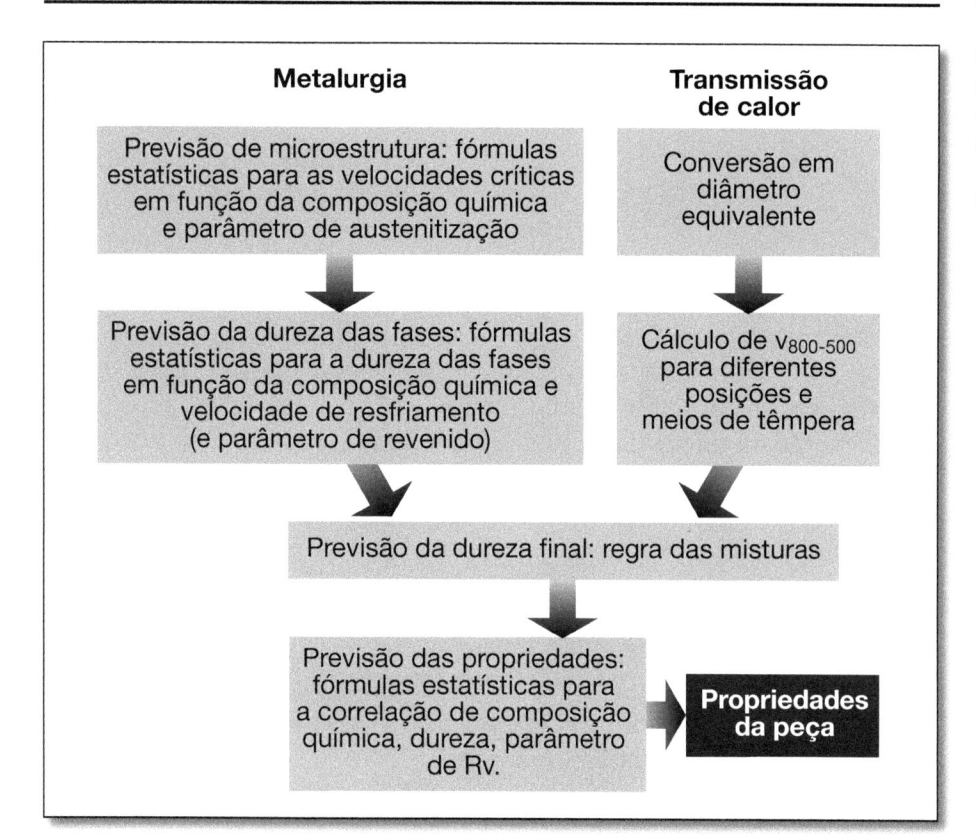

Figura 10.48
Fluxograma básico de um programa de cálculo de propriedades mecânicas de aços em função da temperabilidade ($V_{800-500}$ é a velocidade de resfriamento média nesta faixa de temperatura). [2].

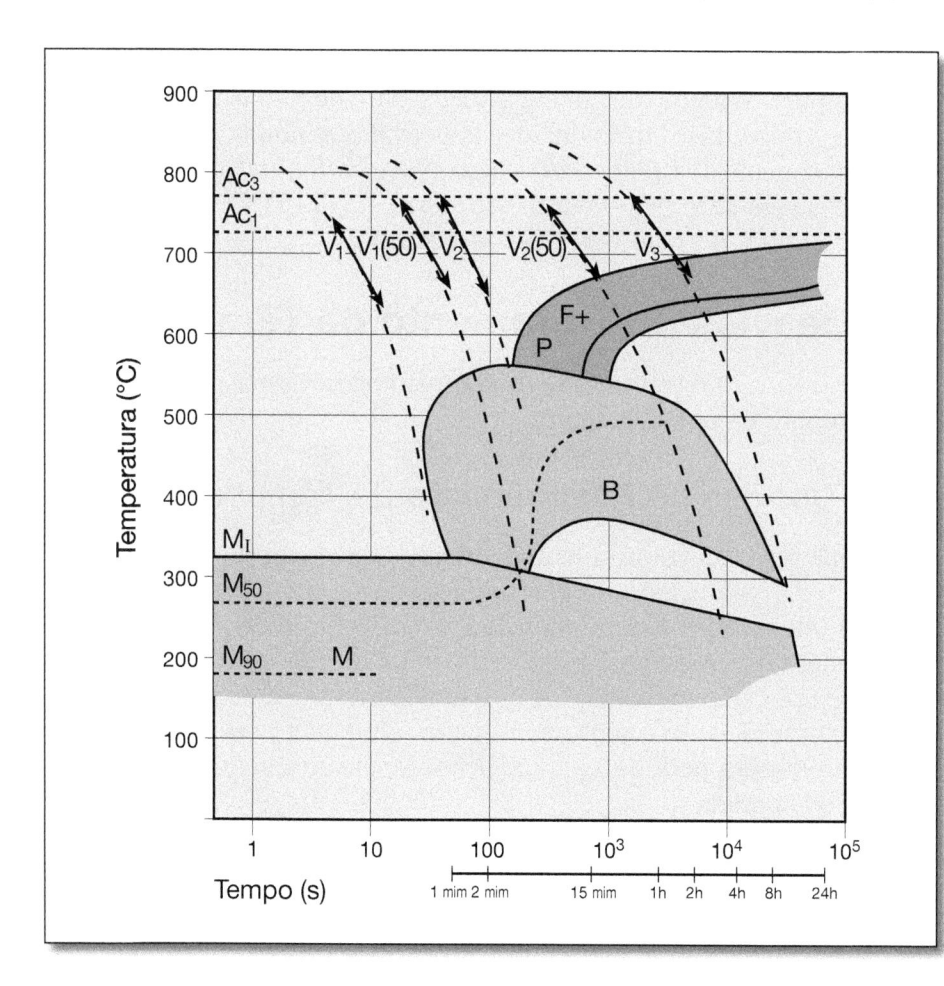

Figura 10.49
Curva CCT de um aço indicando as velocidades críticas para as quais, normalmente, são estabelecidas regressões estatísticas de dados experimentais.

Um exemplo de fórmula para a velocidade crítica de formação de 100% martensita (indicada como V_1 na Figura 10.49) é dado por [11]:

$$\log V_1 = 3,274\ (\%C) + 0,046\ (\%Si) + 0,626\ (\%Mn) + 0,026\ (\%Ni) + \\ + 0,706\ (\%Cr) + 0,675\ (\%Cu) + 0,520\ (\%Mo) - 1,818$$

Naturalmente, também devem ser estabelecidas fórmulas empíricas para considerar o efeito do tamanho de grão austenítico, por exemplo. Existem diversos programas comerciais aplicados para a realização destes cálculos. Um exemplo encontra-se no *site* da editora, www.blucher.com.br, como material de apoio.

O exame metalográfico imediatamente após a têmpera é pouco comum, por dois motivos:

a) Em primeiro lugar, praticamente todas as aplicações de aços submetidos à têmpera envolvem o tratamento subseqüente de revenimento.

b) Peças somente temperadas têm alto nível de tensões residuais internas e são susceptíveis a trincas.

É pratica usual iniciar o revenimento o mais rapidamente possível, após a conclusão da têmpera, portanto.

As Figuras 9.24, 9.32 e 9.38(a) apresentam microestruturas típicas de martensita não revenida. Em geral, a martensita não revenida é atacada lentamente pelos reagentes clássicos como nital e picral.

Como resultado de um projeto de modelamento microestrutural, modelos para o cálculo de curvas TTT e CCT e de previsão de microestruturas, com ênfase em solda, mas aplicáveis em ampla gama de aços, foram desenvolvidos pelo *Oak Ridge National Laboratory* e estão disponíveis em [23]: http://engm01.ms.ornl.gov/TTTCCTPlots.HTML e http://engm01.ms.ornl.gov/AshbyModel.html

4.4. Desvios no Tratamento de Têmpera

Desvios comuns no tratamento de têmpera ocorrem na austenitização para têmpera e no resfriamento, principalmente.

4.4.1. Desvios no Resfriamento de Têmpera

Um problema importante nos tratamentos de têmpera é atingir, efetivamente, a velocidade de resfriamento esperada. Peças pequenas que são temperadas em tanques distantes do forno de austenitização e fornos em que a carga é toda removida e temperada em seqüência (por exemplo, quando a carga é situada sobre um carro móvel que sai do forno) são dois exemplos de situações em que a peça, ao entrar no meio de têmpera pode se encontrar a temperatura significantemente inferior à esperada.

A Figura 10.50 compara o efeito simulado de algumas destas condições sobre as microestruturas obtidas, neste caso. Quando resultados insatisfatórios são obtidos, a análise das microestruturas pode dar indicações importantes sobre eventuais desvios no tratamento térmico.

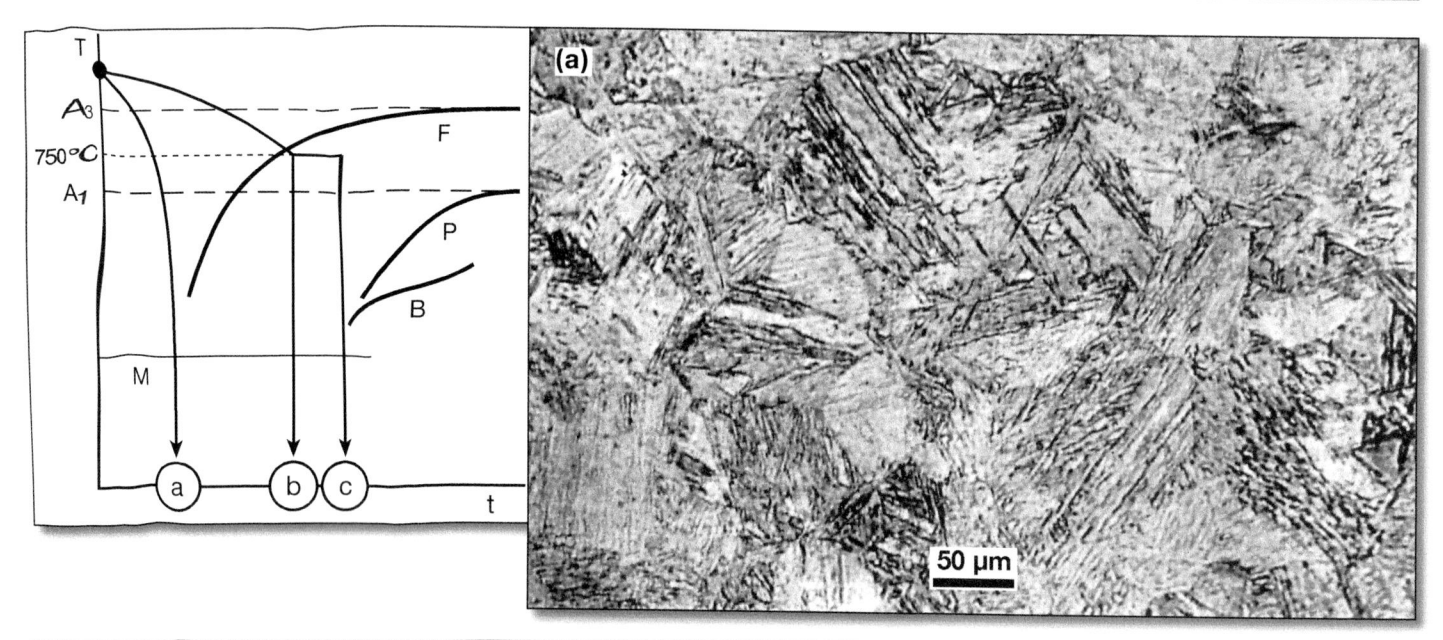

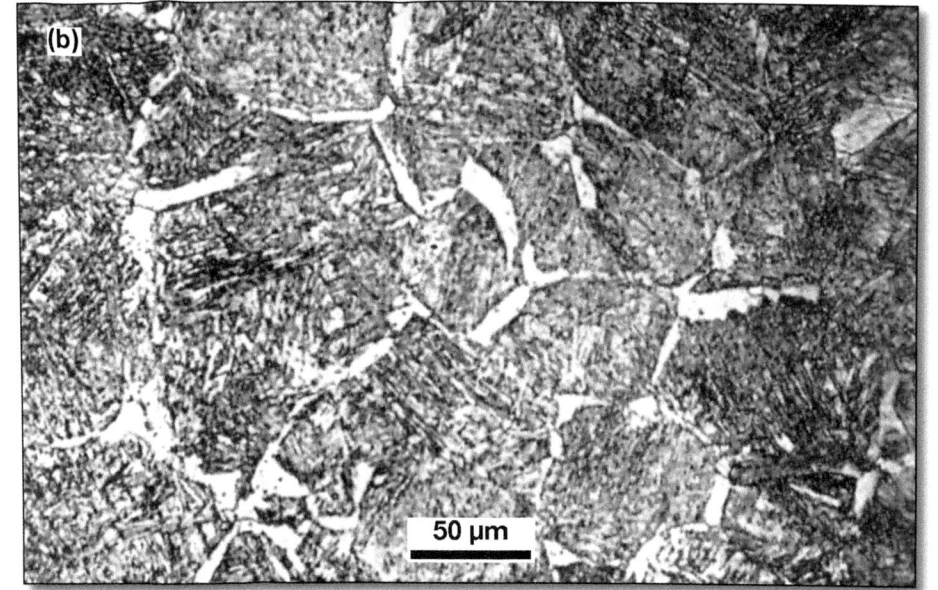

Figura 10.50
Aço com C = 0,2% submetido aos tratamentos esquematizados na curva CCT acima. (a) Têmpera drástica em água com NaOH. Martensita com leve presença de ferrita acicular. (b) Resfriado até 750 °C (na zona crítica) seguido de têmpera drástica. Ferrita pró-eutectóide em rede, nos contornos de grão austeníticos anteriores, e martensita. (c) Resfriado até 750 °C (na zona crítica), mantido alguns minutos nesta temperatura, seguida de têmpera drástica. Ferrita equiaxial e martensita (pode haver bainita). A transformação ferrítica avançou e as regiões não transformadas (mais ricas em carbono) formaram martensita (e, possivelmente, alguma bainita). Ataque: Nital.

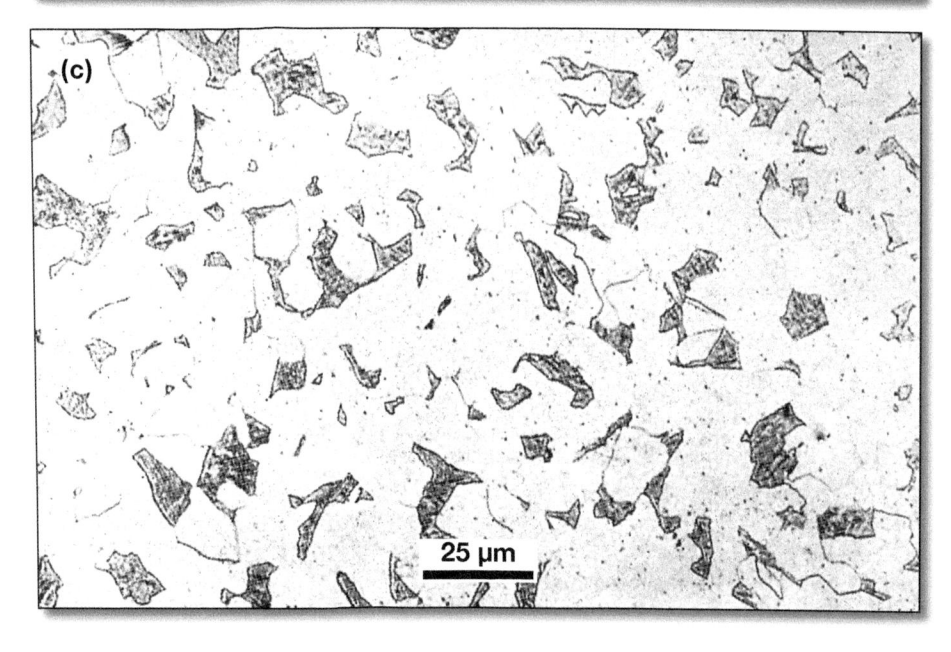

A Figura 10.51 mostra um caso semelhante ao ciclo (b), da Figura 10.50, em um aço com teor mais alto de carbono. Da mesma forma, embora a austenitização tenha sido realizada de forma adequada, a manutenção do aço, por um breve período a 700 °C, permitiu que a austenita começasse a se transformar em ferrita, como discutido no Capítulo 9.

Quando as condições de resfriamento não são adequadas para se ultrapassar a velocidade crítica para a formação de martensita, outros constituintes são formados. O mais freqüente é que estes constituintes nucleiem nos contornos de grão austeníticos anteriores. Têmperas realizadas nestas condições podem ser denominadas têmperas brandas ou *slack quenching*. Em aços de baixo carbono, observa-se a formação de ferrita com diversas morfologias, como discutido no Capítulo 9.

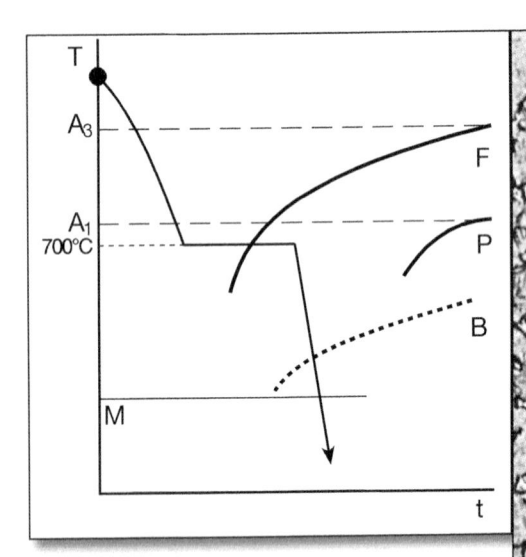

Figura 10.51
Aço com C = 0,5%. Curva CCT com ciclo térmico superposto, esquematicamente. Embora austenitizado corretamente, o aço foi resfriado até 700 °C e mantido nesta temperatura por alguns segundos[8] antes da têmpera. (a) Ferrita pró-eutectóide formando rede nos contornos de grão austeníticos anteriores e martensita. (b) Aspecto com maior aumento da região delineada na figura (a). Comparar a morfologia da ferrita com os alotriomorfos apresentados no Capítulo 9. Ataque: Nital.

(8) O tempo necessário para a formação de ferrita pró-eutectóide a esta temperatura, como esquematizado na curva CCT da figura, depende da composição química do aço e do tamanho de grão austenítico.

Nos aços de médio e alto carbono, quando a velocidade de resfriamento é elevada, mas não o suficiente para a formação de martensita, observa-se a formação de perlita fina e de bainita, como mostram as Figuras 10.52 a 10.54. No passado, estes constituintes foram chamados de "troostita" [24, 25]. A dificuldade de observação em microscopia ótica levou a que os constituintes resultantes da decomposição da austenita "entre" a perlita e a martensita, fossem chamados de troostita e de sorbita[9] [24]. Além disto, os constituintes decorrentes das transformações de decomposição da austenita foram, de alguma forma, confundidos com as microestruturas obtidas no revenimento durante muitos anos, [25, 27]. O que hoje é chamado bainita era designado como troostita e sorbita, embora perlita muito fina e martensita revenida também fossem classificadas como estes constituintes [27]. Como

Figura 10.52
Aços de médio carbono temperados com velocidade de resfriamento insuficiente para a transformação completa para martensita (a) Aço com C = 0,5%. Perlita fina e bainita (alongada) formada a partir dos contornos de grão austeníticos anteriores, em matriz martensítica. Ataque: Nital. (b) Perlita fina e bainita formadas a partir dos contornos de grão austeníticos anteriores em matriz martensítica. O tamanho do grão austenítico anterior (revelado pela perlita) sugere superaquecimento na têmpera.

(9) Henry Clifton Sorby (1826-1908) de Sheffield, Inglaterra, foi, reconhecidamente, o pioneiro da metalografia. O fato de o constituinte nomeado em sua homenagem não ser um único constituinte levou C. S. Smith, em 1953 [26] a sugerir que a perlita passasse a ser chamada de sorbita.

Figura 10.53
(a) Aço com C = 0,5% (barra de 10 mm de diâmetro, temperada em óleo a 200 °C). Perlita fina e bainita a partir dos contornos de grão austeníticos prévios em uma matriz martensítica. (b) Detalhe da área assinalada em (a). A diferença de ataque entre a bainita e a martensita não revenida é clara. Ataque: Nital.

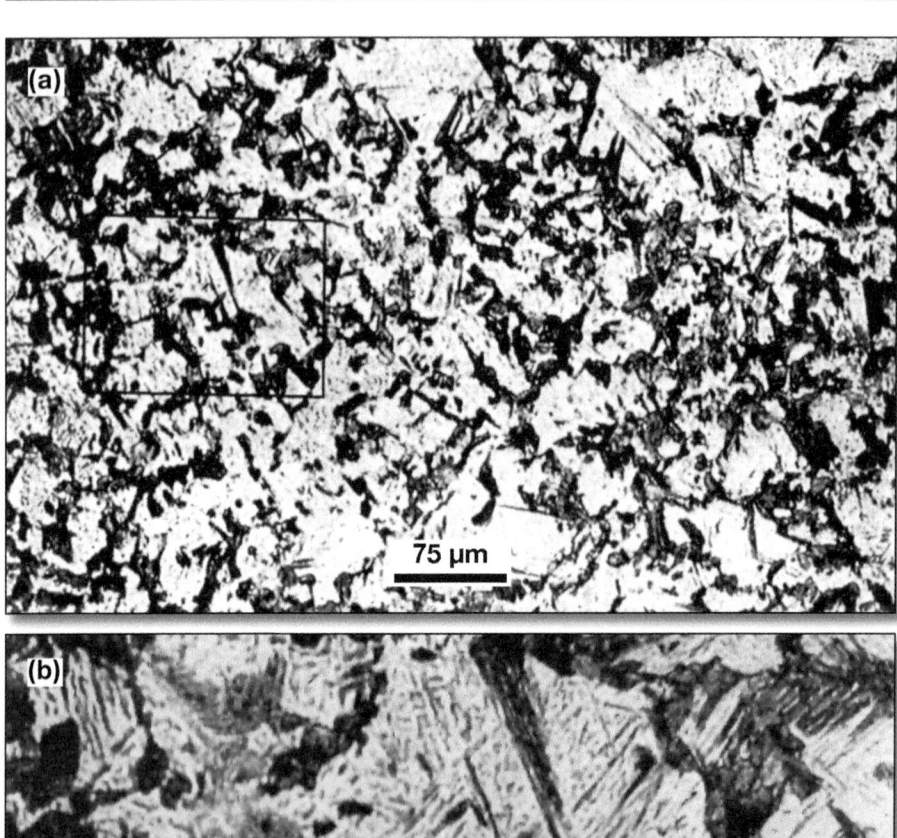

Figura 10.54
Aço com C = 0,5% submetido a têmpera branda. Perlita fina e bainita e matriz martensítica. No topo da figura, à esquerda, há uma trinca de têmpera. A bainita é escura e acicular. As colônias de perlita são equiaxiais (ou granulares). Ataque com Picral a 4%, 30 s.

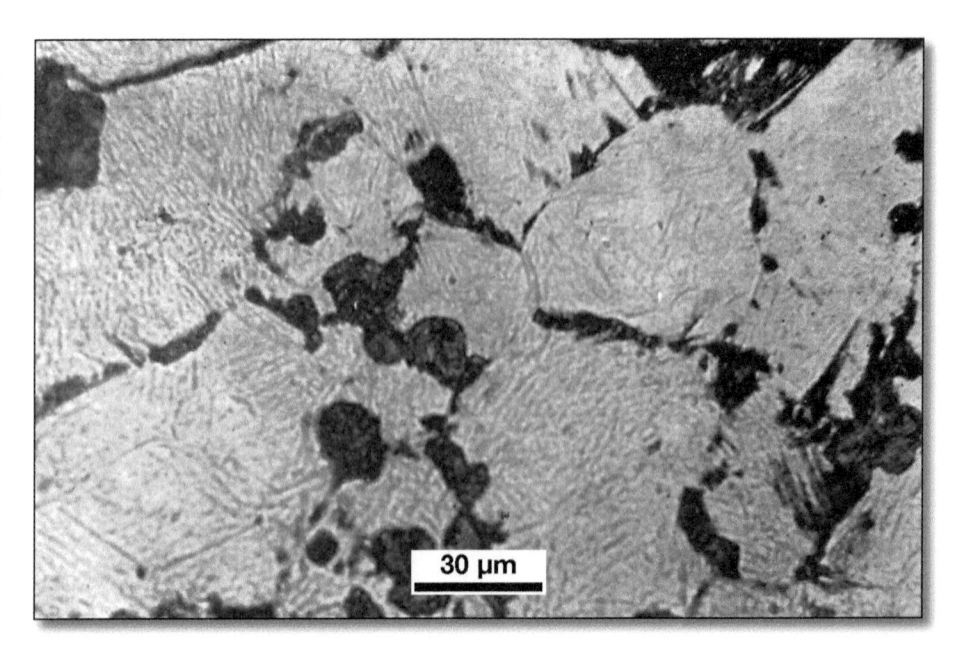

discutido no Capítulo 9, contribui para a confusão o fato de que as morfologias de bainitas obtidas isotermicamente podem ser bastante diversas daquelas obtidas em resfriamento contínuo. Presentemente, os termos sorbita e troostita não são mais recomendados na metalografia dos aços [25, 27, 28].

4.4.2. Desvios no Aquecimento para a Têmpera

Além dos desvios descritos no item 3.1.1, exemplificado na Figura 10.55 para o caso de têmpera, não é incomum encontrar aquecimentos insuficientes, como discutido no Capítulo 9. Tanto austenita não homogênea como, em casos mais dramáticos, dissolução incompleta das fases anteriores, podem ocorrer. A Figura 10.56 apresenta o resultado do aquecimento intercrítico do mesmo aço da Figura 10.51. Este tipo de problema pode ocorrer por erros de medição de temperatura ou falta de homogeneidade do forno ou ainda, no caso de aços de composição química mais complexa, pelo desconhecimento das temperaturas A_1 e A_3 exatas do aço a ser tratado.

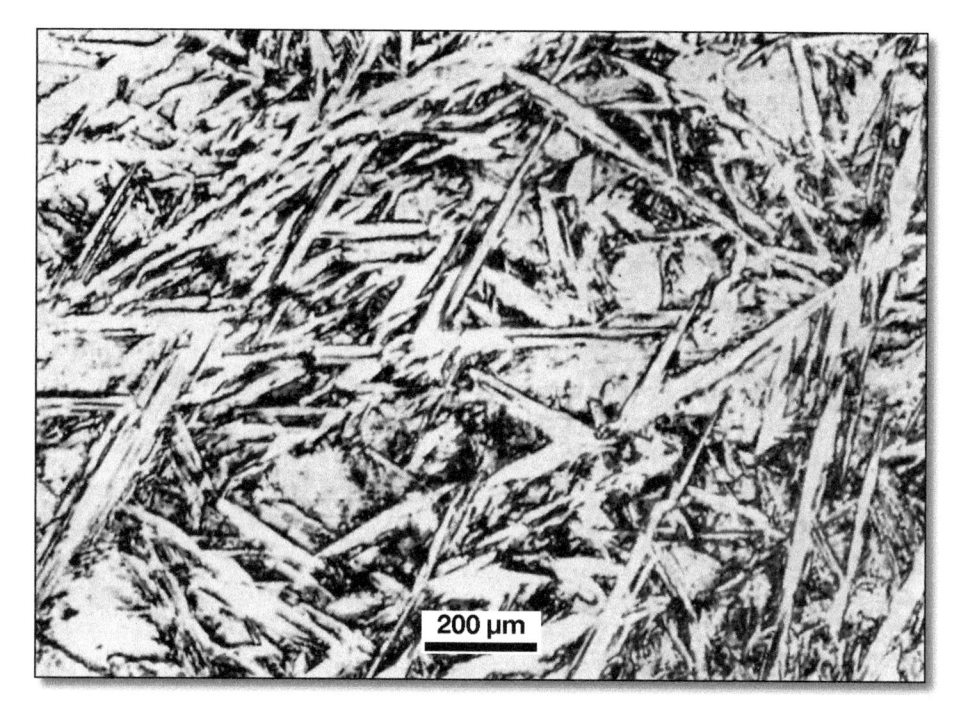

200 µm

Figura 10.55
Aço de alto carbono temperado depois de superaquecido no campo austenítico. Martensita muito grosseira. Ataque: Nital.

Figura 10.56
O mesmo aço da Figura 10.51 austenitizado dentro da zona crítica (a 735 °C). Nesta temperatura, em equilíbrio, o aço teria frações volumétricas de 25% de ferrita e 75% de austenita. (a) Material temperado, ilhas de ferrita em matriz martensítica. (b) Aspecto com maior aumento da região delineada na figura (a). Ferrita em ilhas, não dissolvida, e martensita. Os contornos da ferrita são côncavos (comparar com a Figura 10.51 (b)), sugerindo que a ferrita estava se dissolvendo na austenita e não crescendo a partir daquela fase. Ataque: Nital.

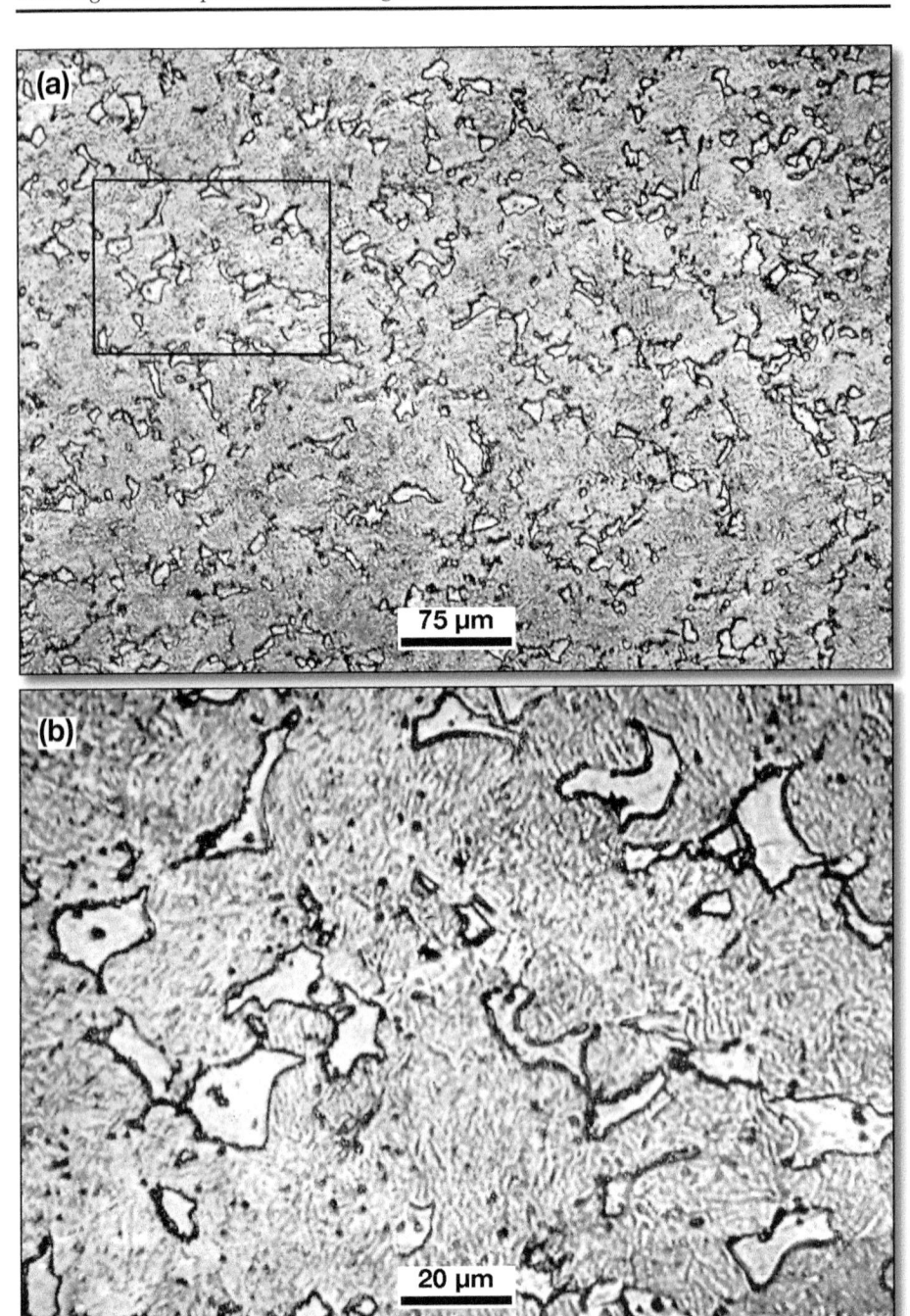

4.5. Trincas de Têmpera

No resfriamento ou aquecimento de qualquer peça de aço surgem tensões decorrentes da heterogeneidade de temperatura na peça e da dilatação ou expansão térmica. No caso dos resfriamentos rápidos de têmpera esta questão é agravada pela combinação de dois fatores:

a) Maior heterogeneidade de temperatura, associada ao resfriamento rápido, que cria gradientes de temperatura no interior da peça e, conseqüentemente, gradientes de tensão, associados às diferentes expansões (ou contrações) térmicas.

b) A dramática variação de volume associada à transformação martensítica que ocorre à medida que as diferentes regiões da peça vão atingindo a temperatura M_I.

A Figura 10.57 mostra medidas dilatométricas para o resfriamento lento e para a têmpera de um mesmo aço. O efeito da expansão na formação da martensita é claro.

A Figura 10.58 apresenta, esquematicamente, o efeito da superposição das tensões térmicas às tensões de transformação martensítica em uma peça de geometria simples. É evidente que o tratamento de têmpera, com formação de martensita, introduz um nível significativo de tensões no material. Estas tensões podem originar trincas de têmpera, caso medidas preventivas não sejam consideradas.

A Figura 10.59 mostra uma correlação desenvolvida entre a composição química do aço e a tendência à ocorrência de trincas de têmpera. A Figura 10.60 mostra uma trinca diretamente ligada às tensões de têmpera. As trincas de têmpera são, normalmente, intergranulares. Os aços com maior tamanho de grão austenítico e menores temperaturas M_I são os mais susceptíveis à ocorrência de trincas de têmpera.

É importante considerar, entretanto, que nem sempre o emprego de um meio de têmpera que causa resfriamento rápido é a única causa do aparecimento de trincas na têmpera [30]. A presença de camadas espessas de óxido no interior da trinca ou a evidência de descarbone-

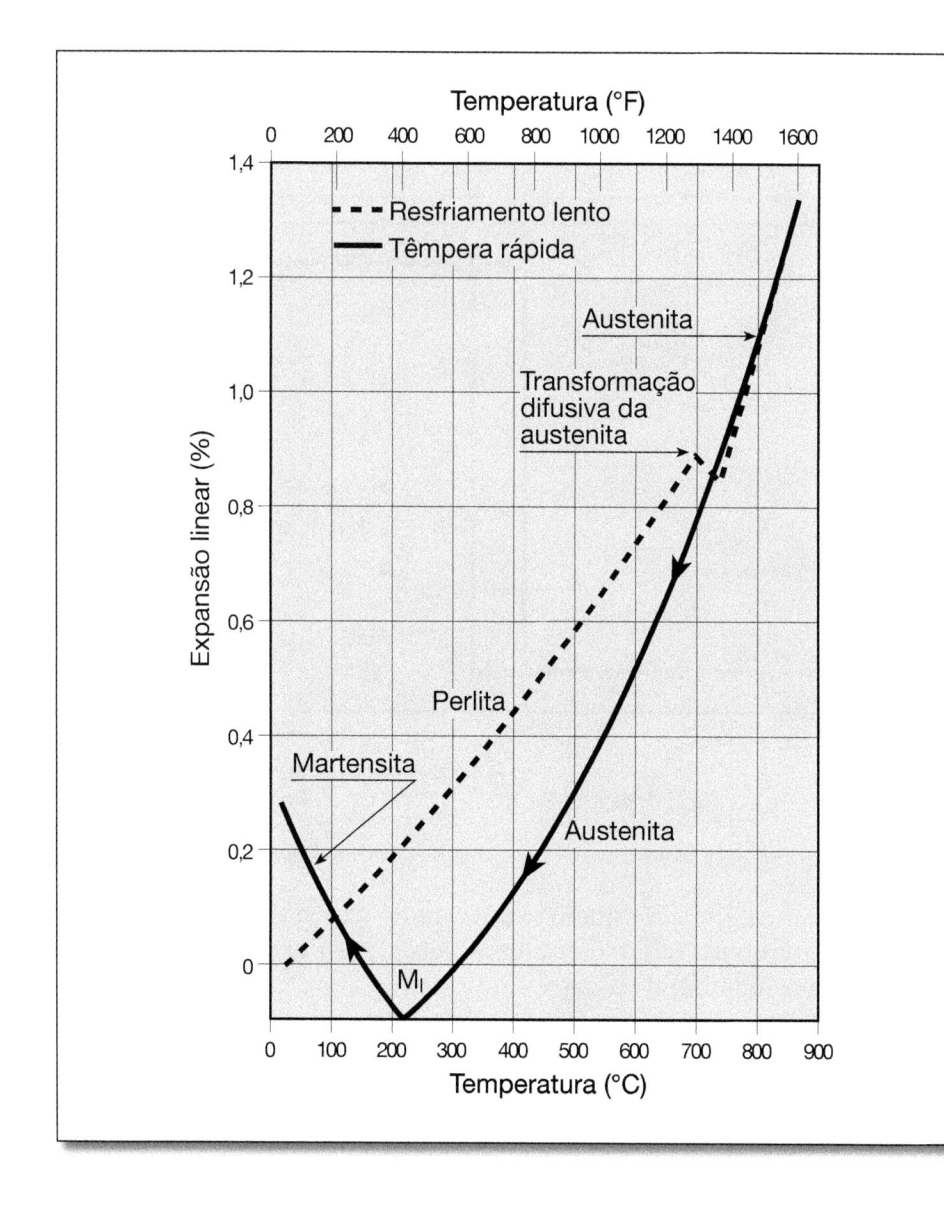

Figura 10.57
Medidas dilatométricas da variação de comprimento (expansão linear) de aço resfriado lenta ou rapidamente. No resfriamento lento a variação de volume associada à decomposição da austenita ocorre a temperaturas elevadas, quando o material é muito dúctil e tem baixa tensão de escoamento. As tensões são facilmente acomodadas. No resfriamento subseqüente há a contração térmica. Na têmpera a contração da austenita ocorre até o material atingir a temperatura M_I quando se inicia a expansão associada à transformação martensítica. Nesta temperatura o material já tem tensão de escoamento elevada e a ductilidade da martensita não-revenida é baixa. Adaptado de [21].

Figura 10.58
Representação esquemática do estabelecimento de tensões durante a têmpera
em água de um bloco de aço. Adaptado
de [29].

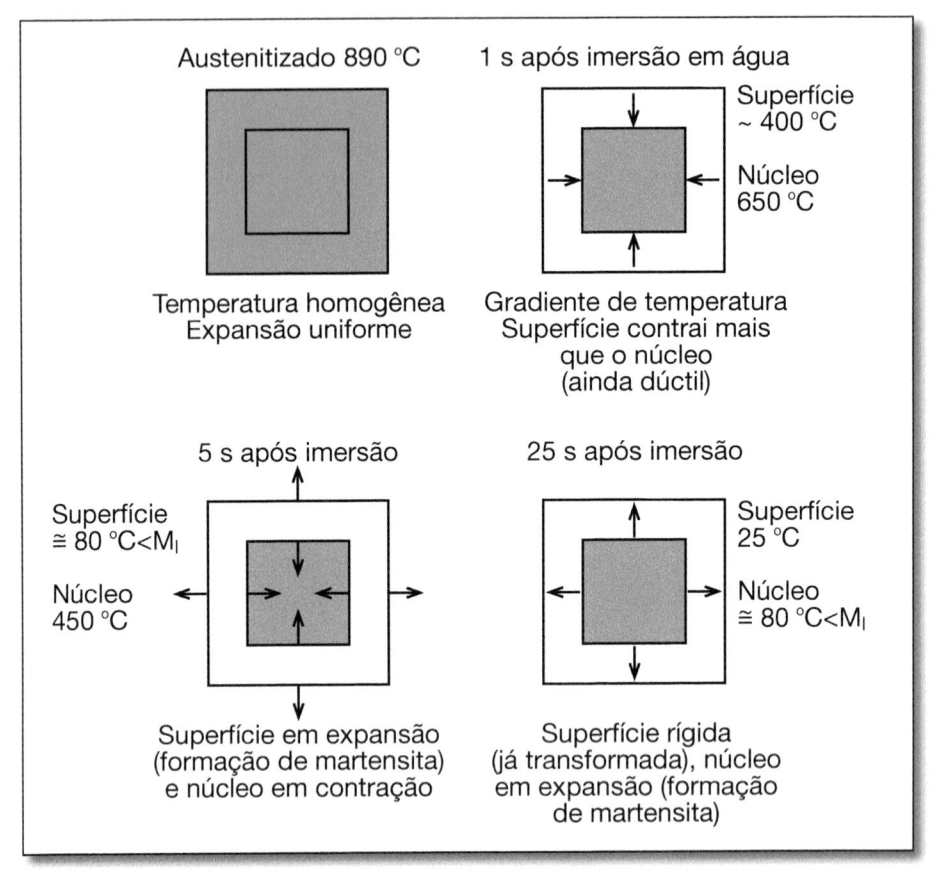

Figura 10.59
Tendência à trinca de têmpera em função
do teor de "carbono equivalente" empregado como medida de temperabilidade.
Adaptado de [11].

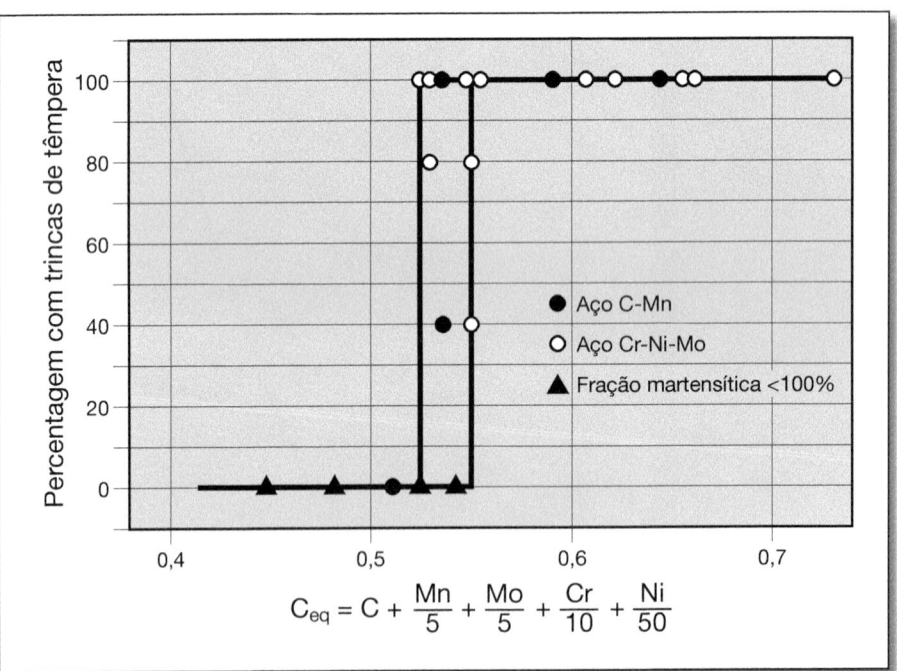

tação, na trinca, indicam que não se trata de trinca de têmpera recente. Após a têmpera não existem condições para que tais fenômenos
ocorram, mesmo quando a peça é revenida.

Quando o resfriamento não é suficientemente uniforme, ocorrendo, por exemplo, áreas de fluido estagnado, ou com baixa circulação,
as tensões podem ser também suficientes para causar trincas. Neste
caso, a heterogeneidade de microestrutura e de dureza são sinais que

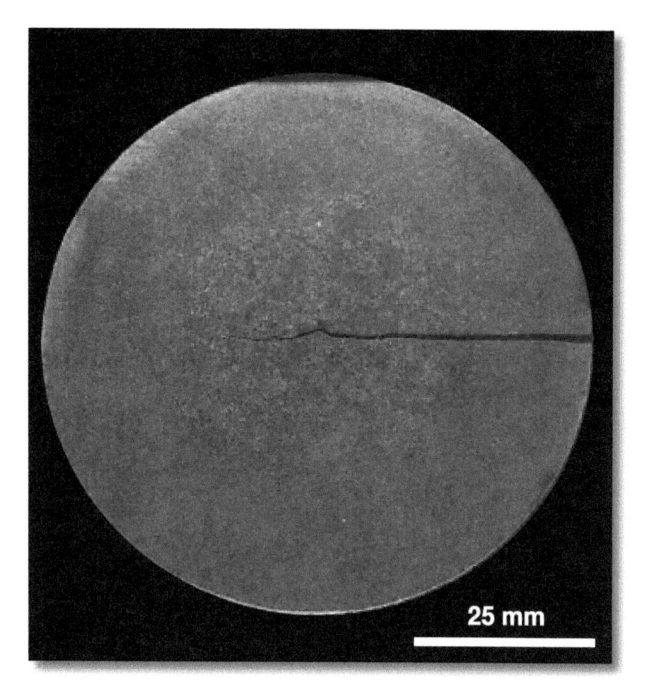

Figura 10.60
Trinca originada por tensões de têmpera em barra cilíndrica de aço AISI 4340. [31]. Reproduzido com autorização da ASM.

podem indicar a causa do problema. Uma discussão bastante completa, com vários exemplos, de trincas observadas em peças temperadas, pode ser encontrada em [31][10].

Concentradores de tensão são, também, fontes comuns de falha em têmpera. O projeto da peça a ser temperada deve evitar transições de seção bruscas assim como garantir a presença de raios de arredondamento adequados em todas as transições. Marcas de usinagem ou de esmerilhamento podem ser fontes de trincas, também.

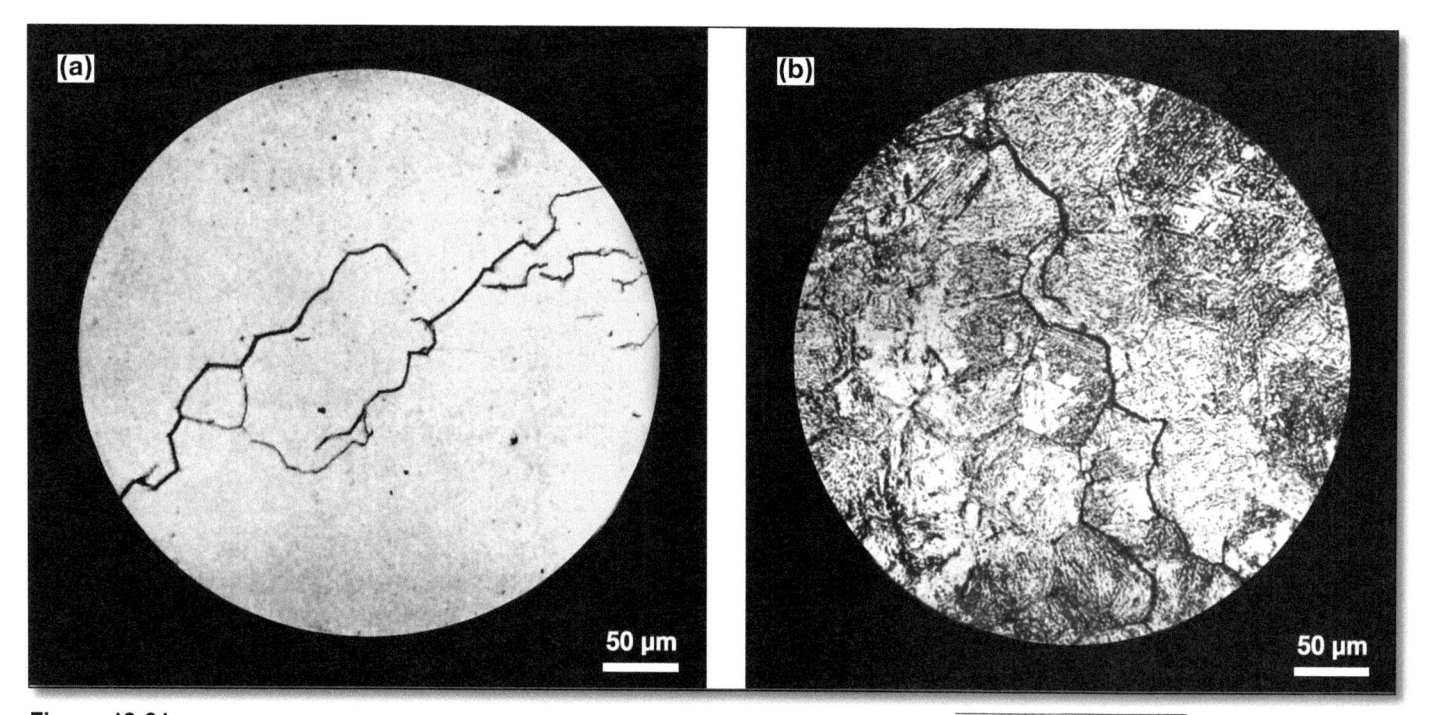

Figura 10.61
Trinca em aço temperado (a) sem ataque. (b) Ataque: água régia. A trinca percorre os contornos de grão austeníticos prévios.

(10) Disponível em:
http://www.tenaxol.com/quenchcracking/quenchcracking.htm e
http://www.quenchtek.com/tech_paper.shtml

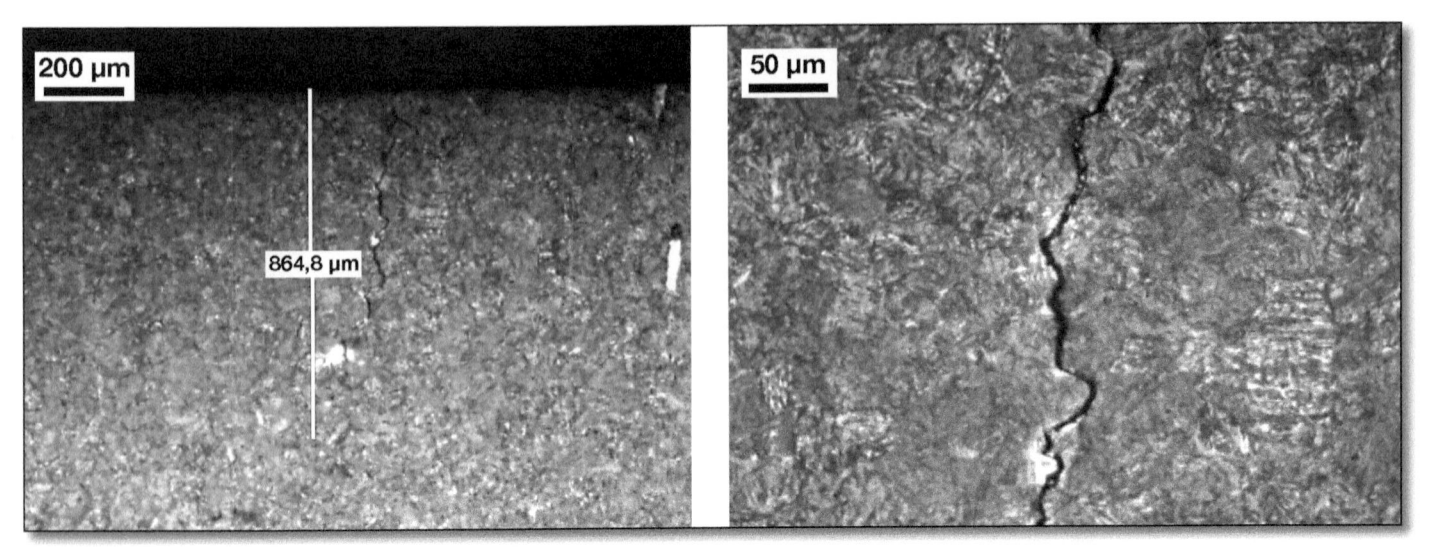

Figura 10.62
Trinca de têmpera em contornos de grão austeníticos anteriores. Houve crescimento excessivo do grão austenítico durante o aquecimento para a têmpera. Ataque: Nital 2%. Cortesia M. M. Souza, Neumayer-Tekfor, Jundiaí, Brasil.

5. Revenimento

As microestruturas martensíticas, diretamente obtidas da têmpera têm, em geral, um nível de tensões residuais excessivo e ductilidade e tenacidade muito baixas para permitir seu emprego na maior parte das aplicações. É necessário realizar um tratamento térmico subseqüente, chamado de revenimento (ou revenido), que produz alterações microestruturais e alivia as tensões decorrentes da têmpera, para que as peças possam ser empregadas.

O revenimento consiste no aquecimento a temperaturas inferiores a temperatura A_{c1} para aumentar a ductilidade e tenacidade e ajustar a resistência mecânica ao nível desejado e promover alívio de tensões.

5.1. Transformações no Revenimento

A martensita, constituinte desejado nos tratamentos de têmpera, é um constituinte metaestável. O aquecimento, mesmo abaixo da zona crítica, favorece a transformação em fases mais próximas do equilíbrio, até, eventualmente, atingir-se microestruturas compostas por ferrita e cementita (ou carbonetos de elementos de liga, dependendo da composição química do aço). As várias etapas deste processo são extremamente complexas. Entretanto, diversas combinações de propriedades extremamente interessantes podem ser obtidas no processo de revenimento. A Figura 10.63 apresenta as alterações de propriedades mecânicas que ocorrem no revenimento de aços, exemplificadas para dois aços.

O comportamento geral, no revenimento, é a redução da dureza, resistência mecânica e aumento da ductilidade, como indicado. Em alguns casos, especialmente aços-ferramenta, pode ocorrer aumento da dureza no revenido, causado principalmente por endurecimento por precipitação. Este fenômeno é chamado endurecimento secundário. Por outro lado, é difícil generalizar o comportamento da tenacidade no revenido. Enquanto a tendência geral é que o aumento da temperatura de revenimento conduza ao aumento da tenacidade, isto não ocorre de forma uniforme e, em algumas faixas de temperatura, fenômenos de redução da tenacidade (fragilização) podem ser observados. Os fenômenos que originam estas reduções de tenacidade são especialmen-

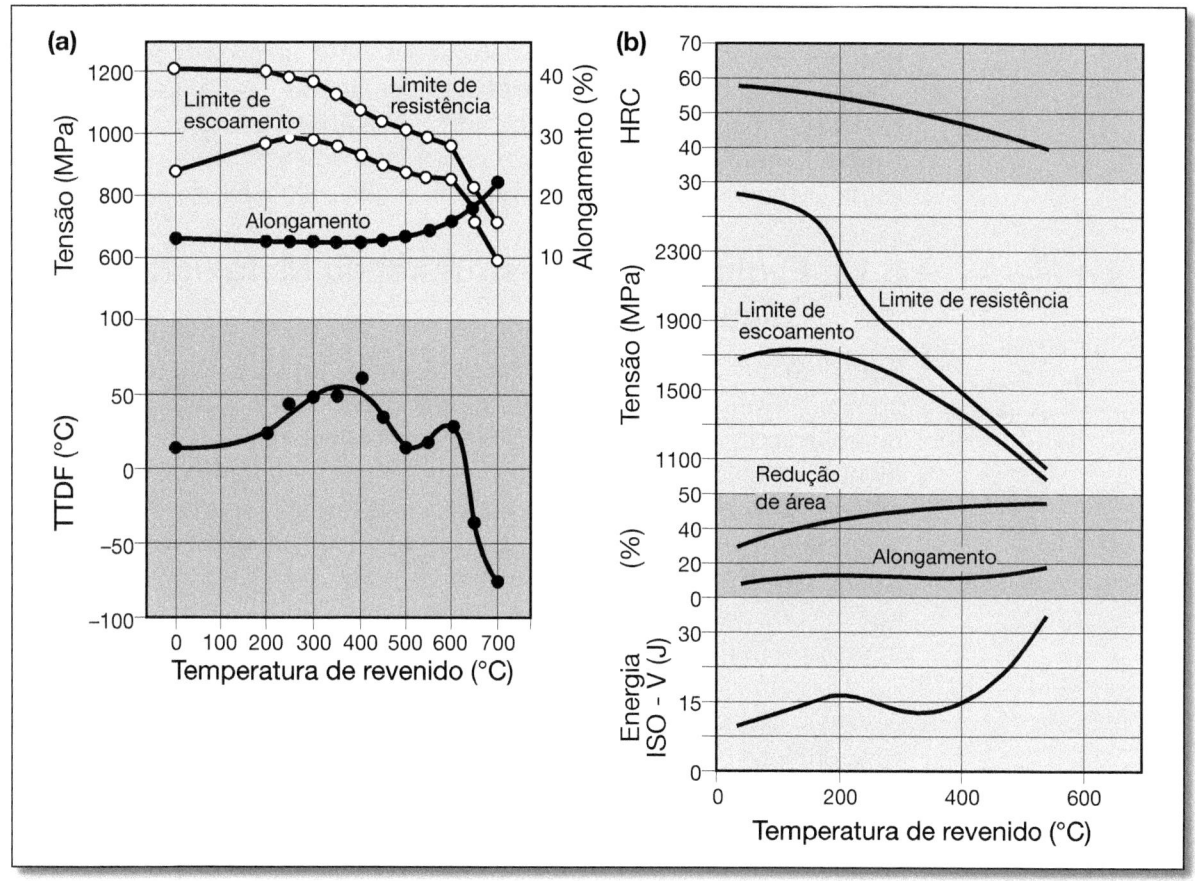

Figura 10.63
(a) Efeito do revenimento sobre as propriedades mecânicas de um aço com C = 0,12%, Si = 0,3%, Mn = 0,83%, Cu = 0,3%, Ni = 1,1%, Cr = 0,53%, Mo = 0,49%, V = 0,03%, Al = 0,03%. TTDF é a temperatura de transição dúctil-frágil medida pelo aspecto da fratura (FATT[11]). Quanto menor a TTDF, mais tenaz é o material. Adaptado de [11]. (b) Efeito do revenimento sobre as propriedades mecânicas do aço AISI 4340. Adaptado de [32].

te importantes por não se manifestarem, normalmente, em nenhuma outra propriedade do aço nem através de alterações microestruturais facilmente identificáveis.

Do ponto de vista metalúrgico, as transformações que ocorrem no revenido da martensita podem ser descritas pela seguinte seqüência de estágios ([2, 11]):

a) Redistribuição dos átomos de carbono, até cerca de 100 °C.

b) Precipitação de carbonetos na faixa de 100 a 300 °C. Além dos carbonetos ε, nos aços de teor de carbono mais elevado pode ocorrer a precipitação de cementita ou cementita combinada com carbonetos χ. (Em alguns aços, elementos que dificultam a formação de carbonetos, tais como silício, são adicionados visando viabilizar revenimentos a temperaturas relativamente baixas).

c) A austenita retida em aços de médio e alto carbono se decompõe na faixa de 200 a 300 °C (precipitação de carbonetos na austenita, reduzindo seu teor de carbono, viabilizando a formação de martensita no resfriamento pós-revenimento).

d) Acima de cerca de 300 °C inicia-se o processo de recuperação e recristalização da martensita (com eliminação de discordâncias) combinado com o crescimento e esferoidização das partículas de cementita. Estes processos resultam em queda de dureza e resistência mecânica (ver Capítulo 12).

e) Na faixa entre 500 e 650 °C, no caso de aços contendo elementos de liga formadores de carbonetos, pode ocorrer a precipitação de carbonetos destes elementos, tais como V_4C_3, Mo_2C etc. o que causa um aumento de resistência e dureza.

(11) FATT – *Fracture appearance transition temperature*. Temperatura em que o aspecto da fratura é 50% dúctil, conforme ASTM A370.

A maior parte destes processos se passa em uma escala que não é passível de ser acompanhada, detalhadamente, através de microscopia ótica. O principal efeito que se observa em metalografia ótica, no revenimento, é o aumento da velocidade com a qual a estrutura é atacada, à medida que carbonetos são precipitados e, posteriormente, a presença de carbonetos coalescidos, quando o revenido é muito longo.

5.1.1. Evolução Microestrutural na Metalografia Ótica

À medida que a martensita é revenida, com a precipitação de finos carbonetos, a velocidade de ataque químico aumenta. Da mesma forma, a microestrutura acicular tende a ficar menos bem definida com o revenimento. A Figura 10.64 compara a microestrutura temperada à baixa e à alta temperatura de aços AISI 43xx, com diferentes teores de carbono.

Como o revenimento é um fenômeno termicamente ativado, o efeito comparativo de tempo e temperatura pode ser obtido por meio de análises baseadas na equação de Arrhenius. O parâmetro de Holloman-Jaffe [34] foi desenvolvido para este fim.

Combinações de tempo (em horas) e temperatura (em Kelvin) que resultem no mesmo valor do parâmetro produzem o mesmo efeito de revenimento no aço[12].

$$P = T(\text{em K}) \cdot [C_{HJ} + \log(t(\text{em h}))] \quad P = \text{Parâmetro}$$
$$C_{HJ} = 20 \quad\quad\quad\quad\quad\quad\quad\quad\quad \text{de Holloman-Jaffe}$$
ou
$$C_{HJ} = 21,53 - (5,8 \times \%C)$$
$$C_{HJ} = \text{Constante da equação de Holloman-Jaffe}$$

Inoue propôs, em 1980 [35], uma formulação que permite a soma (e a integração) do efeito do tempo ao longo de qualquer ciclo de revenimento com temperaturas entre 400 e 700 °C e 0,1 e 1000 h, para aços carbono e baixa liga (construção mecânica). Neste caso, o parâmetro $\lambda = \log C$ representa o efeito de um determinado tempo (em h) a uma certa temperatura (em K) e existe uma aditividade do parâmetro C de cada ciclo.

$$\lambda = \log C = \log t - \left(\frac{Q}{2,3RT}\right) + K$$

$$Q = 12 + 5,23(\%Mn) + 2,39(\%Cr) + 27,6(\%Mo) \text{ J/mol}$$

$$R = 8,314 \text{ J/mol}$$

$$K = 50$$

O efeito de ciclos combinados é obtido pela soma:

ou
$$C_{\text{total}} = C_1 + C_2 + ... + C_N$$
$$\lambda_{\text{total}} = \log(10^{\lambda_1} + 10^{\lambda_2} + ... + 10^{\lambda_n})$$

Este tipo de avaliação é especialmente útil quando se realizam vários ciclos de revenimento ou quando se deseja comparar os efeitos de ciclos de revenimento e de alívio de tensões. A Figura 10.65, por exemplo, mostra as alterações microestruturais sofridas por um material temperado e revenido quando submetido a alívio de tensões por diferentes tempos a uma temperatura que deve ser superior àquela empregada no revenimento.

(12) Se as temperaturas forem muito diferentes ou se incluírem a faixa de fragilização (item 5.2), esta comparação não deve ser aplicada, pois fenômenos diferentes estarão ocorrendo.

Figura 10.64(a) — AISI 4320 – 200 °C
Efeito da temperatura de revenimento sobre a microestrutura em aços com a composição básica AISI 43xx e diferentes teores de carbono. O aumento da temperatura de revenimento diminui o aspecto acicular. Observar, também, nas microestruturas revenidas a 200 °C, as diferentes morfologias da martensita, em função do teor de carbono. Cortesia L. Sandor [33].

Figura 10.64(b) — AISI 4320 – 600 °C

Figura 10.64(c) — AISI 4340 – 200 °C

Figura 10.64(d) — AISI 4340 – 600°C

Figura 10.64(e) — AISI 4360 – 200°C

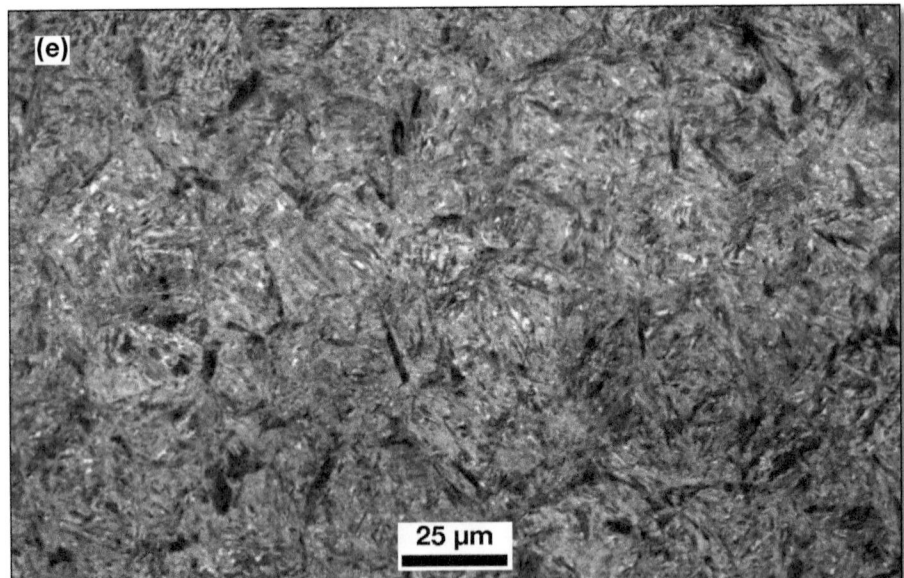

Figura 10.64(f) — AISI 4360 – 600°C

Figura 10.64(g) — AISI 4380 – 200°C

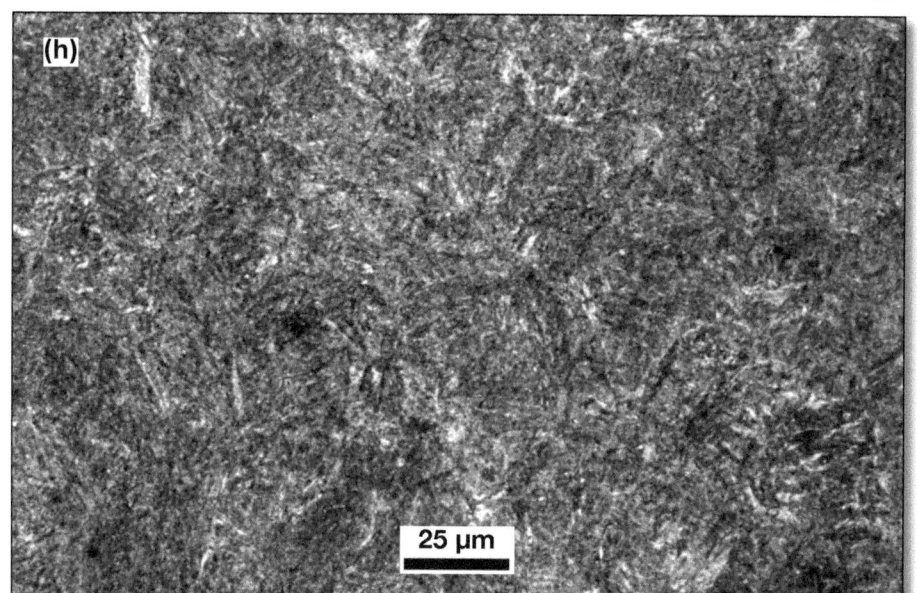

Figura 10.64(h) — AISI 4380 – 600°C

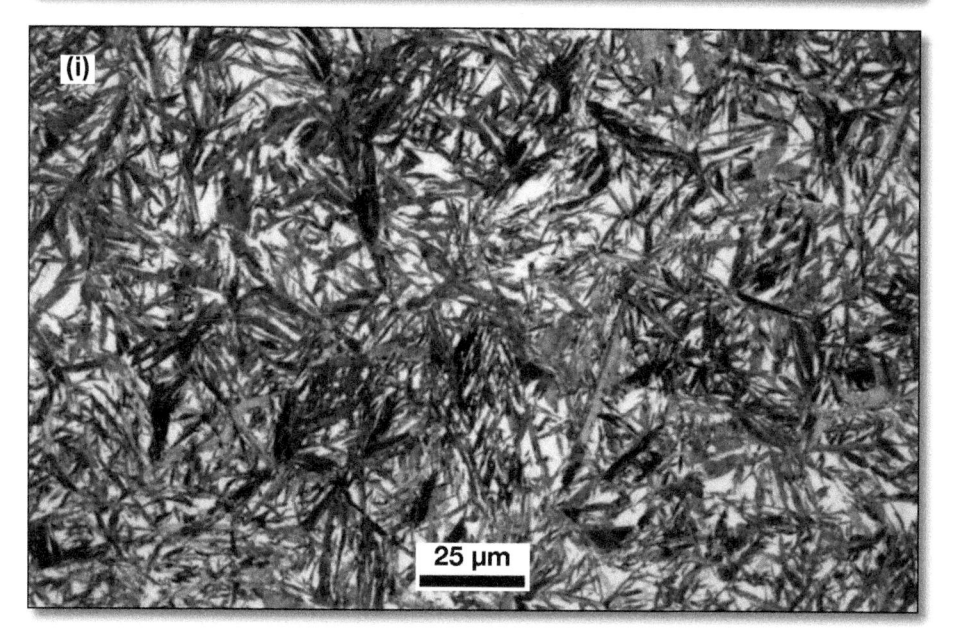

Figura 10.64(i) — AISI 43100 – 200°C

Figura 10.64(j) — AISI 43100 – 600°C

Figura 10.65
Aço com C = 0,5% temperado em água e revenido a (a) 200 °C: martensita revenida, estrutura acicular bem definida. (b) 400 °C: martensita revenida, estrutura acicular menos definida, em função das transformações de revenimento. (Figura (c), na página seguinte.)

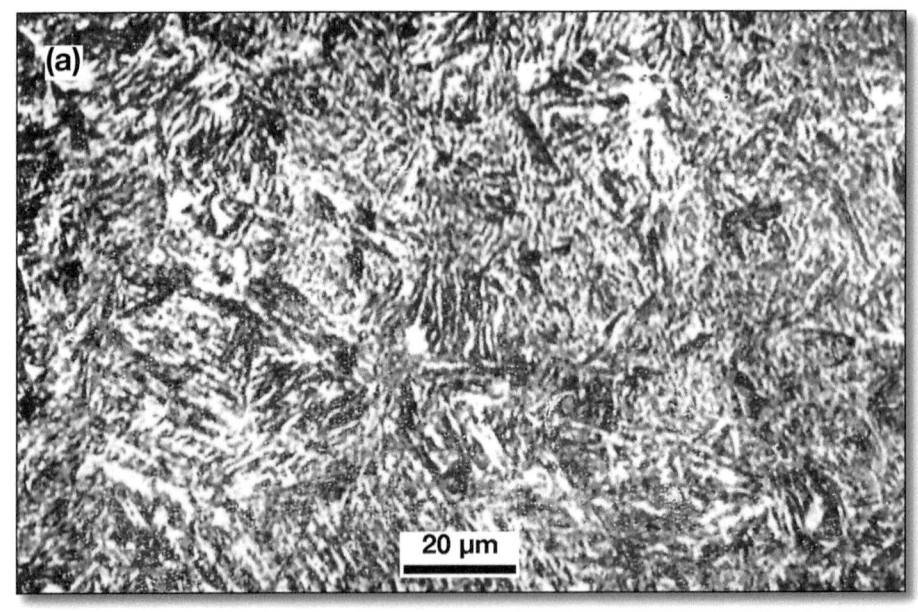

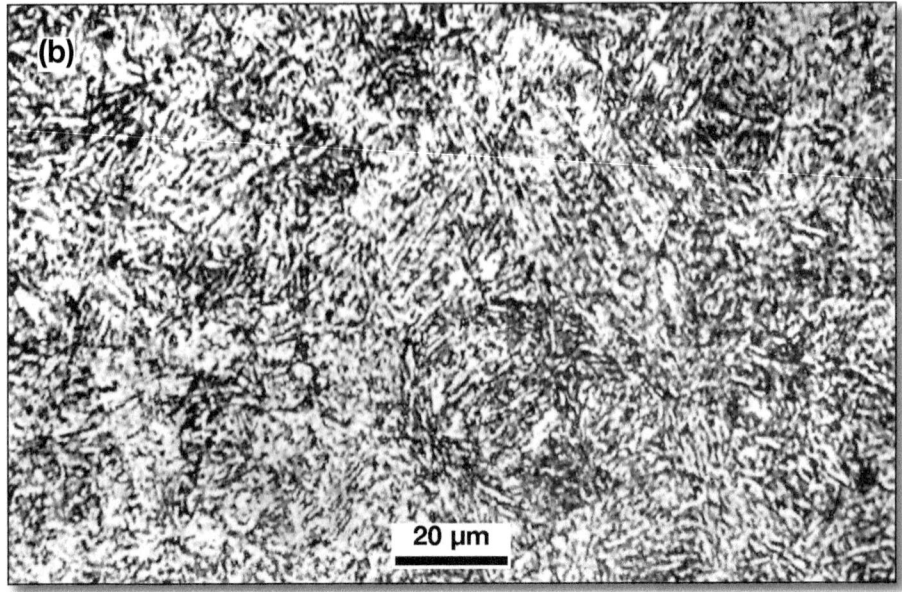

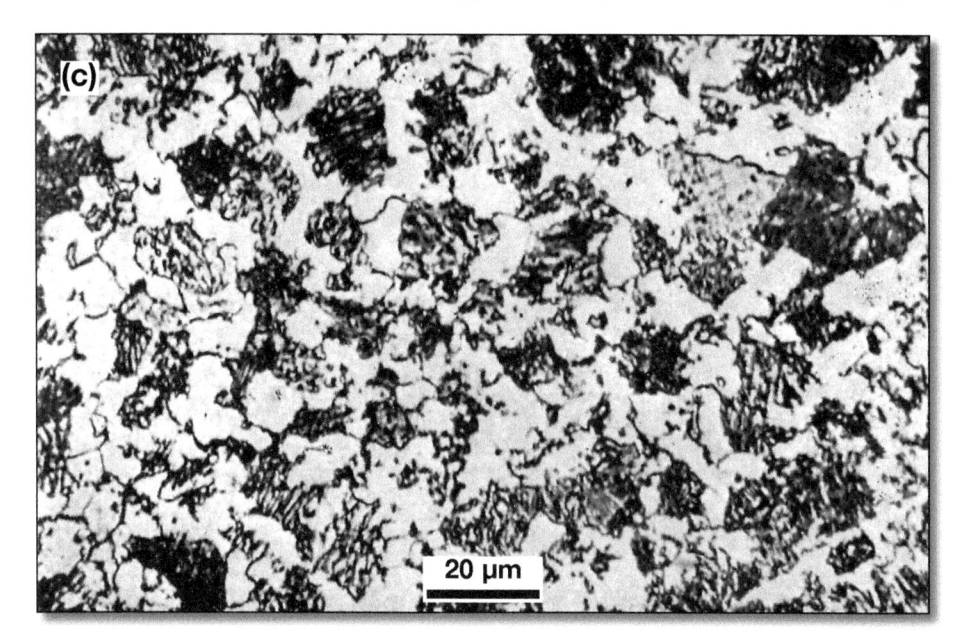

Figura 10.65 (*Continuação*)
(c) 750 °C. Nesta temperatura, intercrítica, existiriam, em equilíbrio, cerca de 85% de austenita e 15% de ferrita. Após resfriamento do "revenimento" a micro-estrutura é composta por ferrita, carbonetos dispersos e perlita transformada da austenita que se formou no revenido "intercrítico" (uma austenitização).

5.2. Fragilização no Revenimento

Embora a diminuição de dureza e resistência mecânica seja, em geral, monotônica com o aumento da temperatura de revenimento, a variação da tenacidade é muito mais complexa, como exemplificado na Figura 10.63. A exceção à queda monotônica de dureza ocorre em aços-ferramenta, principalmente, quando reprecipitação de carbonetos finos causa endurecimento por precipitação e aumento da dureza. [2].

Dentre os diversos fenômenos de fragilização que podem ocorrer no revenimento, dois são aqui destacados. O mais comum, é ilustrado na Figura 10.66 (a) e ocorre para um grande número de aços para a construção mecânica. Em geral, esta faixa de temperaturas de revenimento é evitada, exceto em aços especialmente projetados para evitar esta fragilização.

Determinados aços apresentam um segundo fenômeno de fragilização de revenido, associado à permanência a temperaturas na faixa dos 500 °C. Para evtar a possível fragilização entre 250 e 500 °C estes aços costumam ser revenidos bem acima de 500 °C. O resfriamento após o revenimento deve ser rápido, para minimizar o tempo na faixa de temperaturas de fragilização, como indicado na Figura 10.66 (b), caso contrário o material será fragilizado.

Os demais tipos de fragilização encontrados em aços temperados e revenidos são discutidos, por exemplo, em [20, 37, 38].

5.3. Austenita Retida e Duplo Revenimento

À medida que se aumenta o teor de carbono dos aços, as temperaturas M_I e M_F diminuem. Aumenta, então, a tendência à retenção de austenita, na têmpera. Durante o revenimento pode ocorrer precipitação de carbonetos na austenita retida, reduzindo seu teor de carbono e, conseqüentemente, aumentando o M_I e o M_F. No resfriamento após têmpera, pode se formar nova martensita, que precisa ser, então, revenida.

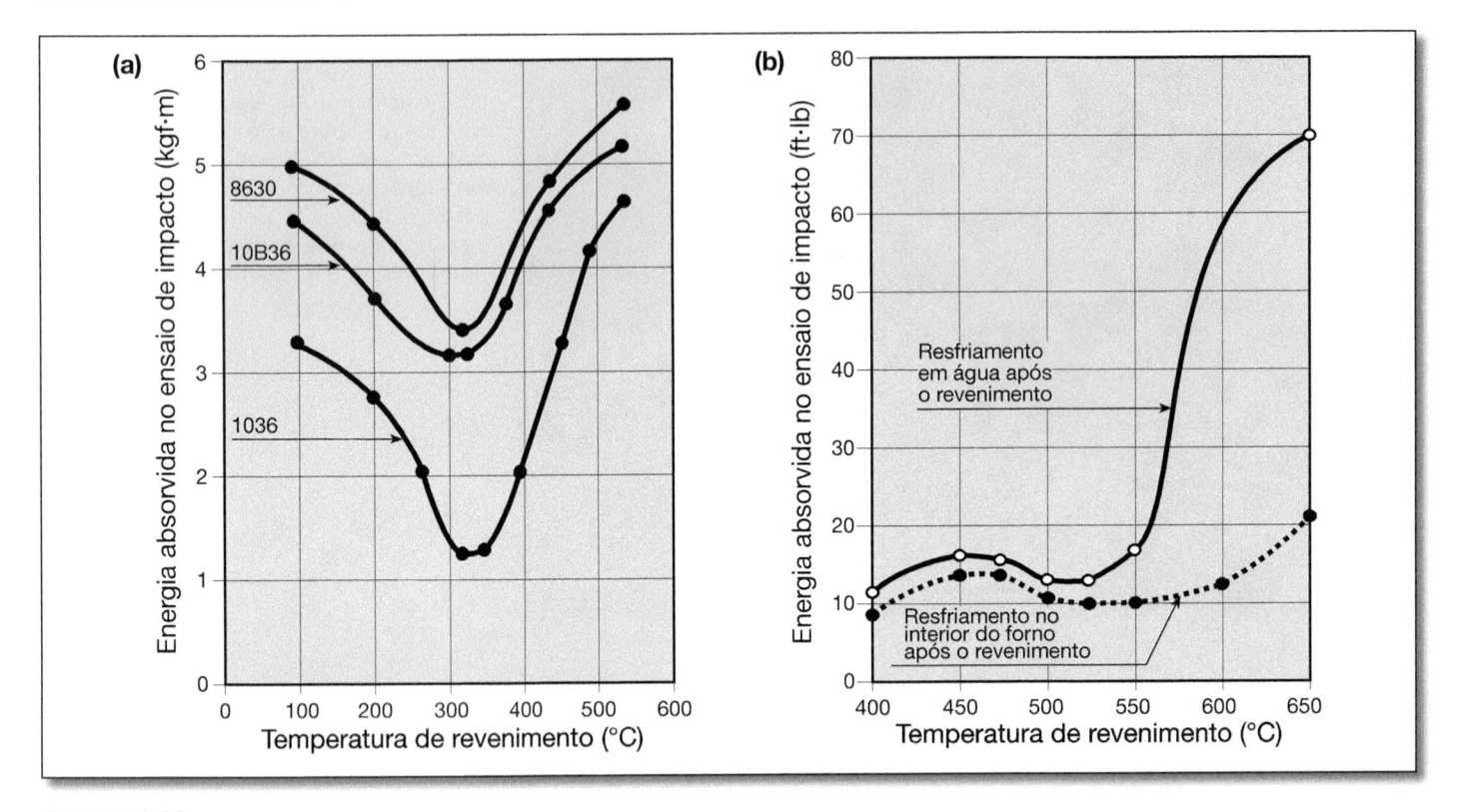

Figura 10.66
Dois tipos de fragilização de revenido, medida pela queda de energia absorvida em ensaio de impacto. Em (a), a forma mais comum, observada em diversos aços para a construção mecânica, como indicado nas curvas. Em (b) fragilização observada em alguns aços como o empregado neste caso (C = 0,35%, Ni = 3,44% e Cr = 1,05%). Adaptado de [36].

Tratamentos de duplo revenimento são preconizados para muitos aços-ferramenta e aços de alto teor de carbono, visando garantir tenacidade e estabilidade dimensional.

Nem sempre é fácil caracterizar a presença de austenita retida. Além das técnicas de difração de raios X, comumente empregadas, e que, em princípio, devem ser capazes de detectar frações volumétricas superiores a 5%, a dureza de têmpera pode ser um indicativo da presença de austenita retida. Entretanto, a medida desta dureza pode colocar em risco a integridade da peça, pois é conveniente que o tempo entre têmpera e revenimento seja o mínimo possível. Técnicas metalográficas permitem determinar a presença de austenita retida. Em alguns casos, ataques que colorem a microestrutura são especialmente adequados para tal, como ilustrado no Capítulo 13.

5.4. Tratamento Sub-zero

Aços com teores de carbono elevado podem ter uma fração significativa de austenita não transformada ao fim da têmpera convencional, a temperatura ambiente, por terem a temperatura M_F muito baixa. Durante o emprego destas peças a austenita retida pode sofrer transformação martensítica induzida por deformação e causar distorção ou trincas. Por este motivo, aços de alto carbono aplicados para ferramentas, calibres, rolamentos, etc., podem ser submetidos a tratamento térmico sub-zero (ver Figura 9.19).

A austenita retida pode ter importante efeito na resistência à fadiga, também, e representa uma questão importante no caso de aços carbonetados superficialmente.

A Figura 10.67 mostra o efeito da seqüência de tratamentos sub-zero e revenimento sobre a estabilidade dimensional de um calibre de aço-ferramenta. Melhores resultados foram obtidos quando o tratamento sub-zero foi precedido de revenimento do que quando o tratamento sub-zero se seguiu imediatamente à têmpera. É importante observar, entretanto, que, quanto mais tempo a austenita retida for mantida a temperatura ambiente, menos efetivo é o tratamento sub-zero em transformá-la em martensita.

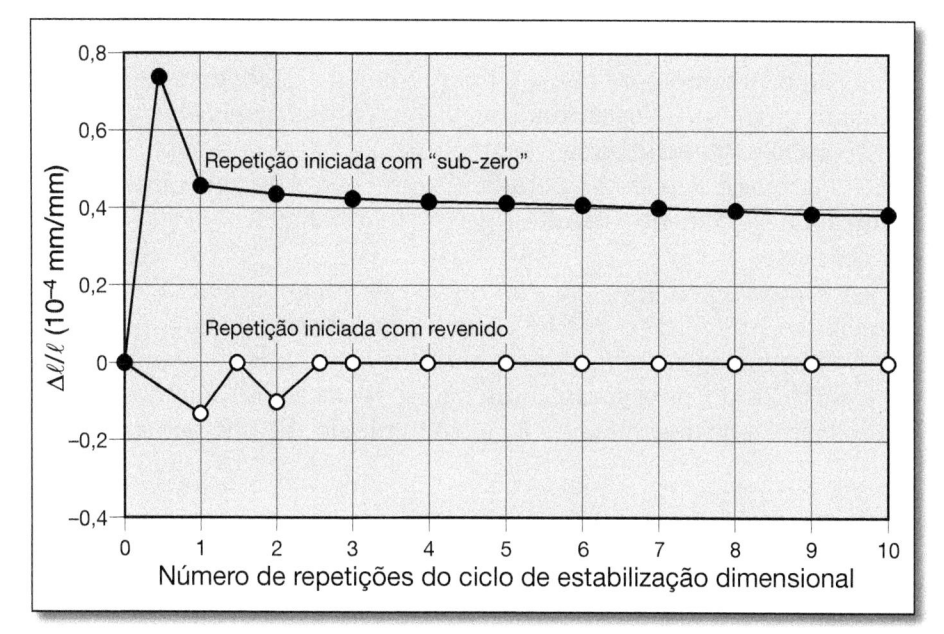

Figura 10.67
Efeito da repetição de ciclos de tratamento sub-zero e revenimento (ou de revenimento e sub-zero) sobre a estabilidade dimensional de calibre de aço-ferramenta martemperado. Adaptado de [36].

5.5. Cores de Revenido

Aquecendo-se em presença do ar, uma peça de aço lixada, polida, ou simplesmente esmerilhada, forma-se na sua superfície uma película de óxido, que no início é muito fina e decompõe a luz de modo a dar uma certa coloração à peça.

Esta coloração, que ocorre entre mais ou menos 220 e 320 °C, para os aços carbono, depende da espessura da película, a qual, por sua vez, é função de temperatura da peça.

Pode-se, assim, avaliar aproximadamente a temperatura que está atingindo o aço ou que ele atingiu, pois a coloração correspondente a temperatura máxima permanece, depois de esfriado[13]. A Tabela 10.3 dá uma relação aproximada entre a temperatura e a coloração correspondente. São as chamadas *cores de revenido* às vezes empregadas nas oficinas onde se procede a têmperas seguidas de um revenido à baixa temperatura.

Tabela 10.3
Cores do revenido

Amarelo-claro	220 °C
Amarelo-ouro	240 °C
Pardo-avermelhado	260 °C
Roxo	280 °C
Azul	300 °C
Azul claro	320 °C

(13) As estruturas micrográficas dos aços revenidos entre 300 e 500 °C são muito semelhantes entre si, sendo às vezes impossível distingui-las. A dureza, porém, diminui muito entre esses limites.

6. Têmpera Localizada

Quando se deseja produzir dureza em partes específicas de peças, existe a possibilidade de aplicar têmperas localizadas. Rodas ferroviárias são submetidas a um tratamento térmico localizado, visando não apenas garantir a microestrutura mais favorável na banda de rodagem, mas também gerar um estado de tensões compressivo nesta região, que dificulte a propagação de defeitos por fadiga (ver Capítulo 15).

O aquecimento por chama ou por indução é, freqüentemente, empregado quando se deseja realizar tratamentos térmicos localizados. Neste caso a austenitização ocorre apenas na região superficial do material, que é depois temperada. Os processos de aquecimento por indução, normalmente, resultam em melhor controle do ciclo térmico do processo.

A Figura 10.68 apresenta uma peça de rolamento de aço 100Cr6 (similar ao AISI 52100) que foi endurecida superficialmente por tratamento térmico localizado. Antes do tratamento superficial, o material foi esferoidizado, para garantir um núcleo tenaz. O tratamento superficial consistiu de aquecimento localizado rápido seguido de têmpera.

Figura 10.68
Peça de rolamento em aço 100Cr6 endurecida superficialmente por tratamento localizado. A camada endurecida tem 2,25 mm de espessura. O núcleo está esferoidizado. Ataque: Nital 3%. Cortesia D. Lober [22].

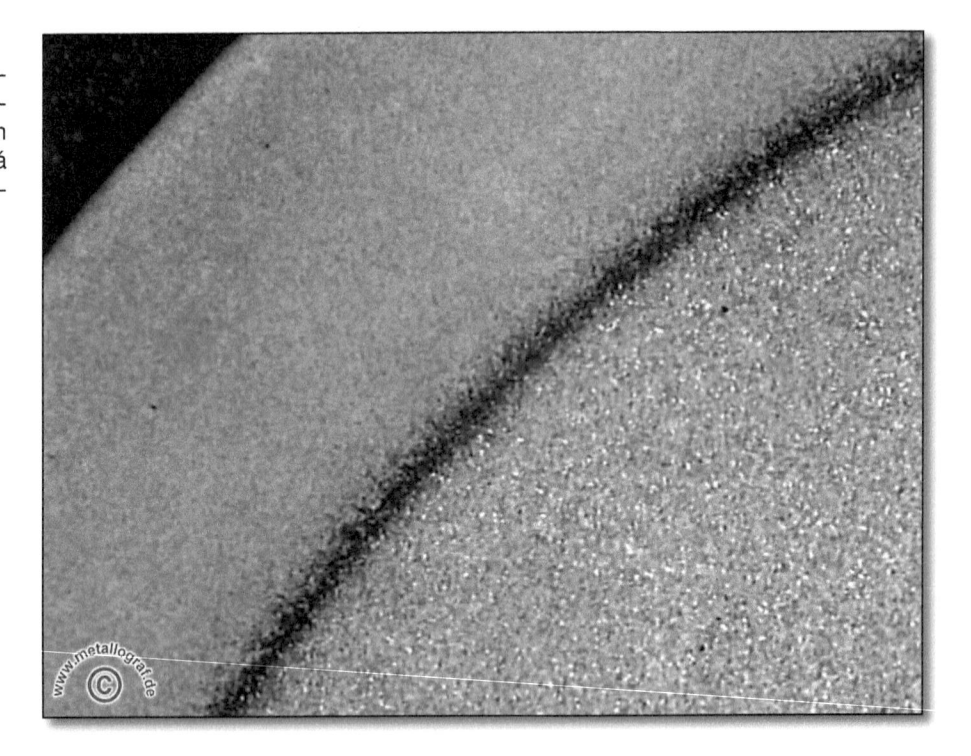

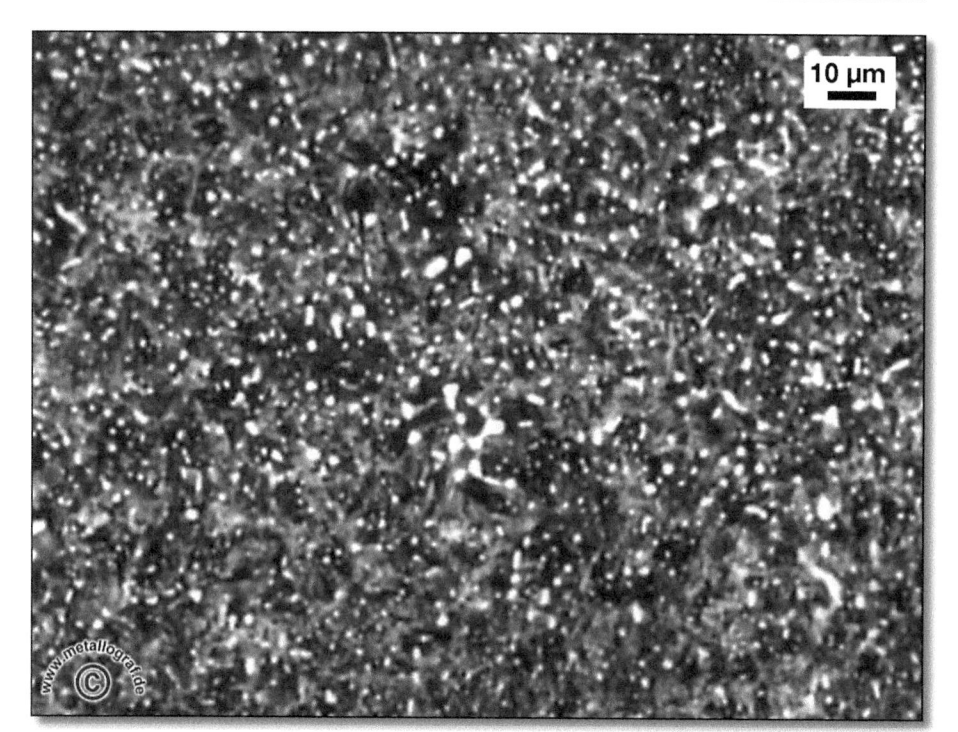

Figura 10.69
Região superficial do rolamento da Figura 10.68. Microestrutura martensítica com carbonetos esferoidizados. Ataque: Nital 3%. Cortesia D. Lober [22].

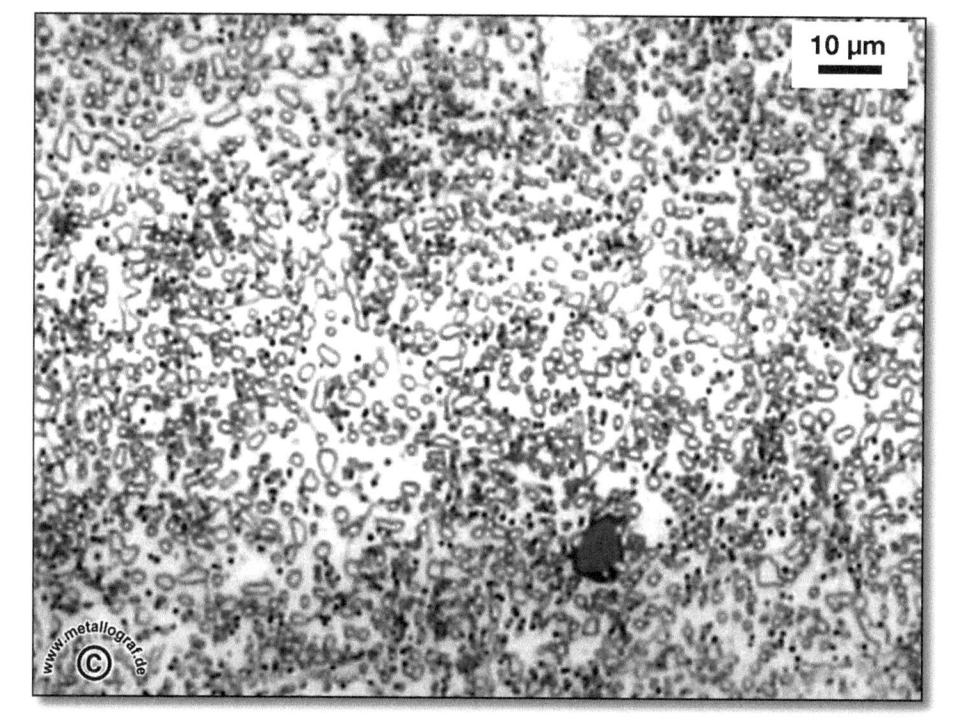

Figura 10.70
Região central do rolamento da Figura 10.68. Microestrutura esferoidizada. Carbonetos em matriz de ferrita. Ataque: Nital 3%. Cortesia D. Lober [22].

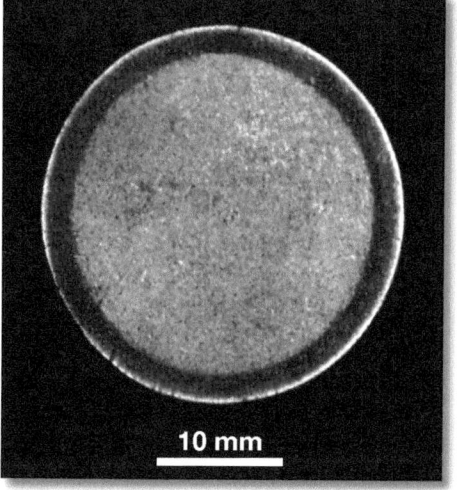

Figura 10.71
Seção transversal de um pino endurecido por têmpera por indução. Ataque: Iodo.

Figura 10.72
Detalhe da camada temperada do pino da Figura 10.71. A região à direita da fotografia é a região próxima à superfície. Observa-se apenas martensita. À medida que se observa mais para o interior da peça, nota-se a presença de perlita e uma região intermediária onde a austenitização deve ter sido intercrítica.

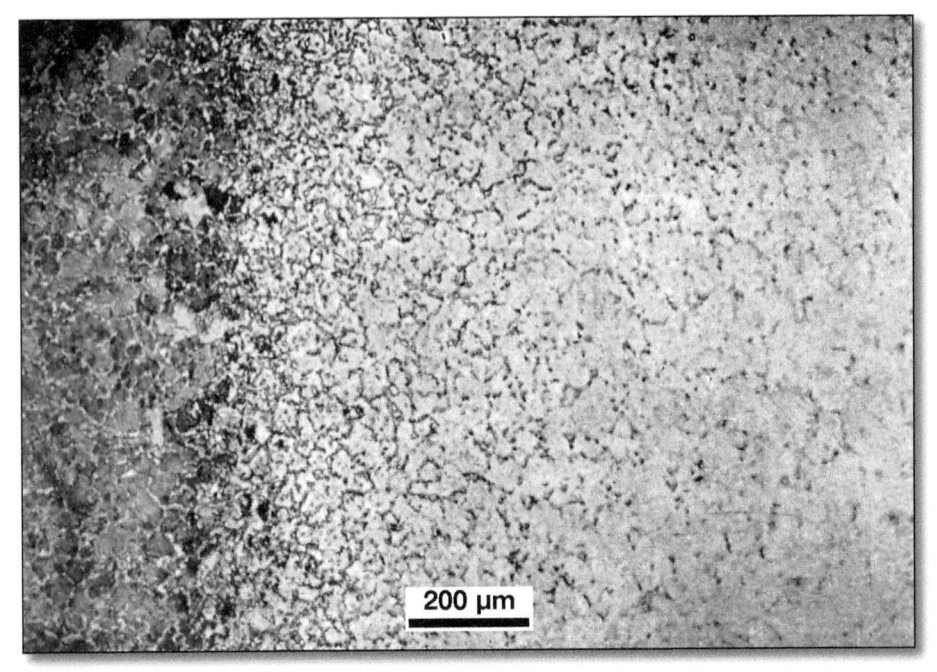

Ferramentas manuais são, freqüentemente, submetidas a tratamentos localizados para combinar um corpo tenaz com um bordo de trabalho duro e resistente. A Figura 10.73 apresenta o exemplo de um foice submetida à têmpera localizada enquanto que a Figura 10.74 mostra a extremidade chata de uma picareta, submetida ao mesmo tipo de tratamento.

Figura 10.73
Face lateral de uma foice, polida e atacada com reativo de Iodo. Zona temperada com profundidade uniforme.

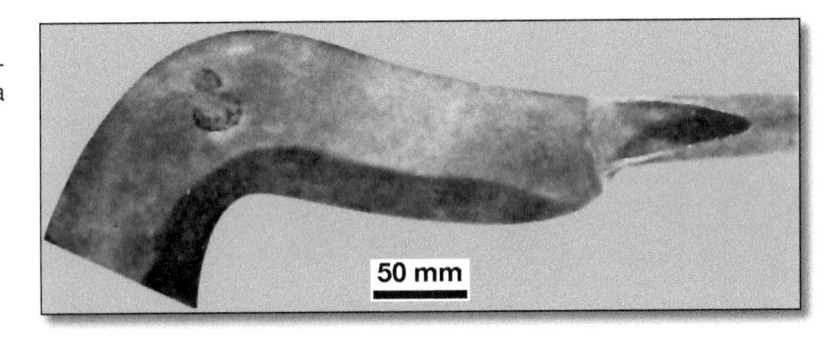

Figura 10.74
Superfície da extremidade chata de uma picareta. A região escura corresponde à parte que sofreu o tratamento de têmpera. A extensão da têmpera é irregular. Isto decorreu do aquecimento não uniforme da região a temperar. As impressões de dureza Rockwell, na peça, permitem comprovar que a região escura é mais dura. Ataque: Iodo.

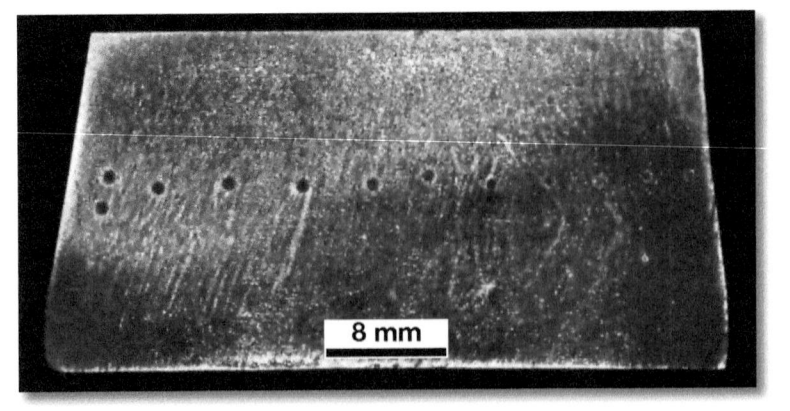

Um outro exemplo clássico de tratamento localizado era o tratamento para lâminas de enxadas calçadas. Estas lâminas combinavam duas tecnologias interessantes: eram bimetálicas, obtidas pelo caldeamento de dois aços com diferentes teores de carbono, como mostra a Figura 10.75 e eram submetidas a tratamento térmico localizado.

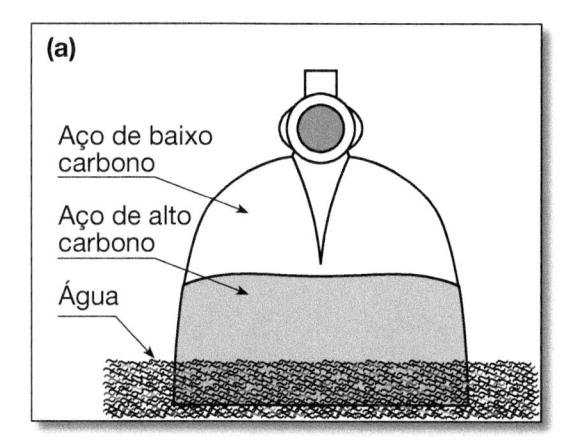

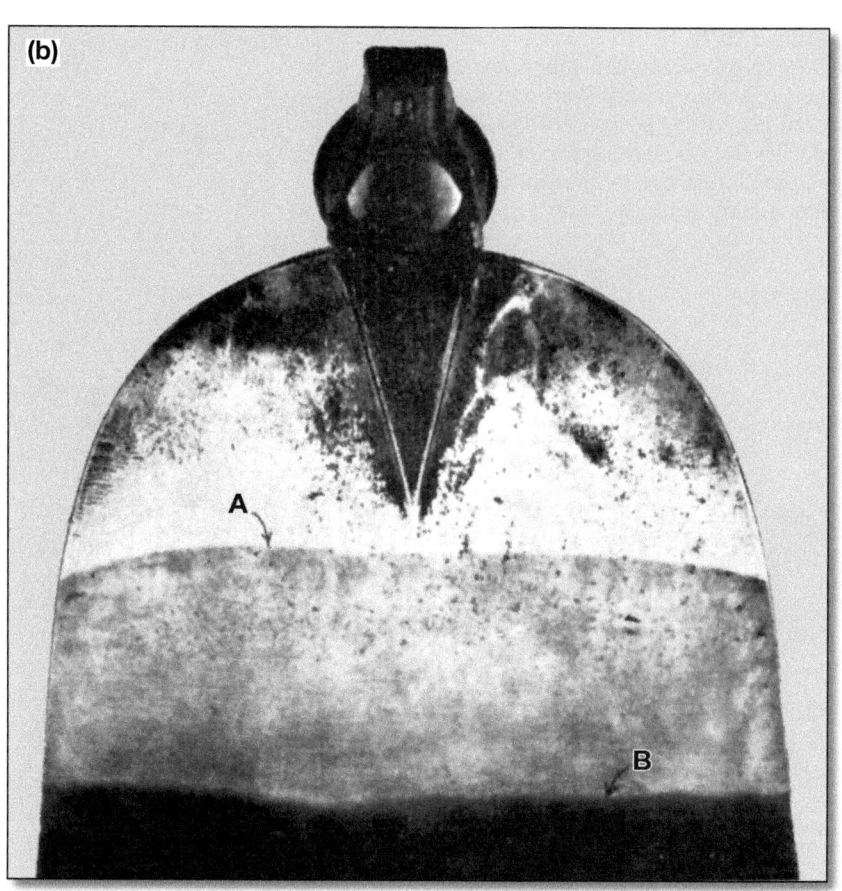

Figura 10.75
(a) Esquema de construção da enxada e do tratamento térmico localizado. (b) Macrografia. A linha A indica a região de caldeamento dos dois aços. A linha B indica a região temperada, como mostrado na Figura (a). Como em muitos casos o processo era artesanal, a transição entre os dois aços pode estar fora da zona temperada (como indicado na Figura 10.76) ou na zona temperada (Figura 10.77).

A lâmina aquecida até cerca de 800 °C é parcialmente mergulhada em água, como mostra Figura 10.75(a). Com esse tratamento a faixa temperada fica contida na camada constituída por aço com teor de carbono mais alto. A parte de aço de baixo carbono praticamente não endurece, por serem insuficientes não só o teor de carbono (0,1 a 0,2%), como também a velocidade de têmpera para esse aço. A lâmina é em seguida submetida a um revenido para reduzir a fragilidade da região temperada.

Nestes casos, os efeitos do caldeamento (e mudança de composição química) se superpõem aos efeitos das diferentes taxas de resfriamento aplicadas, resultando em diversas microestruturas ao longo da lâmina. O gume é duro e resistente à abrasão e o restante da lâmina é tenaz, combinação importante em várias ferramentas, tais como talhadeiras, punções etc. Uma alternativa para a obtenção deste gradiente de propriedades é o revenimento diferencial, em que a extremidade em que se deseja tenacidade é revenida a temperaturas mais elevadas do que a extremidade onde se espera resistência à abrasão. O processo de produção de ferramentas calçadas teve muita importância, também, ao viabilizar a recuperação, em pequena escala, de ferramentas desgastadas.

Lâminas de serra são também produzidas por tecnologia de caldeamento. O método mais simples consiste em realizar uma solda por fusão, do segmento de aço-ferramenta onde serão usinados os dentes. Alternativamente, podem ser caldeados (através de pressão e temperatura) lateralmente dois segmentos de aço-ferramenta, garantindo maior durabilidade da serra. Os métodos de fabricação estão esquematizados na Figura 10.78.

Figura 10.76
Região de caldeamento em uma enxada calçada. Aço de alto carbono (à direita) com um aço de baixo carbono, à esquerda. Trecho não temperado. Microestrutura perlítica, à direita e ferrita com perlita, à esquerda. Ataque: Nital.

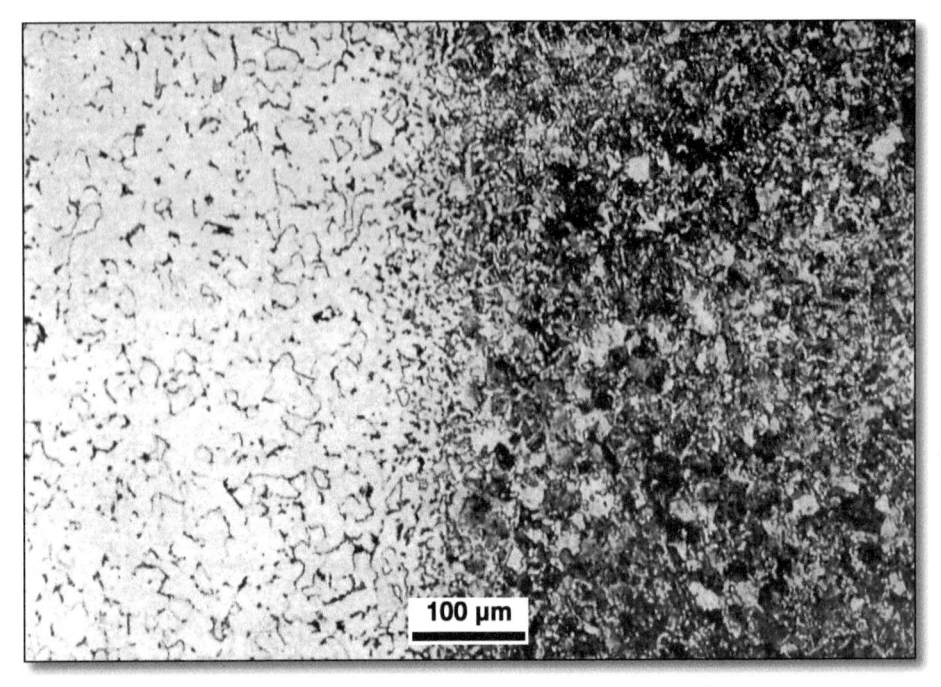

Figura 10.77
Região de caldeamento em uma enxada calçada. Aço de alto carbono (à direita) com um aço de baixo carbono, à esquerda. Trecho temperado. Martensita e inclusões não-metálicas alongadas à direita e ferrita, ferrita acicular e martensita, à esquerda. Ataque: Nital.

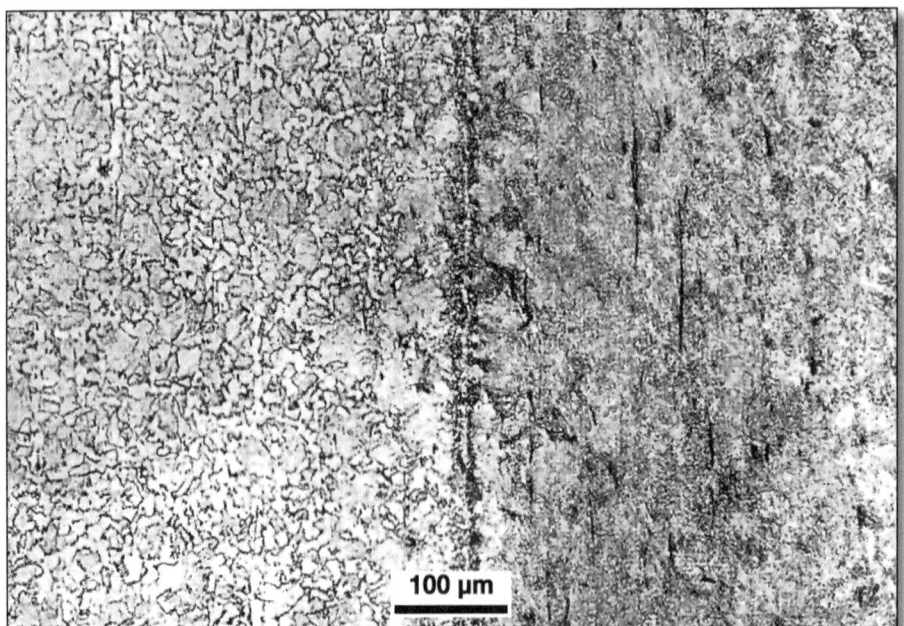

Figura 10.78
Seção transversal esquemática a duas lâminas de serra bimetálicas. À esquerda, o aço-ferramenta (aço rápido) é soldado, por fusão, a um aço mais tenaz e mais barato, que compõe o corpo da serra. À direita, o aço rápido é caldeado (mediante pressão e temperatura) ao corpo de aço tenaz, resultando em uma configuração na qual todas as áreas que atritam com a peça a serrar são de aço rápido[14].

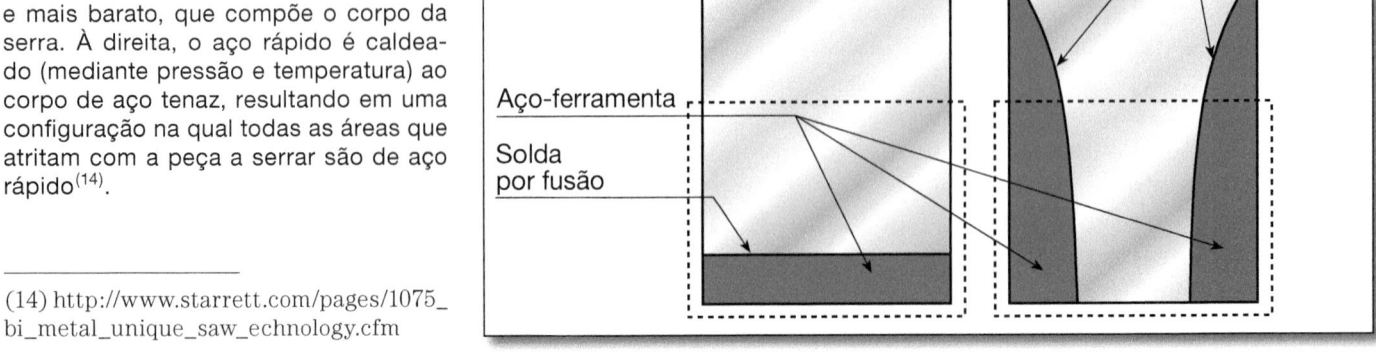

(14) http://www.starrett.com/pages/1075_bi_metal_unique_saw_echnology.cfm

7. Martêmpera

Como discutido no item 4.5 a superposição das tensões térmicas e de transformação martensítica é responsável pela ocorrência de trincas e distorção de têmpera. Em aços que têm suficiente temperabilidade, pode ser viável a realização de um tratamento de têmpera que envolve um estágio de homogeneização da temperatura da peça antes de atingir a temperatura M_I como mostra a Figura 10.79.

Na martêmpera, as peças podem ser tratadas em um banho aquecido, por exemplo, a cerca de 350 °C, apenas até igualar a temperatura entre a superfície e o centro da peça, enquanto o aço ainda está no estado austenítico; depois o esfriamento prossegue, obtendo-se martensita com menos risco de trincas ou empenamentos. O emprego da martêmpera não dispensa o revenimento, evidentemente.

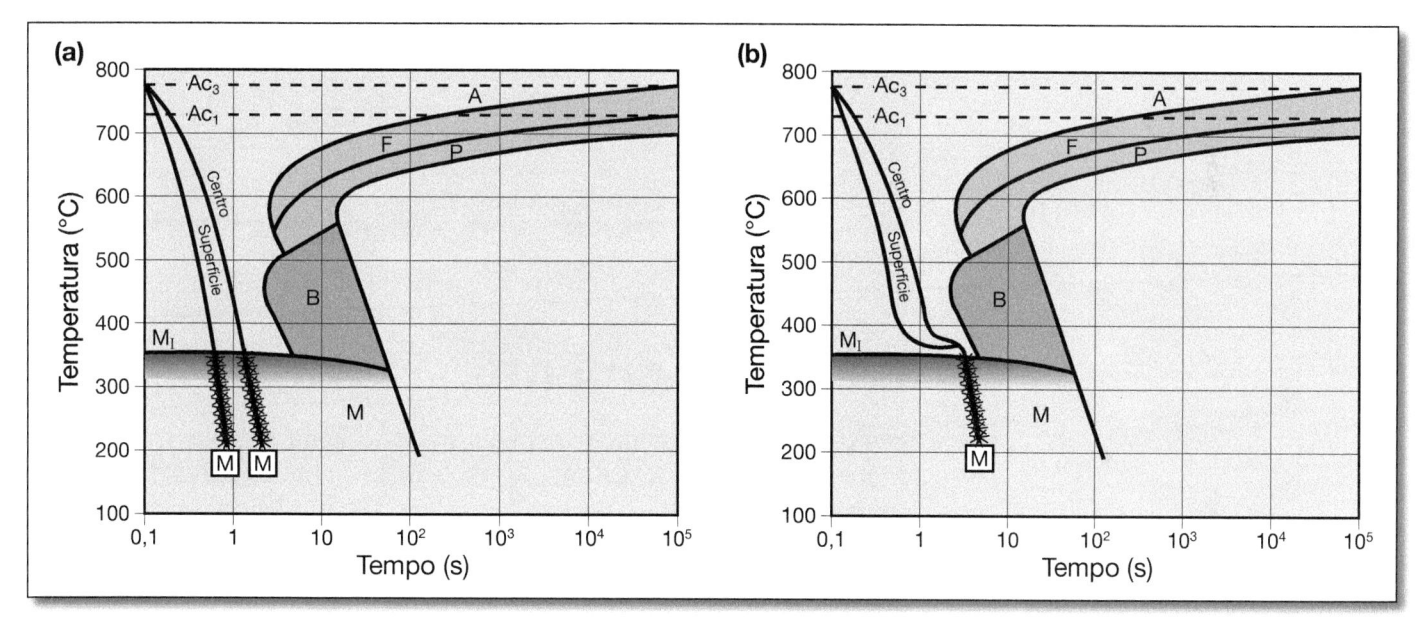

Figura 10.79
Em uma têmpera (a), a superfície e o núcleo da peça atingem a temperatura M_I em momentos diferentes, aumentando as tensões de têmpera. Na martêmpera (b), um breve tratamento isotérmico intermediário permite homogeneizar a temperatura da peça antes de atingir a temperatura M_I, reduzindo sensivelmente as tensões de têmpera.

8. Austêmpera

A austêmpera é um tratamento isotérmico que leva à transformação bainítica, em geral, como indicado na Figura 10.80.

Exemplos das microestruturas obtidas em tratamentos de austêmpera são apresentados no Capítulo 13.

Figura 10.80
A austêmpera é um tratamento isotérmico para a formação de bainita. Após a austêmpera não é requerido revenimento.

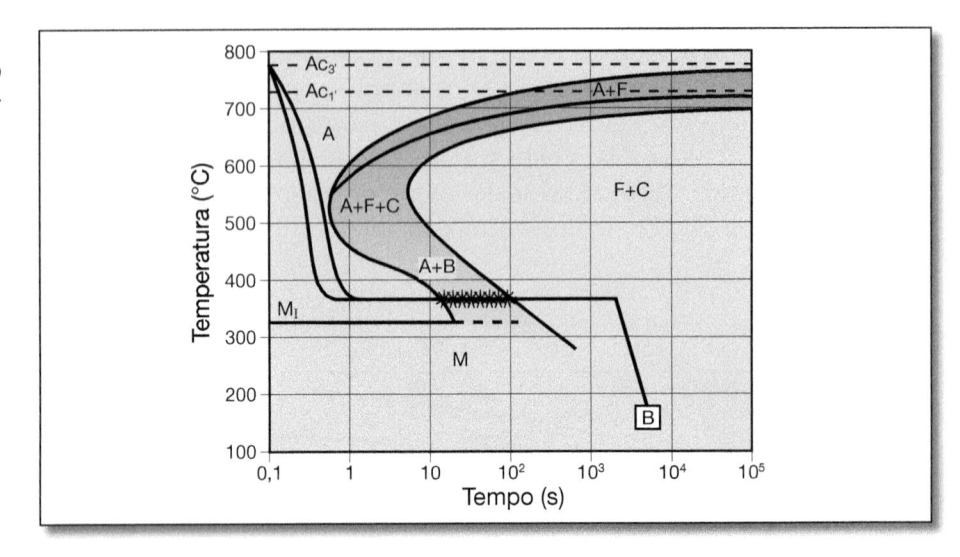

9. Patenteamento

Este tratamento é aplicado, especialmente a fios e arames eutectóides (Figura 10.81). É um tratamento isotérmico, cujo objetivo é produzir uma microestrutura de perlita fina. Pode ser realizado em banhos de sal ou em banhos de chumbo.

Figura 10.81
Ciclo térmico do tratamento de patenteamento. Adaptado de [20].

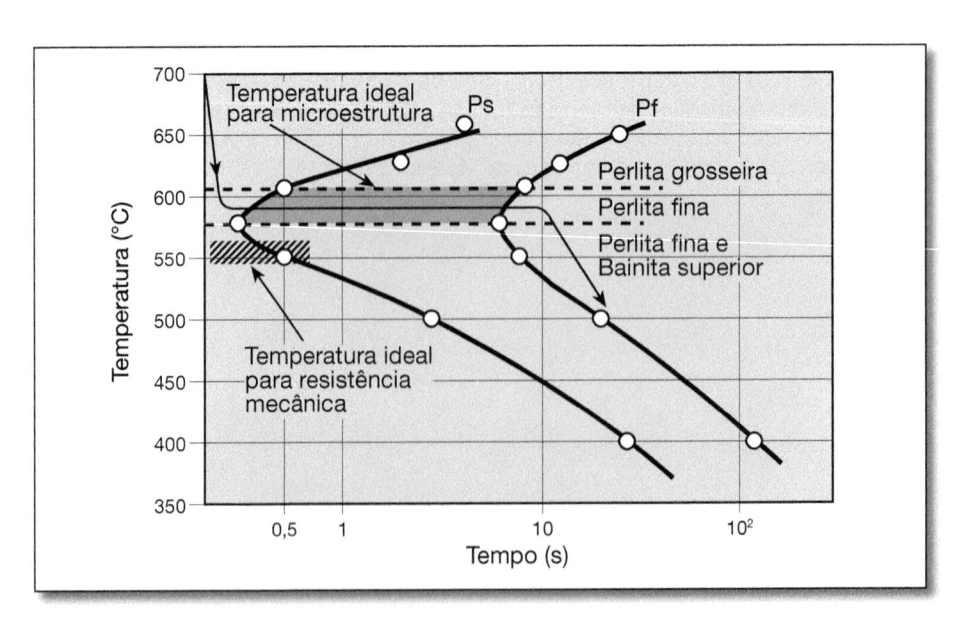

10. Tratamentos Termoquímicos

Diferentes tratamentos termoquímicos podem ser aplicados a aços, quando se visa alterar as propriedades superficiais. Em geral, estes tratamentos são usados quando a combinação de um núcleo tenaz com uma superfície de elevada resistência ao desgaste é desejada.

Engrenagens, pinos móveis, eixos de comando são alguns exemplos de peças em que a combinação ideal de propriedades é obtida alterando-se a composição química da superfície do aço e submetendo a peça a um tratamento térmico.

A maior parte dos tratamentos termoquímicos envolve a adição de carbono e/ou nitrogênio. Por serem solutos intersticiais, difundem-se com relativa rapidez no aço, viabilizando a realização destes tratamentos. Tratamentos envolvendo a introdução de boro na superfície do aço também são empregados. Há alguns aços especialmente adequados aos tratamentos termoquímicos. Os tratamentos mais usuais são:

- "Cementação" (ou carbonetação) em que se introduz carbono na superfície do aço a temperaturas acima de 900 °C, normalmente.
- Nitretação, em que o nitrogênio é introduzido no aço entre 500 e 590 °C.
- Carbonitretação, derivada da cementação, em que carbono e nitrogênio são introduzidos no aço a temperaturas na faixa entre 800 e 900 °C.
- Cianetação (um tipo de carbonitretação) em que carbono e nitrogênio são absorvidos pela imersão do aço em um banho contendo cianetos fundidos.
- Nitrocarburização, que envolve a introdução de carbono e nitrogênio no aço na condição ferrítica, como na nitretação.

Há diversas formas de realizar cada um destes tratamentos, especialmente no que diz respeito ao meio empregado para prover e transportar os elementos carbono e nitrogênio. Meios sólidos, líquidos e gasosos são empregados. Atualmente, a preferência é por meios líquidos e gasosos, em função da velocidade do processo. Estes tratamentos são discutidos em detalhe em [2].

10.1. Cementação (Carbonetação)

Aços para cementação têm, em geral, cerca de 0,15 a 0,25% de carbono. Aços como AISI 5120, 8620, 4118, 4620 e 4023 são alguns dos mais comumente empregados para engrenagens, por viabilizarem a têmpera posterior em óleo. AISI 9310 e 4320 podem ser empregados em aplicações com solicitações rigorosas. O teor de carbono da superfície é, em geral, ajustado para um valor entre 0,8% e 1%.

Dois aspectos importantes influenciam o processo de entrada de carbono no aço. O primeiro é o meio em que o aço é carbonetado. O segundo é o processo de difusão do carbono no aço.

A cementação pode ser realizada em meio gasoso, líquido ou sólido. Cementação por plasma também pode ser empregada. O potencial químico do carbono, no meio de cementação, definirá o potencial máximo de carbono que o aço poderá atingir e, portanto, o teor de carbono na superfície da peça.

Figura 10.82

Evolução do teor de carbono em função da profundidade em um aço Cr = 1%, carbonetado por 2h30min (gás com 80% N_2 20% CH_4)[15] [39] seguido de têmpera em água e no mesmo aço, carbonetado nas mesmas condições e submetido a 5 h de tratamento térmico de homogeneização (chamado "difusão"). Valores experimentais comparados com valores calculados por DICTRA[16]. Adaptado de [39].

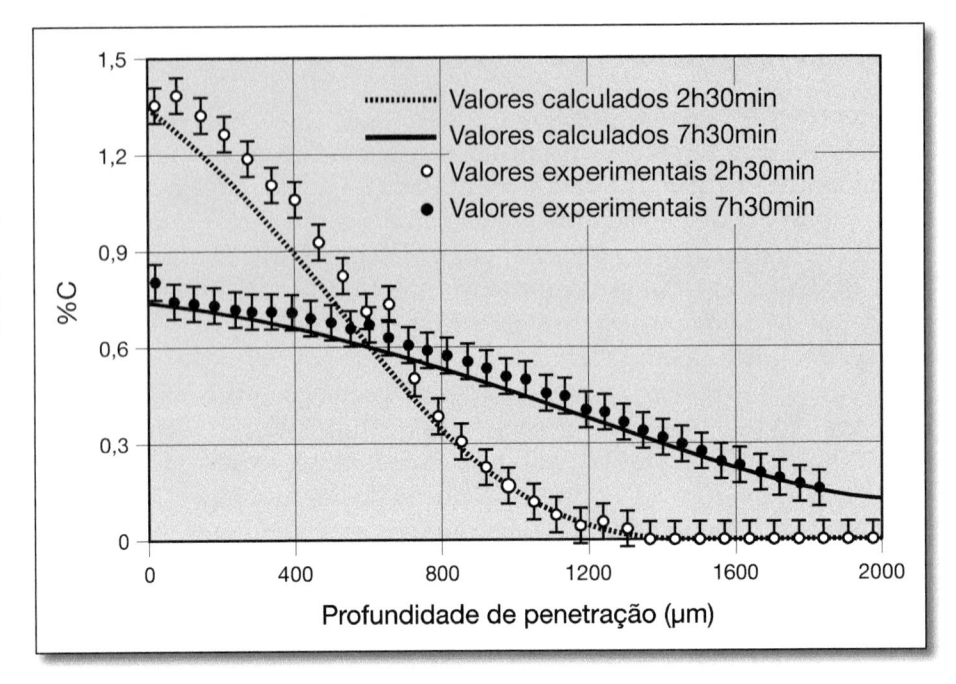

Por outro lado, o processo de difusão do carbono no interior da peça depende, principalmente, da temperatura e da composição química do aço, além, evidentemente, do potencial químico do carbono na superfície da peça e do teor de carbono do aço a cementar. Embora o enfoque clássico para o cálculo do processo de difusão do carbono no aço seja o emprego de soluções analíticas padronizadas [2], já existem programas que permitem calcular a evolução da difusão, levando em conta as interações com os demais elementos presentes nos aços.

10.1.1. Cementação Sólida

Tradicionalmente, a cementação foi desenvolvida com o emprego de meios de cementação (chamados cementos) sólidos. A lenta cinética do processo e as dificuldades de controle exato dos resultados foram alguns dos fatos que levaram a que este processo passasse a ter aplicação bastante restrita, hoje em dia. Ainda assim, é importante compreender os processos que definem a microestrutura neste caso, pois esta é a base para os demais tratamentos.

O tratamento de cementação é realizado acima da zona crítica, onde a solubilidade do carbono no aço é elevada.

Embora a fonte de carbono seja um sólido, é evidente que o carbono é transportado pelo gás que se forma em torno da peça, que é envolvida pelo meio carbonetante.

A reação

$$CO_2 + C = 2CO$$

neste caso é a reação crítica para definir o potencial químico do carbono.

Os cementos sólidos eram constituídos geralmente de carvão de madeira moído, não muito fino, misturado com carbonatos. Os carbonatos agem como catalisadores, aumentando a proporção de CO em relação ao CO_2.

---

(15) É interessante observar que o nitrogênio gasoso não é capaz de produzir dissolução de nitrogênio no aço em tempos razoáveis. Nos tratamentos térmicos, funciona como um gás inerte.

(16) O software DICTRA é descrito em [40].

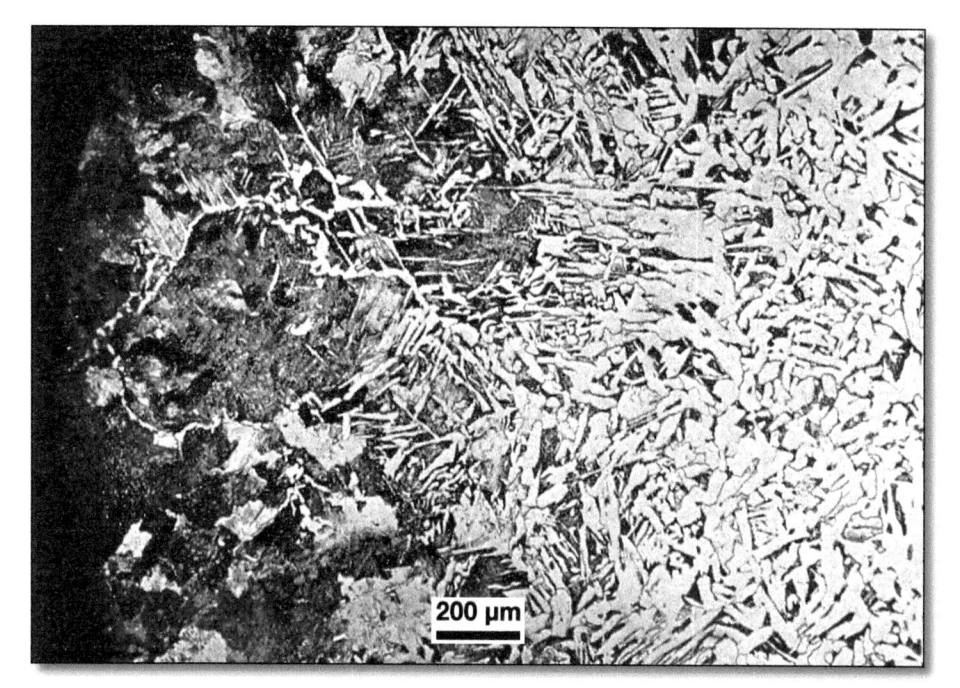

Figura 10.83
Seção transversal, junto à superfície de uma barra de aço baixo carbono cementada em caixa (cementação sólida) após a conclusão da etapa de cementação. Nota-se o aumento do teor de carbono e do tamanho de grão austenítico na superfície (a esquerda), que originou a formação de constituintes aciculares na região carburizada, durante o resfriamento. Ataque: Nital.

Um cemento "clássico" é conhecido como cemento de Caron e é composto por 40% de carbonato de bário e 60% de carvão vegetal.

Como a cementação sólida é uma operação demorada, exigindo em geral algumas horas de permanência acima da zona crítica (900 a 1000 °C), durante esse tempo ocorre crescimento de grão austenítico como mostra a Figura 10.83.

Após a cementação em caixa, um tratamento térmico que produza o refino de grão austenítico é necessário, portanto. Em geral, empregava-se um tratamento de normalização.

Após a normalização a camada periférica pode ser endurecida, submetendo-se a peça a uma têmpera, como mostra a Figura 10.84.

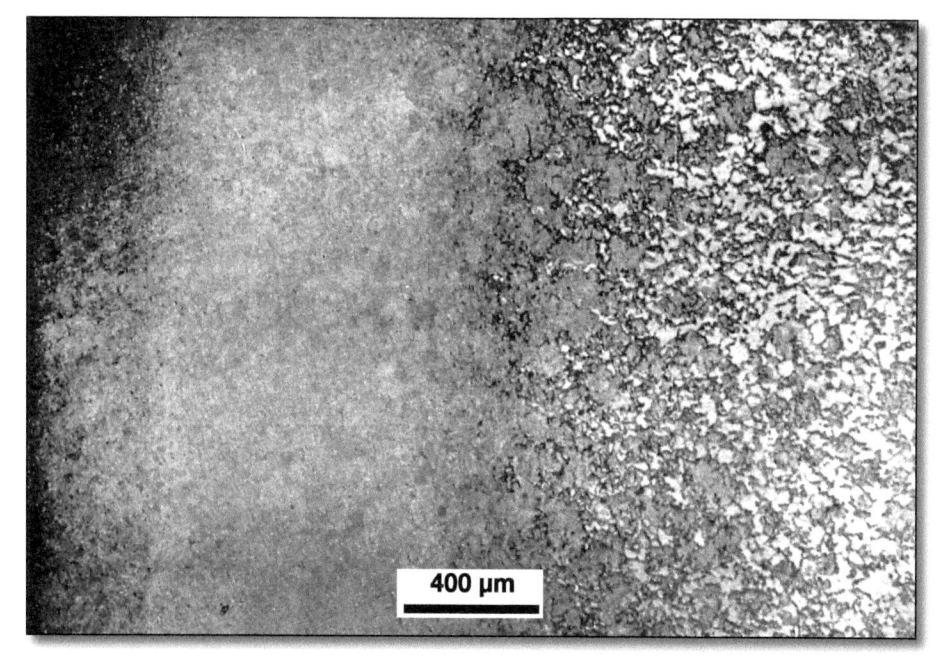

Figura 10.84
Seção transversal, junto à superfície de uma barra de aço baixo carbono cementada em caixa (cementação sólida) após normalização e têmpera (a partir de 770 °C). A região carbonetada, à esquerda, é martensítica. Ataque: Nital.

Figura 10.85
Diagrama esquemático da região em que a peça carbonetada foi austenitizada para têmpera, no caso da Figura 10.84. A região cementada foi austenitizada completamente, enquanto que o núcleo da peça é tratado na zona intercrítica.

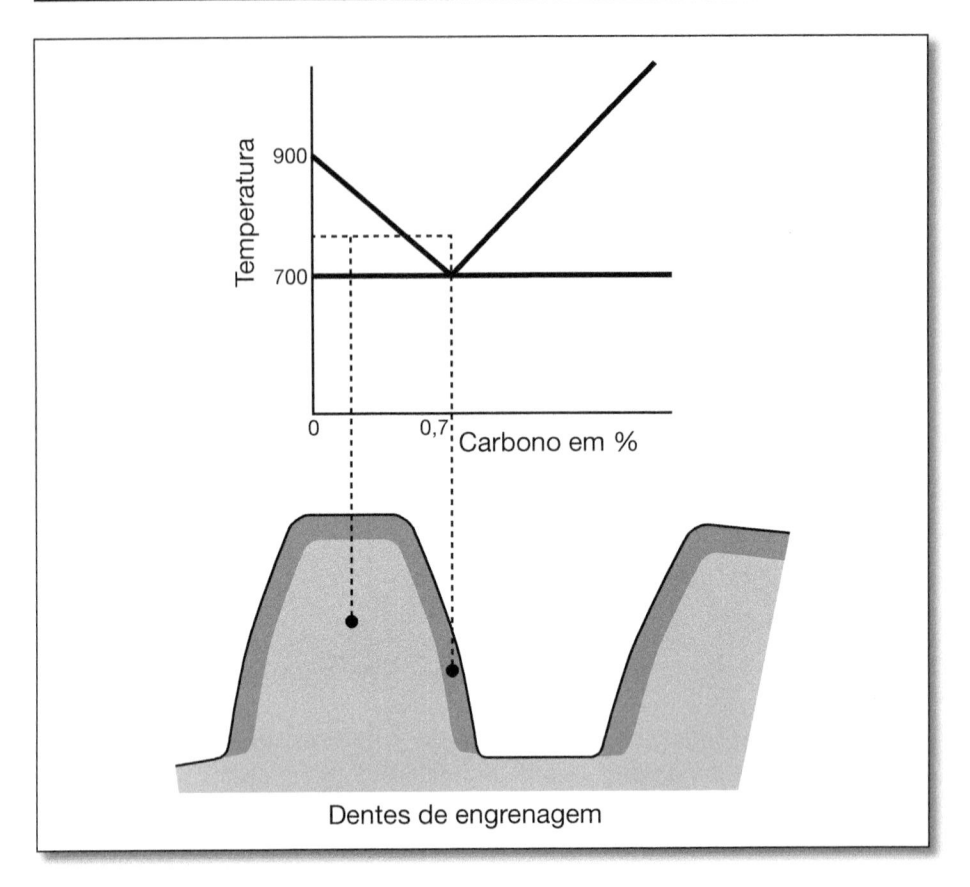

A Figura 10.85 mostra, esquematicamente, que a temperatura de têmpera foi suficiente para temperar a região cementada, em função do seu elevado teor de carbono, mas não altera muito as propriedades do núcleo da peça, que conserva assim a sua ductilidade.

Um tratamento alternativo à normalização seguida de têmpera é a dupla têmpera: uma primeira têmpera realizada a aproximadamente 900 °C, seguida de um novo tratamento de têmpera, desta vez de uma temperatura mais baixa (770 °C, por exemplo). Neste caso, o núcleo pode ter uma microestrutura mais refinada, com melhor tenacidade.

O tratamento se completa com um revenido a 180 °C para o alívio de tensões. Os revenimentos de peças cementadas são, necessariamente, realizados a baixas temperaturas, de modo a ter pouco efeito sobre a dureza da camada cementada.

A profundidade cementada depende do tempo de processamento, naturalmente. A Figura 10.86 mostra o efeito do tempo de cementação sobre a espessura de camada, medida pelo exame macrográfico.

Figura 10.86
Penetração da cementação sólida em função do tempo. Seções transversais atacadas por Nital e iluminadas obliquamente.

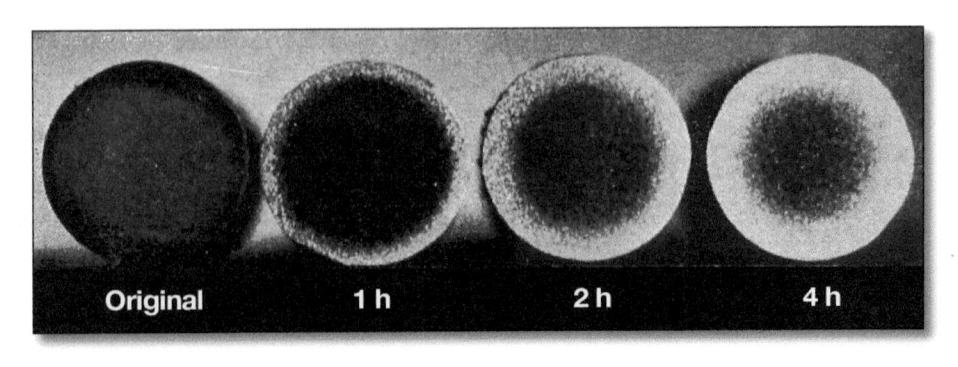

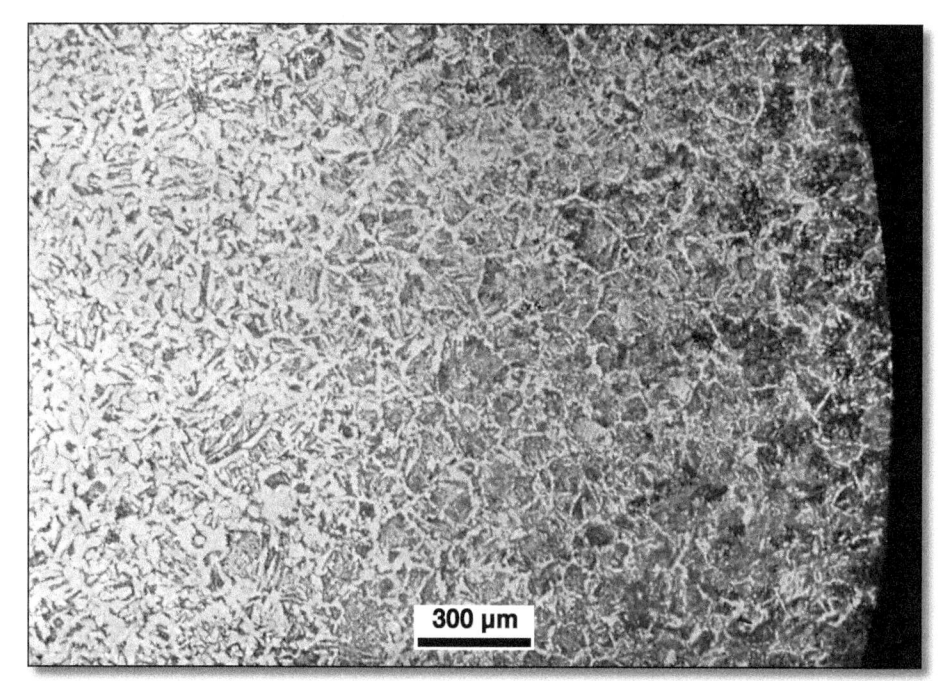

Figura 10.87
Região cementada por 4h a 1000 °C, ainda não temperada. A variação do teor de carbono ao longo da seção é gradual. Ataque: Nital.

Na cementação sólida é praticamente impossível ajustar o potencial químico do carbono. Cementação excessiva é um risco importante, neste processo. Pode ocorrer a formação de cementita em rede, causando trincas tanto na têmpera quanto no acabamento superficial. No caso de fortes gradientes de carbono na peça, há ainda o risco do lascamento da camada cementada.

O exame macrográfico pode ser útil para avaliar a profundidade e homogeneidade da camada cementada, como mostra a Figura 10.88.

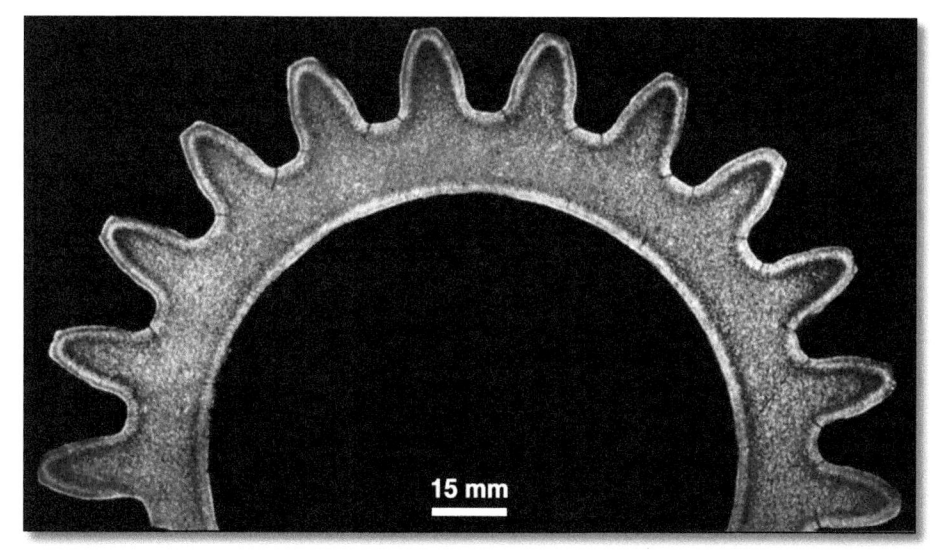

Figura 10.88
Seção transversal de uma engrenagem cementada. A cementação foi realizada nos dentes e na superfície interna. A macrografia revela a espessura da camada cementada e sua homogeneidade. Trincas nas raízes dos dentes são também visíveis. O restante da estrutura do aço é homogêneo. Ataque: Iodo.

10.1.2. Cementação Gasosa

A cementação gasosa é muito empregada industrialmente. A limpeza inicial da superfície é muito importante para obtenção de resultados uniformes. O controle do potencial de carbono envolve gases que, em geral, contêm CO, CO_2, H_2, H_2O e CH_4. É preciso controlar tanto o potencial de carbono como o potencial de oxigênio, nestes sistemas.

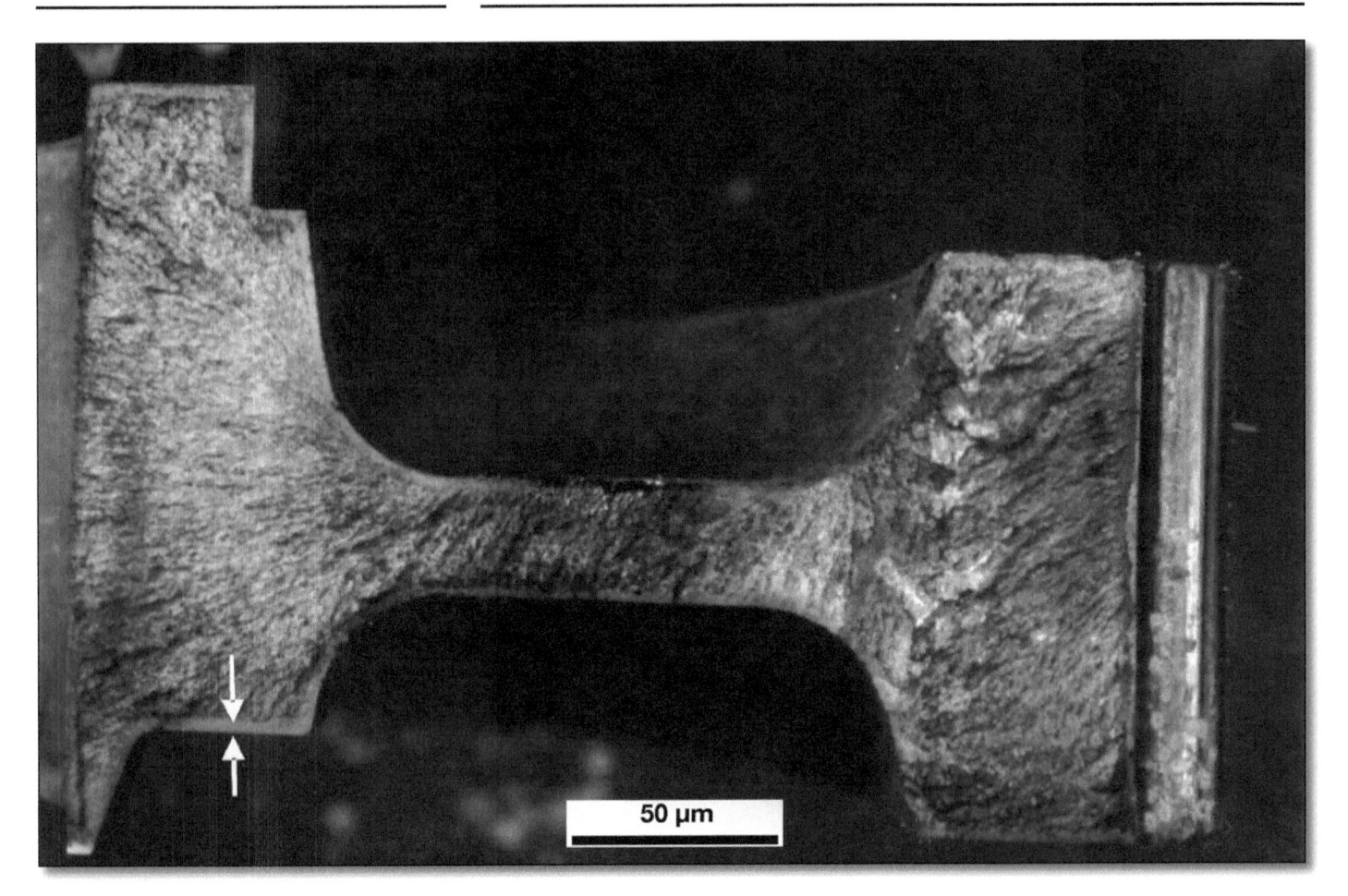

Figura 10.89
Fratura de engrenagem de aço AISI 8620 cementado. A fratura ocorreu em um plano radial. À direita, iniciação, na raiz de um dente da engrenagem[17]. A mudança de aspecto da superfície de fratura destaca a região cementada, indicada apenas em uma posição, com duas setas. (A camada com dureza elevada tem cerca de 3 mm de espessura). Cortesia MRS Logística S.A. Rio de Janeiro, RJ, Brasil.

Para garantir uma distribuição favorável do carbono na peça é comum realizar, após a cementação, um tratamento, ainda no campo austenítico, de difusão do carbono. Os resultados são sempre semelhantes aos indicados na Figura 10.82.

A Figura 10.90 apresenta a estrutura de peça submetida à cementação gasosa.

A microestrutura de peças cementadas deve ser analisada considerando que há, na têmpera, variação de velocidade de resfriamento superposta à variação de composição química, como indicado na Figura 10.91.

As Figuras 10.92 e 10.93 mostram peças cianetadas. Os tratamentos de cianetação envolvem sais tóxicos, no estado liquido. Cuidados especiais de segurança são necessários, nestes tratamentos. A cianetação é praticada mergulhando as peças em sais fundidos contendo cianetos, como por exemplo, o de sódio, a temperaturas entre 850 e 900 °C. Por este processo as partes superficiais das peças absorvem, além do carbono, também o nitrogênio. As peças cianetadas são depois temperadas a partir do próprio banho. Quando há necessidade de temperar de novo uma peça cianetada, seu aquecimento deve ser feito num banho semelhante ao que serviu para a sua cianetação.

O tratamento de nitretação envolve a difusão do nitrogênio a baixas temperaturas. Resulta em menor distorção e em camadas menores que as obtidas com carbonetação, portanto. A Figura 10.94 apresenta um exemplo de aço AISI 4340 temperado e revenido e nitretado.

---

(17) Há iniciação secundária em direção ao cubo da engrenagem.

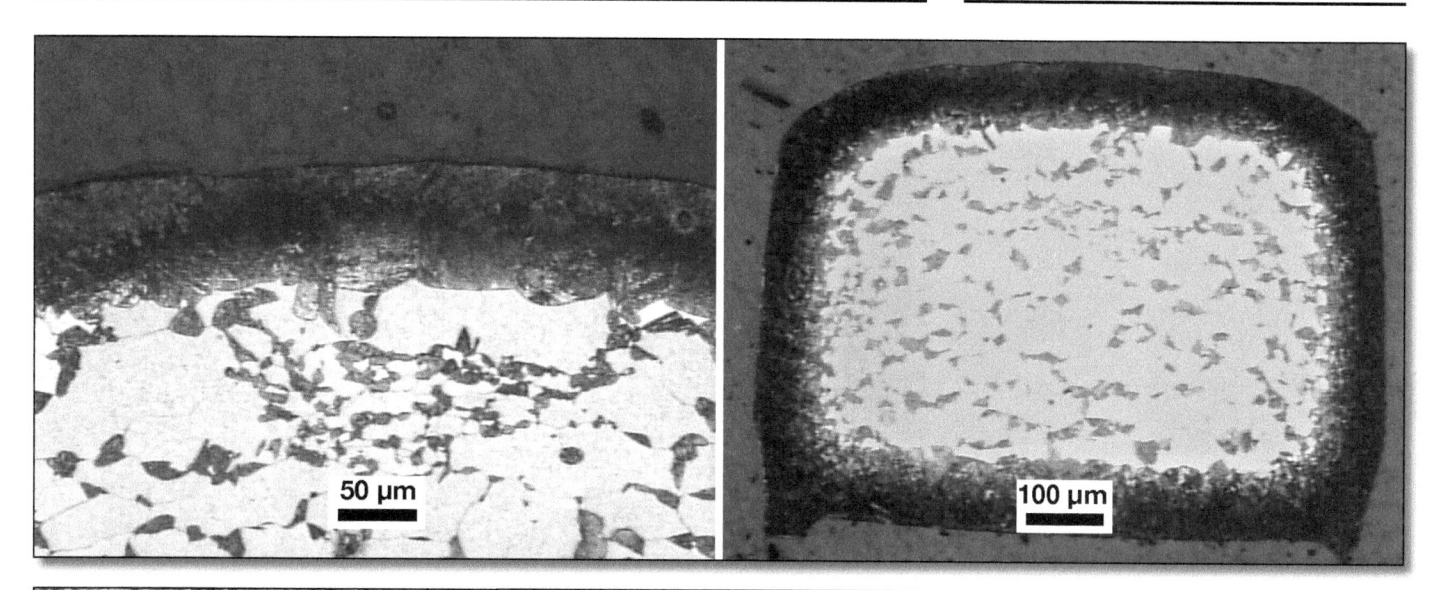

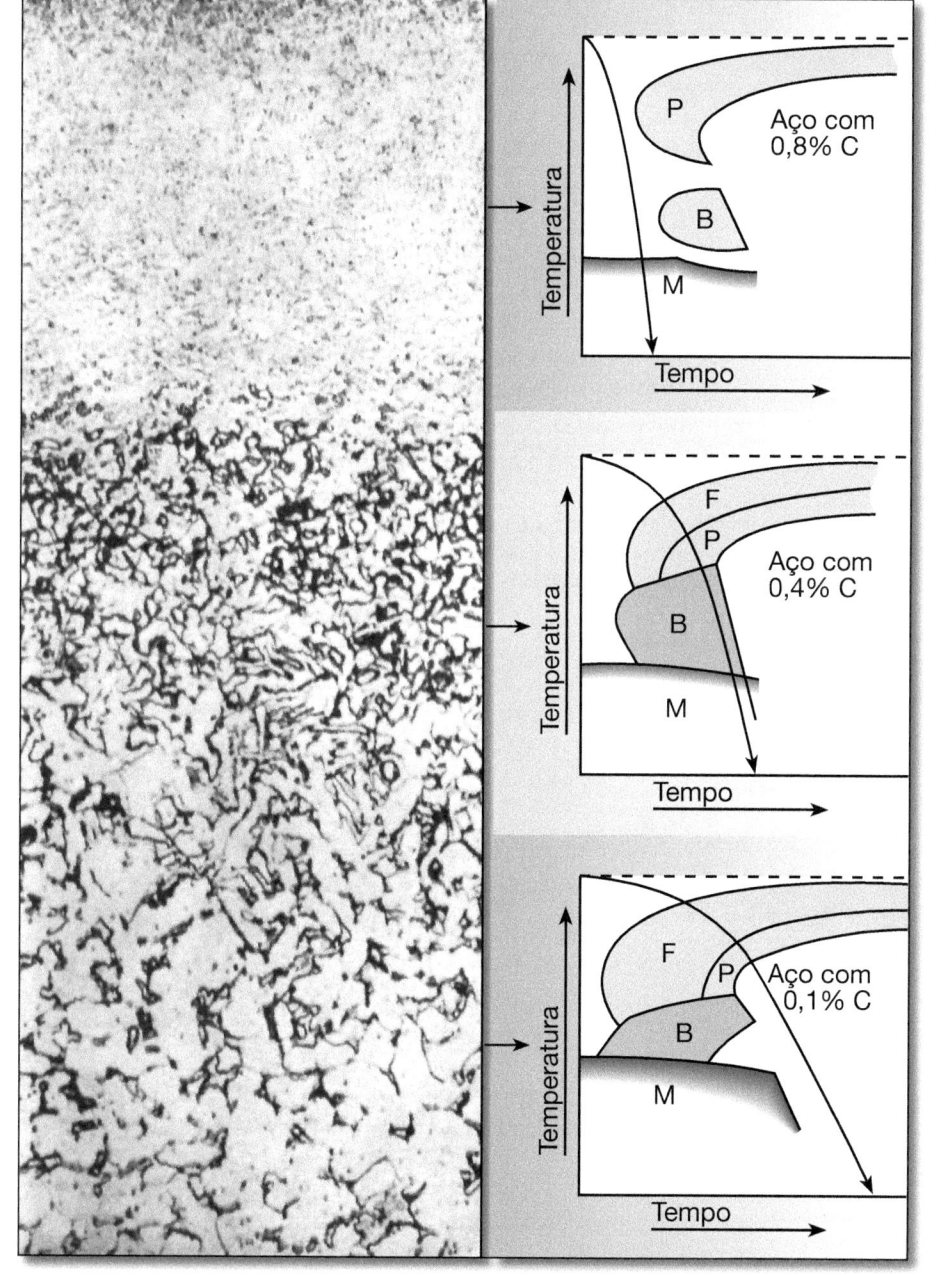

Figura 10.90
Aço AISI 5120 cementado em atmosfera controlada a 920 °C/1 h resfriado até 850 °C e mantido por 2 h (difusão) e temperado em óleo na temperatura de 50-60 °C, seguido de revenimento a 180 °C por 2 h. Cortesia L. Queiroz e L. T. Sandor.

Figura 10.91
A microestrutura de uma peça cementada e temperada varia da superfície (topo da imagem) para o interior por dois motivos: (1) o teor de carbono diminui e (2) a velocidade de resfriamento também. À direita, estão esquematizadas as curvas CCT para cada composição química, com a curva de resfriamento aplicável, superposta. Ataque: Nital.

Figura 10.92
Filete de rosca cianetado. A espessura da camada endurecida pode ser observada. Ataque: Nital.

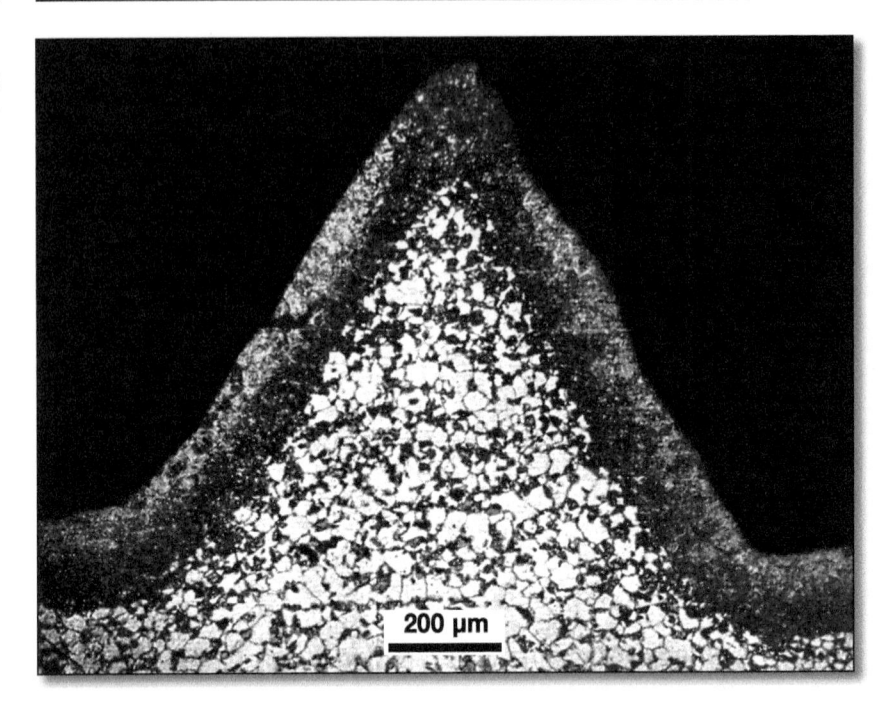

É comum, em peças nitretadas, ocorrer a formação de uma camada rica em compostos (em geral, nitretos) junto à superfície da peça. Essa camada é, normalmente, chamada de "camada branca".

O tratamento de nitrocarbonetação tem vários empregos industriais [2]. Em particular, é empregado para aumentar à resistência à fadiga térmica e à corrosão e melhorar as propriedades tribológicas dos aços para matrizes destinadas a matrizes de trabalho a quente. Em um estudo com o aço JIS S40C (similar a AISI 1040) Yokoi e colaboradores [41] caracterizaram as estruturas obtidas. A Figura 10.95 apresenta dois exemplos desta caracterização.

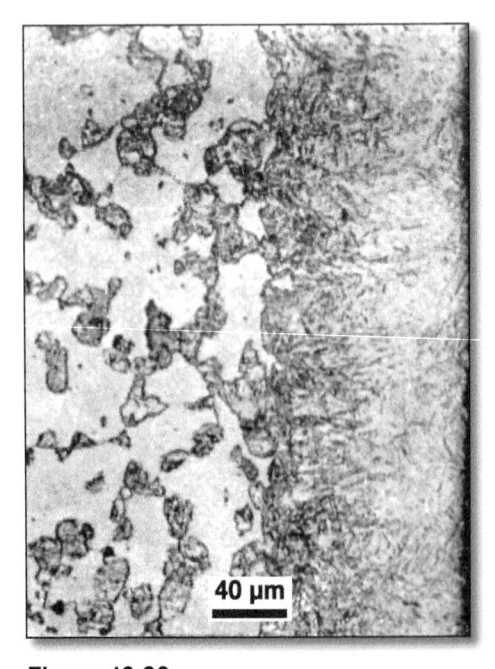

Figura 10.93
Exemplo de camada cianetada sem zona de transição. Na região junto à superfície (à direita) martensita. No núcleo da peça, martensita e ferrita. Ataque: Nital.

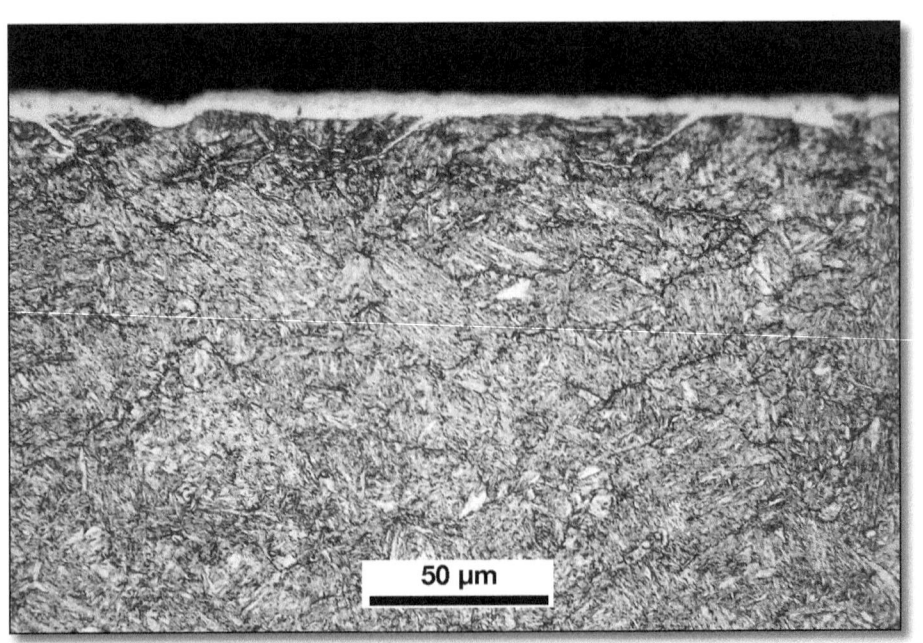

Figura 10.94
Seção transversal à superfície de uma peça de aço AISI 4340 temperado e revenido e nitretado. Observa-se a camada branca, de nitreto de alta dureza (ver [2]). Cortesia A. Zeemann, Tecmetal, RJ, Brasil.

Camada branca (compostos)
Ni
Região de difusão

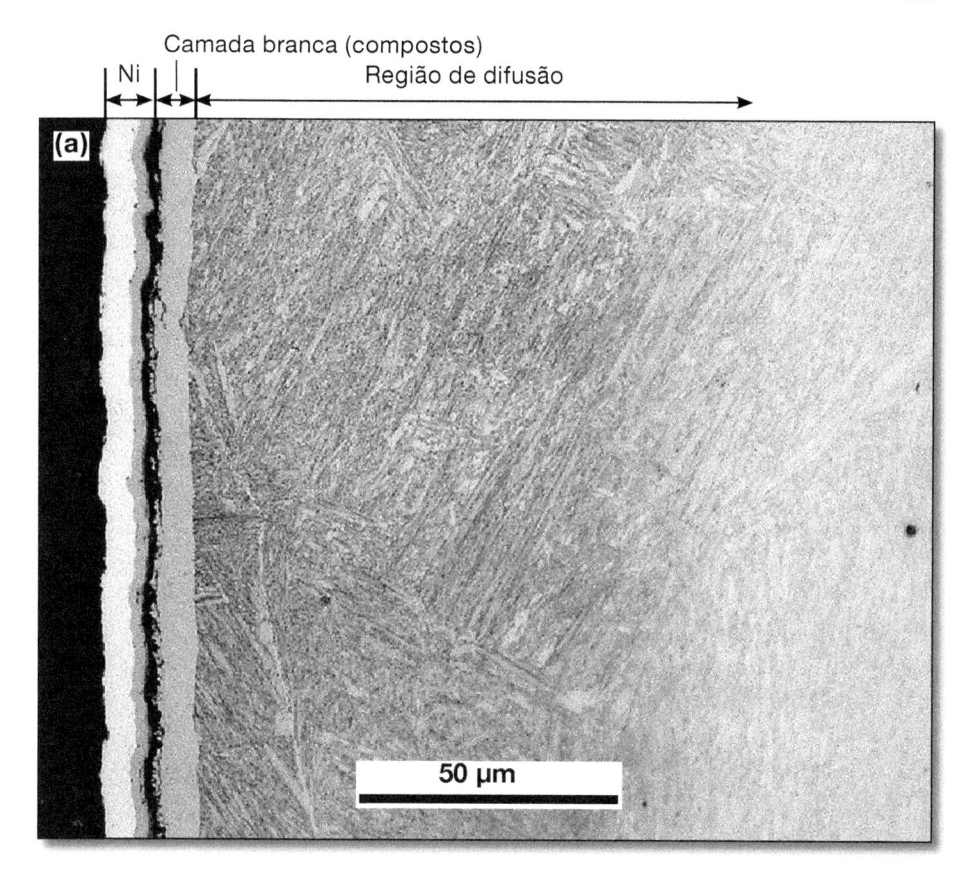

Camada branca (compostos)
Ni
Região de difusão

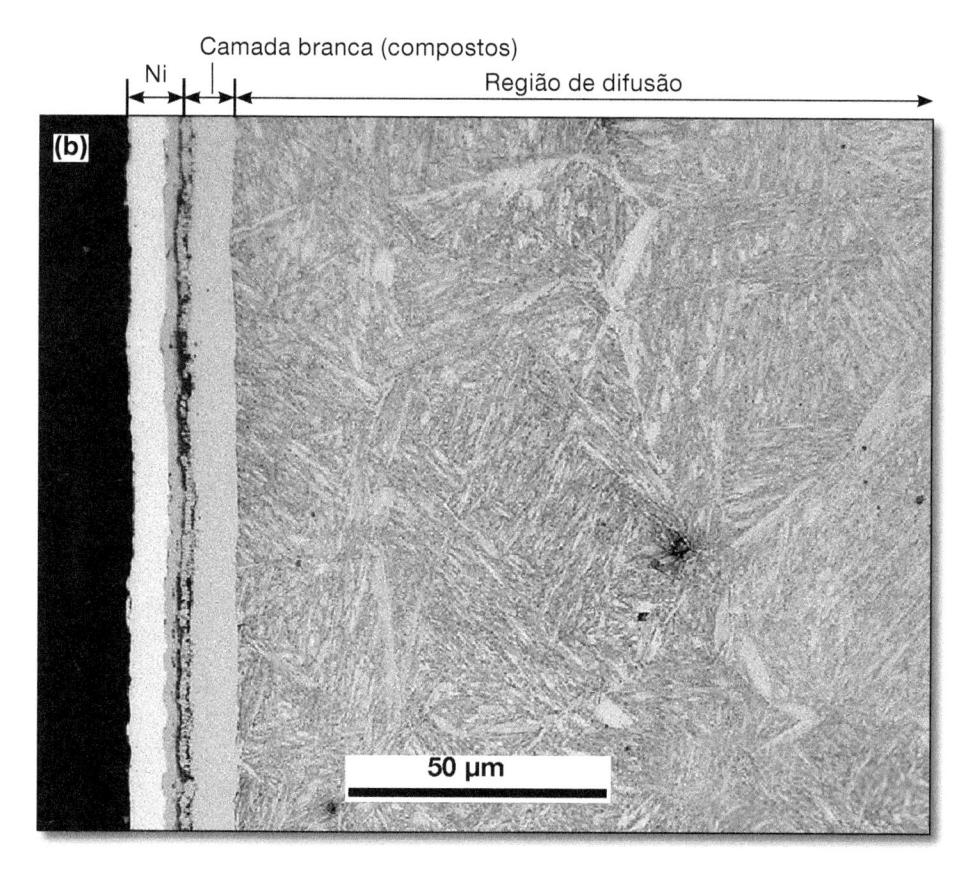

Figura 10.95
Aço nitrocarbonetado a 550 °C por 5 h. A superfície foi revestida com níquel químico para preservá-la durante a preparação metalográfica (indicado como Ni, na Figura). "Camada branca" onde se observa a formação de nitretos de elevada dureza. Martensita revenida. No estudo em questão, observou-se que o aumento do teor de cromo fez crescer a dureza da região de difusão, pela precipitação de CrN (observada em MET), embora tenha reduzido a camada de difusão, como mostra a Figura (a). Reproduzido de [41], Denki-Seiko, por cortesia da Daido Steel, Japão.

Referências Bibliográficas

1. API. *API Spec 6A/ISO 10423 – Specification for wellhead and christmas tree equipment*. 19.ª edição, API: Washington. 2004.
2. COSTA E SILVA, A. L. V.; MEI, P. R. *Aços e ligas especiais*. 2.ª edição, São Paulo: Blucher. p. 662, 2006.
3. BANOVIC, S. W.; McCOWAN, C. N.; LUECKE, W. E. *NIST NCSTAR 1-3E (Draft) For Public Comment Federal Building and Fire Safety Investigation of the World Trade Center Disaster Physical Properties of Structural Steels* (Draft). NIST: Gaithersburg, MD, 2005.
4. McENERNEY, J. W.; DONG, P. *Recommended practices for local heating of welds in pressure vessels*. Welding Research Council Bulletin, New York: WRC, 2000.
5. TROIANO, A. R. *The role of hydrogen and other interstitials in the behavior of metals*. Transactions of the ASM, v. 52, p. 54-79, 1960.
6. FRUEHAN, R. (ed.) *Making, Shaping, and treating of steel, steelmaking and refining volume*. 11.ª edição, AISE Steel Foundation: Pittsburgh PA, 1998.
7. SCHUMMANN, H.; CYRENER, K.; MOLLE, W.; OETTEL, H.; OHSER, J.; STEYER, L. *Metallographie*. Leipzig: Deutscher Verlag fur Grunstoffindustrie – Wiley-VCH Verlag GmbH, 1990.
8. DANA Jr, A. W.; SHORTSLEEVE, F. J.; TROIANO, A. R. *Relation of flake formation in steels to hydrogen microstructure and stress*. Journal of Metals – Transactions AIME, 1955 (august), p. 895-905.
9. SCOTT, T. E.; TROIANO, A. R. *Hydrogen and segregates in flaking*. Journal of Metals, 1959 (september), p. 619-622.
10. FROMM, E.; HOERZ, G. *Hydrogen, nitrogen, oxigen and carbon in metals*. International Metals Reviews, 1980 (5,6), p. 269-310.
11. OHTANI, H. *Processing – conventional heat treatments*, in *Materials Science and Technology-Constitution and Properties of Steels*. Pickering, F. B. Editor. New York, Wiley-VCH, 1996.
12. ABNT. *Tratamentos térmicos dos aços – terminologia e definições*, ABNT NBR NM 136 (Adotada no Brasil em out. 2000), 1997, São Paulo: ABNT.
13. CARVALHO, F. L. *Influência do tamanho de grão austenítico na resistência à corrosão sob tensão de aços para aplicação Sour Service*. Tese de Mestrado, Belo Horizonte, UFMG, 2007.
14. SAE. *SAE J419 – Methods of measuring decarburization*. SAE International, 1983.
15. ASM. *ASM Handbook – 1 Properties and Selection – Irons, Steels and High – performance alloys*. 10.ª edição, v. 1. Materials Park, OH: ASM, 1990.
16. THELNING, K. E. *Steel and its heat treatment-bofors handbook*. London: Butterworths, 1975.
17. BAIN, E. C.; PAXTON, H. W. *Alloying elements in steel*. Metals Park, OH: ASM. 1966.
18. ASM. *Atlas of isothermal transformation and cooling transformation diagrams*. Materials Park, OH: ASM International, 1977.
19. BOSCH. *Umwandlungsvorgänge und Gefügeausbildung bei rascher Temperaturänderung*. Bosch Norm N67W 2.2 (substituída), 1973.
20. KRAUSS, G. *Steels: processing, structure and performance*. Materials Park: ASM International, 2005.
21. ASM. *ASM Handbook – 4 – Heat treating*. 10.ª edição, v. 4, 1991, Materials Park, OH: ASM.
22. LOBER, D. *Informations about steel for metallographer*: www.metallograf.de. 2006.

23. BABU, S. S. *On-line calculatos – Phase transformation modeling.* *http://engm01.ms.ornl.gov/*, 2004, Oak Ridge National Laboratory.

24. SAUVEUR, A. *Metallography and heat treatment of iron and steel,* 4.ª edição, New York: McGraw-Hill, 1935.

25. BRAMFITT, B. L.; SPEER, J. G. *A perspective on the morphology of bainite.* Metallurgical Transactions A, 1990, v. 21A (april), p. 817-829.

26. SMITH, C. S. *Microstructure.* Transactions of the ASM, 1953, v. 45, p. 533-575.

27. HILLERT, M. *The nature of bainite.* ISIJ international, 1995, v. 35 (9), p. 1134-1140.

28. ABNT. *Metalografia das ligas ferro-carbono – Terminologia,* ABNT NBR 15454, 2007, São Paulo: ABNT.

29. ROBERTS, G. A.; KRAUSS, G.; KENNEDY, R.; ROBERTS, G. *Tool steels,* 5.ª edição, Metals Park, OH: ASM, 1998.

30. DE CANALE, L. C. F.; TOTTEN, G. E.; BLACKWOOD, R. R.; JARVIS, L. M.; HOFFMAN, D. G. *An overwiew of non-quench related problems often attributed to the quenchant and quenching process.* In: 59 Congresso Anual da Associação Brasileira de Metalurgia e Materiais, 2004, São Paulo: ABM.

31. BLACKWOOD, R. R.; JARVIS, L. M.; HOFFMAN, D. G.; TOTTEN, G. E. *Conditions leading to quench cracking other than severity of quench.* In: 18th Heat Treating Society Conference Proceedings. ASM International, Materials Park, OH, 1998.

32. HONEYCOMBE, R. W. K. *Steels: microstructure and properties.* London: Edward Arnold, p. 243, 1981.

33. SANDOR, L. T. *Influência do teor de carbono na propagação de trinca e na tenacidade à fratura em camada cementada em aços de alta resistência mecânica.* Tese de Doutorado. Campinas: UNICAMP, 2008.

34. HOLLOMAN, J. H.; JAFFE, L. D. *Time-temperature relations in tempering steels.* Transactions AIME, 1945, v. 162, p. 223-249.

35. INOUE, T. *A new tempering parameter and its application to the integration of tempering effect of continuous heat cycle.* Testsu-to-Hagane (*The journal of the Iron and Steel Institute of Japan*), 1980, v. 66 (10), p. 1532-1541 (74-89).

36. NAGOYA INTERNATIONAL TRAINING CENTER. *Precautions against failure of heat treatment.* Nagoya: Japan International Cooperation Agency, 1974.

37. KRAUSS, G. *Deformation and fracture in martensitic carbon steels tempered at low temperatures.* Metallurgical and Materials Transactions B, 2001, v. 32B (2), p. 205-221.

38. REGULY, A.; STROHAECKER, T. R.; KRAUSS, G.; MATLOCK, D. K. *Quench embrittlement of hardened 5160 steel as a function of austenitizing temperature.* Metallurgical and Materials Transactions A, 2004, v. 35A (january), p. 153-162.

39. TURPIN, T.; DULCY, J.; GANTOIS, M. *Carbon diffusion and phase transformations during gas carburizing of high-alloyed stainless steels: Experimental study and theoretical modeling.* Metallurgical and Materials Transactions A, 2005, v. 36A (october), p. 2751-2760.

40. BORGENSTAM, A.; ENGSTROM, A.; HOGLUND, L.; AGREN, J. *DICTRA, a tool for simulation of diffusional transformations in alloys.* Journal of Phase Equilibria, 2000, v. 21 (3), p. 269-280.

41. YOKOI, N.; HIRAOKA, Y.; INOUE, K. *TEM Observation of Microstructure in Diffusion Layer Nitrocarburized Hot Work Die Steel.* Denki-Seiko, 2007, v. 78 (4), p. 315-322.

CAPÍTULO

11

CONFORMAÇÃO A QUENTE

1. Introdução

Os aços são submetidos à conformação mecânica por dois motivos principais:

a) Alterar sua forma e dimensões.

b) Alterar sua estrutura, em diversas escalas.

A temperatura em que o trabalho mecânico é realizado é uma variável importante, assim como a taxa com que o material é deformado e o estado de tensões predominante durante a deformação.

É comum dividir a conformação em deformação a frio e deformação a quente, embora nas últimas décadas processos de "deformação a morno" venham sendo citados cada vez mais freqüentemente e venham encontrando aplicações importantes no processamento dos aços.

2. Trabalho a Quente e Trabalho a Frio

Do ponto de vista das características do produto da conformação, a variável que permite uma classificação mais coerente dos processos de conformação dos aços é a temperatura do processo.

A distinção entre deformação a frio e a quente, em metalurgia, não é caracterizada por uma temperatura única, absoluta. De forma simplificada, a deformação é considerada "a frio" quando se passa a temperaturas em que a energia de deformação é armazenada no material, não ocorrendo processos de recuperação ou recristalização. Os processos de deformação a quente são caracterizados pela ocorrência de alterações estruturais que resultam na modificação estrutural, eliminando em grande parte a energia introduzida no material pelos processos de recuperação e recristalização. Um limite aproximado, para separar trabalho a quente de trabalho a frio freqüentemente usado como referência é 0,5 T_m, onde T_m é a temperatura de fusão do metal, em K[1]).

Além disto, é importante salientar uma outra importante diferença: os produtos de aço conformados a temperaturas elevadas sofrem, em geral, oxidação superficial e distorções associadas a variações de temperatura. O resultado é que produtos conformados a frio, ou a baixas temperaturas têm, em geral, melhor acabamento superficial e podem ser produzidos com tolerâncias dimensionais mais rígidas.

Praticamente todos os produtos de aço trabalhados mecanicamente são submetidos, pelo menos, à conformação a quente. Os produtos conformados a frio são, normalmente, provenientes de semi-acabados que foram, anteriormente, conformados a quente. Por este motivo, a discussão da conformação a quente precede a conformação a frio, que será apresentada no próximo capítulo.

---

(1) Alguns autores preferem definir como trabalho a frio, aquele que é realizado abaixo de 0,3 T_m e trabalho a morno como o que se passa entre esta temperatura e 0,5 T_m.

3. Principais Efeitos do Trabalho a Quente

3.1. Efeito Sobre a Resistência Mecânica

Em geral, o trabalho a quente é o primeiro passo na conformação de lingotes e produtos de lingotamento contínuo de aço. O aumento da temperatura de trabalho resulta em diminuição da resistência mecânica e, portanto, da energia necessária para deformação (Figura 11.1). Assim, a potência dos equipamentos de conformação é menor do que seria necessário se o trabalho não fosse realizado a temperatura elevada.

3.2. Consolidação de Cavidades

Adicionalmente, o trabalho a temperatura elevada favorece a difusão, o que coopera para reduzir as heterogeneidades químicas do lingote, decorrentes da segregação de solidificação.

Microcavidades e porosidades inerentes ao processo de solidificação podem ser eliminadas por caldeamento, desde que ocorra um estado de tensões favorável, aliado a tempo e temperatura suficientes para a eliminação do defeito (Figura 11.2).

3.2.1. O Ferro de Pacote — Uma Nota Histórica

A possibilidade de "caldear", isto é, unir por pressão e temperatura, peças de aço é explorada em diversos processos históricos de produção de aço. Além do ferro pudlado, discutido no Capítulo 2, que envolve caldeamento durante o forjamento, o ferro de pacote, um produto de qualidade inferior fabricado geralmente com pedaços de ferro pudlado e de aço com pouco carbono, aglomerados a quente, foi empregado, no passado, para produzir peças de engenharia, como mostra a Figura 11.3.

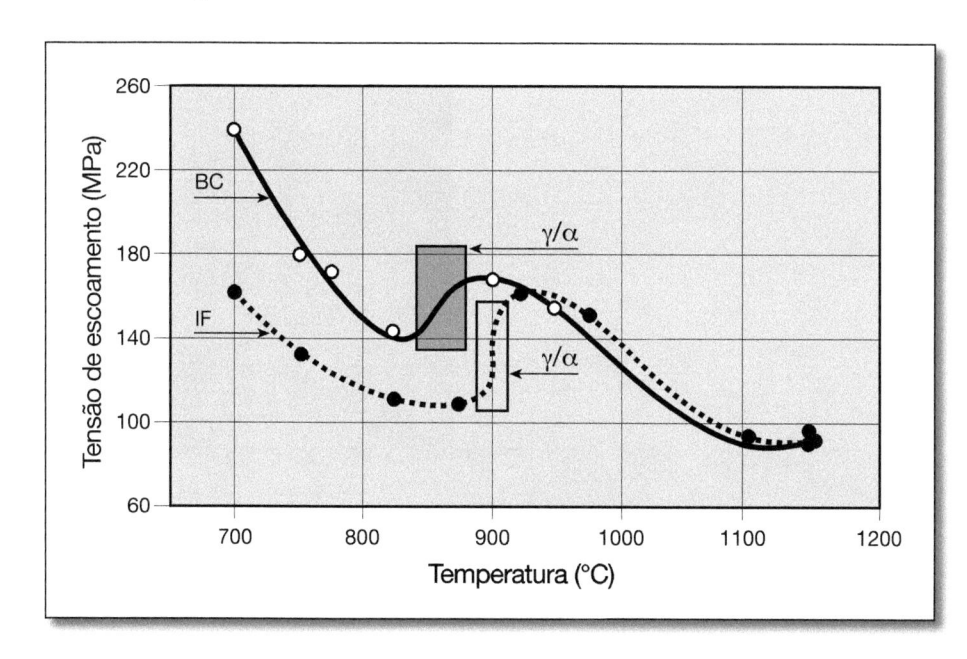

Figura 11.1
Variação da tensão de escoamento com a temperatura para um aço baixo carbono (BC) e um aço *Interstitial Free* (IF). A região de transformação de fases está indicada. Adaptado de [1].

Figura 11.2
O efeito da deformação sobre "vazios" existentes no material. Tensões hidrostáticas (σ_H) compressivas são essenciais para produzir consolidação com eliminação de vazios. Estado de tensões desfavorável por conduzir até a ruptura durante a conformação. [2].

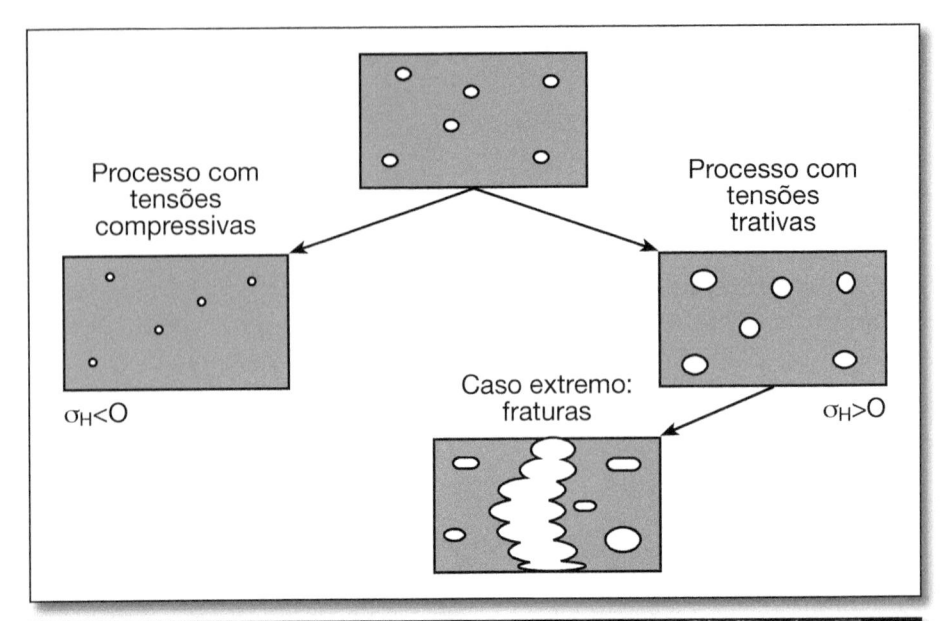

Figura 11.3
Ferro de pacote. (a) Seção transversal a uma barra de ferro de pacote feito de chapas finas. (b) Seção longitudinal de uma barra redonda de ferro de pacote. Ataque: Iodo.

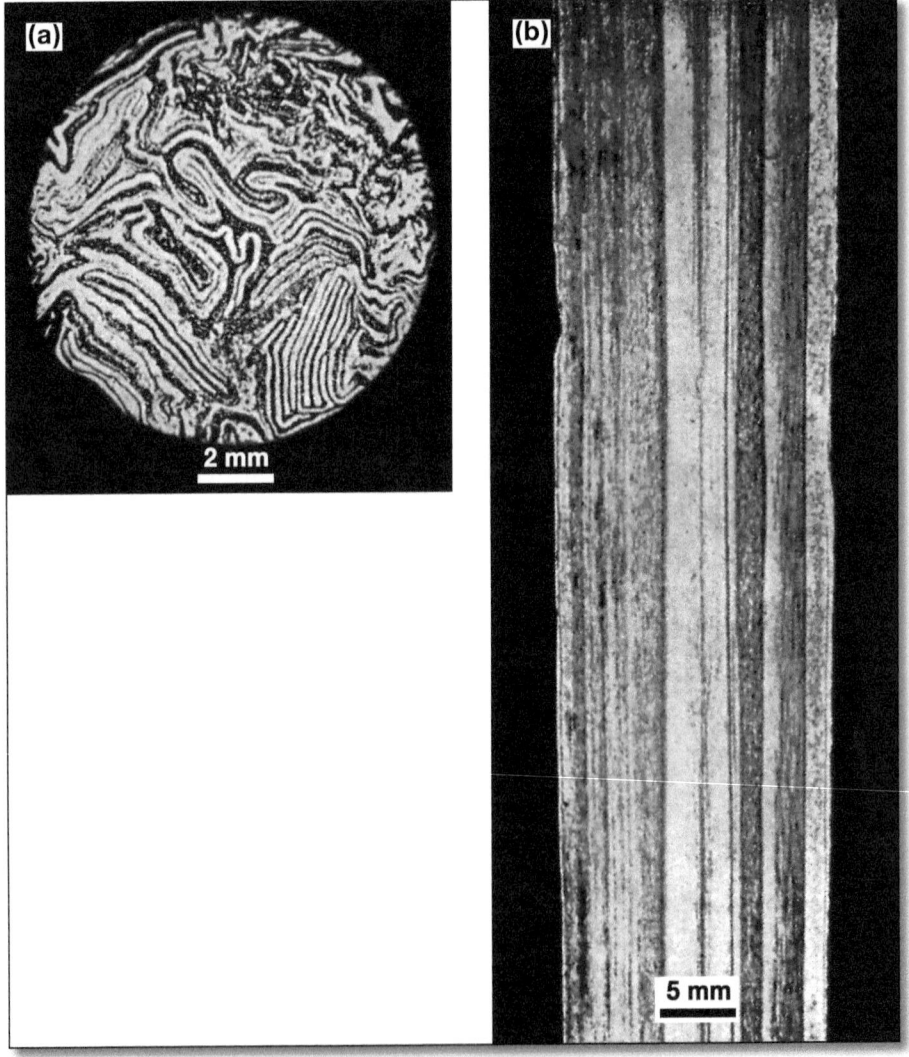

É importante salientar que o processo de caldeamento, através de forjamento, não leva, por si, a material de qualidade inferior. As famosas espadas japonesas "nippon-tô" [3], por exemplo, são obtidas pelo forjamento controlado de pedaços de aço de alta pureza (*tamahagane*)

obtido em um forno de redução (*tatara*) [4]. As peças resultantes do caldeamento de vários pedaços são sucessivamente dobradas e forjadas, resultando em um material com propriedades extraordinárias, até hoje difíceis de atingir por outro roteiro de processamento. Por fim, uma "chapa" de teor de carbono mais alto, que constituirá o gume e as faces externas da lâmina, é dobrada em torno de outra mais tenaz, que constituirá o núcleo da lâmina. O tratamento térmico também é feito de forma diferencial, de modo a conferir o máximo de dureza ao gume e tenacidade ao conjunto[2].

3.3. Alteração de Forma e Distribuição de Segregados

A alteração de forma, associada à redução das dimensões normais ao sentido de deformação[3] dos produtos (espessura, em produtos planos, diâmetro em produtos cilíndricos, por exemplo) causa, também, a redução dos espaços entre os braços das dendritas originadas no processo de solidificação (Capítulo 8). Esta redução de distância é também favorável à homogeneização, por difusão. Por este motivo, o grau de redução ou grau de deformação, nos processos de deformação a quente é importante. As Figuras 11.4 e 11.5 mostram a alteração da estrutura dendrítica à medida que o material é trabalhado a quente. A forte orientação das regiões microssegregadas originárias da solidificação termina por dar origem a uma estrutura que, macroscopicamente, tem o aspecto de "fibras" orientadas no sentido de maior alongamento do material no trabalho, como mostra a Figura 11.4. É comum, assim, discutir o "fibramento" do material e sua alteração em processos de deformação ou usinagem subseqüente, como será visto adiante.

O efeito de deformação é muito mais facilmente observado na seção longitudinal (que contém a direção de maior deformação) do que na seção transversal, como se observa na comparação das Figuras 11.4 e 11.5.

(2) Yoshindo Yoshihara é um mestre fabricante de espadas que preserva a técnica descrita por Inoue [4]. Vídeos de todo o processo estão disponíveis em http://www.youtube.com/watch?v=ONpVs-MzDwc e http://www.youtube.com/watch?v=5222Q15ippw

(3) As orientacões em uma peça deformada podem ser definidas em relação à direção de maior deformação: longitudinal, transversal e normal ou em função da geometria da peça: axial, radial e tangencial, por exemplo. A correlação entre as duas nomenclaturas depende do conhecimento do ciclo de deformação aplicado.

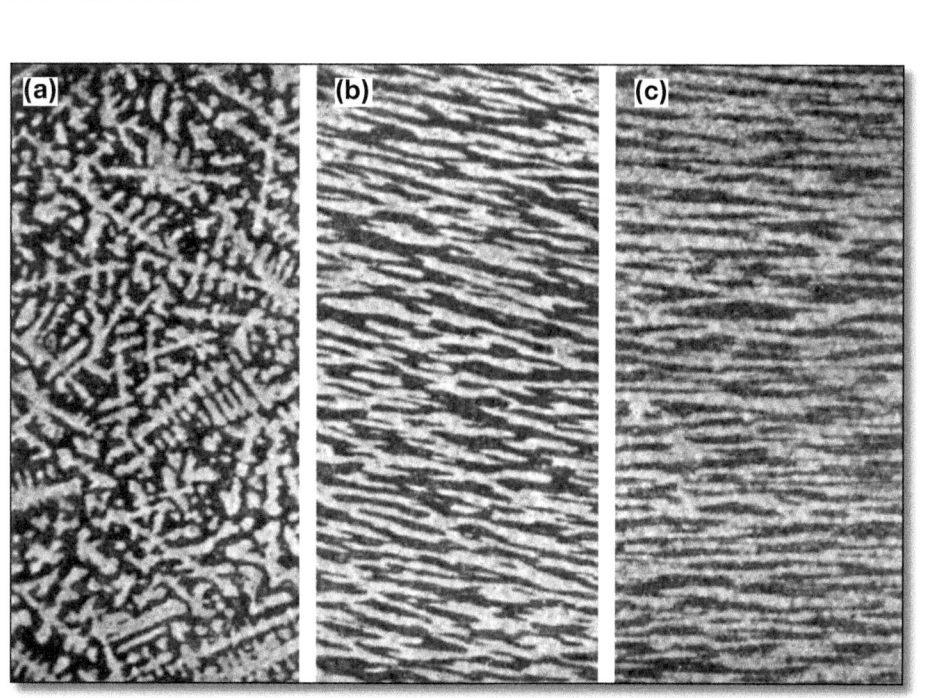

Figura 11.4
Efeito do trabalho a quente sobre a macroestrutura de um aço. (a) Estrutura dendrítica do lingote original. (b) Seção longitudinal após redução para 1/5 da área da seção. (c) Seção longitudinal após redução para 1/30 da área da seção transversal do lingote. (d) Seção longitudinal após redução para 1/150 da área da seção transversal do lingote. (e) Seção transversal ao corpo-de-prova de tração longitudinal ao material apresentado em (d). (f) Seção transversal ao corpo-de-prova transversal ao mesmo material. Adaptado de [5].

Figura 11.4 (*Continuação*)

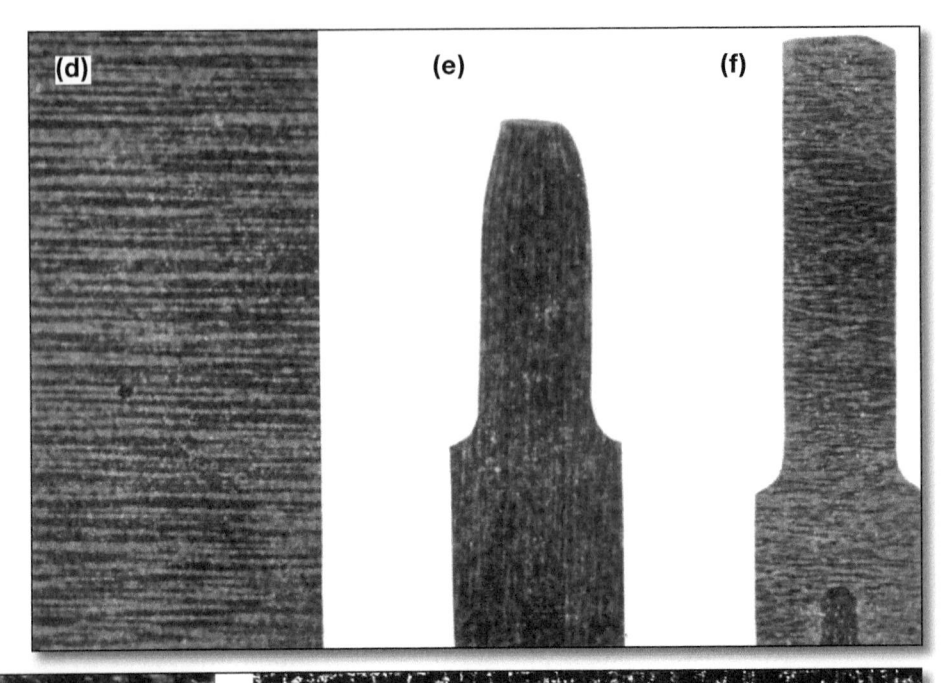

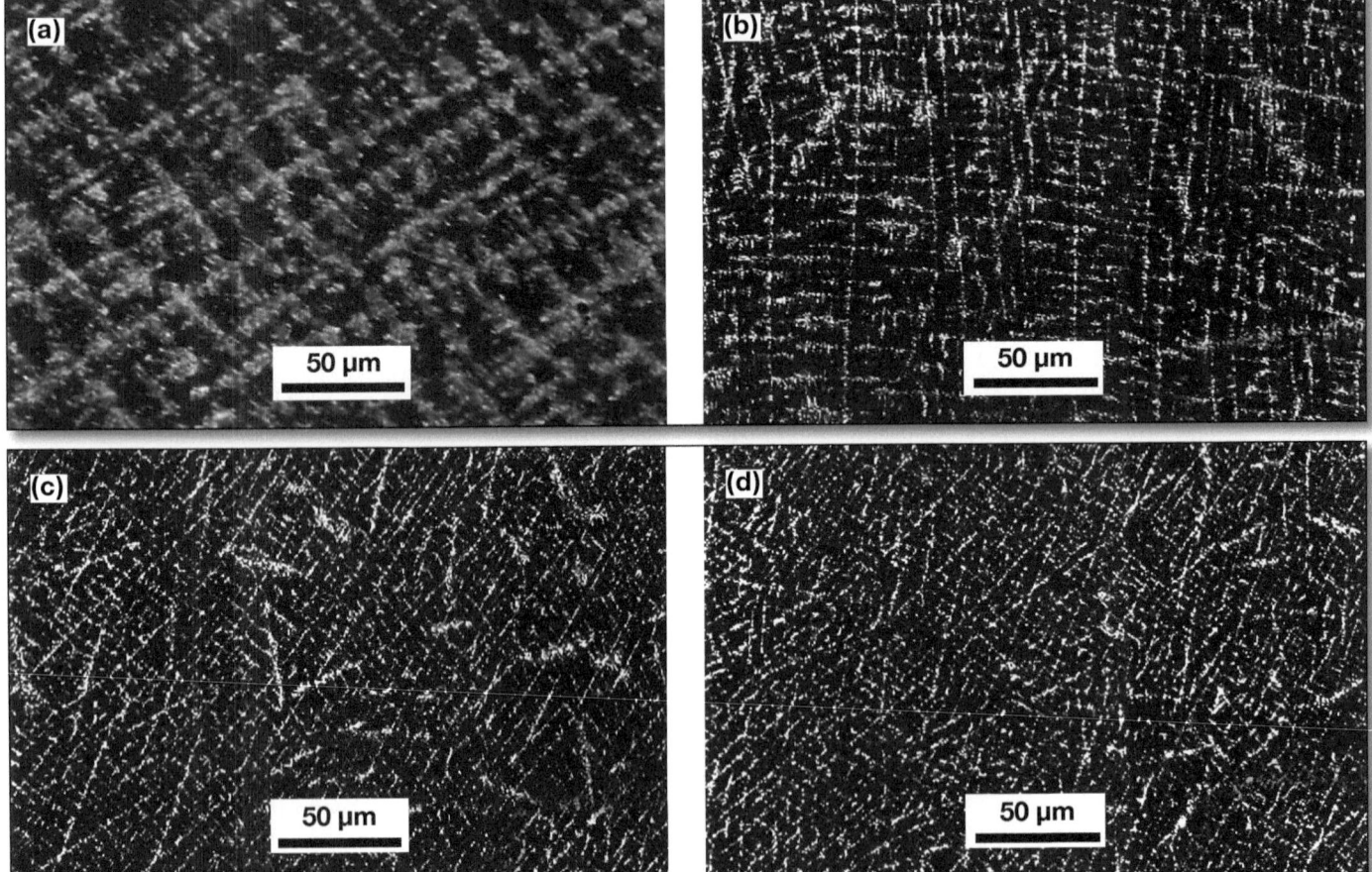

Figura 11.5
Seção transversal de barras redondas de aço AISI 10V45 laminadas a partir de um tarugo de lingotamento contínuo de 178 x 178 mm. Redução de laminação medida como razão entre áreas de seção transversal de (a) 7:1, (b) 10:1, (c) 27:1, e (d) 49:1. Observam-se os restos da estrutura dendrítica do tarugo lingotado. Ataque: a quente, com solução de ácido pícrico com agente tensoativo[4] (tridecilbenzeno sulfonato de sódio), concentrações não informadas. Assim como no caso do reagente de Oberhoffer (Figura 8.38) este ataque não revela a microestrutura composta por ferrita e perlita mas sim as variações de composição química na amostra. Reproduzido com permissão da Springer Science and Business Media, de [6].

---

(4) Semelhante a Bechet-Beaujard.

Do ponto de vista macroscópico, também se observa o efeito da deformação sobre as segregações características de lingotes e produtos de lingotamento contínuo, como mostram as Figuras 11.6 a 11.18.

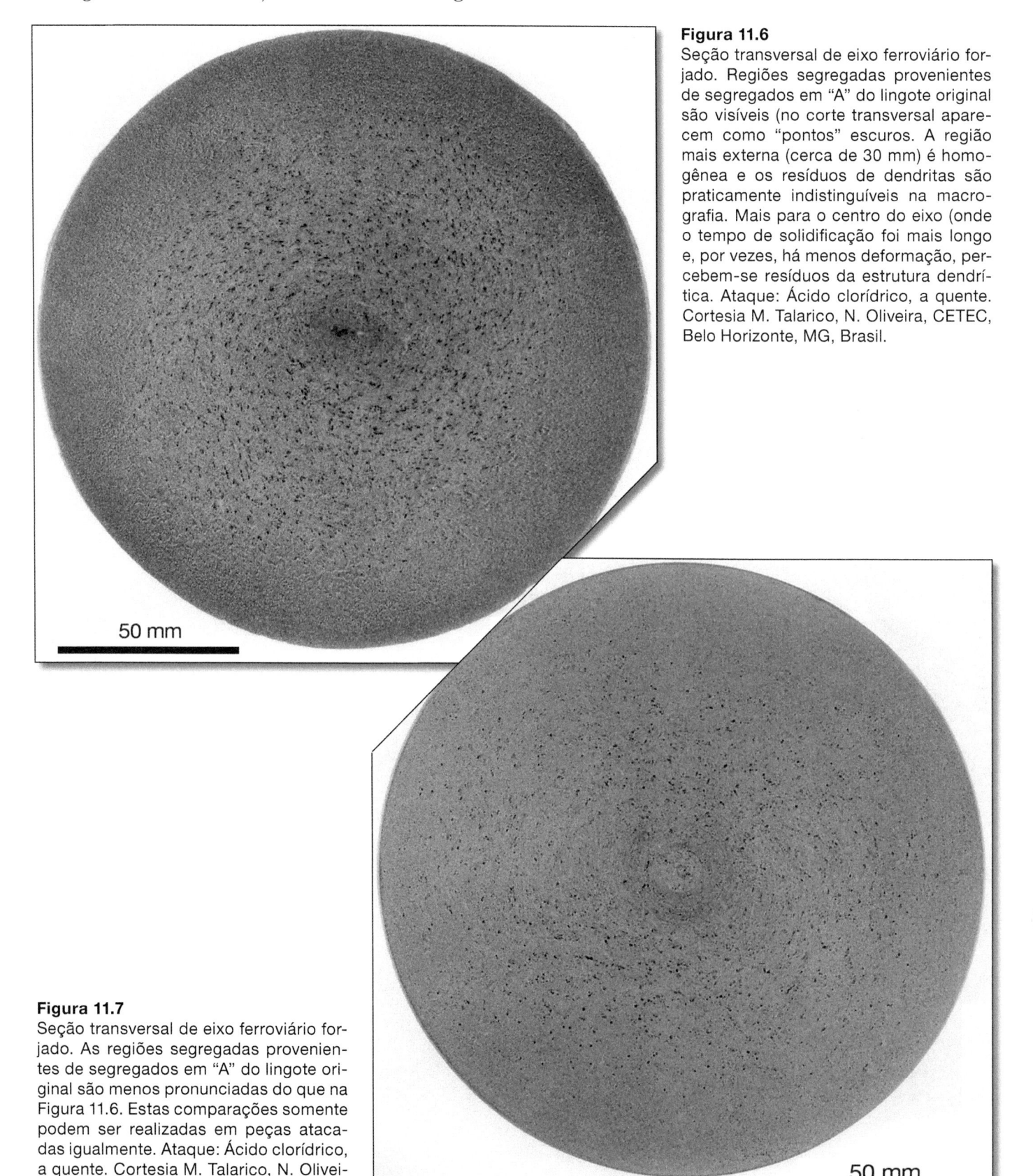

Figura 11.6
Seção transversal de eixo ferroviário forjado. Regiões segregadas provenientes de segregados em "A" do lingote original são visíveis (no corte transversal aparecem como "pontos" escuros. A região mais externa (cerca de 30 mm) é homogênea e os resíduos de dendritas são praticamente indistinguíveis na macrografia. Mais para o centro do eixo (onde o tempo de solidificação foi mais longo e, por vezes, há menos deformação, percebem-se resíduos da estrutura dendrítica. Ataque: Ácido clorídrico, a quente. Cortesia M. Talarico, N. Oliveira, CETEC, Belo Horizonte, MG, Brasil.

Figura 11.7
Seção transversal de eixo ferroviário forjado. As regiões segregadas provenientes de segregados em "A" do lingote original são menos pronunciadas do que na Figura 11.6. Estas comparações somente podem ser realizadas em peças atacadas igualmente. Ataque: Ácido clorídrico, a quente. Cortesia M. Talarico, N. Oliveira, CETEC, Belo Horizonte, MG, Brasil.

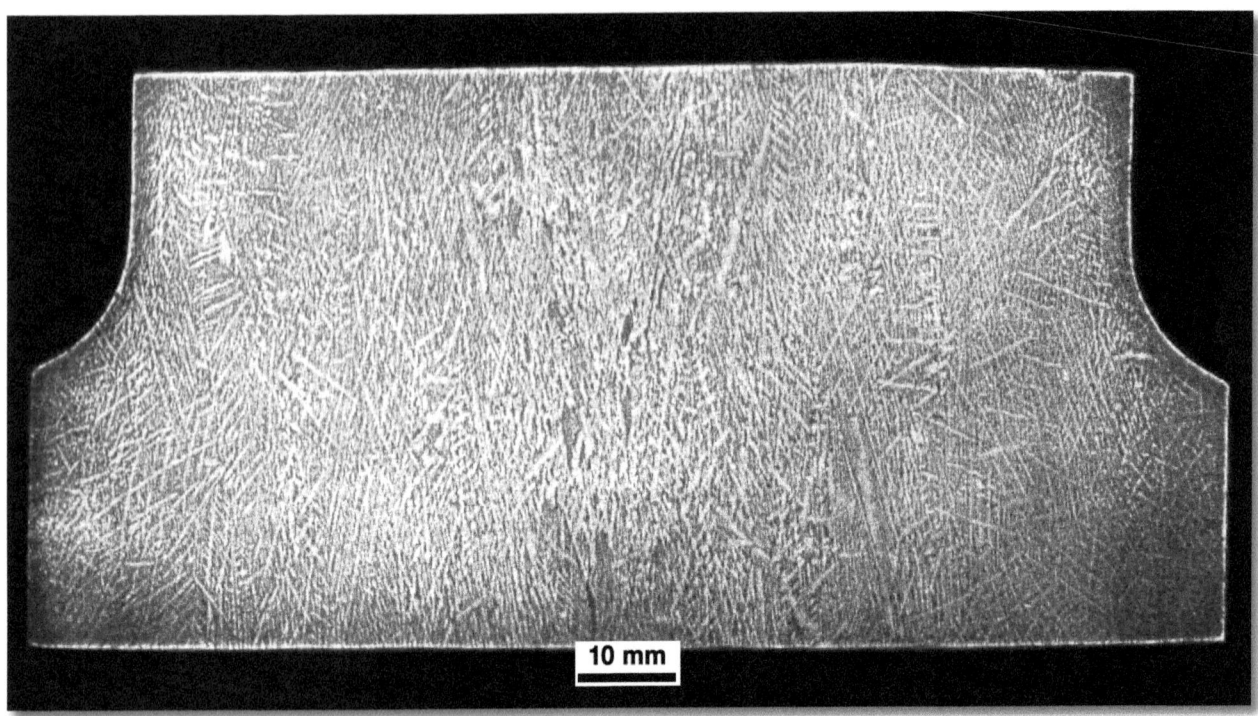

Figura 11.8
Seção longitudinal de um eixo ferroviário, na região de transição de diâmetros (a roda seria montada na parte que aparece abaixo da figura). Dendritas grandes e apenas levemente alteradas pela conformação a quente. Indicação de baixo grau de deformação a quente, possivelmente insuficiente para garantir as propriedades desejadas. A Seção longitudinal (paralela à direção de maior deformação) é, normalmente, a mais adequada para a avaliação do grau de deformação. Ataque: Iodo.

Figura 11.9
Seção transversal do eixo apresentado na Figura 11.8. Estrutura dendrítica e pouca segregação, na região central (comparar com as Figuras 11.6 e 11.7, considerando também os diâmetros dos eixos). Ataque: Iodo.

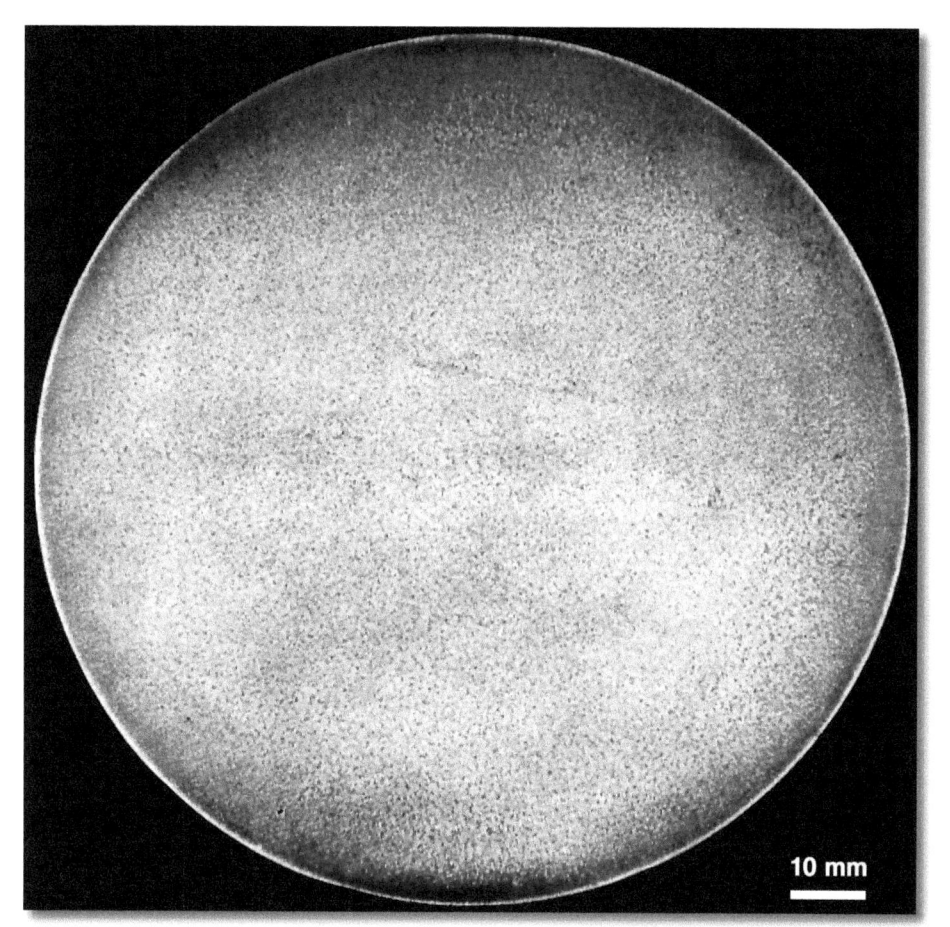

Figura 11.10
Seção transversal de eixo de bonde. Macroestrutura homogênea. Não se observa segregação ou dendritas. Ataque: Iodo.

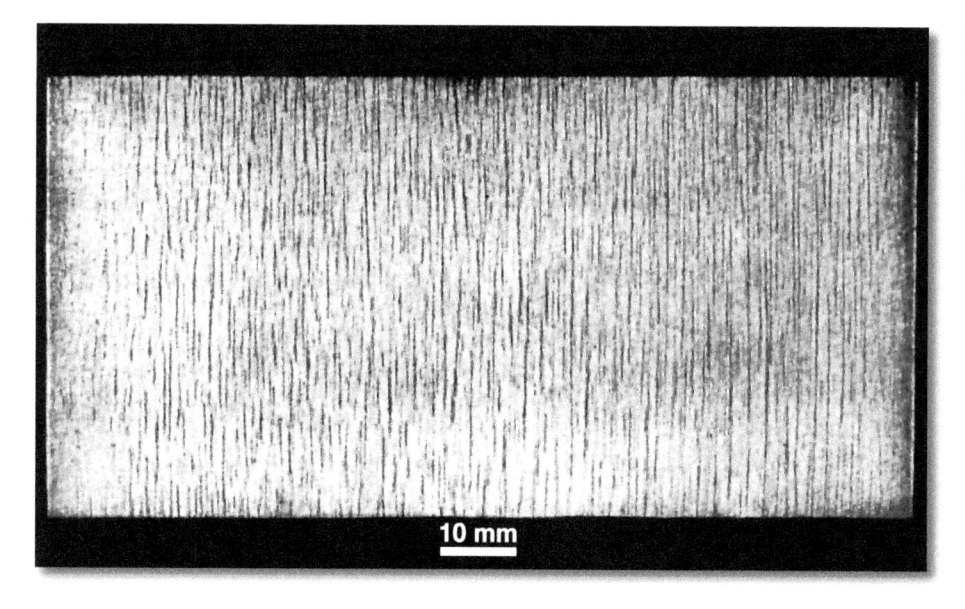

Figura 11.11
Seção longitudinal do eixo da Figura 11.10. O alinhamento da segregação, gerando aspecto "fibroso", é evidência de grau de deformação a quente elevado. Ataque: Iodo.

20 mm

Figura 11.12
Seção transversal à placa forjada de 250 mm de espessura de aço WStE355 (C ≅ 0,20% Mn ≅ 1,1%), a partir de lingote convencional (as superfícies da placa estão no topo e na base da fotografia). Embora a preparação para a macrografia tenha sido
inadequada (marcas circulares de fresa são visíveis), é possível ver as regiões segregadas provenientes dos segregados em
"A" a, aproximadamente, ¼ da espessura. Ataque: Ácido clorídrico, a quente.

Figura 11.13
Impressão de Baumann da mesma Seção da Figura 11.12. Os segregados em "A" são visíveis. A maior homogeneidade da região entre a superfície e os segregados em "A" quando comparada com a região central da placa é evidente.

Figura 11.14
Seção transversal equivalente à da Figura 11.12 em forjado de mesmas dimensões e do mesmo aço, produzido a partir de um lingote processado por refusão sob eletroescória ESR. Nenhuma macrossegregação é visível. Ataque: Ácido clorídrico, a quente.

20 mm

Figura 11.15
Impressão de Baumann da mesma Seção da Figura 11.14. A Seção é homogênea com pequenos pontos escuros espalhados uniformemente (acentuados pela digitalização em alto contraste).

Figura 11.16
Impressão de Baumann de chapa grossa de aço estrutural WStE355. Seção transversal, região do topo do lingote original, no meio da largura da chapa. Observam-se algumas regiões com concentração de sulfetos, alongadas na direção transversal à chapa.

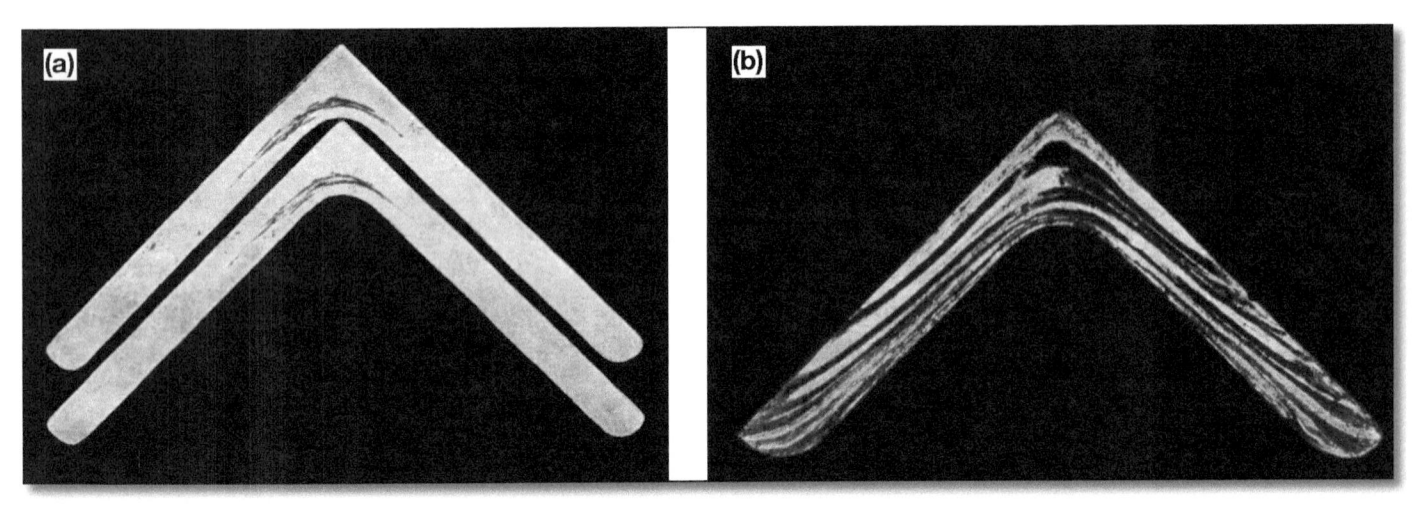

Figura 11.17
(a) Seção transversal de cantoneiras com "restos de vazio" (rechupe do processo de lingotamento convencional que não foi completamente eliminado). Sem ataque.
(b) Seção transversal de cantoneira de ferro pudlado[5]. Ataque: Iodo.

Figura 11.18
Seção transversal de cantoneira laminada. (a) Macroestrutura homogênea. Ataque: Ácido clorídrico, quente. A seta indica o raio interno ("quina") da cantoneira, visto em detalhe nas imagens (b) e (c). Cortesia ArcelorMittal Aços Longos, Juiz de Fora, MG, Brasil. (*Continua*)

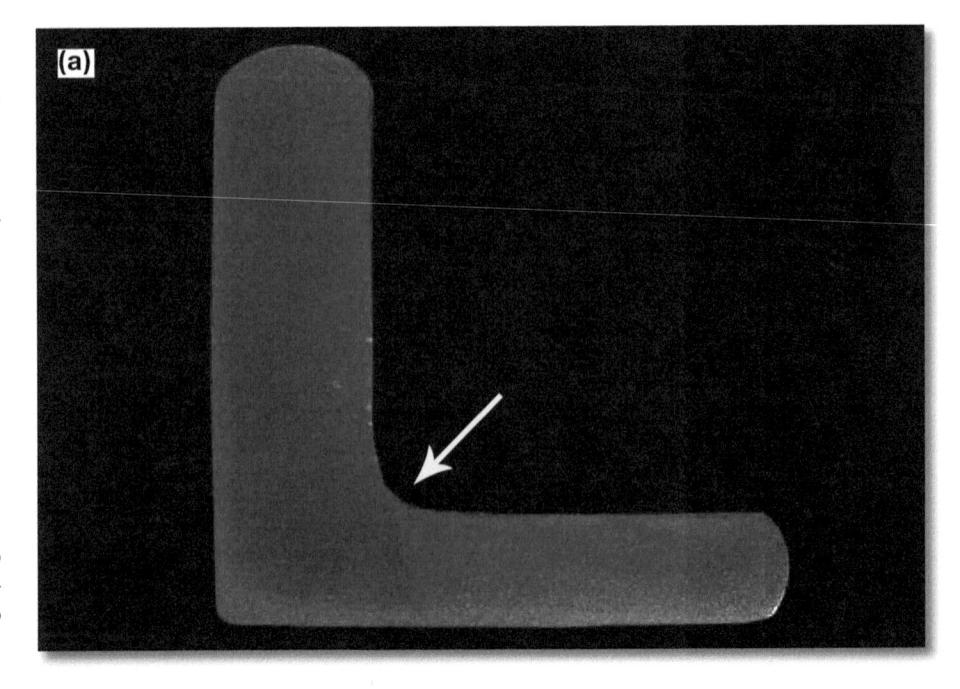

(5) Foto de valor histórico. Embora não se fabrique mais ferro pudlado comercialmente, o registro da estrutura deste tipo de produto é de valor histórico.

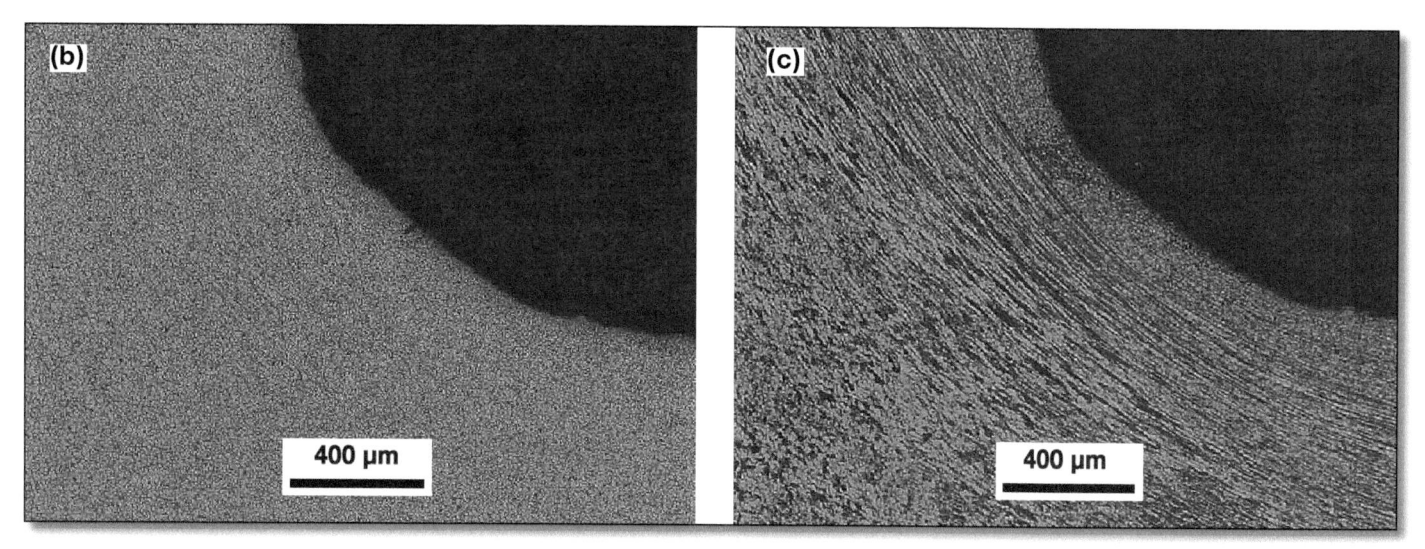

Figura 11.18 (*continuação*)
Seção transversal de cantoneira laminada. (b) A microestrutura é revelada com
o ataque Nital 2%. (c) O "fibramento" é
revelado com ataque Béchet-Beaujard.
Observa-se forte conformação na "quina" interna da cantoneira. Cortesia ArcelorMittal Aços Longos, Juiz de Fora, MG,
Brasil.

3.4. Efeito sobre Fases Insolúveis — Inclusões Não-metálicas, Carbonetos e Nitretos Estáveis

Fases insolúveis às temperaturas do processo (por exemplo, carbonetos primários em aços rápidos) e inclusões não-metálicas têm sua
forma e distribuição alterada com o trabalho a quente, contribuindo
para a formação de uma macroestrutura que mantém a "memória" da
deformação a quente a que o material foi submetido.

3.4.1. Inclusões Não-metálicas

No caso das inclusões não-metálicas, a capacidade de estas fases insolúveis se deformarem ou não, na temperatura de trabalho a quente, pode
ser medida através da plasticidade relativa, proposta por Kiessling [7] e
mostrada na Figura 11.19.

O efeito do trabalho a quente sobre a morfologia das inclusões não-
metálicas depende diretamente de sua forma e distribuição originais,
da plasticidade e do ciclo de temperatura e deformação a que o material é submetido. Os diversos efeitos possíveis estão ilustrados, esquematicamente na Figura 11.20.

As inclusões não-metálicas têm importante efeito em várias pro-
priedades dos produtos de aço. Inclusões não-metálicas normalmente
ocorrem em faixas de dimensões e frações volumétricas capazes de
influenciar as seguintes propriedades dos aços:
- Propriedades associadas ao processo de fratura dúctil:
  - Ductilidade.
  - Redução de área e alongamento.
  - Tenacidade na região da fratura dúctil e na região de transi-
    ção dúctil-frágil.
- Resistência à fadiga.
- Capacidade de receber polimento.
- Resistência à corrosão.

Figura 11.19
Influência da temperatura sobre a plasticidade relativa de diversas inclusões típicas em aços. A plasticidade relativa é medida como ν = plasticidade da inclusão/plasticidade do aço [7].

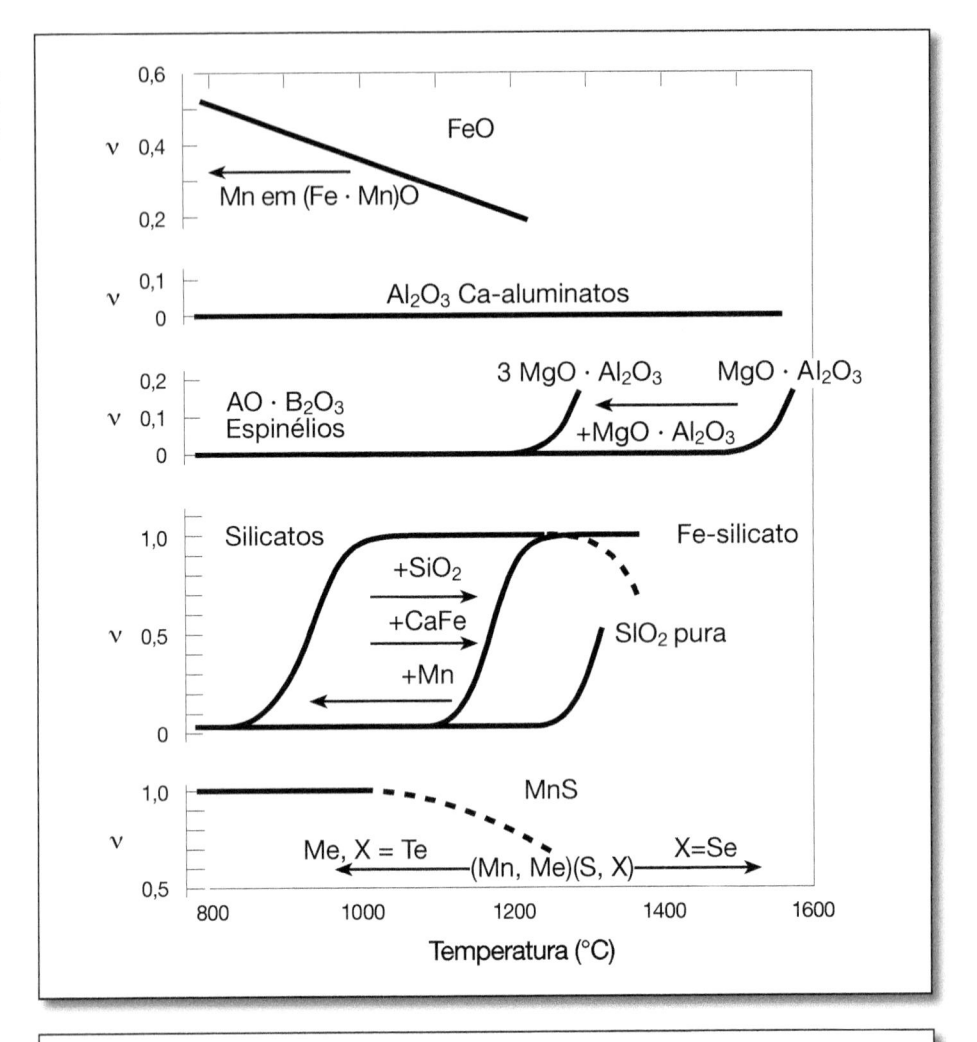

Figura 11.20
Efeito da plasticidade relativa da inclusão sobre sua deformação em relação ao aço. Inclusões plásticas se alongarão de acordo com o trabalho a quente. Inclusões duras podem permanecer inalteradas ou quebrarem, com redistribuição no produto. [2].

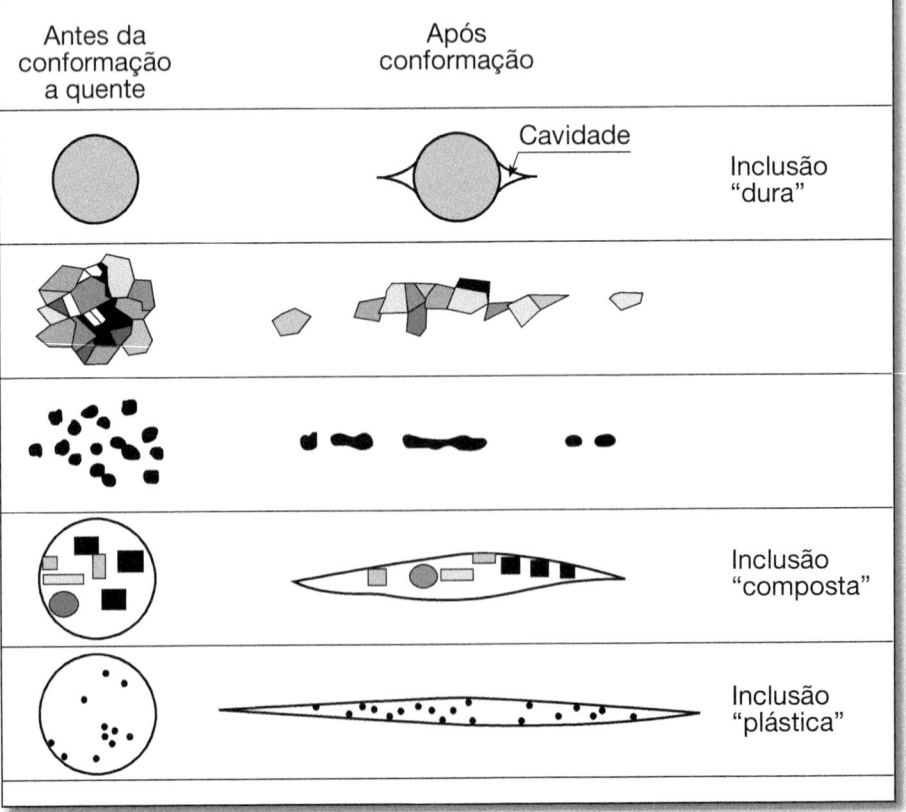

Além disto, as inclusões são decisivas para definir a anisotropia destas propriedades. O efeito das inclusões não-metálicas sobre as propriedades relacionadas à fratura dúctil, por exemplo, é bastante bem caracterizado e depende, principalmente, da fração da área da seção transversal à solicitação ocupada por estas partículas, como mostra a Figura 11.21. Sulfetos de manganês são plásticos a temperatura elevada, e se alongam na deformação a quente (Figuras 11.22 a 11.24). O tratamento do aço com cálcio diminui a plasticidade dos sulfetos residuais (Figura 11.25).

O conhecimento do efeito das inclusões não-metálicas sobre as diversas propriedades conduziu ao desenvolvimento da chamada "engenharia de inclusões" [8, 9]. Dependendo das propriedades desejadas e do tipo de produto, o processo é ajustado de modo a obter as inclusões menos prejudiciais (ou até benéficas) as propriedades do aço. Em produtos longos, por exemplo, pode ser desejável obter inclusões com elevada plasticidade para ter os melhores desempenhos [10, 11, 12]. As Figuras 11.26 a 11.29, por exemplo, mostram como a composição de óxidos complexos altera sua plasticidade, resultando em inclusões que se alongam ou que se rompem.

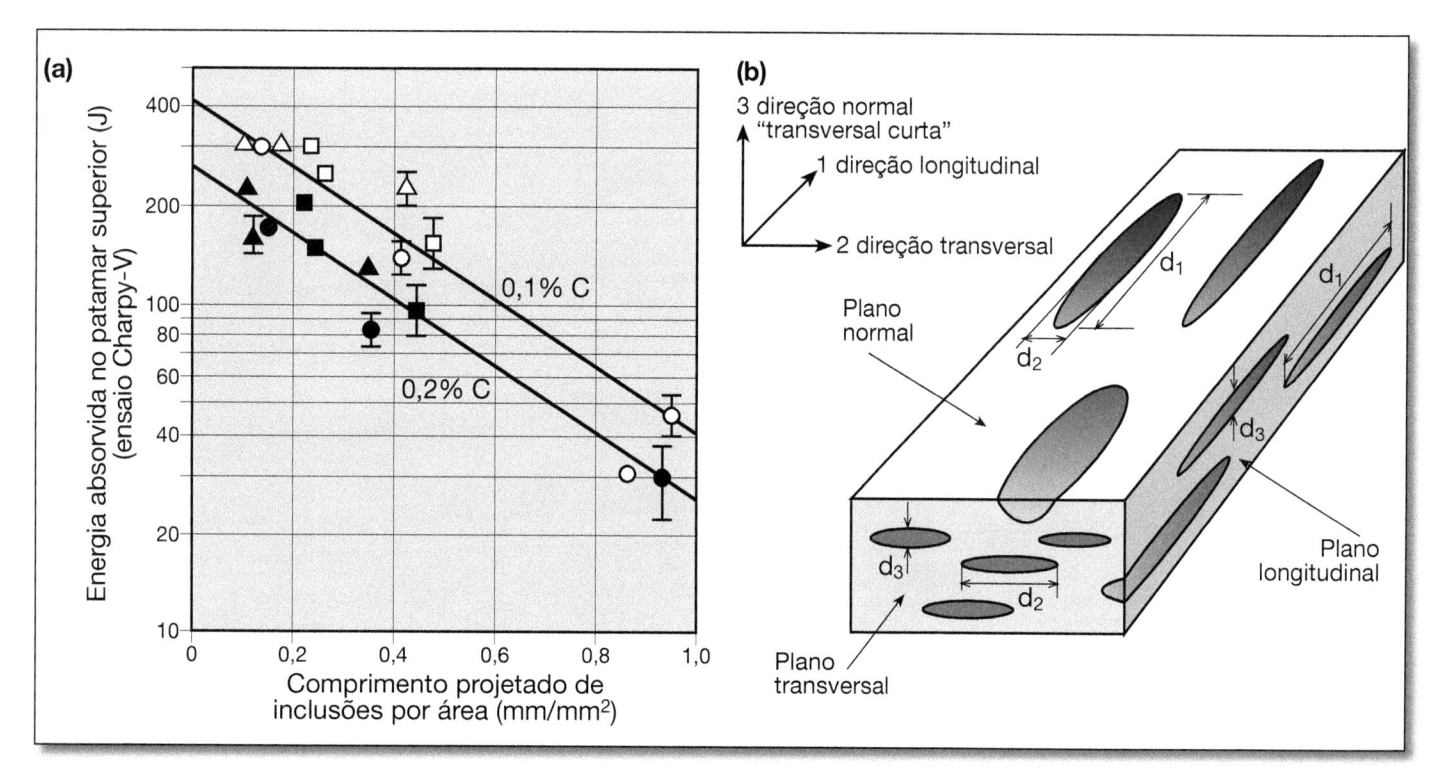

Figura 11.21
(a) Relação entre o comprimento projetado de inclusões na área ensaiada em diferentes orientações de corpo-de-prova e a energia absorvida no patamar superior no ensaio Charpy-V para um aço C-Mn estrutural. (b) Nomenclatura das direções e planos empregados para a caracterização das seções representativas e dimensões projetadas das inclusões não-metálicas usadas em (a). Dados obtidos com sulfetos. Adaptado de [13].

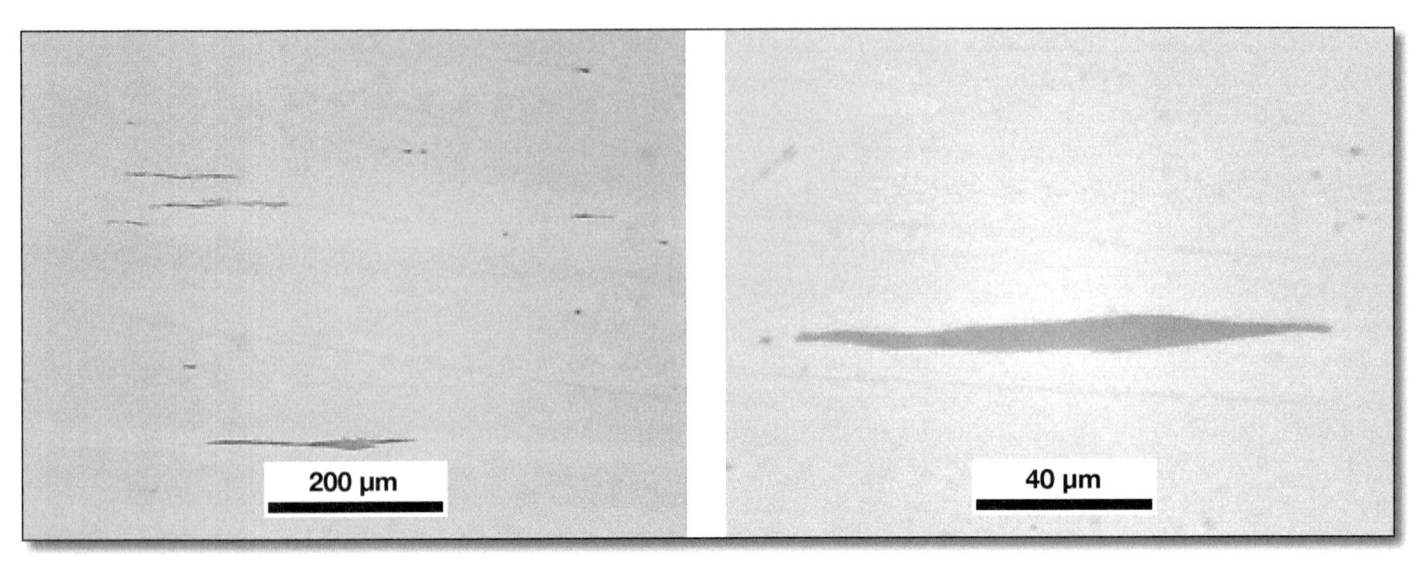

Figura 11.22
Inclusões de sulfeto de manganês alongadas no sentido longitudinal da deformação a quente em aço inoxidável AISI 304. Sem ataque. Cortesia Villares Metals S.A. Sumaré, SP, Brasil.

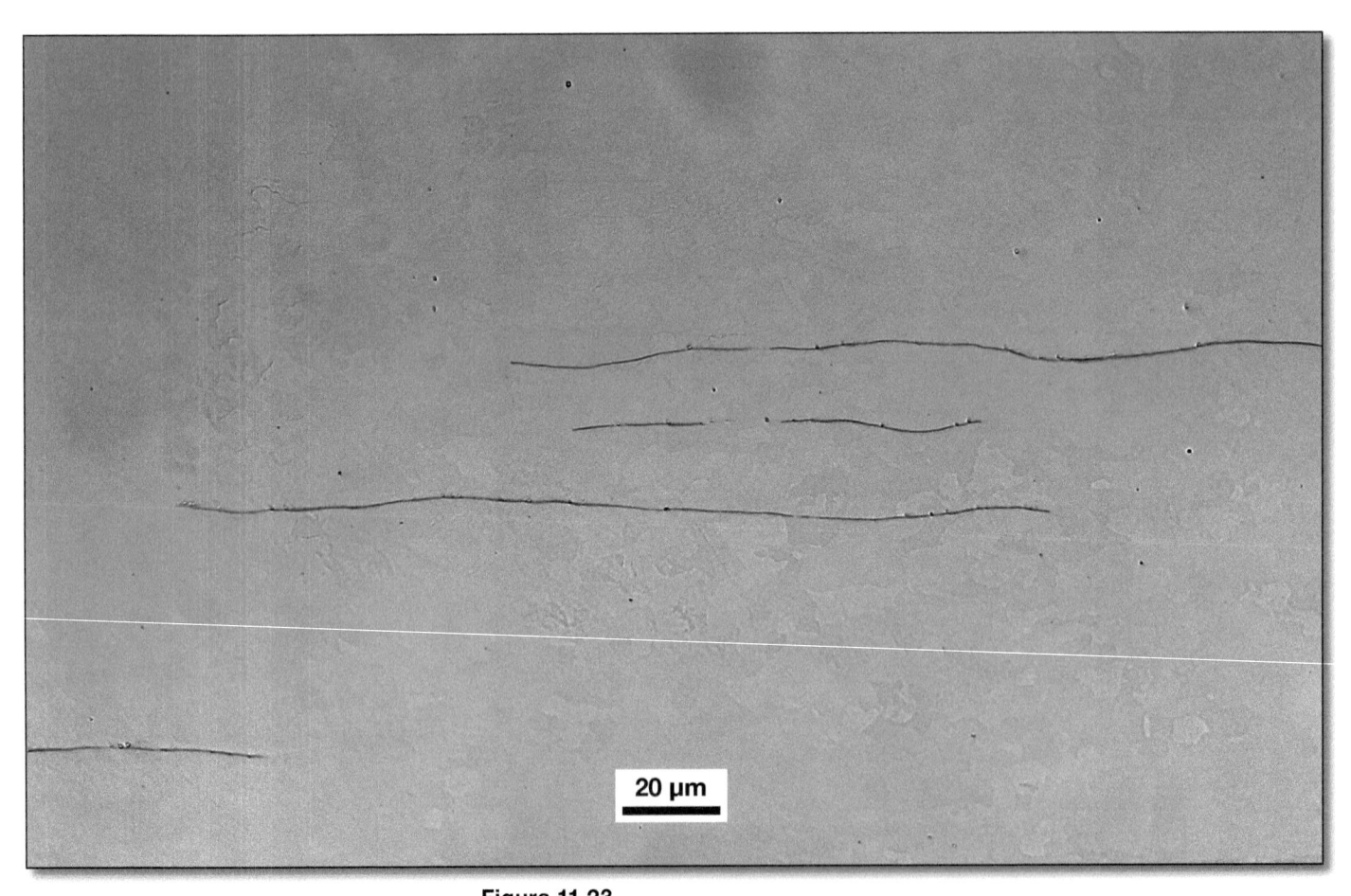

Figura 11.23
Inclusões de sulfeto de manganês alongadas no sentido longitudinal da deformação a quente em chapa de aço estrutural. Sem ataque. Cortesia do NIST — National Institute of Standards and Technology, NIST, Gaithersburg, EUA. [14].

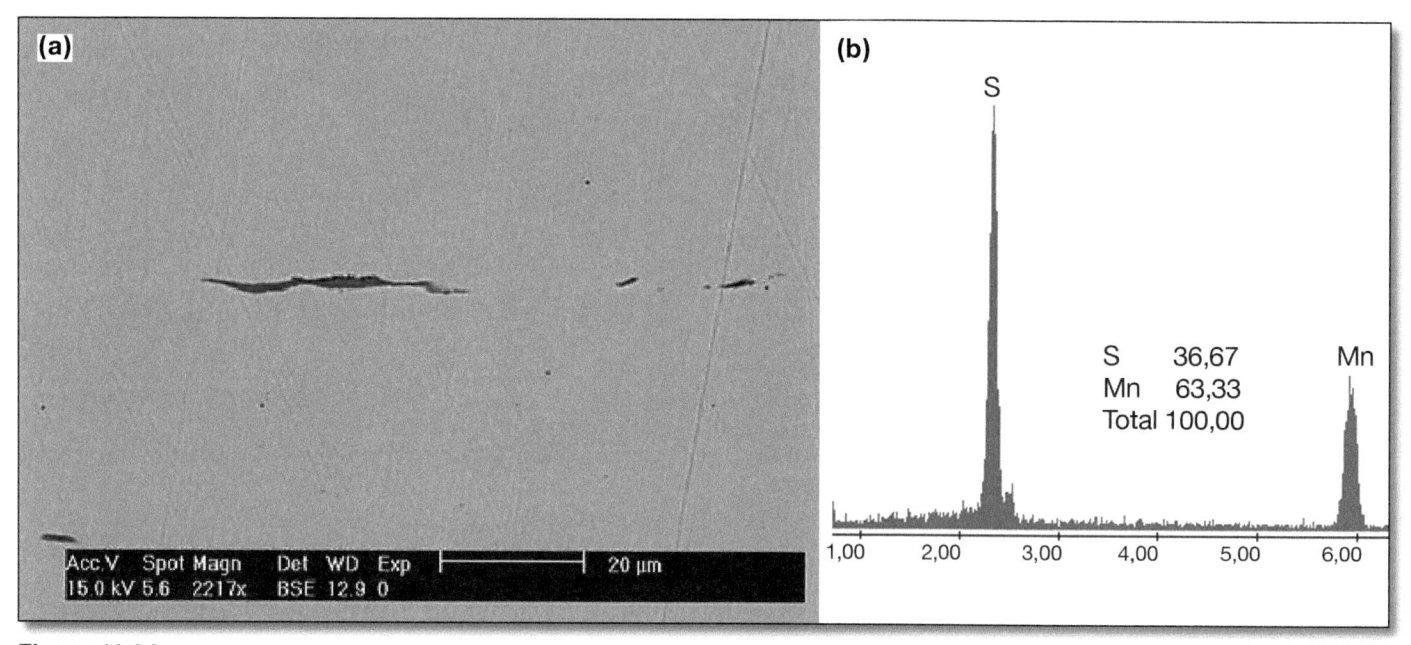

Figura 11.24
(a) Seção longitudinal de fio-máquina, apresentando inclusão de sulfeto de manganês alongada. Deformação a quente concluída a 900 °C. Sem ataque. MEV, ER. (b) Espectro de raios X característico da inclusão apresentada em (a), obtido por EDS.

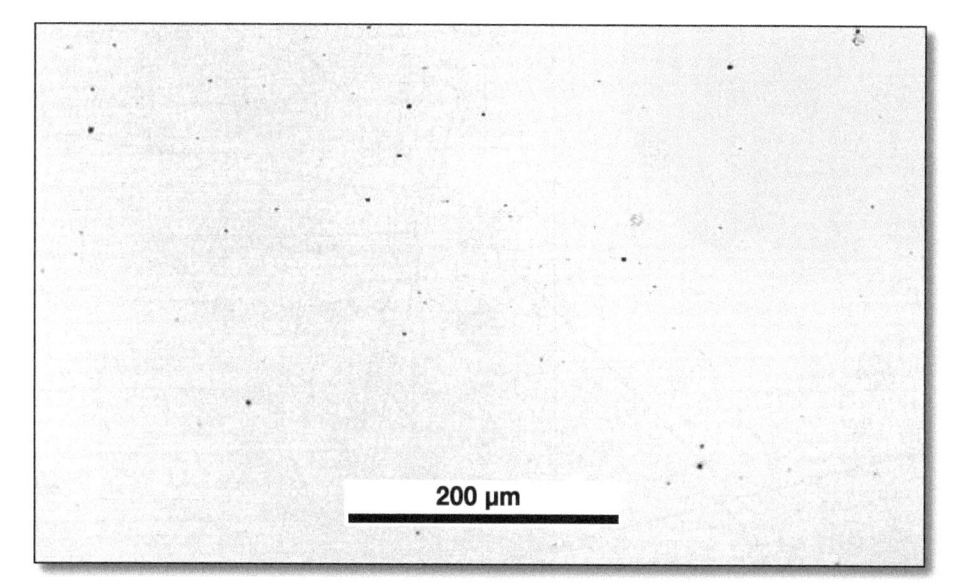

Figura 11.25
Seção longitudinal de chapa laminada a quente de aço médio carbono, tratado com cálcio para globularização de inclusões. Inclusões classificadas conforme ASTM E45 como óxidos globulares grau 1,5, série fina. Cortesia ArcelorMittal Tubarão, ES, Brasil.

Figura 11.26
(a) Seção longitudinal de fio-máquina, apresentando inclusão de silicato, alongada. Deformação a quente concluída a 900 °C. Sem ataque. MEV, ER. (b) Espectro de raios X característico da inclusão apresentada em (a), obtido por EDS.

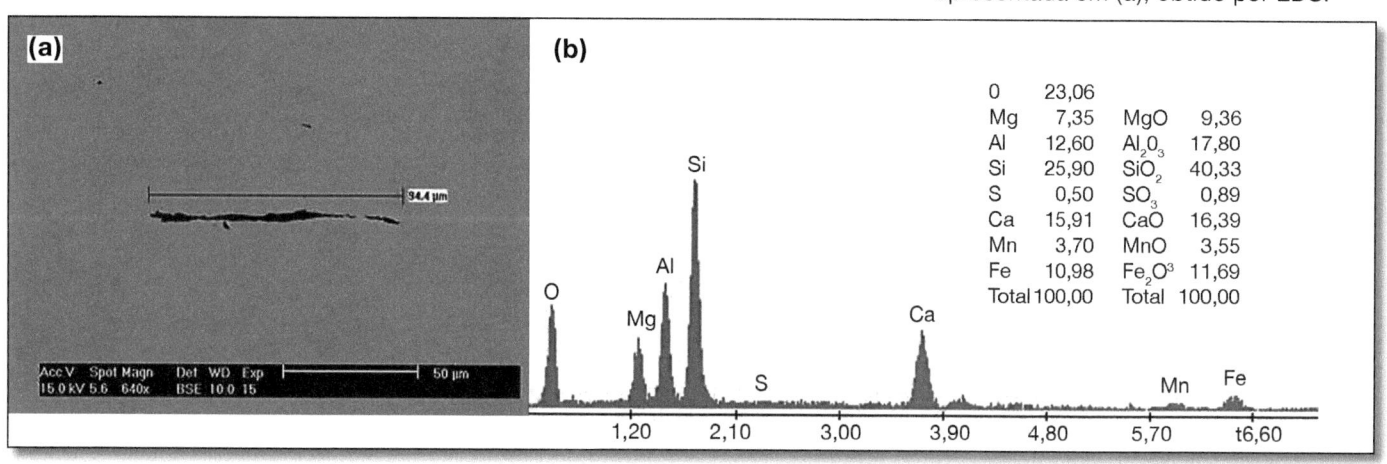

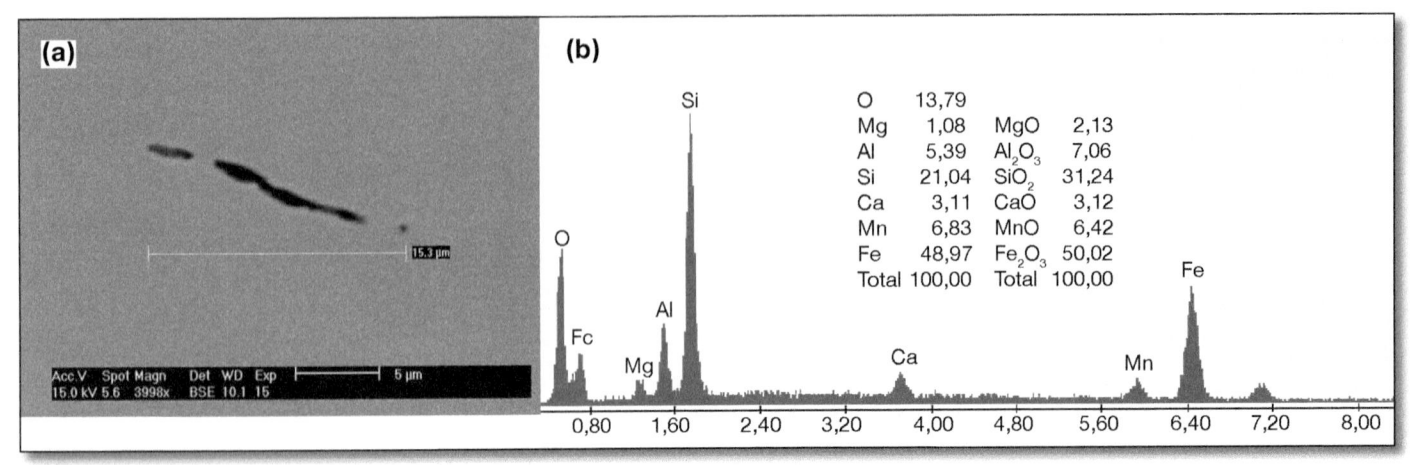

Figura 11.27
(a) Seção longitudinal de fio-máquina, apresentando inclusão de silicato, alongada. Deformação a quente concluída a 1000 °C. Sem ataque. MEV, ER. (b) Espectro de raios X característico da inclusão apresentada em (a), obtido por EDS.

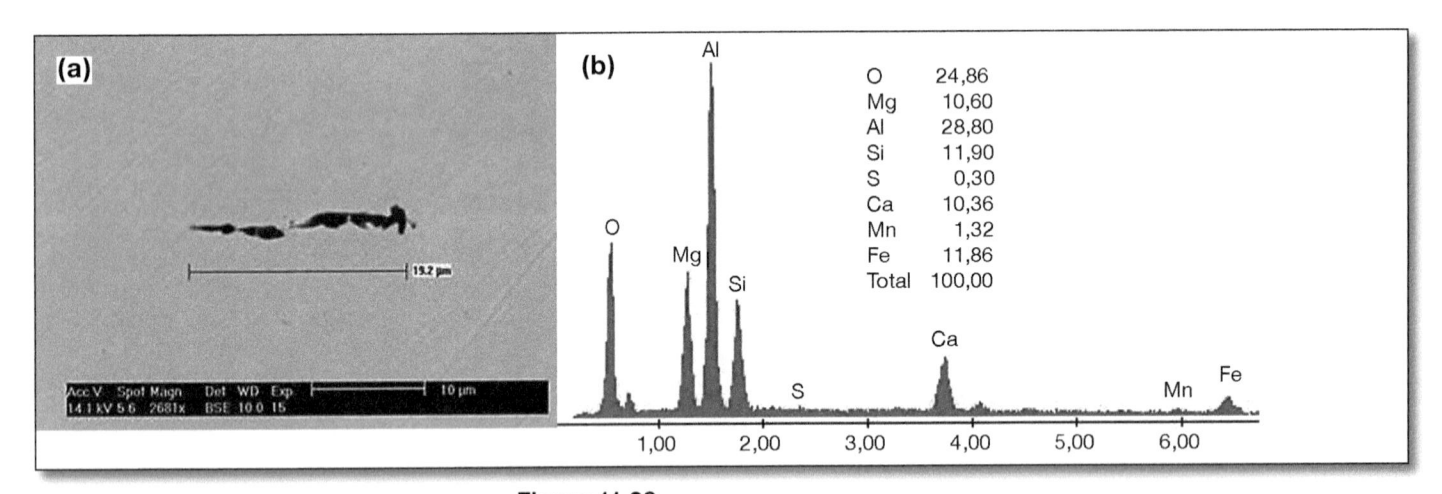

Figura 11.28
Seção longitudinal de fio-máquina, apresentando inclusão fragmentada. Deformação a quente concluída a 900 °C. Sem ataque. MEV, ER. (b) Espectro de raios X característico da inclusão apresentada em (a), obtido por EDS.

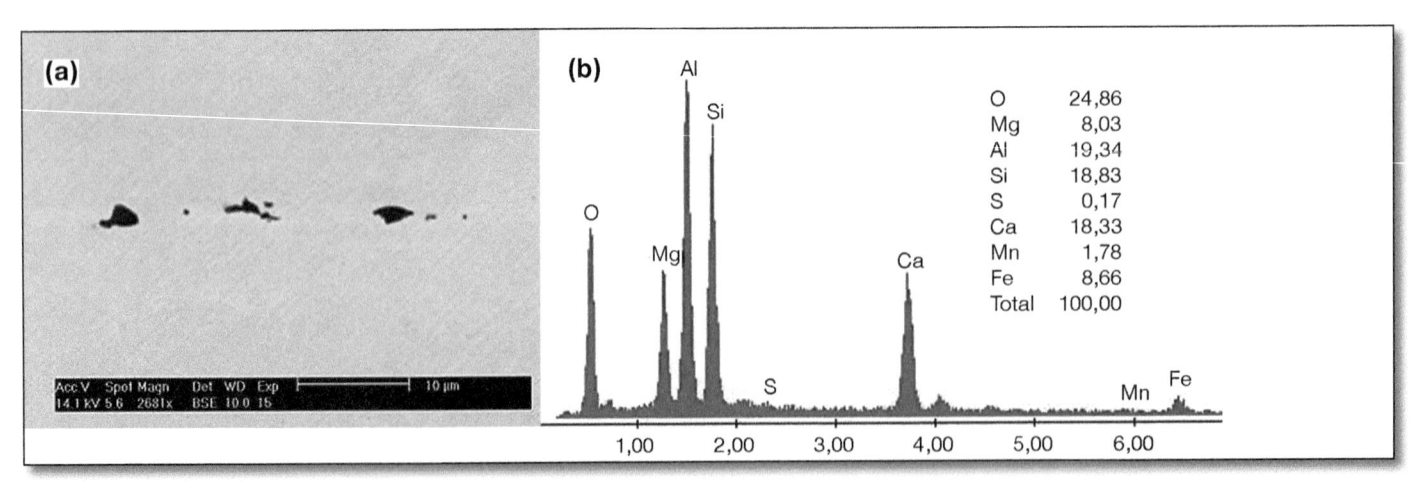

Figura 11.29
(a) Seção longitudinal de fio-máquina, apresentando inclusão fragmentada. Deformação a quente concluída a 900 °C. Sem ataque. MEV, ER. (b) Espectro de raios X característico da inclusão apresentada em (a), obtido por EDS.

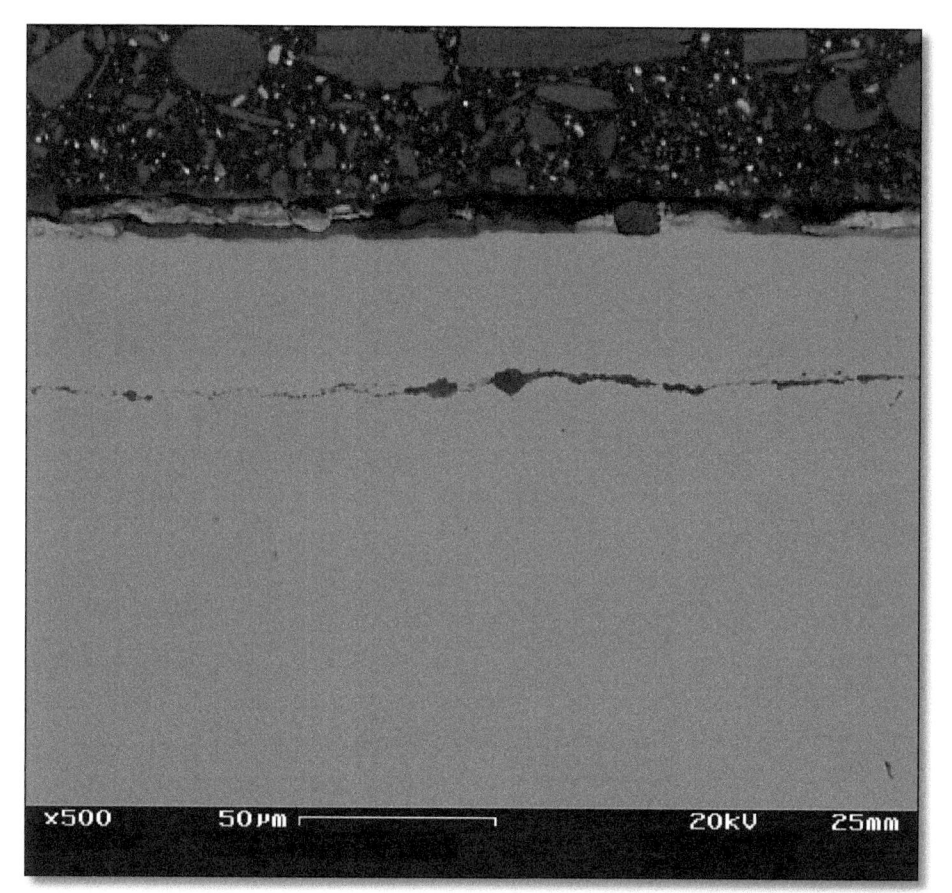

Figura 11.30
Seção longitudinal de chapa apresentando grande inclusão de alumina, fragmentada e distribuída pela laminação a quente, cerca de 30 μm abaixo da superfície da chapa. Sem ataque.

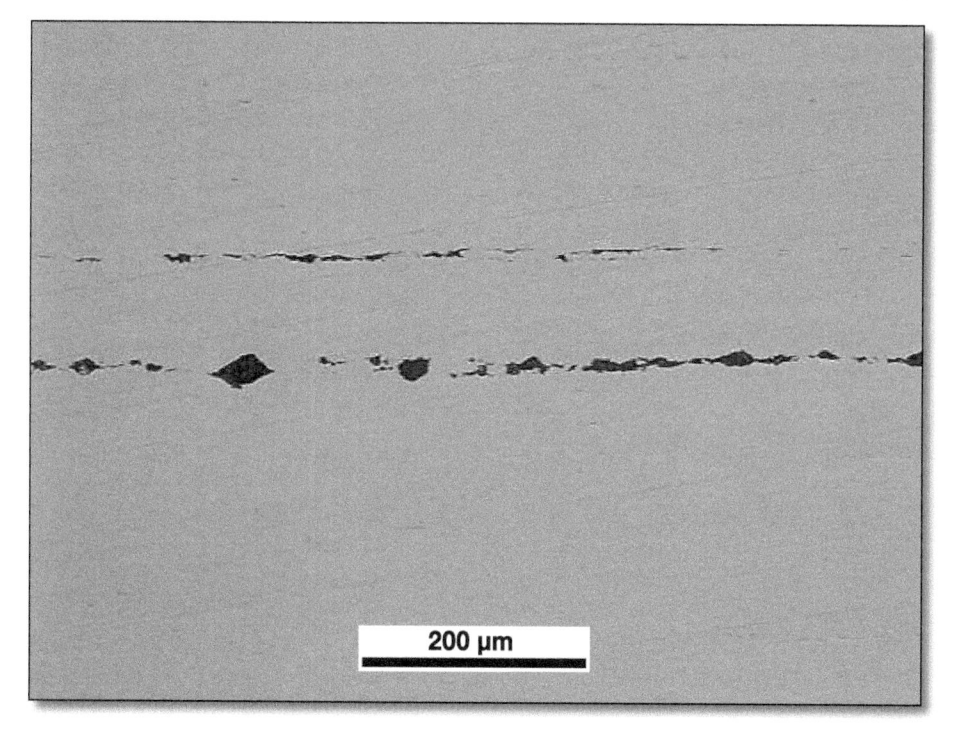

Figura 11.31
Seção longitudinal de chapa apresentando grandes inclusões de alumina, fragmentadas e distribuídas pela laminação a quente. Sem ataque.

Os aços de corte fácil (ou usinagem fácil) foram uma das primeiras aplicações em que o efeito positivo do controle das inclusões não-metálicas foi observado. Partículas dispersas na matriz dúctil do aço ajudam a quebra dos cavacos durante a usinagem e podem ter, ainda, efeito lubrificante. O efeito final é o aumento da vida da

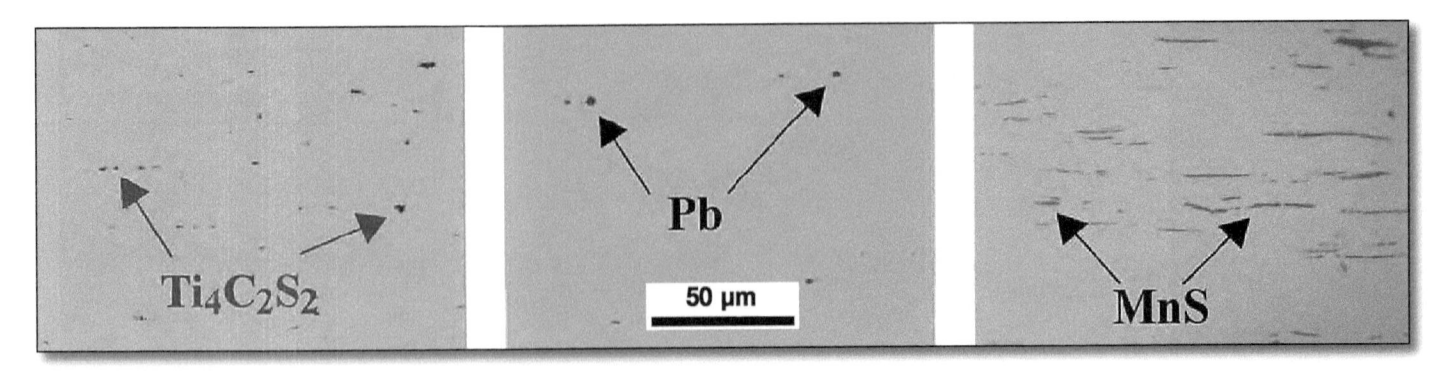

Figura 11.32
Morfologia de diferentes tipos de inclusões produzidas em aços inoxidáveis visando otimizar sua usinabilidade após conformação a quente e tratamento térmico: (a) $Cr = 13\%$, $Si = 1\%$, $Al = 0,3\%$ + Ti, C, S, (b) $Cr = 13\%$, $Si = 1\%$, $Al = 0,3\%$ + Pb e (c) $Cr = 18\%$, $Si = 1\%$, $Mo = 0,5\%$, $S = 0,3\%$ + Mn. Os melhores resultados de usinabilidade foram obtidos com o aço (a). Sem ataque. Cortesia K. Ishida, Tohoku University, Japão. Ver também [15].

ferramenta, fabricação mais rápida e, muitas vezes, melhor acabamento superficial. A Figura 11.32 mostra algumas alternativas para aços inoxidáveis de corte fácil desenvolvidas por Ishida e colaboradores (por exemplo, [15, 16]).

3.4.2. Quantificação de Inclusões Não-metálicas

À medida que a importância das inclusões não-metálicas sobre as propriedades dos aços fica mais claramente estabelecida e os processos de "engenharia de inclusões" são aprimorados, métodos precisos de quantificação das inclusões se tornam essenciais, tanto para a previsão do desempenho como para o controle dos processos de elaboração. A norma mais simples de quantificação de inclusões não-metálicas é a norma ASTM E45 [17], onde um dos métodos mais comuns envolve a prática de comparação com figuras padronizadas. Diversos produtos siderúrgicos usuais não são mais passíveis de serem avaliados efetivamente, por esta técnica, entretanto, em vista da elevada limpeza interna[6]. No caso de emprego de métodos automatizados de quantificação, a norma ASTM E1245 [18] é recomendada. Para a estimativa da maior inclusão presente em um volume de aço, propriedade importante para avaliações de fadiga, por exemplo, a norma ASTM E2283 [19] pode ser usada. Há uma busca por métodos confiáveis, de alta reprodutibilidade e de aplicação rápida para a quantificação das inclusões não-metálicas, como discutido, por exemplo, em [20-22].

No caso de aços ressulfurados para usinagem fácil (ver Figura 11.32), há um método metalográfico estabelecido para a medida das inclusões não-metálicas [23].

3.4.3. Carbonetos e Nitretos Insolúveis

Quando as concentrações dos elementos formadores de carbonetos (ou nitretos) e do carbono (ou do nitrogênio) são suficientemente elevadas, pode-se obter estruturas em que os carbonetos e/ou nitretos são estáveis até a fusão do material, não podendo, portanto, ser completamente dissolvidos. A Figura 11.33, por exemplo, apresenta partículas poligonais de nitreto de titânio, precipitadas quando o aço se encontrava ainda no estado líquido. Estas partículas têm coloração levemente amarelada (ou dourada) quando observadas com luz branca, no microscópio ótico, sem ataque.

Quando redes de carboneto se formam durante a solidificação, como em alguns aços-ferramenta, tais como os aços rápidos, o traba-

---

(6) No Brasil utiliza-se tanto "limpeza" como "limpidez" como traduções de "*cleanliness*".

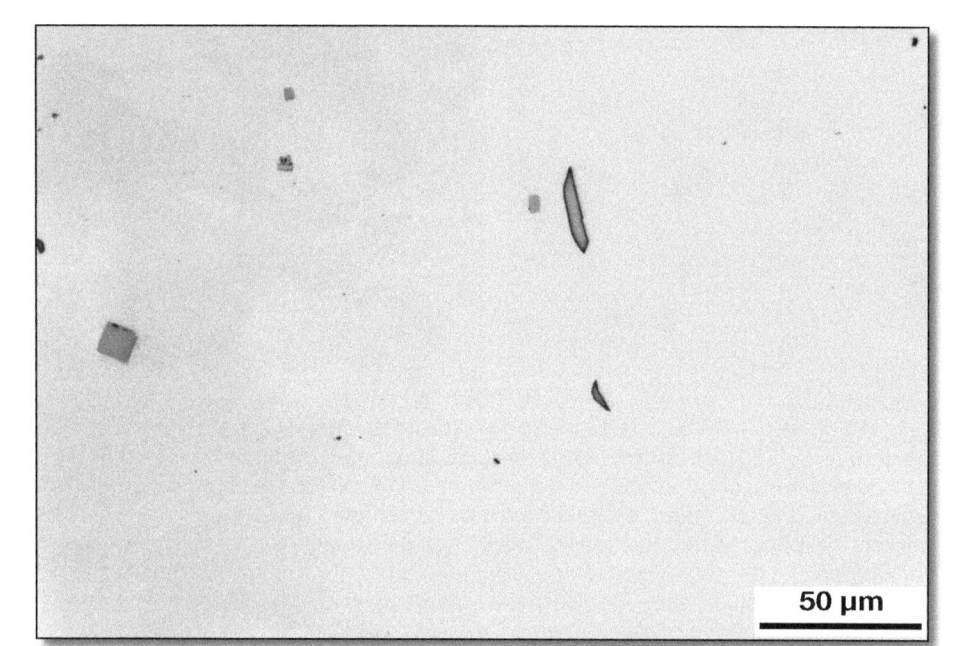

Figura 11.33
Inclusões de nitreto de titânio (ou carbonitreto de titânio), poligonais, não deformadas e ferrita (delta) deformada, em aço inoxidável martensítico W. Nr. 1.4418 (X 4CrNiMo 16 5 1) conformado a quente. Ataque NaOH. Cortesia Villares Metals S.A. Sumaré, SP, Brasil.

lho a quente produz alguma redistribuição destas partículas, aumentando a homogeneidade do material, como mostra a Figura 11.34.

A heterogeneidade do produto solidificado tem grande influência sobre os resultados possíveis de se obter com o trabalho a quente, como mostra a Figura 11.35. Quando aços contêm grande quantidade de carbonetos insolúveis e se deseja o máximo de homogeneidade microestrutural, os processos de metalurgia do pó são alternativas interessantes, como mostrado nas Figura 11.35(b). Como os pós são atomizados, solidificam com estruturas mais finas do que grandes lingotes, o que viabiliza a obtenção de dispersões uniformes de carbonetos e excelentes desempenhos [2] no emprego como ferramenta.

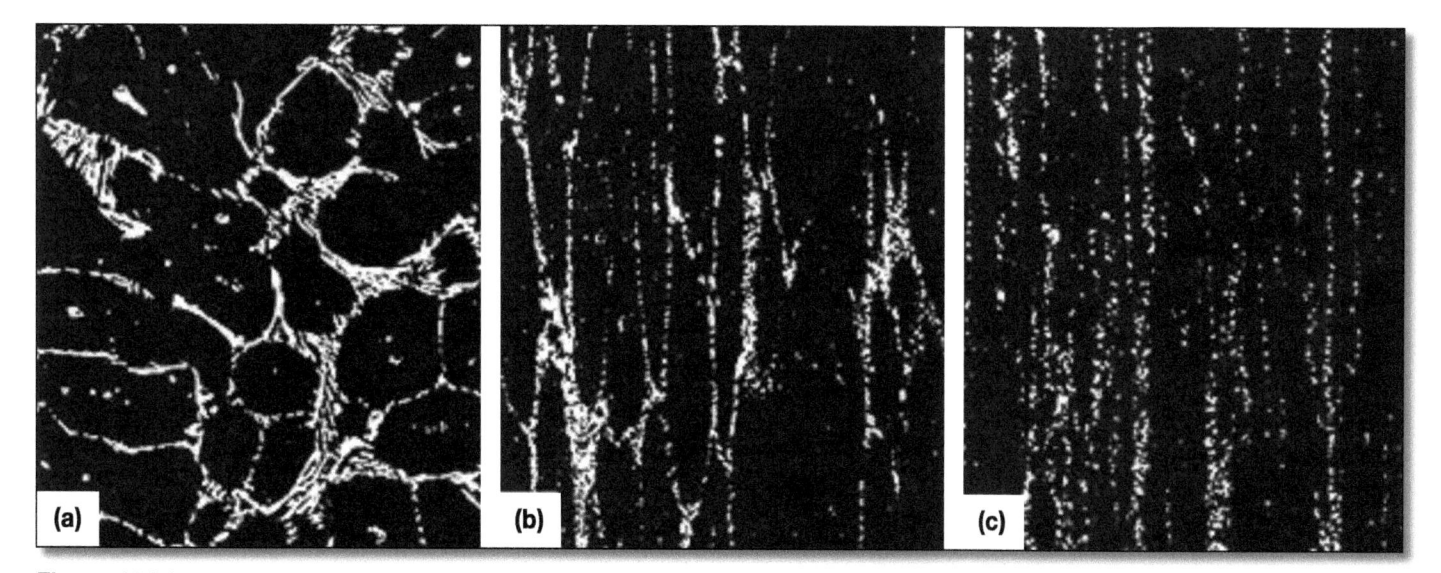

Figura 11.34
Efeito do trabalho a quente sobre a distribuição de carbonetos em um aço rápido. (a) Material bruto de fusão, com colônias de eutético contendo carbonetos. (b) Carbonetos fragmentados e distribuídos na matriz, após deformação a quente. (c) Os carbonetos são melhor distribuídos com o aumento da deformação. Reproduzido de [24][7], com permissão.

(7) Disponível em http://www.mse.kth.se/ia/index.html.

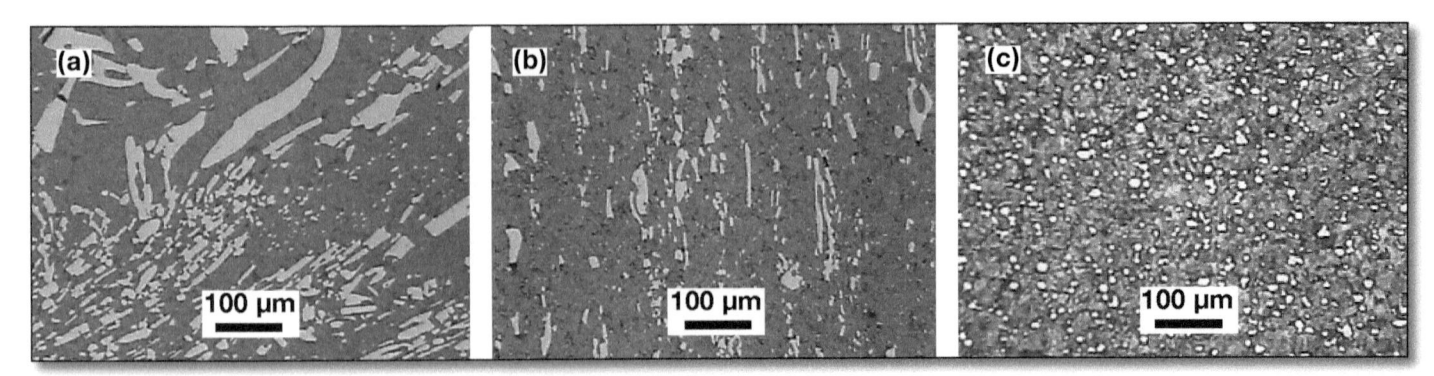

Figura 11.35
Aço ASTM A681 – D2, aço-ferramenta para trabalho a frio. Microestrutura recozida para 250 HB. Carbonetos em matriz ferrítica. (a) Lingote convencional de diâmetro de 830 mm submetido à redução a quente de 5,6/1. (b) Lingote obtido por refusão ESR, do mesmo diâmetro, submetido à mesma redução a quente. Em (a) e (b) observam-se a fragmentação e redistribuição dos carbonetos pelo trabalho a quente. (c) Fabricado por metalurgia do pó e laminado a quente. Distribuição uniforme de carbonetos. Ataque: Nital 4%. Cortesia Villares Metals S.A., Sumaré, SP, Brasil. Mais detalhes sobre o processamento deste aço em [2].

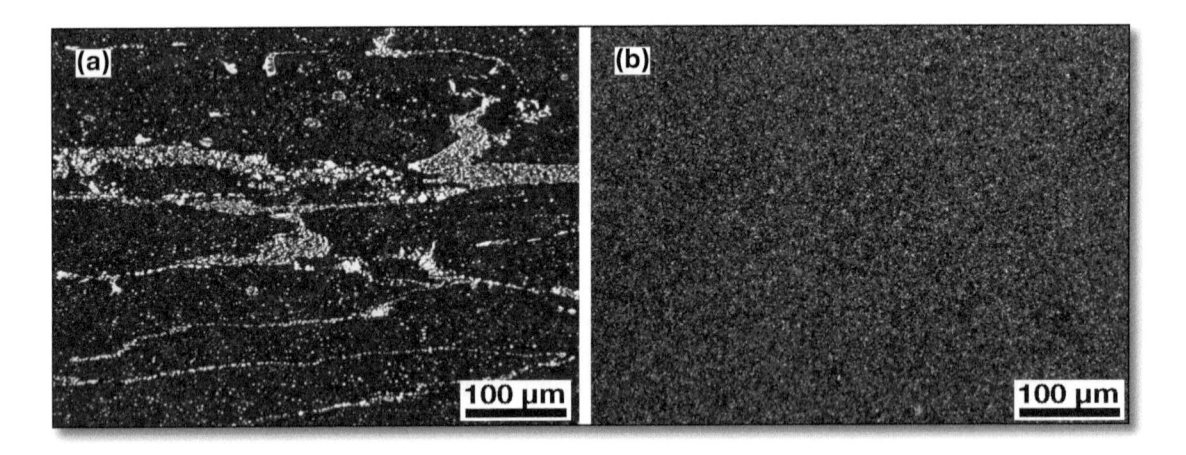

Figura 11.36
Aço Rápido AISI M2 (a) fundido em lingote convencional e forjado a quente. Carbonetos fragmentados e distribuídos de forma alinhada (comparáveis à Figura 11.34(c)). (b) Fabricado pela metalurgia do pó e laminado a quente. Distribuição uniforme de carbonetos (ver também [2]). Ataque: Nital 4%. Cortesia Villares Metals S.A., Sumaré, SP, Brasil.

3.5. Efeito sobre as Propriedades Macroscópicas

A combinação das alterações produzidas na distribuição dos segregados, na forma das inclusões, e o eventual caldeamento dos vazios provenientes da solidificação representam significativa alteração macroestrutural[8], que se reflete diretamente nas propriedades do material, como mostra a Figura 11.37. É interessante observar que quanto menos heterogêneo e mais denso for o produto inicial, menos dramático é o efeito benéfico do trabalho a quente, como mostra a comparação dos resultados obtidos com lingotes convencionais (Figura 11.37) e lingotes submetidos a processos especiais de refino por refusão [2] (Figura 11.38).

A combinação dos resultados experimentais descritos nas Figuras 11.37 e 11.43 faz com que se estabeleça, como regra geral (inclusive em algumas normas) uma redução mínima por trabalho a quente de 4/1 para assegurar propriedades satisfatórias. Embora este valor seja, efetivamente, um bom indicativo, é conveniente observar que:

---

(8) Embora a escala das fases não dissolvidas, como inclusões não-metálicas e carbonetos, seja microscópica, a manifestação mais clara da sua alteração se dá em escala macroscópica.

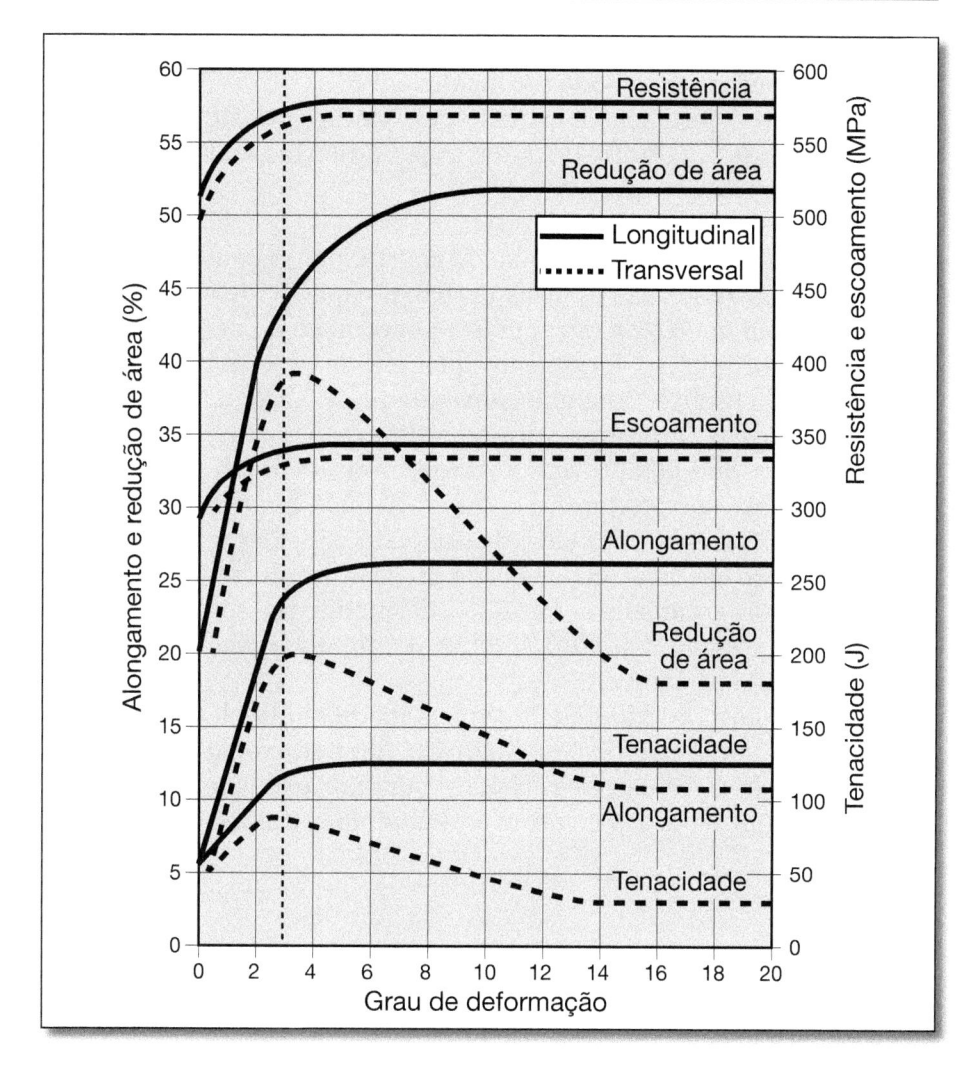

Figura 11.37
Efeito do grau de deformação no forjamento a quente (medido como a relação entre a área da seção transversal antes e depois do forjamento) sobre as propriedades mecânicas de aço Ni-Cr produzido por lingotamento convencional. Adaptado de [25].

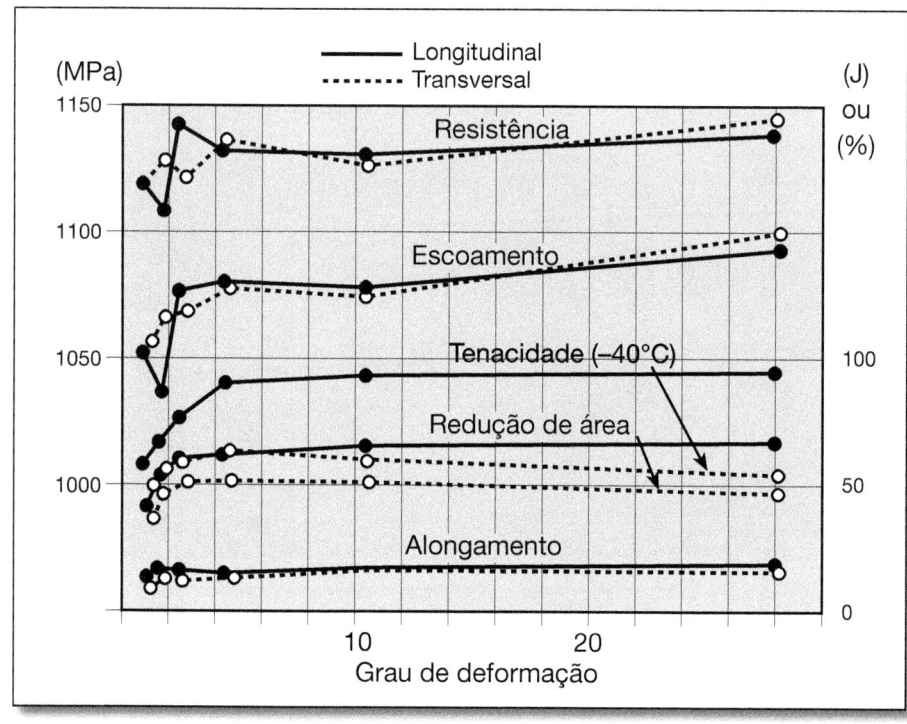

Figura 11.38
Evolução das propriedades mecânicas de aço Ni-Cr-Mo-V refundido por ESR em função do grau de deformação a quente. (Comparar com a Figura 11.37, obtida para lingote convencional.) [2].

a) Se o produto original de lingotamento for de baixa qualidade, este grau de deformação pode ser insuficiente.

b) O grau de deformação calculado pela variação das dimensões do produto não é garantia de deformação uniforme ao longo de toda a seção transversal.

No caso de forjamento em matriz aberta, por exemplo, é possível forjar peças grandes em prensas de baixa capacidade sem produzir deformação no núcleo da peça, pois a penetração da deformação depende da "mordida" no forjamento que, por sua vez, é limitada pela capacidade da prensa. Assim, é conveniente, no caso de novos fornecedores ou peças, proceder a uma qualificação, realizando exames macrográficos que comprovem a extensão da deformação no forjamento. No caso de produtos planos ou longos laminados, normalmente a deformação é tão elevada que esta consideração não é tão importante. No caso de chapas muito grossas, produzidas a partir de produtos de lingotamento contínuo (normalmente com espessuras na faixa entre 200 e 250 mm) é conveniente, entretanto, considerar esta possibilidade, também.

Por fim, para produtos de homogeneidade muito elevada e praticamente isentos de vazios (ver Figura 11.38, por exemplo) este grau de redução pode ser desnecessário, sendo, por exemplo, 3/1 satisfatório, desde que se possa comprovar a qualidade da peça por ensaios e exames.

Figura 11.39
Seção longitudinal em anel de aço AISI 8630 Modificado, produzido por forjamento (redução de 2:1) seguido de laminação de anel (redução total aproximada 4:1). Estrutura dendrítica. As regiões próximas às superfícies cilíndricas (esquerda e direita da macrografia) apresentam evidência de deformação a quente, pois as dendritas estão deformadas. O centro do anel praticamente não sofreu deformação. Ataque: Ácido Clorídrico, quente.

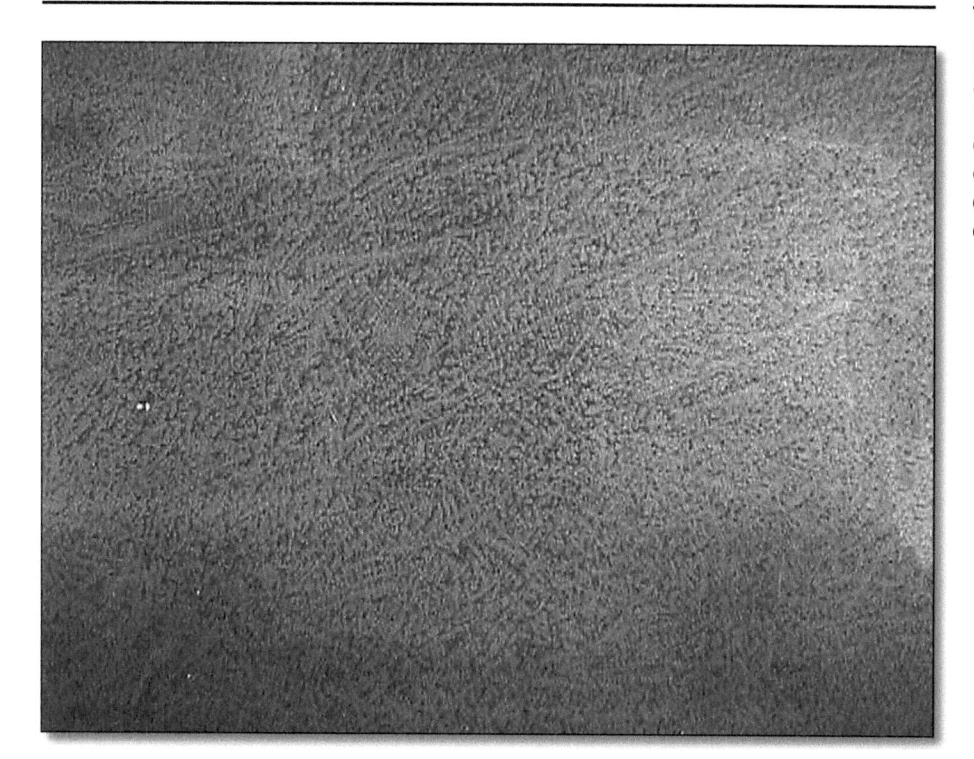

Figura 11.40
Seção transversal do anel da Figura 11.39. Estrutura dendrítica. É possível observar alguma alteração, causada pela deformação a quente, na região à direita da macrografia (superfície do anel). Ataque: Ácido Clorídrico, quente.

3.6. Alterações Microestruturais

No trabalho a quente, também o tamanho de grão e a microestrutura podem ser alterados, por meio da recristalização.

O principal mecanismo de alteração de microestrutura no trabalho a quente é a recristalização.

Quando a energia de deformação armazenada no material atinge determinado nível, que depende, basicamente, do material e da temperatura, ocorre a nucleação de novos grãos não deformados. Este fenômeno é chamado recristalização. Além de praticamente eliminar o aumento de resistência associado ao encruamento, a recristalização produz novos grãos (Figuras 11.41 e 11.42).

Figura 11.41
Esquema ilustrativo da evolução da microestrutura durante o trabalho a quente (no exemplo, laminação). Duas possibilidades estão ilustradas: quando a recristalização se inicia ainda durante a deformação, tem-se "recristalização dinâmica". Se um intervalo de tempo após a deformação é necessário para a recristalização inicial, tem-se "recristalização estática".

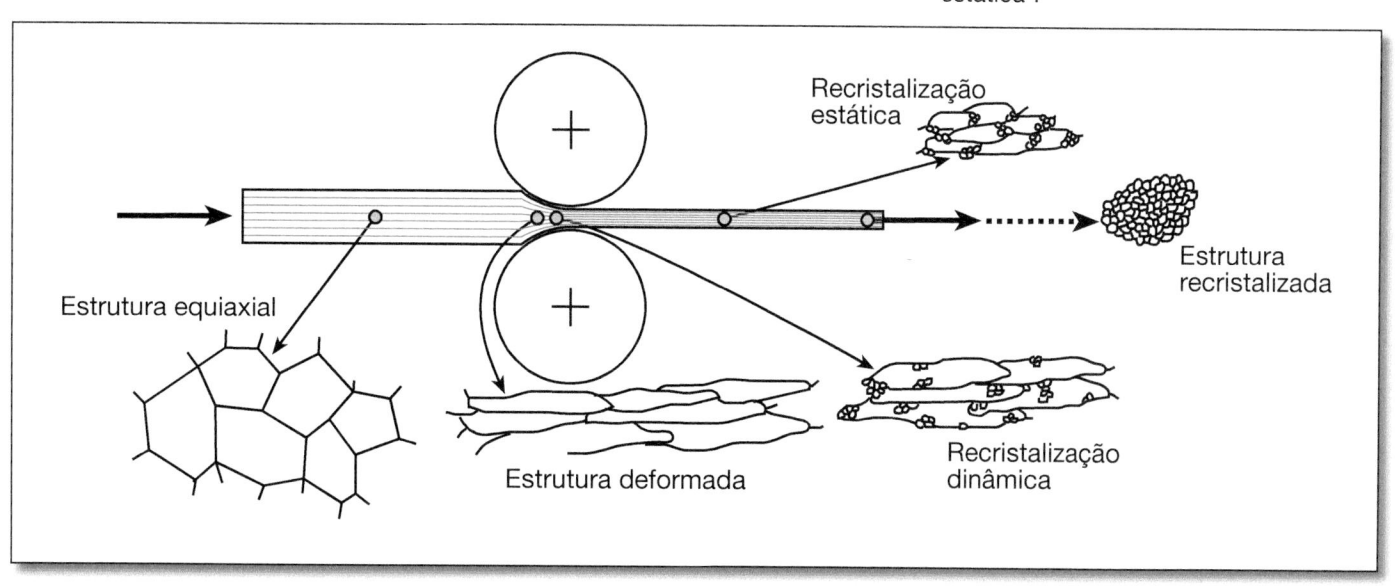

Figura 11.42
Ilustração esquemática da curva tensão-deformação quando a recristalização (dinâmica) ocorre. A recristalização elimina o encruamento e mantém a carga necessária para a deformação plástica em níveis razoáveis ao longo do processo.

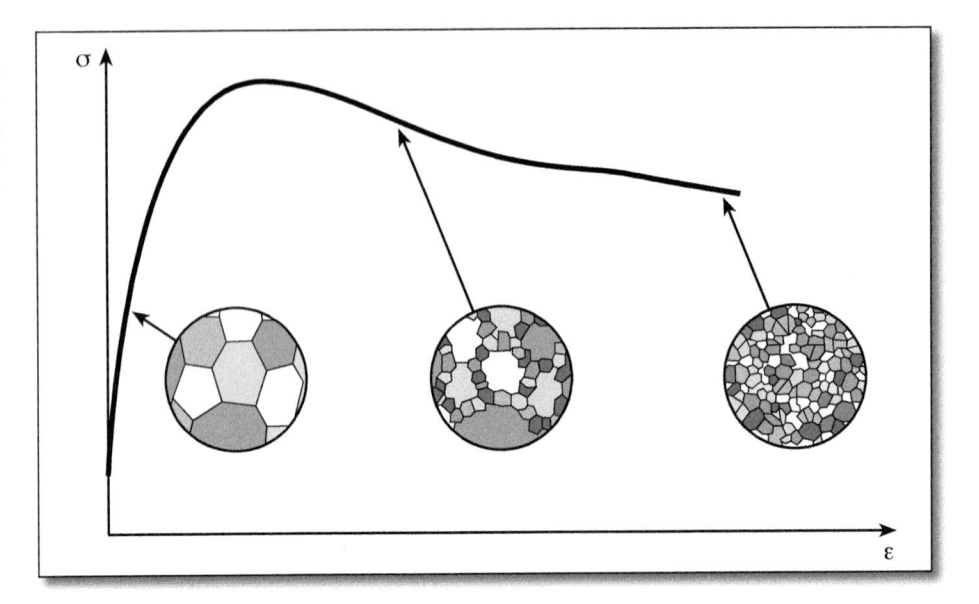

O efeito deste processo de recristalização é, na média, uma redução do tamanho de grão austenítico em relação ao produto fundido, como mostra a Figura 11.43.

A seqüência de imagens das Figuras 11.44 e 11.45 mostra a evolução da microestrutura de uma placa de aço AISI 1045 submetida à deformação de 4:1 em forjamento, em diferentes condições de tratamento térmico. O aumento da homogeneidade estrutural com o trabalho a quente é evidente.

Figura 11.43
Influência do grau de redução no trabalho a quente sobre o grão austenítico médio para duas estruturas do lingote original. Aço contendo C = 0,11%, Mn = 0,62%, Ni = 3,7%, Cr = 0,25% e Mo = 0,18%, adaptado de [26].

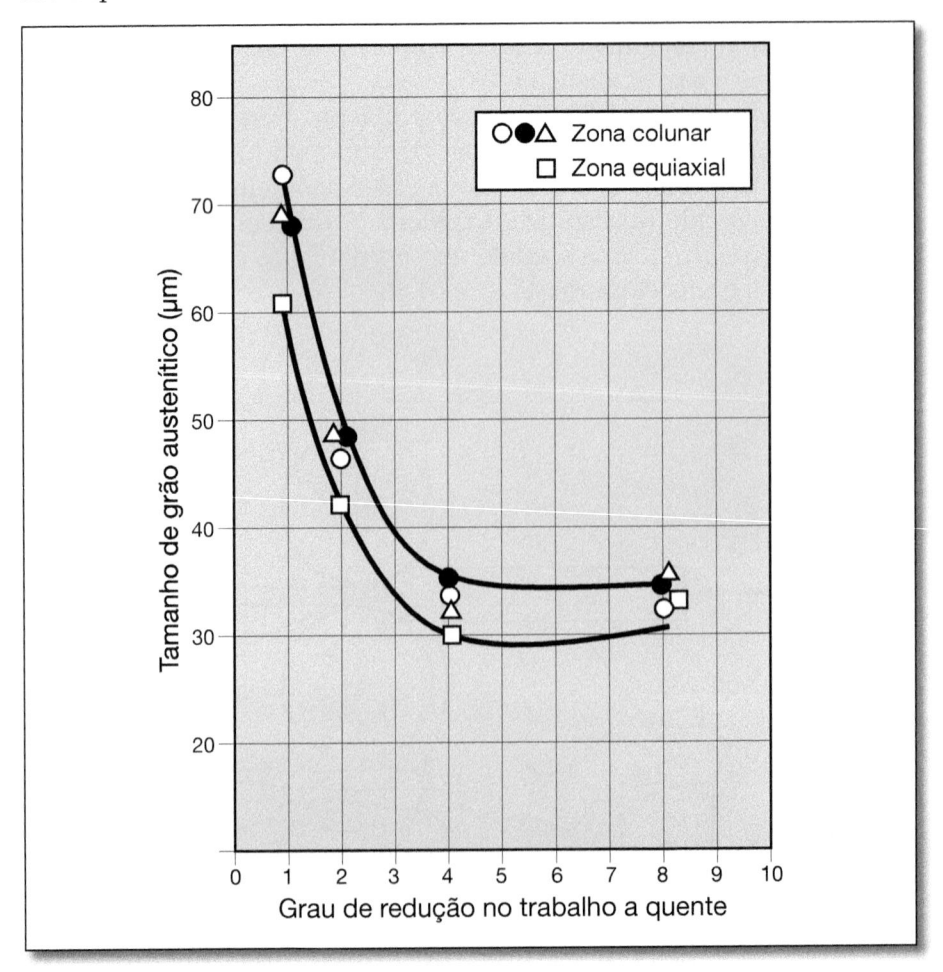

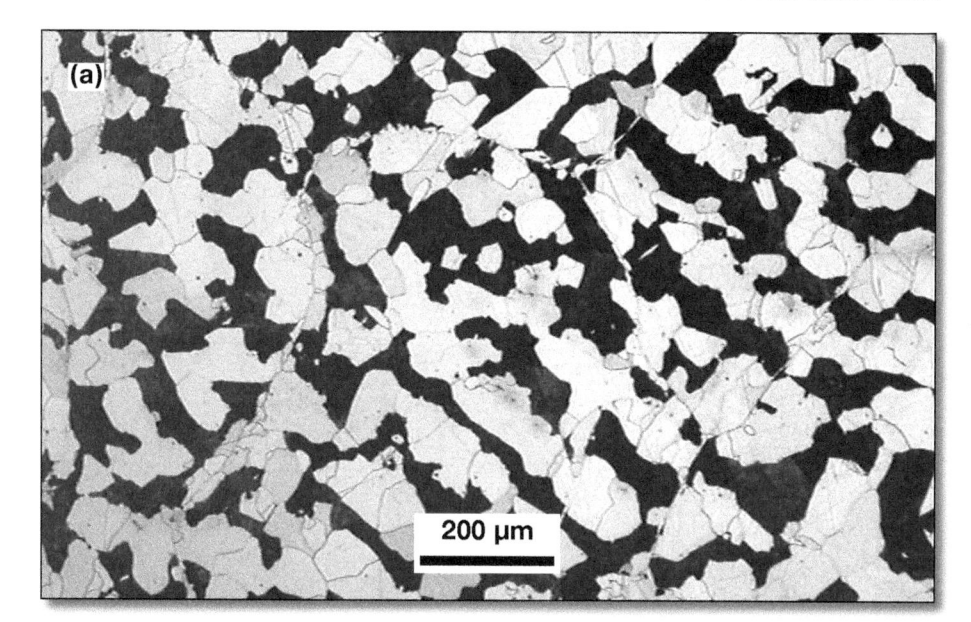

Figura 11.44
Três posições em uma placa de aço AISI 1045 obtida por lingotamento contínuo, bruta de solidificação. Embora as microestruturas sejam compostas por ferrita e perlita, a heterogeneidade estrutural entre as três imagens é clara e, em especial, nas imagens (b) e (c) onde se percebe a segregação através do efeito sobre a microestrutura. Cortesia ArcelorMittal Tubarão, ES, Brasil.

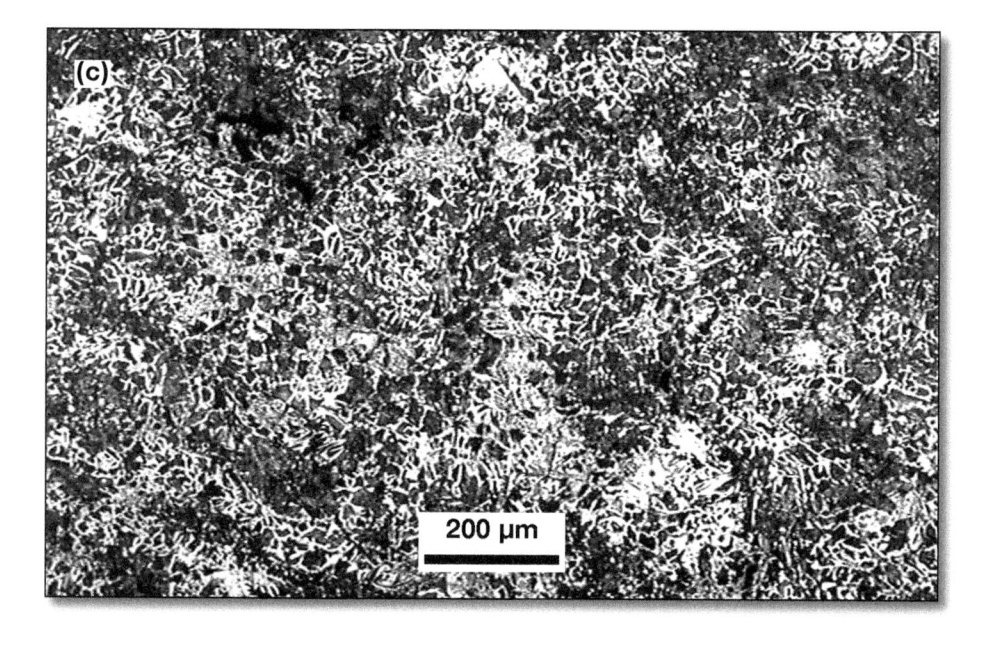

Figura 11.45
O aço AISI 1045 da Figura 11.44 forjado com redução de 4:1. (a) Normalizado. (b) Recozido. Ferrita e perlita. Observa-se algum alinhamento da estrutura, em especial em (b) (ver item 3.7). Ataque: Nital. Cortesia ArcelorMittal Tubarão, ES, Brasil.

3.6.1. Tratamentos Termomecânicos

Tradicionalmente, os processos de conformação a quente não visavam atingir as propriedades mecânicas finais no resfriamento ao fim da conformação. Aplicava-se, após a conclusão da conformação a quente, um tratamento térmico. Este é o roteiro convencional de produção de aços por deformação a quente. Inicialmente com o objetivo de reduzir os gastos energéticos e produzir aços em ciclos mais curtos (produção *just-in-time* ou equivalente), buscou-se obter estruturas que conduzissem às propriedades desejadas diretamente após a confomação a quente. O primeiro processo a buscar este objetivo foi chamado de

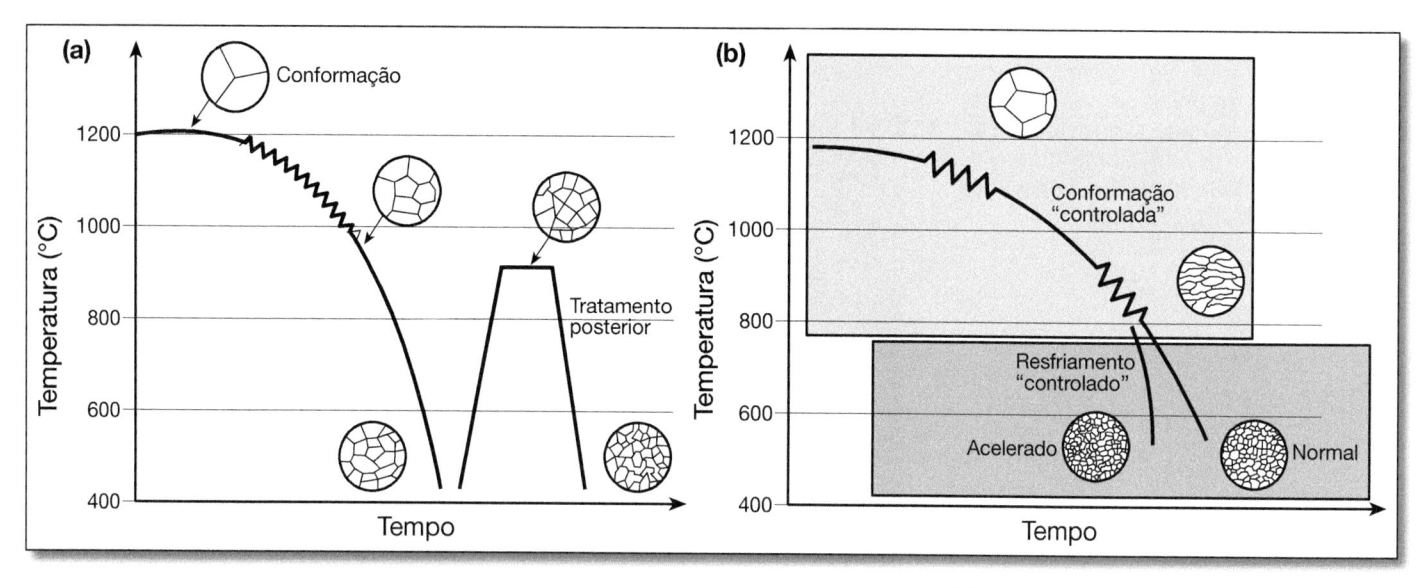

"laminação controlada" e, presentemente, os processos realizados com este objetivo são agrupados sob a denominação de tratamentos termomecânicos. A Figura 11.46 compara os dois tipos de ciclo térmicos de uma forma geral, indicando a preocupação, no tratamento termomecânico, com a obtenção, ao final da conformação, de uma estrutura austenítica adequada a produzir a microestrutura desejada no resfriamento. Além disto, o resfriamento é realizado de forma controlada, visando otimizar os processos de decomposição da austenita. Exemplos da aplicação destes processos são apresentados no Capítulo 14.

3.7. Bandeamento

Algumas estruturas típicas resultantes de trabalho a quente são mais estudadas. Um caso particularmente interessante é o caso das microestruturas chamadas "bandeadas" como exemplificado na Figura 11.47. O bandeamento se manifesta, normalmente, pela formação de "bandas" alternadas de perlita e ferrita ou de outros constituintes com variação significativa do teor de carbono. O fenômeno é particularmente curioso por ser o carbono um elemento intersticial, de rápida difusão, que se homogeneíza facilmente nos tratamentos de austenitização. Entretanto, tratamentos de normalização ou recozimento são incapazes de eliminar o bandeamento (Figura 11.48). Entretanto, tratamentos que envolvam resfriamento rápido do campo austenítico eliminam ou reduzem drasticamente o bandeamento [27-29], como mostra o exemplo da Figura 11.50.

O mecanismo de formação do bandeamento está ligado à segregação dos elementos substitucionais, como mostra a Figura 11.49. Quando o aço é austenitizado, a segregação dos substitucionais não é eliminada, devido à baixa difusividade destes elementos. Assim, diferentes regiões do aço ("bandas") têm diferentes composições químicas e, conseqüentemente, diferente comportamento na transformação de decomposição da austenita. Assim, a decomposição da austenita se inicia nas regiões mais pobres em elementos de liga que estabilizem esta fase (ou, alternativamente, mais ricas em elementos que estabilizem a ferrita). Se o aço é resfriado com velocidade suficientemente

Figura 11.46
Conformação a quente de aço com transformação de fase no resfriamento. (a) Convencional: Embora a estrutura seja controlada durante a conformação, pela combinação de deformação e temperaturas adequadas, as propriedades finais são definidas em um tratamento térmico posterior. (b) Tratamento termomecânico. A conformação "controlada" conduz a um tamanho de grão austenítico reduzido. Este tamanho de grão reduzido favorece a nucleação dos constituintes finais do aço. Com o resfriamento controlado, pode ser possível eliminar a necessidade de tratamento térmico posterior.

Figura 11.47
Montagem de três micrografias de uma chapa de aço de baixo carbono bandeado. Ferrita e perlita. Cortesia H. Badheshia, University of Cambridge. Legenda: L = longitudinal, T = transversal S = *short transverse*, normal.

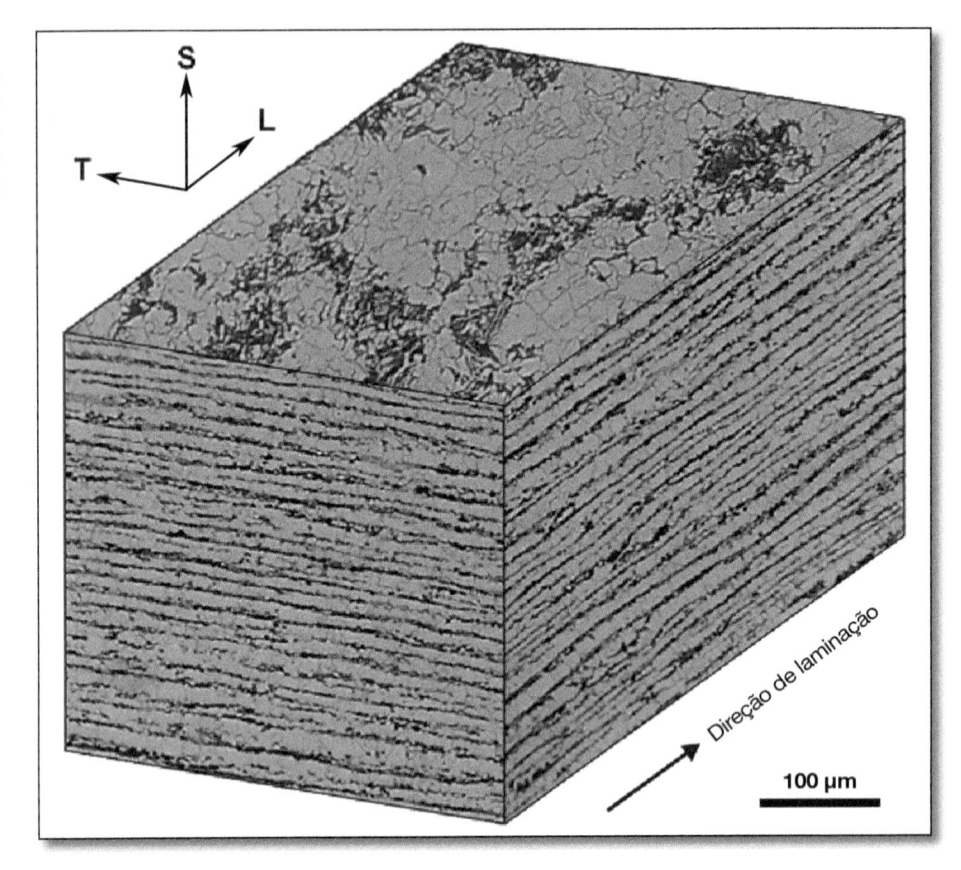

Figura 11.48
Montagem de três micrografias de uma chapa de aço HY-100, resfriado lentamente, bandeado. Ferrita, ferrita acicular, bainita e martensita. Ataque: Nital 2% [27], reproduzido com permissão da Springer Science and Business Media. Legenda: L = longitudinal, T = transversal, S = *short transverse*, normal.

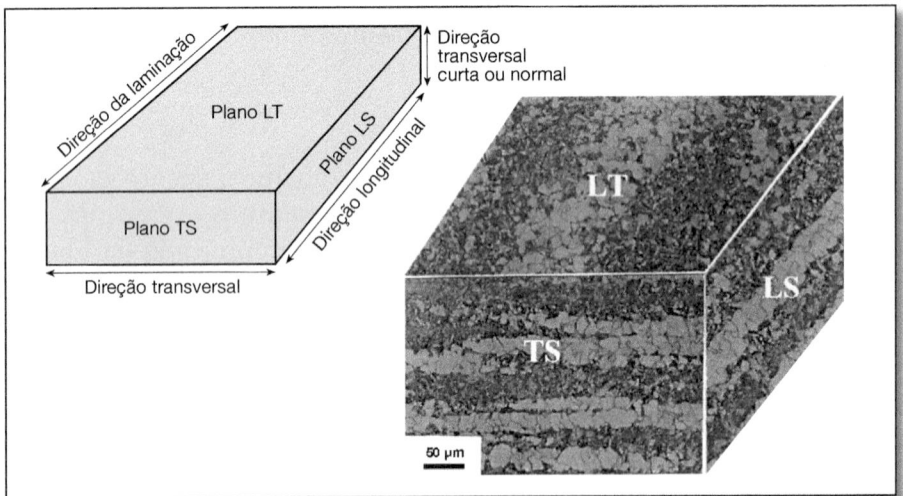

lenta para permitir a difusão do carbono, este elemento é rejeitado pelas regiões que se transformam para ferrita inicialmente (em vista da baixa solubilidade nesta fase) e se concentra nas regiões que permanecem austeníticas. Quando estas regiões se transformam, estão suficientemente ricas em carbono para formar constituintes bastante diferentes do que seria a estrutura "média" do aço. Em particular, é comum que se transformem em perlita em aços estruturais de baixo e médio carbono normalizados ou resfriados ao ar após a laminação a quente.

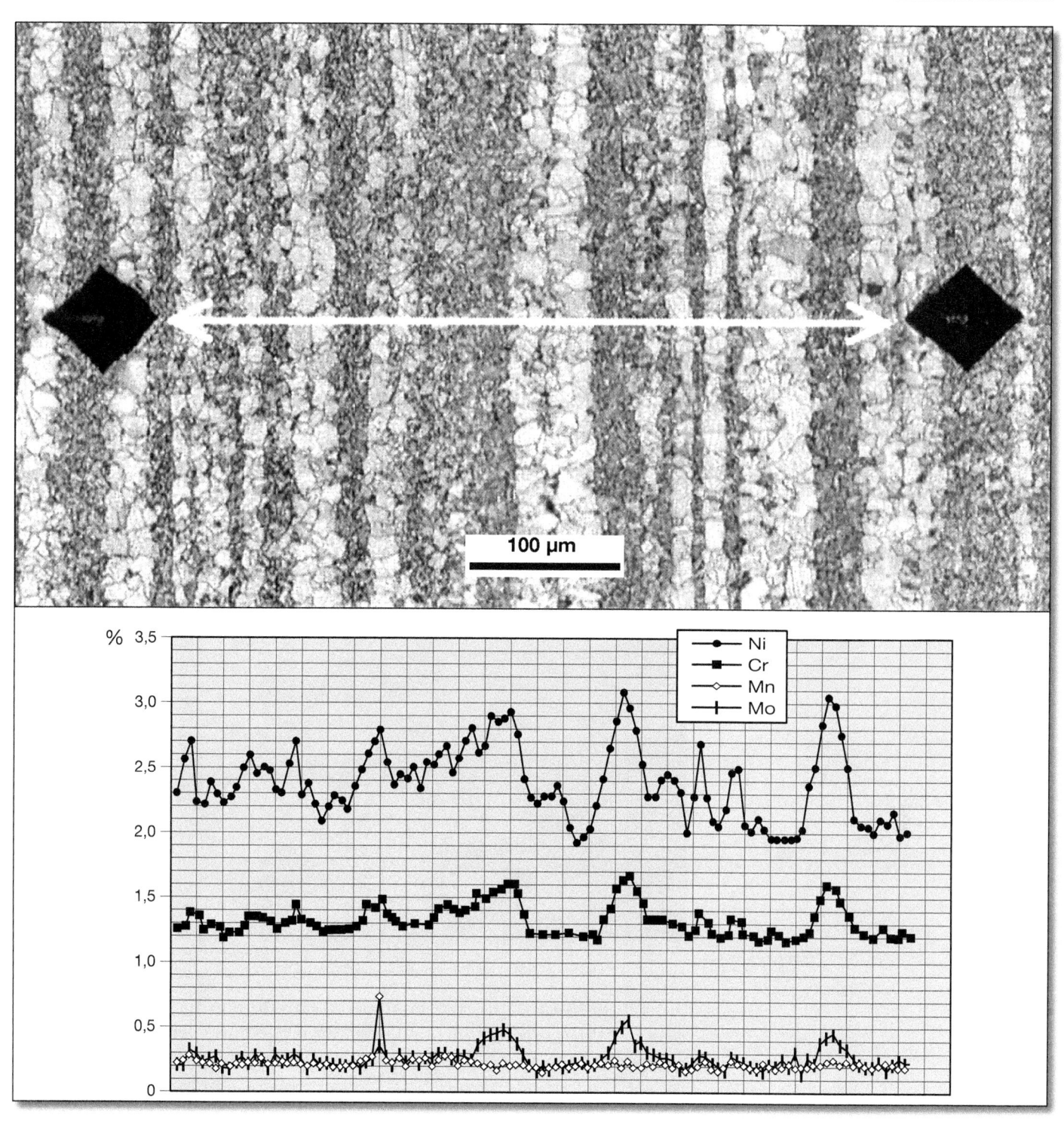

Figura 11.49
Seção do plano identificado como LS da chapa de aço HY-100 da Figura 11.48
resfriado lentamente. As marcas do ensaio de dureza e a linha indicam o local
onde foi realizada a análise por microssonda [27]. Reproduzido com permissão da
Springer Science and Business Media. Análise química (por WDS), apresentada
em (b). Análise da corrida: C = 0,16%, Mn = 0,26%, P = 0,008%, S = 0,009%,
Si = 0,22%, Ni = 2,62%, Cr = 1,32%, Mo = 0,25%, adaptado de [27].

Figura 11.50
Seção do plano identificado como TS de chapa do mesmo aço HY-100 laminado a quente da Figura 11.48, temperado e revenido. (a) Observa-se leve evidência de segregação no ataque. Ataque: Nital 2% (b) MET. Martensita revenida [27]. Reproduzido com permissão da Springer Science and Business Media.

Se, entretanto, o resfriamento é rápido, não há tempo para que ocorra segregação do carbono durante a decomposição da austenita e a única evidência da segregação passa a ser a resposta ao ataque químico e a eventual diferença de temperabilidade entre as zonas mais e menos segregadas.

Praticamente, todos os elementos substitucionais podem produzir bandeamento. Naturalmente, os elementos que mais segregam na solidificação têm mais potencial de produzir este efeito. Por este motivo, o fósforo foi, durante muito tempo, considerado o principal causador do bandeamento.

3.8. Outras Manifestações de Segregados em Produtos

As principais alterações associadas à microssegregação dizem respeito ao bandeamento e ao aparecimento de "fibramento" no material.

À medida que o tamanho do produto fundido aumenta e quando ocorrem segregados em escala maior, as heterogeneidades podem ser mais nítidas na microestrutura. Nem sempre é possível realizar exame na direção longitudinal dos produtos, o que dificulta a caracterização destes segregados. É importante observar que a ocorrência destes segregados é uma característica metalúrgica associada ao processo de solidificação. À medida que se torna necessário produzir peças de grandes dimensões e, portanto, empregar grandes lingotes, a incidência destas heterogeneidades aumenta. A aceitabilidade destas heterogeneidades está ligada ao desempenho da peça e diversos estudos têm sido realizados para avaliar o efeito de regiões segregadas sobre o desempenho de produtos. (por exemplo, [6, 27, 28, 30, 31])

É irreal esperar de peças obtidas de grandes lingotes (por exemplo, maiores que 25 t) a mesma homogeneidade que se pode obter de um lingote pequeno (por exemplo, menor que 5 t) ou de um produto com intensa deformação obtido de uma seção usual de lingotamento contínuo (ver Figura 11.51).

Figura 11.51
Barra de aço AISI 1045 forjada a partir de um lingote de 29 t até cerca de 700 mm diâmetro. Normalizada. (a), (b) removidas da região da barra mais próxima à cabeça do lingote, (c) e (d) removidas da região da barra mais próxima do pé do lingote. As micrografias (a) e (b) apresentam heterogeneidade no tamanho das colônias de perlita e microrregiões com maior fração volumétrica de perlita. A micrografia (c) indica alguma heterogeneidade no tamanho de colônia de perlita. Ensaios mecânicos (tração e impacto) no material em questão e em corpos-de-prova com a mesma microestrutura não indicaram desvios de propriedades mecânicas associados a esta ocorrência.

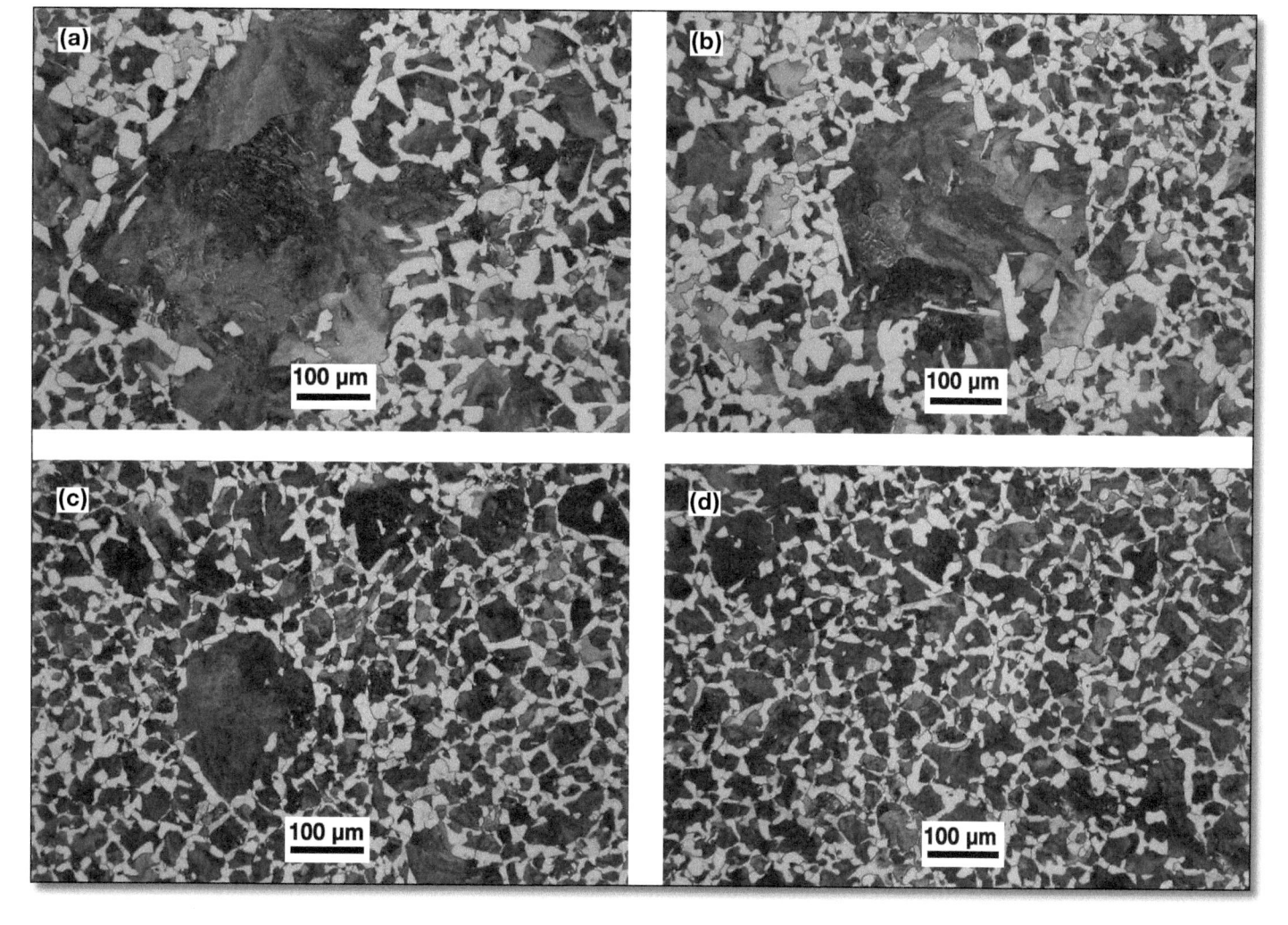

A Figura 11.52, por exemplo, apresenta os resultados de um estudo conduzido pela AIEA para avaliar a tenacidade de materiais empregados em componentes primários de usinas nucleares [31]. Os forjados empregados nestes componentes se encontram no limite da tecnologia de forjamento atual, em vista das dimensões e exigências de qualidade. A variação estrutural entre o centro e a superfície da chapa é evidente, assim como o efeito desta variação sobre as propriedades mecânicas. Compete ao projetista considerar estas propriedades e estabelecer posições de amostragem adequadas para os ensaios de qualificação e de aceitação destes produtos.

A Figura 11.53 apresenta uma réplica do resultado do exame de trincas superficiais por partículas magnéticas no chanfro a ser soldado de uma chapa grossa de aço estrutural WStE355. O exame, quando realizado posteriormente por líquido penetrante, não apresentou indicações. Foi realizada uma avaliação metalográfica para identificar as causas das indicações, e os resultados estão apresentados na Figura 11.53.

Figura 11.52
Estruturas na superfície (a) e no centro (b) e (c) de uma chapa espessa (225 mm de espessura) de aço ASME/ASTM A533B Class 1 temperado e revenido para aplicações nucleares. Observa-se a segregação crescente, da superfície para o centro, mesmo após forjamento e laminação. Reproduzido com permissão da Elsevier de [31]. Imagens cedidas por H.-W. Viehrig, FZR, Dresden, Alemanha. Em (d) são apresentados valores medidos para a temperatura de transição dúctil-frágil ao longo da espessura (o critério de transição adotado foi E = 41J no ensaio ISO-V). Adaptado de [31].

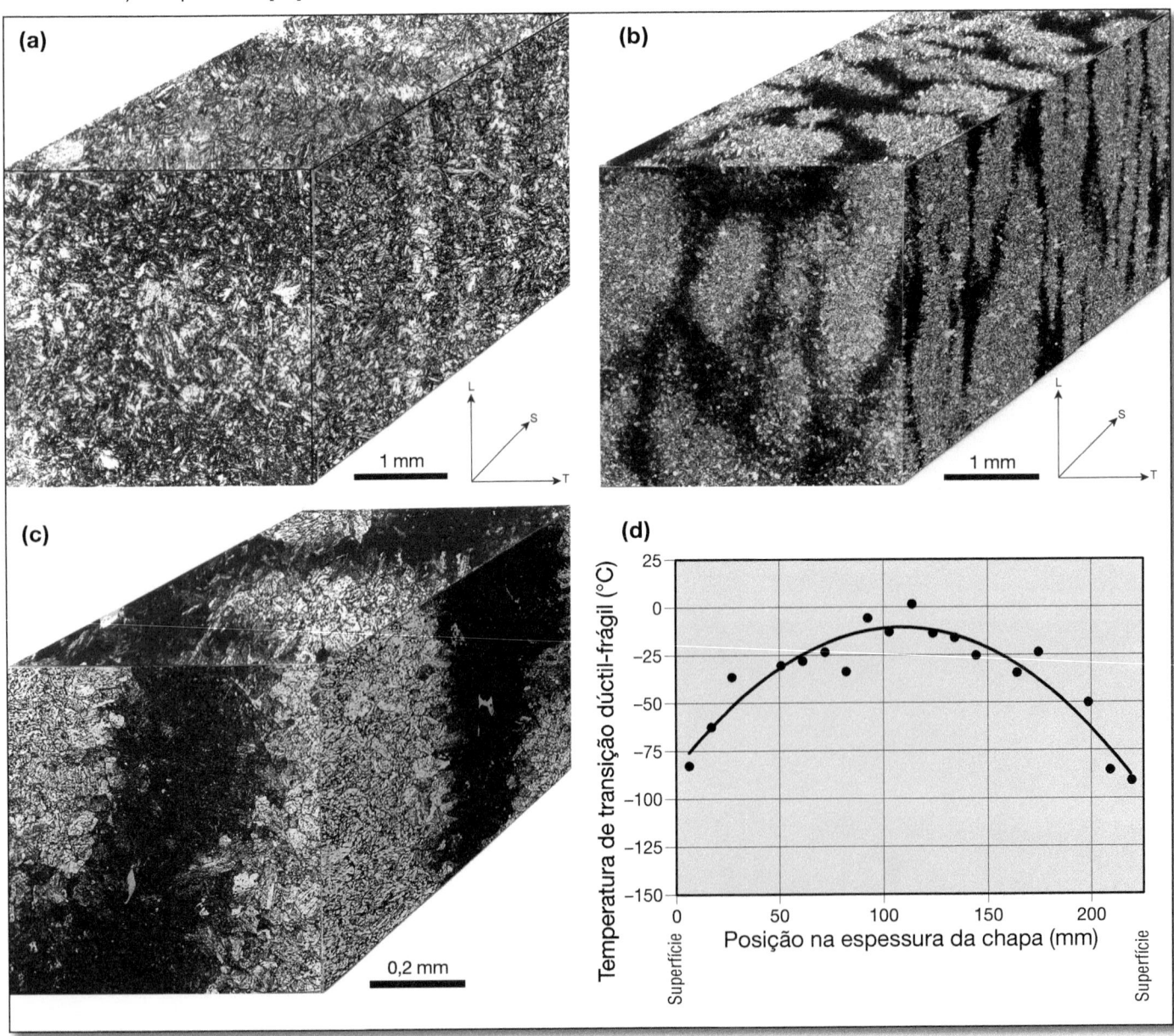

Estas indicações, que provêm de heterogeneidades microestruturais são chamadas "indicações fantasma". Entretanto, só é possível ter certeza de que as indicações não são relevantes quando uma avaliação metalográfica completa é realizada.

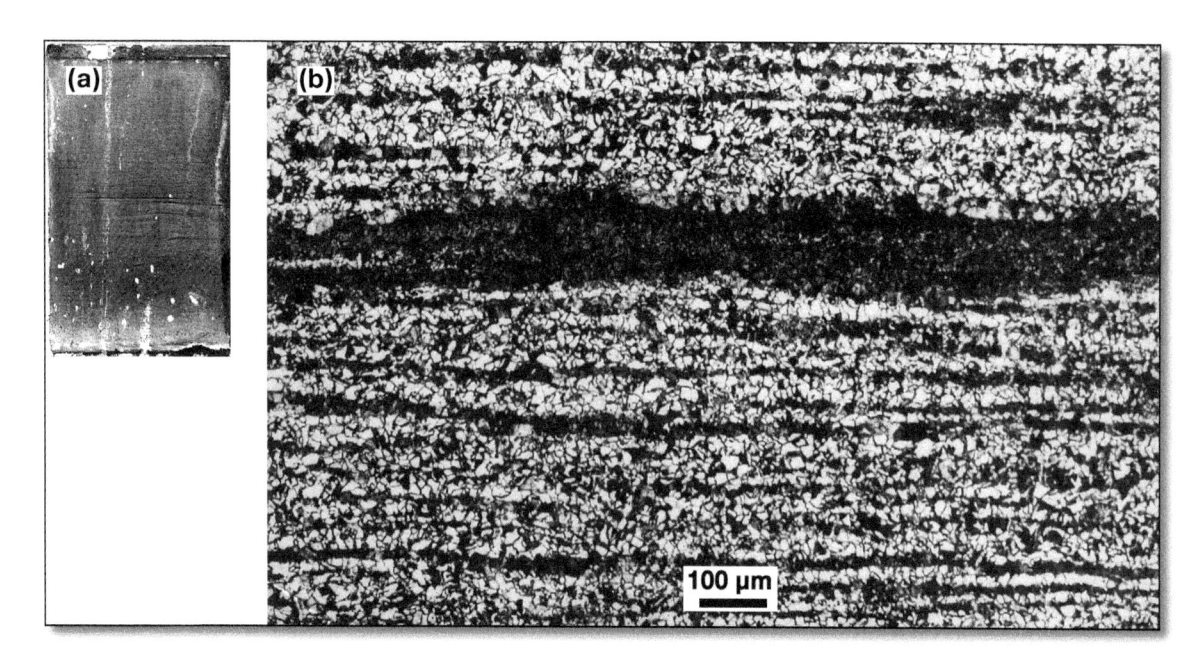

Figura 11.53
(a) Réplica, em fita adesiva, do ensaio de partículas magnéticas de chanfro de solda em aço WStE355. A chapa tem 38 mm de espessura. Indicações alongadas no sentido de laminação. (b) Micrografia da região das indicações. Estrutura bandeada, com faixa larga e escura no local da indicação. (c) Detalhe da região escura da foto (b). Ataque mais leve do que na figura (b) permite observar a presença de bainita e ferrita acicular. As impressões de dureza indicam que a região tem dureza bastante mais elevada do que as regiões compostas por ferrita e perlita. Foi realizada uma varredura em microssonda que identificou segregação de manganês: ($Mn_{médio}$ = 1,0% $Mn_{segregado}$ = 1,8%). Ataque: Nital 2%.

4. Conformação de Produtos Acabados

Processos de conformação a quente e a frio são também empregados para a obtenção de formas muito próximas à forma do produto acabado. Laminação de trilhos (Capítulo 15) e perfis são alguns exemplos. A laminação de roscas em fixadores normalmente é realizada a frio, e é discutida no Capítulo 12.

O forjamento em matriz fechada é um dos processos mais comuns para a obtenção de peças de aço em dimensões muito próximas às das peças acabadas. O forjamento em matriz fechada é realizado tanto a quente como a frio e é discutido neste capítulo.

4.1. Forjamento em Matriz Fechada

Operações de deformação a quente ou a frio, em que o material é forçado a "fluir" através de deformação plástica, dentro de uma matriz com o formato da peça desejada [32] são operações de forjamento em matriz fechada. O forjamento em matriz fechada pode ser realizado com ou sem rebarba. Em geral, o forjamento a quente se passa com rebarba, isto é, excesso de material que é forjado "para fora" da cavidade da peça, como parte do projeto do forjamento.

A rebarba causa, necessariamente, uma interrupção, corte, ou "fuga" das fibras do material. Para que a linha de rebarba não seja um ponto fraco da peça, em especial no que diz respeito à resistência à fadiga, é necessário considerar sua posição em relação às solicitações de trabalho do componente e, eventualmente, considerar a aplicação de medidas que melhorem a resistência à fadiga destas regiões, tais como controle da rugosidade, jateamento e/ou *shot-peening*, por exemplo. [33, 34].

Figura 11.54
Seções de peças de aço produzidas por forjamento em matriz fechada. O fibramento é claramente visível. Ausência de linhas de fuga. Para melhor visualização do fibramento, após o ataque com ácido clorídrico a quente o fibramento é realçado com anilina ou tinta de carimbo (ver Capítulo 4). Cortesia M. M. Souza, Neumayer-Tekfor, Jundiaí, SP, Brasil.

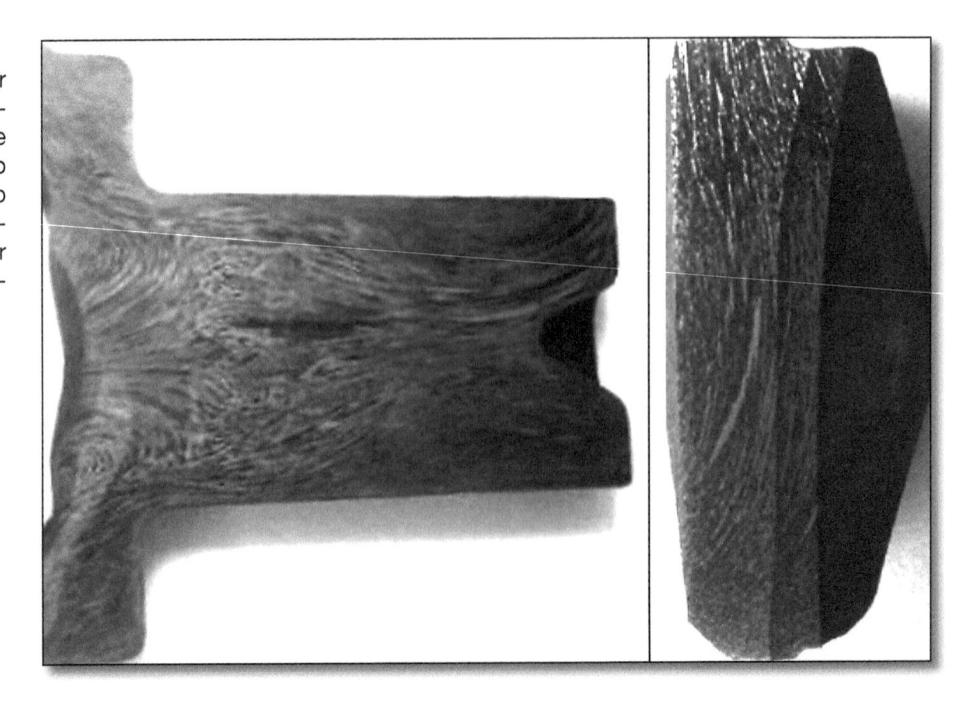

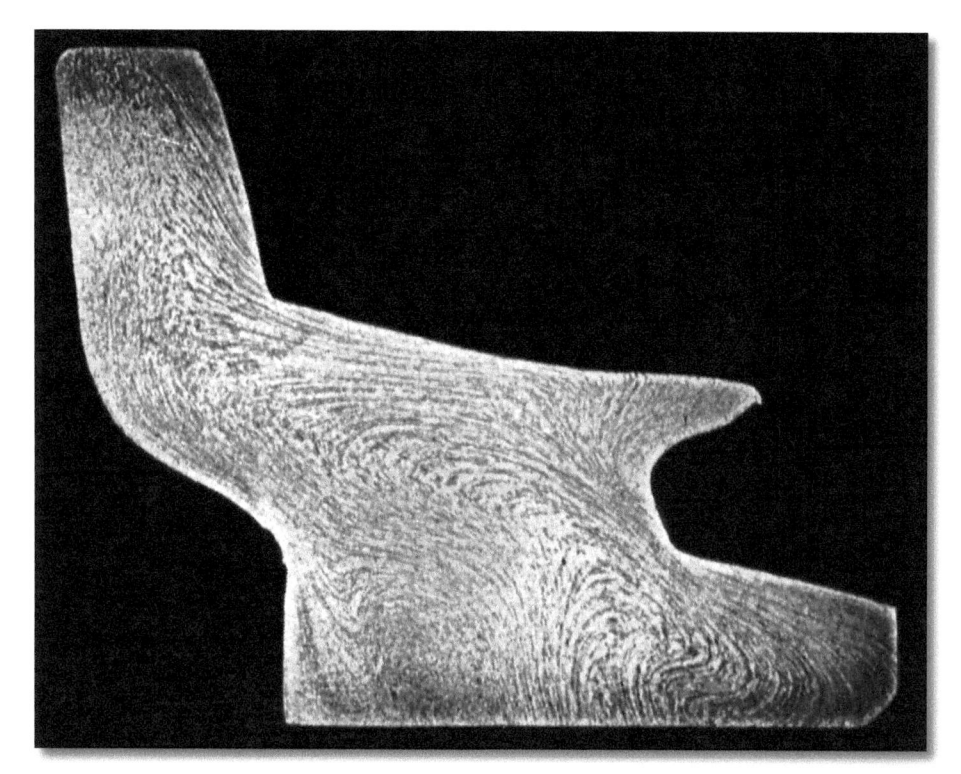

Figura 11.55
Metade da seção longitudinal axial de um rolete de trator forjado. A presença de "fibramento" com espaçamento pequeno indica que o material original foi laminado ou forjado. O recurvamento ("fluxo") destas fibras indica que a peça foi obtida por forjamento. Ataque: Iodo.

Outro aspecto importante é que o fibramento é um "concentrador" de inclusões e microssegregações. Se o grau de redução no forjamento for muito intenso, é possível que esta concentração crie condições desfavoráveis de trabalho do componente em etapas posteriores ao forjamento, tais como usinagem, tratamento térmico e tratamento superficial. Em casos especiais, pode ser necessário evitar que o processo de forjamento intensifique excessivamente a densidade das fibras em regiões críticas do componente. Atualmente, o emprego de modelos por elementos finitos é muito comum para a previsão da deformação e das linhas de fluxo do material, no forjamento [34].

5. Defeitos da Conformação a Quente

5.1. Trincas e Dobras

Durante o trabalho a quente podem ocorrer defeitos mecânicos como dobras. Estes defeitos, caso não sejam corretamente identificados e removidos, podem dar origem a defeitos nos produtos durante o tratamento térmico posterior ou durante o emprego do material.

A presença de óxidos e a ocorrência de descarbonetação no interior de dobras ou trincas permitem concluir que as peças foram expostas a temperaturas elevadas e atmosferas oxidantes quando estas descontinuidades já existiam. Isto auxilia a diferenciar trincas de tratamento térmico (Capítulo 9) de trincas ou dobras que ocorrem no trabalho a quente ou a frio, antes do tratamento térmico.

Figura 11.56
Dobra de forjamento em barras de aço inoxidável ASTM A564 UNS 17400 (17-4PH) seção transversal. (Mancha de ataque junto à dobra, causada por líquido retido em seu interior). Ataque: 2000 mL de água + 300 mL de H_2O_2 + 350 mL HCl + 50 mL HNO_3[9]. Cortesia Villares Metals S.A., Sumaré, SP, Brasil.

5.2. Material Superaquecido e Queimado

O aquecimento excessivo é um problema com maior potencial de ocorrência no trabalho a quente do que no tratamento térmico. As temperaturas de início de trabalho a quente, em geral, podem ser bastante elevadas. Além disto, os lingotes e produtos de lingotamento contínuo, no início da deformação, apresentam o máximo de segregação. A combinação de segregação e altas temperaturas pode levar a aquecimento muito próximo a temperatura *solidus* ou até acima desta temperatura. O material submetido a temperaturas tão altas em geral não é recuperável.

Mesmo que não se atinjam temperaturas em que ocorra formação de fase líquida na microestrutura, é possível a ocorrência de oxidação acelerada, especialmente em contornos de grão e, dependendo do combustível empregado no forno, contaminação com elementos, tais como enxofre e, mais raramente, metais pesados.

Normalmente, o material é chamado "queimado" (*burned*) quando ocorrem fusão e oxidação nos contornos de grão austeníticos. Este material não é recuperável, por tratamento térmico, e deve, normalmente, ser sucateado [6, 35].

O superaquecimento pode se manifestar de diversas formas e por vários fenômenos. Um dos mecanismos de superaquecimento, no trabalho a quente, é a dissolução e reprecipitação de sulfetos de manganês. O sulfeto reprecipitado nos contornos de grão austeníticos fragiliza o material [6]. Além disto, o aquecimento em regiões em que ocorra

---

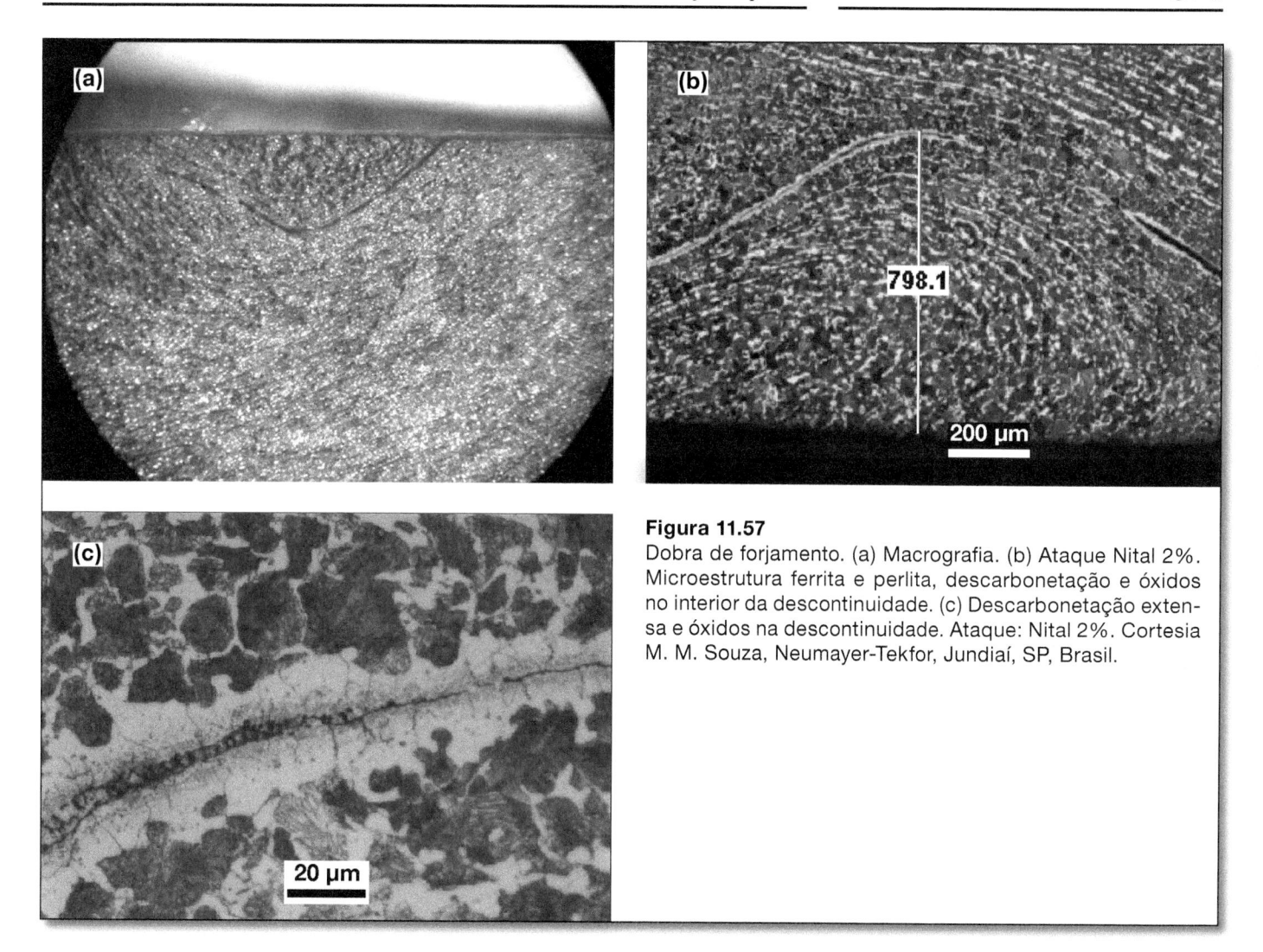

Figura 11.57
Dobra de forjamento. (a) Macrografia. (b) Ataque Nital 2%. Microestrutura ferrita e perlita, descarbonetação e óxidos no interior da descontinuidade. (c) Descarbonetação extensa e óxidos na descontinuidade. Ataque: Nital 2%. Cortesia M. M. Souza, Neumayer-Tekfor, Jundiaí, SP, Brasil.

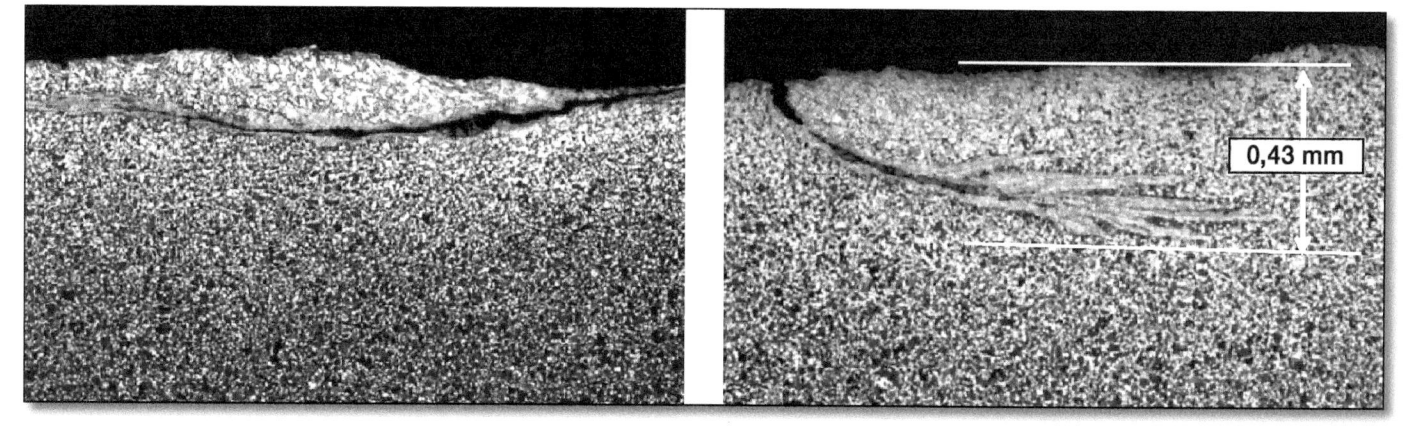

Figura 11.58
Dobras de forjamento detectadas por exame de trincas superficiais. Observa-se a extensa descarbonetação da região da dobra, evidente pela redução da fração volumétrica de perlita. Ataque: Nital 2%. Cortesia M. M. Souza, Neumayer-Tekfor, Jundiaí, SP, Brasil.

crescimento de grão austenítico excessivo é, por vezes, chamado de superaquecimento, também.

No caso de aços hipereutectóides contendo carbonetos primários, o superaquecimento pode acontecer pela dissolução e reprecipitação, em rede, de carbonetos muito estáveis termodinamicamente. Estes carbonetos dificilmente seriam novamente dissolvidos. O material com carbonetos em rede é de baixa trabalhabilidade (Figura 11.61).

A Figura 11.62 apresenta alguns exemplos de material queimado.

Figura 11.59
Dobra superficial em produto plano laminado a quente, com presença de óxidos
no interior da dobra. Para a metalografia,
a amostra foi embutida em contato com
outra chapa (acima, na foto) visando preservar a região superficial, evitando arre-
dondamentos no polimento.

Figura 11.60
Seção longitudinal de produto plano laminado a frio, com presença de óxidos
subsuperficiais. Uma possível causa é
incrustação de carepa da laminação a
quente.

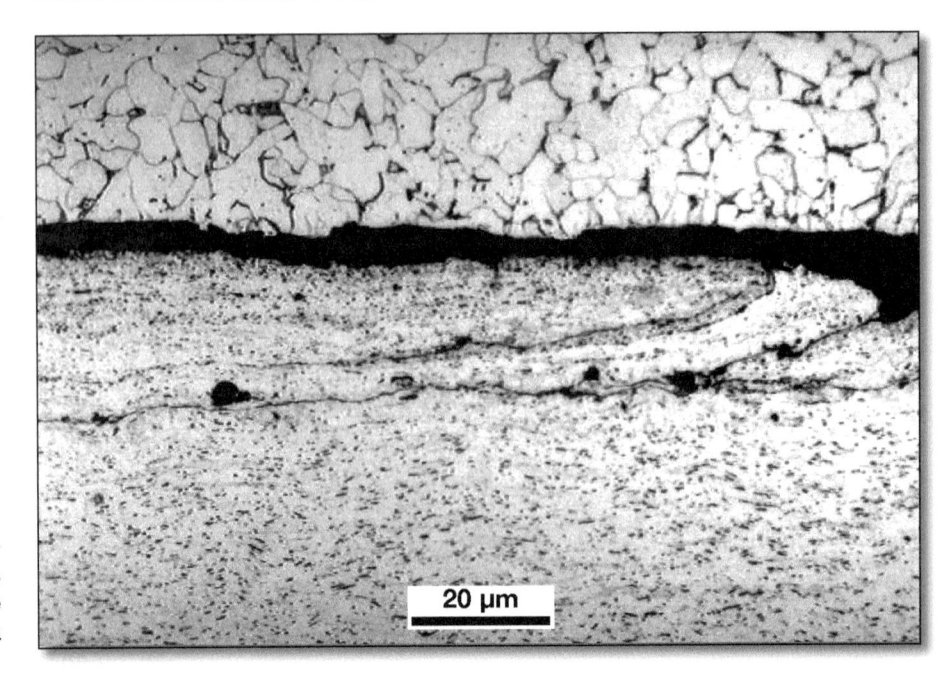

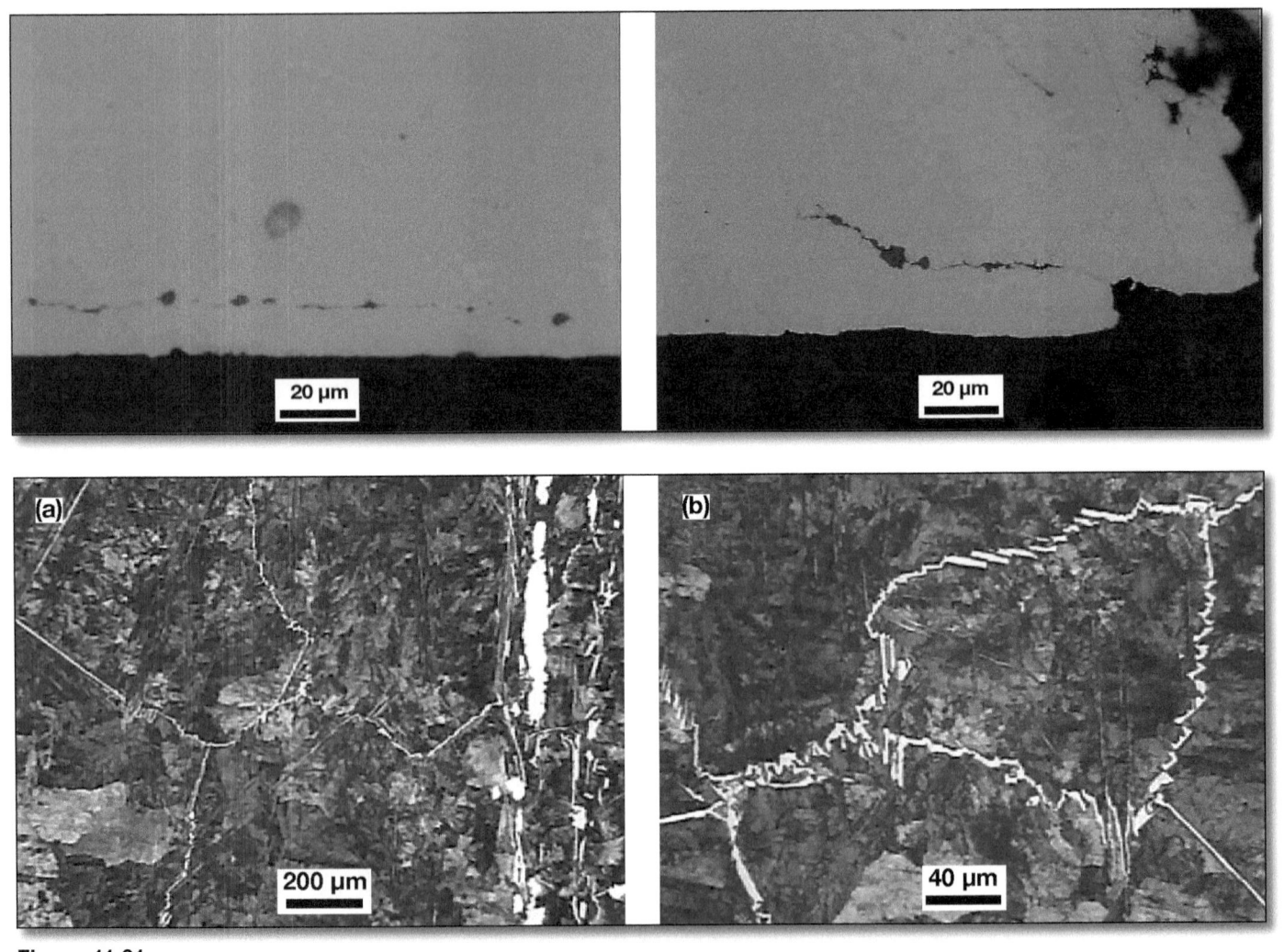

Figura 11.61
Aço-ferramenta com C = 1,60%, Mn = 0,90%, Cr = 1,50%, Mo = 0,55%, Ni = 0,70% e W = 0,20% superaquecido. (a) Carbonetos primários grossos (à direita, na imagem) matriz perlítica com carbonetos em rede nos contornos de grão austeníticos
anteriores. (b) Detalhe da morfologia dos carbonetos complexos nos contornos de grão austeníticos anteriores e perlita fina no
interior dos grãos. Ataque: Nital 4%. Cortesia Villares Metals S.A., SP, Brasil.

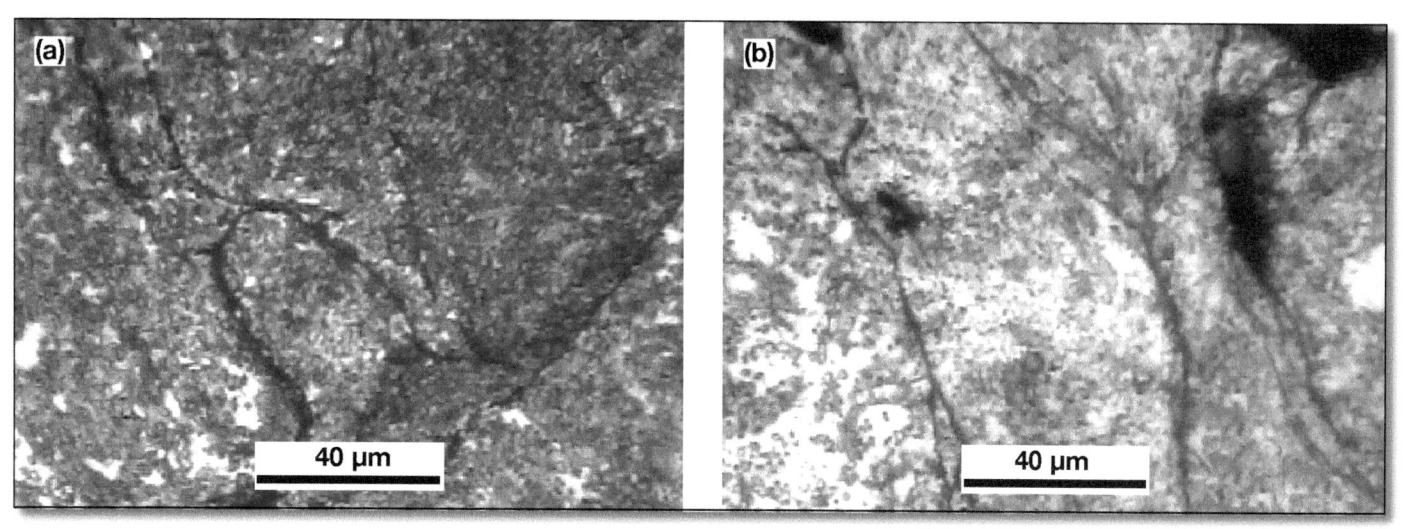

Figura 11.62
(a) Aço-ferramenta resistente ao choque ASTM A681-S7 superaquecido no forjamento ("queimado"). Presença de óxidos e evidência de início de fusão em contornos de grão. Ataque: Nital 4%. (b) Aço-ferramenta para trabalho a quente DIN W.Nr. 1.2885-X32 CrMoCoV 3-3-3 superaquecido ("queimado"). Ataque: Nital 4%. Cortesia Villares Metals S.A., SP, Brasil.

Figura 11.63
(a) Aço inoxidável martensítico ASTM A 182-420 superaquecido ("queimado") no forjamento. Ataque: Villela. (b) Aço-ferramenta ASTM A681-D2 superaquecido ("queimado") durante aquecimento. Observa-se a desagregação dos contornos adjacentes aos carbonetos de cromo. Ataque Nital 4%. Cortesia Villares Metals S.A., SP, Brasil.

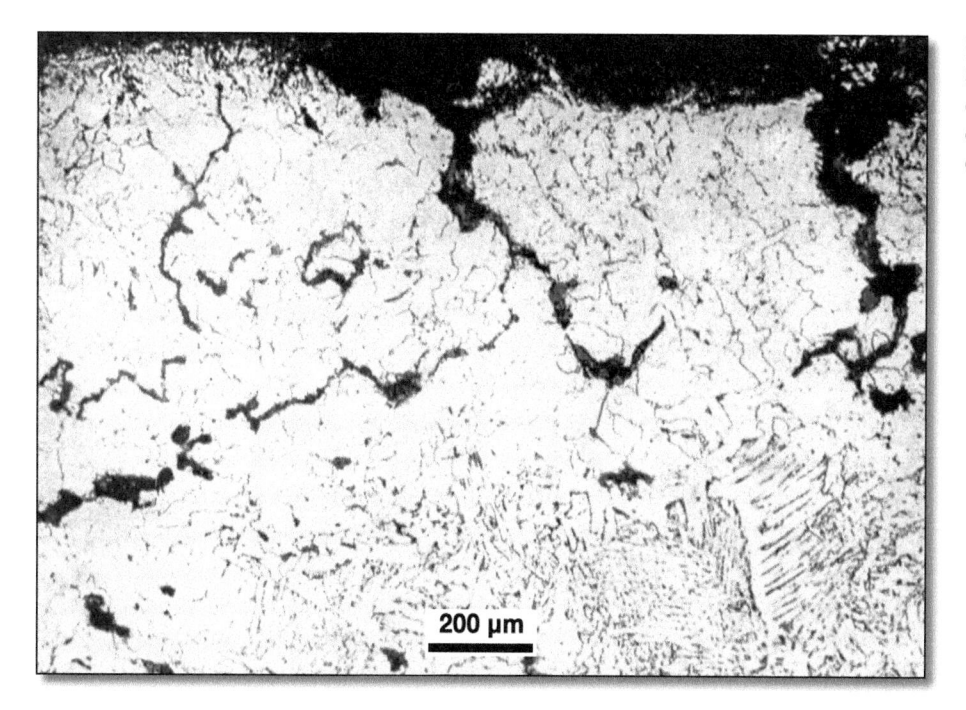

Figura 11.64
Seção transversal, próxima à superfície de aço superaquecido e queimado. Descarbonetação intensa e oxidação dos contornos de grão. Ataque: Nital.

Figura 11.65
Seção transversal de aço com C = 0,84% e P = 0,03%. Trincas em ziguezague ocorridas durante o forjamento em regiões com vestígios de queima (áreas pretas maiores). Ataque: Nital.

Figura 11.66
Material queimado no aquecimento para a conformação a quente. Oxidação intergranular, com descarbonetação e fusão incipiente (observar a forma dos óxidos e da trinca). Cortesia M. M. Souza, Neumayer-Tekfor, Jundiaí, SP, Brasil.

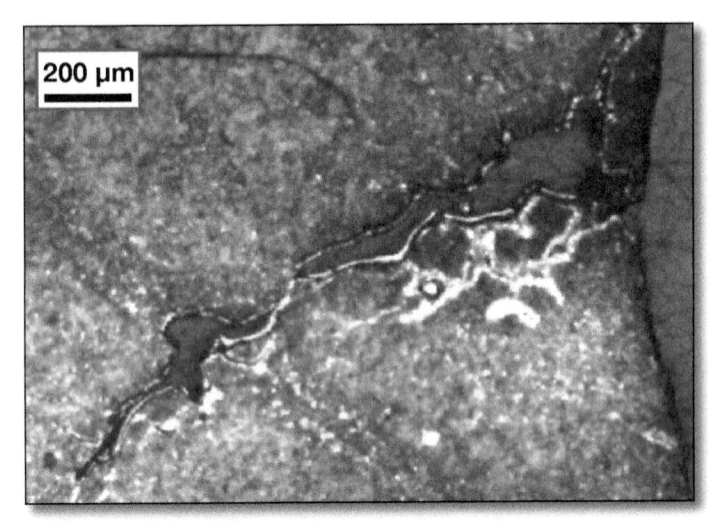

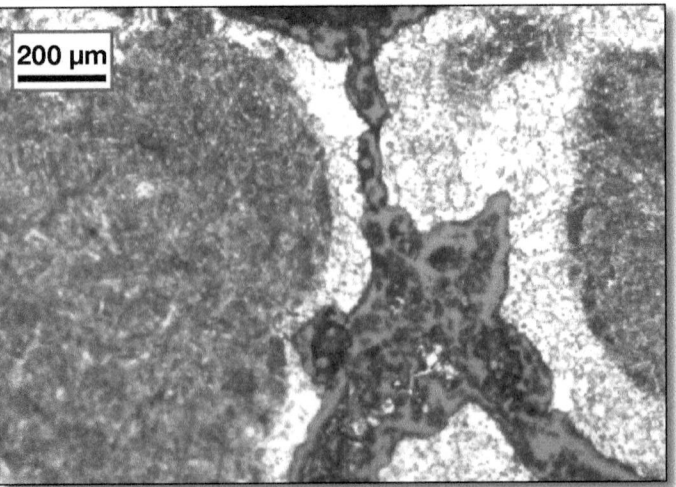

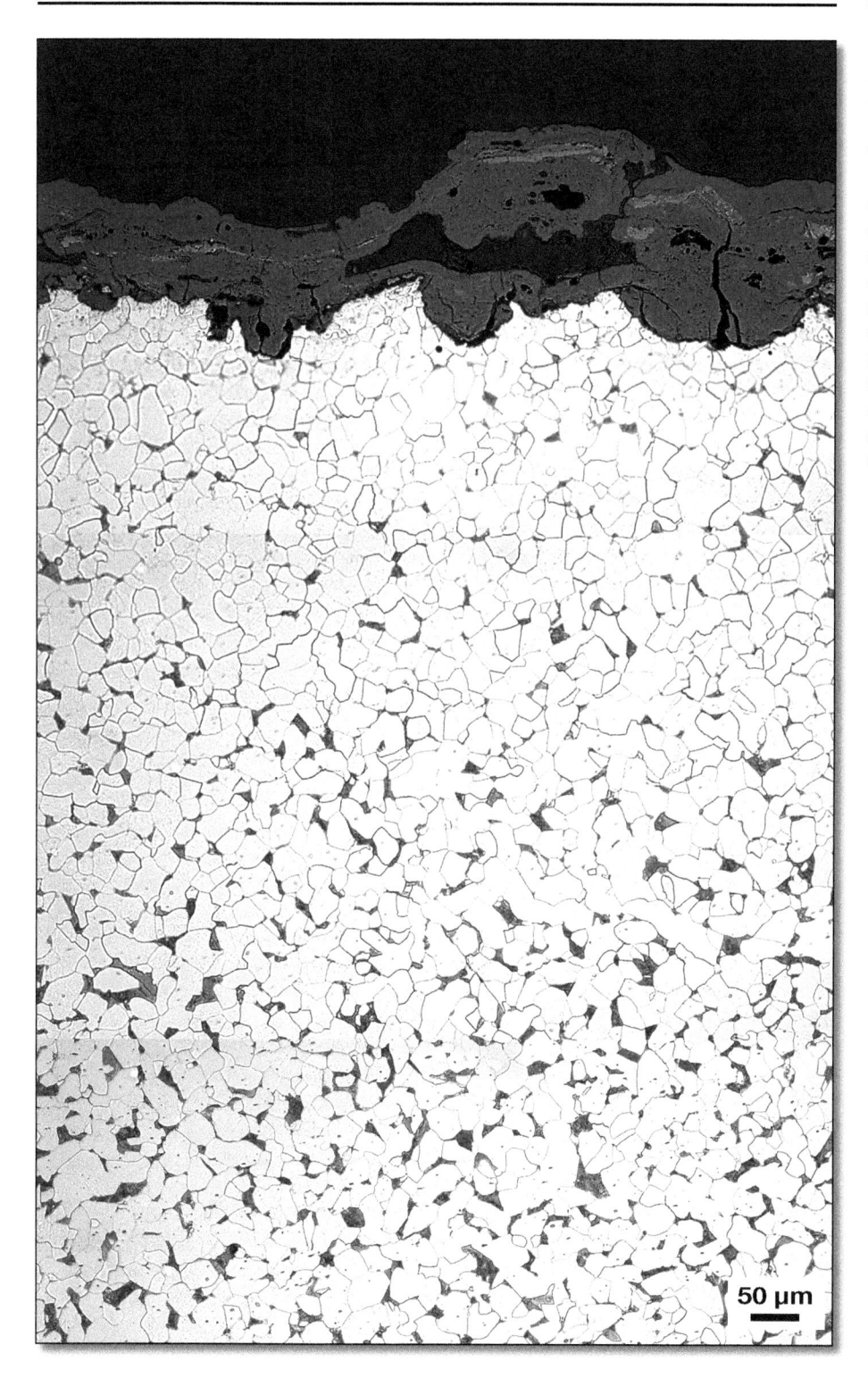

Figura 11.67
Seção transversal próxima à superfície de chapa de aço estrutural (ferrita e perlita) exposta a incêndio. Oxidação com formação de camada espessa de óxidos na superfície e região parcialmente descarbonetada. A cinética dos processos de oxidação e descarbonetação, assim como a composição dos óxidos formados depende da temperatura do processo e da atmosfera existente. Observar as diferenças em relação a material "queimado" no trabalho a quente, mostrado nas figuras anteriores. Ataque: Nital 2% e Picral 4%. Cortesia National Institute of Standards and Technology NIST, Gaithersburgh, MD, EUA, [14].

Referências Bibliográficas

1. TOMIZ, A.; KASPAR, R. *Deep-drawable thin-gauge hot strip of steel as a substitiution for cold strip.* ISIJ International, 2000, v. 40 (9), p. 927-931.

2. COSTA E SILVA, A. L. V.; MEI, E P. R. *Aços e ligas especiais.* 2.ª edição, São Paulo: Blucher, p. 662, 2006.

3. BAIN, E. C. *Nippon-to and introduction to old swords of Japan.* Journal of the Iron and Steel Institute, 1962 (april), p. 265-282.

4. INOUE, T. *The Japanese Sword – The material, manufacturing and computer simulation of quenching process.* Materials Science Research International (The Society of Materials Science, Japan), 1997, v. 3 (4), p. 193-203.

5. SAUVEUR, A. *Metallography and heat treatment of iron and steel.* 4ª edição, New York: McGraw-Hill, 1935.

6. KRAUSS, G. *Solidification, segregation, and banding in carbon and alloy steels.* Metallurgical and Materials Transactions B, 2003, v. 34B (6), p. 781.

7. KIESSLING, R. *Non-metallic inclusions in steels.* London: The Iron and Steel Institute, 1968.

8. MIZOGUCHI, S. *A study on segregation and oxide inclusions for the control of steel properties Thesis.* Tokyo, University of Tokyo, 1996.

9. UESHIMA, Y.; YUYAMA, H.; MIZOGUCHI, S.; KAJIOKA, H. *Effect of oxide inclusions on MnS precipitation in low carbon steel.* Tetsu-to-hagane, 1989, v. 75 (3), p. 501-508.

10. COSTA E SILVA, A. L. V. *Thermodynamic aspects of inclusion engineering in steels.* in *Thermodynamics of Alloys TOFA 2006, 2006, Beijing. TOFA 2006 Book of Abstracts and Program.* 2006. Beijing: University of Science and Technology, 2006.

11. COSTA E SILVA, A. *Inclusões não metálicas e a termodinâmica computacional.* Metalurgia & Materiais ABM, 2006, v. 62 (573), p. 658-661.

12. ONOE, T.; ITO, S.; OGAWA, K.; MIMURA, T.; MATSUMOTO, H.; MAEDA, S. *Shape control of inclusions for steel tire cord (development in ladle arc refining).* Transactions of ISIJ, 1987.

13. SPITZIG, W. A. *Effect of sulfides and sunfide morphology on anisotropy of tensile ductility and toughness of hot-rolled C-Mn steels.* Metallurgical Transactions A, 1983, v. 14A, p. 471-484.

14. BANOVIC, S. W.; MCCOWAN, C. N.; LUECKE, W. E. *NIST NCSTAR 1-3E (draft) for public comment federal building and fire safety investigation of the world trade center disaster physical properties of structural steels (draft).* NIST: Gaithersburg, MD, 2005.

15. OIKAWA, K.; MITSUI, H.; EBATA, T.; TAKIGUCHI, T.; SHIMIZU, T.; IISHIKAWA, K.; NODA, T.; OKABE, M.; ISHIDA, K. *A new Pb-free machinable ferritic stainless steel.* ISIJ International, 2002, v. 42 (7), p. 806-807.

16. OIKAWA, K.; SUMI, S.; ISHIDA, K. *Morphology control of MnS inclusions in steel during solidification by the addition of Ti and Al.* Zeitschrift fur Metallkunde, 1999, v. 90 (1), p. 13-18.

17. ASTM. *ASTM E45-05 standard test methods for determining the inclusion content of steel.* American Society for Testing of Materials-ASTM, 2005.

18. ASTM. *ASTM E1245-03 standard practice for determining the inclusion or second-phase constituent content of metals by automatic image analysis.* West Conshohocken. PA: ASTM – American Society for Testing and Materials, 2003.

19. ASTM. *ASTM E2283 standard practice for extreme value analysis of nonmetallic inclusions in steel and other microstructural features.* American Society for Testing of Materials W. Conshohocken, PA, 2004.

20. ZHANG, L.; THOMAS, B. G. *State of the art in evaluation and control of steel cleanliness.* ISIJ International, 2003, v. 43 (3), p. 271-291.

21. CAMINHA, I. M. V.; ABUD, I. D. C.; NASCIMENTO, J. L. D.; COSTA E SILVA, A. L. A. *Avaliação preliminar de métodos para estimativa do tamanho máximo de inclusão não-metálica em aço de alta limpeza.* In: 62.º Congresso da ABM, 2007. São Paulo: Associação Brasileira de Metalurgia e Materiais. 2007

22. MORAES, C. A. M.; FONTANA, W. A.; BIELEFELDT, W. V., VILELA, A. C. F. *Evolução das técnicas de caracterização de inclusões em aço.* Metalurgia e Materiais, 2007, v. 63, p. 46-49.

23. ABNT. *NBR13285 Aço ressulfurado – Avaliação microscópica de inclusões não metálicas de sulfetos.* São Paulo: ABNT, 1995.

24. HILLERT, M. *Metallographic atlas.* University Park, PA 16802: Materials Education Council (MEC), The Pennsylvania State University, 1991.

25. BROSSI, A. *Untersuchung über den einfluss des schmiedens auf die mechanischen eigenschaften bei freiformschmiedestücken.* In: International Forgersmasters Conference, 1952.

26. OHTANI, H. *Processing – Conventional heat treatments.* In: *Materials science and technology – constitution and properties of steels,* PICKERING, F.B. (editor). New York: Wiley-VCH, 1996.

27. CHAE, D.; KOSS, D. A.; WILSON, A. L.; Howell, P. R. *The effect of microstructural banding on failure initiation of HY-100 steel.* Metallurgical and Materials Transactions A, 2000, v. 31A, p. 995-1005.

28. MAJKA, T. F.; MATLOCK, D. K.; KRAUSS, G. *Development of microstructural banding in low-alloy steels with simulated Mn segregation.* Metallurgical and Materials Transactions A, 2002, v. 33A (6), p. 1627-1637.

29. MAHL, R. L.; PLENTZ, R. S.; JANOSKI, J. L.; SCHEID, E. *Influência da condição de resfriamento na ocorrência de bandeamento no aço SAE 10B22 MOD.* 2005, http://www.gerdau.com.br/gerdauacosespeciais/produtos/downloads/tecnicos/2005-SAE10B22MOD.pdf.

30. GAYLEY, H. B. *Relationship between turbine rotor and disk metallurgical characteristics and stress corrosion cracking behavior, final report.* REPORT 50490, Palo Alto, EPRI, 1986.

31. VIEHRIG, H. W.; BOEHMERT, J.; DZUGAN, J. *Some issues by using the master curve concept.* Nuclear Engineering and Design, 2002, v. 212, p. 115-124.

32. SHIRGAOKAR, M. *Forging processes: Variables and Descriptions.* In: *Cold and Hot Forging Fundamentals and Applications,* ALTAN, T. NGAILE, G. e SHEN, G. (editors). ASM International: Materials Park, 2004.

33. AUTRAN, J. L. A.; SOUZA, M. M. *Viabilidade econômica e precisão de forjamento a frio de peças funcionais de médio porte.* In: XII Seminário Nacional de Forjamento, 1992.

34. SOUZA, M. M. *Comunicação particular,* 2007.

35. HALE, G. E.; NUTTING, J. *Overheating of low-alloy steels.* International Metals Reviews, 1984, v. 29, p. 273-298.

36. KRAUSS, G. *Steels: processing, structure and performance.* Materials Park: ASM International, 2005.

TRABALHO MECÂNICO DOS AÇOS

TRABALHO A FRIO

1. Introdução

Os aços são submetidos à conformação mecânica por dois motivos principais:

    a) Alterar sua forma e dimensões.

    b) Alterar sua estrutura, em diversas escalas.

Como discutido no Capítulo 11, a distinção entre deformação a frio e a quente, em metalurgia, não é caracterizada por uma temperatura única, absoluta. De forma simplificada, a deformação é considerada "a frio" quando se passa a temperaturas em que a energia de deformação é armazenada no material, não ocorrendo processos de recuperação ou recristalização. Um limite aproximado, para separar trabalho a quente de trabalho a frio freqüentemente usado como referência é 0,5 T_m, onde T_m é a temperatura de fusão do metal, em K).

2. Trabalho a Frio

Os principais mecanismos de aumento de resistência do ferro e suas ligas são [1]:

    a) encruamento;

    b) endurecimento por solução sólida;

    c) controle do tamanho de grão;

    d) endurecimento por dispersão ou precipitação.

Naturalmente, a alteração da fração volumétrica de fases é, também, uma ferramenta importante no controle da resistência dos aços e ferros fundidos.

O encruamento consiste no aumento da densidade de discordâncias no material, através da deformação a frio. Exemplos dos demais mecanismos citados acima serão apresentados nos próximos capítulos.

2.1. Curva Tensão-deformação no Ensaio de Tração

A maneira mais simples de acompanhar o comportamento mecânico de um aço é através de um ensaio de tração uniaxial. No modo de ensaio mais comum a força aplicada a um corpo-de-prova de seção transversal conhecida é controlada de modo a deformá-lo a uma taxa constante. A apresentação mais comum dos resultados é sob a forma de uma curva tensão de engenharia *versus* deformação de engenharia, ao invés de tensão e deformação reais. Assim, o eixo vertical apresenta a carga em qualquer momento do ensaio (P) dividida pela área da seção transversal inicial do corpo-de-prova (A_0), isto é, $\sigma = P/A_0$, assim como a deformação de engenharia, no eixo horizontal, é referida ao comprimento inicial do corpo-de-prova $\varepsilon_E = \Delta l/l_0$ como mostrado nas Figuras 12.1 e 12.2. Durante o carregamento do material, observa-se, inicialmente, um período em que a deformação é diretamente proporcional à tensão aplicada. Nesta fase, a deformação é não-permanente, isto é, removido o carregamento, a deformação desaparece. Esta fase é chamada fase elástica do material e a constante de proporcionalidade

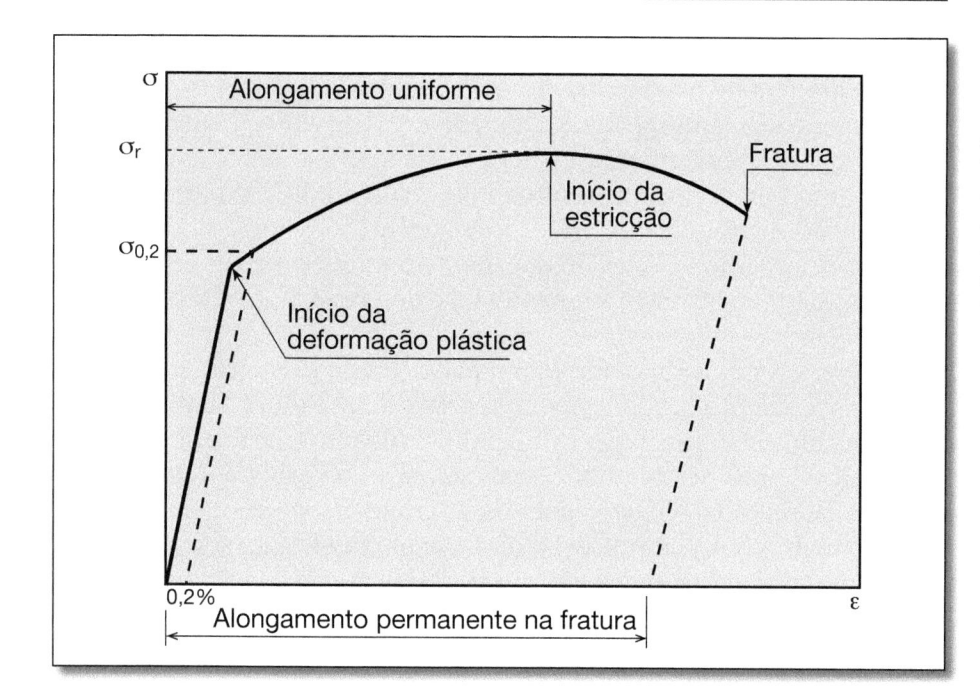

Figura 12.1
Curva tensão-deformação para um aço que não apresenta escoamento nítido. Após o início da deformação plástica, a força (e conseqüentemente a tensão de engenharia) necessária para continuar a deformação aumenta até o início da estricção. Até esse ponto do ensaio, o encruamento do aço é visível na curva tensão-deformação de engenharia.

que relaciona tensão com deformação, é denominada módulo de elasticidade (E). Assim, $\sigma_E = E\varepsilon_E$. A deformação elástica, reversível, acontece pelo aumento das distâncias interatômicas no material. Durante a deformação elástica, o volume do material não se conserva.

A partir de um certo nível de tensão aplicada, começa a ocorrer deformação permanente (plástica) e a deformação total medida é a soma das deformações elástica e plástica. Naturalmente, deixa de existir proporcionalidade entre tensão e deformação total.

O ponto onde se inicia a deformação plástica é chamado de limite de escoamento. O início da deformação plástica pode ocorrer através de uma transição "suave" ou não. Quando a transição é suave, não é fácil identificá-la, então mede-se o limite de escoamento através de um valor convencional de deformação plástica, tipicamente 0,2%, como indicado na Figura 12.1. À medida que a deformação plástica ocorre,

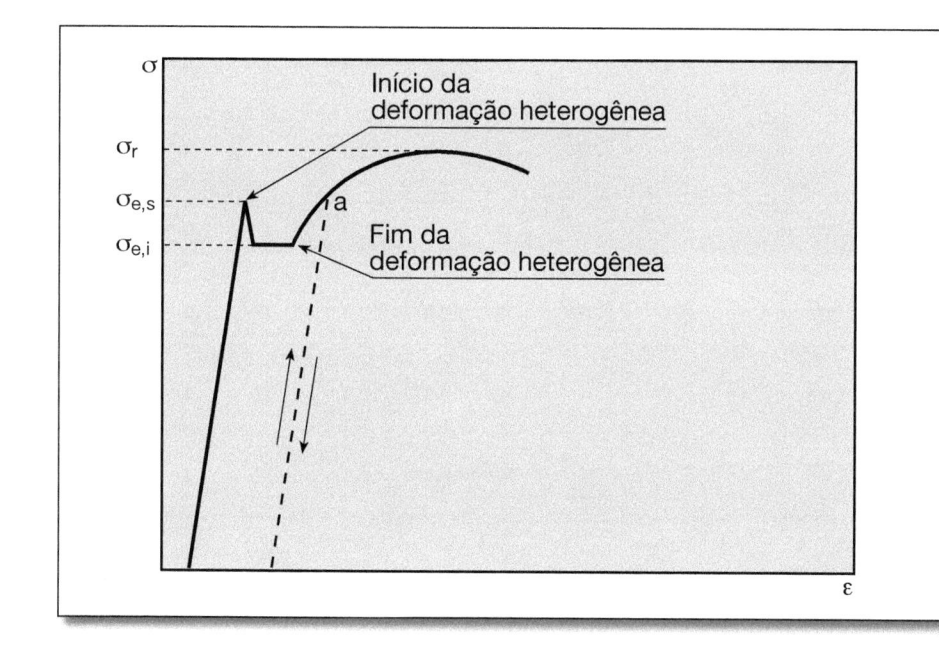

Figura 12.2
Curva tensão-deformação para um aço que apresenta escoamento nítido, mostrando a região onde ocorre deformação heterogênea. Durante a deformação heterogênea são formadas bandas de Lüders. (Figuras 12.3 e 12.4). Se a carga é removida em "a" e imediatamente reaplicada, não se repete o escoamento nítido.

(1) Sir Alan Cottrell, (1919-), metalurgista inglês, foi *Master of the Jesus College* da Universidade de Cambridge e *Chief Scientific Adviser* do Governo Britânico. Um dos grandes nomes da metalurgia da segunda metade do século XX.

a tensão necessária para continuar deformando o material é cada vez maior. Este fenômeno, decorrente do aumento da densidade de discordâncias e de suas interações é chamado encruamento. Quando se emprega tensão de engenharia, a curva tensão *versus* deformação passa por um máximo, associado à força máxima medida durante o ensaio. Esta tensão é chamada de "limite de ruptura". Neste tipo de gráfico tem-se a impressão errônea de que, nesse ponto, cessa o encruamento. A análise da relação entre a tensão real e deformação real elimina esta incoerência.

Quando o início da deformação plástica não é "suave", diz-se que ocorre escoamento nítido, como apresentado na Figura 12.2. O escoamento nítido está associado, principalmente, à interação entre discordâncias e átomos de solutos intersticiais, como carbono e nitrogênio. Os campos de tensão destes solutos interagem com as discordâncias, fazendo com que a configuração de mais baixa energia seja a concentração destes solutos na região do "pé" das discordâncias, formando as chamadas "atmosferas de Cottrell"[1]. As discordâncias se separam das atmosferas, quando se atinge o limite de escoamento superior. A partir daí a deformação é mais fácil nestas regiões e a tensão necessária a continuar a deformação cai, e a deformação ocorre de forma heterogênea[2] dando origem a bandas de Lüders, como mostram as Figuras 12.3 e 12.4. Observa-se que as áreas fortemente deformadas são mais corroídas no ataque químico do que aquelas que não sofreram deformação a frio alguma. Deformações leves, especialmente em aços de baixo teor de carbono, produzem, às vezes, na superfície examinada, finas estrias escuras terminadas em ponta e que freqüentemente se entrecruzam, como mostram as figuras. (O reativo de Fry é mais recomendado para o ataque, neste caso.) Concluída a deformação heterogênea, o material começa a encruar.

Figura 12.3
Macrografia de corpo-de-prova submetido a ensaio de tração. Linhas de Lüders na superfície. Ataque: Reativo de Fry.

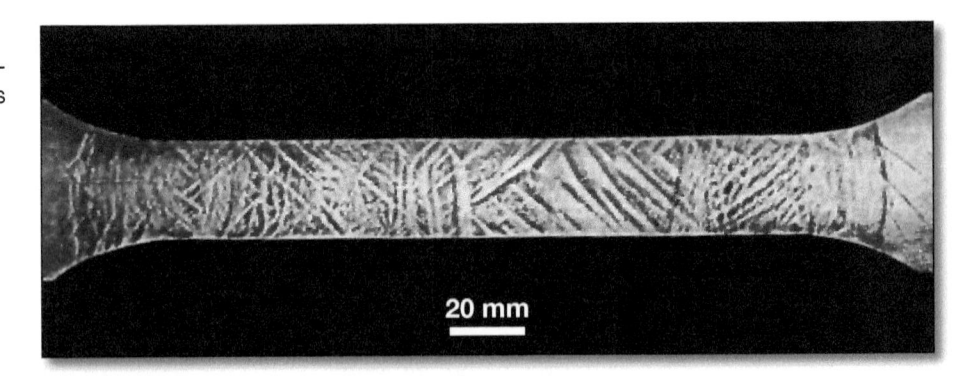

Figura 12.4
Macrografia da seção longitudinal de uma barra de aço de baixo carbono apresentando linhas de Lüders. Ataque: Reativo de Fry.

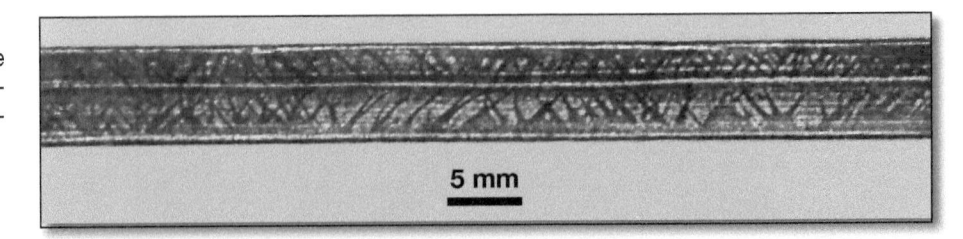

(2) http://www.steeluniversity.org/content/html/eng/default.asp?catid=173&pageid=2081271855.

2.1.1. Tensão e Deformação Real

As medidas obtidas no ensaio de tração de engenharia podem ser convertidas em tensão e deformação real, observando-se as seguintes relações:

$$d\varepsilon_R = \frac{dl_R}{l_R}$$

que integrada resulta em

$$\varepsilon_R = \ln \frac{l_R}{l_0}$$

e, portanto,

$$\varepsilon_R = \ln(1 + \varepsilon_E).$$

Adicionalmente, como o volume se conserva na deformação plástica: $A_0 l_0 = A_R l_R$ e, portanto:

$$\sigma_R = \frac{P}{A_R} = \frac{P}{A_0}\frac{l_R}{l_0} = \sigma_R \frac{(l_R - l_0) + l_0}{l_0} = \sigma_R (1 + \varepsilon_E)$$

Uma curva de tensão real *versus* deformação real apresenta crescimento contínuo da tensão com a deformação, naturalmente, mostrando que o processo de encruamento não se encerra até a fratura do corpo-de-prova (Figura 12.5). Grande parte dos materiais metálicos tem sua curva tensão real *versus* deformação real ajustada por uma equação do tipo $\sigma_R = k\varepsilon_R^n$ onde "n" é o coeficiente de encruamento, importante propriedade na definição da conformabilidade de materiais.

Outra propriedade importante na medida da conformabilidade é o coeficiente de anisotropia.

As medidas dos coeficientes de anisotropia, que relacionam as deformações longitudinais, transversais e normais em um corpo-de-prova plano não podem normalmente ser obtidas apenas através de relações matemáticas e medidas extensométricas, durante o ensaio, são necessárias.

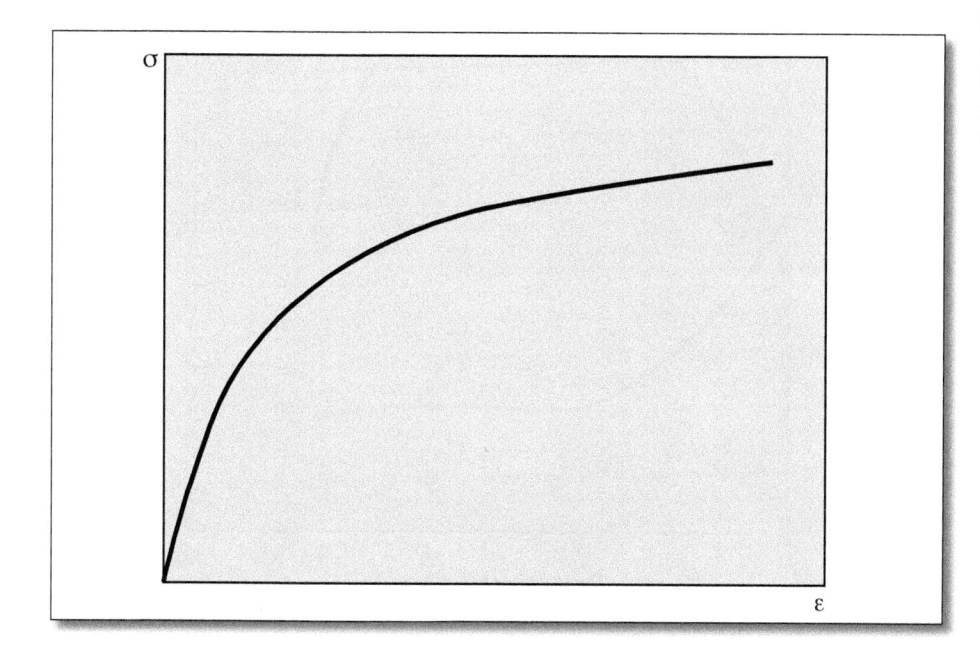

Figura 12.5
Curva tensão real *versus* deformação real típica. Não se observa um máximo quando se inicia a estricção. O encruamento do material continua até a ruptura.

2.2. Efeitos da Deformação sobre a Estrutura

Enquanto no ensaio de tração, a deformação é mais comumente medida como alongamento, nem sempre esta forma de medir é conveniente em processos industriais de deformação.

Nos processos de conformação simples, a deformação é freqüentemente medida como grau de deformação ou percentagem de deformação, calculada como a relação entre as seções transversais do material antes e depois da deformação, como mostra a equação:

$$\% \, Def = \left(\left\{ \frac{A_i - A_f}{A_i} \right\} \right) \times 100.$$

No caso da laminação, em que há pouca ou nenhuma variação de largura, a deformação pode ser calculada diretamente a partir das espessuras.

$$\% \, Def = \left(\left\{ \frac{t_i - t_f}{t_i} \right\} \right) \times 100.$$

Com a deformação a frio, a resistência mecânica (tanto o limite de ruptura como o limite de escoamento) aumenta, e a ductilidade, medida através da redução de área, do alongamento ou da tenacidade à fratura, normalmente diminui, como ilustrado na Figura 12.6.

Figura 12.6
Propriedades no ensaio de tração de aço com C = 0,13-0,15%, Mn = 0,6-0,9% em função do grau de deformação a frio [2].

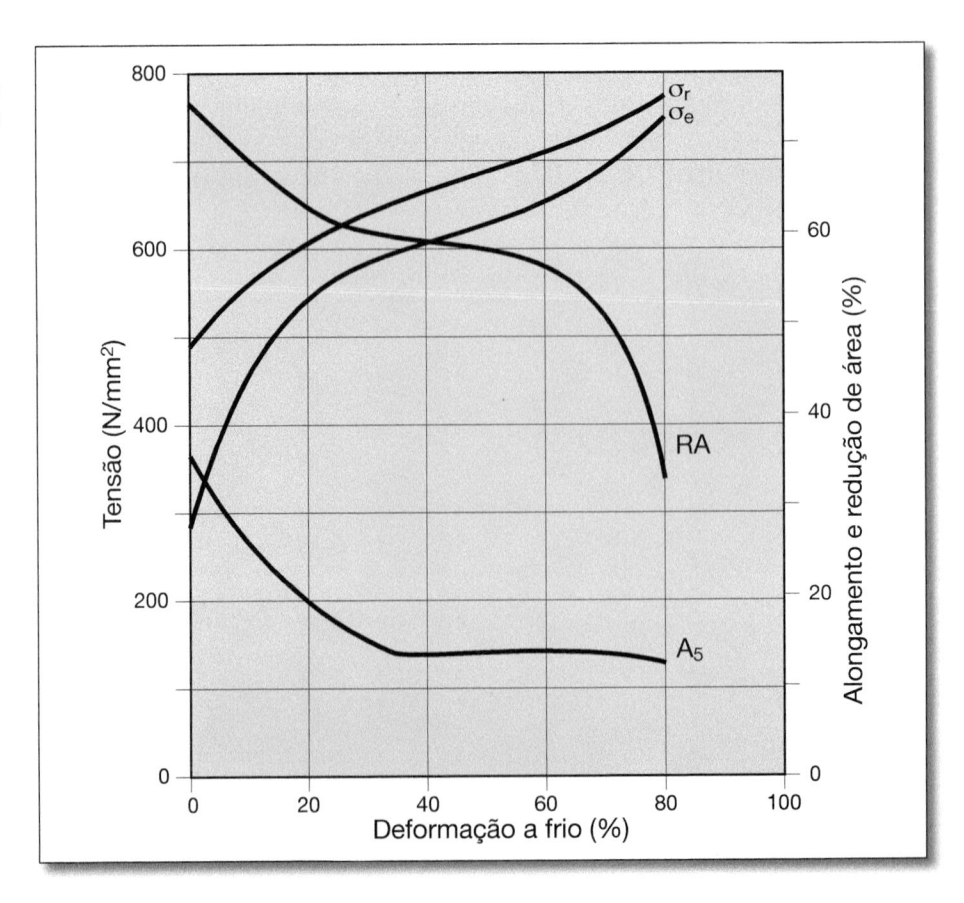

É importante observar que os valores de tensão de escoamento e de tensão de ruptura obtidos em materiais encruados excedem o limite de ruptura medido em um ensaio de tração do material não encruado. Este aparente paradoxo decorre do fato de que a tensão de ruptura de um corpo-de-prova de material inicialmente não encruado é medida em relação à seção transversal original (tensão de engenharia) e não é a tensão real obtida no início da estricção.

A ferrita se deforma, principalmente, por deslizamento (Figura 12.7). Maclas de deformação são observadas na ferrita quando a deformação é feita a altíssimas taxas, por impacto, como mostra a Figura 12.8. A austenita se deforma preferencialmente por deslizamento (Figura 12.9). Em um material policristalino, a deformação por deslizamento não ocorre igualmente em todos os grãos. Alguns grãos estão mais favoravelmente orientados para se deformar, em função de sua orientação em relação à aplicação da carga. O primeiro efeito da deformação a frio é a ocorrência da deformação heterogênea (em aços com escoamento nítido) ou o aparecimento de bandas de deslizamento (ou de escorregamento) em alguns grãos. Para pequenas deformações é possível mostrar claramente[3] que os grãos mais favoravelmente orientados armazenam mais energia [3]. O aumento da deformação causa a mudança de forma dos grãos (Figura 12.10) e sua reorientação, introduzindo anisotropia associada à orientação cristalina dos grãos. Esta anisotropia é normalmente caracterizada por uma textura cristalográfica (ver item 4, neste capítulo). Os grãos ferríticos vão se alongando cada vez mais (Figura 12.11) até que, em função da grande energia armazenada dentro dos próprios grãos, pode ser difícil distinguir, pelo ataque químico, o contorno do interior do grão (Figuras

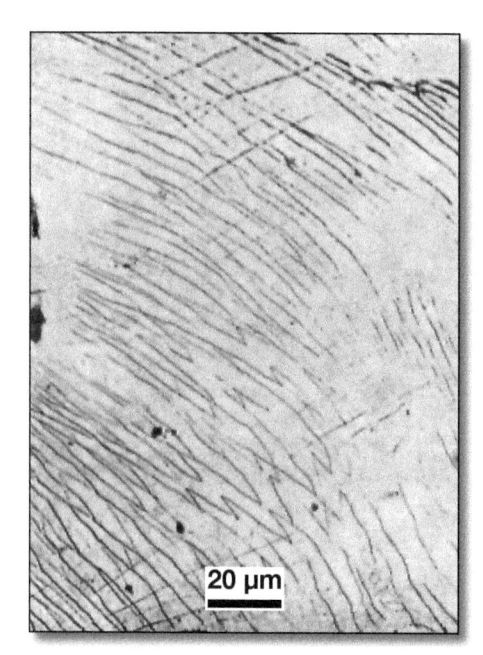

Figura 12.7
Linhas de deslizamento (ou escorregamento) no interior dos grãos de ferrita deformada. Ataque: Água régia.

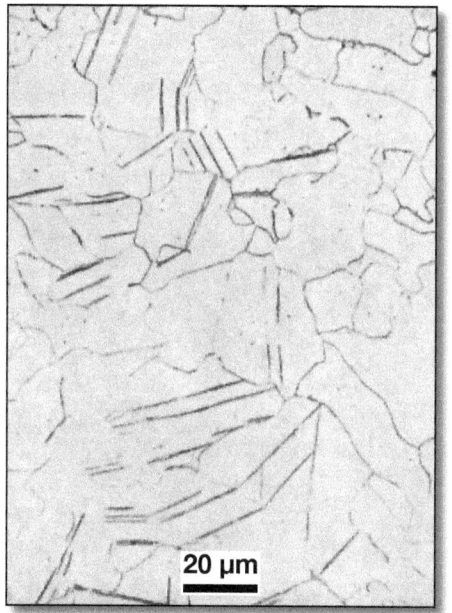

Figura 12.8
Maclas produzidas por choque no interior de grãos de ferrita (Linhas de Neumann[4], ver por exemplo, [4]) em aço de carbono extra-baixo[5]. Ataque: nital.

(3) Medidas de dureza em grãos cuja orientação foi determinada previamente por EBSD em aço com 6% de deformação a frio foram realizadas por [3]: http://www.abmbrasil.com.br/materias/download/67155.pdf.

(4) Homenagem a Franz Ernst Neumann, 1798-1895, mineralogista, físico e matemático alemão, também conhecido pela lei de Neumann ou Neumann-Kopp, sobre o calor específico de substâncias. Neumann observou estas maclas em meteoritos.

(5) Antigamente chamados de "aços extra-doce".

Figura 12.9(a)
Aço ao manganês, austenítico. Grãos de austenita de forma poligonal e algumas inclusões não-metálicas. Não deformado. Ataque: Nital+Picral.

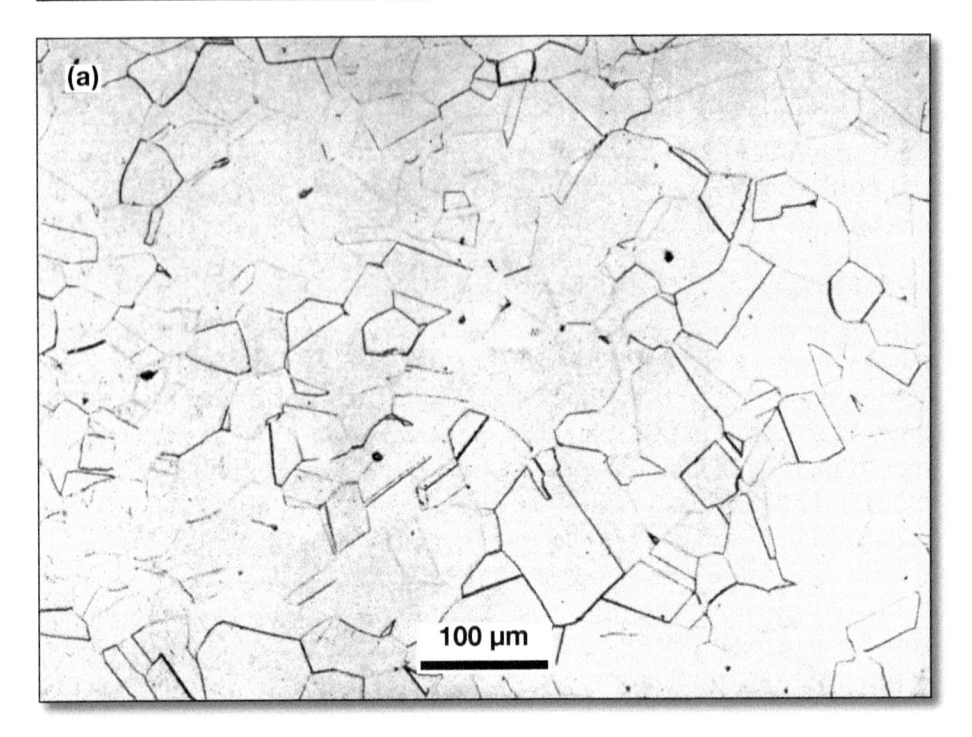

Figura 12.9(b)
Aço ao manganês austenítico levemente deformado. As linhas de deslizamento aparecem com relativa facilidade e grande nitidez neste tipo de aço. Ataque: Nital.

12.36 e 12.37, por exemplo). A cementita, quando dispersa na ferrita, pode fraturar e se redistribuir, de forma alongada, na matriz ferrítica (Figuras 12.36 e 12.37, por exemplo).

A perlita também se reorienta, como indicado nas Figuras 12.35, 12.42 e 12.41. Arames de elevadíssima resistência, para reforço de pneus, por exemplo, podem ser obtidos pela deformação controlada da perlita, Figura 12.12. Neste caso a trefilação reduz o espaçamento das lamelas de perlita[6] e orienta as placas paralelas ao eixo do arame, de modo que valores bastante bons de ductilidade podem ser preservados. O potencial de endurecimento destas estruturas é apresentado na Figura 12.13.

---

(6) A perlita já deve ser obtida em um tratamento que resulte em espaçamento fino (ver Capítulo 10 item 9).

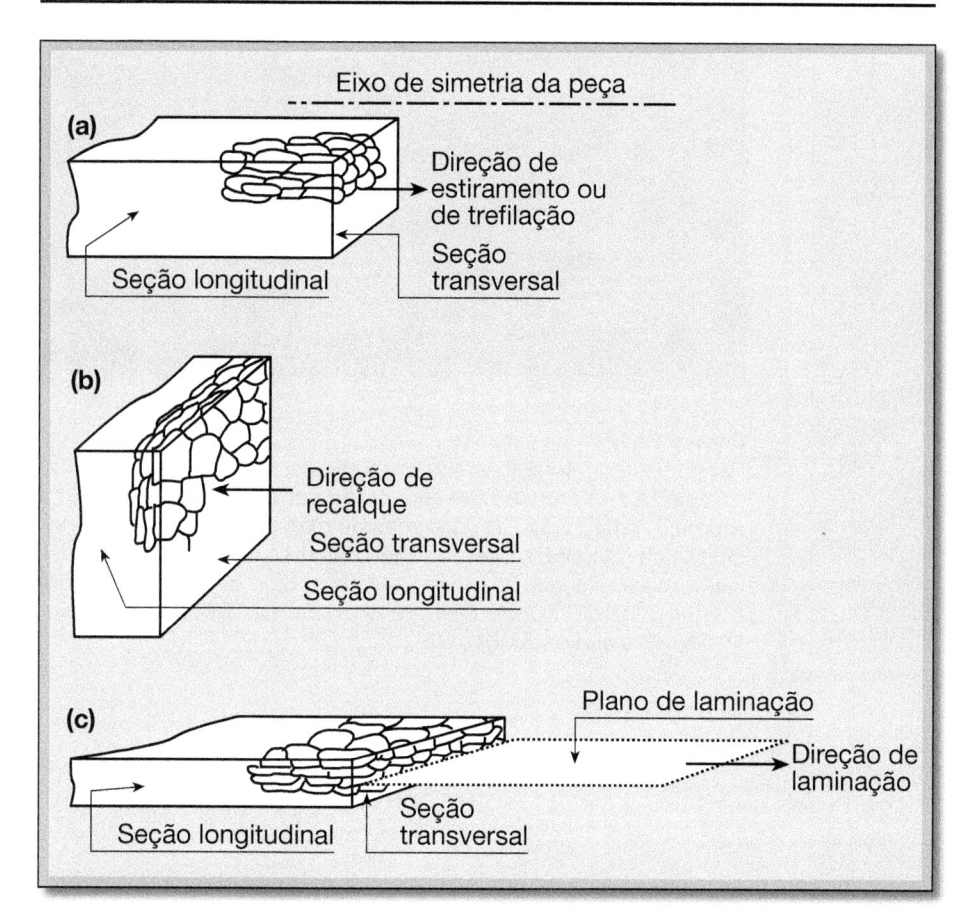

Figura 12.10
A deformação a frio de materiais policristalinos gera anisotropia evidente na forma dos grãos, que se alongam na direção de deformação. A anisotropia cresce com a deformação a frio. Para deformações pequenas (< 10%, aproximadamente), esta anisotropia pode não ser visível no exame metalográfico.

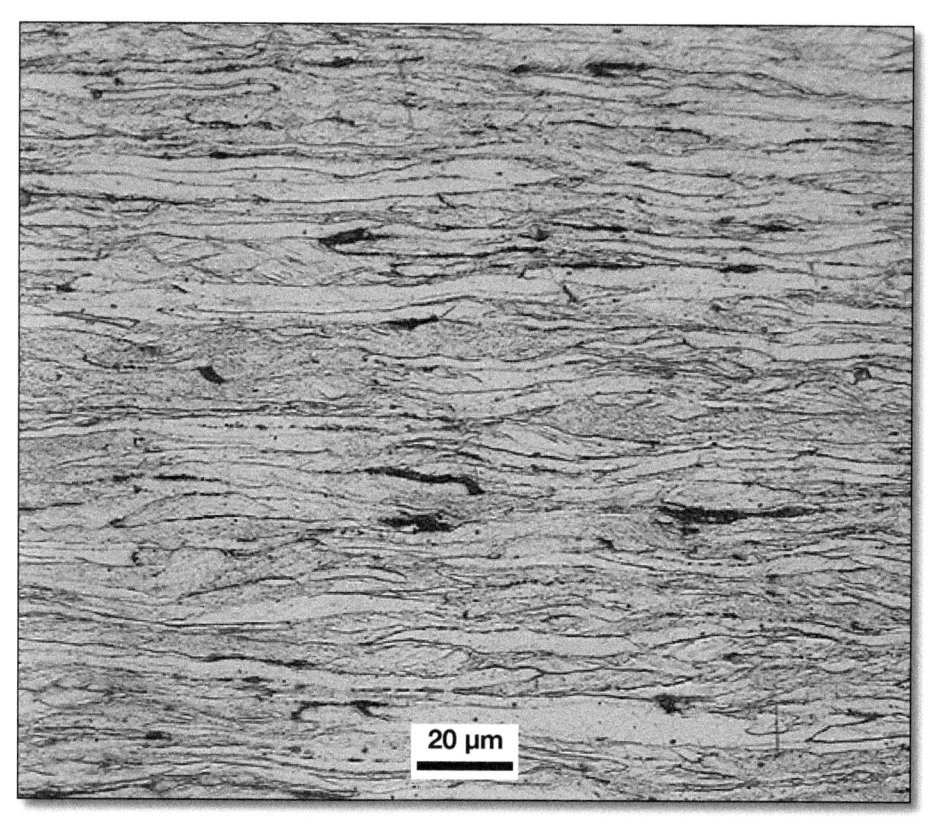

Figura 12.11
Folha de aço baixo carbono C = 0,06%, Mn = 0,55% após laminação a frio, no estado "encruado", antes do recozimento. Grãos de ferrita muito alongados e cementita. Dureza: 95 HRB.

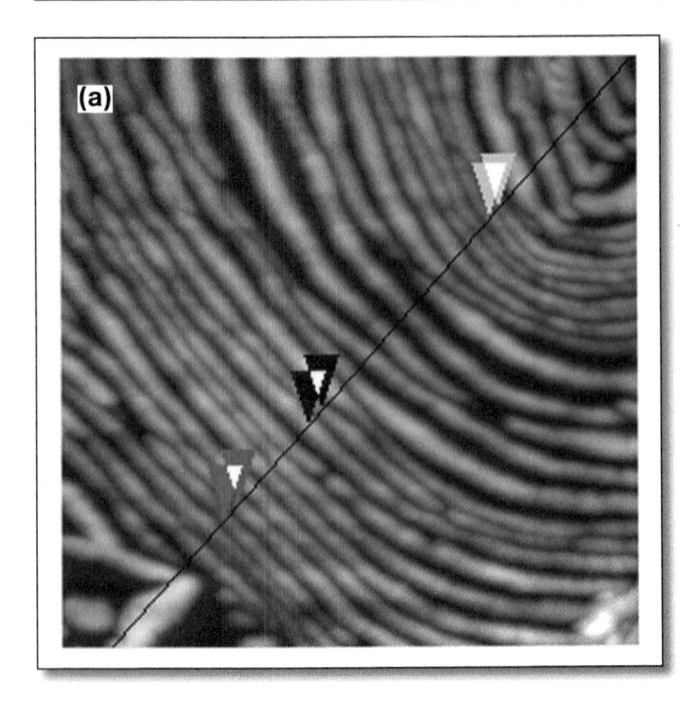
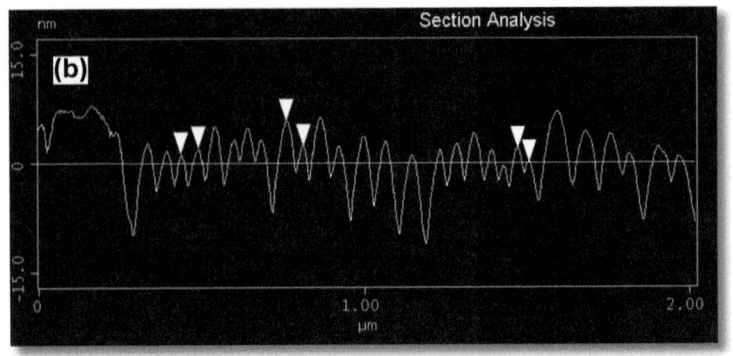

Figura 12.12
Perlita fortemente deformada por trefilação de arame. A figura (a) apresenta a microestrutura registrada por Microscopia de Força Atômica. A figura (b), as variações de relevo ao longo da linha indicada na figura (a) e algumas medidas do espaço entre as lamelas, após trefilação. Imagem de Microscopia de Força Atômica. Ataque: Nital 2%. Cortesia M. S. Andrade, CETEC. Belo Horizonte, MG, Brasil. Ver também [5].

Figura 12.13
Relação entre a deformação a frio na trefilação e a resistência à tração, para diversas microestruturas. O potencial de aumento de resistência da estrutura perlítica através de deformação a frio é evidente. Adaptado de [6].

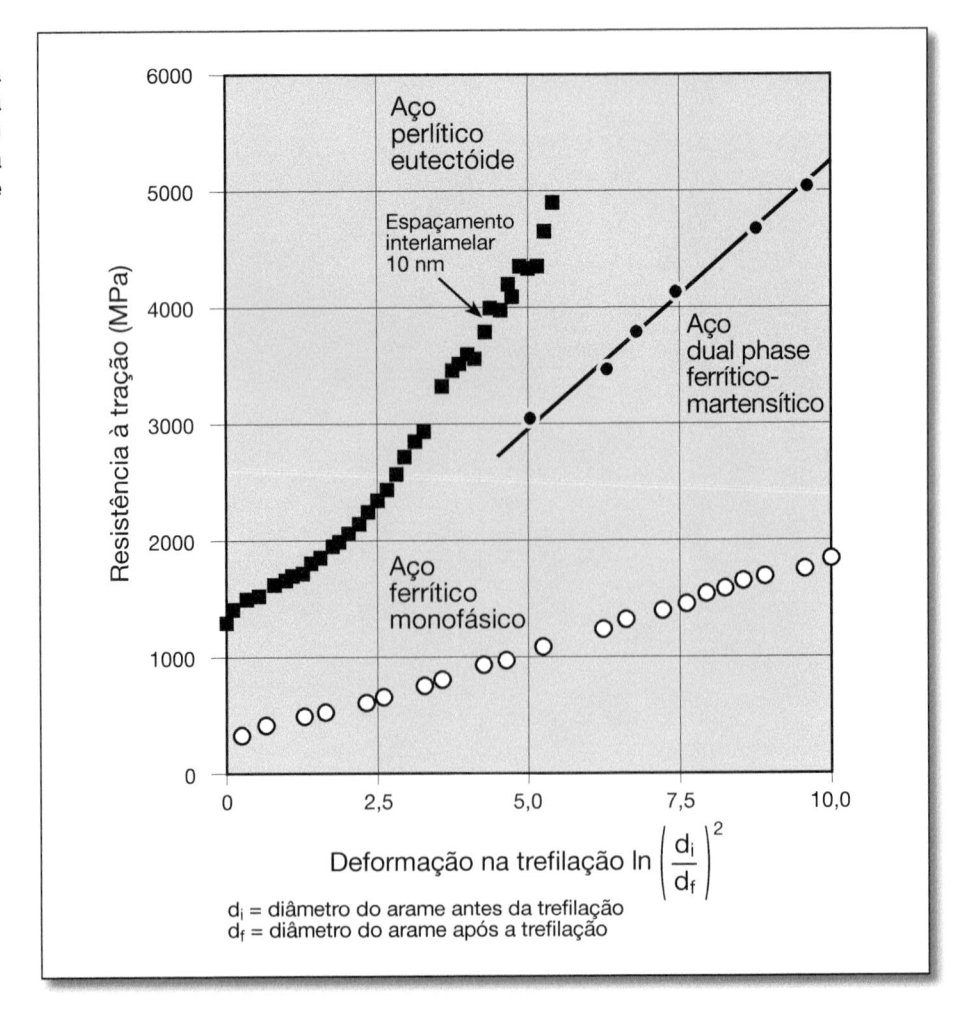

3. Efeito do Recozimento Subcrítico em Aços para Conformação

A Figura 12.14 apresenta, esquematicamente, as alterações que ocorrem durante o recozimento subcrítico dos aços. Em alguns casos, mesmo os efeitos sobre as propriedades mecânicas não são facilmente

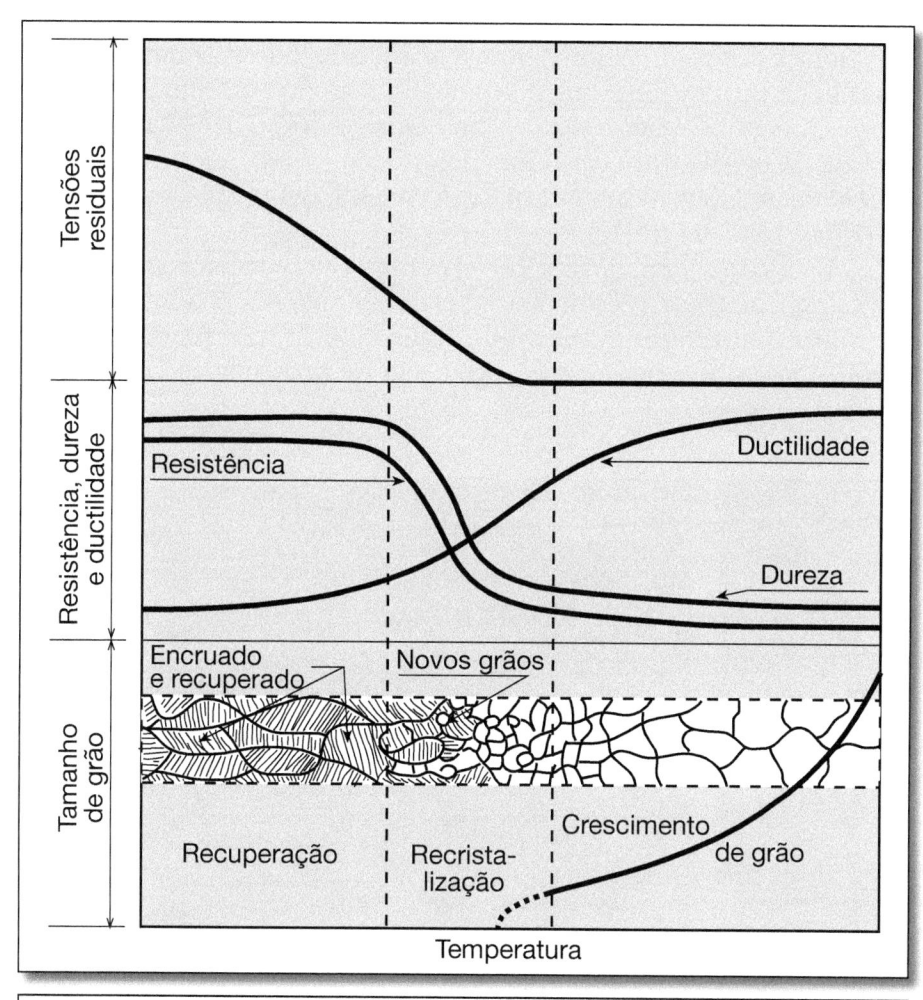

Figura 12.14
Efeito da temperatura do tratamento térmico de recozimento subcrítico sobre as alterações estruturais de aço trabalhado a frio. Os grãos na região de recuperação ainda estão deformados. Os novos grãos que surgem na recristalização não estão deformados. (Esquemático). Adaptado de [7].

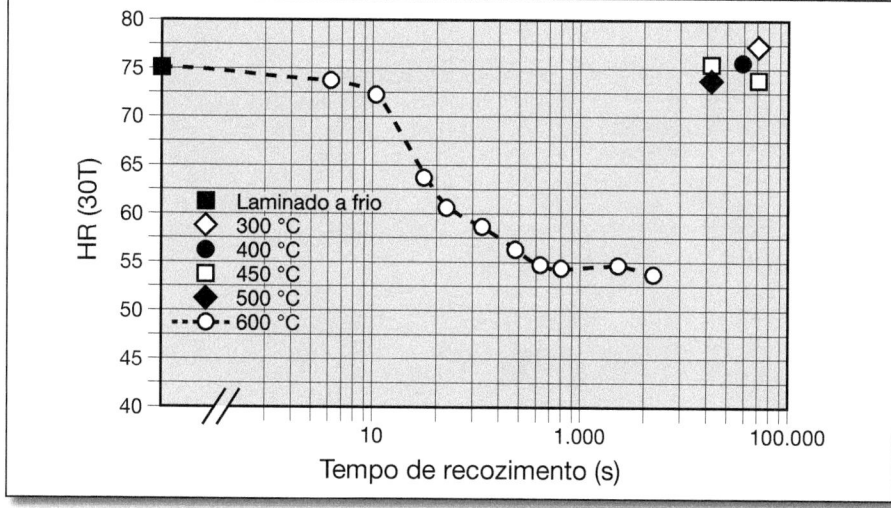

Figura 12.15
Efeito do tempo e temperatura de recozimento sobre a dureza de um aço de baixo carbono (C = 0,03%, Mn = 0,19%, Al = 0,13%) submetido à redução de 84%, por laminação a frio. Para temperaturas inferiores a 500 °C a dureza é praticamente insensível às alterações de estrutura, para um tempo longo de tratamento (aproximadamente 13,6 h). Adaptado de [8].

mensuráveis (Figura 12.15). Algumas das alterações estruturais, em especial na chamada "recuperação", não podem ser observadas através de técnicas de microscopia ótica, requerendo o emprego de microscopia eletrônica de transmissão para sua avaliação.

A Figura 12.16 apresenta a evolução da microestrutura de um aço extra-baixo carbono, que, após a laminação a quente foi laminado a frio com 90% de redução e recozido a diferentes temperaturas. Dentre as alterações que ocorrem nos tratamentos de recozimento após a conformação a frio, apenas a recristalização é facilmente acompanhada por metalografia convencional.

Viana e Souza [9] empregaram a análise do índice de qualidade de imagem na técnica EBSD para acompanhar os processos que ocorrem no recozimento. Como as regiões encruadas têm alta densidade de discordâncias, a estrutura cristalina deformada resulta em um índice de qualidade de imagem inferior na técnica EBSD, como mostra a Figura 12.17 (ver também [10]).

O resultado é que o trabalho a frio, em combinação com os tratamentos térmicos de recozimento, permite explorar uma ampla gama de propriedades mecânicas, o que torna este tipo de processamento extremamente interessante na produção de aços planos para várias aplicações, como mostra a Figura 12.18.

Figura 12.16
Evolução da microestrutura de aço extra-baixo carbono (C = 0,011%, Mn = 0,193%) laminado a frio (90% redução) recozido a diferentes temperaturas: (a) 540 °C, (b) 560 °C, (c) 580 °C, (d) 600 °C, (e) 680 °C, (f) 720 °C, (g)760 °C. A evolução do tamanho de grão ferrítico e da fração recristalizada é mostrada em (h). (Nota: A transformação α–γ, neste aço, se inicia a cerca de 800 °C). Cortesia C. S. Viana, EEIMVR-UFF, Volta Redonda, RJ, Brasil [9]. (*Continua*)

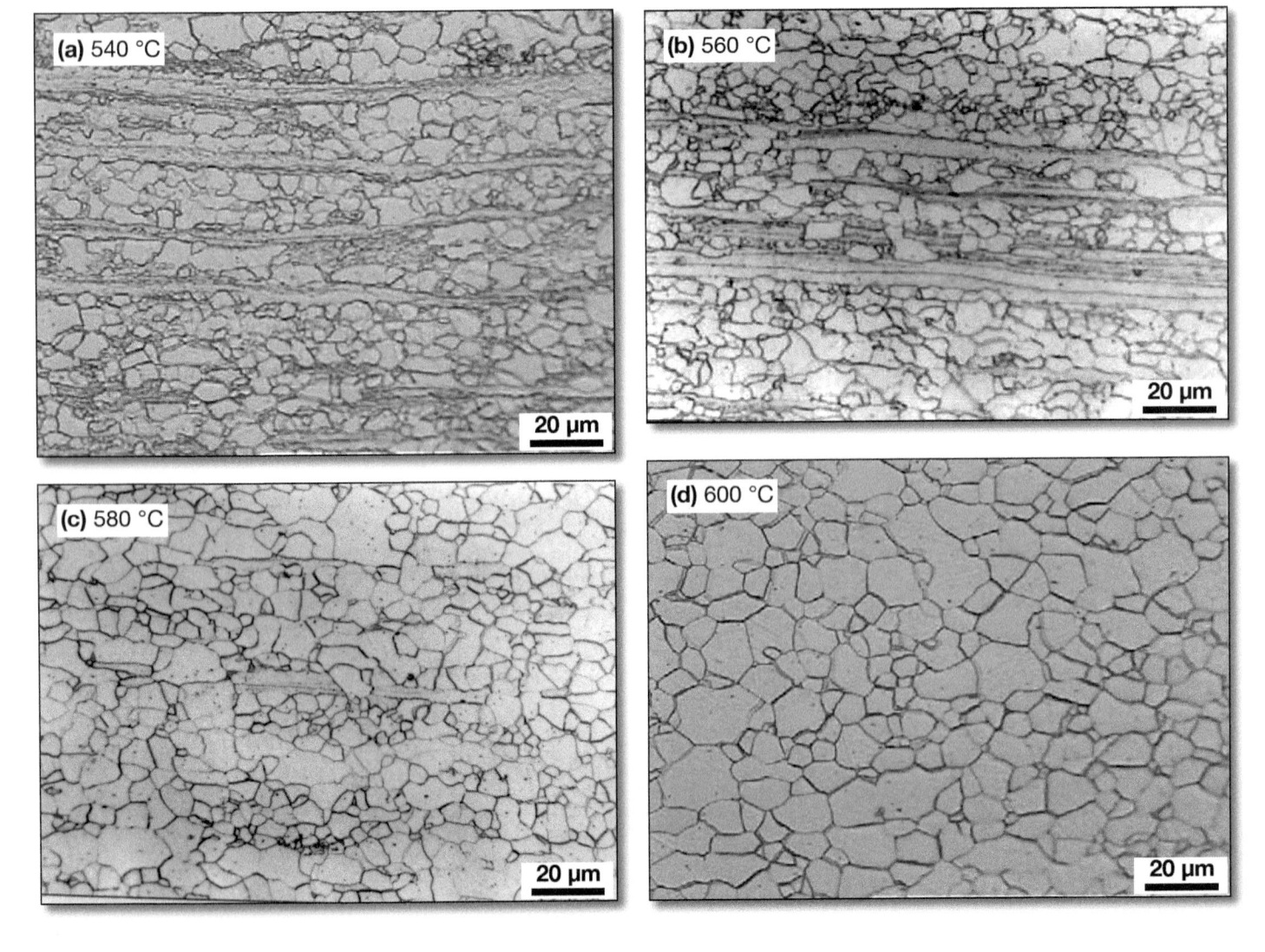

Figura 12.16 (*Continuação*)

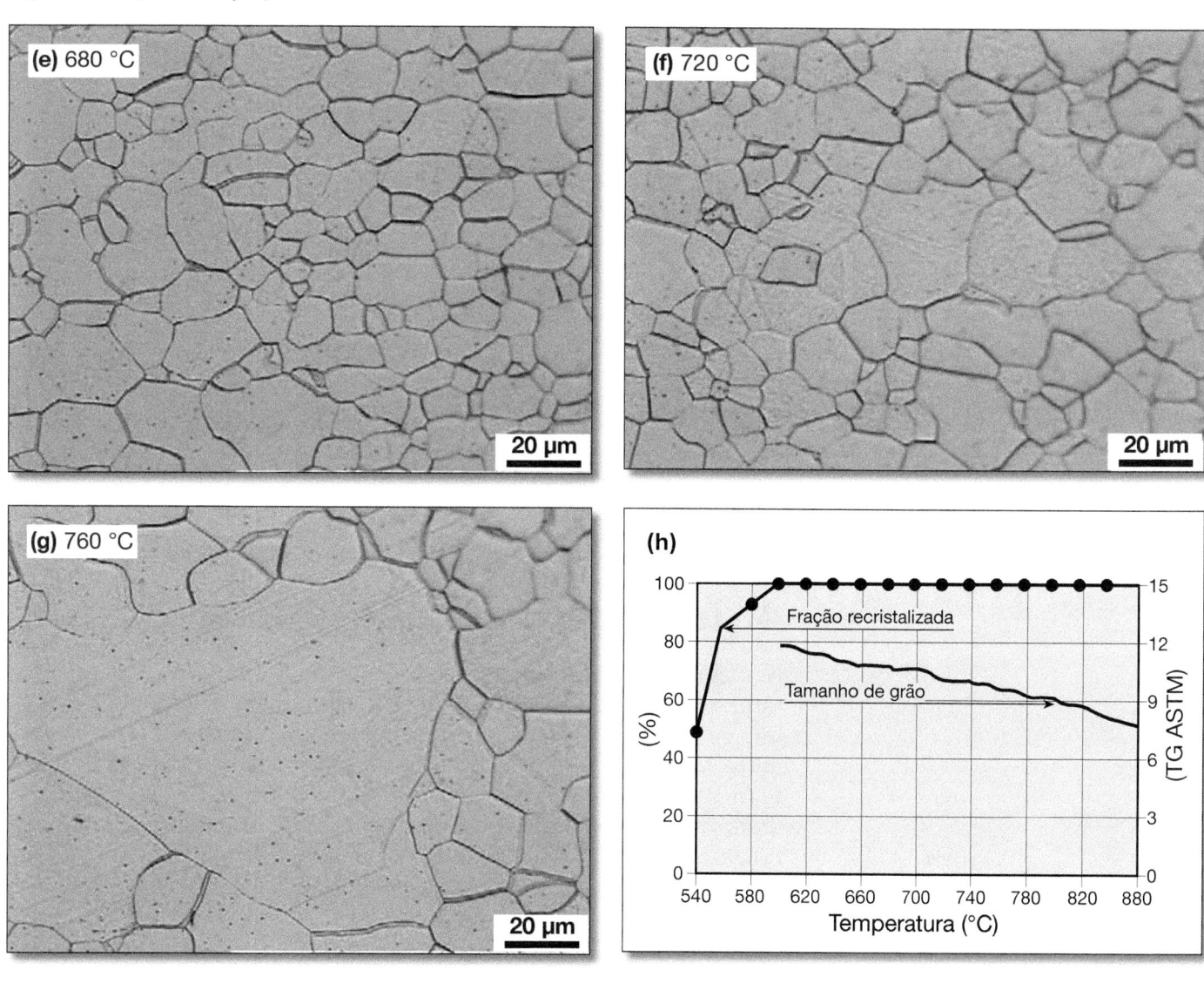

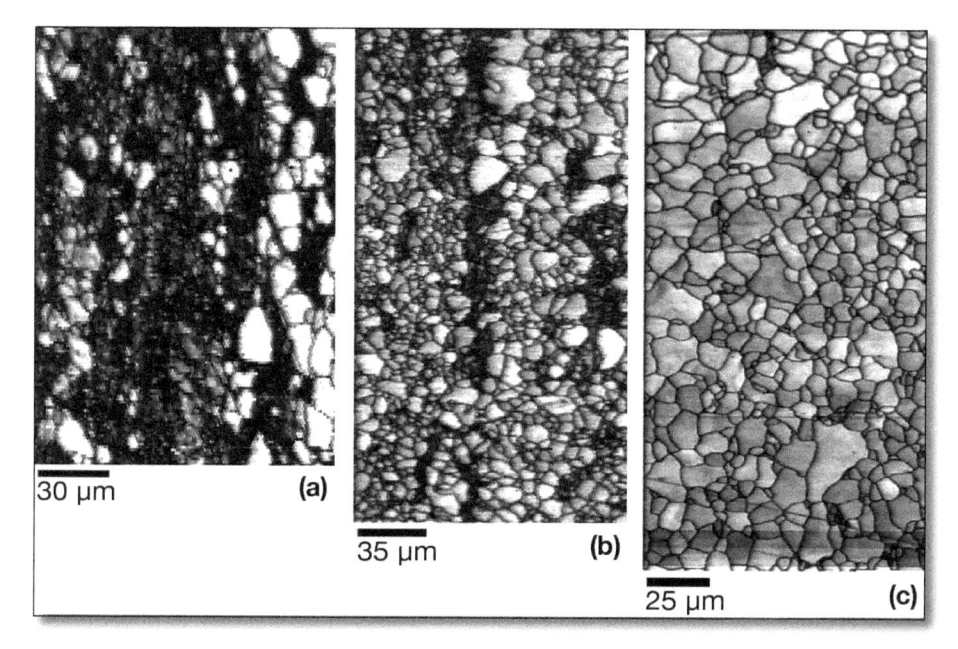

Figura 12.17
Mapa de qualidade de imagem EBSD para as amostras do aço da Figura 12.16. Após a redução de 90% por laminação a frio, recozimento a (a) 540 °C, (b) 560 °C e (c) 580 °C. As áreas mais escuras representam menor índice de qualidade de imagem e correspondem às regiões não recristalizadas, ainda encruadas. Cortesia C.S. Viana, EEIMVR-UFF, Volta Redonda, RJ, Brasil [9].

Figura 12.18
Efeito do trabalho a frio e dos tratamentos térmicos de recozimento subcrítico sobre as propriedades dos aços de baixo carbono. Adaptado de [11].

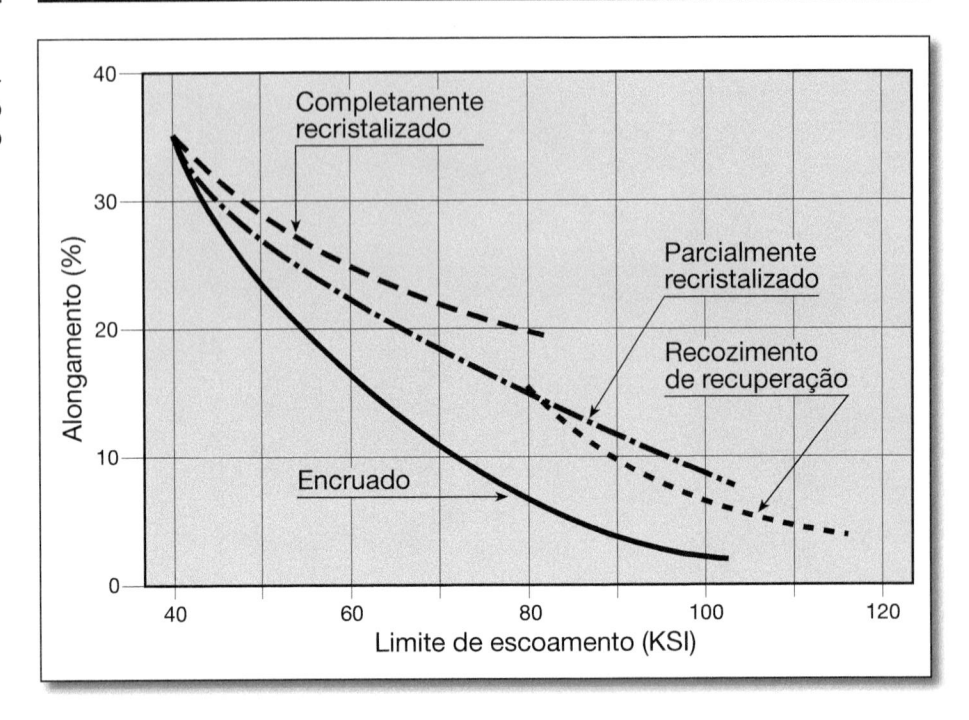

4. Textura Cristalográfica [12]

No Capítulo 3 viu-se que os materiais metálicos são, em geral, policristalinos, isto é, compostos por um grande número de cristais. O tamanho de grão dos aços usualmente empregados em engenharia se situa entre 10 μm e 1 mm. No caso dos materiais trabalhados esta faixa é normalmente mais estreita, entre 10 μm e 100 μm. Assim, um corpo-de-prova de tração típico pode conter cerca de 10^{10} grãos [12]. Como os cristais têm uma certa estrutura cristalina, é possível identificar, em cada cristal, uma certa orientação em relação a um referencial, em geral ligado à forma externa do produto. Quando as orientações dos grãos estão concentradas em torno de uma orientação particular, diz-se que o material apresenta textura cristalográfica.

A orientação preferencial dos grãos pode ser introduzida por diversas formas, sendo a deformação plástica (e o posterior recozimento) as duas formas discutidas nesta seção.

4.1. Representação da Textura Cristalográfica

Em geral, a textura é formada por *componentes*. Uma componente da textura é representada por uma orientação específica, em torno da qual os cristais se alinham.

No caso de produtos planos, as componentes são especificadas, em geral, pelo plano cristalográfico paralelo à superfície de laminação. Assim, se o plano da face do cubo em um cristal CCC ou CFC (família de planos denominada {001}, compreendendo planos (001), (010) etc.) é paralelo à superfície da chapa laminada, esta textura conterá, em sua denominação, a representação {001}. Se for desejado especificar, ainda, uma direção do cristal que esteja alinhada com a direção de laminação (por exemplo, a direção correspondente a uma diagonal da face, qualquer, denominada <110> e compreendendo as direções [011], [110] etc.), a textura será descrita por {001}<110>. No caso de produtos de simetria axial (arames, fios etc.), a textura "de fibra" é caracteriza- da pela direção cristalográfica que se alinha com o eixo do produto.

4.2. Importância da Textura na Conformação

A textura cristalográfica tem grande importância em várias aplicações de aços: aços para aplicações elétricas (por exemplo, [13]) e aços para a conformação mecânica são alguns exemplos importantes.

No caso dos aços planos para a conformação mecânica, a textura é especialmente importante para garantir deformação homogênea no plano da chapa, com o mínimo de redução de espessura, como ilustrado nas Figuras 12.19 e 12.20. O processamento dos aços para a conforma- ção, em geral, visa a produção de texturas adequadas à conformação. O processo mais usual envolve tratamentos térmicos de recozimento (subcrítico) precedidos ou não por deformação a frio.

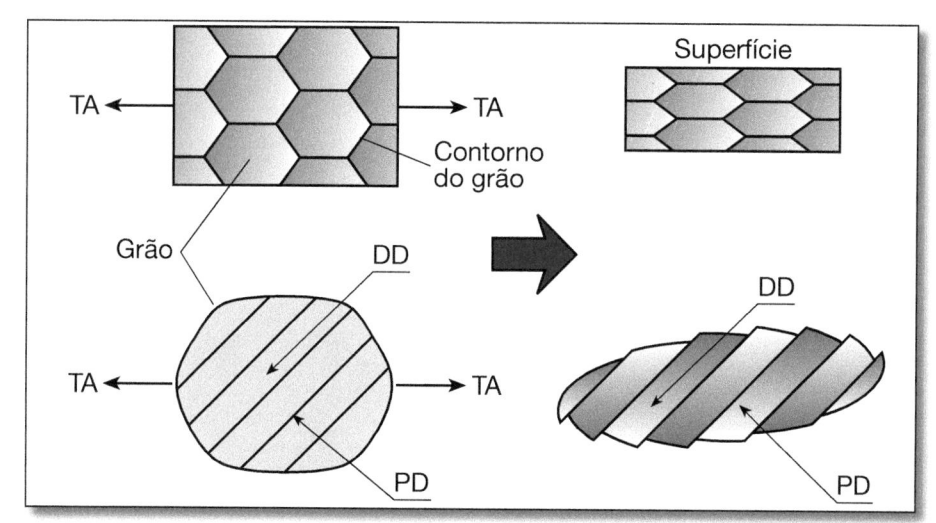

Figura 12.19
A orientação dos planos de deslizamen- to (PD) e das direções de deslizamento (DD) atuantes, quando o material é sub- metido à tensão axial (TA), definirá a ani- sotropia da deformação, como mostrado na Figura 12.20.

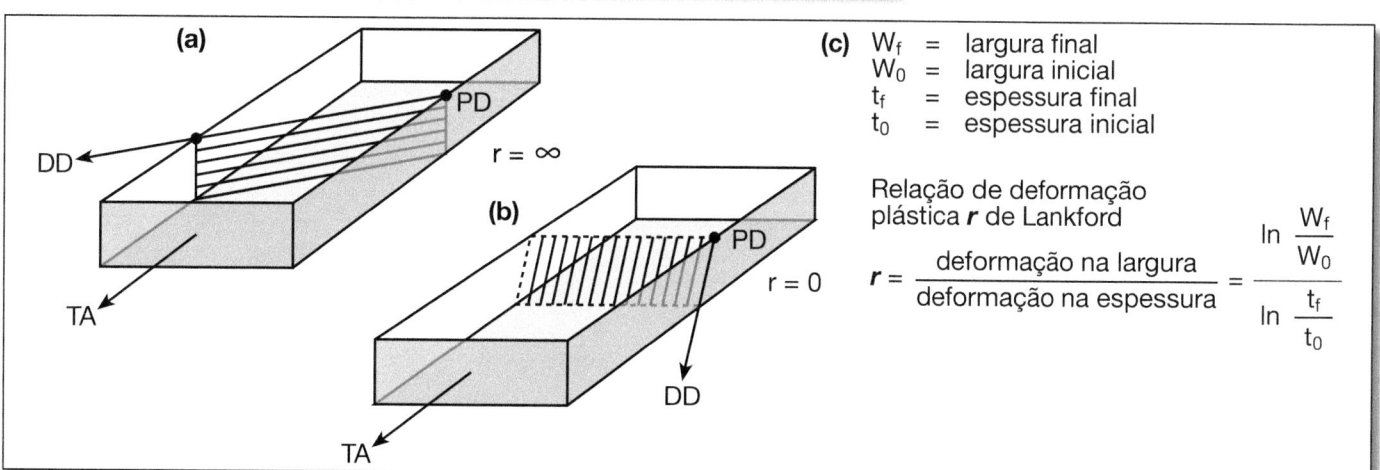

Figura 12.20
Dois casos-limite de anisotropia na deformação plástica, supondo apenas um sistema de deslizamento ativo (caracterizado por DD e PD). Quando sujeito à tensão TA, em (a), o material sofre redução de largura e nenhuma redução de espessura. Em (b), ocorre redução de espessura sem redução de largura. A anisotropia é medida, em geral por *r* (c). Aços reais têm *r* entre 0 e 3, em função da orientação predominante de seus grãos (textura cristalográfica).

4.3. Textura e EBSD

A técnica de EBSD (Capítulo 6) é especialmente útil na medida e avaliação de orientações cristalográficas. Assim, podem ser avaliadas as diferenças de orientação cristalográficas entre grãos (identificando a existência ou não de contornos de grão especiais) ou a orientação cristalográfica dos grãos em relação à forma do produto (especialmente à direção de conformação do produto), caracterizando e quantificando formação de textura cristalográfica.

A Figura 12.21 mostra os resultados de EBSD de aço extra-baixo carbono encruado e recozido a 540°C. Observa-se que as regiões não recristalizadas (ver também Figura 12.16(a)) têm praticamente a mesma orientação cristalográfica, {001}<uvw>, e os contornos de grão são de baixo ângulo. As regiões recristalizadas apresentam maior incidência da orientação {111}<uvw>. Esta é uma textura desejável, em produtos planos para conformação. Na Figura 12.22, com o recozimento a 760 °C do mesmo aço observa-se a predominância da orientação {111}<uvw>. Nesta temperatura, efetivamente, Souza [9] encontrou a maior fração volumétrica de ferrita com a orientação {111}<uvw> nas avaliações quantitativas da textura.

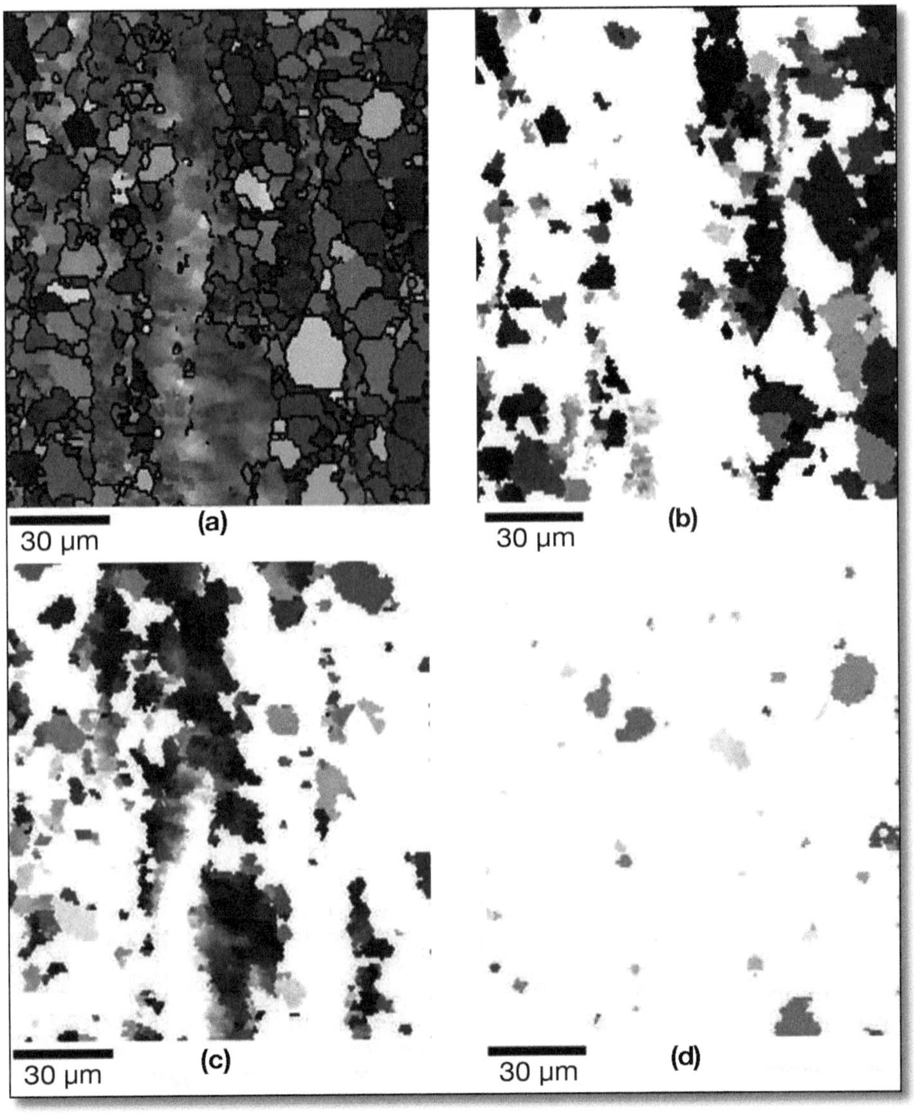

Figura 12.21
Mapa de orientação EBSD (OIM[7]) do aço de extra-baixo carbono da Figura 16 recozido a 540 °C: (a) Mapa de orientação, reproduzido em tons de cinza. (Em geral os mapas empregam cores para identificar a orientação de cada grão.) As linhas escuras são contornos de grão de alto ângulo. É possível mapear, separadamente, cada orientação (ou cor); (b) orientação {111}<uvw>; (c) orientação {001}<uvw> e (d) orientação {101}<uvw>. Observa-se a predominância da orientação {111}<uvw> nas regiões recristalizadas e {001}<uvw> nas regiões encruadas. Cortesia C. S. Viana, EEIMVR-UFF, Volta Redonda, RJ, Brasil. [9].

(7) OIM = *orientation image microscopy*, um bom tutorial se encontra em http://www.stanford.edu/group/snl/SEM/OIMIntro.htm.

Figura 12.22
Mapa de orientação EBSD (OIM) do aço de extra-baixo carbono da Figura 12.16 recozido a 760°C. (a) Em geral os mapas empregam cores para identificar a orientação de cada grão. (Aqui reproduzidos em tons de cinza). As linhas escuras são contornos de grão de alto ângulo. É possível mapear, separadamente, cada orientação (ou cor). (b) Orientação {111}<uvw>. (c) Orientação {001}<uvw> e (d) orientação {101}<uvw>. Observa-se a elevada incidência da orientação {111}<uvw>. Cortesia C. S. Viana, EEI-MVR-UFF, Volta Redonda, RJ, Brasil. [9].

5. Acompanhamento da Recristalização por Microscopia

Embora a recuperação não possa ser acompanhada por microscópio ótico, é possível observar o progresso da recristalização bastante bem, com esta técnica.

Assim, por exemplo, a recristalização da folha metálica fortemente encruada da Figura 12.11, é acompanhada através das Figuras 12.23 e 12.24. As Figuras 12.25 a 12.31 mostram, também, folhas com diferentes frações volumétricas de ferrita recristalizada.

Nestas imagens é possível observar, também, a redistribuição da cementita ocasionada pelo trabalho a frio.

Figura 12.23
O mesmo aço da Figura 12.11 (C = 0,06%, Mn = 0,55%) em processo de recristalização. Ferrita preponderantemente equiaxial e cementita alinhada. Tratamento a 600 °C, dureza: 60 HRB. Ataque: Nital 2%.

Figura 12.24
O mesmo aço da Figura 12.11 (C = 0,06%, Mn = 0,55%) após recristalização completa. Ferrita equiaxial e cementita grosseira disposta em alinhamentos fragmentados. Tratamento a 660 °C. Dureza: 55 HRB. Ataque: Nital 2%.

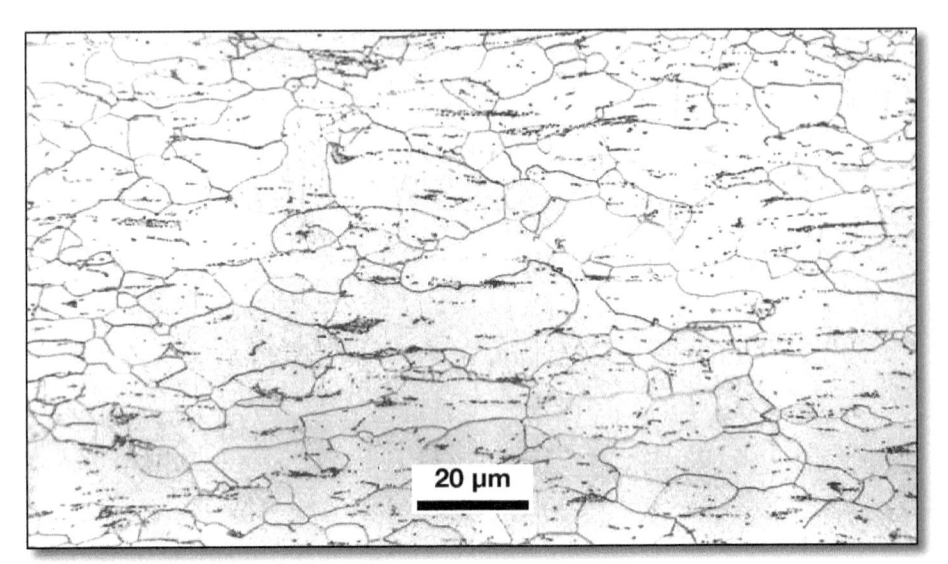

Figura 12.25
Folha de aço laminado a frio recozido (C = 0,05%, Mn = 0,30%). Microestrutura formada por grãos ferríticos poligonais associados a cementita grosseira disposta em alinhamentos fragmentados. TGF = 11,0 ASTM. Ataque: Nital 2%.

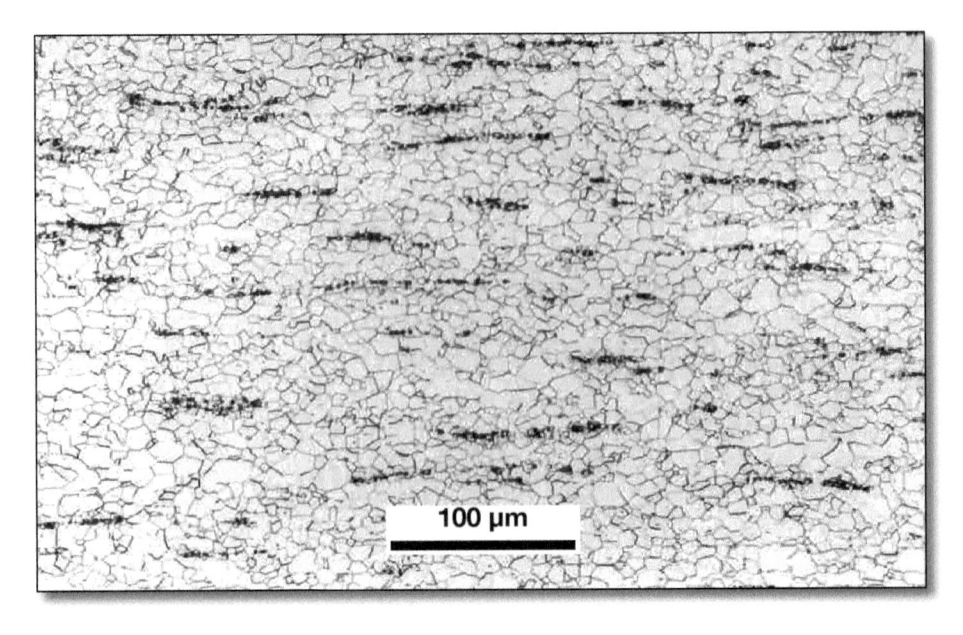

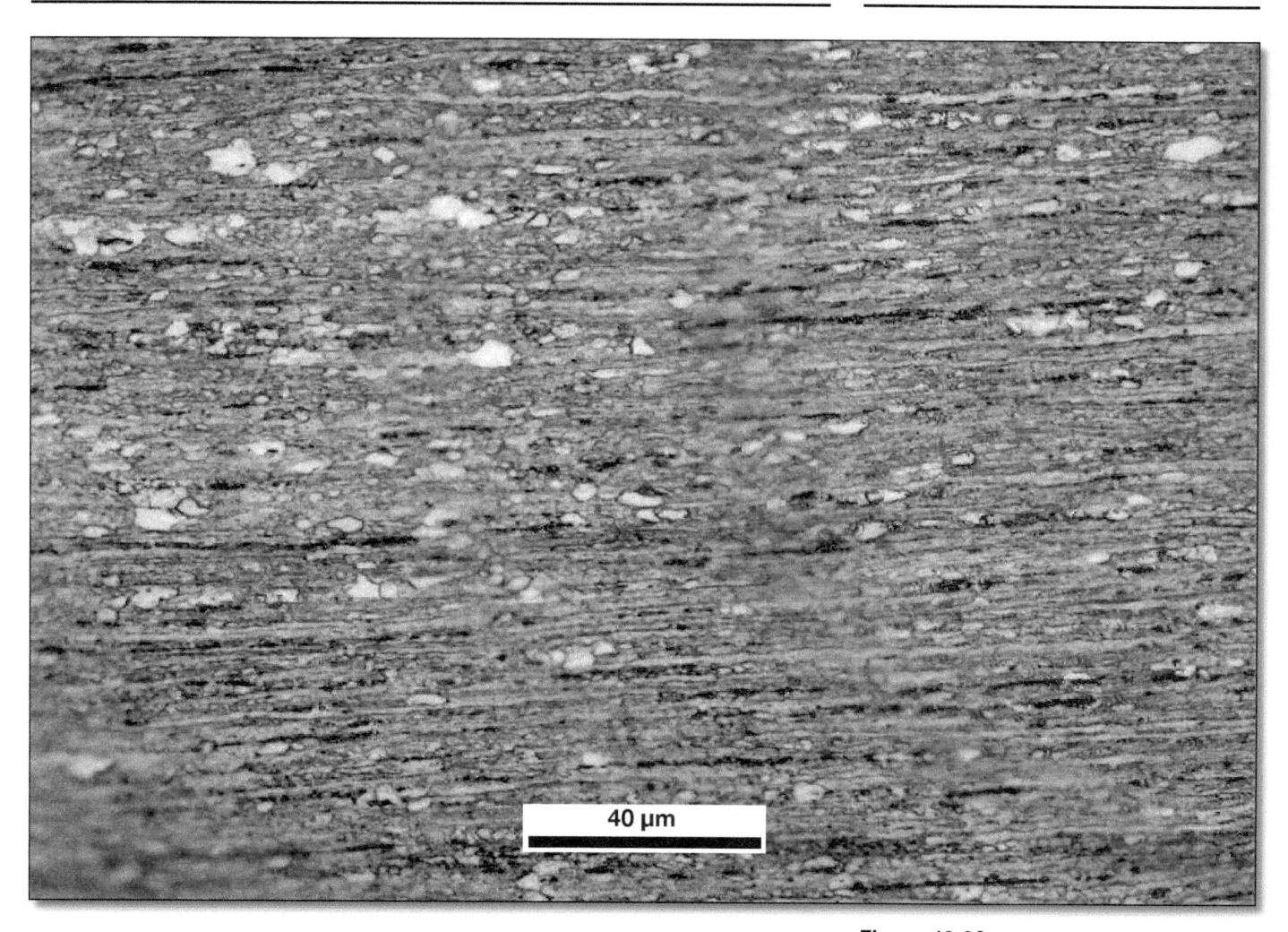

Figura 12.26
Folha de aço de baixo carbono (C = 0,046%, Mn = 0,3%) encruada a frio e parcialmente recristalizada (cerca de 10% de fração recristalizada). Ataque: Nital 2%.

Figura 12.27
Folha de aço de baixo carbono (C = 0,048%, Mn = 0,32%) encruada a frio e parcialmente recristalizada (cerca de 50% de fração recristalizada). Ataque: Nital 2%.

Figura 12.28
Folha de aço de baixo carbono (C = 0,065%, Mn = 0,3%) encruada a frio e parcialmente recristalizada (cerca de 70% de fração recristalizada). Cementita globular fina disposta em alinhamento na matriz. Ataque: Nital.

Figura 12.29
Folha de aço baixo carbono (0,044%C, 0,28%Mn) parcialmente recristalizada (cerca de 95% de fração recristalizada). Grãos ferríticos poligonais, associados à cementita lamelar precipitada nos contornos de grãos. Alguma cementita alinhada ainda presente. TG: 12,0 ASTM. Ataque: Nital.

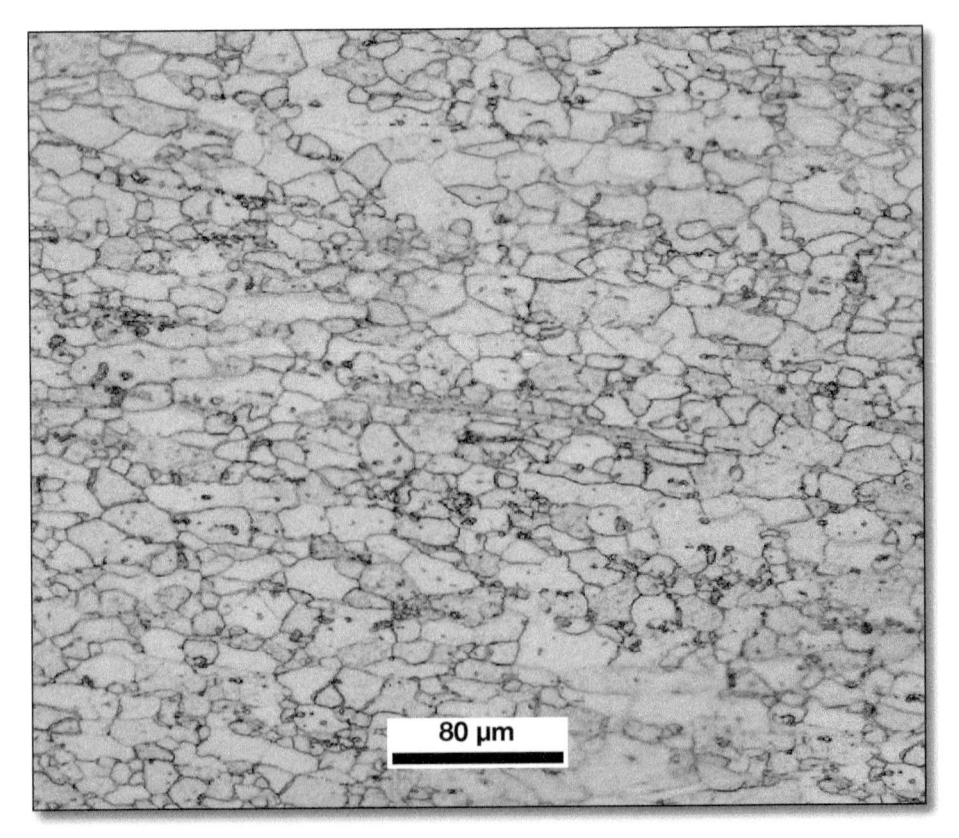

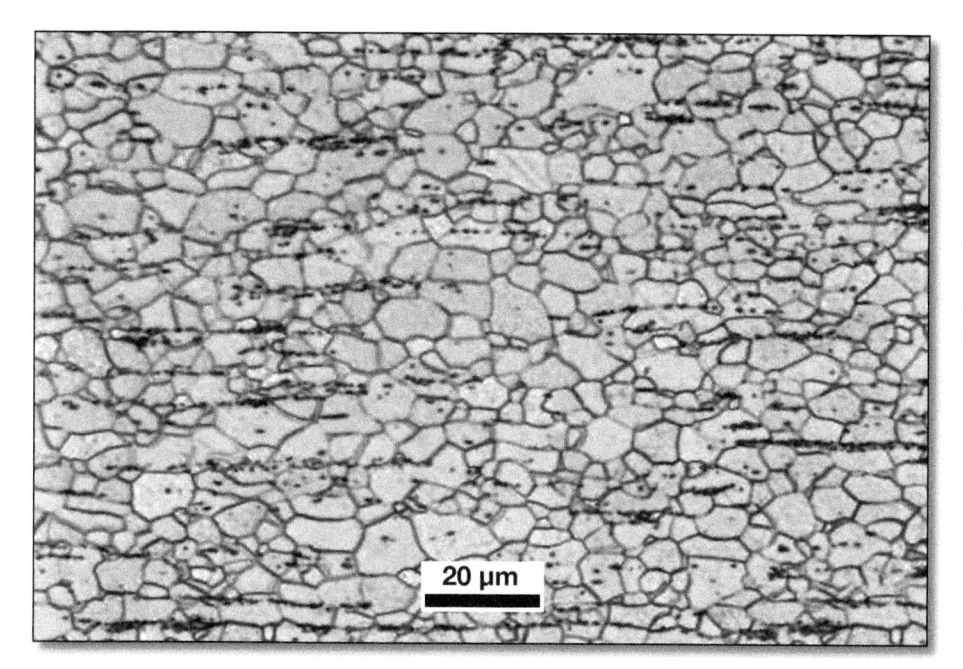

Figura 12.30
Folha de aço baixo carbono produzida por simples redução via recozimento contínuo com espessura 0,28 mm para Têmpera T61 NBR 6665 (Limite de Escoamento 430 MPa. Limite de Resistência 470 MPa. Alongamento: 12%). Microestrutura formada por grãos ferríticos poligonais associados a bastante cementita globular fina alinhada na matriz. Tamanho de grão ferrítico 12,0 ASTM.

Naturalmente, técnicas como a microscopia eletrônica de transmissão (Figura 12.31) permitem observar com maior clareza as diferenças estruturais entre o material encruado e os grãos recristalizados.

A evolução microestrutural indicada na Figura 12.16 mostra que, para um dado grau de deformação a frio, a obtenção de grão ferrítico fino depende da escolha da temperatura do tratamento térmico de recozimento subcrítico. Os parâmetros de processamento, assim como a presença ou não de precipitados são muito importantes para a obtenção de microestrutura fina e uniforme, como apresentado na Figura 12.32.

Em alguns casos, podem ocorrer combinações de deformação e tratamento térmico que causem pouca nucleação na recristalização e conduzam a grãos excessivamente grosseiros. A Figura 12.33 mos-

Figura 12.31
Aço inoxidável austenítico AISI 302, laminado a frio, seguido de tratamento de recozimento para recristalização por 1 h a 704 °C. Observa-se grãos recristalizados livre de discordâncias cercados por uma matriz ainda encruada, de alta densidade de discordâncias. O grão recristalizado, a esquerda, contém macla de recozimento (bandas paralelas com contraste). MET, 200 kV. Reproduzido com permissão de DoITPoMS, University of Cambridge, Cambridge, Inglaterra.

Figura 12.32
(a) Seção longitudinal de chapa fina de aço baixo carbono para estampagem extra-profunda, submetido a recozimento contínuo após laminação a frio, com tamanho de grão ferrítico uniforme. (b) Outra corrida do mesmo aço, submetida ao mesmo processo, porém com tamanho de grão ferrítico heterogêneo, apresentando crescimento anormal de grão. Para preservar a região próxima à superfície da chapa fina, duas chapas foram montadas em conjunto. A linha preta no meio da foto corresponde às superfícies das duas chapas. Ataque: Nital. [14]

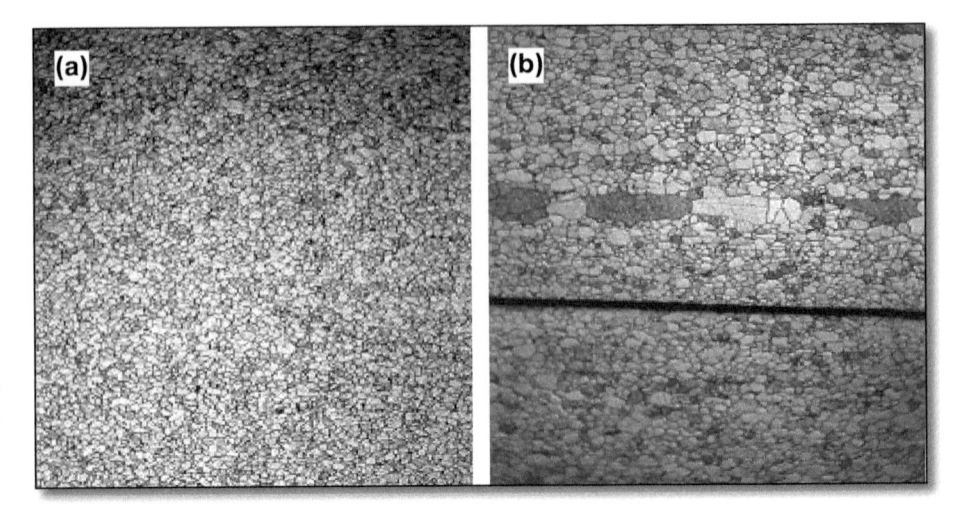

tra o efeito de diferentes graus de deformação sobre a recristalização, para um mesmo tratamento térmico. Como uma impressão de dureza produz um gradiente de deformação no material, desde deformação elevada junto à superfície até nenhuma deformação em pontos muito afastados da superfície, no interior do metal, é possível identificar uma região, onde a deformação é apenas suficiente para produzir a recristalização, porém com pouca nucleação.

Esta região com pouca nucleação apresenta, ao fim da recristalização, tamanho de grão grosseiro.

O fato de que a deformação plástica produzida por uma indentação ou qualquer outra deformação superficial causa alterações estruturais abaixo da superfície, como indicado na Figura 12.33 tem implicações práticas interessantes. A Figura 12.34 apresenta uma peça de aço em que uma marcação em relevo foi realizada, por deformação a frio. Mesmo eliminando-se, por esmerilhamento, a marcação em relevo, persiste, no material, uma região deformada a frio, sob a marcação. Um ataque metalográfico permite revelar a marcação anterior. Esta técnica tem aplicação em perícia forense.

Na Figura 12.35 é apresentada a seção longitudinal de um vergalhão levemente encruado por trabalho a frio. O alongamento dos grãos na direção longitudinal é perceptível. A Figura 14.37 (e) apresenta a seção transversal do mesmo vergalhão, em que a deformação a frio não é perceptível.

Figura 12.33
Seção transversal de um aço recozido para recristalização após a realização de uma impressão de dureza Brinell. O tamanho dos novos grãos formados depende da densidade de nucleação que, por sua vez, depende do grau de deformação. Fora da região limitada pelos grãos muito grandes, a deformação foi insuficiente para permitir a nucleação de novos grãos. Aumento não informado. Cortesia M. Hillert [15].

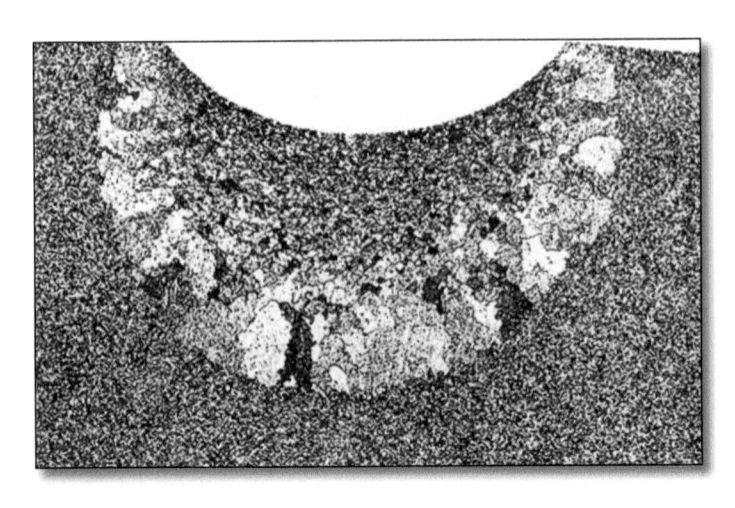

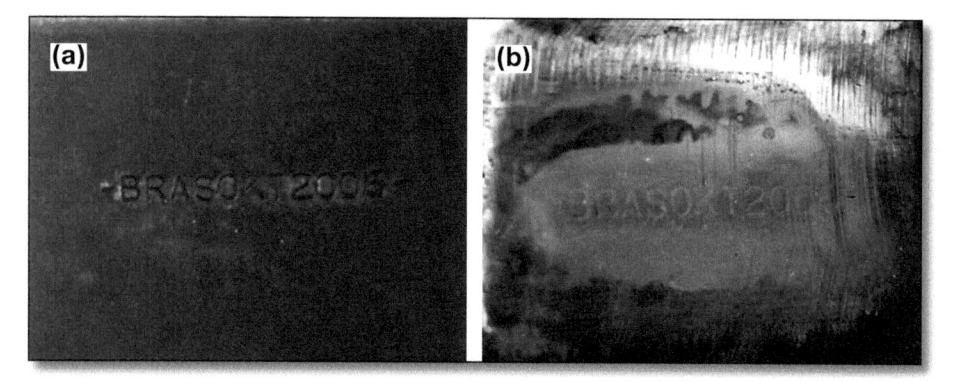

Figura 12.34
(a) Em uma peça de aço foi marcado em relevo, com punções, "BRASOKT 2006". A marcação foi completamente removida por esmerilhamento. Em (b) após preparação macrográfica e ataque com reagente de Fry a deformação a frio causada pela marcação é revelada. Cortesia A. Martiny e A. Pinto, IME, Rio de Janeiro, Brasil.

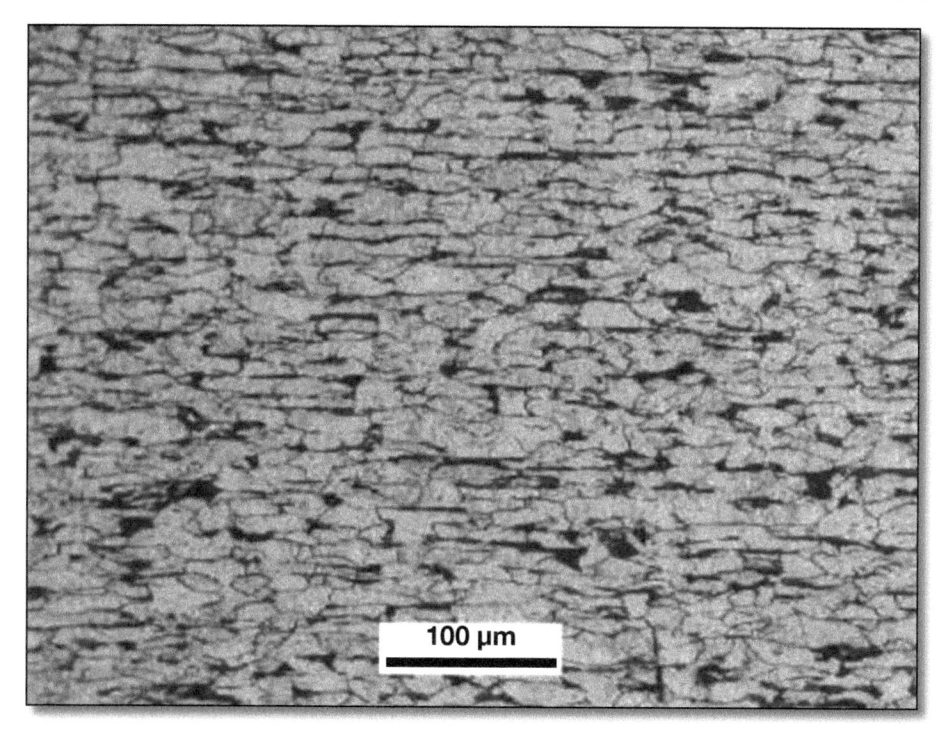

Figura 12.35
Seção longitudinal de Vergalhão CA60 Bitola 6,0 mm levemente encruada por processo de trefilação (redução 30%). Estrutura composta de perlita e ferrita. Observa-se a deformação da ferrita na direção longitudinal, resultante da trefilação. Ataque Nital 2%. Cortesia ArcelorMittal Aços Longos, Juiz de Fora, MG, Brasil.

As Figuras 12.36 e 12.37 comparam as microestruturas de arames de aço AISI 1006 nas condições trefilado e recozido. As diferenças marcantes de microestrutura se refletem nas propriedades mecânicas e, conseqüentemente, nas aplicações do material.

Figura 12.36
Seção longitudinal de arame de aço AISI 1006 diâmetro 1,15 mm (a) Trefilado (encruado) (b) Recozido. Ataque: Nital 2%. Cortesia ArcelorMittal Aços Longos, Juiz de Fora, MG, Brasil.

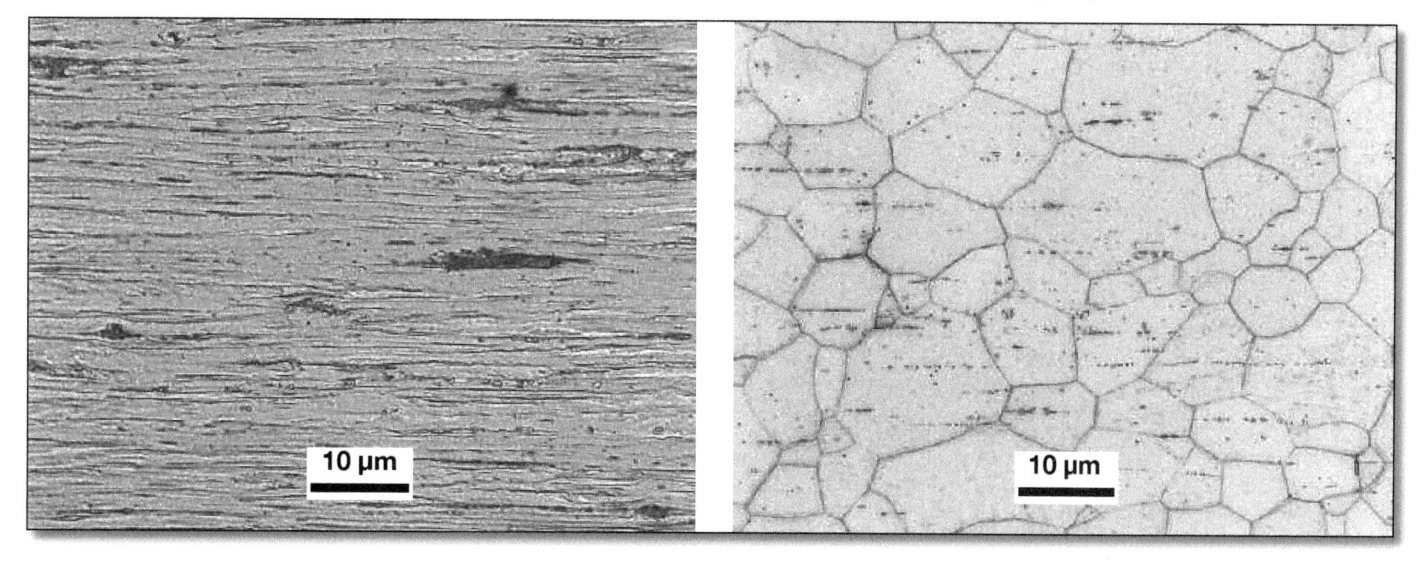

Em alguns produtos planos obtidos por conformação a quente, pode ser empregado um passe de laminação de acabamento a frio, chamado *skin pass*. Uma pequena redução a frio é aplicada, melhorando o acabamento superficial, as tolerâncias dimensionais e, eventualmente, produzindo alguma alteração de propriedades mecânicas. A Figura 12.38 apresenta a seção transversal de um aço de baixo carbono submetido a *skin pass*.

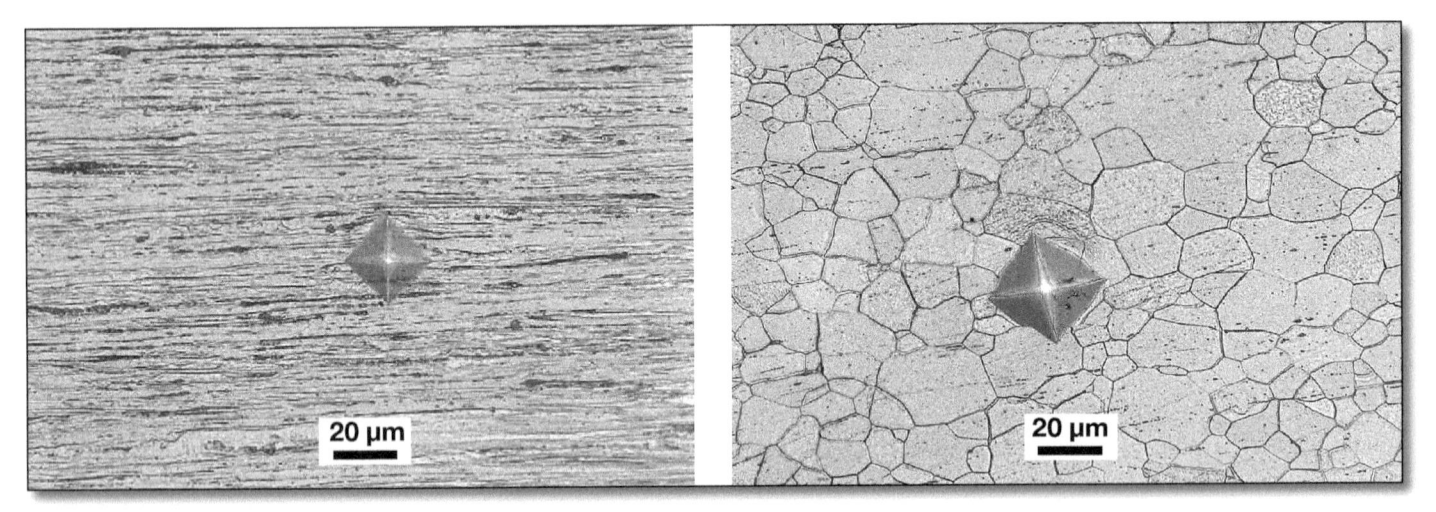

Figura 12.37
Seção longitudinal de arame de aço AISI 1006 trefilado desde 5,5 mm de diâmetro até 1,15 mm. (a) Trefilado (encruado), dureza 249 HV 100 gf. (b) Recozido, dureza 135 HV 100 gf. As impressões de dureza, realizadas com a mesma carga, são visíveis nas micrografias. Ataque: Nital 2%. Cortesia ArcelorMittal Aços Longos. Juiz de Fora, MG, Brasil.

Figura 12.38
Aço AISI 1006 laminado a quente, decapado e submetido a *skin pass*. Ferrita equiaxial e perlita no interior da chapa. Na superfície os grãos de ferrita são alongados. Ataque: Nital. Cortesia ArcelorMittal Tubarão, ES, Brasil.

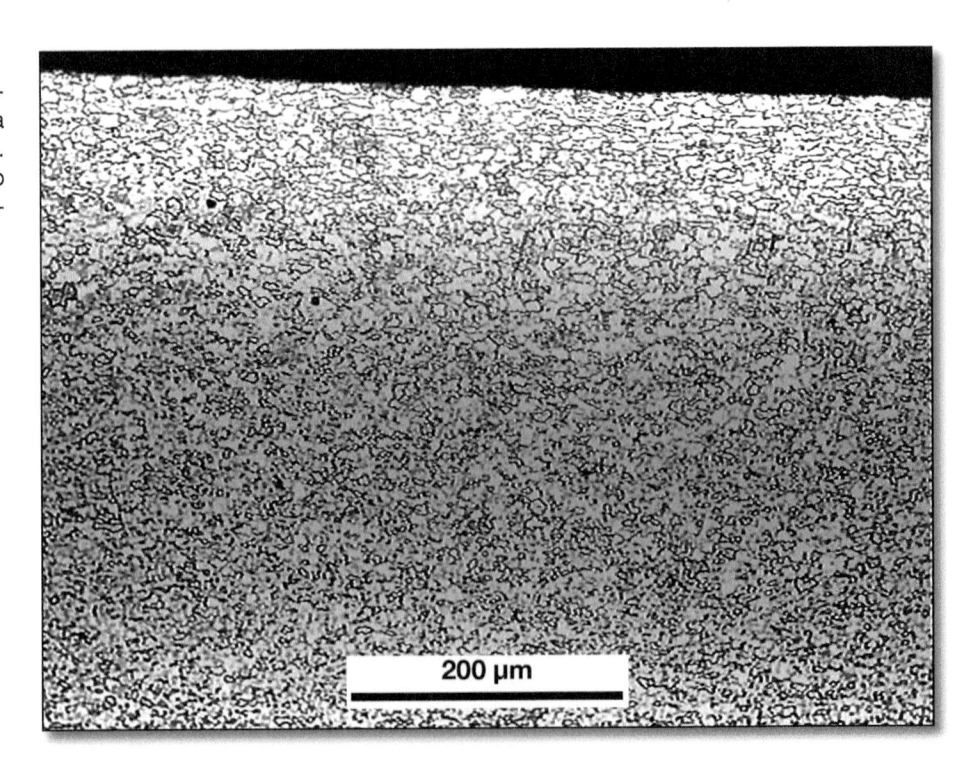

6. Aços de Médio Teor de Carbono

As Figuras 12.39 e 12.40 apresentam o efeito do trabalho a frio em aço de médio teor de carbono.

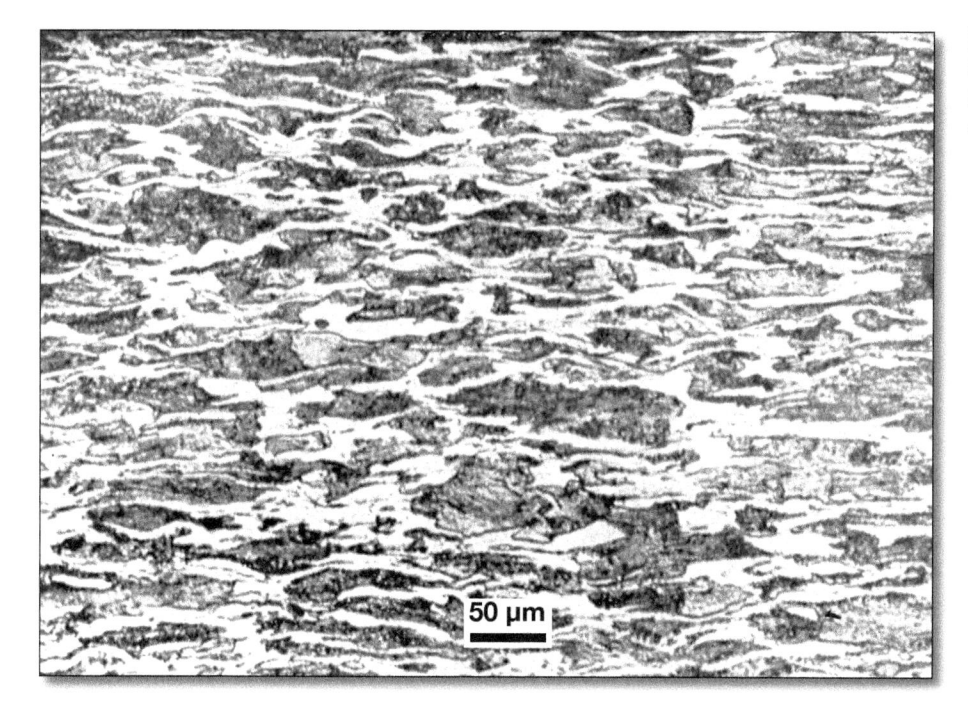

Figura 12.39
Seção longitudinal de aço de médio carbono fortemente deformado a frio. Ferrita e perlita deformadas. Ataque: Nital.

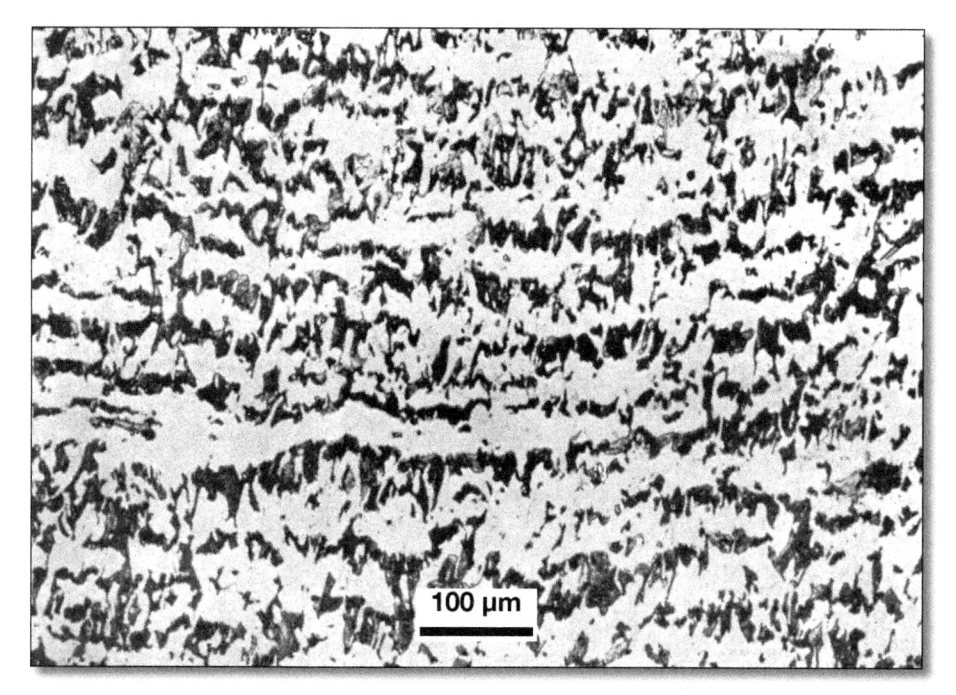

Figura 12.40
Seção transversal de barra de aço médio carbono comprimida axialmente a frio (direção vertical na foto). Observa-se a deformação a frio da ferrita e da perlita. Ataque: Nital.

7. Aços Elétricos [16]

O aço silício de grão orientado é utilizado em transformadores. Segundo Landgraf [16], apresenta forte textura cristalográfica (110)[001] obtida por crescimento anormal de grãos que atingem tamanho da ordem de 1 cm, em chapas de espessura 0,3 mm. Seu consumo anual é apenas 10% do volume de aços chamados "não-orientados" utilizados em motores elétricos. Mesmo os aços chamados "não-orientados" têm textura considerável, pois busca-se maximizar grãos com direção [100] paralela à superfície da chapa. Dois processos são utilizados para obter o tamanho de grão ótimo de cerca de 150 µm. Aços chamados "totalmente processados" têm adições de silício suficientes para eliminar o aparecimento da austenita. Nestes aços, ocorre o crescimento normal de grãos no recozimento. Os aços "semiprocessados" têm menor teor de silício. Neste caso, o crescimento de grão é obtido através de recristalização após pequena deformação plástica (da ordem de 6%). As duas classes são facilmente diferenciadas por microscopia óptica: os contornos de grão do crescimento normal são planos ou de curvatura única, enquanto os aços semiprocessados exibem as múltiplas curvaturas resultantes do encontro de frentes de recristalização de grãos grandes que crescem sobre a matriz de grãos pequenos encruados, conforme mostra a Figura 12.41 [13]. Para garantir alta permeabilidade magnética e baixa perda de potência por histerese, esses materiais têm teor de carbono abaixo de 30 ppm e quantidade mínima de inclusões não-metálicas e mímima densidade de discordâncias, pois esses constituintes prejudicam o movimento das paredes de domínio magnético.

A Figura 12.42 apresenta um exemplo da distribuição, forma e tamanho das inclusões de sulfetos de manganês nestes aços.

A Figura 12.43 apresenta a estrutura de um aço para fins elétricos laminado "a morno", em que o alongamento dos grãos é bastante evidente, assim como o aspecto característico de um aço encruado.

Figura 12.41
Aço elétrico de grão não-orientado. (a) Chapa de 0,5 mm de espessura de aço elétrico com Si = 3%, do tipo totalmente processado. Seção DNDL. (b) Chapa de 0,5 mm de espessura de aço com Si = 0,5%, do tipo "semiprocessado". Ataque Nital 2%. Cortesia F. Landgraf, USP, São Paulo, SP, Brasil [13].

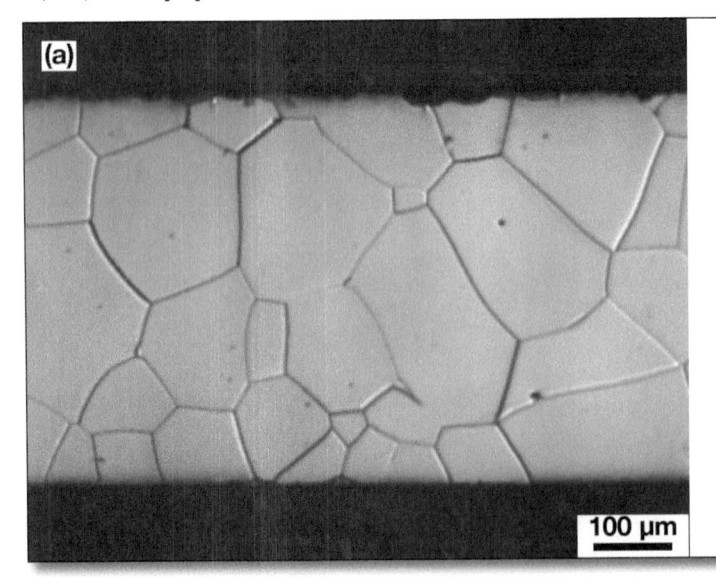
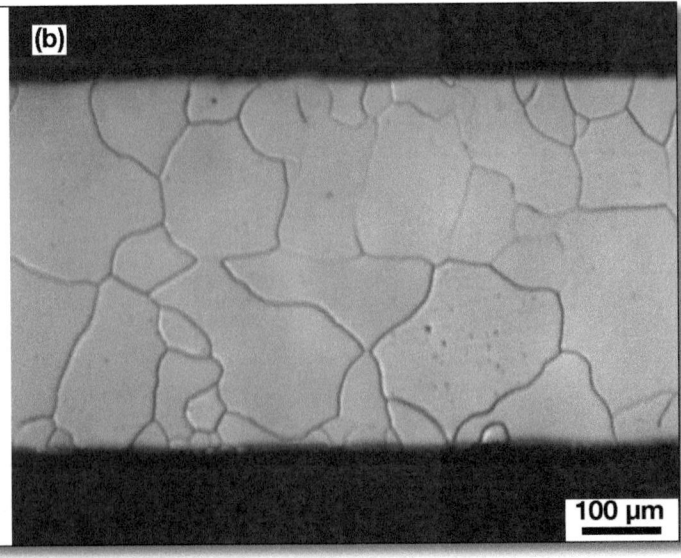

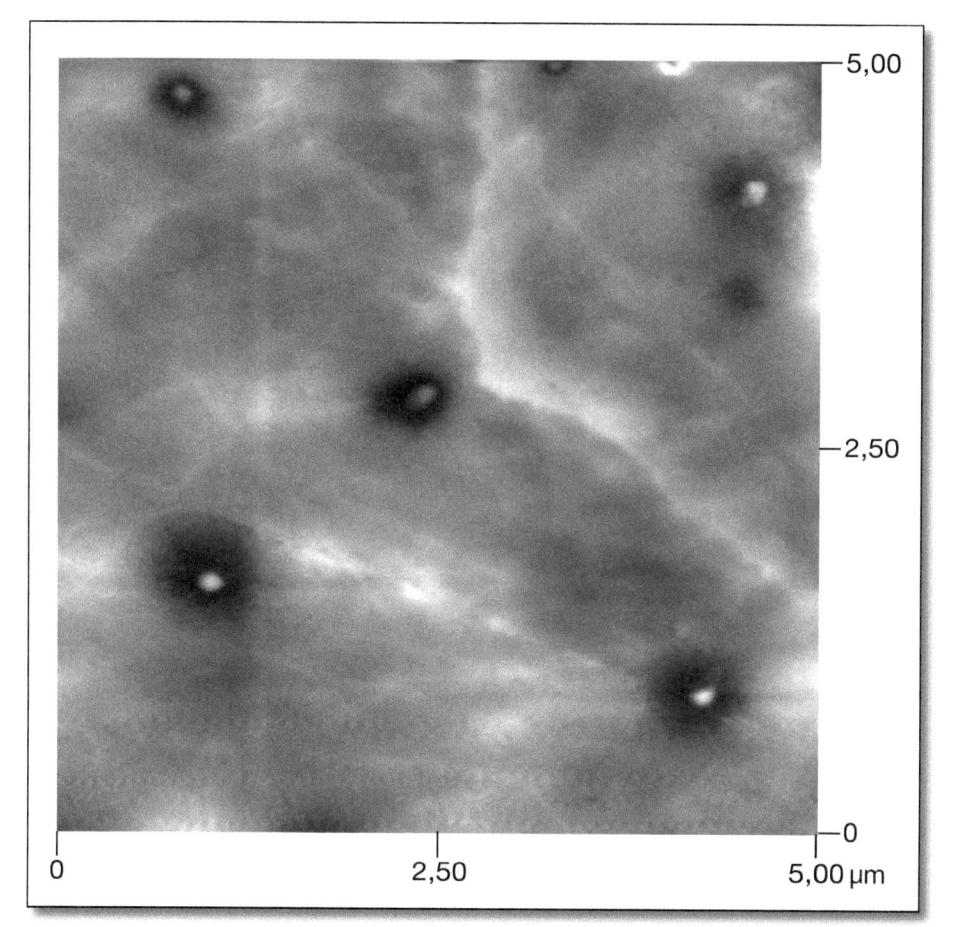

Figura 12.42
Imagens de Microscopia de Força Atômica de aço silício mostrando distribuição, forma e tamanho das inclusões não-metálicas de sulfeto de manganês precipitadas neste aço. O tamanho das inclusões é inferior a 250 nm. Cortesia M. S. Andrade, CETEC, Belo Horizonte, MG. [17].

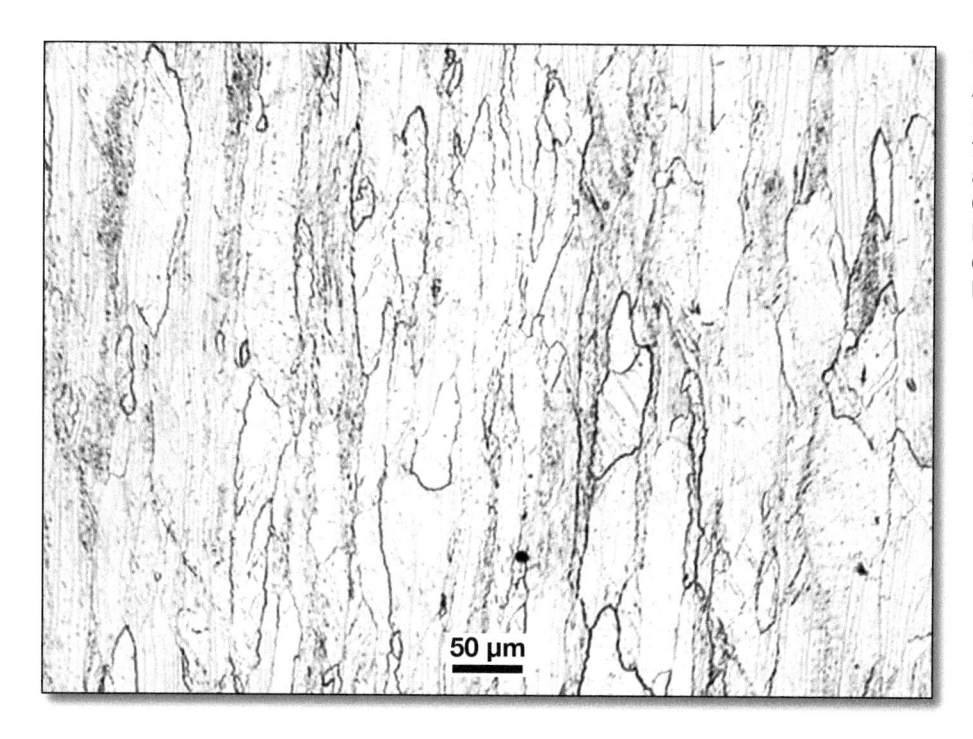

Figura 12.43
Aço para fins elétricos (alto silício) laminado "a morno" com grãos de ferrita alongados. (A estrutura recozida é apresentada na Figura 7.6, Capítulo 7) Cortesia C. Capdevila Montes, Centro Nacional de Investigaciones Metalúrgicas — CENIM-CSIC, grupo Materialia, Madrid-Espanha.

8. Processamento a Morno — Deformação na Região Intercrítica

A Figura 12.44 apresenta um aspecto de material deformado na região intercrítica, em que se observa a distribuição heterogênea da deformação, ao menos para pequenos graus de deformação.

A deformação na região intercrítica, entretanto, pode também produzir resultados bastante interessantes e é, presentemente, um dos roteiros examinados para a produção de aços de grão ultra-fino. A Figura 12.46 apresenta resultados de [18] para a deformação "a morno" de aço de baixo carbono, seguida de recozimento.

Figura 12.44
Aço extra-baixo carbono deformado por compressão entre 750 e 800 °C. Os grãos de ferrita apresentam linhas poligonais em seu interior, que só aparecem após o ataque. Ataque: Nital.

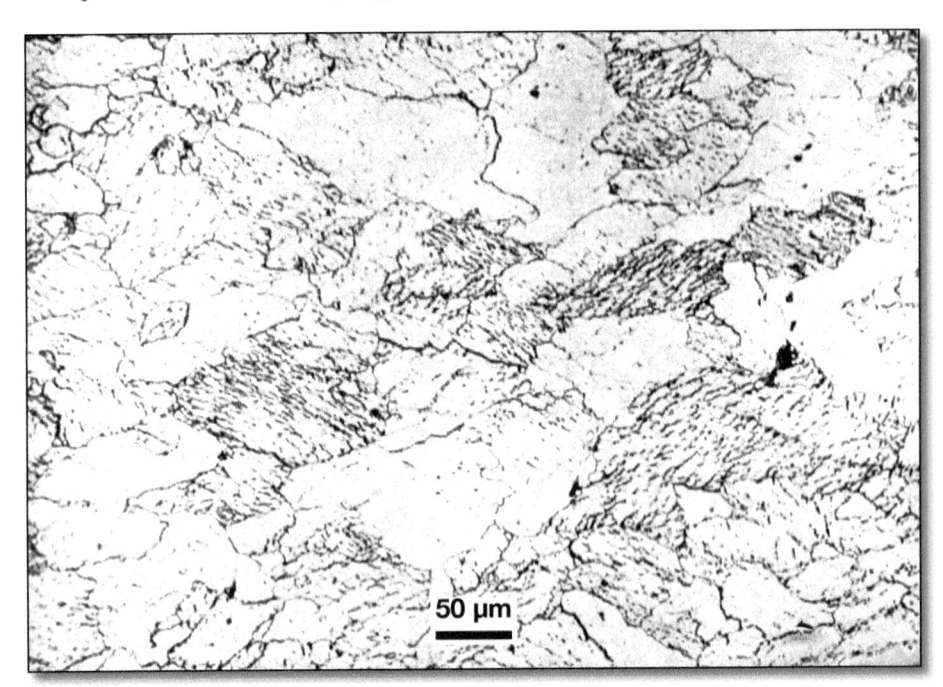

Figura 12.45
Detalhe da microestrutura da ferrita na Figura 12.44.

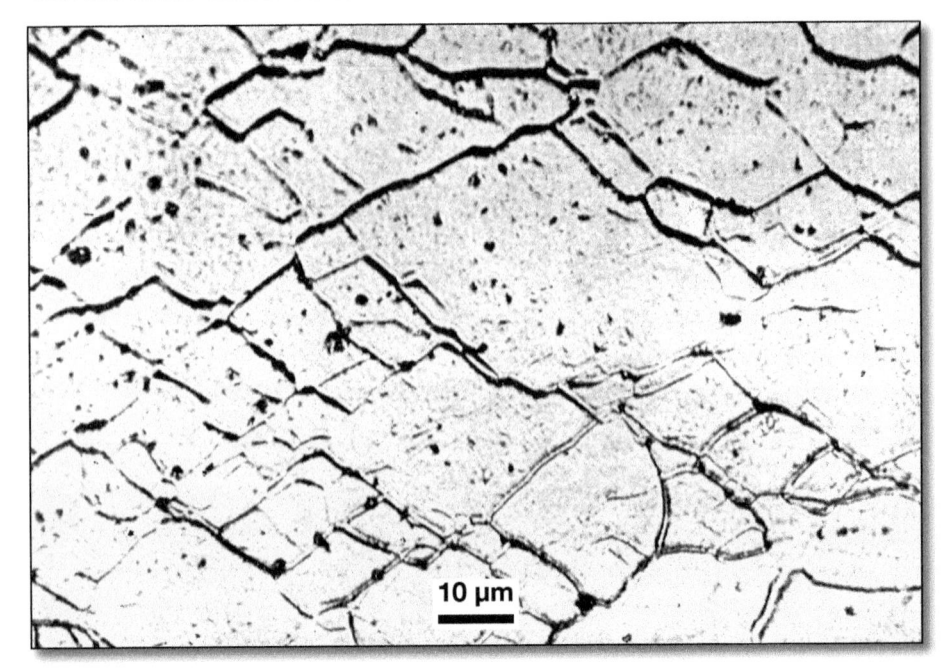

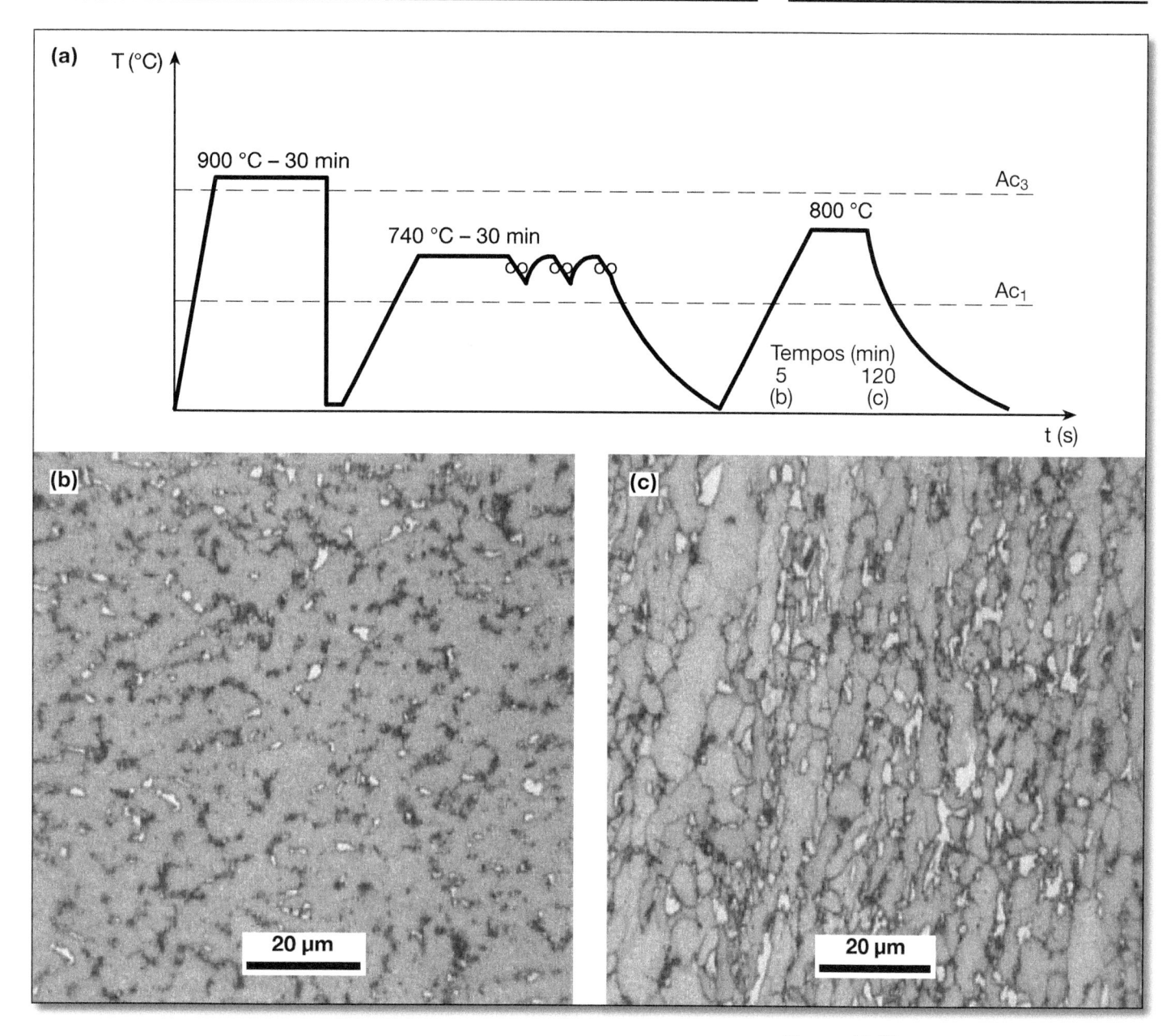

Figura 12.46
(a) Ciclo térmico de trabalho a morno. O aço com C = 0,11%, Mn = 1,41%, Si = 0,29%, Nb = 0,028% foi temperado de 900 °C. A seguir laminado entre 740 °C e 700 °C até uma redução de 50%. Material recozido a 800 °C por (b) 5 min (tamanho de grão ferrítico TGF 2,05 μm) e (c) 120 min, TGF 3,48 μm. As regiões cinza são ferrita, a perlita ou carbonetos aparecem escuros e o constituinte MA aparece claro. Ataque: Le Pera. Cortesia de D. Santos, UFMG, Belo Horizonte, MG, Brasil [18].

9. Conformação de Peças a Frio — Exemplos de Fixadores

Além da conformação de produtos a partir de chapas, o principal processo de fabricação de embalagens de alimentos e bebidas, partes da carroceria e estrutura de automóveis, assim como um grande número de outras partes classificadas como "estamparia", peças de uma forma geral, podem ser forjadas ou confomadas a frio, sempre que a ductilidade do material for suficientemente alta e sua resistência e dimensões tornem os esforços compatíveis com a capacidade dos equipamentos de conformação.

As principais vantagens do trabalho a frio sobre o trabalho a quente são:

- Melhor precisão dimensional do produto conformado.
- Melhor acabamento superficial do produto conformado (inclusive ausência de formação de óxidos – "carepas").

Figura 12.47
Seção longitudinal de fixadores conformados a frio a partir de barra ou fio-máquina trabalhado a quente. Observa-se o "fibramento" do material originalmente deformado a quente e a mudança de orientação causada pelo fluxo do material durante a deformação. (a) Detalhe da cabeça de parafuso especial. (b) Parafuso M5 X 30. Ataque: Ácido clorídrico, 30%, quente. Cortesia: FIBAM Cia Industrial, São Bernardo do Campo, SP, Brasil.

Alguns exemplos interessantes de conformação de peças a frio ocorrem na área de fixadores.

A Figura 12.47 apresenta, por exemplo, a formação da cabeça de fixadores para a indústria automobilística. Como cada volume do material é submetido a uma deformação diferente (tanto o grau de deformação quanto a orientação), o fibramento é deformado pelo "fluxo" de material durante a deformação (ver Capítulo 11). Há um grande volume de experiência acumulada sobre o efeito do fluxo de material (e conseqüente deformação das fibras originais) no comportamento de peças deformadas. De uma forma geral, é bem estabelecido que as linhas ou fibras não devem ser interrompidas ou aflorar na superfície da peça, provendo iniciadores de trinca para vários processos de falha, causando, inclusive a redução da resistência à fadiga.

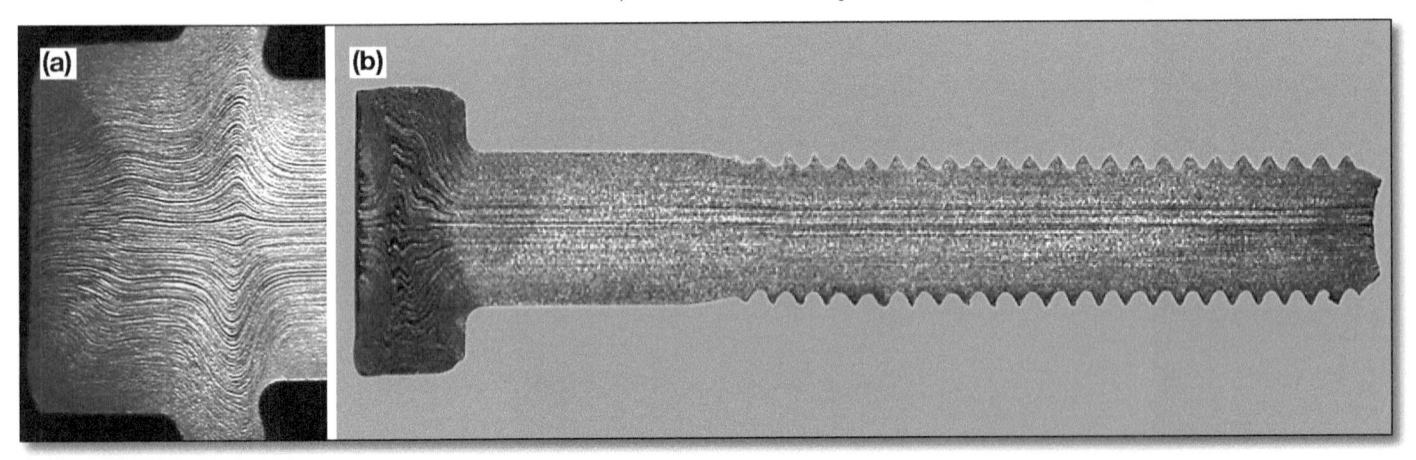

Roscas em fixadores são, freqüentemente, produzidas por um processo de deformação a frio. São as chamadas roscas "roladas" (Figura 12.48) que empregam ferramentas chamadas pentes de laminar roscas. As roscas laminadas não causam interrupção do fibramento nem devem dar origem a irregularidades superficiais, comuns em roscas usinadas.

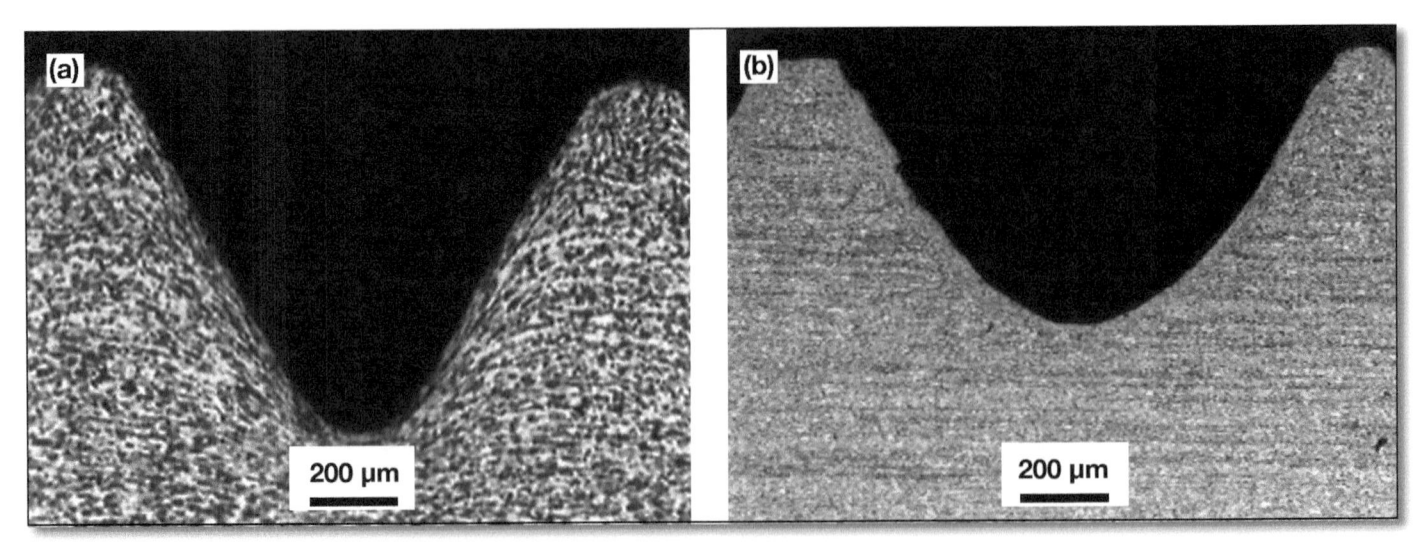

Figura 12.48
Seção longitudinal da região roscada de fixadores M5. À esquerda (a) e (c), rosca rolada. À direita (b) e (d), rosca usinada. A deformação das fibras com grande redução do espaçamento junto à raiz é evidente no caso das roscas roladas. Irregularidades superficiais decorrentes da usinagem são visíveis em (b). Ataque: Nital 3%. Cortesia: FIBAM Cia Industrial, São Bernardo do Campo, SP, Brasil. *(Continua)*

Figura 12.48 (*Continuação*)

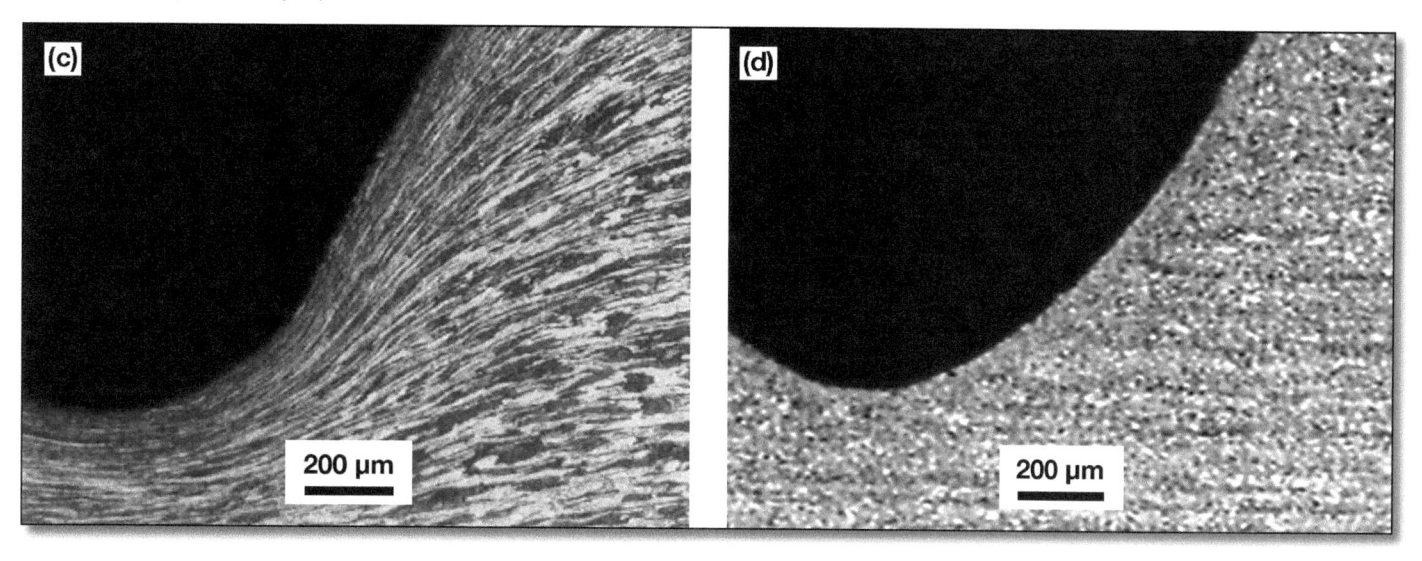

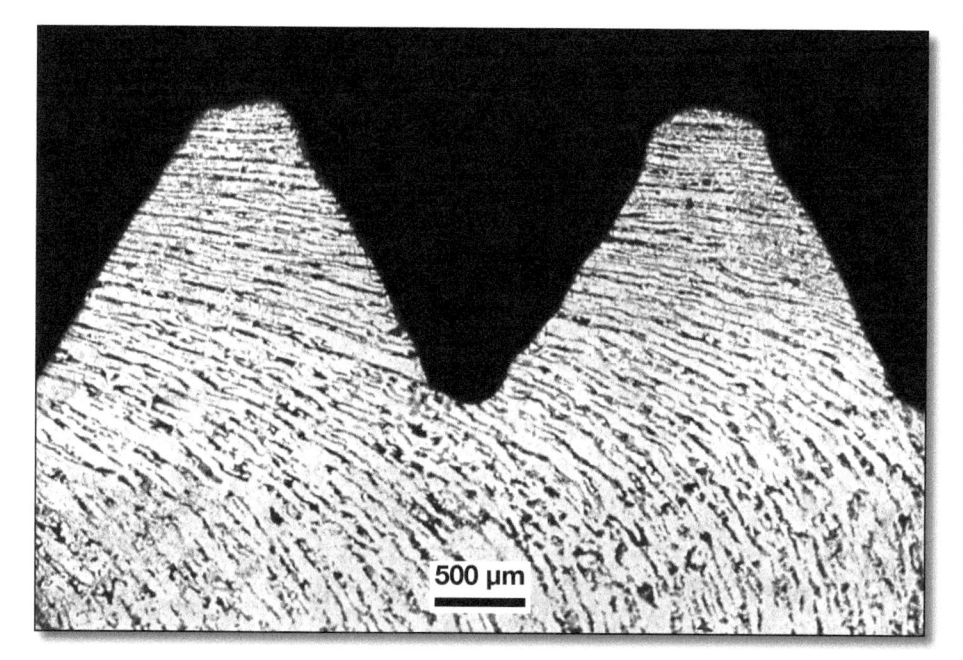

Figura 12.49
Seção longitudinal de porca, junto aos filetes de rosca. O alinhamento da estrutura, deformado, indica que o furo central da porca foi estampado, da direita para a esquerda. Os filetes foram usinados, cortados por macho. Ataque: Nital.

A Figura 12.50 mostra uma trinca de fadiga iniciada na raiz da rosca de um parafuso de aço inoxidável AISI 303 (aço de corte fácil, alta concentração de inclusões não-metálicas) após ensaio de vibração. As causas apontadas foram (1) o uso de rosca usinada ao invés de rolada, (2) o mau acabamento superficial da rosca, (3) o emprego de aço de resistência mecânica inferior ao desejado e (4) o uso de aço de corte fácil em aplicação com elevada vibração e tensões cíclicas elevadas. [19].

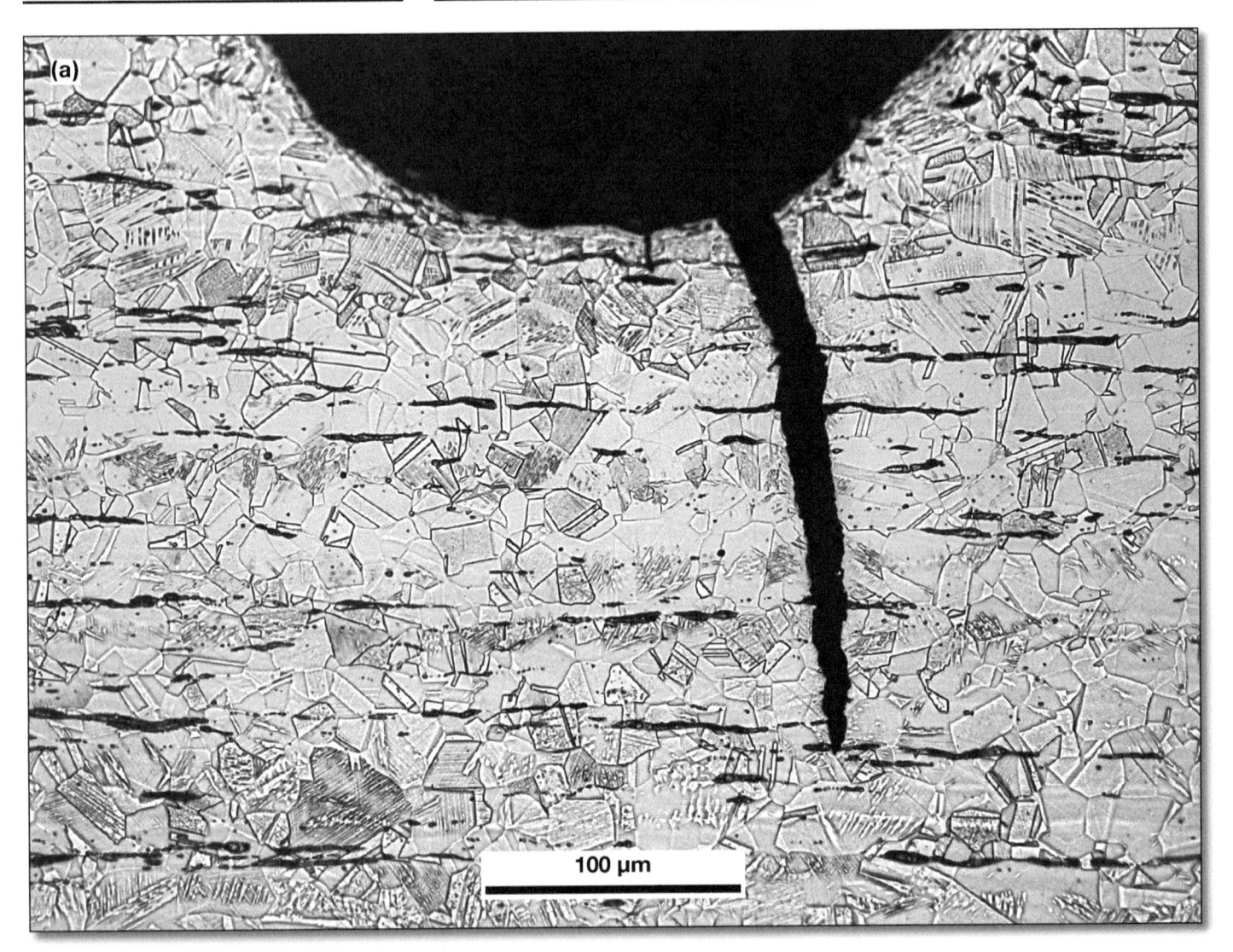

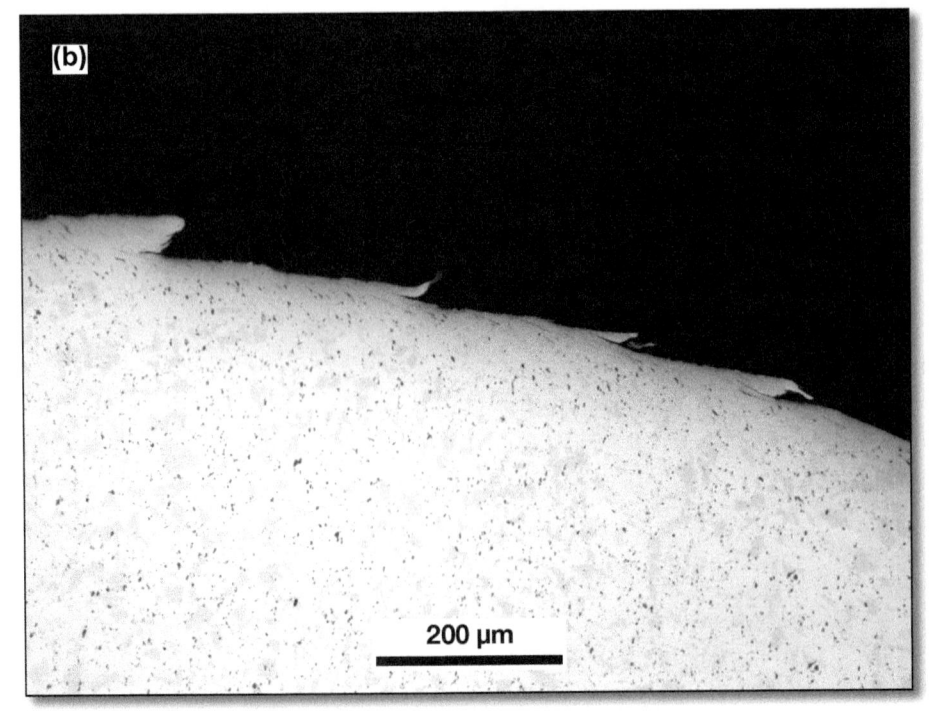

Figura 12.50
(a) Seção longitudinal em parafuso usinado de AISI 303 submetido a ensaio de vibração, apresentando trinca de fadiga na raiz da rosca. Inclusões não-metálicas (sulfetos) em grande quantidade, aço de corte fácil. Estrutura recozida ou solubilizada (ver Capítulo 16). (b) Seção transversal ao parafuso mostrando o mau acabamento superficial da usinagem. Cortesia de D. Susan, reproduzido de [19] com permissão da Cambridge University Press.

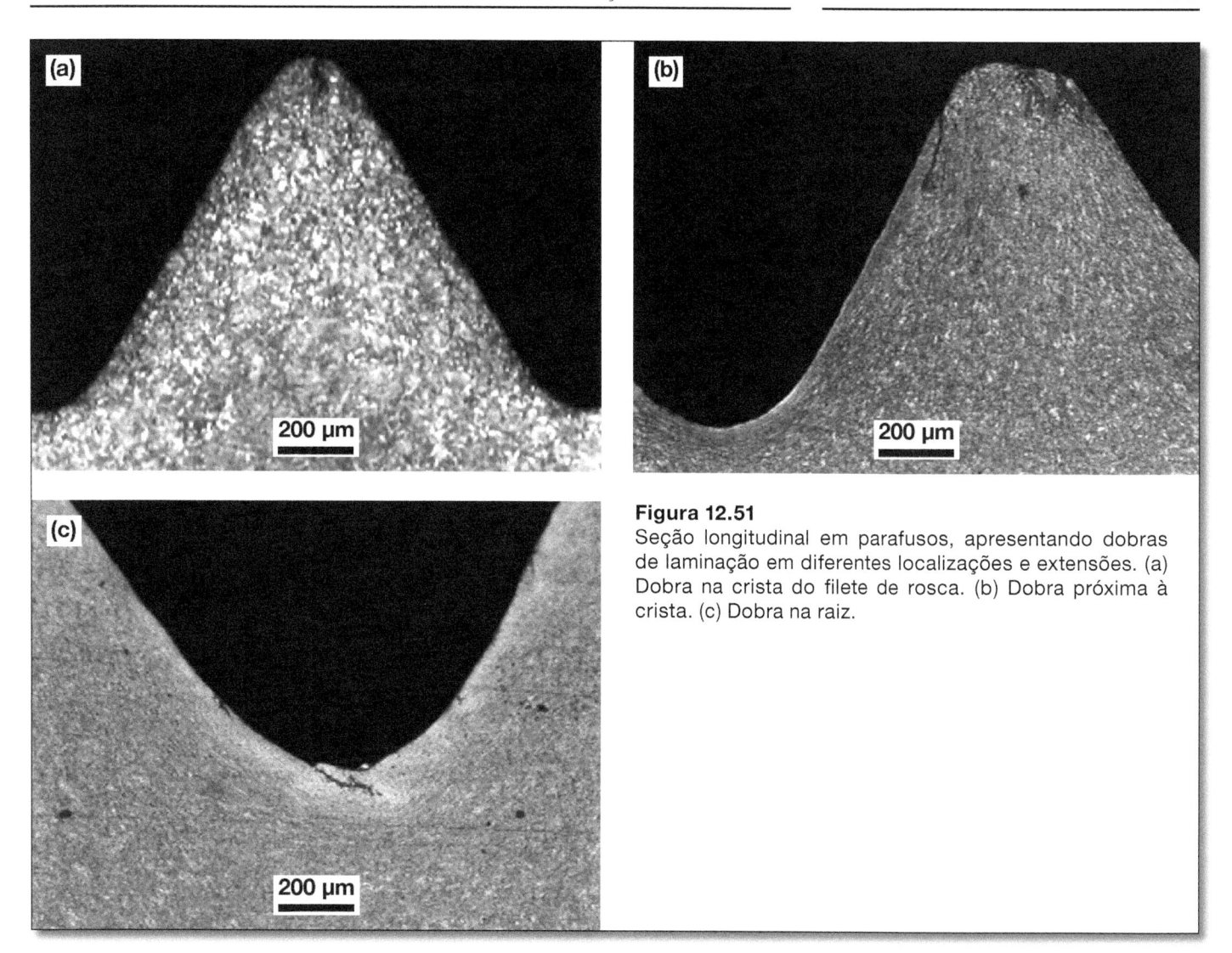

Figura 12.51
Seção longitudinal em parafusos, apresentando dobras de laminação em diferentes localizações e extensões. (a) Dobra na crista do filete de rosca. (b) Dobra próxima à crista. (c) Dobra na raiz.

9.1. Dobras em Roscas

A rolagem de roscas pode conduzir à formação de dobras (Figura 12.51). Em algumas normas de fixadores, estas dobras podem ser aceitáveis até determinada profundidade, e quando estão próximas à crista da rosca (por exemplo, [20]).

9.2. Pregos

Pregos são conformados a frio a partir de arames, como mostra a Figura 12.52.

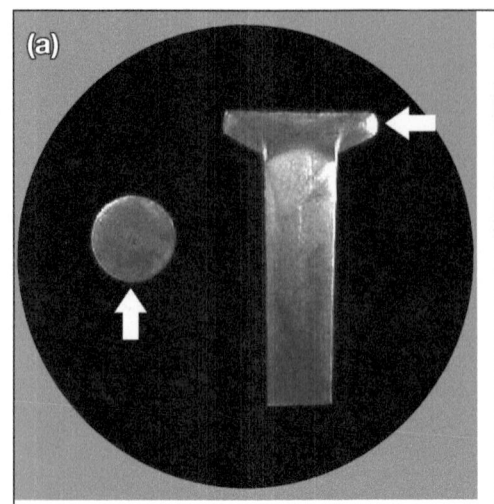

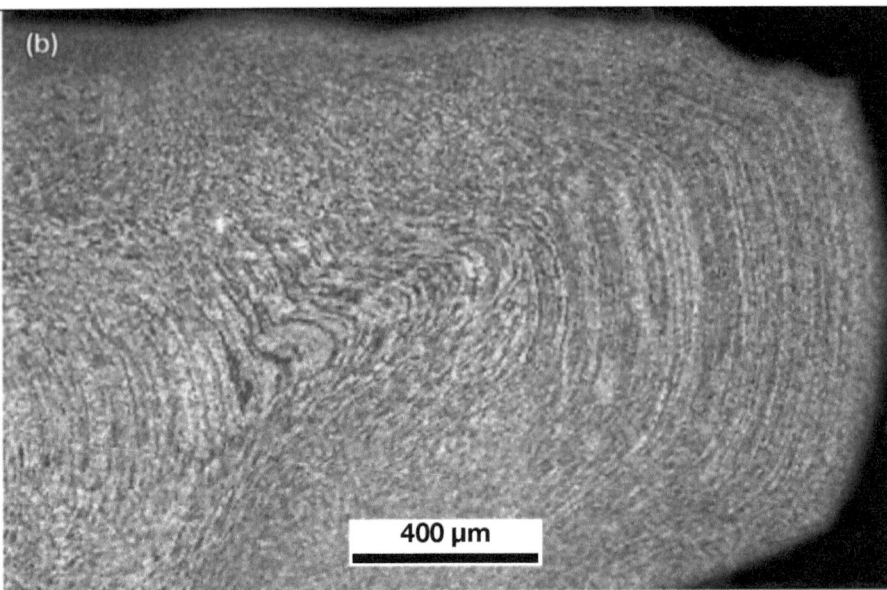

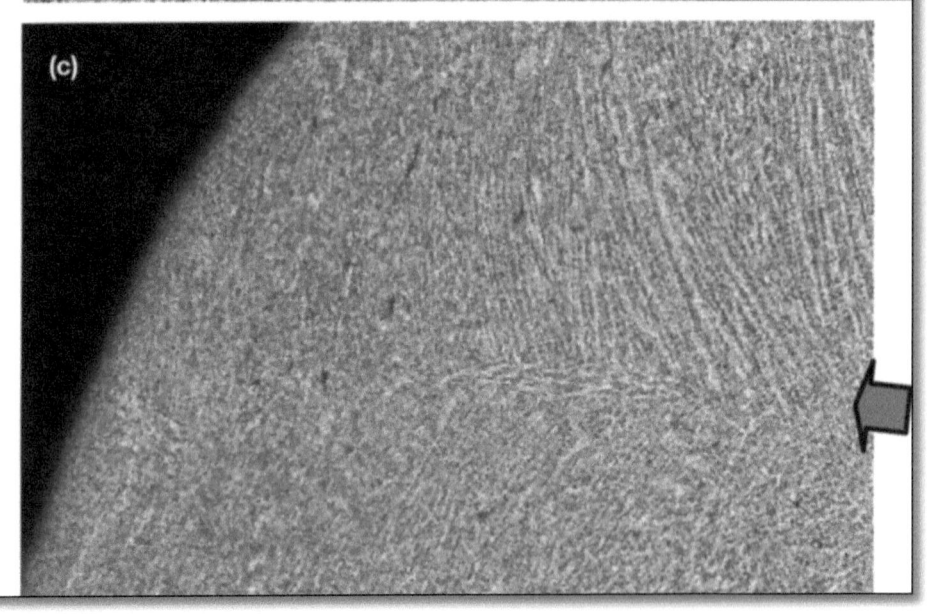

Figura 12.52
(a) Embutimento para exame metalográfico de um prego. (b) Seção longitudinal ao eixo do prego, mostrando a borda da cabeça do prego, fibramento deformado pela conformação. (c) Seção transversal ao corpo do prego. Observa-se o resto da estrutura dendrítica e a linha onde as dendritas se encontram, correspondendo ao canto do tarugo de lingotamento contínuo que deu origem ao arame. Ataque: Béchet-Beaujard. Cortesia ArcelorMittal Aços Longos, Juiz de Fora, MG, Brasil.

10. Falhas na Deformação a Frio

As condições de deformação durante a conformação a frio são, em geral, mais severas do que as observadas durante a conformação a quente. Assim, a incidência de fratura durante a conformação deve ser considerada. Adicionalmente, os produtos de menores dimensões têm sido obtidos por deformação a frio. Nestes casos, inclusões não-metálicas de dimensões e plasticidade inadequadas podem ter efeitos graves no comportamento do material, como mostram as Figuras 12.53 a 12.58.

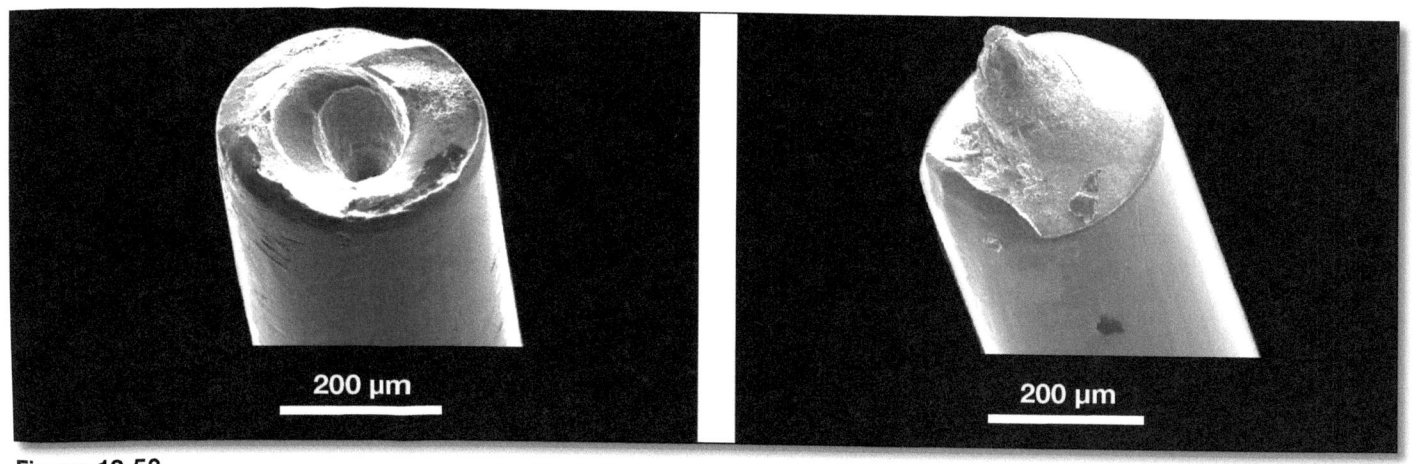

Figura 12.53
Figura 50 Exemplos de filamentos de aços eutectóides com ruptura tipo "copo-e-cone" durante a trefilação. MEV, ES.

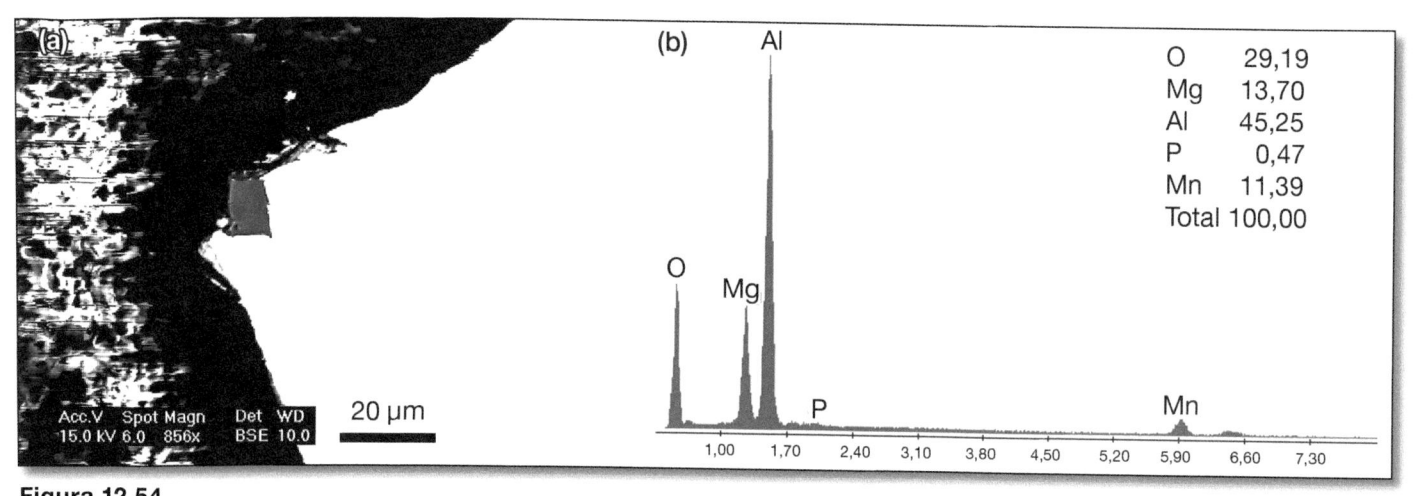

Figura 12.54
(a) Seção transversal de uma fratura do tipo "copo e cone" em aço eutectóide trefilado como mostrada na Figura 12.53. Observa-se inclusão poligonal que não foi deformada no trabalho a quente (ver Capítulo 11). MEV, ER. (b) Espectro de energias obtido por EDS da inclusão da figura (a), indicando tratar-se, possivelmente, de inclusão de espinélio ($MgAl_2O_4$).

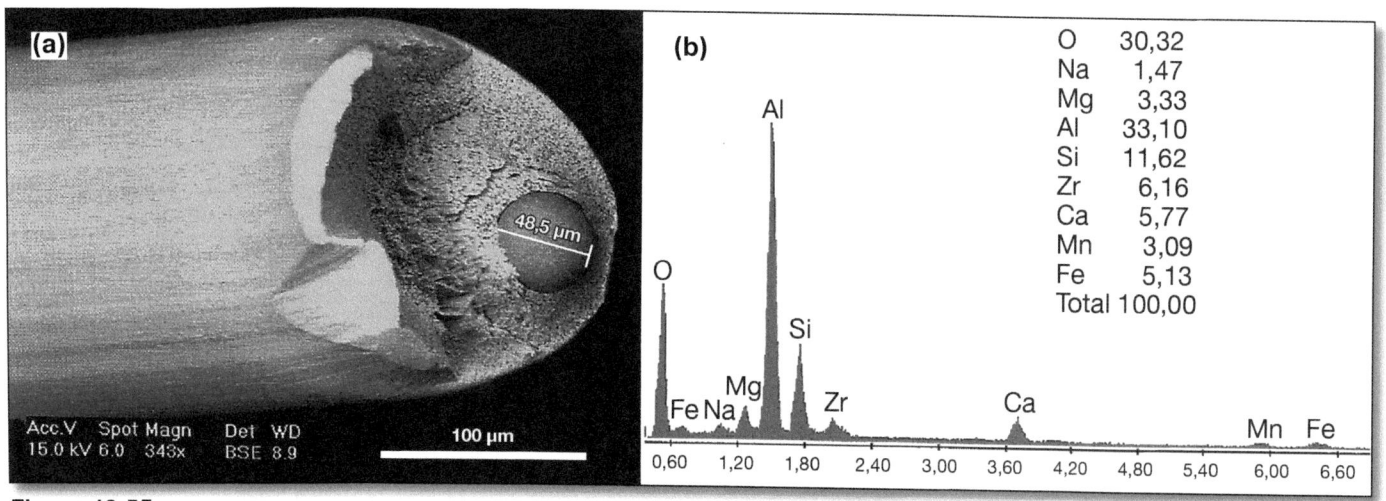

Figura 12.55
(a) Fratura de filamento trefilado de aço eutectóide, com a presença de grande inclusão não-metálica. MEV, ER. (b) Espectro de energias obtido por EDS da inclusão da figura (a).

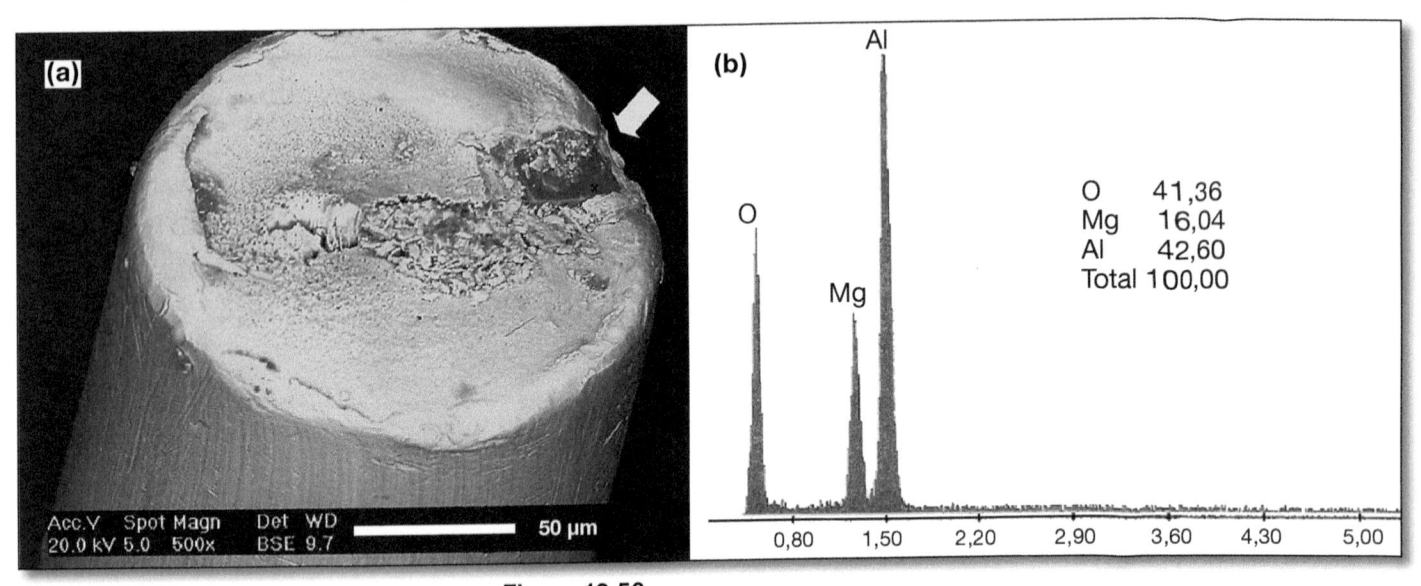

Figura 12.56
(a) Fratura de filamento trefilado de aço eutectóide, com a presença de grande inclusão não-metálica. MEV, ER. Observa-se inclusão poligonal que não foi deformada no trabalho a quente (ver Capítulo 11). MEV, ER. (b) Espectro de energias obtido por EDS da inclusão da figura (a), indicando tratar-se, possivelmente, de inclusão de espinélio ($MgAl_2O_4$).

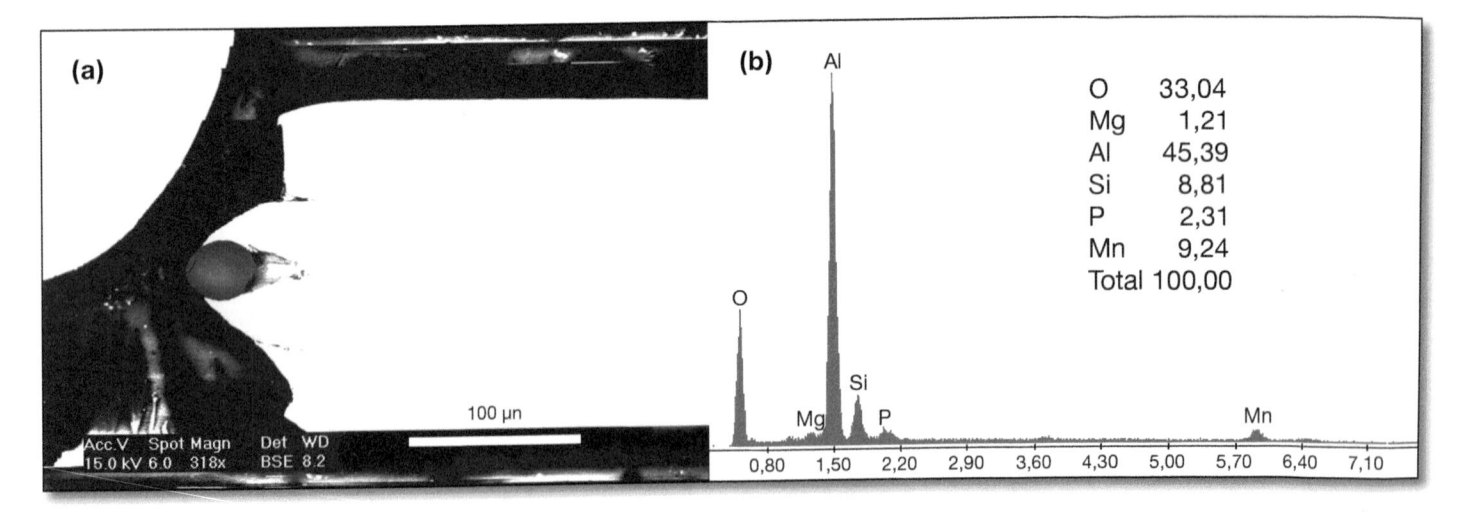

Figura 12.57
(a) Seção transversal de uma fratura do tipo "copo e cone" em aço eutectóide trefilado como mostrada na Figura 12.53, com a presença de grande inclusão não-metálica. MEV, ER. (b) Espectro de energias obtido por EDS da inclusão da figura (a).

Figura 12.58
(a) Defeito caracterizado pela ruptura, durante a laminação a frio, de chapa fina. (*Continua*)

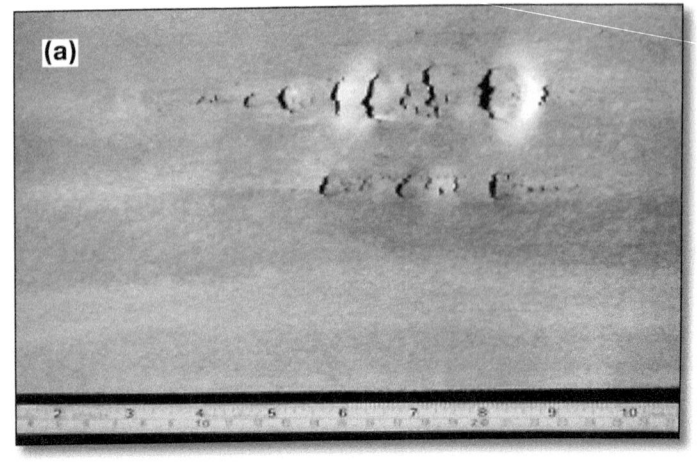

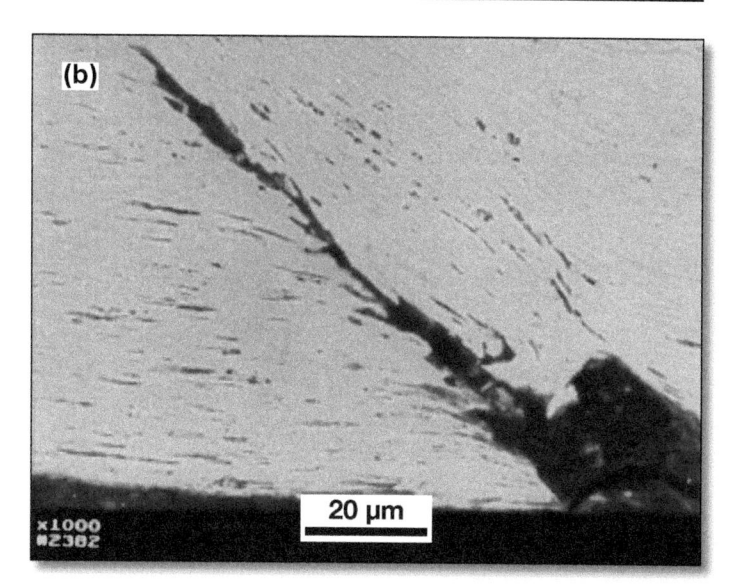

Figura 12.58 (*continuação*)
(b) Seção longitudinal da chapa, transversal à borda de um dos defeitos. Abaixo, a superfície da chapa. A linha escura é a trinca, com pequena abertura, nesta região. Os demais pontos escuros são inclusões de Al_2O_3, concentradas nesta região do produto. A identificação das inclusões foi realizada por EDS. MEV-ER, sem ataque.

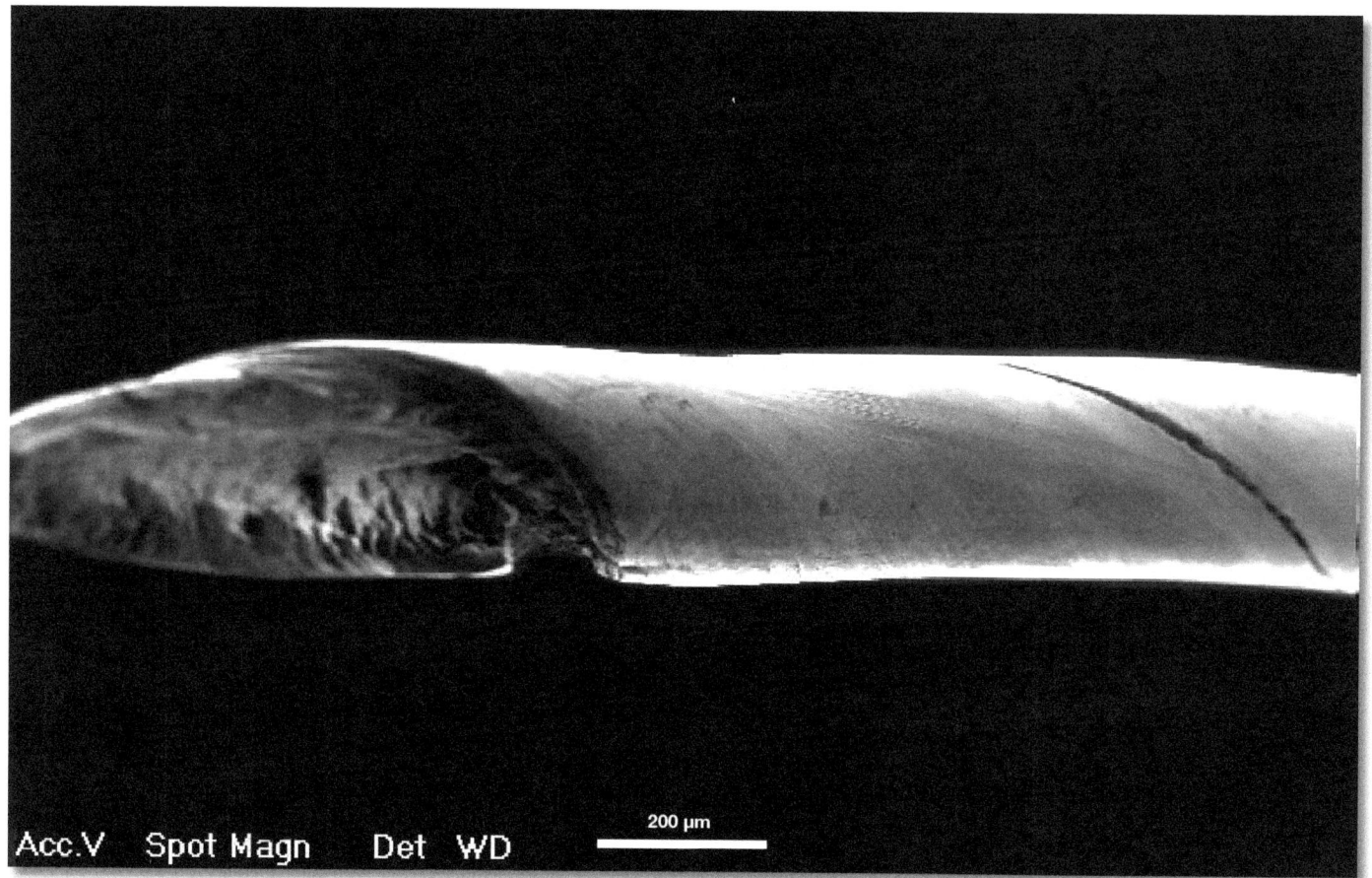

Figura 12.59
Fratura por delaminação de filamento eutectóide trabalhado a frio, destinado à fabricação de cordoalhas torcidas.

É evidente, da observação das figuras, que as inclusões não-metálicas representam importante fonte de falha em produtos conformados a frio com dimensões pequenas, tais como filamentos, arames, folhas e chapas finas, assim como os produtos fabricados a partir destes semi-acabados.

Adicionalmente, a combinação de microestrutura correta e deformação a frio adequadas são essenciais para o controle das características dos produtos trabalhados a frio. A Figura 12.59, por exemplo, apresenta um exemplo de fratura por "delaminação" de filamento de aço eutectóide trabalhado a frio. Estes filamentos se destinam, freqüentemente, à fabricação de cordoalhas torcidas. A fratura desejada, em torção, é transversal à seção do arame e não segundo o modo apresentado. As condições microestruturais que conduzem a este modo indesejado de fratura são descritas em [21].

Referências Bibliográficas

1. HONEYCOMBE, R. W. K. *Steels: microstructure and properties*. London: Edward Arnold. p. 243, 1981.

2. Universidade de Leuven, U.d. *Applied metallurgy*. http://www.kuleuven.be/bwk/materials/Teaching/master/wg02/toc.htm. Consultado em 09/2007.

3. CASTRO, S. F.; GALLEGO, J.; LANDGRAF, F. J. G.; KESTENBACH, H. J. *Efeito da orientação cristalográfica sobre a laminação de encruamento em aços elétricos*. Tecnologia em Metalurgia e Materiais, 2006, v. 2 (3), p. 53.

4. NICODEMI, W.; MAPELLI, C.; VENTURINI, R.; RIVA, R. *Metallurgical investigations on two sword blades of 7th and 3rd century BC found in central Italy*. ISIJ International, 2005, v. 45 (9), p. 1358-1367.

5. ANDRADE, M. S.; VILELA, J. M. C.; GOMES, O. A. *Microscopia de varredura por sonda mecânica*. Metalurgia e Materiais, 2002, v. 58 (518): p. 123-125.

6. TASHIRO, H. *The challenge for maximum tensile strength steel cord*. Nippon Steel Technical Report, 1999, v. 80 (july), p. 6-8.

7. KALPAKJIAN, S. *Manufacturing processes for engineering materials*. New York: Addison-Wesley, 1984.

8. MARTÍNEZ-DE-GUERENU, A.; ARIZTI, F.; DÍAZ-FUENTES, M.; Gutiéerrez, I. *Recovery during annealing in a cold rolled low carbon steel. Part I: Kinetics and microstructural characterization*. Acta Materialia, 2004, v. 42, p. 3657-3664.

9. SOUZA, E. G. *Textura de recristalização de um aço extra-baixo, carbono ao boro*. Tese de Mestrado, IME, Rio de Janeiro, Brasil, 2004.

10. SILVA, M. C. A.; CAMPOS, M. F.; LANDGRAF, F. J. G.; FALLEIROS, I. G. S. *EBSD quality index maps as tools to identify areas with high density of dislocations in cold rolled steels*. 2005, http://dpi.eq.ufrj.br/CSBPMat2006/web/pdf/m590.pdf.

11. KRUPITZER, R. P. *et al. Progress in HSLA steels in automotive applications*. SAE Paper N. 770162, 1977.

12. VIANA, C. S. C.; PAULA, A. S. *Texturas de deformação*. In: *Textura e relações de orientação*, TSCHIPTSCHIN A. P. *et al.*, (editores). 2003, São Paulo: IPEN, p. 35-54.

13. LANDGRAF, F. J. G.; TAKANOHASHI, R.; CAMPOS, M. F. *Tamanho de grão e textura de aços elétricos de grão não-orientado, in Textura e relações de orientação*. TSCHIPTSCHIN A. P. *et al.*, (editores). 2003, São Paulo: IPEN, p. 211-246.

14. RENÓ, R. T.; MONTEIRO, B. O.; NOVAES, C. A. L.; COSTA E SILVA, A. *Granulação grosseira em aço baixo carbono acalmado ao alumínio com temperatura de bobinamento elevada*. In: 54° Congresso Anual da ABM. 1999. São Paulo, ABM.

15. HILLERT, M. *Metallographic atlas*. University Park, Materials Education Council (MEC), The Pennsylvania State University, 1991.

16. LANDGRAF, F. *Comunicação particular*, 2007, São Paulo.

17. ANDRADE, M. S.; VILELA, J. M. C.; GOMES, O. A. *Microscopia de varredura por sonda mecânica: ampliando as fronteiras da análise metalográfica. Metalurgia e Materiais*, 2002, v. 58 (518), p. 123-125.

18. SILVA, H. R.; LOURENÇO, G. G.; BRAGA, L. H. R.; RODRIGUES, P. C.

M.; SANTOS, D. B. *Encruamento e tenacidade do aço Nb-Ti de grão ultrafino.* In: 62° Congresso Anual da ABM, São Paulo, ABM, 2007.

19. SUSAN, D. F.; KILGO, A. C.; MCKENZIE, N. B. *Fatigue failures of fasteners: Optical metallography and SEM fractography".* In: Proceeding of Microscopy and Microanalysis. 2006, Cambridge University Press.

20. ISO. *ISO 6157-1 Fasteners – Surface Discontinuities – Part 1: Bolts, Screws and Studs for General Requirements First Edition,* 1988.

21. KRAUSS, G. *Steels: processing, structure and performance.* Materials Park: ASM International, 2005.

CAPÍTULO 13

AÇOS AVANÇADOS PARA CONFORMAÇÃO MECÂNICA

1. Introdução

É possível classificar aços com base em diferentes critérios. As classificações mais comuns são as que se baseiam:

a) Na composição química (aços carbono, aços baixa liga etc.).
b) Na aplicação (aços para a construção mecânica, aços para embalagens).
c) Nas características microestruturais (aços austeníticos, aços *dual phase* etc.).

É natural que nenhuma classificação seja completa e que haja diversas formas de classificar o mesmo aço, dependendo do ponto de vista que se deseja considerar na classificação.

Nas últimas décadas, grandes progressos na área de materiais metálicos foram realizados visando atender aplicações em que peças são obtidas através da conformação mecânica de produtos planos, principalmente. Esta rota de processamento permite a produção de grandes quantidades a custos extremamente competitivos. A indústria automobilística e a indústria de embalagens, duas áreas em que o aço enfrentou séria competição de materiais alternativos, nestas décadas, são indústrias em que os aços para conformação mecânica são especialmente importantes. Para se manter competitiva, a indústria do aço vem desenvolvendo diferentes produtos, genericamente classificados, neste texto, como "aços para conformação mecânica", como mostra a Figura 13.1.

Com a demanda para a redução de peso e aumento da segurança dos veículos, a participação destes aços no automóvel tenderá a crescer.

A Figura 13.2 apresenta uma visão geral dos aços para conformação mecânica aplicados na indústria automobilística, classificados pela resistência mecânica e pelo alongamento no ensaio de tração.

Os critérios para a seleção dos aços para conformação são relativamente complexos. O desempenho em algumas operações de conformação é mais bem descrito por determinadas propriedades tecnológicas: no caso de operações de embutimento, por exemplo, o coeficiente de anisotropia plástica é determinante, enquanto que no caso de operações de estiramento, a propriedade crítica é o coeficiente de encruamento [3]. O ajuste do projeto de peças conformadas ao aço escolhido é um processo complexo (ver, por exemplo, [2] ou [4]).

Figura 13.1
Participação em peso de diferentes materiais em um automóvel norte-americano, em 1975 e em 2005. A participação total do aço no automóvel se mantém aproximadamente constante, graças ao desenvolvimento de aços com características mais favoráveis. Os aços com limite de ruptura inferior a 270 MPa foram grupados, arbitrariamente, como "aços comuns". Adaptado de [1].

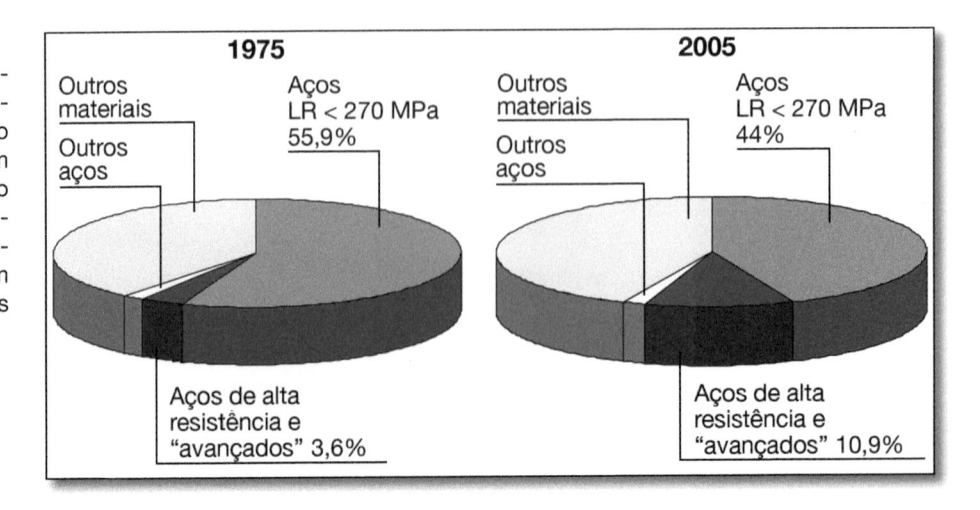

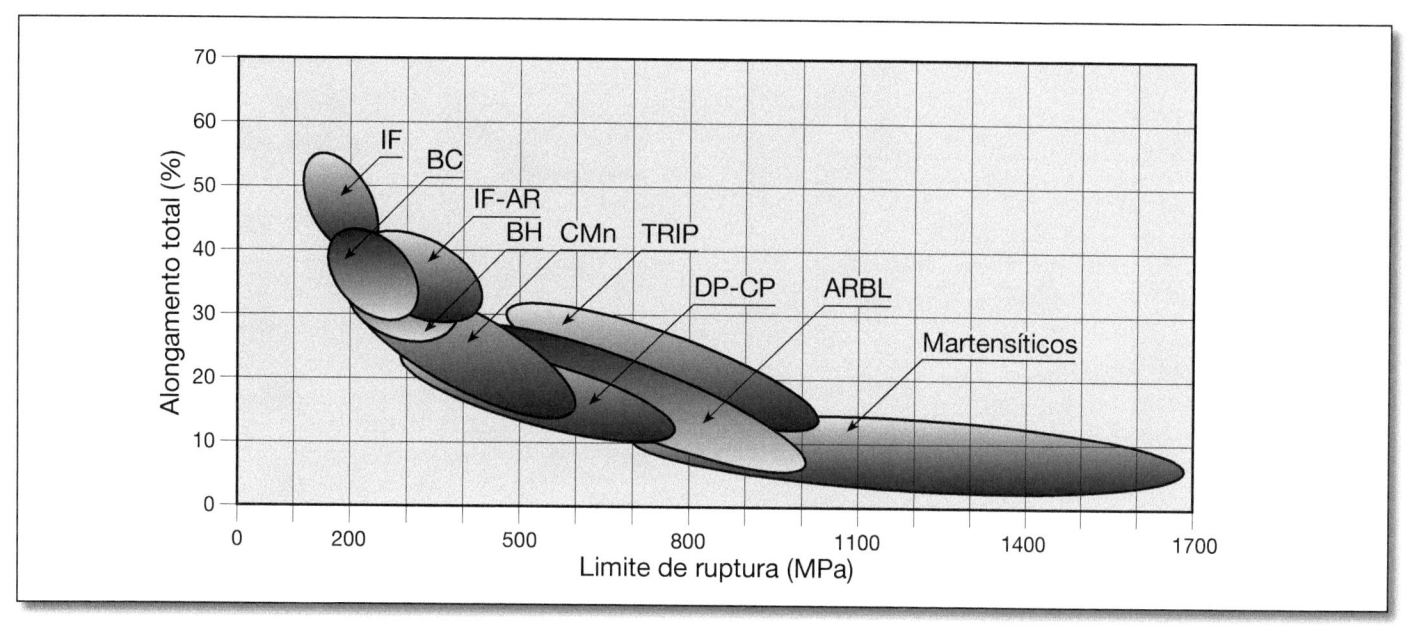

Figura 13.2
Comparação da resistência mecânica e ductilidade (medida pelo alongamento) de alguns dos aços para conformação empregados na indústria automobilística. As classificações empregam diferentes critérios: IF — *interstitial free*; BC — baixo carbono; IF — AR — IF de alta resistência; BH — *bake hardening*; CMn — aços estruturais ao carbono e manganês; ARBL — aços de Alta Resistência e Baixa Liga; DP — *Dual Phase*, CP — *Complex Phase*; TRIP — *Transformation Induced Plasticity*. Adaptado de [2].

2. Aços de Baixo e Extra-baixo Carbono (IF)

A maior parte dos aços para embalagens pode ser classificada como aços de baixo ou extra-baixo carbono (como os IF). Aços semelhantes encontram várias aplicações, também, na indústria automobilística. A maior parte destes aços tem estrutura ferrítica, com alguma pequena fração volumétrica de cementita ou, eventualmente, perlita, como apresentado no Capítulo 12.

Aços para embalagens são freqüentemente empregados na condição de trabalhado a frio, como apresentado no Capítulo 12.

3. Aços ARBL e CMn (Aços Estruturais ao Carbono e Manganês)

As características estruturais, apreciáveis através da metalografia dos aços ARBL e CMn são discutidas no Capítulo 14, "Aços Estruturais".

4. Aços Dual Phase e Complex Phase ou Multifásicos

Os aços multifásicos e *dual phase* dependem, para a obtenção da microestrutura desejada, de um tratamento intercrítico. Neste tratamento, ocorre a formação de austenita que é enriquecida em carbono. Embora os tratamentos intercríticos nem sempre atinjam o equilíbrio termodinâmico, a ilustração da Figura 13.3 permite compreender o princípio da obtenção das microestruturas multifásicas em aços com teores de carbono bastante baixos.

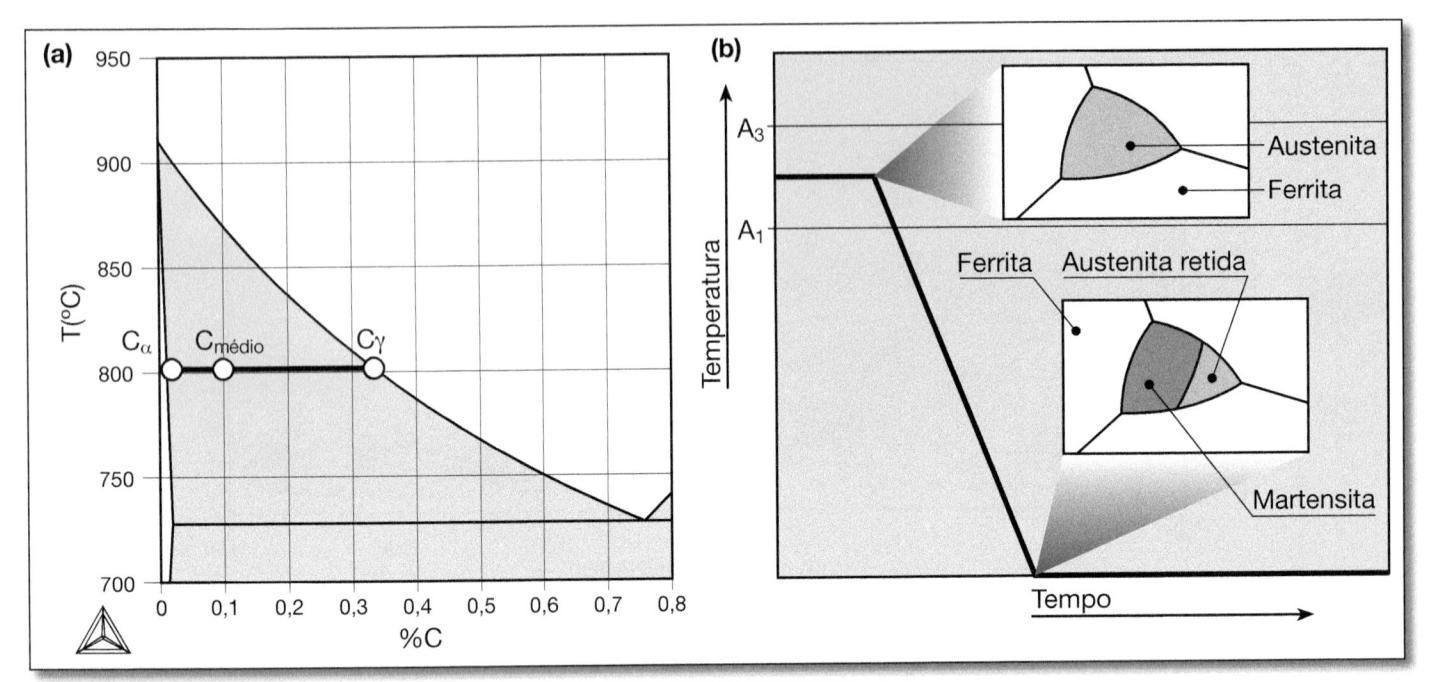

Figura 13.3
(a) No tratamento intercrítico de aços *dual phase* ou multifásicos forma-se austenita enriquecida em carbono (a Figura mostra a condição de equilíbrio em uma liga Fe-C). (b) No resfriamento, a austenita se transforma, parcialmente, em martensita, dependendo de sua composição química, restando alguma austenita retida, como mostrado esquematicamente.

O resultado destes tratamentos são microestruturas em que uma matriz contínua de ferrita garante a ductilidade e conformabilidade e é reforçada, mecanicamente, pelas "ilhas" de martensita e de MA (martensita-austenita).

Dependendo do processamento (temperatura e tempo), as regiões austeníticas podem se transformar para outras combinações mais complexas de diversas fases, obtendo-se aços "multifásicos" ou *complex phase*. As Figuras 13.4 a 13.6 apresentam exemplos de microestruturas de aços bifásicos.

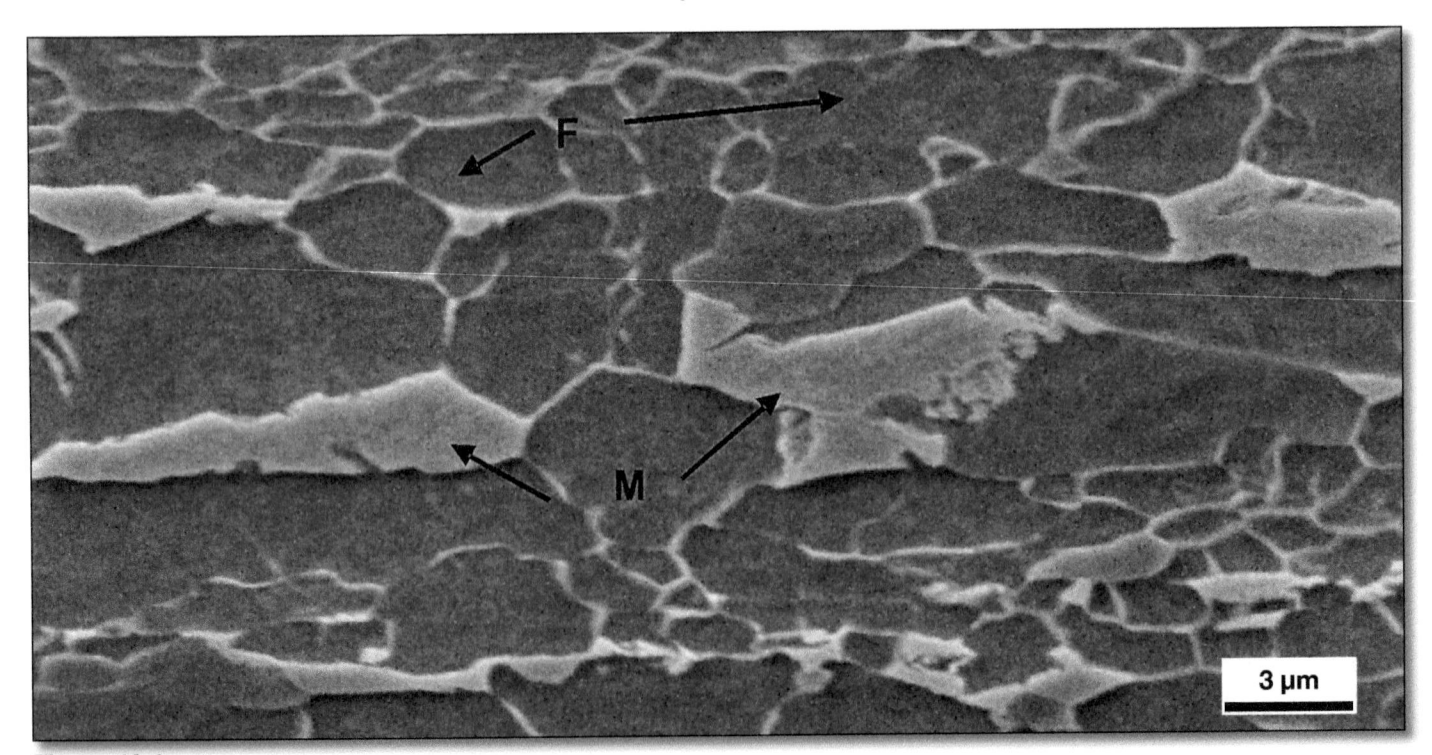

Figura 13.4
Seção transversal de aço com C = 0,09%, Mn = 1% e Nb = 0,03%, bifásico, ferrita (F) e martensita (M). Tamanho de grão ferrítico: 5 μm. Ataque: Nital. MEV, ES. Cortesia: ArcelorMittal Tubarão, ES, Brasil.

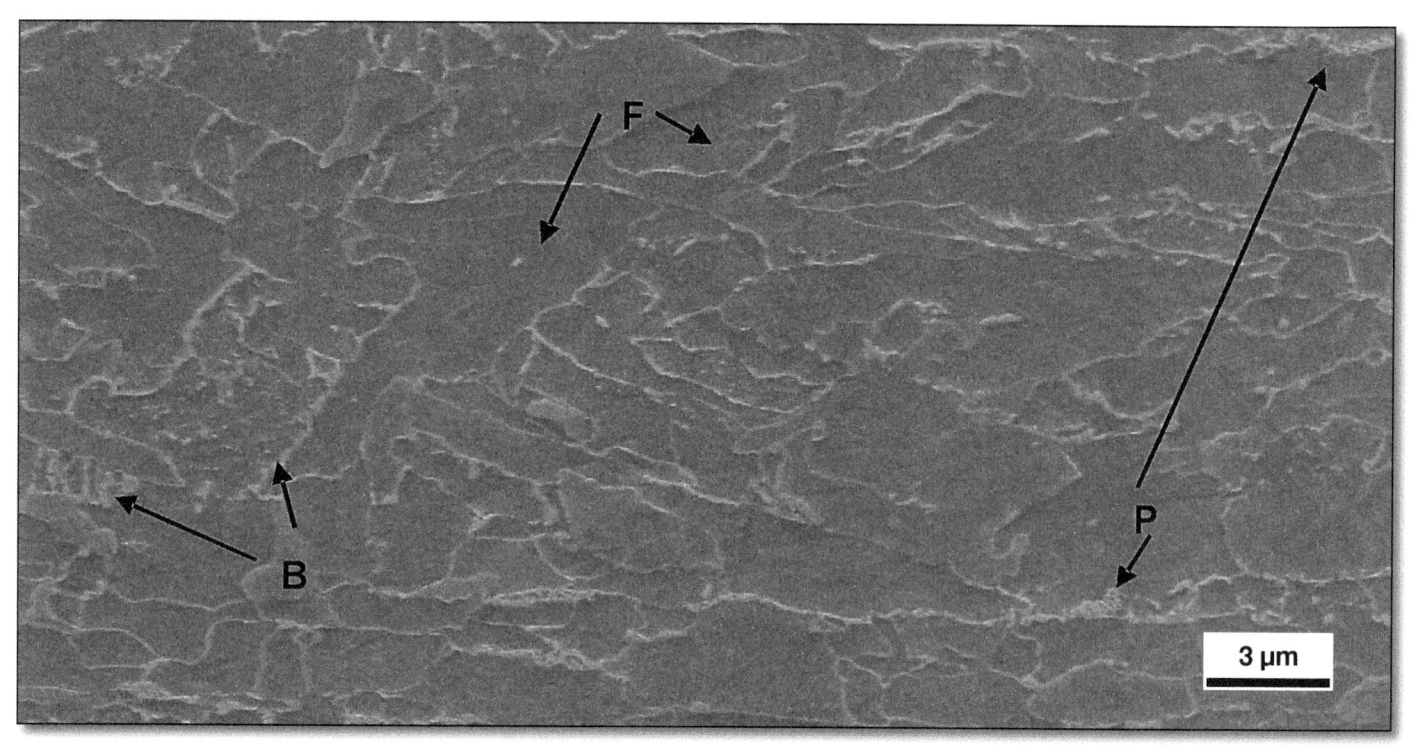

Figura 13.5
Seção transversal de aço com C = 0,09%, Mn = 1% e Nb = 0,03%, bifásico, ferrita (F) e bainita (B), com alguma presença de perlita (P). Tamanho de grão ferrítico: 3 μm. Ataque: Nital. MEV, ES. Cortesia: ArcelorMittal Tubarão, ES, Brasil.

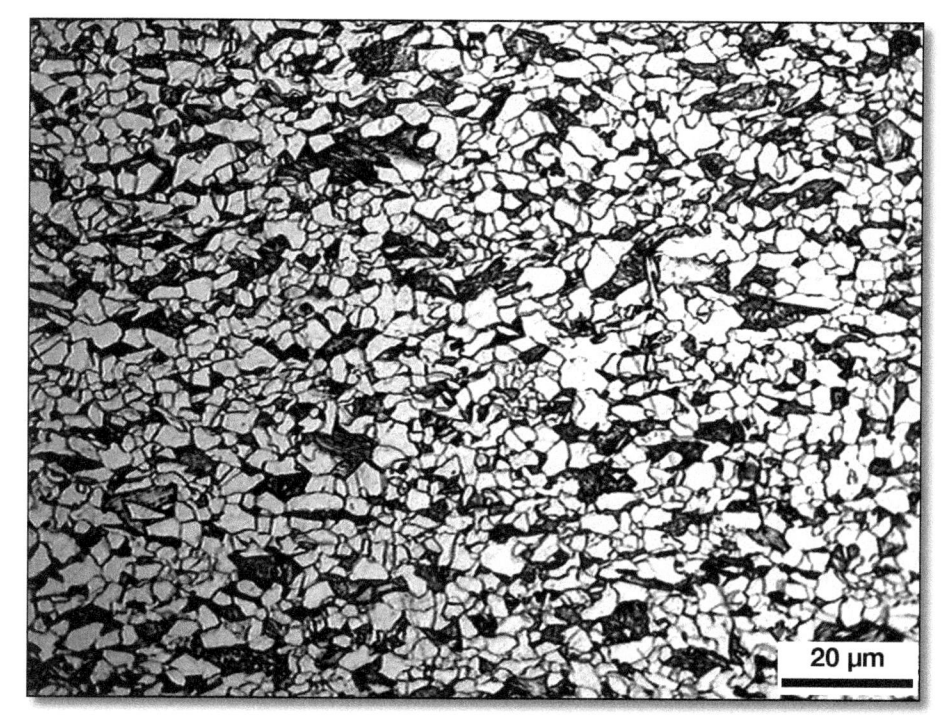

Figura 13.6
Aço *dual phase*. Ferrita e áreas de martensita com austenita retida. Ataque: Nital 4% seguido de Picral 4%. Cortesia: ArcelorMittal Tubarão, ES, Brasil.

As condições de processamento assim como as transformações que ocorrem tanto no tratamento intercrítico como no resfriamento são muito importantes para que se obtenham os resultados desejados: um aço com elevada ductilidade e capacidade de conformação e boa resistência mecânica. Assim, é comum avaliar tanto através de modelamento como experimentalmente o efeito dos diferentes parâmetros de processamento sobre a microestrutura. A identificação dos diferentes constituintes da microestrutura é um interessante desafio e vários reagentes são aplicados, com objetivos complementares, como mostrado a seguir.

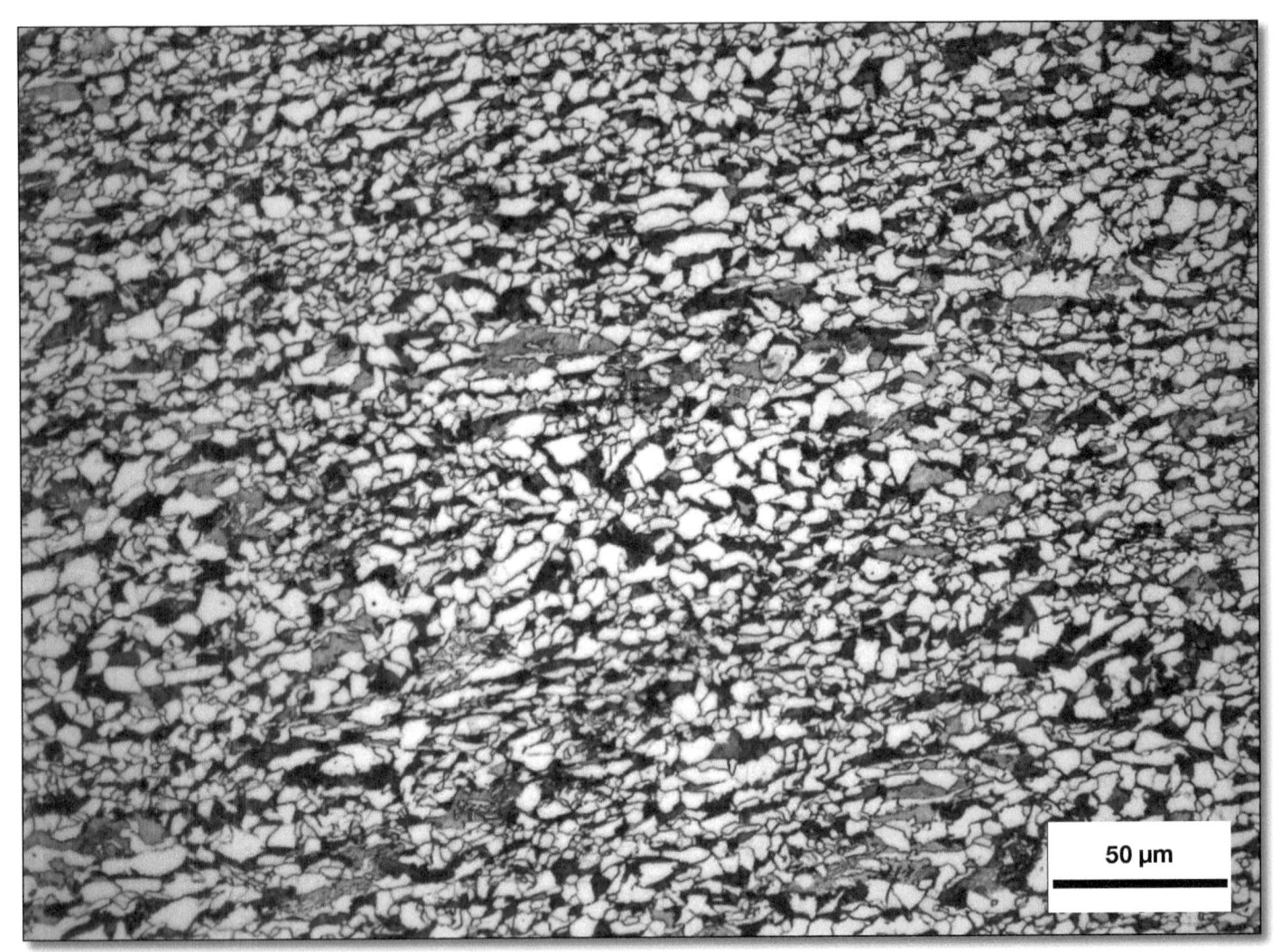

50 μm

Figura 13.7
Aço multifásico laminado a quente
C = 0,2%, Mn = 1,5%, Si = 1,5%. Ferrita,
perlita e constituintes revelados na Figura
13.8. Cortesia C. S. Viana, EEIMVR-UFF,
Volta Redonda, RJ, Brasil [5]. Ataque: Nital 3%.

Caballero e colaboradores [6] investigaram o efeito dos parâmetros de processamento sobre a microestrutura de um aço *dual phase* (DP 750, com 750 MPa de limite de escoamento) como descrito a seguir. O aço foi laminado a quente, tendo sido a laminação concluída a 900 °C. Ao fim da laminação a quente foram aplicadas diferentes taxas de resfriamento e diferentes temperaturas de bobinamento. A temperatura de bobinamento é um parâmetro importante, pois, a partir do bobinamento, a taxa de resfriamento diminui drasticamente.

A Figura 13.11 mostra a microestrutura de amostra laminada a quente, resfriada a 7 °C/s e bobinada a 650 °C. Esta amostra é a que teve resfriamento mais lento, dentre todas as amostras produzidas.

As chapas produzidas com diferentes combinações de taxa de resfriamento e temperatura de bobinamento foram submetidas à laminação a frio, com 68% de redução.

A Figura 13.12 mostra o efeito das condições de resfriamento ao final da laminação a quente sobre a microestrutura do aço (embora as amostras tenham sido colhidas após laminação a frio, é possível observar as diferenças microestruturais decorrentes da laminação a quente e resfriamento posterior). O tamanho de grão ferrítico é significativamente reduzido com o aumento da velocidade de resfriamento e, ao invés de ocorrer a formação de perlita, observam-se martensita e bainita.

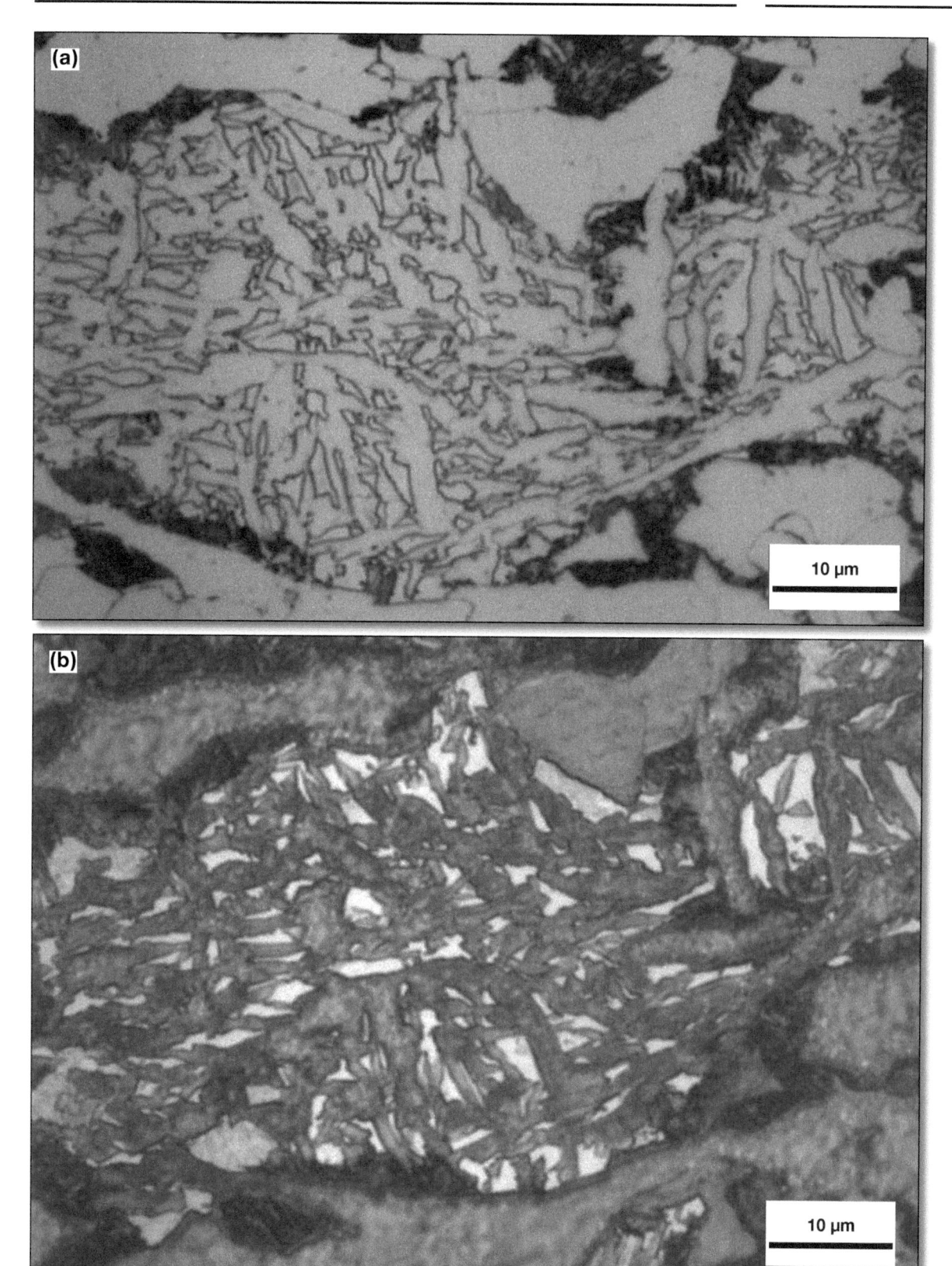

Figura 13.8

Região multifásica do aço da Figura 13.7 com dois ataques diferentes: (a) Ataque com metabissulfito de potássio[1]: Ferrita (clara), perlita (escura) e constituinte acicular com áreas brancas intermediárias. (b) Ataque LePera: Ferrita (azul-esverdeada, cinza-claro), bainita ou ferrita bainítica (marrom, cinza mais escuro), perlita (escura) e regiões MA brancas. Cortesia C. S. Viana, EEIMVR-UFF, Volta Redonda, RJ, Brasil [5].

(1) 800 mg de metabissulfito de potássio + 100 mL de água destilada.

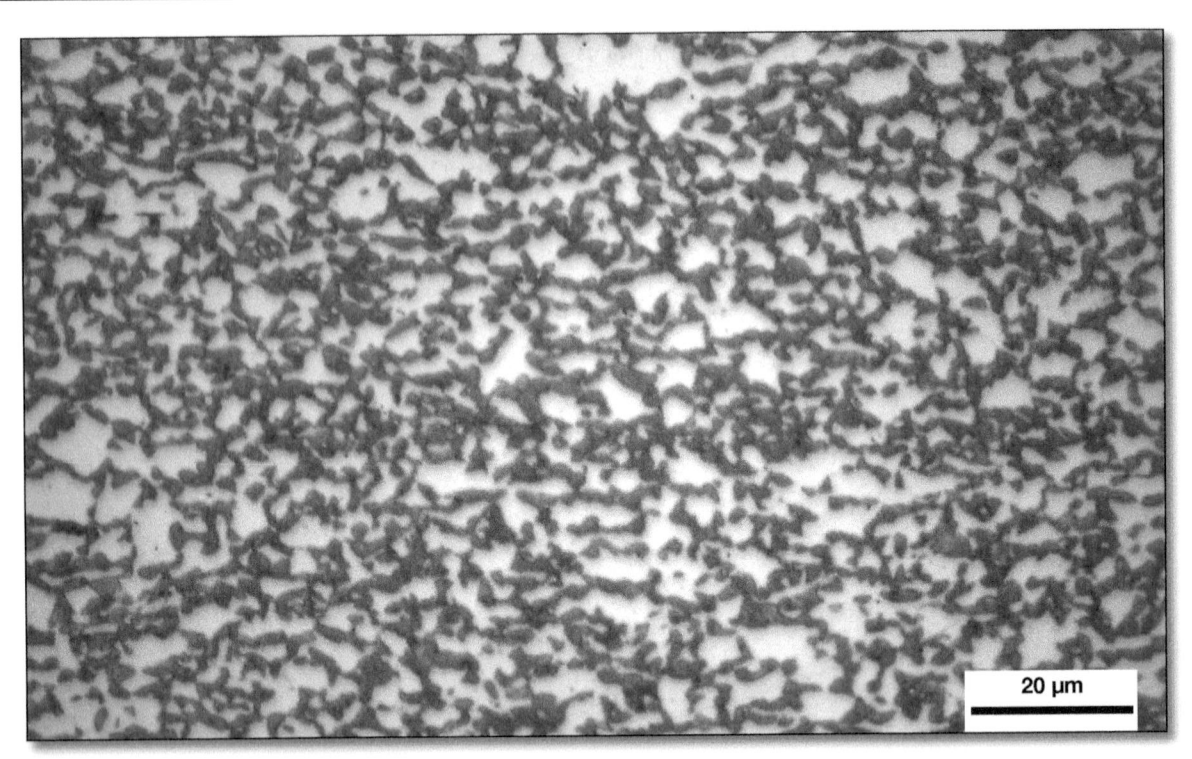

Figura 13.9
O mesmo aço da Figura 13.7 (C = 0,2%, Mn = 1,5%, Si = 1,5%) submetido a tratamento intercrítico a 750 °C por 15 min seguido por resfriamento brusco. Microestrutura bifásica. Ferrita (clara), circundada por martensita nas áreas que foram austenitizadas no tratamento intercrítico. Ataque: Metabissulfito de potássio. Cortesia C. S. Viana, EEIMVR-UFF, Volta Redonda, RJ, Brasil [5].

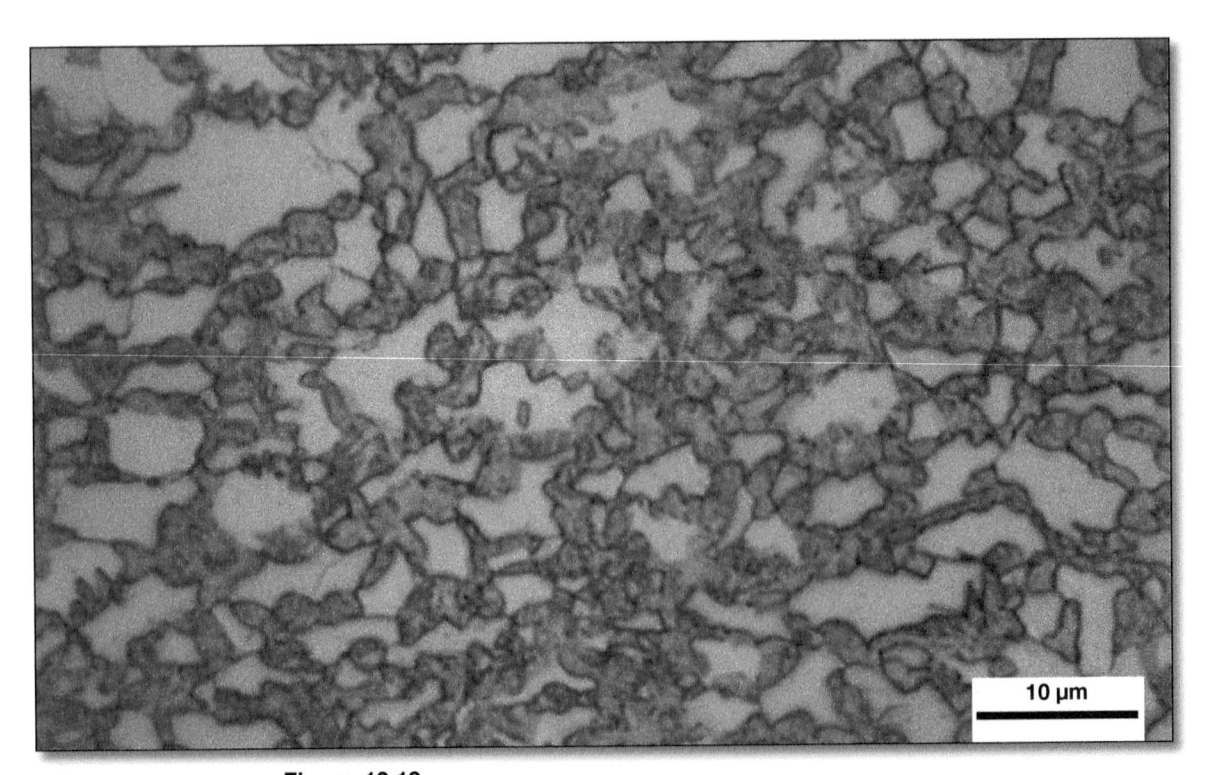

Figura 13.10
Detalhe da Figura 13.9. Ferrita (clara) com martensita. As áreas de martensita são mais claramente visíveis. Não é possível identificar, no microscópio ótico, a presença de austenita retida. Ataque: Nital 3%. Cortesia C. S. Viana, EEIMVR-UFF, Volta Redonda, RJ, Brasil [5].

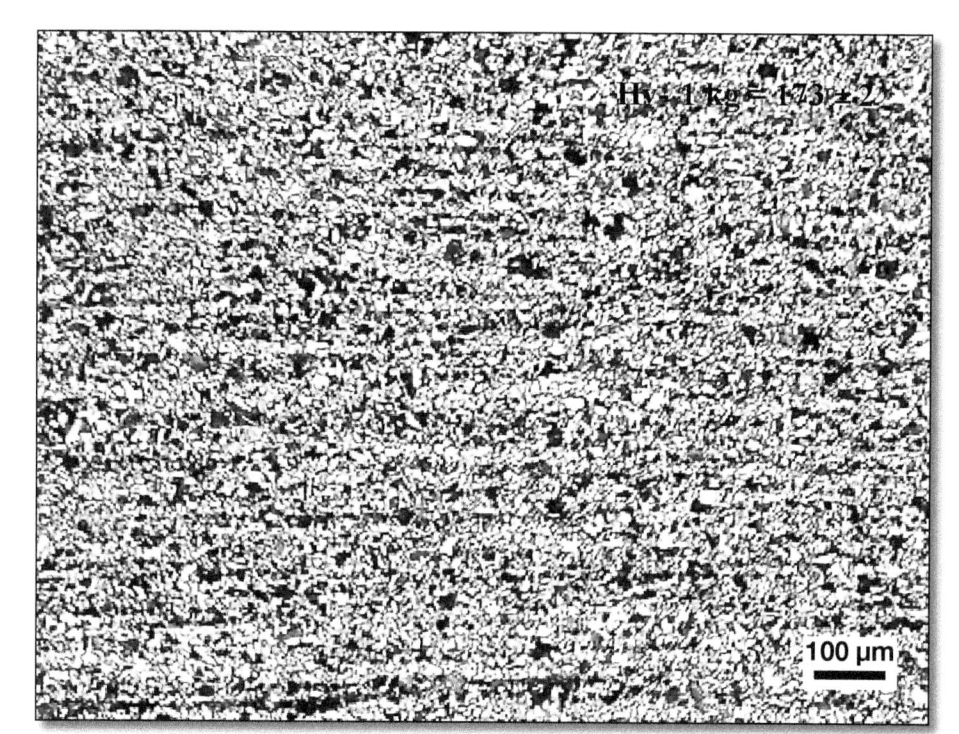

Figura 13.11
Seção longitudinal de chapa de aço com C = 0,15%, Mn = 1,9%, Si = 0,2%, Cr = 0,2% laminado a quente até 900 °C, resfriado a 7 °C/s e bobinado a 650 °C. Ferrita e perlita, levemente bandeado. Dureza HV 173. Ataque: Nital. Cortesia F. G. Caballero, CENIM-CSIC, Grupo Materialia. Madrid, Espanha.

Figura 13.12
Seção longitudinal do aço da Figura 13.11 (a) e (b) Laminado a quente, resfriado a 7 °C/s e bobinado a 650 °C, seguido por laminação a frio. (c) e (d) Laminado a quente, resfriado a 60 °C/s e bobinado a 500 °C, seguido por laminação a frio. O material resfriado lentamente (a) e (b) apresenta ferrita e perlita, deformadas a frio. O material resfriado mais rapidamente (c) e (d) apresenta ferrita e bainita ou martensita, deformadas a frio. Ataque: Nital. (b) e (d) MEV, ES. Cortesia F. G. Caballero, CENIM-CSIC, Grupo Materiala, Madrid, Espanha.

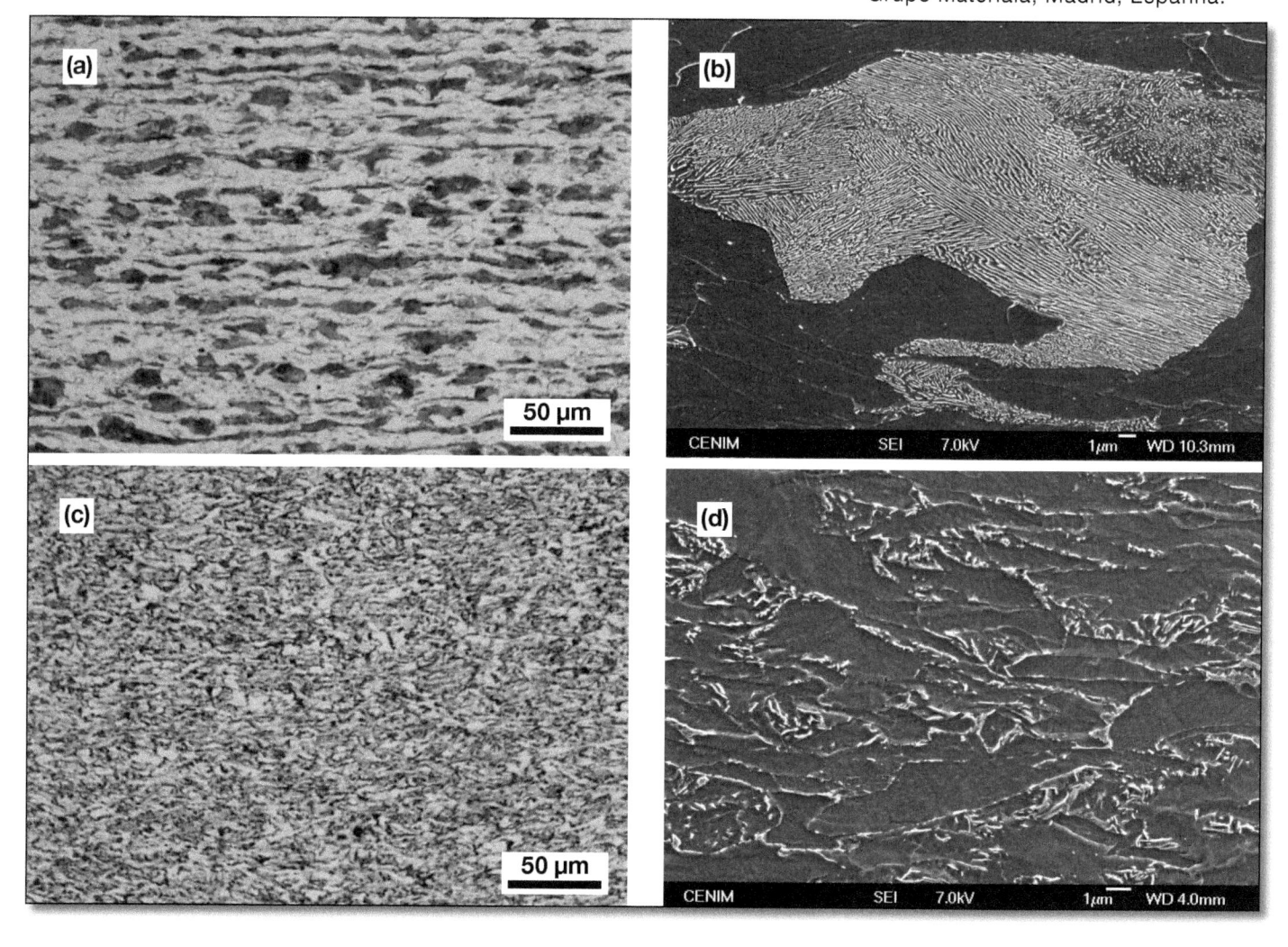

O efeito do recozimento intercrítico após a laminação a frio foi também investigado. Para a mesma condição inicial (laminação a quente, condições de bobinamento e laminação a frio) avaliou-se o efeito da temperatura e tempo de austenitização intercrítica. Observaram-se também, os efeitos dos diferentes ataques químicos comumente empregados para estas avaliações.

A Figura 13.13 apresenta as temperaturas de transformação $\alpha \rightarrow \gamma$ em equilíbrio e no aquecimento, medidas experimentalmente, para o aço estudado.

Para os tratamentos realizados a 750 °C (Figura 13.14(a-c)) utilizou-se o reagente de LePera. Quando se emprega o reagente de LePera, se a micrografia colorida é convertida para uma imagem em preto e branco, a martensita aparece clara, a ferrita cinzenta e carbonetos ou perlita, escuros. Nestas amostras, observa-se que a amostra austenitizada por 1 s é constituída por ferrita e perlita, com poucos pontos claros de martensita (Figura 13.14(a)). Isto indica que houve muito pouca formação de austenita neste tempo de tratamento. Para maiores tempos de manutenção da amostra nesta temperatura obtêm-se frações volumétricas crescentes de martensita nas amostras resfriadas, indicando a formação de quantidade crescente de austenita no tratamento intercrítico.

Um comportamento semelhante é observado no tratamento a 800 °C. O reagente à base de metabissulfito de sódio proposto por Datta e Gokhale [7] dá um bom contraste entre a ferrita e a martensita. Na Figura 13.14(e) observa-se ferrita, perlita e alguma martensita resultante da austenita formada no tratamento. A fração de ferrita não transformada, na Figura 13.14(f) é bastante pequena, como mostram os resultados de medidas quantitativas apresentados na Figura 13.15. É importante observar que quando amostras contêm mais de cerca de

Figura 13.13
Fração volumétrica de austenita em equilíbrio para o aço DP da Figura 13.11 e pontos Ac_1 e Ac_3 medidos experimentalmente [6]. Para as taxas de 7 e 60 °C/s não houve muita diferença entre os valores determinados para as temperaturas de transição.

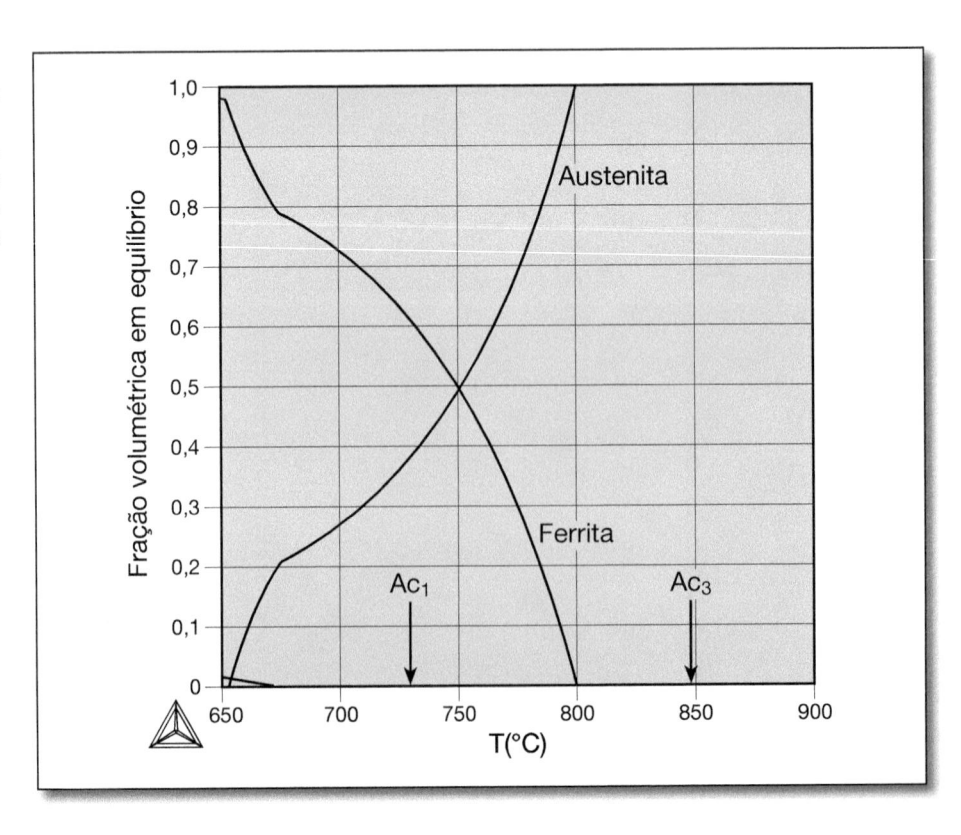

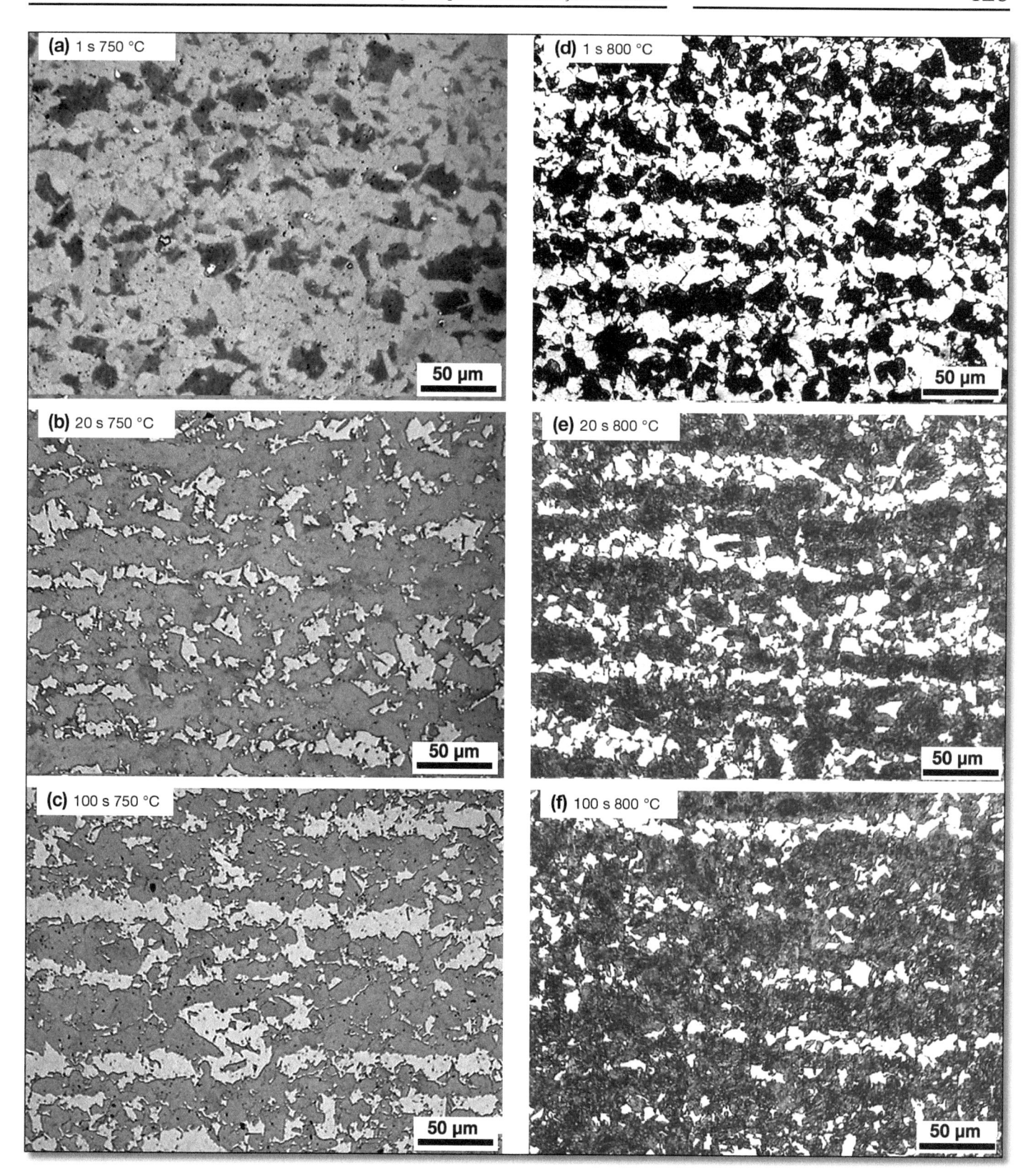

Figura 13.14
Evolução da microestrutura de um aço bifásico (*dual phase*) laminado a quente, trabalhado a frio e submetido à austenitização intercrítica pelo tempo e temperatura indicados nas Figuras. (a), (b) e (c). Ataque: LePera. Martensita: clara; ferrita: cinza; perlita: escura (d), (e) e (f). Ataque: Datta e Gokhale[(2)]. Ferrita: clara; perlita: escura. (g), (h) e (i): Ataque: Nital. Ver texto para discussão. Cortesia F. G. Caballero, (CENIM-CSIC), Madrid, Espanha. Mais detalhes em [6]. (*Continua*)

(2) 20 g de metabissulfito de sódio em 100 mL de água [7].

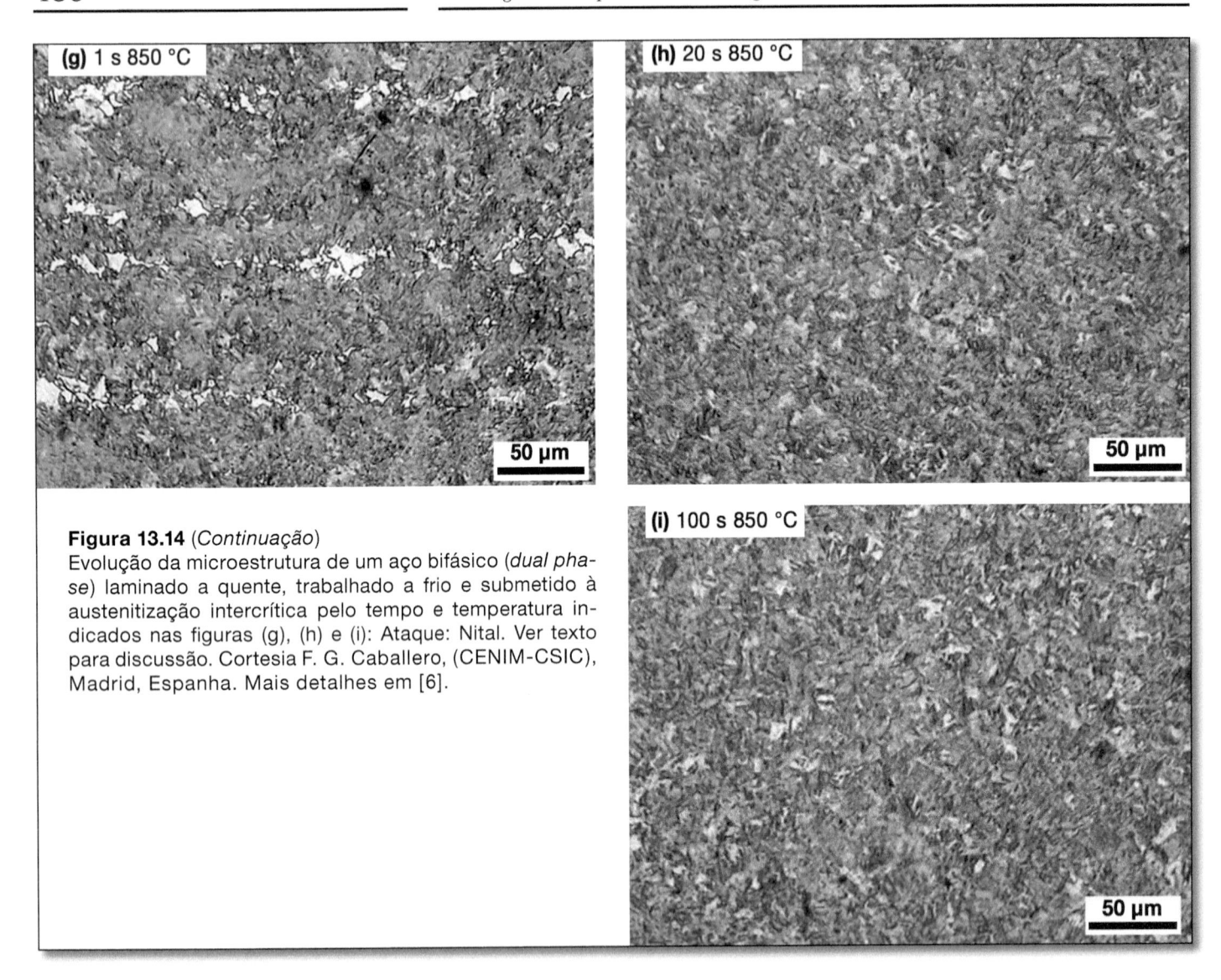

Figura 13.14 (*Continuação*)
Evolução da microestrutura de um aço bifásico (*dual phase*) laminado a quente, trabalhado a frio e submetido à austenitização intercrítica pelo tempo e temperatura indicados nas figuras (g), (h) e (i): Ataque: Nital. Ver texto para discussão. Cortesia F. G. Caballero, (CENIM-CSIC), Madrid, Espanha. Mais detalhes em [6].

60% de martensita, o contraste entre ferrita e martensita, obtido pelo ataque de LePera, começa a degradar [6]. Neste caso, os ataques à base de metabissulfito de sódio podem ser opções interessantes.

Por fim, quando o tratamento se passa a 850 °C (Figura 13.14(g-i)) somente se observa a presença de alguma ferrita com tempos muito curtos. A austenitização, nesta temperatura, é rápida e atinge a transformação completa. O ataque por nital é adequado para a avaliação destas microestruturas, compostas por martensita (e uma pequena fração volumétrica de ferrita no caso da figura 13.14(g), 1 s de tratamento).

As técnicas metalográficas aplicadas a estes aços são úteis, também, na determinação da microestrutura de outros aços submetidos a processamento que conduza a situações semelhantes. No caso de resfriamento brusco a partir da região intercrítica ou quando a decomposição da austenita não está completa, em aços de baixos teores de carbono, pode-se observar situações bastante similares a aços multifásicos, como mostram as Figuras 13.16 a 13.18.

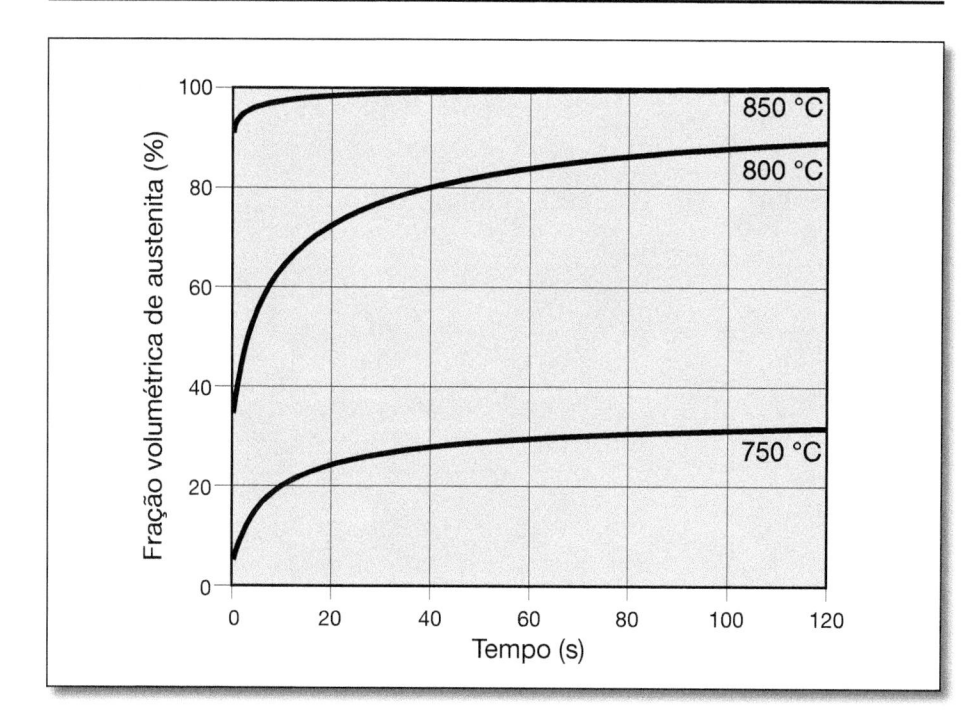

Figura 13.15
Fração volumétrica de austenita formada nos tratamentos intercríticos da Figura 13.14 determinados por metalografia quantitativa. Adaptado de [6].

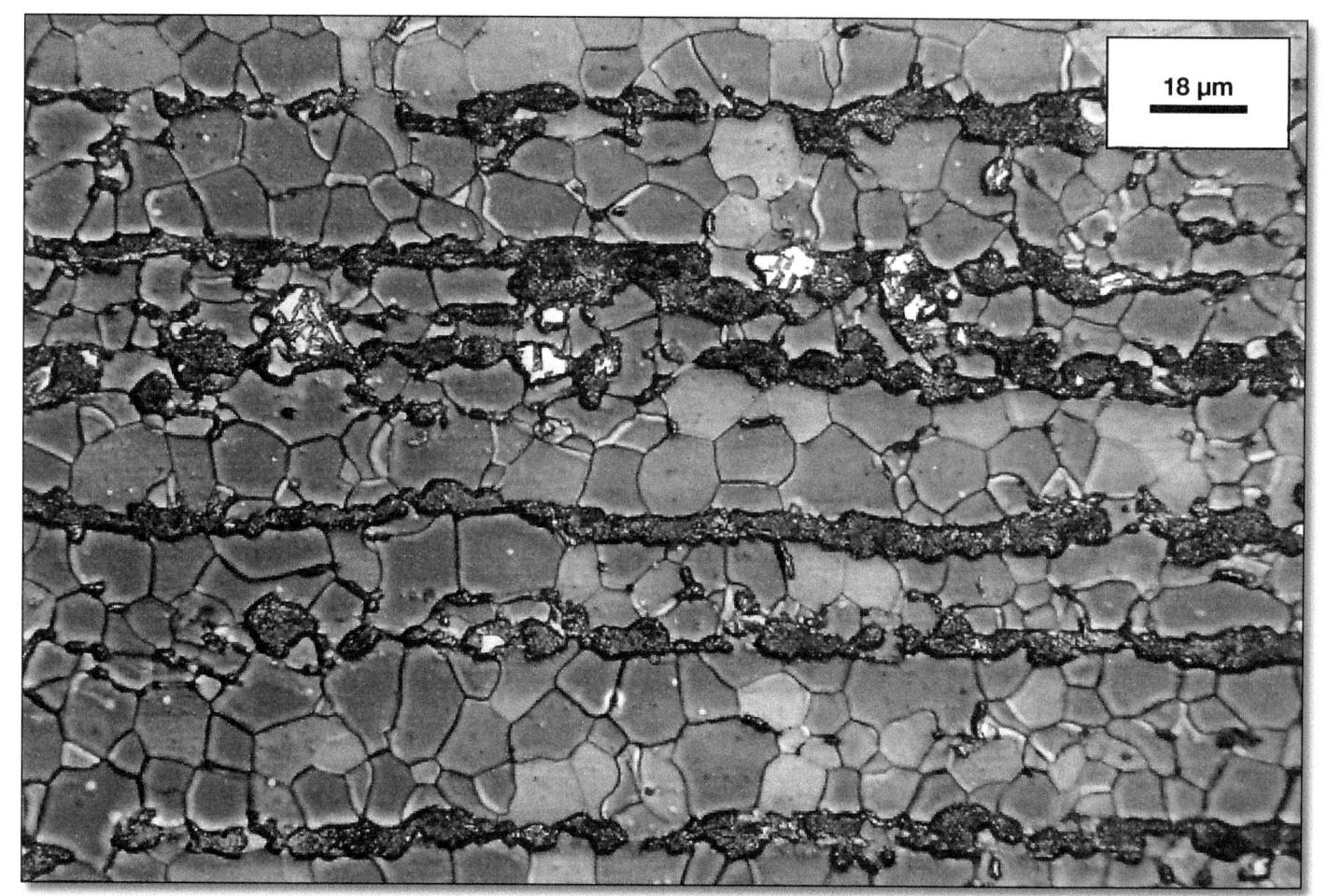

Figura 13.16
Seção longitudinal de fio de aço com C = 0,06-0,15%, Si = 0,80-1,15%, Mn = 1,40-1,85% (AWS A5.18 ER 70S-6) Ferrita equiaxial (tom cinza) e perlita (escura) bandeada. Ilhas de martensita-austenita retida (MA) aparecem brancas. Amostra austenitizada a 900 °C, resfriada até 650 °C, com taxa de 1,0 °C/s, e então temperada em fluxo de hélio. O enriquecimento de carbono das áreas brancas, associado à decomposição da austenita, foi suficiente para que se formasse MA no resfriamento rápido. Ataque: LePera. Microscopia ótica, luz polarizada. Cortesia M. S. Andrade, CETEC, MG, Brasil.

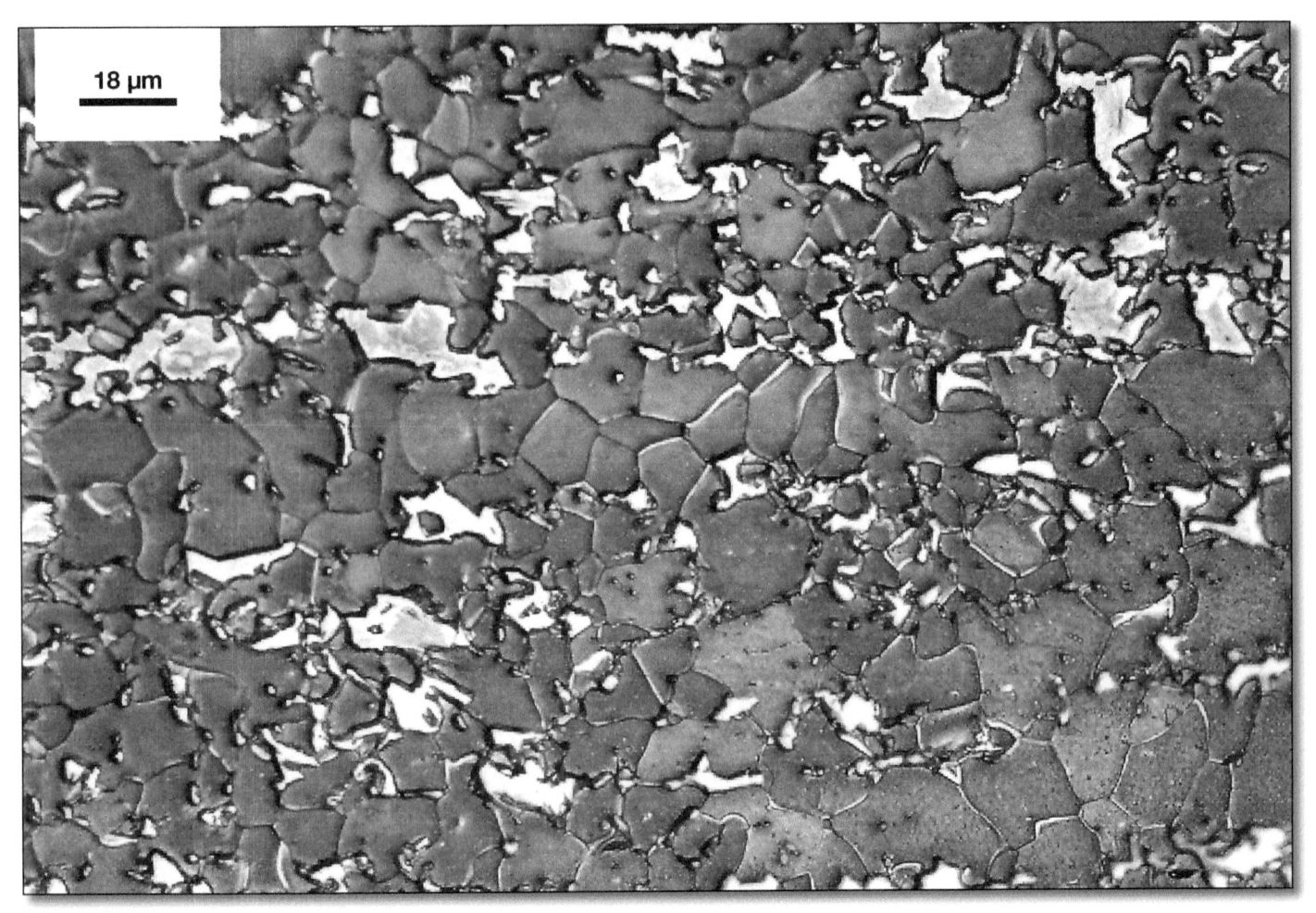

Figura 13.17
O fio da Figura 13.16 submetido à austenitização a 900 °C, resfriamento até
700 °C, com taxa de 0,8 °C/s, e então
têmpera em fluxo de hélio. Ferrita equiaxial (tom cinza) e austenita retida (branco). O resfriamento rápido foi iniciado
antes do início da formação da perlita.
Ataque: LePera. Cortesia M. S. Andrade,
CETEC, MG, Brasil.

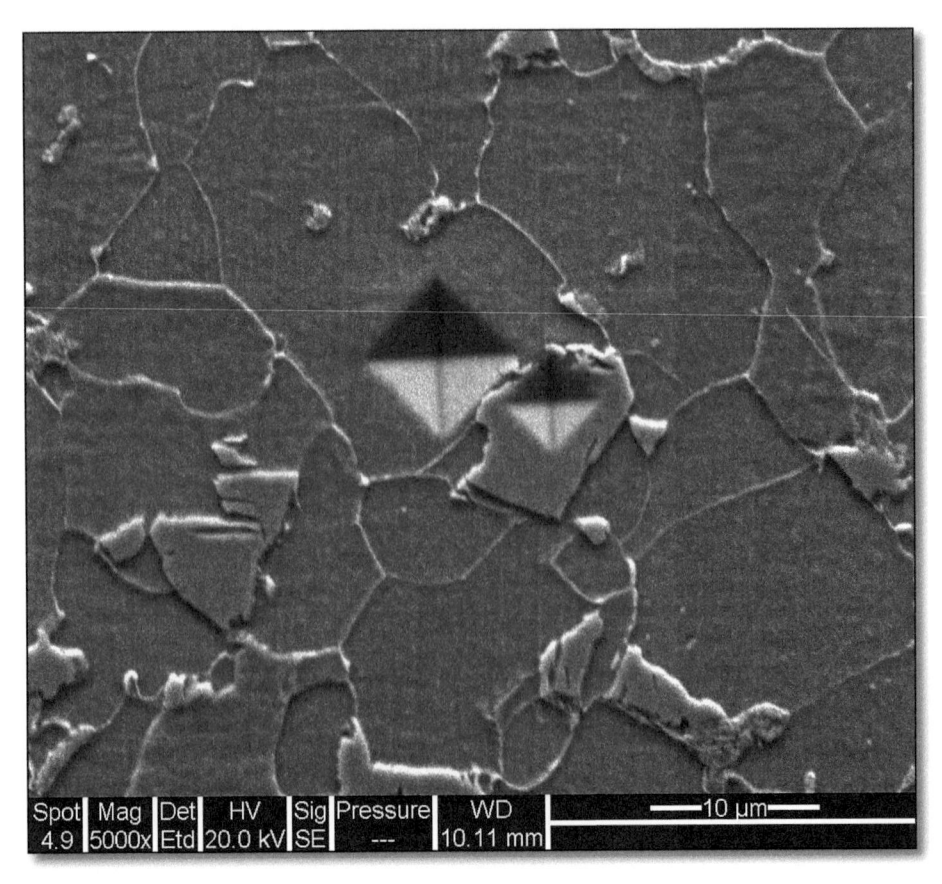

Figura 13.18
Aço multifásico. Ferrita equiaxial (sem
relevo) e regiões de constituinte MA. As
impressões de dureza mostram a diferença de comportamento mecânico dos
dois constituintes. Em algumas regiões é
possível observar detalhes estruturais no
constituinte MA. Ataque: Nital. MEV, ES.

5. Aços TRIP (*Transformation Induced Plasticity*)

Além do resfriamento brusco, a deformação mecânica também pode induzir a transformação da austenita em martensita. Este fenômeno é relativamente comum em alguns aços inoxidáveis austeníticos. Dois efeitos são notados neste caso: há um aumento da deformação plástica uniforme, associado à deformação pela transformação de fases e, no caso de aços austeníticos, o material começa a se apresentar ferromagnético, devido à presença da martensita.

Este fenômeno é aproveitado em uma classe de aços avançados para a conformação mecânica chamada de aços *Transformation Induced Plasticity* ou TRIP. Nestes aços, a quantidade e composição química da austenita retida são ajustadas para que ocorra transformação martensítica durante a deformação.

A Figura 13.19 apresenta os ciclos de tratamento termomecânico usuais para aços TRIP e aços *dual phase*. A principal diferença evidente entre os dois ciclos é a austêmpera a que o aço TRIP é submetido após o tratamento intercrítico. Neste tratamento, parte da austenita formada no tratamento intercrítico é transformada para bainita. Além da austenita retida "granular" ocorre, nestes aços, também austenita

Figura 13.19
Esquema simplificado de ciclos de tratamento termomecânico aplicados para aços *dual phase* (DP) e TRIP. Em um roteiro, a laminação a quente é encerrada com resfriamento controlado e bobinamento a uma temperatura definida. O aço é então laminado a frio, para condicionar a formação de austenita no tratamento intercrítico. Em outro roteiro, o resfriamento após a laminação a quente é feito de forma controlada, para formar ferrita na região intercrítica. Os aços DP são resfriados rapidamente, após o tratamento intercrítico, formando martensita (α'). Os aços TRIP são resfriados para uma temperatura de austêmpera, como indicado na figura, formando bainita (α_b). É possível, ainda, controlar as condições de resfriamento ao fim da laminação a quente para produzir aço TRIP diretamente da laminação a quente.
Nota: A escala de tempo da curva CCT superposta, à direita, se inicia ao fim do tratamento intercrítico. Adaptado de [8].

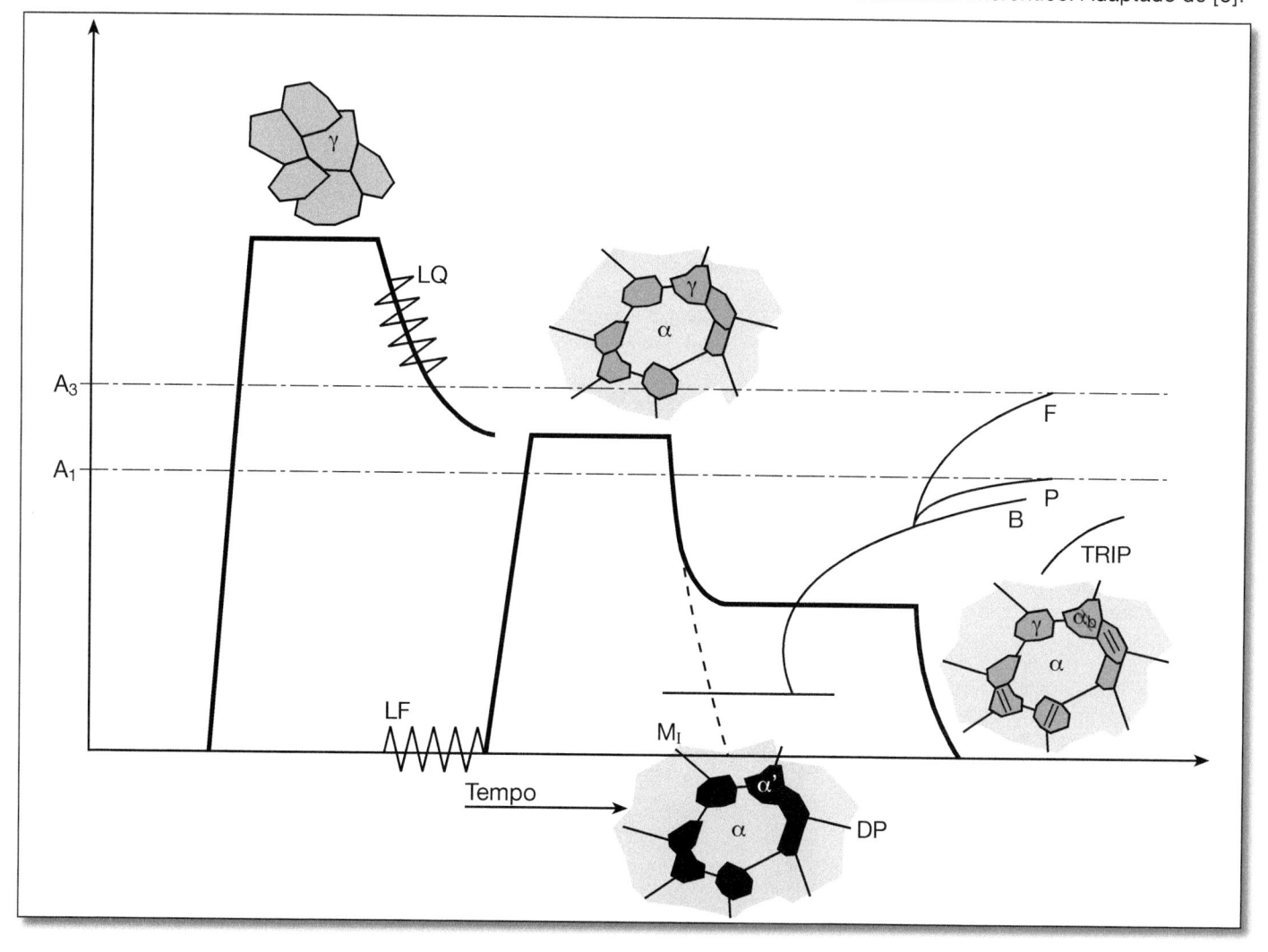

retida entre as placas de bainita (ou ferrita bainítica, uma vez que os teores de silício, principalmente, são altos o suficiente para retardar ou evitar a precipitação de carbonetos durante a formação da bainita).

As diferentes etapas descritas na Figura 13.19 podem ser otimizadas se for possível controlar o resfriamento após a laminação a quente, de modo a atravessar a região intercrítica em condições adequadas para a obtenção da estrutura desejada, sem necessidade de nova austenização no processo.

No desenvolvimento dos aços TRIP há um grande interesse em quantificar a microestrutura das regiões onde existem martensita, bainita e austenita retida granular. Girault e colaboradores [9] propuseram algumas alternativas para proporcionar melhor visualização dos constituintes destes aços, como mostram as Figura 13.21 e 13.22.

As microestruturas dos aços TRIP são complexas, como apresentado nas próximas figuras, e sua caracterização, em geral, envolve uma combinação de técnicas metalográficas, envolvendo microscopia ótica e MEV e difração de raios X e, eventualmente, MET para a correta identificação de fases.

Figura 13.20
Aços TRIP submetidos a tratamento intercrítico seguido de resfriamento brusco e austêmpera. Grãos de ferrita cercados por áreas de martensita com austenita retida (MA). O ataque por nital não permite diferenciar estas fases, regiões compostas por MA permanecem praticamente lisas. Ataque: Nital. (a) C = 0,11%, Mn = 1,53%, Si = 1,5%, (b) C = 0,27%, Mn = 1,4%, Si = 1,4%. Reproduzido de [9] com permissão da Elsevier.

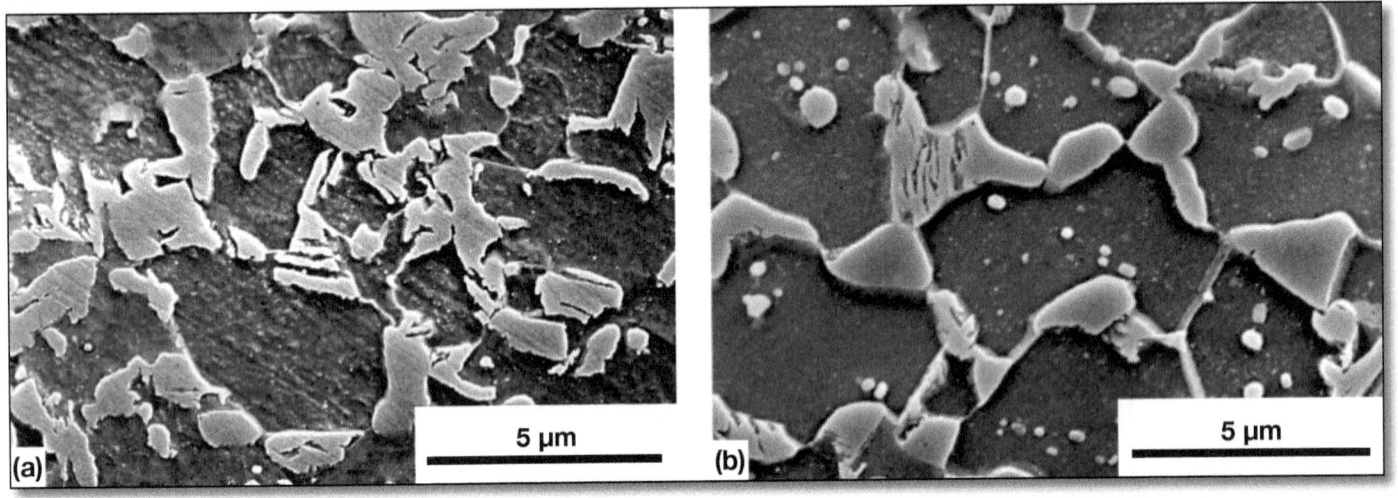

Figura 13.21(a)
Aço TRIP multifase com C = 0,11%, Mn = 1,53%, Si = 1,5% submetido a tratamento intercrítico seguido de resfriamento brusco e austêmpera. Grãos de ferrita cercados por áreas de bainita e martensita, com austenita retida (MA). A estrutura das áreas MA é revelada por um rápido revenido a 200 °C por 2 h [9]. (a) Tratamento intercrítico a 750 °C por 4 min seguido de resfriamento brusco e austêmpera a 375 °C por 3 min. Ferrita (F), Martensita (M) e austenita retida (A). Ataque: Nital. Publicado originalmente em ISIJ International [10] reproduzido com autorização do ISIJ, Japão.

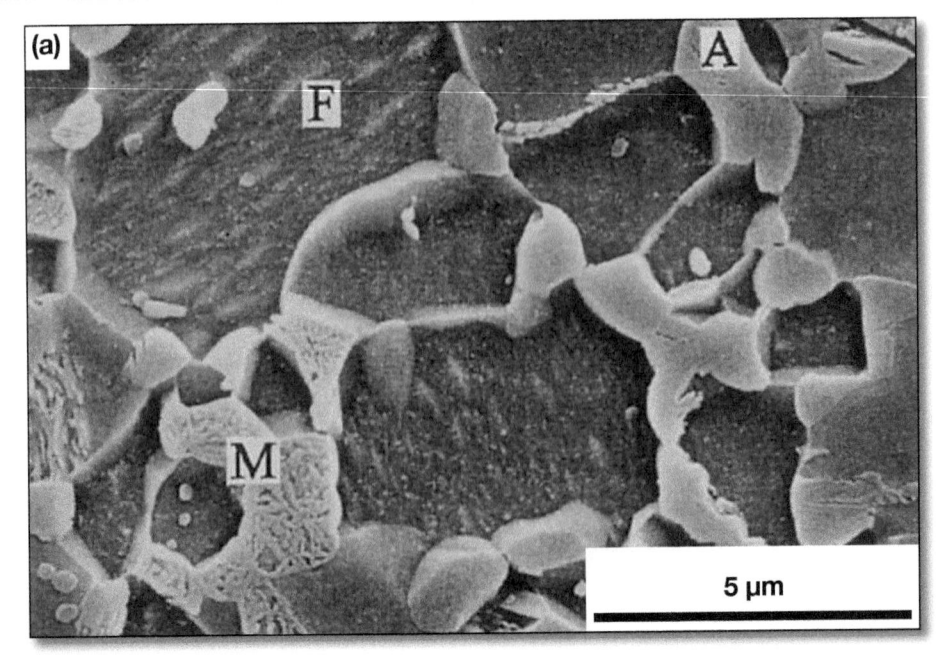

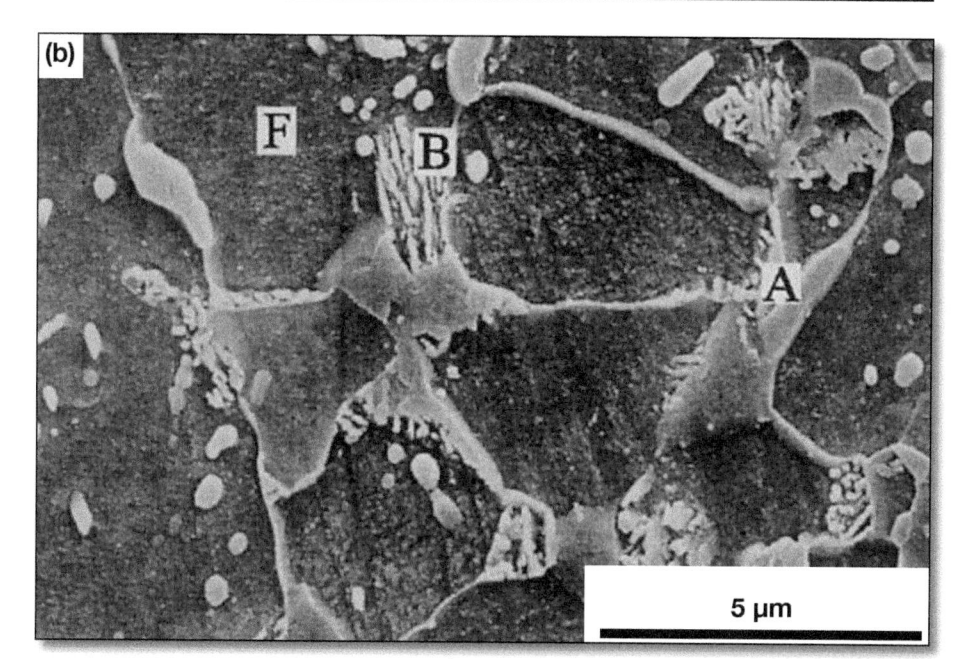

Figura 13.21(b)
Aço TRIP multifase com C = 0,11%, Mn = 1,53%, Si = 1,5% submetido a tratamento intercrítico seguido de resfriamento brusco e austêmpera. Grãos de ferrita cercados por áreas de bainita e martensita, com austenita retida (MA). A estrutura das áreas MA é revelada por um rápido revenido a 200 °C por 2 h [9]. (b) Austêmpera por 15 min. Maior fração de austenita transformada com a formação de bainita (B). MEV, ES. Ataque: Nital. Publicado originalmente em ISIJ International [10] e reproduzido com autorização do ISIJ, Japão.

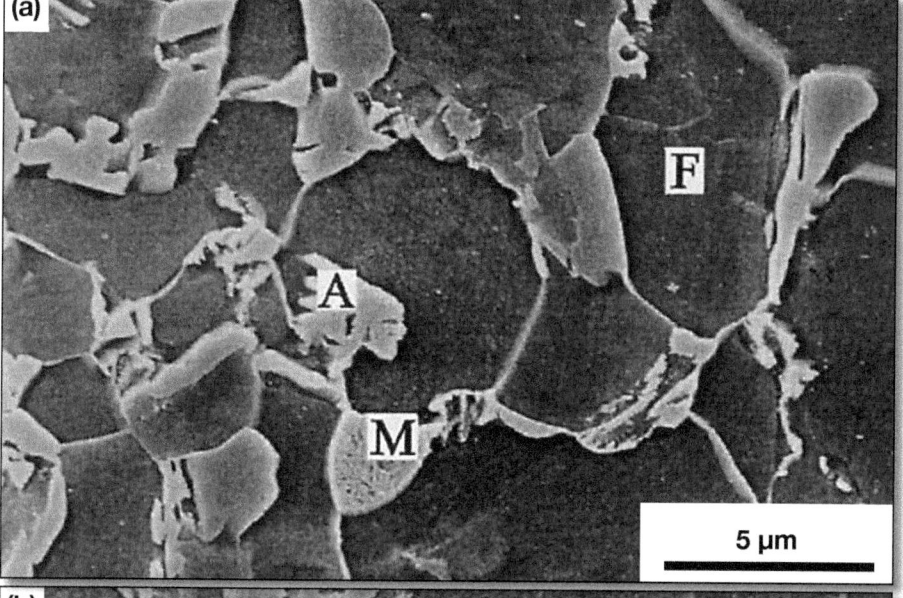

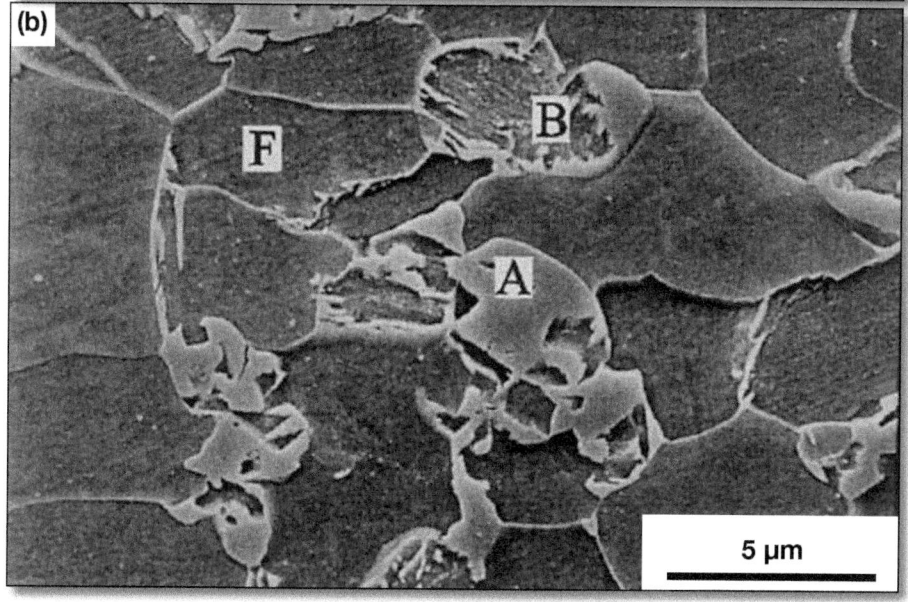

Figura 13.22
Aço TRIP multifase com C = 0,11%, Mn = 1,55%, Si = 0,59%, Al = 1,5% submetido a tratamento intercrítico seguido de resfriamento brusco e austêmpera. Grãos de ferrita cercados por áreas de martensita com austenita retida (MA). A estrutura das áreas MA é revelada por um rápido revenido a 200 °C por 2 h [9] (a) Tratamento intercrítico a 750°C por 4 min seguido de resfriamento brusco e austêmpera a 375 °C (a) por 1 min (b) por 5 min. Ferrita (F), Bainita (B) e austenita retida (A). MEV, ES. Ataque: Nital. Publicado originalmente em ISIJ International [10] e reproduzido com autorização do ISIJ, Japão.

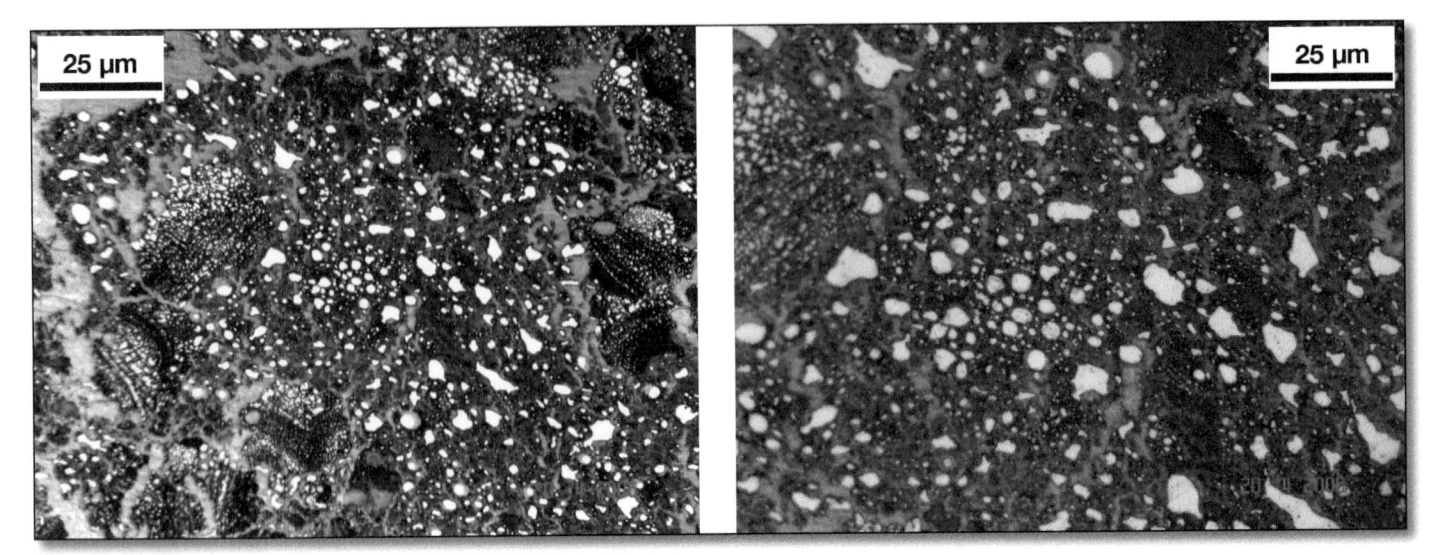

Figura 13.23
Seção longitudinal de corpo-de-prova de aço TRIP produzido por laminação a quente com ciclo de resfriamento controlado, submetido a ensaio de tração. Matriz ferrítica, bainita (áreas escuras) e martensita (com austenita retida) nas áreas claras. Ataque: LePera. A dureza das áreas claras é da ordem de 550 HV. Cortesia ArcelorMittal Tubarão, ES, Brasil.

A Figura 13.24 apresenta micrografia eletrônica de transmissão de bainita "clássica", quando ocorre a precipitação de carbonetos, de ferrita bainítica, em que as adições de silício e outros elementos são suficientes para evitar a precipitação de carbonetos e de martensita auto-revenida. O auto-revenimento é uma característica das martensitas de baixo carbono, em que a temperatura M_I é suficientemente alta para que, após a formação da martensita, o carbono ainda tenha mobilidade suficiente para precipitar carbonetos, característicos do revenimento. Assim, ao fim do resfriamento, a martensita já está revenida parcialmente. [11]. A diferenciação destes constituintes nem sempre é fácil, especialmente na escala em que podem ocorrer em aços *dual phase* e TRIP.

Uma alternativa interessante para destacar as fases nos aços TRIP, especialmente distinguindo a martensita da austenita, é o procedimento descrito por Cock e colaboradores [12] empregando uma seqüência de ataques e o filtro azul no microscópio ótico, como mostrado na Figura 13.25.

Embora ainda não sejam amplamente empregados, aços TWIP (*Twining Induced Plasticity*: plasticidade induzida por maclação) vêm sendo desenvolvidos. Estes aços têm de 17 a 24% de manganês e são completamente austeníticos. Durante a conformação, ocorre a formação de maclas de deformação. Isto resulta em elevado coeficiente de encruamento e resistência mecânica muito alta, como mostra a Figura 13.26.

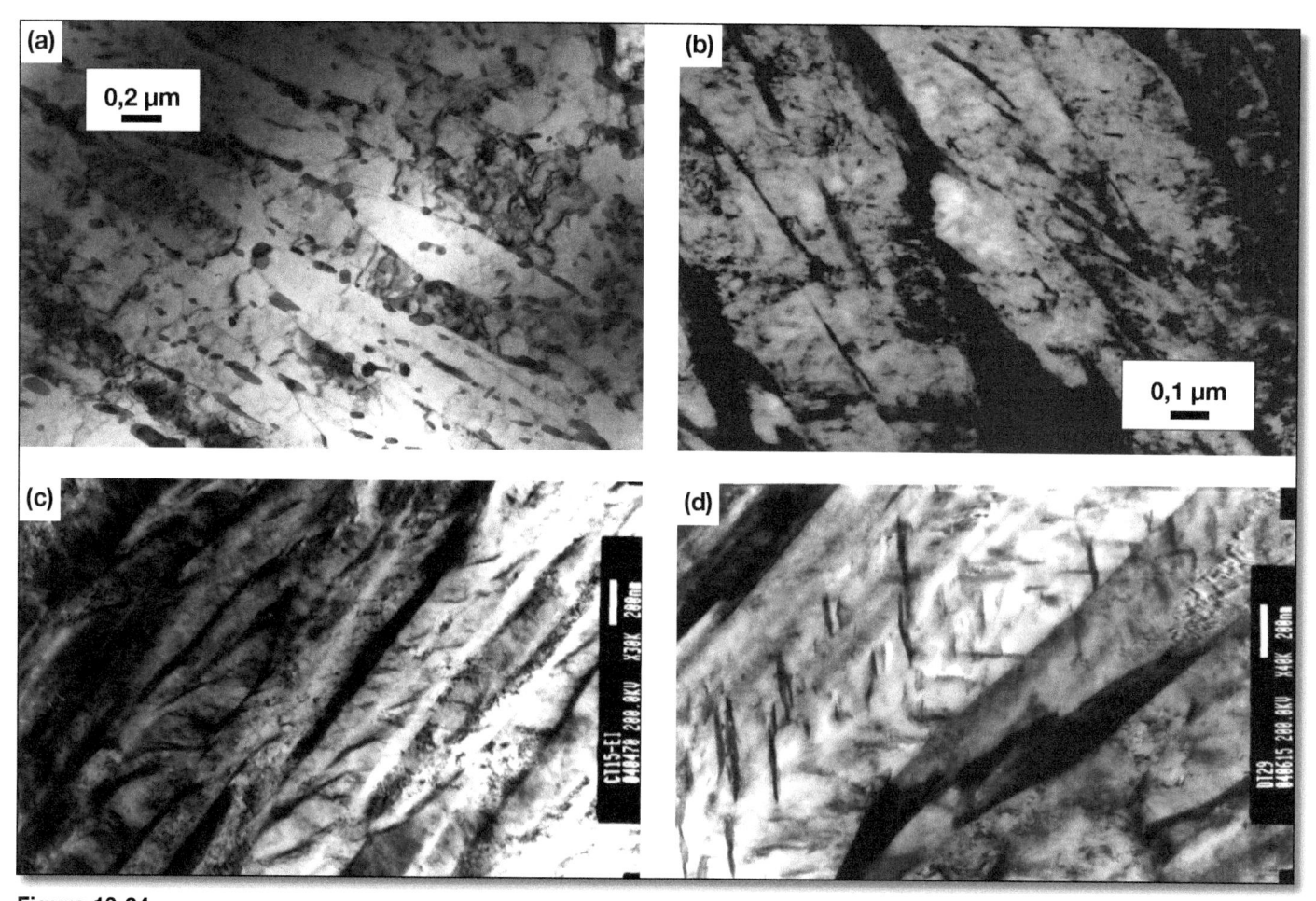

Figura 13.24
(a) Bainita "convencional" obtida em resfriamento contínuo. Placas paralelas, formando "pacotes"; observa-se a presença de carbonetos precipitados. (b) e (c) Ferrita bainítica: placas paralelas sem presença dos carbonetos. Entre os pacotes de placas há austenita retida, em geral. (d) Martensita auto-revenida: os carbonetos precipitam em variantes cristalográficas em relação à placa de martensita. Cortesia F. G. Caballero, (CENIM-CSIC), Grupo Materialia, Madrid, Espanha.

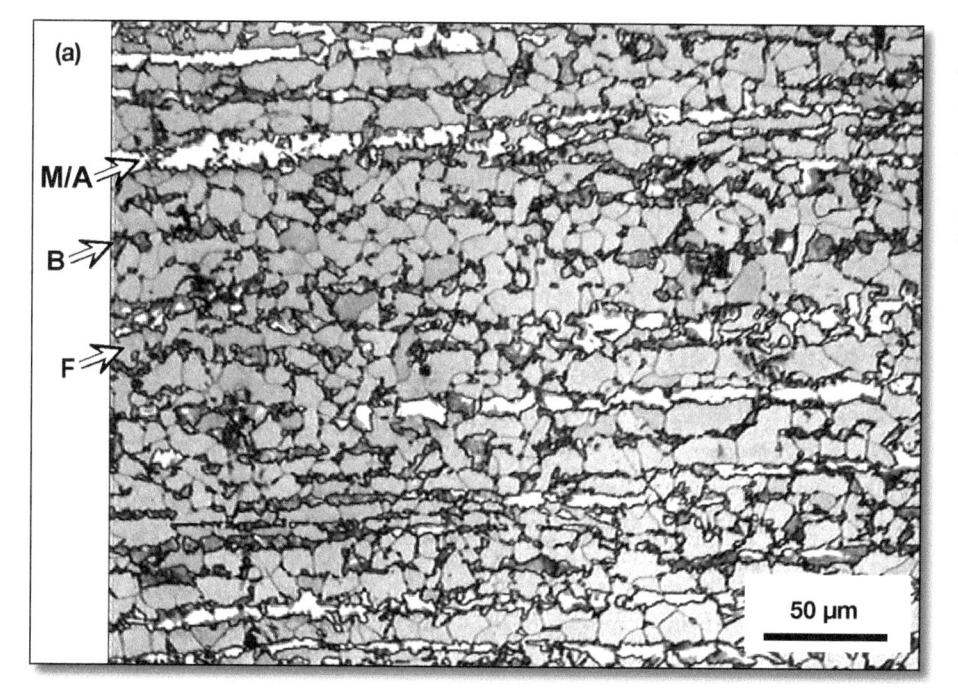

Figura 13.25
Aço TRIP: Ferrita, áreas MA e bainita sujeitas a diferentes ataques. (a) Ataque: LePera. Imagem convertida para escala de cinzas: Ferrita azulada (cinza médio), bainita marrom (cinza-escuro), áreas MA, claras. Cortesia C. Capdevila Montes, CENIM-CSIC, Grupo Materialia, Madrid, Espanha. (*Continua*)

Figura 13.25 (*Continuação*)
Aço TRIP: Ferrita, áreas MA e bainita sujeitas a diferentes ataques. (b) Nital: Ferrita clara, MA e B acinzentados, diferenciáveis apenas pela estrutura. (c) Nital 2% (10 s) seguido de solução 10% de metabissulfito de sódio em água (30s). (d) O mesmo ataque com filtro azul torna a austenita clara, permitindo distinguir a Austenita da Martensita (escura). Cortesia C. Capdevila Montes, CENIM-CSIC, Grupo Materialia, Madrid, Espanha.

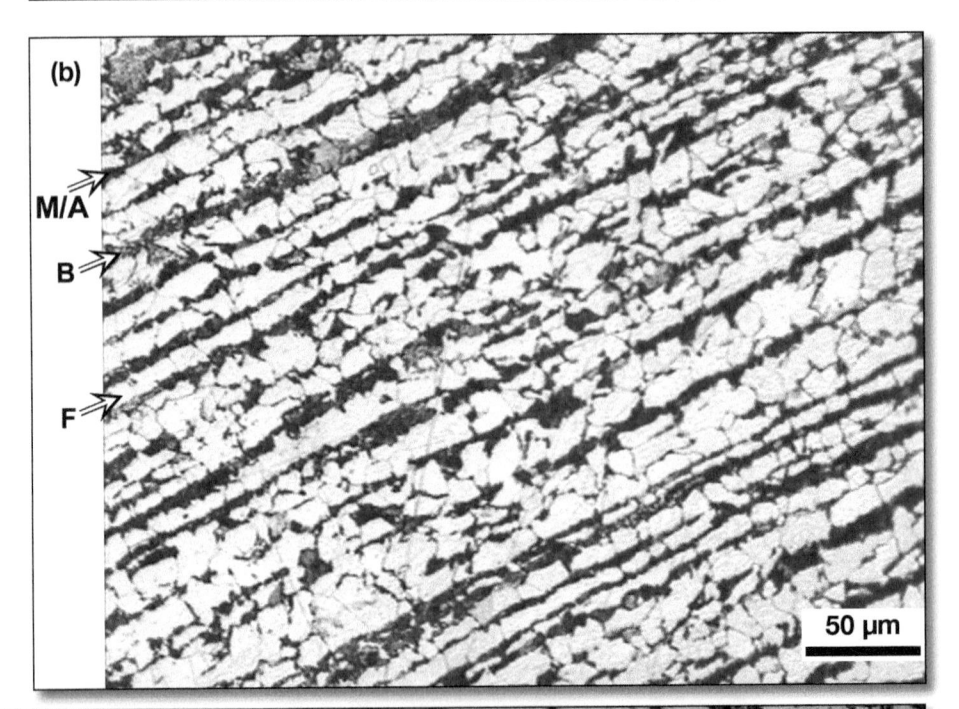

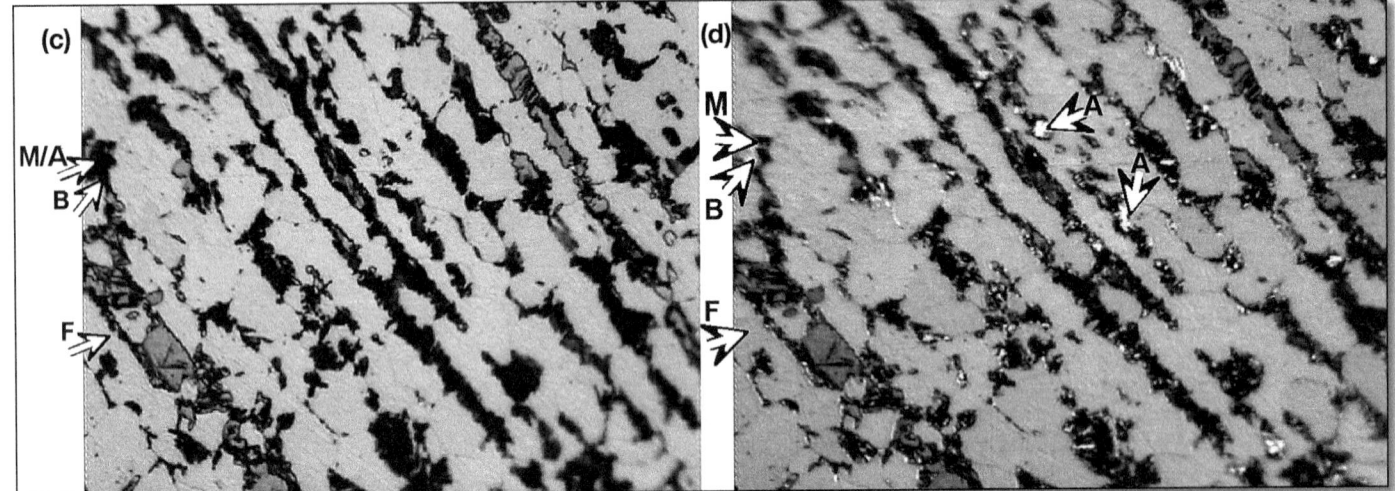

Figura 13.26
Aços com plasticidade induzida por maclação (TWIP) apresentam potencial extraordinário para aplicações onde deformações elevadas são desejadas, com alto coeficiente de encruamento e elevada resistência mecânica.

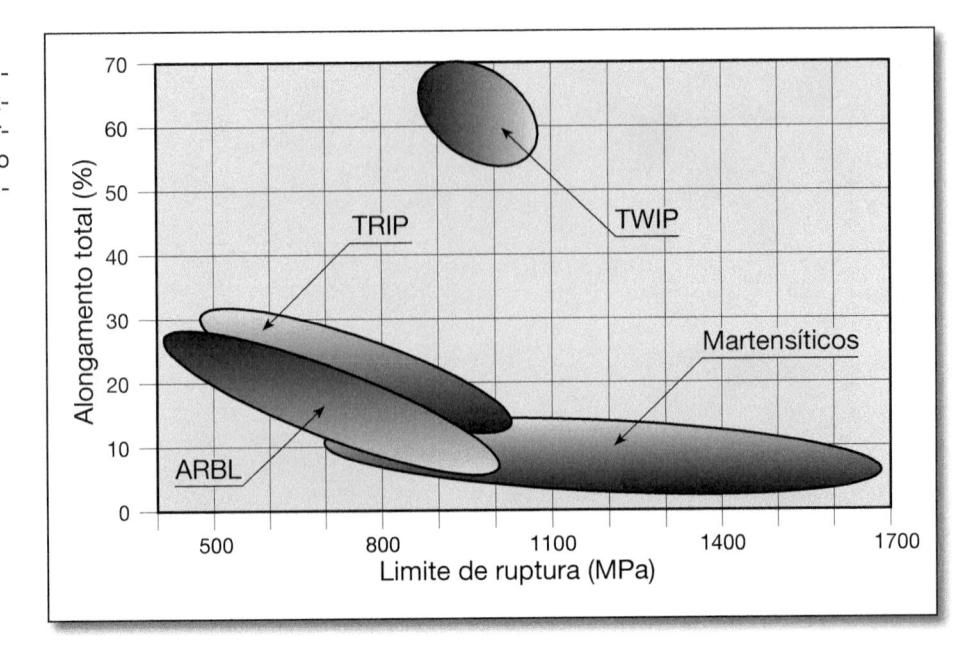

6. Aços Ferrítico-bainíticos

Os aços ferrítico-bainíticos têm desempenho particularmente bom nas operações em que resistência ao estiramento em bordas é necessária. Esta propriedade é normalmente medida pelos testes de expansão de furos (*hole expansion*). Estes aços têm propriedades intermediárias entre os DP e TRIP na Figura 13.2. A microestrutura de um produto ferrítico-bainítico é mostrada na Figura 13.27.

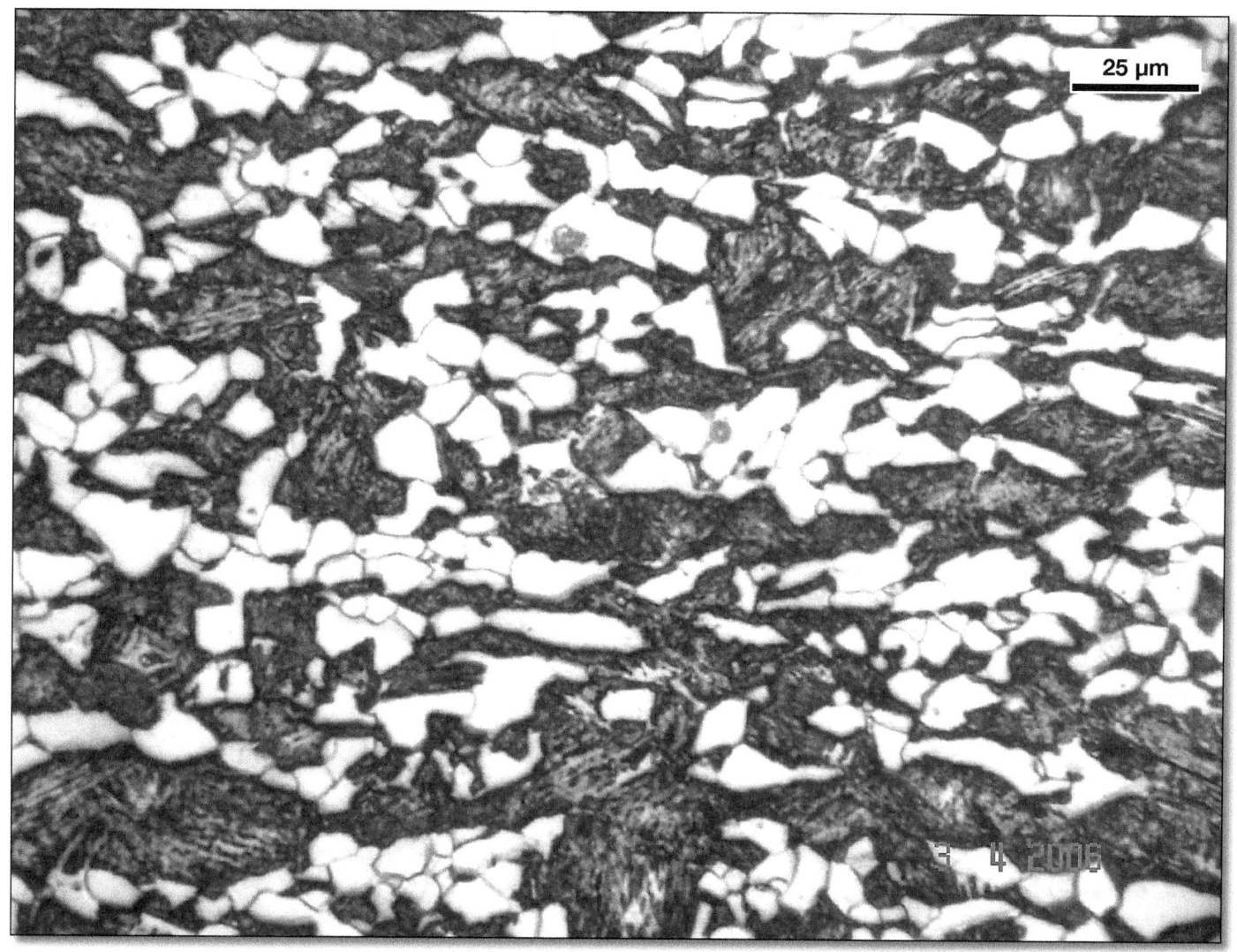

Figura 13.27
Seção longitudinal de um aço ferrítico-bainítico. A ferrita aparece equiaxial, clara. Comparar com a Figura 13.8. Ataque: LePera modificado[3]. Cortesia Arcelor-Mittal Tubarão, ES, Brasil.

(3) O procedimento deste ataque é ainda diferente dos anteriores: reagente em duas partes. Parte I: 1 g de metabissulfito de sódio diluído com 100 mL de água destilada. Parte II: 4 g de ácido pícrico em 100 mL de etanol. Após limpeza com ultra-som, realizar ataque prévio com Nital 2% para definir os contornos de grão ($\cong$ 30 s). Conservar os reagentes a 0 °C, misturando $\cong$ 60% da parte I e 40% da parte II. Atacar por $\cong$ 30-40 s. Interromper o ataque com álcool. Bainita é escurecida, ferrita cor de pele (*tan*) e martensita, branca.

7. Aços com Tratamento Q&P (*Quenching and Partitioning*)

Recentemente, a técnica de *Quenching and Partitioning* (Q&P) foi desenvolvida como alternativa para a obtenção de microestruturas contendo austenita retida [13, 14]. Nesta técnica, um aço com a composição química adequada é resfriado rapidamente (estágio *quenching* do tratamento) até uma temperatura entre M_I e M_F, como esquematizado na Figura 13.28. Uma determinada fração volumétrica de martensita é formada, com o mesmo teor de carbono que a austenita original. O material é submetido a um tratamento semelhante a uma austêmpera, porém com o objetivo de permitir que o carbono se difunda, da martensita para a austenita. Isto ocorre porque a martensita e a austenita não se encontram em equilíbrio termodinâmico. Durante este tratamento em que o carbono se reparte (estágio *partitioning* do tratamento), ocorre a redução do teor de carbono da martensita e o aumento do teor de carbono da austenita. No resfriamento ao fim do estágio de *partitioning* nova martensita é formada, a partir de uma austenita mais rica em carbono do que a composição média do aço e uma parte da austenita é retida, em vista de seu novo M_f ser inferior à temperatura ambiente.

As combinações de propriedades mecânicas, especialmente tenacidade e resistência e conformabilidade e resistência obtidas com este tratamento parecem ser extremamente promissoras para diversas aplicações [14]. Além do roteiro de processamento mostrado na Figura 13.28, outros ciclos estão sendo investigados.

A Figura 13.29 mostra a microestrutura de um aço AISI 9260 submetido a um tratamento de têmpera até 190 °C seguido de partição à mesma temperatura. A fração de austenita retida observada em uma

Figura 13.28
Esquema do processo Q&P para a produção de microestruturas contendo austenita retida. C_i, C_γ e C_m representam as concentrações de carbono no aço inicial, na austenita e na martensita, respectivamente. O estágio *quenching* está representado por QT e o estágio *partitioning* por PT. O efeito do teor de carbono na austenita sobre as temperaturas M_I e M_F está indicado, também. Adaptado de [14].

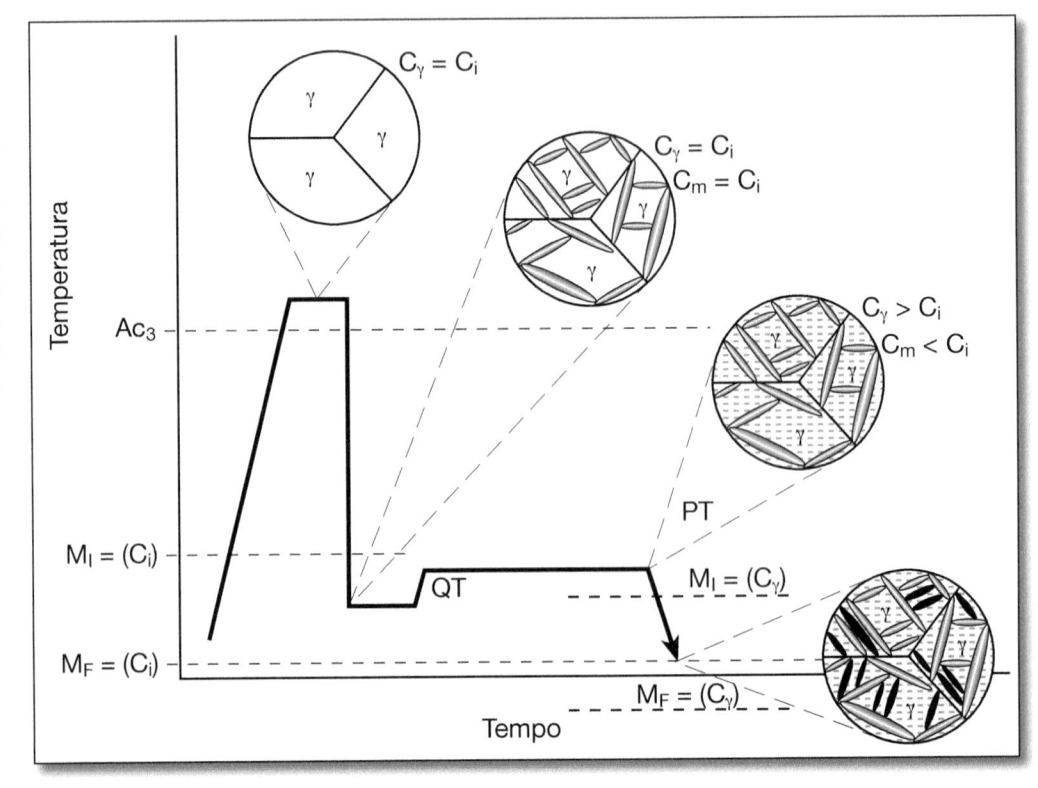

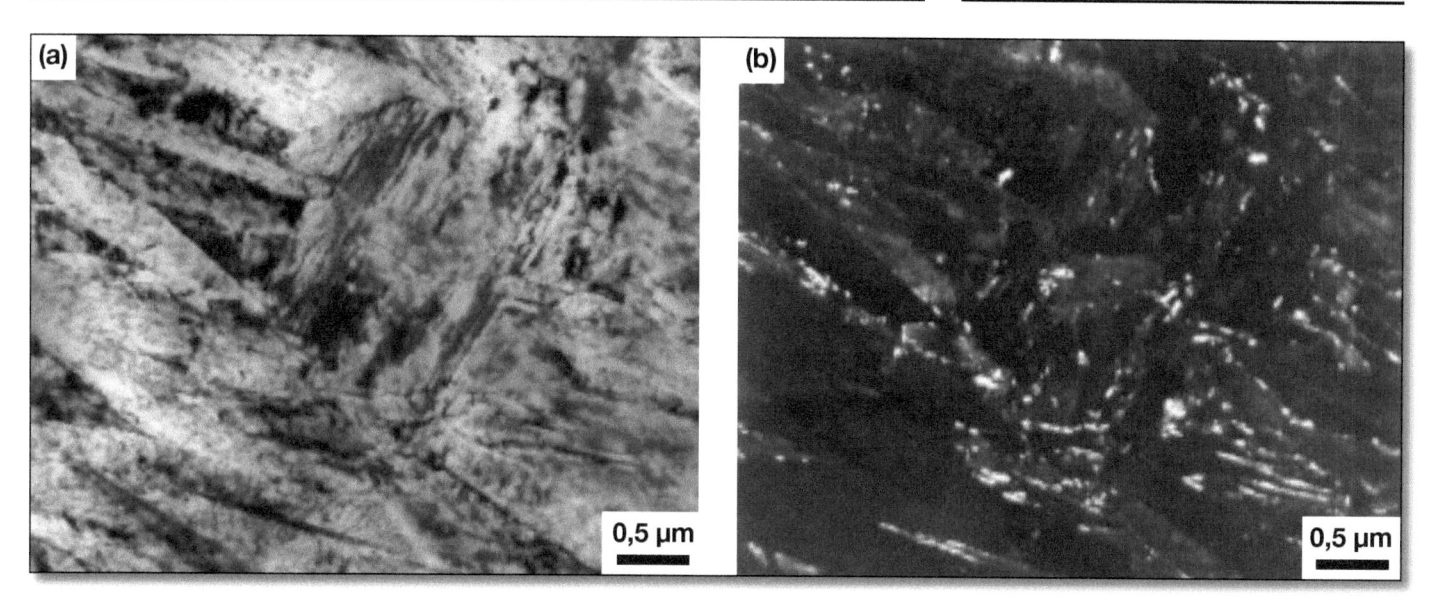

têmpera direta deste aço, até a temperatura ambiente, é de menos de 2%, enquanto que este tratamento levou à retenção de mais de 6%, como desejado.

O tratamento de Q&P pode ser aplicado, também, a partir de austenitização intercrítica. A Figura 13.30 mostra o caso de um aço TRIP em que, ao invés do tratamento convencional, após a austenitização intercrítica realizou-se um tratamento de Q&P. A estrutura obtida resultou em propriedades superiores, especialmente resistência mecânica, em relação ao tratamento clássico de austêmpera destes aços.

Figura 13.29
Aço AISI 9260 temperado até 190 °C e mantido nesta temperatura por 120 s. (tratamento de Q&P em que a partição ocorre na mesma temperatura de fim de têmpera). (a) Martensita com subestrutura visível em MET, campo claro. (b) Condição de difração no MET chamada de "campo escuro" em que somente os elétrons difratados pela austenita é usada para formar a imagem (aparecendo clara na imagem)[4]. Cortesia de J. Speer, reproduzido com autorização de Materials Research [15].

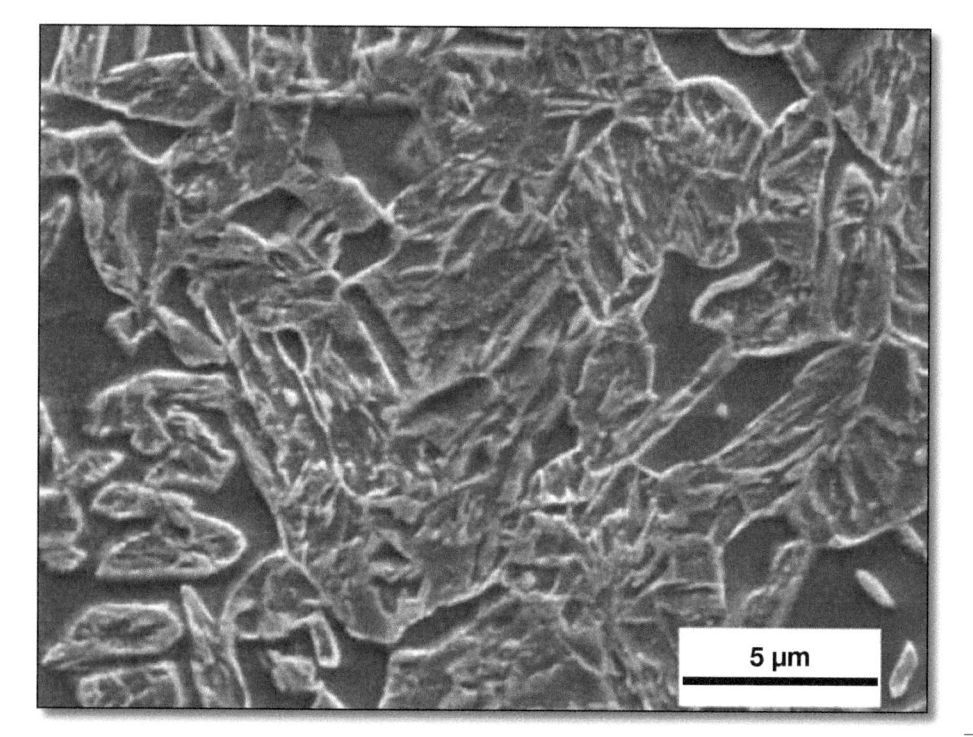

Figura 13.30
Aço TRIP (alto Si) contendo 8,4% de austenita submetido à austenitização intercrítica (75% γ + 25% α) seguida por têmpera até 200 °C e partição a 400 °C por 10 s. A ferrita que restou da austenitização intercrítica aparece em grãos maiores e sem relevo. As regiões inicialmente de austenita transformaram-se em martensita e austenita retida. MEV, ES. Ataque: Nital 2%. Cortesia de J. Speer, reproduzido com autorização de Materials Research [15].

(4) Para os fundamentos desta técnica veja, por exemplo, [16] ou http://www.matter.org.uk/tem/dark_field.htm.

8. Revestimentos

Aços para a conformação freqüentemente são revestidos, visando a proteção contra a corrosão. As duas famílias de revestimentos mais comuns são os revestimentos à base de zinco [16] (galvanizado, *galvanneal* e *galvalume*[(5)]) e o revestimento à base de estanho ("folha-de-flandres"). Os revestimentos à base de zinco e suas ligas têm espessuras que viabilizam o controle de suas características através de seções transversais. Os revestimentos à base de estanho são geralmente tão finos que sua observação é realizada sobre a superfície da peça. Após a deposição eletrolítica, são submetidos a um tratamento de fusão, seguidos por resfriamento rápido.

A Figura 13.31 mostra a seção transversal, sem ataque, de revestimento à base de zinco, obtido por imersão a quente (produto galvanizado).

Figura 13.31
Seção transversal de folha de aço para conformação galvanizada por imersão. Sem ataque.

100 µm

O revestimento *galvanneal*, por outro lado, é caracterizado por um tratamento térmico, após a deposição por imersão, que causa a formação de um revestimento ligado, contendo fases intermetálicas Fe-Zn. A Figura 13.32 mostra a seqüência de reações que ocorrem durante a simulação de um tratamento de *galvanneal* a 500 °C. A preparação metalográfica necessária a esta observação envolve o polimento sem lubrificação com água, para evitar manchas durante o ataque e o emprego de ataque com reagente específico[(6)] [17].

(5) Galvalume é uma marca comercial da BIEC International Inc. para revestimento 55% Al-Zn.

(6) Solução de estoque: 25 mL de picral 4%; cerca de 5 gotas de cloreto de benzalcônico; 25 mL de nital 2% e 150 mL de etanol. Diluir a solução de estoque na proporção de 1 : 3 em etanol.

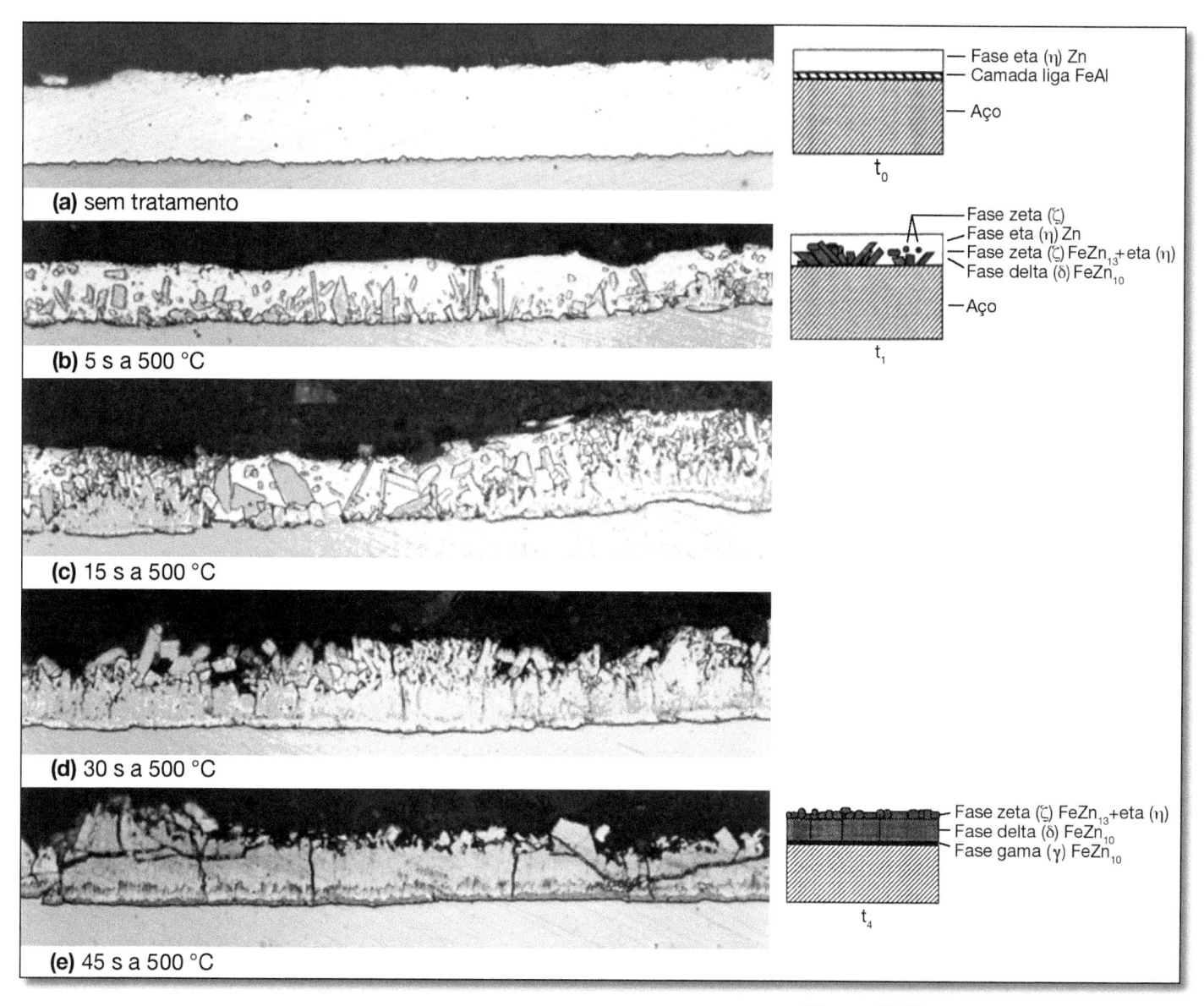

(a) sem tratamento

(b) 5 s a 500 °C

(c) 15 s a 500 °C

(d) 30 s a 500 °C

(e) 45 s a 500 °C

Fase eta (η) Zn
Camada liga FeAl
Aço
t_0

Fase zeta (ζ)
Fase eta (η) Zn
Fase zeta (ζ) FeZn$_{13}$+eta (η)
Fase delta (δ) FeZn$_{10}$
Aço
t_1

Fase zeta (ζ) FeZn$_{13}$+eta (η)
Fase delta (δ) FeZn$_{10}$
Fase gama (γ) FeZn$_{10}$
t_4

O revestimento *galvalume* tem 55% de alumínio e cerca de 1,5% de silício. A Figura 13.33 apresenta este revestimento observado em microscopia ótica, sem ataque.

A simples observação sem ataque não é suficiente para caracterizar, sem dúvidas, o tipo de revestimento zincado.

A Figura 13.34 apresenta o revestimento *galvalume* observado por microscopia eletrônica, quando as suas características ficam claramente evidentes. O revestimento é formado por dendritas de alumínio, uma região rica em zinco, interdendrítica, e uma dispersão fina de partículas de silício. A solidificação ocorre como previsto pelo diagrama de equilíbrio de fases Al-Zn(-Si) [16].

A Figura 13.35 mostra vista do revestimento de folha-de-flandres.

Figura 13.32
Efeito do tratamento térmico simulado a 500 °C no enriquecimento em ferro do revestimento *galvanneal*. À medida que o tempo aumenta a camada de zinco (fase eta) vai sendo convertida em compostos intermetálicos do sistema Fe-Zn. Os diversos compostos formados são descritos em detalhe em [16, 17]. Na Figura (c), à esquerda, observa-se um *outburst*. Os esquemas apresentados são adaptados de [19]. Cortesia de C. R. Xavier e P. R. Rios, EEIMVR-UFF, Volta Redonda, RJ, Brasil.

Figura 13.33
Seção transversal de chapa de aço revestida por *galvalume*. Sem ataque.

Figura 13.34(a)
Seção transversal a revestimento *galvalume*. As dendritas ricas em alumínio são
mais escuras. As regiões ricas em zinco,
interdendríticas, mais claras. MEV, ER.
Cortesia T. Nogueira e P. R. Rios, EEI-
MVR-UFF, Volta Redonda, RJ, Brasil.

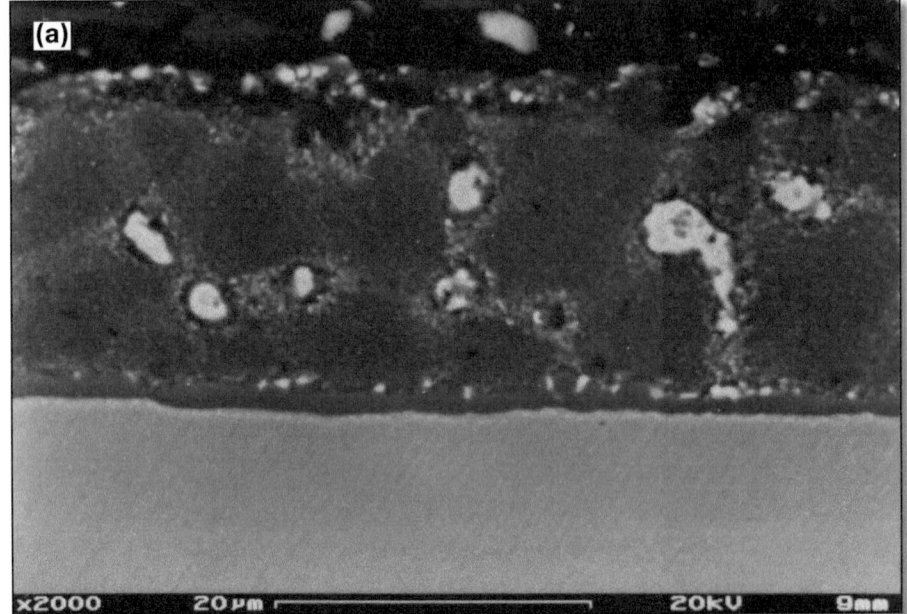

Figura 13.34(b)
Seção transversal a revestimento *galvalume* parcialmente corroído. As regiões
ricas em zinco são corroídas preferencialmente. MEV, ER. Cortesia T. Nogueira
e P. R. Rios, EEIMVR-RFF, Volta Redonda, RJ, Brasil

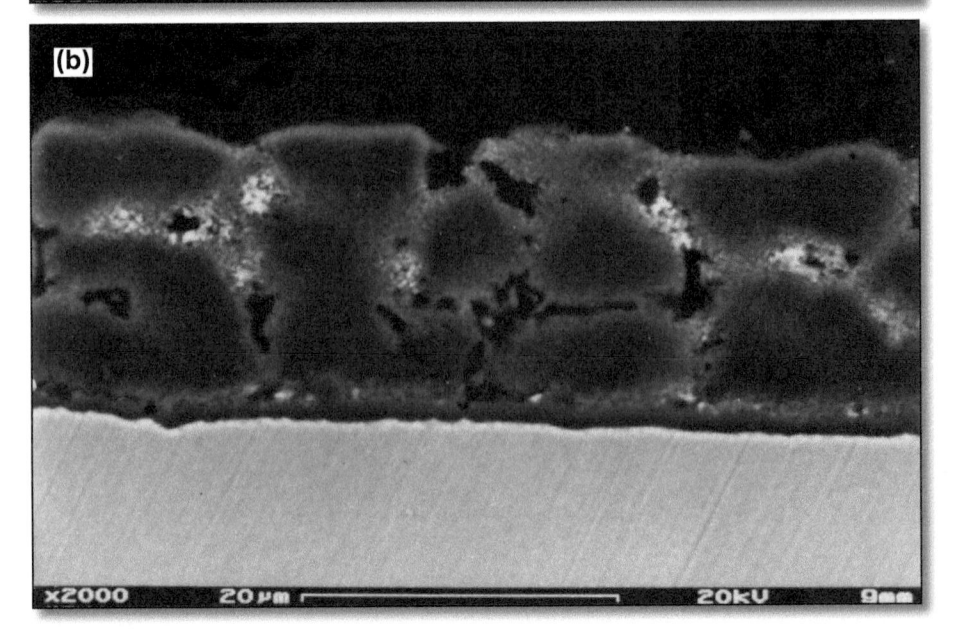

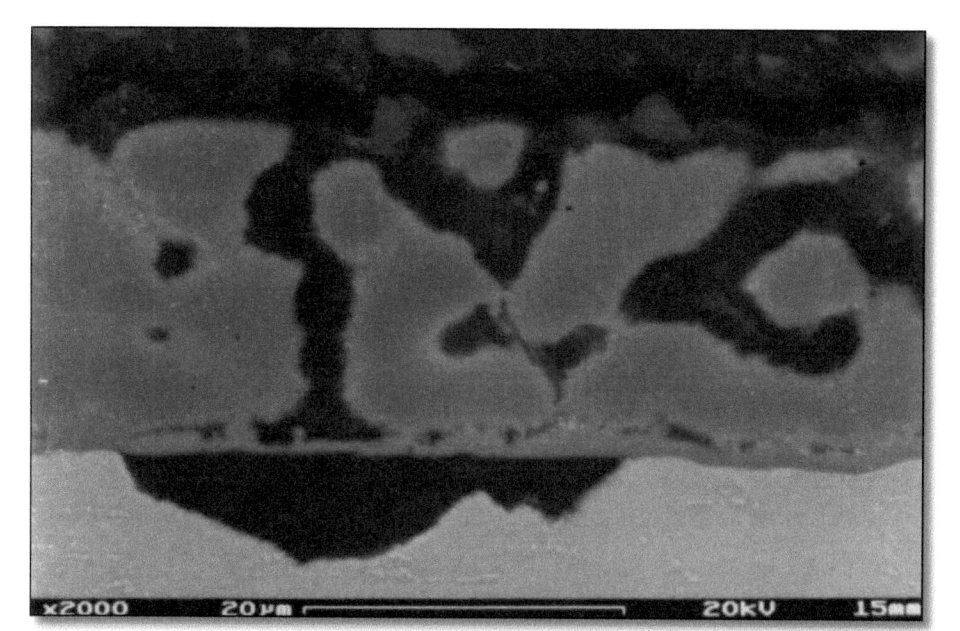

Figura 13.34(c)
Seção transversal a revestimento *galva-lume* parcialmente corroído. As regiões ricas em zinco são corroídas preferencialmente. A corrosão atingiu o substrato (aço) depois de formar uma passagem contínua entre a superfície externa do revestimento e o substrato, pela corrosão das regiões interdendríticas MEV, ER. Cortesia T. Nogueira e P. R. Rios, EEIMVR-RFF, Volta Redonda, RJ, Brasil. Reproduzido de [19] com autorização do ISIJ, Japão.

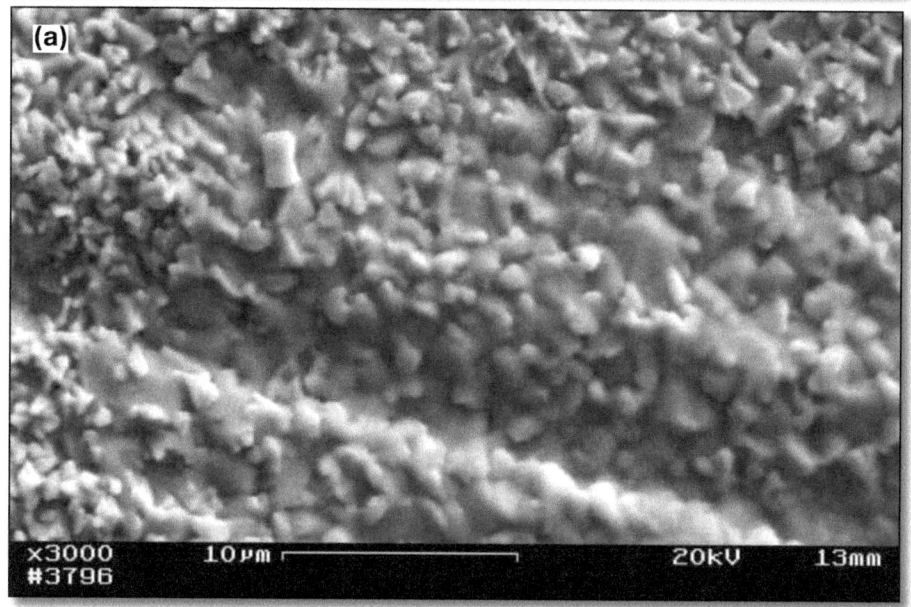

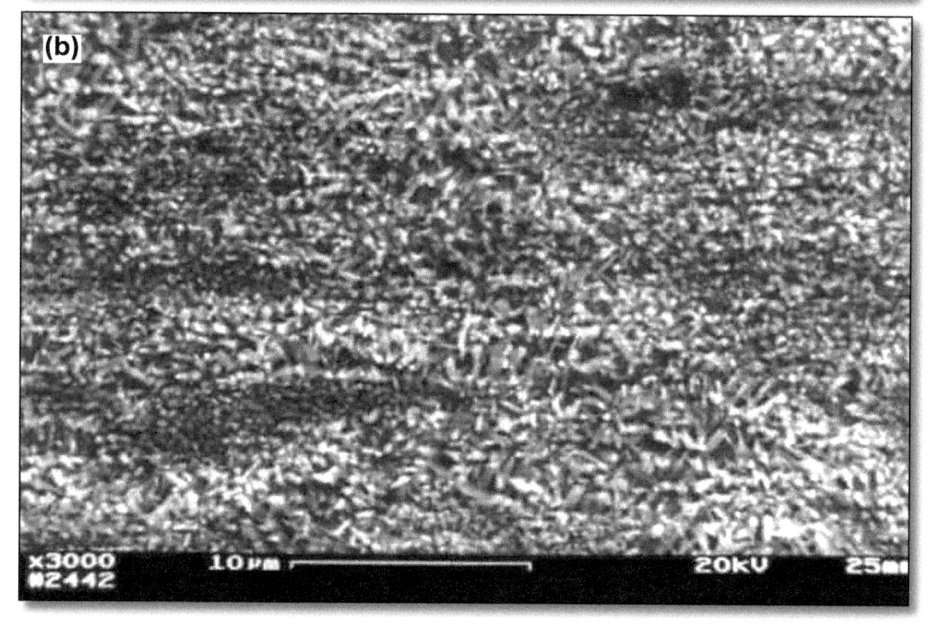

Figura 13.35
Revestimento por estanho. (a) Superfície do aço revestido eletroliticamente com liga $FeSn_2$ antes da operação de fusão do revestimento. (b) Revestimento pronto, já submetido à fusão seguida de resfriamento rápido.

Referências Bibliográficas

1. SCHULTZ, R. A. *Metallic material trends for north american light vehicles, Ducker Worldwide*. In: *Great Designs in Steel 2007*, AISI. 2007.

2. IISI. *Advanced high strength steel (AHSS) application guidelines version 3*. 2006, http://www.ulsas.org/pdf_ahssg/newmenu/AHSSGuideFullRpt.pdf: International Iron & Steel Institute, Committee on Automotive Applications.

3. BRANDÃO, L.; VIANA, C. S. C.; LOPES, A. M. *Características e tendências dos aços para estampagem*. In: I. BOTT, RIOS. P. R, e PARANHOS R. (editores). Aços, Perspectivas para os próximos 10 anos, Rio de Janeiro, RECOPE p. 45-54, 2002.

4. COSTA E SILVA, A. L. V.; MEI, P. R. *Aços e ligas especiais*. 2.ª edição, São Paulo: Blucher, 2006,

5. RODRIGUES, P., *Caracterização microestrutural de aços multifásicos ao silício e manganês*, Projeto Final de Graduação, Volta Redonda: EEIMVR-UFF, 2007.

6. CABALLERO, F. G.; GARCIA-JUNCEDA, A.; CAPDEVILA, C.; ANDRÉS, C. G. *Evolution of microstructural banding during the manufacturing process of dual phase steels*. Materials Transaction JIM, v. 47 (9), p. 2269-2276, 2006.

7. DATTA, D. P.; GOKHALE, A. M. *Austenitization kinetics of pearlite and ferrite aggregates in a low carbon steel containing 0.15 wt pct C*. Metallurgical Transactions A, 1981, v. 12A, p. 443-450.

8. JACQUES, P. J. *Transformation-induced plasticity for high strength formable steels*. Current Opinion in Solid State & Materials Science, v. 8, p. 259-265, 2004.

9. GIRAULT, E.; JACQUES, P.; HARLET, P.; MOLS, K.; HUMBEECK, J. V. AERNOUDT, E.; DELANNAY, F. *Metallographic methods for revealing the multiphase microstructure of TRIP-assisted steels*. Materials Characterization, v. 40, p. 111-118, 1998.

10. JACQUES, P. J.; GIRAULT, E.; MERTENS, A.; VERLINDEN, B.; HUMBEECK, J. v.; DELANNAY, F. *The development of cold-rolled TRIP-assisted multiphase steels. Al-alloyed TRIP – assisted multiphase steels*. ISIJ International, v. 41 (9), p. 1068-1074, 2001.

11. KRAUSS, G., *Steels: processing, structure and performance*, Materials Park: ASM International, 2005.

12. COCK, T. D.; FERRER, J. P.; CAPDEVILA, C.; CABALLERO, F. G.; LÓPEZ, V.; GARCÍA DE ANDRÉS, C. *Austenite retention in low Al/Si multiphase steels*. Scripta Materialia, v. 55, p. 441-443, 2006.

13. SPEER, J. G.; EDMONDS, D. V.; RIZZO, F. C.; MATLOCK, D. K. *Partitioning of carbon from supersaturated plates of ferrite, with application to steel processing and fundamentals of the bainite transformation*. Current Opinion in Solid State & Materials Science, v. 8 (219-237), 2004.

14. SPEER, J. G.; ASSUNÇÃO, F. C. R.; MATLOCK, D. K.; EDMONDS, D. V. *The "quenching and partitioning" process: Background and Recent Progress*. Materials Research, v. 8 (4), p. 417-423, 2005.

15. SPEER, J. G.; ASSUNÇÃO, F. C. R.; MATLOCK, D. K.; EDMONDS, D. V. *The quenching and partitioning process: background and recent progress*. Materials Research, v. 8 (4), p. 417-423, 2005

16. MARDER, A. R., *The metallurgy of zinc-coated steel*. Progress in Materials Science, v. 45, p. 191-271, 2000.

17. XAVIER, C. R. *Simulação do revestimento galvanneal*. Tese de Mestrado – EEIMVR – Universidade Federal Fluminense, Volta Redonda, 1996.

18. JORDAN, C. E.; MARDER, A. R. *A model for galvanneal morphology development*. In: MARDER, A. R., (editor), The physical metallurgy of zinc coated steel, Warrendale, PA, TMS, 1994.

19. NOGUEIRA, T. M. C.; CRUZ, A. S.; RIOS, P. R. *Application of a direct current anodic voltammetric technique to a 55mass%Al-Zn coated steel sheet before and after an Annealing Heat*, ISIJ International, v. 39 (1999), N. 3, p. 295-297.

CAPÍTULO 14

AÇOS ESTRUTURAIS E AÇOS PARA VASOS DE PRESSÃO, CALDEIRAS E TUBULAÇÕES

1. Introdução

A classificação "aços estruturais" engloba, basicamente, vergalhões para reforço de concreto, barras (normalmente em aplicações estáticas), bem como chapas e perfis para aplicações estruturais.

Por outro lado, uma grande parte dos aços empregados para a fabricação de equipamentos industriais, tais como caldeiras, vasos de pressão e tubulações, é equivalente aos aços estruturais, especialmente para aplicações a temperaturas inferiores a 350 °C, quando a resistência à fluência não é uma propriedade determinante. Por este motivo, aços para estas aplicações são também discutidos neste capítulo.

Para aplicações a temperaturas mais elevadas, quando a resistência à fluência e a estabilidade microestrutural são críticas, os aspectos microestruturais são diferentes, como apresentado brevemente no item 7.

Classicamente, os aços estruturais são aços de médio a baixo carbono (C < 0,25%) ligados ao manganês, com teores de fósforo e enxofre controlados. Aços de alta resistência e baixa liga (ARBL) vêm sendo extensivamente desenvolvidos nas últimas décadas, visando obter propriedades adequadas a custo mínimo e permitindo reduzir o teor de carbono significativamente, melhorando a soldabilidade e a tenacidade destes aços. Estas novas composições químicas são também ideais para a realização de tratamentos termomecânicos ao invés de conformação seguida de tratamento térmico.

Além disso, existem aplicações especiais que requerem aços de baixa ou média liga, bastante semelhantes a aços para construção mecânica, como aços para reatores nucleares, vasos de alta pressão, cascos de submarinos etc.

Uma parte significativa do consumo mundial de aço compreende os aços estruturais. Seu consumo aumenta significativamente quando ocorre expansão da construção e da infra-estrutura em geral.

Aços estruturais são, em geral, produtos laminados, em função das grandes quantidades produzidas. Podem ser obtidos, também, sob a forma de forjados e fundidos, aproveitando as vantagens da produção de formas próximas à da peça acabada (*near net shape*). No passado, aplicavam-se aços efervescentes e semi-acalmados para os produtos com requisitos menos exigentes em função da economia associada a este tipo de desoxidação. A generalização do emprego do lingotamento contínuo praticamente eliminou a produção destes tipos de aços (ver Capítulo 8).

Os principais requisitos para aços destinados às aplicações estruturais são [1]:

* *Tensão de escoamento elevada.* A maioria dos códigos de projeto modernos vem reconhecendo a tensão de escoamento como a propriedade a ser considerada no projeto mecânico. O conceito de que uma relação elástica (limite de escoamento/limite de ruptura) baixa seria necessária para prevenir instabilidade plástica vem sendo substituído pelo uso criterioso do limite de escoamento como propriedade a ser considerada para prevenir deformação plástica generalizada. A relação elástica continua sendo limitada em vários códigos, entretanto, com vistas à manutenção da tenacidade, especialmente quando a fratura dúctil da estrutura é uma consideração de projeto importante (gasodutos, por exemplo).

- *Elevada tenacidade.* A prevenção da fratura rápida ou catastrófica de estruturas de aço tem merecido atenção especial desde, pelo menos, a Segunda Guerra Mundial. O controle da tenacidade é fundamental na prevenção da fratura rápida ("frágil").
- *Boa soldabilidade.* A alteração das características do material na junta soldada deve ser a menor possível, idealmente exigindo o mínimo de cuidados operacionais. Esta característica é fundamental para permitir montagens rápidas, simples e confiáveis, bem como o corte por chama.
- *Boa formabilidade.* Uma vez que, em muitos casos, é necessário se utilizar conformação mecânica (dobramento, calandragem etc.) para se fabricar a estrutura desejada.
- *Custo mínimo.*

2. Aços Estruturais de Grão Fino

Os produtos mais simples nesta categoria são aços, cujas propriedades mecânicas podem ser obtidas diretamente na condição "como laminado a quente" sem cuidados especiais que caracterizem o processamento como laminação controlada ou processamento termomecânico controlado. A especificação ASTM A36 é talvez a manifestação mais clássica deste tipo de aço, embora certamente não seja a única e existam várias outras, semelhantes. Este é um problema comum quando se tenta identificar a especificação para a qual determinado aço estrutural foi fabricado. Embora seja possível caracterizar as propriedades mecânicas, a composição química e a microestrutura, em geral estas informações não permitem definir uma única especificação a que o aço atenderia, e sim diversas alternativas. Este é o caso dos aços apresentados na Figura 14.1. É comum, nas próprias usinas siderúrgicas, produzir-se o mesmo aço para atender diversos pedidos segundo especificações nominalmente diferentes, mas com propriedades compatíveis ou equivalentes.

Figura 14.1
Seções longitudinais próximas ao meio da espessura em chapas de aços estruturais laminados a quente com diferentes tensões de escoamento, na faixa entre 310 e 450 MPa. Ferrita equiaxial e perlita fina. A fração volumétrica de perlita está entre 25 e 30% em todas as chapas. *(Continua)*

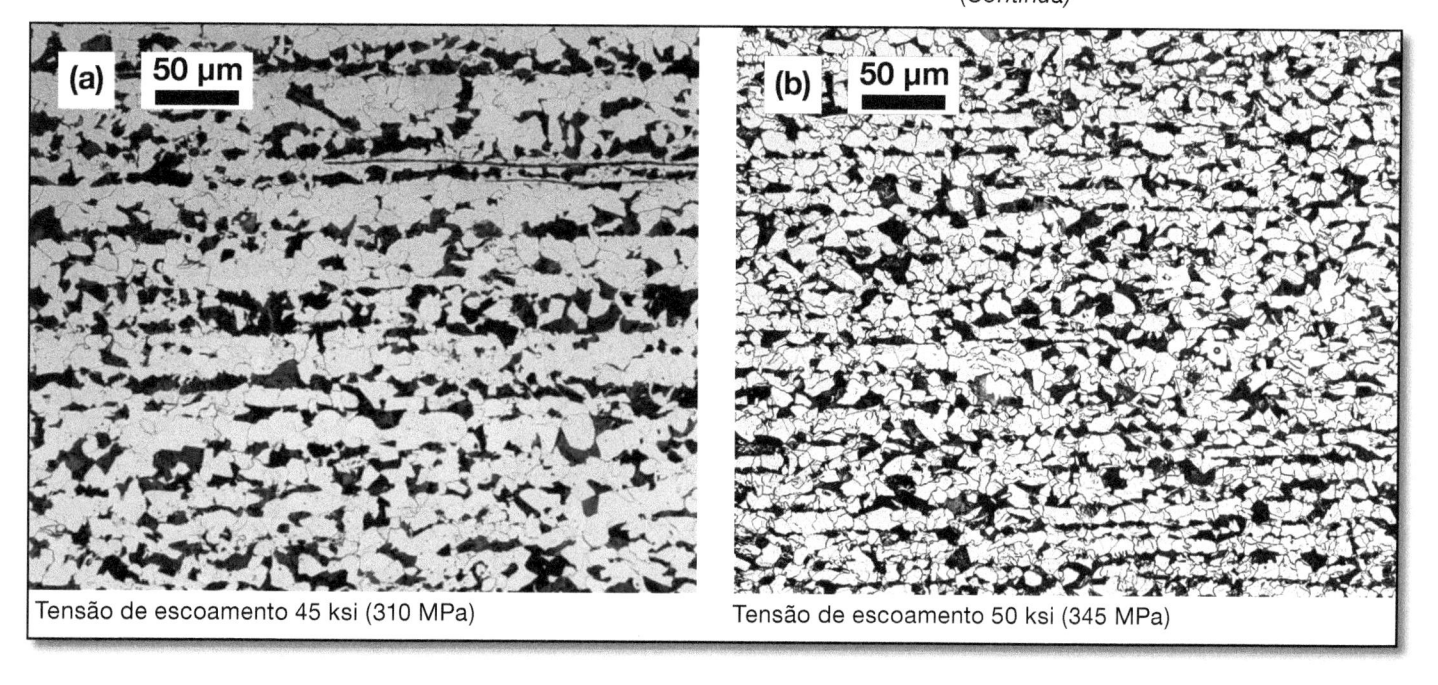

Tensão de escoamento 45 ksi (310 MPa)

Tensão de escoamento 50 ksi (345 MPa)

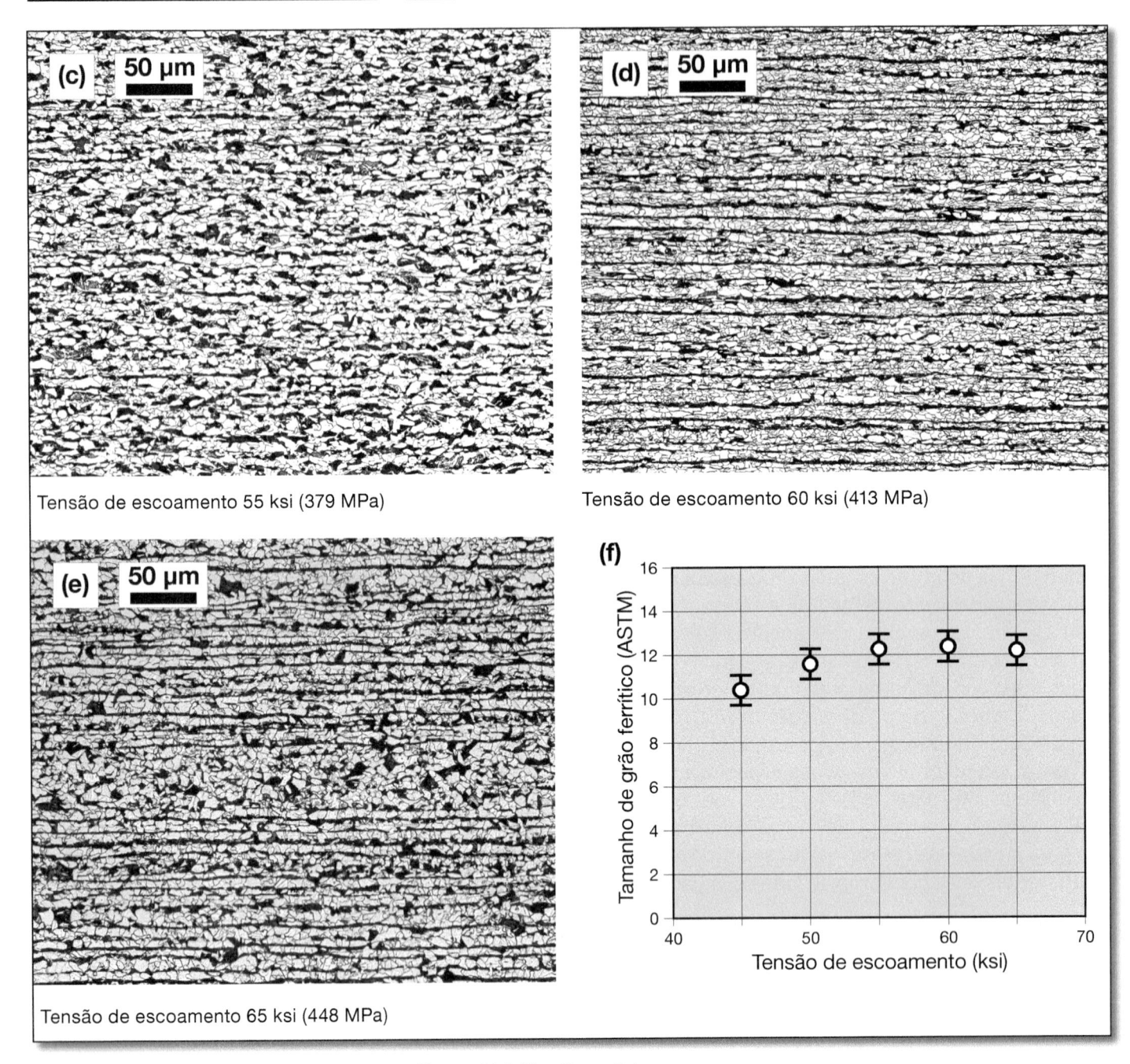

Figura 14.1 (*Continuação*)
O tamanho de grão ferrítico medido está mostrado em (f). Observam-se amostras com bandeamento significativo (d) e (e) e outras com menor bandeamento[1]. Nas amostras bandeadas, a perlita é mais fina (não observável com este aumento). Ataque: Nital 2% e Picral 4%. Imagens Cortesia do NIST – National Institute of Standards and Technology, Gaithersburg, EUA [2]. Figura (f) adaptada de [2].

---

(1) A avaliação original do bandeamento foi feita de acordo com a norma ASTM E 1268 *Standard Practice for assessing the degree of banding or orientation of Microstructure.*

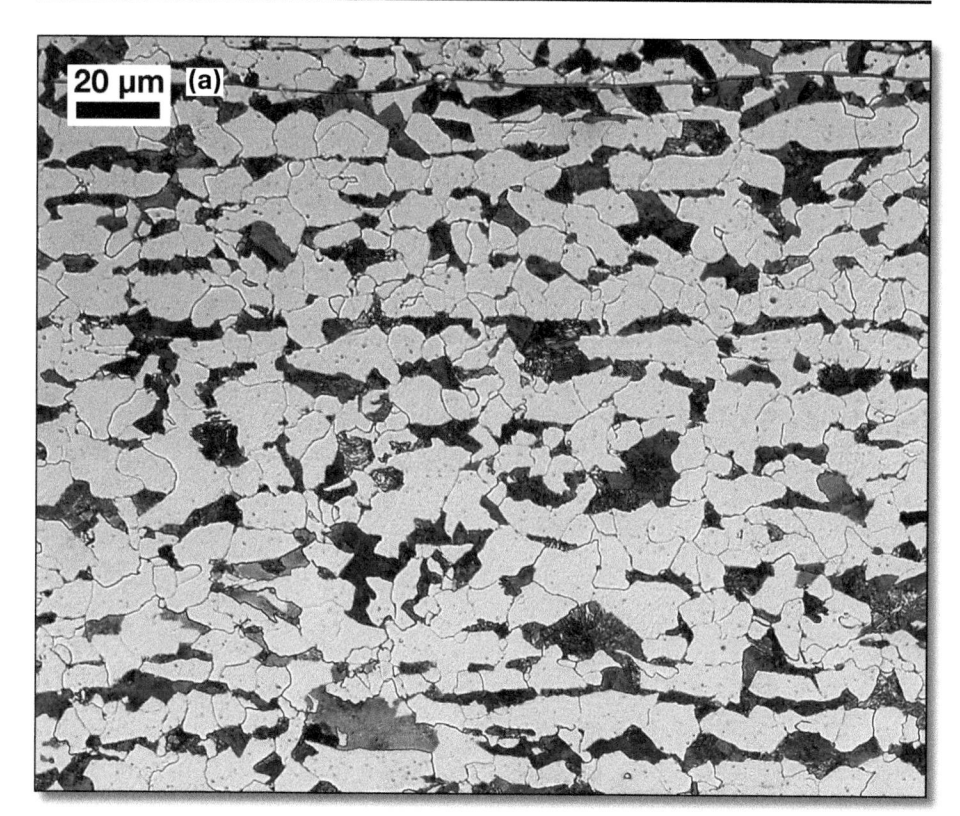

Figura 14.2(a)
Detalhe da microestrutura da Figura 14.1 (b) (Tensão de escoamento 50 ksi). Ferrita equiaxial (também chamada poligonal) e perlita fina. Alguma variação de tamanho de grão ferrítico. Sulfetos alongados no topo da foto. Cortesia do NIST – National Institute of Standards and Technology, Gaithersburg, EUA [2].

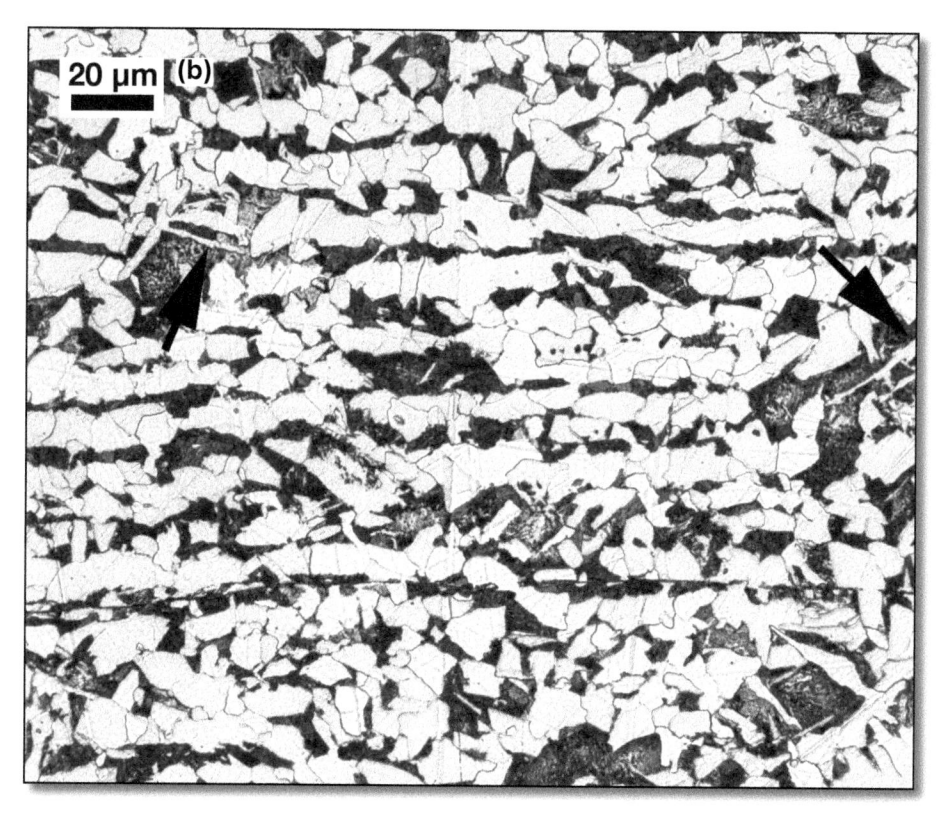

Figura 14.2(b)
Detalhe da microestrutura de aço com tensão de escoamento de 60 ksi (similar à Figura 14.1 (d)). Além da ferrita equiaxial (também chamada poligonal) e perlita fina, alguma presença de ferrita Widmanstätten ou acicular (setas). Ataque: Nital 2% e Picral 4%. Imagens Cortesia do NIST – National Institute of Standards and Technology, Gaithersburg, EUA [2].

Figura 14.3
Aspecto da perlita em aço laminado a quente da Figura 14.1. Aço com limite de escoamento 45 ksi. Perlita com espaçamento interlamelar visível na microscopia ótica. Ataque: Nital 2% e Picral 4%. Cortesia do NIST – National Institute of Standards and Technology, Gaithersburg, EUA. [2].

3. Aços Estruturais Temperados e Revenidos

Aços estruturais temperados e revenidos são uma alternativa viável para as especificações que exigem propriedades mecânicas mais elevadas do que as apresentadas na Figura 14.1. No Brasil a produção destes aços, especialmente em produtos planos, não é comum, em função dos equipamentos normalmente disponíveis. As siderúrgicas brasileiras têm preferido adotar a laminação controlada, seguida ou não por resfriamento acelerado, como alternativa para a produção de aços para as especificações com propriedades mecânicas mais elevadas.

A Figura 14.4 mostra a microestrutura de diferentes chapas, supostamente de um mesmo fornecedor, na condição de temperado e revenido para atender diferentes classes de resistência. Enquanto a Figura 14.4 (a) apresenta uma microestrutura sem martensita, possivelmente composta por ferrita acicular (ou bainita) e carbonetos, as demais categorias de resistência têm microestruturas muito semelhantes, parecendo todas serem constituídas preferencialmente por martensita de baixo carbono, revenida, diferindo apenas na temperatura de revenimento. À medida que a carcterística acicular da microestrutura diminui e a presença de carbonetos se torna mais nítida (evidências de maior revenimento), a resistência mecânica é reduzida, como esperado.

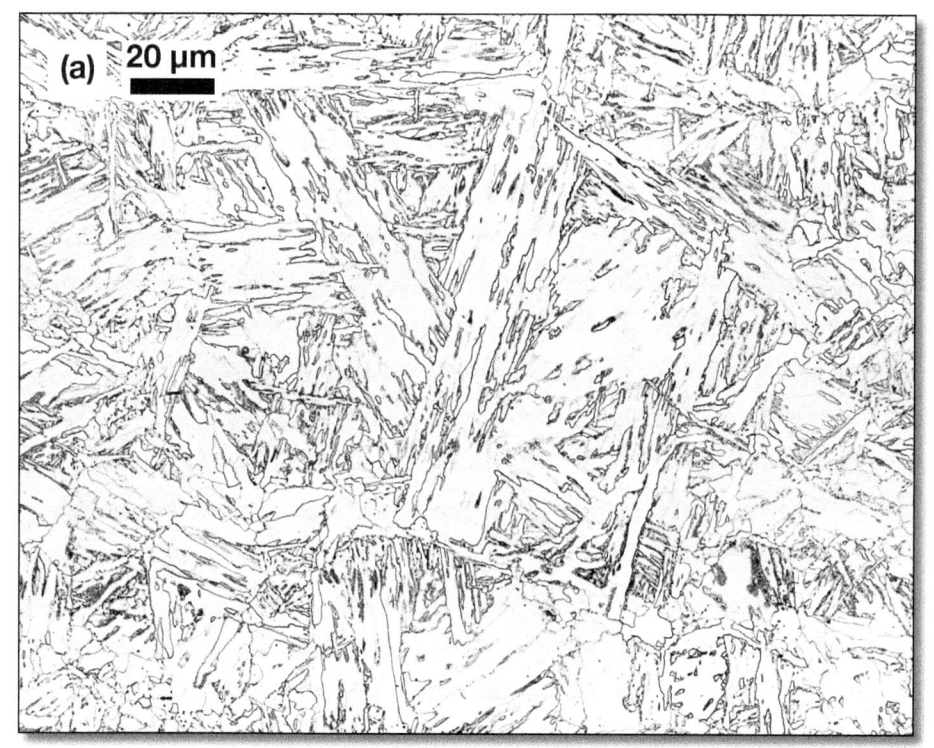

Tensão de escoamento 70 ksi (482 MPa)

Figura 14.4

Seções longitudinais próximas ao meio da espessura em chapas de aço estrutural laminado a quente, temperado e revenido com diferentes tensões de escoamento, na faixa entre 480 e 700 MPa. Na Figura (a), ferrita Widmanstätten ou bainita revenida, com carbonetos, não tendo sido formada martensita. Figuras (b), (c) e (d) Martensita revenida. Os contornos de grão austeníticos anteriores são visíveis. À medida que a resistência aumenta, as características "aciculares" da estrutura são mais definidas. Com maior aumento foram observados alguns carbonetos nos contornos de grão anteriores e entre as ripas de martensita. A presença de carbonetos é mais evidente nos aços de menor resistência. Como todas as chapas provêm, possivelmente, de um mesmo fabricante, é provável que a única diferença entre as chapas seja a temperatura de revenimento. Ataque: Nital 2% e Picral 4%. Imagens Cortesia do NIST — National Institute of Standards and Technology, Gaithersburg, EUA. [2]. (*Continua*)

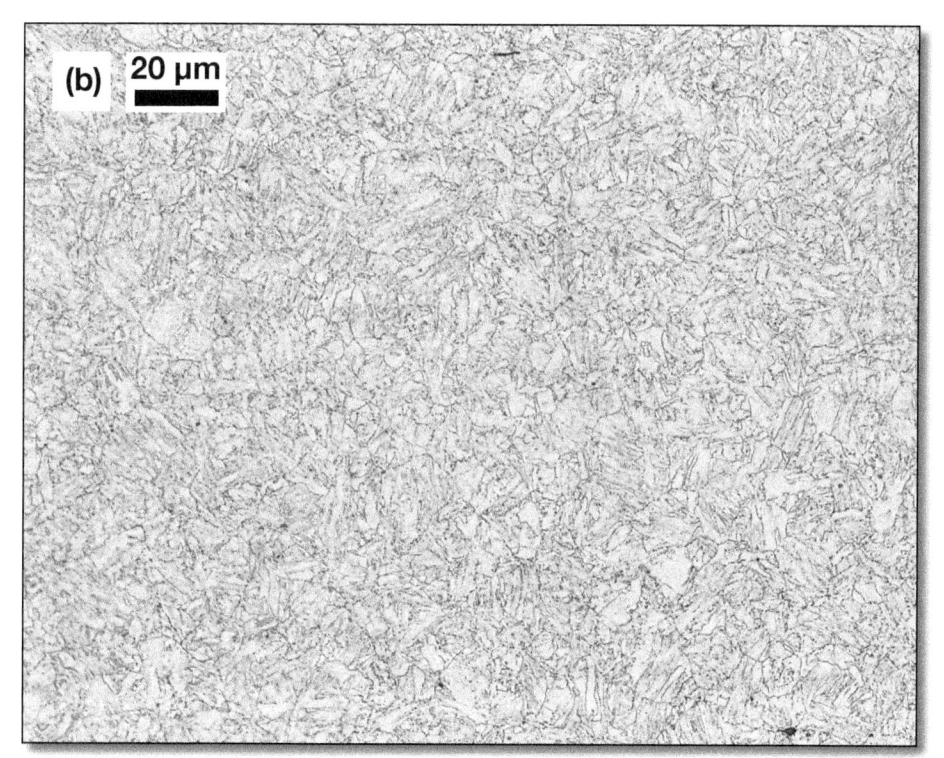

Tensão de escoamento 75 ksi (517 MPa)

Figura 14.4 (*Continuação*)
Seções longitudinais próximas ao meio da espessura em chapas de aço estrutural laminado a quente, temperado e revenido com diferentes tensões de escoamento, na faixa entre 480 e 700 MPa. Figuras (c) e (d) Martensita revenida. Os contornos de grão austeníticos anteriores são visíveis. À medida que a resistência aumenta, as características "aciculares" da estrutura são mais definidas. Com maior aumento foram observados alguns carbonetos nos contornos de grão anteriores e entre as ripas de martensita. A presença de carbonetos é mais evidente nos aços de menor resistência. Como todas as chapas provêm, possivelmente, de um mesmo fabricante, é provável que a única diferença entre as chapas seja a temperatura de revenimento. Ataque: Nital 2% e Picral 4%. Imagens Cortesia do NIST – National Institute of Standards and Technology, Gaithersburg, EUA. [2].

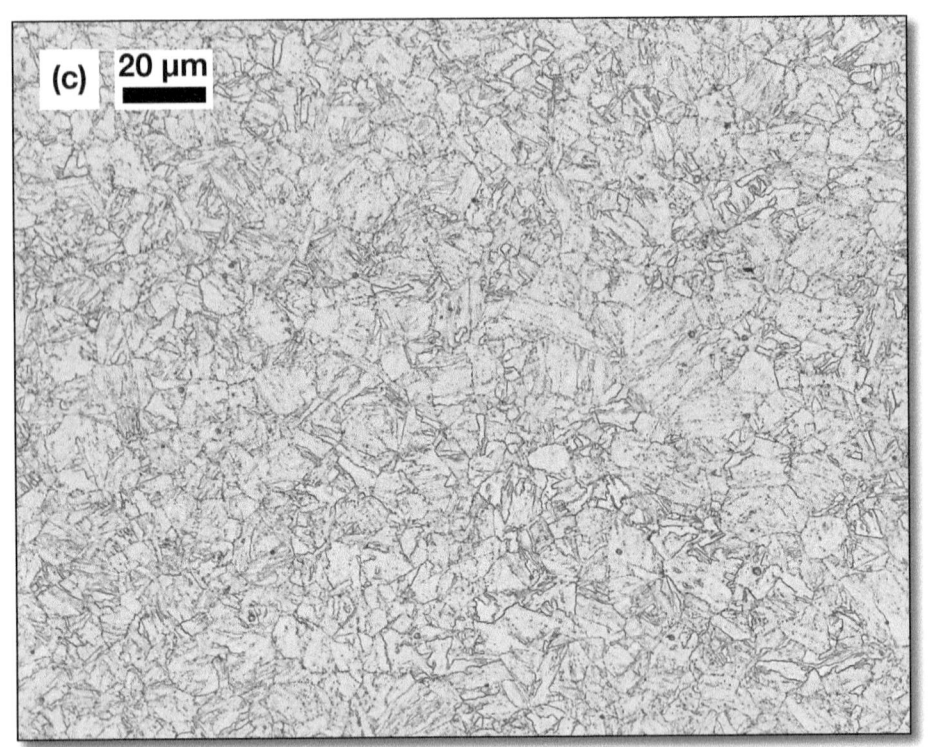

Tensão de escoamento 80 ksi (551 MPa)

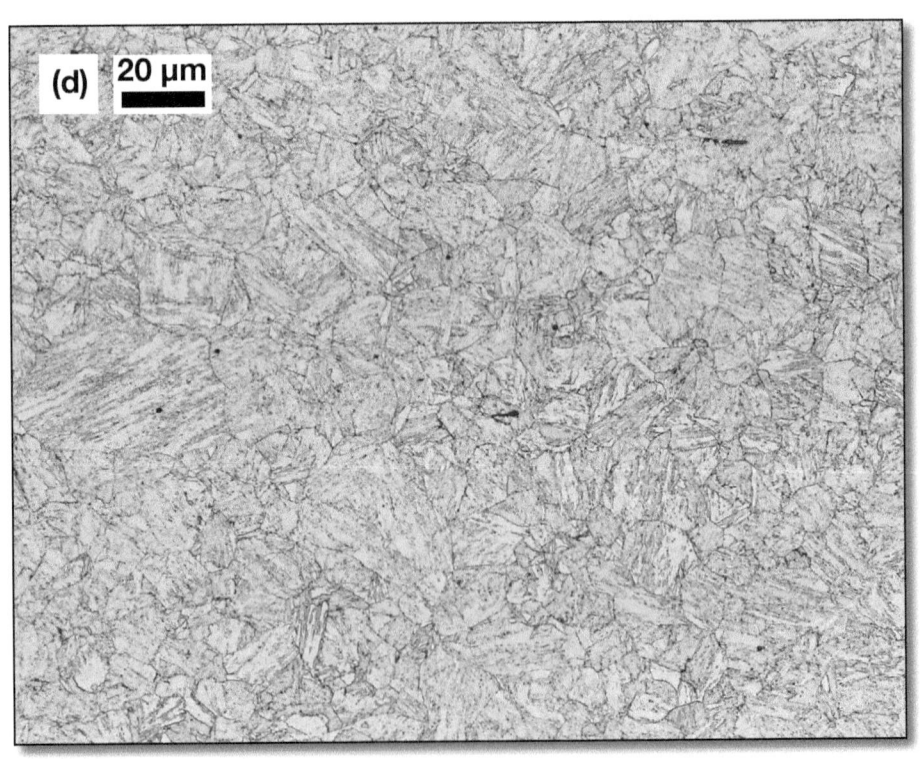

Tensão de escoamento 100 ksi (689 MPa)

4. Aços Estruturais Obtidos por Laminação (Tratamento Termomecânico) Controlada

O uso de elementos que formem precipitados capazes de controlar o crescimento do grão austenítico em combinação com um ciclo de tratamento termomecânico controlado é demonstrado nas Figuras 14.4 e 14.5, que apresentam os resultados de Carvalho [3] obtidos no processamento de tubos. Diferentes adições de vanádio, nióbio e titânio foram realizadas em um aço com a composição básica aproximada C = 0,15%, Mn = 1,5%, Si = 0,45%. Após o estabelecimento dos parâmetros de deformação e temperatura, a principal variação de processo investigada compreendeu o resfriamento intermediário, entre duas etapas da conformação a quente do tubo. Neste resfriamento, é possível a ocorrência de precipitação de carbonitretos dos elementos microligantes (V, Nb e Ti) que podem colaborar para controlar o grão austenitico na etapa final de conformação a quente, que é seguida por resfriamento,

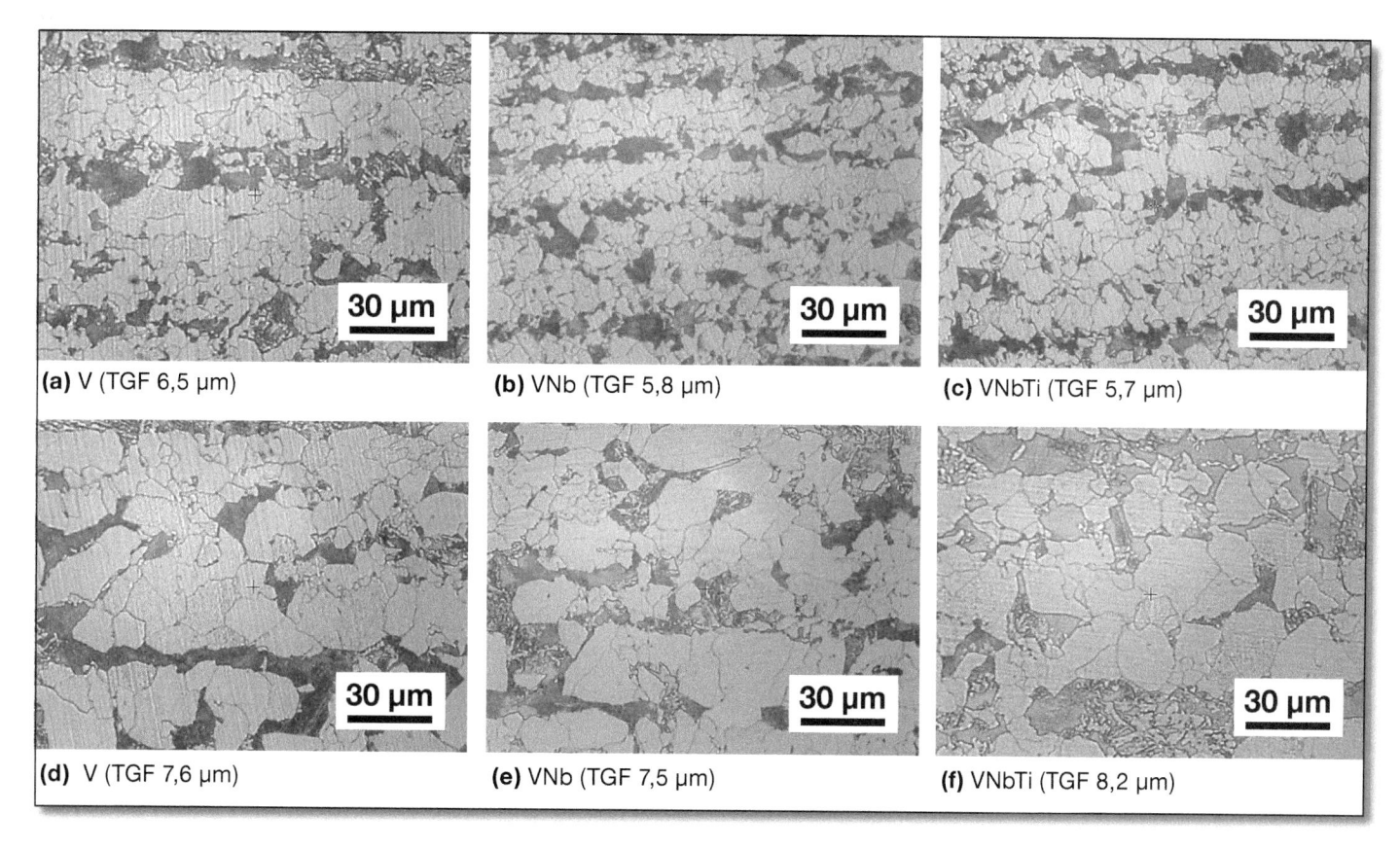

(a) V (TGF 6,5 µm)   **(b)** VNb (TGF 5,8 µm)   **(c)** VNbTi (TGF 5,7 µm)

(d) V (TGF 7,6 µm)   **(e)** VNb (TGF 7,5 µm)   **(f)** VNbTi (TGF 8,2 µm)

Figura 14.5
Diferentes microestruturas obtidas com o emprego de processamento termomecânico controlado em tubos de aço com a composição base aproximada C = 0,15%, Mn = 1,5%, Si = 0,45% e adições de microligantes V, Nb e Ti, como indicado. As amostras de (a) a (c) representam microestruturas em que o material foi resfriado até a transformação completa da austenita após a conclusão das primeiras etapas da deformação a quente e reaquecido para a conformação a quente, final, do tubo. O tamanho de grão ferrítico está indicado em cada figura. As amostras de (d) a (f) apresentam microestruturas em que não houve o resfriamento e transformação intermediária da austenita. A Figura 14.6 apresenta o efeito das microestruturas sobre a tenacidade do material. Em todas as amostras, observam-se ferrita poligonal e perlita. Nas amostras (e) e (f), observa-se a presença de alguns constituintes aciculares, provavelmente ferrita. Cortesia de R. N. Carvalho [3].

sem tratamento térmico posterior. O efeito do processamento sobre o tamanho de grão ferritico é bastante evidente. Naturalmente, isto depende de uma distribuição favorável do tamanho dos precipitados, obtida através do ciclo termomecânico mencionado, conforme caracterização por MET [3]. O efeito do refino do grão ferrítico sobre a tenacidade é evidente nos resultados apresentados na Figura 14.6.

Gorni e colaboradores [4] avaliaram a cinética da decomposição da austenita em diversos aços microligados determinando diagramas CCT (TRC) e caracterizando as microestruturas obtidas. A Figura 14.7 apresenta o diagrama TRC para um dos aços estudados e a Figura 14.8 dois exemplos de microestruturas caracterizadas no estudo.

O atendimento aos diferentes graus de resistência da norma API 5L [5] tem se tornado um dos campos de prova mais interessantes para o desenvolvimento de aços submetidos a tratamentos termomecânicos controlados. Isto se deve ao significante impacto que a resistência mecânica do aço tem sobre o preço final de um duto para petróleo. A resis-

Figura 14.6
Energia absorvida no ensaio de impacto dos aços com as microestruturas apresentadas na Figura 14.5. O efeito do processamento termomecânico controlado é evidente. Adaptado de [3].

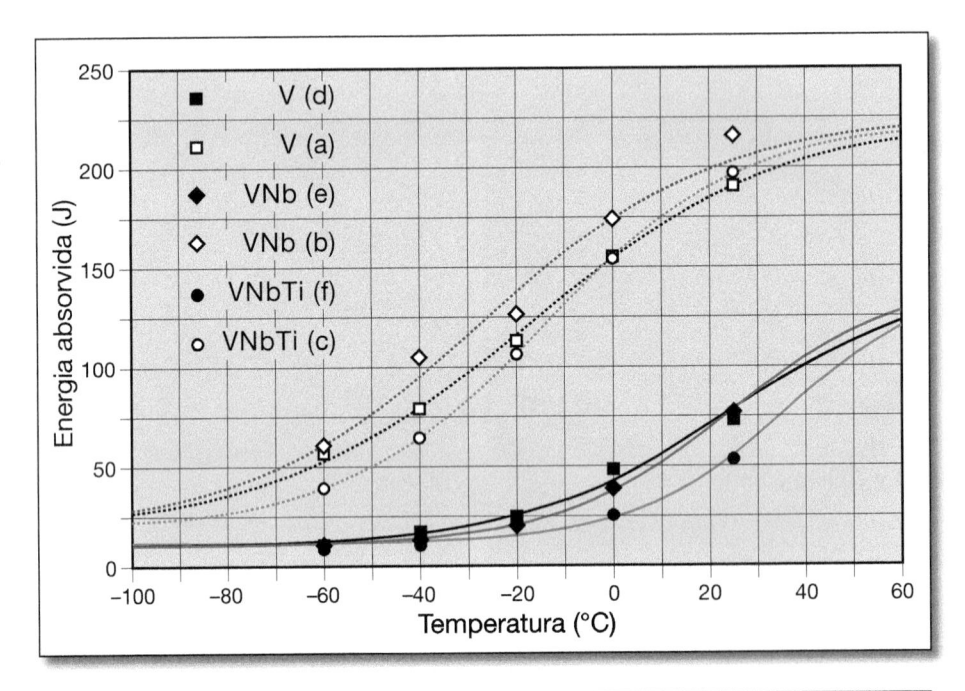

Figura 14.7
Curva CCT (TRC) de um aço microligado com C = 0,07%, Mn = 1,32%, Si = 0,13%, Al = 0,013%, Nb = 0,036% e N = 0,0013%. Austenitização: 900 °C, 360 s. Em cada curva de resfriamento está indicada a dureza obtida. Adaptado de [4].

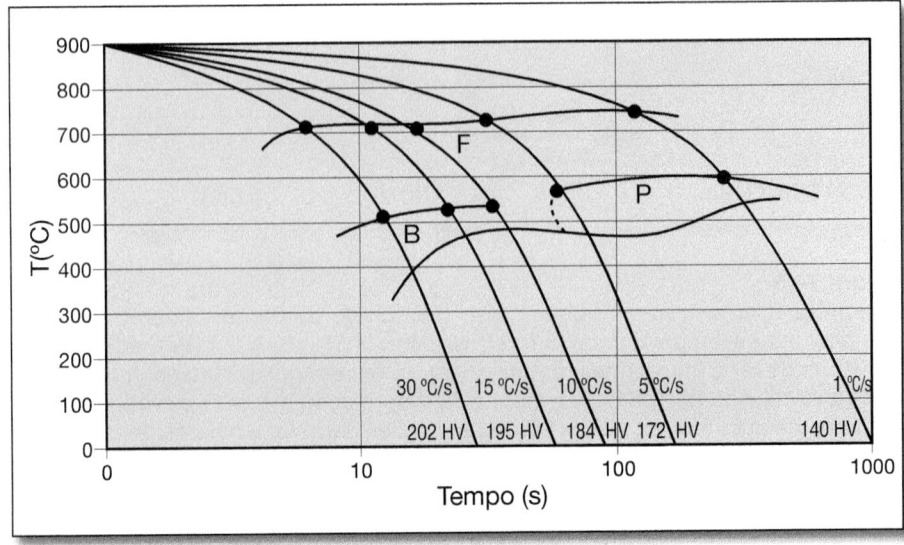

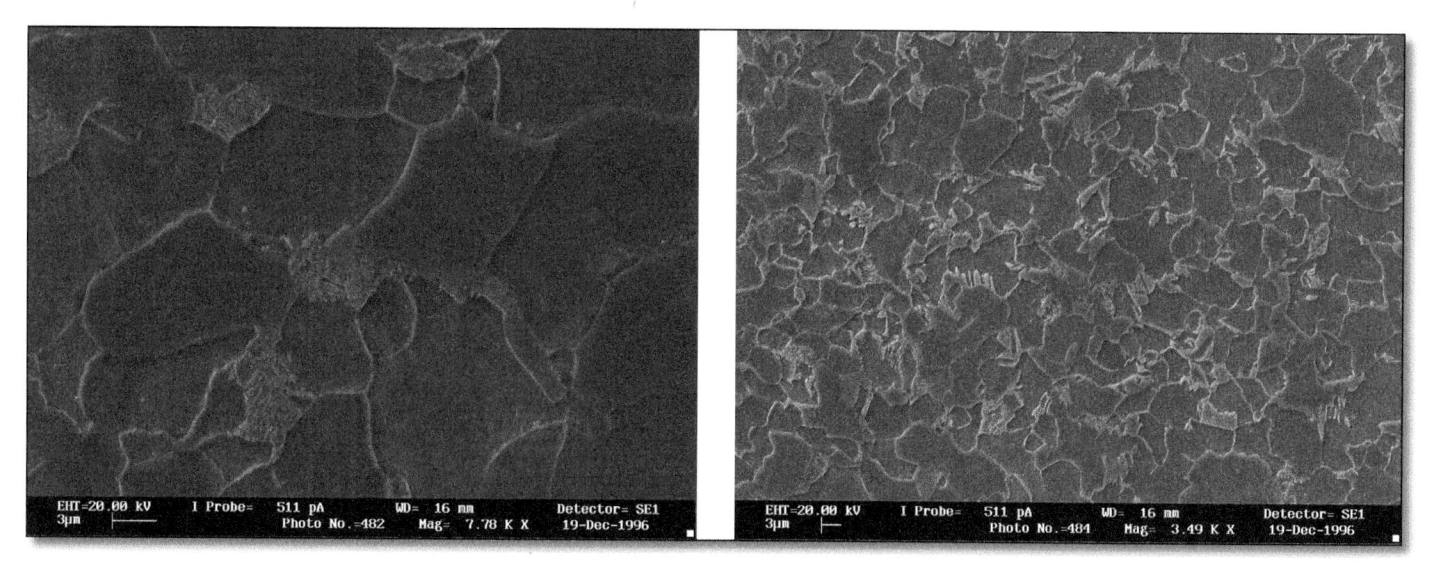

Figura 14.8
Microestrutura do aço da Figura 14.7. (a) Resfriado a 5 °C/s; ferrita equaixial e perlita fina; (b) Resfriado a 15 °C/s; ferrita equiaxial mais fina, ferrita acicular, ferrita bainítica e alguma ferrita massiva. Ataque: Nital 2%. MEV, ES. Cortesia de A. Gorni [4].

tência mecânica define a espessura de parede do tubo que, por sua vez, define o peso de aço a ser empregado assim como todos os custos de logística de movimentação destes tubos. Quando se contemplam dutos de centenas ou até milhares de quilômetros, é fácil entender como estes custos compostos são extremamente significativos.

A norma API 5L é bastante flexível no que diz respeito à composição química, tendo critérios estritos para as propriedades mecânicas, carbono equivalente (com vistas à soldabilidade) e alguns elementos químicos, apenas. Foi uma das primeiras normas a aceitar o emprego de tratamentos termomecânicos (ao invés de tratamento térmico) em aplicações sujeitas à pressão em que a segurança é importante. Estes motivos fazem com que haja uma grande variedade de estruturas que são desenvolvidas por usinas, em geral em colaboração com fabricantes de tubos soldados, para atender os diferentes graus de resistência. A combinação de composição química visada e tratamento termomecânico aplicado é, em geral, uma característica de cada usina que pode variar, inclusive em função da espessura a produzir e, normalmente, não é divulgada. Alguns exemplos são apresentados nas Figuras 14.9 a 14.11.

O limite de desenvolvimento destes aços se encontra no grau X120 (em 2005), isto é, limite de escoamento mínimo de 120 ksi (827 MPa) e excelente soldabilidade. No exemplo da Figura 14.12, a energia absorvida no ensaio ISO-V a –40 °C foi de 258 J para a estrutura composta por bainita inferior e de 167 J para a estrutura dominada por bainita superior e com presença de MA. Estes valores de tenacidade são bastante elevados. Embora haja alguma resistência dos fabricantes de tubos quanto ao emprego de boro nestes aços (em função da possibilidade de dificuldades de reprodutibilidade e do efeito na soldagem, principalmente), os resultados obtidos com aços semelhantes ao apresentado na Figura 14.12 são promissores.

Figura 14.9
Chapas de aço (a) API X56 e (b) API X65,
produzidas por laminação controlada.
Meio da espessura, seção longitudinal.
(a) Ferrita (equiaxial e acicular) e perlita,
algum bandeamento e presença de sulfetos alongados. (b) Ferrita e perlita fina,
estrutura bandeada, presença de sulfetos alongados (comparar com Figura
14.1(e)). Cortesia ArcelorMittal Tubarão,
ES, Brasil.

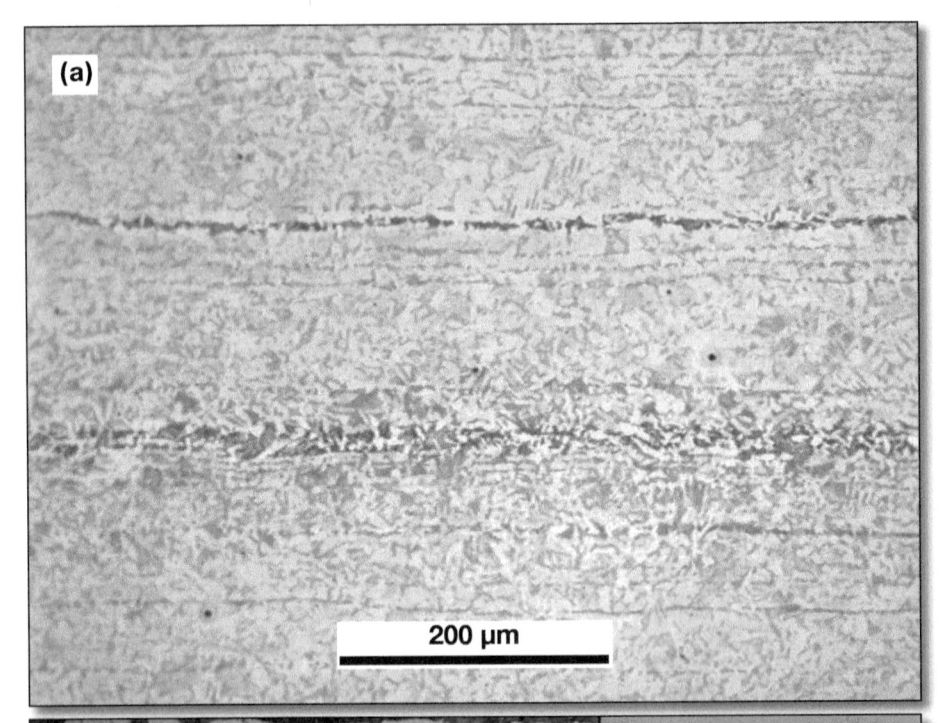

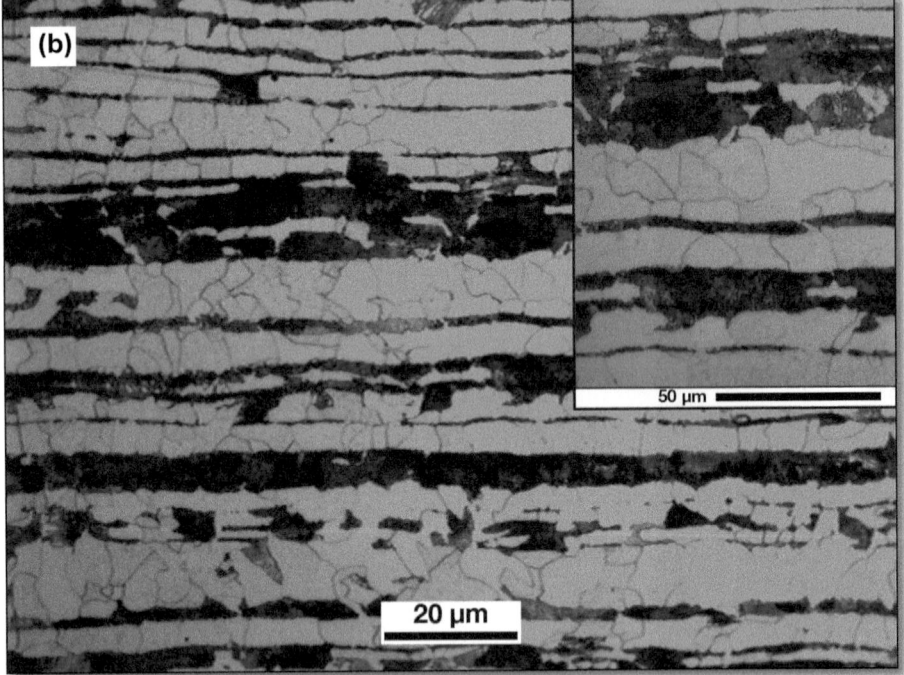

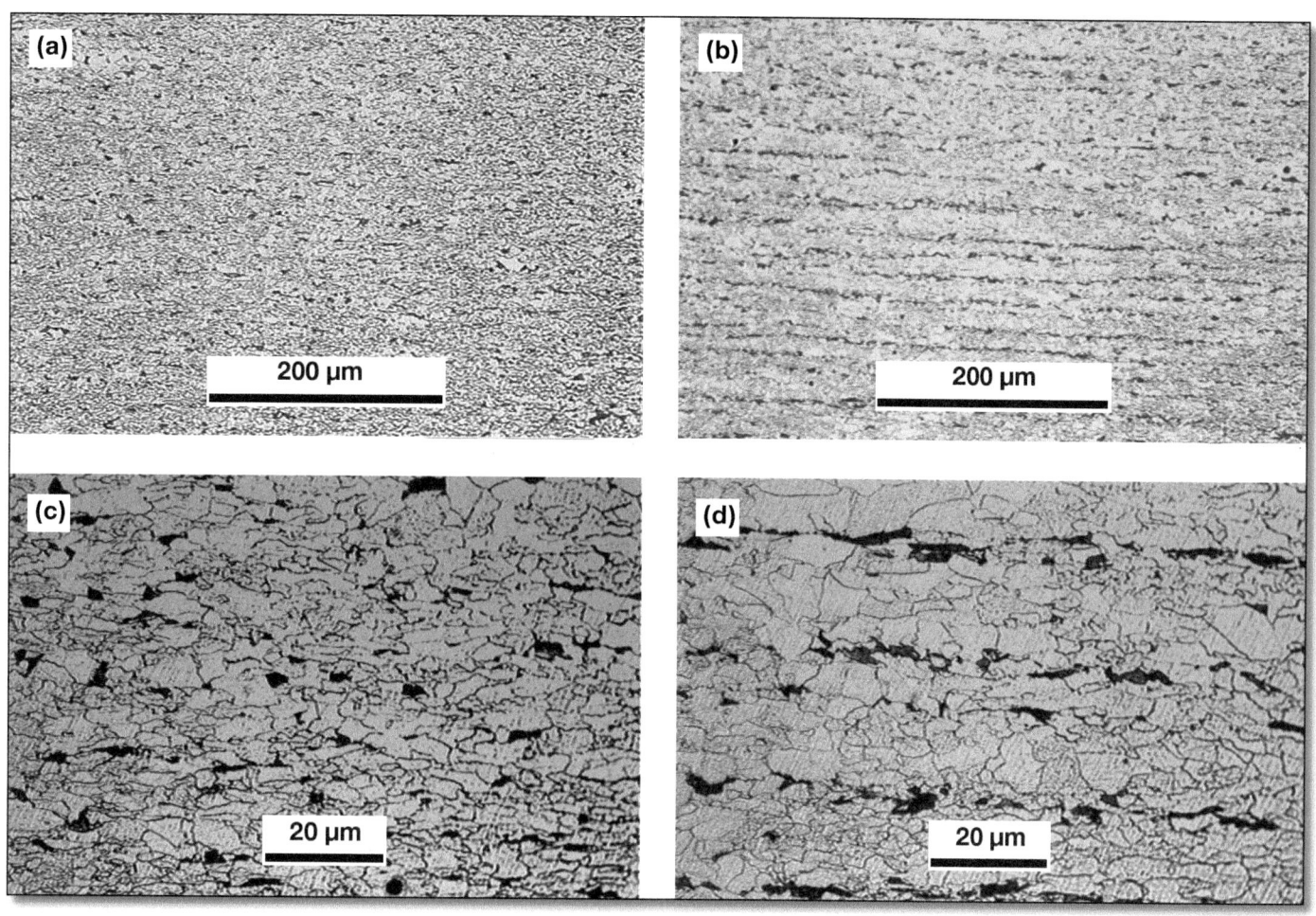

Figura 14.10
Chapa de aço API X70, produzida por laminação controlada. Seção longitudinal.
(a) e (c), a 1/4 da espessura (posição t/4). (b) e (d) posição meio da espessura (t/2).
Ferrita (TGF 11) e perlita fina, algum bandeamento. Cortesia ArcelorMittal Tubarão,
ES, Brasil.

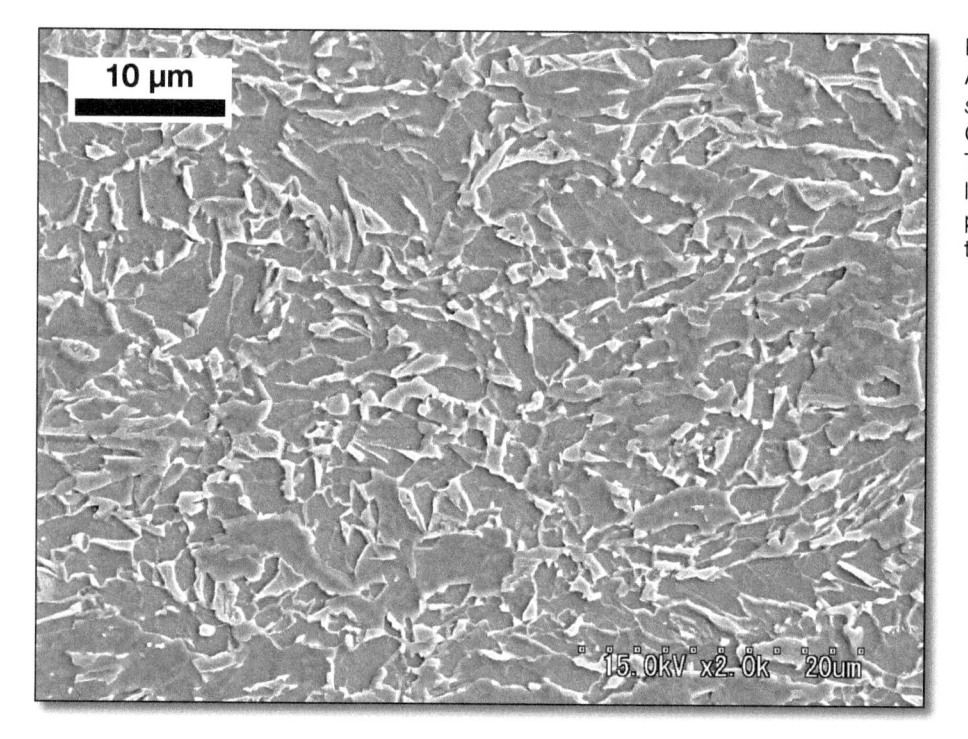

Figura 14.11
Aço API X100 para tubulações, *dual phase* produzido por laminação controlada.
C = 0,06%, Mn = 1,96%, Nb = 0,04%, Ti = 0,01%, + Ni, Cu, Mo. Ferrita granular e bainita (martensita e austenita retida presentes). Reproduzido de [6] por cortesia da Nippon Steel Corporation.

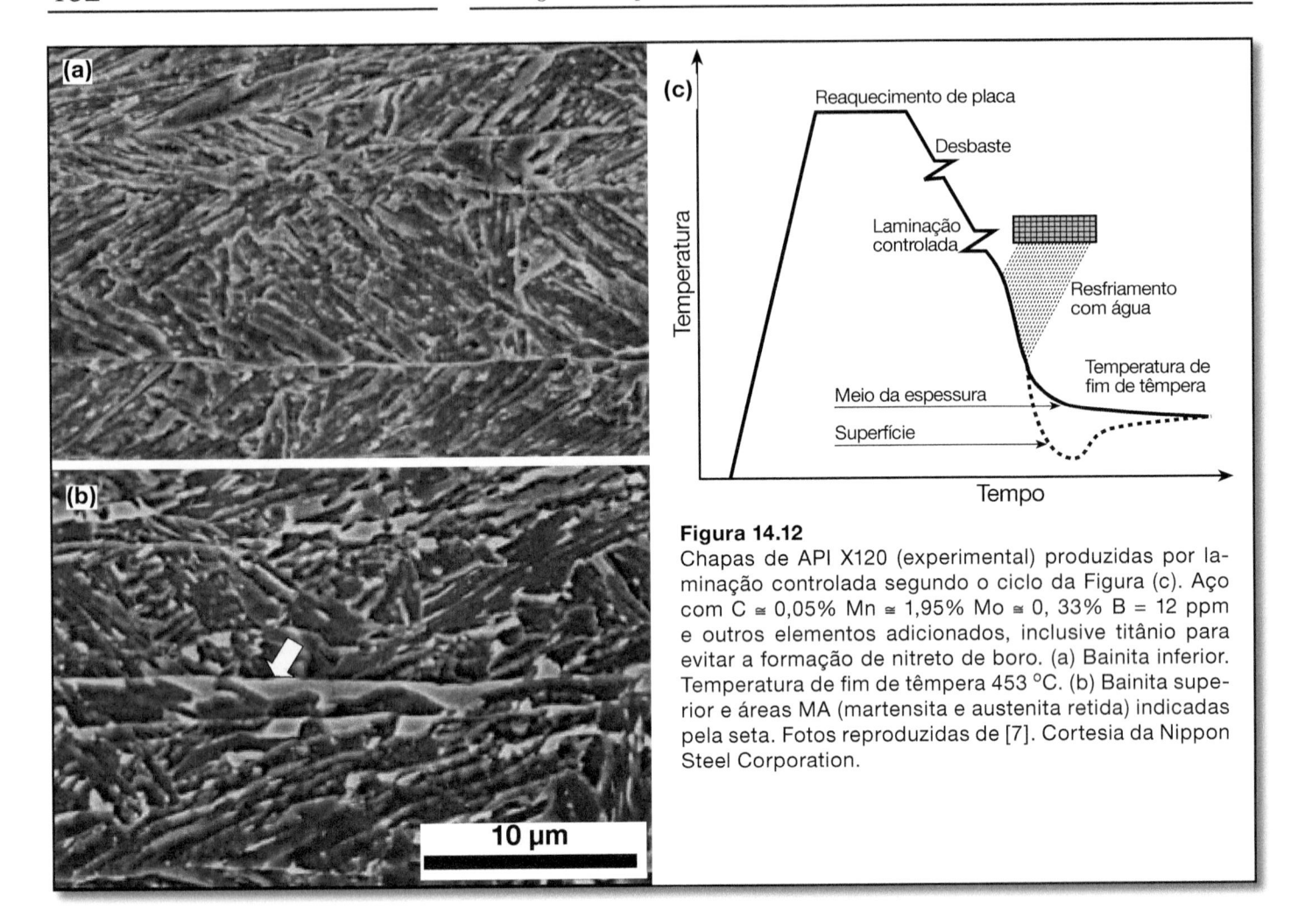

Figura 14.12
Chapas de API X120 (experimental) produzidas por laminação controlada segundo o ciclo da Figura (c). Aço com C ≅ 0,05% Mn ≅ 1,95% Mo ≅ 0, 33% B = 12 ppm e outros elementos adicionados, inclusive titânio para evitar a formação de nitreto de boro. (a) Bainita inferior. Temperatura de fim de têmpera 453 °C. (b) Bainita superior e áreas MA (martensita e austenita retida) indicadas pela seta. Fotos reproduzidas de [7]. Cortesia da Nippon Steel Corporation.

5. Aços para a Construção Civil

Os vergalhões para concreto armado são especificados segundo a norma NBR 7480, sendo designados CA-xx, em que os dois algarismos indicados por xx representam o limite de escoamento mínimo em kgf/mm^2 (por exemplo, CA-25, CA-50 etc.).

Pertencem a duas classes:

a) laminados a quente e

b) encruados (laminados a frio ou torcidos).

É importante notar que, enquanto alguns vergalhões da classe A podem ser soldados sem apresentar enfraquecimento, os aços encruados podem recristalizar e sofrer transformações, durante a soldagem, o que reduziria seu limite de escoamento.

Para concreto protendido, a NBR 7482 designa os aços CP-xxx, em que os algarismos indicados por xxx indicam o limite de ruptura em kgf/mm^2, havendo três classes:

a) laminado a quente,

b) encruado e

c) temperado.

É sempre recomendável quando se deseja soldar vergalhões, avaliar a composição química do material, para verificar sua soldabilidade ou obter a garantia de soldabilidade do fabricante.

Os requisitos especificados para a composição química dos vergalhões são muito flexíveis. O fabricante precisa otimizar a composição química e o processamento para atingir, da forma mais econômica possível, a resistência e a ductilidade (inclusive em ensaios de dobramento) especificadas. No caso de aços destinados à soldagem, cuidados adicionais em relação à composição química são requeridos. Em geral os fabricantes operam com faixas de teor de carbono e fórmulas semelhantes às formulas de "carbono equivalente" para estimar as propriedades que poderão ser obtidas para cada dimensão de vergalhão.

Para atender aos requisitos da norma NBR 7480 é freqüente empregar resfriamento forçado ao fim da laminação a quente. As Figuras 14.13 e 14.14 apresentam seção transversal de vergalhão CA 50 obtido por dois processos de resfriamento forçado (Processos "Tempcore" [8] ou "Stelmor", por exemplo).

A Figura 14.15 apresenta, esquematicamente, o processo de resfriamento forçado do tipo "Tempcore" aplicado a estes aços. A temperatura de laminação é ajustada para que, ao fim da laminação a quente, o aço entre, continuamente e com uma temperatura predefinida, em uma estação de resfriamento com água. Este resfriamento rápido, indicado como primeiro estágio na Figura 14.15, permite a formação de martensita em uma camada superficial da barra. Ao fim do resfriamento por água, a barra ainda tem um núcleo austenítico não transformado e uma região intermediária composta por martensita e

Figura 14.13
Seção transversal de vergalhões CA50. Acima, macrografia de vergalhão submetido a resfriamento forçado (Figura 14.15) após a laminação a quente. Micrografias correspondentes: (a) martensita revenida, (b) perlita e ferrita, (c) perlita e ferrita. Abaixo, macrografia de vergalhão submetido a resfriamento com ar forçado tipo "Stelmor", (d) perlita e ferrita. Ataque: Nital 2%. Cortesia ArcelorMittal Aços Longos, Juiz de Fora, MG, Brasil.

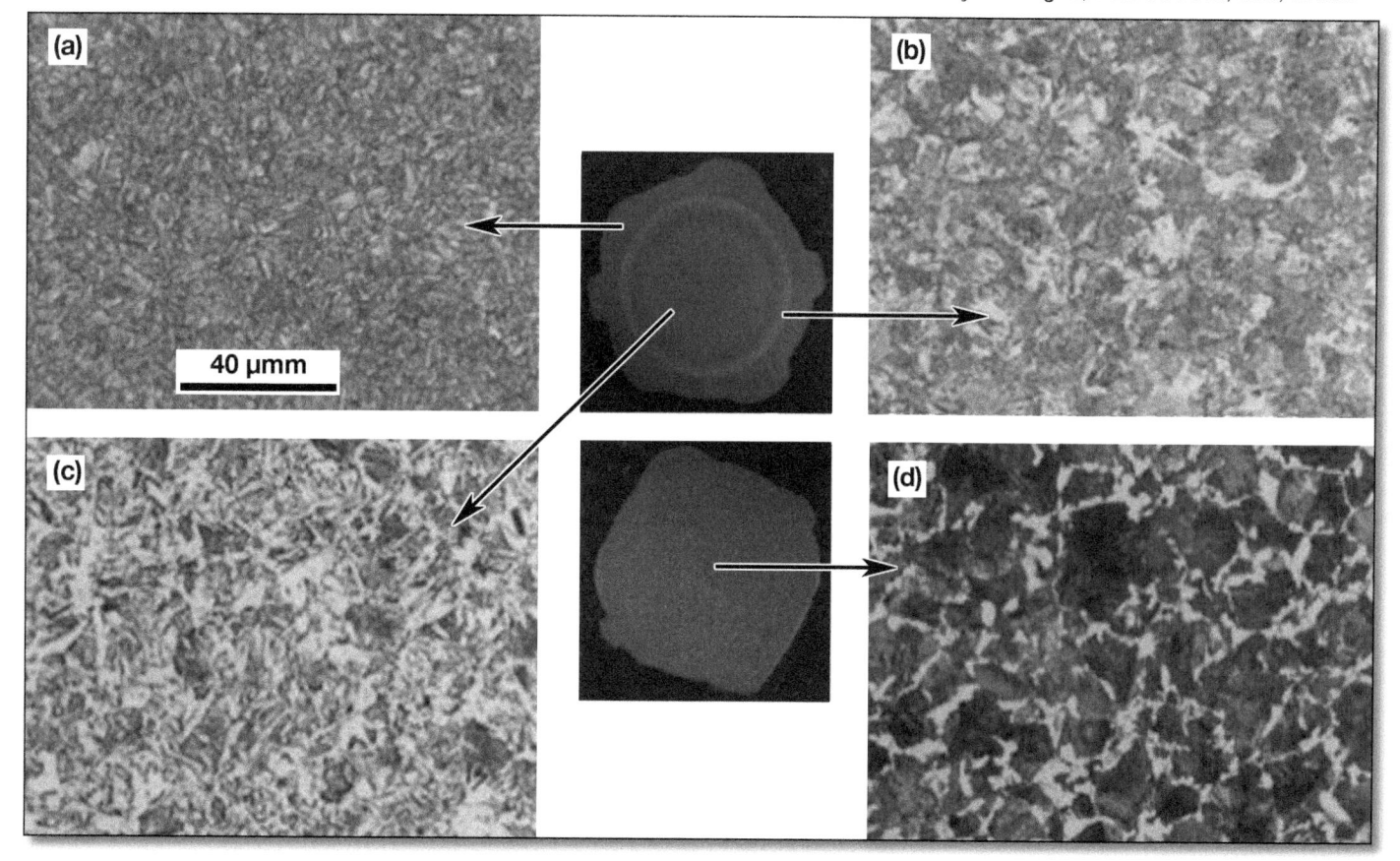

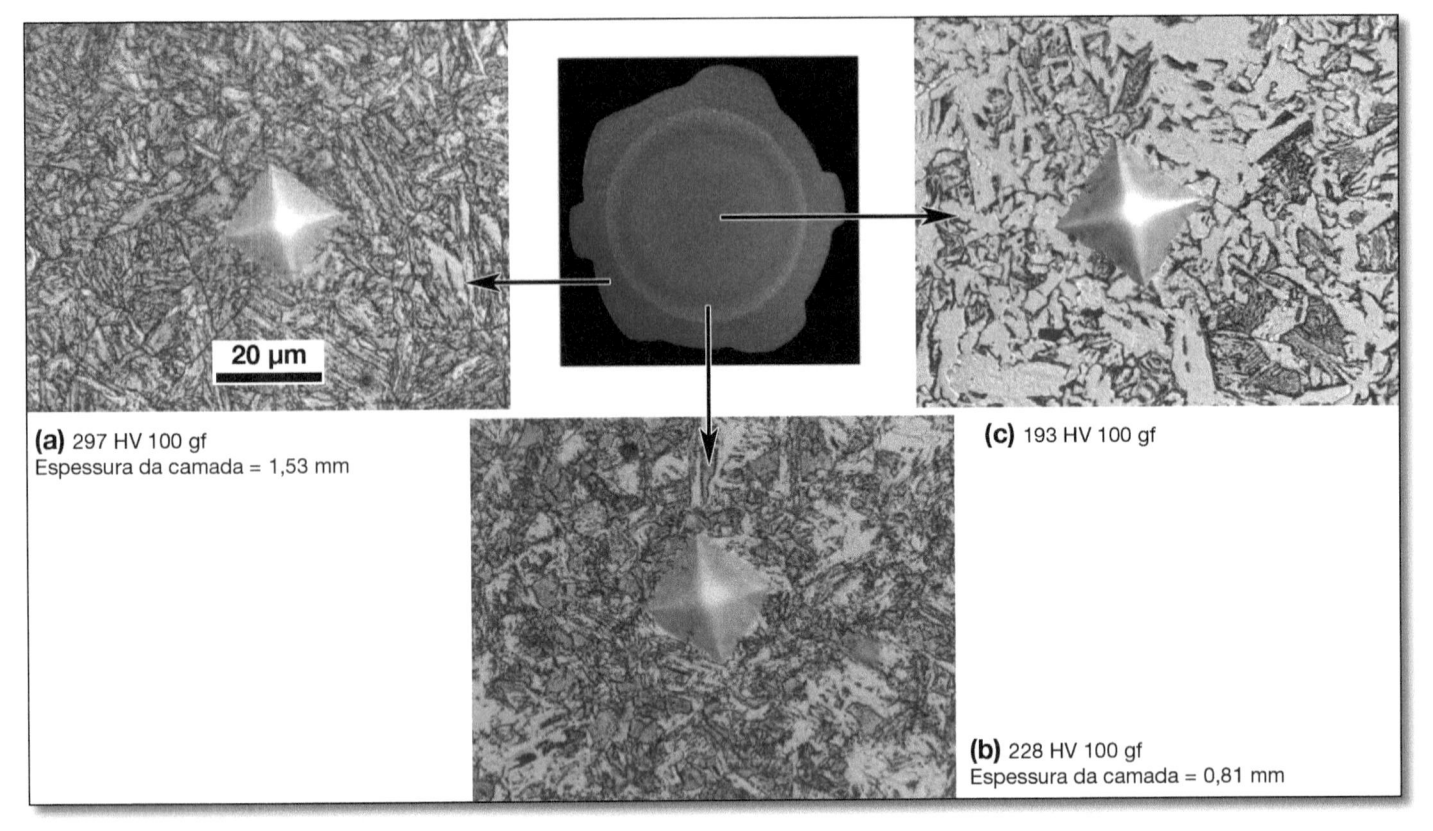

(a) 297 HV 100 gf
Espessura da camada = 1,53 mm

(c) 193 HV 100 gf

(b) 228 HV 100 gf
Espessura da camada = 0,81 mm

Figura 14.14
Seção transversal de vergalhão CA50 obtido por resfriamento forçado (Figura 14.15) após a laminação a quente: (a) martensita revenida, (b) martensita revenida e ferrita acicular, (c) perlita e ferrita acicular. As regiões caracterizadas por cada microestrutura têm sua espessura e dureza indicadas na figura. Observa-se a impressão de microdureza Vickers, com carga de 100 gf. Ataque: Nital 2%. Cortesia ArcelorMittal Aços Longos, Juiz de Fora, MG, Brasil.

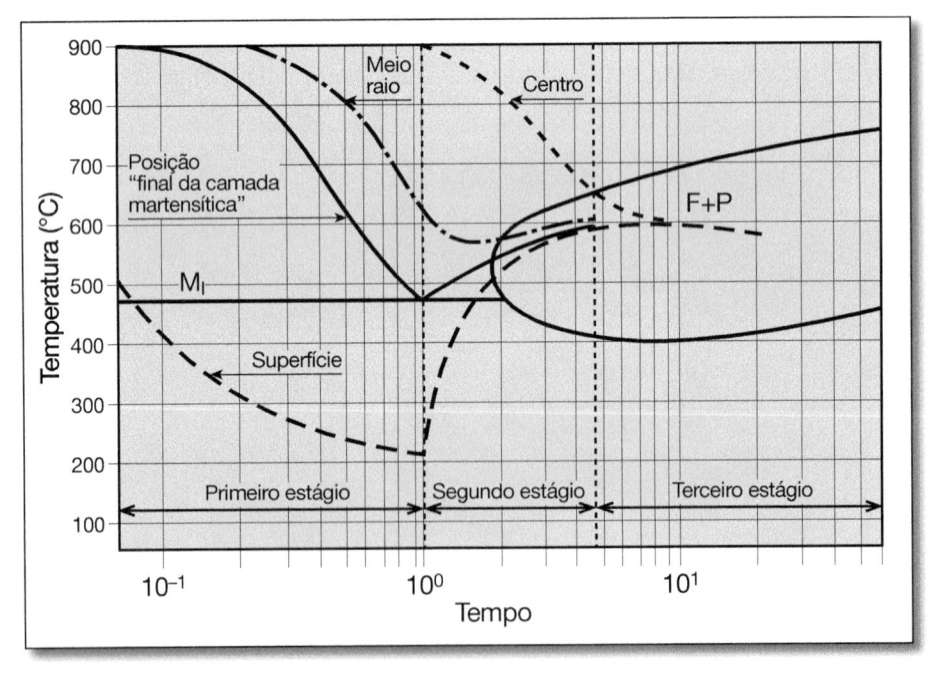

Figura 14.15
Curvas de resfriamento de diferentes pontos do raio de uma barra submetida a resfriamento controlado superposta a uma curva CCT esquemática do aço. Até o final do primeiro estágio de resfriamento, a superfície resfria significativamente abaixo da temperatura M_I. A curva identificada como posição "final da camada martensítica" representa uma posição interna à barra que, ao final do primeiro estágio atinge exatamente a temperatura M_I, não havendo formação de martensita nesta posição, portanto. Como o centro da barra ainda está austenítico, a alta temperatura, o segundo estágio é caracterizado pelo reaquecimento da região superficial da barra (revenindo a martensita formada no primeiro estágio). A partir daí, as velocidades de resfriamento são tais que pode ocorrer formação de ferrita (acicular ou não) e perlita. Adaptado de [9].

austenita não transformada. A partir deste ponto, o núcleo da barra resfria, causando o reaquecimento da superfície. Este reaquecimento serve de revenimento da camada martensítica na superfície da barra. Concluído este estágio, a barra resfria até a temperatura ambiente. Uma alternativa é o emprego de resfriamento por ar soprado (processo tipo "Stelmore"). Neste processo, ao final da laminação a quente o aço é resfriado em água somente o suficiente para reduzir a temperatura até uma temperatura na faixa de 900 °C, ainda no campo austenítico. A seguir, o aço é resfriado por ar soprado em um leito contínuo. Além de alterar os constituintes presentes na microestrutura, o emprego de resfriamento acelerado também permite alterar a fração de perlita, além daquela prevista pelo diagrama de equilíbrio.

Assim, o resfriamento acelerado, mesmo ao ar, permite atingir condições que viabilizam a formação de microestruturas ricas em perlita, mesmo fora das condições eutectóides. A análise da Figura 14.16 indica que existe uma região no diagrama Fe-C em que é possível ter a austenita saturada, simultaneamente, em ferrita e cementita. Esta é a condição termodinâmica para que possa ocorrer formação de perlita. Esta região aumenta à medida que a temperatura é reduzida, ou seja, à medida que a austenita é resfriada, sem transformar. O resultado é que existe, na curva CCT de um aço hipoeutectóide, uma velocidade de resfriamento, a partir da qual é possível que a austenita se decomponha diretamente em perlita, sem a formação de ferrita pró-eutectóide. Aços resfriados com taxas próximas a esta terão cada vez mais perlita em relação à fração volumétrica de equilíbrio, calculada pela regra da alavanca.

A Figura 14.17 apresenta um exemplo em que a microestrutura do aço AISI 1045 recozido (próximo ao equilíbrio, portanto, e com a fração de perlita em acordo com a regra da alavanca) é comparada com a estrutura do mesmo aço submetido ao resfriamento acelerado em leito com ar forçado. O aumento da fração volumétrica de perlita associado ao resfriamento acelerado é evidente. O resultado é o aumento da resistência mecânica do aço.

A Figura 12.35 apresenta vergalhão CA60, laminado a quente e, a seguir, trabalhado a frio, para encruamento.

A soldabilidade dos vergalhões é, freqüentemente, uma característica importante na aplicação. Cada vez mais têm se empregado com grande sucesso telas, treliças e armaduras soldadas, com grande economia de mão-de-obra e material (ver item 7).

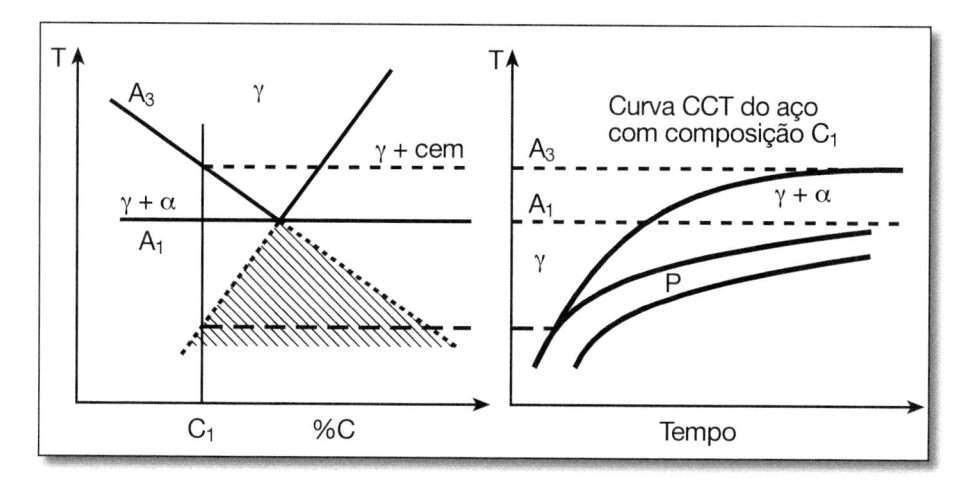

Figura 14.16
Diagrama de equilíbrio Fe-C esquemático e curva CCT correspondente ao aço C_1. A região hachurada no diagrama de equilíbrio representa as condições de temperatura e composição química em que a austenita está supersaturada em ferrita e em cementita, tornando viável a formação de perlita. A curva CCT mostra que existe uma velocidade crítica, a partir da qual é possível evitar a formação de ferrita pró-eutectóide, obtendo apenas perlita. Quanto mais próximo a esta velocidade crítica, menor a fração de ferrita pró-eutectóide. Adaptado de [10].

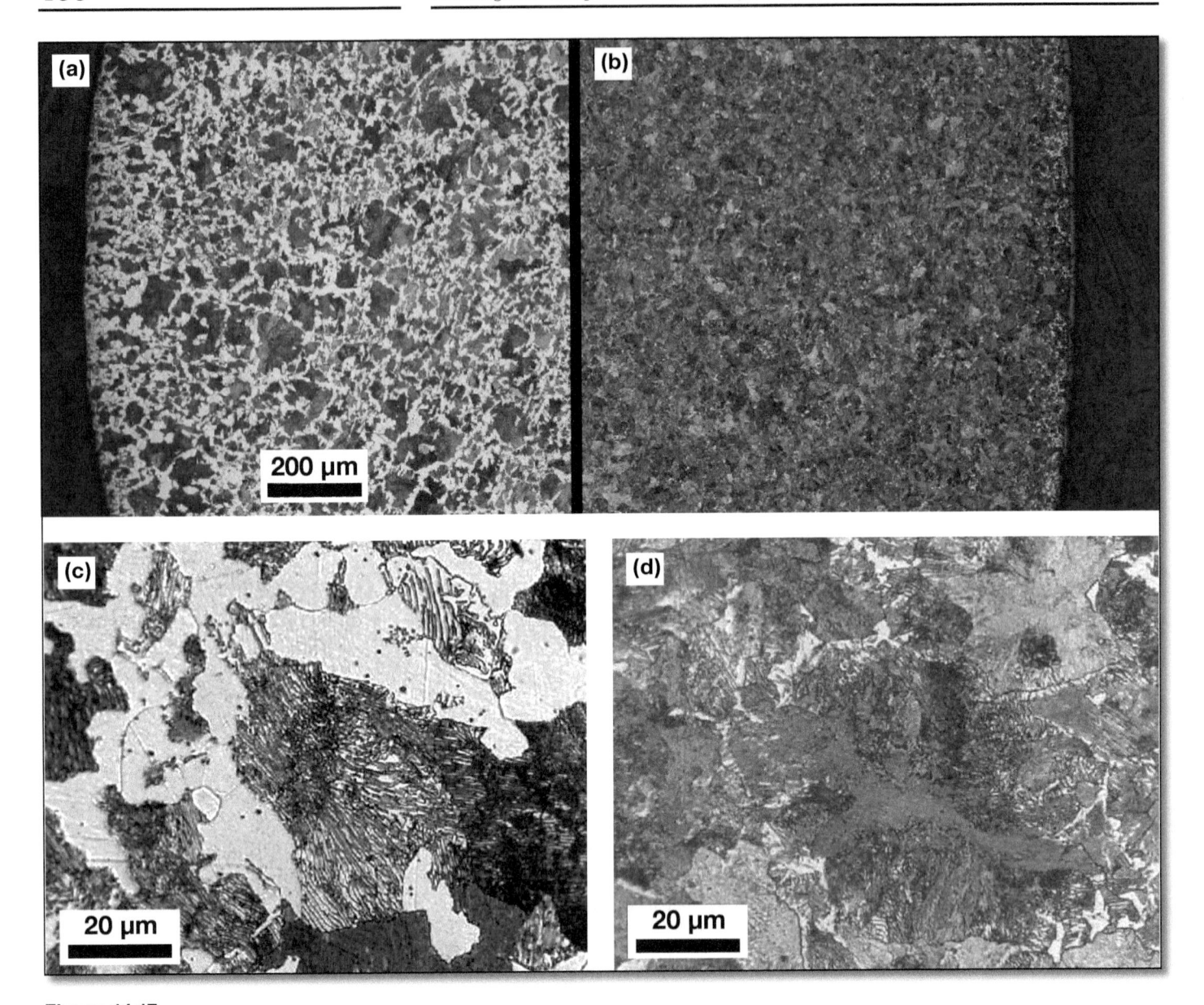

Figura 14.17
Seção transversal de fio máquina de aço AISI 1045 recozido (a) e (c) e submetido a resfriamento acelerado ao ar forçado (Stelmor) a partir do campo austenítico, no final da laminação (b) e (d). A regra da alavanca só prevê a fração de constituintes em condições próximas ao equilíbrio, como no caso do recozimento. Ataque: Nital 2%. Cortesia ArcelorMittal Aços Longos, Juiz de Fora, MG, Brasil.

5.1. Aços para Vasos de Pressão de Parede Grossa

Para várias aplicações em que pressões elevadas estão presentes, é necessário utilizar aços com resistências mais elevadas do que os aços estruturais mais comuns e em espessuras consideráveis. Em geral, a escolha recai em aços tratáveis termicamente, com teores de carbono moderados, para garantir a soldabilidade. Aços como AISI 8630 modificado, comumente empregado na indústria do petróleo, têm boa temperabilidade e formam microestruturas martensíticas em espessuras consideráveis. Neste caso, a composição química foi desenvolvida para atingir a temperabilidade sem o emprego excessivo de níquel, que não é aceitável acima de 1% em aços para construção mecânica em aplicações onde a presença de H_2S pode levar à corrosão sob tensão [11].

O aço 20MnMoNi55 (ASTM A 508 Gr.3, forjado ou ASTM A 533 Cl.1, em chapas) é amplamente aplicado para vasos de pressão e trocadores de calor de paredes espessas em usinas nucleares. A Figura 14.18 apre-

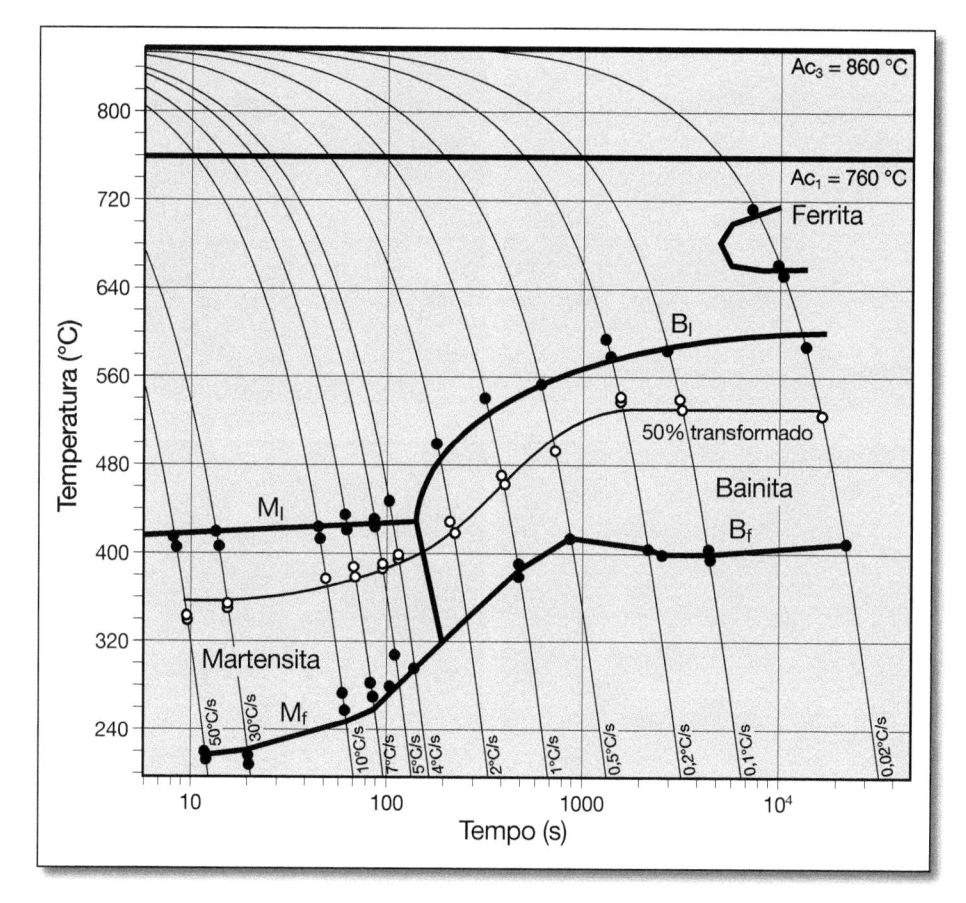

Figura 14.18
Curva CCT de um aço A 533 Cl. 1 contendo C = 0,2%, Mn = 1,38%, Mo = 0,49%, Ni = 0,83%, Cr = 0,15%. Austenitizado a 1100 °C durante 30 min. As velocidades de resfriamento estão indicadas na figura. As microestruturas correspondentes são apresentadas na Figura 14.19. Cortesia de B. Marini (CEA, França) [12, 13].

senta uma curva CCT para este aço. A faixa em que se obtém 100% de bainita em resfriamento em água corresponde, aproximadamente, ao centro de uma placa de 100 mm (2 °C/s) até o centro de placas de 490 mm de espessura (0,1 °C/s).

A Figura 14.20 apresenta a microestrutura de uma chapa de 220 mm de espessura, temperada e revenida, para aplicação em componentes primários de usina nuclear. Observa-se a variação da estrutura da superfície para o centro, de acordo com o diagrama da Figura 14.18. A microestrutura do centro da chapa é mais semelhante à obtida com velocidade algo menor na Figura 14.19. Isto pode ser devido à diferença de tamanho de grão austenítico entre os dois casos e à eficiência da têmpera da chapa industrial.

A microestrutura tem grande importância na tenacidade e na resistência. Recentemente, Kim e colaboradores [15] avaliaram a trajetória da fratura por impacto a –100 °C, nestes aços, e notaram que os contornos de grão austeníticos e os contornos de pacotes de ripas bainíticas são obstáculos eficazes para a propagação de trincas, como mostra a Figura 14.21.

Para preservar a superfície da fratura na metalografia empregaram a deposição de uma camada de níquel, por processo químico.

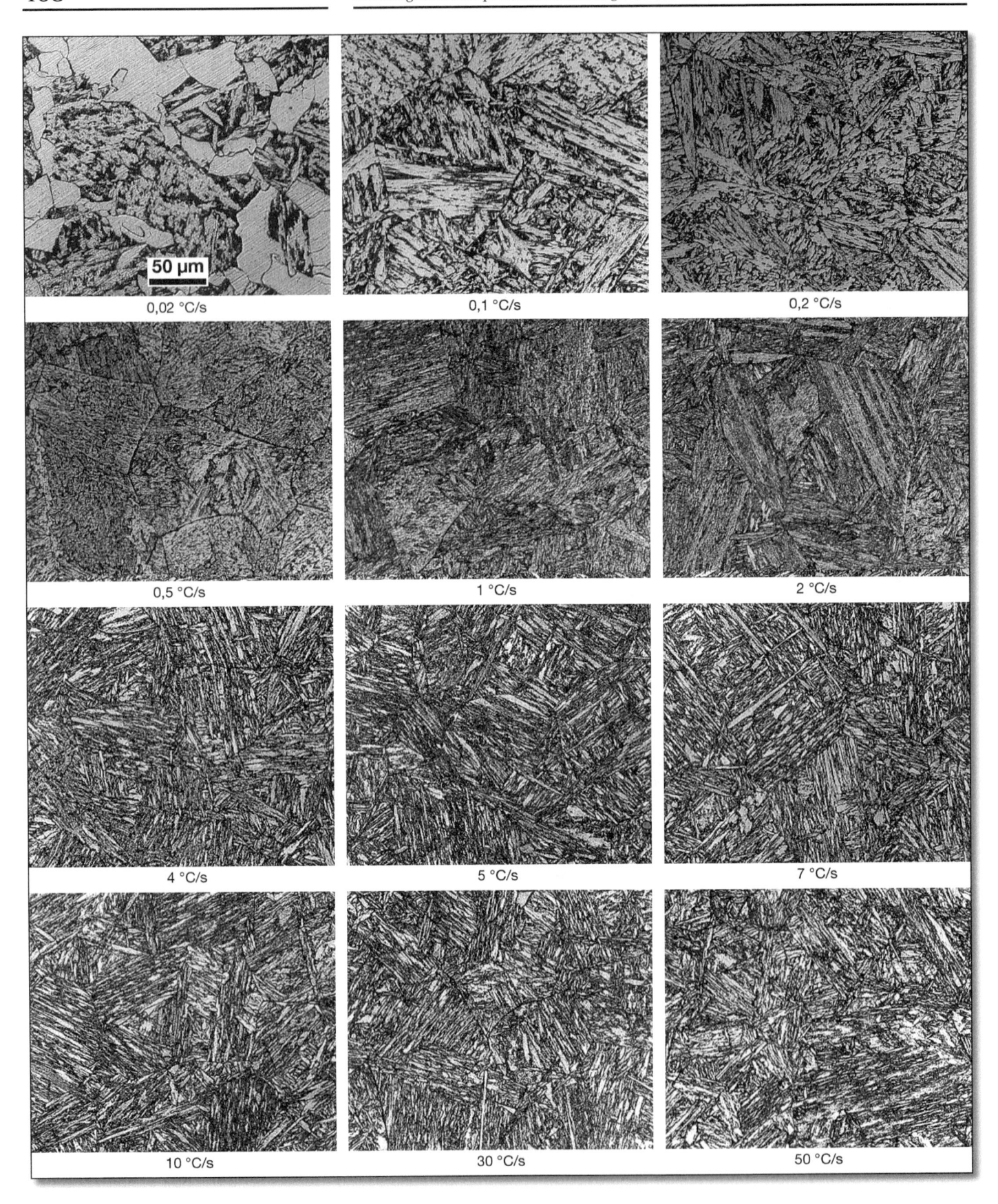

Figura 14.19
Microestruturas do aço A 533 Cl. 1 (curva CCT da Figura 14.18). As velocidades de resfriamento estão indicadas. É possível distinguir as microestruturas martensíticas (ripas, desde 4 até 50 °C/s) das bainitas (0,1 até 2 °C/s). Com 0,02 °C/s forma-se ferrita poligonal e bainita. Ataque: Nital 2%. Cortesia de B. Marini (CEA, França) [12, 13].

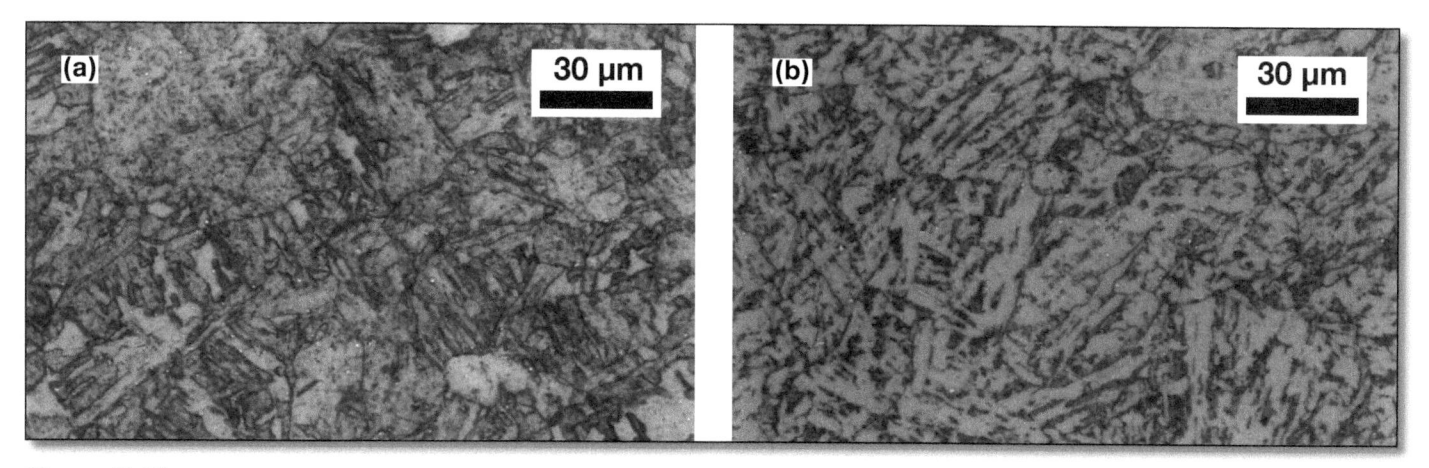

Figura 14.20
Chapa de aço 20MnMoNi55 de 220 mm de espessura austenitizada a 900 °C por 8,5 h, temperada em água e revenida a 635 °C por 6,5 h. (a) A 15 mm abaixo da superfície (velocidade de resfriamento ≅ 7 °C/s), martensita. (b) No meio da espessura (velocidade de resfriamento ≅ 0,48 °C/s), bainita. Ataque: Nital. Cortesia M. M. Moraes [14].

Figura 14.21
Seção transversal à fratura de ensaio de impacto a –100 °C em aço A533 Cl.1. Observa-se a mudança de direção da fratura nos contornos de grão austeníticos prévios. Para permitir a preparação metalográfica sem dano à superfície de fratura foi aplicado um depósito de níquel, por processo químico, formando uma camada contínua de cerca de 3-5 µm de espessura. MEV, ES. Cortesia S. Lee, Pohang University of Science and Technology, Coréia do Sul.

6. Aços para Vasos de Pressão a Temperatura Elevada

Os aços 2,25 Cr 1Mo (ASTM A 336 F22) são, também aços estruturais com aplicação em grandes espessuras, caracterizados pela extensa temperabilidade bainítica, como mostra a Figura 14.22. Estes aços são, principalmente, aplicados a temperaturas elevadas, até 650 °C ([1, 16]).

As principais condições usuais de fornecimento do aço F22 ou T22 (2,25 Cr-1Mo) estão descritas na Tabela 14.1. Quando a aplicação é a temperatura elevada é importante seguir criteriosamente os ciclos de tratamento térmico recomendados pelas normas, uma vez que é importante garantir a microestrutura adequada para este emprego. A medida das propriedades mecânicas e a observação da microestrutura em escala de microscopia ótica não são garantia de desempenho adequado por longos tempos a temperaturas elevadas. Quando a aplicação é a temperatura ambiente, ciclos alternativos que permitam obter a resistência e tenacidade desejadas podem ser empregados.

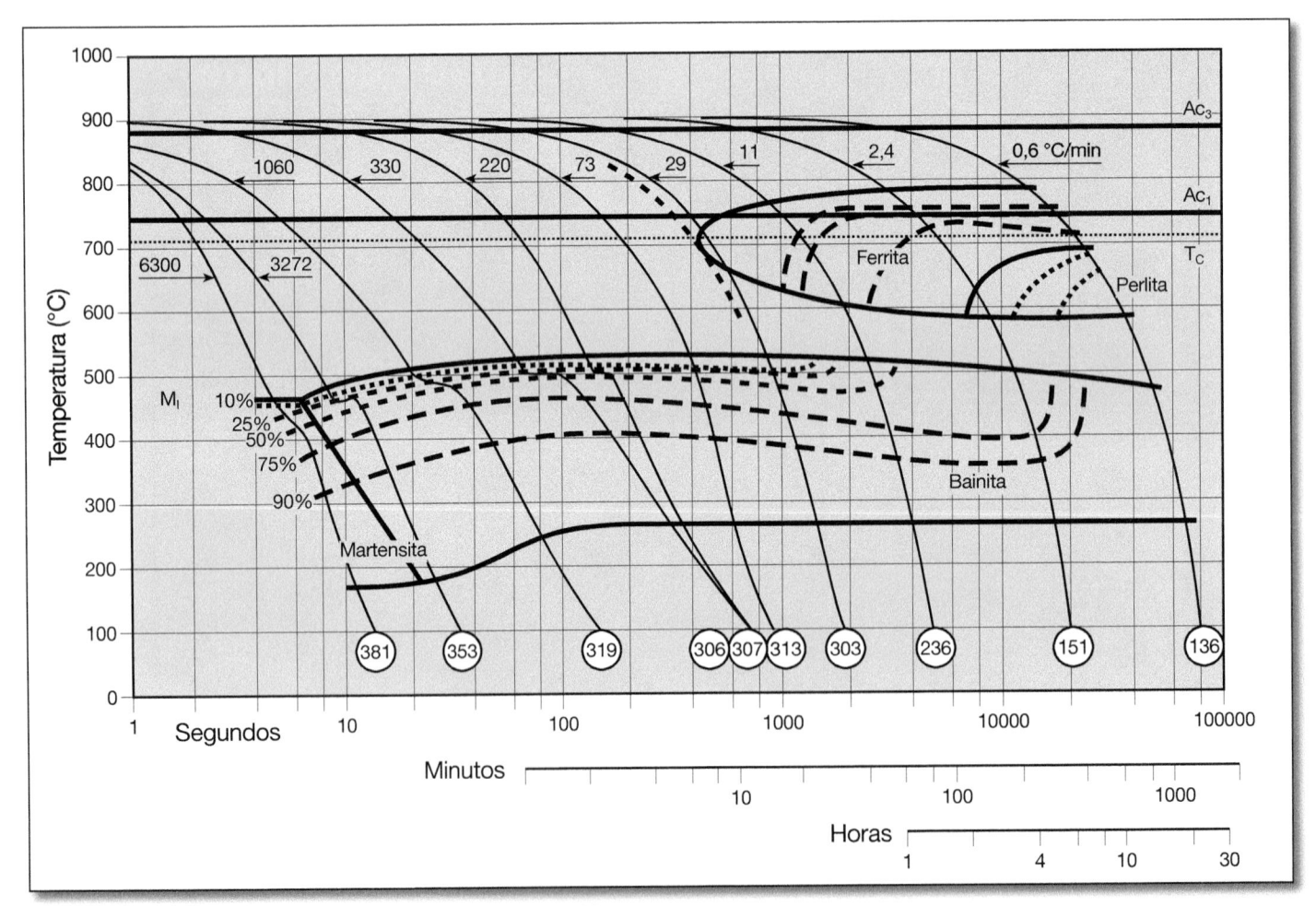

Figura 14.22
Curva CCT do aço F22 (2,25 Cr-1Mo). É praticamente impossível obter estruturas martensíticas, com este aço. Entretanto, microestruturas bainíticas são obtidas em ampla faixa de taxas de resfriamento. Adaptado de [17].

Tabela 14.1
Exemplos de condições de tratamento térmico para aço 2,25 Cr-1Mo para aplicação à alta temperatura.

Condição de tratamento térmico e norma	Ciclo térmico
Recozido (JIS STBA 24)	930 °C resfriamento para 720 °C seguido de resfriamento ao ar.
Normalizado e revenido (JIS SCMV 4NT)	930 °C, resfriado ao ar, seguido de 740 °C resfriado ao ar; seguido de revenido a 700 °C resfriado no forno.
Temperado e revenido (ASTM A542)	930 °C, temperado em água, seguido de duplo revenido a 630 °C resfriado ao ar e 600 °C resfriado ao ar.

A Figura 14.23 apresenta microestruturas usuais para o aço 2,25 Cr-1Mo em diferentes condições de fornecimento apresentadas na Tabela 14.1.

A resistência à fluência das diferentes microestruturas depende da tensão aplicada. Para tensões relativamente baixas, o material com microestrutura ferrítica-perlítica apresenta maior tempo de vida sob carga. Para tensões mais elevadas, o material temperado e revenido apresenta os melhores resultados. A alteração microestrutural ao longo do tempo de trabalho, destes aços, envolve a dissolução de alguns

Figura 14.23
Microestruturas típicas das condições usuais de fornecimento do aço 2,25 Cr 1 Mo. Grau JIS STBA24 (a) Recozido, ferrita e perlita. (d) Carbonetos dispersos na ferrita. Grau JIS SCMV 4NT (b) Bainita e ferrita. (e) Subestrutura com discordâncias e pequenos carbonetos precipitados. Grau ASTM A542 (c) Bainita. (f) Subestrutura com discordâncias e pequenos carbonetos na bainita. (a), (b) e (c) Ataque: Nital. (d), (e) e (f): MET. Cortesia F. Abe, National Institute for Materials Science (NIMS), Japão.

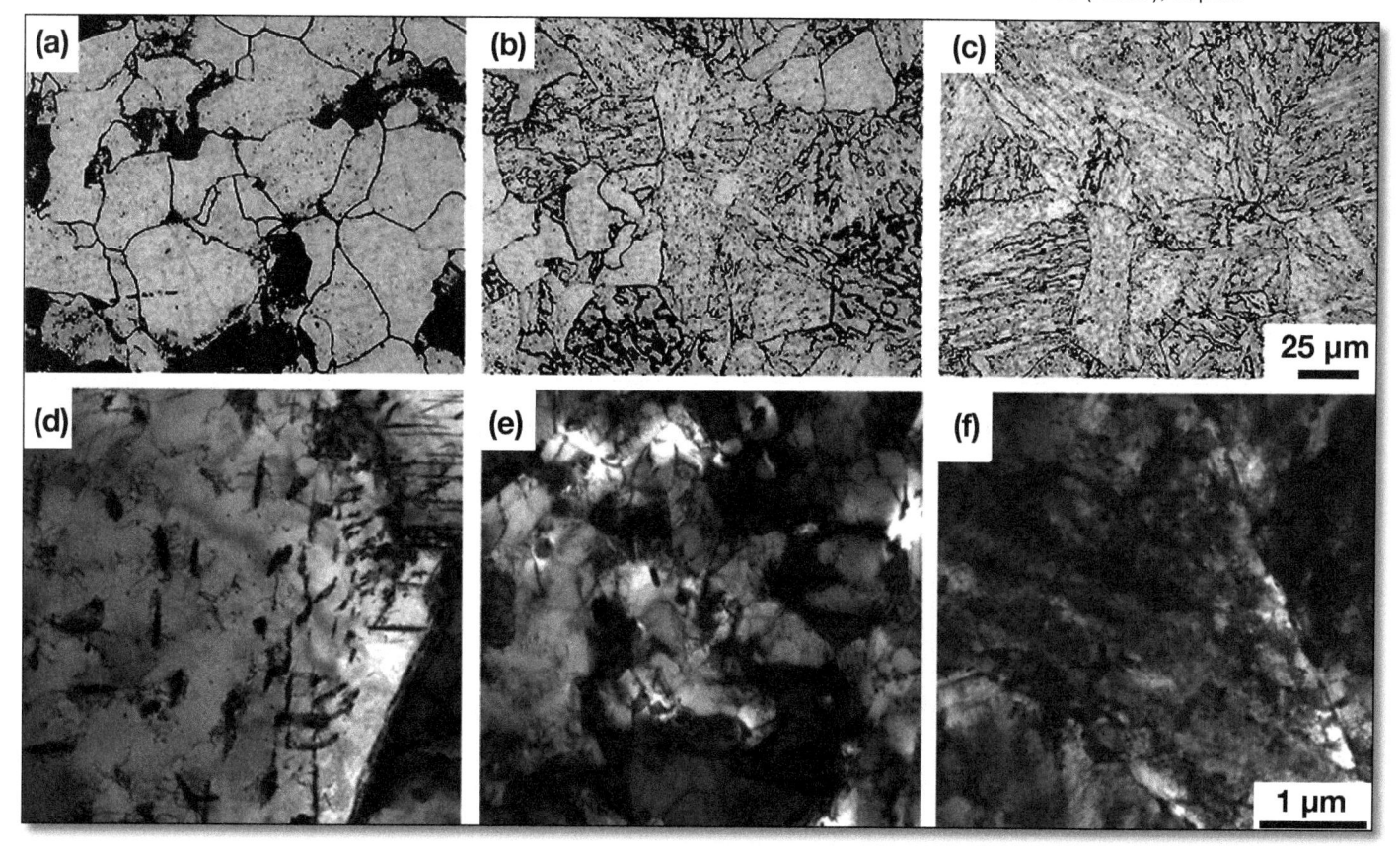

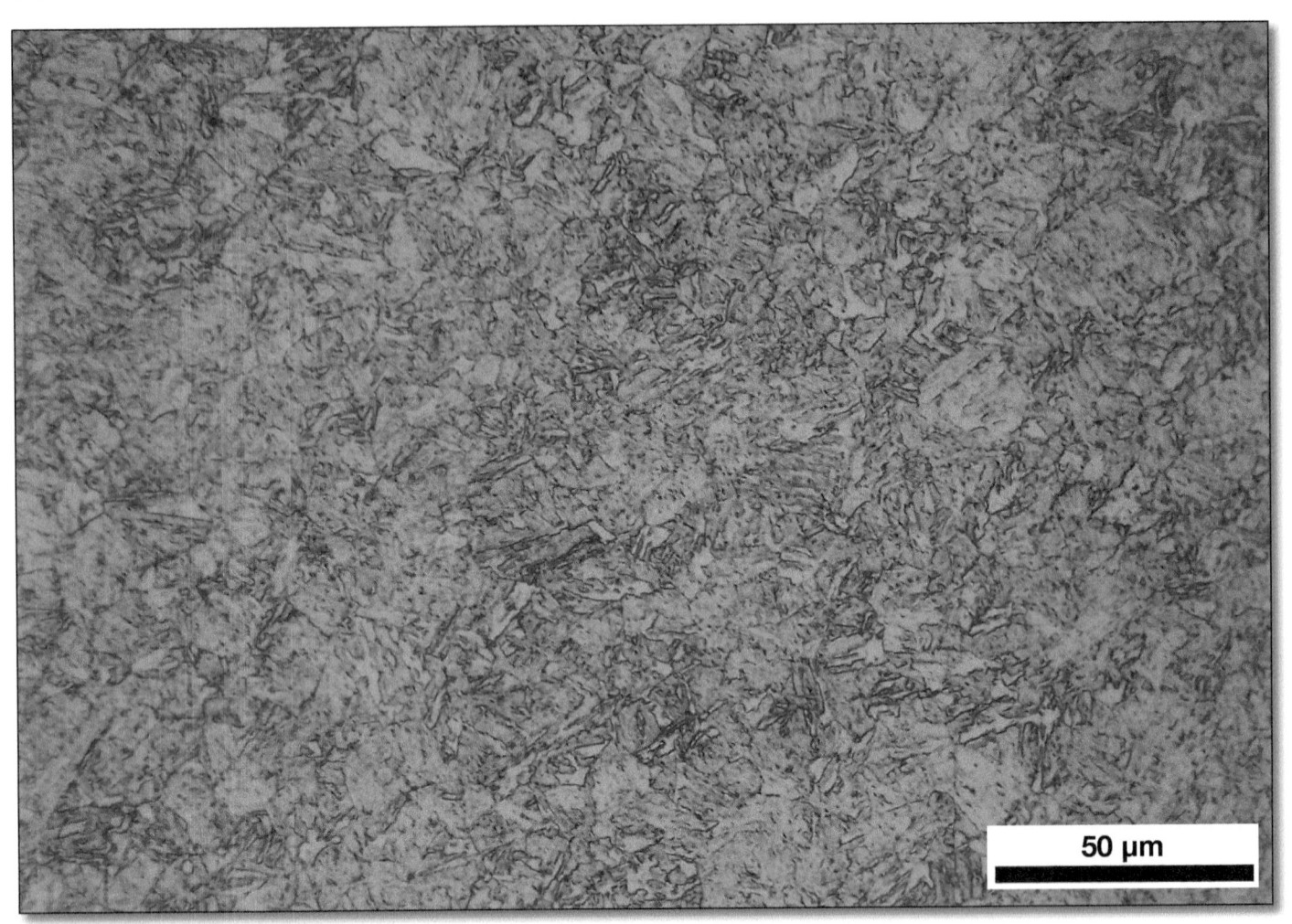

Figura 14.24
Aço F22 temperado e revenido para dureza de 22 HRC. Bainita. Cortesia de A. Zeemann, Tecmetal, Rio de Janeiro, Brasil.

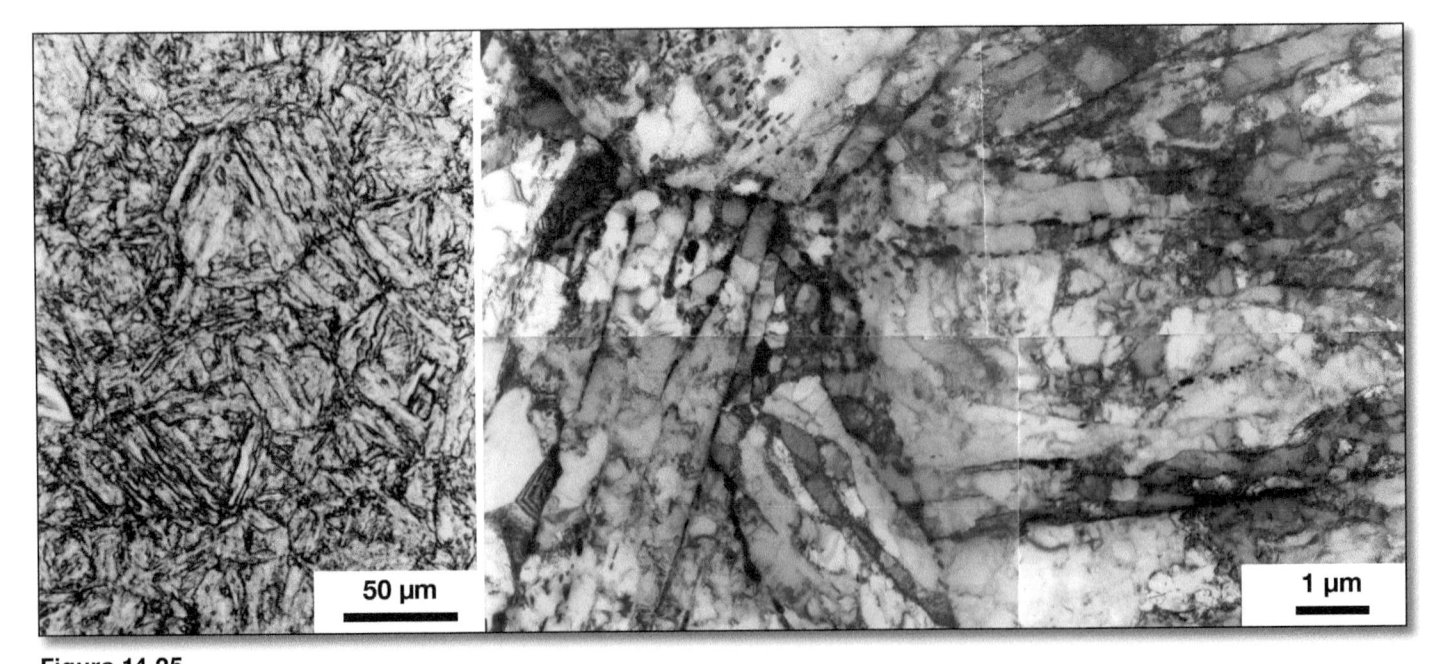

Figura 14.25
Aço C = 0,1%, Cr = 9%, W = 2% temperado e revenido, para aplicação à alta temperatura. Micrografia ótica e MET. Ripas de martensita em pacotes. Discordâncias e subgrãos no interior das ripas. Carbonetos precipitados preferencialmente nas interfaces de ripas. Cortesia F. Abe, National Institute for Materials Science (NIMS), Japão.

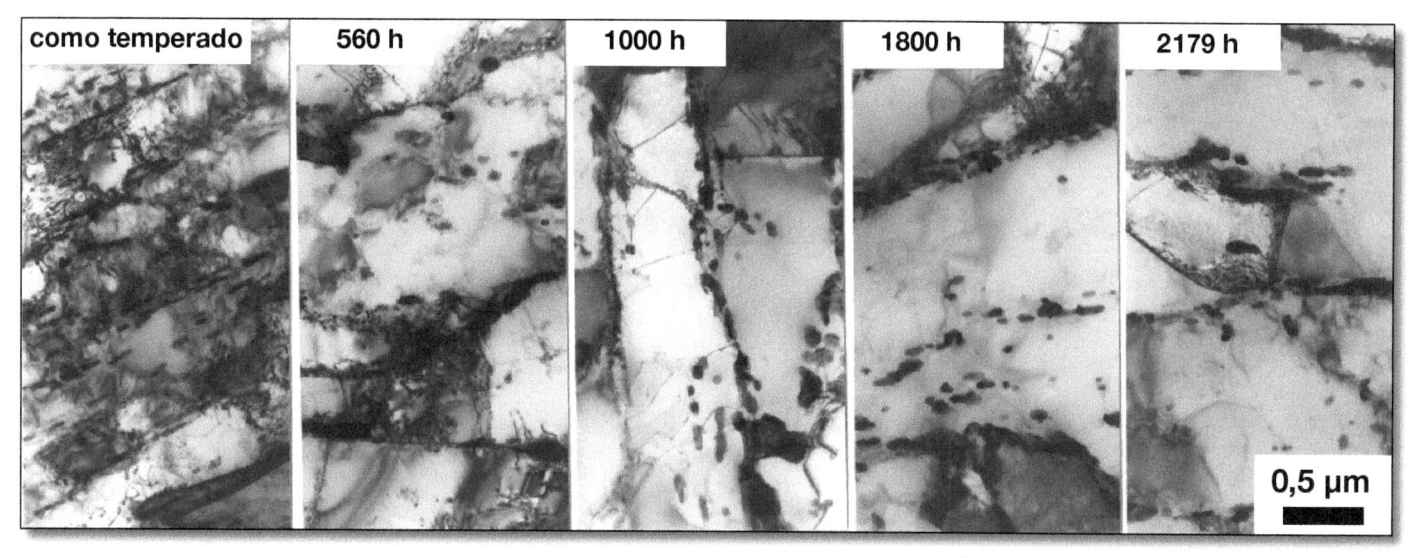

| como temperado | 560 h | 1000 h | 1800 h | 2179 h |

0,5 µm

Figura 14.26
O aço da Figura 14.25 submetido a ensaio de fluência a 600 °C e 118 MPa. O tempo de ruptura foi 2179 h. É possível acompanhar a evolução da microestrutura com o tempo, durante o emprego: recuperação, especialmente junto aos contornos de grão austeníticos anteriores, com a eliminação da subestrutura e das discordâncias da martensita, assim como o aparecimento de precipitados, possivelmente $CR_{23}C_6$. Cortesia F. Abe, National Institute for Materials Science (NIMS), Japão.

carbonetos, a precipitação e coalescimento de outros carbonetos e a recuperação da subestrutura da bainita.

A Figura 14.24 apresenta a microestrutura do aço F22 temperado e revenido para aplicação em temperatura ambiente ou moderada, onde resistência à fluência não é crítica. Peças grandes e complexas podem ser temperadas em meios de baixa severidade de têmpera em função da extrema temperabilidade bainítica.

Embora as propriedades mecânicas obtidas com os aços comercialmente disponíveis para aplicação à alta temperatura sejam bastante satisfatórias [16], aplicações em reatores avançados, quando se buscam materiais que não sejam sujeitos à ativação pelo fluxo de nêutrons, representam uma área de grande interesse. Os aços 9Cr têm sido desenvolvidos buscando aumentar a resistência à fluência. A maior parte das alterações microestruturais nestes aços só é observável em MET.

Algumas variações de aços 9Cr são propostas por [18], por exemplo, como o exemplo mostrado na Figura 14.25.

A Figura 14.26 mostra que um dos mecanismos de perda de resistência mecânica e à fluência neste aço é o coalescimento das ripas de martensita, devido ao movimento das interfaces à alta temperatura. Abe e colaboradores [19] recentemente aumentaram de modo drástico a resistência à fluência destes aços com a redução do teor de carbono e a formação de uma dispersão fina de carbonetos nos contornos das ripas.

7. Soldagem de Aços Estruturais — Metalografia

O estudo das transformações que ocorrem na soldagem, assim como do seu controle através da seleção dos parâmetros de soldagem, é um tema que ultrapassa o escopo deste livro. Excelentes textos discutem em detalhe esta tecnologia importantíssima (por exemplo [20, 21]). Alguns aspectos dos efeitos da soldagem são apresentados e discutidos a seguir, com ênfase, apenas, nos efeitos sobre a macro e microestrutura do aço.

Quando uma fonte de calor (como um eletrodo de solda, por exemplo) se desloca ao longo de um material, gera variações de temperatura com o tempo, em cada ponto da peça. As primeiras soluções matemáticas para este problema foram propostas por Rosenthal [22]. Nesta solução, a fonte tem, em torno de si, um campo de temperaturas que não varia, quando observado da fonte. Quando se converte esta solução estacionária para o referencial fixo ao material que está sendo soldado, obtêm-se perfis de temperatura em função do tempo, para cada ponto do material. A Figura 14.27 mostra a distribuição de temperatura em torno da fonte que se move, os ciclos térmicos calculados para alguns pontos em torno desta fonte, assim como um "corte" onde se registram as temperaturas máximas atingidas. Assim, é possível conhecer o ciclo térmico a que cada ponto, na junta soldada, foi submetido.

Os perfis térmicos na direção transversal à solda (corte y-y' na Figura 14.27) podem ser superpostos a um diagrama de equilíbrio de fases para que se avalie o possível efeito da temperatura máxima a que o material foi submetido em cada posição, como mostra a Figura 14.28.

A Figura 14.29 apresenta a estrutura de uma solda em um aço estrutural, apresentando as diversas microestruturas observadas.

As diversas regiões da junta da solda da Figura 14.29 são apresentadas, com maior aumento, na Figura 14.30.

Da mesma forma que a soldagem, o corte por chama, eletrodo ou outra fonte de calor produz uma zona termicamente afetada no material, como mostra a Figura 14.31.

Como a soldabilidade é uma característica fundamental dos aços estruturais, o estudo das transformações que ocorrem nos ciclos térmicos de soldagem assim como a previsão das microestruturas e propriedades obtidas é uma área de extrema importância na pesquisa metalúrgica, em que a metalografia encontra ampla aplicação. É comum realizar simulações dos ciclos térmicos de soldagem para avaliar o efeito sobre o material. Além de permitir a realização de experimentos em condições mais controladas, este método permite produzir amostras maiores com a mesma microestrutura, uma vez que, em uma junta soldada, o volume de material que sofre cada ciclo térmico é extremamente pequeno e sua amostragem pode ser muito difícil.

Em geral, a obtenção de boa resistência em juntas soldadas se torna difícil quando a tenacidade precisa ser elevada. De uma forma geral, dois mecanismos principais são efetivos para aumentar a tenacidade da zona termicamente afetada de aços estruturais: (a) o controle do crescimento do grão austenítico, especialmente nas regiões que atingem temperaturas mais elevadas, e (b) a nucleação de ferrita no interior dos grãos austeníticos (ferrita intragranular), reduzindo a trajetória livre de trincas e causando sua mudança de direção, processos que aumentam a energia absorvida na fratura. [23].

Aihara e colaboradores [24], por exemplo, simularam diversos ciclos térmicos em um aço estrutural para avaliar as condições em que a nucleação de ferrita intragranular era favorecida, em função da alteração nas inclusões não-metálicas presentes no aço. Os ciclos realizados são apresentados na Figura 14.32.

A Figura 14.33 mostra as diferentes microestruturas obtidas por Aihara [24] para os tratamentos da Figura 14.32 em um aço estrutural C-Mn.

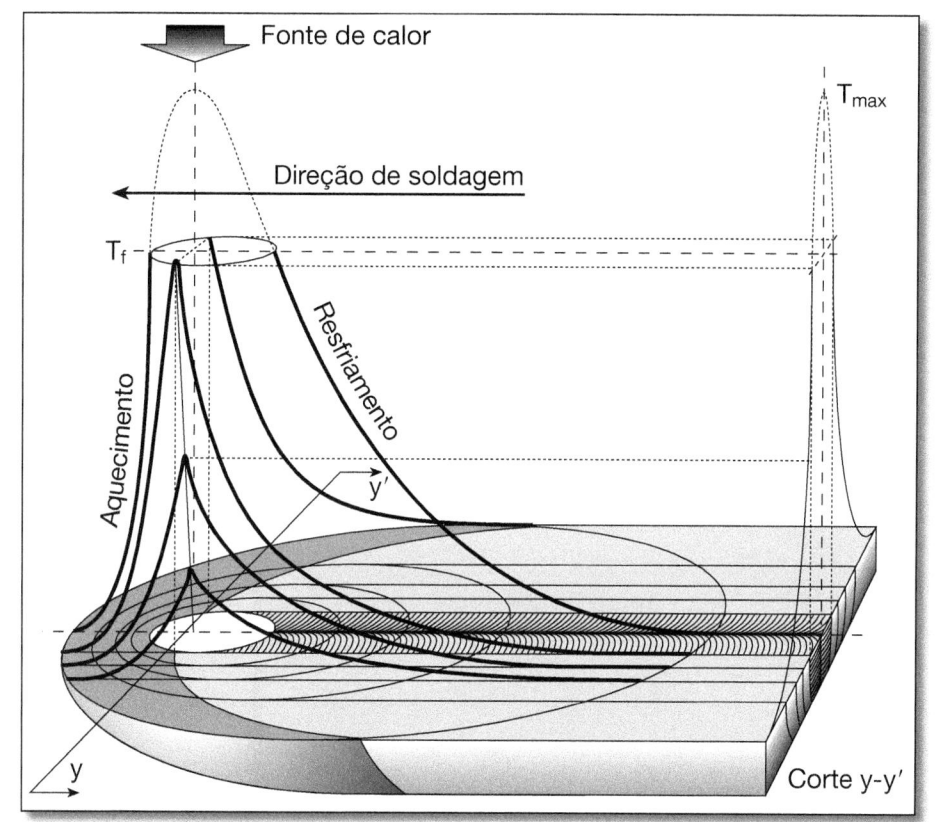

Figura 14.27
Curvas de temperatura em diferentes posições de uma junta soldada. As linhas grossas paralelas ao eixo da solda representam o ciclo térmico (T vs t) para um ponto à determinada distância, na direção transversal do eixo central da solda. O corte y-y' registra as temperaturas máximas atingidas por pontos à determinada distância, do eixo central da solda.

Figura 14.28
(a) Representação esquemática da distribuição da temperatura máxima atingida na soldagem em função da distância ao eixo da solda (comparar com o corte y-y' da Figura 14.27). (b) Diagrama de equilíbrio de fases Fe-C com a indicação do efeito das temperaturas máximas de soldagem sobre as fases de equilíbrio e possíveis efeitos sobre a microestrutura.

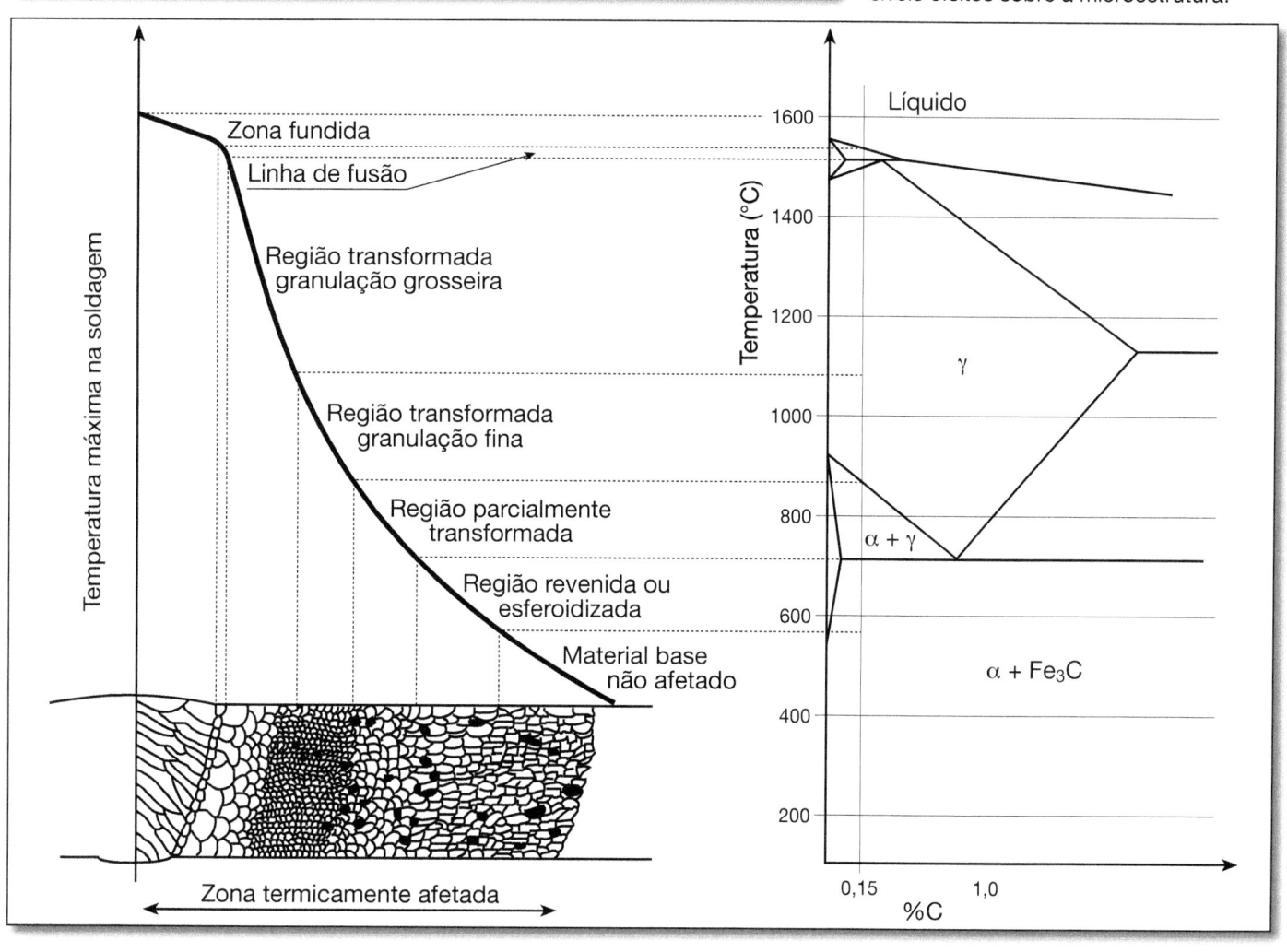

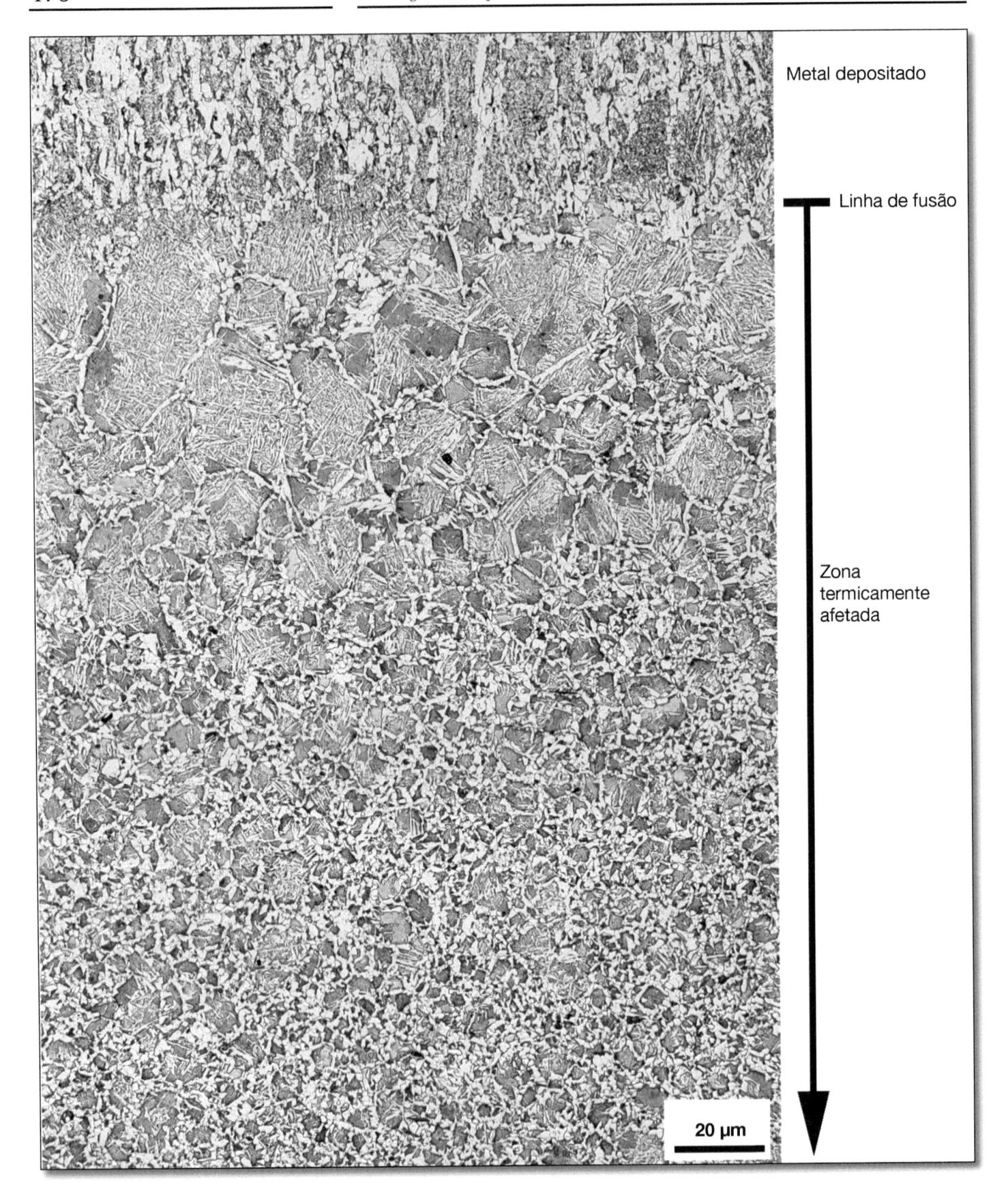

Metal depositado

Linha de fusão

Zona termicamente afetada

20 µm

Figura 14.29
Seção transversal a solda em aço estrutural com tensão de escoamento 55 ksi (379 MPa) (ver Figura 14.1). No alto da imagem, o metal depositado. Na base da imagem, região de grãos refinados. Comparar com a Figura 14.28. Ataque: Nital 2% e Picral 4%. Imagem Cortesia do NIST – National Institute of Standards and Technology, Gaithersburg, EUA. [2].

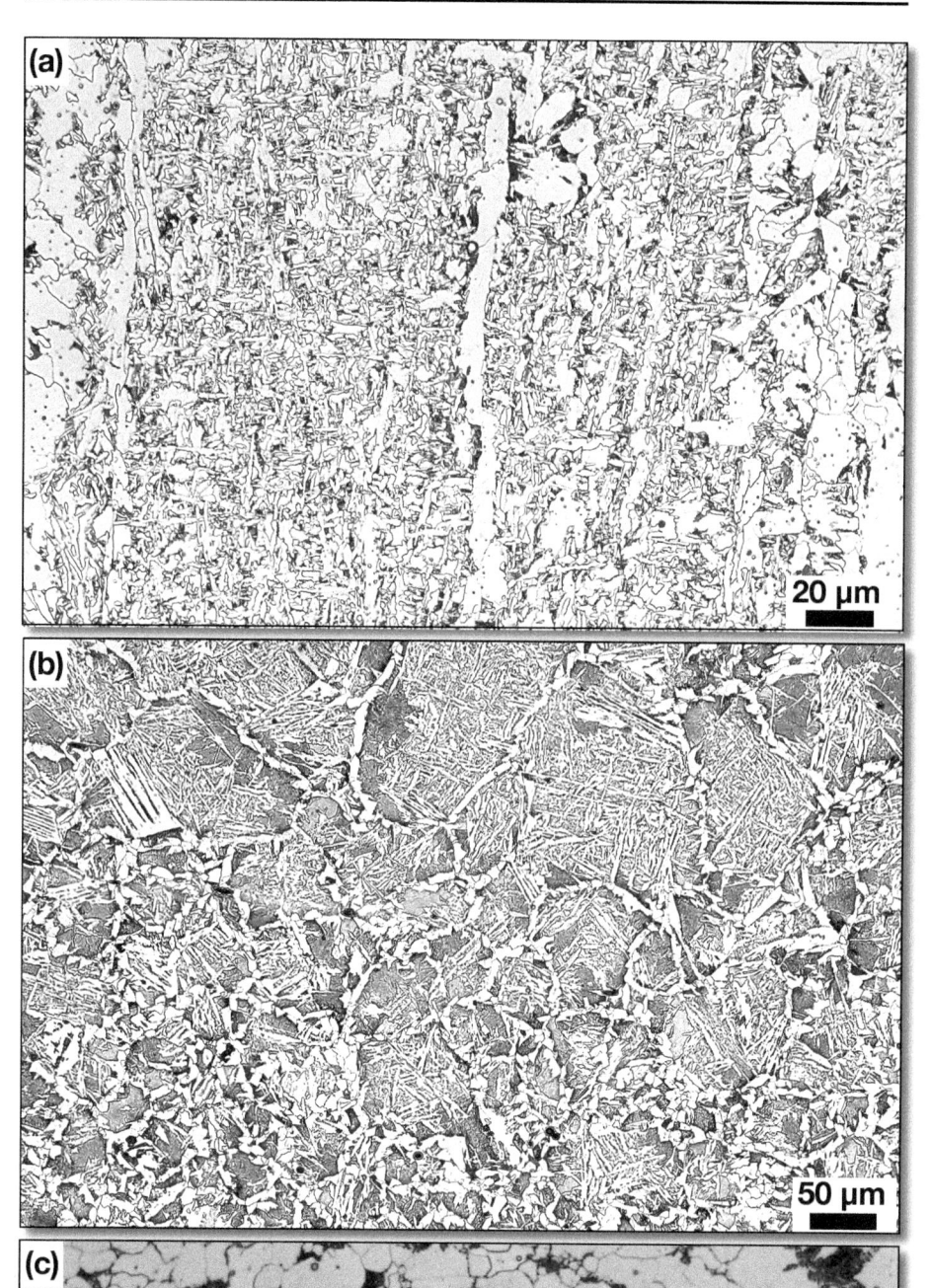

Figura 14.30
Regiões da junta soldada da Figura 14.29. (a) Metal depositado. Ferrita em veios e ferrita acicular com carbonetos. (b) Região de granulação grosseira, junto à linha de fusão: ferrita alotriomórfica nos contornos de grão austeníticos anteriores, ferrita Widmanstätten e acicular e, possivelmente, bainita[2]. (c) Região onde ocorreu leve esferoidização dos carbonetos da perlita: Ferrita e perlita levemente esferoidizada. Ataque: Nital 2% e Picral 4%. Cortesia do NIST – National Institute of Standards and Technology, Gaithersburg, EUA. [2].

(2) A caracterização completa não consta na fonte original.

Figura 14.31
Seção longitudinal de uma barra laminada cortada transversalmente por chama.
O material apresenta fibramento. A zona
escura mostra a região termicamente
afetada pelo corte. Ataque: Iodo.

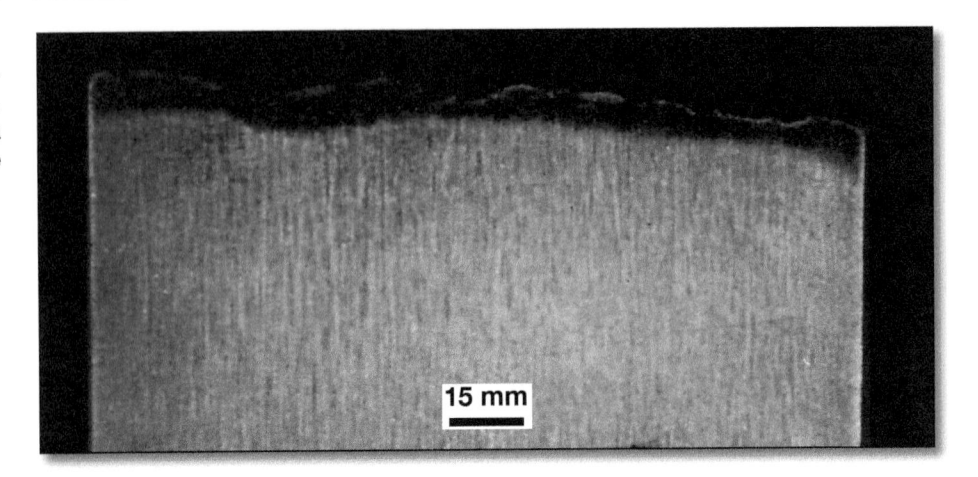

Os resultados da medida de fração volumérica de ferrita intragranular obtidos por Aihara são apresentados na Figura 14.34. Temperaturas mais altas e tempos mais curtos do patamar intermediário resultam em maior fração de ferrita intragranular.

Aihara e colaboradores atribuíram este efeito às inclusões contendo sulfeto de manganês. Em estudo cuidadoso, observaram o empobrecimento localizado da austenita em manganês em torno destas
inclusões. Como o manganês é um estabilizador da austenita, o empobrecimento neste elemento favorece a nucleação da ferrita. Às temperaturas mais altas (1250 °C) o manganês se homogeneizaria rapidamente na austenita após a precipitação do sulfeto, eliminando este
efeito. Da mesma forma, tempos longos a 1100 °C causam a homogeneização da austenita e reduzem ou suprimem o efeito quando o aço
atinge a faixa de temperatura de formação da ferrita (ver Capítulo 9,
Formação da Ferrita).

Figura 14.32
Ciclos térmicos usados para simular a
soldagem e avaliar a formação de ferrita
intragranular em aço estrutural. Adaptado
de [24]. Em todos os casos a temperatura
máxima foi a mesma. Após a temperatura de pico, o aço é resfriado rapidamente
até uma temperatura intermediária, que é
mantida por diferentes tempos. A seguir,
o aço é resfriado rapidamente até 600 °C
e mantido nesta temperatura por 30 s
para a transformação ferrítica.

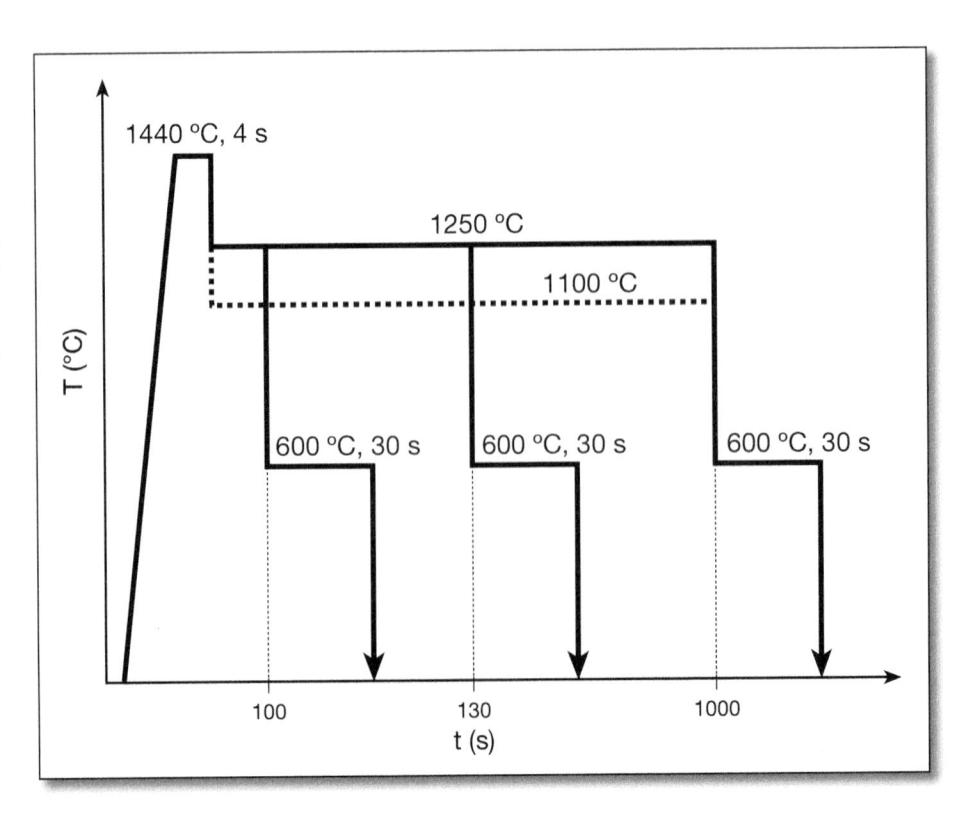

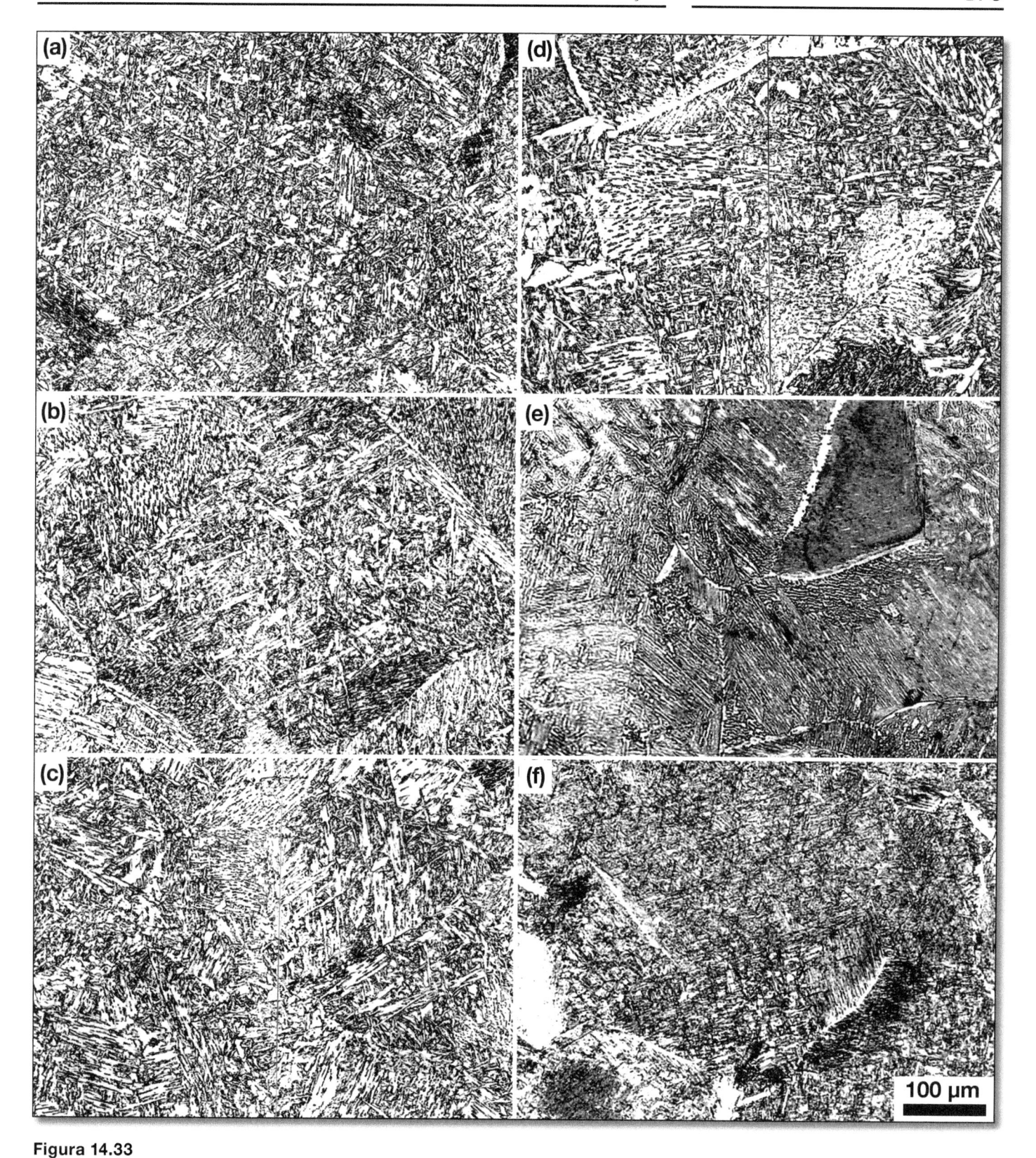

Figura 14.33
Microestrutura de aço C = 0,08%, Mn = 1,47%, Ti = 120 ppm, Al = 0,026%, N = 40 ppm, submetido aos ciclos de simulação de soldagem da Figura 14.32. Temperatura intermediária 1100 °C: (a) 100 s, (b) 300 s (c) 1000 s. Temperatura intermediária 1250 °C: (d) 100 s, (e) 300 s (f) 1000 s. Ataque: Nital 2%. Os resultados da análise quantitativa da ferrita intragranular estão na Figura 14.34. Imagem reproduzida de [24, 25] por cortesia da Nippon Steel Corporation.

Figura 14.34
Fração de ferrita intragranular medida nas amostras da Figura 14.33. Os pontos estão identificados pelas mesmas letras das micrografias. Adaptado de [24].

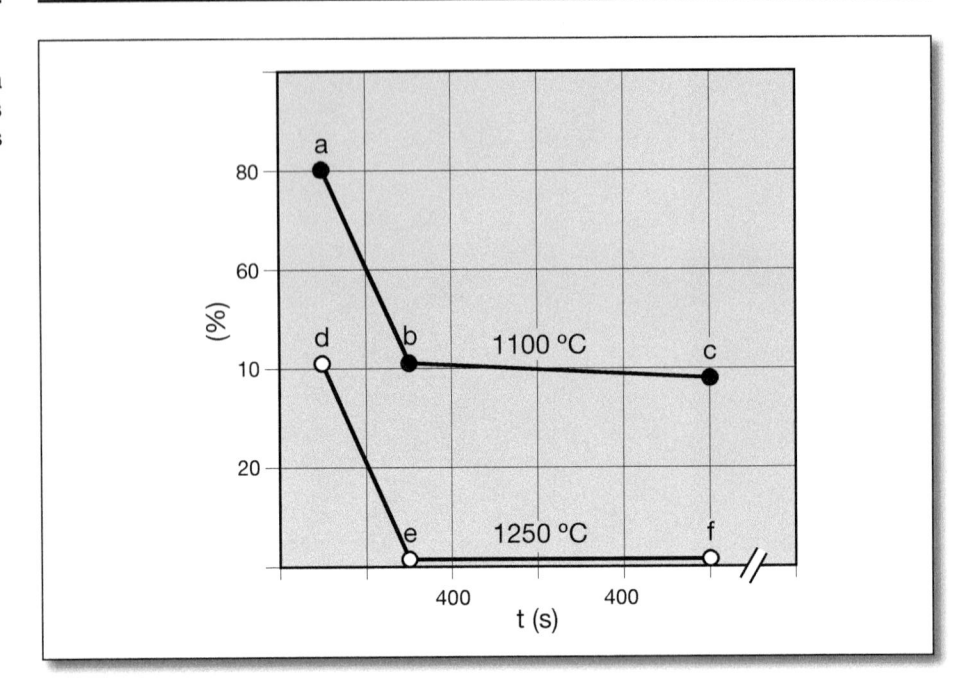

7.1. Produtos Longos Soldados

O emprego da solda permite a fabricação rápida e eficiente de telas e treliças. Permite também a produção de armaduras soldadas para concreto armado, com economia significativa de mão-de-obra e tempo na construção. Para que as soldas tenham propriedades satisfatórias, é necessário controlar as propriedades do material a soldar, principalmente o carbono equivalente e o ciclo térmico (ou termomecânico no caso da solda por eletrofusão) de soldagem.

Duas aplicações da soldagem por eletrofusão são mostradas nas Figuras 14.35 e 14.36. Neste processo não há metal de adição.

A Figura 14.37 apresenta a estrutura de solda MIG-MAG unindo vergalhões CA60.

7.2. Soldagem de Aços para Vasos de Pressão de Parede Grossa

A soldagem dos aços ASTM A533 Cl.1 e similares tem sido muito estudada, uma vez que a segurança de reatores nucleares depende da qualidade destas soldas. Além disto, como são soldas, em geral, em peças muito espessas, tecnologias que reduzam o volume de metal de solda a depositar podem produzir grandes benefícios reduzindo também a área a inspecionar e os custos de produção. A Figura 14.38 mostra a seção transversal de uma junta soldada por arco submerso (SAW) em chapas grossas de aço 20MnMoNi55 (A533 Cl.1). A seqüência de deposição dos passes é muito importante, pois o ciclo térmico de um passe subseqüente ajuda a refinar a microestrutura da zona de grãos grosseiros do passe anterior. A Figura 14.39 mostra a variante com chanfro estreito (NG-*narrow gap*). É evidente a redução de material de adição. Além disto, o efeito de um passe sobre o anterior é mais favorável que na solda SAW convencional e a soldagem é acompanhada por menos distorção [14].

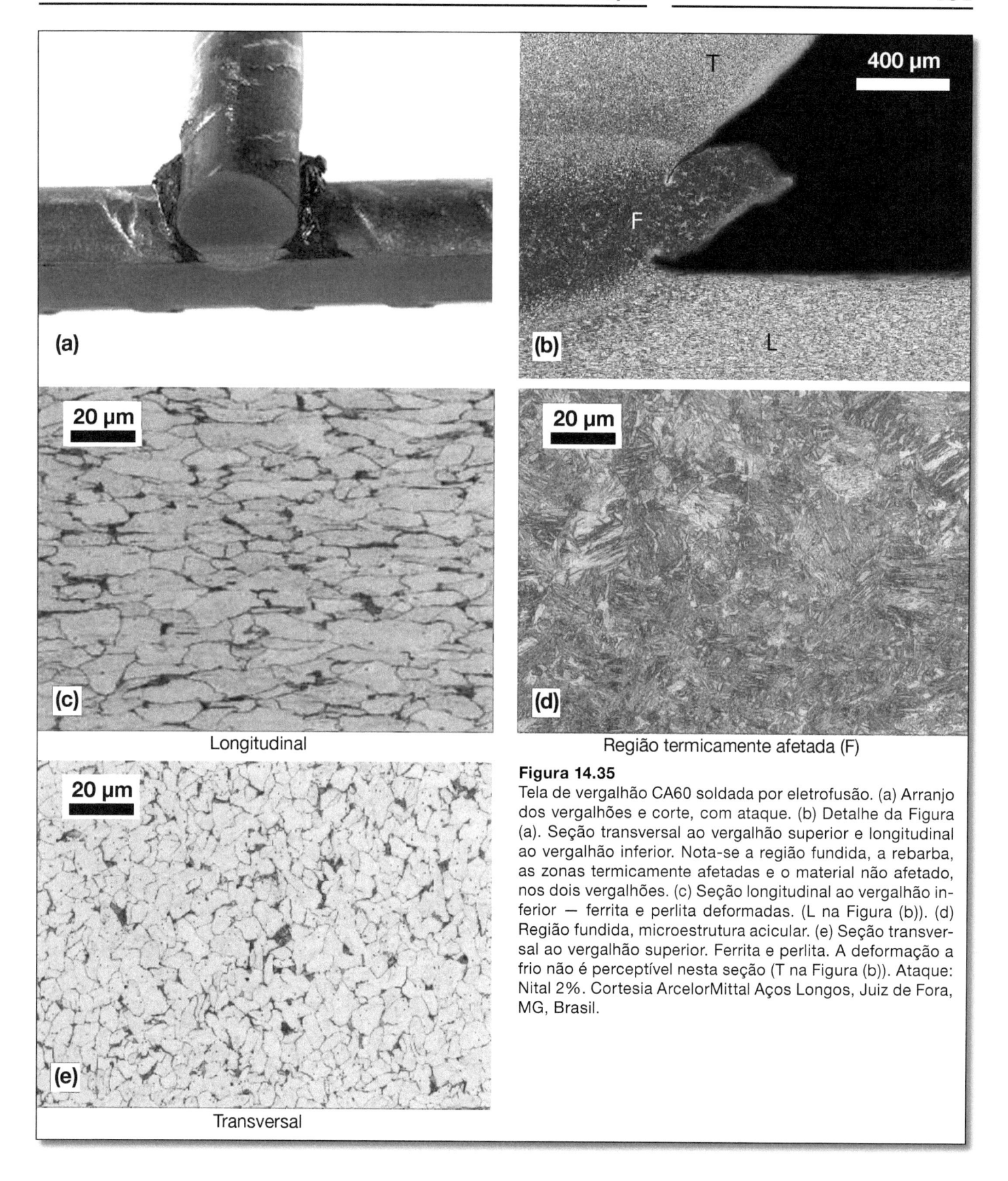

(a)

(b) T F L 400 µm

(c) 20 µm
Longitudinal

(d) 20 µm
Região termicamente afetada (F)

(e) 20 µm
Transversal

Figura 14.35
Tela de vergalhão CA60 soldada por eletrofusão. (a) Arranjo dos vergalhões e corte, com ataque. (b) Detalhe da Figura (a). Seção transversal ao vergalhão superior e longitudinal ao vergalhão inferior. Nota-se a região fundida, a rebarba, as zonas termicamente afetadas e o material não afetado, nos dois vergalhões. (c) Seção longitudinal ao vergalhão inferior — ferrita e perlita deformadas. (L na Figura (b)). (d) Região fundida, microestrutura acicular. (e) Seção transversal ao vergalhão superior. Ferrita e perlita. A deformação a frio não é perceptível nesta seção (T na Figura (b)). Ataque: Nital 2%. Cortesia ArcelorMittal Aços Longos, Juiz de Fora, MG, Brasil.

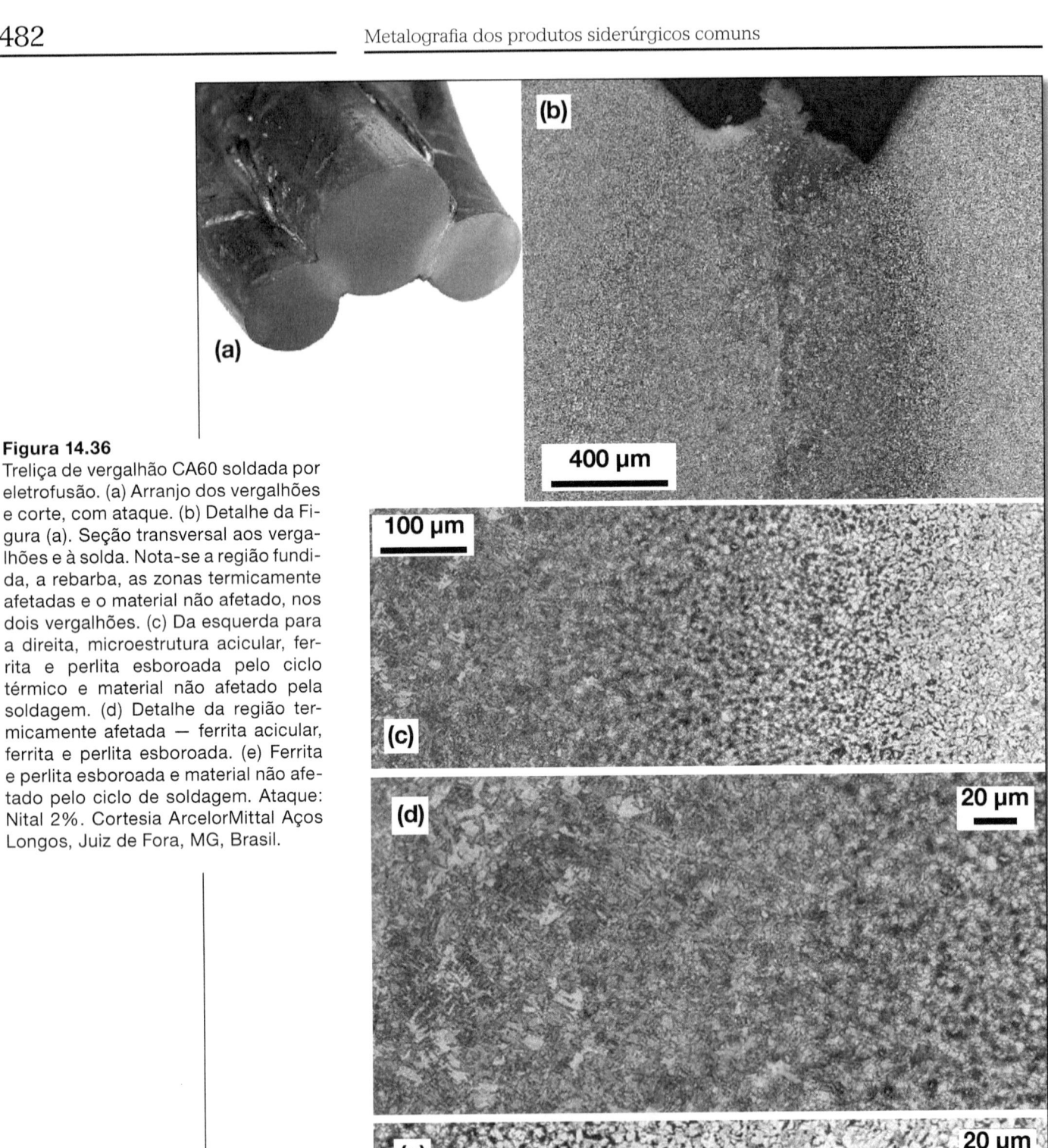

Figura 14.36
Treliça de vergalhão CA60 soldada por eletrofusão. (a) Arranjo dos vergalhões e corte, com ataque. (b) Detalhe da Figura (a). Seção transversal aos vergalhões e à solda. Nota-se a região fundida, a rebarba, as zonas termicamente afetadas e o material não afetado, nos dois vergalhões. (c) Da esquerda para a direita, microestrutura acicular, ferrita e perlita esboroada pelo ciclo térmico e material não afetado pela soldagem. (d) Detalhe da região termicamente afetada — ferrita acicular, ferrita e perlita esboroada. (e) Ferrita e perlita esboroada e material não afetado pelo ciclo de soldagem. Ataque: Nital 2%. Cortesia ArcelorMittal Aços Longos, Juiz de Fora, MG, Brasil.

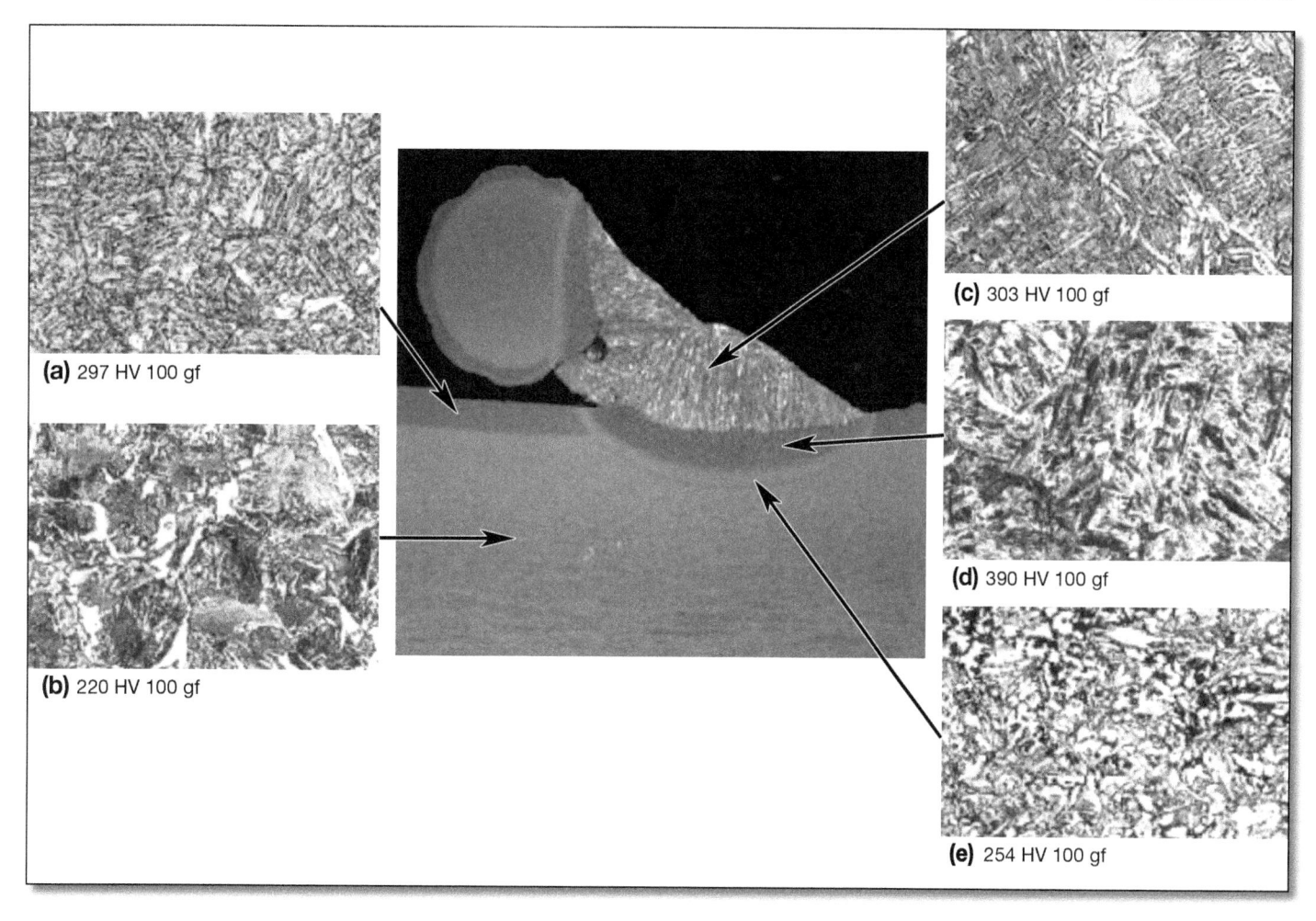

(a) 297 HV 100 gf

(b) 220 HV 100 gf

(c) 303 HV 100 gf

(d) 390 HV 100 gf

(e) 254 HV 100 gf

Na junta da Figura 14.39, a microestrutura do metal depositado foi classificada conforme o método do IIW. A Figura 14.40 mostra alguns exemplos das microestruturas obtidas e da classificação dos constituintes.

Quando um passe é aplicado sobre o metal base, há uma região junto à linha de fusão que atinge temperaturas suficientemente elevadas para causar o crescimento de grão austenítico. A disposição dos passes ideal é aquela em que a maior parte da região de grão grosseiro de um passe é reaustenitizada, a uma temperatura mais baixa, pelos passes subseqüentes. Isto depende, principalmente, do ângulo do chanfro, da penetração de solda e da superposição de passes. A Figura 14.41 mostra este efeito na solda SAW-NG da Figura 14.39. Neste caso, o efeito do ciclo térmico se superpõe às heterogeneidades do material base, que apresenta segregação. Para a soldagem de materiais em que se espera algum nível de segregação, como no caso em questão, o procedimento de soldagem deve ser ajustado para, ainda assim, produzir resultados satisfatórios.

As técnicas metalográficas são, também, muito úteis na identificação e análise de defeitos localizados, por exemplo, através de ensaios não-destrutivos. A Figura 14.43 apresenta um exemplo de um defeito simples em solda de revestimento, caracterizado metalograficamente.

Figura 14.37
Solda MIG-MAG unindo dois vergalhões CA50 de 6,3 e 16 mm respectivamente, produzidos pelo processo Tempcore. As durezas de cada microestrutura estão indicadas. (a) Coroa do vergalhão: martensita revenida. (b) Núcleo: perlita e ferrita. (c) Metal depositado por solda: ferrita acicular. Zona termicamente afetada: (d) martensita grosseira, (e) zona de transição. Ferrita equiaxial e acicular, perlita. Ataque: Nital 2%. Cortesia ArcelorMittal Aços Longos, Juiz de Fora, MG, Brasil.

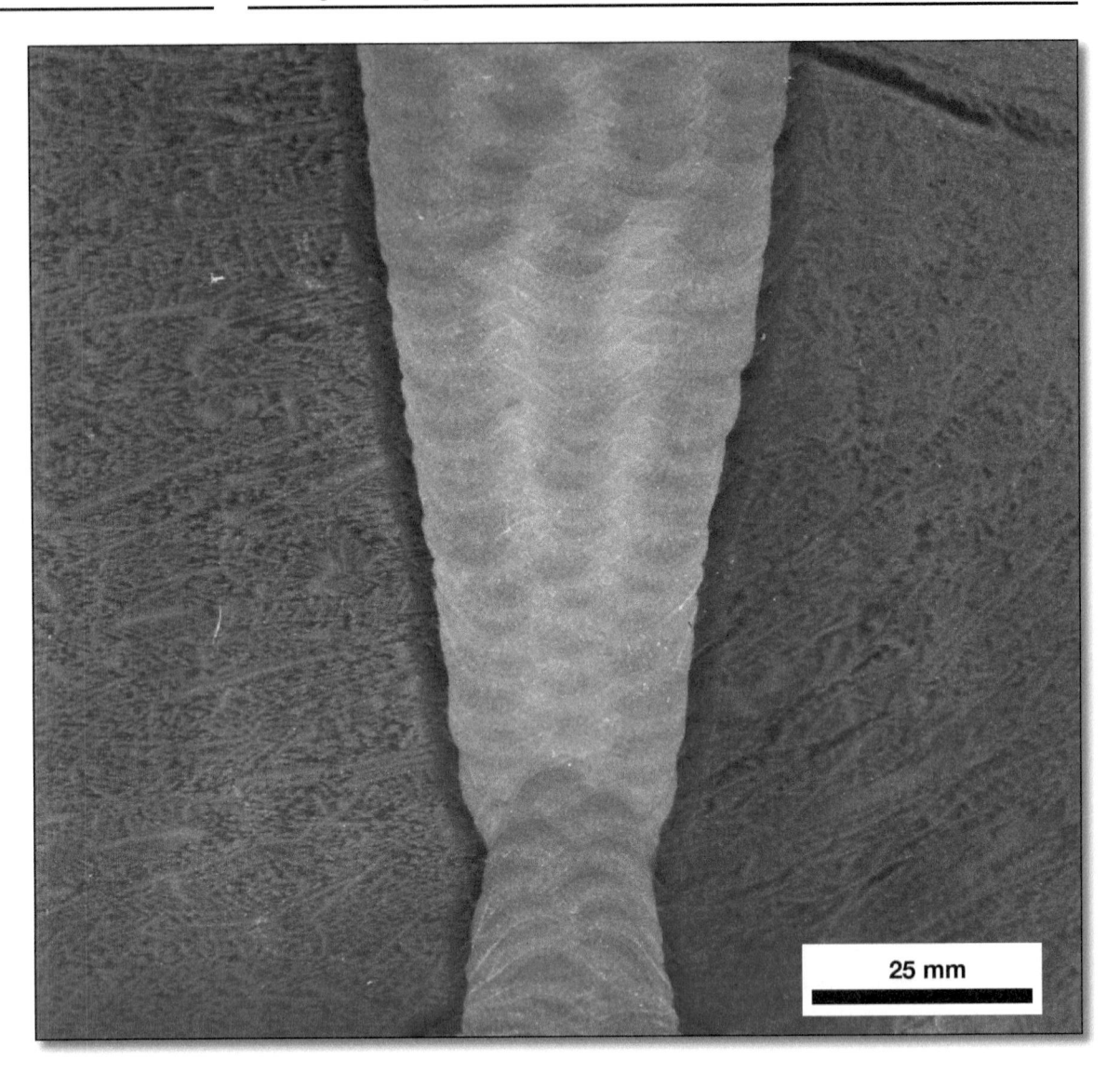

25 mm

Figura 14.38
Macrografia transversal a uma junta SAW em aço 20MnMoNi55. No metal base observa-se segregação dendrítica, alinhada aproximadamente normal à linha de fusão. A disposição dos passes é claramente visível, assim como o efeito de cada passe sobre o anterior. A zona termicamente afetada no metal de base aparece levemente escurecida. A raiz da solda foi removida e soldada pelo lado oposto (parte inferior da macrografia). Ataque: Nital 10%. Cortesia M. M. Moraes [14].

7.3. Outros Aspectos de Soldagem

Em alguns casos, a soldagem de grandes peças pode ser interessante, seja por limitação de processo produtivo de grandes forjados, seja pela facilidade de montagem em campo. Um dos processos empregados é a soldagem por eletroescória. Entretanto, este processo tem elevadíssimo aporte de calor e, normalmente, uma zona fundida grande, o que pode ocasionar distorção e trincas, se os cuidados necessários não forem seguidos. Além disto, o efeito sobre a microestrutura recomenda, freqüentemente, um novo tratamento térmico após a soldagem para a obtenção de propriedades mecânicas favoráveis.

A Figura 14.44 apresenta a macrografia de uma solda experimental de dois blocos de aço AISI 1045 pelo processo de eletroescória.

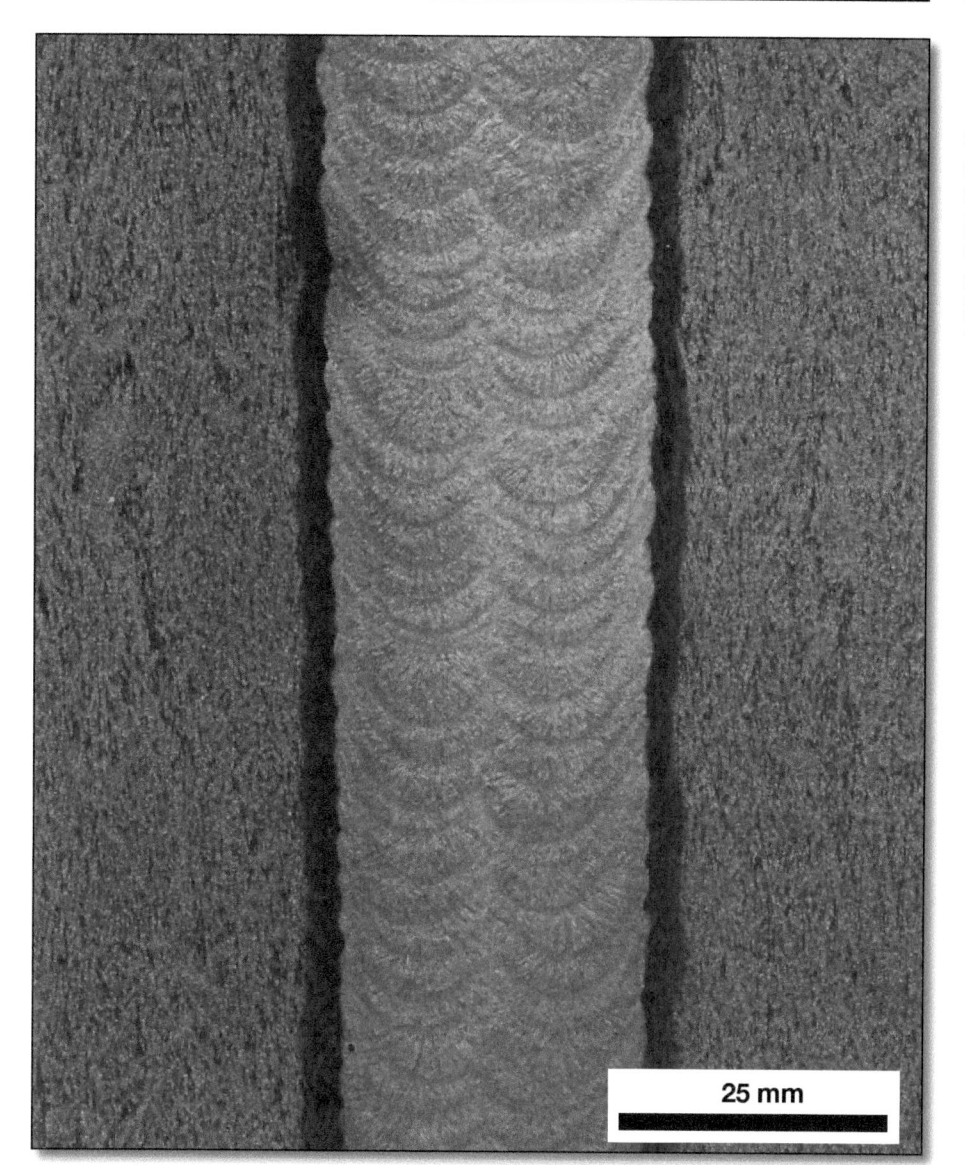

25 mm

Figura 14.39
Macrografia transversal a uma junta SAW-NG em aço 20MnMoNi55. No metal base observa-se segregação dendrítica alongada em direção paralela, aproximadamente, à linha de fusão. A disposição dos passes é claramente visível, assim como o efeito de cada passe sobre o anterior. A zona termicamente afetada no metal de base aparece escurecida. Ataque: Nital 10%. Cortesia M. M. Moraes [14].

Figura 14.40
Microestrutura do metal depositado por arco submerso com arame S3Ni-Mo1 e fluxo OP41TT, submetido a alívio de tensões.
(1) Ferrita acicular
(2) Ferrita de contorno de grão
(3) Ferrita com segunda fase alinhada
(4) Agregado ferrita-carboneto
(5) Ferrita com segunda fase não-alinhada
(6) Ferrita poligonal intragranular

Propriedades do metal depositado:
Limite de escoamento = 556 MPa,
Limite de Ruptura = 646 MPa,
Alongamento = 22,4%,
Redução de área = 69%.
Cortesia M. M. Moraes [14].

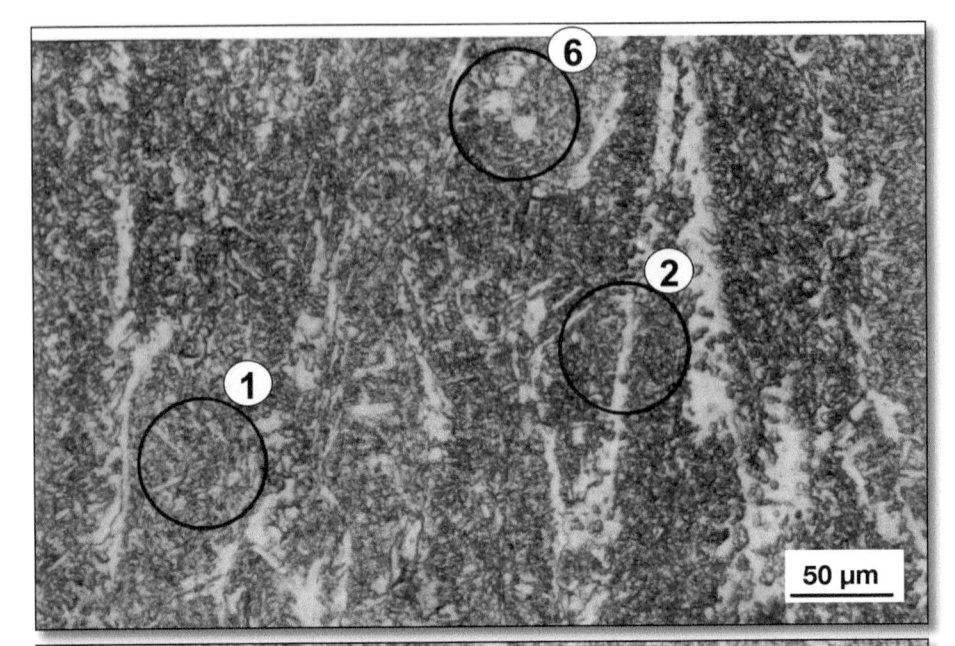

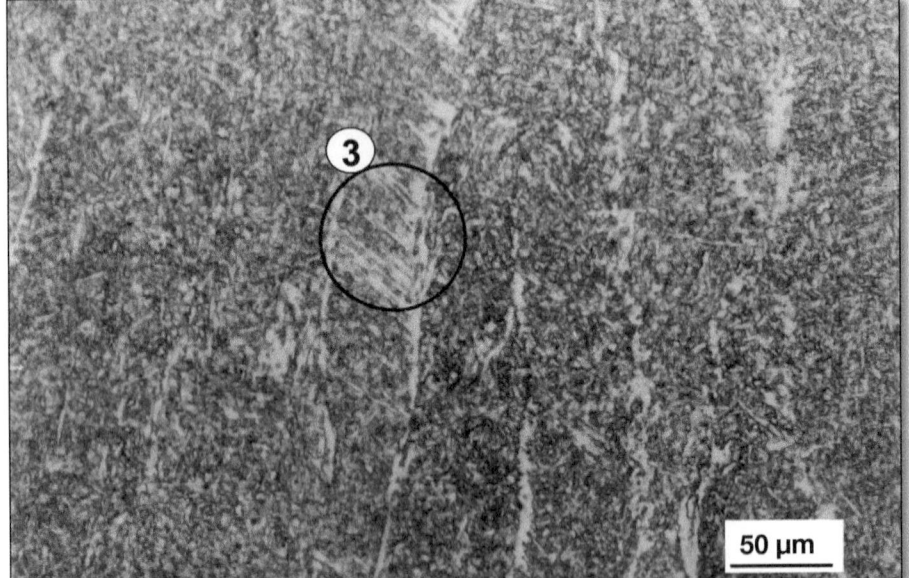

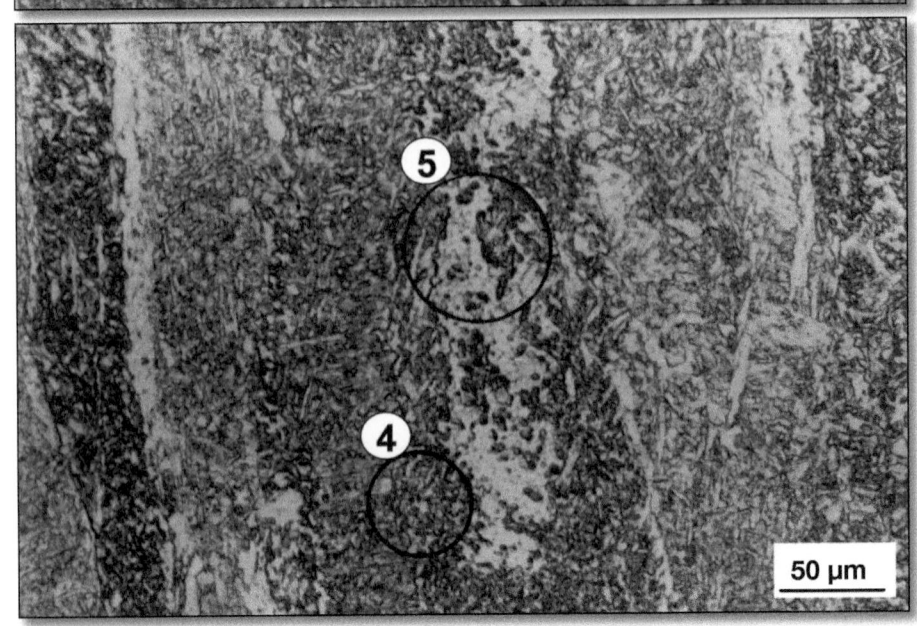

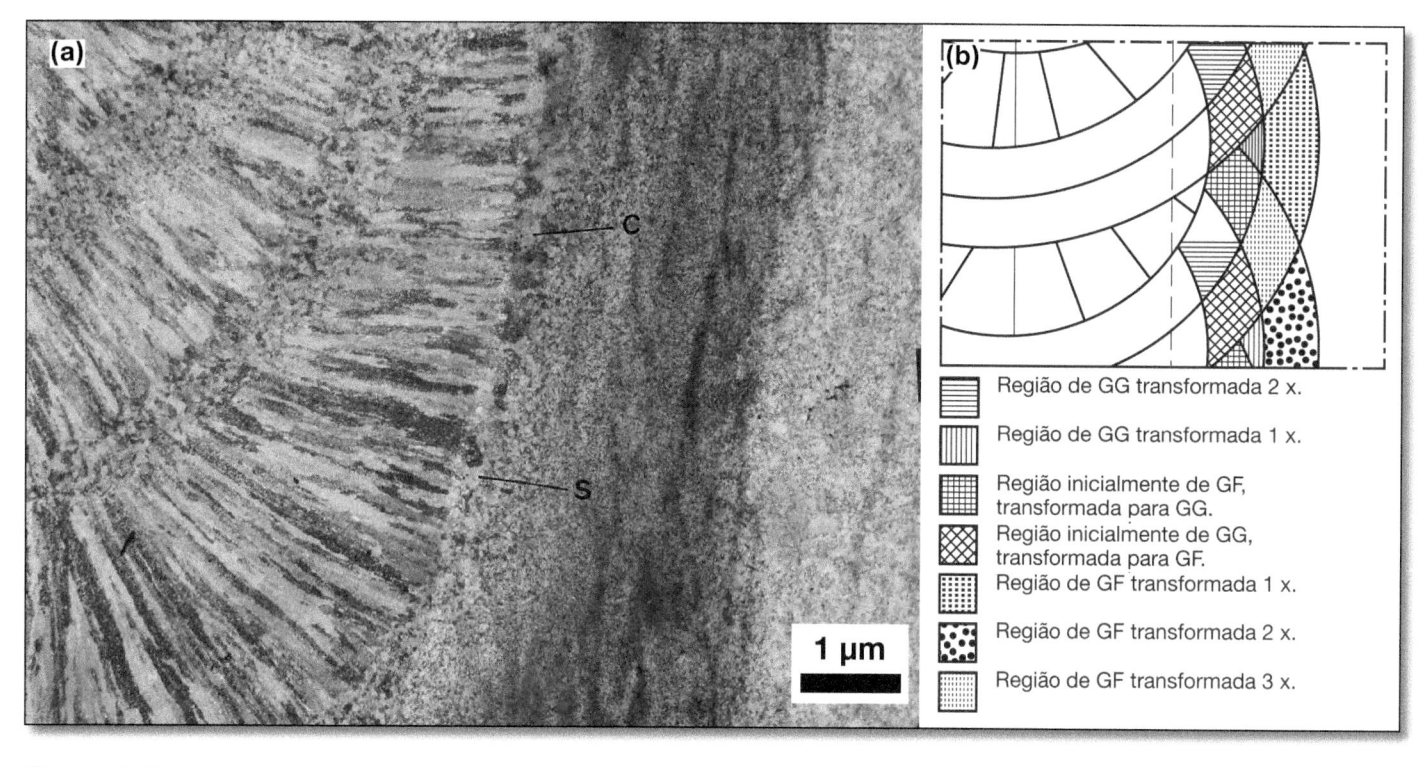

Região de GG transformada 2 x.

Região de GG transformada 1 x.

Região inicialmente de GF, transformada para GG.

Região inicialmente de GG, transformada para GF.

Região de GF transformada 1 x.

Região de GF transformada 2 x.

Região de GF transformada 3 x.

1 μm

Figura 14.41
(a) Detalhe da linha de fusão e região termicamente afetada de solda SAW-NG em aço 20MnMoNi55. Observam-se, da esquerda acima, para a direita, três passes de solda. É possível observar a região colunar de cada um dos cordões e uma região de grãos refinados na transição entre os passes. No material base é possível ver a segregação, especialmente na zona termicamente afetada. Estão indicadas, junto à linha de fusão, no material base, duas regiões: (S) região sem segregação no material base e (C) com segregação. (b) Esquema indicando as zonas de grãos grosseiros (GG) de um passe que são refinadas para granulação austenítica fina (GF) pelos passes subseqüentes. Ataque: Nital 2%. Cortesia M. M. Moraes [14].

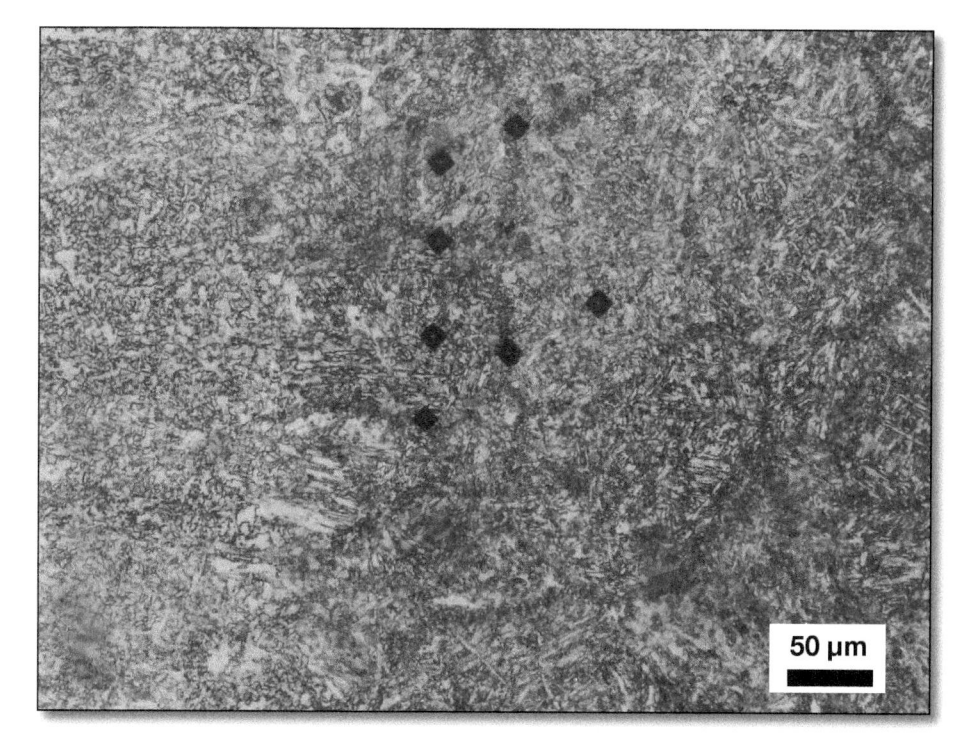

50 μm

Figura 14.42
Região de grãos grosseiros, segregada, na Figura 14.41. As regiões segregadas, mais escuras na figura, apresentaram bainita e, por vezes, MA, enquanto as regiões não segregadas apresentaram bainita. A dureza na região segregada atingiu 401 HV enquanto que na região não segregada o maior valor foi 327 HV. Ataque: Nital 2%. Cortesia M. M. Moraes [14].

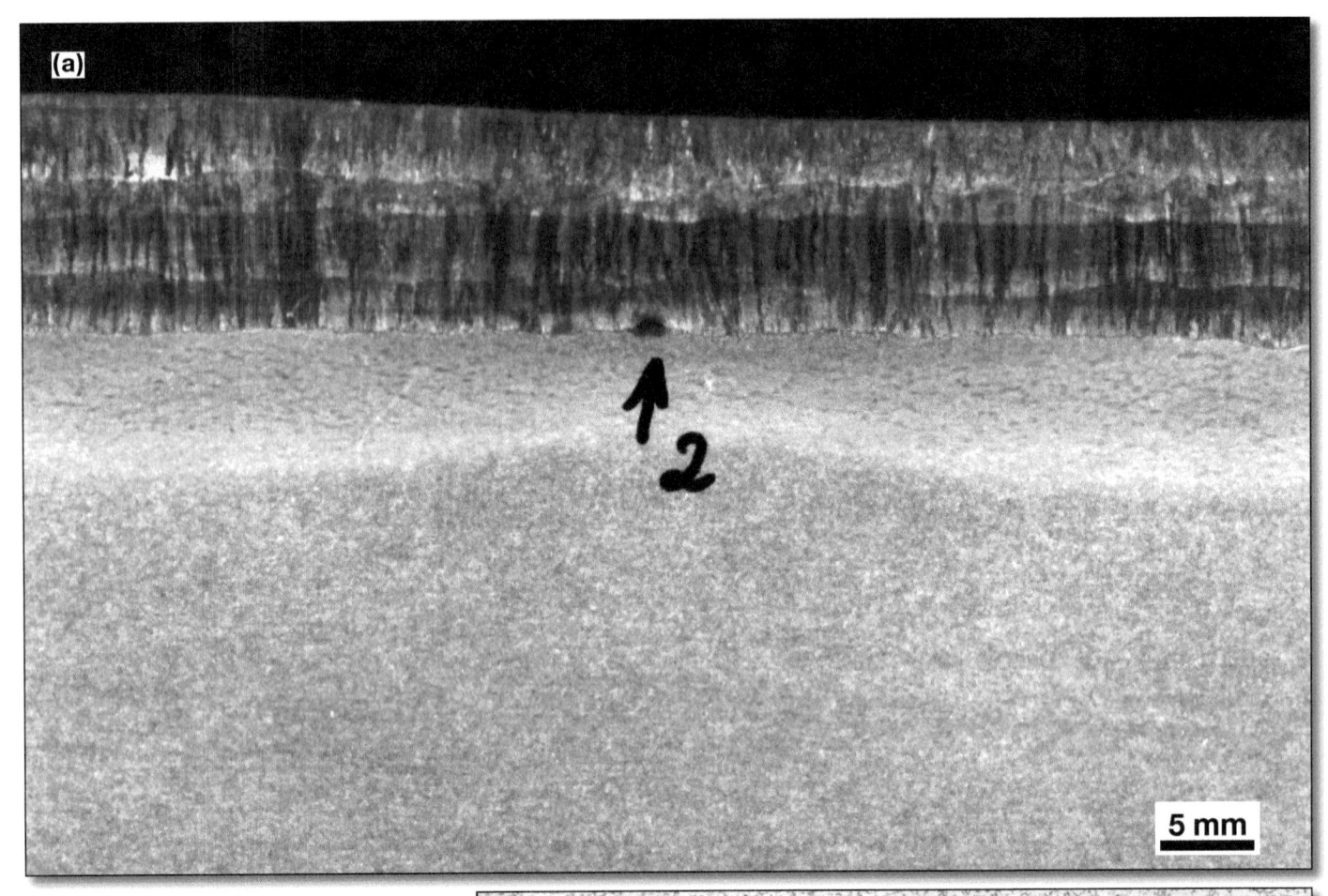

5 mm

Figura 14.43(a)
Revestimento austenítico depositado por solda sobre aço 20MnMoNi55. A zona termicamente afetada é visível, assim como a estrutura colunar do metal depositado em várias camadas. A seta indica um defeito de inclusão de escória, detectado no exame por ultra-som. Cortesia NUCLEP, RJ, Brasil.

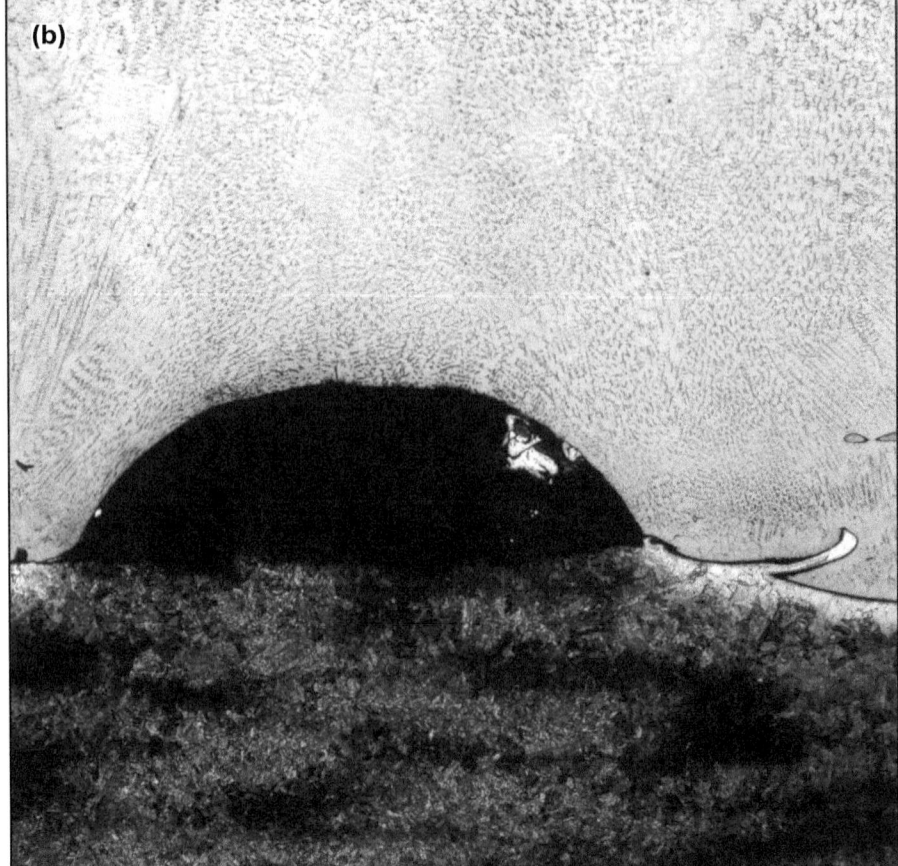

Figura 17.43(b)
Detalhe da inclusão de escória na linha de fusão entre o aço 20MnMoNi55 e o revestimento austenítico. Observa-se a segregação no material base e a estrutura bruta de fusão do metal depositado. Cortesia NUCLEP, RJ, Brasil.

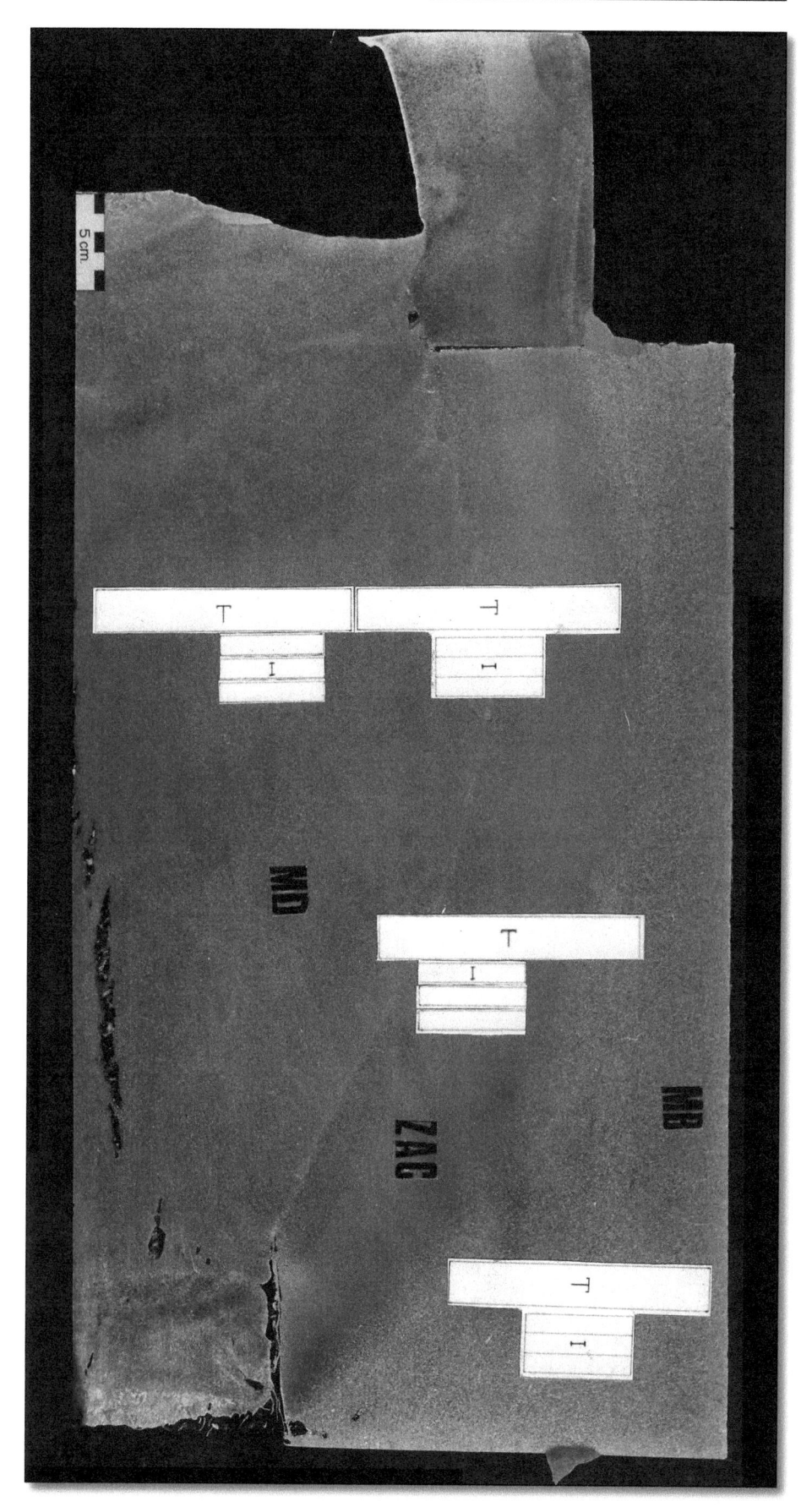

Figura 14.44
Seção transversal de solda experimental por eletroescória de dois blocos de AISI 1045 (cortada no eixo da solda: apenas um bloco de material base (MB) é visível). Observam-se trincas a quente próximas ao eixo da solda, porosidade próxima ao bloco de partida e enchimento perfeito na região do bloco de saída. A penetração, neste processo, foi bastante grande e a zona termicamente afetada (ZAC) tem mais de 50 mm de extensão. Estão indicadas as localizações dos corpos-de-prova para ensaios mecânicos de avaliação do processo. Ataque: Ácido clorídrico a quente. [26].

Referências Bibliográficas

1. COSTA E SILVA, A. L. V.; MEI, P. R. *Aços e ligas especiais*. 2.ª edição, São Paulo: Blucher, p. 662, 2006.

2. BANOVIC, S. W.; MCCOWAN, C. N.; LUECKE, W. E. *NIST NCSTAR 1-3E (Draft) For Public Comment Federal Building and Fire Safety Investigation of the World Trade Center Disaster Physical Properties of Structural Steels (Draft)*. NIST: Gaithersburg, MD, 2005.

3. CARVALHO, R. N. *Aspectos da precipitação e da recristalização na laminação contínua de tubos sem costura*, Tese de Doutorado, Departamento de Engenharia Metalurgica e de Materiais. 2007, Belo Horizonte: UFMG, MG.

4. GORNI, A. A.; XAVIER, M. D.; GOLDENSTEIN, H.; TSCHIPTSCHIN, A. P. *Transformação da austenita em aços microligados com microestrutura ferrítica-bainítica*. In: 62° Congresso Anual da ABM – Internacional, 23 a 27 de julho de 2007, Vitória – ES, Brasil. 2007: São Paulo, ABM.

5. API. *ANSI/API Spec 5L Specification for Line Pipe*. American Petroleum Institute. 44.ª edição, 2007, Washington, API.

6. TERADA, Y.; TAMEHIRO, H.; MORIMOTO, H.; HARA, T.; TSURU, E.; ASAHI, H.; SUGIYAMA, M.; DOI, N.; MURATA, M.; AYUKAWA, N. *X100 Linepipe with Excellent HAZ Toughness and Deformability*. In: Proc. 22nd Int. Conf. OMAE, ASME. 2003. Cancun, México: ASME OMAE2003-37392.

7. ASAHI, H.; HARA, A.; TSURU, E.; MORIMOTO, H.; OHKITA, S.; SUGIYAMA, M.; MARUYAMA, N.; SHINADA, K.; KOYAMA, K.; TERADA,; Y. AKASAKI, H.; AYUKAWA, N.; MURATA, M.; DOI, N.; MIYAZAKI, H.; YOSHIDA, T. *Development of ultrahigh-strength linepipe, X120*. Nippon Steel Technical Report, 2004, v. 90 (july), p. 82-87.

8. ECONOMOPOULOS, M.; RESPEN, Y.; LESSEL, G.; STEFFES, G. *Application of the tempcore process to the fabrication of high yield strenght concrete-reinforcing bars*. C.R.M, 1975 (45).

9. LLEWELLYN, D. T.; HUDD, R. C. *Steels: metallurgy and applications*. Woburn, USA: Butterworth-Heinemann, 1998.

10. PORTER, D. A.; EASTERLING, K. E. *Phase transformations in metals and alloys*. 2.ª edição, 1992, London: Chapman & Hall, p. 514.

11. NACE. *NACE MR0175/ISO 15156, Petroleum and natural gas industries – Materials for use in H2S – containing environments in oil and gas production*, 2003.

12. RAOUL, S. *Rupture intergranulaire fragile d'un acier faiblement allié induite par la ségrégation d'impuretés aux joints de grains: Influence de la microstructure. Intergranular brittle fracture of a low alloy steel induced by grain boundary segregation of impurities: Influence of the microstructure*, 1999, Rapport CEA-R-5874 Université Paris-Sud XI.

13. RAOUL, S.; MARINI, B.; PINEAU, A. *Effect of microstructure on the susceptibility of a 533 steel to temper embrittlement*. Journal of Nuclear Materials, 1998, v. 257, p. 199-205.

14. MORAES, M. M. *A soldagem do aço DIN 20MnMoNi55 pelo processo arco submerso em chanfro estreito*, Tese de Mestrado, Engenharia Metalúrgica, 1987, COPPE-UFRJ, Rio de Janeiro.

15. KIM, S.; LEE, S.; LEE, B. S. *Effects of grain size on fracture toughness in transition temperature region of Mn-Mo-Ni low-alloy steels*. Materials Science and Engineering A, 2003, v. A359, p. 198-209.

16. ALMEIDA, L. H.; FURTADO, H. C.; LEMAY, I. *Aços ferríticos Cr-Mo*. In: BOTT, I.; RIOS, P. R. e PARANHOS, R. (editores). *Aços, perspectivas para os próximos 10 anos*, 2002, p. 1-10.

17. CIAS, W. W. *Phase transformation kinetics and hardenability of medium carbon alloy steels.* 1972, Connecticut: Climax Molybdenum.
18. ABE, F. *Bainitic and martensitic creep-resistant steels.* Current Opinion in Solid State & Materials Science, 2004, v. 8, p. 305-311.
19. TANEIKE, M.; ABE, F.; SAWADA, K. *Creep-strengthening of steel at high temperatures using nano-sized carbonitride dispersions.* Nature, 2003, v. 424 (17 july 2003), p. 294-296.
20. MARQUES, P. V.; MODENESI, P. J.; BRACARENSE, A. Q. *Soldagem – fundamentos e tecnologia,* 2005, Belo Horizonte: Editora UFMG.
21. ESATERLING, K. *Introduction to the physical metallurgy of welding.* London: Butterworths, 1982.
22. ROSENTHAL, D. *The theory of moving source of heat and its application to metal transfer.* Transactions ASME, 1946, v. 68 (11): p. 849-866.
23. BHADESHIA, H. K. D. H. *Bainite in Steels* – 2.ª edição, 2001. London: Institute of Materials.
24. AIHARA, S.; SHIGESATO, G.; SUGIYAMA, M.; UEMORI, R. *Microstructural control of weld heat-affected zone of steel by Mn depletion around non-metallic inclusions.* Nippon Steel Technical Report, 2005, v. 91.
25. SHIGESATO, G.; SUGIYAMA, M.; AIHARA, S.; UEMORI, R.; TOMITA, Y.; *Tetsu-to-hagane* (in Japanese), 2001, v. 87 (2), p.23-30.

CAPÍTULO

15

AÇOS PARA A CONSTRUÇÃO MECÂNICA

1. Introdução

No capítulo 10 foi apresentada a classificação dos aços para construção mecânica. Estes aços são selecionados com base em sua temperabilidade e são empregados na condição de temperados e revenidos. Nesta condição, com a microestrutura constituída preferencialmente por martensita revenida, as diferenças significativas que se observam na microestrutura estão principalmente ligadas ao teor de carbono do aço, temperatura de revenido e, eventualmente, tamanho de grão austenítico anterior.

Assim, neste capítulo, são apresentadas algumas microestruturas típicas de produtos temperados e revenidos, para alguns aços mais comuns. Não se deve esperar diferenças significativas de microestrutura em outros aços para construção mecânica, exceto, é claro, no que diz respeito à temperabilidade. Em uma dada geometria e dimensões de peça, a profundidade em que ocorrerão as microestruturas apresentadas depende, naturalmente, da temperabilidade do aço e do meio de têmpera.

2. Aços Temperados e Revenidos

2.1. Efeito do Teor de Carbono e da Temperatura de Revenimento

Em um estudo sobre os efeitos da cementação (ou carbonetação) sobre as propriedades mecânicas do aço AISI 4320, Sandor [1] realizou extensa avaliação microestrutural em aços com a mesma composição base (série AISI 43xx) produzidos em condições extremamente controladas[1], com diferentes teores de carbono.

A Figura 15.1 mostra, para uma seqüência de aços com a composição básica da série AISI 43xx, e diferentes teores de carbono, a microestrutura obtida com têmpera e revenimento a temperatura de 200 °C. Como todas as microestruturas de têmpera convergem, com o aumento da temperatura e tempo de revenimento, para ferrita e carbonetos, as diferenças microestruturais relacionadas à têmpera dos aços com diferentes teores de carbono são mais evidentes com revenidos a temperaturas mais baixas, como apresentado nesta figura.

Na Figura 15.1 observam-se várias alterações microestruturais relacionadas à variação do teor de carbono. A morfologia da martensita, nos aços de mais baixo teor de carbono, é diversa daquela que se observa nos aços de teor de carbono mais elevado, como discutido no Capítulo 9. Observam-se, nos aços de teor de carbono acima de cerca de 0,8% áreas claras entre as placas de martensita. Como a temperatura M_f destes aços é inferior a temperatura ambiente (Capítulo 10) não ocorre transformação completa da austenita para martensita durante a têmpera, havendo, portanto, após a têmpera, uma fração volumétrica significativa de austenita retida. O revenido a 200 °C pode causar a precipitação de alguns carbonetos nesta austenita, reduzindo seu teor de carbono e viabilizando a formação de nova martensita durante o resfriamento do aço após o revenimento. Como esta martensita não estaria revenida, não seria atacada da mesma forma que a martensita revenida e poderia aparecer "clara" misturada à austenita ainda retida.

(1) Fusão sob vácuo e forjamento e tratamento térmico em laboratório de pesquisas.

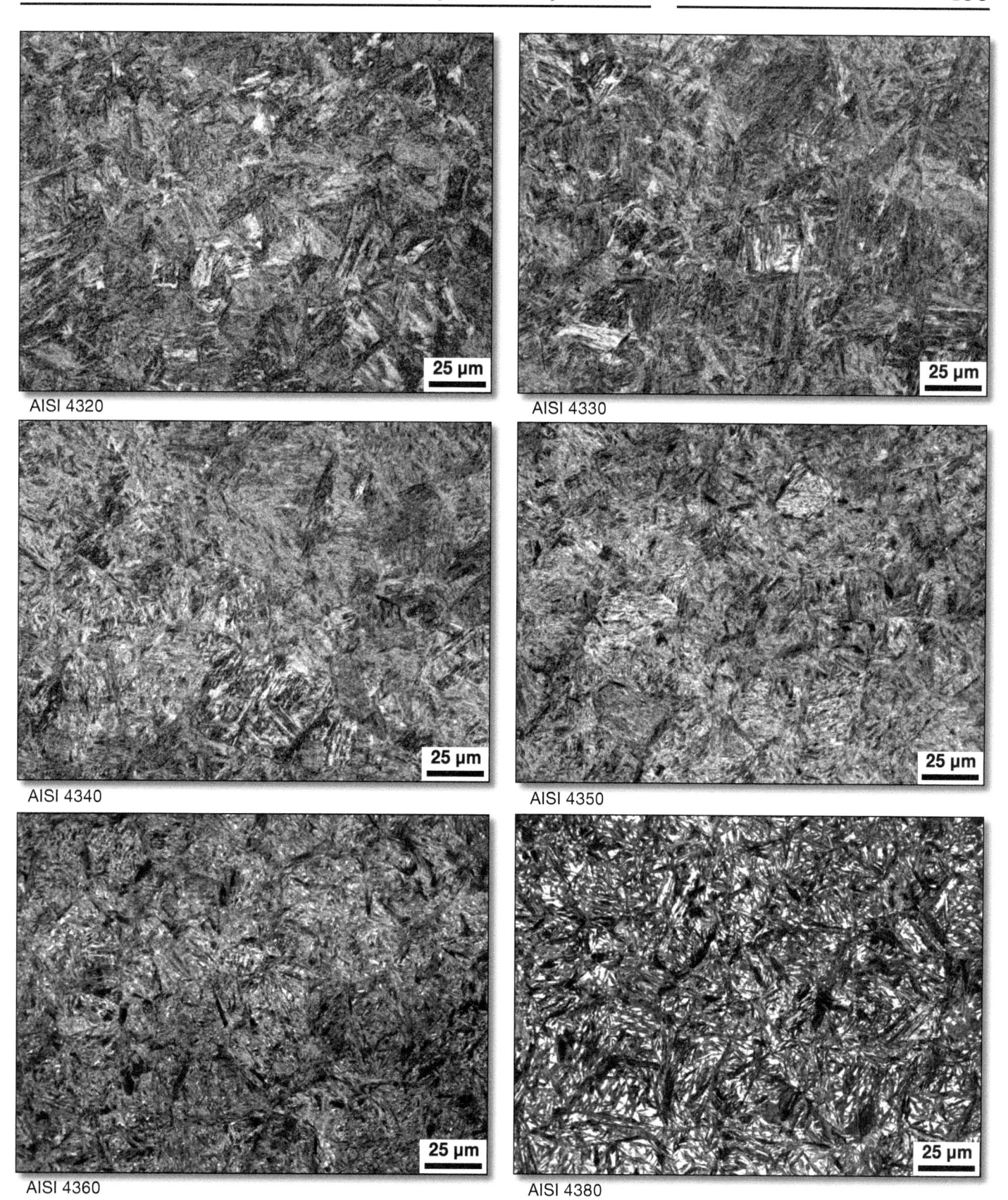

Figura 15.1
Aços AISI 43xx com diferentes teores de carbono, temperados e revenidos a 200 °C. A microestrutura é composta de martensita revenida. A partir do aço AISI 4380 é possível observar a presença de austenita retida (áreas claras, que podem ter sido transformadas parcialmente para martensita no resfriamento após o revenido). É possível observar a mudança da morfologia da martensita, também (ver Capítulo 9). Ataque: Nital. Cortesia L. T. Sandor [1]. (*Continua*)

Figura 15.1 (*Continuação*)

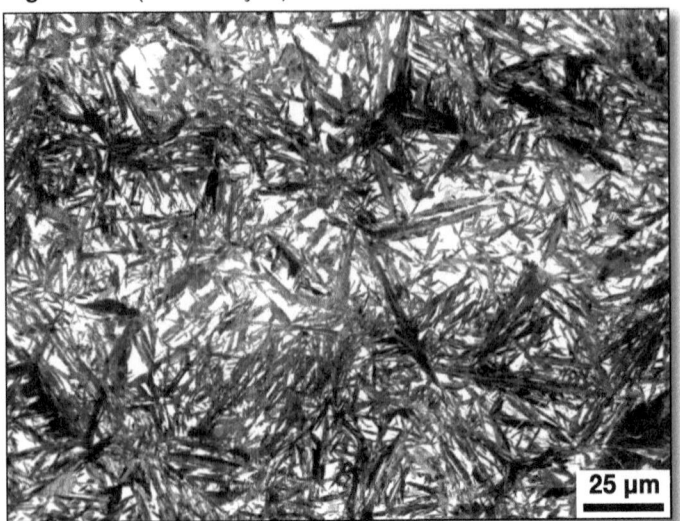

AISI 4390

AISI 43100

O duplo revenido é sempre recomendado para aços de teores de carbono mais elevado, por este motivo. Nos aços AISI 4390 e 43100, é possível observar algum bandeamento nas microestruturas registradas. Isto não é uma particularidade destes aços: está mais ligado às regiões amostradas dos aços experimentais e à própria microestrutura, que revela a segregação de forma mais clara, seja pela aparente diferença de fração volumétrica de martensita ou pela resposta ao ataque.

O aumento da temperatura de revenido tende a tornar mais difícil a percepção, em microscopia ótica, das diferenças microestruturais entre os aços com diferentes teores de carbono (Figura 15.2), eliminadas as diferenças que poderiam surgir pelo efeito do carbono sobre a temperabilidade dos aços, já que todos os aços foram temperados em condições de resfriamento que geraram velocidades de resfriamento superiores à velocidade crítica para têmpera martensítica.

A Figura 15.3 mostra este efeito na microestrutura do aço AISI 43100. Comparando-se a microestrutura obtida com o revenimento a 600 °C com aquela exemplificada para o aço AISI 4340 no Capítulo 10, Figura 10.64, é evidente a dificuldade em distingui-las, apenas por microscopia ótica.

Figura 15.2
Aços AISI 4360, 4370, 4380 e 4390, temperados e revenidos a 300 °C. Comparando-se com a Figura 15.1, observa-se que o aumento da temperatura de revenimento torna menos evidentes as diferenças microestruturais decorrentes das variações nas estruturas de têmpera. Ataque: Nital. Cortesia L. T. Sandor [1]. (*Continua*)

AISI 4360

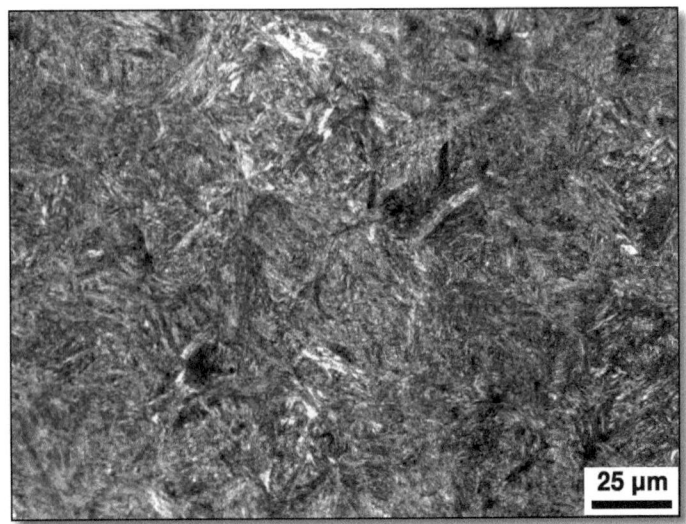

AISI 4370

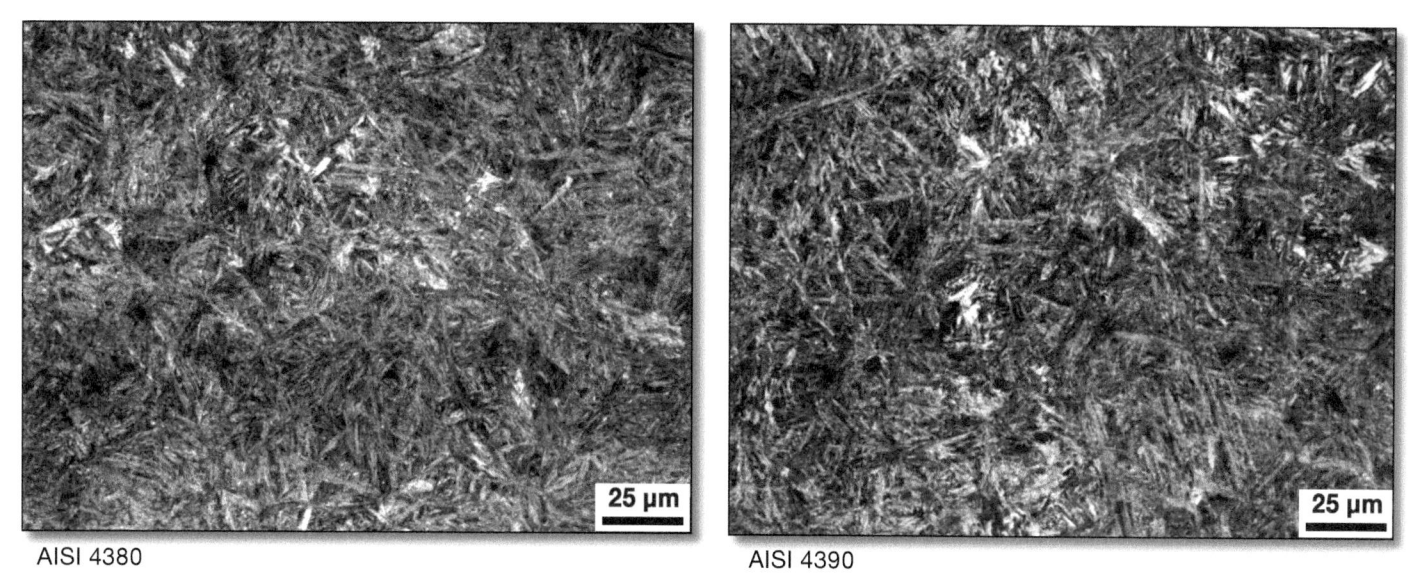

AISI 4380

AISI 4390

Figura 15.2 (*Continuação*)

Figura 15.3
Aço AISI 43100 temperado e revenido a diferentes temperaturas. Ataque: Nital. Cortesia L. T. Sandor [1].

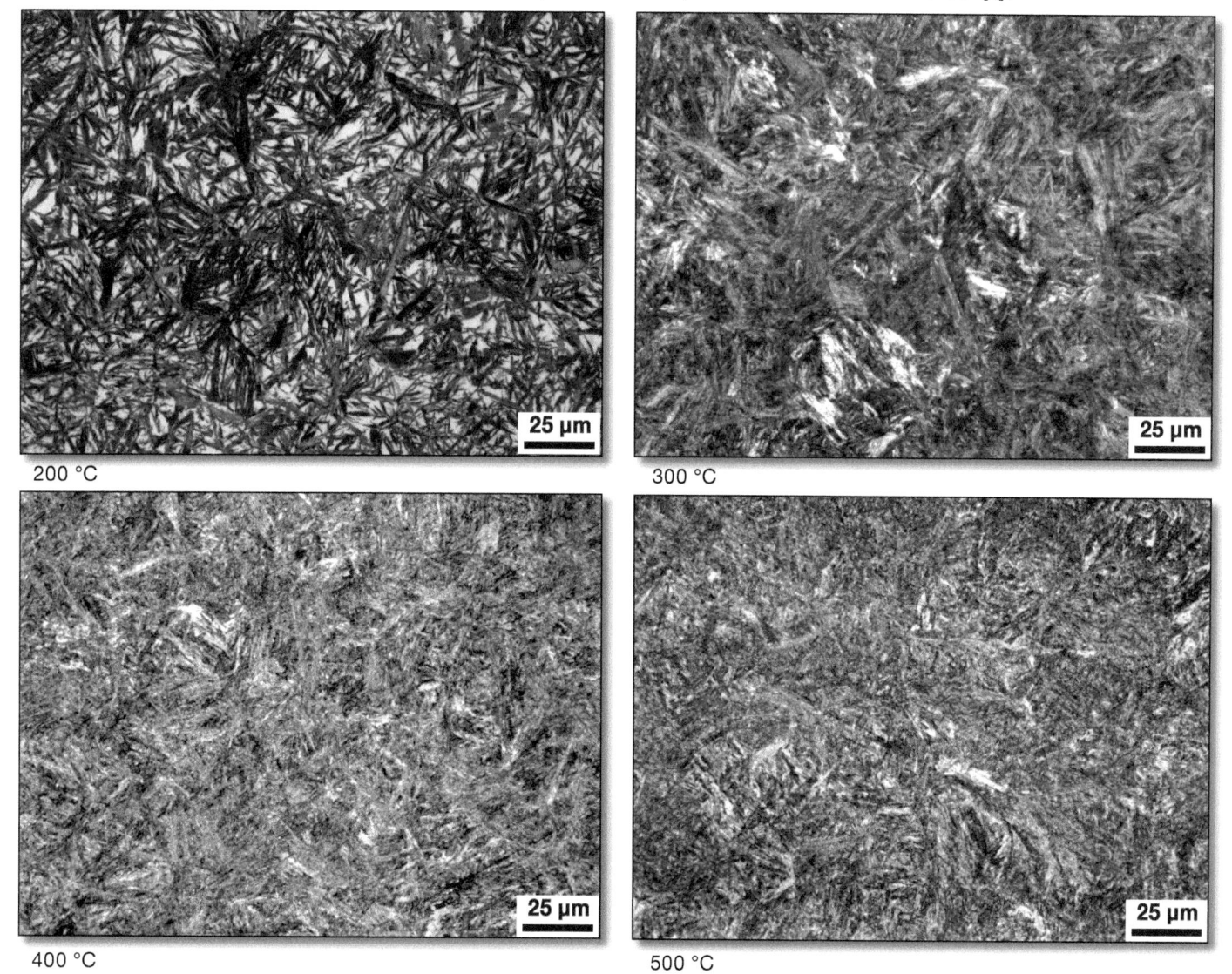

200 °C

300 °C

400 °C

500 °C

Figura 15.3 (*Continuação*)

600 °C

Em aços temperados e revenidos, não é incomum obter-se micro-estruturas complexas, de difícil caracterização por microscopia ótica. Como no caso dos aços multifásicos (Capítulo 13) o uso de ataques com diferentes reagentes, de forma complementar, pode ser também aplicado com sucesso.

A Figura 15.4 apresenta uma amostra de aço 300M resfriado ao ar com velocidade de resfriamento de, aproximadamente, 10 K/s. Na Figura 15.4 (a), o ataque com nital não permite caracterizar os constituintes aciculares (martensita e bainita) com segurança, nem diferenciar a presença de alguma ferrita de austenita retida. O ataque com metabissulfito de sódio, na Figura 15.4 (b) destaca as áreas de austenita retida, pois todas as demais fases são coloridas por este reagente. Se o ataque colorido for adequadamente desenvolvido, é possível, também, esclarecer dúvidas entre a presença de bainita ou martensita.

Figura 15.4(a)
Aço 300 M resfriado a aproximadamente 10 K/s. Bainita, martensita e áreas de ferrita e/ou austenita retida. Ataque: Nital 2%. Cortesia A. J.Abdalla e R. M. Anazawa, IEAv/CTA, S. J. dos Campos, SP, Brasil.

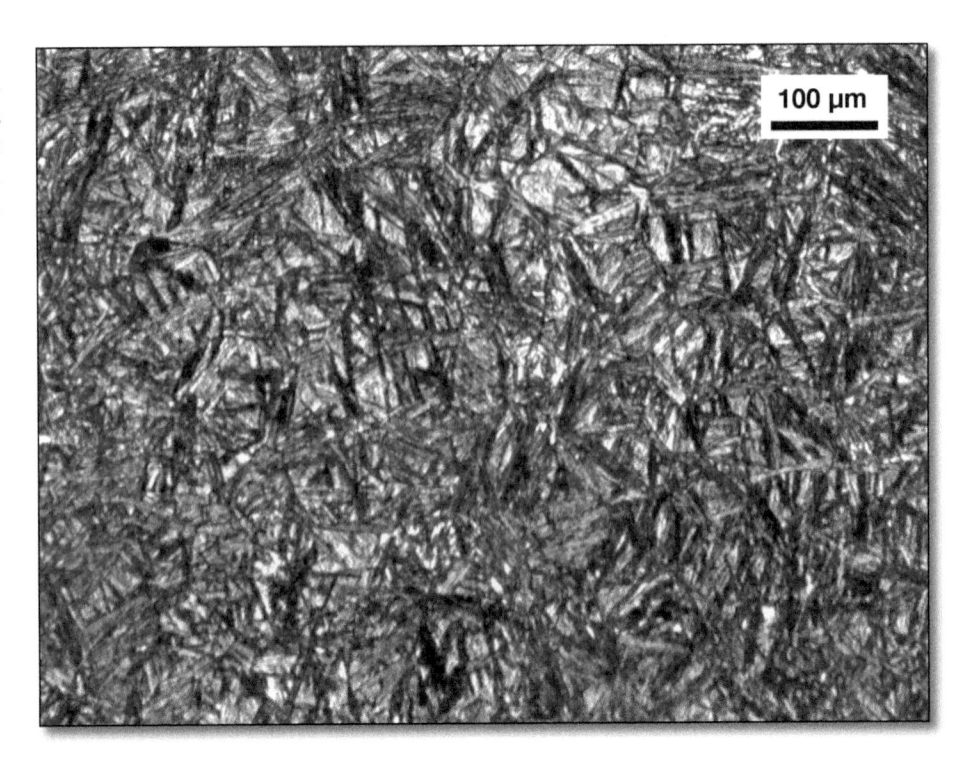

Figura 15.4(b)
Aço 300M resfriado a aproximadamente 10K/s (outra região). Bainita, martensita e ferrita ou perlita são coloridas pelo reagente. A áreas de austenita retida aparecem brancas. Com o ajuste das condições de ataque é possível identificar bainita e martensita pela coloração após o ataque. Ataque: Metabissulfito de sódio 10% em água. Cortesia A.J.Abdalla e R.M.Anazawa, IEAv/CTA, S.J. dos Campos, SP, Brasil.

2.2. Aço AISI 52100

Aços com 1% de carbono e cerca de 1,5% de cromo (como AISI 52100 ou DIN 100Cr6) são muito empregados em rolamentos. A microestrutura completamente martensítica é empregada com freqüência, resultando em alta resistência mecânica e alta resistência à fadiga, propriedades ideais para rolamentos.

Em ambientes contendo umidade elevada, o aço AISI 52100 com microestrutura de martensita revenida pode ser susceptível à corrosão sob tensão causada por hidrogênio [2]. Neste caso, pode ser conveniente o emprego de uma microestrutura composta por bainita inferior, que resulta, em ambientes com presença de água, em melhor resistência à fadiga. Luzginova e colaboradores [2] avaliaram, detalhadamente, as transformações de fase neste processo, como discutido a seguir.

Para promover a esferoidização da microestrutura, antes dos tratamentos isotérmicos para formação da bainita (austêmpera), o aço "como recebido" (Figura 15.6) foi submetido a um tratamento de recozimento intercrítico, com os parâmetros indicados na Figura 15.5. O padrão de fornecimento de aços para rolamento, em geral, já inclui um tratamento de homogeneização e recozimento. A microestrutura resultante do recozimento intercrítico, visando esferoidização, está na Figura 15.7.

Uma amostra foi temperada diretamente após a austenitização (estágios 3 e 4 no ciclo da Figura 15.5(a)) e sua microestrutura é apresentada na Figura 15.8. Observa-se que parte da cementita foi dissolvida na austenita e esta, no resfriamento, transformou-se em martensita.

Figura 15.5(a)
Ciclo térmico de tratamento do aço AISI 52100 para obtenção de estrutura composta por bainita inferior [2].

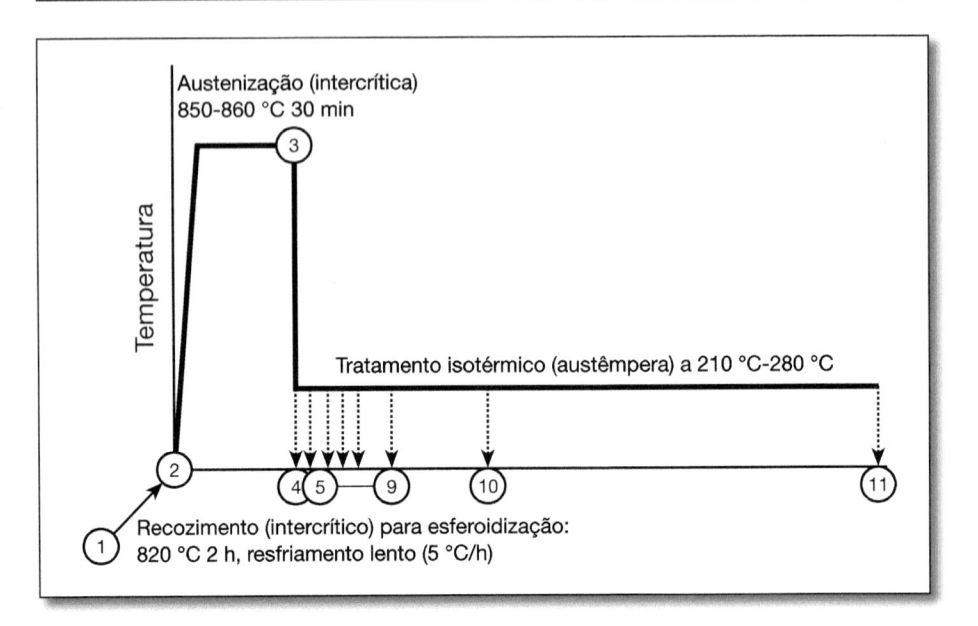

Figura 15.5(b)
Fração volumétrica de fases, calculada em equilíbrio, para a composição em questão.

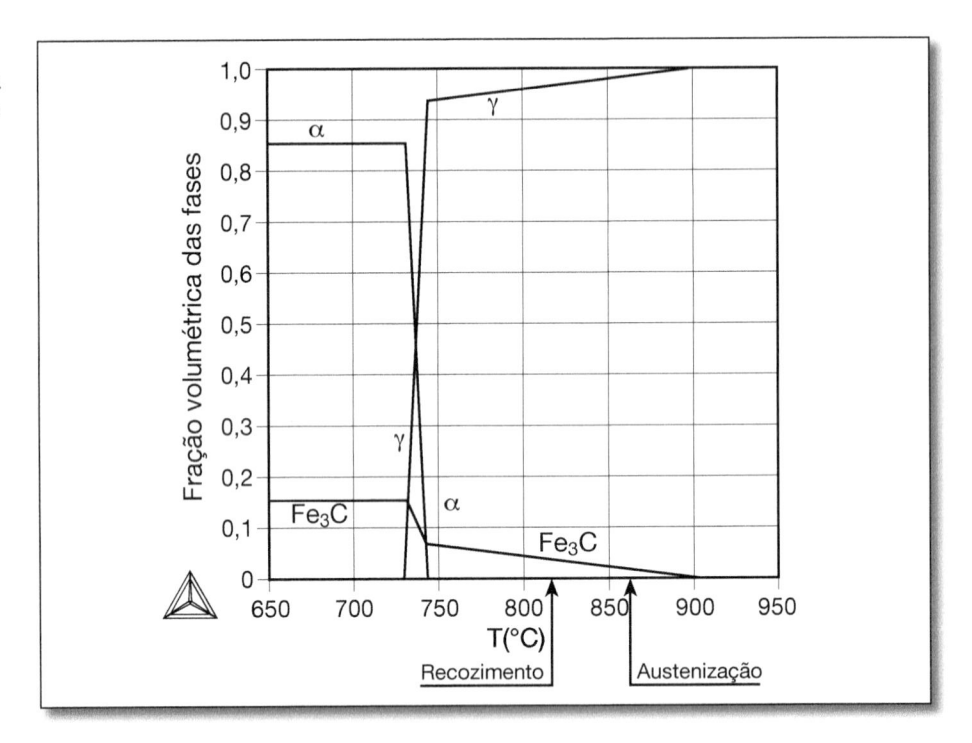

A Figura 15.9 apresenta os resultados dos diversos tratamentos de austêmpera realizados, conforme os ciclos indicados na Figura 15.5 assim como a fração volumétrica de bainita inferior transformada. Nestas microestruturas a austenita não transformada em bainita ocorre em duas formas: em grãos, que transformam para martensita (e alguma austenita retida) no resfriamento ao fim do tempo de austêmpera e em películas entre as placas de bainita inferior, que não podem ser vistas na microscopia ótica.

Para acompanhar a transformação e medir, experimentalmente, a fração volumétrica de austenita retida, Luzginova e colaboradores empregaram, também, difração de raios X a temperatura ambiente e dilatometria durante o processo de austêmpera, como mostra a Figura 15.10.

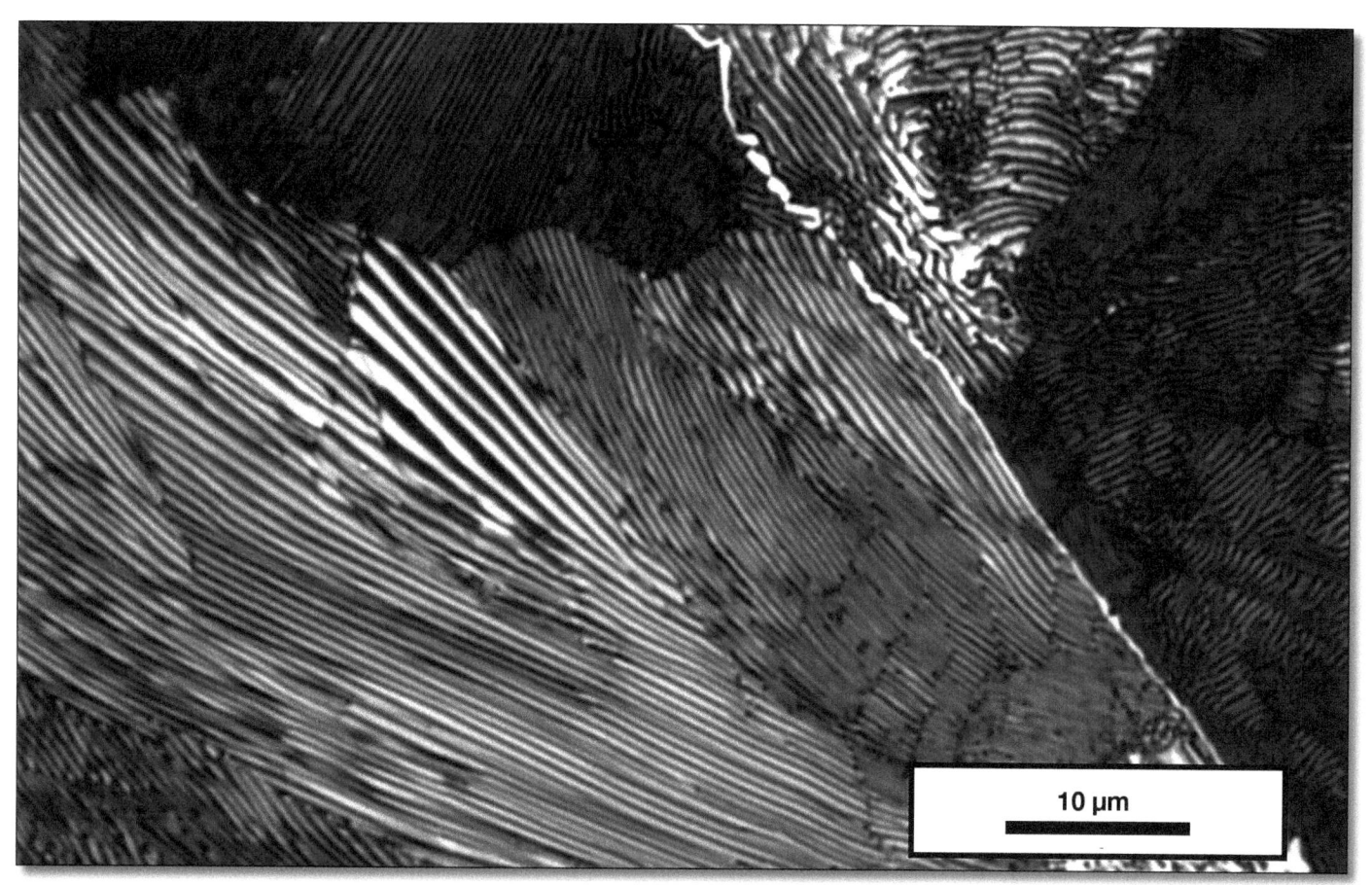

Figura 15.6
Aço AISI 52100 laminado a quente e recozido a 820 °C por 2 h seguido de resfriamento lento (10 °C/h) até 690 °C, seguido de resfriamento ao ar. Perlita com cementita em rede nos contornos austeníticos. Estágio 1 na Figura 15.5(a). Ataque:
Pré-ataque com Nital 5% seguido por reativo de Klemm[2]. O reativo de Klemm
colore a ferrita, realçando o contraste. Cortesia de N. Luzginova e J. Sietsma, Delft
University of Technology, Delft, Holanda.

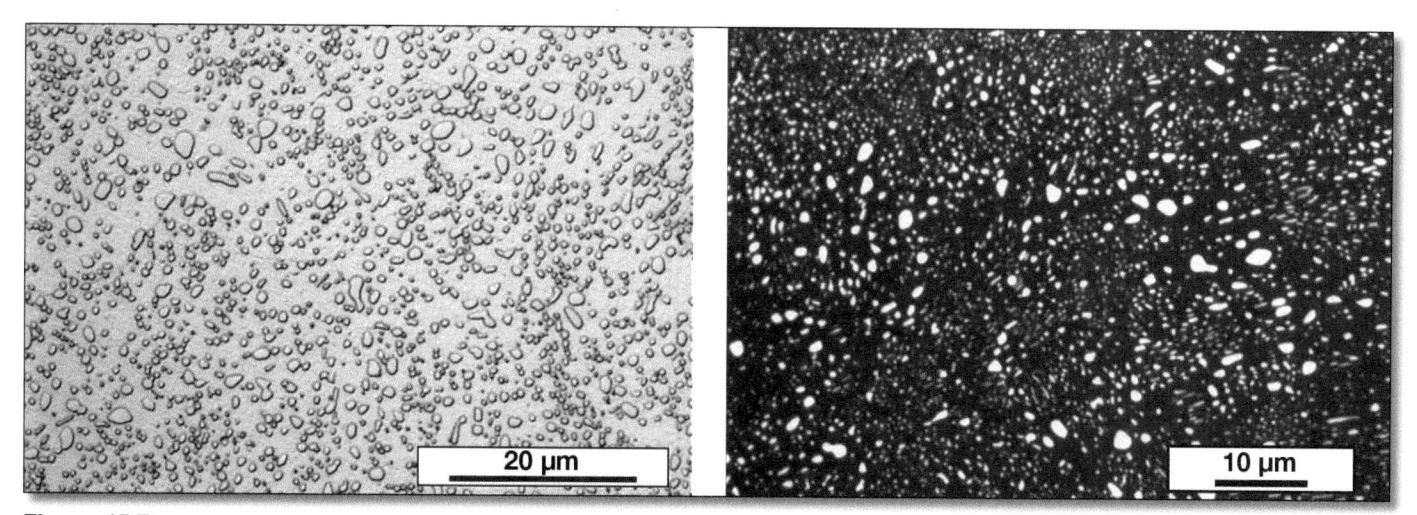

Figura 15.7
Aço AISI 52100 esferoidizado a partir da microestrutura apresentada na Figura
15.6 com o ciclo descrito na Figura 15.5(a). Estágio 2 do ciclo. Fração volumétrica de cementita esferoidizada, 15% (comparar com valor calculado na Figura
15.5(b)). (a) Ataque: Nital. (b) Ataque: Pré-ataque com Nital 5% seguido por reativo
de Klemm. A ferrita foi colorida, melhorando o contraste entre as fases. Cortesia
de N. Luzginova e J. Sietsma, Delft University of Technology, Delft, Holanda.

(2) 50 mL de solução aquosa saturada de
tiossulfato de sódio e 1 g de bissulfeto de
sódio.

Figura 15.8
Aço AISI 52100 temperado a partir de austenitização intercrítica (850-860 °C por 30 min). Cerca de 5% de cementita esferoidizada (comparar com o valor calculado na Figura 15.5(b)) em matriz de austenita parcialmente transformada para martensita (escura, na foto). A austenita retida, neste aço, ocorre como películas entre as placas de martensita e não é facilmente visível nesta micrografia ótica. Cortesia de N. Luzginova e J. Sietsma, Delft University of Technology, Delft, Holanda.

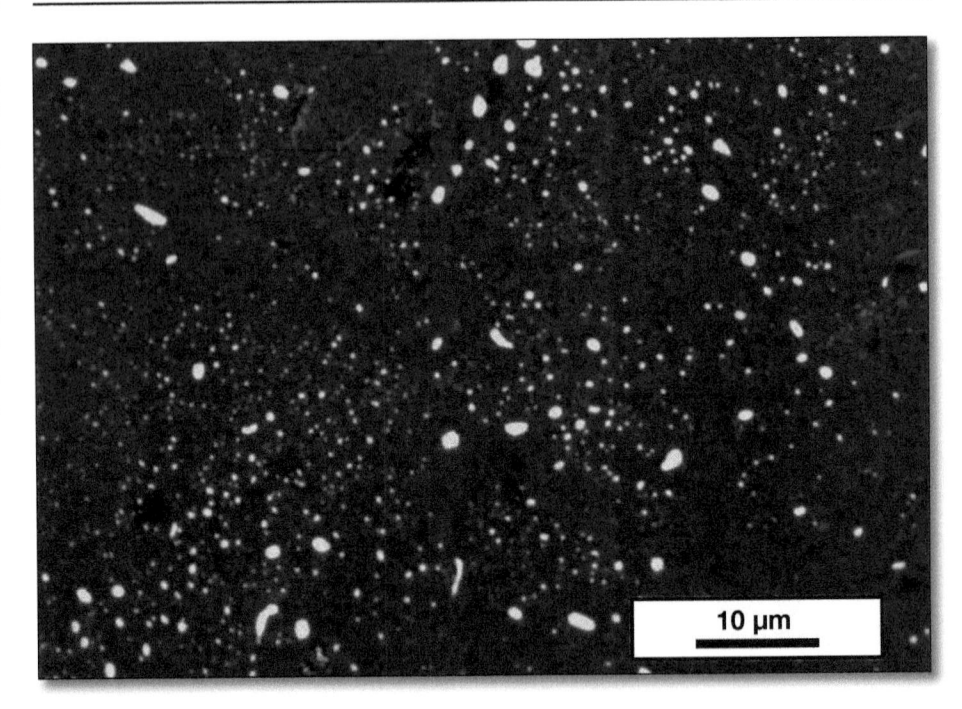

5 min, 5% bainita   10 min, 15% bainita

Figura 15.9
Evolução da microestrutura do aço AISI 52100 com o tempo de tratamento isotérmico, conforme ciclos de austêmpera da Figura 15.5(a). A bainita inferior aparece como agulhas escuras, a cementita não dissolvida na austenitização, como glóbulos brancos e a austenita não transformada ao fim da austêmpera forma martensita e austenita retida no resfriamento pós-austêmpera, dando origem à "matriz" clara, observada principalmente nas amostras correspondentes a patamares de menos de 15 min. Nesta "matriz", a região mais escura é mais rica em martensita — algumas "agulhas" podem ser observadas. Ataque: Picral 4%. Cortesia de N. Luzginova e J. Sietsma, Delft University of Technology, Delft, Holanda. (*Continua*)

Figura 15.9 *(Continuação)*

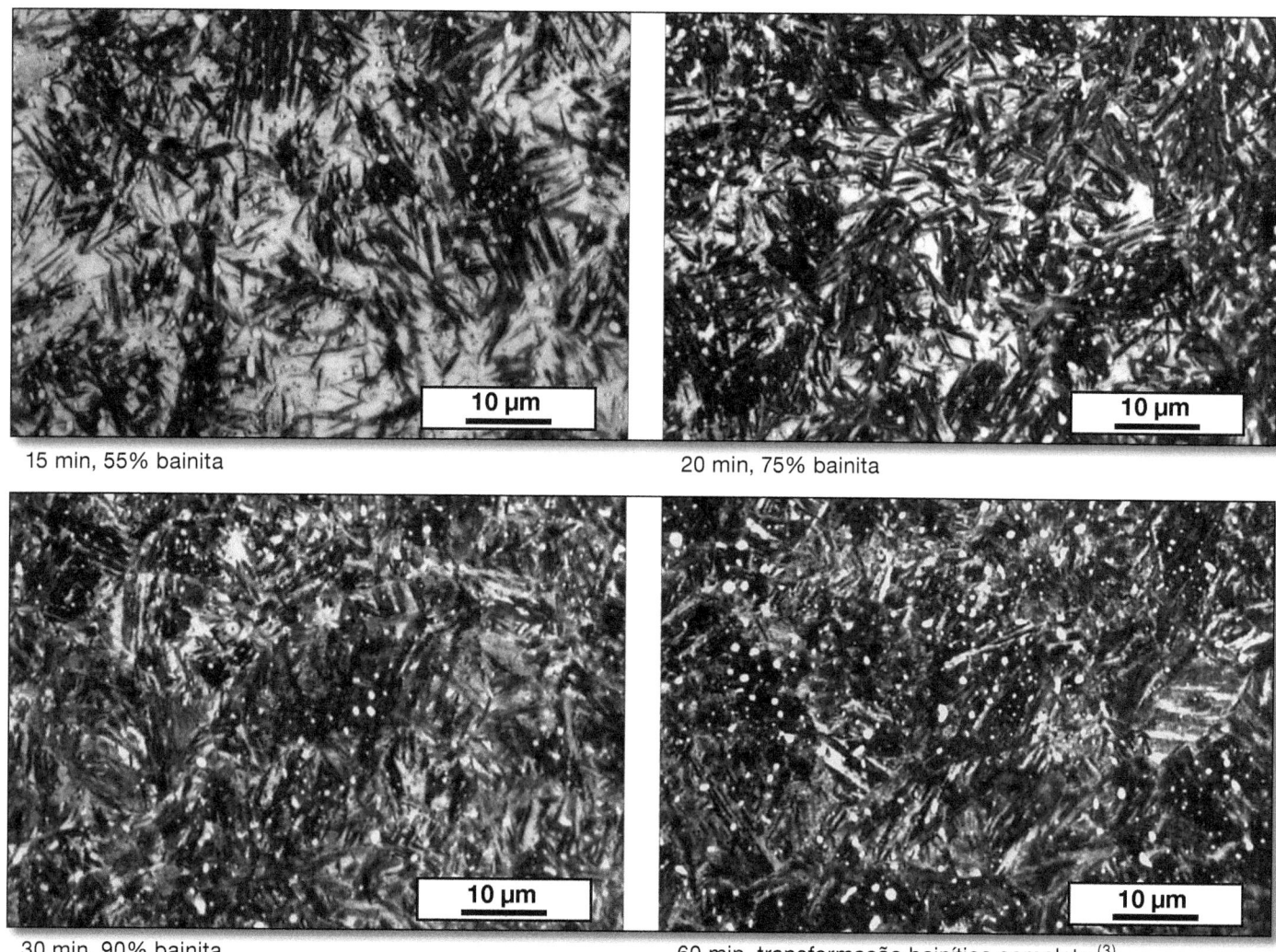

15 min, 55% bainita

20 min, 75% bainita

30 min, 90% bainita

60 min, transformação bainítica completa [3]

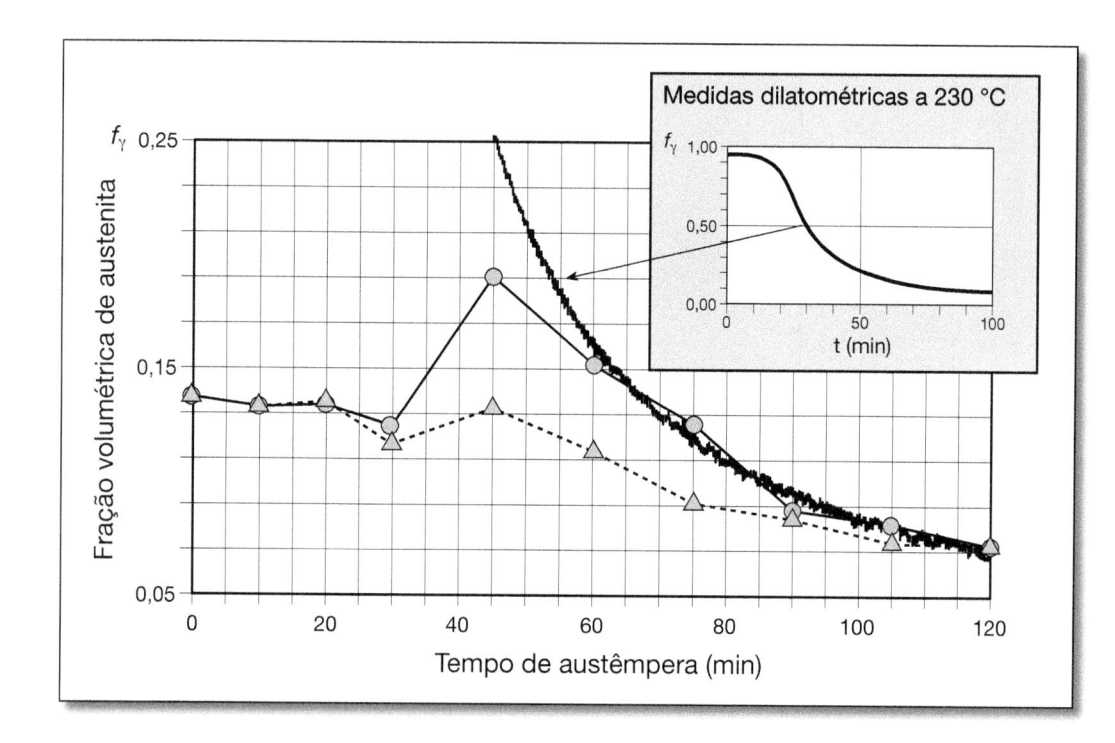

Figura 15.10
Evolução da fração volumétrica de austenita f_γ com o tempo de austêmpera. A linha sólida representa as medidas dilatométricas da fração de austenita presente a 230 °C. Os círculos representam a fração volumétrica de austenita presente à temperatura ambiente, medida por difração de raios X após o resfriamento no fim da austêmpera. Os triângulos representam valores calculados. Ver o texto para discussão do método de cálculo. Adaptado de [2].

(3) Conforme medida de difração de raios X.

À medida que a bainita se forma, a austenita sofre alterações de composição química, também. Estas alterações são extremamente importantes em diversas classes de aços, tais como aços TRIP (Capítulo 13) e os aços submetidos ao tratamento de *quenching and partitioning* (Capítulo 13). Acredita-se que o carbono se difunda da bainita ou ferrita bainítica para a matriz austenítica, enriquecendo-a em carbono [3, 4]. Este processo é mais dramático em aços ligados ao silício, por exemplo, em que a precipitação de carbonetos na bainita é fortemente inibida e o potencial químico do carbono na bainita recém-formada pode ser muito maior do que aquele da austenita[4]. Esta diferença de potencial químico levaria à partição do carbono da bainita para a austenita.

A Figura 15.11 apresenta os valores de concentração de carbono medidos na austenita, por difração de raios X, em função do tempo de austêmpera, por Luzginova e colaboradores.

Com base nas frações volumétricas de austenita presente no final do tratamento de austêmpera (medidos por dilatometria, ver inserto da Figura 15.10) e no teor de carbono desta austenita, Luzginova e colaboradores calcularam a fração de austenita que deveria existir a temperatura ambiente, da seguinte forma.

Com base nas medidas de difração de raios X, o teor de carbono da austenita foi calculado (Figura 15.11). A temperatura M_I foi estimada usando a equação de Andrews (Tabela 9.1). Usando a equação de Koistinen-Marburger (Capítulo 9) a fração volumétrica de austenita retida a temperatura ambiente foi então calculada:

$$f_{\gamma,\text{ retida}} = f_{\gamma,\,230\,°C}\exp(-C_1[M_1 - T_{\text{ambiente}}])$$

Os valores calculados são apresentados na Figura 15.10, comparados com as medidas experimentais e apresentam boa correlação com a realidade.

(4) Para um mesmo teor de carbono, o potencial químico do carbono é, em geral, muito superior nas estruturas CCC e TCC do que na estrutura CFC.

Figura 15.11
Teor de carbono na austenita retida em função do tempo de austêmpera, medido por difração de raios X. Adaptado de [2].

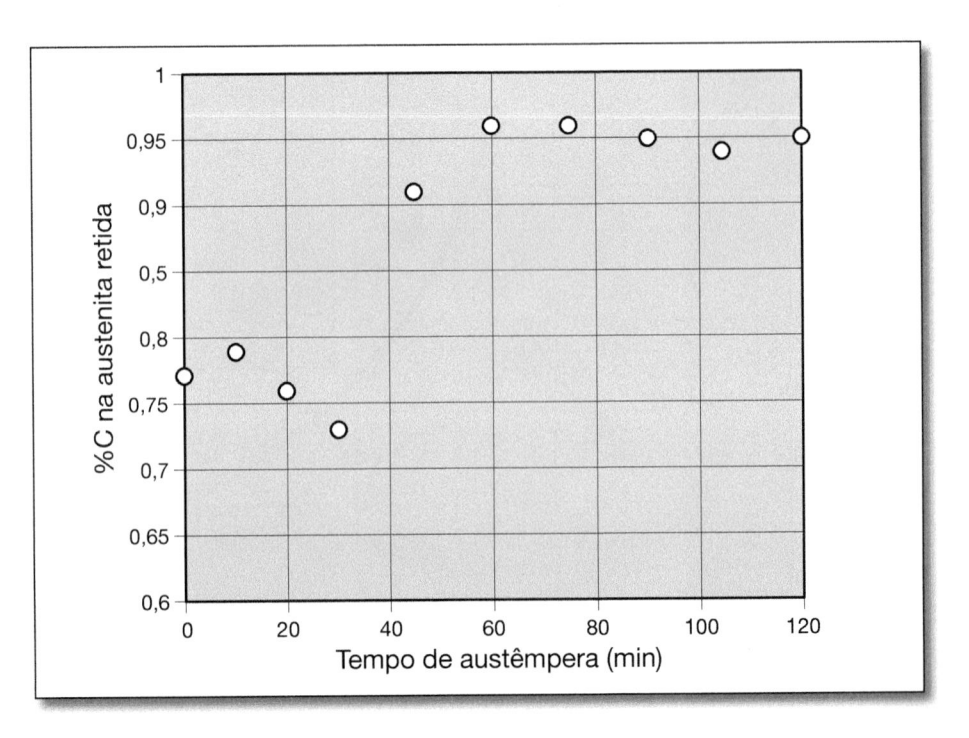

2.3. Aço AISI 4145

O aço AISI 4145 é uma escolha bastante comum nos equipamentos de coluna de perfuração de poços de petróleo. Normalmente, é empregado na condição de temperado e revenido. Quando necessário, é soldado por fricção, com resultados satisfatórios. As Figuras 15.12 a 15.14 apresentam exemplos de microestruturas desse aço, na condição temperado e revenido.

2.4. Aço AISI 8630 Modificado

O aço AISI 8630 Modificado tem sido amplamente empregado em seções espessas de forjados para aplicações em completação de poços de petróleo. Com menos de 1% de níquel e uma composição química balanceada para obter elevada temperabilidade e uma boa relação dureza-resistência mecânica, é possível atingir até a classe de 85 ksi de limite de escoamento sem ultrapassar 22 HRC, requisitos essenciais para garantir a resistência à corrosão sob tensão em meios contendo H_2S, segundo a norma NACE MR0175 [5].

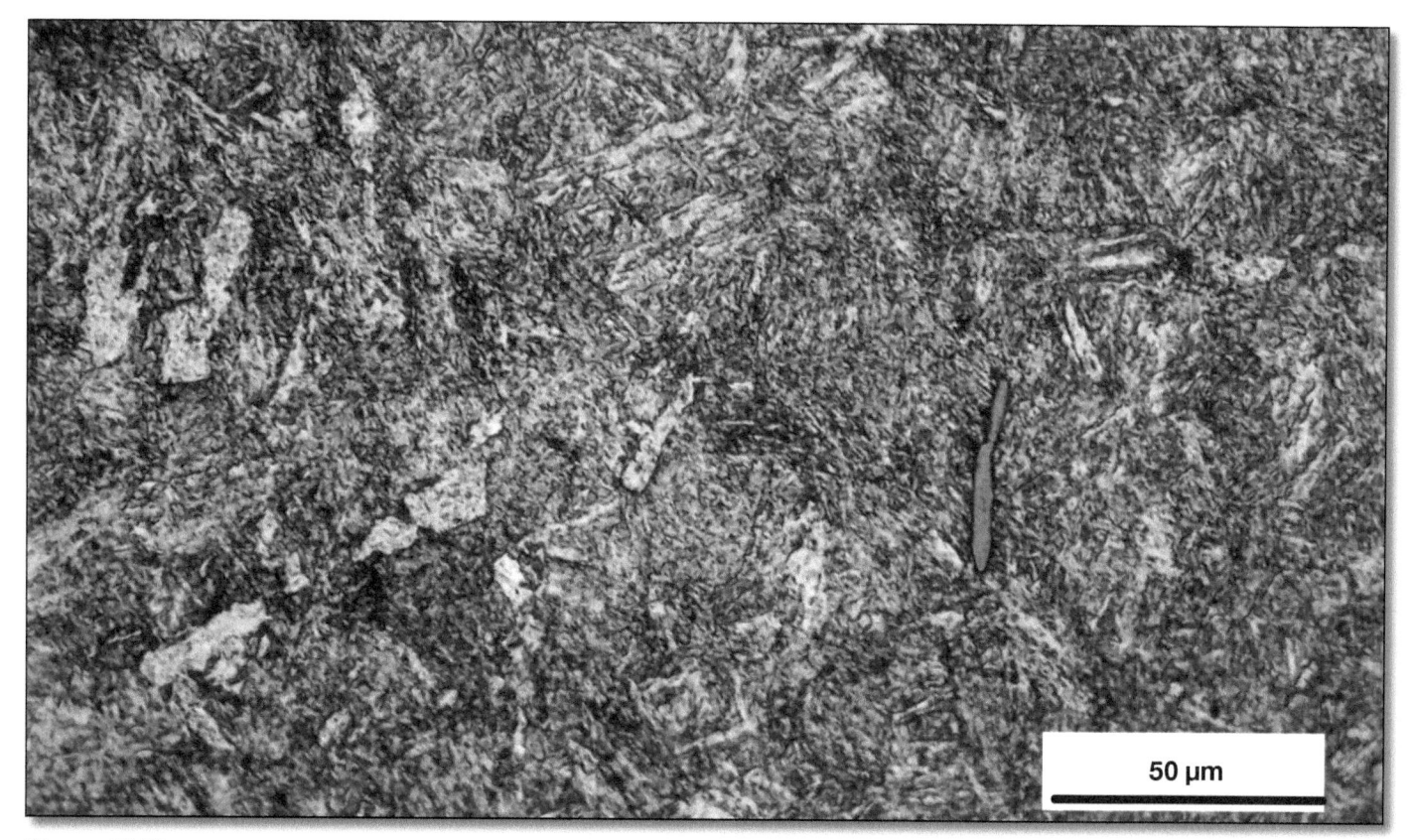

Figura 15.12
Aço AISI 4145 temperado e revenido. Martensita revenida. Dureza 32 HRC. Inclusão alongada de sulfeto de manganês é visível, também. Cortesia A. Zeemann, Tecmetal, RJ, Brasil.

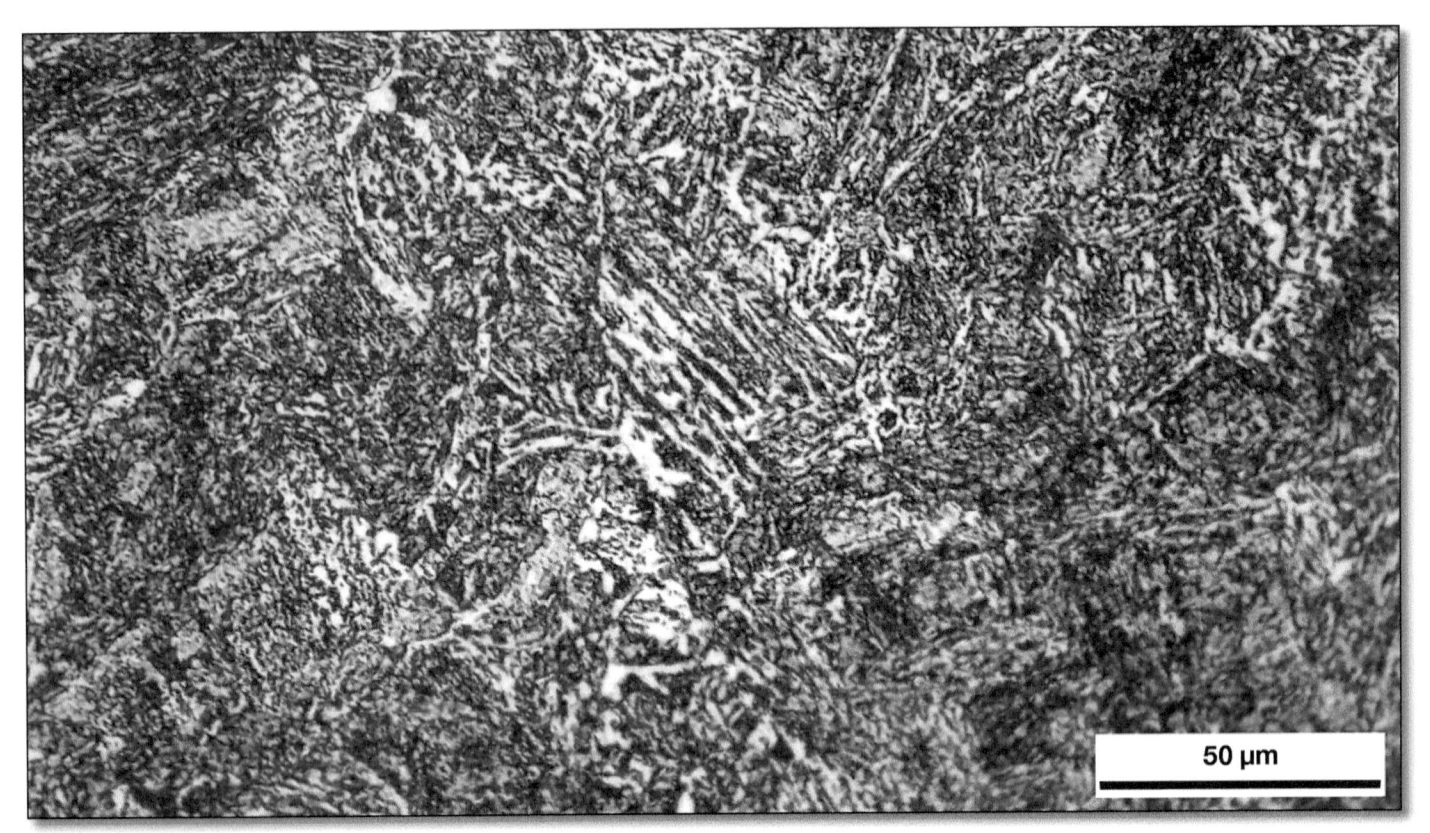

Figura 15.13
Aço AISI 4145 temperado e revenido. Martensita revenida e bainita. Dureza 30 HRC. Cortesia A. Zeemann, Tecmetal, RJ, Brasil.

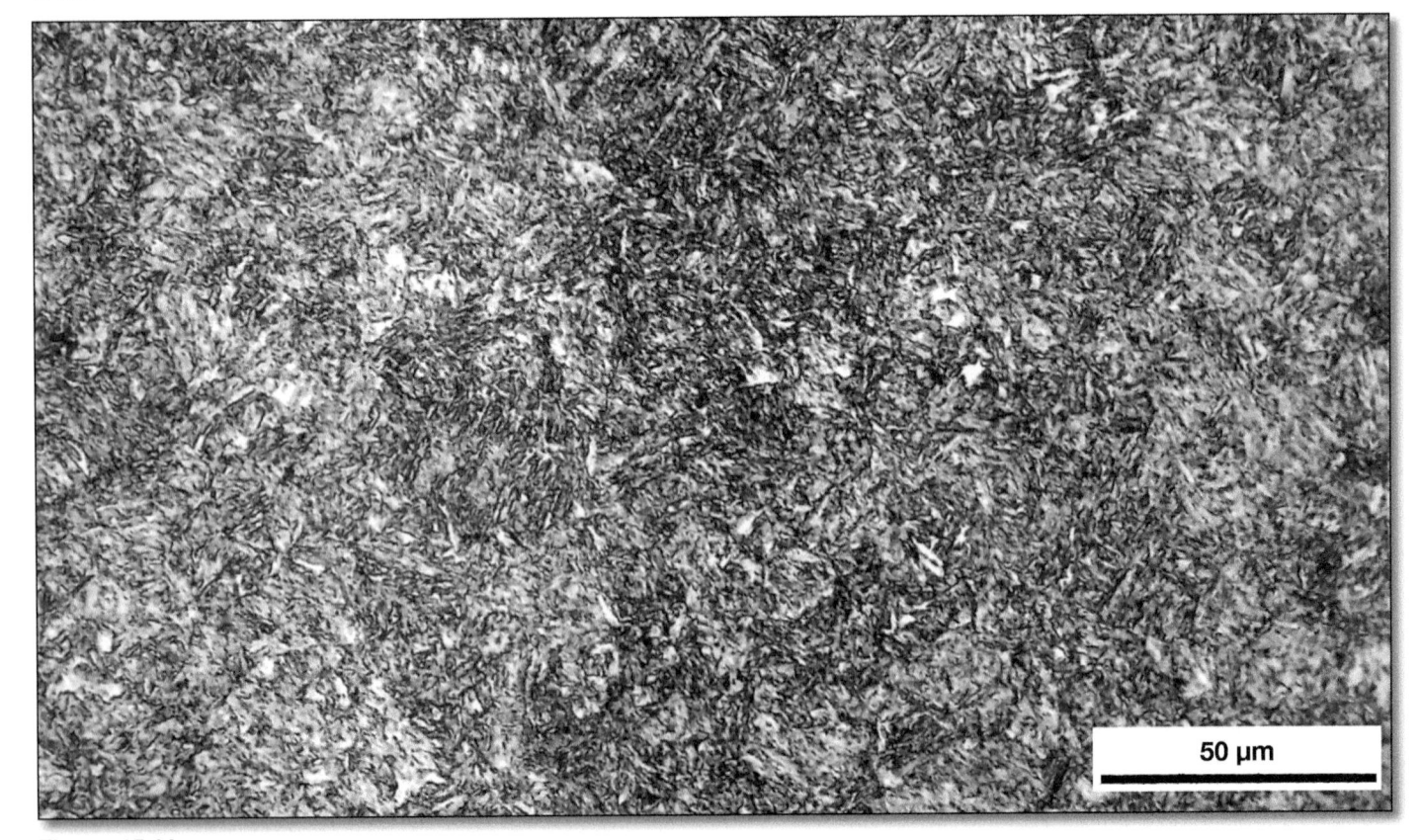

Figura 15.14
Aço AISI 4145 temperado e revenido. Martensita revenida e bainita. Dureza 33 HRC. Cortesia A. Zeemann, Tecmetal, RJ, Brasil.

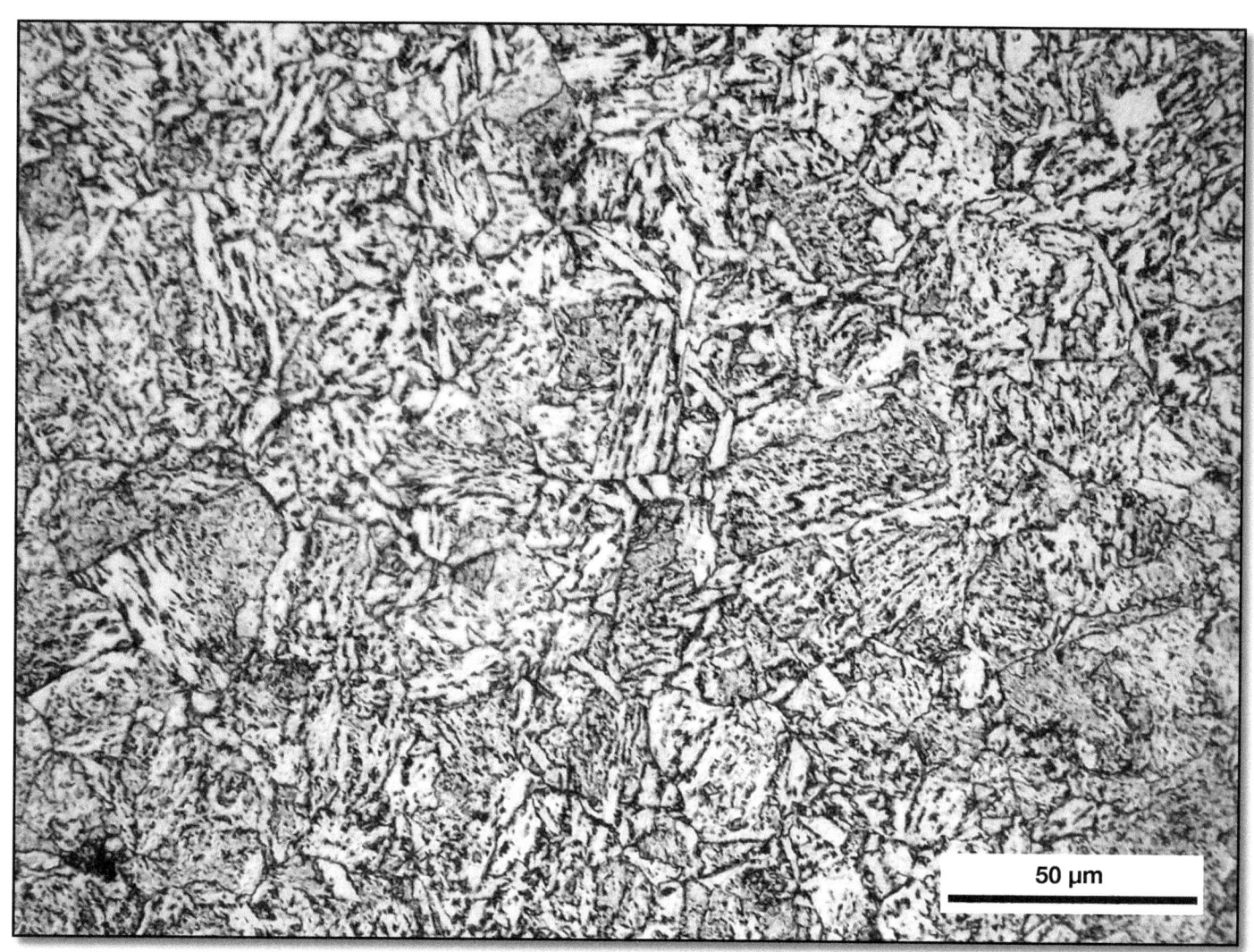

Figura 15.15
Aço 8630 modificado, temperado e revenido, estrutura bainítica. Dureza 240 HB. Cortesia A. Zeemann, Tecmetal, RJ, Brasil.

3. Revestimentos

Alguns revestimentos, além dos já apresentados para aços estruturais, podem ser também empregados em aços para a construção mecânica e aços inoxidáveis. Revestimentos como níquel-fósforo (Ni-P) ou níquel químico, são revestimentos muito duros que são aplicados quimicamente sobre o aço sem que, praticamente, ocorra reação química.

A Figura 15.16 mostra uma seção transversal de um revestimento de Ni-P aplicado sobre uma peça da indústria de petróleo para evitar riscos e outros danos que interfiram com o funcionamento da peça.

Alguns materiais de elevadíssima resistência ao risco ou à corrosão, como carbonetos e similares podem ser depositados por *thermal spray* ou processos similares de metalização, como mostra a Figura 15.17.

Revestimentos de fosfato são, freqüentemente, empregados como auxiliares no processamento mecânico do aço, para favorecer o deslizamento relativo entre a peça e a ferramenta, por exemplo. O fosfato, se não for corretamente removido antes do tratamento térmico, pode se decompor, em ambiente redutor, resultando em fósforo na superfície da peça. Este fósforo pode se difundir na camada superficial da peça [6]. Isto pode ocasionar a formação de uma camada ferrítica na superfície da peça, já que o fósforo estabiliza a ferrita (Figura 15.18).

Figura 15.16
Camada de Ni-P aplicada quimicamente sobre peça de aço inoxidável F6NM (ver capítulo 16) para proteção superficial e evitar riscos e outros danos superficiais que possam interferir com a operação da peça. Cortesia A. Zeemann, Tecmetal, RJ, Brasil.

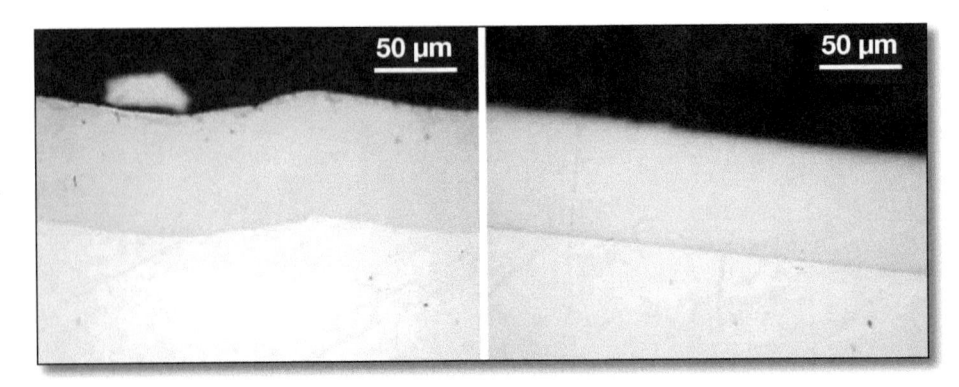

Figura 15.17
Aspecto típico de seção transversal a material depositado por *thermal spray* (aspersão térmica). As partículas do material pulverizado sobre o substrato deformam-se criando o aspecto de camadas irregulares. Na parte inferior da imagem aparece o substrato, neste caso aço baixo-carbono.

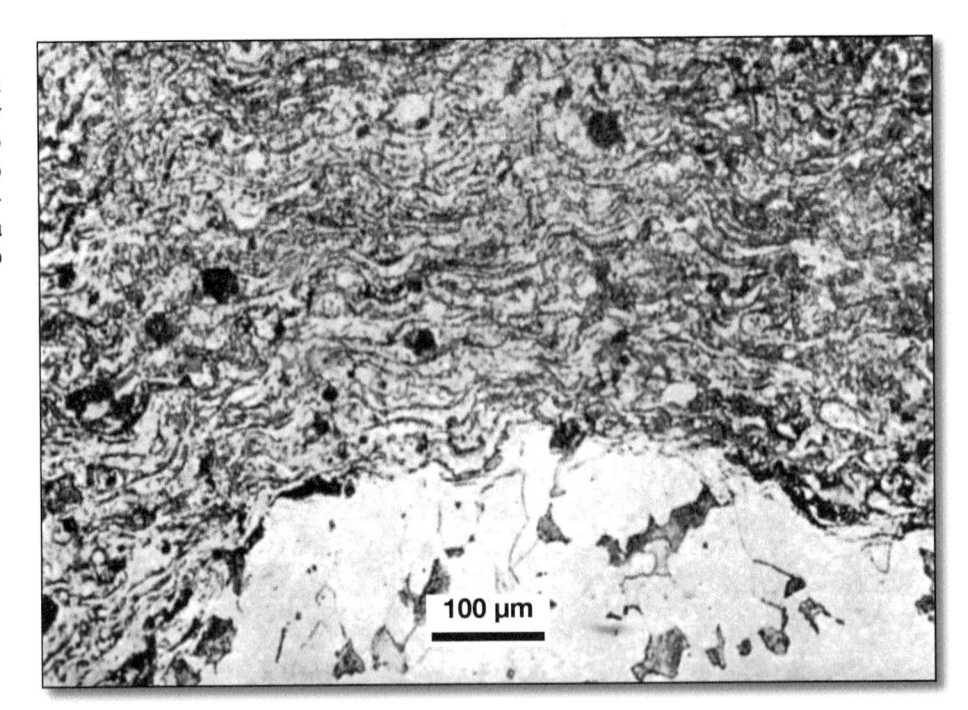

Figura 15.18
Camada de ferrita formada na superfície de parafuso por deficiência na remoção do fosfato aplicado superficialmente antes do tratamento térmico. À esquerda, observa-se também, dobra. Cortesia FIBAM Industrial, SP, Brasil.

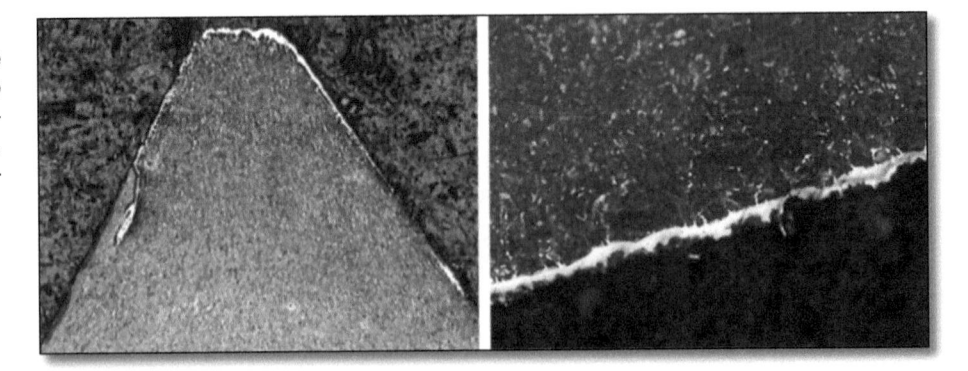

4. Aços de Médio e Alto Carbono

Algumas aplicações se beneficiam do uso de aços de médio e alto carbono. Aços como AISI 1050, 1060 e similares são empregados em implementos agrícolas e ferramentas de moagem. Aços eutectóides e hipereutectóides são empregados em trilhos e rodas ferroviárias.

4.1. Aços AISI 1050 e 1060

As Figuras 15.19 a 15.22 mostram a microestrutura de produtos de AISI 1050 e 1060 nas condições com laminação controlada e laminado a quente e normalizado. Nestas condições de tratamento térmico, estes aços já apresentam boa resistência ao desgaste e resistência mecânica elevada.

A Figura 15.23 apresenta a microestrutura de um aço AISI 1050 recozido. Observa-se o maior espaçamento interlamelar da perlita e a maior fração volumétrica de ferrita pró-eutectóide em comparação com a condição "normalizada".

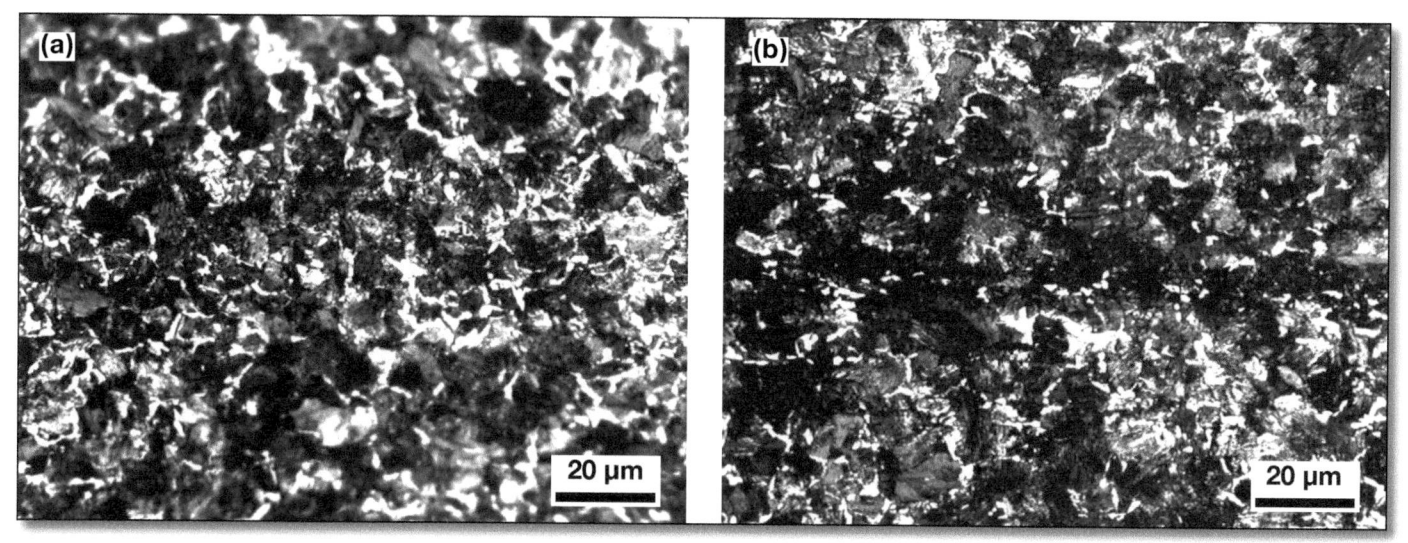

Figura 15.19
Aço AISI 1050 normalizado: (a) superfície; (b) meio da espessura. Ferrita pró-eutectóide e perlita. Ataque: Nital 2%. Cortesia ArcelorMittal Tubarão, ES, Brasil.

Figura 15.20
Aço AISI 1060 submetido à laminação controlada: (a) ¼ da espessura; (b) meio da espessura. Ferrita pró-eutectóide e perlita. Alguma ferrita acicular. Ataque: Nital 2%. Cortesia ArcelorMittal Tubarão, ES, Brasil.

Figura 15.21
Aço com C = 0,64% e Mn = 0,82% para facas de corte, submetido à laminação controlada. Perlita fina com pouca ferrita. O resfriamento acelerado ao final da laminação evitou a formação de perlita pró-eutectóide. (Com este teor de manganês o eutectóide ocorre a aproximadamente 0,73%C).

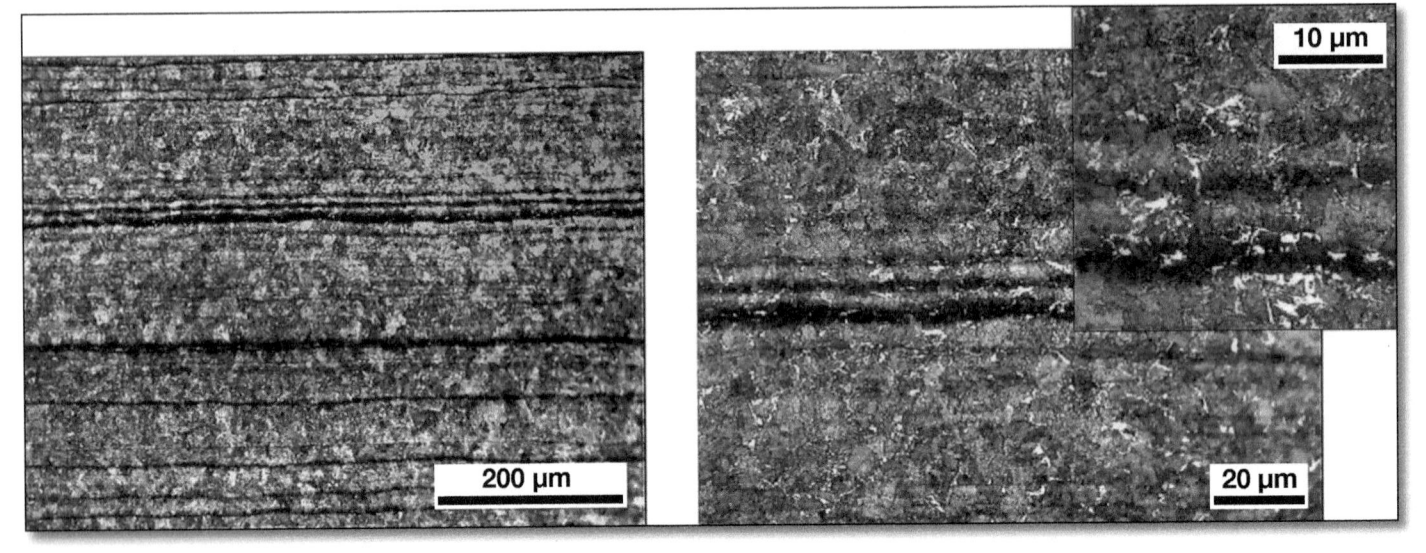

Figura 15.22
Seção longitudinal, no meio da espessura de chapa de aço AISI 1060, como laminado. Segregação central[5]. Perlita fina com alguma ferrita pró-eutectóide. Ataque: Picral 4%. Cortesia ArcelorMittal Tubarão, ES, Brasil.

Eixos ferroviários são, freqüentemente, produzidos em aços similares ao AISI 1050. Embora esta escolha seja bastante adequada para o desempenho esperado, estes aços requerem alguns cuidados especiais. A elevada dureza e temperabilidade tornam a soldagem destes aços extremamente difícil. Normalmente, não são soldados. Quando o são, procedimentos adequados como pré- e pós-aquecimento e, possivelmente, recozimento para alívio de tensões são requeridos. A falta destes cuidados pode resultar em falhas prematuras, como a apresentada na Figura 15.24.

A Figura 15.25 apresenta o local da iniciação da fratura por fadiga ilustrado na Figura 15.24, com um corte em um plano composto pelas direções axial-radial do eixo, no qual foi realizado exame metalográfico. A Figura 15.25 apresenta a micrografia da região de linha de fusão.

_____

(5) Em aços de médio e alto carbono não ocorre bandeamento de ferrita e perlita, em função da fração volumétrica destas fases em equilíbrio.

Figura 15.23
Aço AISI 1050 recozido. Ferrita pró-eutectóide e perlita. Cortesia A. Ziemmann, Tecmetal, RJ, Brasil.

Figura 15.24
Falha por fadiga de eixo ferroviário forjado. O eixo ainda se encontra montado na roda. A falha foi definida pela iniciação no ponto indicado pela seta. As marcas de praia indicam a propagação por fadiga. A região acima da foto falhou por falta de seção resistente após o processo de fadiga. Cortesia MRS Logística S.A., RJ, Brasil.

Figura 15.25
Região de iniciação da fratura por fadiga (à direita) e corte no plano axial-radial do eixo da Figura 15.24. A macrografia no corte (à esquerda) indica o reparo por solda, como metal depositado abaixo, zona termicamente afetada longa (cerca de 5 mm) e material não afetado. (Escala em mm). Cortesia MRS Logística S.A., RJ, Brasil.

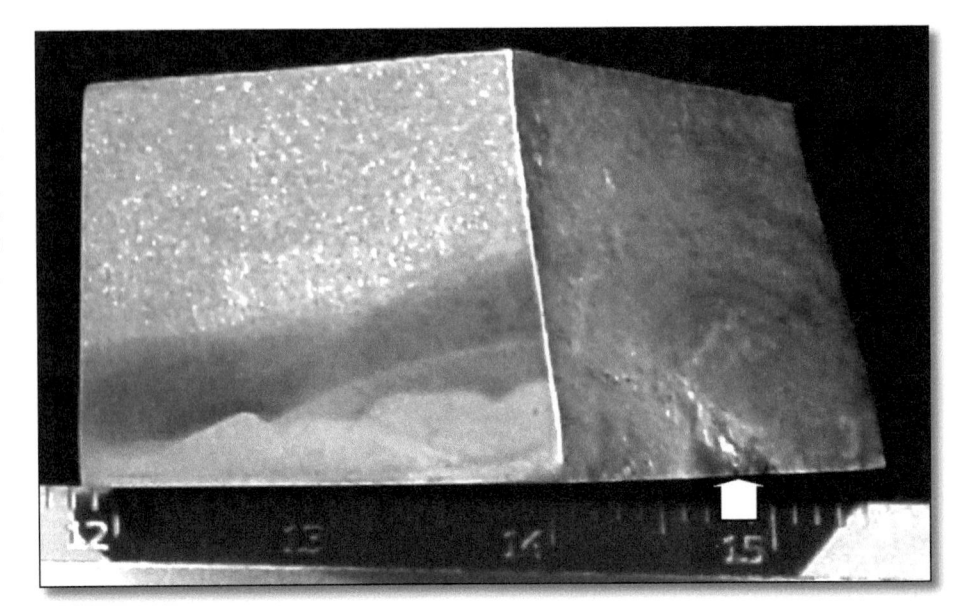

Figura 15.26
Região do eixo próxima ao ponto de iniciação na macrografia da Figura 15.25. Metal depositado por solda (região superior da imagem), zona afetada pelo calor no metal base similar a AISI 1050 (região inferior da imagem). Metalografia I. C. Abud, INT, Brasil. Cortesia MRS Logística S.A., RJ, Brasil.

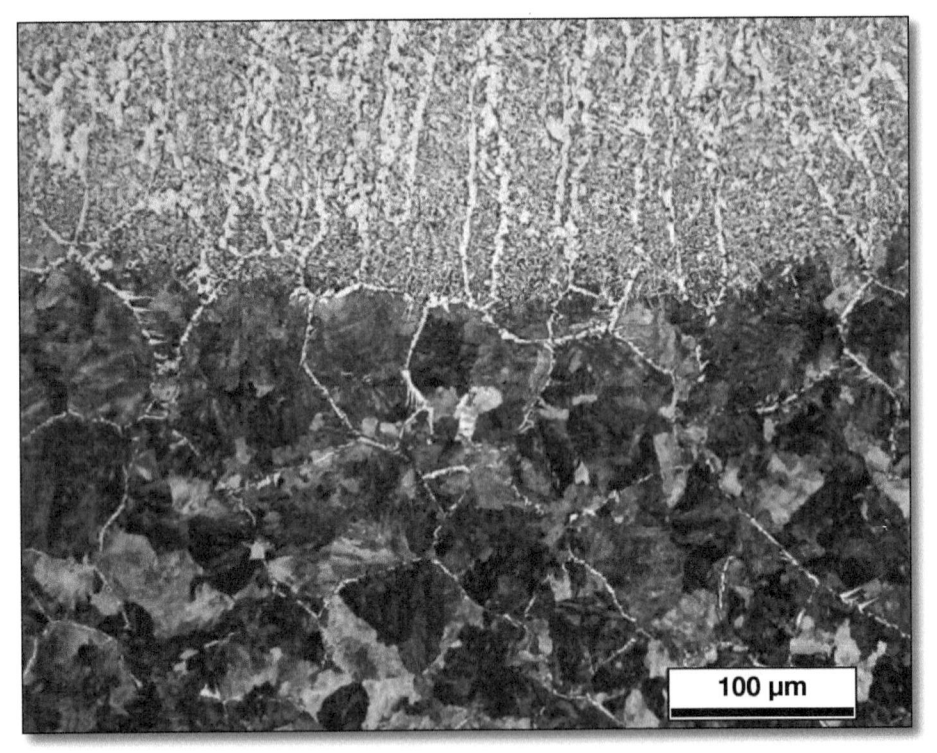

4.2. Aços Próximos à Composição Eutectóide

Rodas ferroviárias são fabricadas por forjamento (Figura 15.27) ou por fundição[6] (Figura 15.28) em processo patenteado que emprega molde de grafite. A maior parte das rodas é submetida a um tratamento térmico em que, após a austenitização, a pista de rolamento é submetida a resfriamento acelerado, por jatos de água. Isto resulta em formação de perlita fina nesta região e em um estado de tensões com compressão na direção tangencial da roda, na superfície, que é extremamente importante para evitar a propagação de trincas de fadiga no plano radial, que podem levar à falha catastrófica da roda.

---

(6) Ver, por exemplo: http://www.griffinwheel.com/technology.asp

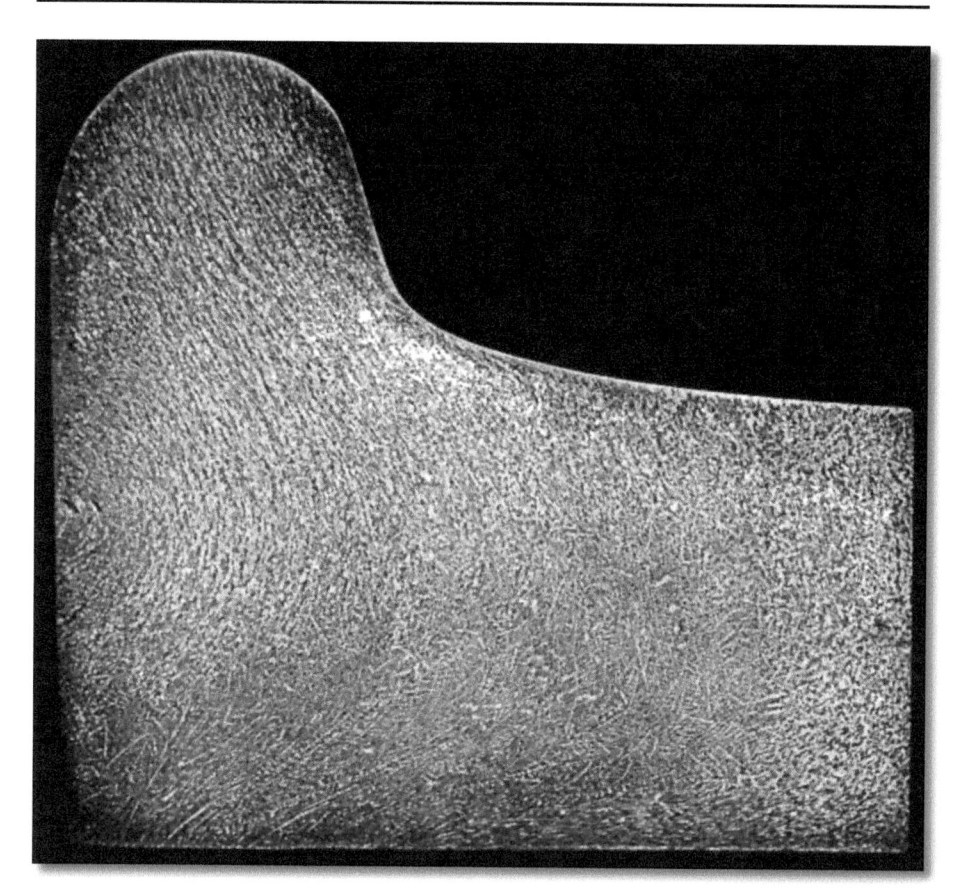

Figura 15.27
Macrografia de parte do plano radial de uma roda ferroviária obtida por deformação a quente (observa-se o fibramento característico da deformação). Ataque: Iodo.

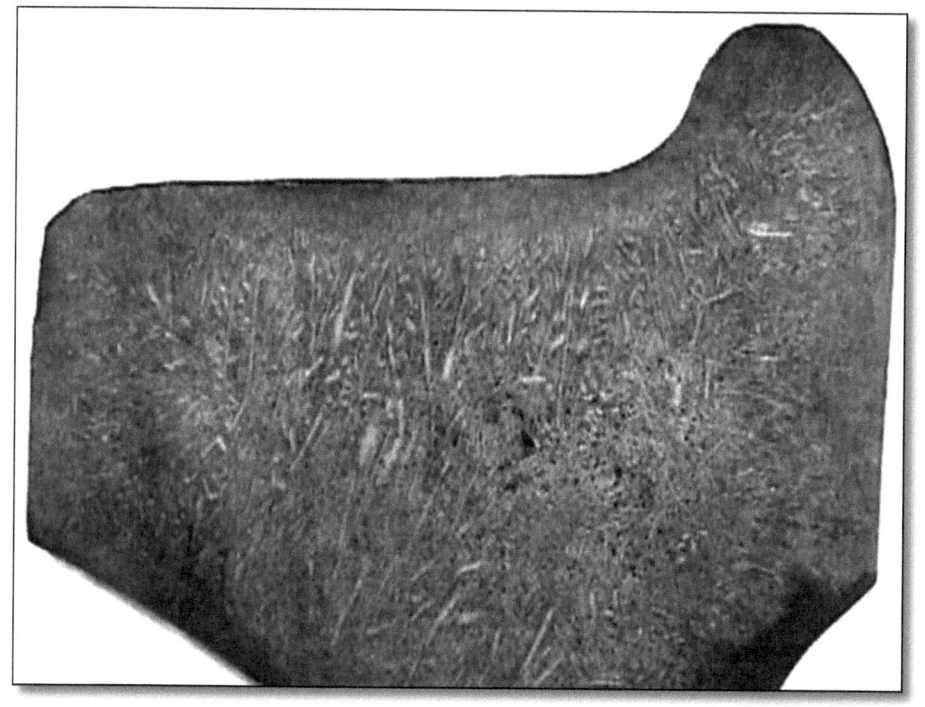

Figura 15.28
Macrografia do plano radial de roda ferroviária de aço fundido. Observa-se a estrutura dendrítica e a zona escurecida na pista de rolamento, no friso e na lateral, correspondendo à região submetida a resfriamento acelerado no tratamento térmico. Ataque: Ácido clorídico a quente. Cortesia MRS Logística S.A., RJ, Brasil.

As composições químicas e tratamentos térmicos destas rodas são ajustados para se obter perlita em espaçamento interlamelar muito fino, como mostram as Figuras 15.30 e 15.31.

Trilhos são cada vez mais solicitados mecanicamente, especialmente em curvas e aclives de ferrovias *heavy haul* como as grandes ferrovias brasileiras. Dentre os mecanismos de falha [7], os problemas de fadiga de contato têm se tornado especialmente importantes

Figura 15.29
Macrografia do plano radial de roda ferroviária. O ataque com Nital 4% revela a região submetida ao resfriamento acelerado (mais clara, com esta iluminação), que não atinge, neste caso, o friso da roda. Este ataque não é adequado para revelar a segregação dendrítica e, portanto, caracterizar o processo de fabricação da roda. Cortesia MRS Logística S.A., RJ, Brasil.

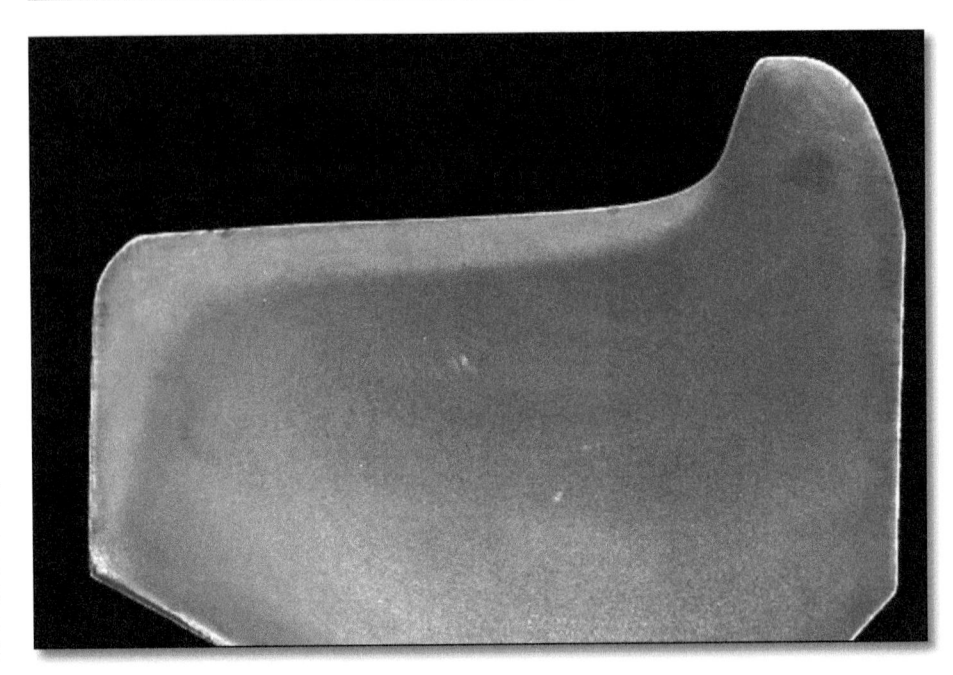

Figura 15.30
Roda ferroviária de aço com composição muito próxima ao eutectóide. Próxima à pista de rolamento, (a) perlita fina deformada; (b) perlita fina deformada e ferrita pró-eutectóide. (c) distante da pista de rolamento, ainda na região resfriada mais rapidamente. Perlita fina. Ataque: Nital. MEV, ES. Cortesia MRS Logística S.A., RJ, Brasil.

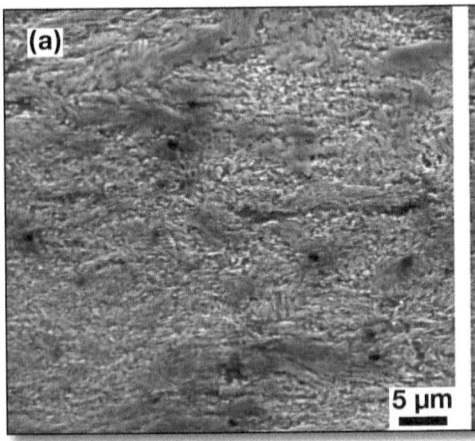 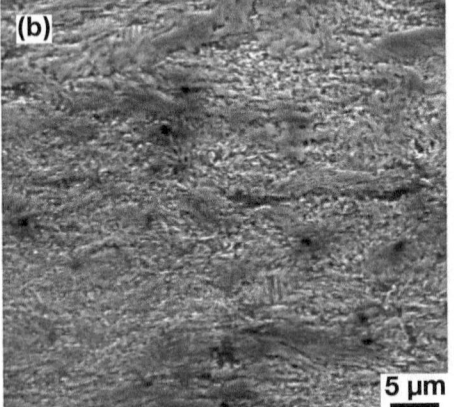 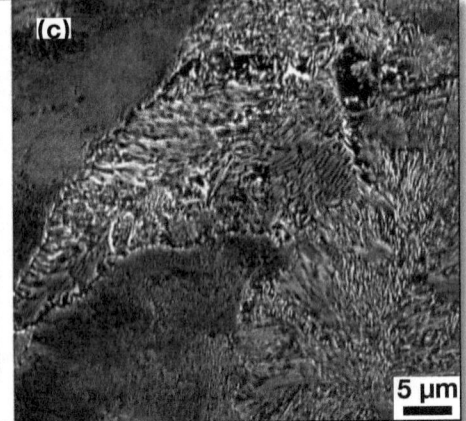

Figura 15.31
Seção radial de roda ferroviária, região imediatamente abaixo da pista de rolamento. Perlita fina. Ataque: Nital 2%. As trincas ocorrem por fadiga por contato. Cortesia MRS Logística S.A., RJ, Brasil.

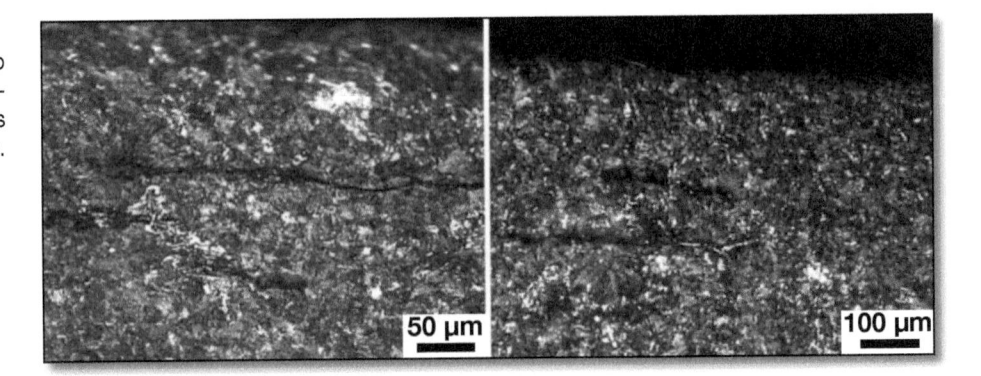

(Figura 15.32) e as microestruturas e a manutenção, otimizadas para estas aplicações.

A limpeza interna é muito importante, também, pois as fraturas podem se iniciar em inclusões não-metálicas abaixo da superfície dos trilhos [8]. Resultados muito favoráveis têm sido obtidos com microestruturas uniformes de perlita fina [9, 10] e aços com teor muito baixo de oxigênio, para reduzir as inclusões não-metálicas à base de óxidos. Trilhos com microestrutura bainítica têm sido testados, também.

Figura 15.32
Fratura por fadiga de trilho. Iniciação junto à pista. Cortesia MRS Logística S.A., RJ, Brasil.

A Figura 15.33 apresenta a macrografia de um trilho com dureza HB400. As Figuras 15.34 e 15.35 mostram a microestrutura, composta

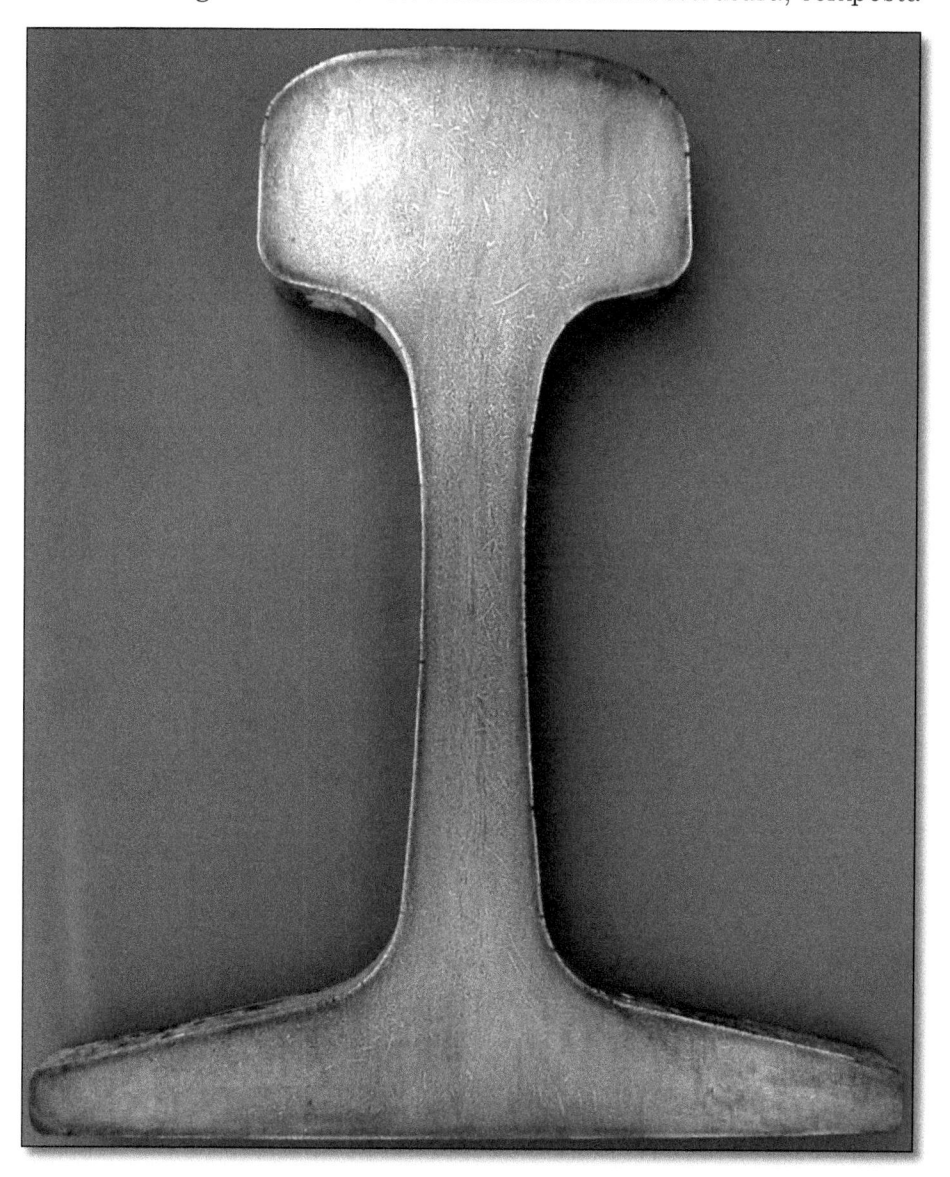

Figura 15.33
Seção transversal a trilho de aço hipereutectóide, com dureza aproximadamente HB 400. Embora laminado a quente, ainda são visíveis dendritas. A seção transversal, como discutido no Capítulo 12, apresenta menos evidência de deformação a quente do que a seção longitudinal. Cortesia I. C. Abud, INT, Brasil. Material, cortesia MRS Logística S.A., RJ, Brasil.

por colônias de perlita muito fina, sem a presença de constituintes pró-eutectóides.

Figura 15.34
Seção transversal próxima à pista do trilho da Figura 14. Perlita fina, ausência de constituintes pró-eutectóides. (a) Ataque: Nital + Picral (1:1) (com 0,5 grama de cloreto de benzalcônio) (b) Ataque: Marshall[7]. Cortesia I. C. Abud, INT, Brasil. Material, cortesia MRS Logística S.A., RJ, Brasil.

Figura 15.35
Seção transversal no centro da alma do trilho da Figura 15.32. Perlita fina, ausência de constituintes pró-eutectóides. Inclusões não-metálicas alinhadas pela maior deformação nesta região do trilho. Ataque: Marshall. Cortesia I, C, Abud, INT, Brasil. Material, cortesia MRS Logística S.A., RJ, Brasil.

(7) Parte I: 8 g de ácido oxálico + 5 mL de ácido sulfúrico + 100 mL de água destilada. Diluir a parte I em 100 mL de peróxido de hidrogênio a 30% no momento do uso.

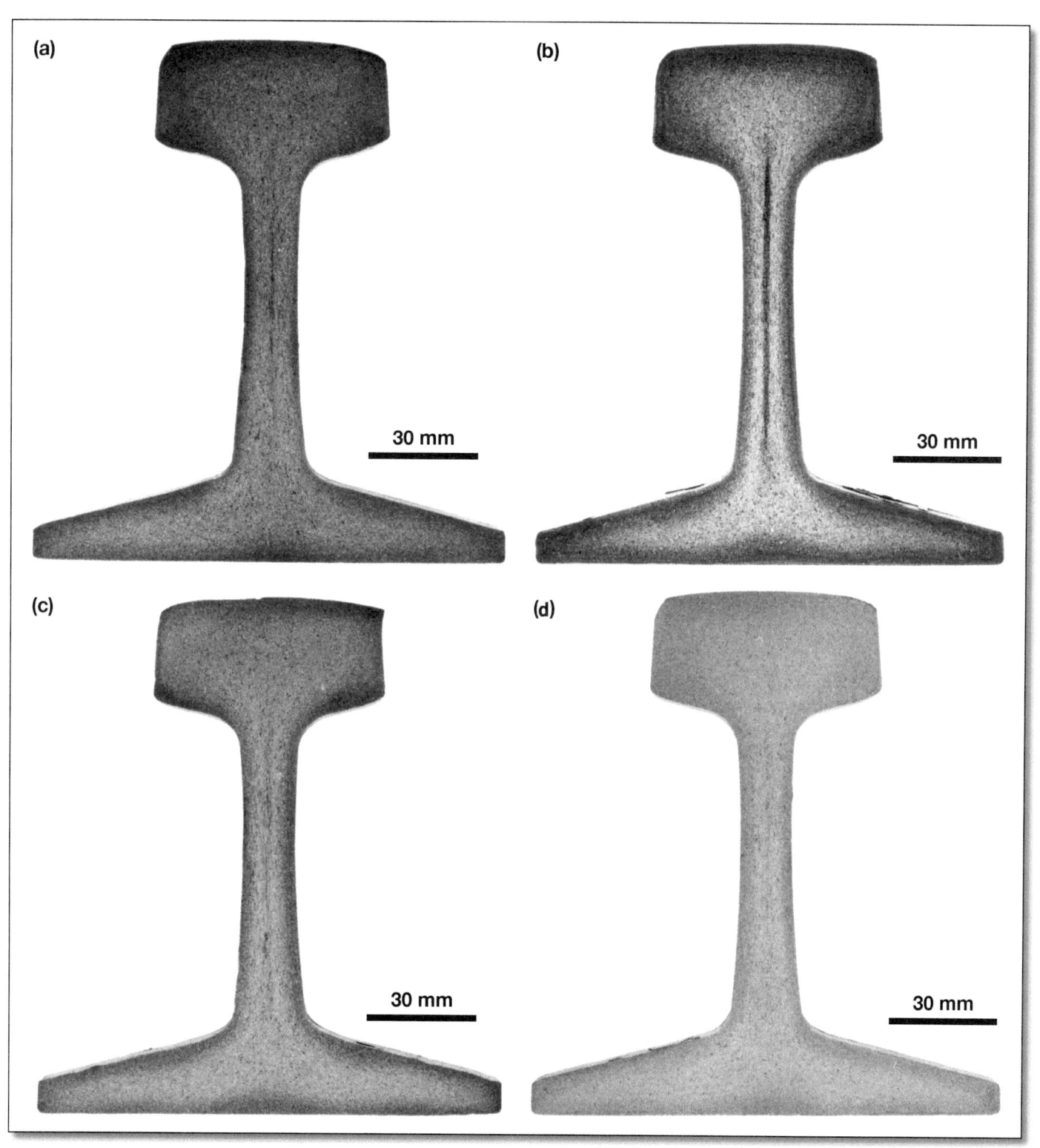

Figura 15.36
Seção transversal de trilhos com diferentes graus de segregação no centro da alma. Ataque: Ácido clorídrico, quente. Cortesia M. Oliveira e M. Talarico, CE-TEC, MG, Brasil.

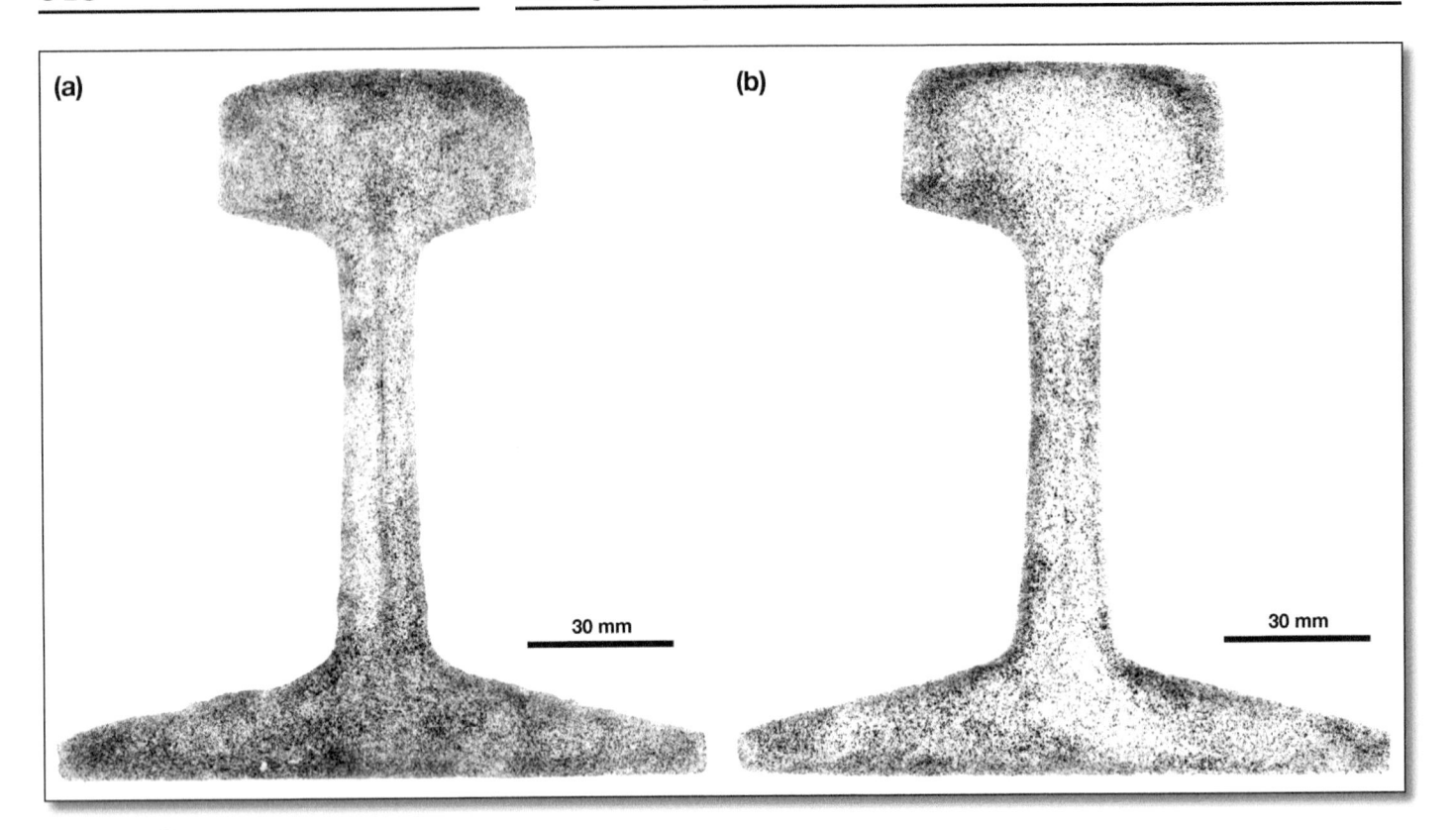

Figura 15.37
Seção transversal de trilhos. Impressão de Baumann. Os níveis de segregação e as composições químicas usuais dos trilhos modernos fornecem pouca informação na impressão de Baumann. A impressão (a) corresponde à macrografia da Figura 15.35 (b). A impressão (b) corresponde à macrografia da Figura 15.35 (c). Cortesia M. Oliveira e M. Talarico, CETEC, MG, Brasil.

A aplicação de agitação eletromagnética durante o lingotamento contínuo de *billets* destinados à laminação de trilhos pode ser bastante efetiva no controle da segregação e, portanto, na obtenção de uma estrutura homogênea no produto laminado. A Figura 15.38 mostra a seção transversal de blocos submetidos à laminação de desbaste a partir de *billets* produzidos sem e com agitação eletromagnética do veio (comparar com a Figura 8.54).

A Figura 15.39 apresenta seções transversais de trilhos laminados a partir de *billets* obtidos com as diferentes condições de agitação, no

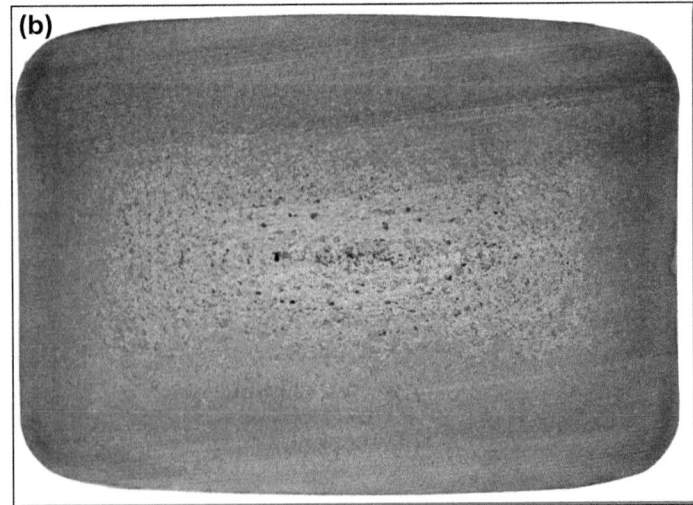

Figura 15.38
Seção transversal de blocos laminados a partir de *billets* de lingotamento contínuo. O bloco é uma etapa intermediária na laminação de trilhos. (a) Sem agitação eletromagnética. (b) Com agitação eletromagnética. Observa-se a dispersão da porosidade e da segregação e aumento da região de grãos equiaxiais (redução da região colunar) que resulta em maior homogeneidade do produto. Ataque: Ácido clorídrico.

lingotamento. O efeito da agitação eletromagnética sobre a segregação é evidente.

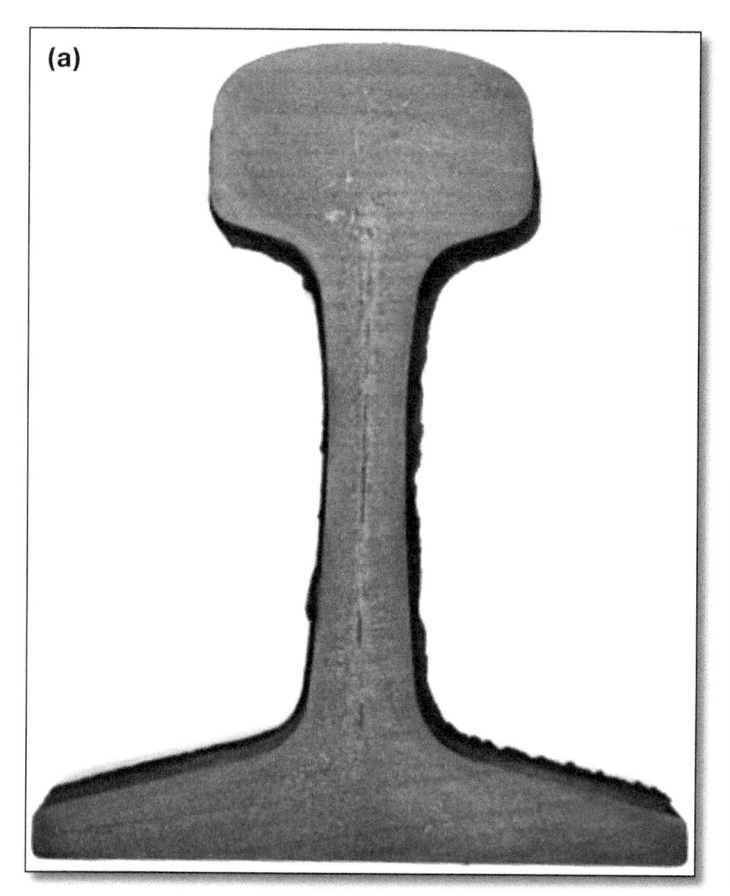

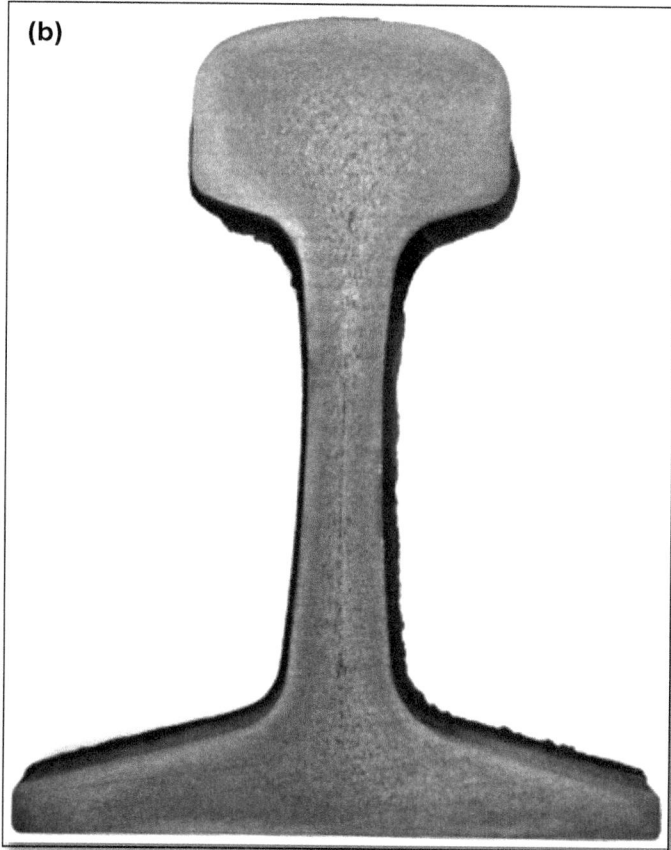

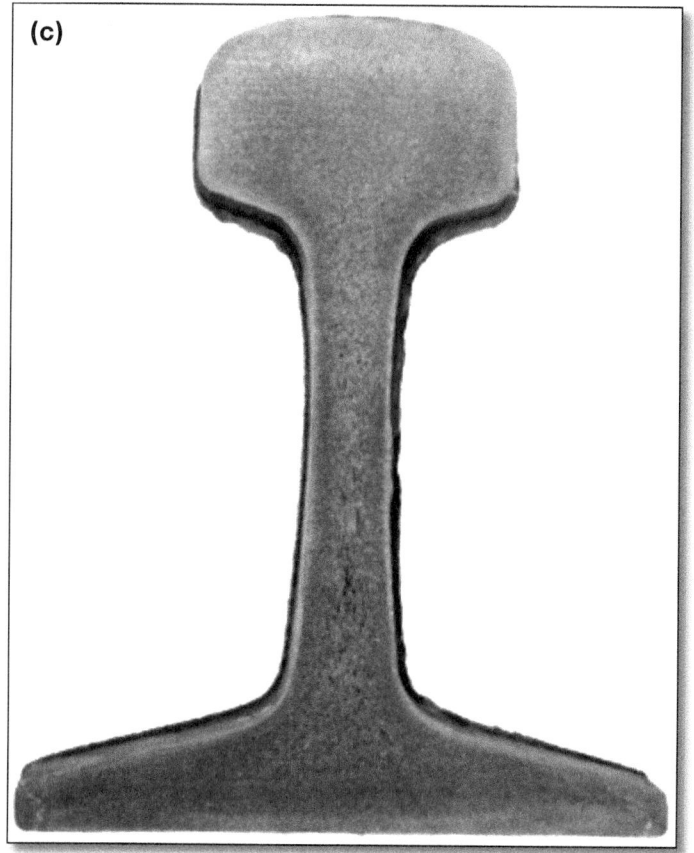

Figura 15.39
Seção transversal a trilhos laminados a partir de *billets* produzidos em diferentes condições. (a) *Billet* lingotado sem agitação. Segregação evidente, especialmente na alma do trilho. (b) *Billet* lingotado com agitação eletromagnética. Redução do nível de segregação. (c) *Billet* lingotado com agitação eletromagnética e condições de campo magnético que produzem rotação do metal líquido. Aumento da homogeneidade. Segregação central praticamente eliminada, na macrografia.

Referências Bibliográficas

1. SANDOR, L. T. *Influência do teor de carbono na propagação de trinca por fadiga e na tenacidade à fratura em camada cementada em aços de alta resistência mecânica.* Tese de Doutorado. 2008, Campinas: UNICAMP. SP.

2. LUZGINOVA, N.; ZHAOA, L.; SIETSMA, J. *Evolution and thermal stability of retained austenite in SAE 52100 bainitic steel.* Materials Science and Engineering A, 2007, v. 448, p. 104-110.

3. SPEER, J. G.; ASSUNÇÃO, F. C. R.; MATLOCK, D. K.; EDMONDS, D. V. *The quenching and partitioning process: background and recent progress.* Materials Research, 2005, v. 8 (4), p. 417-423.

4. SPEER, J. G.; EDMONDS, D. V.; RIZZO, F. C.; MATLOCK, D. K. *Partitioning of carbon from supersaturated plates of ferrite, with application to steel processing and fundamentals of the bainite transformation.* Current Opinion in Solid State & Materials Science, 2004, v. 8 (219-237).

5. NACE. *NACE MR0175/ISO 15156, Petroleum and natural gas industries – Materials for use in H2S – containing environments in oil and gas production,* 2003.

6. PANOSSIAN, Z. *Fosfatização de metais ferrosos.* 2003, São Paulo: IPT- não publicado.

7. ZERBST, U.; MÄDLER, K.; HINTZE, H. *Fracture mechanics in railway applications.* Engineering Fracture Mechanics, 2005, v. 72, p. 163-194.

8. SHUR, E. A.; BYCHKOVA, N. Y.; TRUSHEVSKY, S. M. *Physical metallurgy aspects of rolling contact fatigue of rail steels.* Wear, 2005, v. 258, p. 1165-1171.

9. GARNHAM, J. E.; BEYNON, J. H.; SAWLEY, K. J. *Rolling contact fatigue of three pearlitic rail steels.* Wear, 1996, v. 192 (1-2), p. 94-111.

10. YOKOYAMA, H.; MITAO, S.; TAKEMASA, M. *Development of high strength pearlitic steel rail (SP Rail) with excellent wear and damage resistance.* NKK Technical Review, 2002, v. 86, p. 1-7.

16

AÇOS
INOXIDÁVEIS

1. Introdução

Adições de cromo aumentam a resistência à oxidação e à corrosão do aço. Aços com teores de cromo superiores a 12% têm grande resistência à oxidação e são comumente designados como aços inoxidáveis. Estes aços são importantes na engenharia, em função de sua resistência à oxidação e à corrosão, propriedades mecânicas a temperaturas elevadas e tenacidade (dos aços inoxidáveis austeníticos).

As composições mais comuns de aços inoxidáveis (por exemplo, 12% Cr, 18% Cr + 8% Ni etc.) foram desenvolvidas, acidentalmente, no começo do século XX. Novas composições vêm sendo desenvolvidas desde então, de forma sistemática e científica. Como a microestrutura destes aços tem efeito dominante sobre as propriedades, eles são classificados com base na microestrutura a temperatura ambiente. Os efeitos dos diversos elementos de liga sobre a microestrutura dos aços inoxidáveis podem ser apreciados a partir dos diagramas de equilíbrio de fases, embora grande parte dos aços inoxidáveis seja empregada em condições microestruturais fora do equilíbrio termodinâmico.

Os aços inoxidáveis são normalmente agrupados em cinco categorias (ver [1] para uma discussão mais detalhada):

1. *Martensíticos.* São ligas de ferro e cromo (11-18%) com teor de carbono, em geral, acima de cerca de 0,1%. O aço AISI 410 é o mais comum. Mais recentemente, entretanto, estão sendo desenvolvidos e usados aços denominados "supermartensíticos", os quais possuem teor de carbono abaixo de 0,1% e extrabaixos teores de elementos residuais. Estas composições interceptam o campo austenítico no diagrama de fases, sendo, portanto, endurecíveis por tratamento térmico de têmpera. São magnéticos. Incluem-se nesta família os aços: AISI 403, 410, 414, 416, 420, 431, 440A, B e C, 501.

2. *Ferríticos.* São ligas de ferro e cromo essencialmente ferríticas a todas as temperaturas, e que não endurecem por tratamento térmico de têmpera. Normalmente, têm teores de cromo mais elevados do que os aços martensíticos e têm, naturalmente, menores teores de carbono. Os principais graus são: AISI 405, 430, 430F, 446, 502.

3. *Austeníticos.* São ligas à base de ferro, cromo (16-30%) e níquel (8-35%) predominantemente austeníticas após tratamento térmico comercial. São, em geral, não-magnéticas. Incluem-se nesta família: AISI 301, 302, 304, 304L, 308, 310, 316, 316L, 317, 321, 347. O teor de carbono é, em geral, inferior a 0,08%.

4. *Ferrítico-austeníticos (dúplex).* Microestruturas contendo austenita e ferrita em frações aproximadamente iguais são obtidas com composições balanceadas de ferro, cromo (18-27%), níquel (4-7%), molibdênio (1-4%) e outros elementos, especialmente nitrogênio e apresentam propriedades muito interessantes para diversas aplicações. Incluem-se nesta família: AISI 329, UNS S32304 e S31803. Os aços fundidos ASTM A890: graus 1A, 1B, 1C, 2A, 3A, 4A, 5A e 6A, além daqueles pertencentes à norma DIN, tais como 1.4468, 1.4517, 1.4471 também são importantes nesta família.

5. *Endurecidos por precipitação.* Ligas ferro, cromo (12-17%), níquel (4-8%), molibdênio (0-2%) contendo adições que permitam o endurecimento da martensita de baixo carbono pela precipitação de compostos intermetálicos (alumínio, cobre, titânio e/ou nióbio).

2. Relações entre Composição Química e Estrutura

A microestrutura tem efeito dominante sobre o desempenho dos aços inoxidáveis e depende, diretamente, da composição química e do tratamento térmico realizado. Em vista da complexidade dos sistemas envolvidos (em geral, no mínimo, os efeitos dos elementos cromo, carbono e níquel precisam ser considerados), representações simplificadas das relações de fases em função da composição química são empregadas. Uma das representações é a do diagrama de Schaeffler e Delong [2, 3]. Todos os elementos estabilizadores da estrutura CCC são computados em um valor de "cromo equivalente ($Cr_{equivalente}$)" e os estabilizadores de CFC em um valor de "níquel equivalente ($Ni_{equivalente}$)":

$$Cr_{equivalente} = \% \ Cr + 1{,}5 \times \% \ Si + \% \ Mo$$
$$Ni_{equivalente} = \% \ Ni + 30 \times (\% \ C + \% \ N) + 0{,}5 \times$$
$$\times \ (\% \ Mn + \% \ Cu + \% \ Co)$$

Embora o diagrama tenha sido originalmente desenvolvido para prever o teor de ferrita (CCC) em metal depositado por solda, ele fornece uma visão útil das fases presentes em metais laminados ou forjados. A estimativa do teor de ferrita na faixa abaixo de 10% tende a ser incorreta em laminados e forjados, pois esses produtos se aproximam mais das condições de equilíbrio do que soldas e fundidos.

Para aços fundidos, outras relações e gráficos podem ser mais adequados para o cálculo do cromo equivalente e do níquel equivalente e para a previsão da fração de ferrita na microestrutura. [4]

A Figura 16.1 apresenta o diagrama de Schaffler com as faixas de composição aproximadas de cada família de aços inoxidáveis indicadas.

3. Aços Inoxidáveis Martensíticos

Os aços inoxidáveis martensíticos podem ser considerados equivalentes aos aços para têmpera e revenimento (carbono ou ligados), com a diferença principal no alto teor de cromo. O elevado teor de cromo destes aços produz elevadíssima temperabilidade, abaixamento da temperatura M_I e aumento da resistência ao amolecimento no revenimento.

Os aços martensíticos são austenitizados a temperaturas relativamente elevadas (925-1070 °C), de modo a dissolver completamente os carbonetos para obter austenita uniforme. O controle do tamanho de grão austenítico é importante para garantir a tenacidade.

O aço inoxidável martensítico "básico" é o AISI 410. Elementos de liga podem ser adicionados a esta composição básica para alterar as propriedades. As Figuras 16.2 a 16.5 apresentam microestruturas deste aço.

Figura 16.1
Diagrama de Schaeffler. Regiões de composição química das diferentes famílias indicadas.

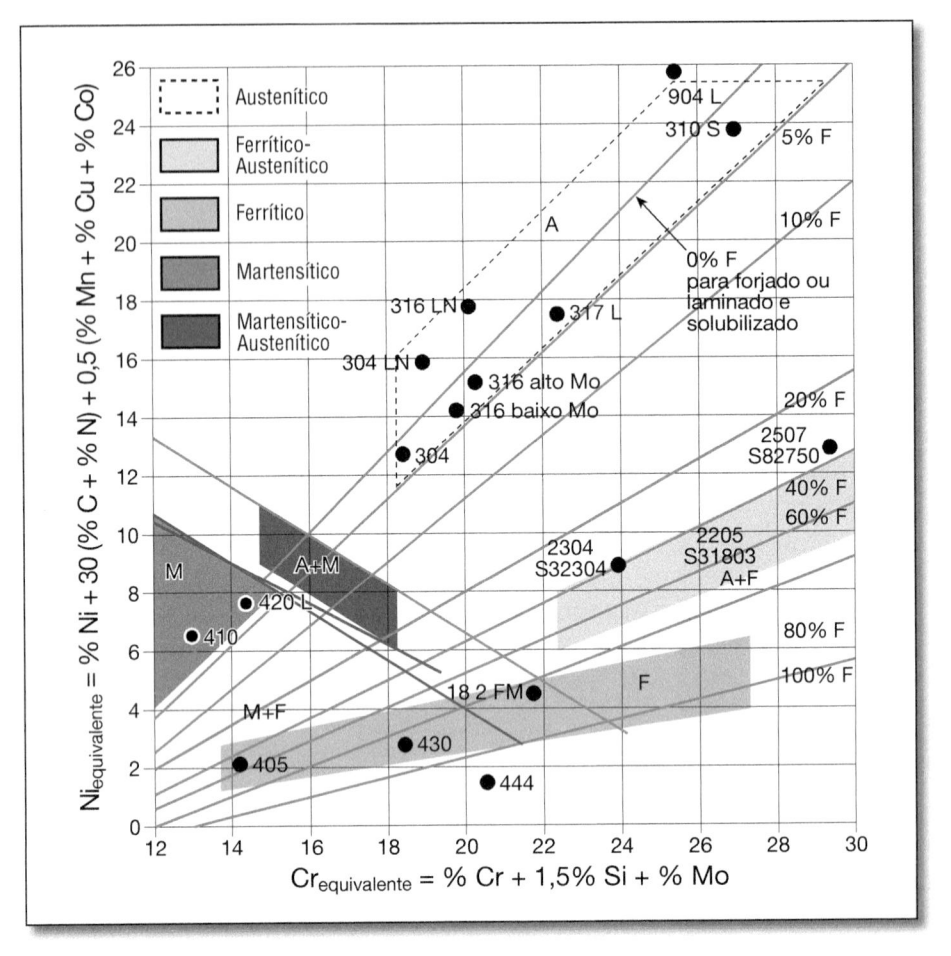

Aços martensíticos de mais baixo carbono, como F6NM (Figuras 16.6 e 16.7), composição para forjados derivada da especificação ASTM para fundidos CA6NM, têm encontrado ampla aplicação em alguns segmentos da indústria do petróleo em vista da boa soldabilidade [5] e boa combinação de propriedades mecânicas e de resistência à corrosão [6, 7].

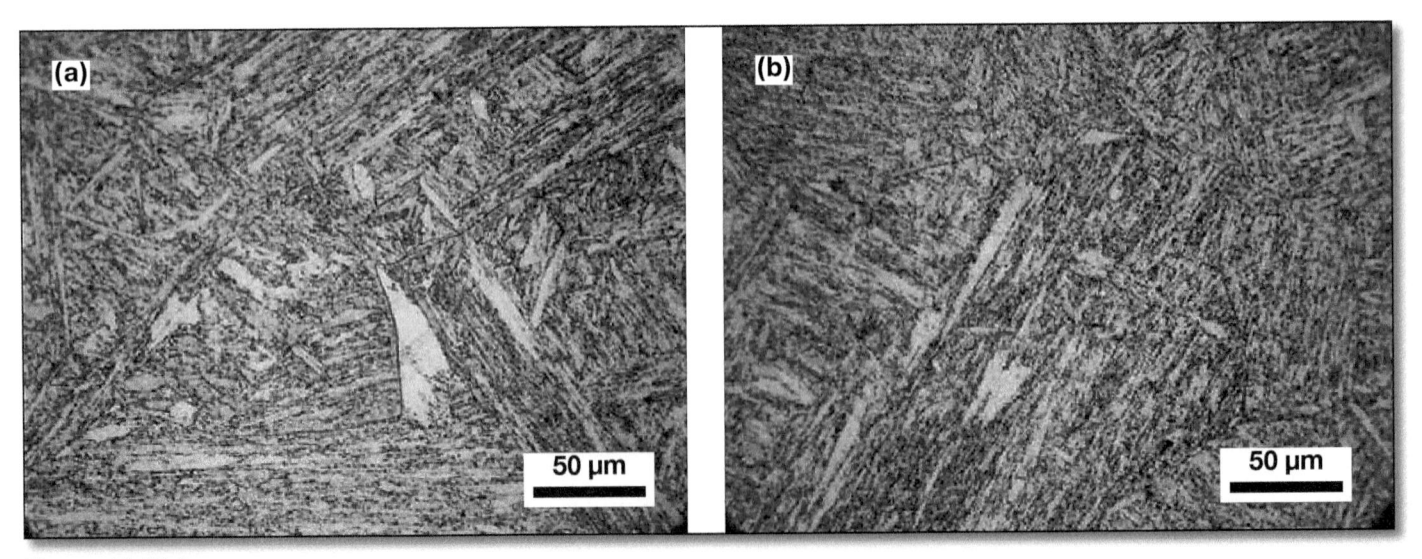

Figura 16.2(a)
Aço inoxidável martensítico AISI 410 temperado e revenido. (a) e (b) Martensita revenida. Ataque: Kalling. Cortesia A. Zeemann, Tecmetal, Rio de Janeiro, Brasil.

Figura 16.2(c)
Aço inoxidável martensítico AISI 410 temperado e revenido. (c) Martensita revenida com contornos de grãos decorados por precipitados finos. Esta precipitação é claramente identificada por análise em MEV. Ataque: Kalling. Cortesia A. Zeemann, Tecmetal, Rio de Janeiro, Brasil.

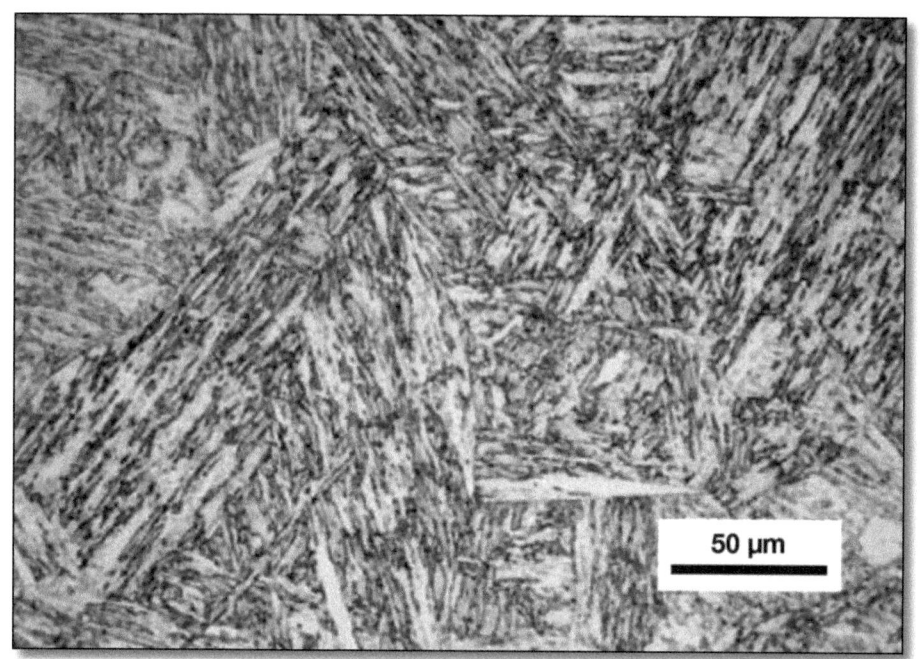

Figura 16.3
Aço inoxidável martensítico AISI 410 temperado e revenido (revenido duplo a 730 °C e 690 °C) Martensita revenida. Dureza aproximada 220 HB. Ataque: Kalling. Cortesia A. Zeemann, Tecmetal, Rio de Janeiro, Brasil.

Figura 16.4
Aço inoxidável martensítico AISI 410 temperado e revenido (revenido excessivo) Martensita revenida. Dureza aproximada 185 HB. Ataque: Kalling. Cortesia A. Zeemann, Tecmetal, Rio de Janeiro, Brasil.

Figura 16.5
Trinca através dos contornos de grão austeníticos anteriores em AISI 410 submetido a ensaio de corrosão segundo norma NACE TM 0177. Cortesia A. Zeemann, Tecmetal, Rio de Janeiro, Brasil.

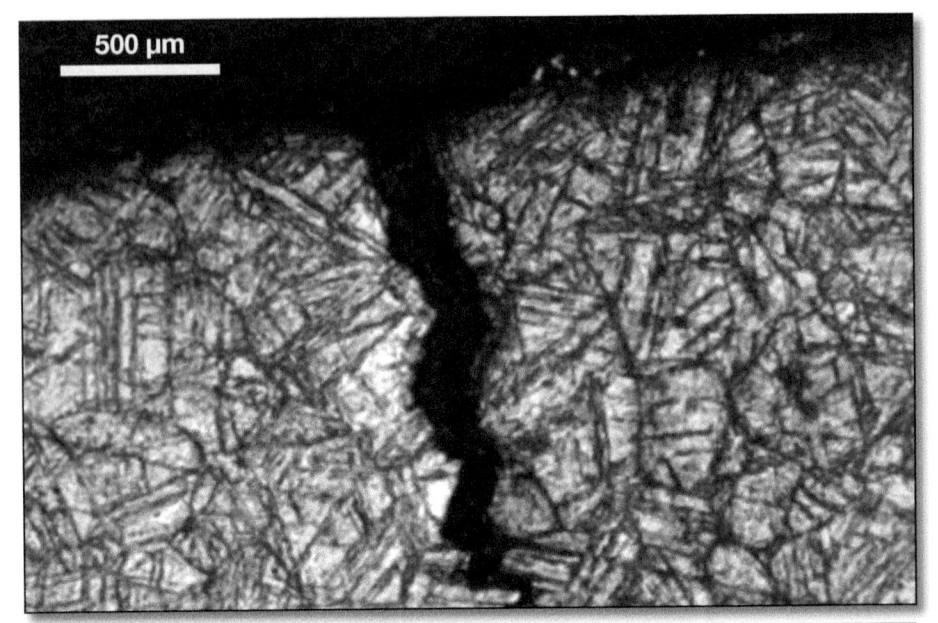

Figura 16.6
Aço inoxidável F6NM com C = 0,025%, Cr = 12,6%, Ni = 3,9% e Mo = 0,5%, temperado e revenido. Martensita revenida. Ataque: Kalling. Cortesia A. Zeemann, Tecmetal, Rio de Janeiro, Brasil.

Figura 16.7
Aço inoxidável F6NM, temperado e revenido. Ilhas de ferrita delta em matriz de martensita revenida. Ataque: Kalling. Cortesia A Zeemann, Tecmetal, Rio de Janeiro, Brasil.

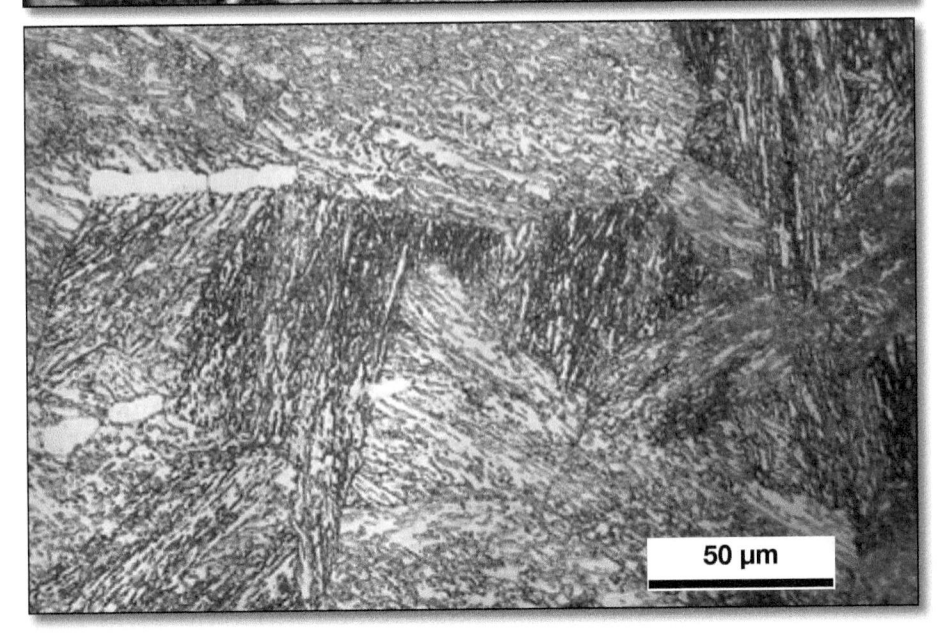

4. Aços Inoxidáveis Ferríticos

Classicamente são definidos como ferríticos os aços inoxidáveis, cuja composição situa-se à direita do campo austenítico no diagrama ferro-cromo; mais exatamente esta análise deve ser feita sobre o diagrama ternário Fe-Cr-C, devido ao forte efeito estabilizador da austenita pelo carbono. Sua estrutura consiste, essencialmente, de ferrita em todas as temperaturas, até a temperatura *liquidus*. (ver Figura 16.8)[1].

Surpreendentemente, entretanto, a maioria dos aços chamados de "ferríticos" não atende a esta definição. Por exemplo, o AISI 430 (0,1% C máx, 17% Cr, o mais popular dos inoxidáveis ferríticos) pode apresentar de 30-50% de austenita, se aquecido acima de 800 °C. Durante o resfriamento, a austenita pode se transformar em martensita, de forma que a estrutura bruta de forjado deste aço consistirá de uma mistura de martensita e ferrita. Mesmo os aços ferríticos de alto cromo (como AISI 446, 27% Cr) podem apresentar alguma austenita à alta temperatura. As Figuras 16.9 e 16.10 apresentam exemplos de microestruturas de aços inoxidáveis ferríticos.

5. Aços Inoxidáveis Austeníticos

Os aços inoxidáveis austeníticos são os mais comuns entre os aços inoxidáveis e são caracterizados por resistência à corrosão muito boa, elevada tenacidade e boa soldabilidade. A estrutura austenítica (CFC) é estabilizada a temperatura ambiente pela adição de níquel e outros estabilizadores desta estrutura, como manganês, por exemplo.

A estrutura austenítica os torna especialmente interessantes tanto para aplicações criogênicas (por não sofrerem transição dúctil-frágil) como para aplicações a temperatura elevada, em função da resistência ao amolecimento e resistência à deformação a quente.

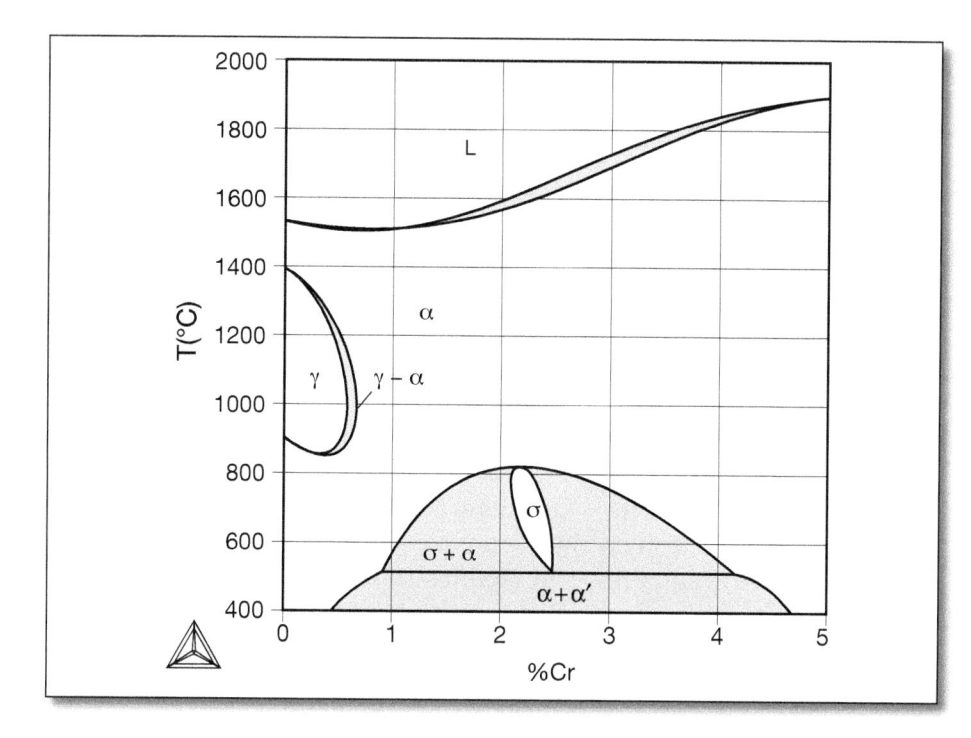

Figura 16.8
Diagrama de equilíbrio de fases Fe-Cr. No diagrama Fe-C, os dois campos onde ocorre a fase CCC (ferrita) são nomeados α (alfa) e δ (delta), por força de uma regra de construção dos diagramas que exige que campos monofásicos isolados sejam identificados por letras gregas diferentes. Quando se observa o diagrama Fe-Cr o fato de que não existe nenhuma diferença estrutural entre "as duas" ferritas (α e δ) é evidente. Além disto, o campo da fase CCC só pode receber um nome único. Ainda assim, é convencional tratar a ferrita que ocorre nos aços inoxidáveis (especialmente nos aços austeníticos e dúplex) como "ferrita delta".

(1) A formação das fases α' e σ (sigma) é lenta e o processamento dos aços inoxidáveis é sempre feito de modo a evitar que tais fases se formem, como será visto adiante.

Figura 16.9
Aço 409A laminado a frio com 85% de redução e recozido a 850 °C. Ferrita equiaxial. Ataque: Vilella. Cortesia C. S. Viana, EEIMVR-UFF. Volta Redonda, RJ, Brasil [8].

400 µm

Figura 16.10
Aço 430A laminado a quente. Ferrita alongada. Presença de precipitados pequenos. Possivelmente carbonetos. Ataque: Vilella. Cortesia C. S. Viana, EEIMVR-UFF. Volta Redonda, RJ, Brasil [8].

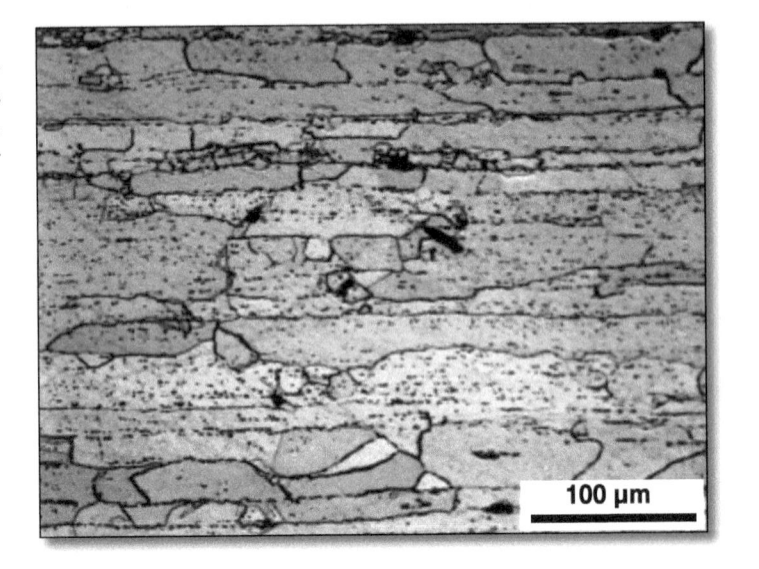

100 µm

Nestes aços, a austenita não sofre decomposição significativa no resfriamento após a conformação a quente. Assim, a estrutura austenítica obtida no trabalho a quente é praticamente definitiva. O tratamento térmico usual nos materiais forjados e laminados é tratamento de solubilização, para dissolver carbonetos nocivos à resistência à corrosão (ver item 8). O tamanho e a forma dos grãos austeníticos não são afetados por este tratamento, a menos que o material tenha sido submetido a trabalho a frio. Assim, no caso de forjados e outros materiais com espessuras mais significativas, as principais características da microestrutura final não são facilmente alteradas por tratamentos térmicos. A presença de maclas é comum nos grãos austeníticos no estado solubilizado. As Figuras 16.11 a 16.15 apresentam exemplos de microestruturas de aços inoxidáveis austeníticos.

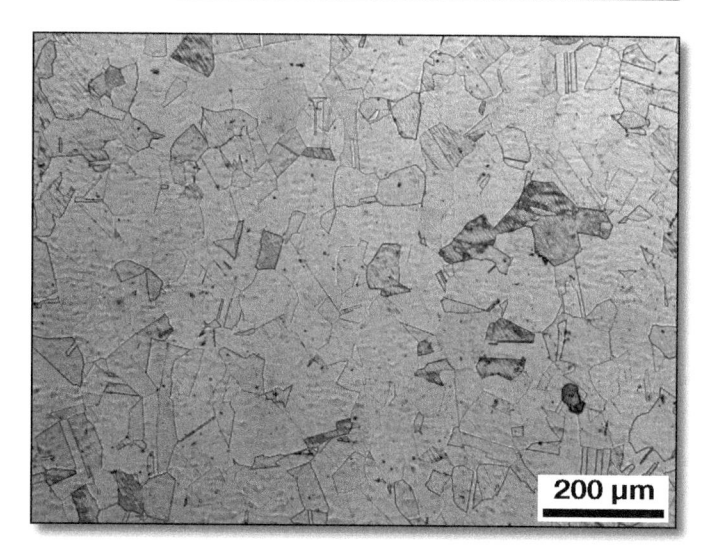

Figura 16.11
Aço inoxidável austenítico AISI 304 solubilizado a 1050 °C, resfriado em água. Austenita. Ataque: ácido oxálico. Cortesia Villares Metals S.A., Sumaré, SP, Brasil.

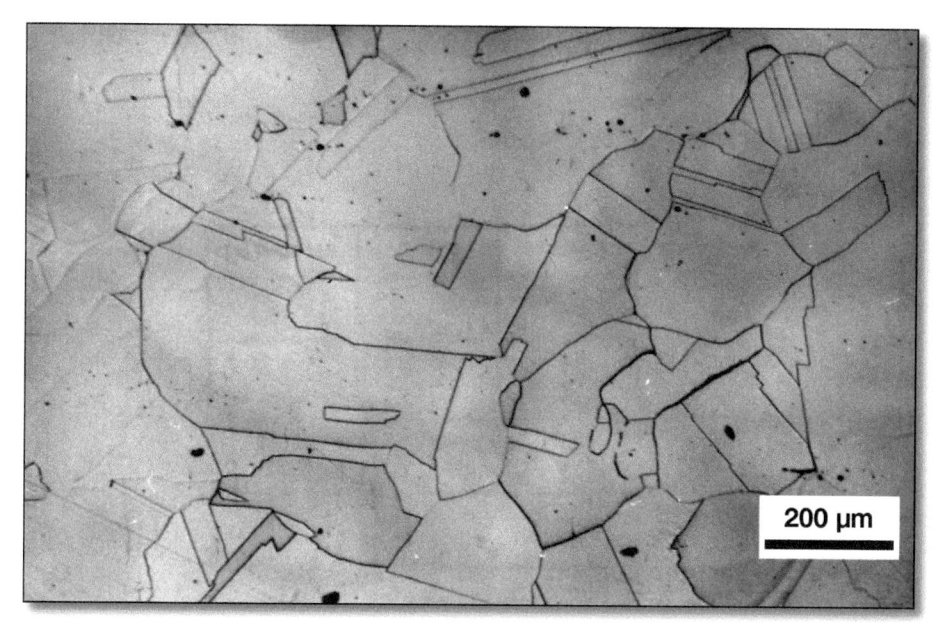

Figura 16.12
Aço austenítico W.Nr. 1.4439 forjado e solubilizado. Austenita, tamanho de grão austenítico ASTM 2-4.

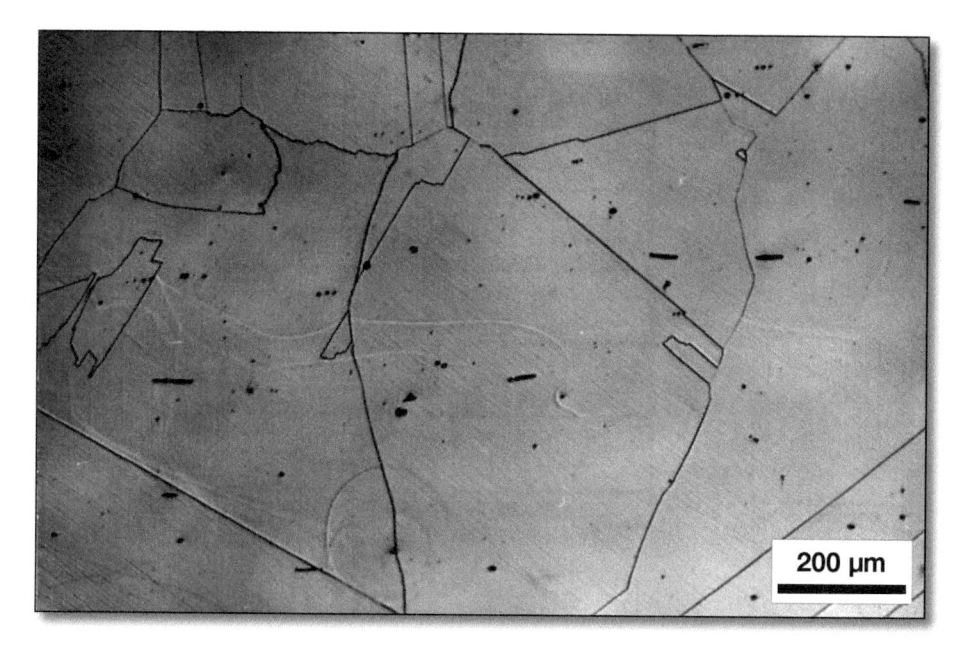

Figura 16.13
Aço austenítico W.Nr. 1.4439 forjado e solubilizado. Austenita, tamanho de grão austenítico ASTM 0-1. Os maiores tamanhos de grão, em aços austeníticos, podem conduzir a limite de escoamento abaixo do especificado e a dificuldades no exame por ultra-som (podendo até tornar impossível o exame).

Figura 16.14
Aço austenítico AISI 304 forjado e solu-
bilizado. Austenita, com grãos grandes.
Ataque: Ácido oxálico. Cortesia Villares
Metals S.A., Sumaré, SP, Brasil.

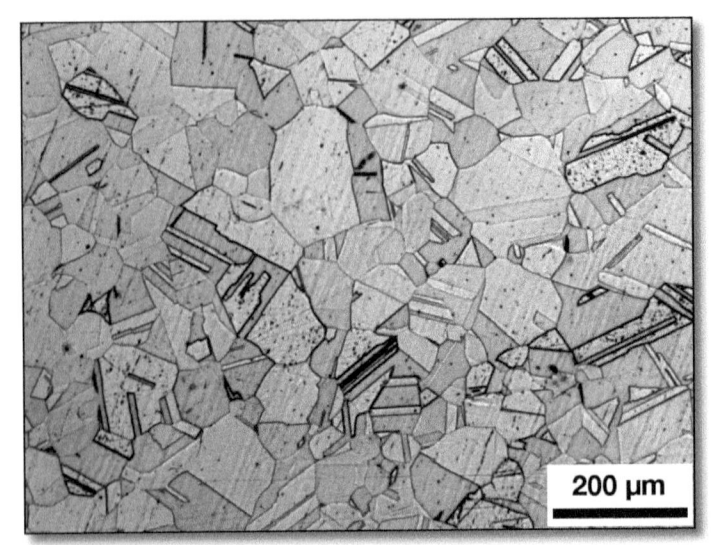

Figura 16.15
Aço inoxidável 310 solubilizado a 1050 °C.
Microestrutura austenítica com hetero-
geneidade de tamanho de grão. Ataque:
Glicerégia. Cortesia Villares Metals S.A.,
Sumaré, SP, Brasil.

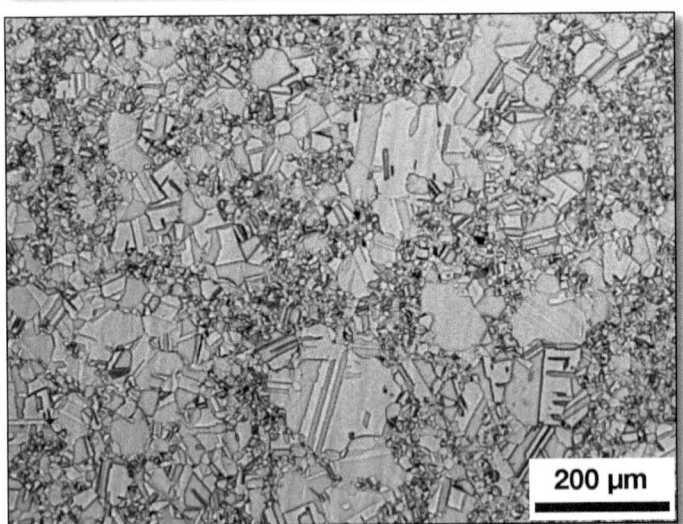

(2) Neste caso, a peça será fracamente
magnética, ao invés de não magnética,
como uma estrutura completamente austenítica seria. Uma leve atração de um
ímã à peça não é causa para rejeição do
material austenítico, exceto se: (a) a especificação exigir ausência de ferrita, (b)
o aço for do tipo "NM" (não magnético),
em sua especificação. Além disto, alguns
aços austeníticos sofrem transformação
martensítica induzida por deformação.
Partes de aços inoxidáveis austeníticos,
quando conformadas a frio podem apresentar magnetismo ("atração pelo ímã")
por este motivo.

A seqüência de solidificação dos aços austeníticos (e dos aços dúplex austeníticos-ferríticos) é especialmente importante na fabricação
e na soldagem destes aços. Delimitando-se, no diagrama de Schaeffler
(Figura 16.1) as faixas de composição especificadas para os diversos
aços austeníticos, observa-se que é possível ter-se composições dentro
da região em que alguma ferrita estará presente. Isto implica em que
alguns produtos de aço austenítico podem ter, em sua microestrutura,
alguma fração de ferrita "delta" sem que isto indique, necessariamente,
um desvio de composição química[2]. Além disto, como a solidificação
dos aços raramente permite que ocorra redistribuição perfeita dos solutos substitucionais (presentes em grandes quantidades nestes aços),
a segregação de solidificação (Capítulo 8) pode causar o aparecimento
de ferrita. Por fim, algumas composições podem solidificar formando
ferrita em equilíbrio e, posteriormente, a temperatura de solubilização,
dissolverem completamente esta ferrita.

A Figura 16.16 apresenta um resumo dos possíveis modos de solidificação de aços inoxidáveis austeníticos. O modo FA é o preferido, por
envolver a formação de ferrita a partir do líquido e evitar a ocorrência de
trinca a quente (por exemplo [9, 10]) (exemplo na Figura 16.17).

Avaliando-se as transformações que acontecem no modo FA e no
modo F, é evidente que nem sempre é fácil perceber a seqüência de

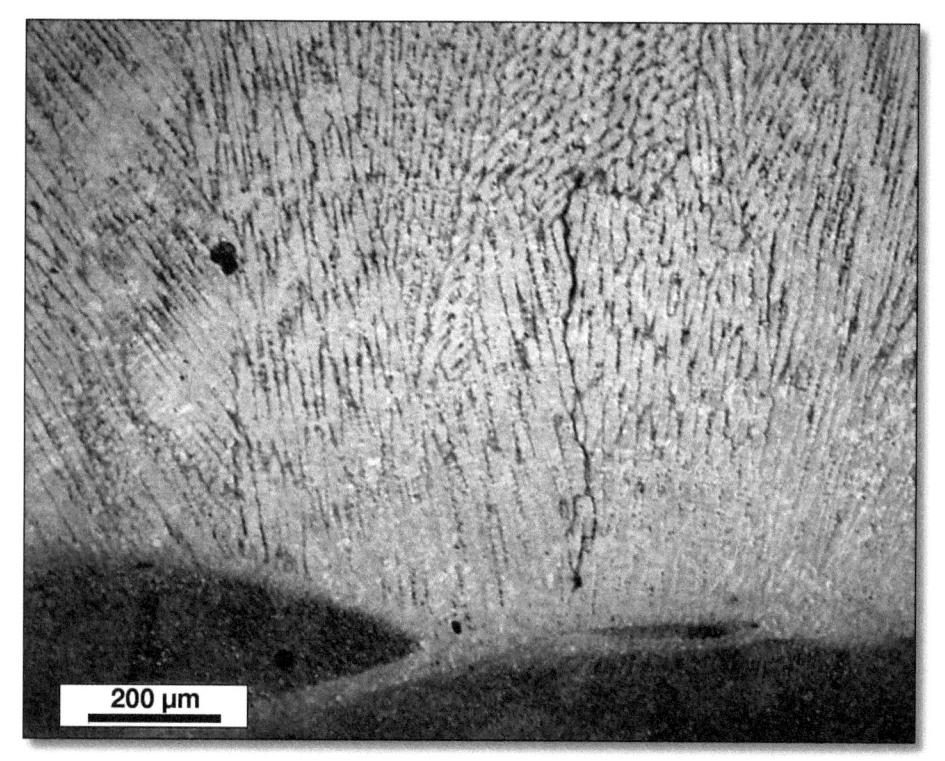

Modo de solidificação	A	AF	FA		F
Sequências de solidificação					
Fase primária	Austenita		Ferrita delta		
Microestrutura	Austenita	Dúplex: austenita + ferrita			
Características da microestrutura		A + F (Ac)	A + F (Ac ou R)	A + F (R ou VmD)	A + F (R ou VmID)

Líquido

Ferrita

Austenita

Figura 16.16
Sequências de solidificação típicas de aços inoxidáveis austeníticos. Além da fase primária que se forma do líquido estão indicados, também, aspectos morfológicos importantes do produto bruto de fusão: A = austenita, F = ferrita, Ac = acicular, R = em rede, Vm = vermicular ou em "esqueleto", D = dendrítica, ID = interdendrítica. Adaptado de [11] e [12].

200 µm

Figura 16.17
Exemplo de trinca a quente na zona termicamente afetada de uma solda entre metais dissimilares (aço para construção mecânica e aço inoxidável). A trinca se propaga pela última região a solidificar. A morfologia da trinca é similar à observada na solidificação de aços austeníticos com composição química mal selecionada. (No caso apresentado, a composição do metal depositado foi excessivamente alterada pela diluição do aço de construção mecânica na parte inferior da fotografia, levando a condições propícias ao aparecimento de trincas.) Excelentes visualizações da formação de trincas a quente em materiais durante a solidificação estão disponíveis em: http://www.tms.org/pubs/journals/JOM/0201/Grasso/Grasso-0201.html

solidificação ao se observar a estrutura de produtos brutos de fusão de aços austeníticos. Diagramas experimentais como o apresentado na Figura 16.18 ou cálculos termodinâmicos podem ser úteis na compreensão destes fenômenos.

Modelos matemáticos para a previsão do teor de ferrita em soldas de aços inoxidáveis foram desenvolvidos pelo Oak Ridge National Laboratory [14] e estão disponíveis em: http://engm01.ms.ornl.gov/FerriteNumber.html

A Figura 16.19 mostra os dois tipos de morfologia da ferrita que são observados na solidificação FA. Há bastante discussão sobre o efeito das duas morfologias sobre as propriedades mecânicas e na resistência à corrosão de metal depositado por solda com estas microestruturas [9]. A Figura 16.20 mostra a presença de ferrita vermicular em um lingote de AISI 316L (ver macrografia, Figura 8.51) e a Figura 16.21, em aço AISI 304. É evidente que uma análise simplista poderia sugerir, incorretamente. que o material solidificou como austenita, tendo a ferrita se formado no espaço interdendrítico. Experimentos cuidadosos, como os realizados por Inoue e colaboradores [9, 16], por exemplo, esclareceram, entretanto, que os modos de solidificação observados são, efetivamente, os descritos na Figura 16.16. A Figura 16.22 mostra como dendritas primárias de ferrita são transformadas em austenita à medida que o aço esfria. Uma seção transversal desta amostra resultará em micrografias semelhantes às das Figuras 16.20 e 16.21.

Segundo Inoue [9], a relação de orientação cristalográfica observada por Mataya e colaboradores [17] na Figura 16.20 é o resultado do crescimento preferencial tanto da austenita como da ferrita com a direção cristalográfica <100> (isto é, a direção de uma aresta da célula unitária cúbica) paralela, nas duas fases. Isto por serem estas as direções mais favoráveis para o rápido crescimento dendrítico. Ocasionalmente, planos completos também se tornam paralelos, dando origem às interfaces observadas. Para testar esta hipótese, Inoue e colaboradores produziram lingotes de aço inoxidável com e sem adições de titânio e

Figura 16.18
Diagrama de constituição de Siewert, McCowan e Olson adaptado de [13] para previsão do modo de solidificação de fundidos de aços inoxidáveis. Os valores sobre as linhas, nas regiões em que ocorre ferrita (F), são a fração volumétrica de ferrita (FN) no aço. As letras indicam o modo de solidificação conforme a Figura 16.16.

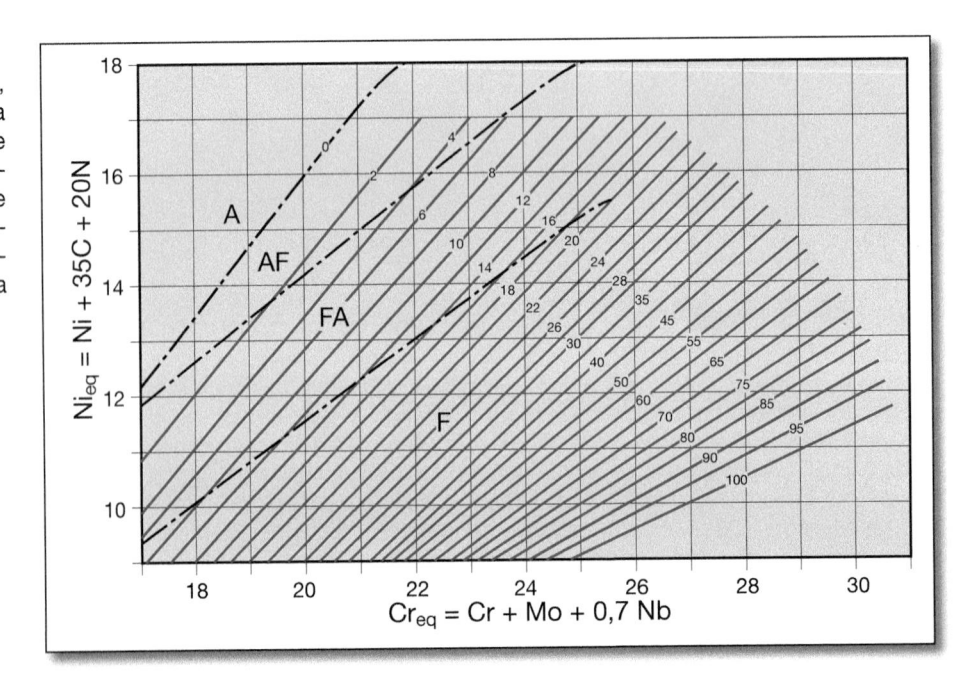

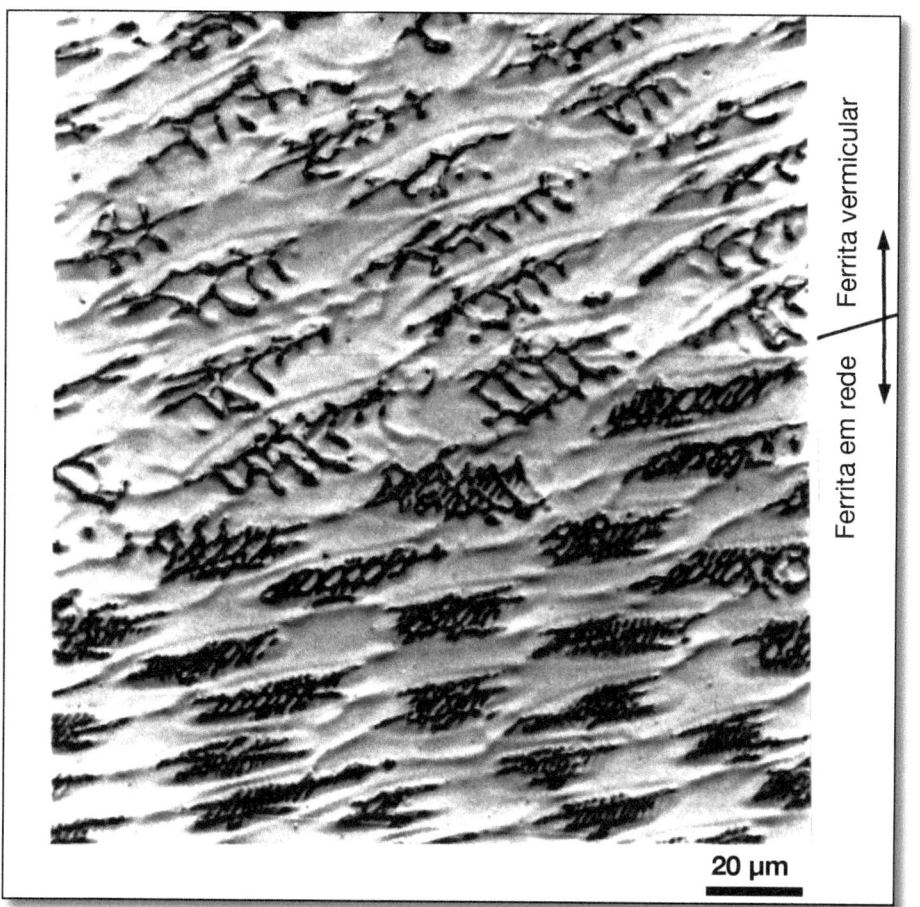

Figura 16.19
Estruturas típicas de aço inoxidável austenítico solidificado no modo FA. Ferrita vermicular e ferrita em rede (*lacy*). Reproduzido de [9, 15] por cortesia da Nippon Steel Corporation.

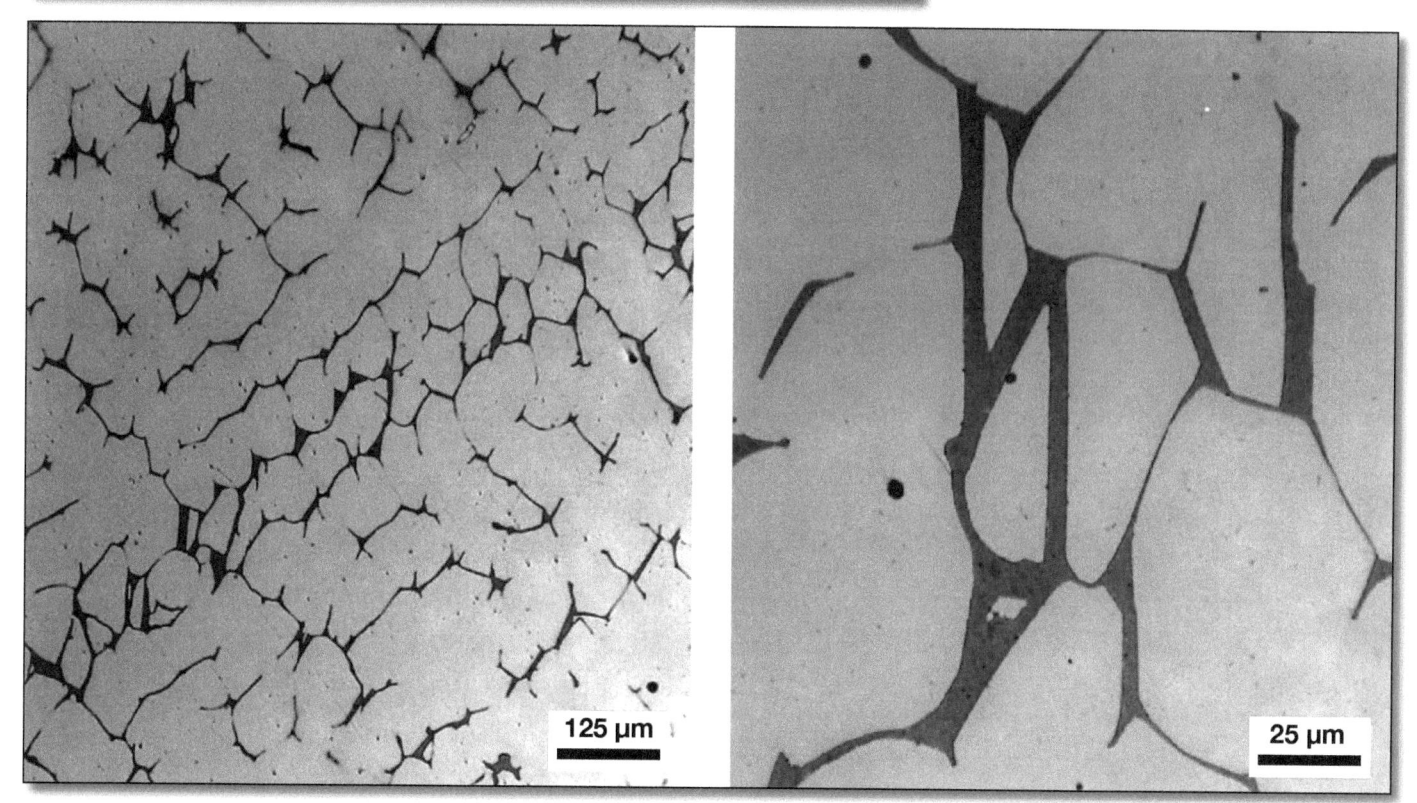

Figura 16.20
Aço AISI 316L, bruto de fusão (ver Figura 8.51). Austenita (clara) com ferrita (vermicular). Os contornos δ–γ retilíneos indicam alguma orientação cristalográfica preferencial entre as fases. Ataque eletrolítico com solução 60% (vol) HNO_3. Reproduzido de [17] com permissão da Springer Science and Business Media.

Figura 16.21
AISI 304 comercial, lingote bruto de fusão. Ferrita delta em matriz austenítica. (a) Ataque: Ácido oxálico (b) Ataque: Glicerégia. Cortesia Villares Metals S.A., Sumaré, SP, Brasil.

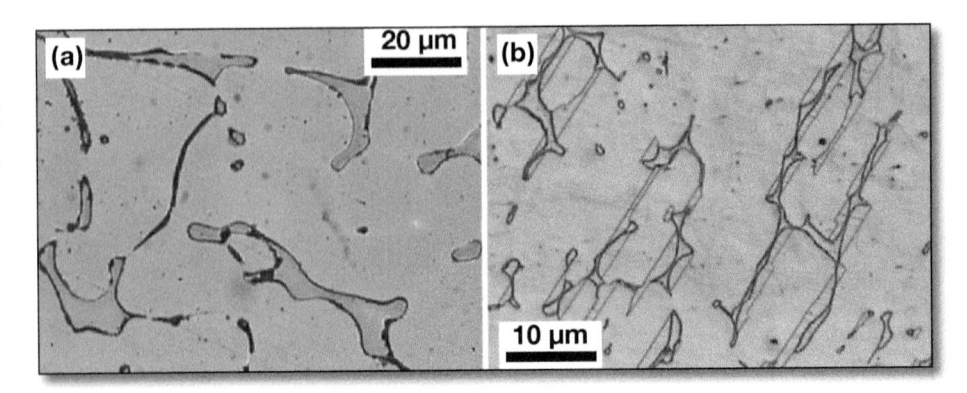

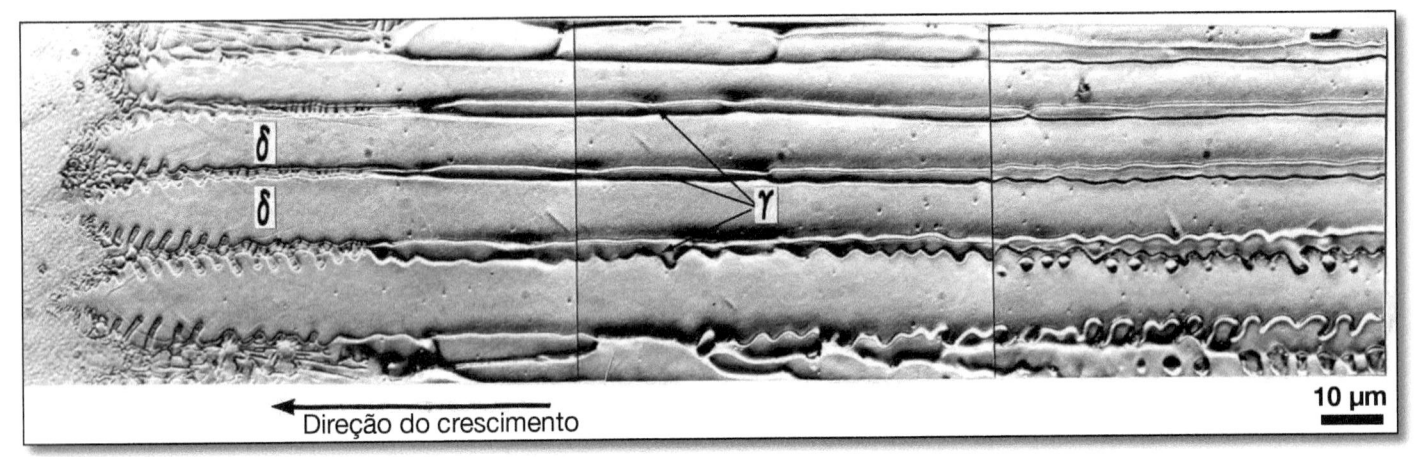

Direção do crescimento

Figura 16.22
Evolução microestrutural durante a solidificação de metal de solda com Cr = 19% e Ni = 11% obtida pelo método de têmpera em estanho líquido. À esquerda, aço que estava líquido na ocasião do resfriamento rápido. As dendritas crescem como ferrita (δ) a partir do líquido. Posteriormente, forma-se austenita (γ), consumindo a ferrita. Seqüência de solidificação FA (Figura 16.16), com o aumento da fração volumétrica de austenita, à medida que o material solidifica. Reproduzido de [9, 16] por cortesia da Nippon Steel Corporation. Filmes destes fenômenos de solidificação estão disponíveis em: http://www.tms.org/pubs/journals/JOM/0206/Anderson-0206.html#Video2

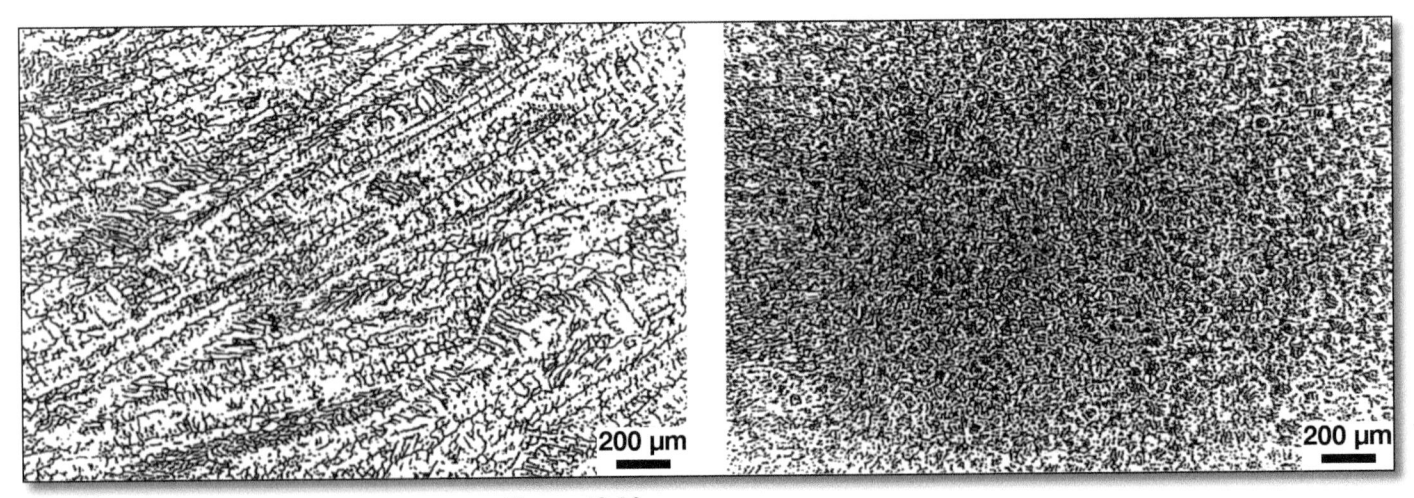

Figura 16.23
Efeito da presença de TiN na nucleação da ferrita em aço inoxidável austenítico. À esquerda, sem TiN, a estrutura vermicular típica da ferrita (micrografia paralela ao eixo primário das dendritas). À direita, grãos equiaxiais de ferrita nucleados pelo TiN em dendritas colunares de austenita. As duas macrografias têm aspecto colunar, entretanto. Reproduzido de [9, 18] por cortesia da Nippon Steel Corporation. (*Continua na próxima página*).

Figura 16.23 (*Continuação*)

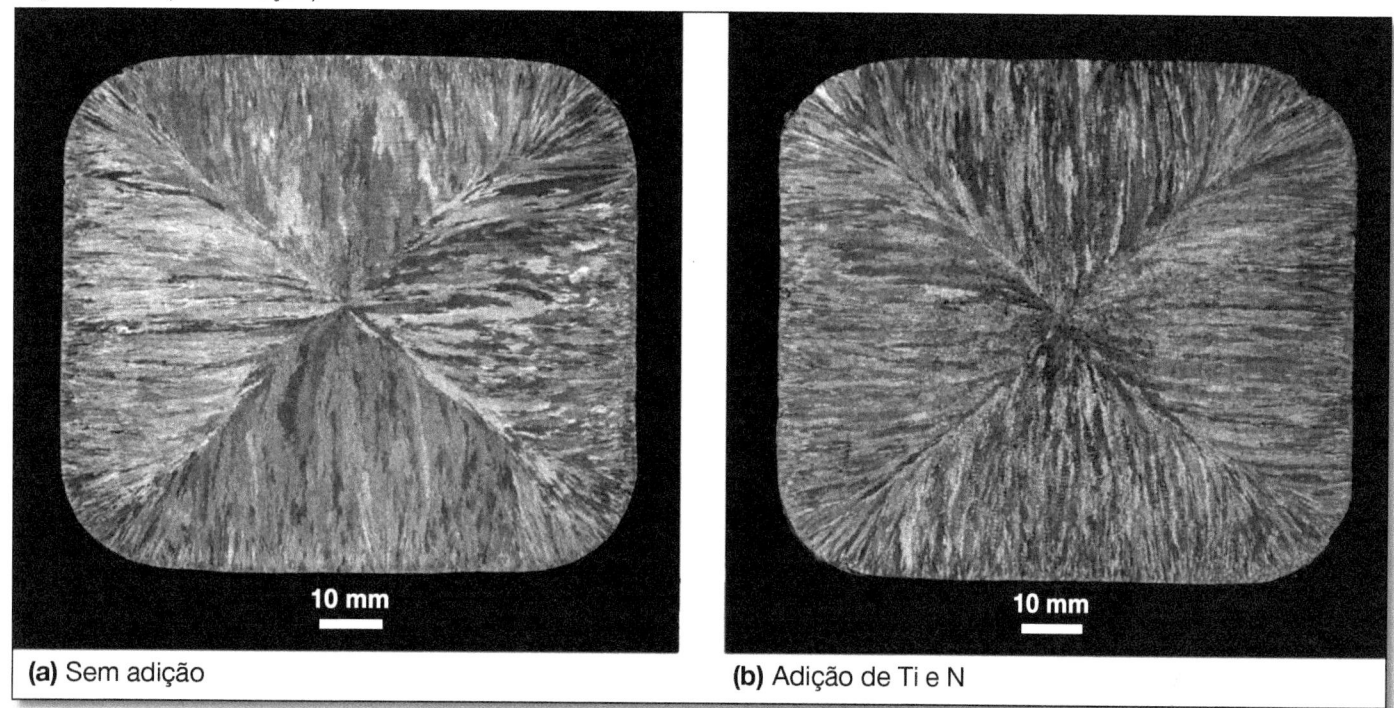

(a) Sem adição

(b) Adição de Ti e N

nitrogênio. No aço com titânio e nitrogênio suficiente, formou-se TiN que tem estrutura cristalina que o torna um nucleante eficiente para a ferrita em aços inoxidáveis [9]. Quando a nucleação de ferrita foi favorecida pelo TiN, ocorreu farta nucleação de ferrita e a morfologia das fases, no processo de solidificação, foi alterada. O crescimento, do ponto de vista macroscópico, manteve-se colunar, entretanto, como mostra a Figura 16.23.

Fundidos de aços austeníticos têm estruturas também descritas por estes modelos, como mostra a Figura 16.24.

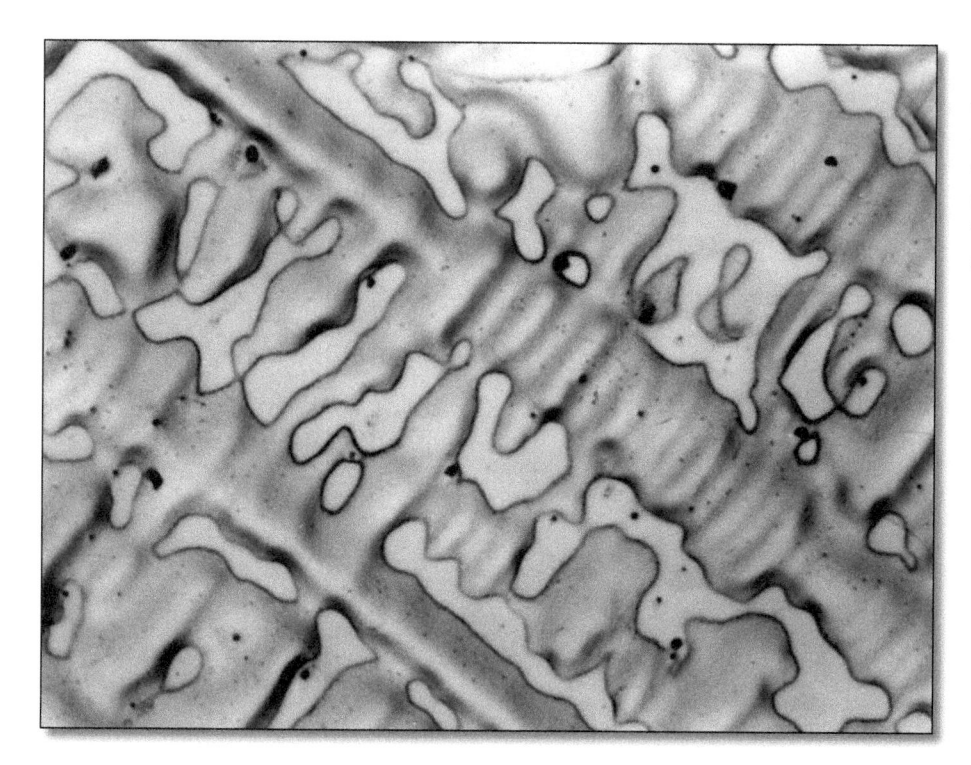

Figura 16.24
Microestrutura de um fundido de aço W.Nr. 1.4439 no estado solubilizado. Matriz austenítica e áreas mais claras de ferrita (delta). Algumas interfaces entre ferrita e austenita estão mais atacadas, aparentando a precipitação de carbonetos [19]. Ataque: Villela+5%HCl+6%HNO₃.

O trabalho a quente tende a homogeneizar a microestrutura dos aços austeníticos, como, em geral, de todos os aços. Assim, a fração de ferrita na microestrutura tende aos valores de equilíbrio termodinâmico na temperatura do processo, como mostra a Figura 16.25.

Figura 16.25
Estágios iniciais da homogeneização da microestrutura e dissolução da ferrita durante a deformação a quente a 1150 °C do aço AISI 316 da Figura 16.20. (a) Deformação real $(\varepsilon) = 0$, tempo (t) = 3600 s, (b) $\varepsilon = 1$, t = 2 s, (c) $\varepsilon = 1$, t = 3600 s, (d) $\varepsilon = 0,1$, t = 3600 s. Com $\varepsilon = 1$, t = 3600 s, tanto a 1100 como a 1150 °C, Mataya e colaboradores observaram a dissolução de cerca de 90% da ferrita e 100% de recristalização da austenita (contornos austeníticos visíveis em (c)). Reproduzido de [17] com permissão da Springer Science and Business Media.

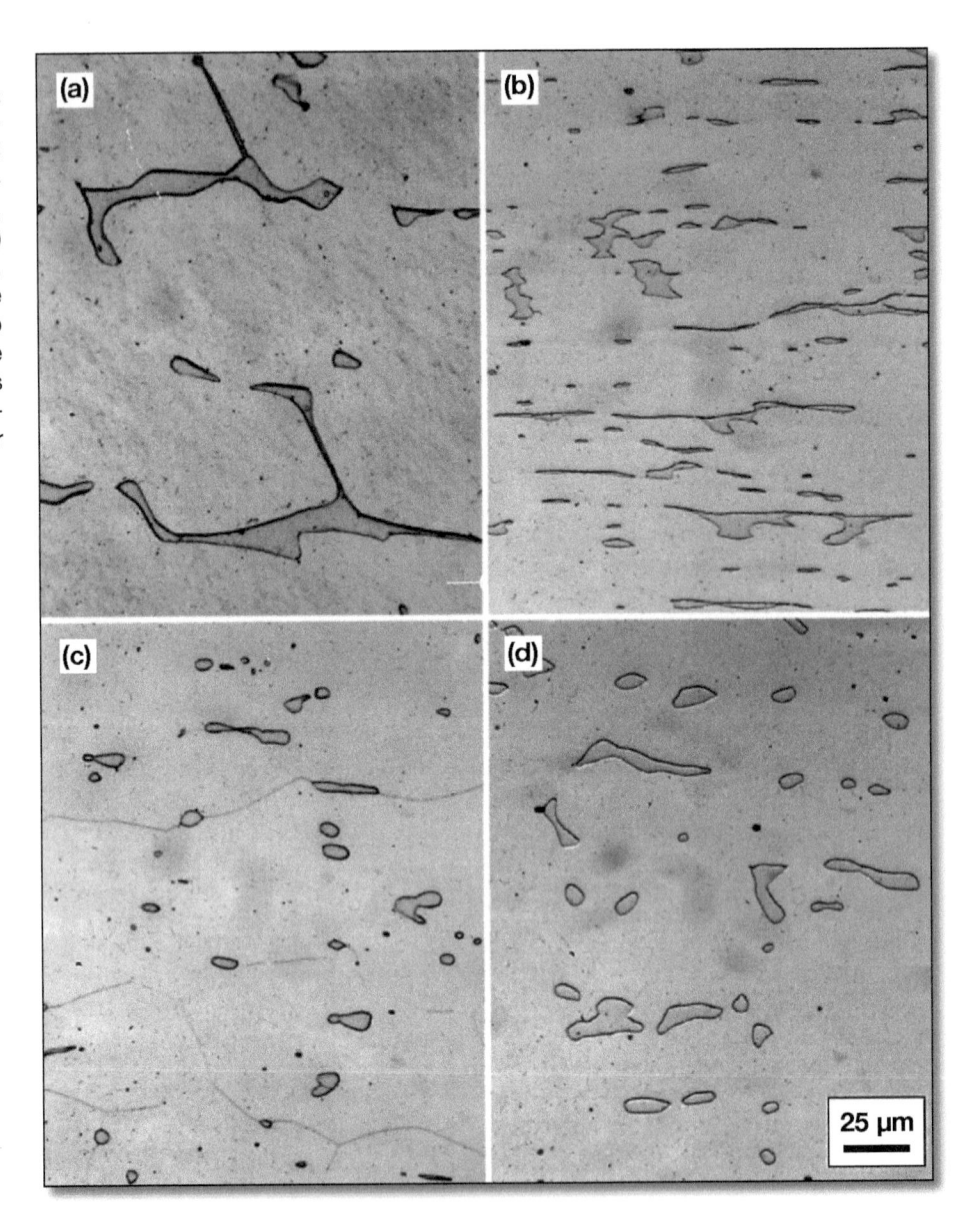

6. Aços Ferrítico-austeníticos (Dúplex)

Os aços inoxidáveis dúplex ferrítico-austeníticos têm microestruturas que consistem em frações aproximadamente iguais destas duas fases. Estes aços são caracterizados por uma combinação favorável das propriedades dos aços inoxidáveis ferríticos e austeníticos: têm elevada resistência mecânica, boa tenacidade, resistência à corrosão muito boa em diversos meios e excelente resistência à corrosão sob tensão e à fadiga.

Esta microestrutura e combinação de propriedades é obtida, em geral pelo aumento dos teores de cromo e molibdênio em relação aos aços austeníticos e com o aumento do teor de nitrogênio. Enquanto os três elementos aumentam a resistência à corrosão, o nitrogênio, como soluto intersticial, tem efeito muito favorável sobre a resistência mecânica. Estas alterações de composição química, entretanto, aumentam a estabilidade da fase sigma (σ) e possibilitam o aparecimento de algumas outras fases intermetálicas, especialmente a chamada fase chi (χ), $Fe_{30}Cr_{18}Mo_4$.

Além dos cuidados para prevenir a precipitação de carbonetos após a solubilização, os aços dúplex requerem, portanto, cuidado com o potencial de precipitação de fases intermetálicas, como sigma (σ) e chi (χ), que fragilizam o material e comprometem sua resistência à corrosão. Em geral, quanto mais elevado o teor de elementos de liga que estabilizam estas fases, mais se acelera a cinética de precipitação, como indicado nas Figuras 16.26 e 16.27.

Evitar a precipitação destes compostos é um desafio importante, especialmente no desenvolvimento de procedimentos de solda para estes materiais. Em caso de dúvidas, deve-se especificar um dos métodos de teste estabelecidos na norma ASTM A923 para garantir a ausência de fases intermetálicas prejudiciais. O método metalográfico A, em par-

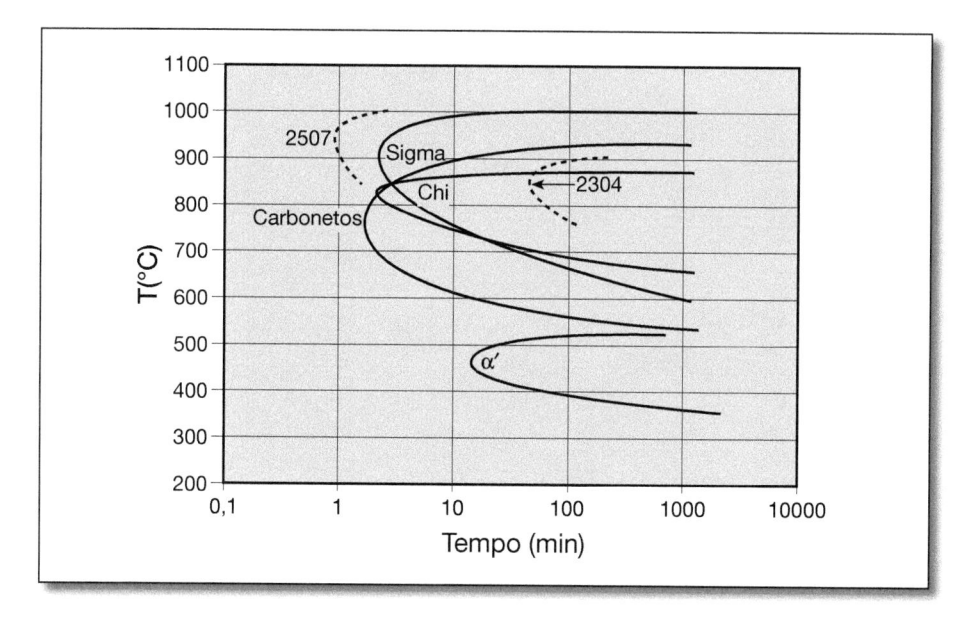

Figura 16.26
Curva de transformação isotérmica de precipitação em aço W. Nr. 1.4462 (2505/UNS S31803) após solubilização a 1050 °C. As curvas indicam o tempo necessário, a cada temperatura, para o início da precipitação da fase indicada (carbonetos, sigma, chi ou α'). As linhas pontilhadas indicam o início da precipitação de intermetálicos em duas outras composições típicas de aços dúplex (2507/UNS S31803 e 2304/UNS S32304). A precipitação é mais rápida no aço com teores de cromo e molibdênio mais altos (2507/UNS S32750).

Figura 16.27
Curvas TTT esquemáticas dos possíveis precipitados em aços inoxidáveis dúplex e o efeito dos elementos de liga sobre a precipitação destas fases. Adaptado de [20].

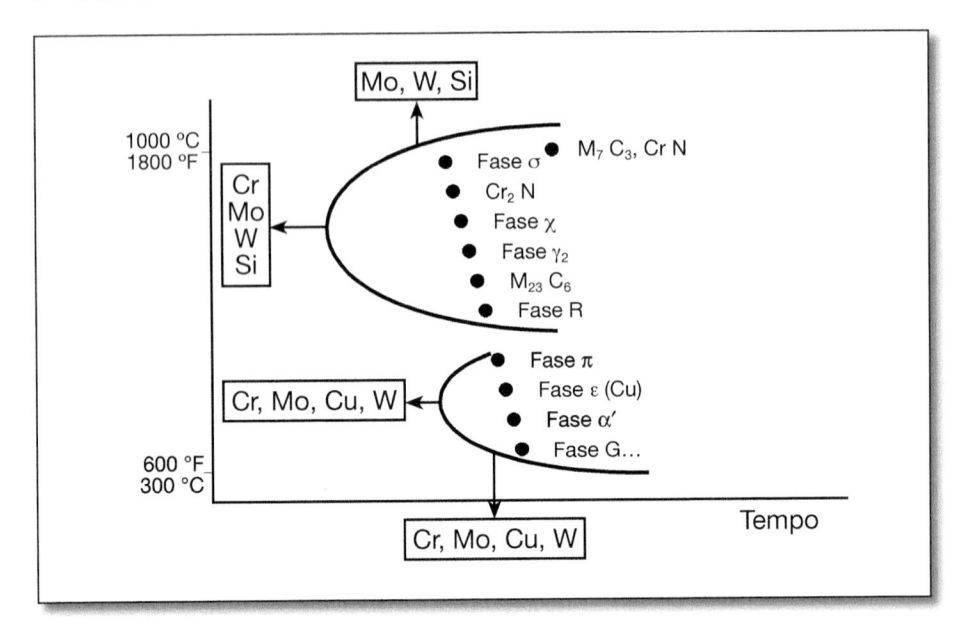

ticular, tem se demonstrado eficiente para a detecção de fase sigma, inclusive no caso de aços austeníticos [21]. Por outro lado, quando se empregam ensaios mecânicos, nesta norma ainda não há ainda critérios de aceitação bem definidos para todos os aços dúplex comerciais.

O balanço entre a composição química e a temperatura de tratamento térmico (solubilização) é crítico para a obtenção da fração volumétrica desejada de austenita e de ferrita e para garantir a completa solubilização dos precipitados. O resfriamento rápido após a solubilização deve garantir que não ocorra a precipitação.

As Figuras 16.28 a 16.30 apresentam estruturas de aços inoxidáveis dúplex trabalhados mecanicamente. Caracterização detalhada da

Figura 16.28
Microestrutura de chapa do aço inoxidável dúplex UNS S31803 laminada e solubilizada a 1050 °C por 30 minutos. Ferrita (escura) e ilhas de austenita (clara). A conformação se dá no campo bifásico. Ataque eletrolítico com solução 30% (vol) HNO_3. Cortesia A Ramirez, LNLS, Campinas, SP, Brasil [23].

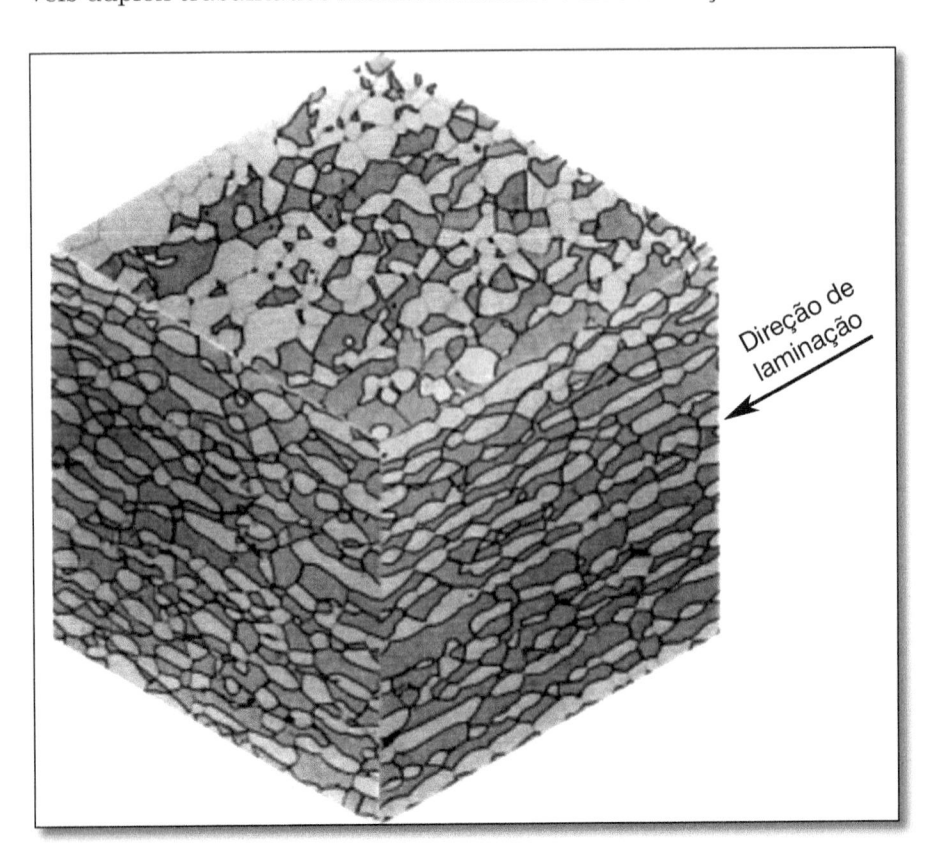

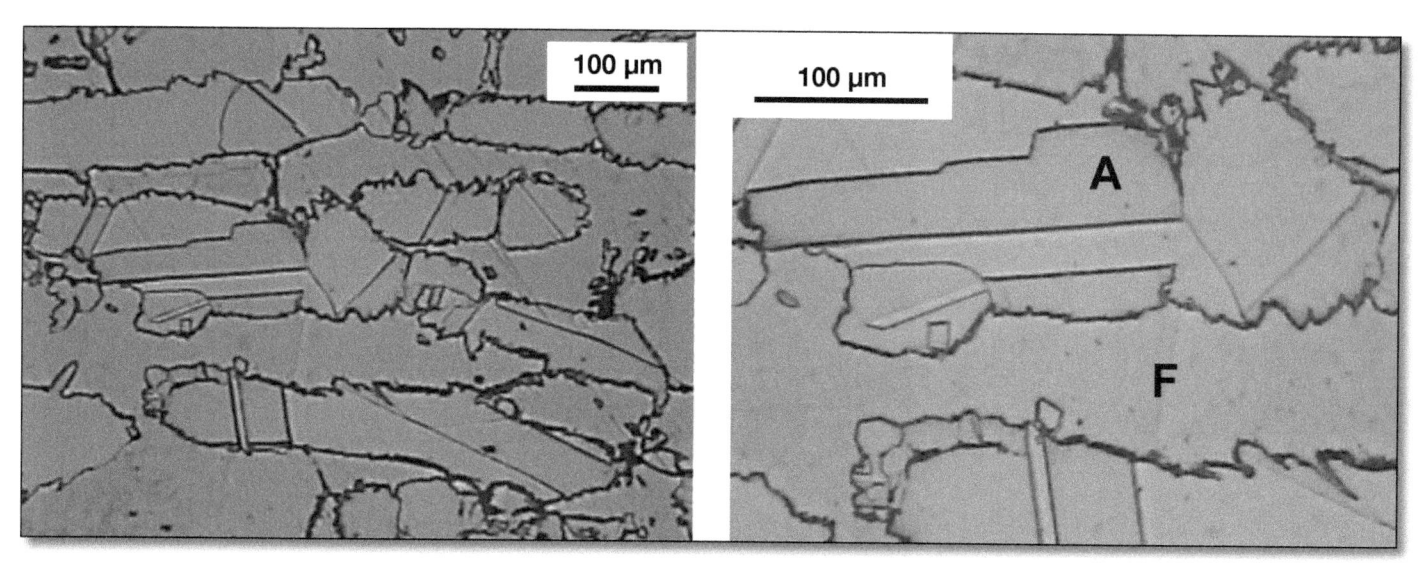

Figura 16.29
Barra forjada de aço Aço ASTM A182 F53 (UNS S 32750, DIN W. Nr. 1.4410) resfriada ao ar a partir de 1000 °C. Estrutura bruta de forjado. Cinza-claro corresponde à austenita. Cinza tendendo para bege corresponde à ferrita (indicados na figura com A e F). A austenita é, em geral, maclada, o que facilita a identificação desta fase. Os contornos de grãos têm aspecto serrilhado, porque a completa recristalização e crescimento de grão, durante o trabalho a quente, foi interrompida com o resfriamento ao ar. Ataque: GliceréGia. Cortesia Villares Metals S.A., Sumaré, SP, Brasil.

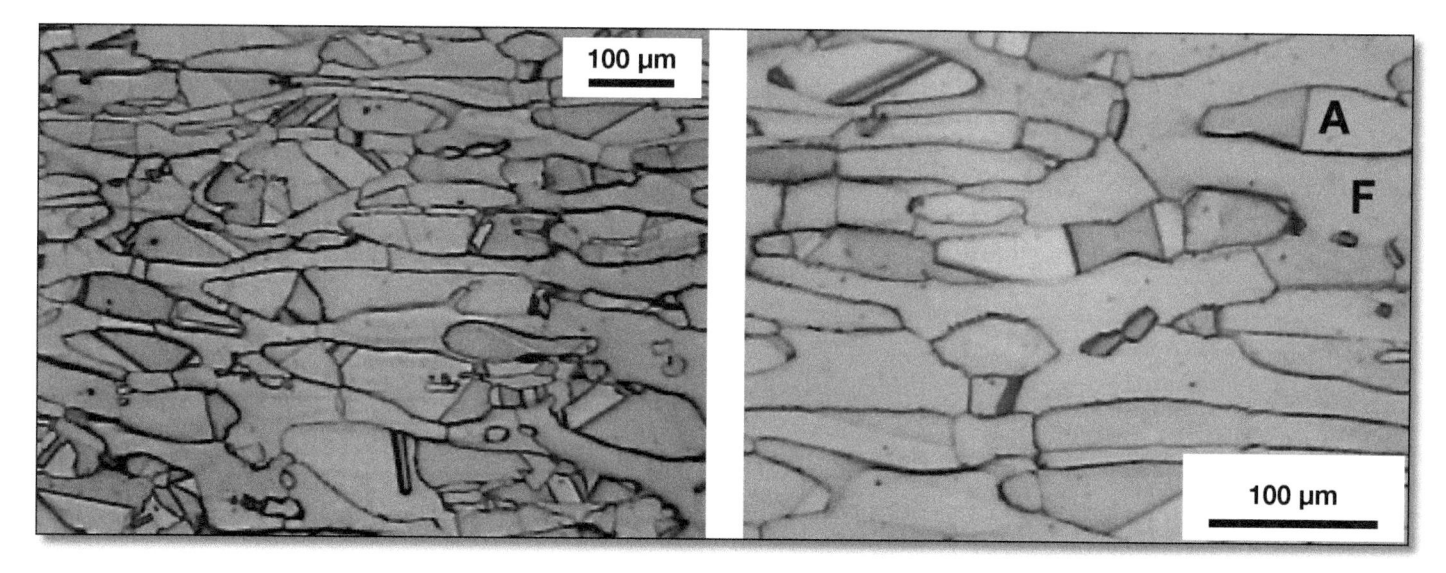

Figura 16.30
O aço dúplex da Figura 16.29 (ASTM A182 F53) solubilizado a 1120 °C/8 h resfriado em água (A = austenita, F = ferrita). Cortesia Villares Metals S.A., Sumaré, SP, Brasil.

estrutura ao longo do trabalho a quente destes aços pode ser encontrada em [22].

As microestruturas de fundidos [24, 25] aliam a complexidade do aço dúplex com os desvios de equilíbrio que freqüentemente ocorrem em processos de fundição, como mostra a Figura 16.31.

Conhecida a composição química do aço, é possível prever as fases em equilíbrio através da termodinâmica computacional, como mostra a Figura 16.32.

As diversas microestruturas obtidas no tratamento térmico de um aço com a composição química utilizada no cálculo da Figura 16.32 são apresentadas nas Figuras 16.33 a 16.36.

Figura 16.31
Aço inoxidável dúplex fundido ASTM A890/A890M Grau 6A bruto de fusão. A composição foi ajustada para solidificação FA. Austenita (clara, dendrítica) e Ferrita interdendrítica. Ataque: Behara II. Cortesia M. Martins [25].

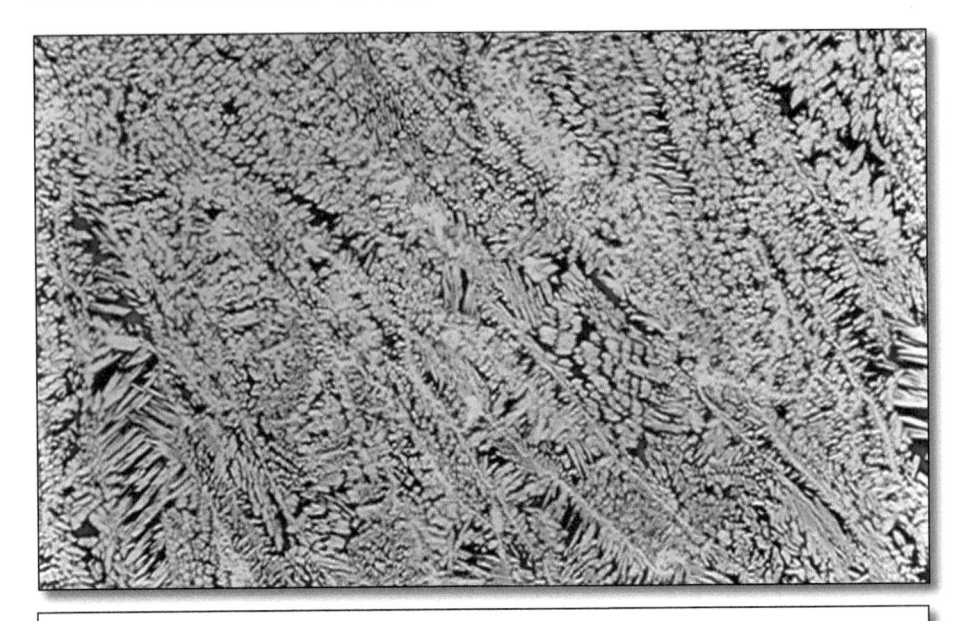

Figura 16.32
Fração molar de fases em equilíbrio em aço inoxidável dúplex ASTM A890/A890M, Grau 6A em função da temperatura. A solubilização é realizada, em geral, por volta de 1100 °C. Abaixo de cerca de 1000 °C ocorre a decomposição da ferrita em austenita e fase sigma (σ). Abaixo de cerca de 830 °C forma-se a fase chi (χ). (Calculado para uma composição específica. As temperaturas e frações de fases dependem da composição química, naturalmente).

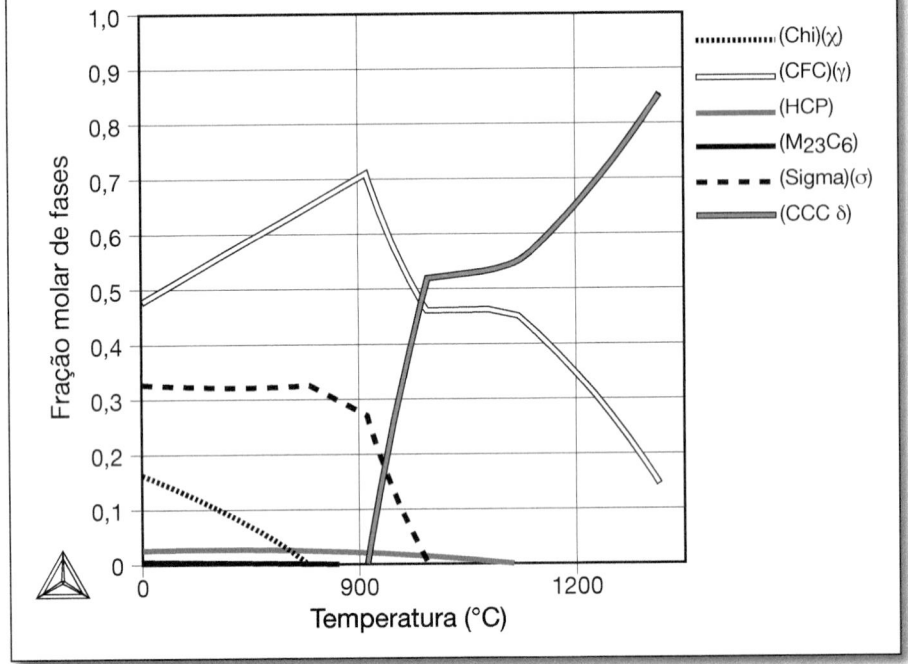

Figura 16.33
Aço inoxidável dúplex fundido ASTM A890/A890M Grau 6A tratado a 1100 °C seguido de resfriamento rápido. austenita (clara) e ferrita. A temperatura de solubilização define a fração volumétrica das fases presentes, em função da composição química. Ataque: Behara II. Cortesia M. Martins [25].

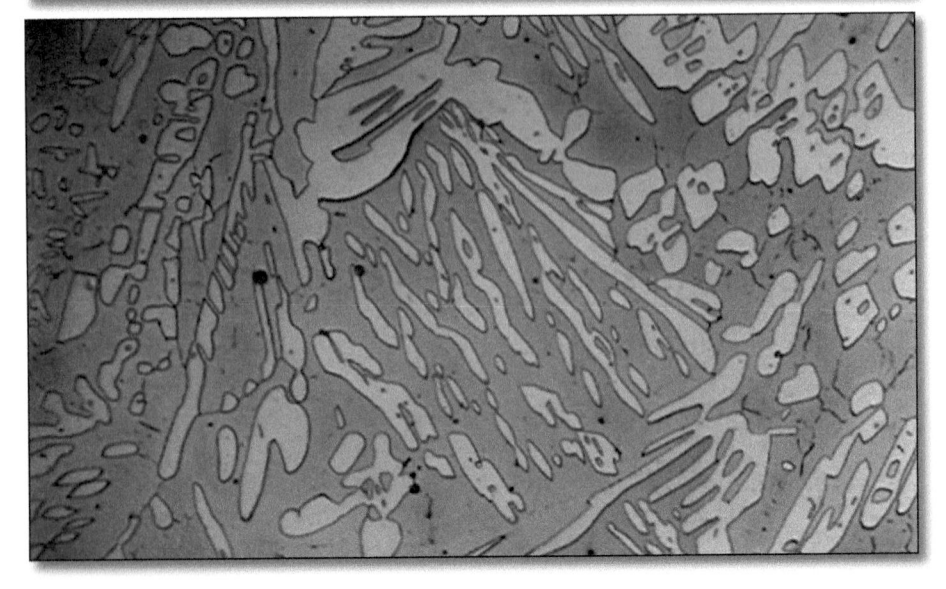

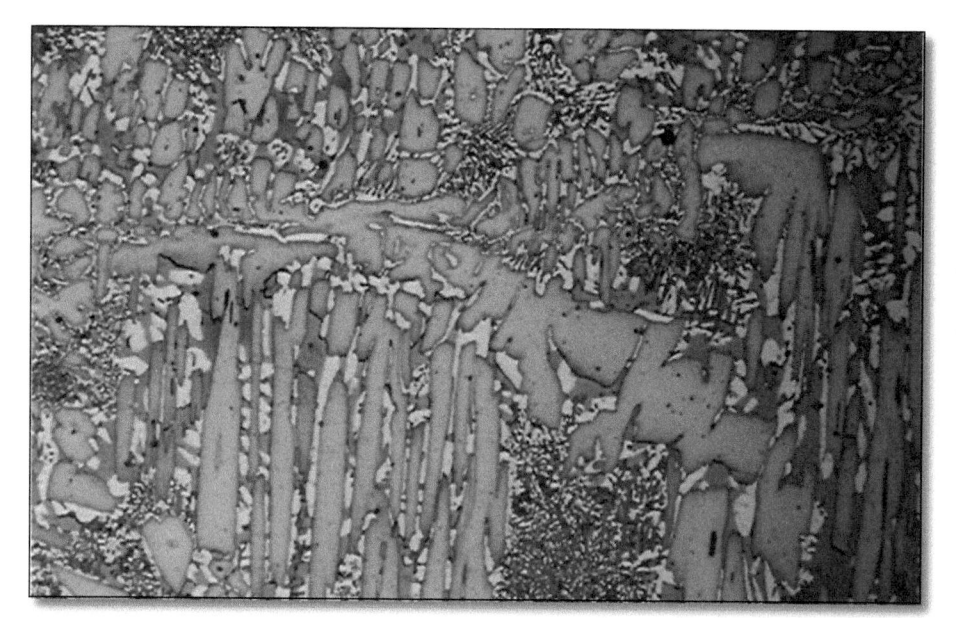

Figura 16.34
Aço inoxidável dúplex fundido ASTM A890/A890M Grau 6A tratado a 980 °C seguido de resfriamento rápido. Austenita (clara) e ferrita. A ferrita se decompõe em austenita e fase (σ) sigma nesta temperatura. Há, portanto, austenita de dimensões maiores e austenita mais fina, formada a partir da ferrita, entre os grãos maiores de austenita. (Ver também a Figura 16.37, avaliação por MEV). Ataque: Behara II. Cortesia M. Martins [25].

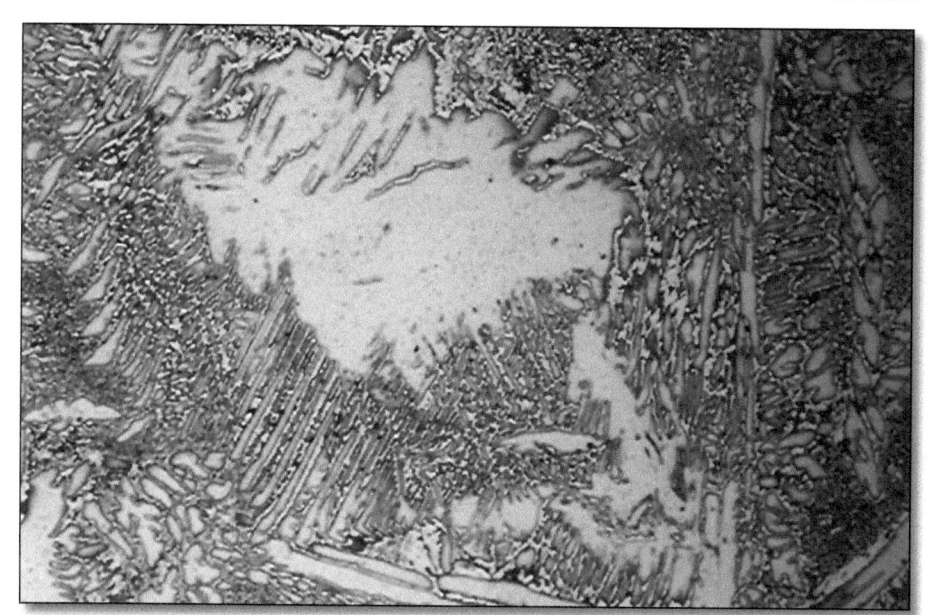

Figura 16.35
Aço inoxidável dúplex fundido ASTM A890/A890M Grau 6A tratado a 960 °C seguido de resfriamento rápido. Austenita (clara) e ferrita. A ferrita se decompõe em austenita e fase sigma (σ) nesta temperatura. Ataque: Behara II. Cortesia M. Martins [25].

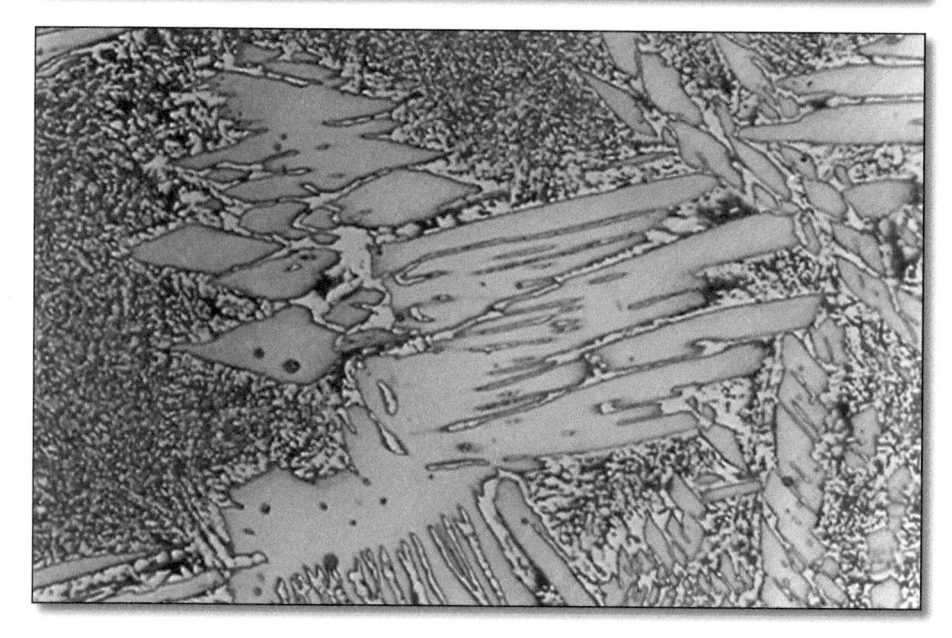

Figura 16.36
Aço inoxidável dúplex fundido ASTM A890/A890M Grau 6A tratado a 900 °C seguido de resfriamento rápido. Austenita (clara) e ferrita. A ferrita se decompõe em austenita e fase sigma (σ) nesta temperatura. Praticamente não se vê mais ferrita. (Ver Figura 16.37, avaliação por MEV). Ataque: Behara II. Cortesia M. Martins [25].

Figura 16.37
ASTM A890/A890M, Grau 6A tratado termicamente (envelhecido) a 920 °C. Austenita e sigma (σ). Os grãos maiores são austenita e a estrutura fina, entre os grãos de austenita, é composta por austenita e sigma (σ), possivelmente formados por crescimento cooperativo, como um eutectóide. MEV, ES. Cortesia M. Martins [25].

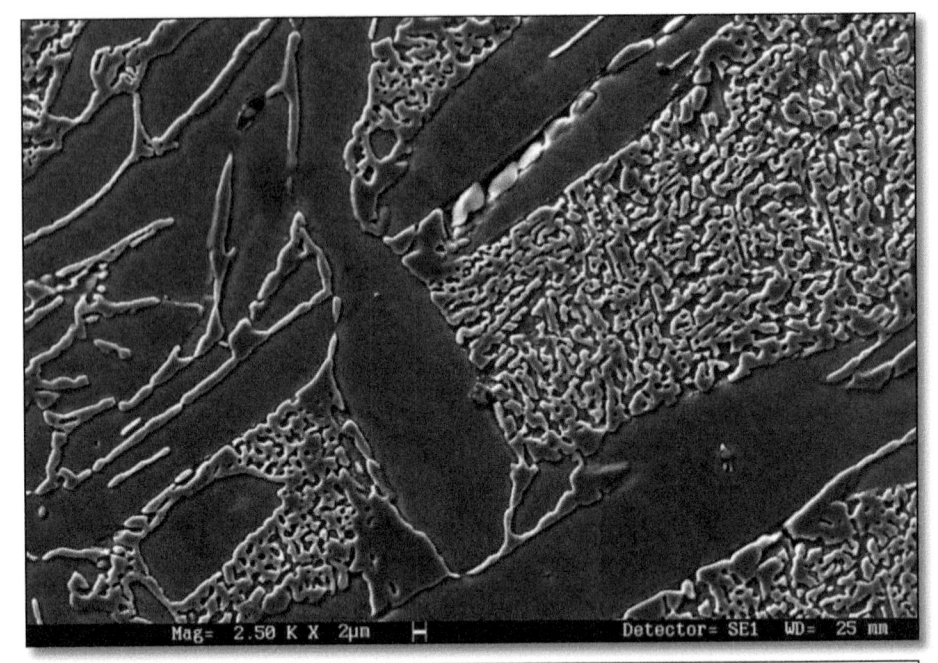

Figura 16.38
Fração molar de fases em equilíbrio em aço inoxidável dúplex ASTM A890/A890M, Grau 1C em função da temperatura. A solubilização é realizada, em geral, acima de 1000 °C. Abaixo de cerca de 950 °C ocorre a decomposição da ferrita em austenita e fase sigma (Calculado para uma composição específica. As temperaturas e frações de fases dependem da composição química, naturalmente).

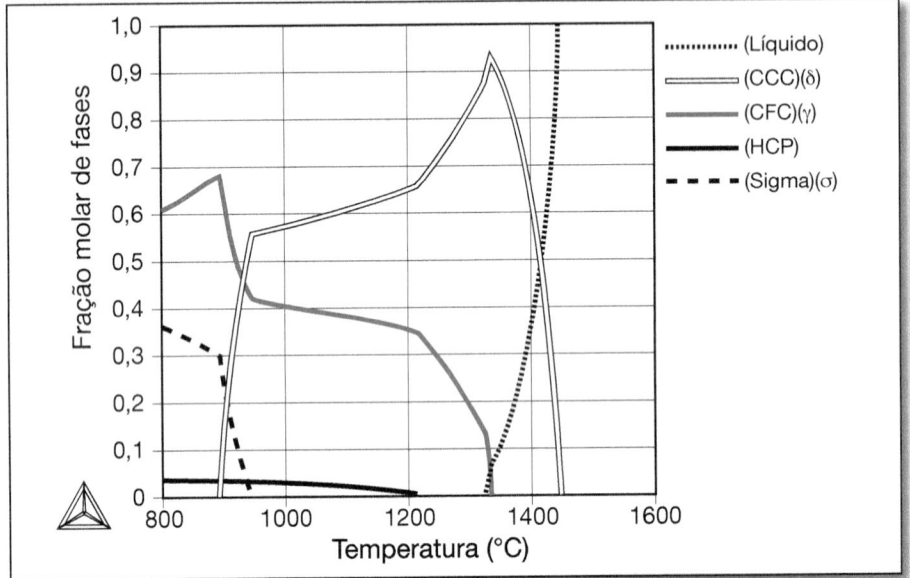

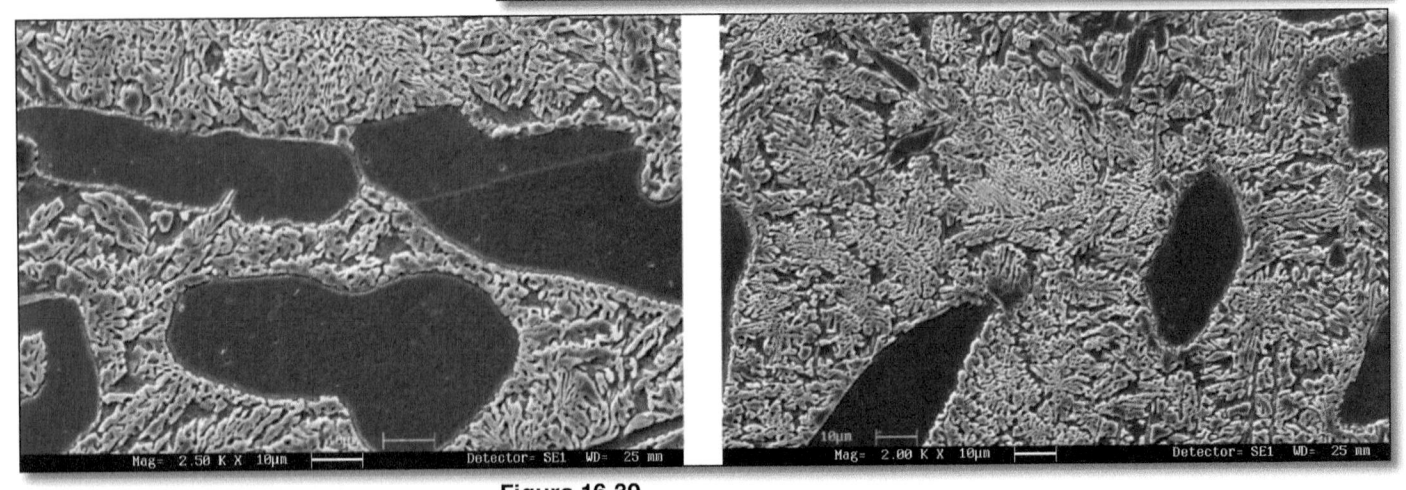

Figura 16.39
Aço inoxidável dúplex ASTM A890/A890M, Grau 1C, conforme Figura 16.38 submetido a tratamento isotérmico a 880 °C. MEV, ES. Austenita em grãos maiores e estrutura fina composta por austenita e fase sigma (σ). Cortesia M. Martins [25].

Os mesmos processos ocorrem, naturalmente, em forjados ou laminados. A Figura 16.40, por exemplo, mostra a decomposição da ferrita em austenita e fase sigma (σ). As microestruturas são diferenciáveis das anteriores pela morfologia das fases originárias do processo de solidificação.

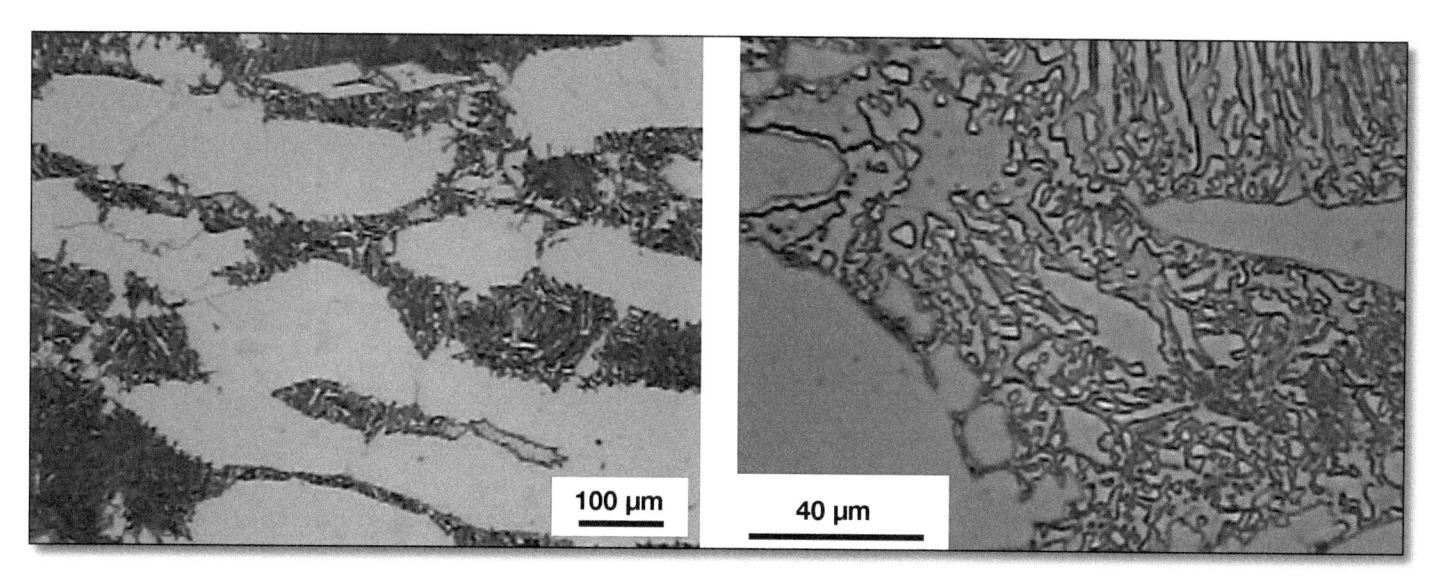

Figura 16.40
O aço dúplex da Figura 16.30 tratado por 750 °C durante 12 h. Houve 100% de transformação da ferrita delta em fase sigma e austenita. Observam-se os grãos grandes de austenita, com os grãos adjacentes e contornos de grãos com fase sigma e austenita formadas pela decomposição da ferrita delta. Cortesia Villares Metals S.A., Sumaré, SP, Brasil.

7. Aços Inoxidáveis Endurecíveis por Precipitação

Os aços inoxidáveis endurecíveis por precipitação são classificados em três famílias: martensíticos, austeníticos e semi-austeníticos. Estes aços podem ser considerados como tendo sido desenvolvidos a partir de aços austeníticos clássicos 18-8. No desenvolvimento dos aços martensíticos endurecíveis por precipitação, as principais modificações foram a redução do teor de níquel e a adição de outros elementos (principalmente cobre) para promover o aparecimento de precipitados.

De forma geral, os aços martensíticos endurecíveis por precipitação combinam resistência à corrosão equivalente à de aços austeníticos clássicos, como o AISI 304, com propriedades mecânicas elevadas, comparáveis àquelas dos aços inoxidáveis martensíticos. O tratamento térmico típico para os aços endurecidos por precipitação é de solubilização e envelhecimento. No tratamento de solubilização, os compostos intermetálicos à base de cobre, nióbio e ou alumínio são dissolvidos na matriz austenítica. O aço é resfriado com uma velocidade suficientemente alta para evitar a reprecipitação dos compostos intermetálicos. No caso dos aços martensíticos, a microestrutura formada no resfriamento é essencialmente martensítica. Como o teor de carbono é muito baixo, a martensita tem baixa dureza.

Grande parte do endurecimento destes aços ocorre durante o tratamento de envelhecimento, quando ocorre precipitação na matriz martensítica. Assim, na condição solubilizada estes aços são de fácil usinagem. Como o envelhecimento é feito a temperaturas relativamente baixas e a variação dimensional é pequena, problemas de distorção, trincas e descarbonetação após endurecimento são praticamente eliminados. Os ciclos de envelhecimento empregados têm diferentes efeitos sobre as propriedades finais. O tempo e a temperatura do tratamento são importantes. Como os precipitados responsáveis pelo endurecimento têm dimensões muito pequenas, nem sempre a eficiência do envelhecimento pode ser avaliada por meio de metalografia.

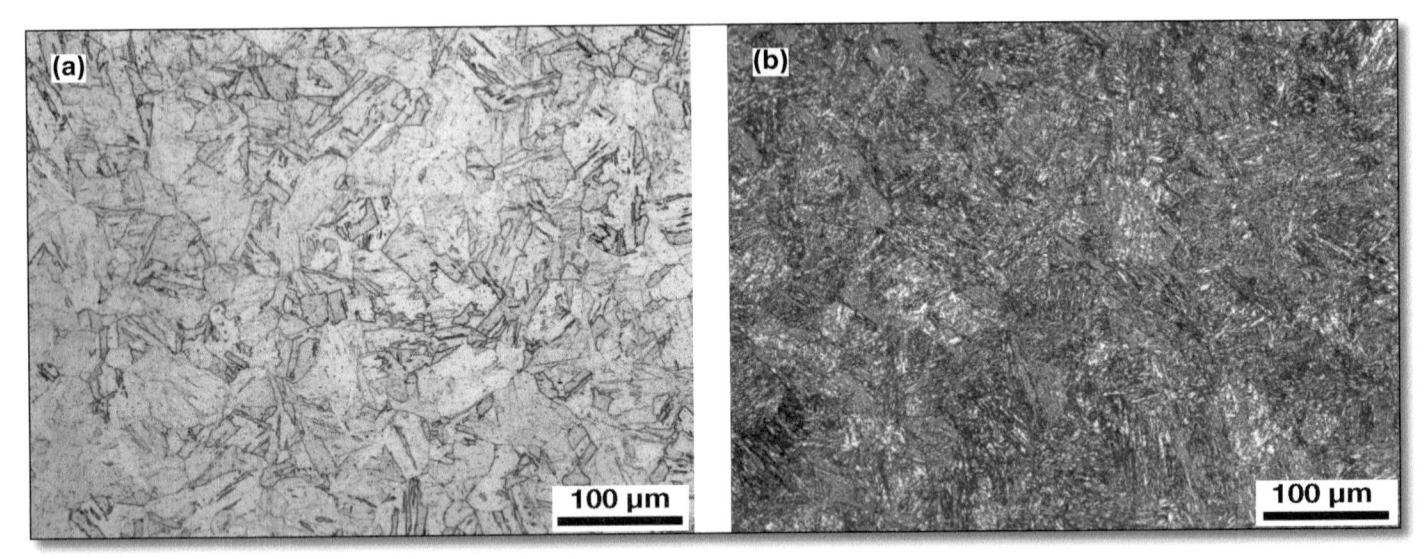

Figura 16.41
Aço ASTM A564 UNS 17400, SAE/AISI 630, (17-4PH). (a) Solubilizado a 1040 °C/1 h seguido de resfriamento em água. Martensita de baixo carbono (C máximo especificado 0,07%). (b) Solubilizado e envelhecido a 590 °C/4 h, resfriado ao ar. Cortesia Villares Metals S.A., Sumaré, SP, Brasil.

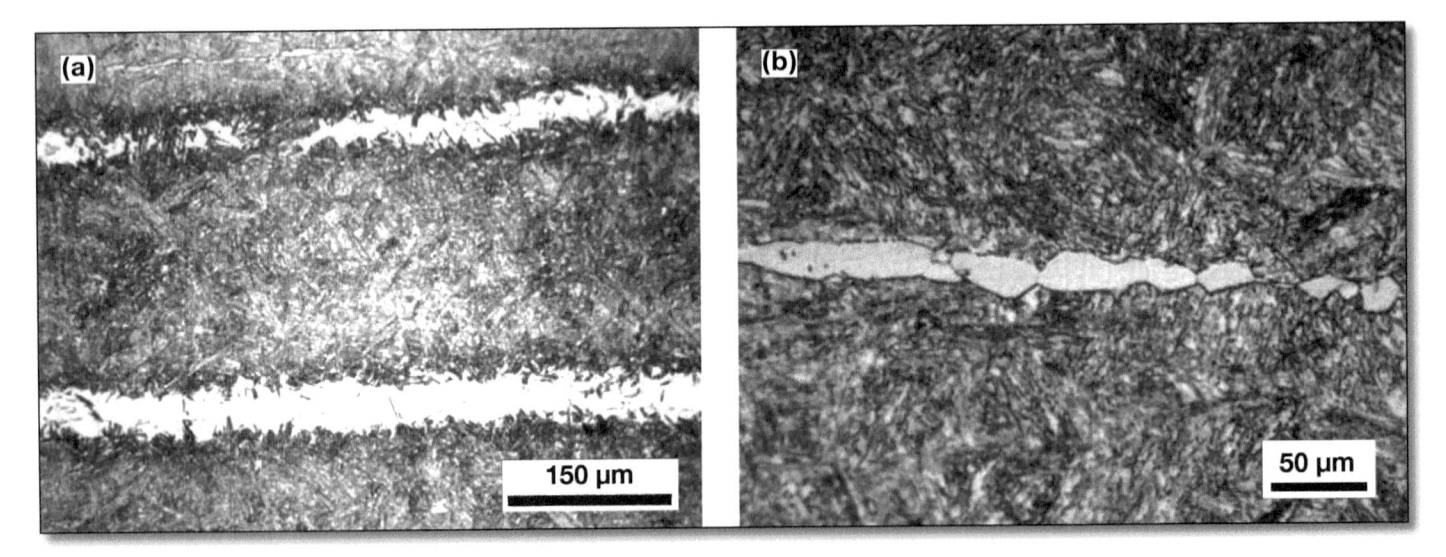

Figura 16.42
Seções longitudinais em barra de diâmetro 4" de aço 17-4PH. (a) Martensita com presença de regiões segregadas com austenita retida. (b) Presença de ferrita delta. Em algumas especificações, para aplicações na indústria de petróleo, estas condições não são aceitáveis. Ataque: Kalling. Cortesia A. Zeemann, Tecmetal, Rio de Janeiro, Brasil.

8. Corrosão Intercristalina ou Intergranular

Determinados elementos podem segregar para os contornos de grão do aço em determinadas temperaturas. Adicionalmente, os contornos de grão são regiões de mais alta energia e, por isso, sítios preferenciais para a precipitação de segundas fases. Em algumas condições, isso pode deixar os contornos de grão de aços inoxidáveis muito reativos, dando origem à chamada corrosão intercristalina ou intergranular. Tanto aços austeníticos como ferríticos são susceptíveis a este tipo de corrosão. Acredita-se que o principal mecanismo causador da sensitização seja a precipitação de carbonetos de cromo, que empobrece a região à sua volta do cromo necessário para a passivação, como mostrado, esquematicamente, na Figura 16.43. A cinética da sensitização, que corresponde bastante bem à cinética de precipitação dos carbonetos de cromo é apresentada, em um exemplo, na Figura 16.44.

Duas medidas comuns para reduzir ou evitar a sensitização são o uso de elementos estabilizadores (titânio e nióbio, por formarem car-

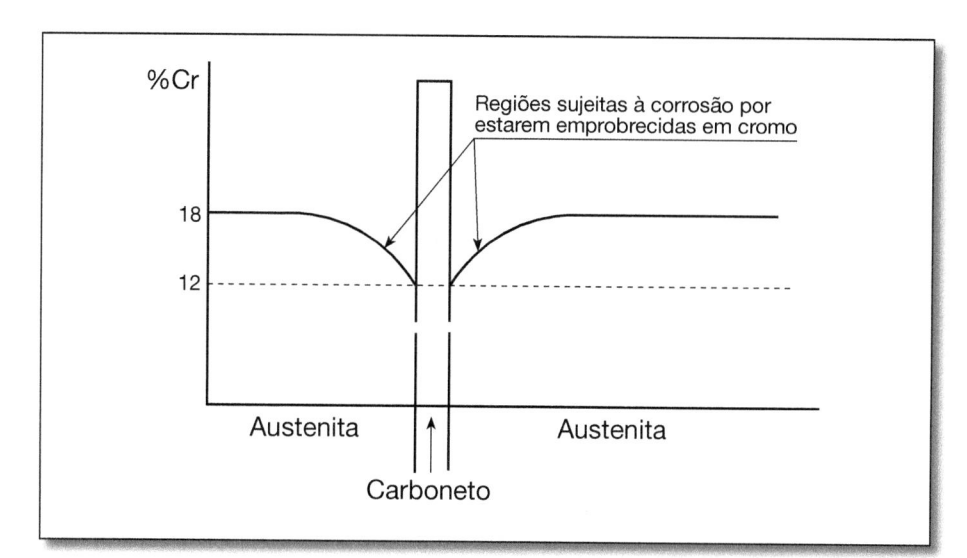

Figura 16.43
Sensitização de aço inoxidável, devido à precipitação de carbonetos de cromo (esquemático).

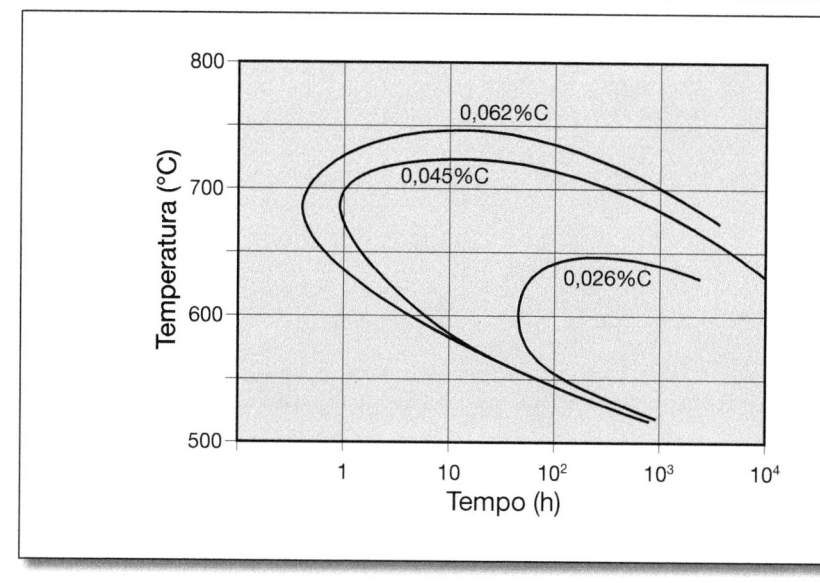

Figura 16.44
Tempo de tratamento, na temperatura indicada, necessário para que ocorra sensitização e o material seja rejeitado pelo ensaio do Método E da norma ASTM A262 para avaliação de resistência à corrosão intercristalina. Resultados para AISI 304 com diferentes teores de carbono, solubilizado a 1050 °C, seguido de resfriamento em água.

bonetos mais estáveis que o cromo) e a redução drástica do teor de carbono do aço (aços da série L têm C < 0,03%, tipicamente).

As técnicas mais comuns de avaliação da presença de sensitização são descritas em diferentes métodos da norma ASTM A 262. A Figura 16.45 mostra a avaliação metalográfica de resultados de testes aprovados e rejeitados, segundo esta norma.

Os processos de soldagem podem submeter os aços inoxidáveis a ciclos térmicos que conduzam à sensitização. Uma manifestação clássica do fenômeno é a chamada *knife line corrosion* onde uma "linha" paralela à linha de fusão da solda, no material base, sofre um ciclo térmico que conduz à precipitação de carbonetos e sensitização, como mostrado na Figura 16.46.

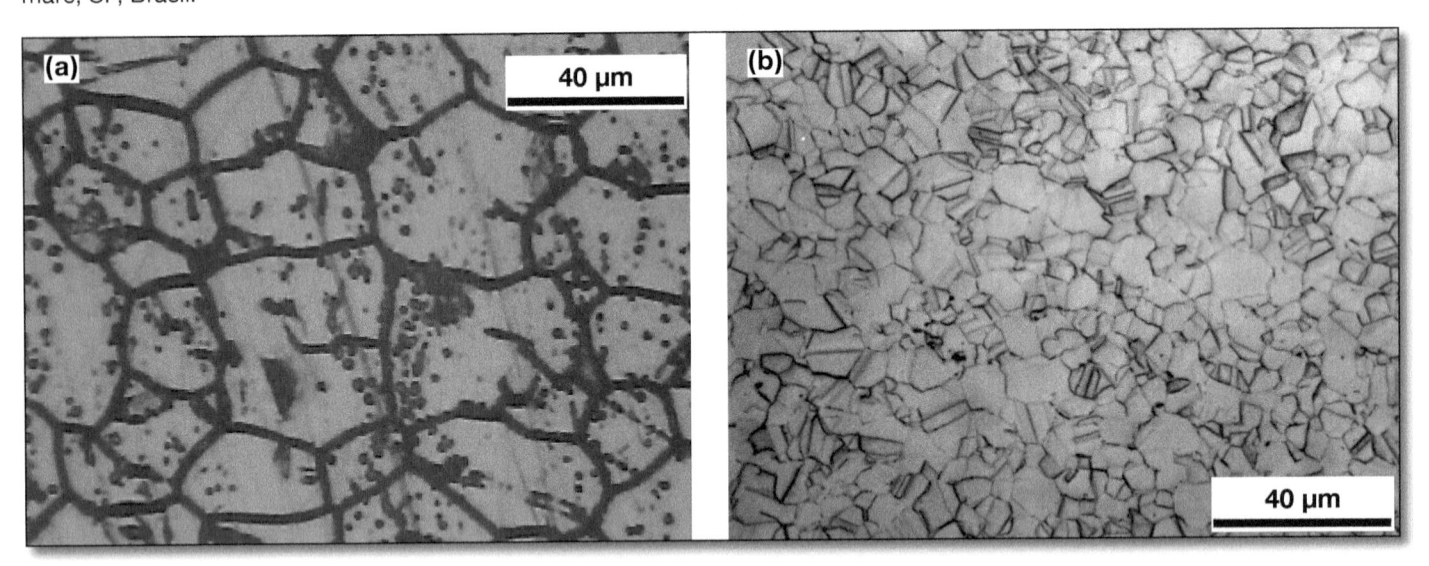

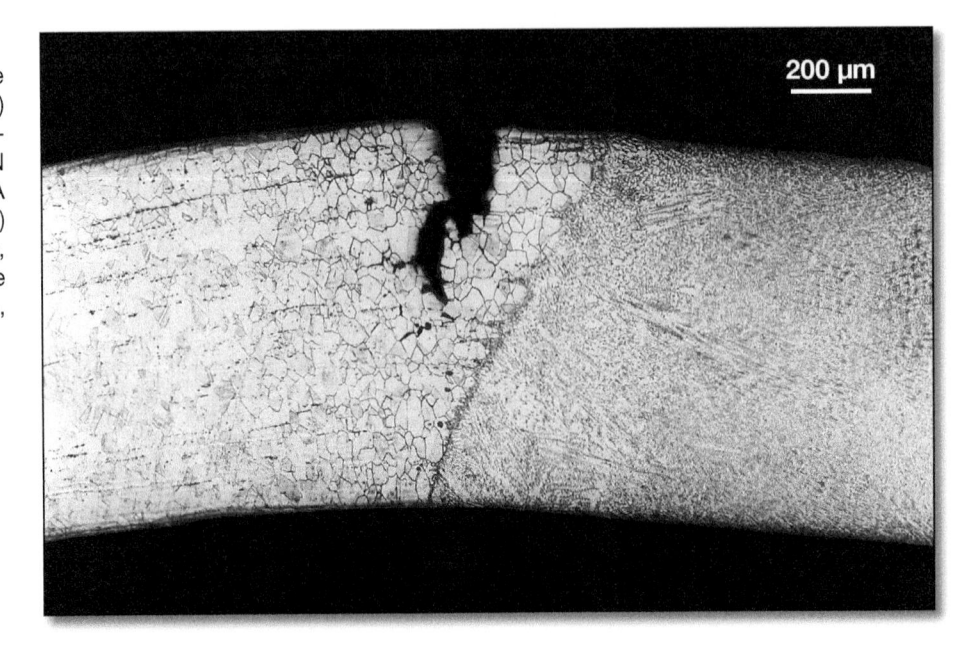

Figura 16.46
Seção longitudinal a corpo-de-prova de material W.Nr. 14550 (similar a AISI 347L) soldado, submetido a ensaio de corrosão intercristalina segundo a norma DIN 50914 (equivalente a ASTM A262 E). A região tracionada (parte superior da foto) rompeu, na zona afetada termicamente, com fratura intercristalina após cerca de 15° de dobramento. Cortesia M. Moraes, NUCLEP, RJ, Brasil.

Referências Bibliográficas

1. COSTA E SILVA, A. L. V.; MEI, P. R. *Aços e ligas especiais.* 2.ª edição, São Paulo: Blucher, 2006.
2. SCHAEFFLER, A. L. *Constitution diagram for stainless steel weld metal.* Metal Progress, 1949, v. 56 (11), p. 680-680B.
3. DELONG, W. T. *Ferrite in austenitic stainless steel weld metal.* Welding Journal, 1974, v. 53 (7), p. 273-286.
4. ASTM A 800. *American Society for Testing and Materials, ASTM A800 – 91, Standard practice for steel casting, austenitic alloy, estimating ferrite content thereof, ASTM International,* West Conshohocken, PA: ASTM – American Society for Testing and Materials, 1999.
5. GOOCH, T. G.; WOOLLIN, P.; HAYNES A. G. *Welding metallurgy of low carbon 13% chromium martensitic steels.* in *Supermartensitic stainless steels 99 proceedings.* Brussels, Belgium may 27-28, 1999, Belgian Welding Institute.
6. KVAALE, P. E.; OLSEN S. *Experience with supermartensitic stainless steels in flowline applications.* in *Stainless Steel World 99 Conference,* 1999: KCI Publishing BV.
7. AKSELSEN, O. M.; RORVIK, G.; KVAALE, P. E.; VAN DER EIJK, C. *Microstructure-property relationships in HAZ of new 13% Cr martensitic stainless steels.* Welding Research Supplement, 2004 (may): p. 160-167.
8. CARRAMANHOS, D. M. *Texturas de deformação e recristalização de aços inoxidáveis ferríticos dos tipos AISI 430 e 409.* Tese de Mestrado. 2006, Rio de Janeiro: Instituto Militar de Engenharia.
9. INOUE, H.; KOSEKI, T. *Clarification of solidification behaviors in austenitic stainless steels based on welding process.* Nippon Steel Technical Report, 2007, v. 95 (january), p. 62-70.
10. LIPPOLD, J. C.; III W. A. B.; VAROL, I. *Heat-affected zone liquation cracking in austenitic and duplex stainless steels.* Welding Research Supplement, 1992 (january), p. 1-14.
11. CRAMB, A. ed. *The making, shaping and treating of steel, casting volume.* 11.ª edição, Pittsburgh: AISE, 2003.
12. FLEMINGS, M. C. *Solidification.* In: N. SANO, *et al.,* (editors). *Advanced Physical Chemistry for Process Metallurgy,* San Diego: Academic Press, p. 151-182, 1997.
13. SIEWERT, T. A.; MCCOWAN, C. N.; OLSON, D. L. *Ferrite number prediction to 100FN in stainless steel weld metal.* Welding Journal Supplement, 1988, p. 289-298.
14. BABU, S. S. *On-line calculators – Phase transformation modeling http://engm01.ms.ornl.gov/,* 2004, Oak Ridge National Laboratory.
15. INOUE, H.; KOSEKI, T.; OHKITA, S.; FUJI, M. *Science and Technology of Welding and Joining,* 2000, v. 5, p. 385-396.
16. INOUE, H.; KOSEKI, T.; OHKITA, S.; FUJI, M. *Quarterly Journal of The Japan Welding Society* (in Japanese), 1997, v. 15, p. 88-89.
17. MATAYA, M. C.; NILSSON, E. R.; BROWN, E. L.; KRAUSS, G. *Hot working and recrystallization of as-cast 316L.* Metallurgical and Materials Transactions A, 2003, v. 34A (august), p. 1683-1703.
18. INOUE, H.; KOSEKI, T. *Proceedings of the 7th International Conference on Trends in Welding Research.* may, 2005, Georgia, USA, ASM International. 2005: ASM International, Materials Park, OH.
19. MARTINS, M. *Comunicação particular,* 2007.
20. CHARLES, J. A. *Super duplex stainless steel:* Structure and properties. In: 2nd. Duplex Stainless Steels. 1991, Beaune Borcogne, France.
21. TANG, X. *Sigma Phase Characterization in AISI 316 Stainless Steel.* Microsc. Microanal. 2005, v. 11, Supplement 2, p. 78-79.

22. IZA-MENDIA, A.; PINOL-JUEZ, A.; URCOLA, J. J.; GUTIERREZ, I. *Microstructural and mechanical behavior of a duplex stainless steel under Hot Working Conditions.* Metallurgical and Materials Transactions A, 1998, v. 29A, p. 2975-2986.

23. RAMIREZ, A. J. *Estudo da precipitação de nitreto de cromo e fase sigma por simulação térmica da zona afetada pelo calor na soldagem multipasse de aços inoxidáveis dúplex,* Dissertação de Mestrado, Escola Politécnica, 1997, São Paulo: USP.

24. MARTINS, M.; CASTELETTI, L. C. *Heat treatment temperature influence on ASTM A890 GR 6A super dúplex stainless steel microstructure.* Materials Characterization, 2005, v. 55, p. 225-233.

25. MARTINS, M. *Caracterização microestrutural-mecânica e resistência à corrosão do aço inoxidável super dúplex ASTM A890/A890M Grau 6A.* Tese de Doutorado, EESC – IFSC – IQSC. Universidade de São Paulo. 2006.

FERROS FUNDIDOS COMUNS

1. Introdução

Ferros fundidos são ligas à base de ferro com composição química próxima ao eutético ferro-carbono (ver Figura 17.1). A definição clássica separa aços e ferros fundidos empregando o limite de aproximadamente 2% de carbono, a solubilidade máxima deste elemento na austenita. Para maiores teores de carbono, grafita ou carbonetos primários são formados na solidificação. À medida que o teor de carbono aumenta, a temperatura *liquidus* se reduz e é mais fácil, portanto, fundir estas ligas. Por outro lado, a presença de quantidades significativas de carbonetos primários ou grafita limita a conformação destas ligas.

Segundo Stefanescu [1], o registro mais antigo de um objeto de ferro fundido é um leão chinês de 500 a.C., enquanto na Europa, esta liga foi introduzida entre os séculos XIII e XV. As tubulações de esgoto de Versailles, na França (1681)[1] e a ponte de Coalbrookdale, na Inglaterra[2] são exemplos da importância histórica deste material. Durante muitos anos as aplicações de ferros fundidos foram limitadas por sua baixa ductilidade e tenacidade. A busca de um material que combinasse a tenacidade do aço com a facilidade de fabricação, por fundição, do ferro fundido levou ao desenvolvimento dos ferros fundidos maleáveis ou maleabilizados (item 8), em que um longo tratamento térmico leva à formação de grafita em uma microestrutura relativamente tenaz. O custo do processo é, entretanto, uma limitação importante. O desenvolvimento do ferro fundido nodular, em 1940 [1] ou 1948 [2] (item 6) deu um novo alento à indústria do ferro fundido, ampliando dramaticamente a faixa de aplicações bem-sucedidas deste material.

Do ponto de vista microestrutural, o efeito do carbono dissolvido nas fases sólidas do ferro é completamente equivalente ao discutido para os aços. Entretanto, o considerável excesso em relação ao teor de carbono que pode ser dissolvido no ferro sólido, pode estar presente como cementita (e/ou outros carbonetos em ferros fundidos ligados) ou como grafita.

Figura 17.1
Diagrama de equilíbrio ferro-carbono. Linhas tracejadas: Equilíbrio com grafita. Linhas sólidas: Equilíbrio com cementita. Há equilíbrios que não são alterados pela presença de grafita ou cementita.

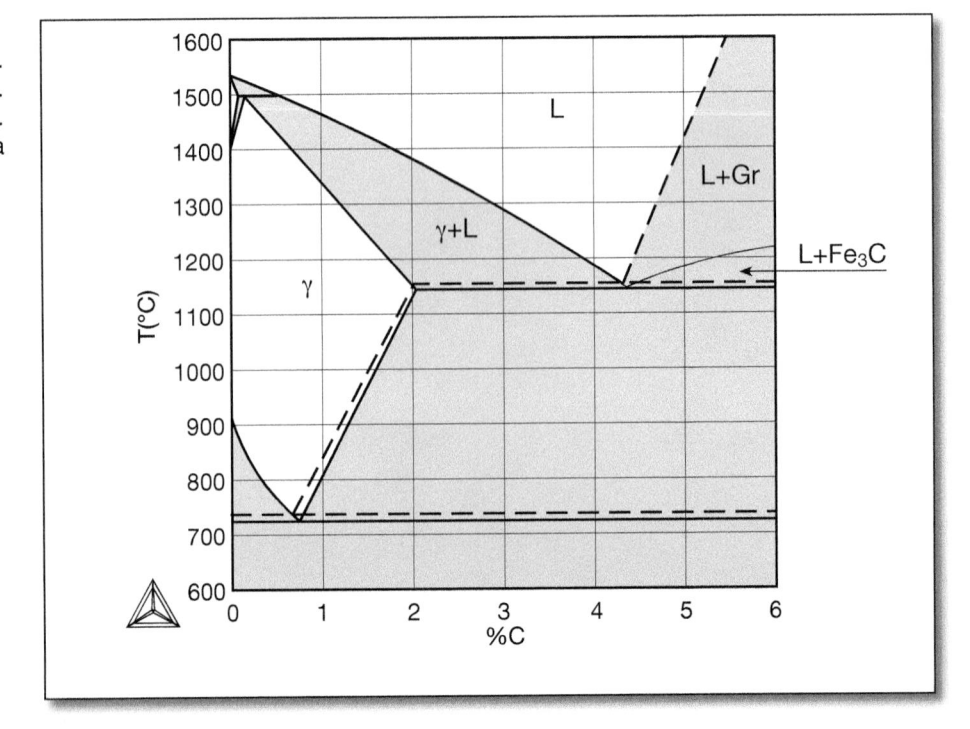

(1) http://www.sewerhistory.org/grfx/components/pipe-iron1.htm

(2) http://www.greatbuildings.com/buildings/Iron_Bridge_at_Coalbrookdale.html

Portanto, nos ferros fundidos, o carbono pode estar presente em três formas:

a) dissolvido nas diversas fases;
b) como cementita;
c) como grafita.

A longa experiência de aplicação de ferros fundidos industrialmente, muito antes do conhecimento do diagrama de equilíbrio de fases ferro-carbono ou das microestruturas associadas às diversas ligas[3] citadas acima, conduziu a classificações empíricas das ligas.

A classificação mais comum dos ferros fundidos diz respeito ao aspecto de sua fratura: quando o carbono está combinado em cementita, a fratura é cristalina, com aspecto claro e estas ligas são chamadas de ferros fundidos brancos. As fraturas das ligas que contêm grafita na estrutura, em contraste, são escuras, acinzentadas. Estas ligas são chamadas ferros fundidos cinzentos.

Durante muitos anos, não foi possível exercer qualquer controle sobre a forma como a grafita precipita durante a solidificação. Mais recentemente, meios de afetar a morfologia da grafita foram desenvolvidos, ampliando as variações possíveis e o controle das propriedades das ligas que contêm grafita. Neste caso, a solidificação é a etapa mais crítica na obtenção da estrutura desejada e foi discutida, parcialmente, no Capítulo 8.

Com o advento da microscopia, passou a ser possível classificar os ferros fundidos através de sua microestrutura. Os ferros que contêm grafita são classificados, primeiramente, pela forma da grafita. Assim, existem ferros fundidos com grafita lamelar, nodular ou vermicular. Dentro de cada forma de grafita, a maneira como a grafita se distribui e suas dimensões são, também, medidas e caracterizadas metalograficamente. Além disto, os ferros fundidos podem ser também classificados pela microestrutura da matriz, que apresenta os mesmos constituintes que os aços.

A Tabela 17.1 apresenta os vários tipos de ferros fundidos comerciais, a forma da grafita (quando presente), os tipos de microestruturas possíveis e o método de obtenção destas estruturas.

Embora seja comum pensar em classificar os ferros fundidos com menos de 4,3% como hipoeutéticos e aqueles com mais de 4,3% hipereutéticos, os ferros fundidos têm, em geral, pelo menos a adição de mais um elemento de liga, sendo o silício, classicamente, o mais comum. Os elementos mais comuns presentes nos ferros fundidos são, além do silício e do carbono, o manganês, enxofre e fósforo. Estes elementos alteram a composição do eutético e o modo de solidificação destas ligas. É comum adotar-se expressões para o cálculo do "carbono equivalente" para prever o comportamento, na solidificação, de ferros fundidos. Uma fórmula simples para o teor de carbono equivalente é [2]:

$$CE = \% \ C + 1/3 \ (\% \ Si + \% \ P)$$

Esta fórmula permite definir, preliminarmente, se uma liga é hipo- ou hipereutética. Além da comprovação empírica da validade da fórmula, há fundamentos termodinâmicos que a suportam [4].

(3) Como visto no Capítulo 8, Ledebur, pioneiro no estudo do eutético Fe-C, realizou seus estudos por volta de 1880-1890, quando o ferro fundido já era bastante aplicado comercialmente.

Tabela 17.1
Diferentes tipos de ferros fundidos e suas características estruturais. (F = ferrita, P = perlita, M = martensita, B = bainita). Adaptada de [3].

Nome comercial	Fase rica em carbono	Matriz	Estrutura final obtida por
Ferro fundido cinzento (item 4)	Grafita lamelar	P, F	Solidificação
Ferro fundido nodular (*ductile*) (item 6)	Grafita nodular	F, P, A	Solidificação ou tratamento térmico
Ferro fundido de grafita compactada (item 7)	Grafita vermicular compactada	F, P	Solidificação
Ferro fundido branco (item 3)	Cementita	P, M	Solidificação e tratamento térmico (alívio de tensões/ conclusão da decomposição da austenita)
Ferro fundido maleável (item 8)		F, P	Tratamento térmico
Ferro fundido nodular austemperado (item 6.1)	Grafita nodular	Bainita (austêmpera)	Tratamento térmico

2. Ferros Fundidos Brancos e Ferros Fundidos Cinzentos

No resfriamento do aço após a solidificação e em seu tratamento térmico, o carbono, quando excede o limite de solubilidade nas fases do ferro, se precipita sob a forma do carboneto metaestável cementita. Em aços, quase nunca ocorre a fase de equilíbrio estável do sistema ferro-carbono, a grafita.

No caso dos ferros fundidos, já durante a solidificação o sistema opta por qual das fases se formará e a situação não é tão simples. De uma forma geral, dois fatores principais influenciam a formação da fase rica em carbono nos ferros fundidos:

a) a velocidade de resfriamento;
b) a composição química.

2.1. Efeito da Velocidade de Resfriamento

Velocidades de resfriamento mais lentas favorecem o equilíbrio, com a formação de grafita durante a solidificação. Velocidades mais elevadas conduzem à solidificação metaestável, favorecendo a formação de cementita.

A velocidade de resfriamento é controlada, normalmente, pelas dimensões da peça e pelo material do molde de fundição. Peças grandes tendem a resfriar mais lentamente. Areias de condutividade térmica mais baixa também reduzem a velocidade de resfriamento. Por outro lado, moldes metálicos (chamados coquilhas) produzem resfriamento muito rápido.

Um teste comum é a fundição de cunhas, em que a espessura e, conseqüentemente, a taxa de resfriamento, variam continuamente. As regiões mais finas da cunha podem solidificar de forma metaestável (ferro branco). À medida que a espessura da cunha aumenta, pode-se obter ferro fundido cinzento, como mostra a Figura 17.2. O teste de cunha é padronizado pela norma ASTM A367 [5].

Existem várias relações empíricas e semi-empíricas entre a composição química e a taxa de resfriamento crítica neste teste. Algumas destas relações são revistas em [6].

Além do efeito sobre a solidificação, a velocidade de resfriamento afeta a microestrutura obtida. A Figura 17.3 apresenta um exemplo de medidas de dureza ao longo de uma cunha fundida segundo a norma ASTM, como a da Figura 17.2. A variação de microestrutura ao longo da cunha, decorrente das diferentes velocidades de resfriamento observadas, dá origem a diferentes propriedades e tipos de ferros fundidos que são discutidos nos próximos itens deste capítulo.

Uma explicação proposta para o efeito da taxa de resfriamento é o seu efeito sobre a temperatura de solidificação do eutético estável e do eutético metaestável. O aumento da taxa de resfriamento reduz a temperatura em que a solidificação ocorre, nos dois casos. Entretanto, como o efeito da velocidade de resfriamento sobre cada uma destas temperaturas é diferente, haveria uma taxa de resfriamento, a partir da qual a temperatura do eutético metaestável passaria a ser mais alta. A partir desta taxa de resfriamento a solidificação se daria com a formação da cementita, metaestável, como mostra a Figura 17.4.

A análise térmica é, por este motivo, muito empregada como ferramenta de desenvolvimento e controle da qualidade na fundição de ferros fundidos. A estrutura de solidificação pode ser prevista e controlada com as informações obtidas por este método, como mostrado esquematicamente na Figura 17.5.

Figura 17.2.
(a) Aspecto da fratura de uma cunha de ferro fundido. A região próxima à extremidade fina apresenta fratura branca. A maior parte da cunha tem estrutura cinzenta. Cortesia C. H. Lopes, BR Metals Fundições Ltda, Barra do Piraí, RJ, Brasil. (b) Relação esquemática entre a taxa de resfriamento da cunha e a posição da cunha.

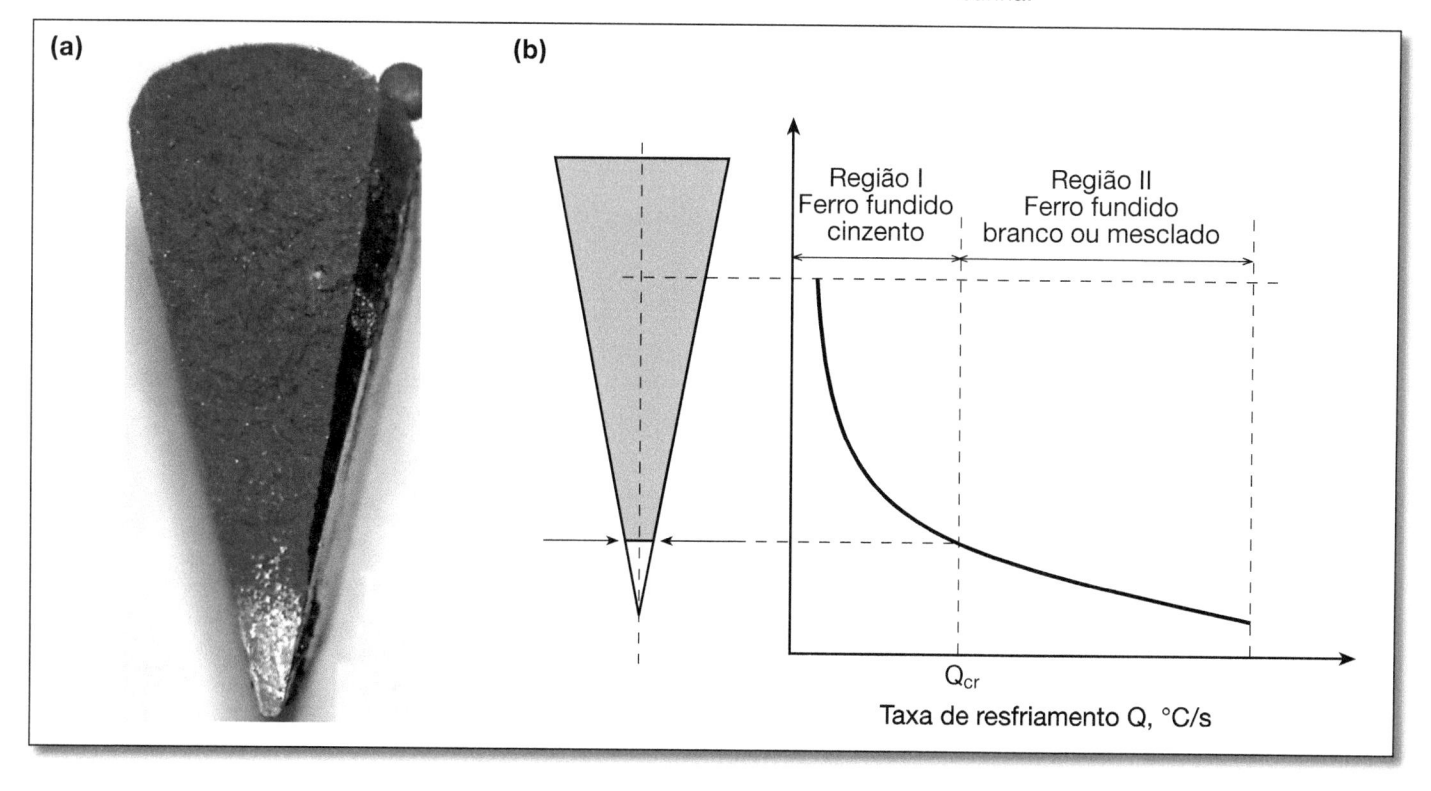

Figura 17.3
Durezas ao longo de uma cunha fundida segundo a norma ASTM. A variação de microestrutura ao longo da cunha, em função das velocidades de resfriamento obtidas, dá origem a diferentes tipos de ferros fundidos que são discutidos nos itens deste capítulo. Adaptado de [3].

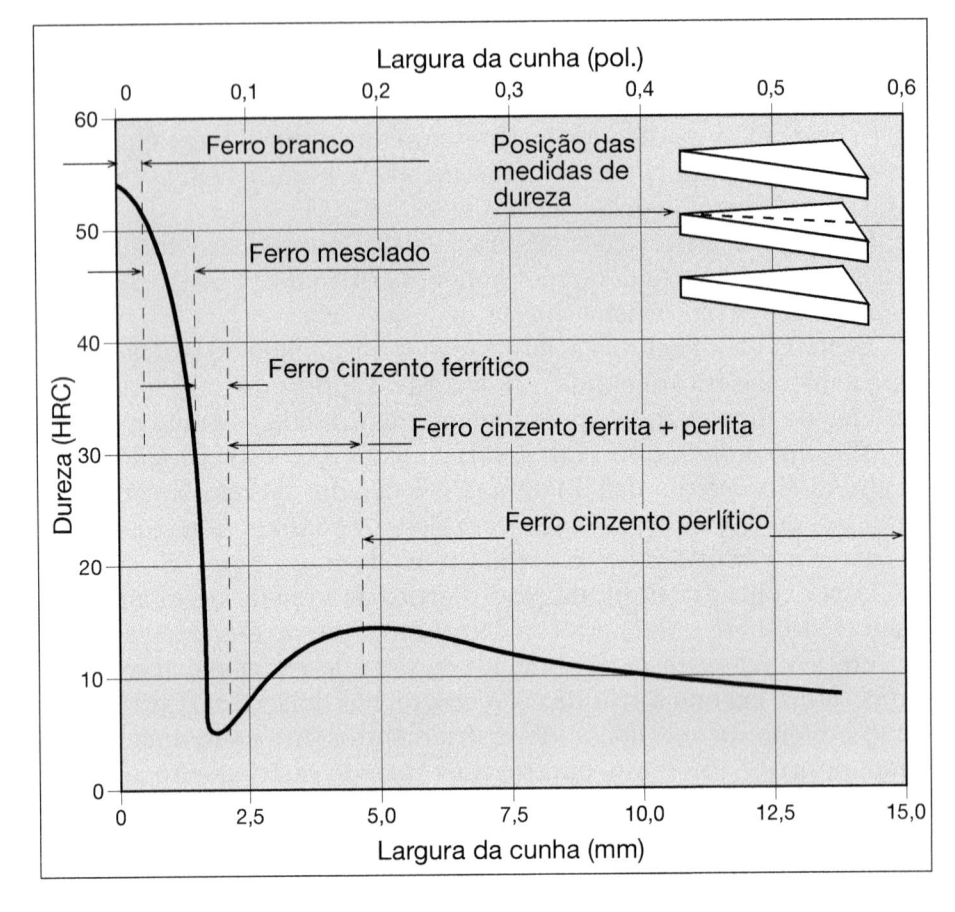

Figura 17.4
Esquema indicando o efeito da taxa de resfriamento sobre a temperatura de solidificação do eutético estável e do eutético metaestável em ferros fundidos. Embora as duas temperaturas diminuam com o aumento da taxa de resfriamento, para taxas de resfriamento menores o eutético de equilíbrio é favorecido e para taxas superiores à crítica, o eutético metaestável é preferido. Adaptado de [1].

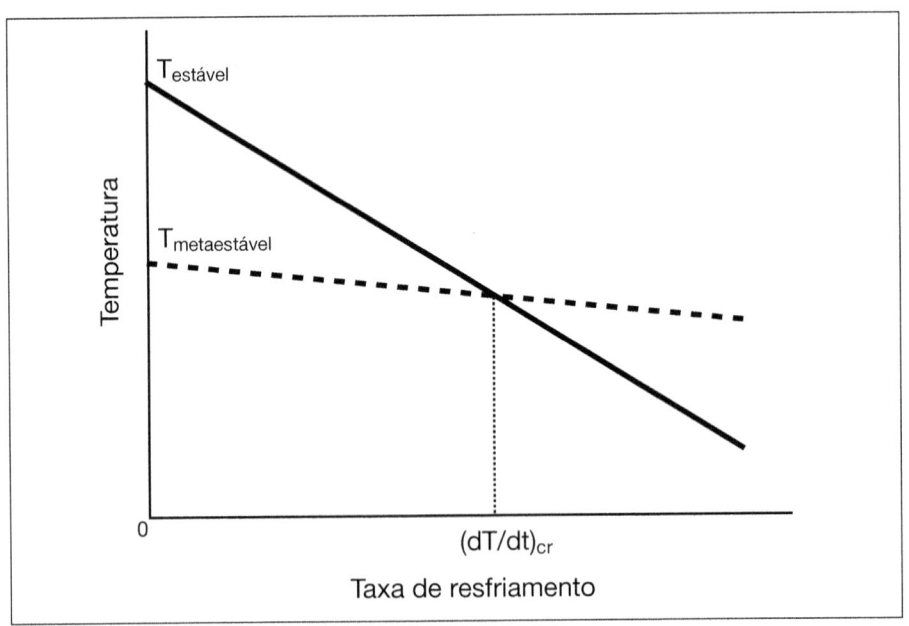

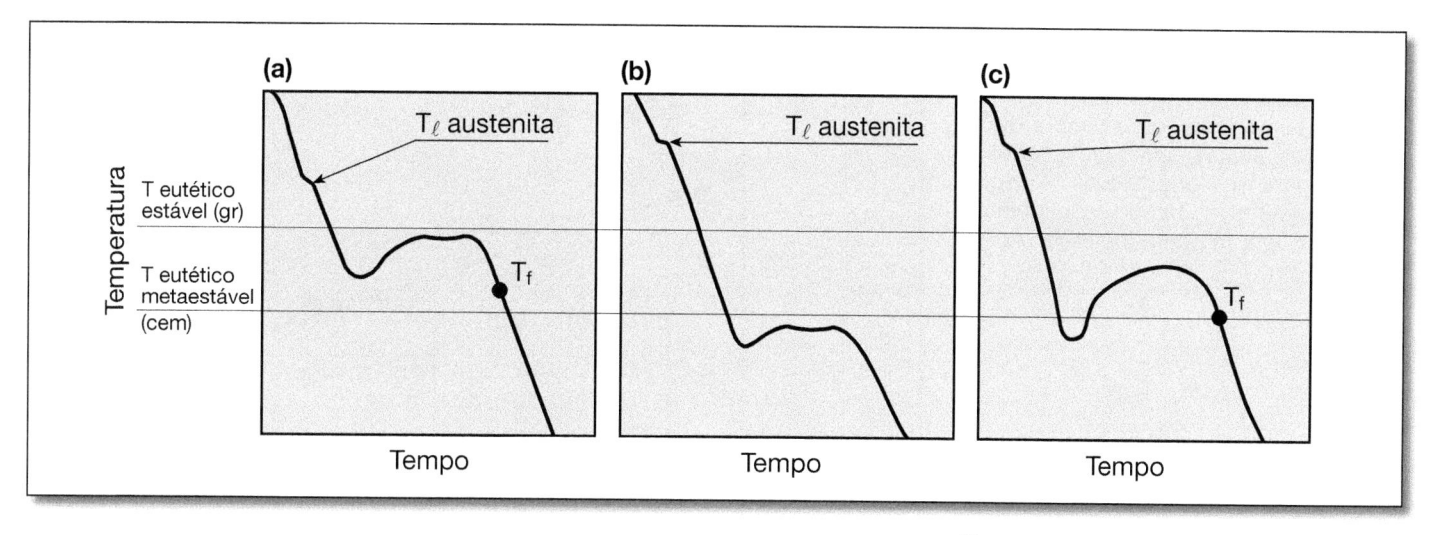

Figura 17.5
Curvas de resfriamento (esquemáticas) de (a) ferro fundido cinzento, (b) ferro fundido branco e (c) ferro fundido mesclado. Além das temperaturas dos eutéticos estável e metaestável, estão indicados o início da solidificação da austenítica pró-eutética (T_ℓ) e a temperatura de final de solidificação (T_f). Adaptado de [7]. (Ver também Figura 17.22).

Por fim, o superaquecimento do metal vazado também diminui a velocidade de resfriamento. Entretanto, este parâmetro influencia outros resultados do processo de fundição (erosão do molde, por exemplo) e não pode ser alterado somente visando afetar a formação de grafita.

2.2. Efeito da Composição Química

O efeito da composição química sobre a formação de grafita ou cementita depende, principalmente, do efeito dos elementos de liga sobre a estabilidade da cementita.

Todas as generalizações sobre o efeito dos elementos de liga em aços e ferros fundidos são perigosas, em vista da complexidade dos efeitos, da interação entre os elementos e dos efeitos de outras variáveis sobre a microestrutura. A discussão apresentada a seguir é, portanto, apenas orientativa.

Como o carbono e o silício são os dois elementos mais importantes, a visão geral da Figura 17.6 é interessante para delimitar, de forma geral, os campos de composição química de cada tipo de ferro fundido comercial.

2.2.1. Carbono

O carbono nos produtos industriais está compreendido, geralmente, entre 2,0 e 4,0%. Com teores baixos há tendência para formar-se o tipo branco. À medida, porém, que o teor de carbono cresce, melhoram as condições para a formação de grafita e de se obter, portanto, ferro cinzento ou outra variedade grafítica.

Nos ferros fundidos brancos, a dureza se eleva com o teor de carbono, porque a quantidade de cementita na microestrutura aumenta.

2.2.2. Silício

O silício é, depois do carbono, o elemento mais importante nos ferros fundidos. Como visto no Capítulo 13 o silício reduz a estabilidade da cementita. Assim, favorece, também, a decomposição da cementita em ferrita e grafita. É uma importante adição quando se visa obter um

Figura 17.6
Campos de composição química típica dos ferros fundidos mais comuns, com respeito aos teores de carbono e de silício. Estes limites são aproximados e apenas para fins orientativos. A região que representa a composição química dos aços está também indicada. Adaptado de [3].

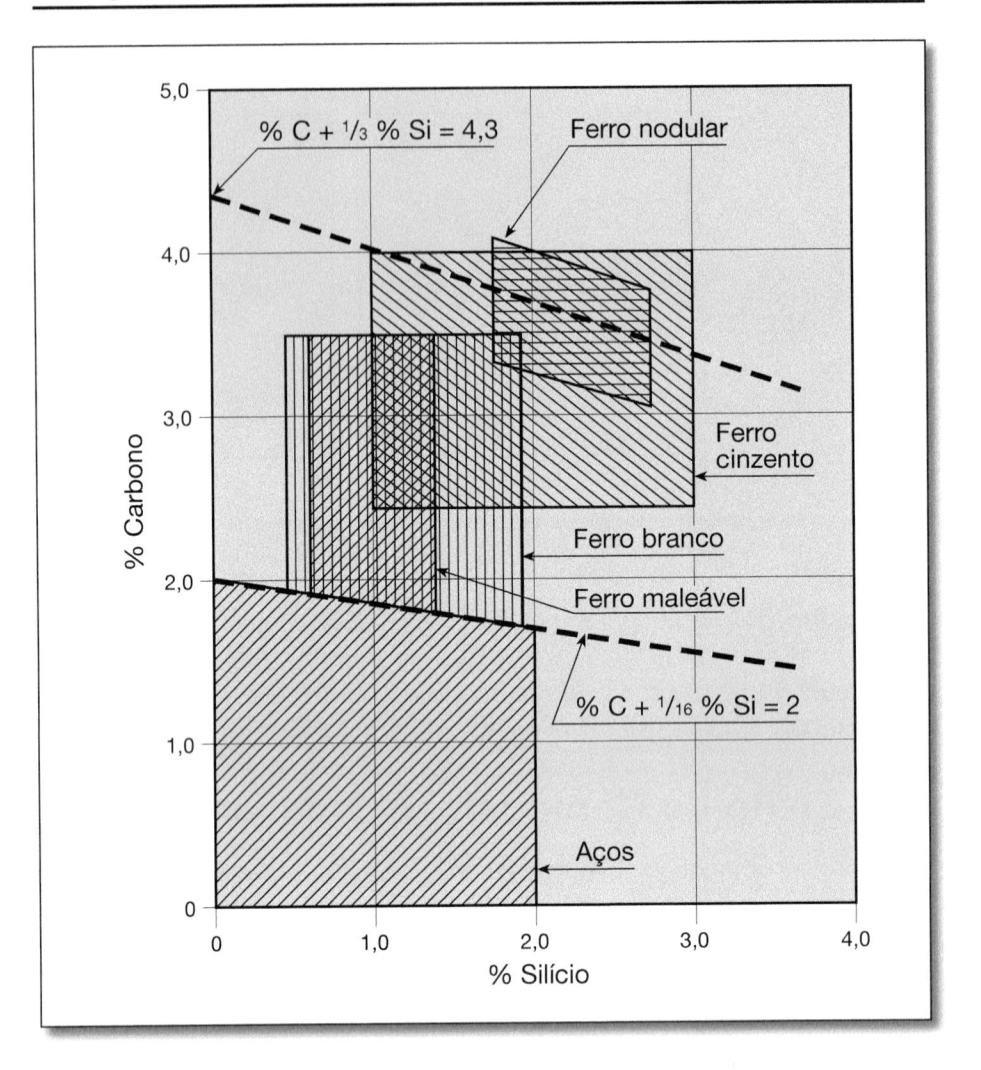

ferro fundido com grafita, como pode ser observado na Figura 17.6. Com pouco ou nenhum silício, o ferro fundido apresenta, em geral, fratura branca.

Para se obter ferros fundidos com grafita, mas com melhor resistência mecânica, entretanto, tanto o teor de carbono como o de silício devem ser limitados, para evitar a formação de ferrita e de perlita com espaçamento interlamelar grosseiro.

O efeito do silício sobre a composição do eutético pode ser avaliado através da expressão do carbono equivalente, apresentada no item anterior. O silício afeta, entretanto, vários outros equilíbrios importantes. A Figura 17.7 apresenta uma representação tridimensional do diagrama Fe-C-Si na região do eutético, onde é possível apreciar o efeito do silício sobre os vários equilíbrios no sistema. Esta figura, projetada em duas dimensões, é apresentada na Figura 17.21.

2.2.3. Manganês

O manganês dificulta a decomposição da cementita, dissolvendo-se também nesta fase que pode ser descrita por $(Fe, Mn)_3C$. Em teores elevados poderia anular a ação do silício e o ferro fundido resultar branco. Seu principal papel nos ferros fundidos comuns é, porém, neutralizar a ação do enxofre, formando com este MnS, da mesma forma que nos aços.

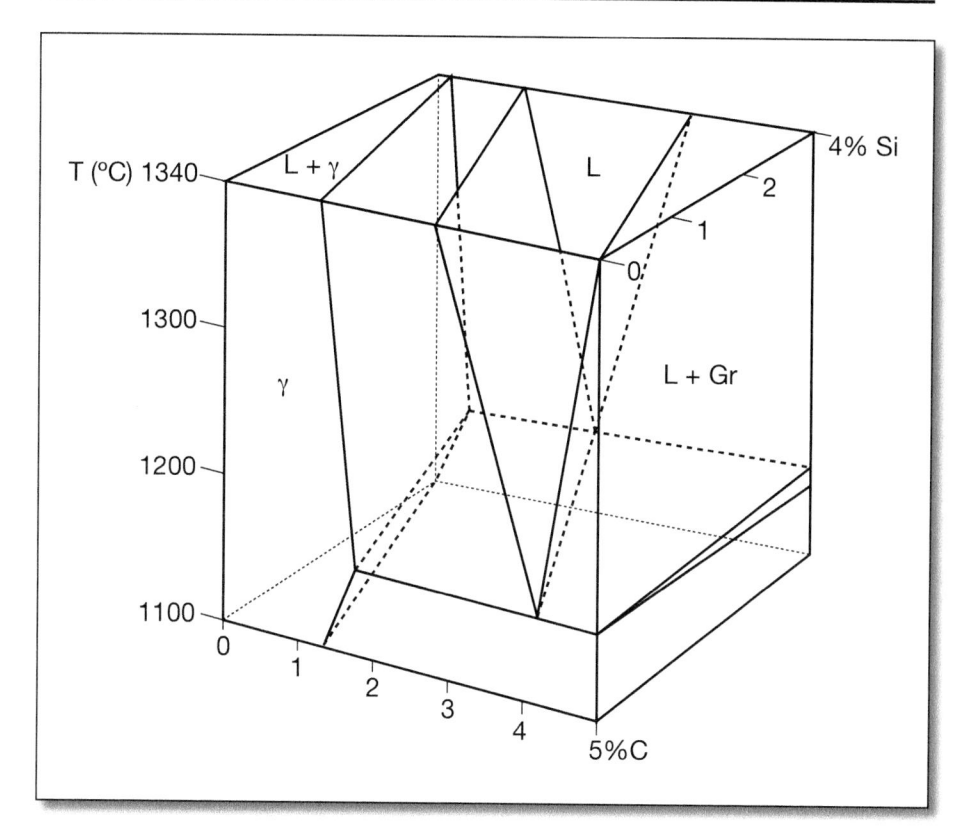

Figura 17.7
Parte do diagrama Fe-C-Si na região do eutético com a grafita. O efeito do aumento do teor de silício sobre os equilíbrios importantes é evidente. Com o aumento do teor de silício observa-se: a redução do teor de carbono no eutético, a redução da solubilidade do carbono na austenita, a redução da solubilidade do carbono no líquido. A projeção desta figura no plano %C-T é apresentada na Figura 17.21.

2.2.4. Enxofre

O teor de enxofre, no ferro fundido, pode ser bastante mais elevado do que no caso dos aços. O enxofre tem papel importante na morfologia da grafita formada no ferro fundido (ver item 6). O ajuste dos teores de enxofre e manganês em ferros fundidos cinzentos é muito importante para a garantia das propriedades mecânicas desejadas (ver item 4.5).

2.2.5. Fósforo

O fósforo, quando em teores normais a baixos é grafitizante e não desempenha um papel preponderante; em teores elevados, contribui para a fragilidade e atua como estabilizador da cementita. O fósforo aumenta a fluidez do metal líquido, permitindo fundir peças de paredes mais finas e de contornos mais nítidos. O uso do fósforo para este fim deve ser ponderado, entretanto, com seu efeito sobre as propriedades mecânicas. O efeito fragilizante do fósforo no ferro, importante no caso dos aços, é um pouco menos crítico nos ferros fundidos que já têm tenacidade baixa, como os cinzentos, por exemplo [8]. Assim, teores de fósforo bastante mais elevados do que em aços são comuns em ferros fundidos, especialmente cinzentos. No caso dos ferros fundidos nodulares o fósforo é considerado uma impureza. O fósforo forma com o ferro um fosfeto (Fe_3P) e pode formar eutéticos binários, como a esteadita, ou ternários (ver item 4.3.1).

Peças de alta resistência ao desgaste têm sido produzidas com o emprego de ferros fundidos cinzentos de elevado teor de fósforo [9, 10].

A Tabela 17.3 resume o efeito dos principais elementos sobre a formação da grafita.

Tabela 17.2
Potencial grafitizante de diversos elementos em ferro fundido. Adaptado de [3].

Elementos com potencial grafitizante positivo	Potencial grafitizante aumenta
Carbono Estanho Fósforo Silício Alumínio Cobre Níquel	
Ferro	
Elementos com potencial grafitizante negativo (favorecem a formação de carbonetos)	Maior tendência a cabonetos
Manganês Cromo Molibdênio Vanádio	

Diversas apresentações visando racionalizar o conhecimento do efeito da composição química combinada com a taxa de resfriamento são propostas na literatura. A Figura 17.8 mostra um dos diagramas comumente empregados, originalmente desenvolvido por Laplanche.

3. Ferros Fundidos Brancos

Os ferros fundidos brancos têm alta dureza e elevadíssima resistência ao desgaste. Naturalmente, têm ductilidade muito baixa. Seu emprego se restringe a aplicações em que se buscam dureza e resistência ao desgaste muito altas sem que a peça necessite ser, ao mesmo tempo, dúctil.

Figura 17.8
Diagrama apresentando o tipo de microestrutura esperado em função dos teores de carbono, silício e carbono equivalente ($C_E = \%\,C + \frac{1}{3}\,(\%\,Si + \%\,P)$) e da velocidade de resfriamento expressa pela espessura da parede (R) que é considerada na fórmula da constante de grafitização $K_g = C\,(Si + \log R)$. Adaptado de [11].

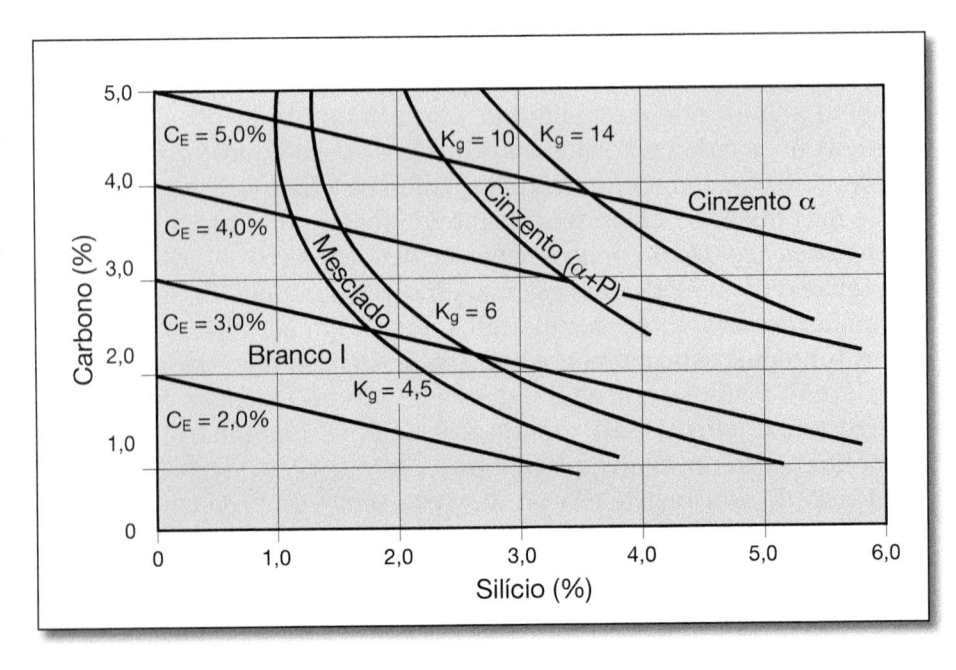

Nos ferros fundidos brancos as condições de solidificação e processamento são tais que não há formação de grafita, prevalecendo o equilíbrio metaestável com a cementita (Fe$_3$C).

Embora a análise correta da constituição microestrutural e da evolução da estrutura durante a solidificação deva ser realizada considerando, ao menos, a presença do silício no ferro fundido, uma análise simplificada, sobre o diagrama ferro-carbono metaestável, é instrutiva, para a compreensão das microestruturas possíveis de se observar nestas ligas.

De uma forma geral, três estruturas podem ser distinguidas em ferros fundidos brancos, em função da sua composição química em comparação com a composição do líquido eutético: hipoeutéticas, eutéticas e hipereutéticas.

3.1. Ferros Fundidos Brancos Hipoeutéticos

Em uma composição hipereutética, a primeira fase a precipitar a partir do líquido será a austenita, ao se atingir a linha *liquidus* do diagrama de equilíbrio de fases (Figura 17.9). Nas condições normais de solidificação, a austenita crescerá em dendritas (ver Capítulo 8). À medida que a temperatura é reduzida aumenta a fração de austenita e diminui a fração de líquido presente. Estes valores, no diagrama binário, poderiam ser calculados pela regra da alavanca.

O líquido vai se enriquecendo em carbono, até atingir a composição do líquido eutético. Neste ponto, ocorre o crescimento cooperativo de austenita e cementita, em um constituinte eutético chamado ledeburita.

Hillert e Rao [12] propuseram um modelo para a formação da ledeburita, mostrado na Figura 17.10. A nucleação de placa de cementita ocorre entre as dendritas de austenita. Esta nucleação causa a nucleação de placas paralelas de austenita. Numa segunda etapa da reação a austenita e a cementita começam a crescer de forma cooperativa, com morfologia de bastões.

Em condições de solidificação direcional Park e Verhoeven [13] observaram que, em ligas Fe-C, e com taxas baixas a moderadas de crescimento, o eutético tem a forma de placas. Nas ligas Fe-C-Si, o eutético tem a morfologia de bastões. Nas ligas Fe-C o aumento da velocidade de crescimento também favorecia a morfologia de bastões. A observação das micrografias apresentadas a seguir é consistente com a formação de regiões iniciais de placas de eutético, seguidas por eutético sob a forma de bastões de austenita em matriz de cementita.

Na solidificação controlada de ferros fundidos brancos Mazur e colaboradores [14] observaram que, com velocidades de resfriamento maiores (e, portanto, maiores superesfriamentos), é possível favorecer a formação de eutético com morfologia de placas (lado esquerdo da Figura 17.10). Esta morfologia é encontrada, por vezes, em regiões coquilhadas.

Logo abaixo de 1130 °C, o ferro fundido em questão apresenta o aspecto de dendritas de austenita envolvidas pelo eutético.

Continuando o esfriamento, a solubilidade do carbono na austenita diminui. Este carbono é rejeitado pela austenita e precipita, nas interfaces entre austenita e cementita, sob a forma de mais cementita.

Este processo continua até a temperatura de 723 °C em que o teor de carbono da austenita terá baixado até a composição do eutectóide,

Figura 17.9
Diagrama ferro-carbono metaestável. A evolução microestrutural de ferro fundido branco: hipoeutético (3%C), eutético (4,3%C) e hipereutético (5,4%C) é apresentada de forma simplificada, neste sistema binário[4]. (Ferros brancos hipereutéticos podem não solidificar com cementita pró-eutética).

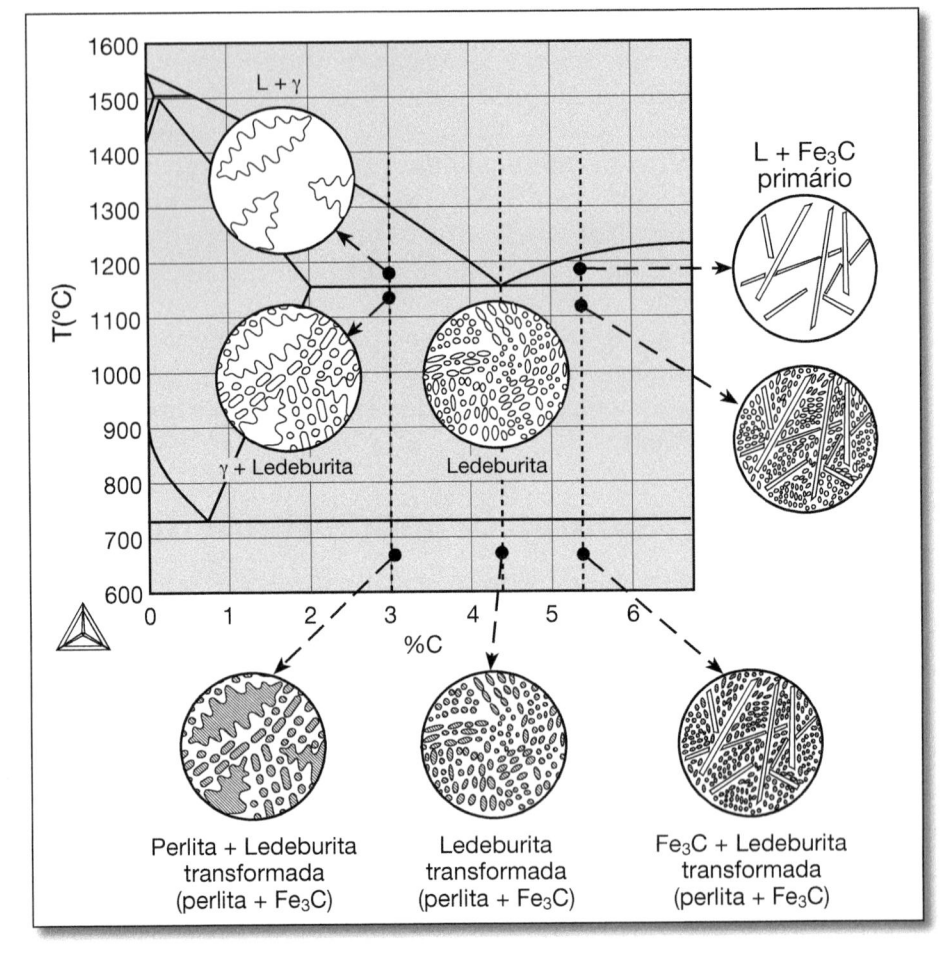

Figura 17.10
Modelo esquemático da formação da ledeburita, proposto por Hillert e Rao [12]. O crescimento inicial de placas de cementita (clara, no desenho) não ocorre de forma cooperativa com a austenita (escura, no desenho). A partir de um certo ponto estabelecem-se condições para o crescimento cooperativo, lateral, na forma de bastões de austenita em placas de cementita. A cementita mantém orientação cristalográfica preferencial de crescimento.

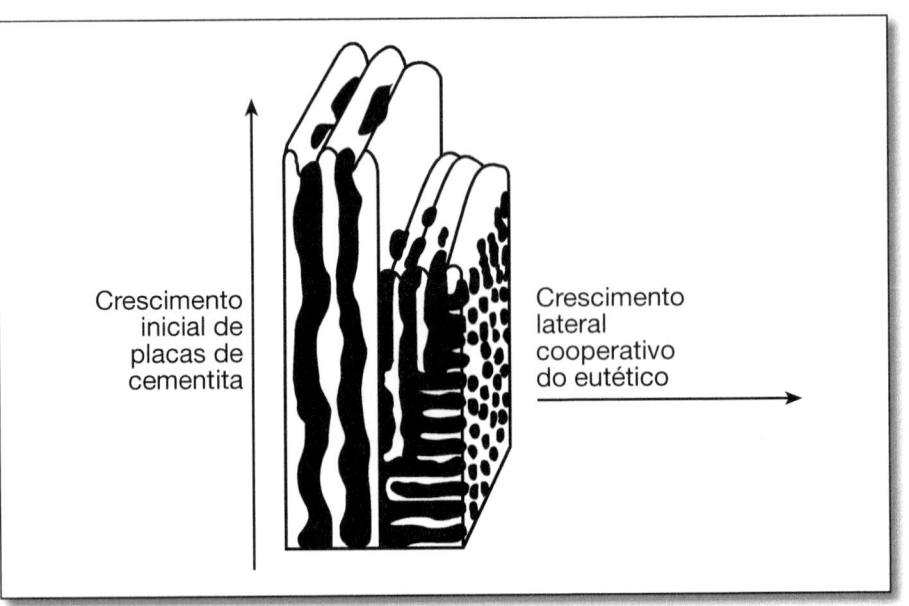

---

(4) A presença dos elementos de liga altera o diagrama e modifica a composição das fases presentes no eutético. Ainda assim, a análise tem valor didático para a compreensão das microestruturas.

cerca de 0,77%. Como visto nos Capítulos 7 e 9, esta austenita no resfriamento relativamente lento, se transforma em perlita. Assim, a austenita, tanto das dendritas primárias como da ledeburita, se transformará em perlita. A ledeburita transformada será composta, portanto,
de bastões e/ou placas de perlita em uma matriz de cementita, como
mostra a Figura 17.11.

Em um ou outro ponto encontram-se, às vezes, pequenas áreas
isoladas de cementita, devido à solidificação da austenita formada no
eutético, sobre as dendritas primárias de austenita. Essas áreas de cementita constituem um eutético divorciado, isto é, uma ledeburita sem
os glóbulos de austenita.

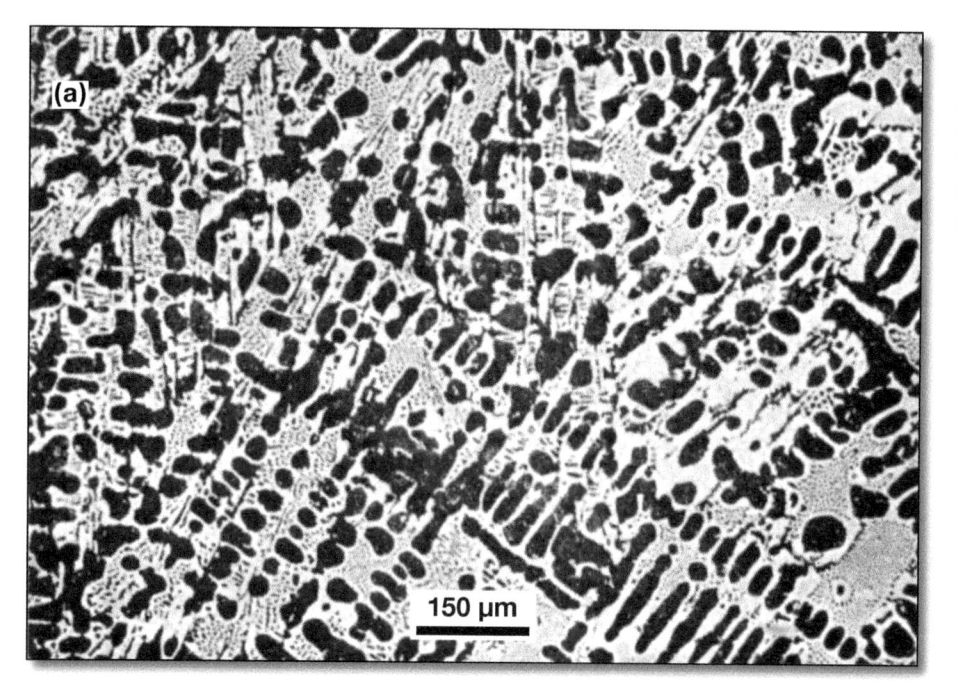

Figura 17.11(a)
Ferro fundido branco hipoeutético. As
dendritas de austenita se transformaram
em perlita (escura). A ledeburita transformada, entre as dendritas, é composta
por cementita (branca) e perlita (escura,
pequenos "pontos"). Ataque: Nital.

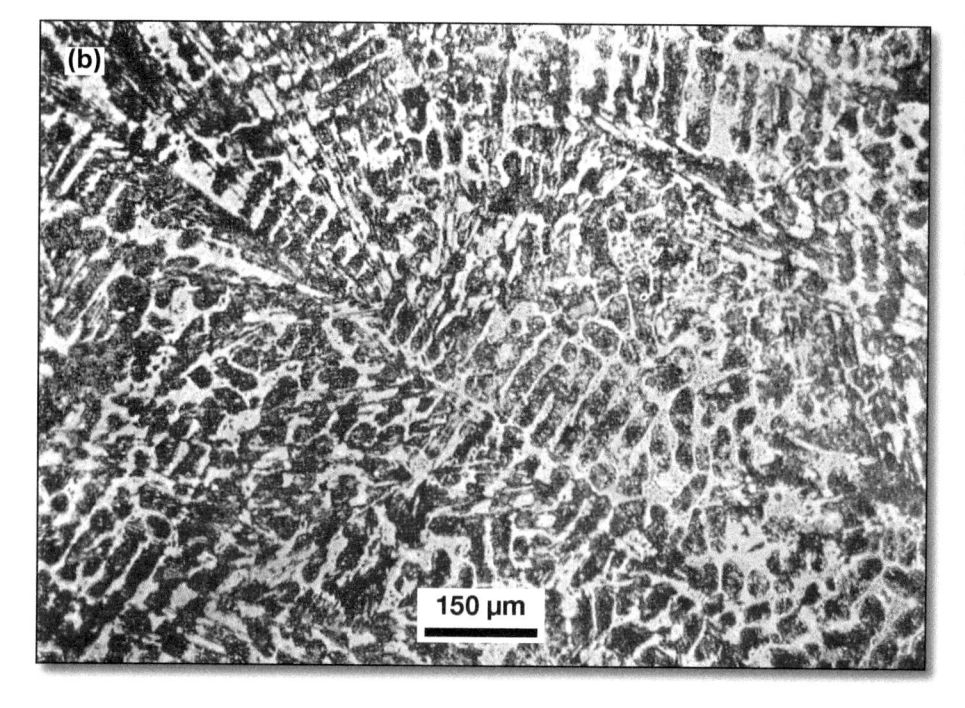

Figura 17.11(b)
Ferro fundido branco hipoeutético. As
dendritas de austenita se transformaram
em perlita (escuro). A ledeburita transformada, entre as dendritas, é composta
por cementita (branca) e perlita (escura,
pequenos "pontos"). Comparar a fração
volumétrica de perlita com a Figura (a)
Ataque: Picral.

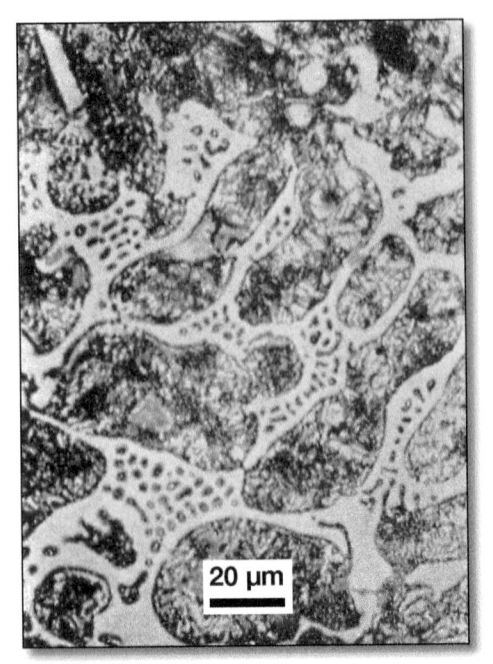

Figura 17.12
Aspecto com maior aumento da microestrutura da Figura 17.11(b). Ledeburita transformada entre as dendritas de austenita transformada em perlita. Ataque: Picral.

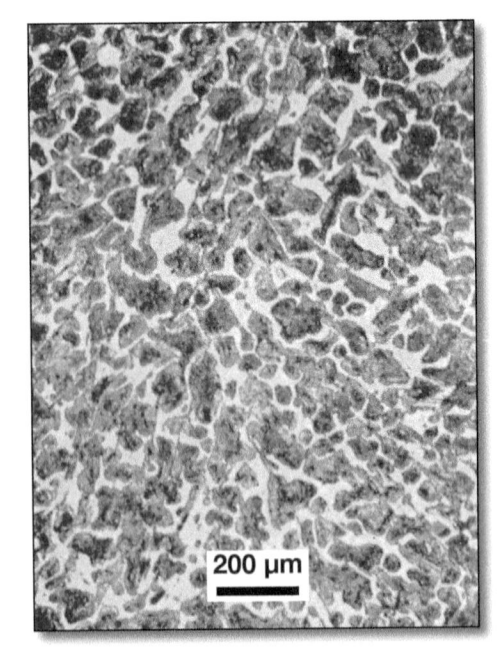

Figura 17.13
Liga ferro carbono com aproximadamente C = 2%. Ausência de ledeburita. Cementita proeutectóide (em elevada fração volumétrica) nos contornos de grão austeníticos anteriores. Perlita. Ataque: Picral.

No sistema ferro-carbono, aplicando-se a regra da alavanca na temperatura do eutético, é possível verificar que:

A ledeburita começa a aparecer quando se ultrapassa 2% de carbono e apresenta-se em quantidade cada vez maior, à medida que a concentração deste elemento cresce, até o único constituinte da microestrutura quando se atingem 4,3%, a composição do eutético (ver Figura 17.9 e item 3.3). Para teores mais elevados ainda, ferros hipereutéticos (ver item 3.2) a percentagem de ledeburita torna a decrescer até que se atinjam 6,7% de carbono, limite para o qual o ferro fundido seria constituído exclusivamente de cementita.

Como discutido no Capítulo 8, o aumento da velocidade de resfriamento, na solidificação, conduz ao refinamento do espaçamento interdendrítico. A comparação entre as Figuras 17.11 e 17.14 permite observar este efeito, também em ferro fundido branco. O espaçamento dos bastões e das placas de eutético também diminui com o aumento da velocidade de resfriamento. Park e Verhoefen [13] propuseram algumas relações entre estas grandezas para ferros fundidos brancos solidificados direcionalmente.

3.2. Ferros Fundidos Brancos Hipereutéticos

Em raros casos, em ferros fundidos brancos hipereutéticos pode haver a precipitação de cementita primária, na forma de placas, como indicado na Figura 17.9. À medida que o esfriamento prossegue, o teor de carbono do líquido continua baixando, até que, a 1130 °C chega a 4,3%, formando-se então o eutético, como no caso anterior.

Os eventuais cristais de cementita pró-eutética, se formados, não sofrem nenhuma transformação durante o esfriamento até a temperatura

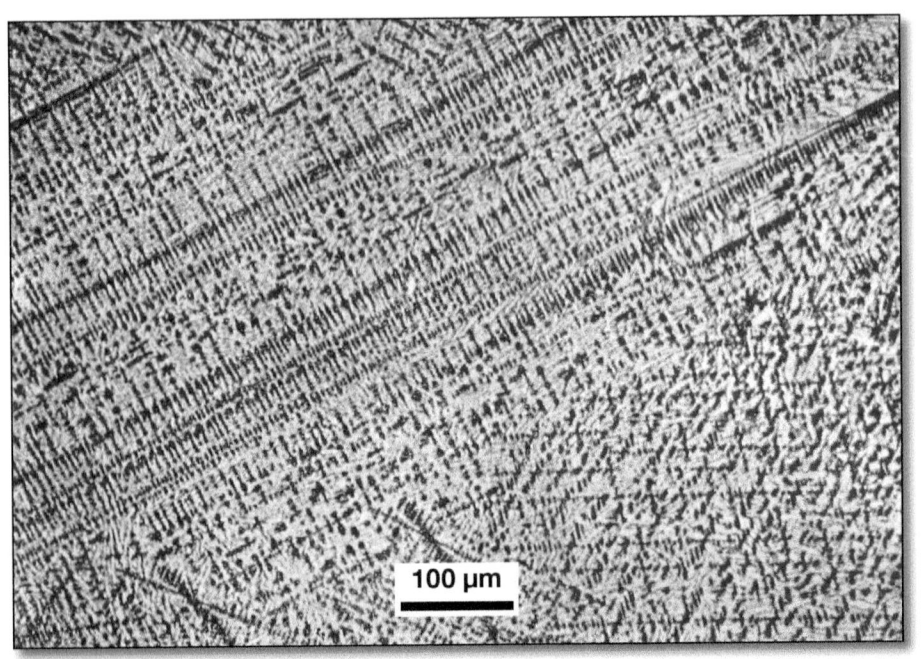

Figura 17.14
Ferro fundido branco hipoeutético esfriado rapidamente durante a solidificação. Espaçamento interdendrítico reduzido. Ataque: Picral.

ambiente, mas a ledeburita, que os envolve, passa pelas mesmas transformações que já foram descritas acima. Por conseguinte, a temperatura ambiente, esses ferros fundidos serão constituídos de cristais alongados de cementita, cercados por ledeburita (Figuras 17.15 e 17.16).

3.3. Ferros Fundidos Brancos Eutéticos

Os ferros fundidos brancos eutéticos começariam a se solidificar a 1130 °C, se fossem ligas binárias, e a temperatura permanece aproximadamente constante enquanto toda a massa não estiver sólida. (A taxa de resfriamento influencia a temperatura de início da solidificação, ver item 2.1) O material será constituído só de ledeburita (Figuras 17.18 e 17.19).

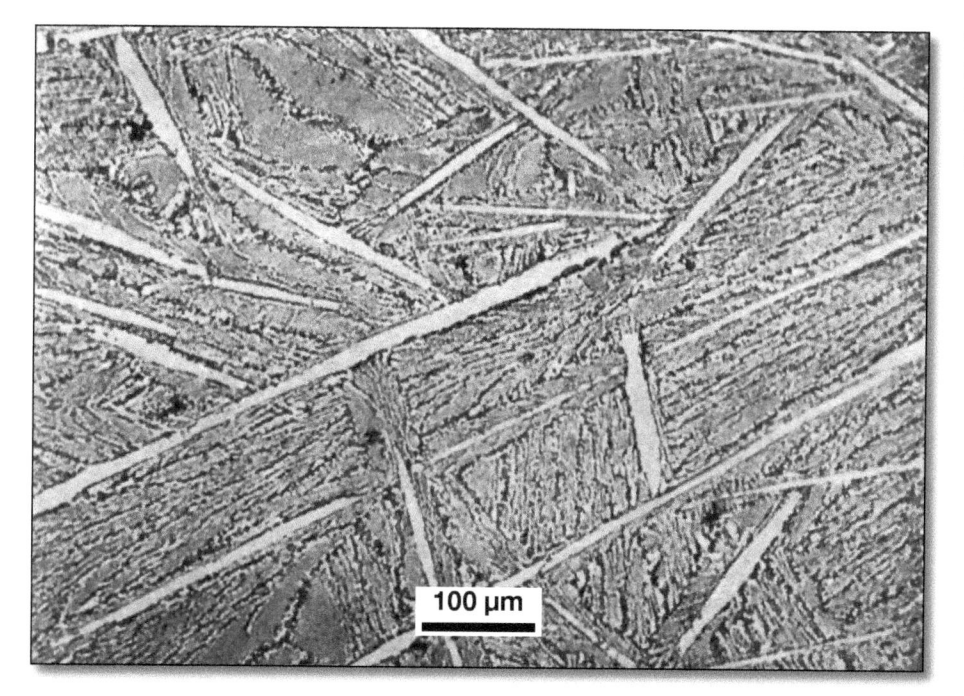

Figura 17.15
Ferro fundido branco hipereutético. Longos cristais de cementita em uma matriz de ledeburita transformada. Ataque: Picral.

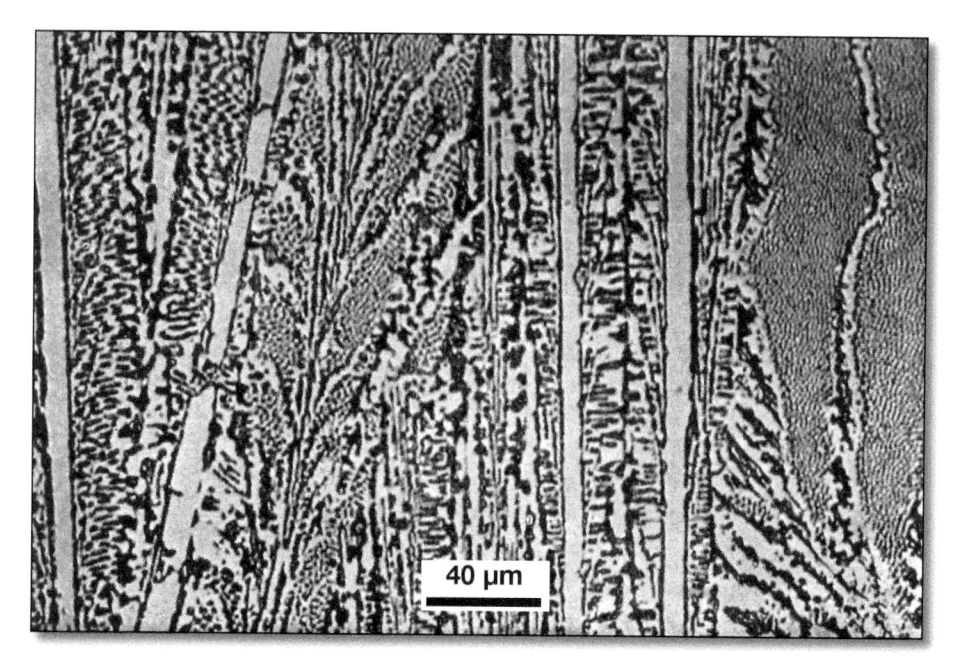

Figura 17.16
Microestrutura do ferro fundido branco da Figura 17.15, observada com maior aumento. Ataque: Picral.

Figura 17.17
Ferro fundido branco hipereutético. O ataque com picrato de sódio torna a cementita cinzenta. (Tanto a cementita pró-eutética como a da ledeburita). Ataque: Picrato de sódio.

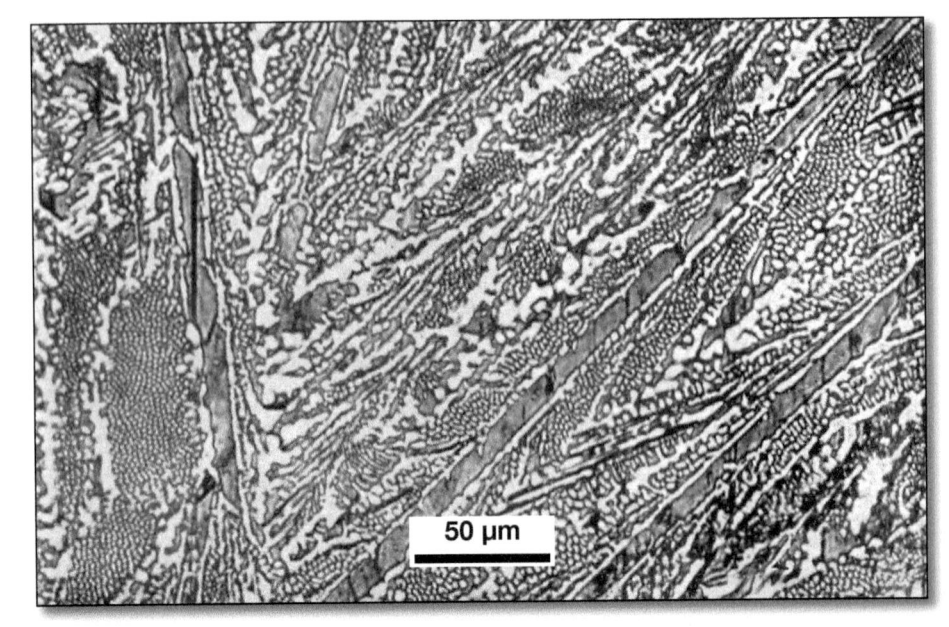

Figura 17.18
Ledeburita transformada, da região eutética de um ferro fundido branco. Pequenas áreas de perlita em uma matriz de cementita. Ataque: Picral.

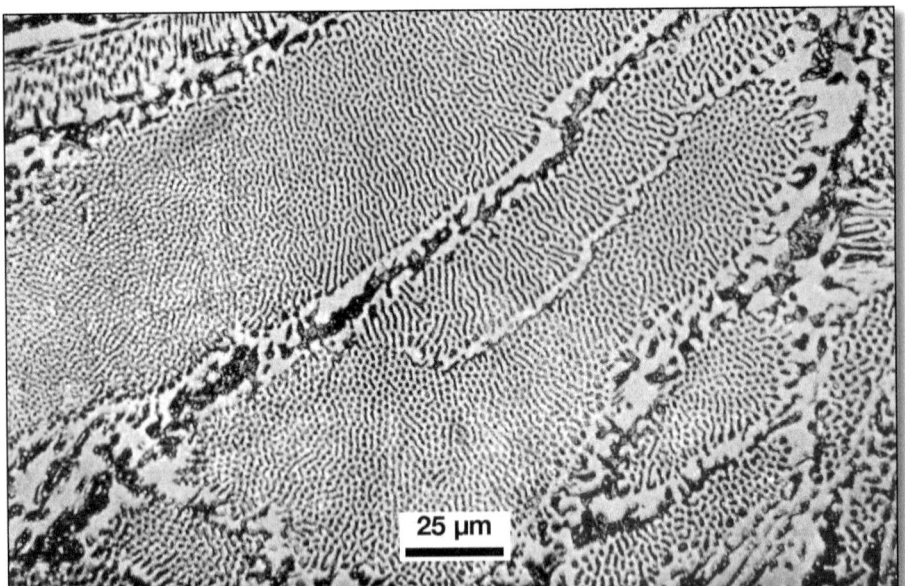

Figura 17.19
Ledeburita. Dependendo da direção do crescimento das colônias de exame eutéticas e da orientação do plano de exame metalográfico, diferentes aspectos morfológicos da distribuição da austenita (já transformada para perlita) na cementita podem ser observados. (Comparar com o esquema da Figura 17.10).

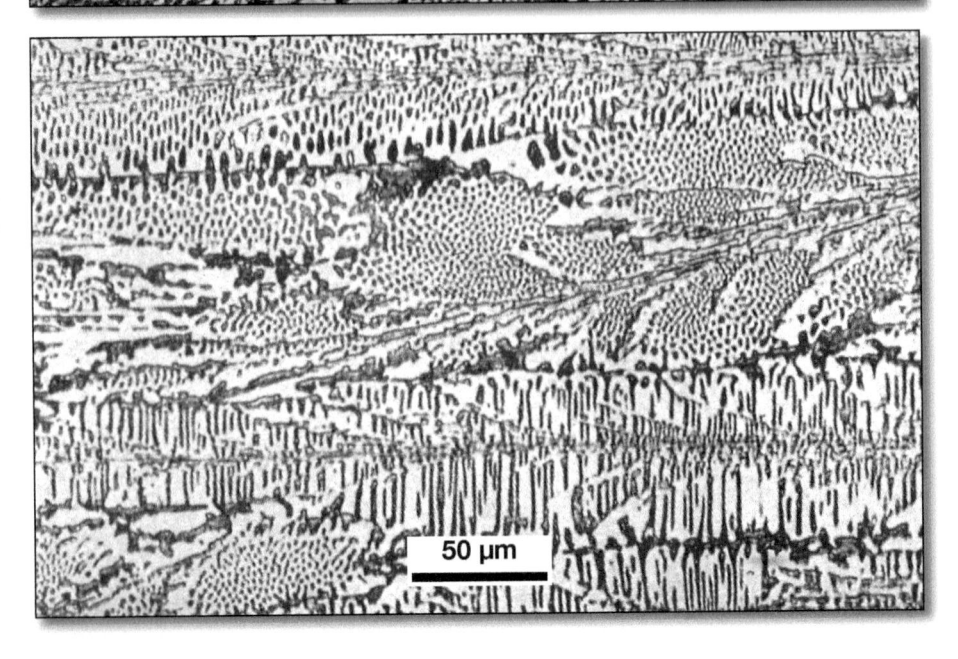

4. Ferros Fundidos Cinzentos

Quando as condições de composição química e de velocidade de resfriamento são propícias à solidificação do eutético de equilíbrio, forma-se grafita. A morfologia mais comum da fase grafita, neste eutético, é a de lamelas, como mostra a Figura 17.20.

A grafita é um constituinte especial em produtos siderúrgicos, por ter propriedades bastante características:

a) Enquanto a densidade das fases sólidas do ferro, da cementita e mesmo de grande parte dos carbonetos de elementos de liga comuns[5] é bastante semelhante, na faixa de 7 a 8 g/cm^3 a densidade da grafita é de aproximadamente 2,27 g/cm^3.

b) A condutividade térmica a temperatura ambiente da ferrita (que depende da composição) varia entre 30-80 W/mK enquanto a da grafita, que depende da orientação em relação à estrutura cristalina, varia entre 10-2000 W/mK [15].

Como resultado das características da grafita:

a) As transformações de fase em que ocorre a formação de grafita podem apresentar significativa variação de volume, resultando, inclusive, em expansão em algumas etapas da solidificação.

b) Ferros fundidos podem ter extraordinária condutividade térmica como mostra a Tabela 17.3, característica muito útil em aplicações como blocos de motores ou peças de sistemas de freio de veículos.

c) A presença da grafita na microestrutura pode produzir significante amortecimento de vibrações devido ao movimento relativo entre grafita e a matriz, resultando em uma série de aplicações em que o uso do ferro fundido é muito vantajoso em relação ao aço.

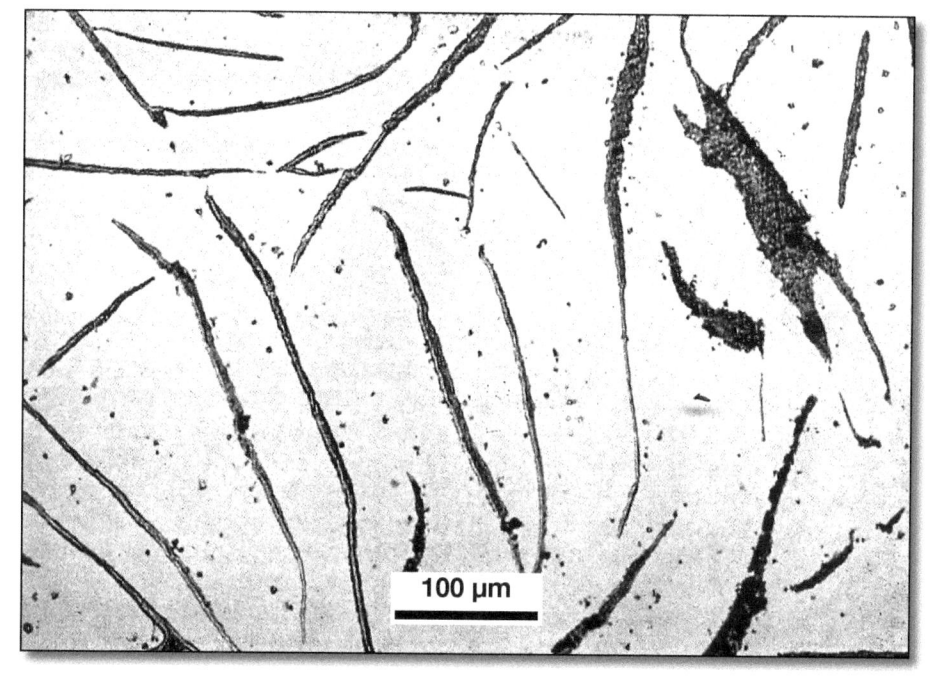

Figura 17.20
Ferro fundido cinzento, com veios de grafita relativamente grandes. Inclusões não-metálicas também são visíveis. Sem ataque.

100 μm

(5) Carbonetos de elementos pesados como tungstênio e molibdênio, por exemplo, são exceções relevantes.

d) A grafita pode atuar como um lubrificante natural durante a usinagem, além de propiciar a quebra de cavacos, tornando algumas destas ligas extremamente fáceis de usinar e capazes de produzir acabamento superficial muito bom.

Tabela 17.3
Condutividade térmica de alguns ferros fundidos [16]

Tipo de Ferro Fundido	Resistência Mecânica Especificada (MPa)	Condutividade Térmica a 100 °C (W/m.K)
Cinzento	150	65,6
	300	47,7
	400	45,3
Nodular	400	38,5
	600	32,9
Maleável	350	40,4
	600	34,3

Entretanto, os detalhes da distribuição da grafita, suas dimensões relativas e absolutas são extremamente importantes para a definição das propriedades dos ferros fundidos. Naturalmente, como há diferentes morfologias de grafita, esta também terá grande importância nas propriedades do ferro fundido resultante.

As adições de silício têm importante efeito para garantir a estabilidade da grafita, como discutido anteriormente. A Figura 17.21, uma projeção no plano %C-T do diagrama ternário Fe-C-Si, resume as principais influências do silício. Adições de silício:

1) Diminuem a solubilidade do carbono na austenita, mantendo mais carbono no líquido.
2) Aumentam a temperatura do eutético estável (austenita-grafita, ver Figura 17.7).
3) Aumentam o campo de estabilidade da grafita, favorecendo sua precipitação.

Além disto, a composição do líquido eutético é deslocada para menores teores de carbono.

A evolução microestrutural dos ferros fundidos em que ocorre precipitação de grafita é bastante complexa, o que é atestado pelo fato de que os ferros nodulares (item 6) só foram desenvolvidos em meados do século XX.

A Figura 17.22 mostra uma curva de evolução térmica de um ferro fundido cinzento e a evolução da microestrutura (comparar com a Figura 17.5). O eutético austenita-grafita se forma em células que, inicialmente, crescem sem impedimento no líquido. Nestas células, a morfologia mais comum da grafita é lamelar. O crescimento continua até que as células consumam todo o líquido. Naturalmente, quanto maior for a nucleação de células, tanto menores as células serão e tanto mais bem distribuída a grafita será, na microestrutura.

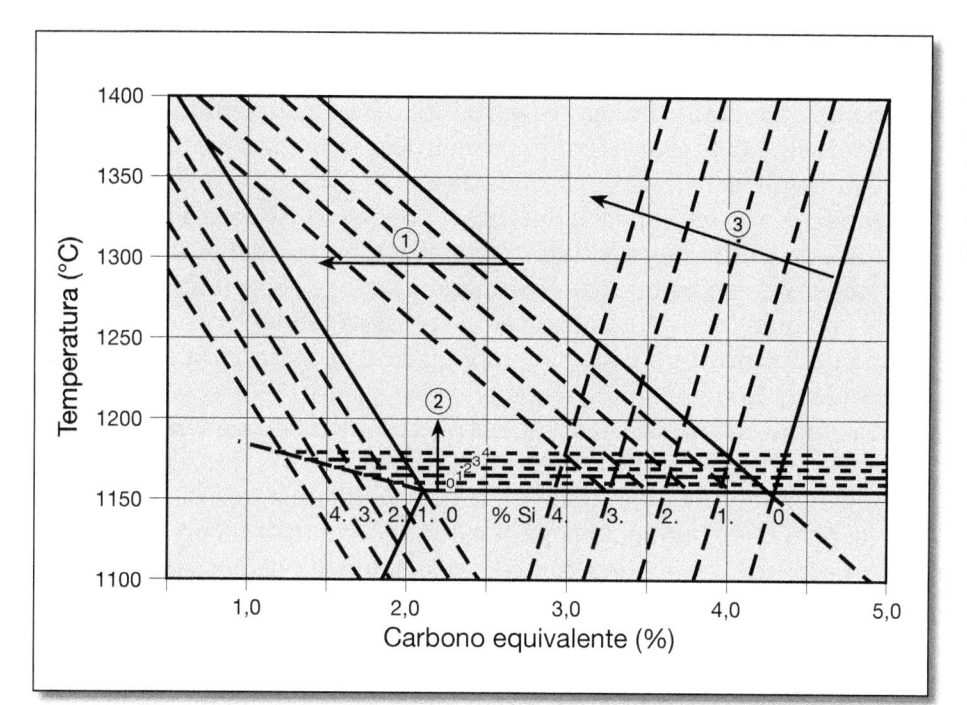

Figura 17.21
Diagrama estável ferro-carbono ilustrando o efeito aproximado de adições de silício sobre o diagrama. O silício diminui a solubilidade de carbono na austenita (seta 1); aumenta a temperatura do eutético (seta 2) e favorece a precipitação de grafita (seta 3).

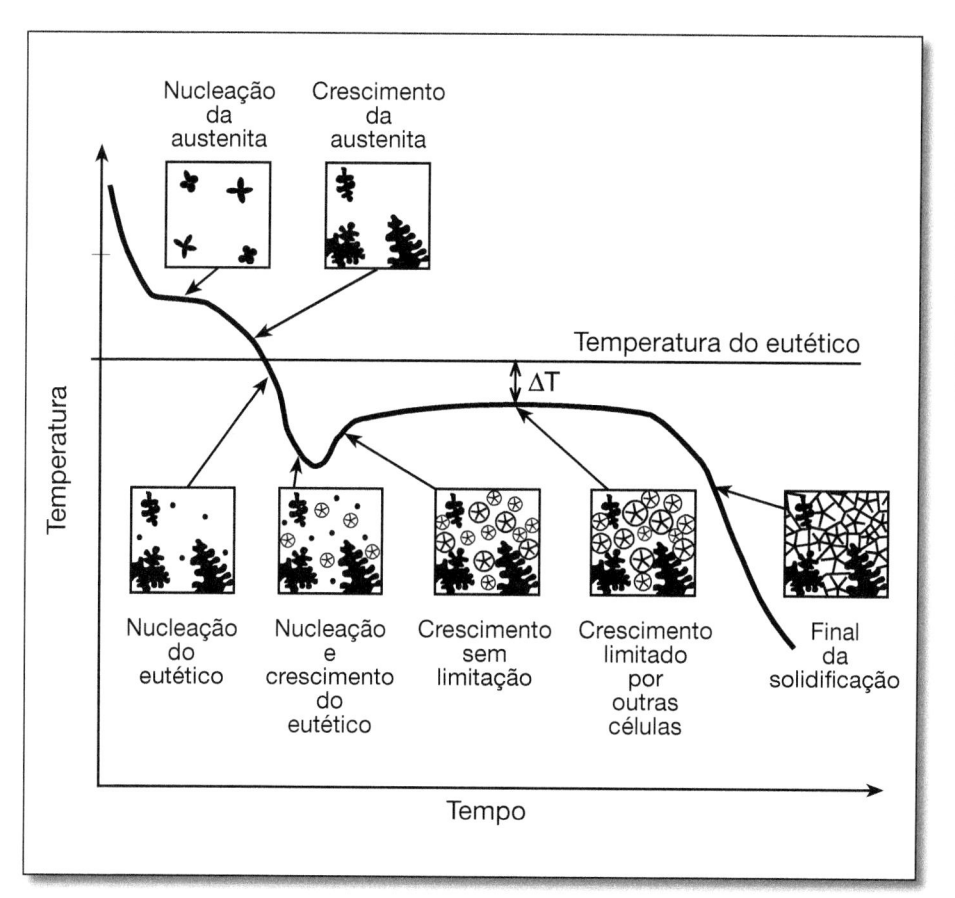

Figura 17.22
Evolução microestrutural esquemática de um ferro fundido cinzento durante a solidificação. Observa-se que é preciso um superesfriamento abaixo da temperatura do eutético para que ocorra a nucleação e que a solidificação do eutético se passa praticamente à temperatura constante. As microestruturas poderiam ser, também, localizadas sobre um diagrama de equilíbrio de fases, como foi feito na Figura 17.9 para os ferros brancos. Adaptada de [18].

4.1. Preparação Metalográfica-grafita

A preparação metalográfica de ferros fundidos que contém grafita requer dois cuidados especiais: em primeiro lugar, como a grafita é frágil e relativamente fácil de ser arrancada da matriz, é possível ocorrer quebra e arrancamento, em especial durante o lixamento. Se este dano ocorrer no início do lixamento, pode ser impossível remover material suficiente, nas etapas subseqüentes, para recuperar a seção e obter uma metalografia de boa qualidade. A combinação de pressão sobre o corpo-de-prova, tempo de lixamento e material empregado é decisiva para evitar o arrancamento. Enquanto uma recomendação é o uso de lixas novas, isto é, nunca empregar lixas gastas [11], outros recomendam somente o uso de lixas usadas para garantir a retenção da grafita [17]. Radzikowska [10, 11] sugere um número limitado de etapas de lixamento e polimento e o uso de polimento automático, para garantir o controle da pressão. Além deste problema, é comum a matriz, especialmente no caso de matrizes ferríticas, deformar-se encobrindo parcialmente as bordas da grafita. No caso do uso de polimento com diamante, o uso de polimento final com suspensão de alumina pode ser útil para eliminar este problema [10]. A observação microscópica ao longo da preparação do corpo-de-prova é importante, especialmente durante o desenvolvimento do procedimento a ser empregado, de modo a obter os melhores resultados.

4.2. Tipos de Grafitização

Nos ferros fundidos em que existe grafita, a análise do diagrama de equilíbrio de fases indica que esta fase pode se formar:

a) Durante a solidificação, seja como fase pró-eutética, no caso de ferros fundidos hipereutéticos ou no eutético austenita-grafita.

b) A partir da austenita, à medida que a temperatura é reduzida abaixo da temperatura do eutético e a solubilidade do carbono na austenita é reduzida.

c) Na decomposição da austenita em ferrita e grafita, quando a composição química é tal que a cementita é desestabilizada.

d) A partir da cementita da perlita, quando ocorre grafitização na faixa de 700 °C.

Adicionalmente, no caso de ferros fundidos maleáveis, grafita pode se formar pela decomposição (grafitização) da cementita formada em um ferro fundido branco.

No caso da precipitação pró-eutética, no líquido, ou durante a reação eutética, a presença de núcleos para a formação da grafita é um fator crítico na definição da morfologia, distribuição e tamanho da grafita formada.

A metalografia da grafita presente em ferros fundidos é um exemplo especialmente interessante da perda de informação que ocorre quando se corta uma estrutura tridimensional complexa por planos, discutido no Capítulo 3.

A Figura 17.23(a) mostra o aspecto da grafita lamelar em um ferro fundido cinzento submetido a um ataque químico profundo, de modo a dissolver o metal e deixar intacta a grafita. Na Figura 17.23(b) é apresentada uma reconstrução tridimensional de grafita lamelar, realizada através da composição de cortes paralelos e sucessivos, realizados através da técnica de FIB[6] [19 - 22]. Os resultados destes autores são apresentados, nas seções seguintes, também para os demais tipos de grafita.

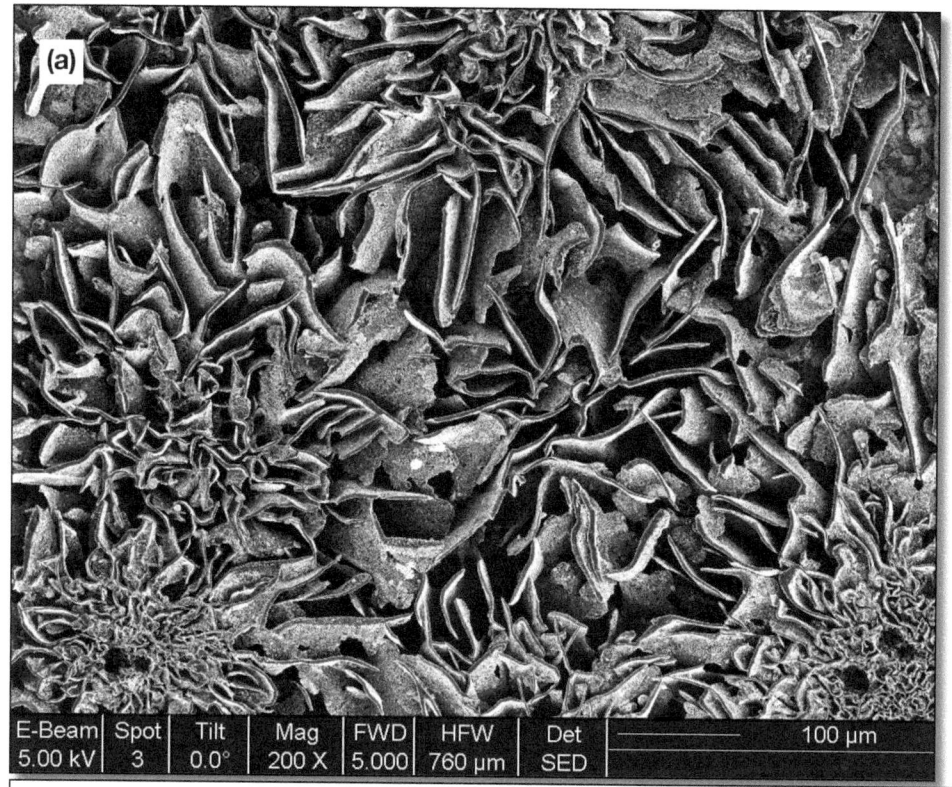

E-Beam	Spot	Tilt	Mag	FWD	HFW	Det	100 µm
5.00 kV	3	0.0°	200 X	5.000	760 µm	SED	

Figura 17.23(a)
Grafita lamelar em ferro fundido cinzento, submetido a ataque químico profundo, para dissolver todo o metal. Ataque: Nital 10%, 2 h. Cortesia A. Velichko e F. Mücklich, Universität des Saarlandes, Saarbrücken, Alemanha.

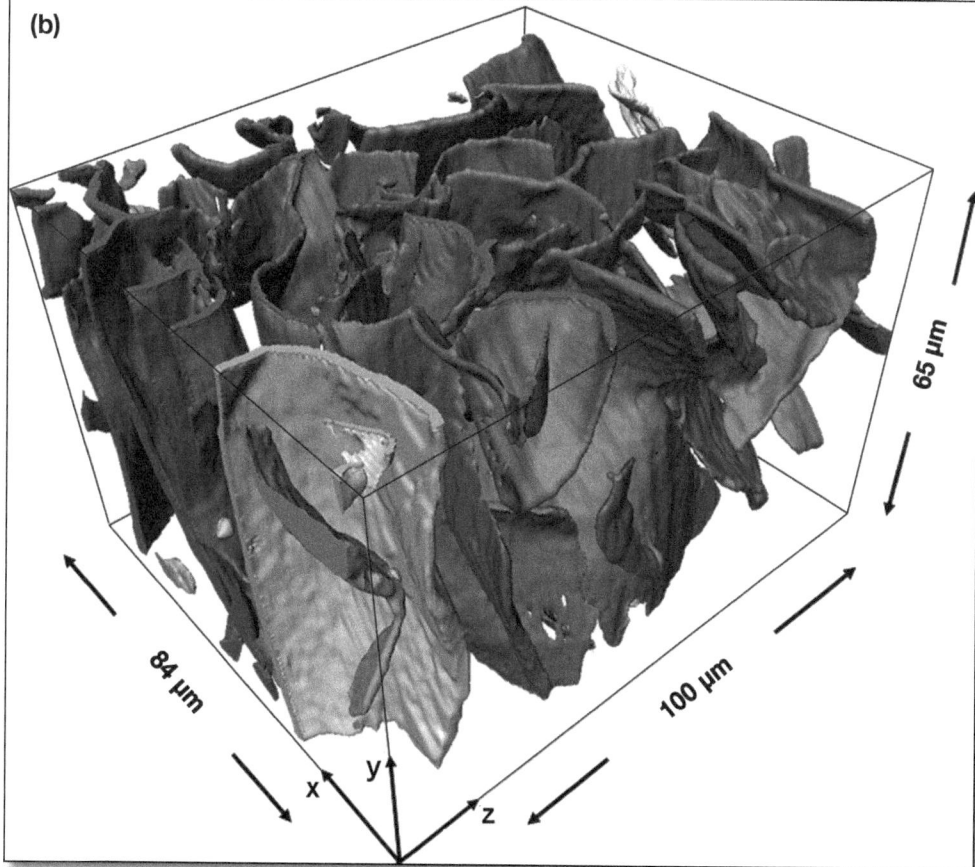

Figura 17.23(b)
Reconstrução tridimensional de grafita lamelar em ferro fundido cinzento. Cortes produzidos por FIB e imagens obtidas por MEV. Cortesia A. Velichko e F. Mücklich, Universität des Saarlandes, Saarbrücken, Alemanha.

___

(6) FIB: *Focused Ion Beam*; Feixe de ions focalizado (ver também Capítulo 6).

A norma ASTM A247 [23] e a norma ISO 945 [24] são freqüentemente adotadas para a classificação da forma da grafita em ferros fundidos, assim como para a caracterização de suas dimensões.

Para os ferros fundidos cinzentos, a grafita lamelar é classificada em cinco tipos, indicados nas Figuras 17.24 a 17.29. Estas figuras não devem ser utilizadas em substituição às cartas comparativas das normas ASTM e/ou ISO, que são o padrão oficial para a classificação da grafita.

Figura 17.24(a)
Grafita tipo A (ASTM A247). Veios com orientação aleatória, encurvados, às vezes bifurcados.

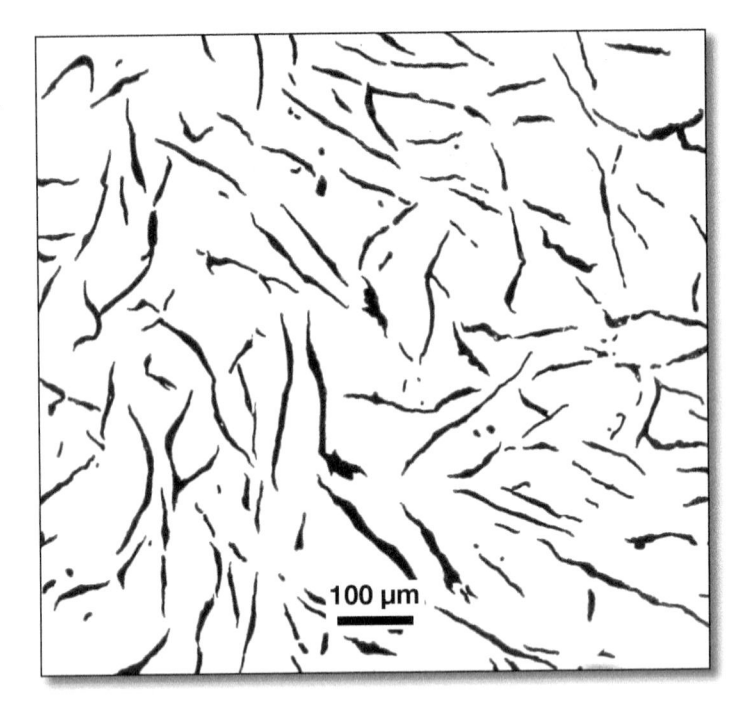

Figura 17.24(b)
Ferro fundido cinzento, grafita tipo A. Sem ataque.

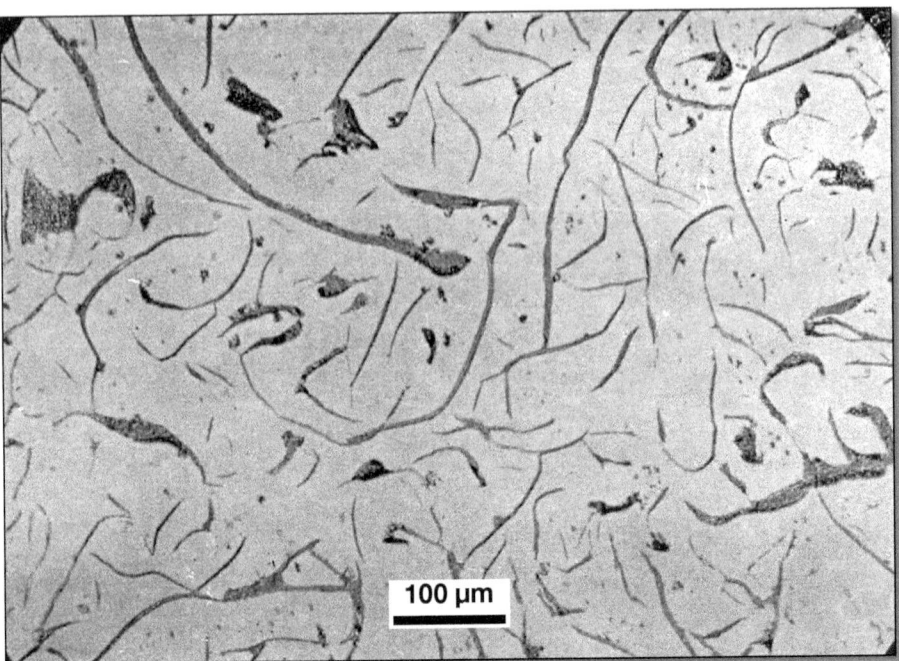

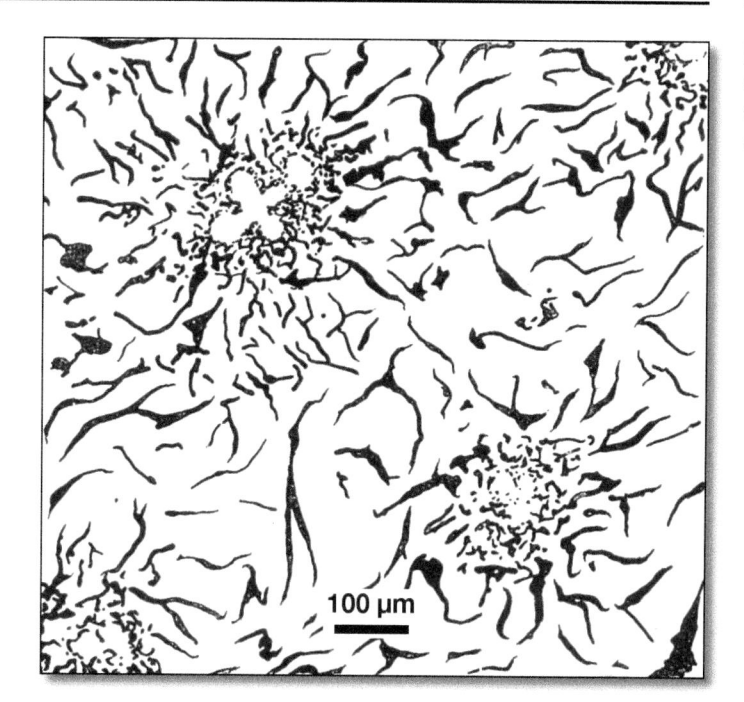

Figura 17.25(a)
Grafita tipo B (ASTM A247). Veios com disposição radial em torno de núcleos com aspecto eutético (ver Figura 8.24).

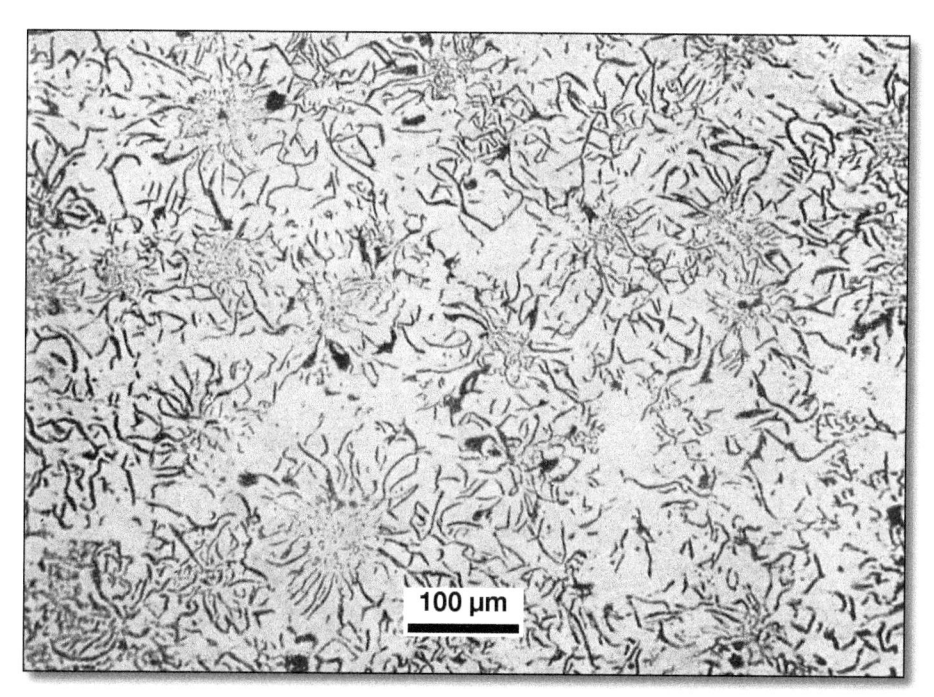

Figura 17.25(b)
Ferro fundido cinzento, grafita tipo B. Sem ataque.

Figura 17.26(a)
Grafita tipo C (ASTM A247). Veios grandes e quase retos. Veios pequenos comuns entre os veios grandes.

Figura 17.26(b)
Ferro fundido cinzento, grafita tipo C. Sem ataque.

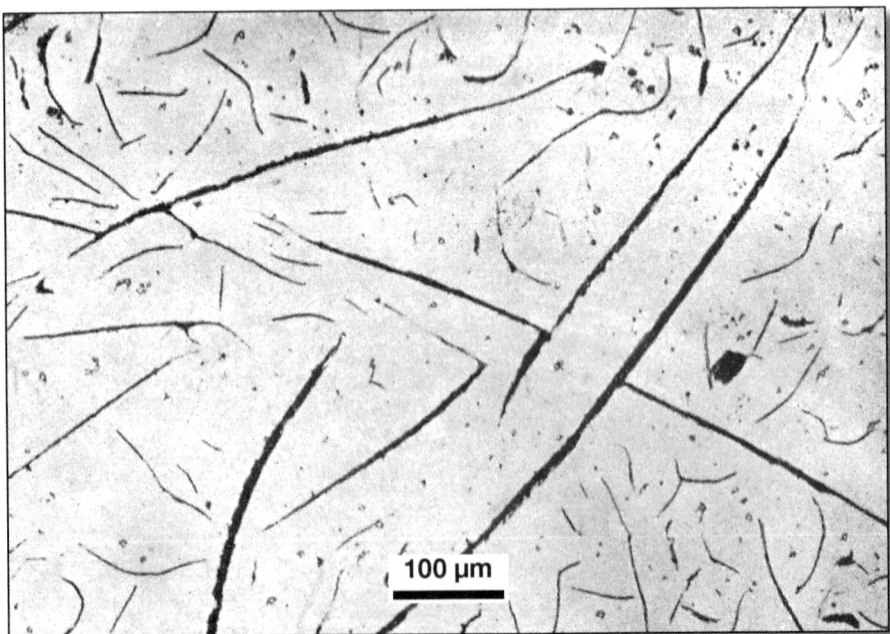

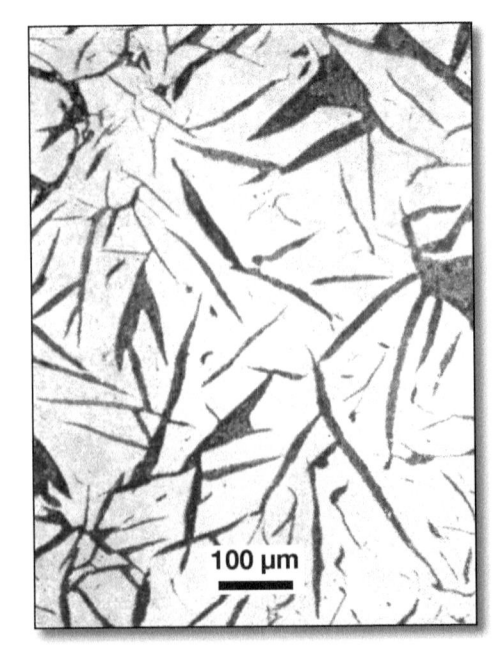

Figura 17.27
Ferro fundido cinzento, grafita tipo C. Sem ataque.

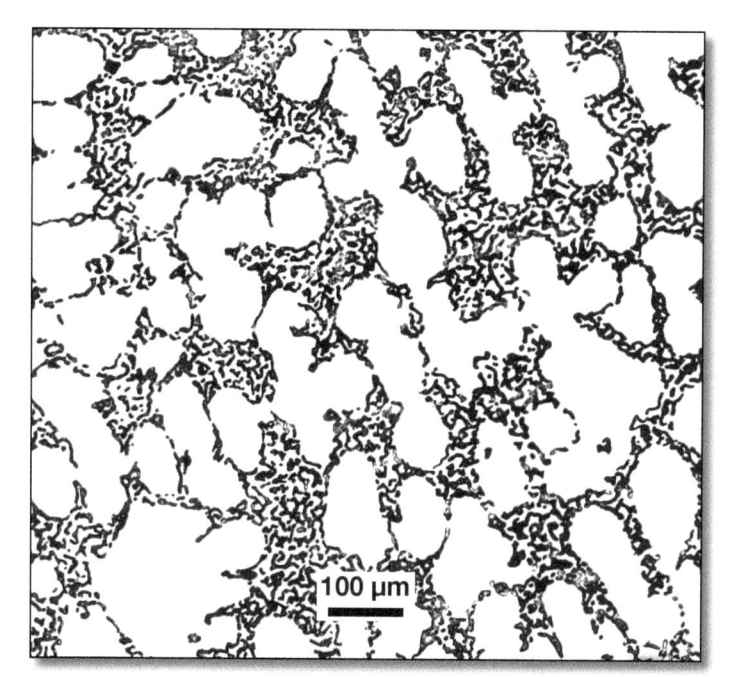

Figura 17.28(a)
Grafita tipo D (ASTM A247). Veios pequenos e curtos no espaço interdendrítico, morfologia de eutético (ver Figura 8.24).

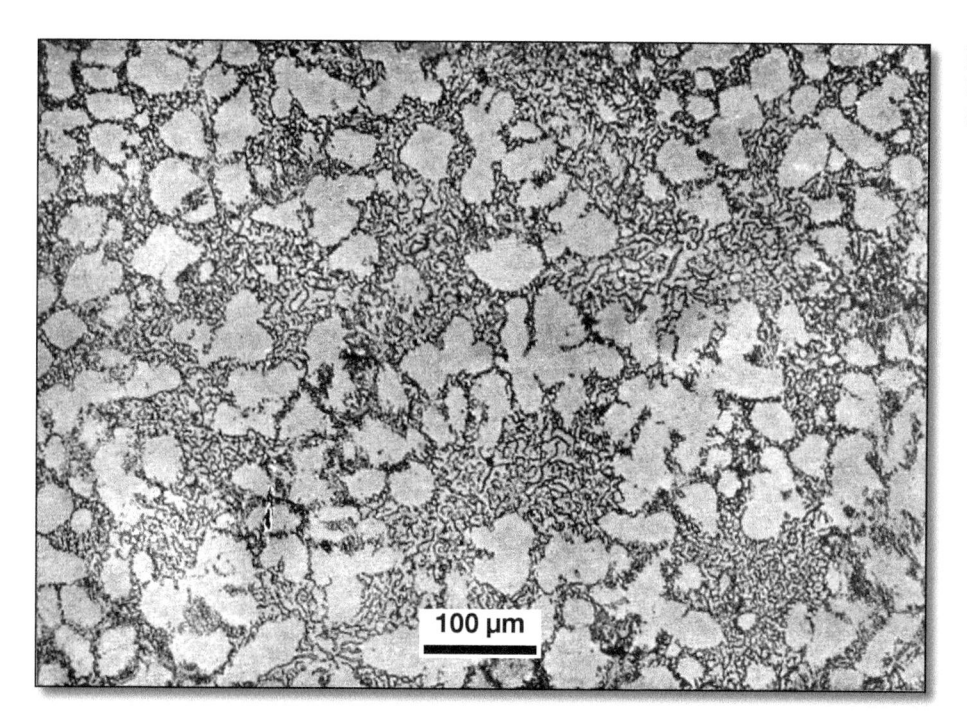

Figura 17.28(b)
Ferro fundido cinzento, grafita tipo D. Sem ataque.

Figura 17.29(a)
Grafita do tipo E (ASTM A247). Veios orientados segundo o espaço interdendrítico.

Figura 17.29(b)
Ferro fundido cinzento, grafita tipo E. Sem ataque.

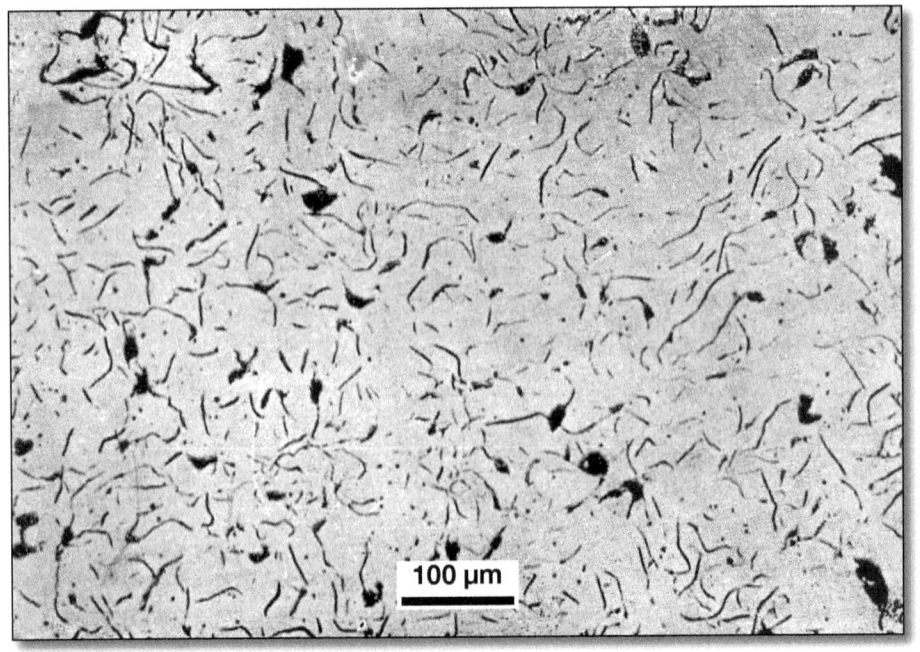

As normas também classificam, para cada morfologia, o tamanho da grafita, como exemplificado nas Figuras 17.30 e 17.31.

A forma, tamanho e distribuição da grafita afetam de forma decisiva o comportamento dos ferros fundidos. Propriedades mecânicas, elétricas, magnéticas e térmicas, entre outras, são diretamente dependentes destas características da grafita além, é claro, de sua fração volumétrica. Técnicas de metalografia quantitativa e estereologia têm sido aplicadas visando uma melhor caracterização da grafita e melhor correlação com propriedades. As diversas características que podem ser empregadas são discutidas por Velichko e Mücklich [25].

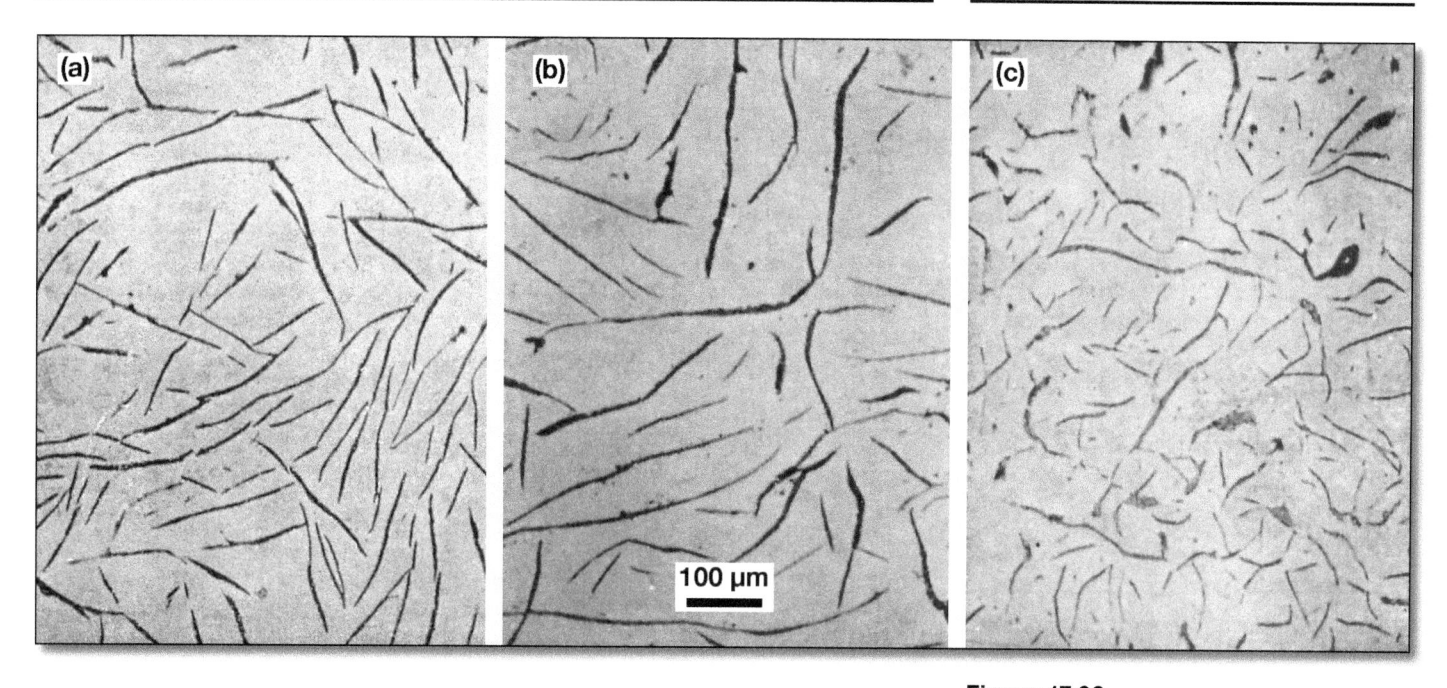

Figura 17.30
Ferro fundido cinzento. Exemplos de veios de diferentes tamanhos: (a) 3 (b) 2 (c) 4. Sem ataque.

A grafita, no eutético austenita-grafita, é nucleada, principalmente, de forma heterogênea, em diversos substratos, tais como grafita (já presente no líquido) ferro-silício, óxidos, nitretos, silicieto de cálcio [18]. A nucleação tem papel preponderante na definição da estrutura da grafita e o uso de inoculantes é crítico para seu controle.

A grafita tipo A, com uma distribuição aleatória de lamelas de tamanho uniforme é em geral associada às melhores propriedades mecânicas e é a preferida para as aplicações de engenharia. É formada normalmente em ferros fundidos inoculados resfriados a taxas moderadas. É associada à ocorrência de bastante nucleação e à solidificação próxima a temperatura do eutético de equilíbrio (superesfriamento pequeno a moderado).

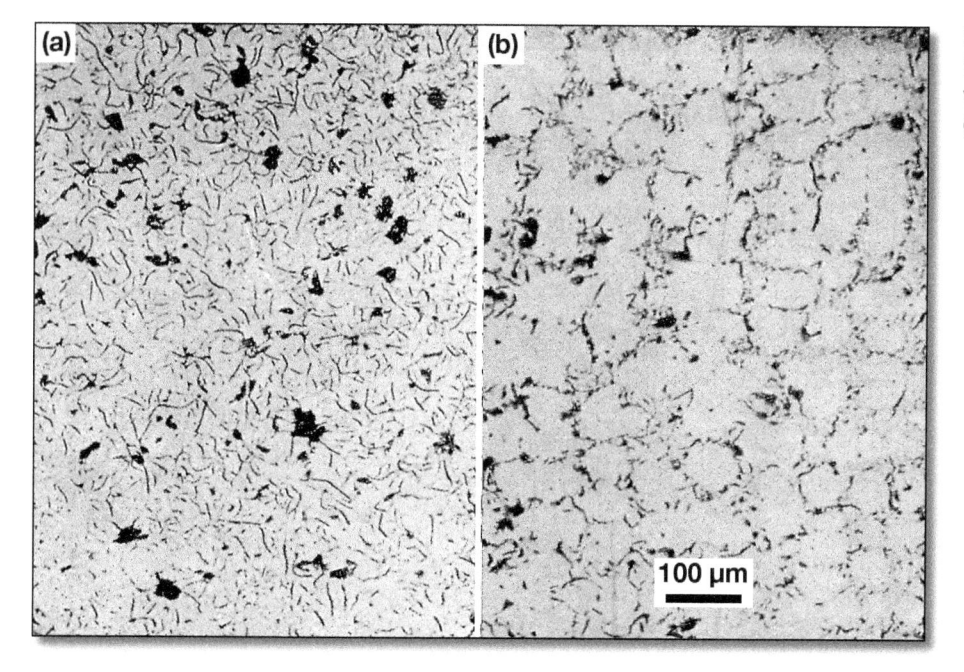

Figura 17.31
Ferro fundido cinzento. Exemplos de veios de grafita de diferentes tamanhos: (a) 6 (b) 8. Sem ataque.

A grafita tipo B está associada à baixa nucleação. Por isto, as células eutéticas são maiores. As lamelas se formam inicialmente finas e aumentam de dimensão à medida que o crescimento progride. [16]

A grafita tipo C ocorre principalmente em ferros hipereutéticos, quando há nucleação primária de grafita. Segundo Brown [16], pode comprometer a resistência mecânica e originar defeitos nas superfícies usinadas.

As grafitas de morfologia D e E são grafitas finas, provenientes, em geral, do resfriamento rápido em condições de nucleação insuficiente. Embora a grafita fina seja favorável para a resistência mecânica, ela pode comprometer a obtenção de uma microestrutura perlítica [16].

Os esforços de modelamento dirigidos à evolução microestrutural dos ferros fundidos foram revistos por Stefanescu [26]. A primeira dificuldade importante decorre do fato de que, embora nos ferros fundidos cinzentos o eutético cresça como grãos ou células de austenita e grafita, as medidas de espaçamento entre as duas fases indicam que o ferro fundido não segue o comportamento dos chamados "eutéticos regulares", e resulta em espaçamentos bastante maiores. A Figura 17.32 apresenta um modelo para o crescimento das células de eutético, que aparecem nas representações esquemáticas da Figura 17.22.

Stefanescu [26] credita a Oldfield [27] o primeiro modelo bem-sucedido de descrição da solidificação de ferros fundidos cinzentos. Para tal, Oldfield supôs que a nucleação ocorra para todos os núcleos possíveis em um determinado superesfriamento. Assim, é possível correlacionar a densidade de células em um eutético com o superesfriamento na solidificação:

$$N_e = A_e(\Delta T)^{n_e}$$

$$A_e = 7,12 \times 10^{-3} \text{ núcleos}/(mm^3 \cdot K) \qquad n_e = 2$$

(Eq. 1)

Onde os parâmetros da equação foram determinados empiricamente para uma condição de nucleação. Com este modelo, Oldfield abriu o campo para a descrição matemática da solidificação do ferro fundido e para o emprego da análise térmica como ferramenta importante para o controle da microestrutura do ferro. Os estudos subseqüentes mostraram que o efeito dos nucleantes podem ser expressos pela Equação 1, como mostra a Figura 17.33.

Figura 17.32

(a) Modelo simplificado de uma célula em crescimento na solidificação de um ferro fundido cinzento. No caso dos ferros fundidos, diferentemente dos eutéticos regulares, as interfaces líquido-grafita e líquido-austenita não estão na mesma isoterma. Adaptado de [24]. (b) Representação esquemática de uma célula ou colônia de austenita e grafita crescendo na solidificação de ferro fundido, baseado em observações metalográficas de Hultgren. Adaptado de [12] (ver também a Figura 17.22).

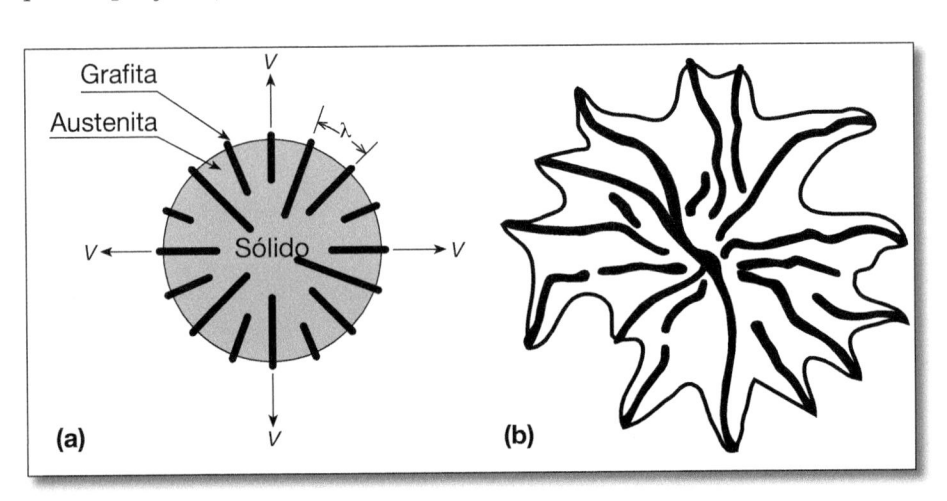

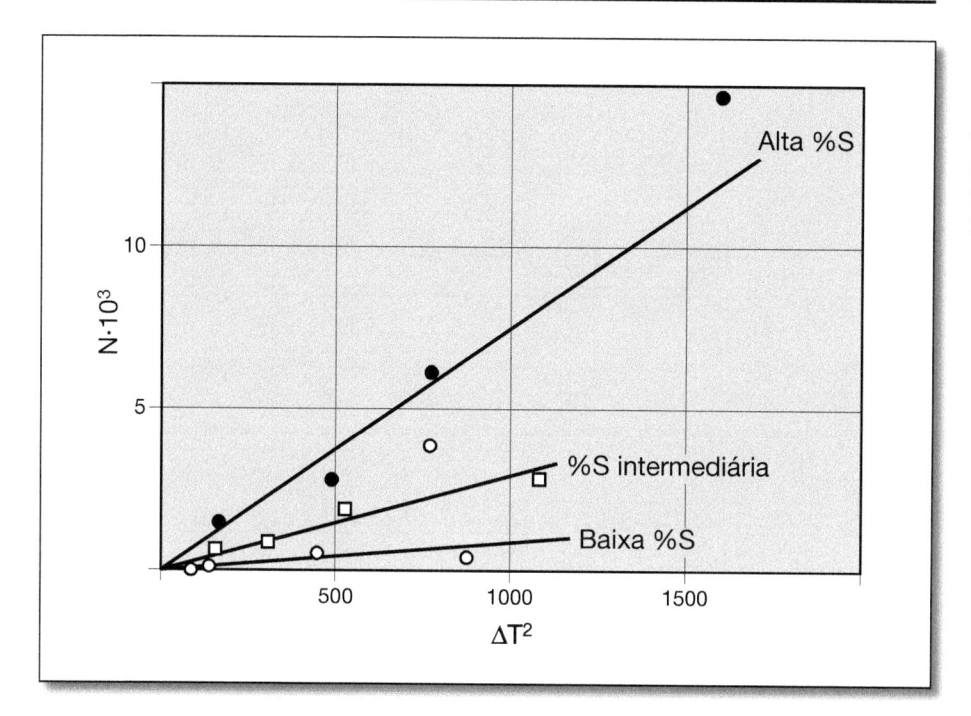

Figura 17.33
Relação entre o número de grãos ou colônias eutéticas em ferro fundido cinzento e o superesfriamento na solidificação para diferentes condições de nucleação. O fator A_e é função do teor de enxofre no banho, neste caso. Adaptado de [25].

4.3. Microestrutura dos Ferros Fundidos Cinzentos

Em função da adição de silício, como discutido, o teor de carbono do eutético austenita-grafita não é constante em 4,3%. Assim, é possível obter até ferros fundidos cinzentos hipereutéticos com os teores de carbono usualmente observados na prática.

Como os ferros fundidos cinzentos sofrem grafitização mesmo depois da solidificação, nem sempre a estrutura dendrítica é claramente visível, como no caso dos ferros fundidos brancos. Em alguns casos, entretanto, é possível identificar vestígios de estrutura dendrítica, como mostram as Figuras 17.34 e 17.35.

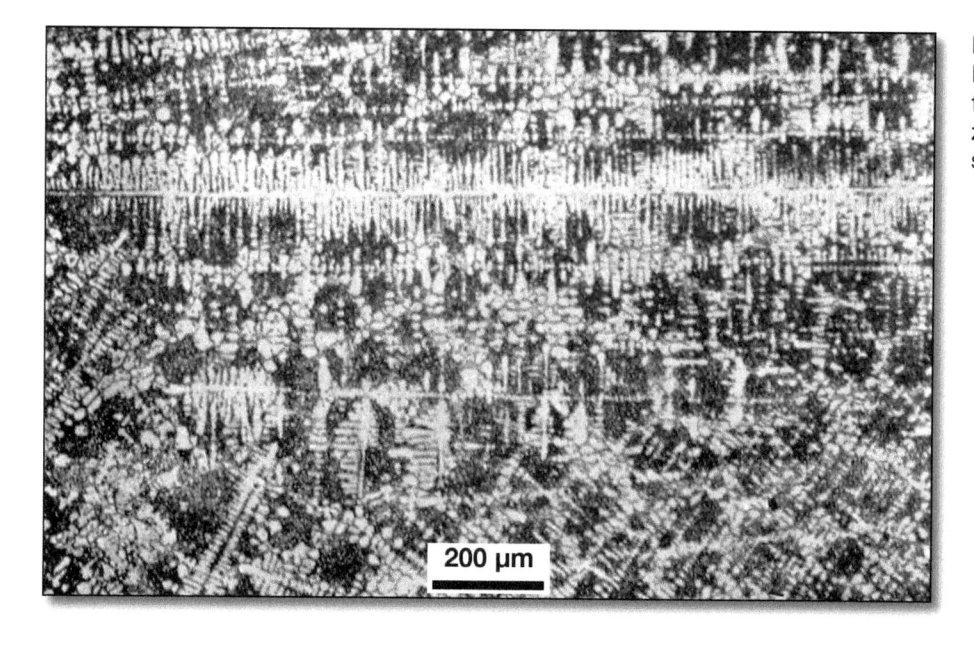

Figura 17.34
Ferro fundido cinzento com dendritas de ferrita. A ferrita se forma devido à grafitização durante o resfriamento no estado sólido. Grafita do tipo D. Ataque: Picral.

Figura 17.35
Ferro fundido cinzento com dendritas de
perlita. Grafita do tipo D. Ataque: Picral.

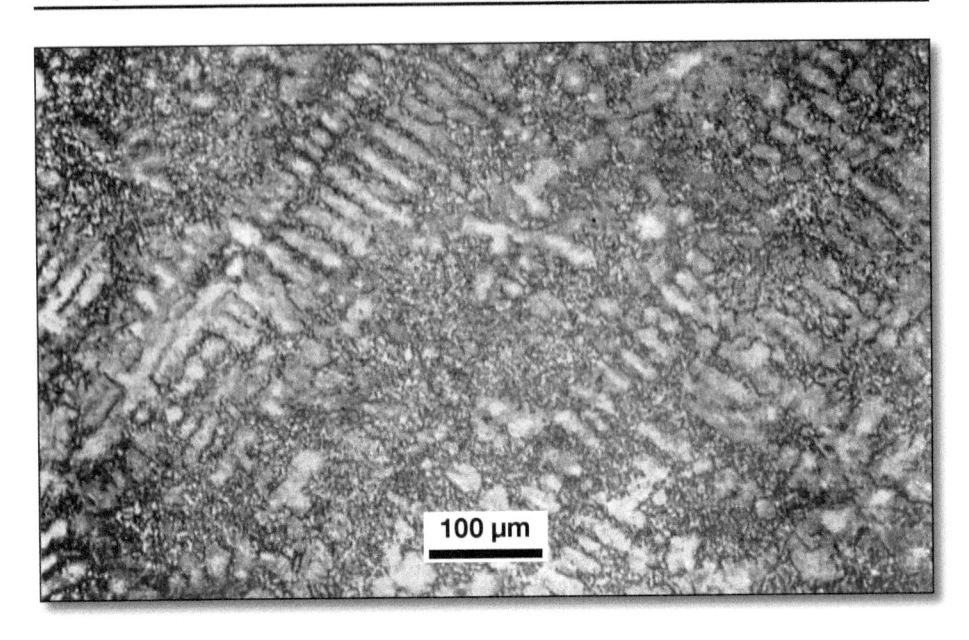

Rivera e colaboradores [28, 29] desenvolveram técnicas de tratamento térmico e metalografia que permitem a visualização mais clara
destas dendritas. Da mesma forma, quando ocorre a formação de eutéticos no final da solidificação (por exemplo, em ferros de alto teor de
fósforo) é mais fácil apreciar a estrutura dendrítica dos ferros fundidos cinzentos. [9].

Ferros fundidos cinzentos podem ter matrizes ferríticas, ferrítico-
perlíticas (Figuras 17.36 e 17.37), perlíticas (Figura 17.38) e podem até
ser temperados e revenidos para a obtenção de matriz de martensita
revenida.

Estas matrizes em nada diferem de aços com estas mesmas microestruturas. Os resultados dos tratamentos térmicos sobre a matriz
dos ferros fundidos são essencialmente os mesmos obtidos em aço. É
importante observar, entretanto que, nos tratamentos térmicos, pode

Figura 17.36
Ferro fundido cinzento. Grafita lamelar.
Ferrita e perlita. Observam-se as colô-
nias eutéticas esquematizadas por Hil-
lert apresentadas na Figura 17.32 (b).
Cortesia J. Sertucha, Azterlan, Centro
de Investigacion Metalurgica, Durango,
Bizkaia, Espanha.

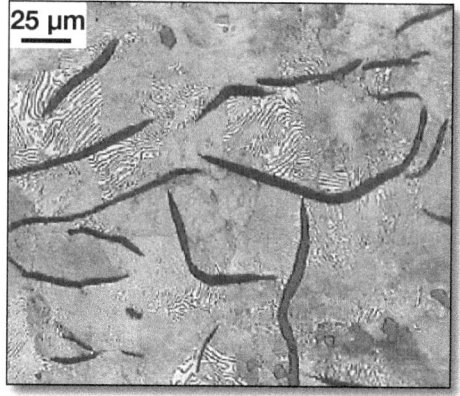

Figura 17.37
Ferro fundido cinzento. Grafita lamelar. Ferrita e perlita. Observam-se as colônias eutéticas esquematizadas por Hillert apresentadas na Figura 17.32 (b). Cortesia J. Sertucha, Azterlan, Centro de Investigacion Metalurgica, Durango, Bizkaia, Espanha.

Figura 17.38
Ferro fundido cinzento classe FC 250. Veios de grafita e matriz perlítica. Presença de pequenas inclusões de sulfeto de manganês (partículas de cor cinza, canto inferior direito por exemplo), que favorecem a usinabilidade Ataque: Nital. Cortesia W. Guesser, Tupy Fundições Ltda., SC, Brasil.

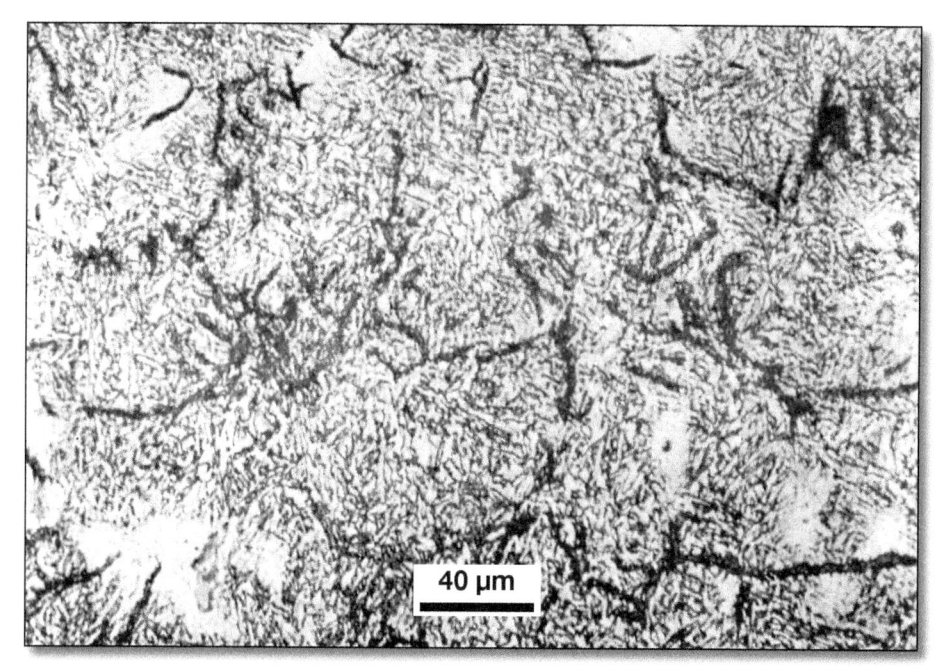

Figura 17.39
Ferro fundido acicular. Veios de grafita em matriz de ferrita bainítica e austenita retida (ausferrita[7]). As heterogeneidades (áreas mais claras) são indicação de segregação de solidificação. Ataque: Picral.

ocorrer dissolução de carbono da grafita na austenita, o que pode alterar o aspecto da microestrutura, dependendo da temperatura e tempo de tratamento térmico (ver Figura 17.53 e 17.54).

O tratamento de austêmpera, hoje freqüentemente aplicado a ferros fundidos nodulares (item 6.1), é também aplicado ao ferro fundido cinzento, resultando no chamado ferro fundido acicular. Combinações de propriedades mecânicas bastante favoráveis para diversas aplicações podem ser obtidas com esta microestrutura.

Apesar das semelhanças microestruturais com os aços, a presença do fósforo faz aparecer, nos ferros fundidos, constituintes incomuns em aços, como discutido a seguir.

---

(7) Na norma ASTM A644, *ausferrite* (ausferrita) é definida como "uma microestrutura de matriz de ferros fundidos produzida por um tratamento térmico controlado que consiste predominantemente de ferrita acicular e austenita de alto carbono".

Figura 17.40
Ferro fundido acicular. Falha no tratamento térmico. Presença de carbonetos complexos (contendo molibdênio)
não dissolvidos na austenitização para
austêmpera. Veios de grafita e matriz de
ausferrita.

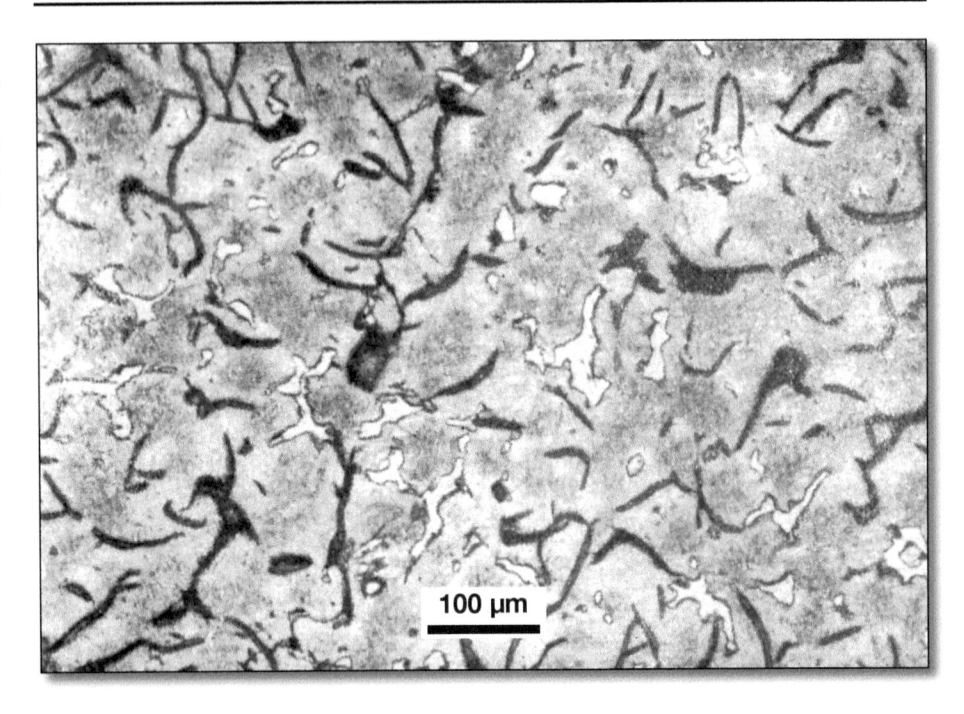

100 μm

4.3.1. Eutéticos Contendo Fósforo

No sistema ferro-fósforo existe um eutético entre a ferrita e o fosfeto de ferro (Fe_3P). Este eutético ocorre a aproximadamente 1.050 °C, com um líquido de cerca de 9,7% de fósforo. Sauveur [30] propôs que este eutético fosse chamado de esteadita, por ter sido primeiro descrito por Stead[8].

No sistema Fe-C-P, mais relevante para o caso dos ferros fundidos, ocorre a formação de um eutético ternário. A literatura sobre ferros fundidos chama este eutético ternário, por vezes, também de estea-dita, o que pode causar confusão. A Figura 17.41 mostra a projeção do diagrama de equilíbrio Fe-C-P e a composição e temperatura do eutético ternário.

Como a solidificação dos ferros fundidos nunca se dá em equilí-brio, a literatura indica que é possível observar tanto a esteadita quan-to o eutético ternário. A constituição do eutético ternário é 31% de Fe_3C, 42% de Fe_3P e 27% de ferro. Os eutéticos de fósforo têm dureza na faixa de 400-600 HB.

Há indicações de que é possível a solidificação através de um euté-tico metaestável envolvendo outro fosfeto, o Fe_2P [8]. Embora no pas-sado tenha havido conjecturas de que o fosfeto de ferro e a cementita (Fe_3P e Fe_3C) pudessem apresentar ampla miscibilidade, este fato é pouco provável em vista de estes compostos apresentarem estruturas cristalinas diversas [32].

Estes fosfetos e eutéticos são extremamente importantes em fer-ros fundidos destinados a aplicações onde a resistência ao desgaste é uma característica essencial, como sapatas de freio ferroviárias, por exemplo.

Segundo Radzikowska [10], há duas formas de ocorrência destes eutéticos de fósforo em ferro fundido: o eutético ternário e o eutético pseudobinário. O eutético ternário envolve ferrita, fosfeto de ferro e

(8) John Edward Stead, 1851-1923, químico e um dos primeiros pesquisadores
ingleses de aços e ferros fundidos, carac-
terizou este constituinte. [31].

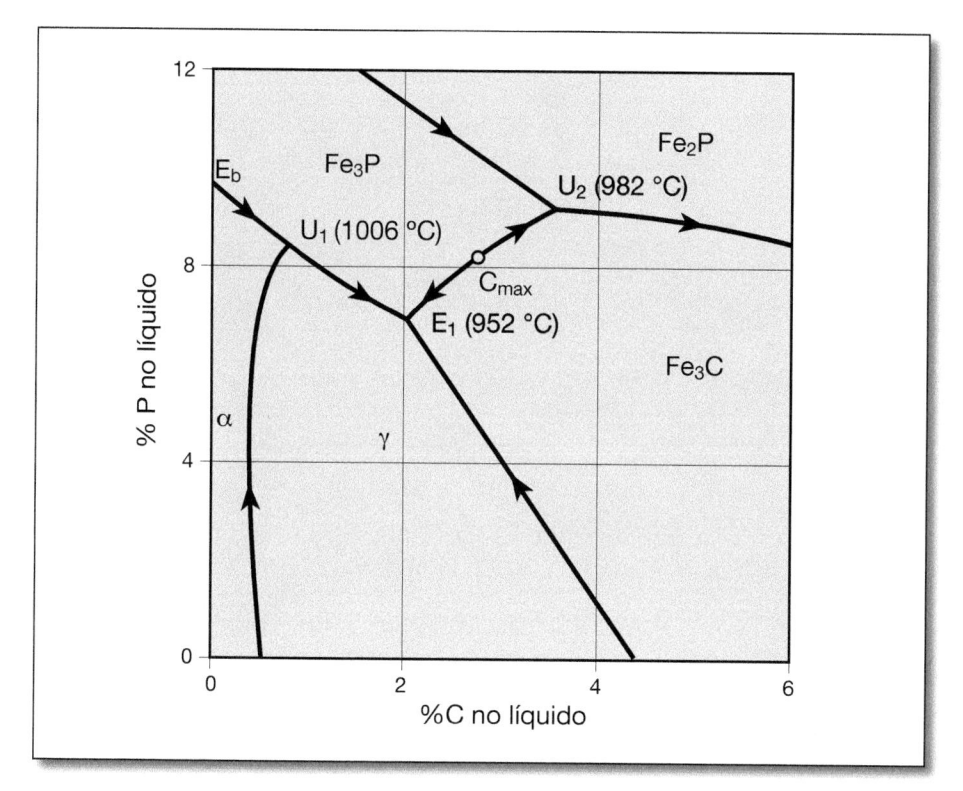

Figura 17.41
Projeção da superfície *liquidus* do diagrama Fe-C-P, no canto rico em ferro. O eutético binário α-Fe_3P (esteadita) está indicado como E_b. O eutético ternário, como E_1. Adaptado de [32].

cementita e é chamado de eutético de grão fino. A Figura 17.53 apresenta eutético com este aspecto. Os ataques usuais (nital e picral) não esclarecem completamente a participação de cada constituinte no eutético. Os pequenos pontos no interior do eutético são, em geral, ferrita. A parte clara do eutético é composta pelo fosfeto de ferro e pela cementita, que não são diferenciados nestes ataques. Radzikowska [10] sugere o uso do reativo de Murakami[9] para identificar o fosfeto, pois este reativo colore preferencialmente esta fase [8, 9], como mos-

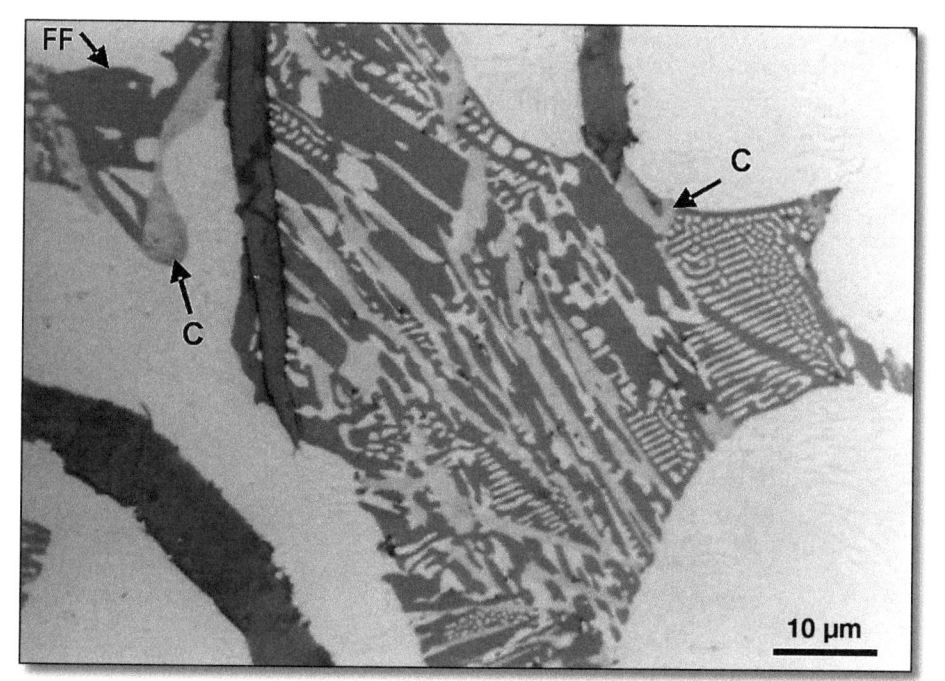

Figura 17.42
Eutético ternário Fe-C-P em ferro fundido cinzento, atacado com reagente de Murakami a quente. Normalmente, este reagente colore apenas o fosfeto de ferro (FF), não colorindo a ferrita e a cementita. Neste caso a amostra foi levemente sobre-atacada de modo que a cementita (C) do eutético e da perlita fosse levemente colorida (amarelo claro no original). A ferrita não foi afetada pelo ataque. Com esta técnica todos os constituintes do eutético ternário podem ser revelados. Cortesia de J. M. Radzikowska, Foundry Research Institute-Krakow, Polônia.

(9) 10 g de ferricianeto de potássio $K_3Fe(CN)_6$, 10 g de hidróxido de potássio KOH, 100 mL água destilada. (Usar a 50 °C por 3 min para colorir o fosfeto de ferro).

Figura 17.43
Eutético ternário Fe-C-P em ferro fundido cinzento, perlítico, atacado com reagente de picrato de sódio alcalino. Normalmente este reagente colore apenas a cementita (C) não colorindo a ferrita e o fosfeto. Neste caso a amostra foi levemente sobre-atacada e o fosfeto de ferro (FF) foi colorido (amarelo escuro, no original) enquanto que a cementita foi mais colorida (azul e marrom escura no original). A ferrita (F) não foi afetada pelo ataque. Esta técnica também permite revelar todos os constituintes do eutético ternário. Cortesia de J. M. Radzikowska, Foundry Research Institute-Krakow, Polônia.

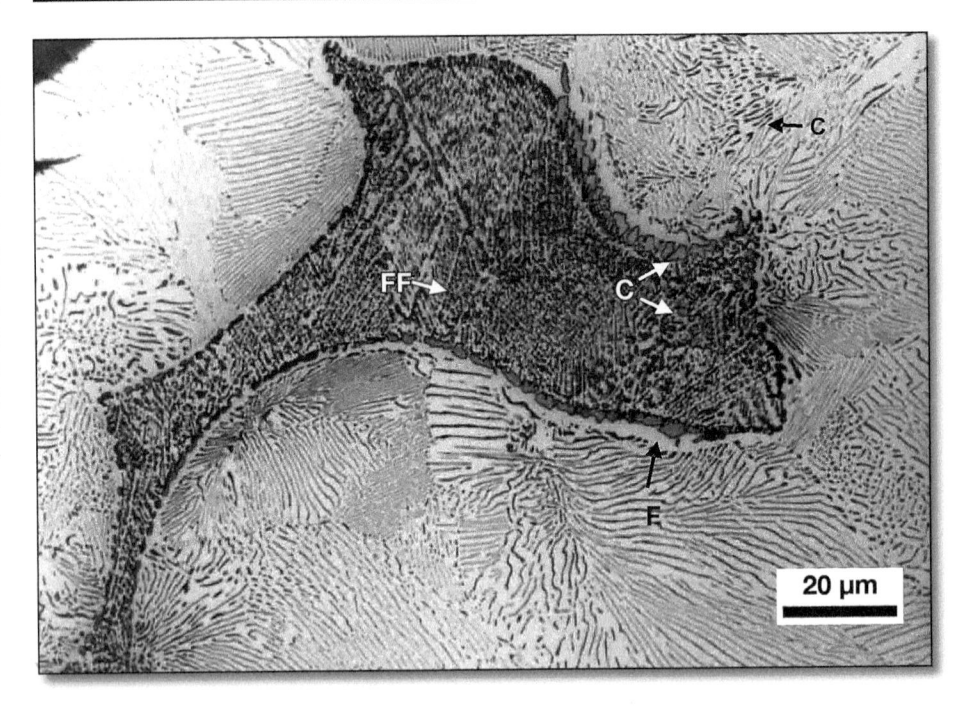

tra a Figura 17.42. Para identificar a ferrita e a cementita no eutético, inclusive a camada que freqüentemente se forma em torno do eutético, recomenda o reagente de picrato de sódio alcalino[10], que colore tanto a cementita quanto o fosfeto, deixando a ferrita não colorida (Figura 17.43) ou o sobre-ataque com Murakami (Figura 17.42). O reagente de Beraha também pode ser útil na identificação das fases no eutético, colorindo as três fases com cores diferentes (Figura 17.44) [10].

O eutético pseudobinário é composto por ferrita e fosfeto, apenas. Apresenta-se, em geral, com o aspecto de "espinha de peixe" (*herringbone*) como nas Figuras 17.47, 17.50 e 17.53.

Figura 17.44
Eutético ternário Fe-C-P em ferro fundido cinzento, perlítico, atacado com reagente de Beraha. O reagente colore o fosfeto de ferro (FF) e a cementita (C), não afetando a ferrita. Cortesia de J. M. Radzikowska, Foundry Research Institute-Krakow, Polônia.

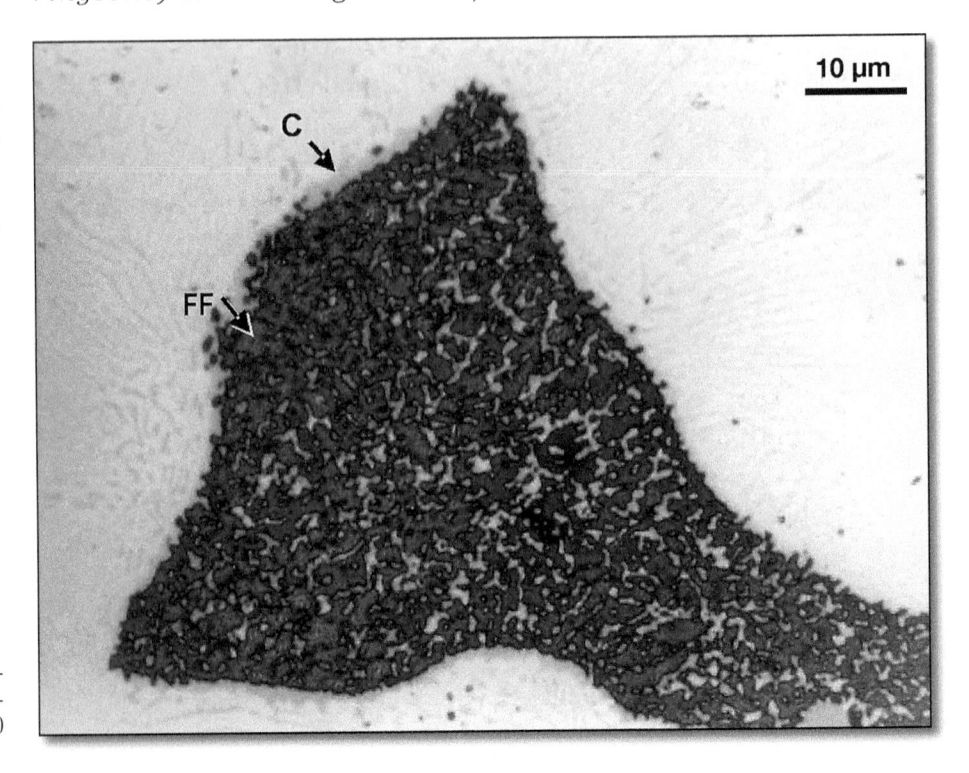

(10) Picrato de sódio alcalino: 25 g de hidróxido de sódio (NaOH), 2 g de ácido pícrico, 75 mL água destilada, usar entre 60 e 100 °C por 1 a 3 minutos.

4.4. Exemplos de Microestruturas de Ferros Fundidos Cinzentos

As Figuras 17.45 a 17.58 apresentam alguns exemplos de microestruturas de ferros fundidos cinzentos.

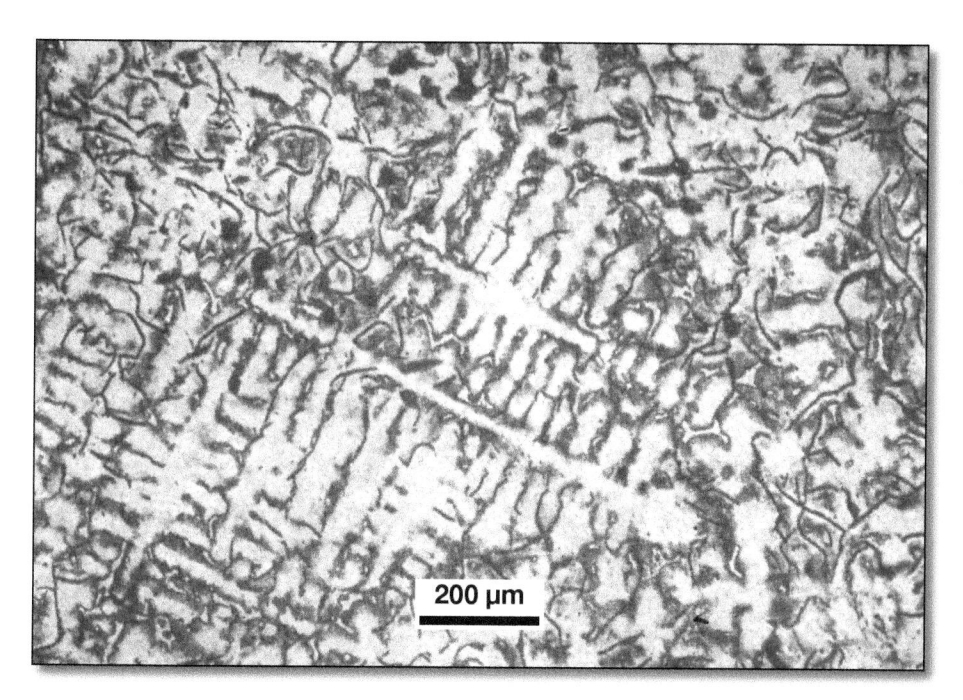

Figura 17.45
Ferro fundido cinzento com dendritas de ferrita. Grafita tipo E. Perlita e esteadita presentes nas regiões interdendríticas. Ataque: Picral.

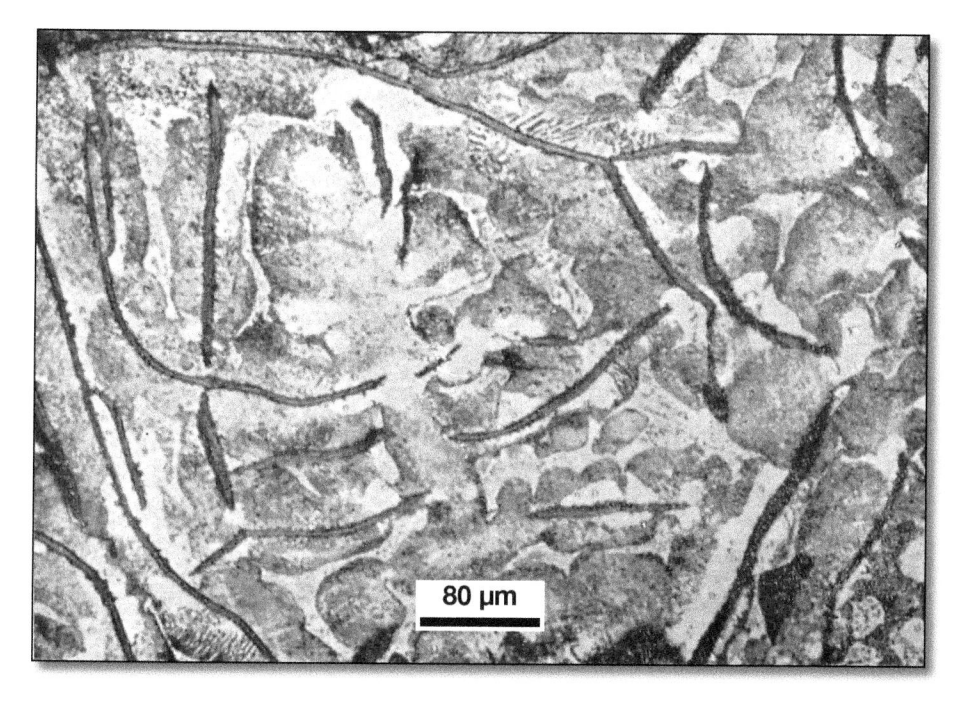

Figura 17.46
Ferro fundido cinzento com matriz hipoeutectóide. Ferrita, perlita, grafita e esteadita. Ataque: Picral.

Figura 17.47
O ferro fundido cinzento da Figura 17.46. Ferrita, perlita, grafita, esteadita e inclusões de sulfeto de manganês. Ataque: Picral.

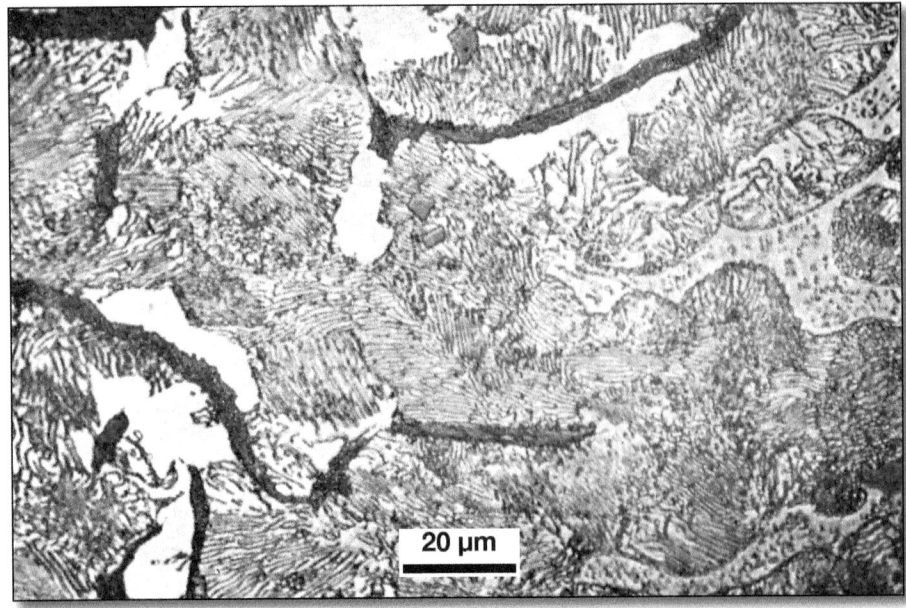

Figura 17.48
Ferro fundido cinzento. Matriz hipereutectóide. Perlita, grafita, cementita, eutético com fósforo e inclusões não metálicas. Ataque: Picral.

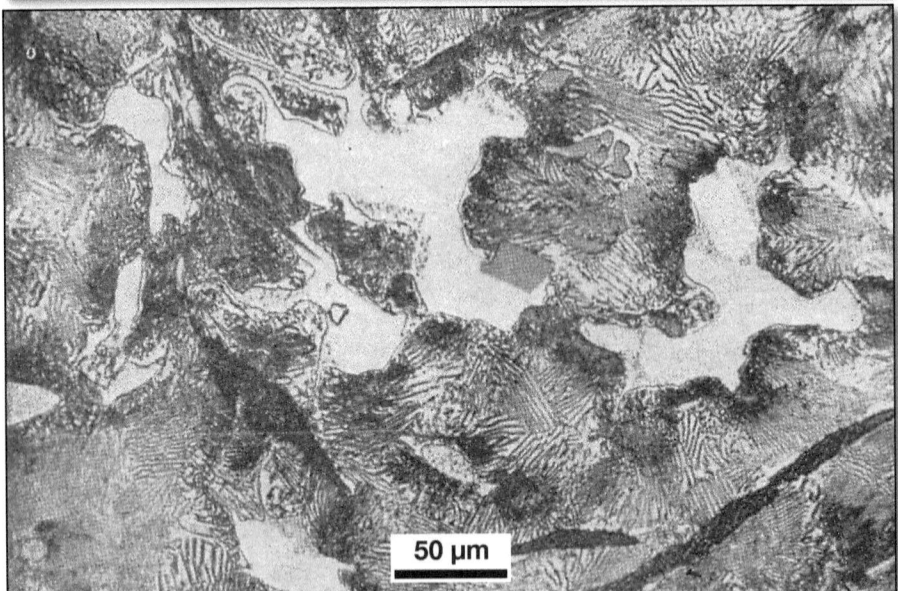

Figura 17.49
Ferro fundido cinzento. Grafita e esteadita em matriz ferrítica. Ataque: Picral.

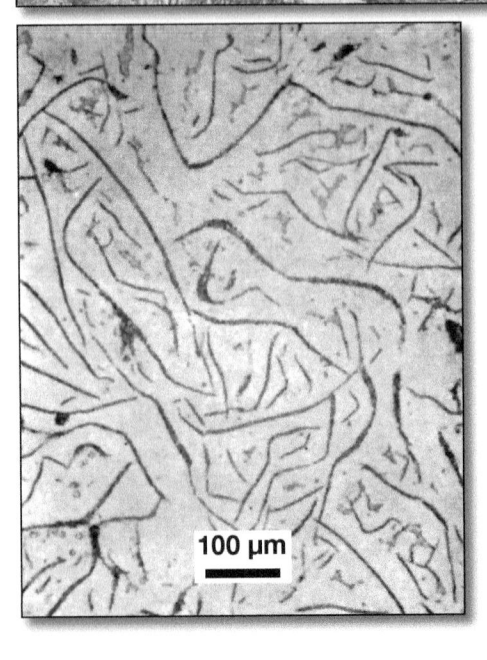

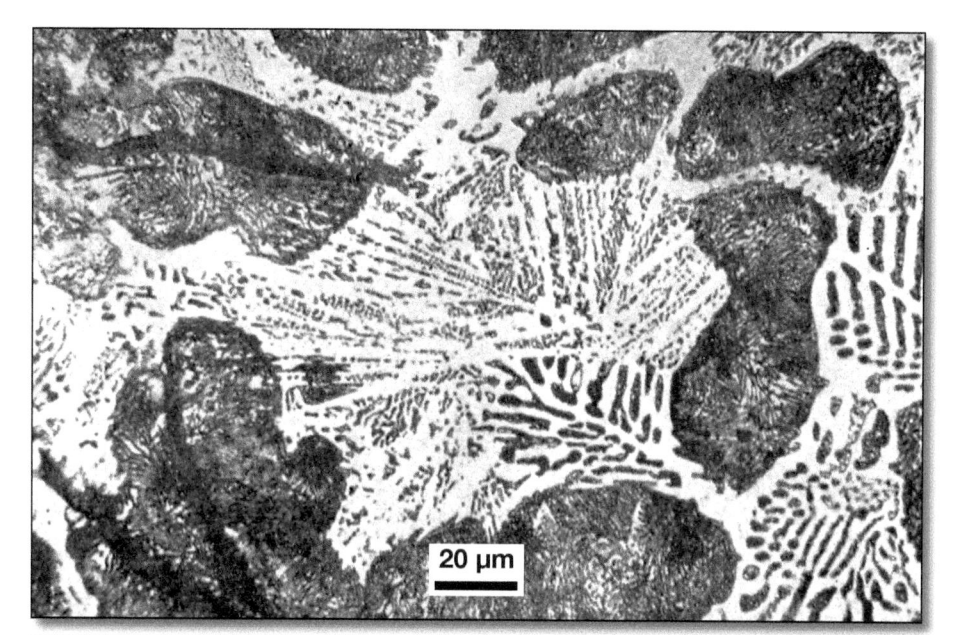

Figura 17.50
Ferro fundido cinzento com P = 2%, recozido. Eutético rico em fósforo. O ataque não permite diferenciar completamente as diferentes fases presentes no eutético. Ataque: Picral.

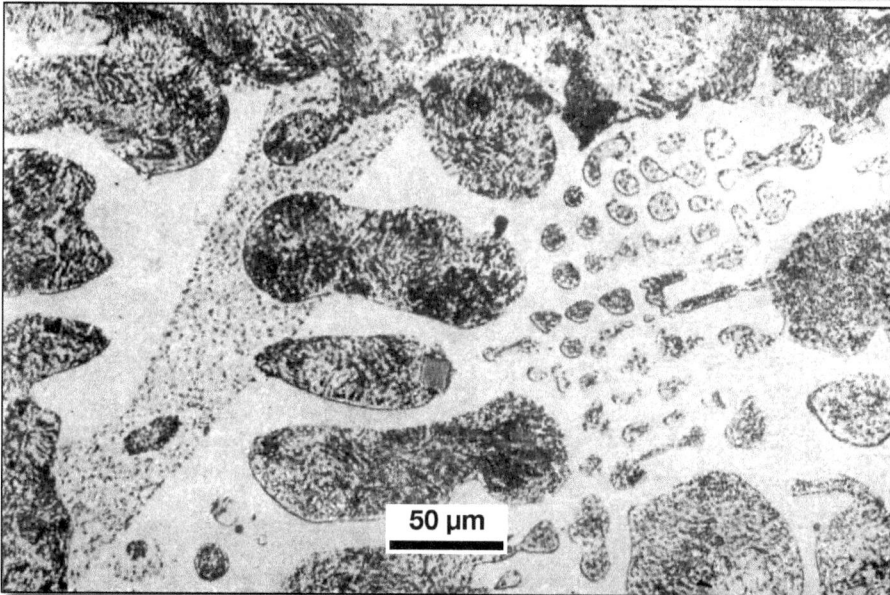

Figura 17.51
Ferro fundido coquilhado. Região mesclada. Perlita coalescida, cementita e eutético rico em fósforo. A região de aspecto pontilhado, à esquerda, com delimitação reta é o eutético de fósforo. À direita, uma região ledeburítica. A matriz, branca, é cementita. Ataque: Picral.

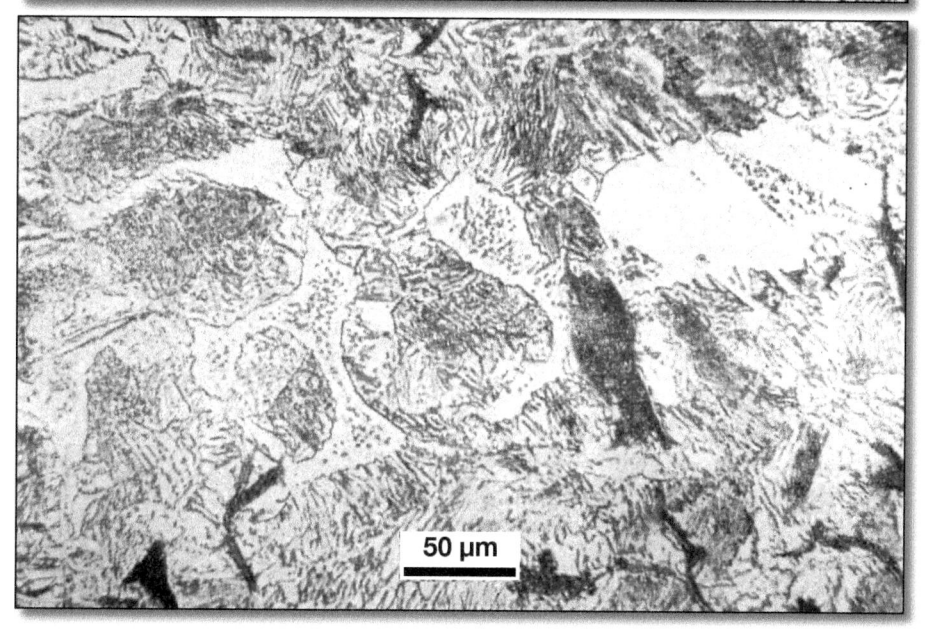

Figura 17.52
Ferro fundido cinzento. Grafita, esteadita (regiões "pontilhadas") e cementita em matriz perlítica. A esteadita apresenta uma borda branca. O constituinte desta borda pode ser identificado por ataques que resultem em coloração. Ver item 4.3.1. Ataque: Picral.

Figura 17.53
Eutético ternário em um ferro fundido cinzento hipereutético. C = 3,83%, Si = 2,25%, P = 0,46%. Ataque: Picrato de sódio.

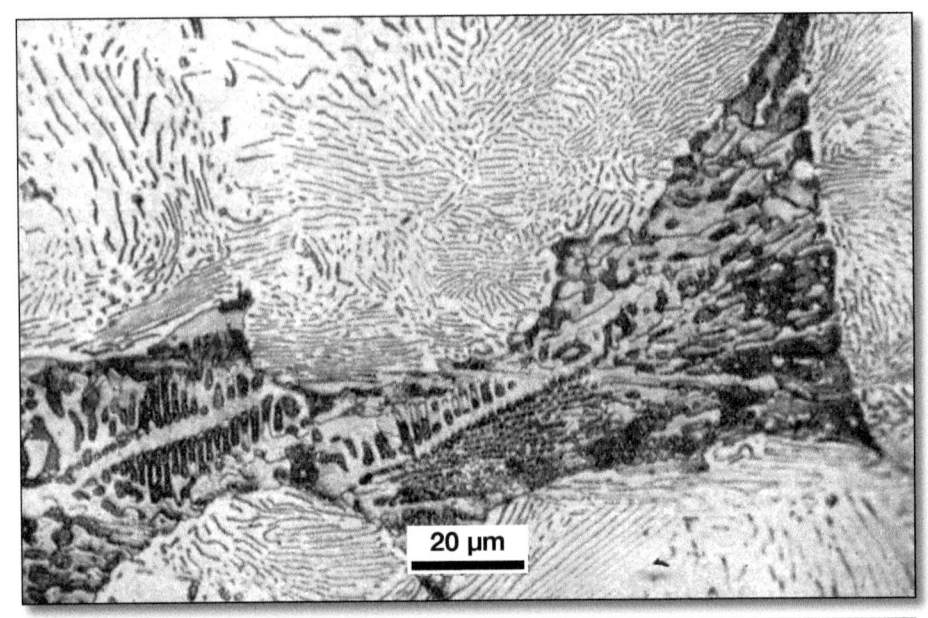

Figura 17.54
Ferro fundido cinzento C = 3,18%, Si = 2,5%, P = 0,62%. Bruto de fusão. Veios de grafita e microestrutura fina de perlita e áreas interdendríticas de esteadita. Ataque: Picral.

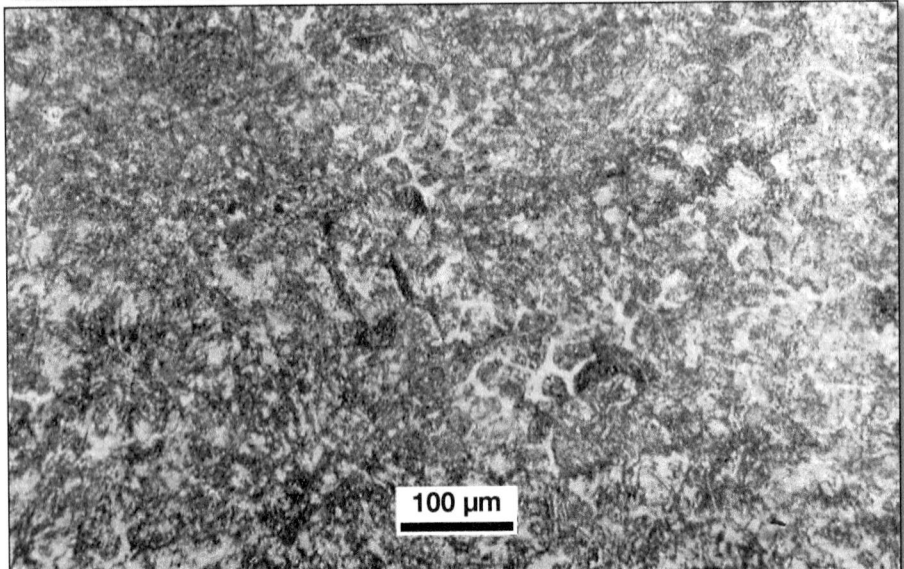

Figura 17.55
O ferro fundido da Figura 17.54, recozido. A matriz foi transformada em ferrita. A grafita é mais claramente observável: tipos A, B e D. Regiões de esteadita. Ataque: Picral.

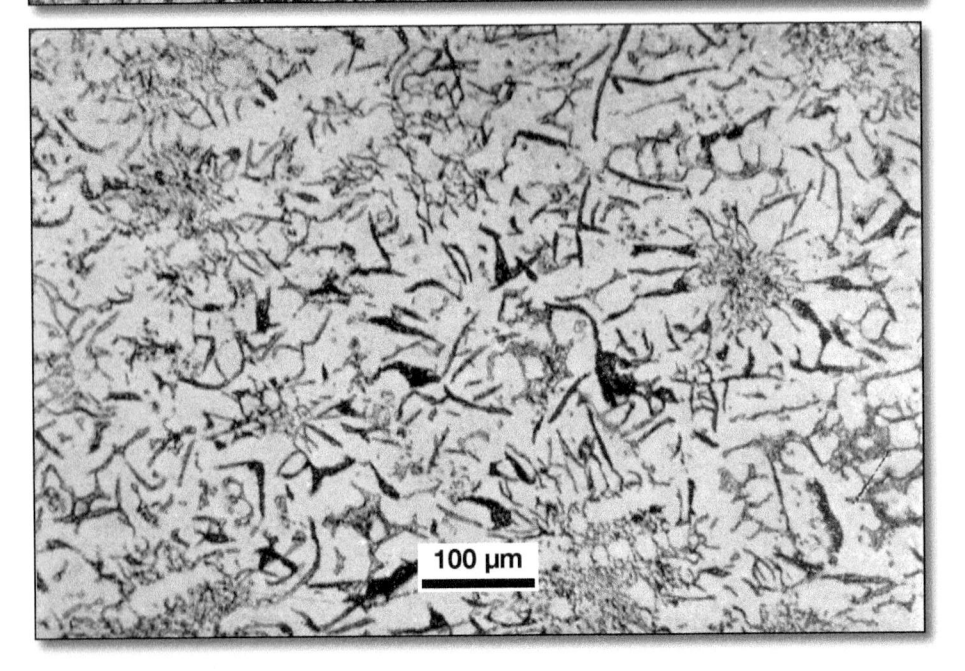

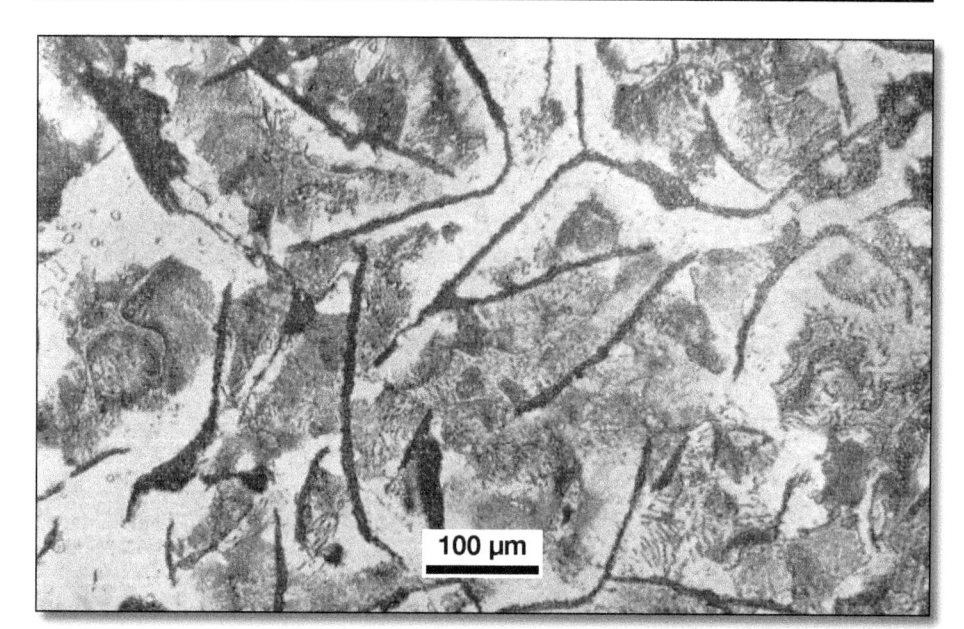

Figura 17.56
Ferro fundido cinzento, bruto de fusão. C = 3,25%, Si = 1,82% e P = 0,48%. Perlita, ferrita, grafita em veios e esteadita. Dureza: 108 HB. Ataque: Picral.

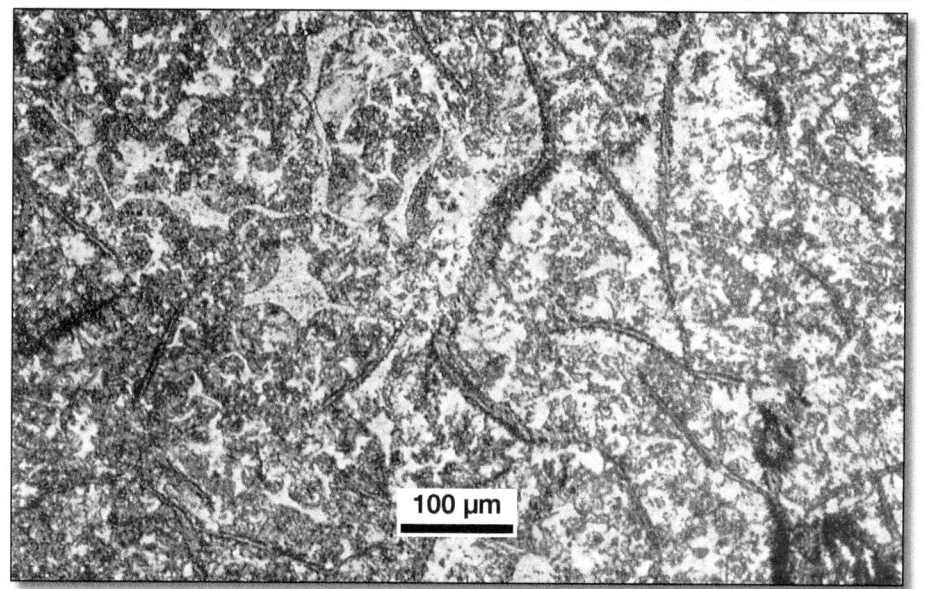

Figura 17.57
O material da Figura 17.56, recozido. Parte do carbono da grafita se dissolveu na austenita, resultando, no resfriamento após recozimento, em maior fração volumétrica de perlita do que antes deste tratamento térmico. Dureza: 147 HB. Ataque: Picral

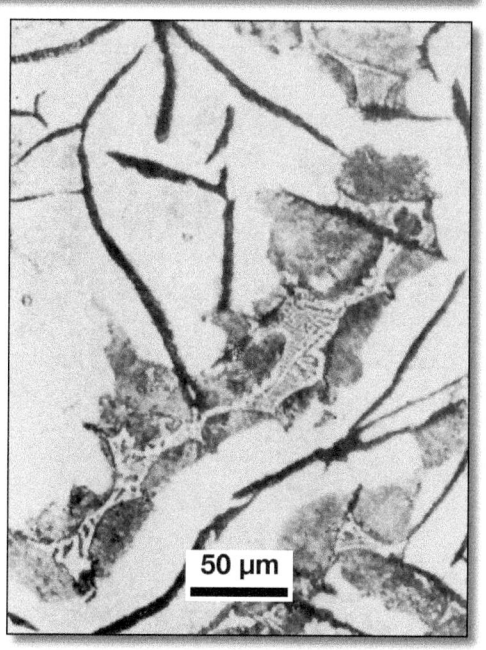

Figura 17.58
Ferro fundido cinzento com matriz hipoeutectóide, recozido durante 5 minutos a 1000 °C. Grafita em veios, ferrita e eutético com fósforo envolvido por perlita.

4.5. Enxofre e Sulfetos

O efeito do enxofre é freqüentemente controlado através do ajuste do teor de enxofre através de relação empírica do tipo [33]:

$$\% \ Mn \ = \ 1{,}7 \times (\% \ S) + 0{,}3\% \qquad \text{(Eq. } 2^{(11)})$$

Uma ferramenta adicional sugerida [33] é o controle do produto de solubilidade do sulfeto de manganês, de modo a garantir que não ocorra precipitação deste sulfeto acima da temperatura *liquidus* do ferro fundido, como mostra a Figura 17.59.

Figura 17.59
Efeito da diferença entre o teor de enxofre em um ferro fundido cinzento e o teor de enxofre necessário para a precipitação de MnS na temperatura *liquidus* da liga. Todos os experimentos foram realizados com S = 0,12% e Ceq = 3,8% e diferentes teores de manganês. Adaptado de [33].

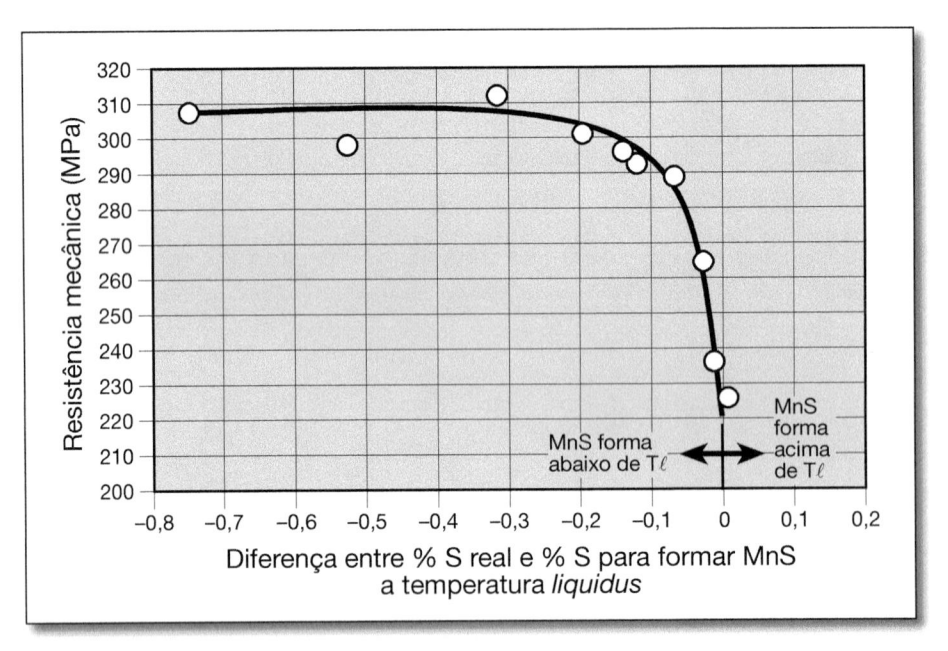

4.6. Oxidação do Ferro Fundido Cinzento

Quando o ferro fundido cinzento se oxida pode ocorrer um aumento de volume, chamado de "inchamento". O oxigênio se combina, inicialmente, com a grafita, formando CO ou CO_2 e deixando vazios os espaços ocupados pelos veios. A seguir, ocorre a oxidação das superfícies internas dos veios, agora expostas ao meio oxidante (Figura 17.61). O aumento da quantidade de óxido pode provocar uma variação sensível de volume.

Este problema é especialmente importante na produção de ferros fundidos maleáveis, quando a formação de grafita na solidificação pode resultar em defeito superficial no tratamento térmico (ver item 8.2.1).

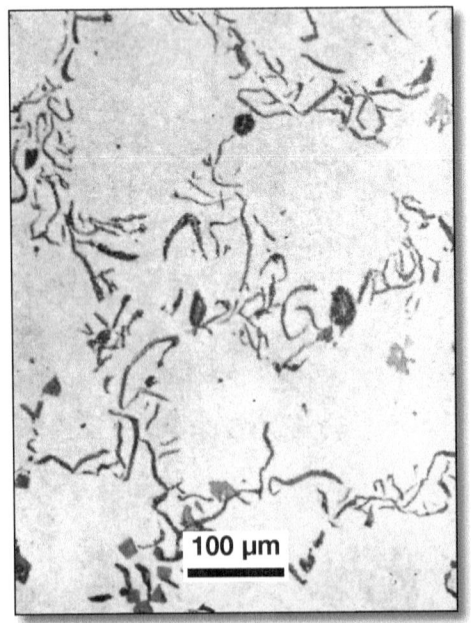

Figura 17.60
Ferro fundido cinzento. Grafita e inclusões poliédricas de sulfeto de manganês nos espaços interdendríticos. Sem ataque.

---

(11) O fator 1,7 é a relação estequiométrica entre Mn/S.

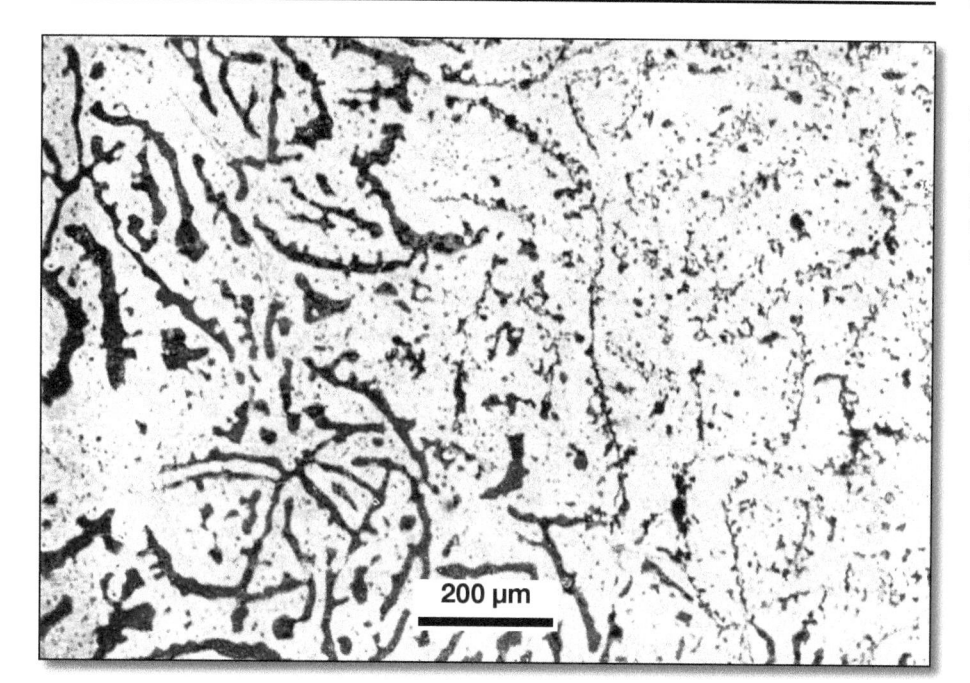

Figura 17.61
Ferro fundido cinzento queimado (oxidado). A oxidação se deu da esquerda para a direita da imagem. À direita, observa-se o desaparecimento dos veios de grafita. À esquerda, os vazios deixados pela oxidação da grafita já estão preenchidos por óxido.

5. Ferros Fundidos Mesclados e Coquilhados

Para condições de resfriamento e composição química intermediárias entre as que conduzem a ferros fundidos brancos e ferros fundidos contendo grafita, obtêm-se microestruturas complexas, onde ocorrem tanto carbonetos de solidificação como grafita. O resfriamento acelerado obtido com material de moldagem de alta condutividade térmica, como metal, em geral ferro fundido (coquilhamento), é especialmente adequado para a obtenção destas estruturas.

O aspecto da fratura é intermediário entre os ferros cinzentos e os ferros brancos, apresentando numerosas áreas escuras na fratura de fundo claro, como mostra a Figura 17.62.

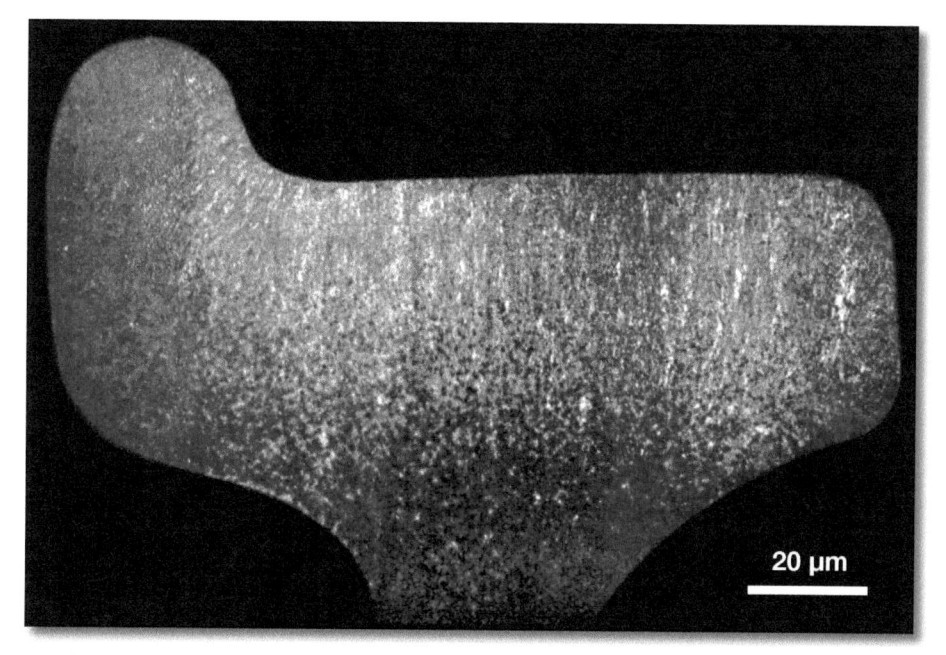

20 µm

Figura 17.62
Aspecto da fratura de uma roda ferroviária antiga, produzida em ferro fundido coquilhado. Distinguem-se nitidamente as partes branca (junto à pista e friso), cinzenta (afastada da pista, na alma) e a parte mesclada, intermediária.

Observando-se a microestrutura é possível caracterizar as regiões cinzentas e brancas, como indicado nas Figuras 17.63 a 17.66.

Figura 17.63
Ferro fundido mesclado. Agrupamentos de grafita (regiões "cinzentas") e regiões sem grafita (regiões "brancas"). Sem ataque.

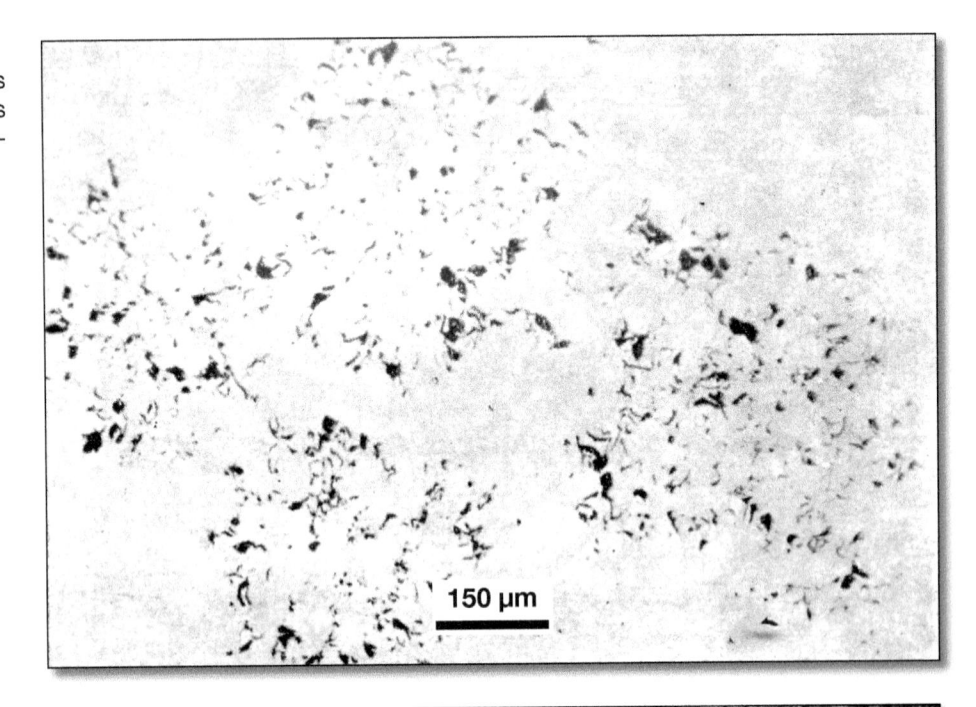

Figura 17.64
Ferro fundido mesclado. Áreas escuras são regiões de ferro fundido cinzento (os contornos não são tão bem definidos como na Figura 17.63. O restante da seção é de ferro fundido branco. Ataque: Picral.

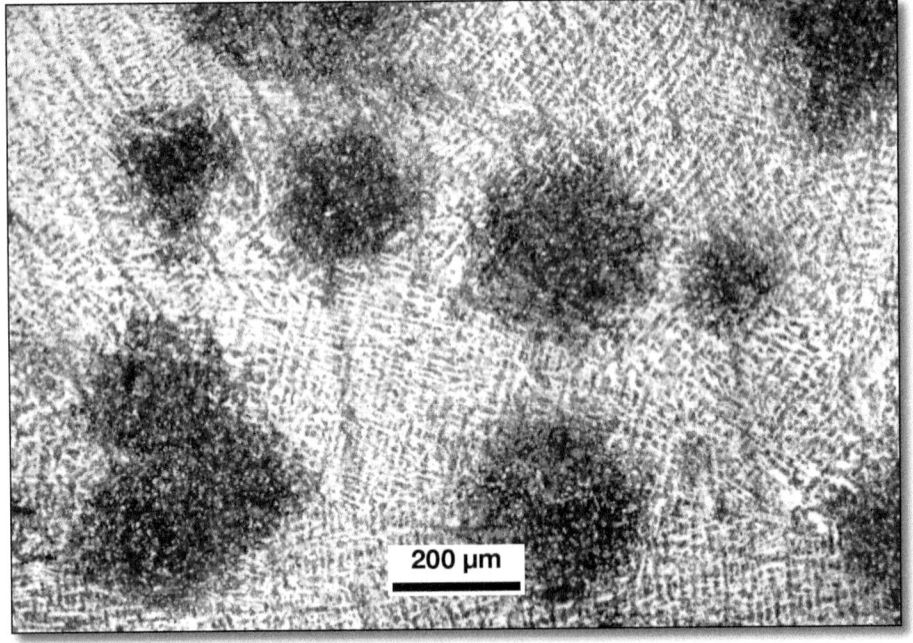

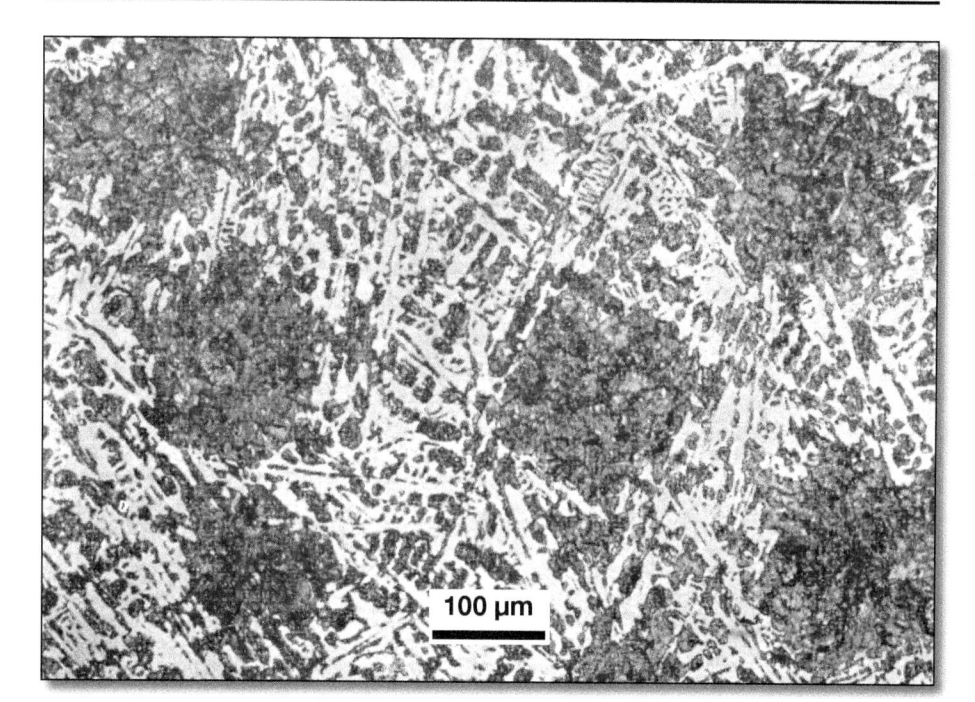

Figura 17.65
Ferro fundido mesclado. Áreas escuras são regiões de ferro fundido cinzento. O restante da seção é ferro fundido branco. Ataque: Picral.

100 µm

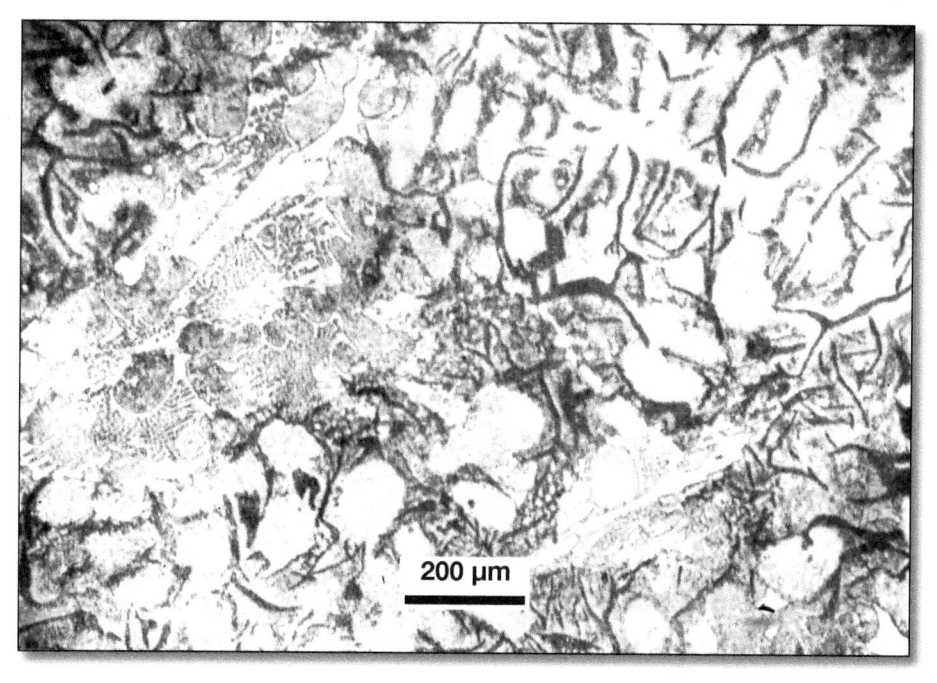

Figura 17.66
Ferro fundido mesclado. Dendritas transformadas em perlita, com grafita tipo E e áreas de ledeburita e cementita. Ataque: Picral.

200 µm

O material assim obtido tem propriedades interessantes, um balanço entre a alta dureza e resistência ao desgaste de ferro fundido branco e a tenacidade e elevada condutividade e capacidade de amortecimento de vibrações do ferro fundido cinzento, como indica o exemplo de aplicação da Figura 17.67.

Quando se produzem peças coquilhadas, é possível obter camadas superficiais, nas regiões coquilhadas, como microestrutura de ferro fundido branco e, portanto, alta dureza e resistência ao desgaste aliadas a núcleo de ferro grafítico, com menor fragilidade e melhor condutividade e amortecimento.

As Figuras 17.68 e 17.69 apresentam exemplos de peças obtidas com coquilhamento em que a transição mencionada é evidente. No

Figura 17.67
Seção transversal de uma sapata de freio antiga, de ferro fundido mesclado. As arestas, na parte superior da figura, resfriaram mais rapidamente e resultaram em ferro fundido branco. A macrografia indica a presença de duas barras de aço de baixo carbono, que são fundidas como insertos da peça e se destinam a evitar que, em caso de fratura da sapata, fragmentos grandes se desprendam. Ataque: Iodo.

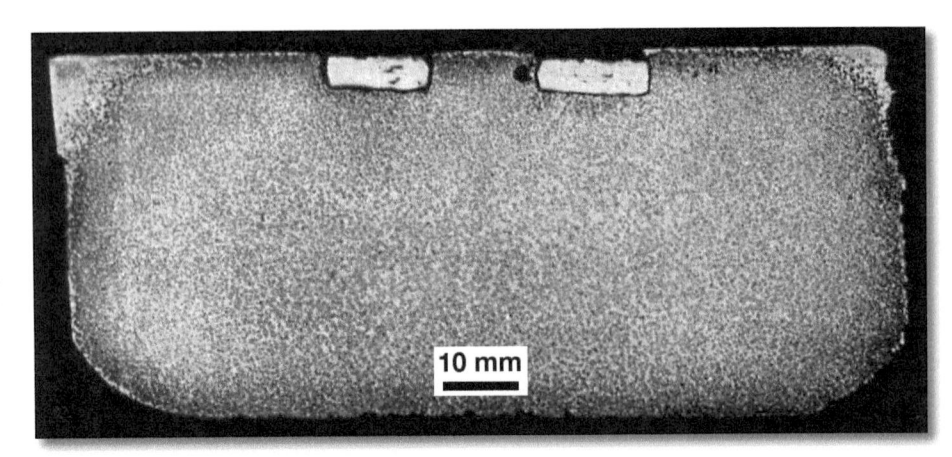

Figura 17.68
Seção transversal de roda coquilhada de ferro fundido. A camada coquilhada é menos espessa que a da roda da Figura 17.62. À esquerda (parte externa do friso), observam-se defeitos de fundição. A roda foi fundida com seu eixo na posição vertical e o friso na parte superior do molde, onde ocorreram as falhas. Ataque: Iodo.

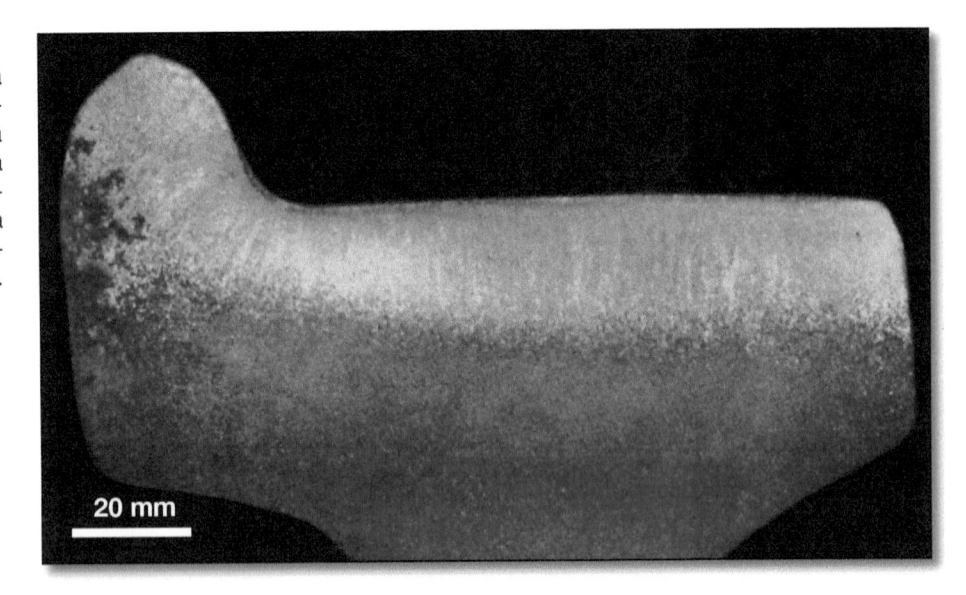

Figura 17.69
Seção transversal de um cilindro de laminador. A superfície do cilindro (acima, na foto) foi coquilhada. Região branca junto à superfície, núcleo cinzento e transição mesclada. Ataque: Iodo.

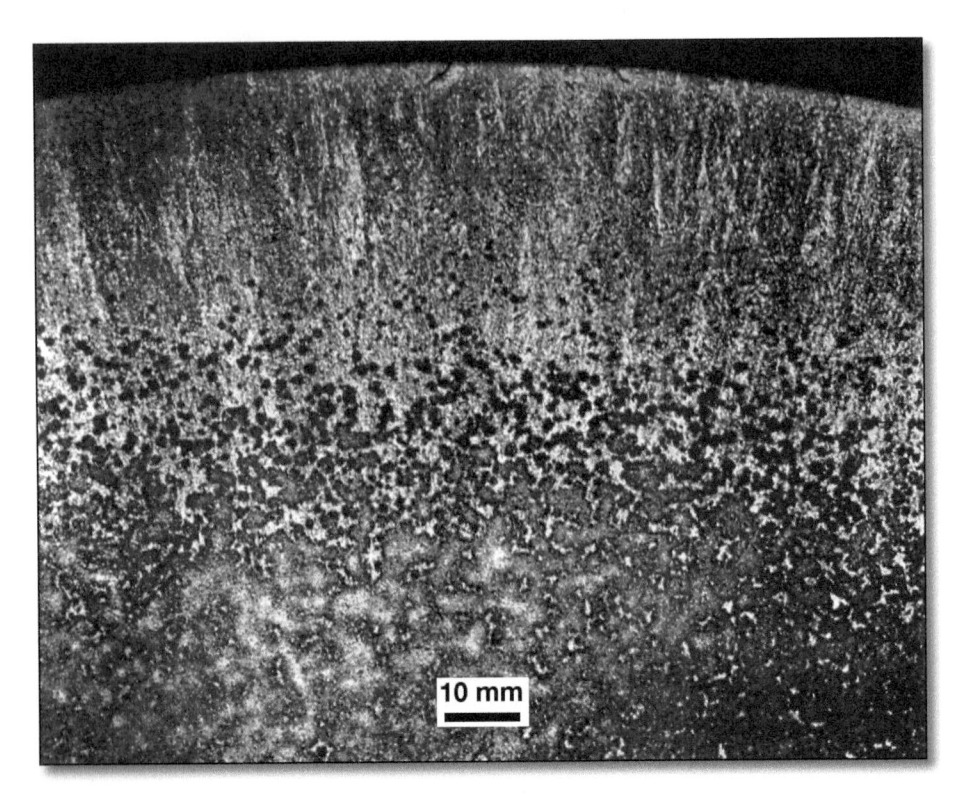

caso de cilindros de laminação, a tecnologia evoluiu dramaticamente em relação ao uso apenas do coquilhamento: cilindros fundidos com diferentes composições na superfície e no núcleo, por exemplo, foram desenvolvidos [34, 35] e aços têm ampla aplicação, também.

O coquilhamento é empregado também em ferros fundidos nodulares. Peças como eixos de comando para motores diesel, por exemplo, podem ser produzidas com ferro cinzento ou nodular, coquilhado [36].

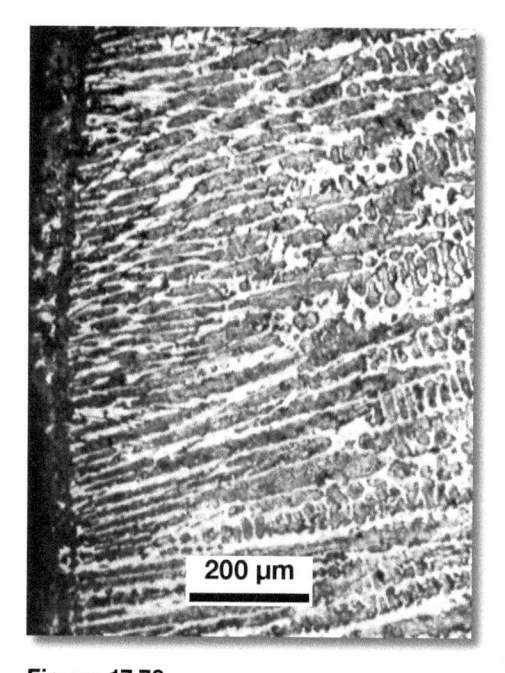

Figura 17.70
Região próxima à superfície de peça de ferro fundido branco hipoeutético. A rápida extração de calor pela superfície fez com que as dendritas crescessem perperdicularmente a ela, formando uma zona "colunar". Ataque: Nital.

Figura 17.71
Região coquilhada junto à superfície de ferro fundido cinzento hipereutético, de aspecto mesclado. Agulhas brancas de cementita sobre fundo de ledeburita. As regiões escuras são áreas onde ocorreu precipitação de grafita.

Figura 17.72
Região junto à superfície coquilhada de ferro fundido cinzento hipoeutético. Cementita alongada semelhante a eutético em placas (ver item 3) em matriz de ledeburita. Alguns vestígios de dendritas de austenita transformadas em perlita. Ataque: Picral.

Figura 17.73
Região junto à superfície coquilhada de ferro fundido cinzento hipoeutético. Cementita alongada semelhante a eutético em placas (ver item 3) e ledeburita. Presença de grafita, no centro da imagem. Ataque: Picral.

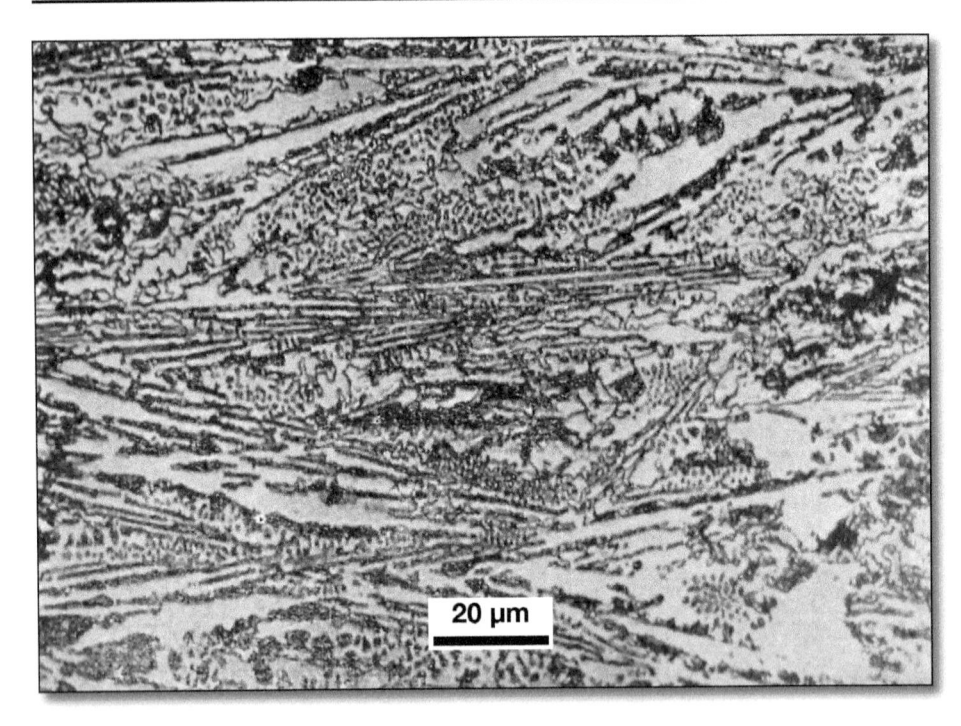

6. Ferro Fundido Nodular

O ferro fundido nodular permite combinar propriedades interessantes dos ferros fundidos e dos aços. A característica fundamental destas ligas está no ajuste da composição química e na inoculação do metal líquido, de modo a favorecer a formação de grafita em nódulos, ao invés de veios. Magnésio e cério são dois dos elementos críticos nesta função, como mostra a Figura 17.74.

O processo de elaboração do ferro fundido nodular pode envolver várias etapas de controle da composição química para atender o objetivo desejado, como pode ser observado no fluxograma da Figura 17.75.

Figura 17.74
Efeito do teor de magnésio sobre a morfologia da grafita. Adaptado de [1].

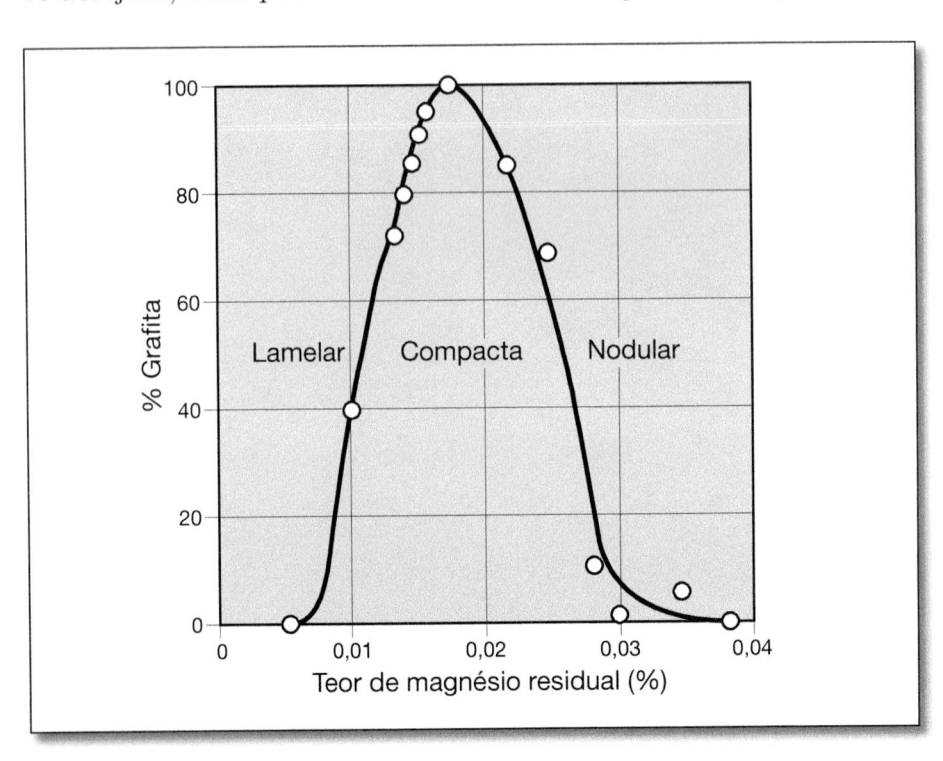

O processo de fundição deve ser corretamente controlado para garantir a eficiência do processo de esferoidização e, posteriormente, da inoculação. Em alguns casos, em peças de elevada responsabilidade, a nodularização completa é confirmada através da medida da velocidade de propagação do ultra-som nas peças, já que esta propriedade depende do grau de nodularização da grafita (por exemplo, [37]), como mostra a Figura 17.76 e influencia várias das propriedades do ferro fundido nodular, como exemplificado na Figura 17.77.

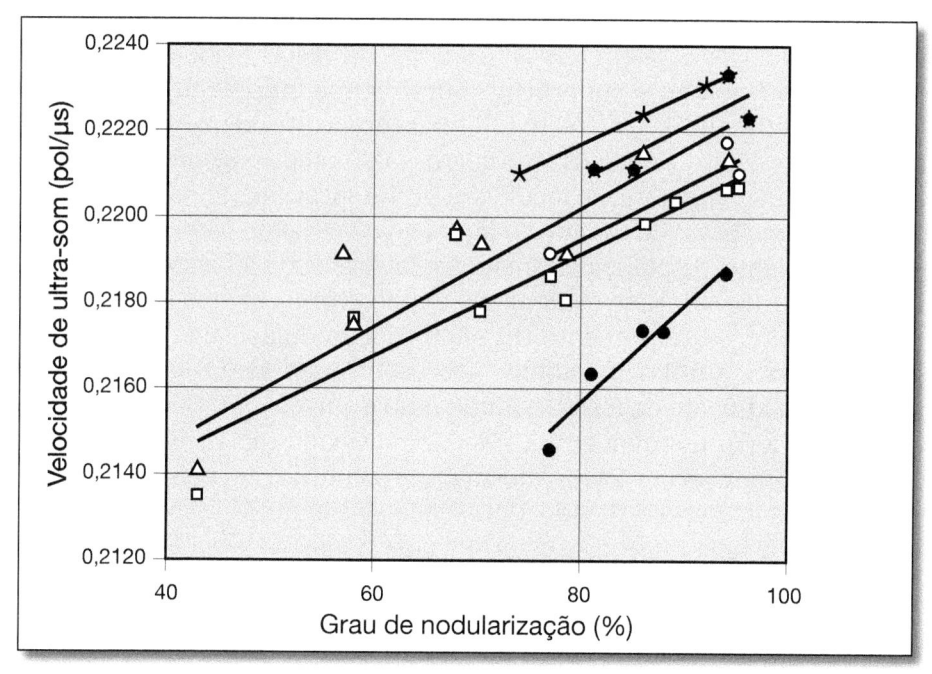

Figura 17.76
Efeito do grau de nodularização (medido por metalografia quantitativa) sobre a velocidade de propagação do ultra-som em diferentes graus de ferros fundidos. Além da nodularização, a microestrutura também influencia a velocidade de propagação do ultra-som. Adaptado de [38].

Figura 17.75
Exemplo de fluxograma de produção de ferro fundido nodular. Adaptado de [2].

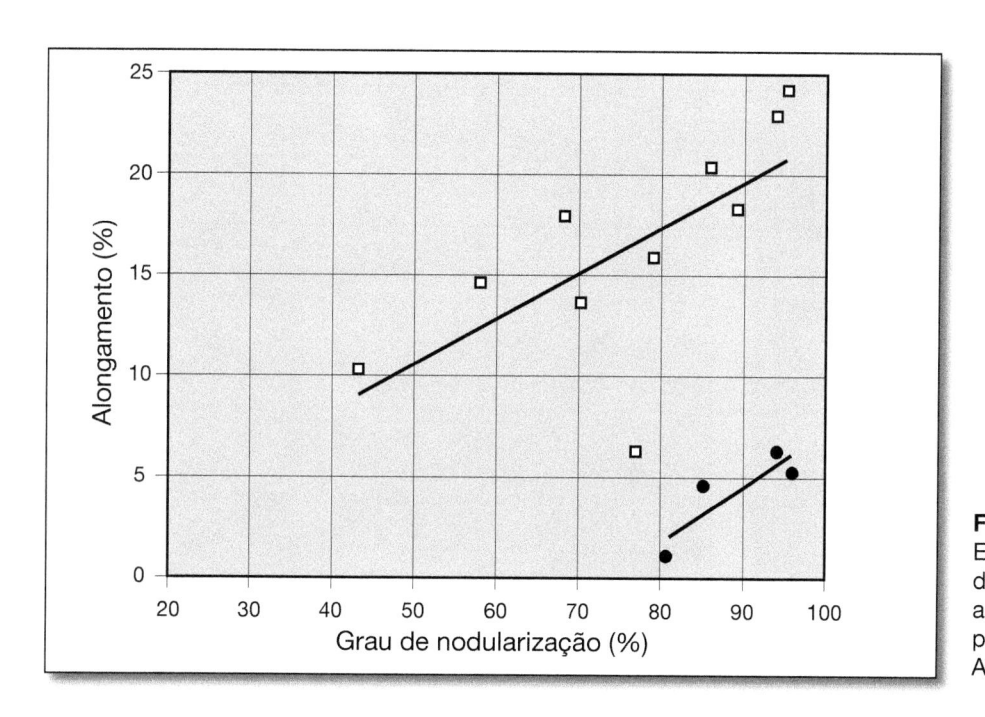

Figura 17.77
Efeito do grau de nodularização (medido por metalografia quantitativa) sobre o alongamento medido no ensaio de tração para dois tipos de ferro fundido nodular. Adaptado de [38].

Como o magnésio tem ponto de ebulição muito baixo (1090 °C, muito inferior ao ponto de fusão do ferro), diversas técnicas industriais têm sido desenvolvidas para obter um rendimento satisfatório e consistente desta importante adição. Alguns elementos têm efeito nocivo sobre a nodularização (alumínio, titânio, chumbo, estanho) e adições de cério e cálcio são especialmente úteis para neutralizar estes efeitos. [16].

Embora os fenômenos de nucleação sejam extremamente importantes para a obtenção de propriedades adequadas dos ferros fundidos e uma série de importantes mecanismos e fontes para a nucleação tenha sido observada em ferros fundidos, há várias evidências que indicam que fenômenos superficiais controlam a morfologia, segundo a qual a grafita solidifica no ferro [2]. Aparentemente, elementos que têm importante efeito tensoativo no ferro, tais como oxigênio, enxofre e telúrio, principalmente, se localizam preferencialmente nas interfaces entre o plano basal da grafita e o líquido, favorecendo o crescimento da grafita ao longo de planos prismáticos, favorecendo a formação de grafita lamelar [2, 39]. Este mecanismo explica vários efeitos importantes tal como o desaparecimento do efeito dos nodularizantes (*fading*), porque ferros fundidos tratados sob vácuo para remover oxigênio e enxofre solidificam de forma nodular, entre outros [39]. Curiosamente, embora o ferro nodular tenha sido desenvolvido tão recentemente, a grafita nodular seria a forma "normal" de solidificação, enquanto a grafita lamelar só ocorre, devido à presença de impurezas tensoativas.

A morfologia da grafita esferoidizada é mostrada na Figura 17.78. Observa-se que nem todos os nódulos são esferas perfeitas nem têm a interface com o metal "suave".

O aspecto da fratura também é útil na compreensão da estrutura e distribuição da grafita, como apresentado na Figura 17.79.

O aspecto em seção metalográfica da grafita nodular é apresentado na Figura 17.80.

Figura 17.78(a) e (b)
Aspecto da grafita nodular em ferro fundido submetido a ataque químico profundo. Alguns nódulos foram cortados na metalografia original, antes do ataque. MEV, ES. Cortesia A. Velichko e F. Mücklich, Universität des Saarlandes, Saarbrücken, Alemanha.

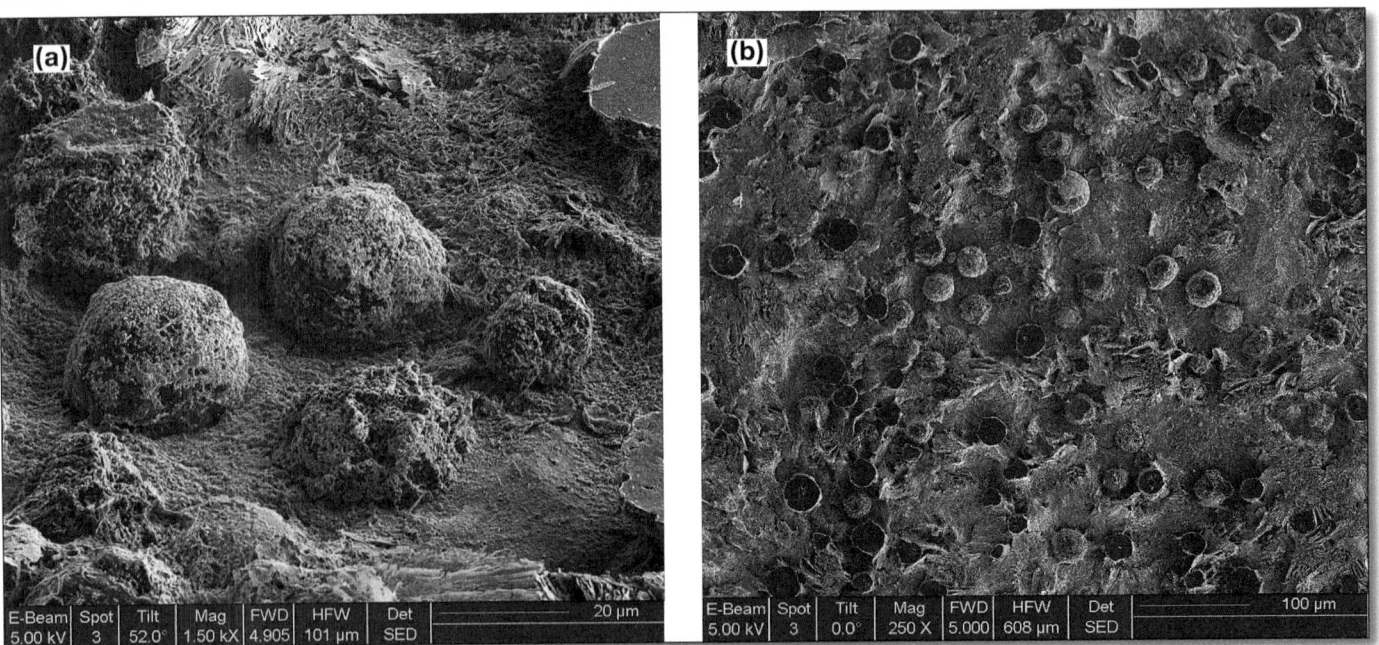

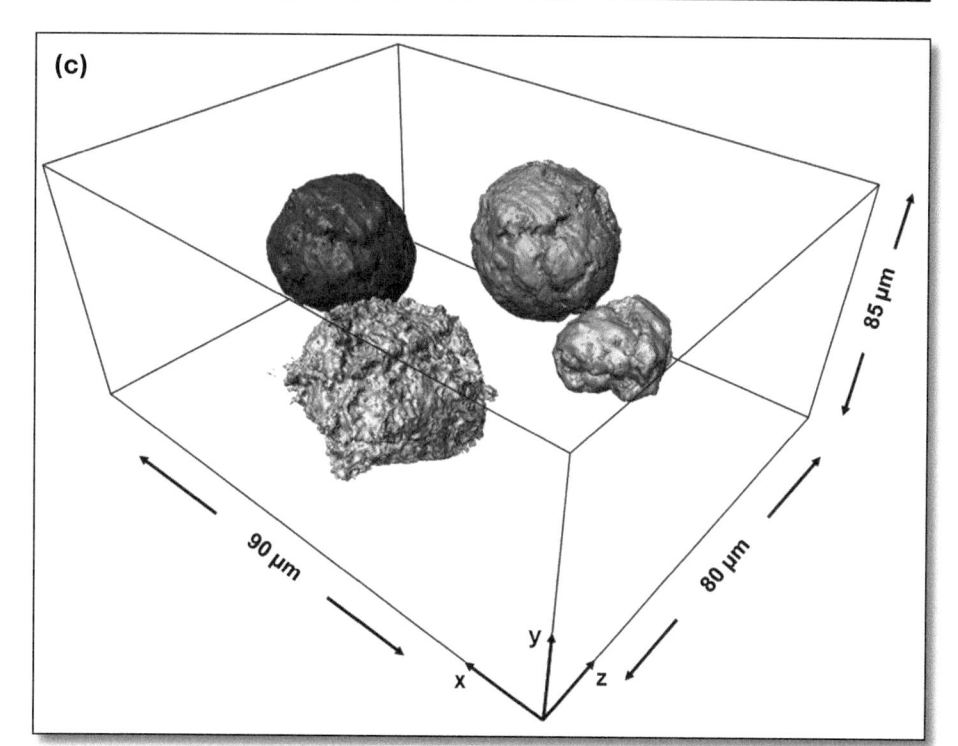

Figura 17.78(c)
Reconstrução tridimensional de grafita esferoidizada em ferro fundido nodular. Cortes produzidos por FIB e imagens obtidas por MEV. Cortesia A. Velichko e F. Mücklich, Universität des Saarlandes, Saarbrücken, Alemanha.

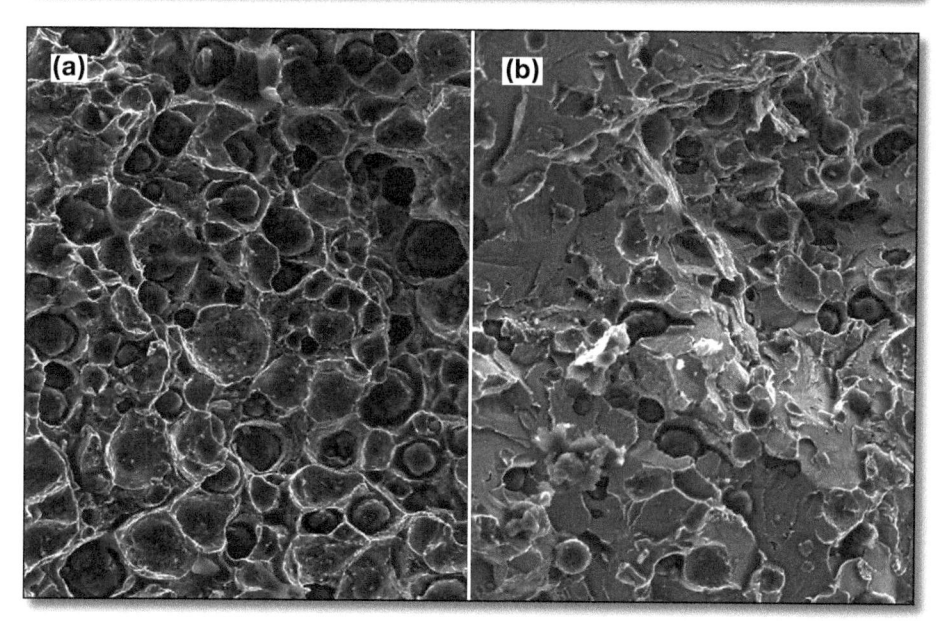

Figura 17.79
(a) Fratura dúctil e (b) fratura frágil em ferro fundido nodular. MEV, ES. Sem ataque. O aspecto da grafita e sua participação no processo de fratura são evidentes. Cortesia J. Sertucha, Azterlan, Centro de Investigacion Metalurgica, Durango, Bizkaia, Espanha.

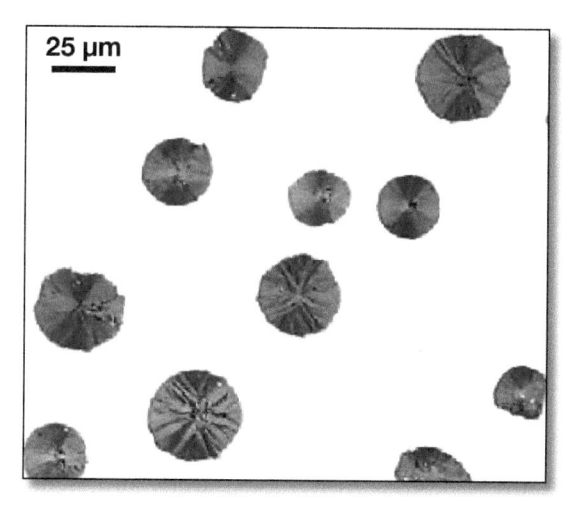

Figura 17.80
Ferro fundido nodular. Grafita em forma de esferas. Sem ataque. Cortesia W. Guesser, Tupy Fundições Ltda., Joinville, SC, Brasil.

Nodularização incompleta ou falhas no processo de nodularização podem ser observadas na Figura 17.81.

A solidificação das ligas nodularizadas é complexa, como discutido brevemente no Capítulo 8. Como a grafita é envolvida pela austenita, o crescimento se passa com difusão através da fase sólida, mesmo durante a solidificação.

A solidificação é acompanhada de segregação e algumas técnicas especiais permitem revelá-la através de ataque químico, como mostra a Figura 17.82.

Atualmente, a metalurgia dos ferros fundidos nodulares evoluiu de forma que diferentes matrizes, com estruturas muito similares às de aços, podem ser obtidas, mediante tratamentos térmicos adequados. A especificação usual de ferros fundidos nodulares é através da combinação do limite de ruptura mínimo (em MPa) seguido do alongamento total mínimo no ensaio de tração (em %).

Alguns limites de composição química são também fixados. Em geral, os ferros nodulares têm teores de fósforo e de enxofre muito mais baixos do que outros ferros fundidos. Composições como C = 3,7%,

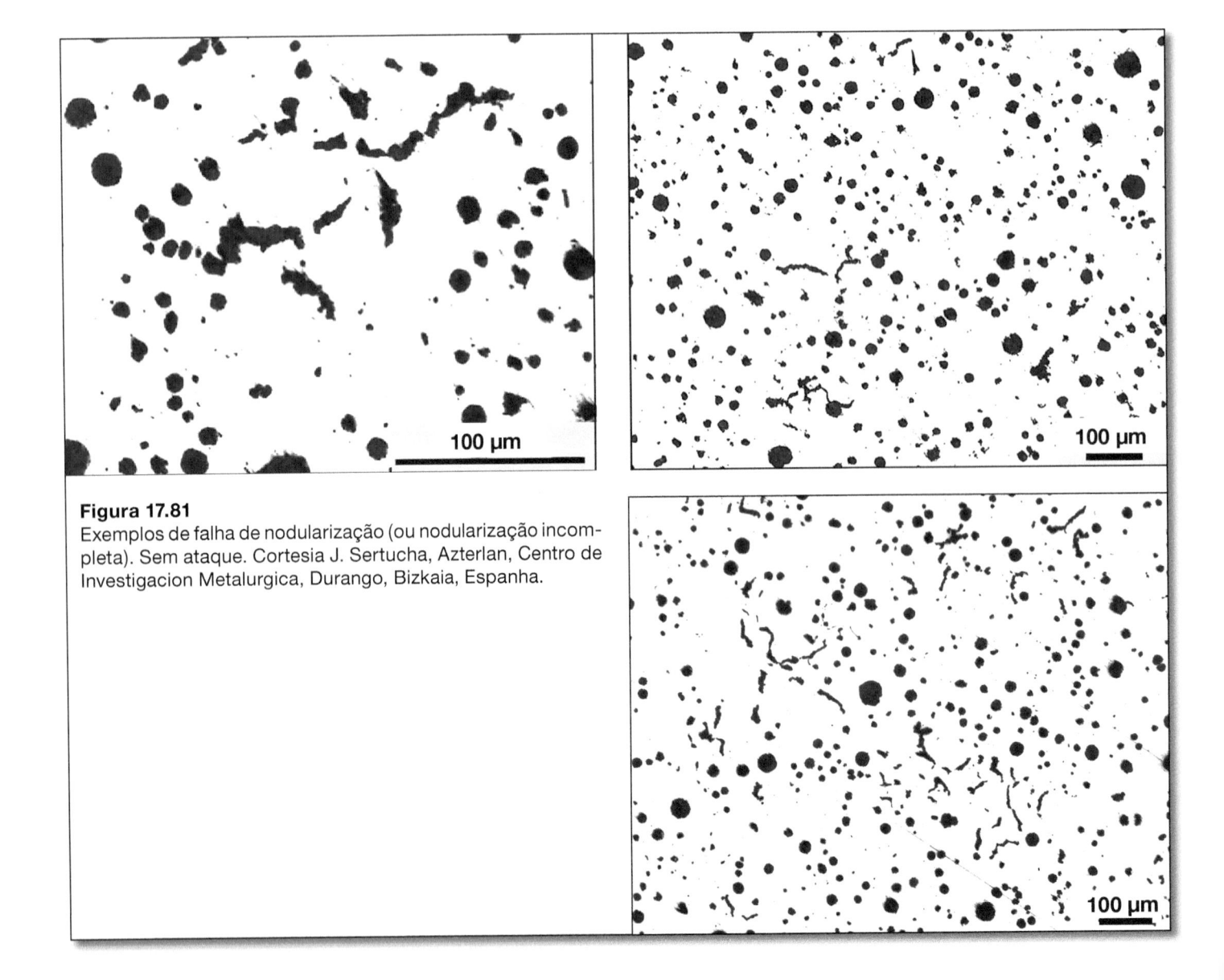

Figura 17.81
Exemplos de falha de nodularização (ou nodularização incompleta). Sem ataque. Cortesia J. Sertucha, Azterlan, Centro de Investigacion Metalurgica, Durango, Bizkaia, Espanha.

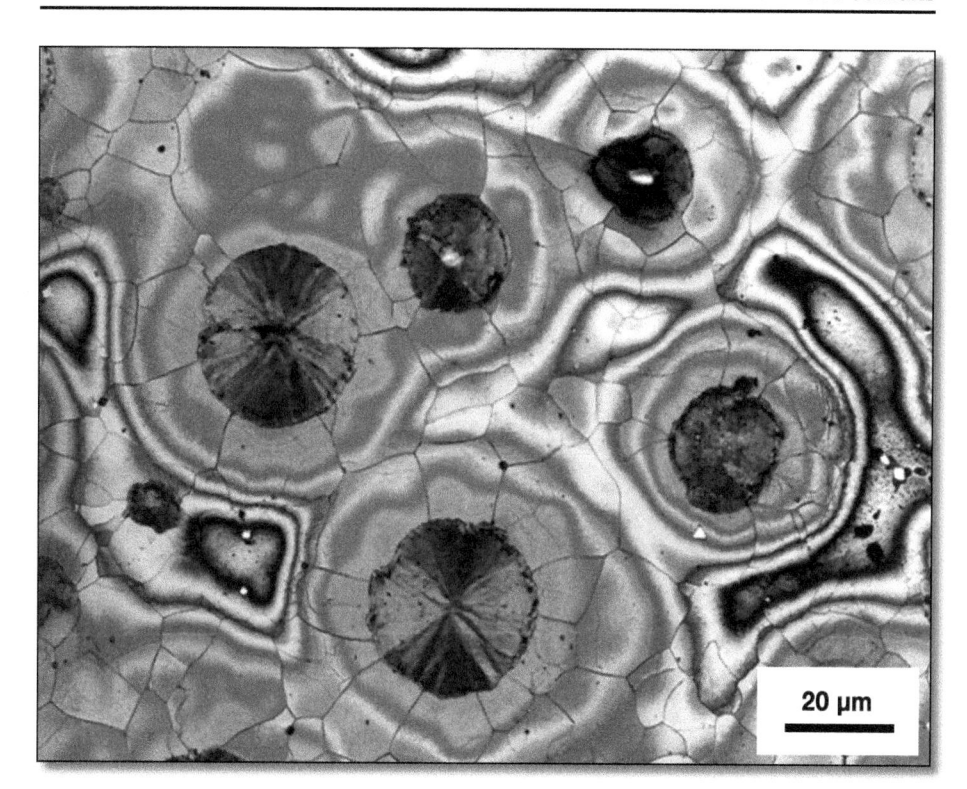

Figura 17.82
Ferro fundido nodular, recozido (Fe-3.9%, C-2.9%, Si-0.32%, Mn-0.06%, P-0.037%, Mg-1.5%, Ni-0.57% Cu). O ataque[12] revela a segregação de silício, cujo teor vai se reduzindo a medida que a distância do nódulo aumenta. Cortesia de J. Radzikowska, Foundry Research Institute-Krakow, Polônia.

Si = 2,5%, Mn = 0,3%, P = 0,01% e S = 0,01% são representativas, embora a maior parte das especificações limite o teor de fósforo em 0,08%. O enxofre precisa ser mantido em níveis baixos para evitar que reaja com o magnésio, aumentando seu consumo ou comprometendo a nodularização.

Tabela 17.4
Propriedades mínimas especificadas para ferros fundidos nodulares e as microestruturas típicas associadas [16].

Norma	Categoria de propriedades			
EN 1563 e ISO 1083 (Ruptura, MPa Alongamento, %)	350-22 400-18 400-15	450-10 500-7 600-3	700-2	900-2
ASTM A 536 Ruptura, ksi, Escoamento, ksi, Alongamento, %	60-40-18 60-42-10 65-45-12	70-50-05 80-55-06 80-60-03	100-70-03	
	Microestruturas típicas			
	Ferrita	Ferrita + Perlita	Perlita	Martensita Revenida

(12) 28 g hidróxido de sódio (NaOH), 4 g ácido pícrico, 1 g metabissulfito de potássio em 100 mL de água destilada por 30-60 min com o reagente quente, próximo à ebulição.

Os ferros fundidos de matriz ferrítica (Figura 17.83) são os que apresentam a microestrutura mais próxima do equilíbrio termodinâmico dentre os ferros fundidos.

Embora no passado os ferros fundidos de matriz ferrítica fossem obtidos por tratamento térmico, a busca de roteiros de produção mais econômicos levou à compreensão de como o ajuste da composição química permite que se obtenha a microestrutura ferrítica diretamente na condição "como fundido". É importante controlar, ao menos, os teores de cobre, manganês e estanho, elementos que promovem a formação da perlita, além do teor de silício [40, 41].

No caso de ocorrência de carbonetos ou perlita na condição bruta de fundição, tratamentos térmicos podem ser necessários para a obtenção da microestrutura ferrítica. O tratamento mais adequado depende da presença de carbonetos primários ou apenas de perlita na estrutura original. Um tratamento térmico usual para a obtenção da microestrutura ferrítica a partir de estrutura que contenha carbonetos eutéticos consiste na austenitização a 900-925 °C por 3 a 5 h, seguida de resfriamento lento (20-35 °C/h) no intervalo de temperaturas de transformação (800-710 °C), seguido por resfriamento no forno (50-100 °C/h) até cerca de 200 °C.

Microestruturas consistindo de ferrita e perlita permitem obter uma ampla faixa de propriedades mecânicas como mostrado na Tabela 17.4.

No resfriamento da solidificação ou durante o tratamento térmico, a estrutura do ferro fundido sólido é composta por grafita e austenita. Durante o resfriamento pode haver a formação de mais grafita à medida que a solubilidade do carbono na austenita decresce. A decomposição da austenita pode se iniciar quando é atingida a temperatura da transformação eutectóide, como mostra o diagrama da Figura 17.84.

Figura 17.83
Ferro fundido nodular de matriz ferrítica. Ataque: Nital. Cortesia J. Sertucha, Azterlan, Centro de Investigacion Metalurgica, Durango, Bizkaia, Espanha.

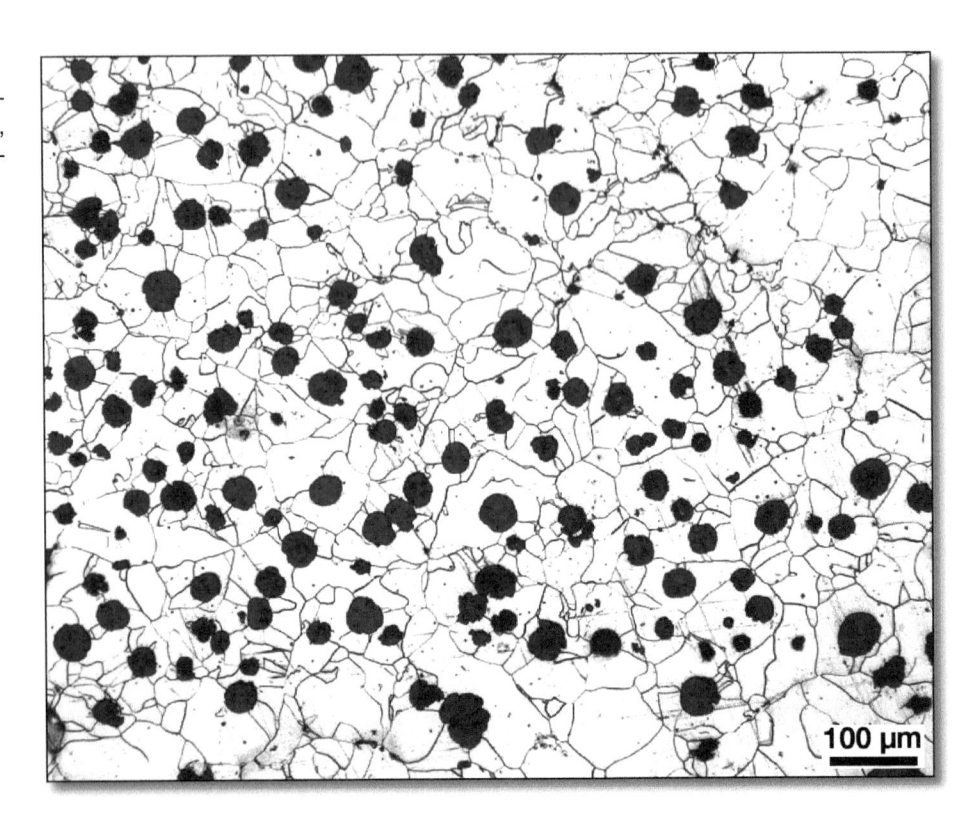

Dois motivos principais cooperam para que a ferrita se forme preferencialmente junto aos nódulos de grafita: em primeiro lugar, durante a solidificação o silício se concentra junto aos nódulos (isto é, sofre segregação negativa) (Figura 17.82) enquanto o manganês segrega para as últimas regiões da austenita a solidificar. Como o silício aumenta a temperatura da transformação eutectóide (Figura 17.84) e o manganês reduz esta temperatura, as regiões próximas aos nódulos atingem a temperatura de transformação antes das demais [42]. Por outro lado, a interface entre a grafita e a austenita pode ser considerada uma região preferencial de nucleação, também.

Quando a temperatura atinge a temperatura do eutectóide metaestável (com a cementita), estabelecem-se condições para a formação da perlita.

Este mecanismo de transformação pode ser descrito por modelos matemáticos bastante eficazes e é confirmado, experimentalmente (por exemplo, [42, 43]). A Figura 17.85 apresenta exemplos de ferros fundidos nodulares com matriz composta por ferrita e perlita.

Antes do advento dos ferros fundidos austemperados, as ligas com matriz completamente perlítica e com matriz de martensita revenida (Figura 17.86) eram as opções clássicas para peças de alta resistência. Matrizes perlíticas podem ser obtidas por tratamento térmico de normalização e com o ajuste da composição química, em especial elementos como cobre ou estanho.

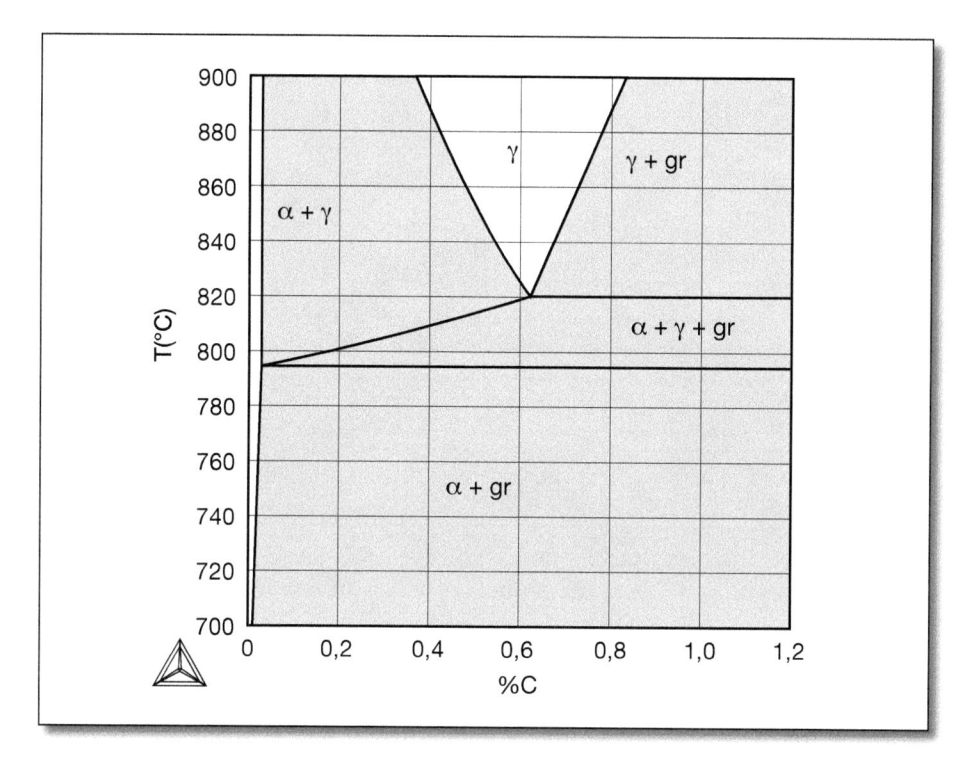

Figura 17.84
Isopleta (seção com teor de silício constante) a 2,5% Si do diagrama Fe-C-Si. O silício aumenta a temperatura do equilíbrio eutectóide. No resfriamento, a austenita em equilíbrio com a grafita, ao atingir a temperatura do eutectóide pode começar a se transformar em ferrita.

Figura 17.85
Ferros fundidos nodulares com matriz composta por ferrita e perlita, com diferentes frações volumétricas de ferrita. A ferrita se forma, preferencialmente, em torno dos nódulos de grafita[13]. A redução da fração volumétrica de ferrita resulta em aumento da resistência mecânica, como no caso dos aços. Cortesia J. Sertucha, Azterlan, Centro de Investigacion Metalurgica, Durango, Bizkaia, Espanha.

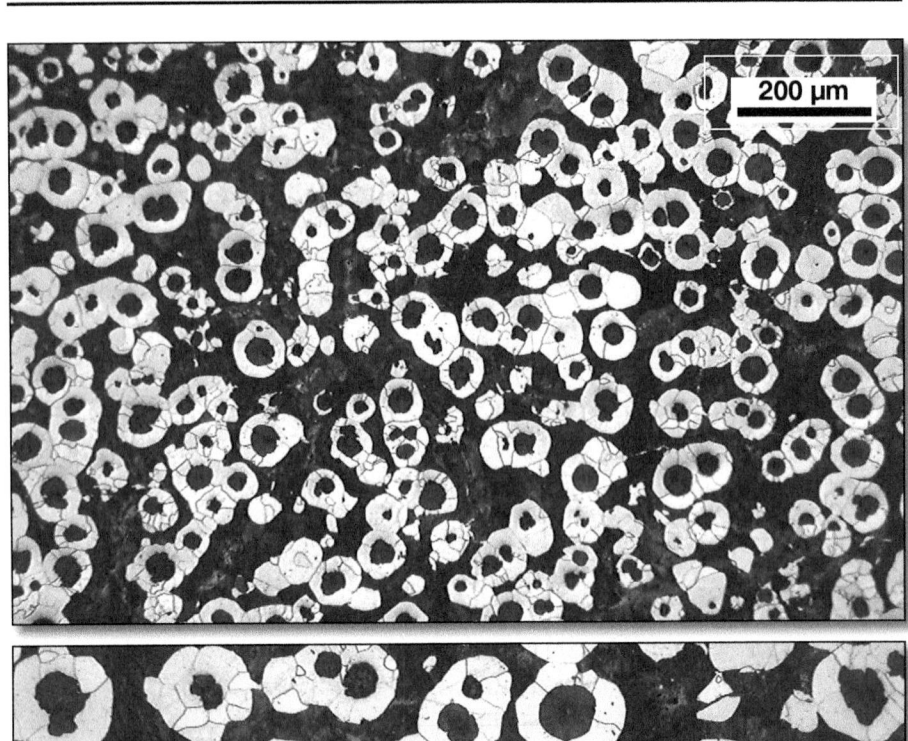

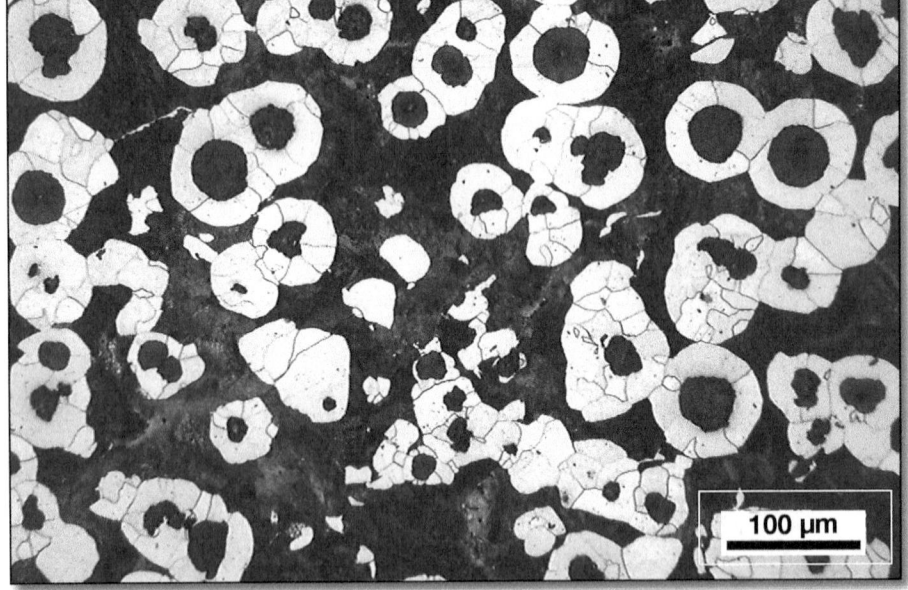

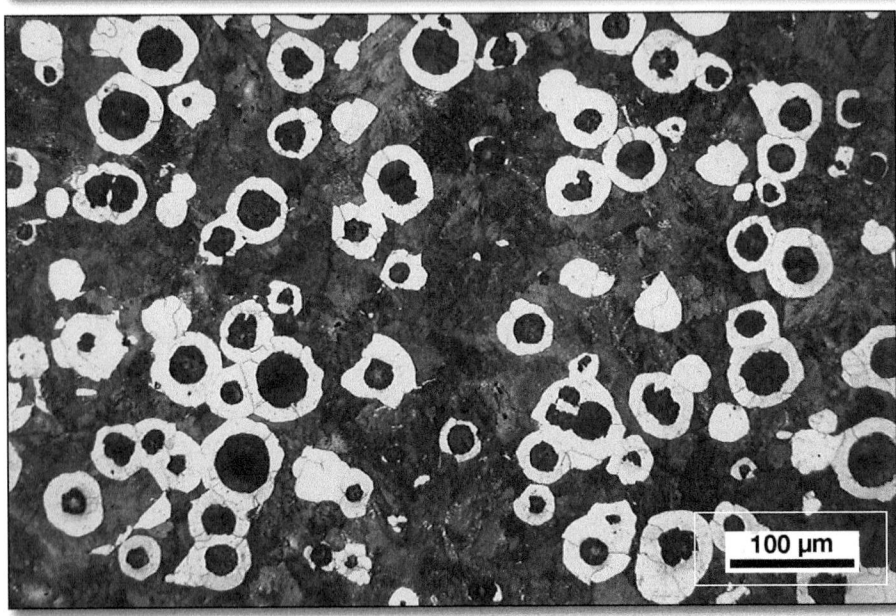

(13) Há referências, na literatura brasileira, a esta microestrutura como "olho de boi".

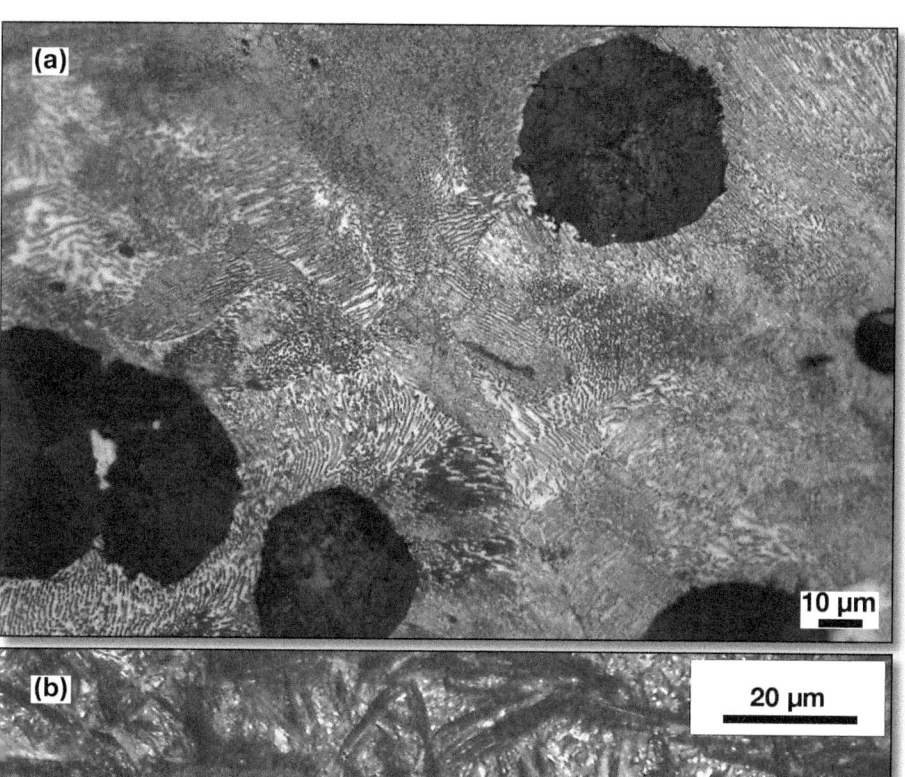

Figura 17.86
Ferros fundidos nodulares com matriz (a) perlítica e (b) martensítica. Ataque: Nital. Cortesia J. Sertucha, Azterlan, Centro de Investigacion Metalurgica, Durango, Bizkaia, Espanha.

6.1. Ferro Fundido Nodular Austemperado

O ferro fundido nodular austemperado (*Austempered Ductile Iron*, ADI) apresenta uma combinação de resistência mecânica, tenacidade, resistência ao desgaste e resistência à fadiga que o torna um material especialmente interessante para um grande número de aplicações de engenharia, inclusive na indústria automobilística. Estas propriedades são obtidas devido à microestrutura extremamente interessante que pode ser obtida neste material, com a austêmpera. O elevado teor de silício presente nestas ligas evita a formação de carbonetos durante o tratamento de austêmpera, de modo que a microestrutura obtida é composta de bainita (ou ferrita bainítica), austenita retida e grafita[14]. Estas ligas permitem obter resistências mecânicas até duas vezes maiores do que ferros fundidos convencionais, como mostra a Tabela 17.5.

Tabela 17.5
Propriedades mínimas especificadas para ensaio de tração e de impacto para ferros fundidos nodulares austemperados conforme a norma ASTM A897.

Grau, ASTM A897	Limite de ruptura (MPa)	Limite de escoamento (MPa)	Alongamento (%)	Tenacidade (impacto, J)
1	850	550	10	100
2	1050	700	7	80
3	1200	850	4	60
4	1400	1100	1	35
5	1600	1300	—	—

O tempo de tratamento de austêmpera é selecionado de modo a completar a formação isotérmica de bainita (ou ferrita bainítica) e austenita e evitar a formação de carbonetos, que poderia ocorrer em tempos mais longos. [44]. As temperaturas do ciclo de austêmpera são ajustadas em função da microestrutura (e propriedades) desejada.

As Figuras 17.87, 17.88 e 17.89 apresentam alguns exemplos de microestruturas de ferro fundido nodular austemperado.

---

(14) Este efeito do silício é também aproveitado nos aços TRIP, como discutido no Capítulo 13.

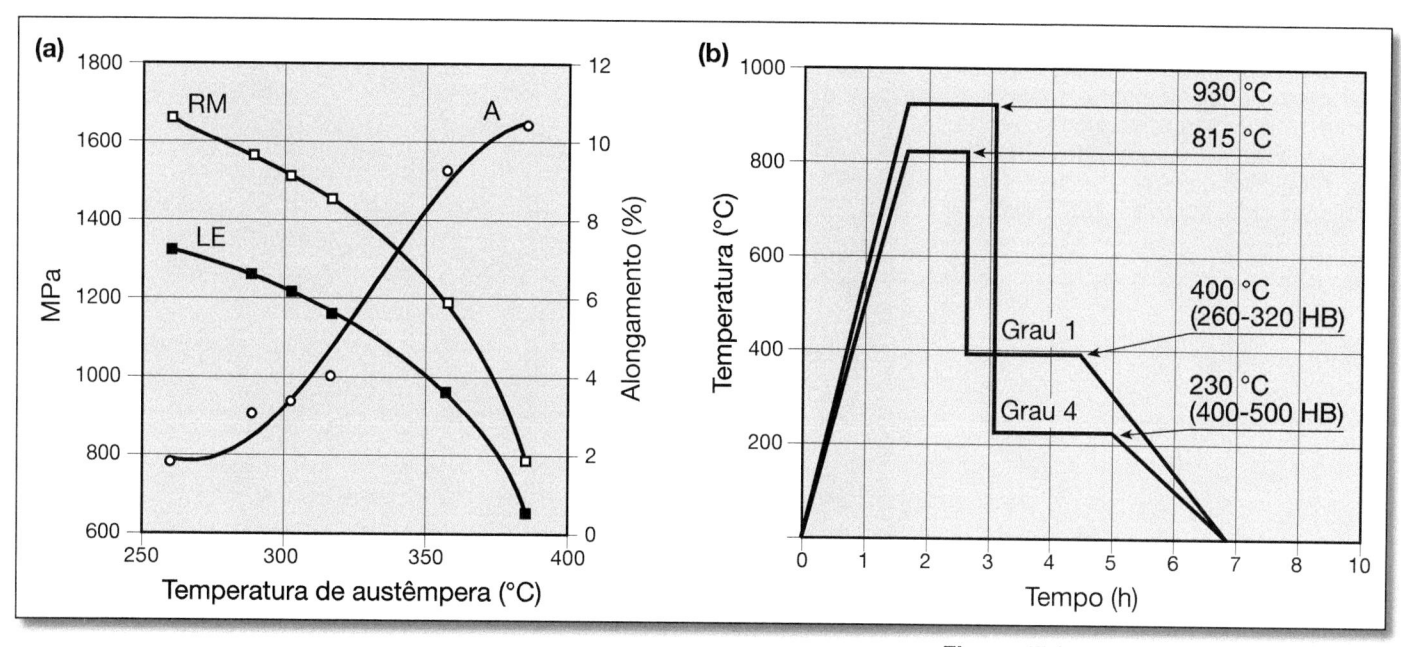

Figura 17.87
(a) Efeito da temperatura de austêmpera nas propriedades no ensaio de tração de um ferro fundido nodular [44] (RM = Limite de ruptura, LE = Limite de escoamento, A = alongamento); (b) Exemplos de ciclos de austêmpera de ferro fundido nodular para obtenção de diferentes propriedades. Os graus citados são da norma ASTM A897 [16].

Figura 17.88
Ferro fundido nodular austemperado. Matriz de bainita (ferrita bainítica) e austenita retida (áreas brancas) (ausferrita[7]). Nódulos de grafita. Ataque: Nital. Cortesia J. Sertucha, Azterlan, Centro de Investigacion Metalurgica, Durango, Bizkaia, Espanha.

Figura 17.89
Ferro fundido nodular austemperado. Grafita, ferrita bainítica formada na austêmpera e austenita retida (áreas brancas), (ausferrita[7]). Ataque: Nital. Cortesia W. Guesser, Tupy Fundições Ltda., Joinville, SC, Brasil.

Figura 17.90
Camada superficial de ferro fundido no-
dular que sofreu têmpera superficial.
Grafita, martensita e austenita retida.
Eixo comando de válvulas, HRC 56. Ata-
que: Nital. Cortesia W. Guesser, Tupy
Fundições Ltda., Joinville, SC, Brasil.

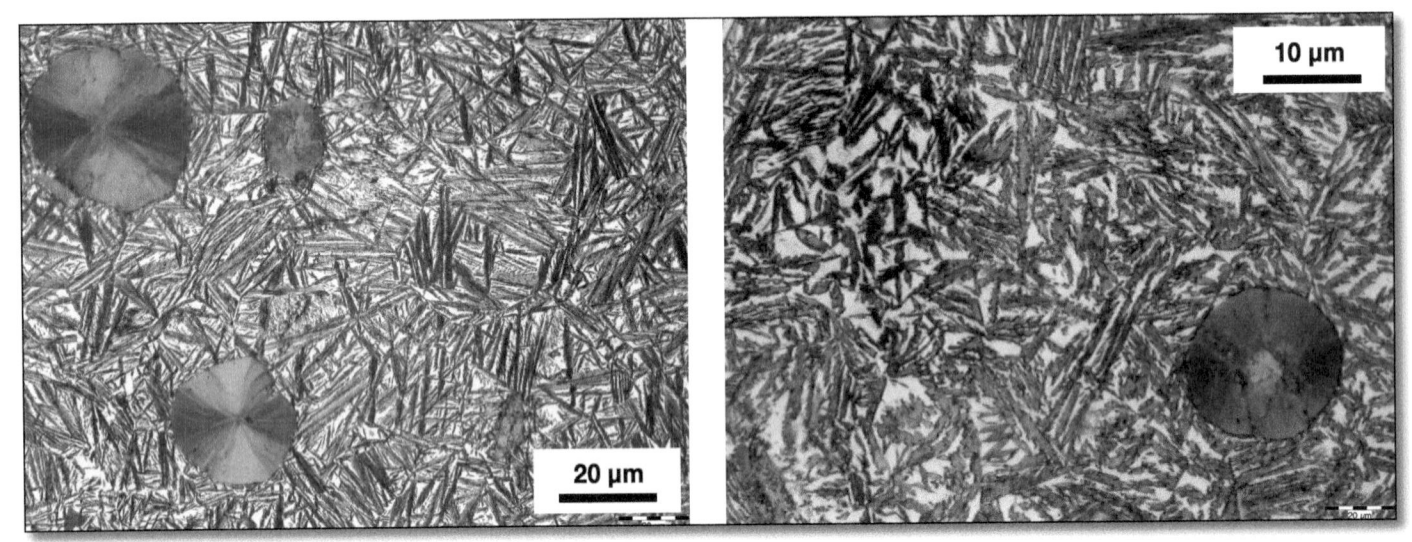

Figura 17.91
Ferro fundido nodular austemperado. O
ataque Beraha-Martensita[3] é bastante
eficiente para revelar a estrutura destas
ligas.

6.2. Porosidade em Ferro Fundido Nodular

Embora, de forma geral, a prevenção de rechupes e porosidade no projeto da fundição de peças de ferro fundido seja menos complexa do
que no caso dos aços, os ferros fundidos nodulares podem apresentar
problemas de porosidade, decorrentes do modo de solidificação. Os
ferros nodulares solidificam, em geral, sem a formação de uma "casca
sólida" e de uma frente de solidificação bem definida, como ocorre no
caso dos ferros cinzentos (Figura 17.92).

    O projeto de fundidos deve levar em conta este fato, para evitar a
formação de microcavidades como as mostradas na Figura 17.93.

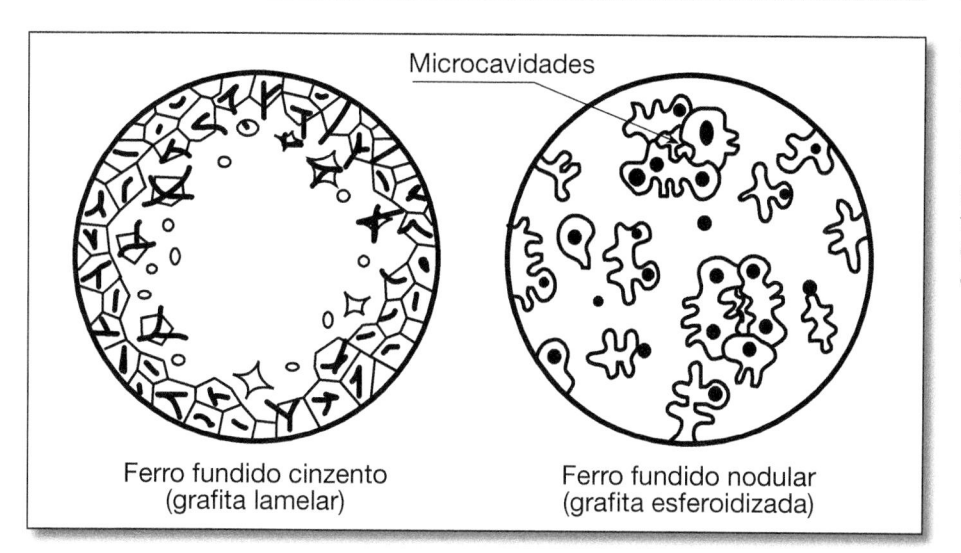

Microcavidades

Ferro fundido cinzento
(grafita lamelar)

Ferro fundido nodular
(grafita esferoidizada)

Figura 17.92
Esquema da solidificação de ferro fundido cinzento e ferro fundido nodular. O primeiro solidifica com a formação de uma "casca" sólida enquanto que no segundo, a solidificação não ocorre com a formação de uma frente bem definida, o que pode dificultar a microalimentação, originando cavidades. Adaptado de [1].

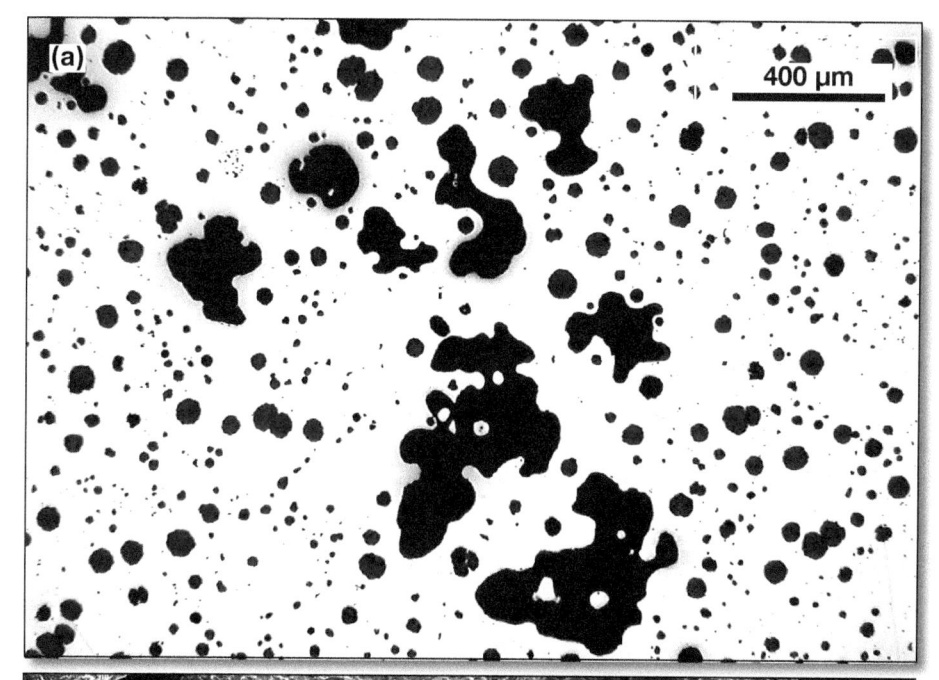

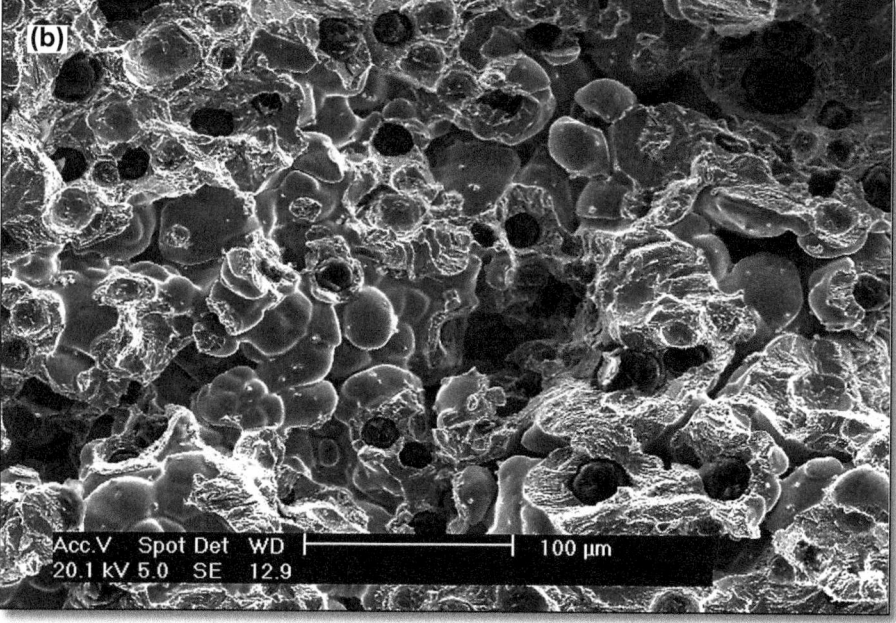

Figura 17.93
Microporosidade em ferro fundido nodular. (a) Seção sem ataque. (b) MEV. ES. Observam-se os nódulos de grafita e as dendritas. Cortesia J. Sertucha, Azterlan, Centro de Investigacion Metalurgica, Durango, Bizkaia, Espanha.

7. Ferro Fundido em Grafita Compacta (ou Vermicular)

Na Figura 17.74 observa-se que a transição entre a grafita lamelar, do ferro fundido cinzento clássico e a grafita esferoidizada, do ferro fundido nodular, não é brusca. Uma morfologia intermediária de grafita, chamada de grafita compacta, ocorre entre as duas morfologias citadas. Naturalmente, as propriedades obtidas dos ferros com grafita compacta são, também, intermediárias entre o ferro cinzento e o nodular. Especialmente, é possível obter-se resistência e tenacidade bastante boas e manter a condutividade térmica elevada. Um exemplo de aplicação deste tipo de ferro é em blocos de motores diesel [45].

A morfologia da grafita compacta (ou vermicular) é complexa e de difícil caracterização. A Figura 17.94 mostra o aspecto tridimensional deste tipo de grafita.

A Figura 17.95 apresenta um exemplo de seção metalográfica de ferro fundido com grafita compacta. A dificuldade para reconstruir, mentalmente, a morfologia da Figura 17.94 a partir das observações de cortes como este é evidente e destaca a importância das técnicas de reconstrução tridimensional, especialmente quando aplicadas à correlação entre propriedades e estrutura.

Figura 17.94(a)
Grafita vermicular ou compacta em ferro fundido submetido a ataque químico profundo, para dissolver todo o metal. Ataque: Nital 10%, 2 h.

E-Beam	Spot	Tilt	Mag	FWD	HFW	Det	20 μm
5.00 kV	3	52.0°	800 X	4.918	190 μm	SED	

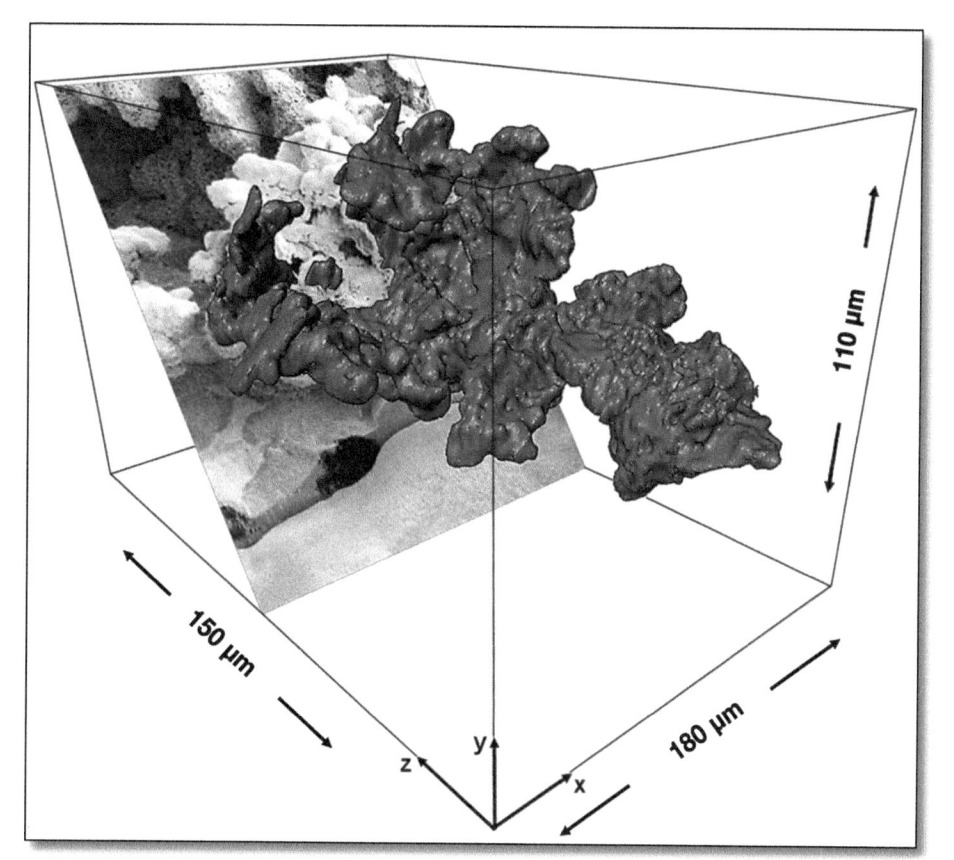

Figura 17.94(b)
Reconstrução tridimensional de grafita vermicular ou compacta em ferro fundido. Cortes produzidos por FIB e imagens obtidas por MEV. Cortesia A. Velichko e F. Mücklich, Universität des Saarlandes, Saarbrucken, Alemanha.

Figura 17.95
Grafita compacta em ferro fundido. Sem ataque. Cortesia J. Sertucha, Azterlan, Centro de Investigacion Metalurgica, Durango, Bizkaia, Espanha.

8. Ferros Fundidos Maleáveis

A primeira tentativa bem sucedida de produzir ferros fundidos mais tenazes é creditada a Réaumur[15] na década de 1720 [16] que desenvolveu o chamado ferro maleável branco. Posteriormente, Seth Boyden desenvolveu e patenteou, nos EUA, em 1821, o ferro fundido maleável preto (ou de núcleo preto) [47].

8.1. Ferro Fundido Maleável de Núcleo Branco

Na produção do ferro fundido maleável de núcleo branco, o ferro é fundido como um ferro branco, isto é contendo cementita eutética (ledeburita) e perlita. Posteriormente, o ferro é descarbonetado, durante um tratamento térmico. Peças finas chegam a descarbonetar em toda a espessura, enquanto as peças de maior espessura só apresentam uma camada descarbonetada, na periferia da peça. Os ferros fundidos tratados desta forma apresentam uma fratura de aspecto claro no centro da peça e são, por isto, chamados de ferros fundidos maleáveis de núcleo branco (*whiteheart*). São também conhecidos como ferros maleáveis europeus.

Como podem ser produzidos de forma relativamente barata em cubilôs, estes ferros ainda encontram alguma aplicação em fundidos pequenos, de espessura reduzida.

A Tabela 17.6 apresenta faixa de composição típica de ferro fundido maleável branco.

Tabela 17.6
Faixa de composição típica de ferro fundido maleável branco [16].

Elemento	Antes do recozimento	Após recozimento
Carbono	3,0-3,7%	0,5-2,0%
Silício	0,4-0,8%	0,4-0,7%
Manganês	0,1-0,4%	0,1-0,4%
Enxofre	0,3% Max.	0,3% Max.
Fósforo	0,1% Max.	0,1% Max.

(15) René-Antoine Ferchault de Réaumur, 1683-1757, cientista francês, mais conhecido pela escala de temperatura que leva seu nome. Enquanto membro da Academia Francesa foi indicado pelo governo para realizar um projeto de desenvolvimento e consolidação das práticas industriais, dentro do qual se desenvolveram seus trabalhos em metalografia, ferros fundidos e aços [46].

(16) Um produtor que fornece informações interessantes é http://www.hitzbleck.de/englisch/products.htm

O tratamento térmico de recozimento destes ferros fundidos é uma combinação de tratamento de descarbonetação e de grafitização, realizado em atmosfera oxidante. No passado, empregava-se o empacotamento das peças em misturas contendo minério de ferro. Atualmente, empregam-se fornos de atmosfera controlada a temperaturas da ordem de 1070 °C. A descarbonetação pode ser completa no caso de peças pequenas.

Na Europa, peças de ferro fundido maleável branco[16] são fornecidas segundo as normas ISO 5922 e CEN 1562. [16].

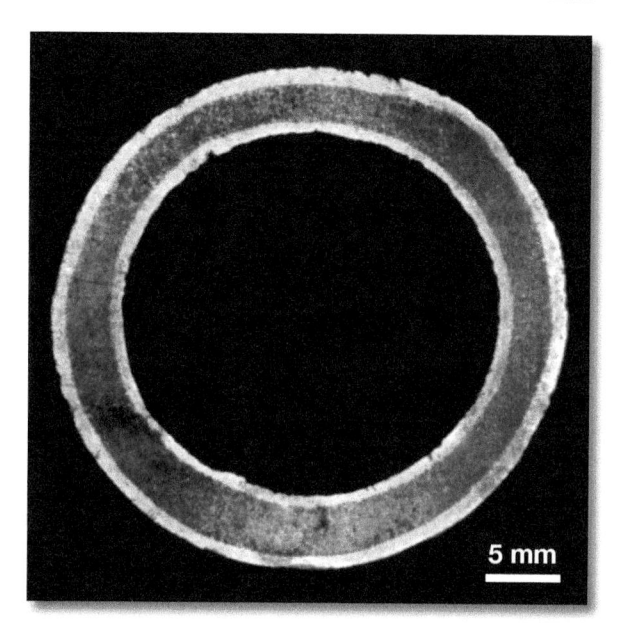

Figura 17.96
Seção transversal de uma luva de ferro fundido maleabilizado por descarbonetação (ferro de núcleo branco). A região branca, junto à superficie, é formada por ferrita (descarbonetacão completa) e a região central, mais escura, é constituída por ferrita e perlita. Ataque: Iodo.

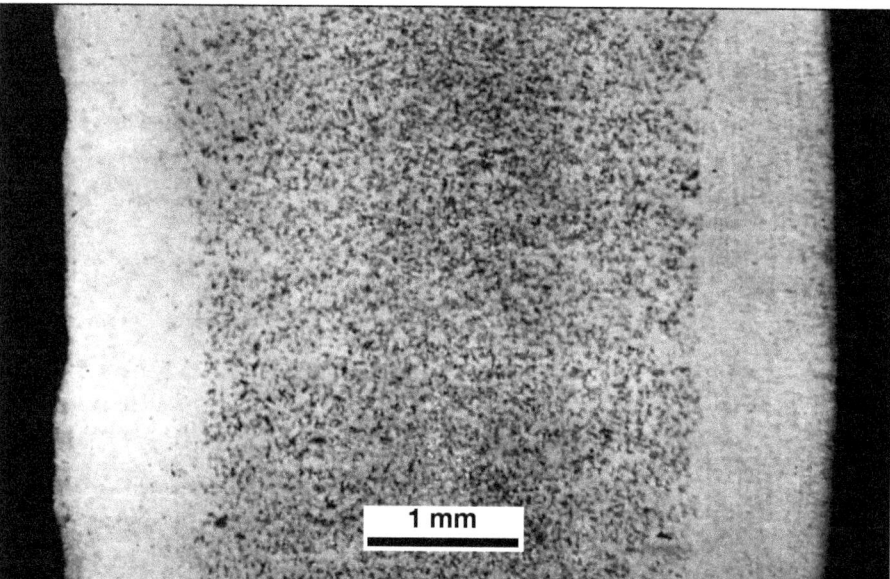

Figura 17.97
Aspecto, com maior aumento, da peça da Figura 17.96. Ataque: Picral.

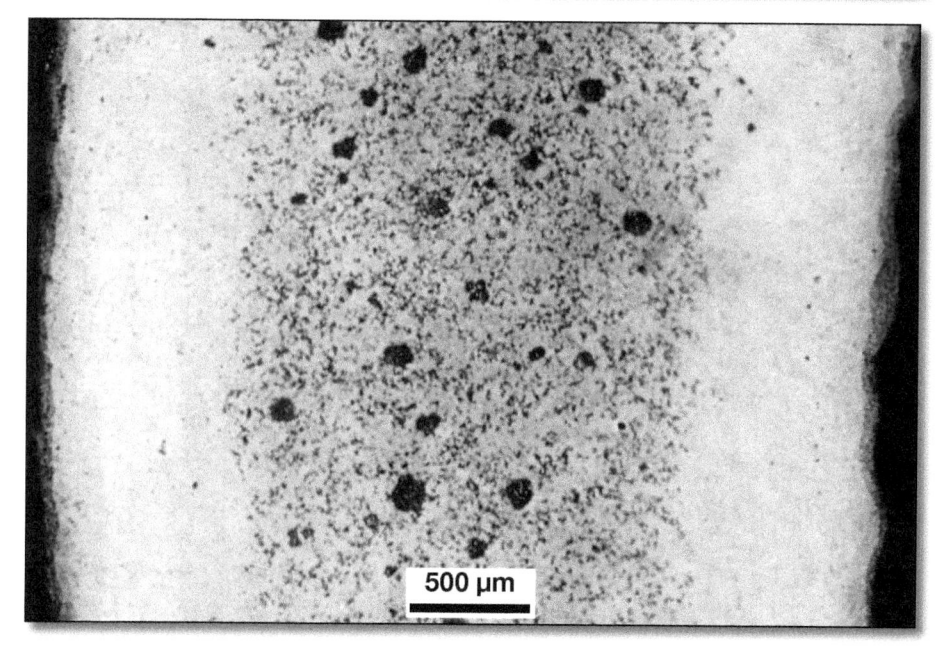

Figura 17.98
Seção de uma peça de ferro fundido maleável de núcleo branco, produzida por descarbonetação em caixa com meio oxidante. Região superficial oxidada, seguida por região ferrítica de descarbonetação completa. Na região central, nódulos de grafita com ferrita e perlita. Ataque: Picral.

Figura 17.99
Ferro fundido maleável de núcleo branco. Região não descarbonetada. Ferrita, perlita e grafita. Sulfetos são também visíveis (acinzentados). Cortesia de DoIT-PoMS, Department of Materials Science and Metallurgy, University of Cambridge.

Figura 17.100
Ferro fundido maleável de núcleo branco. Zona de transição entre a parte central e a região periférica. À esquerda, ferrita. À direita, ferrita, perlita e grafita em nódulos. A fração volumétrica de perlita aumenta para a direita. Ataque: Picral.

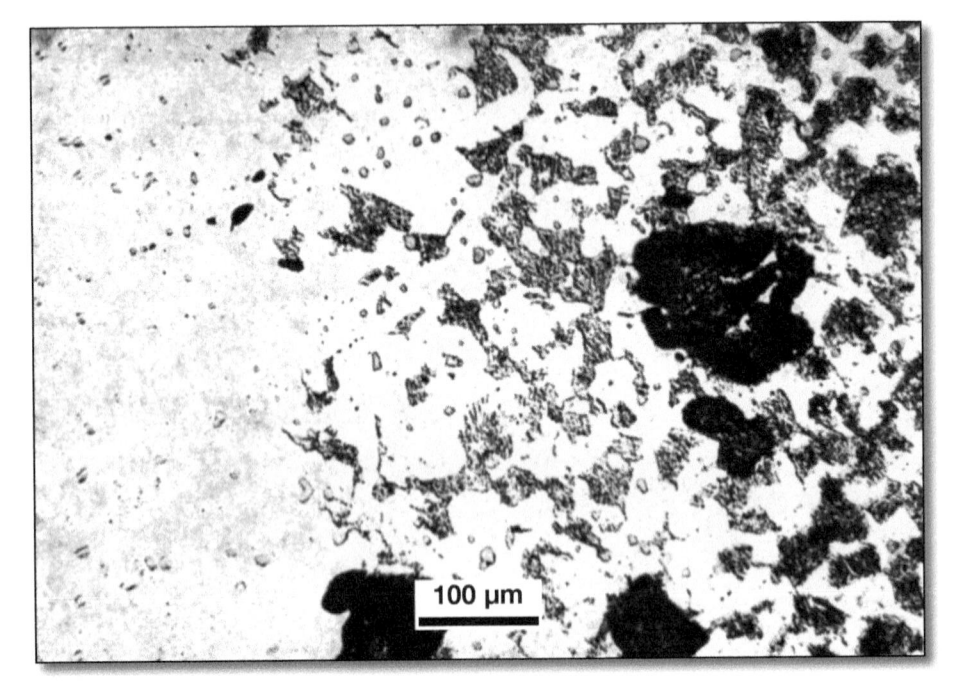

8.2. Ferro Fundido Maleável de Núcleo Preto

Embora o tratamento térmico obrigatório pós-fundição represente um custo adicional na produção, o ferro fundido maleável de núcleo preto continua sendo uma liga importante, mesmo depois do desenvolvimento do ferro fundido nodular. O ferro fundido nodular (Item 6) é a melhor opção nos seguintes casos [3]:

a) Peças de maior dimensão (uma vez que para produzir o ferro maleável é preciso que toda a seção solidifique como ferro fundido branco).

b) Quando a contração de solidificação é uma consideração importante.

Por outro lado, o ferro fundido maleável é preferido nos seguintes casos [3]:

a) Fundidos de pequenas espessuras.
b) Peças que sofram conformação a frio, cunhagem ou corte.
c) Quando a melhor usinabilidade é desejada.[17]
d) Quando é preciso tenacidade (resistência ao impacto) a baixas temperaturas.
e) Peças com elevada resistência ao desgaste (somente ferro maleável martensítico).

Peças de ferro fundido maleável de núcleo preto são fornecidas segundo a norma ABNT 6590 [49] ou pela ASTM A197 [50]. Há ainda normas para aplicação automotiva (SAE J 158 e ASTM A 608). Além dos ferros de núcleo branco (item 8.1) a norma ISO 5922 também especifica ferros fundidos maleáveis de núcleo preto.

O ferro fundido maleável preto é produzido de modo a solidificar, ao longo de toda a seção da peça, como ferro fundido branco. Posteriormente é tratado termicamente de forma a decompor a cementita precipitando grafita. O ajuste da composição química e dos parâmetros de tratamento térmico é importante para obter a densidade e tamanho adequados de nódulos (*temper graphite*) de grafita. A grafita obtida tem morfologia compacta mas bastante menos regular que os nódulos obtidos em ferro fundido nodular, como mostra a Figura 17.101. A classificação e quantificação metalográfica da grafita, nestes ferros fundidos, são bastante complexas e diversos erros podem ocorrer, especialmente ao se identificar partículas separadas, na seção transver-

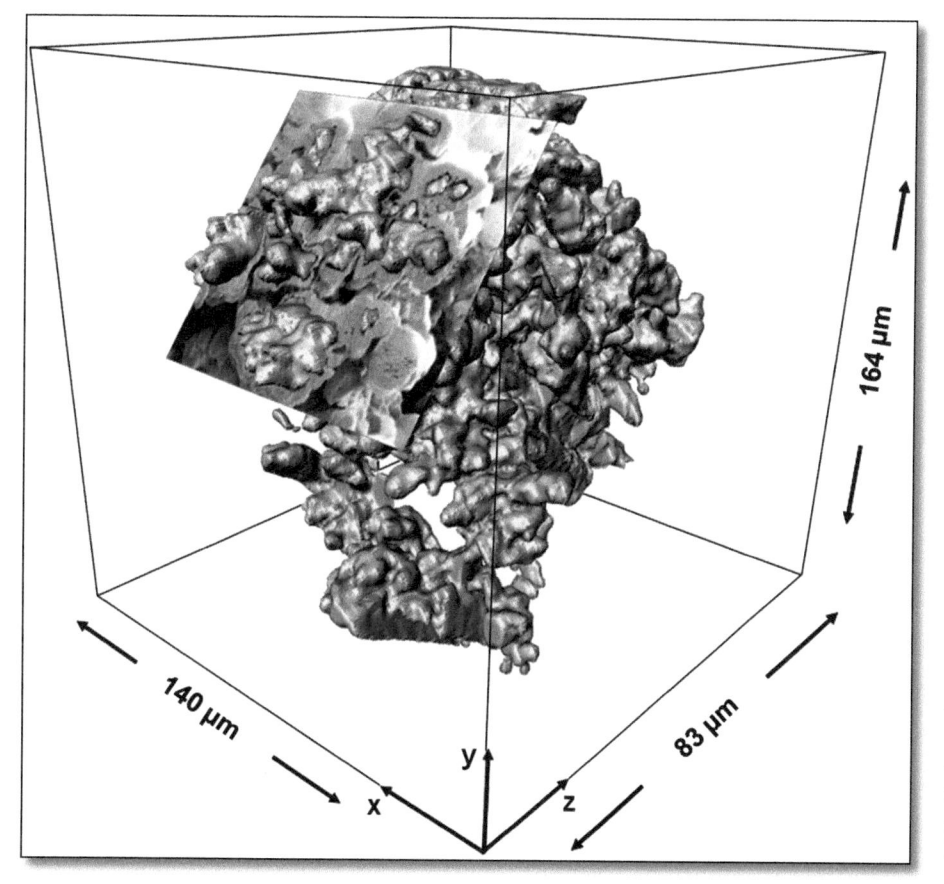

Figura 17.101
Reconstrução tridimensional de nódulo de grafita em ferro fundido maleável. Cortes produzidos por FIB e imagens obtidas por MEV. Observa-se que, dependendo do plano do corte, é possível produzir seções não conectadas, no plano de corte, a partir de uma única partícula de grafita. Cortesia A. Velichko e F. Mücklich, Universität des Saarlandes, Saarbrucken, Alemanha.

(17) Usinabilidade é uma propriedade complexa. Há diversos trabalhos específicos sobre o tema, relacionando dureza, microestrura e desempenho na usinagem. Por exemplo, [48].

Figura 17.102
Ferro fundido maleável de núcleo preto. Nódulos de grafita. Sem ataque.

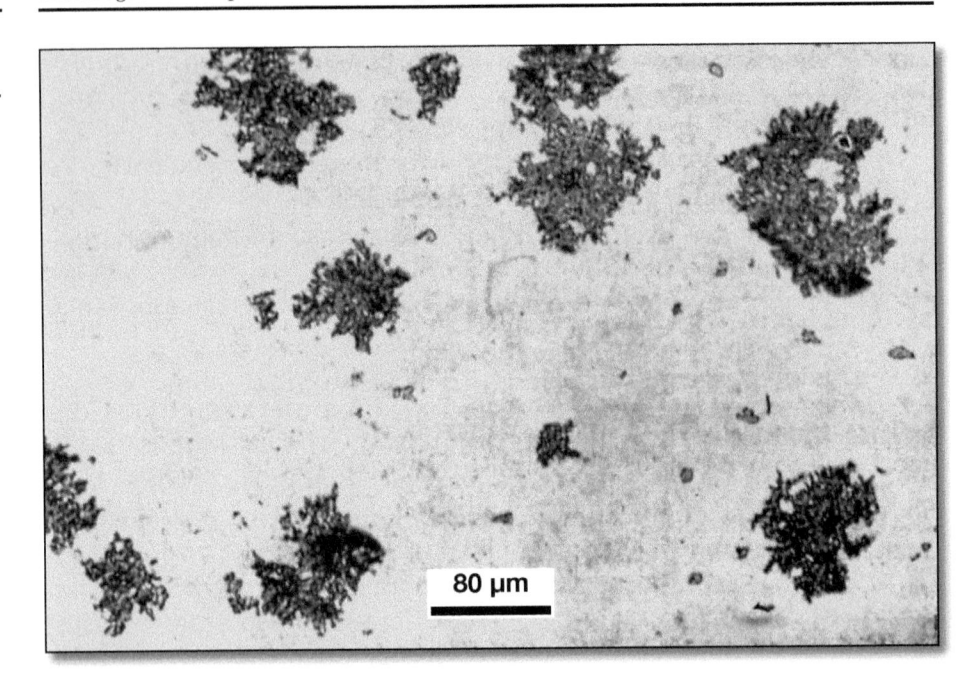

sal que, na verdade, são partes de um único nódulo. Isto é, existe uma discrepância entre o número de partículas por área N_A e o número de partículas por volume N_V, quando os dois são medidos de forma independente. Da mesma forma, as seções de maior área através de uma partícula, por vezes, induzem à classificação errônea como grafita nodular [19]. Algumas medidas de metalografia quantitativa para contornar estes problemas são propostas por Mücklich e Velichko [19, 25].

A composição química precisa ser ajustada para que não ocorra grafita na solidificação, mas para que, ao mesmo tempo, a grafitização, no tratamento térmico, não seja muito lenta. (ver, por exemplo, [3]).

8.2.1. Tratamento Térmico

A produção do ferro maleável de núcleo preto envolve um tratamento térmico inicial para a grafitização. Este primeiro ciclo é realizado a temperaturas de 900 a 970 °C. Composições adequadamente balanceadas podem ser grafitizadas em cerca de 3,5 h, enquanto que, dependendo das condições do fundido inicial e de sua composição química, patamares de até 20 h podem ser necessários.

Após o primeiro estágio de tratamento, para a grafitização, o ciclo térmico a seguir define a microestrutura da matriz. Para a formação de ferrita, um ciclo térmico, como o da Figura 17.103, é adequado. Após cerca de 8 a 15 h à média de 950 °C, as peças são resfriadas a cerca de 40-50 °C/h até 760 °C. Desta temperatura o resfriamento passa a ser bastante lento, para que a formação da ferrita seja acompanhada pela difusão do carbono até os núcleos de grafita. Taxas de 3-10 °C/h até 660-690 °C, quando a transformação está completa, são empregadas [3, 51].

As Figuras 17.104 a 17.106 mostram a microestrutura de ferro fundido maleável preto ferrítico.

Em vista da extensão dos tratamentos térmicos, fornos com atmosfera controlada são essenciais, para evitar a descarbonetação superficial. Atmosferas compostas por CO/CO_2 com teor de umidade controlada são empregadas [3] .

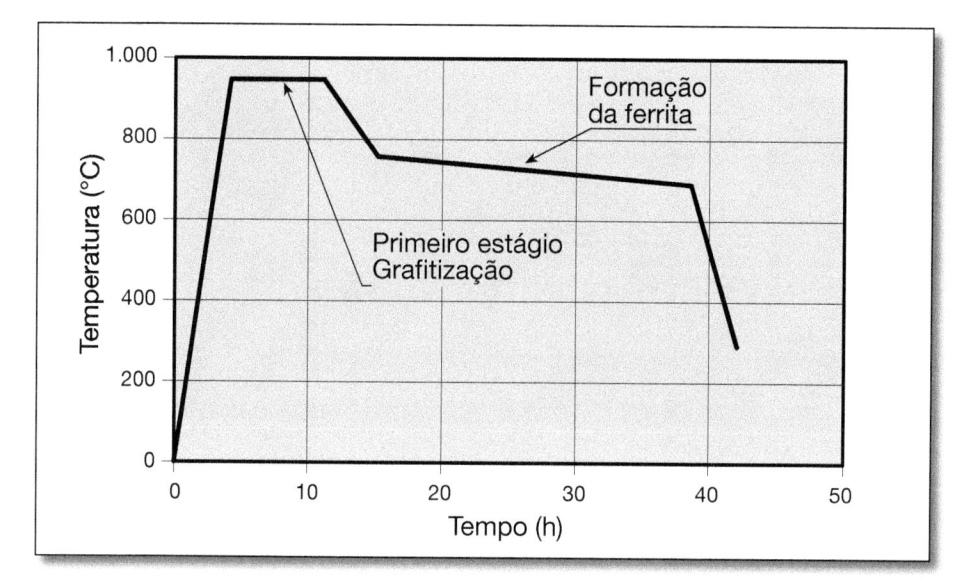

Figura 17.103
Ciclo de tratamento térmico típico para a obtenção de ferro fundido maleável preto ferrítico. O primeiro estágio em que a cementita é transformada em grafita pode levar cerca de 8 h. O resfriamento, no campo austenítico, deve levar à precipitação adicional de grafita, evitando a supersaturação da austenita em carbono. Por fim, o resfriamento lento na região crítica permite que a ferrita cresça, rejeitando o carbono para a austenita e precipitando-o como grafita.

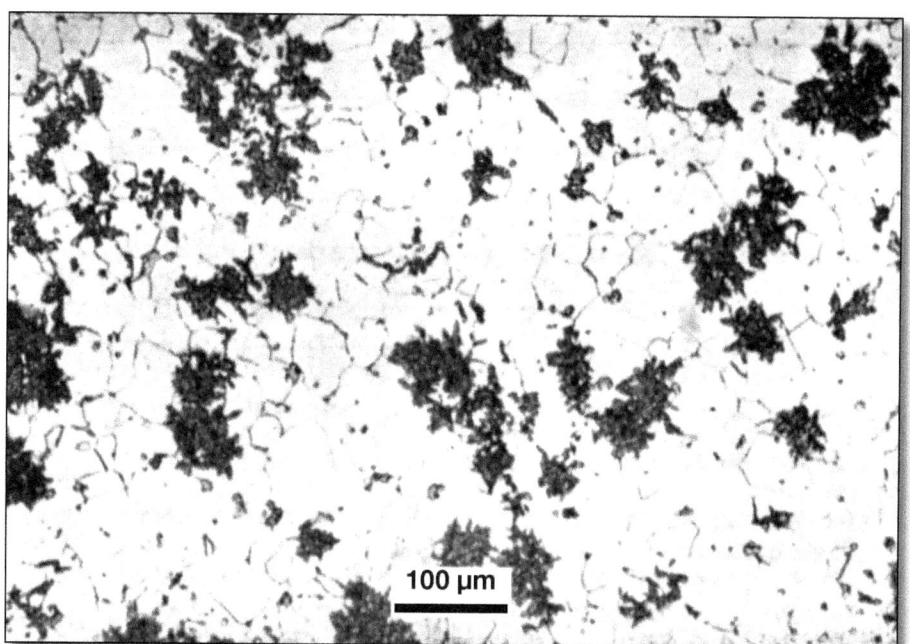

Figura 17.104
Ferro fundido maleável de núcleo preto, ferrítico. Nódulos de grafita em matriz ferrítica. Ataque: Picral.

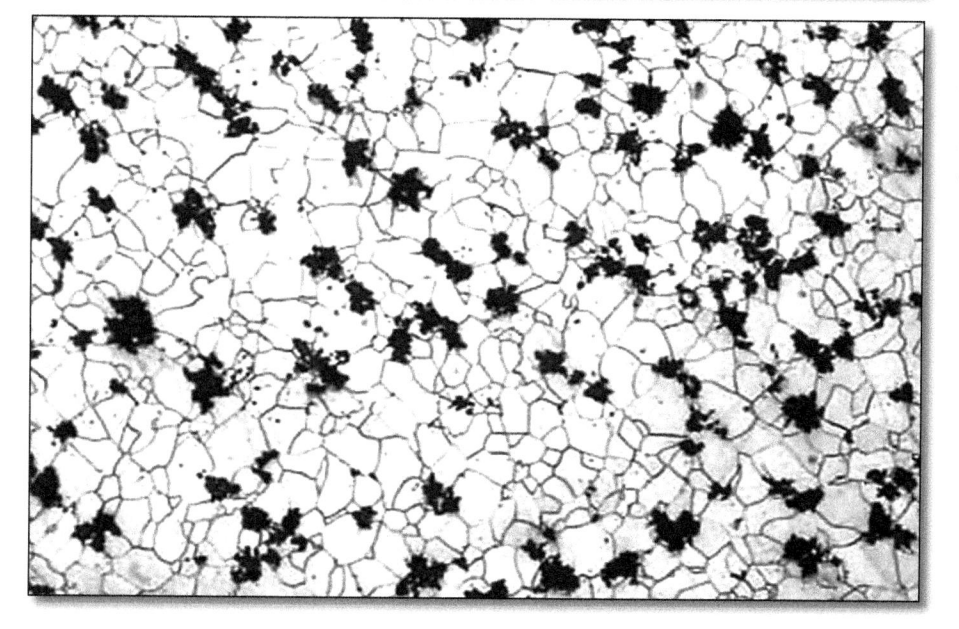

Figura 17.105
Ferro fundido maleável de núcleo preto, ferrítico. Nódulos de grafita de recozimento em matriz ferrítica. Ataque: Nital. Cortesia J. Sertucha, Azterlan, Centro de Investigacion Metalurgica, Durango, Bizkaia, Espanha.

Figura 17.106

Ferro fundido maleável de núcleo preto, ferrítico. Nódulos de grafita de recozimento em matriz ferrítica. Algumas inclusões de sulfeto de manganês. Ataque: Nital. Cortesia W. Guesser, Tupy Fundições Ltda., Joinville, SC, Brasil.

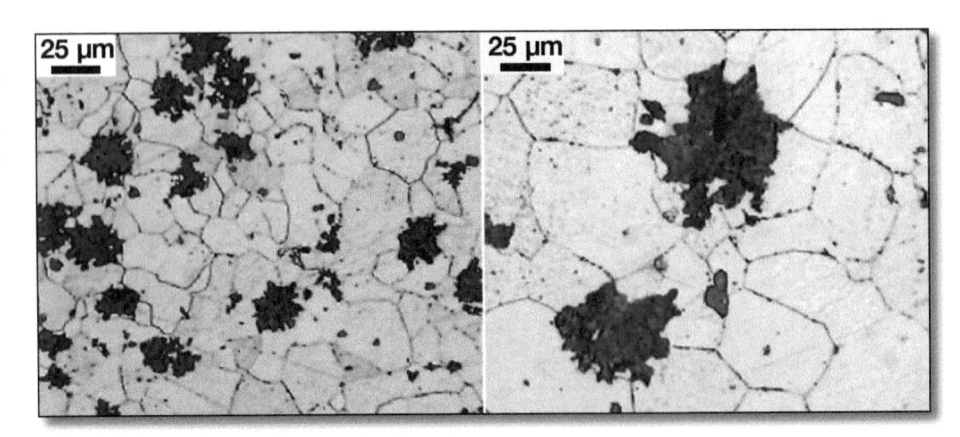

Quando ocorre formação de grafita na solidificação pode ocorrer oxidação dos veios durante o tratamento térmico, resultando em microestruturas com a região superficial inadequada, como mostram as Figuras 17.107 e 17.108.

Quando a atmosfera é excessivamente rica em CO a decomposição da cementita na superfície pode ser dificultada, resultando em uma camada de perlita junto à superfície da peça (Figura 17.109).

Diversos desvios podem ser observados na maleabilização, como ilustrado na Figura 17.111.

Para maiores resistências mecânicas, ferros maleáveis são tratados termicamente de modo a obter matriz perlítica ou perlítica-martensítica, com ciclos como indicados na Figura 17.112.

A Figura 17.114 mostra um exemplo de ferro maleável com estrutura perlítica.

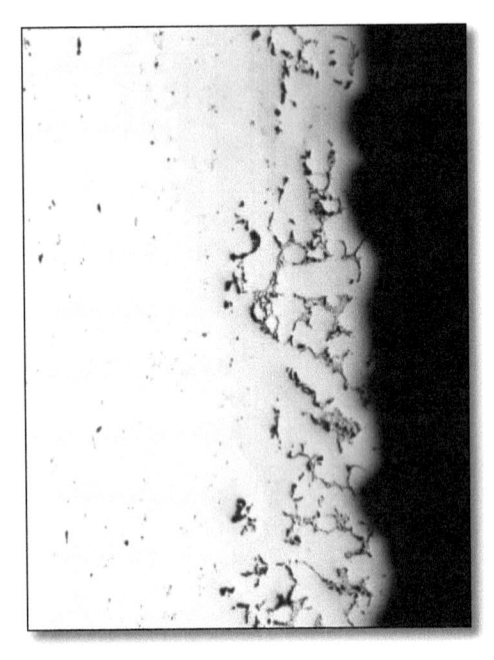

Figura 17.107

Ferro fundido maleável, bruto de fusão (antes da maleabilização, portanto). A região próxima à superfície (à direita) apresenta formação de grafita em decorrência de desvio de composição ou alteração causada pelo molde. Cortesia J. Sertucha, Azterlan, Centro de Investigacion Metalurgica, Durango, Bizkaia, Espanha.

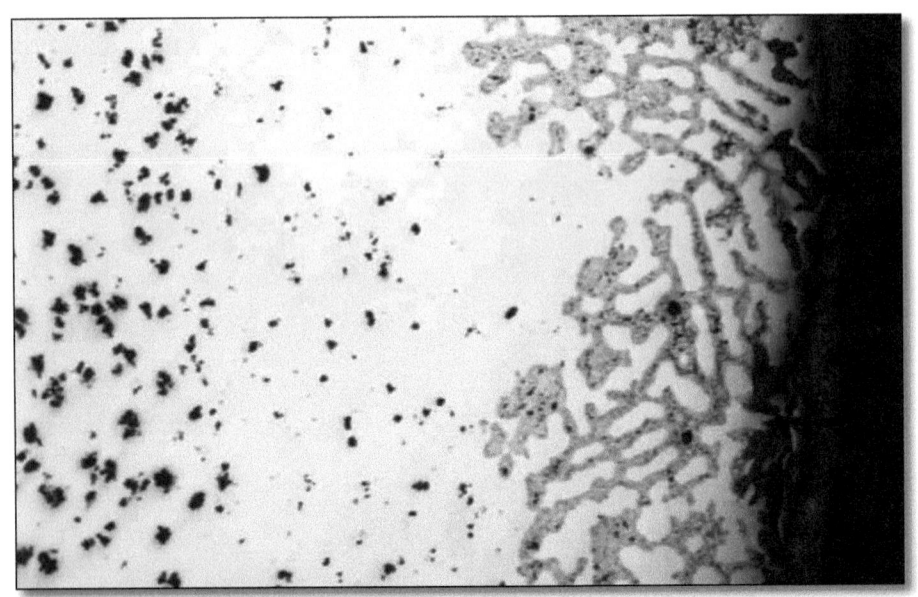

Figura 17.108

Ferro fundido maleável, que continha grafita junto à superfície na condição "bruto de fusão". Oxidação extensa na região subsuperficial. (ver também item 4.6). Cortesia J. Sertucha, Azterlan, Centro de Investigacion Metalurgica, Durango, Bizkaia, Espanha.

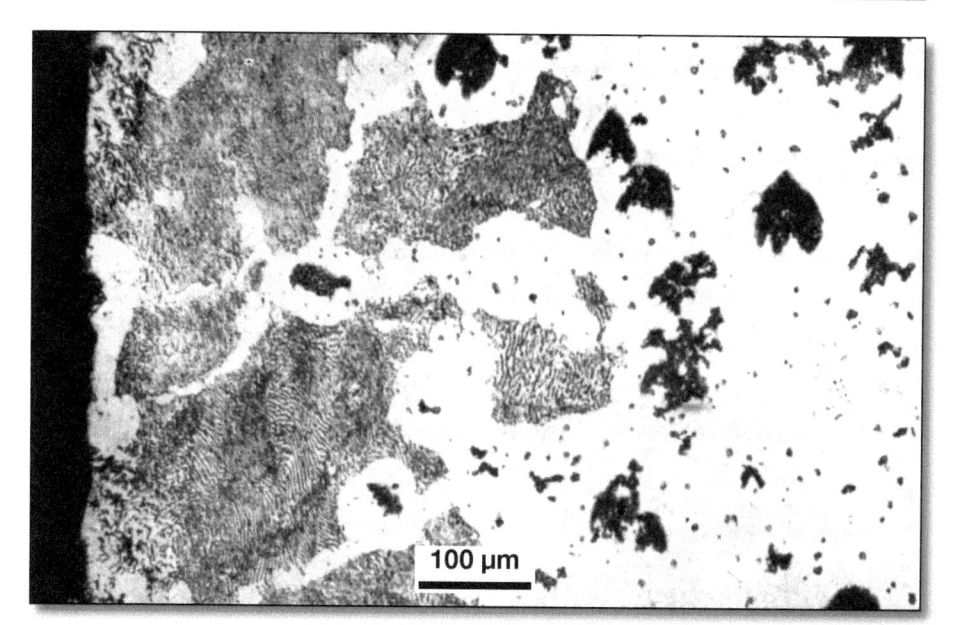

Figura 17.109
Ferro fundido maleável de núcleo preto, tratado em condições que resultam em uma "moldura" de perlita. Ataque: Picral. **Nota**: Esta peça foi tratada empregando empacotamento inerte, e não atmosfera controlada. Neste caso ocorre tanto oxidação do silício quanto descarbonetação na região muito próxima à superfície da peça, como mostrado.

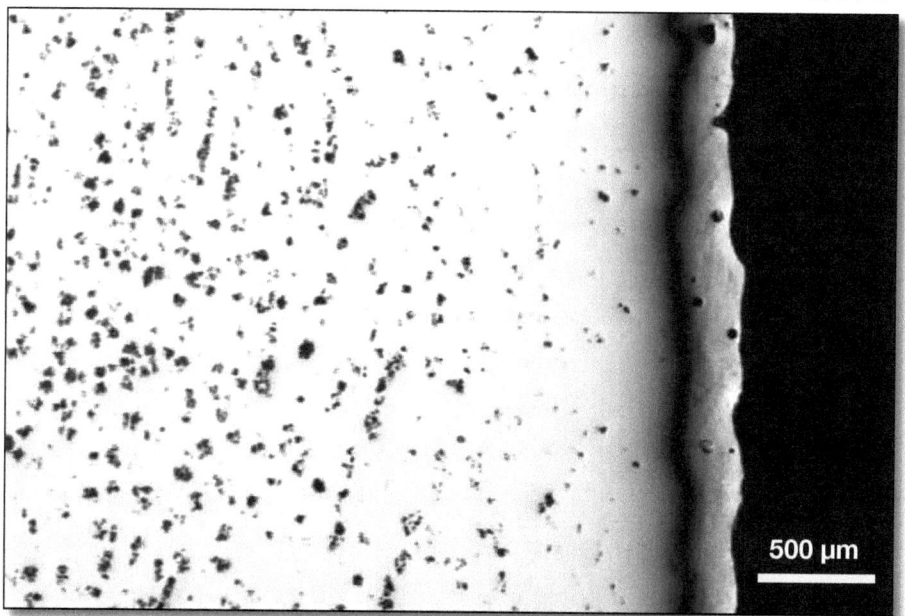

Figura 17.110
Ferro fundido maleável de núcleo preto, galvanizado (camada superficial, à direita). Sem ataque. Cortesia J. Sertucha, Azterlan, Centro de Investigacion Metalurgica, Durango, Bizkaia, Espanha.

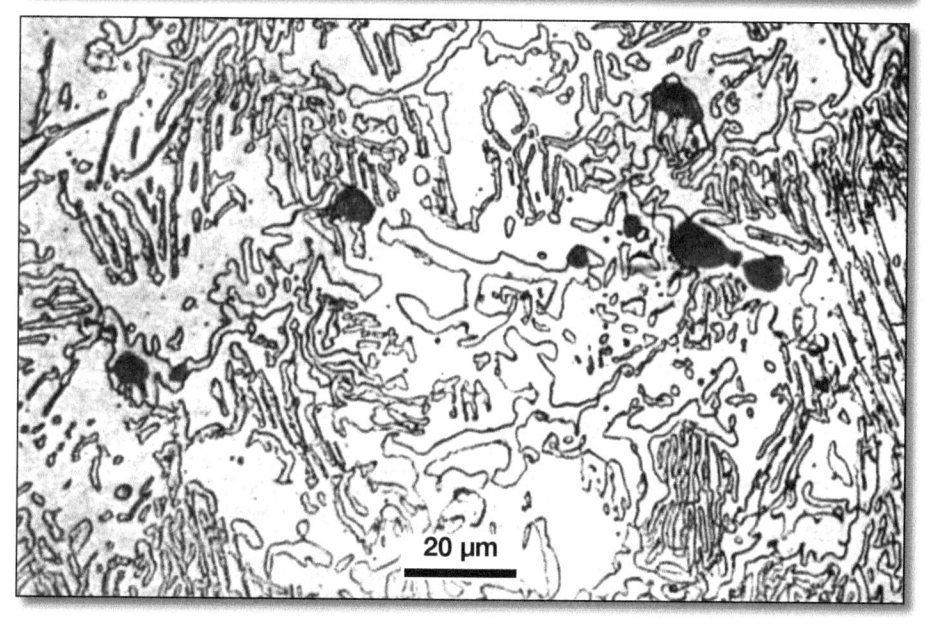

Figura 17.111(a)
Maleabilização incompleta. Observa-se a esferoidização e coalescimento da cementita da perlita e áreas maciças de cementita da ledeburita. Algumas inclusões de sulfeto. Ausência de formação de grafita. Ataque: Picral.

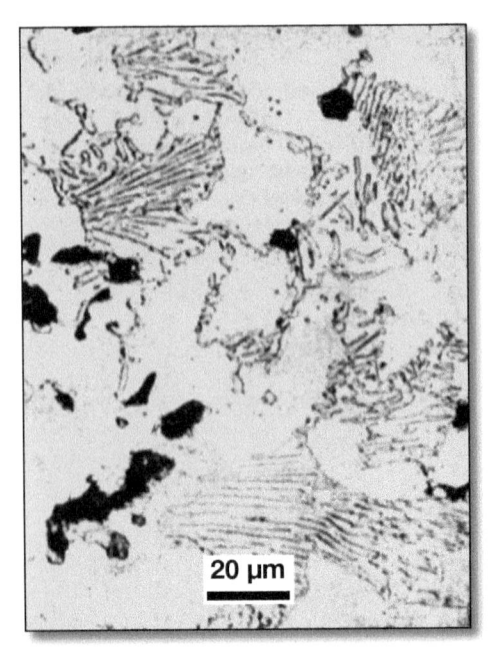

Figura 17.111(b)
Maleabilização incompleta. Observa-se o início da decomposição da perlita e formação de grafita. Ataque: Picral.

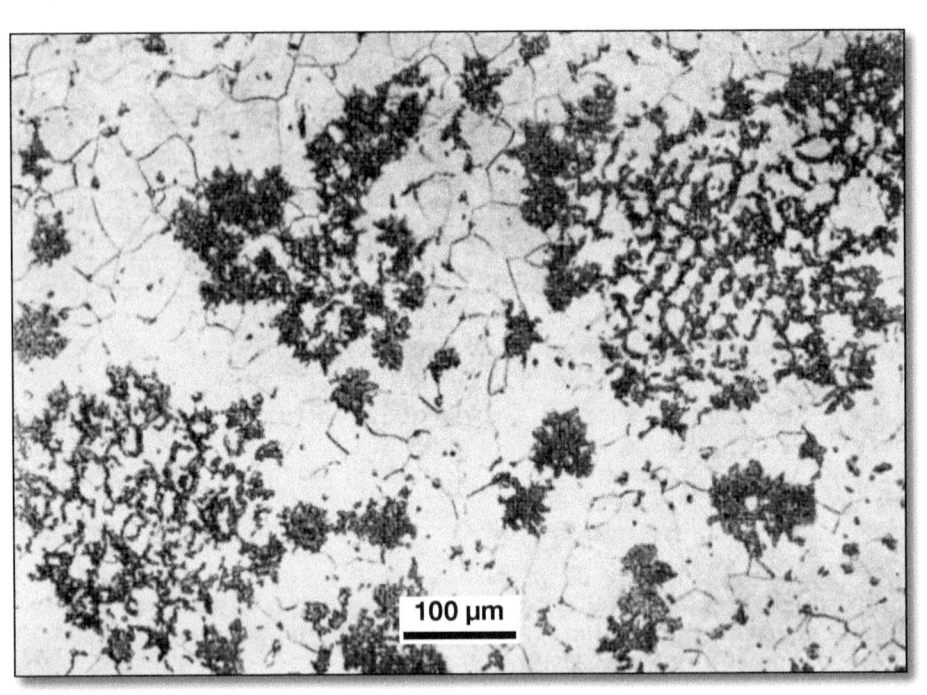

Figura 17.111(d)
Falha de maleabilização. A grafita formada não é compacta. Ataque: Picral.

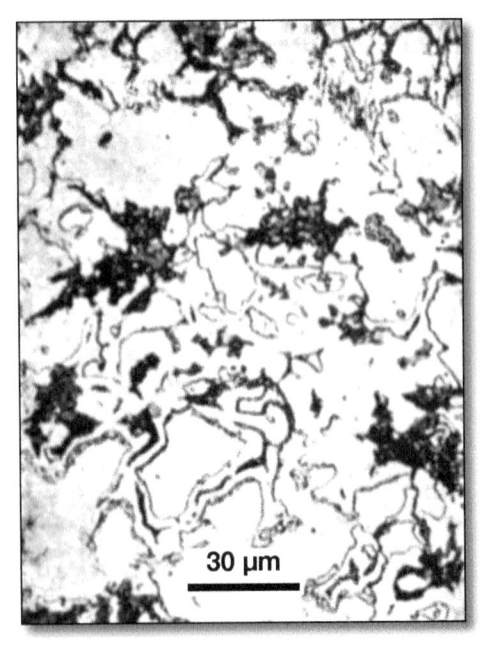

Figura 17.111(c)
Maleabilização incompleta. Formação de grafita dentro de áreas de cementita, ainda presente. Ataque: Picral.

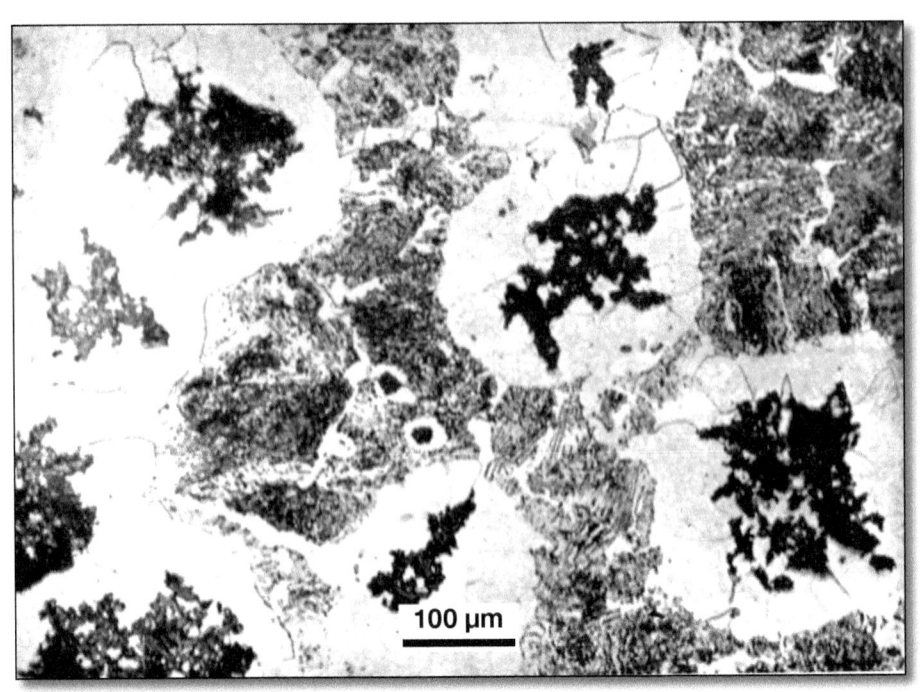

Figura 17.111(e)
Ferro fundido maleável de núcleo preto. Tratamento de maleabilização incompleto. Microestrutura chamada "olho de boi" (comparar com ferros fundidos nodulares, item 6, Figura 17.85). Ataque: Picral.

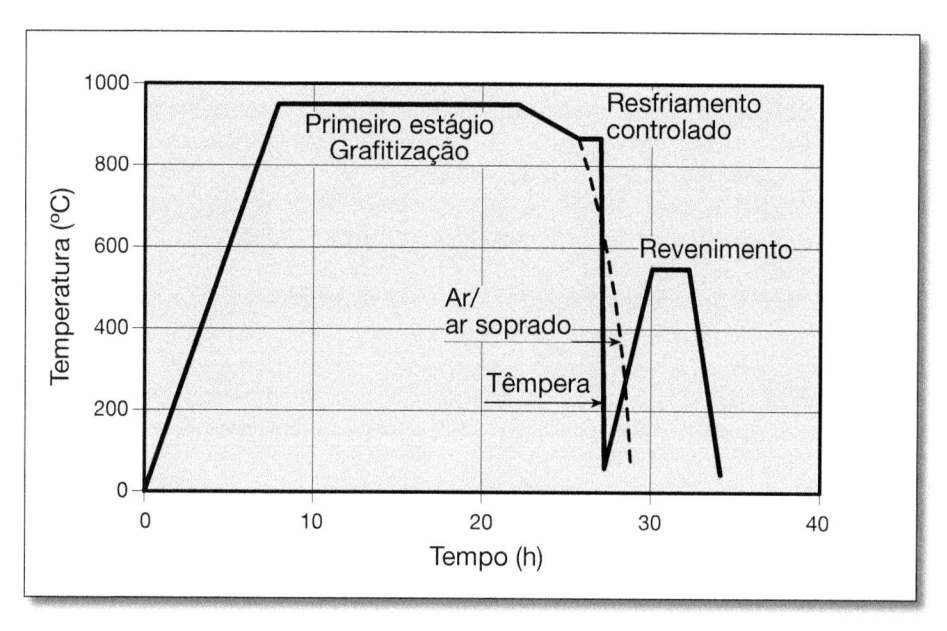

Figura 17.112
Dois ciclos possíveis para a obtenção de ferro maleável de núcleo preto perlítico ou perlítico-martensítico. Após a grafitização é realizado um resfriamento controlado para que a austenita atinja a temperatura de cerca de 870 °C com aproximadamente 0,75%C. Segue-se (a) resfriamento ao ar ou ar forçado ou (b) homogeneização e têmpera e revenimento.

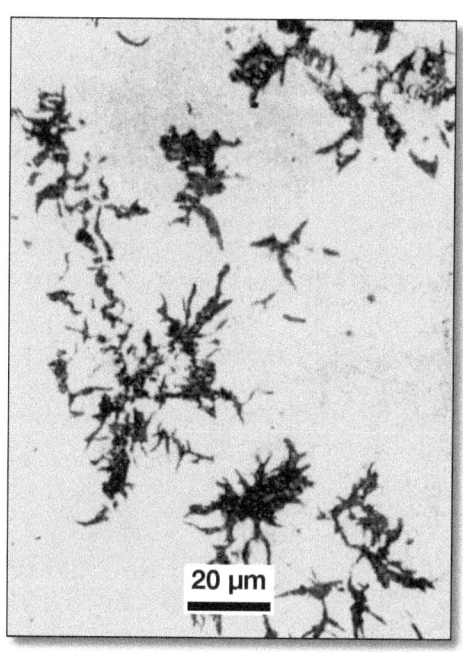

Figura 17.113
Ferro fundido branco, obtido por coquilhamento, recozido. Grafita em forma radicular.

Figura 17.114
Ferro fundido maleável de núcleo preto, perlítico. Nódulos de grafita em matriz perlítica. Algumas pequenas regiões de ferrita. Cortesia de DoITPoOS, Department of Materials Science and Metallurgy, University of Cambridge [46].

Referências Bibliográficas

1. STEFANESCU, D. M. *Solidification and modeling of cast iron – A short history of the defining moments.* Materials Science and Engineering A, 2005, v. 413-414, p. 322-333.

2. LABRECQUE, C.; GAGNE, M. *Review: ductile iron: fifty years of continuous development.* Canadian Metallurgical Quarterly, 1998, v. 26 (4), p. 232-267.

3. ASM. *ASM Handbook-1 properties and selection – irons, steels and high-performance alloys.* 10.ª edição, v. 1. 1990, Materials Park, OH: ASM.

4. CREESE, R. C.; HEALY G. W. *Metallurgical thermodynamics and the carbon equivalent expression.* Metallurgical Transactions B, 1985, v. 16B (march), p. 169-170.

5. ASTM. *ASTM A367-60 (2005) standard test methods of chill testing of cast iron.* 2005, West Conshohocken, PA: ASTM – American Society for Testing and Materials.

6. FRÁS, E.; GÓRNY, M.; LÓPEZ, H. F. *The transition from gray to white cast iron during solidification:* Part III. Thermal Analysis. Metallurgical and Materials Transactions A, 2005, v. 36A (november), p. 3093-3101.

7. MAIJER, D.; COCKCROFT, S. L.; PATT, W. *Mathematical modeling of microstructural development in hypoeutectic cast iron.* Metallurgical and Materials Transactions A, 1999, v. 30A (august), p. 2147-2158.

8. MAMPAEY, F. *Solidification mode and feeding behavior of phosphorus alloyed gray cast iron.* AFS Transactions, 2003. Paper 03-164(05), p. 1-17.

9. ABBASI, H. R.; BAZDAR, M.; HALVAEE, A. *Effect of phosphorus as an alloying element on microstructure and mechanical properties of pearlitic gray cast iron.* Materials Science and Engineering A, 2007, v. A444, p. 314-317.

10. RADZIKOWSKA, J. M. *Effect of specimen preparation on evaluation of cast iron microstructures.* Materials Characterization, 2005, v. 54, p. 287-304.

11. ASM. *ASM Handbook – 9 Metallography and microstructures.* 10.ª edição, v. 9. Materials Park, OH: ASM, 1990.

12. HILLERT, M.; RAO, V. V. S. *The solidification of metals.* Iron and Steel Institute Publication n. 110. London: ISI, p. 204-212, 1968.

13. PARK, J. S.; VERHOEVEN, J. D. *Directional solidification of white cast iron.* Metallurgical and Materials Transactions A, 1996, v. 27A (august), p. 2328.

14. MAZUR, A.; GASIK, M. M.; MAZUR, V. I. *Thermal analysis of eutectic reactions of white cast irons.* Scandinavian Journal of Metallurgy, 2005, v. 34, p. 245-249.

15. HELSING, J.; GRIMVALL, G. *Thermal conductivity of cast iron: Models and analysis of experiments.* Journal of Applied Physics, 1991. v. 70 (3), p. 1198-1206.

16. BROWN, J. R. *Foseco ferrous foundryman's handbook.* Butterworth-Heinemann, Woburn, MA, 2000.

17. DILLINGER, L. *Polishing,* in *LECO MET TIPS.* 2002. http://www.leco.com/resources/met_tips/met_tip13.pdf.

18. GOETTSCH, D.; DANTZIG, J. *Modeling microstructure development in gray cast irons.* Metallurgical and Materials Transactions A, 1994, v. 25 (may), p. 1063-1079.

19. VELICHKO, A.; HOLZAPFEL, C.; MÜCKLICH, F. *3D Characterization of graphite morphologies in cast iron.* Advanced Engineering Materials, 2007, v. 9 (1-2), p. 39-45.

20. VELICHKO, A.; MÜCKLICH, F. *3D-Analysis of complex microstructures. quantification and classification by FIB/SEM – nanotomography*. G.I.T. Imaging & Microscopy, 2007, v. 3, p. 40-42.

21. VELICHKO, A.; HOLZAPFEL, C.; SIEFERS, A.; SCHLADITZ, K.; MÜCKLICH, F. *Unambiguous classification of complex microstructures by their three-dimensional parameters applied to graphite in cast iron*. Acta Materialia, 2008.

22. VELICHKO, A.; ENGSTLER, M.; LEIBENGUTH, P.; MÜCKLICH, F. *3D characterization of compex microstructures with the help of FIB-tomographie applied to quantitative study of graphite nucleation and growth morphology*", in preparation 2008.

23. ASTM. A247. *ASTM A247-06 standard test method for evaluating the microstructure of graphite in iron castings*. American Society for Testing and Materials. ASTM, 2006.

24. ISO 945: 1975 *Cast iron – designation of microstructure of graphite.*

25. VELICHKO, A.; MÜCKLICH, F. *Shape analysis and classification of irregular graphite morphology in cast iron*. Prakt. Metallogr., 2006, v. 43 (4), p. 192-208.

26. STEFANESCU, D. M. *Modeling of cast iron solidification – The defining moments*. Metallurgical and Materials Transactions A, 2005, 38A (july), p. 1433-1447.

27. OLDFIELD, W. *A quantitative approach to casting solidification-freezing of cast iron*. Transactions ASM, 1966, v. 59, p. 945.

28. RIVERA, G. L.; BOERI, R. E.; SIKORA, J. A. *Solidification of gray cast iron*. Scripta Materialia, 2004, v. 50 (3), p. 331-335.

29. RIVERA, G.; CALVILLO, P.; BOERI, R.; HOUBAERT, Y.; SIKORA, J. *Examination of the solidification macrostructure of spheroidal and flake graphite cast irons using DAAS and ESBD*. Materials Characterization doi: 10.1016/j.matchar.2007.11.009, 2007, in press.

30. SAUVEUR, A. *Metallography and heat treatment of iron and steel*. 4.ª edição, New York: McGraw-Hill, 1935.

31. MULPETRE, O. *The life of Mr. W.T. stead: editor of the pall mall gazette*. 2001, http://www.attackingthedevil.co.uk/worksabout/kensitbook. php.

32. RAGHAVAN, V. *C-Fe-P (Carbon-Iron-Phosphorus)*. Journal of Phase Equilibria and Diffusion, 2004, v. 25, p. 541-542.

34. GOODRICH, G. M.; OAKWOOD, T. G.; GUNDLACH, R. B. *How do manganese, sulfur levels affect gray iron properties?* Modern Castings, 2006, v. 96 (january), p. 42-44.

35. SCHON, C. G.; SINATORA, A. *Hot rolling mill roll microstructure interpretation: a computational thermodynamics study*. Journal of Phase Equilibria, 2001, v. 22 (4), p. 470-474.

36. RIVARÓLI Jr, A.; XAVIER, R. R.; SANTOS, C. E. R. d.; CARVALHO, M. A. d.; SINATORA, A. *Desenvolvimento de cilindros em aço rápido para a laminação de não-planos*. in *40 Seminário de Laminação – Processos e Produtos Laminados e Revestidos*, 2003. Vitória ES: ABM, São Paulo.

37. MAHLE. *Eixo comando*. http://www.mahle.com/C12571F40069DD13/ CurrentBaseLink/W26U3CUC539MARSPT.

37. WILLCOX, M. *Ultrasonic velocity measurements used to assess the quality of iron castings*. Insight NDT http://insightndt.com/papers/ technical/t012.pdf, 2000. Consultado 12/2007.

38. GUNDLACH, R. B. *DIS* (Ductile Iron Society) *Research Project n. 37*: Nodularity, its Measurement and its Correlation with the Mechanical Properties of Ductile Iron. 2006, Stork Climax Research Services for Ductile Iron Society, www.ductile.org/member/researchactivity/proj37. pdf, consultado em 06/2008: Michigan.

39. DOUBLE, D. D.; HELLAWELL, A. *The nucleation and growth or graphite – the modification of cast iron.* Acta metallurgica et materialia, 1995, v. 43 (6), p. 2435-2442.

40. BRZOSTEK, J. A.; GUESSER, W. L. *Producing As-cast ferritic nodular iron for safety applications. Proceedings of the 65th World Foundry Congress, Gyeongju, Korea,* 2002. Gyeongju, Korea.

41. RIPOSAN, I.; CHISAMERA, M.; STAN, S. *Factors influencing microstructure and mechanical properties of as cast and heat treated 400-18 grade ductile cast iron.* International Journal of Cast Metals Research, 2007, v. 20 (2), p. 64-67.

42. WESSÉN, M.; SVENSSON, I. L. *Modeling of ferrite growth in nodular cast iron.* Metallurgical and Materials Transactions A, 1996, v. 26A (august). p. 2209-2220.

43. LACAZE, J., *Transformação Eutectóide Direta e Inversa em Ferros Fundidos.* Metalurgia & Materiais ABM, 2001, v. 57 (516), p. 697-9.

44. RAO, P. P.; PUTATUNDA, S. K. *Influence of Microstructure on Fracture Toughness of Austempered Ductile Iron.* Metallurgical and Materials Transactions A, 1997, v. 28A (july), p. 1457-1470.

45. GUESSER, W. *Ferro fundido com grafita compacta.* M & M – Metalurgia e Materiais, 2002 (junho), p. 403-405.

46. WIKIPEDIA, *René Antoine Ferchault de Réaumur.* 2007, http://en.wikipedia.org/wiki/Ren%C3%A9_Antoine_Ferchault_de_R%C3%A9aumur.

47. NATIONAL INVENTORS HALL OF FAME, *Seth Boyden.* 2007. http://www.invent.org/hall_of_fame/251.html.

48. CONSALTER, L. A.; GUEDES, L. C.; PUREY, J. A. *Usinabilidade de ferros fundidos.* Fundição e Matérias Primas, 1987, v. 84(disponível em http://www.upf.br/lpmi/download/fmp_usb.pdf consultado em 27/12/2007), p. 39-45.

49. ABNT. *Ferro fundido maleável de núcleo preto NBR 6590: 1981,* 1981, São Paulo, ABNT.

50. ASTM. *ASTM A197/A197M-00(2006) Standard Specification for Cupola Malleable Iron.* 2006, West Conshohocken, PA: ASTM – American Society for Testing and Materials.

51. TUPY, F. *Conexões Tupy – Catálogo,* Joinville, Brasil.

CAPÍTULO 18

A AVALIAÇÃO METALOGRÁFICA

ROTEIRO DE EXECUÇÃO E DE RELATO

1. Introdução

A avaliação metalográfica é uma importante ferramenta na caracterização dos metais, em especial dos aços e ferros fundidos. Para que resultados confiáveis e muito mais úteis possam ser obtidos com esta técnica, entretanto, é necessário um planejamento cuidadoso e uma execução metódica. Da mesma forma, o cuidado e atenção no modo de apresentar os resultados obtidos são essenciais para que os resultados possam ser corretamente compreendidos e utilizados.

Neste capítulo são apresentadas orientações básicas sobre os cuidados a seguir na execução dos ensaios metalográficos, independentemente da técnica escolhida. São também apresentadas sugestões básicas sobre como relatar os resultados destas investigações, de modo a garantir que os relatórios produzidos possam ser compreendidos pelo leitor e não deixem dúvidas sobre os resultados obtidos.

2. Objetivos da Avaliação Metalográfica

De uma forma geral, a avaliação metalográfica de um produto siderúrgico é realizada com um dos seguintes objetivos:

a) Medir alguma característica micro ou macroestrutural de um item de aço ou ferro fundido.

b) Testar uma hipótese relacionada ao comportamento ou desempenho de um item de aço ou ferro fundido.

c) Investigar as eventuais causas estruturais de determinado comportamento ou desempenho de um item de aço ou ferro fundido.

A compreensão clara das diferenças entre os três objetivos é extremamente importante para que a avaliação metalográfica seja realizada e relatada correta e satisfatoriamente. Embora em todos os casos medidas sejam realizadas, é importante distinguir se o objetivo final da avaliação é realizar uma medida de uma característica, apenas, ou testar determinada hipótese sobre esta característica. Além disto, embora as investigações metalográficas terminem por testar hipóteses, não devem começar com uma hipótese definida para teste, uma vez que tal definição a priori limita, drasticamente, as possibilidades da investigação.

As características de cada tipo de avaliação e seus aspectos específicos são discutidos a seguir.

3. Medida de Características Micro ou Macroestruturais

3.1. Sistemas de Gestão e Competência de Laboratórios

A realização de medidas é básica para o conhecimento sobre qualquer fenômeno. A preocupação crescente com a confiabilidade de medidas realizadas em laboratórios levou à consolidação de vários conceitos e orientações na norma ISO 17025 [1], que trata dos "Requisitos Gerais para a Competência de Laboratórios de Ensaios e de Calibração". A norma estabelece requisitos "sistêmicos" muito semelhantes às normas de garantia ou Gestão pela Qualidade (como a ISO 9000 [2]) e, adicionalmente, requisitos técnicos. Os requisitos técnicos descrevem os cuidados básicos que qualquer laboratório precisa ter para que possa ser considerado competente na realização de determinada medida.

É importante destacar que, durante muito tempo, laboratórios dedicados à pesquisa tanto acadêmica como tecnológica tentaram desqualificar a necessidade de aplicação de métodos de gestão pela qualidade e metodologias bem definidas na execução de ensaios, sob a alegação de que a pesquisa é uma atividade criativa e a implantação de sistemas de garantia da qualidade só se aplicaria a atividades consolidadas e de rotina, tipicamente antagônicas às atividades de pesquisa.

Hoje é bem estabelecido que a confiabilidade nos resultados obtidos em pesquisa ou desenvolvimento somente pode ser obtida se os testes, ensaios e medidas forem realizados com os cuidados de rastreabilidade, identificação, calibração e registros típicos de um sistema de gestão pela qualidade ou similar.

Embora seja evidente que o processo criativo não pode ser descrito em um procedimento ou norma, as medidas que comprovam os resultados obtidos nos testes e ensaios, essenciais na pesquisa e desenvolvimento de atividades ligadas à tecnologia e à engenharia, somente são úteis se realizadas dentro de uma sistemática que assegure sua confiabilidade, sistemática típica de um sistema de gestão pela qualidade, como explicitado, por exemplo, nas normas mencionadas.

3.2. O Método de Medida

Quando se deseja medir características micro ou macroestruturais, a primeira decisão é sobre o método a empregar. Se a avaliação deve ser realizada de acordo com uma norma ou especificação predefinida (pelo cliente, por exemplo), o método deve estar definido neste documento e deve ser seguido rigorosamente.

Muitos métodos estabelecidos em normas e especificações têm caráter comparativo, principalmente, ou servem para indicar alguma outra característica do material, de forma indireta. É importante, portanto, que as condições estabelecidas na norma não sejam alteradas, mesmo que o analista acredite que exista uma técnica melhor ou mais eficaz para medir a característica em questão.

Quando o método não é definido a priori, é importante defini-lo claramente, antes do início das atividades do ensaio (tais como corte de amostras etc.). Há, basicamente, duas alternativas:

a) A escolha de uma norma nacional, regional ou internacional para a realização da avaliação[1].

b) A definição de um método próprio para a realização da avaliação.

Quando métodos normalizados são empregados, é necessário que o laboratório se assegure de que tem condições de realizar, adequadamente, os ensaios em acordo com estes métodos.

Quando métodos não normalizados são empregados, a etapa de validação do método[2] é de grande importância. É necessário confirmar, de forma confiável, rastreável e registrada, que o método produz os resultados desejados, quando executado.

Estes conceitos não se aplicam apenas a laboratórios que buscam acreditação conforme a norma ISO 17025, mas a todos que pretendem que seus resultados tenham credibilidade, quer sejam resultados de um projeto de pesquisa em curso de graduação, de uma tese ou dissertação, de uma perícia técnica ou de um laboratório de controle da qualidade ou de desenvolvimento. A tendência observada nas últimas décadas de reduzir as seções que descrevem "Materiais e Métodos" ou "Técnicas Experimentais" em publicações técnicas está tornando cada vez mais difícil, senão impossível, a comprovação independente dos resultados publicados – condição que já foi considerada primordial na pesquisa científica. Embora em alguns casos o sigilo comercial possa ser a justificativa alegada para que os métodos não sejam esclarecidos, é questionável se estes resultados deveriam ser divulgados, então, como pesquisa científica ou tecnológica ou deveriam ser preservados diretamente em patentes ou similares.

A seguir, são ressaltados alguns aspectos críticos para qualquer método de análise metalográfico, que devem ser considerados antes da realização de qualquer medida.

3.2.1. Amostragem

Os produtos siderúrgicos apresentam heterogeneidades provenientes de diversas causas, como discutido nos capítulos anteriores. Os exames metalográficos envolvem, necessariamente, a escolha de parte do material que se deseja avaliar como amostra. Dependendo da técnica empregada, a região observada e analisada pode ser da ordem de centenas de micrômetros quadrados. Naturalmente, a representatividade desta amostra em relação ao produto é uma questão de grande importância.

No desenvolvimento de um método de ensaio ou na análise de um método normalizado, é importante identificar os aspectos da amostragem descritos e segui-los rigorosamente, uma vez definidos. Caso algum destes aspectos seja omitido no método normalizado, é importante defini-lo, de forma complementar à norma adotada. Caso a análise seja realizada para um terceiro (o "cliente") é importante obter o acordo do cliente a respeito destas decisões. A Tabela 18.1 apresenta os principais aspectos da amostragem de produtos siderúrgicos e alguns exemplos de critérios usados para a amostragem.

---

(1) Métodos normalizados por organizações técnicas respeitáveis, em textos ou jornais científicos relevantes ou especificados pelo fabricante do equipamento podem ser, também, aceitáveis.

(2) Validação é a confirmação por exame e fornecimento de evidência objetiva de que os requisitos específicos para um determinado uso pretendido são atendidos. (ISO 17025).

Tabela 18.1

Principais aspectos considerados na amostragem de produtos siderúrgicos e alguns exemplos de critérios de amostragem empregados.

Aspecto da amostragem	Exemplos de definição
Quantidade de amostras em relação ao metal líquido produzido	• Uma amostra por corrida. • Uma amostra por corrida refundida em ESR ou VAR. • Uma amostra por panela de fundição. • Uma amostra do metal fundido por hora de fundição.
Posição da amostra em relação ao metal solidificado	• Amostra da posição correspondente ao topo do lingote, na peça. • Amostra da primeira e da última placa de lingotamento contínuo de cada corrida. • Amostra do *keel block* (bloco de teste) fundido conforme norma definida, da mesma corrida que as peças.
Condição de tratamento térmico ou termomecânico	• Amostra da placa ou tarugo de lingotamento contínuo, antes da deformação. • Amostra após o último tratamento térmico do item. • Amostra com tratamento térmico simulado. • Amostra do fio-máquina a ser empregado para a trefilação dos itens.
Posição no item (ou "descartes")	• No meio da espessura (t), distante pelo menos t de qualquer superfície livre. • No meio da espessura (t), distante pelo menos t de qualquer superfície livre e no meio da largura do item. • Na posição correspondente a ¼ da espessura ou ½ raio, distante pelo menos ½ raio de qualquer extremidade.
Orientação do plano a amostrar	Definições ligadas à conformação: • Longitudinal (paralelo à direção de maior trabalho). • Transversal (transversal à direção de maior trabalho). • Transversal curta (transversal à direção de maior trabalho e normal à superfície deformada). Definições "geométricas". • Axial, radial, tangencial.

É evidente, da discussão dos capítulos anteriores, que os resultados obtidos em ensaios metalográficos dependerão dramaticamente das características de amostragem. Alguns exemplos simples são:

a) Quantidade e tipo de inclusões não-metálicas: fortemente influenciadas por:

  • Posição em relação ao metal solidificado (topo ou base de um lingote, por exemplo, ver Capítulo 8).

- Condição de tratamento termomecânico (efeito da deformação a quente, por exemplo, ver Capítulo 11).
- Posição no item: os resultados próximos à superfície, no ½ raio ou no centro de barras são significativamente diferentes.
- Orientação do plano de amostragem em relação à deformação. A área ocupada pelas inclusões e a relação de aspecto das dimensões dependem diretamente do plano observado em um produto conformado (ver Capítulo 11).

b) Microestrutura:

Em aços de construção mecânica, a fração de martensita formada depende da velocidade de resfriamento e, conseqüentemente, da posição na peça e da distância às superfícies livres (ver Capítulo 10).

Em aços estruturais (ver Capítulo 14) a microestrutura também é fortemente afetada pelas condições de resfriamento.

Quando há trabalho a frio, a avaliação do plano transversal pode não evidenciá-lo (Capítulos 12 e 14), enquanto esta característica é claramente visível em um plano longitudinal.

3.2.2. Rastreabilidade da Identificação

O controle de todas as informações que permitam reconstruir o processo de amostragem até o item do qual a amostra se originou é um ponto crítico em qualquer ensaio metalográfico. É necessário preservar, em todas as etapas, a informação sobre de onde o material se originou, qual a superfície mais próxima ou mais distante da superfície, qual a direção longitudinal etc.

Uma vez perdida uma destas informações, a confiabilidade do ensaio é comprometida. Como, em geral, as amostras se alteram durante o processamento seja por:

a) Redução de tamanho, à medida que a preparação é executada.
b) Desgaste das superfícies por lixamento, polimento, ataque por reagentes químicos etc.

É preciso conceber e registrar um sistema claro de identificação das amostras e corpos-de-prova que permita, sem sombra de dúvidas, recuperar todas as informações sobre a amostra que se está observando. Combinações de marcação à tinta (que pode não resistir ao preparo da amostra, limpeza, reagentes químicos) e marcação mecânica com sinetes, lápis vibratórios (que podem danificar as amostras ou alterá-las) devem ser concebidas, assim como códigos de letras e números que permitam condensar a informação nas dimensões finais da amostra.

O uso de imagens fotográficas para o registro de operações de amostragem que fogem à rotina ou para a descrição clara das atividades de rotina é altamente recomendável.

Aqui, também, o sistema deve ser concebido antes do início do processo de amostragem e uma disciplina rigorosa quanto aos registros deve ser exigida, para que não se perca a confiança no trabalho realizado.

3.2.3. Etapas do Método

A maior parte dos métodos de ensaio envolve a realização seqüencial de etapas de amostragem, preparação, ataque, avaliação, medida, registro e preparação de relatórios. Embora, de forma geral, cada uma das etapas seja de execução simples, não é incomum que alguma das etapas seja esquecida, mesmo por aqueles que têm muita experiência na realização de ensaio segundo o método em questão. A melhor forma de eliminar esta fonte de erros é a preparação de "listas de verificação" ou *check-lists* que permitam um controle da conclusão de cada etapa e evitem o esquecimento de alguma etapa importante.

3.3. Calibrações

O primeiro passo para o entendimento de algum fenômeno envolve medir alguma quantidade relacionada a ele. Segundo Lord Kelvin [3], quando não se pode medir ou expressar em números o tema de interesse, o conhecimento sobre o tema é pouco e insatisfatório. Uma condição necessária para a realização de medidas quantitativas com qualquer instrumento é uma calibração adequada. Medidas de comprimento requerem calibrações rastreáveis aos padrões do sistema internacional. Tradicionalmente, em especial nos centros de pesquisa acadêmicos, há uma confusão sobre a qualidade dos instrumentos, sua precisão e a necessidade de calibração. A precisão está relacionada à capacidade de realizar uma medida de uma grandeza com pequena dispersão. Instrumentos excelentes e extremamente precisos necessitam ser calibrados tanto quanto quaisquer outros. A garantia da exatidão de um instrumento somente é obtida através de sua calibração.

Uma das variáveis mais importantes na metalografia, da qual praticamente todas as medidas usuais dependem, é o aumento obtido com o instrumento empregado. No caso dos microscópios óticos, a norma ASTM E1951 [4] estabelece os procedimentos de calibração aplicáveis. Para microscópios eletrônicos de varredura, a norma ASTM E766 [5] é o documento que orienta sobre o procedimento de calibração. Os desvios que podem ser observados em MEV foram demonstrados, de forma sistemática em [6]. Qualquer MEV ou microscópio ótico deve, portanto, ser submetido a calibração periódica para que as dimensões medidas possam ser confiáveis.

Da mesma forma, o uso de técnicas microanalíticas, mesmo as chamadas "sem padrão", não podem prescindir de uma sistemática de calibração da instrumentação usada, sob pena de seus resultados não serem dignos de crédito.

3.3.1. Incertezas [7, 8]

Quando uma medição é realizada, o resultado é uma estimativa do valor do mensurando (ou objeto da medição).

A incerteza é um parâmetro associado ao resultado de uma medição e é caracterizada como a dispersão dos valores que podem ser razoavelmente atribuídos ao mensurando [8]. Atualmente, a informação sobre a incerteza de uma medição é um parâmetro muito empregado e de grande importância para a avaliação dos resultados relatados. A prática atual, bastante bem descrita nos documentos emitidos pelo INMETRO [8], consiste em identificar, para um determinado processo de medição, todas as fontes de incerteza de medição e quantificá-las, seja por métodos estatísticos, quando possível, seja por outros métodos. O resultado da combinação destas incertezas permite conhecer a incerteza total sobre a medição e, muito importante, identificar os principais fatores que influenciam esta incerteza. Um exemplo de avaliação da incerteza em metalografia quantitativa é dado por Vieira e Paciornik em [9].

A avaliação das incertezas de todos os métodos empregados também é um requisito técnico da norma ISO 17025.

3.3.2. Tratamento Digital de Imagens

Com o desenvolvimento da informática e da fotografia digital, tornou-se prática comum o emprego da aquisição digital de imagens assim como o tratamento destas imagens por diversas ferramentas, normalmente partes de programas de computador comerciais ou desenvolvidos pelos próprios pesquisadores.

Embora o emprego destas técnicas venha se tornando cada vez mais comum, é muito importante que o usuário tenha conhecimento das transformações produzidas nas imagens pela aplicação destas ferramentas. Da mesma forma, é necessário considerar até que ponto a aplicação destas ferramentas altera a informação contida na imagem original. Uma visão geral das questões envolvidas no processamento de imagens digitais pode ser encontrada em [10] ou [11].

Em algumas áreas da ciência o problema associado à alteração de imagens digitais já foi detectado e vem sendo tratado com bastante cuidado. Grande parte das alterações induzidas por estas ferramentas não causa danos ou alterações relevantes: corte de imagens ou seu realce para melhor visualização de características da amostra são medidas comuns e, de forma geral, aceitáveis. Em alguns casos, entretanto, tentativas de tornar mais evidentes determinadas características das imagens podem eliminar informação importante ou levantar suspeitas de manipulação da imagem [12]. Alguns periódicos, por exemplo, já estabeleceram normas explícitas sobre qual tipo de manipulação digital é aceitável e qual é inaceitável, como, por exemplo, *The Journal of Cell Biology* [13]. Em linhas gerais, alterações que são realizadas na imagem como um todo (mudanças de contraste e brilho, por exemplo) são aceitas, desde que sejam claramente indicadas, enquanto que alterações em áreas selecionadas de uma imagem são consideradas inaceitáveis.

Além disto, praticamente todos os equipamentos automatizados de metalografia quantitativa dependem da aplicação de transformações sobre a imagem adquirida para viabilizar a medida da característica desejada. Quando existe uma norma que estabelece as técnicas a serem empregadas, como no caso do método de segmentação da imagem para a contagem de inclusões não-metálicas segundo a norma ASTM E1245, por exemplo, a adoção do método normalizado garante, ao menos, o uso de um método validado anteriormente (ver item 3.2). Quando, entretanto, outros tipos de funções matemáticas e/ou métodos são aplicados, é importante conhecer os efeitos das diversas variáveis do método sobre os resultados das medidas e sobre as suas incertezas.

4. Testando uma Hipótese

A segunda aplicação clássica da técnica metalográfica é como ferrramenta no teste de uma hipótese. Embora o chamado "método científico" empregue sistematicamente a formulação e teste de hipóteses, freqüentemente não se dedica o tempo e atenção suficiente a explicitar claramente este aspecto do trabalho. Como resultado, nem sempre a hipótese que está sendo testada é explicitada de forma clara nem os critérios para aceitá-la ou rejeitá-la são definidos explicitamente. Isto pode resultar em conclusões errôneas sobre as relações entre o processamento, as características estruturais e propriedades ou desempenho do material.

Alguns exemplos simples de hipóteses que podem ser formuladas e testadas utilizando técnicas metalográficas, no caso de aços, são:

- A temperatura de austenitização de um determinado aço em determinado processo afeta o tamanho de grão ferrítico do produto final.
- Existe uma correlação entre o tamanho de grão ferrítico de determinado aço e seu limite de escoamento.
- Existe uma correlação entre a fração volumétrica de perlita em determinado aço e sua dureza.
- Etc.

No caso de ferros fundidos, poder-se-ia testar:
- A adição de determinada quantidade de um certo inoculante resulta em formação de determinado tipo de grafita.
- A espessura da seção crítica, abaixo da qual determinada composição de ferro fundido solidifica como ferro fundido branco, depende do teor de enxofre na liga.
- Etc.

Muitas vezes teses ou projetos de pesquisa envolvem testes de hipóteses. Baseado em conhecimentos teóricos ou experiência prévia, o pesquisador supõe que determinada alteração de processo (e, conseqüentemente, de estrutura) produzirá um determinado efeito (normalmente o efeito "desejado", objetivo final do projeto). Formulada a hipótese de que esta alteração produzirá determinada mudança de estrutura que resultará em determinada alteração de propriedades, é necessário estabelecer, então:

- Quais testes serão empregados para verificar se a hipótese é verdadeira ou não.
- Qual critério será adotado para julgar os resultados dos testes e decidir sobre a aceitação ou rejeição da hipótese.

Na primeira etapa, cuidado especial deve ser tomado no planejamento dos experimentos para assegurar que o efeito da variável que se deseja estudar possa, efetivamente, ser avaliado. O número de variáveis que interferem na estrutura (macro ou micro) de aços e ferros fundidos é tão grande que, em geral, é muito difícil isolar apenas uma delas durante a realização de experimentos. Técnicas de planejamento de experimentos são úteis para que se possa eliminar (ou compreender) os efeitos de outras variáveis, assim como a interação entre diversas variáveis.

A segunda etapa é especialmente importante, pois é raro o pesquisador que não desenvolve uma "predileção" por determinado resultado do teste de hipótese. Se a hipótese foi formulada pelo próprio pesquisador, é natural que ele tenha a expectativa de que o resultado dos testes confirme-a. Infelizmente, esta atitude pode induzir a falhas na análise isenta dos resultados: conceitualmente, a melhor maneira de confirmar uma determinada hipótese seria realizar o maior esforço possível para provar sua negativa[3]: caso não seja possível fazê-lo, as chances de que a hipótese seja, efetivamente, verdadeira, são muito grandes. Entretanto, é raro encontrar este tipo de enfoque na realização de investigações para testar hipóteses. De qualquer forma, antes de iniciar os ensaios que compreendem a segunda etapa, é preciso definir, claramente, alguns aspectos:

a) Qual será o critério para aceitação ou rejeição de um resultado de um exame: não é incomum resultados de exames serem julgados "discrepantes" ou "inválidos" por critérios pouco claros. Isto ocorre mais freqüentemente, quando os valores são discrepantes em relação à hipótese que se deseja provar.

b) Qual será o critério para a avaliação da hipótese: os resultados quantitativos de exames metalográficos são, como discutido nos capítulos anteriores, amostras de pequenos volumes de material e sujeitos a variações inerentes aos aspectos estruturais dos materiais. Um critério estatístico normalmente deve ser estabelecido para comparar valores, considerando não apenas suas médias, mas suas dispersões.

Definidas estas condições fundamentais ao teste de uma hipótese, a execução das medidas propriamente ditas se passa como discutido no item 3.

5. A Investigação

A investigação adiciona uma complexidade extra ao problema do teste de hipótese, descrito no item anterior (item 4). Na investigação, em geral, deseja-se identificar a causa de uma observação: com freqüência um desvio em relação a um comportamento esperado, seja no processo ou no emprego (uma "falha").

A primeira etapa do processo, e possivelmente a mais crítica, está em coletar informações suficientes para formular hipóteses a serem testadas. Enquanto a obtenção de resultado satisfatório em uma atividade de "teste de hipótese" independe de a hipótese ser provada ou desprovada[4], no caso de uma investigação, o mesmo não ocorre. A investigação só pode ser considerada como concluída satisfatoriamente quando uma causa é identificada.

O grande risco neste tipo de trabalho é, portanto, não chegar a formular a hipótese correta. Naturalmente, muitas vezes os dados disponíveis para a investigação são insuficientes para que a hipótese correta possa vir a ser formulada e, mesmo que formulada, por vezes não é possível testá-la adequadamente. Entretanto, uma das regras básicas da investigação é que a coleta de dados e informações factuais deve ser feita da forma mais "isenta de hipóteses" possível. Quanto mais

---

(3) Uma discussão filosófica importante, que contrasta Francis Bacon ("fundador do método científico") e Karl Popper (1902-1994). Na filosofia de Popper a busca da verdade se faz pela eliminação, ao invés da verificação. O argumento básico é que a eliminação (pela prova de negação) é incontestável, enquanto a verificação, pela indução a partir de observações e testes, nunca será (segundo Popper) completamente incontestável.

(4) Embora o pesquisador tenha, com freqüência, um "resultado preferido", a execução de um teste correto sempre agrega conhecimento: seja confirmando a hipótese seja demonstando sua incorreção. É atribuída a Thomas Edson, trabalhando no desenvolvimento da lâmpada elétrica a frase: "não falhei, apenas descobri mais de dez mil maneiras de produzir lâmpadas que não funcionavam".

cedo, na investigação, uma hipótese é formulada, mais se limita a coleta de informações e a possibilidade de obter um resultado realmente correto e satisfatório.

A Figura 15.24 apresenta, por exemplo, o aspecto da fratura de um eixo ferroviário. Naquela imagem, o eixo ainda está montado à roda e a fratura do eixo ocorreu em um plano praticamente transversal, bastante próximo à face interna da roda.

Diversas avaliações metalográficas foram realizadas em amostras removidas da região de iniciação da fratura, visando determinar as possíveis causas da falha. A avaliação do ponto de iniciação concentrou-se, entretanto, no exame fratográfico, em MEV da superfície de fratura, visando identificar descontinuidades ligadas à iniciação da fratura e no exame visual e com aumento da superfície externa do eixo, em busca de concentradores de tensões provenientes, por exemplo, da usinagem do eixo, como mostra a Figura 18.1.

Somente uma investigação visando quantificar a população inclusionária junto à superfície do eixo (em função das observações da Figura 18.1) levou à detecção de um reparo por solda na região de origem da fratura. Como é sabido que os eixos ferroviários não devem ser soldados, por se tratarem de aço semelhante ao AISI 1050, forjado, a hipótese inicial de que o eixo tivesse sido soldado foi inconscientemente descartada, e o exame macrográfico de uma seção próxima à falha,

Figura 18.1
A região de iniciação da fratura por fadiga do eixo da Figura 15.24. (a) Vista do aspecto radial das marcas dentro do defeito que iniciou a fadiga; (b) Vista incluindo a superfície do eixo, ausência de irregularidades superficiais graves e (c) MEV da região de iniciação. A seta indica uma inclusão de óxido muito próxima à superfície. (ER). Cortesia MRS Logística S.A., RJ, Brasil.

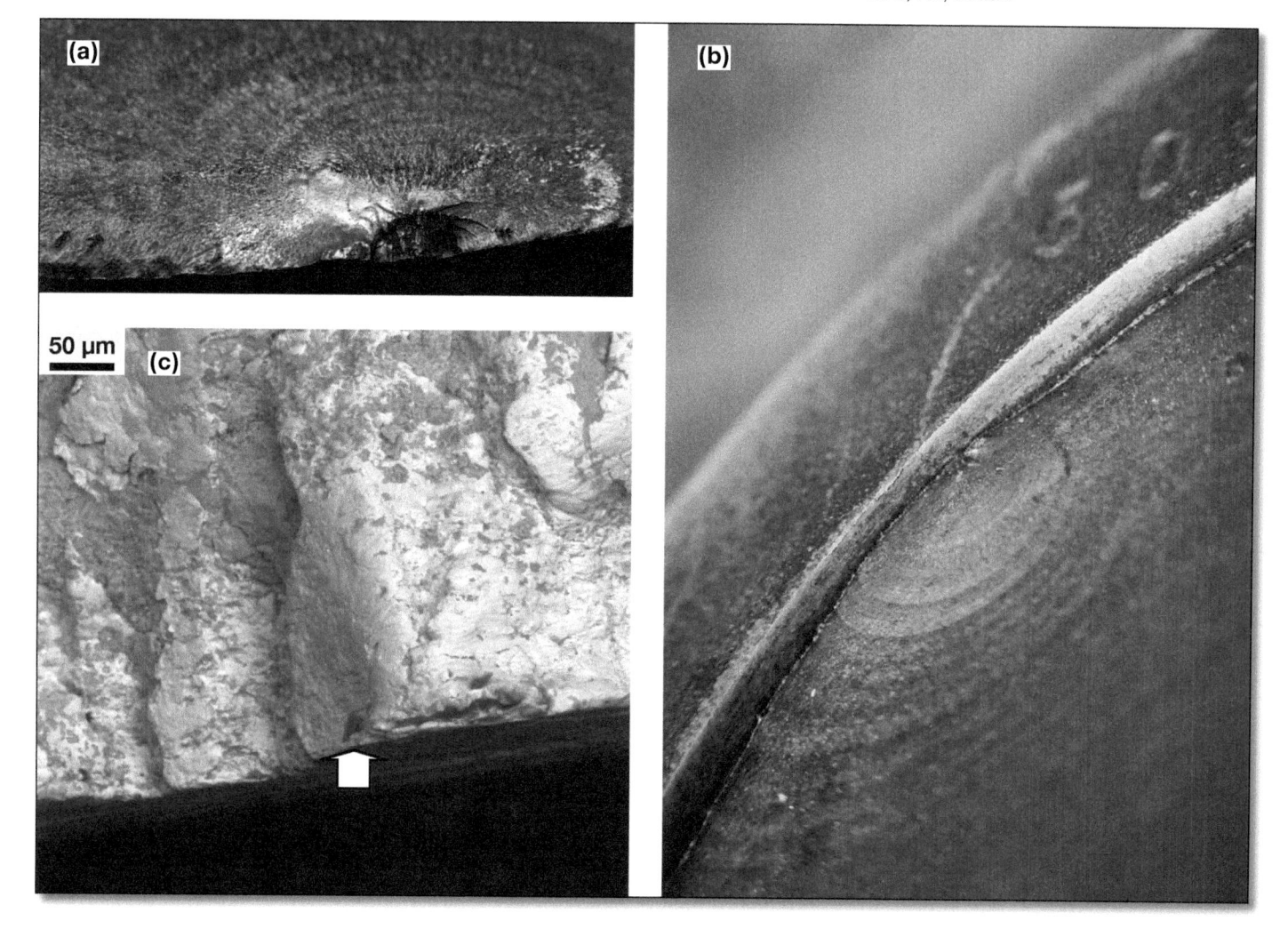

que revelaria, de imediato, esta causa, foi realizado somente em uma etapa posterior, como indicado na Figura 15.25. Embora a causa da falha tenha sido corretamente identificada, este exemplo tem grande importância didática, pois o inesperado é, freqüentemente, excluído da análise de forma inconsciente, o que pode conduzir ao insucesso.

É evidente que a coleta de todas as informações factuais sobre o eixo e a fratura deveria ter sido planejada antes da execução das análises, de modo a garantir, através de um procedimento completo, a coleta de todos os dados factuais, mesmo que depois viessem a se tornar irrelevantes para a prova da hipótese finalmente formulada.

6. O Relatório

A comunicação escrita difere da comunicação oral por dois aspectos importantes:

a) A única maneira de comunicar é através do texto e das figuras apresentadas, não sendo possíveis explicações, esclarecimentos ou outras técnicas de comunicação usuais da comunicação oral.

b) A organização da comunicação pode ser realizada de forma mais cuidadosa e revisões podem ser realizadas até que se obtenha um texto que comunique, da melhor forma possível, as idéias que se deseja transmitir.

Enquanto o primeiro aspecto representa uma desvantagem significativa, o segundo mais do que compensa esta dificuldade. Entretanto, é necessário que aquele que prepara um relatório se acostume a aproveitar a vantagem associada à possibilidade de organização e revisão. O processo de escrita, portanto, deve ser realizado prevendo revisões, releituras e análises cuidadosas do texto e das imagens apresentadas para que se tenha certeza de que o relatório será capaz de comunicar as idéias de forma clara e eficiente ao leitor.

Há alguns modelos estabelecidos para a seqüência de apresentação de um relatório técnico. Embora a adoção destes modelos não seja, normalmente[5], obrigatória, a experiência indica que estas formas são as mais convenientes e resultam em relatórios mais claros e objetivos.

Em geral, uma seqüência de tópicos como a indicada na Tabela 18.2 resulta em relatórios claros e objetivos.

Algumas considerações adicionais à Tabela 18.2, sobre o conteúdo de um relatório, são apresentadas a seguir.

Relatórios podem descrever desde os resultados de um único teste, conforme uma norma bem definida, até os resultados de uma investigação onde várias hipóteses são avaliadas e testes são realizados para suportar (ou descartar) uma (ou mais) hipóteses, ou mesmo trabalhos de tese ou dissertações, onde se busca construir ou organizar conhecimento apoiado em conhecimento prévio e um trabalho investigativo. Assim, naturalmente, cada seção do relatório pode ter extensão e complexidade maior ou menor, em função do que se pretende relatar.

---

(5) No caso de teses, monografias e dissertações, muitas universidades têm modelos obrigatórios. Da mesma forma, é comum que institutos de pesquisa ou laboratório de ensaios estabeleçam, através de normas internas, modelos obrigatórios de relatórios, consolidando a experiência da instituição.

Tabela 18.2
Um formato básico de relatório técnico e/ou trabalho acadêmico.

Item do relatório	Conteúdo
Objetivo	Define, de forma clara e concisa, o que será relatado. O ideal é que seja apresentado em um parágrafo, apenas.
Resumo	No caso de trabalhos acadêmicos, o item objetivo, em geral, é substituído por um resumo (ou *abstract*) onde é apresentado, de forma sumária e concisa, todo o conteúdo do trabalho, destacando: objetivo, principais resultados e principais conclusões. O leitor freqüentemente decide pela leitura (ou não) de um trabalho acadêmico em função da qualidade do resumo.
Introdução	Situa o problema. Normalmente apresenta os antecedentes que conduziram à análise e termina definindo claramente o problema a ser abordado no relatório. No caso de trabalhos acadêmicos, em geral deve apresentar uma justificativa da relevância do trabalho, também.
Informações relevantes ou antecedentes	Quando a análise a ser relatada leva em conta outras informações além das obtidas nos exames que serão descritos no relatório, uma seção específica deve conter todas estas informações.
Revisão bibliográfica	No caso de trabalhos acadêmicos, os antecedentes são a bibliografia existente, **sobre o tema**. Nada que não seja pertinente ao tema ou problema em questão deve ser incluído na revisão bibliográfica, por mais interessante que seja. Da mesma forma, nenhuma informação proveniente de conhecimento anterior ao relatório, que venha a ser utilizada no relatório, deve ser omitida desta seção. Em um trabalho técnico não cabem surpresas ou suspense.
Materiais e métodos	Nesta seção devem ser descritas as técnicas empregadas nos testes e exames. Em princípio, a seção "materiais e métodos" deve ter todas as informações necessárias a que os ensaios ou exames sejam repetidos exatamente da mesma forma com que foram realizados. Assim, todos os dados sobre amostragem, preparação da amostra etc. devem estar claramente descritos. Da mesma forma, caso alguma informação relevante não seja conhecida, é importante que isto seja informado ao leitor explicitamente.
Resultados	Os resultados são apresentados nesta seção. Nos trabalhos acadêmicos é comum que esta seção inclua a discussão dos resultados, à luz do conhecimento anterior (revisão bibliográfica) destacando o acordo ou desacordo com o conhecimento anterior e o que é novo. Pode ser chamada "Resultados e Discussão".
Conclusões	As conclusões do relatório são apresentadas nesta seção. É importante diferenciar claramente conclusões de especulações. Em trabalhos científicos, normalmente, as especulações devem estar no item anterior ("Resultados e Discussão"). Em relatórios técnicos, quando não há dados que possam suportar completamente uma conclusão (caso comum em análises de falhas), é preciso deixar claro, para o leitor, até onde vão os fatos e o que é especulativo, mesmo que, evidentemente, baseado em fatos e evidências.
Referências bibliográficas	É preciso citar as fontes de informações utilizadas no relatório. Aqui também é essencial que a preocupação seja garantir que o leitor possa, independentemente, localizar e confirmar as informações citadas no relatório.

6.1. A Revisão Bibliográfica

Na revisão bibliográfica não cabe apenas citar os resultados dos trabalhos anteriores relevantes para o trabalho em questão. É preciso analisá-los criticamente, comparando-os, apontando discrepâncias, inconsistências, falhas metodológicas ou destacando a consistência dos resultados e apontando as lacunas a serem preenchidas. Uma revisão bibliográfica bem feita deve convencer o leitor de que o trabalho que será feito, efetivamente, completará ou ampliará o conhecimento ou, pelo menos, resolverá algum conflito.

É preciso, também, resistir à tentação de incluir pontos interessantes e importantes, porém irrelevantes para o trabalho em questão, nesta seção.

6.2. A Seção "Materiais e Métodos ou Técnicas Experimentais"

Em um trabalho acadêmico, tecnológico ou científico o objetivo desta seção do relatório é fornecer todas as informações necessárias para que os resultados relatados possam ser reproduzidos.

Em outros tipos de relatórios esta seção se destina, adicionalmente, a confirmar para o cliente ou para o leitor que determinado método ou norma preestabelecidos foram, efetivamente, adotados. Assim, embora por vezes, esta seção possa parecer uma repetição desnecessária ela representa (a) a declaração formal de que os requisitos estabelecidos para a execução do ensaio foram cumpridos e (b) uma confirmação de que se atentou para as variáveis críticas para o ensaio, estabelecidas no método escolhido.

6.3. Os Resultados

Os resultados encontrados, assim como as incertezas (ou "barras de erro") de cada medida devem ser claramente apresentados. Ao relatar valores medidos ou calculados, é comum extrair-se os valores obtidos diretamente de instrumentos eletrônicos, calculadoras ou de programas de computador. Cabe lembrar que, em função da precisão dos instrumentos empregados e das incertezas associadas ao processo de medida, somente um certo número de algarismos significativos deve ser apresentado, mesmo que os *displays* ou saídas dos programas ou instrumentos apresentem um grande número de algarismos para representar cada medida.

6.4. As Conclusões

Todas as conclusões apresentadas devem estar claramente suportadas pelos resultados incluídos no relatório.

Referências Bibliográficas

1. ABNT. NBR ISO/IEC 17025. *Requisitos gerais para competência de laboratórios de ensaio e calibração.* ABNT, São Paulo, 2005.
2. NBR ISO 9000. *Sistemas de gestão da qualidade.* 2000.
3. THOMPSON, W. Lord Kelvin. *Popular lectures and addresses.* 1891: Macmillan.
4. ASTM E1951-02 A. *Standard guide for calibrating reticles and light microscope magnifications,* West Conshohocken, PA: ASTM – American Society for Testing and Materials, 2007.
5. ASTM E766-98. *Standard practice for calibrating the magnification of a scanning electron microscope,* West Conshohocken, PA: ASTM – American Society for Testing and Materials, 2003.
6. POSTEK, M. T.; JOY, D. C. *Submicrometer microelectronics dimensional metrology: scanning electron microscopy.* J. Res. Natl. Bur. Stand., 1987, v. 92, p. 205-228.
7. INMETRO. *Vocabulário internacional de termos fundamentais e gerais de metrologia* (VIM) – 2007, 2007.
8. INMETRO. *Guia para a expressão da incerteza de medição.* ISO GUM 95. Terceira Edição Brasileira Guide to the Expression of Uncertainty in Measurement. Rio de Janeiro: ABNT, INMETRO. Edição Revisada. Agosto de 2003. 120p., 2003.
9. VIEIRA, P. R. M.; PACIORNIK, S. *Uncertainty evaluation of metallographic measurements by image analysis and thermodynamic modeling.* Materials Characterization, 2001. *v.* 47(3-4): p. 219-226.
10. Paciornik, S. *Análise de imagens e microscopia digital.* M & M — Metalurgia e Materiais, 2002, v. 58 (518), p. 121-123.
11. PACIORNIK, S.; MAURÍCIO, M. H. P. *Digital imaging.* In: G. V. VOORT, (editor). ASM Handbook, v. 9, Metallography and Microstructures. 2004, ASM International: Materials Park, OH, p. 368-402.
12. PEARSON, H. *CSI: cell biology.* Nature, 2005, v. 434, p. 952-953.
13. ROSSNER, M.; YAMADA, K. M. *Journal of Cell Biology,* 2004, v. 166, p. 11-15.

ÍNDICE REMISSIVO